Eberhard Ehlers

Chemie I – Kurzlehrbuch

Eberhard Ehlers

Chemie I

Kurzlehrbuch
Allgemeine und Anorganische Chemie
für Pharmazeuten

Eberhard Ehlers, Hofheim/Taunus

10., überarbeitete Auflage
mit 176 Abbildungen und 105 Tabellen

Deutscher
Apotheker Verlag

Anschrift des Autors
Prof. Dr. Eberhard Ehlers
Lorsbacher Str. 54B
65719 Hofheim/Taunus

Zuschriften an
lektorat@dav-medien.de

Bibliografische Information der Deutschen Nationalbibliothek
Die Deutsche Nationalbibliothek verzeichnet diese Publikation in der Deutschen Nationalbibliografie; detaillierte bibliografische Daten sind im Internet unter https://portal.dnb.de abrufbar.

10., überarbeitete Auflage 2017
ISBN 978-3-7692-6223-0 (Print)
ISBN 978-3-7692-6883-6 (E-Book, PDF)

Birkenwaldstr. 44, 70191 Stuttgart
www.deutscher-apotheker-verlag.de
Printed in Germany

Satz: primustype R. Hurler GmbH, Notzingen
Druck und Bindung: Kösel, Krugzell
Umschlaggestaltung: deblik, Berlin

Vorwort

Die novellierte Approbationsordnung für Apotheker (AAppO) vom 14. Dezember 2000 sieht im Ersten Abschnitt der Pharmazeutischen Prüfung eine schriftliche Prüfung über die „**Grundlagen der Chemie**" vor, die sich in folgende Abschnitte untergliedert:

- Allgemeine Chemie,
- Anorganische Chemie,
- Organische Chemie,

wobei die pharmazeutische Relevanz des betreffenden Teilgebietes ein wichtiger Bestandteil der Prüfungsanforderungen ist (Anlage 13 AAppO).

Die Themen der Allgemeinen und Anorganischen Chemie werden im vorliegenden Band **Chemie I** behandelt. Die Themenbereiche der Organischen Chemie sind Gegenstand des Bandes **Chemie II**. Die *Gliederung* der Chemie I erfolgte in Anlehnung an den aktuellen Gegenstandskatalog. Daher habe ich bei der Bezeichnung der Gruppen des Periodensystems der Elemente die bisherige Einteilung in 8 Haupt- und 8 Nebengruppen und deren Kennzeichnung mit römischen Zahlenwerten beibehalten und nicht auf die aktuelle Gruppenbezeichnung der IUPAC (18 Gruppen) umgestellt.

Der Text der neuen Auflage wurde komplett überarbeitet und den aktuellen Themenschwerpunkten der Multiple-Choice-Prüfungen angepasst. Ein neues Kapitel, das die allgemeinen Grundlagen chemischer Reaktionen behandelt, wurde hinzugefügt. Wichtige Passagen des Kommentartextes – in Form abgesetzter grau unterlegter Textstellen – dienen dazu, wesentliche Abschnitte des umfangreichen Prüfungsstoffes komprimiert und kurzfristig wiederholen zu können. *Querverweise* auf „Chemie I-Prüfungsfragen" – kenntlich gemacht durch Angabe der Fragenummer – mit den Originalfragen bis Herbst 2010 sollen dazu dienen, rasch zu erkennen, wie die einzelnen Prüfungsinhalte abgefragt werden.

Mein Dank gilt vielen Kollegen und Studenten für wertvolle Anregungen zur Überarbeitung des Textes. Herzlichen Dank den Studenten der Pharmazie, die an der Goethe-Universität meine Lehrveranstaltungen zur „Allgemeinen Chemie" besuchen. Ihr Feedback war mir für die Überarbeitung und Neugestaltung der Chemie I sehr dienlich. Besonders danken möchte ich dem Lektorat „Pharmazie" des Deutschen Apotheker Verlages für die vertrauensvolle Zusammenarbeit und tatkräftige Unterstützung. Das Lektorat hat entscheidend dazu beigetragen, dass die aktuelle Auflage der Chemie I den Prüfungskandidaten termingerecht zur Verfügung steht.

Ich hoffe, dass die neue Auflage der Chemie I den Studierenden der Pharmazie bei ihren Prüfungsvorbereitungen wieder wertvolle Dienste leisten kann. Ich wünsche allen hierzu viel Erfolg.

Hofheim, im Herbst 2016 Eberhard Ehlers

Inhaltsverzeichnis

ANHANG

1 Allgemeine Chemie

1.0 Grundbegriffe, Grundgesetze

1.0.1 Allgemeine Grundlagen chemischer Reaktionen

1.0.1.1 Gesetzmäßigkeiten chemischer Reaktionen

Chemische Reaktionen sind Vorgänge, bei denen eine oder mehrere Verbindungen (Reaktanden) in *neue Stoffe mit veränderten Eigenschaften* umgewandelt werden. Auch zwei *verschiedene* Elemente können miteinander zu einem neuen Stoff reagieren.

Bei physikalischen Vorgängen ändern sich nicht die stoffspezifischen Eigenschaften, sondern nur die physikalischen Eigenschaften eines Stoffes, wie z.B. sein *Aggregatzustand*.

Bei chemischen Reaktionen werden Bindungen in den Ausgangsmaterialien (Edukte, Reaktanden) gelöst und neue Bindungen in den entstehenden Stoffen (Produkte) geknüpft. Diese *Stoffumwandlung* kann in allgemeiner Form durch folgende Formel beschrieben werden (siehe auch nachfolgendes Kapitel):

Edukte ⟶ Produkte ± Energie

Chemische Reaktionen sind mit energetischen Änderungen verbunden. Daher wird der Ablauf chemischer Reaktionen von den Gesetzen der **Thermodynamik** mitbestimmt (siehe ▸ Kap. 1.9). Bei *exothermen Reaktionen* sind die entstehenden Produkte energieärmer als die Edukte, sodass zusätzlich zur Stoffumwandlung Energie in Form von Wärme freigesetzt wird. Bei *endothermen Prozessen* sind die Produkte energiereicher als die Edukte und es muss Energie zugeführt werden. Synonym mit dem Begriff Reaktionswärme ist auch der Ausdruck *Reaktionsenthalpie* (ΔH). Jede chemische Reaktion unterliegt dem *Gesetz der Energieerhaltung*.

Darüber hinaus gestattet die chemische Thermodynamik vorauszusagen, ob zwei Stoffe überhaupt miteinander reagieren werden. Spontan verlaufende chemische Prozesse sind *exergonisch*, d.h., die freie Reaktionsenthalpie (ΔG) besitzt einen negativen Zahlenwert. Die **freie Reaktionsenthalpie** (ΔG) setzt sich aus zwei Größen zusammen, der **Reaktionsenthalpie** (ΔH) und der **Reaktionsentropie** (ΔS), die ein Maß für die molekulare Unordnung darstellt. Diese Größen sind über die Gibbs-Helmholtz-

Gleichung, der Fundamentalgleichung der Thermodynamik, miteinander und mit der Reaktionstemperatur (T) in Kelvin verknüpft:

$$\Delta G = \Delta H - T \cdot \Delta S$$

Jede chemische Reaktion *endet*, wenn das **Chemische Gleichgewicht** erreicht ist oder sich die Reaktanden bei einseitig verlaufenden Reaktionen komplett umgesetzt haben. Das Chemische Gleichgewicht ist ein dynamischer Gleichgewichtszustand, d.h., zwei gegenläufige Prozesse verlaufen mit gleicher Geschwindigkeit, sodass nach außen hin kein Stoffumsatz mehr beobachtet wird. Mit anderen Worten die Produktbildung (*Hinreaktion*) läuft genauso schnell ab wie der Produktzerfall (*Rückreaktion*). Im Gleichgewichtszustand ändern sich die Konzentrationen der Reaktionsteilnehmer nicht mehr (siehe ▸Kap. 1.10).

Der Zustand des Chemischen Gleichgewichts einer Reaktion kann mithilfe des **Massenwirkungsgesetzes** beschrieben werden. Die daraus resultierende **Gleichgewichtskonstante** (K) gibt einen Hinweis auf das Ausmaß des chemischen Prozesses und damit auf die Ausbeute. Die Anwendung des Massenwirkungsgesetzes auf einen chemischen Prozess erlaubt quantitative Aussagen über diesen Prozess zu machen. Ist $K > 1$ überwiegen im Gleichgewichtszustand die Produkte, ist $K < 1$ dominieren die Edukte. Da die Gleichgewichtskonstante von Reaktionsparametern wie Druck (p) und Temperatur (T) abhängt, kann die Lage des Gleichgewichts mithilfe des **Le Chatelier-Prinzips** (*Prinzip vom kleinsten Zwang*) zu Gunsten der Produktbildung verändert („*verschoben*") werden.

Die **Reaktionskinetik** untersucht die Geschwindigkeit, mit der eine Reaktion abläuft und beschreibt die Abhängigkeit der Reaktionsgeschwindigkeit von den Konzentrationen der Reaktanden mithilfe von *Zeitgesetzen* oder *Geschwindigkeitsgleichungen* (siehe ▸Kap. 1.13).

Einige chemische Reaktionen, die aus thermodynamischer Sicht möglich sind, laufen aber aus kinetischer Sicht extrem langsam ab. Im Extremfall wird kein nennenswerter Stoffumsatz beobachtet. Verantwortlich dafür ist die hohe *Aktivierungsenergie* für den betreffenden Prozess. Unter Aktivierungsenergie versteht man den Mindestbetrag an Energie, der Reaktanden zugeführt werden muss, damit sie miteinander reagieren. Durch eine Erhöhung der Reaktionstemperatur oder durch den Einsatz von **Katalysatoren** lassen sich chemische Reaktionen beschleunigen. Durch den Einsatz von Katalysatoren wird die Aktivierungsenergie des betreffenden Vorgangs herabgesetzt.

1.0.1.2 Die chemische Reaktionsgleichung

Zur verkürzten Darstellung chemischer Reaktionen benutzt man sogenannte Reaktionsgleichungen. Es sind Gleichungen, in denen Stoffe durch Summenformeln oder Strukturformeln wiedergegeben werden und die Edukte (Ausgangsstoffe, Startmaterialien, Reaktanden) durch einen *Reaktionspfeil* (⟶) von den Produkten getrennt sind. Edukte stehen auf der linken und die Produkte auf der rechten Seite des Reaktionspfeils und die Spitze des Pfeils zeigt in die Richtung, in welche die Reaktion abläuft.

Das Entstehen einer korrekten chemischen Reaktionsgleichung soll stufenweise an folgendem Fällungsvorgang entwickelt werden: Gelöste Arsenige Säure [H_3AsO_3] wandelt sich beim Einleiten von gasförmigem Schwefelwasserstoff [H_2S] in schwer lösliches Arsen(III)-sulfid [As_2S_3] und Wasser [H_2O] um. In einer *Wortgleichung* stellt sich dieser Vorgang wie folgt dar:

Arsenige Säure + Schwefelwasserstoff ⟶ Arsen(III)-sulfid + Wasser

Berücksichtigt man, dass in der Chemie Elemente durch ein *Elementsymbol* und Moleküle durch eine *Summenformel* wiedergegeben werden, so kann dieser Prozess auch mit einer *Formelgleichung* formuliert werden, wobei die *Anzahl der Atome* als Index an das betreffende Elementsymbol geschrieben wird:

$$H_3AsO_3 + H_2S \longrightarrow As_2S_3 + H_2O$$

Wie nachfolgend in den Erhaltungssätzen dargelegt wird, gilt für chemische Reaktionen das Gesetz von der Erhaltung der Elemente und der Erhaltung der Masse (siehe ▸Kap. 1.0.2). Das bedeutet, dass auf beiden Seiten des Reaktionspfeils die gleiche Anzahl und Art von Atomen stehen muss. Damit Reaktionsgleichungen stöchiometrisch ausgeglichen sind, müssen deshalb die Reaktionsteilnehmer mit den entsprechenden *Stöchiometriezahlen* versehen werden. Diese Zahlen sind in der Regel ganzzahlig und möglichst klein, wobei im Allgemeinen die Zahl Eins *nicht* geschrieben wird. Somit lautet die korrekte Reaktionsgleichung für die Fällung von Arsen(III)-sulfid:

$$\mathbf{2\,H_3AsO_3 + 3\,H_2S \longrightarrow As_2S_3 + 6\,H_2O}$$

Bezüglich des Reaktionspfeils ist auszuführen, dass ein einfacher Pfeil (⟶) für eine weitgehend einseitig (irreversibel) verlaufende Reaktion steht und die Spitze des Pfeils in Richtung auf die Produkte hin zeigt. Bei Gleichgewichtsreaktionen (reversibler Verlauf) werden Doppelpfeile () genutzt, die in entgegengesetzte Richtungen zeigen. Mehrere Reaktionspfeile hintereinander (⟶⟶⟶) weisen auf einen mehrstufigen Prozess hin.

Entstehende gasförmige Produkte (↑) oder schwer lösliche Niederschläge (↓) können ebenfalls mit Pfeilen kenntlich gemacht werden. Über den Reaktionspfeil schreibt man häufig die Reaktionsbedingungen (Druck, Temperatur) oder den eingesetzten Katalysator. Auch können *kleine Moleküle* wie Wasser (H_2O) oder Kohlendioxid (CO_2) auf den Reaktionspfeil (für Edukte) oder darunter (für Produkte) mit einem Vorzeichen versehen (+ für Edukte bzw. – für Produkte) angezeigt werden. Ein Delta-Zeichen (**Δ**) auf dem Reaktionspfeil gibt an, dass das Reaktionsgemisch erhitzt wurde.

Weiterhin kann man in den Reaktionsgleichungen zur Verdeutlichung des Reaktionsgeschehens in runden Klammern Hinweise auf die Aggregatzustände oder Lösungszustände der Reaktanden geben. Folgende *Abkürzungen* sind gebräuchlich: **g** für *gasförmig* (engl.: gaseous) – **l** für *flüssig* (engl.: liquid) – **s** für *fest* (engl.: solid) – **aq** für „*in Wasser gelöst*" (engl.: aqueous)

Thermodynamische Daten wie beispielsweise die Reaktionsenthalpie (ΔH) werden mit einem entsprechenden Vorzeichen (**+** für endotherm, **–** für exotherm) versehen auf die Produktseite geschrieben (siehe ▸Kap. 1.9.2). Daher kann die Reaktionsgleichung für die exotherme Bildung von Wasser aus den Elementen (*Knallgasreaktion*) wie folgt formuliert werden:

$$\mathbf{2\,H_{2(g)} + O_{2(g)} \longrightarrow 2\,H_2O_{(l)} \quad \Delta H = -241{,}1\,kJ \cdot mol^{-1}}$$

1.0.2 Erhaltungssätze bei chemischen Reaktionen

1.0.2.1 Dalton Atomhypothese

Die Dalton Atomhypothese ist eine sehr frühe Vorstellung über den Bau der Materie und heute nicht mehr in allen Einzelheiten gültig. Sie vermittelt jedoch ein gutes Verständnis für die nachfolgend zu besprechenden Erhaltungssätze bei chemischen Reaktion. Nach Dalton:

- besteht jeder Stoff aus **Atomen**, die sich chemisch nicht weiter teilen lassen (griechisch: *atomos* = unteilbar) und in chemischen Reaktionen weder vernichtet noch erzeugt werden können,
- gibt es so viele Atomsorten wie es Elemente gibt. Derzeit sind **118 Elemente** und somit 118 Atomsorten bekannt,
- sind alle Atome desselben Elements untereinander gleich; sie besitzen das gleiche Volumen (Größe, Radius) und die gleiche Masse. Folglich unterscheiden sich Atome verschiedener Elemente in ihrem Volumen und ihrer Masse (siehe ▸Kap. 1.1),
- werden bei chemischen Reaktionen die Atome der Edukte neu zu Produkten angeordnet, wobei sie in einem ganz bestimmten Zahlenverhältnis miteinander verknüpft werden. Mit anderen Worten, bei chemischen Reaktionen behalten die Atome ihre Individualität bei, sie gruppieren sich lediglich um,
- bestehen Verbindungen wie Ammoniak (NH_3) auch aus Atomen, die Atome sind aber zu einem neuen, stabilen Teilchen, **Molekül** genannt, angeordnet. Das kleinste Teilchen einer Verbindung (Substanz, Stoff) sind daher Moleküle, die aus *mindestens zwei verschiedenen* Atomsorten bestehen. Demgegenüber ist jedes Stickstoffmolekül (N_2) aus *zwei gleichen* Stickatomen aufgebaut. Daher ist Stickstoff ein Element und keine Verbindung.

1.0.2.2 Satz von Avogadro

Avogadro fand heraus, dass sich bei Reaktionen zwischen Gasen ganzzahlige Volumenverhältnisse zwischen den Edukten und Produkten einstellten. Beispielweise reagiert eine Volumenteil Wasserstoff (H_2) mit einem Volumenteil Chlor (Cl_2) zu zwei Volumenteilen Chlorwasserstoff:

$$H_{2(g)} + Cl_{2(g)} \longrightarrow 2\,HCl_{(g)}$$

Dies führt zur Folgerung, dass gleiche Volumina aller Gase bei gleicher Temperatur und gleichem Druck gleich viele Teilchen enthalten, unabhängig davon, ob das Gas aus Atomen (Edelgas) oder Molekülen (O_2, CO, CO_2) besteht. Dies führte ihn dann zum **Molbegriff** und zur **Avogadro-Konstanten** ($N_A = 6{,}022 \cdot 10^{23}$) (siehe ▸Kap. 1.1.1.6).

Die *Stoffmenge* (n), die aus $6{,}022 \cdot 10^{23}$ Teilchen (Atome, Moleküle, Ionen) besteht, wird als **1 Mol** bezeichnet und der Quotient aus Stoffmenge und Volumen (n/V) einer Lösung wird *Konzentration* (c) der betreffenden Lösung genannt (siehe ▸Kap. 1.8.7.3). Stoffmenge (n) und Konzentration (c) sind die grundlegenden Angaben für stöchiometrische Berechnungen.

1.0.2.3 Gesetz von der Erhaltung der Elemente

Edukte und Produkte enthalten dieselben Elemente und die gleiche Anzahl von Atomen. Es können bei chemischen Reaktionen keine Elemente neu entstehen oder verschwinden. Daher kann zum Beispiel Gold aus einem nicht-goldhaltigen Material *nicht* auf chemischem Wege hergestellt werden (Absage an die Alchemie!).

Derzeit sind 118 Elemente bekannt. Ihre Elementsymbole sind zusammen mit den Ordnungszahlen und den relativen Atommassen im Anhang aufgelistet.

1.0.2.4 Gesetz von der Erhaltung der Masse

Die Summe der Massen der Edukte ist gleich der Summe der Massen der Produkte. Dies ist eine Folge des Befundes, dass bei chemischen Reaktionen keine neuen Atome entstehen können noch vorhandene Atome verloren gehen.

Daher kann für die Fällung von Arsen(III)-sulfid, bei der entsprechend dem stöchiometrischen Umsatz 2 Mol Arsenige Säure mit 3 Mol Schwefelwasserstoff reagieren, folgende Massenbilanz erstellt werden, wonach aus 354 g an Edukten auch wieder 354 g an Produkten entstehen:

$$2\,H_3AsO_3 + 3\,H_2S \longrightarrow As_2S_3 + 6\,H_2O$$
$$2 \cdot 126\,g + 3 \cdot 34\,g \longrightarrow 246\,g + 6 \cdot 18\,g$$
$$252\,g + 102\,g \longrightarrow 246\,g + 108\,g$$

Somit kann hinsichtlich der *Stöchiometrie* dieser Reaktion auch formuliert werden, dass 252 g Arsenige Säure mit 102 g Schwefelwasserstoff bei kompletten Stoffumsatz zu 246 g Arsen(III)-sulfid und 108 g Wasser reagieren.

1.0.2.5 Prinzip der Elektroneutralität

Bei chemischen Reaktionen können Ladungen weder vernichtet noch aus dem Nichts erzeugt werden. Die Summe aller Ladungen auf der Eduktseite entspricht der Summe aller Ladungen auf der Produktseite, wobei die jeweiligen Ladungen als Exponenten an das betreffende Elementsymbol geschrieben werden. Dies ist von Bedeutung für die korrekte Formulierung von *Ionengleichungen*, wie beispielsweise die Oxidation von Nitrit-Ionen (NO_2^-) zu Nitrat-Ionen (NO_3^-) mit Permanganat (MnO_4^-) in saurer Lösung (H_3O^+), wobei Permanganat zu Mangan(II)-Ionen (Mn^{2+}) reduziert wird (siehe auch ▸ Kap. 1.12.1.5):

$$5\,NO_2^- + 2\,MnO_4^- + 6\,H_3O^+ \longrightarrow 5\,NO_3^- + 2\,Mn^{2+} + 9\,H_2O$$

Diese Ionengleichung kann auch als *Stoffgleichung* formuliert werden:

$$5\,NaNO_2 + 2\,KMnO_4 + 3\,H_2SO_4 \longrightarrow 5\,NaNO_3 + 2\,MnSO_4 + K_2SO_4 + 3\,H_2O$$

1.0.2.6 Gesetz der konstanten Proportionen

Dieses Gesetz besagt, dass das Massenverhältnis von Elementen in einer chemischen Verbindung konstant ist. Mit anderen Worten, chemische Verbindungen enthalten die Elemente in einem unveränderlichen, für die jeweilige Substanz charakteristischen Zahlenverhältnis. Ein *Wassermolekül* (H_2O) besteht immer aus zwei Wasserstoffatomen (H) und aus einem Sauerstoffatom (O).

1.0.2.7 Gesetz der multiplen (vielfachen) Proportionen

Danach können Elemente mit anderen Elementen zu unterschiedlichen Verbindungen zusammentreten, die Massenverhältnisse stehen aber immer in einem konstanten Zahlenverhältnis. Zum Beispiel bilden Stickstoff (N) und Sauerstoff (O) mehrere Oxide unterschiedlicher Zusammensetzung (NO, NO_2, N_2O, N_2O_3, N_2O_4, N_2O_5), aber jedes Stickstoffdioxid-Molekül (NO_2) besteht immer aus einem Stickstoff- und zwei Sauerstoffatomen.

1.0.3 Einteilung chemischer Reaktionen

Chemische Reaktionen lassen sich einteilen nach:

- dem Aggregatzustand der Reaktanden, z.B. Reaktionen in der Gasphase, in Lösung oder an Feststoffoberflächen,
- der Art der daran beteiligten Teilchen (Atome, Moleküle, Ionen),
- dem gemeinsamen Reaktionsprinzip, das nachfolgend zur Klassifizierung chemischer Reaktionen bevorzugt behandelt wird.

1.0.3.1 Säure-Base-Reaktionen

Säure-Base-Reaktion sind – sofern man die Definitionen von Säuren und Basen nach *Brönsted* zugrunde legt – Reaktionen, bei denen Protonen (**H^+**) von einem Molekül auf ein anderes übertragen werden. Solche *Protonenübertragungsreaktionen* werden auch als *Protolysen* bezeichnet (siehe ▸ Kap. 1.10).

$$\mathbf{HA + B \leftrightharpoons A^- + BH^+}$$

Bei diesen Reaktionen gibt immer die Säure (HA) als *Protonendonator* das Proton an die Base (B) ab, die als *Protonenakzeptor* fungiert. Durch die Protolyse geht die Säure in ihre korrespondierende Base (A^-) und die Base in ihre korrespondierende Säure (BH^+) über. Säure-Base-Reaktionen sind mit hoher Geschwindigkeit ablaufende *reversible* Prozesse.

1.0.3.2 Redoxreaktionen

Redoxreaktionen beruhen auf *Elektronenübertragungen* (**e^-**) und setzen sich zusammen aus dem Teilprozess der **Oxidation** (*Elektronenabgabe*) und dem Teilprozess der **Reduktion** (*Elektronenaufnahme*), die *stets* miteinander gekoppelt sind. Als Edukte dienen ein **Reduktionsmittel** (Red) als *Elektronendonator* und ein **Oxidationsmittel** (Ox) als *Elektronenakzeptor*. Bei Redoxreaktionen wird das Reduktionsmittel (Red^1) oxidiert (zu Ox^1) und das Oxidationsmittel (Ox^2) wird reduziert (zu Red^2), sodass sich solche Prozesse in allgemeiner Form wie folgt darstellen lassen (siehe ▸ Kap. 1.12):

$$\mathbf{Red^1 + Ox^2 \leftrightharpoons Ox^1 + Red^2}$$

Beispielsweise werden beim Überleiten von Chlorgas (Cl_2) über metallisches Natrium (Na) zu Natriumchlorid (Na^+Cl^-), die Natriumatome (Na) zu Natrium-Ionen (Na^+) oxidiert und die Chloratome (Cl) zu Chlorid-Ionen (Cl^-) reduziert.

$$2\,Na + Cl_2 \longrightarrow 2\,Na^+ + 2\,Cl^-$$

Eine technische wichtige Klasse von Redoxreaktionen sind *elektrochemische Prozesse*. Bei *Elektrolysen* dienen die Elektronen des elektrischen Stroms als Reduktionsmittel. Viele Redoxreaktionen sind gehemmt und bedürfen einer Katalyse. Redoxreaktionen, an denen Sauerstoff als Reaktand beteiligt ist, werden auch als *Verbrennungsprozesse* bezeichnet.

1.0.3.3 Komplexbildungsreaktionen

Hier reagieren mehrere Liganden (L) mit einem Zentralatom (Z) zu einem Komplex. Das Zentralatom kann zum Beispiel ein Metallatom oder eine Metallkation sein.

Bei der Komplexbildung stellen die Liganden als Lewis-Base ein Elektronenpaar einem Zentralatom als Lewis-Säure für eine kovalente Bindung (*koordinative Bindung*) zur Verfügung. Der Ligand fungiert somit als *Elektronenpaardonator* und das Zentralatom als *Elektronenpaarakzeptor*. Die Komplexbildung kann durch folgende allgemeine Reaktionsgleichung beschrieben werden (siehe ▸ Kap. 1.5):

$$\mathbf{Z + n\,L \leftrightharpoons [ZL_n]}$$

Zum Beispiel reagieren Kupfer(II)-Ionen (Cu^{2+}) mit vier Ammoniak-Molekülen (NH_3) als Elektronenpaardonator zum tiefblauen Tetramminkupfer(II)-Komplex. Das komplexe Ion wird in eckige Klammern geschrieben.

$$Cu^{2+} + 4\,NH_3 \leftrightharpoons [Cu(NH_3)_4]^{2+}$$

Viele Komplexe sind charakteristisch gefärbt und ihre Bildung dient zum analytischen Nachweis zahlreicher Metallionen.

1.0.3.4 Fällungsreaktionen

Als *Fällung* bezeichnet man einen Vorgang, bei dem zuvor gelöste Teilchen in eine schwer lösliche Verbindung übergeführt werden, die als unlöslicher Niederschlag ausfällt. Die Bildung unlöslicher Salze, ist eine wichtige chemische Reaktion zum Nachweis von positiv geladenen (Kationen) oder negativ geladenen Teilchen (Anionen). Zur Quantifizierung des Fällungsvorganges kann das **Löslichkeitsprodukt** einer Verbindung dienen (siehe ▸ Kap. 1.10.4.2).

1.0.3.5 Sonstige Reaktionen

Zum Ablauf von Substitutionen, Additionen, Eliminierungen oder von Umlagerungen siehe Ehlers, **Chemie II**, ▸ Kap. 3.2.

Als *Hydrolysen* bezeichnet man chemische Reaktionen, bei denen eine Bindungsspaltung durch Wassermoleküle erfolgt. Demzufolge ist eine *Solvolyse* eine Reaktion, bei der eine Bindungsspaltung durch das verwendete Lösungsmittel eintritt.

Wenn zwei Moleküle unter Abspaltung eines kleineren Moleküls, wie z.B. Wasser, zu einem einzigen Molekül zusammentreten, so bezeichnet man diesen Vorgang als *Kondensationsreaktion*.

$$X\text{-}H + HO\text{-}Y \rightarrow X\text{-}Y + H_2O$$

Die Bildung von Proteinen (Eiweißmolekülen) aus verschiedenen Aminosäuren ist ein solcher Kondensationsprozess.

1.0.4 Verlauf chemischer Reaktionen

Reaktionen können bezüglich der Produktbildung unterteilt werden in:

- **reversible** (umkehrbare) **Reaktionen**, bei denen unter den gewählten Reaktionsbedingungen die Produktbildung (Hinreaktion) und der Produktzerfall (Rückreaktion) gleichzeitig ablaufen können,
- **irreversible** (einseitig verlaufende) **Reaktionen**, bei denen unter den gewählten Bedingungen nur eine Produktbildung erfolgt. Das heißt nicht, dass die Produkte nicht wieder zu den Edukten umgewandelt werden können, jedoch sind dann andere Reaktionsbedingungen zu wählen.

Weiterhin kann man unterscheiden zwischen **einstufigen** und **mehrstufigen** (gekoppelte) **Reaktionen**.

$$\textbf{Edukt(e)} \rightarrow \textbf{Produkt(e)}$$
$$\textbf{Edukt(e)} \rightarrow \textbf{[Zwischenprodukt(e)]} \rightarrow \textbf{Produkt(e)}$$

Mehrstufige Reaktionen sind eine Abfolge einzelner Reaktionsschritte (*Folgereaktion*); sie verlaufen über *Zwischenprodukte*. Häufig bezeichnet man aber einen Stoff nur deshalb als Zwischenprodukt, weil er während der real ablaufenden Reaktion nicht isoliert wird.

Mehrstufige Reaktionen setzen sich aus mehreren Teilschritten, sogenannten Elementarreaktionen, zusammen. Als **Elementarreaktion** bezeichnet den kleinsten Abschnitt, in den ein chemischer Prozess unterteilt werden kann. Die Abfolge der Elementarreaktionen charakterisiert den **Reaktionsmechanismus** der Gesamtreaktion.

Ein und dieselben Edukte können unter den gewählten Bedingungen zu unterschiedlichen Produkten reagieren. Werden die verschiedenen Produkte in stark unterschiedlicher Quantität gebildet, so spricht man auch von der **Hauptreaktion** (erwünschte Reaktion) und der **Nebenreaktion** (unerwünschte Reaktion).

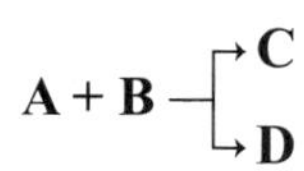

Da aus den Edukten (A und B) unter den gleichen Reaktionsbedingungen, sowohl das Produkt (C) als auch das Produkt (D) nebeneinander gebildet werden, verwendet man für diesen Reaktionsablauf auch Begriffe wie *Parallelreaktionen*, *Simultanreaktionen* oder *Konkurrenzreaktionen*. Dabei kann durch kinetische oder thermodynamische **Kontrolle der Reaktion** der Reaktionsverlauf in eine bevorzugte Richtung gelenkt werden (siehe ▸ Kap. 1.13.4.3).

1.1 Atombau

1.1.1 Aufbau der Atome

1.1.1.1 Protonen, Neutronen, Elektronen

Als **Atom** bezeichnet man den kleinsten Baustein einer Elements oder einer Verbindung, der sich mit chemischen Methoden nicht weiter zerlegen lässt. Mit Ausnahme des Wasserstoffatoms konnten **Elektronen**, **Protonen** und **Neutronen** als *Elementarteilchen* aller Atome nachgewiesen werden. Dagegen besteht das *Wasserstoffatom* nur aus einem Proton und einem Elektron [vgl. **MC-Fragen Nr. 2, 3, 6, 9, 12, 165**].

Elektronen (e^-) tragen eine **negative Elementarladung**, während **Protonen** (p^+) **positiv** geladen sind. **Neutronen** (n) besitzen keine elektrische Ladung. Daher werden Neutronen – im Gegensatz zu Elektronen und Protonen – auch *nicht* in einem elektrischen oder magnetischen Feld beschleunigt. Ein *elektrisch neutrales* Atom enthält ebenso viele Protonen (positive Elementarladungen) wie Elektronen (negative Elementarladungen) [vgl. **MC-Fragen Nr. 2, 3, 5, 9, 12, 14, 15, 17, 19, 20, 22, 24, 26, 164, 165, 170, 202**].

Die **Elementarladung** (e) ist definiert als Quotient aus der **Faraday-Konstanten** (F) und der **Avogadro-Konstanten** (N_A) [siehe auch ▸Kap. 1.1.1.6 und **MC-Fragen Nr. 17–21**]:

Elementarladung	= Faraday-Konstante/Avogadro-Konstante
e	= F/N_A
	= $1{,}60218 \cdot 10^{-19}$ A · s (Coulomb)

Protonen und **Neutronen** haben näherungsweise die **relative Masse** 1 u. Ihre Masse ist etwa 1836mal größer als die eines Elektrons. Eine **Atommasseneinheit** (u) beträgt **$1{,}66053 \cdot 10^{-24}$ g** [siehe hierzu ▸Kap. 1.1.1.5 und **MC-Frage Nr. 11**].

Neutronen scheinen nur als Bestandteil von Atomkernen stabil zu sein. Freie Neutronen wandeln sich mit einer Halbwertszeit von ca. 13 min in ein Elektron und ein Proton um [vgl. **MC-Frage Nr. 7**]:

$$n \longrightarrow p^+ + e^-$$

▫ Tab. 1.1 Masse und Ladung von Elementarteilchen

Elementar-teilchen	Relative Atommasse	Masse (in g)	Elektr. Ladung	Aufenthalt
Elektron	0,000549 u	$0{,}9117 \cdot 10^{-27}$	– e	Hülle
Proton	1,007276 u	$1{,}6726 \cdot 10^{-24}$	+ e	Kern
Neutron	1,008665 u	$1{,}6749 \cdot 10^{-24}$	Neutral	Kern

Freie Neutronen entstehen in Kernspaltungsreaktoren beim Bestrahlen leichterer Elemente [Li, Be oder B] mit α-Teilchen sowie bei der Spaltung des Uranisotops ^{235}U [siehe ▸ Kap. 1.1.3.6 und **MC-Fragen Nr. 10, 115**].

$$^{9}_{4}\mathrm{Be} + {}^{4}_{2}\mathrm{He} \longrightarrow \left[^{13}_{6}\mathrm{C}\right] \longrightarrow {}^{12}_{6}\mathrm{C} + {}^{1}_{0}\mathrm{n} \quad \text{oder}$$

$$^{11}_{5}\mathrm{B} + {}^{4}_{2}\mathrm{He} \longrightarrow \left[^{15}_{7}\mathrm{N}\right] \longrightarrow {}^{14}_{7}\mathrm{N} + {}^{1}_{0}\mathrm{n}$$

Freie **Elektronen** können bei hohen Temperaturen als *Kathodenstrahlen* aus einer metallischen Glühkathode austreten; sie werden in Feldrichtung (in Richtung Anode) beschleunigt. Ein Elektron besitzt dann die kinetische Energie von 1 *Elektronenvolt* (eV) [$1\ \mathrm{eV} = 1{,}6021 \cdot 10^{-19}\ \mathrm{J}$], wenn es in einem elektrischen Feld der Spannung 1 Volt (V) beschleunigt wurde [vgl. **MC-Fragen Nr. 16, 21**].

In ▫ Tab. 1.1 sind die wichtigsten Eigenschaften der genannten Elementarteilchen nochmals aufgelistet [vgl. **MC-Fragen Nr. 4, 7, 8, 12, 15, 32–34**].

Zu erwähnen ist, dass man neben Elektronen, Protonen und Neutronen noch eine Reihe weiterer Elementarteilchen (Bosonen, Leptonen, Mesonen, Pionen, Quarks u.a.) kennt (siehe hierzu Lehrbücher der Physik). Sie sind für das Verständnis der nachfolgenden Kapitel jedoch von untergeordneter Bedeutung.

Elementarteilchen	:	**Protonen**	} **Nucleonen**
		Neutronen	}
		Elektronen	

1.1.1.2 Rutherford-Modell

Aufgrund der Ergebnisse von Bestrahlungsversuchen dünner Metallfolien mit α-Teilchen entwickelte Rutherford folgendes Atommodell: Im Zentrum eines Atoms befindet sich der **positiv geladene Atomkern**, der aus **Protonen** und den geringfügig schwereren **Neutronen** besteht. Diese Kernbausteine werden auch als **Nucleonen** bezeichnet.

Der Atomkern enthält den größten Teil (99,95 bis 99,98 %) der Masse eines Atoms. Ihn umgibt die lockere, **negativ geladene Atomhülle**. Sie besteht aus den **Elektronen**, die sich in ständiger Bewegung befinden. Die Elektronen nehmen fast das gesamte **Volumen** des Atoms ein, das in der Größenordnung von $\mathbf{10^{-29}\ m^3}$ liegt [vgl. **MC-Fragen Nr. 2, 3, 6, 8, 165, 169, 202**].

Der **Radius eines Atoms** beträgt ungefähr **10^{-10} m** (0,1 nm = 100 pm), der **Radius des Atomkerns** etwa **10^{-15} m** (1 fm) [vgl. **MC-Fragen Nr. 29–31**].

Ein Atom besteht aus Elektronen, Protonen und Neutronen. Protonen und Neutronen befinden sich im positiv geladenen Atomkern, der praktisch die Gesamtmasse des Atoms in sich vereint. Den Kern umgibt eine lockere Hülle mit einer konkreten Anzahl negativ geladener Elektronen.

Die Struktur des Atomkerns ist für Fragen der atomaren Stabilität, der Radioaktivität usw. von Bedeutung. Sie hat hingegen – mit Ausnahme des sog. *Isotopeneffektes* (siehe ▸ Kap. 1.1.2.2) – nur einen geringen Einfluss auf das chemische Verhalten der Atome. Die *chemischen Eigenschaften* von Atomen und den aus ihnen aufgebauten Molekülen werden ausschließlich durch die *Struktur der Elektronenhülle* bestimmt.

1.1.1.3 Kernkräfte, Massendefekt

Starke Kräfte (starke Wechselwirkungen), die nur über kurze Distanzen von etwa 10^{-13} cm wirksam sind, verursachen den Zusammenhalt der Kernbausteine. Zum tieferen Verständnis dieser Kräfte wird auf die Lehrbücher der Physik verwiesen.

Diesen sehr starken Kernkräften entspricht eine hohe nucleare Bindungsenergie, die beim Aufbau eines Kerns aus seinen Nucleonen frei wird. Diese Energie zeigt sich im sog. **Massendefekt**, d. h. in der Tatsache, dass die Summe der Einzelmassen aller Nucleonen eines bestimmten Atomkerns größer ist als die betreffende Kernmasse. Mit anderen Worten, beim Zusammentritt von Protonen und Neutronen zu einem Atomkern geht dem System eine der freiwerdenden **Bindungsenergie** äquivalente Masse verloren.

Der Zusammenhang zwischen der Bindungsenergie des Atomkerns und dem Massendefekt ist nach **Einstein** gegeben durch:

$$\mathbf{E = \Delta m \cdot c^2}$$

E	=	Energie
Δm	=	Massendefekt
c	=	Lichtgeschwindigkeit

Beispielsweise berechnet sich der Massendefekt für einen *Heliumkern* wie folgt [vgl. **MC-Fragen Nr. 3, 6**]:

Masse von 2 Protonen:	$2 \cdot 1{,}00728$ u =	2,01456 u = 3,34530 10^{-27} kg
Masse von 2 Neutronen:	$2 \cdot 1{,}00867$ u =	2,01734 u = 3,34990 10^{-27} kg
Summe der Einzelmassen:		4,03190 u = 6,69520 10^{-27} kg
Masse des Heliumkerns:		4,00260 u = 6,64480 10^{-27} kg
Massendefekt (Δm):		0,02930 u = 0,05040 10^{-27} kg

Dieser Massenverlust macht etwa 0,8 % der Masse des Heliumkerns aus und entspricht nach der Einsteinschen Gleichung einer molaren Bindungsenergie des Heliumkerns von etwa $-28 \cdot 10^{11}$ Joule/mol. Das Minuszeichen bedeutet, dass dieser Energiebetrag bei der Bildung des Atomkerns aus seinen Nucleonen frei wird (siehe hierzu ▸ Kap. 1.9.2).

1.1.1.4 Elemente, Elementsymbole (Atomsymbole)

Unter einem Element versteht man einen Stoff, dessen Atome die gleiche Kernladung (Protonenzahl) besitzen.

Jedes chemische Element ist somit durch die Anzahl der Protonen in seinem Atomkern *eindeutig* charakterisiert. Diese Zahl wird **Kernladungszahl** (Z) genannt. Sie entspricht auch der **Ordnungszahl** des betreffenden Elements im Periodensystem (siehe ▸ Kap. 1.2.1). Darüber hinaus entspricht in einem ungeladenen (elektrisch neutralen) Atom die Anzahl der Protonen im Atomkern der Anzahl Elektronen in der Atomhülle [vgl. **MC-Fragen Nr. 5, 40, 43**].

Kernladungszahl = Anzahl der Protonen = Anzahl der Elektronen = Ordnungszahl

Da die Masse eines Protons und die eines Neutrons etwa eine atomare Masseneinheit betragen, ist die Differenz aus der **Massenzahl (Nucleonenzahl)** (A) und der Kernladungszahl (Z) gleich der Anzahl (N) der im Kern befindlichen Neutronen [vgl. **MC-Frage Nr. 1302**].

Massenzahl = Kernladungszahl + Neutronenzahl
A = Z + N

Zur abgekürzten Darstellung eines bestimmten Atomkerns schreibt man nun links oberhalb des betreffenden Elementsymbols seine Massenzahl und links unten seine Protonenzahl (Ordnungszahl) [vgl. **MC-Fragen Nr. 41, 43–46**].

$$\begin{matrix}\text{Massenzahl}\\ \text{Ordnungszahl}\end{matrix}\ \boxed{\text{Elementsymbol}}\quad \text{z.B.}\quad {}^{12}_{6}\text{C},\quad {}^{14}_{7}\text{N},\quad {}^{70}_{50}\text{Sn},\quad {}^{238}_{92}\text{U}$$

Berücksichtigt man, dass Atome Elektronen aufnehmen oder abgeben können und dabei in negativ bzw. positiv geladene **Ionen** übergehen, und dass **Moleküle** auch mehrere Atome des gleichen Elements enthalten können, so ist eine vollständige Charakterisierung wie folgt möglich [vgl. **MC-Frage Nr. 42**]:

$$\begin{matrix}\text{Massenzahl}\\ \text{Ordnungszahl}\end{matrix}\ \boxed{\text{Elementsymbol}}\ \begin{matrix}\text{Ladung(szahl)}\\ \text{Atomzahl}\end{matrix}\quad \text{z.B.}\quad {}^{16}_{8}\text{O}^{2-}_{2}$$

Elektrisch geladene Teilchen, die aus einem oder mehreren Atomen bestehen, nennt man Ionen. Ihre Ladung ergibt sich aus der Summe der positiven Ladungen der Protonen und der negativen Ladungen der Elektronen.

1.1.1.5 Relative Atommassen

Die **Masse von Atomen** ist extrem klein und bewegt sich in der Größenordnung von $\mathbf{10^{-24}}$ bis $\mathbf{10^{-22}}$ **g** (10^{-27} – 10^{-25} kg) [vgl. **MC-Fragen Nr. 35, 36**].

Da sich bei der Verwendung der Einheit „Gramm" bzw. „Kilogramm" für die atomaren Massen sehr kleine, unhandliche Zahlenwerte ergeben, hat man die **relative Atommasseneinheit (u)** eingeführt.

Bezugsgröße für die Masse eines Atoms ist die **Masse des** $\mathbf{^{12}C}$**-Nuclids**, die man willkürlich zu 12 Einheiten **[12 u]** festgelegt hat [vgl. **MC-Fragen Nr. 37–39, 1621**].

1u = 1/12 der Masse des ^{12}C-Nuclids
= 1 g/N_A = 1 g/6,022141 · 10^{23}
= 1,6605 · 10^{-24} g = 1,6605 · 10^{-27} kg

Die relative Masse eines bestimmten Atoms ist dann das Vielfache des zwölften Teils der Masse des Kohlenstoffnuclids ^{12}C bzw. das Vielfache der Atommasseneinheit (u).

Daraus errechnet sich z. B.

- die Atommasse von Wasserstoff zu:
  A_H = 1,0079 u = 1,0079 · 1,6605 · 10^{-24} g
  = 1,673 · 10^{-24} g = 1,673 · 10^{-27} kg
- die Atommasse von Sauerstoff zu:
  A_O = 15,9994 u = 15,9994 · 1,6605 · 10^{-24} g
  = 2,658 · 10^{-23} g = 2,658 · 10^{-26} kg

Die meisten in der Natur vorkommenden Elemente sind jedoch *Isotopengemische* (siehe ▸ Kap. 1.1.2.1) und ihre Atommasse hängt von der Isotopenzusammensetzung ab, die bei natürlichen Elementen einen konstanten Wert besitzt. Die **mittlere Atommasse** eines Elements ergibt sich dann aus den Massen seiner Isotope unter Berücksichtigung ihrer relativen Häufigkeit.

- Zum Beispiel besteht das Element **Kohlenstoff** aus den Nucliden ^{12}C und ^{13}C und einem nicht ins Gewicht fallenden Anteil an ^{14}C.

  98,892% ^{12}C-Isotop mit einer Masse von 12,0000 u = 11,8671 u
  1,108% ^{13}C-Isotop mit einer Masse von 13,0034 u = 0,1441 u

  Die mittlere Atommasse des C-Atoms beträgt somit **12,0112 u** oder

  12,0112 · 1,6605 · 10^{-24} g = 1,995 · 10^{-23} g [**MC-Frage Nr. 35**].

In der Chemie rechnet man unter Weglassen der Einheit ausschließlich mit **relativen Atommassen (A_r)**, die in atomaren Einheiten (u) ausgedrückt sind. Man rechnet also mit den Zahlenwerten 1,0079 für Wasserstoff, 15,9994 für Sauerstoff, 12,0112 für Kohlenstoff, 22,9898 für Natrium usw.

Die Masse (m) eines Atoms kann auch in **Dalton** (Da) ausgedrückt werden. 1 Dalton enspricht der Masse des Wasserstoffatoms (1 Da = 1,00785 u).

1.1.1.6 Mol-Begriff, Avogadro Zahl, Molekülmassen

Grundsätzlich gilt, dass in den Mengen verschiedener Elemente, die zahlenmäßig der *Atommasse* in *Gramm* entsprechen, immer die gleiche Anzahl von Atomen enthalten sind.

Zum Beispiel sind in 15,9994 g Sauerstoff(atome) ebenso viele Teilchen vorhanden wie Natriumatome in 22,9898 g Natrium oder Heliumatome in 4,003 g Heliumgas.

Diese Zahl wird als **Avogadro-Konstante (N_A)** bezeichnet. Sie ist gleich dem Quotienten aus der Faraday-Konstante (F) und der Elementarladung (e). Ihr von äußeren Bedingungen unabhängiger Zahlenwert beträgt [vgl. **MC-Fragen Nr. 47, 48, 54**]:

$$\mathbf{N_A = F/e = 6{,}022141 \cdot 10^{23}\ [mol^{-1}]}$$

Die Avogadro-Zahl lässt sich experimentell aus elektroanalytischen oder kristallographischen Daten, aus der kinetischen Gastheorie, aus der Brownschen Bewegung oder aus Sedimentationsgleichgewichten ermitteln. Eine weitere Bestimmungsmöglichkeit bietet der radioaktive Zerfall.

Mithilfe der Avogadroschen Zahl (N_A) berechnet sich die **Stoffmenge** (n) eines Elements oder einer Verbindung aus der Anzahl (N) der Teilchen des betreffenden Stoffes zu:

$$n = \text{Zahl der Teilchen/Avogadro-Zahl} = N/N_A$$

Die Stoffmenge, die aus $6{,}02 \cdot 10^{23}$ Teilchen (Atome, Moleküle, Ionen) besteht, wird als **ein Mol** bezeichnet. Das Mol zählt zu den SI-Basiseinheiten (SI-Symbol: **mol**). Die Masse eines Mols wird **molare Masse** (oder Molmasse) genannt [vgl. **MC-Fragen Nr. 48, 49, 53, 54**].

> 1 Mol = $6{,}022141 \cdot 10^{23}$ elementare Einheiten
>
> ---
>
> 1 Mol ist die Stoffmenge eines Systems, das aus ebenso vielen Teilchen besteht, wie in 12 g des Nuclids ^{12}C vorhanden sind. Verschiedenartige Substanzen enthalten pro Mol jeweils die gleiche Anzahl von elementaren Einheiten.

Elementare Einheiten sind Elektronen, Protonen, Neutronen, Atome, Ionen oder Moleküle.

Bei Elektrolyten muss für die Berechnung der Teilchenzahl die elektrolytische Dissoziation der Substanz berücksichtigt werden. So sind zum Beispiel in 0,1 Mol Natriumchlorid (NaCl) insgesamt $1{,}2 \cdot 10^{23}$ elementare Einheiten (Ionen) vorhanden [vgl. **MC-Frage Nr. 52**]:

$$0{,}1 \cdot 6 \cdot 10^{23}\ Na^+\text{-Ionen} + 0{,}1 \cdot 6 \cdot 10^{23}\ Cl^-\text{-Ionen}$$

Bei Mengenangaben in Mol muss stets ausgeführt werden, um welche Teilchen es sich handelt. Beispielsweise enthält 1 Mol Chloratome $6{,}022141 \cdot 10^{23}$ Cl-Atome und besitzt eine Masse von 35,453 g. Demgegenüber enthält 1 Mol Chlor $6{,}022141 \cdot 10^{23}$ Cl_2-Moleküle und hat die Masse 70,906 g.

Bei molekularen Substanzen ergibt sich die **relative Molekülmasse (M_r)** aus der Summe der relativen Atommassen (A_r) aller das Molekül aufbauenden Atome. Daher enthalten zum Beispiel 18 g Wasser [H_2O] ebenso viele Moleküle wie 78 g Benzol [C_6H_6] [vgl. **MC-Frage Nr. 51**].

Die **Stoffmenge n(X) (in mol)** eines beliebigen Stoffes X erhält man, wenn die *Masse des Stoffes m(X)* (in Gramm) durch seine *molare Masse M(X)* (in Gramm/mol) dividiert wird.

$$n(X)\ [mol] = \frac{m(X)\ [g]}{M(X)\ [g/mol]}$$

Stoffmengenangaben beziehen sich immer auf eine bestimmte Substanz, die in runden Klammern nach dem Stoffmengensymbol genannt wird, z.B. durch $n(NH_4Cl)$ für die Stoffmengenangabe von Ammoniumchlorid. Bezüglich weiterer Mengenangaben und Konzentrationsmaße siehe ▸Kap. 1.8.7.3 und Ehlers, **Analytik II**, ▸Kap. 4.1.

1.1.2 Isotope

1.1.2.1 Reinelemente, Mischelemente

Alle Atome eines Elements haben die gleiche Kernladungszahl (Ordnungszahl). Für einige Elemente existieren jedoch *Atome*, die aufgrund unterschiedlicher Neutronenzahlen *verschiedene Massenzahlen* (unterschiedliche Nucleonenzahlen) aufweisen.

Ein Atom ist erst dann eindeutig charakterisiert, wenn neben seiner Kernladungszahl auch die Anzahl der Neutronen bekannt ist, die in engen Grenzen variieren kann [vgl. **MC-Fragen Nr. 4, 11, 15, 55, 57–61, 63–77**].

Nuclide gleicher Protonenzahl mit einer unterschiedlichen Anzahl von Neutronen werden als Isotope oder isotope Nuclide bezeichnet. Isotope besitzen unterschiedliche Atommassen (unterschiedliche Massenzahlen).

Über den Kernaufbau einiger wichtiger Elemente informiert ▫Tab. 1.2.

Die meisten natürlichen Elemente sind **Mischelemente**, d. h., sie bestehen aus einem Gemisch mehrerer Isotope. Elemente, die nur aus einem einzigen Nuclid aufgebaut sind, werden als **Reinelemente** bezeichnet. Zu den in der *Natur* vorkommenden isotopenreinen Elementen zählen u. a. *Fluor - Natrium - Aluminium - Phosphor - Arsen - Mangan - Gold - Kobalt - Bismut* und *Iod* [vgl. **MC-Frage Nr. 56**].

Element:	Aufbau aus einer einzigen Atomart
Reinelement:	Aufbau aus Kernen gleicher Masse
Mischelement:	Aufbau aus Kernen unterschiedlicher Masse

Isotope haben infolge identischer Protonenzahlen die *gleiche Struktur* in ihren *Elektronenhüllen* und stehen an derselben Stelle im Periodensystem. Da die Elektronenhülle eines Atoms vorrangig dessen *chemische Eigenschaften* bestimmt, verhalten sich

◻ Tab. 1.2 Kernaufbau ausgewählter Elemente

Atom Nr.	Element	Symbol	Kernaufbau n = Neutron p = Proton	Massenzahlen	Natürlich vorkommende Massenzahlen
1	Wasserstoff	H	1 p + 0 bis 2 n	1 bis 3	1,2,3
2	Helium	He	2 p + 1 bis 6 n	3 bis 8	3,4
3	Lithium	Li	3 p + 2 bis 8 n	5 bis 11	6,7
4	Beryllium	Be	4 p + 2 bis 8 n	6 bis 12	9,10
5	Bor	B	5 p + 3 bis 10 n	8 bis 15	10,11
6	Kohlenstoff	C	6 p + 3 bis 10 n	9 bis 16	12,13,14
7	Stickstoff	N	7 p + 5 bis 11 n	12 bis 18	14,15
8	Sauerstoff	O	8 p + 5 bis 12 n	13 bis 20	16,17,18
9	Fluor	F	9 p + 7 bis 13 n	16 bis 22	19
10	Neon	Ne	10 p + 7 bis 14 n	17 bis 24	20,21,22
⋮	⋮	⋮	⋮	⋮	⋮
92	Uran	U	92 p + 135 bis 148 n	227 bis 240	234,235,238
93	Neptunium	Np	93 p + 135 bis 148 n	228 bis 241	237
94	Plutonium	Pu	94 p + 138 bis 152 n	232 bis 246	239

die einzelnen Isotope eines Elements chemisch gleichartig. Zu ihrer wirksamen Trennung muss man sich physikalischer Methoden bedienen, deren Trennwirkung auf den unterschiedlichen Massen der Isotope beruht, wie z. B. die bereits 1919 von **Aston** entwickelte **Massenspektrometrie** [vgl. **MC-Frage Nr. 55**].

Jedes Isotop besitzt eine definierte Nucleonenzahl und die meisten dieser Isotope sind stabil. Einige natürlich vorkommende Isotope sind hingegen *instabil* und zerfallen unter Aussendung radioaktiver Strahlen. Man bezeichnet sie daher als *radioaktive Nuclide* oder *Radioisotope* [siehe auch ▸ Kap. 1.1.3 und **MC-Frage Nr. 86**].

◻ Tab. 1.3 gibt Auskunft über die relative Häufigkeit und Stabilität einiger natürlicher Isotope [vgl. **MC-Fragen Nr. 69, 78–84, 163**].

Darüber hinaus kann man heute in Atomreaktoren oder Teilchenbeschleunigern durch Kernumwandlung *künstliche radioaktive Nuclide* in beliebigen Mengen erzeugen. Einige dieser Radioisotope zerfallen in Sekunden, andere besitzen hingegen extrem lange Halbwertszeiten [siehe hierzu ▸ Kap. 1.1.3.4 sowie **MC-Fragen Nr. 69, 71–73, 163**].

Isobare: Darunter versteht man Atomarten gleicher Masse (Nucleonenzahl) aber unterschiedlicher Kernladung (Protonenzahl). Bei Isobaren handelt es sich also um verschiedene Elemente, die demzufolge auf chemischem Wege voneinander getrennt werden können [vgl. **MC-Frage Nr. 62**].

1.1.2.2 Isotopeneffekte

Aufgrund ihrer identischen Elektronenhüllen zeigen isotope Nuclide eine hohe Übereinstimmung in ihren chemischen Eigenschaften. Graduelle Abweichungen treten dann auf, wenn die Massenunterschiede zwischen den einzelnen Isotopen relativ groß sind. Daher zeigen sich **Isotopeneffekte** vor allem bei den Elementen mit niedrigen Massenzahlen.

Tab. 1.3 Eigenschaften in der Natur vorkommender Isotope

Element	Massenzahl	Symbol	Relative Häufigkeit [%]	Stabilität
Wasserstoff (Deuterium) Tritium)	1 2 3	^{1}H ^{2}H, D ^{3}H, T	99,986 0,014 Spur	Stabil Stabil Instabil [*]
Kohlenstoff	12 13 14	^{12}C ^{13}C ^{14}C	98,892 1,108 Spur	Stabil Stabil Instabil [*]
Stickstoff	14 15	^{14}N ^{15}N	99,635 0,365	Stabil Stabil
Sauerstoff	16 17 18	^{16}O ^{17}O ^{18}O	99,759 0,037 0,204	Stabil Stabil Stabil
Chlor	35 37	^{35}Cl ^{37}Cl	75,4 24,6	Stabil Stabil

[*] β-Strahler

Besonders stark ausgeprägt sind die **Isotopeneffekte** bei den **Wasserstoffisotopen** ^{1}H, ^{2}H (**Deuterium;** Symbol: **D**) und ^{3}H (**Tritium;** Symbol: **T**) mit einem Massenverhältnis von 1 : 2 : 3. Bei keinem anderen Element ist der Massenunterschied so groß wie beim Wasserstoff. Aus diesem Grund unterscheiden sich die Isotope des Wasserstoffs bezüglich ihren Reaktionsgeschwindigkeiten oder Dissoziationskonstanten relativ stark voneinander. Die Eigenschaften der Wasserstoffisotope werden im ▸Kap. 2.2.2 noch explizit vorgestellt [vgl. **MC-Frage Nr. 69**].

1.1.3 Radioaktiver Zerfall

1.1.3.1 Strahlungsarten natürlicher Zerfallsprozesse, Zerfallsreihen

Manche Atomkerne sind nicht stabil. Sie wandeln sich unter Aussendung einer charakteristischen Strahlung in energieärmere, stabilere Kerne um. Diese Erscheinung wird **Radioaktivität** genannt. *Radioaktivität ist somit eine Eigenschaft des Atomkerns.*

Hierbei lassen sich drei Arten von **natürlicher radioaktiver Strahlung** nachweisen [vgl. **MC-Frage Nr. 87**]:

- α **-Strahlen**
- β **-Strahlen**
- γ **-Strahlen**

Die emittierten α-, β- und γ-Strahlen besitzen unterschiedliche Eigenschaften und unterscheiden sich in ihrer [vgl. **MC-Fragen Nr. 121–132**]:

- Ablenkung in einem elektrischen oder magnetischen Feld,
- Reichweite in Luft,
- Fähigkeit, Atome oder Moleküle zu ionisieren,
- Fähigkeit, Materie zu durchdringen.

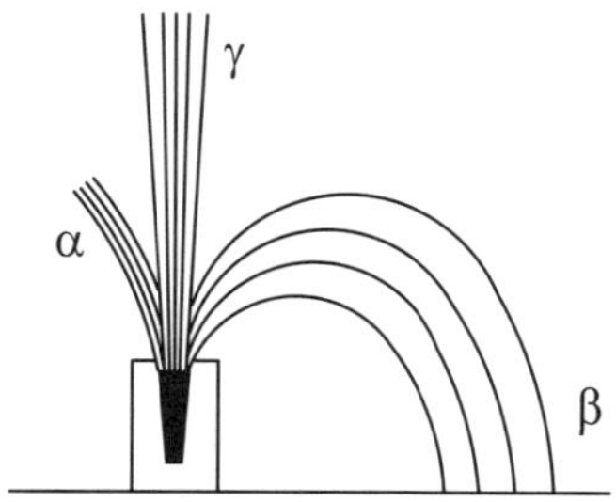

Abb. 1.1 Ablenkung radioaktiver Strahlen in einem Magnetfeld

α **-Strahlen** sind **Heliumkerne**, d. h. *doppelt positiv geladene Heliumatome* [Korpuskularstrahlen]. Sie können aufgrund ihrer Ladung und Masse in einem elektrischen und magnetischen Feld abgelenkt werden. Ihre Reichweite in Luft beträgt nur wenige Zentimeter. Sie durchdringen in der Regel nicht einmal Papier. Beim Zusammenstoß mit Luftmolekülen verlieren sie an Geschwindigkeit, fangen zwei Elektronen ein und werden zu Heliumatomen. Aus radioaktiven Substanzen werden sie mit Geschwindigkeiten von 10 000 bis 20 000 km/s emittiert [vgl. **MC-Fragen Nr. 14, 19, 20, 27, 88, 91, 92, 124, 125, 130, 131**].

β**-Strahlen** sind ebenfalls Korpuskularstrahlen und bestehen aus **Elektronen**, die mit einer Geschwindigkeit von etwa 130 000 km/s aus einem Atomkern austreten. Bei der Emission von β-Strahlen wandelt sich im Kern ein Neutron in ein Proton um [vgl. **MC-Fragen Nr. 7, 8, 13, 15, 23, 89, 93, 94, 124, 125, 131, 135**]:

$$\mathbf{n \longrightarrow p^+ + e^-}$$

β-Strahlen bewegen sich nahezu mit Lichtgeschwindigkeit; ihre kinetische Energie liegt im Bereich von 0,02–4 MeV [1 eV = 1,6021 10^{-19} J]. β-Strahlen können ein Aluminiumblech von 1 cm Dicke nicht mehr durchdringen. Aufgrund ihrer höheren Geschwindigkeit besitzen β-Strahlen eine größere Reichweite als α-Strahlen.

γ**-Strahlen** sind elektromagnetische Strahlen sehr kurzer Wellenlänge von etwa 0,005 nm (5 pm) [extrem kurzwelliges, energiereiches Röntgenlicht]. Sie werden – im Gegensatz zu α- oder β-Strahlen – weder in einem elektrischen noch in einem magnetischen Feld abgelenkt. Die Fähigkeit, Materie zu durchdringen, ist bei den γ-Strahlen am stärksten ausgeprägt [vgl. **MC-Fragen Nr. 90, 102–104, 126, 127**].

Die Aussendung von γ-Strahlen kann gleichzeitig mit der von α- oder β-Strahlen erfolgen. Die γ-Strahlung stellt hierbei den Energiebetrag dar, der beim Kernzerfall frei und nicht als kinetische Energie für die Bewegung der α- und β-Strahlen verbraucht wird.

Die beim Zerfall von radioaktiven Nucliden entstehenden Tochterisotope sind meistens wieder radioaktiv und zerfallen weiter. Man kann drei **natürliche Zerfallsreihen** unterscheiden:

- Uran-Zerfallsreihe, die vom Uran-238 ausgeht,
- Actinium-Zerfallsreihe, ausgehend von Uran-235 sowie die
- Thorium-Zerfallsreihe, die vom ^{232}Th ausgeht.

Alle drei natürlichen Zerfallsreihen enden bei einem *stabilen* Blei-Isotop: Die erste bei Blei-206, die zweite bei Blei-207 und die dritte bei Blei-208.

Außer den Elementen dieser Zerfallsreihen kennt man noch einige andere natürliche Elemente mit schwacher Radioaktivität, wie z. B. $^{3}_{1}H$, $^{14}_{6}C$, $^{40}_{19}K$ oder $^{87}_{37}Rb$.

1.1.3.2 Kernchemische Gleichung, radioaktive Verschiebungssätze

Die beim radioaktiven Zerfall im Atomkern auftretenden Veränderungen können durch eine **kernchemische Gleichung** wiedergegeben werden. Man verwendet dabei für die Nuclide die Isotopenschreibweise mit Kernladungs- und Massenzahlen links vom Elementsymbol unter Berücksichtigung, dass

- die Summe der Massenzahlen (A) auf der linken Seite der kernchemischen Gleichung der auf der rechten Seite entspricht.

Für natürliche radioaktive Vorgänge ergeben sich folgende **Verschiebungssätze**

- Die Kernladung (Protonenzahl) (Z) eines **α-Strahlers** nimmt um 2 ab, seine Nucleonenzahl (Massenzahl) (A) verringert sich um 4. Da die Ordnungszahl um 2 abnimmt, entsteht ein Element (E'), das im PSE zwei Stellen vor dem Ausgangselement (E) angeordnet ist. Ein Beispiel hierfür ist der α-Zerfall von natürlichem Uran-238 unter Bildung von Thorium-234 [vgl. **MC-Fragen Nr. 95, 96, 100, 111, 112, 116**].

α-Strahler:

$$^{A}_{Z}E \longrightarrow {}^{A-4}_{Z-2}E' + {}^{4}_{2}He\ (\alpha)$$

$$^{238}_{92}U \longrightarrow {}^{234}_{90}Th + {}^{4}_{2}He$$

- Durch Umwandlung eines Neutrons in ein Proton nimmt die Kernladung (Protonenzahl) (Z) eines **β-Strahlers** um 1 zu, sodass das neu entstehende Element gleicher Masse (Nucleonenzahl) der nächstfolgenden Gruppe des PSE angehört. Bekannte Beispiele sind der β-Zerfall von Tritium ($^{3}_{1}H$) oder von $^{14}_{6}C$-Atomen. Der β-Zerfall des $^{14}_{6}$-C-Isotops dient zur Altersbestimmung fossiler Funde (*Radiocarbonmethode*) [siehe ▸ Kap. 1.1.3.7 und **MC-Fragen Nr. 97–99, 101, 105, 107, 108, 110, 113**].

β-Strahler:

$$^{A}_{Z}E \longrightarrow {}^{A}_{Z+1}E' + e^-(\beta^-)$$

$$^{234}_{90}Th \longrightarrow {}^{234}_{91}Pa + \beta^-$$

$$^{40}_{19}K \longrightarrow {}^{40}_{20}Ca + \beta^-$$

$$^{14}_{6}C \longrightarrow {}^{14}_{7}N + \beta^-$$

$$^{3}_{1}H \longrightarrow {}^{3}_{2}He + \beta^-$$

- Durch die Emission von **γ-Quanten** tritt *keine* Elementumwandlung ein und die Kernladungs- (Ordnungszahl) und Massenzahl bleiben unverändert [vgl. **MC-Fragen Nr. 102–104, 109, 116**].

1.1.3.3 Nachweis der Radioaktivität

Zum Nachweis radioaktiver Strahlen dient ihre Fähigkeit zur [vgl. **MC-Fragen Nr. 121–123, 128, 129, 132, 136, 1864**]:

- **Ionisation** von Atomen oder Molekülen in Gasen [Geiger-Müller-Zählrohr, Wilsonsche Nebelkammer, Elektroskop].
- **Szintillation:** Man versteht darunter die Absorption von radioaktiver Strahlung durch bestimmte Verbindungen und die anschließende Umwandlung der absorbierten Strahlung in sichtbares Licht. Zum Beispiel leuchtet **Zinksulfid** [ZnS] bei radioaktiver Bestrahlung grünlich auf.
- **Schwärzung photographischer Platten** (Autoradiographie): Durch Einwirkung radioaktiver Strahlen wird aus dem **Silberbromid** [AgBr] des Films elementares Silber abgeschieden.
- **Veränderung von organischen Molekülen**.

Zur Charakterisierung radioaktiver Präparate verwendet man deren *Aktivität*. Sie ist definiert als die Anzahl der Zerfallsprozesse pro Zeiteinheit und wird in der SI-Einheit *Becquerel* (Bq) angegeben. Ein Becquerel entspricht *einem* radioaktiven Zerfall pro Sekunde. Die *Energie* radioaktiver Strahlen wird im Allgemeinen in *Elektronenvolt* (eV) angegeben [vgl. **MC-Fragen Nr. 133–135**].

1.1.3.4 Kinetik des radioaktiven Zerfalls

Der **radioaktive Zerfall** kann weder mit chemischen noch physikalischen Methoden beeinflusst werden. Ebensowenig ist er vom Druck und der Temperatur abhängig. Der radioaktive Zerfall ist eine Eigenschaft des Atomkerns und *gehorcht rein statistischen Gesetzen.* Es besteht eine bestimmte Wahrscheinlichkeit dafür, dass ein Atomkern in einem gegebenen Zeitabschnitt mit einer definierten Geschwindigkeit zerfallen wird. Diese Wahrscheinlichkeit ist um so höher, je größer die Anzahl der Atome in einer Substanzprobe ist.

Die *Geschwindigkeit* jedes radioaktiven Zerfalls gehorcht einem **Zeitgesetz 1. Ordnung** und ist proportional der zu einem bestimmten Zeitpunkt vorhandenen Anzahl unzerfallener Atome [siehe auch ▸ Kap. 1.13.2.4 und **MC-Fragen Nr. 137, 138, 142, 143, 1204, 1216**].

$$-dN/dt = \lambda \cdot N$$

$-dN/dt$ = Geschwindigkeit des radioaktiven Zerfalls
N = Anzahl der Atome zur Zeit t
λ = Zerfallskonstante

Bezeichnet man mit N_0 die zum Zeitpunkt $t = 0$ vorhandene Anzahl von Radionucliden, so erhält man durch Integration obiger Gleichung:

$$\ln N/N_0 = -\lambda \cdot t \quad \text{oder in exponentieller Schreibweise} \quad N = N_0 \cdot e^{-\lambda \cdot t}$$

Trägt man die Anzahl der Atome gegen die Zeit auf, so ergibt sich eine exponentiell abfallende Kurve, wie sie in ○ Abb. 1.2 dargestellt ist. Trägt man hingegen den Logarithmus (ln, log) der jeweiligen Restmenge an Radionucliden gegen die Zeit auf, so resultiert eine *Gerade* [siehe auch ▸ Kap. 1.13.2.4 und **MC-Fragen Nr. 139–141, 1217, 1219, 1220**].

Bezeichnet man die Zeit t, in der die Aktivität eines radioaktiven Nuclids auf die Hälfte zurückgegangen ist, als **Halbwertszeit $t_{1/2}$**, so erhält man durch Einsetzen von $N = N_0/2$ in die o. a. Gleichung:

$$\ln (N_0/2) / N_0 = -\lambda \cdot t_{1/2} \longrightarrow t_{1/2} = \ln 2/\lambda = 0{,}693/\lambda$$

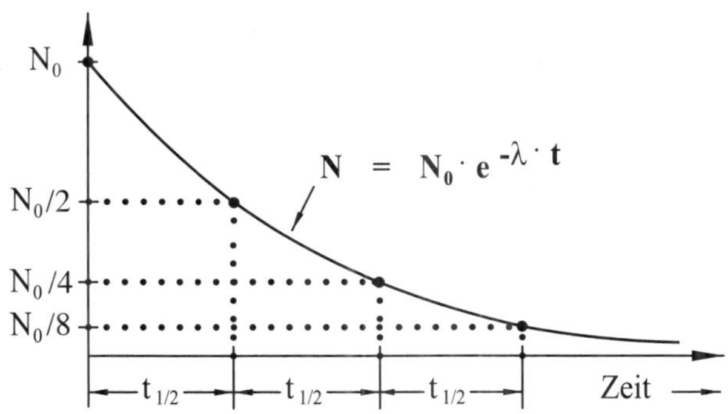

○ Abb. 1.2 Graphische Darstellung des radioaktiven Zerfalls

▫ Tab. 1.4 Zusammenhang zwischen Halbwertszeit und vorhandener Restmenge an Radionucliden

Zeit t	Vorhandene Menge Nuclide in %	Zerfallene Menge Nuclide in %
0	100,00	0,00
$1 \cdot t_{1/2}$	50,00	50,00
$2 \cdot t_{1/2}$	25,00	75,00
$3 \cdot t_{1/2}$	12,50	87,50
$4 \cdot t_{1/2}$	6,25	93,75

Da die Zerfallskonstante λ für jeden radioaktiven Zerfall einen bestimmten, charakteristischen Zahlenwert besitzt, ist auch die Halbwertszeit eine für jede Zerfallsreaktion charakteristische Konstante und *unabhängig* von der Anzahl der zum Zeitpunkt t vorhandenen Radionuclide [vgl. **MC-Fragen Nr. 144–148, 160–162, 1225–1227**].
▫ Tab. 1.4 gibt Auskunft über den prozentualen Zusammenhang zwischen der Halbwertszeit eines radioaktiven Präparats und der Restmenge an unzerfallenen Radionucliden. Zur Berechnung von Halbwertszeiten siehe *Kommentierung* der **Fragen Nr. 149–156, 158, 159** im Fragenband.

Der radioaktive Zerfall verläuft mit einer bestimmten Geschwindigkeit und gehorcht einem Zeitgesetz 1. Ordnung. Pro Zeiteinheit zerfällt prozentual zur Menge der vorhandenen Nuclide immer die gleiche Anzahl an radioaktiven Atomkernen. Die Geschwindigkeit des radioaktiven Zerfalls ist unabhängig davon, welche Zerfallsprodukte gebildet werden. Die Halbwertszeit ($t_{1/2}$) eines Radioisotops gibt hierbei an, in welchem Zeitraum die Hälfte der Menge des betreffenden Nuclids zerfallen ist. Die Halbwertszeit ist unabhängig von der Ausgangskonzentration (N_0) des Isotops und umgekehrt proportional zur Zerfallskonstanten λ.

1.1.3.5 Künstliche Radioaktivität

Gewisse *künstlich* hergestellte Isotope können auch Protonen, Neutronen oder Positronen emittieren [vgl. **MC-Frage Nr. 116**].

H-Emission: $${}^{65}_{30}Zn \longrightarrow {}^{64}_{29}Cu + {}^{1}_{1}H$$

n-Emission: $${}^{17}_{8}O \longrightarrow {}^{16}_{8}O + {}^{1}_{0}n$$

Die aus dem Atomkern stammenden **Positronen** (e^+) entstehen dadurch, dass sich ein Proton in ein Neutron umwandelt. Somit bildet sich bei der Abstrahlung eines Positrons ein neues Element, dessen Ordnungszahl um eine Einheit geringer ist, ohne dass sich die Masse des Atoms nennenswert ändert [vgl. **MC-Fragen Nr. 7, 106, 1862, 1863**].

$$p^+ \longrightarrow n^0 + e^+ \qquad \left[{}^{A}_{Z}E \longrightarrow {}^{A}_{Z-1}E' \right]$$

$$^{18}_{9}F \rightarrow {}^{18}_{8}O + e^+(\beta^+) \quad \text{oder} \quad {}^{22}_{11}Na \rightarrow {}^{22}_{10}Ne + e^+(\beta^+)$$

In der *Positronen-Emissions-Tomographie* (PET), ein bildgebendes Verfahren in der Nuclearmedizin, verwendet man vor allem Fluor-18 als radioaktives Isotop, das eine Halbwertszeit von rund 110 Minuten besitzt.

1.1.3.6 Kernumwandlungen, Kernspaltung

Will man ein Element in ein anderes umwandeln, so muss man die Zahl der Kernprotonen verändern. Dies gelingt nicht mit chemischen Methoden, sondern vollzieht sich in Kernreaktoren durch Kernspaltung bei der Bestrahlung stabiler Nuclide mit Elementarteilchen und als Folgeprodukt eines radioaktiven Zerfalls [vgl. **MC-Frage Nr. 85**].

Als „Geschosse“ zur Elementumwandlung dienen vor allem Atomkerne mit einer kleinen Kernladung [0 (**Neutron**, n), 1 (**Wasserstoffkern**, p) und 2 (**Heliumkern**, α)]. Besonders *Neutronen* sind wichtige Reaktionspartner bei der künstlichen Kernumwandlung, da sie als ungeladene Teilchen von den Protonen des Atomkerns nicht abgestoßen werden. Auch Protonen und α-Strahlen vermögen aufgrund ihrer geringen Größe und ihrer geringen positiven Ladung relativ leicht in andere, ebenfalls positiv geladene Atomkerne einzudringen.

Kernumwandlungen mit Heliumkernen: Trifft ein Heliumkern (α-Strahlung) auf einen Atomkern, so wird er im Allgemeinen von diesem nicht nur eingefangen, sondern schleudert beim Aufprall meistens einen weiteren Kernbaustein – ein Proton oder ein Neutron – heraus. Beispiele hierfür sind die *Erzeugung freier Neutronen* durch Bestrahlen leichter Elemente (B, Be, Li) mit α-Teilchen [vgl. **MC-Fragen Nr. 10, 115, 118**].

Emission von Protonen:
[(α,p)-Prozess]

$$^{A}_{Z}E + {}^{4}_{2}He \longrightarrow {}^{A+3}_{Z+1}E' + {}^{1}_{1}H$$

$$^{14}_{7}N + {}^{4}_{2}He \longrightarrow {}^{17}_{8}O + {}^{1}_{1}H$$

Emission von Neutronen:
[(α,n)-Prozess]

$$^{A}_{Z}E + {}^{4}_{2}He \longrightarrow {}^{A+3}_{Z+2}E' + {}^{1}_{0}n$$

$$^{9}_{4}Be + {}^{4}_{2}He \longrightarrow {}^{12}_{6}C + {}^{1}_{0}n$$

Man pflegt Elementumwandlungen dieser Art auch als (α,p)- bzw. (α,n)-Prozesse zu bezeichnen, wobei in der Klammer zuerst das eingeschossene und danach das emittierte Teilchen genannt wird.

Kernumwandlungen mit Neutronen: Hierbei können z. B. Protonen oder Heliumkerne abgestrahlt werden, sodass neue Elemente entstehen, die im PSE eine oder zwei Stellen vor dem Ausgangselement stehen. Ein wichtiger (n,p)-Prozess ist die Entstehung von $^{14}_{6}C$-Isotopen aus $^{14}_{7}N$-Atomen durch kosmische Strahlung [vgl. **MC-Fragen Nr. 11, 14, 119**].

Emission von Protonen: [(n,p)-Prozess]

$$^{A}_{Z}\mathrm{E} + ^{1}_{0}\mathrm{n} \longrightarrow ^{A}_{Z-1}\mathrm{E'} + ^{1}_{1}\mathrm{H}$$

$$^{14}_{7}\mathrm{N} + ^{1}_{0}\mathrm{n} \longrightarrow ^{14}_{6}\mathrm{C} + ^{1}_{1}\mathrm{H}$$

Emission von α-Teilchen: [(n, α)-Prozess]

$$^{A}_{Z}\mathrm{E} + ^{1}_{0}\mathrm{n} \longrightarrow ^{A-3}_{Z-2}\mathrm{E'} + ^{4}_{2}\mathrm{He}$$

Emission von β-Teilchen: [(n, β)-Prozess]

$$^{A}_{Z}\mathrm{E} + ^{1}_{0}\mathrm{n} \longrightarrow ^{A}_{Z+1}\mathrm{E'} + \beta^-$$

$$^{108}_{47}\mathrm{Ag} + ^{1}_{0}\mathrm{n} \longrightarrow ^{108}_{48}\mathrm{Cd} + \beta^-$$

Ein wichtiges Beispiel für einen (n,β)-Prozess ist die Herstellung von metastabilem Technetium (**^{99m}Tc = Technetium-99m**) zur Radiodiagnostik. ^{99m}Tc ist ein Tochterisotop von Molybdän-99 (^{99}Mo). Seine Herstellung erfolgt durch Bestrahlen von Molybdän-98 (^{98}Mo) mit thermischen Neutronen [vgl. **MC-Frage Nr. 114**].

$$^{98}_{42}\mathrm{Mo} + ^{1}_{0}\mathrm{n} \longrightarrow [^{99}_{42}\mathrm{Mo}] \longrightarrow ^{99}_{43}\mathrm{Tc} + e^- \; (\beta^-)$$

Ein weiterer Typ von Kernreaktionen als Folge der „Beschießung“ von Atomkernen mit Neutronen stellt die von **Hahn, Straßmann** und **Meitner** entdeckte **Kernspaltung** dar.

Bestrahlt man z. B. **Uran-235** mit langsamen Neutronen, so bildet sich primär durch Neutronenaufnahme Uran-236, das aber spontan und unter großer Wärmeentwicklung in *zwei Bruchstücke* mit unterschiedlicher Masse (meistens um 95 und um 140) zerfällt [vgl. **MC-Fragen Nr. 12, 117**].

$$^{235}_{92}\mathrm{U} + ^{1}_{0}\mathrm{n} \longrightarrow \left[^{236}_{92}\mathrm{U}\right] \longrightarrow \mathrm{X} + \mathrm{Y} + 3\,\mathrm{n} + \text{Wärme}$$

[X, Y = Ba, Kr, Sr, Y, I, Br, La, u.a.]

Die entstehenden Elemente sind wegen des in ihren Atomkernen vorhandenen großen Neutronenüberschusses radioaktiv und zerfallen weiter. Gleichzeitig werden 2 bis 3 Neutronen je Elementarakt freigesetzt. Diese Tatsache eröffnet die Möglichkeit zur Durchführung gemäßigter (gesteuerter) oder lawinenartig sich steigender **Kernkettenreaktionen.**

Lässt man hingegen Neutronen auf **natürliches Uran** einwirken, so findet *keine* Kettenreaktion statt, weil die bei der Spaltung von Uran-235 gebildeten Neutronen vom Uranisotop ^{238}U absorbiert und dadurch der weiteren Kettenreaktion entzogen werden. Das gebildete Uran-239 geht schließlich unter β-Emission in Plutonium über, das eine extrem lange Halbwertszeit besitzt.

$$^{238}_{92}U + ^{1}_{0}n \longrightarrow \left[^{239}_{92}U\right] \xrightarrow{-\beta^-} \left[^{239}_{93}Np\right] \xrightarrow{-\beta^-} ^{239}_{94}Pu$$

$t_{1/2}$: 23,5 min 2,5 Tage 24 360 Jahre

In der Natur vorkommendes **Uran** besteht zu 99,28% aus Uran-238, zu 0,71% aus Uran-235 und zu 0,006% aus Uran-234, deren natürliche Radioaktivität durch einen **α-Zerfall** gekennzeichnet ist [vgl. **MC-Fragen Nr. 111, 112, 116**].

$$^{235}_{92}U \longrightarrow ^{231}_{90}Th + ^{4}_{2}He \quad [t_{1/2} = 7{,}13 \cdot 10^8 \text{ Jahre}]$$

$$^{238}_{92}U \longrightarrow ^{234}_{90}Th + ^{4}_{2}He \quad [t_{1/2} = 4{,}51 \cdot 10^9 \text{ Jahre}]$$

1.1.3.7 Anwendungsgebiete aktiver und stabiler Nuclide

Künstliche radioaktive Isotope haben heute einen breiten Anwendungsbereich gefunden. Man kann z. B. in chemischen Verbindungen bestimmte Positionen *„markieren"*, indem man anstelle stabiler Atome deren radioaktive Isotope einbaut.

Das Arbeiten mit markierten Substanzen ist besonders zur Erforschung von *chemischen Vorgängen im lebenden Organismus* sowie zur Untersuchung des genauen *Ablaufs chemischer Reaktionen* geeignet. In der *Medizin* verwendet man Radionuclide für diagnostische und therapeutische Zwecke.

Auf der Existenz radioaktiver Isotope beruht auch eine Methode zur *Altersbestimmung von organischem Material* **(Radiocarbonmethode)**.

Natürlicher Kohlenstoff enthält in sehr geringen Mengen das radioaktive $^{14}_{6}C$-Nuclid, das durch kosmische Strahlung unter Neutronenaufnahme aus atmosphärischem Stickstoff $^{14}_{7}N$ entsteht. In lebenden pflanzlichen und tierischen Geweben ist das Verhältnis von radioaktivem zu inaktivem Kohlenstoff dasselbe wie in der Atmosphäre, in der sich im Laufe der Zeit ein Gleichgewicht zwischen dem radioaktiven $^{14}_{6}C$-Zerfall und seiner Neubildung aus Stickstoff eingestellt hat. In einem lebenden Organismus ist somit das Verhältnis von $^{14}_{6}C$ zu $^{12}_{6}C$ konstant. Stirbt nun die Pflanze oder das Tier, so verringert sich stetig der $^{14}_{6}C$-Gehalt infolge des radioaktiven *β*-Zerfalls. Aus der bekannten Halbwertszeit des $^{14}_{6}C$-Zerfalls und den gemessenen $^{14}_{6}C$-Restanteilen in *fossilen Funden* kann daher deren ungefähres Alter bestimmt werden [vgl. **MC-Fragen Nr. 157–159, 1627**].

Zur *Altersbestimmung von Gesteinen* ist die **14-C-Methode** *nicht* geeignet. Man muss hier die Zusammensetzung der Zerfallsprodukte radioaktiver Nuclide mit längeren Halbwertszeiten ermitteln. Zum Beispiel kann man in Uran-haltigen Mineralien aus dem **Bleigehalt** – dem Endprodukt der Uran-Zerfallsreihe – auf das Alter des Gesteins schließen. Statt des Bleis kann zur Altersbestimmung von Uranmineralien auch das durch den α-Zerfall gebildete, eingeschlossene **Heliumgas** herangezogen werden.

1.1.4 Atommodelle

1.1.4.1 Rutherford-Modell

Rutherford nahm an, dass sich die Elektronen auf kreisförmigen oder elliptischen Bahnen um den im Zentrum des Atoms befindlichen Atomkern bewegen.

Die Kräfte, die sich in diesem „mikrokosmischen Planetensystem" die Waage halten, sind die *elektrostatische Anziehungskraft* (**Coulomb-Kraft**) $[e^2/r^2]$ zwischen dem Kern und den Elektronen sowie die *Zentrifugalkraft* $[m \cdot v^2/r]$, die als Folge der Bewegung der Elektronen um den Atomkern auftritt [vgl. **MC-Fragen Nr. 166–168**].

$$\frac{m \cdot v^2}{r} = \frac{Z}{4\pi \cdot \varepsilon_0} \cdot \frac{e^2}{r^2}$$

m = Masse des Elektrons
v = Umlaufgeschwindigkeit
r = Radius der Bahn
Z = Kernladungszahl
ε_0 = Dielektrizitätszahl
e = Elementarladung

Das Rutherfordsche Atommodell besitzt jedoch einige grundlegende *Mängel*. Eine sich beschleunigt bewegende elektrische Ladung, wie sie das um den Kern rotierende Elektron darstellt, müsste nach den Gesetzen der klassischen Elektrodynamik laufend Energie verlieren und diese Energie in Form von Licht abstrahlen. Bei einem Atom, das fortwährend Energie abgibt, würden sich aber die Elektronen allmählich auf immer enger werdenden Spiralbahnen dem Kern nähern und schließlich als Folge der elektrostatischen Anziehung ganz vom Kern aufgesogen werden. Parallel zur ständig ansteigenden Umlauffrequenz des Elektrons müsste die Frequenz der emittierten Strahlung stetig wachsen. Ein kontinuierliches Spektrum elektromagnetischer Wellen würde ausgestrahlt werden.

Man beobachtet aber, dass Atome nach entsprechender Anregung nur Licht definierter Wellenlängen in Form eines **Linienspektrums** auszusenden vermögen (siehe ▸ Kap. 1.1.6.1). Die Rutherfordschen Überlegungen führten also *nicht* zu einem stabilen Atommodell.

1.1.4.2 Bohrsches Atommodell

Nils Bohr hielt im Prinzip an der Rutherfordschen Vorstellung fest, nach der die Zentrifugalkraft des um den Kern rotierenden Elektrons der Coulombschen Anziehungskraft zwischen Kern und Elektron gerade das Gleichgewicht hält und beide Kräfte an jeder Stelle der Umlaufbahn wirksam sind. Auch im Bohrschen Atommodell wird das sich bewegende Elektron als materielles Teilchen beschrieben [vgl. **MC-Fragen Nr. 166–168, 170**].

Bohr beseitigte jedoch die Mängel des Rutherford-Modells durch Einführung sog. *Postulate*, die darauf hinausliefen, die Gesetze der klassischen Physik im atomaren Bereich außer Kraft zu setzen bzw. einzuschränken. Die **Bohr-Postulate** lauten:

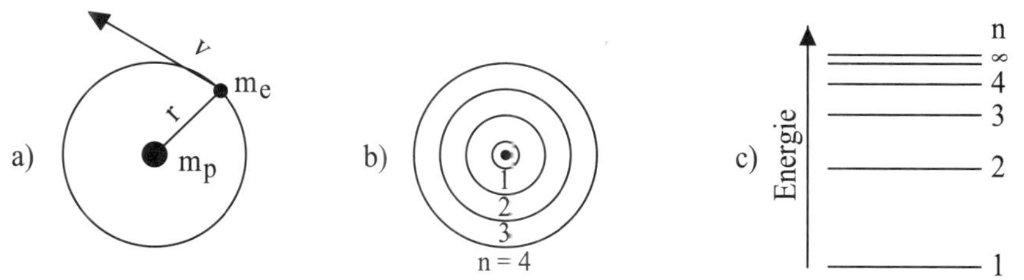

Abb. 1.3 Bohrsches Atommodell
a) Bohrsche Kreisbahn
(m_p = Masse des Protons, m_e = Masse des Elektrons, v = Geschwindigkeit des Elektrons, r = Bahnradius)
b) Bohrsche Kreisbahnen des Wasserstoffatoms für n = 1, 2, 3, 4
c) Energieniveaus des Wasserstoffatoms für n = 1, 2, 3, 4, ..., ∞

- **Es gibt stabile Elektronenbahnen, auf denen Elektronen konzentrisch den Atomkern umkreisen können, ohne Energie durch Strahlung zu verlieren.**
- **Die Zahl dieser stabilen Bahnen ist begrenzt, und nur solche Bahnen sind möglich, für die der Drehimpuls [m · v · r] ein ganzzahliges Vielfaches von (h/2π) ist, und worin h dem Planckschen Wirkungsquantum, eine fundamentale Naturkonstante der Physik, entspricht.**

$$m \cdot v \cdot r = n \cdot (h/2\pi) \qquad [n = 1,2,3,....]$$

Jede dieser Bahnen stellt einen bestimmten *stationären Zustand* des Elektrons im Atom dar. Die einzelnen stationären Zustände, die durch die **Hauptquantenzahl n** charakterisiert sind, werden als **Energieniveaus** (Energiezustände, Energieterme oder Schalen) **des Elektrons** bezeichnet. Dabei ist die kinetische Energie eines Elektrons um so höher, je größer der Radius der jeweiligen Elektronenbahn ist. Elektronen in höheren Energieniveaus bewegen sich im zeitlichen Mittel weiter vom Kern entfernt als die energieärmeren inneren Elektronen. o Abb. 1.3 zeigt stark vereinfacht das Bohrsche Modell des Wasserstoffatoms [vgl. **MC-Frage Nr. 169**].

- **Ein Elektron absorbiert oder emittiert Energie, z. B. in Form elektromagnetischer Strahlung, nur beim sprunghaften Übergang von einer stationären Bahn auf eine andere. Dabei ist die Strahlungsfrequenz (ν) durch die Differenz (ΔE) der betreffenden Energieniveaus gegeben.** Es gilt [siehe auch ▸ Kap. 1.1.6.1 und **MC-Fragen Nr. 164, 167–169, 171, 172**]:

$$\Delta E = E_{ä} - E_{i} = h \cdot \nu$$

$E_{ä}$ = äußeres, höheres Energieniveau
E_{i} = inneres, niedrigeres Energieniveau
h = Plancksches Wirkungsquantum

Die Abstände der Energieniveaus nehmen zu höheren Energiewerten hin ab (o Abb. 1.3c) und konvergieren schließlich gegen einen Grenzwert. Diese Anregungsenergie (E_∞) entspricht der *Ionisierungsenergie* des Atoms (siehe ▸ Kap. 1.2.4.1).

1.1.4.3 Energiestufen der Atome

Für die **Hauptquantenzahl n** dürfen nur ganze Zahlen (n = 1, 2, 3, usw.) eingesetzt werden (siehe auch ▸Kap. 1.1.4.5). Zu jedem Wert von n gehört eine Umlaufbahn mit einer bestimmten Energie, die einem stationären Zustand (*diskretes Energieniveau*) des Elektrons entspricht.

○Abb. 1.4 zeigt das **Energieniveauschema**, d. h. die relative Reihenfolge dieser Zustände im Wasserstoffatom und in Atomen mit höheren Ordnungszahlen.
Die **Hauptenergieniveaus** werden mit einer Zahl n oder mit den Buchstaben **K, L, M, N** usw. gekennzeichnet. Jede dieser Hauptenergiestufen **(Elektronenschalen)** kann nur eine bestimmte Anzahl von Elektronen aufnehmen, die sich nach folgender Formel berechnen lässt [vgl. **MC-Frage Nr. 171**]:

$2n^2$	n = Energiestufe = Schalennummer = Hauptquantenzahl

Somit kann die K-Schale (n=1) *maximal* mit **2**, die L-Schale (n=2) mit **8**, die M-Schale (n=3) mit **18** und schließlich die N-Schale (n=4) mit maximal **32** *Elektronen* besetzt sein [vgl. **MC-Fragen Nr. 181, 190, 1111**].

Die L-, M- oder N-Niveaus höherer Atome gliedern sich noch in eine bestimmte Anzahl von **Unterniveaus**, die zwar hinsichtlich ihrer Energie ähnlich aber nicht gleichwertig sind. Man unterscheidet als Untergruppen **s-, p-, d-** und **f-Zustände** (siehe hierzu ▸Kap. 1.1.4.5).

1.1.4.4 Wellenmechanisches Atommodell

Die Bohrschen Postulate sind nach der klassischen Physik nicht verständlich. Darüber hinaus besitzt auch die Bohr-Theorie einige grundlegende Mängel, obwohl mit ihrer Hilfe die Gesetzmäßigkeiten der Atomspektren und der periodische Aufbau der Elektronenhülle veranschaulicht und interpretiert werden konnte. Die Bohr-Theorie versagt zudem bei Atomen höherer Elemente mit mehreren Elektronen. Daher versuchte man das Bohrsche Atommodell bereits kurz nach seiner Entwicklung zu verbessern.

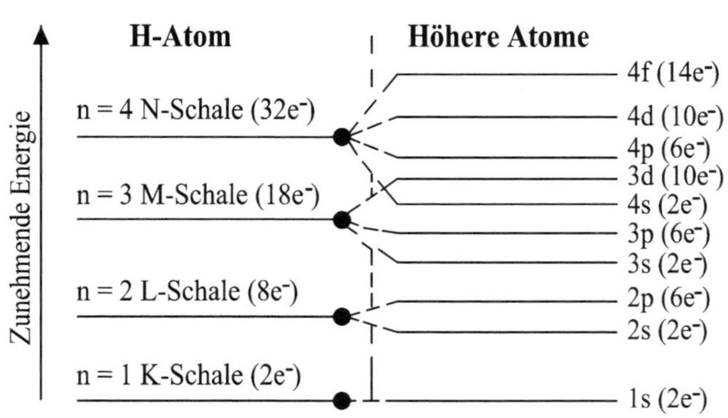

○ Abb. 1.4 Energieniveauschema des Wasserstoffatoms und von Atomen höherer Elemente

Eine in dieser Hinsicht bahnbrechende Erkenntnis ist die **Heisenbergsche Unschärfebeziehung**. Sie besagt, dass es nicht möglich ist, den Aufenthaltsort (x) und den Impuls (p) bzw. die kinetische Energie eines Objektes zu einem definierten Zeitpunkt *gleichzeitig* exakt zu bestimmen. Die Unschärferelation beinhaltet auch, dass wir den Ort eines Objektes umso weniger genau kennen, je exakter uns sein Impuls bekannt ist (und umgekehrt). Mit anderen Worten, der Versuch, ein Elektron zu orten, verändert seinen Impuls in signifikanter Weise.

Nach Heisenberg ist das Produkt des Fehlers einer Ortsmessung (Δx) und des Fehlers einer Impulsmessung (Δp) mindestens von der Größenordnung des **Planckschen Wirkungsquantums** (h):

$$\Delta x \cdot \Delta p \sim h \quad \textbf{oder} \quad \Delta E \cdot \Delta t \sim h$$

Die Heisenbergsche Unbestimmtheitsbeziehung gilt für alle Variablen, deren Produkt die Dimension einer *Wirkung* besitzt, wie z. B. auch für das Produkt Energie (E) mal Zeit (t). Die Heisenbergsche Unschärfebeziehung hat nichts mit der durch die Unvollkommenheit unserer Messinstrumente gegebenen Ungenauigkeit der experimentellen Ergebnisse zu tun, sondern ist als Folge des **Welle-Teilchen-Dualismus** eine prinzipielle Genauigkeitsgrenze für die Messung zueinander komplementärer Systemgrößen.

Aus dieser Unschärferelation folgt, dass das klassische Bild des Elektrons als eine kompakte Masse, die sich kreisförmig um den Atomkern bewegt, wenig sinnvoll ist, denn die exakte Festlegung des Ortes eines Elektrons würde zu einer völligen Unsicherheit bezüglich seines Impulses führen. Für Elektronen lässt sich ihr *Aufenthaltsort* nur mit einer gewissen Unschärfe, d. h. nur mit einer gewissen *Wahrscheinlichkeit* angeben.

Eine solche räumliche Wahrscheinlichkeitsverteilung kann als eine in bestimmter Weise über das Atom verteilte *negative Ladungswolke* veranschaulicht werden, die an den Stellen größter **Aufenthaltswahrscheinlichkeit** für das Elektron ihre größte Dichte besitzt. Die graphische Darstellung solcher Ladungswolken in der Art der **o** Abb. 1.5 muss man sich durch Summierung zahlreicher „Momentaufnahmen" des Elektrons entstanden denken. Ein Punkt entspricht hierbei dem Ort des Elektrons in einem bestimmten Augenblick. Dort, wo die Punkte dichter liegen, hält sich das Elektron häufiger auf. In Bereichen niedriger Wahrscheinlichkeit ist die Elektronenwolke diffuser [vgl. **MC-Fragen Nr. 170, 172, 177**].

a) b)

o Abb. 1.5 Ladungswolke des Wasserstoffatoms

a) Querschnitt durch die Ladungswolke (negative Ladungsverteilung) des H-Atoms

b) Grenzflächendarstellung der Ladungswolke, innerhalb der sich das Elektron mit einer 90%-Wahrscheinlichkeit aufhält

Darüber hinaus sind experimentelle Befunde zu berücksichtigen, nach denen sich Elektronen je nach der Versuchsanordnung wie *Korpuskeln* (mit Masse, Energie und Impuls) oder wie *Wellen* verhalten können. Man kann nach **De Broglie** Elektronen hoher kinetischer Energie auch als **Materiewellen** von sehr kurzer Wellenlänge (λ) auffassen. Bei gewöhnlichen Objekten sind diese Wellenlängen sehr klein, sodass die Welleneigenschaften nicht nachweisbar sind. Bei Elementarteilchen mit kleiner Masse, wie z. B. Elektronen, können hingegen diese Wellenlängen, die umgekehrt proportional zum Impuls ($m \cdot v$) des Elektrons sind, experimentell bestimmt werden. Es gilt:

$$\lambda = h / m \cdot v$$

λ = De Broglie-Wellenlänge
m = Masse des Elektrons
v = Geschwindigkeit des Elektrons
h = Plancksches Wirkungsquantum

Welle und Teilchen sind also nur zwei Erscheinungsformen derselben physikalischen Realität, die wir Elektron nennen.

Diese Betrachtungsweise legt nahe, das Verhalten von Elektronen durch Gleichungen zu beschreiben, wie sie auch zur Darstellung anderer Arten von Wellenbewegungen verwendet werden. In der Quantenmechanik ersetzt man jedoch die einfachen Bewegungsgesetze durch Gleichungen, die Wahrscheinlichkeiten angeben. Die quantenmechanische Behandlung des Elektrons versucht, die Energie und den Impuls sowie andere charakteristische Eigenschaften des Elektrons zu seiner *Aufenthaltswahrscheinlichkeit* im Bereich um den Atomkern in eine mathematische Beziehung zu setzen.

Die **Schrödinger-Gleichung**, eine partielle Differentialgleichung, verbindet nun die **Wellenfunktion ψ des Elektrons** mit seiner Energie und den Raumkoordinaten, die zur Beschreibung dieses Systems notwendig sind. Die Funktion ψ selbst besitzt keine anschauliche Bedeutung, hingegen bildet der Ausdruck [$\psi^2 \cdot dx \cdot dy \cdot dz$] ein Maß für die Wahrscheinlichkeit, das Elektron in einem bestimmten Volumenelement [$dx \cdot dy \cdot dz$] anzutreffen. ψ^2 gibt im zeitlichen Mittel die räumliche Ladungsverteilung des Elektrons an. Wenn man das Elektron als negative *Ladungswolke* auffasst, wird ihre *Form* durch ψ bestimmt und ihre *Ladungsdichte* in einem definierten Volumenelement ist proportional zu ψ^2.

Die Schrödinger-Gleichung bildet die Grundlage der Wellenmechanik. Sie macht eine Aussage über die atomare Elektronenverteilung und hat vereinfacht die Form:

$$\mathbf{H \cdot \Psi = E \cdot \Psi}$$

H ist der *Hamilton-Operator* und bedeutet eine auf ψ angewandte Rechenoperation. E ist der Zahlenwert der Energie für ein bestimmtes System. Die Lösung der Schrödinger-Gleichung ist unter Festlegung gewisser Rahmenbedingungen ein rein mathematisches Problem, auf das im Rahmen eines Kurzlehrbuches nicht näher eingegangen werden kann.

Wellenfunktionen ψ, die Lösungen der Schrödinger-Gleichung darstellen, heißen **Eigenfunktionen.** Man nennt sie auch **Atomorbitale** (AO). Diese Eigenfunktionen entsprechen den stationären Zuständen des Atoms im Bohrschen Modell. Die Energiewerte (E), die zu diesen Eigenfunktionen gehören, werden **Eigenwerte** genannt [siehe auch ▸ Kap. 1.1.4.6 und **MC-Frage Nr. 173**].

Man sagt, *ein Elektron besetzt ein Orbital*, und meint damit, dass es durch eine Wellenfunktion beschrieben werden kann, die eine Lösung der Schrödinger-Gleichung darstellt. Mit anderen Worten, ein **Orbital** ist der mathematische Ausdruck für die Wellenfunktion eines Elektrons in einem Atom.

1.1.4.5 Quantenzahlen

Die Schrödinger-Gleichung besitzt als Differentialgleichung viele mögliche Lösungen. Um für ein einfaches Atom eine sinnvolle und mit den beobachteten Atomspektren übereinstimmende Lösung zu erhalten, muss man zusätzliche Größen (Quantenzahlen) einführen. Zur eindeutigen Charakterisierung eines Elektrons benötigt man **vier Quantenzahlen**, die folgende Bedeutung besitzen [vgl. **MC-Fragen Nr. 172, 173, 176–179**]:

- **Hauptquantenzahl (n)**: Sie bestimmt das **Hauptenergieniveau** und den *mittleren Abstand* des betreffenden Elektrons vom Atomkern. n ist ganzzahlig und kann 1, 2, 3 usw. betragen. Je kleiner n ist, desto näher befindet sich das Elektron am Atomkern, und desto höhere Energiebeträge sind erforderlich, das Elektron aus dem Atomverband zu entfernen. Im Bohrschen Atommodell kennzeichnet n die **Schale**. n ist auch ein grobes Maß für die *Größe der Elektronenwolke*. Je größer der Zahlenwert für n ist, desto größer ist das Volumen der Elektronenwolke [siehe auch ▸ Kap. 1.1.4.6 und **MC-Fragen Nr. 183, 189**].

  $$\mathbf{n = 1, 2, 3, 4, 5, 6, ...}$$

- **Nebenquantenzahl (l)** (Orbitalquantenzahl): Sie gibt das Unterniveau eines Elektrons an, bestimmt die *räumliche Verteilung* seiner Ladungsdichte und hängt mit der *Gestalt der Elektronenwolke* zusammen. Der ganzzahlige Wert von l gibt an, ob die Elektronenwolke kugelförmig, hantelförmig oder von noch komplizierterer Form ist. l ist auch ein Maß für den Bahndrehimpuls des um den Kern rotierenden Elektrons [vgl. **MC-Fragen Nr. 174, 185, 187, 189**].

Die möglichen Werte für l hängen von der Hauptquantenzahl n ab. l kann Werte von 0 bis n-1 annehmen.

$$\mathbf{l = 0, 1, 2, 3, ..., (n-1)}$$

Der Wert der Nebenquantenzahl l kann auch durch bestimmte, historisch festgelegte Buchstaben (s, p, d, f, g, h, …) wie folgt gekennzeichnet werden.

Nebenquantenzahl	**0**	**1**	**2**	**3**
Orbital	**s**	**p**	**d**	**f**
Zahl der Orbitale	**1**	**3**	**5**	**7**

Man spricht z. B. von einem s- oder p-Orbital und versteht darunter ein Atomorbital, für das die Nebenquantenzahl l den Wert Null bzw. Eins hat.

- **Magnetquantenzahl (m)**: Sie steht im Zusammenhang mit der *Orientierung des Orbitals* im Raum und bestimmt das Verhalten eines Elektrons in einem Magnetfeld. m bringt zum Ausdruck, dass eine sich bewegende elektrische Ladung in ihrer Umgebung ein Magnetfeld induziert und z. B. die p-, d- oder f-Zustände durch ein äußeres Magnetfeld aufgespalten werden können. m kann Werte von –l über 0 bis +l annehmen [vgl. **MC-Fragen Nr. 174, 184, 188, 189**].

$$\mathbf{m = -l, -l+1, ..., 0, ..., +l-1, +l}$$

- **Spinquantenzahl (s)**: Sie gibt die Richtung des Elektronenspins an. Jedes Elektron zeigt eine *Eigenrotation*, die im Uhrzeiger- oder im Gegenuhrzeigersinn erfolgen kann. Mit der Eigenrotation ist ein *magnetisches Moment* verbunden, das sich parallel oder antiparallel zu einem äußeren Magnetfeld einstellen kann. Den möglichen Spinrichtungen entsprechen die beiden Quantenzahlen [vgl. **MC-Fragen Nr. 186, 189**]:

$$\mathbf{s = +1/2} \text{ und } \mathbf{s = -1/2}$$

Zwei Elektronen mit verschiedenen s-Werten haben einen *entgegengesetzten antiparallelen Spin.* In ▫Tab. 1.5 sind die möglichen Elektronenzustände für die Hauptquantenzahlen n = 1 bis 4 zusammengestellt.

Jede erlaubte Kombination der Quantenzahlen stellt einen möglichen Zustand eines Elektrons in einem Atom dar. Alle Elektronen mit gleichen n-Werten gehören zur selben Schale. Elektronen mit gleichen Werten für n und l gehören zur selben Unterschale. Ein Elektronenpaar mit den gleichen Werten für n, l und m besetzt dasselbe Orbital [vgl. **MC-Fragen Nr. 179, 180**].

▫ Tab. 1.5 Quantenzahlen und mögliche Elektronenzustände

n	l	Orbital	m	s	Anzahl der Kombinationen	
1	0	1 s	0	+1/2, -1/2	2	
2	0	2 s	0	+1/2, -1/2	2	8
2	1	2 p	+1, 0, -1	+1/2, -1/2	6	
3	0	3 s	0	+1/2, -1/2	2	18
3	1	3 p	+1, 0, -1	+1/2, -1/2	6	
3	2	3 d	+2, +1, 0, -1, -2	+1/2, -1/2	10	
4	0	4 s	0	+1/2, -1/2	2	32
4	1	4 p	+1, 0, -1	+1/2, -1/2	6	
4	2	4 d	+2, +1, 0, -1, -2	+1/2, -1/2	10	
4	3	4 f	+3, +2, +1, 0, -1, -2, -3	+1/2, -1/2	14	

1.1.4.6 Atomorbitale

Wellenfunktionen ψ, die Lösungen der Schrödinger-Gleichung darstellen, heißen **Eigenfunktionen** oder **Atomorbitale** (AO). Sie entsprechen den stationären Zuständen im Bohrschen Atommodell. Fasst man ein Elektron als eine Art „negativer Ladungswolke" auf, so ist die Ladungsdichte in einem bestimmten Volumenelement proportional zu ψ^2. ψ^2 ist ein *Maß für die Wahrscheinlichkeit*, mit der ein Elektron an einem bestimmten Punkt im Raum anzutreffen ist [vgl. **MC-Fragen Nr. 173–180**].

Diese *„räumliche Wahrscheinlichkeitsverteilung"* besitzt an den Stellen größter Aufenthaltswahrscheinlichkeit ihre größte Dichte, während sie in den *Knotenflächen* Null ist. Nach außen hin haben solche Ladungswolken keine scharfen Grenzen. Man kann jedoch eine Fläche konstanter Aufenthaltswahrscheinlichkeit zeichnen, innerhalb der sich das Elektron mit hoher Wahrscheinlichkeit (meistens 90–99%) aufhält.

> Aus mathematischer Sicht ist ein Atomorbital eine Lösung der Schrödinger-Gleichung. Anschaulich betrachtet, kann ein Atomorbital zur Beschreibung des Aufenthaltsraumes für Elektronen herangezogen werden. Atomorbitale sind graphisch darstellbar und können durch Konturen, die allerdings keine scharfen Grenzen besitzen, eingegrenzt werden. Im Allgemeinen zeichnet man diese Konturen so, dass die Wahrscheinlichkeit, das Elektron in einem bestimmten Raum anzutreffen, zwischen 90 und 99 % liegt.

Die *Gestalt eines Orbitals* wird durch die **Nebenquantenzahl l** charakterisiert. Eigenfunktion mit **l=0** werden als **s-**, Eigenfunktionen mit **l=1** als **p-** und solche mit **l=2** als **d-Orbitale** bezeichnet.

Eigenfunktionen, die zu Zuständen *gleicher Energie* führen, nennt man *entartet* oder *degeneriert*. Solche Orbitale besitzen die gleiche Form aber eine unterschiedliche Orientierung ihrer räumlichen Ausdehnung. Solange kein äußeres Magnetfeld vorhanden ist, stellt man keinen Unterschied zwischen den Elektronen in entarteten Orbitalen fest. Erst durch Anlegen eines äußeren Magnetfeldes wird die Entartung aufgehoben, d. h. die Orbitale sind dann energetisch nicht mehr gleichwertig. Die *Orientierung der Orbitale im Raum* wird durch die **Magnetquantenzahl m** beschrieben.

o Abb. 1.6 zeigt die Ladungsdichteverteilung des 1s- und 2s-Orbitals des Wasserstoffatoms. **Alle s-Orbitale besitzen eine kugelförmige Ladungsdichteverteilung.** Beim 1s-Orbital ist die Ladungsdichte nahe dem Atomkern am größten und nimmt mit der Entfernung rasch ab. Für das 2s-Orbital existieren zwei Bereiche mit erhöhter Elektronendichte, einer in Kernnähe und ein zweiter mit einem etwas größeren

o Abb. 1.6 Elektronendichteverteilung des 1s- und 2s-Orbitals des Wasserstoffatoms
a) Querschnitt durch das 1s-Orbital
b) Querschnitt durch das 2s-Orbital

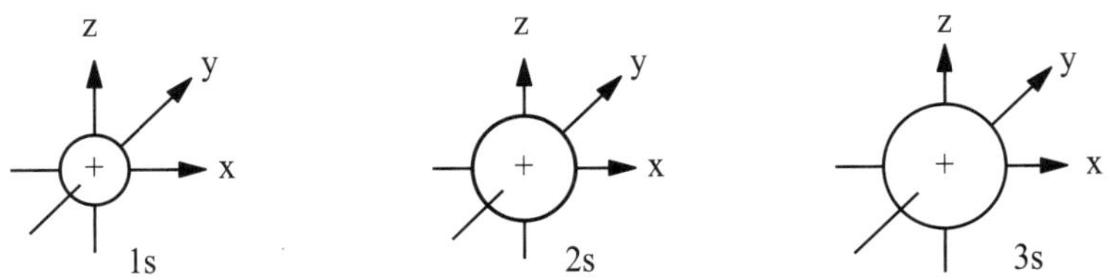

o Abb. 1.7 Schematisiertes Grenzflächendiagramm des kugelförmigen 1s-, 2s- und 3s-Orbitals

Abstand zum Atomkern. Zwischen beiden Bereichen befindet sich eine kugelsymmetrische *Knotenfläche* [vgl. **MC-Fragen Nr. 173, 177, 180, 1282**].

In **o** Abb. 1.7 sind die Grenzflächen des 1s-, 2s- und 3s-Orbitals schematisch dargestellt. Im Vergleich zur 1s-Funktion besitzt das 2s-Orbital eine größere Ausdehnung, d. h., das Elektron hält sich in diesem Zustand durchschnittlich weiter vom Kern entfernt auf. Beim 3s-Orbital mit zwei kugelförmigen Knotenflächen ist die Ladung noch weiter nach außen verlagert.

Die **p-Orbitale** sind **hantelförmig** und bezüglich einer Koordinatenachse **rotationssymmetrisch (axialsymmetrisch)**. Sie besitzen eine ebene Knotenfläche und unterscheiden sich in der räumlichen Orientierung dieser Fläche.

Auf jeder Seite der Knotenfläche findet sich ein Bereich erhöhter Ladungsdichte, während die Aufenthaltswahrscheinlichkeit des Elektrons in der Knotenebene Null ist. Wie **o** Abb. 1.8 zeigt, kann diese Knotenfläche parallel zu den drei Raumkoordinaten orientiert sein, sodass sich insgesamt *drei entartete p-Zustände* ergeben. Man unterscheidet entsprechend der jeweiligen Vorzugsachse zwischen **p_x-, p_y- und p_z-Orbitalen** [vgl. **MC-Fragen Nr. 173, 176, 177**].

3p-, 4p-Orbitale haben im Prinzip die gleiche Gestalt. Die größte Ladungsdichte befindet sich jedoch im weiteren Abstand zum Atomkern.

In **o** Abb. 1.9 sind die *fünf* entarteten **d-Orbitale** graphisch dargestellt. Sie haben jeweils zwei Knotenflächen. Mit Ausnahme des d_{Z^2} -AO besitzen diese Orbitale eine **rosettenförmige** Gestalt [vgl. **MC-Fragen Nr. 179, 180**].

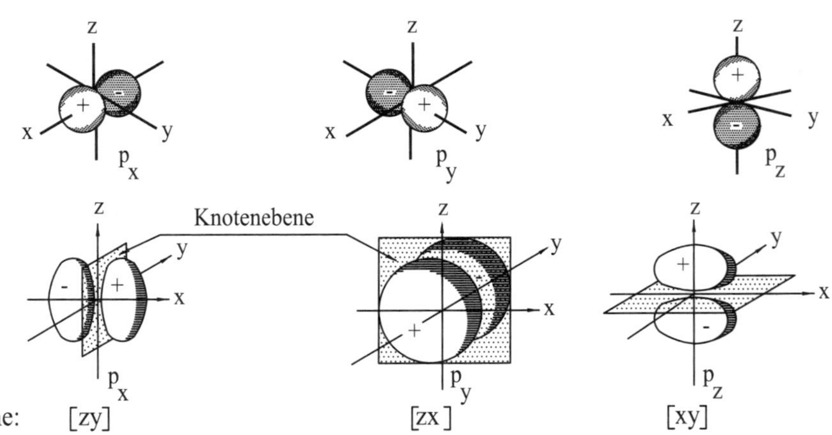

o Abb. 1.8 Schematisierte Grenzflächendiagramme der 2p-Orbitale

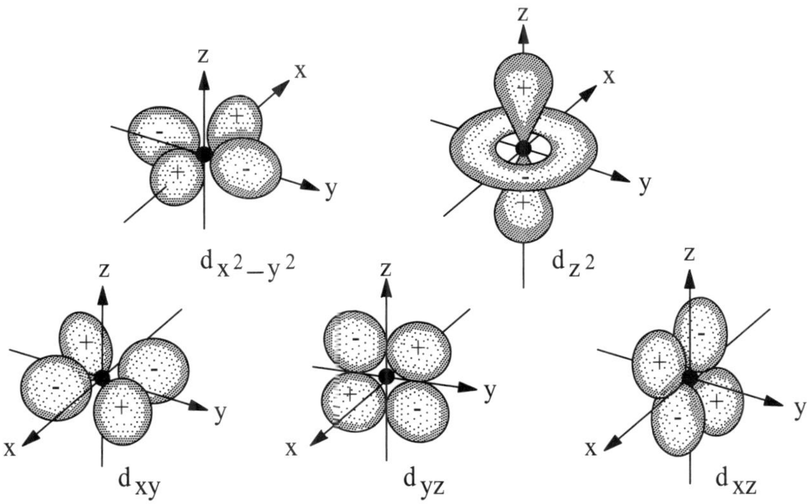

Abb. 1.9 Schematisierte Grenzflächendiagramme der fünf 3d-Orbitale

Die *Vorzeichen* der Orbitale in den Abb. 1.7– Abb. 1.9 ergeben sich aus der mathematischen Beschreibung der Elektronen durch Wellenfunktionen, entsprechen also *nicht* Ladungen. Diese Vorzeichen müssen vor allem bei der Konstruktion von Hybridorbitalen und der Kombination von Orbitalen zur Bildung kovalenter Bindungen berücksichtigt werden (siehe ▸Kap. 1.4.2.3).

Zusammenfassung: Wellenfunktionen, welche stationäre Zustände des Elektrons beschreiben, werden Atomorbitale genannt. Die Hauptquantenzahl n charakterisiert das Hauptenergieniveau. Zustände gleicher Hauptquantenzahl bilden eine Schale.
Innerhalb dieser Schale bilden Zustände gleicher Nebenquantenzahl l eine Unterschale (z. B. s-, p-, d- oder f-Orbital).
Elektronenzustände, die die gleiche Energie besitzen und sich nur in ihrer räumlichen Lage unterscheiden, nennt man entartet (degeneriert). In Abwesenheit magnetischer Felder sind alle Orbitale einer Unterschale energetisch gleichwertig.
Im freien Atom besteht das p-Niveau aus drei, das d-Niveau aus fünf und das f-Niveau aus sieben entarteten AO.

In Tab. 1.6 sind nochmals die Zusammenhänge zwischen den einzelnen Elektronenschalen, ihrer maximalen Besetzung und der jeweiligen Anzahl von Atomorbitalen dargestellt.

Wie Tab. 1.6 ausweist, umfassen die vier Elektronenschalen K-N (n=1–4) bereits 30 Atomorbitale. Zählt man 16 Orbitale (5s, 3×5p, 5×5d, 7×5f) hinzu, so stehen bei der Hauptquantenzahl n=5 insgesamt **46 Orbitale** für die Besetzung mit Elektronen zur Verfügung [vgl. **MC-Frage Nr. 191**].

1.1.4.7 Elektronenhülle höherer Atome

Die Gesamtenergie der Elektronenhülle eines Atoms mit mehreren Elektronen setzt sich zusammen aus den Eigenwerten, d. h. aus der Summe der Energien aller mit Elek-

Tab. 1.6 Aufbau der Elektronenhülle von Atomen

Elektronen-schale	Hauptquanten-zahl (n)	Nebenquanten-zahl (l)	Zahl der Atomorbitale	Maximale Besetzung $Z = 2n^2$
K	1	0	Ein s	2
L	2	0, 1	Ein s + drei p	8
M	3	0, 1, 2	Ein s + drei p + fünf d	18
N	4	0, 1, 2, 3	Ein s + drei p + fünf d + sieben f	32

tronen besetzten Orbitale und der Summe der Energien der abstoßenden Elektron-Elektron-Wechselwirkung.

Eine vollständige Lösung der Schrödinger-Gleichung für Atome mit mehreren Elektronen ist mit den derzeit verfügbaren Mitteln nicht durchführbar, da es unmöglich ist, die interelektronische Wechselwirkung mathematisch zu erfassen. Man ist für die Berechnung der Eigenwerte auf Näherungsverfahren angewiesen. Allerdings sind die Eigenwerte experimentell aus den Atomspektren zugänglich (siehe ▸ Kap. 1.1.6.1). Als wichtigstes Ergebnis dieser Näherungsverfahren ist festzuhalten, dass – im Gegensatz zum Wasserstoffatom – in einem Atom mit mehreren Elektronen die verschiedenen Unterniveaus (s-, p-, d- und f-Zustände) derselben Hauptquantenzahl als Folge der abstoßenden Elektron-Elektron-Wechselwirkung energetisch *nicht* mehr gleichwertig sind (siehe auch ○ Abb. 1.4). Die p-Zustände sind stets energiereicher als die s-Zustände, und die jeweiligen d-Zustände liegen bei noch höheren Energiewerten.

○ Abb. 1.10 zeigt das Energieniveauschema der empirisch gefundenen relativen Energien der einzelnen Atomorbitale höherer Atome.

Das in ○ Abb. 1.10 dargestellte Energieniveauschema gilt nur für Atome niedriger Ordnungszahlen (bis etwa Z = 24). Bei diesen Elementen sind die *4s-Elektronen energieärmer als die 3d-Elektronen*, eine Folge der *abschirmenden Wirkung der inneren Elektronen* auf die Kernladung. Bei schwereren Atomen bewirkt die hohe Kernladung dann eine weitgehende Angleichung der 4s- und 3d-Niveaus. Die Energieunterschiede

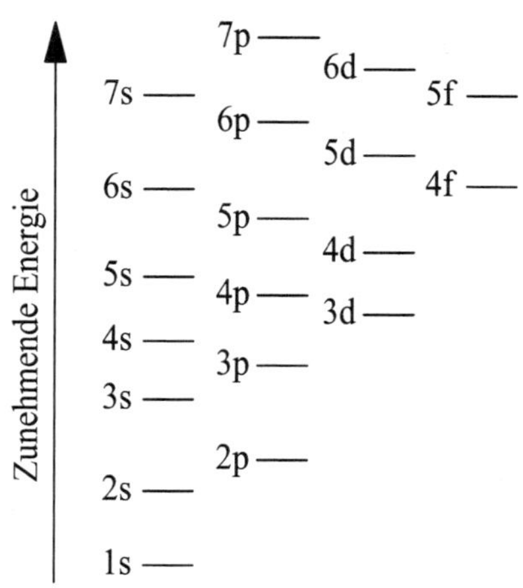

○ **Abb. 1.10 Relative Energien der Orbitale mehrelektroniger Atome**

zwischen diesen Orbitalen verwischen sich und schließlich werden die 3d-Orbitale energieärmer als das 4s-Niveau [vgl. **MC-Fragen Nr. 181, 182, 194, 199, 200**].

1.1.5 Elektronenbesetzung von Orbitalen

1.1.5.1 Pauli-Prinzip

Jedes Elektron eines Mehrelektronenatoms kann durch vier Quantenzahlen (n, l, m, s) charakterisiert werden, d. h., jede erlaubte Kombination der vier Quantenzahlen stellt einen möglichen stationären Zustand eines Elektrons in einem Atom dar.

Nach **Pauli** dürfen aber in einem Atom niemals zwei Elektronen in Bezug auf ihren Zustand übereinstimmen. Daher können zwei Elektronen eines Atoms **nie** dieselben Werte für *alle* vier Quantenzahlen besitzen.

Aufgrund dieses **Ausschlussprinzips** haben zwei Elektronen, die in den drei Quantenzahlen (n, l, m) übereinstimmen und somit durch die gleiche Wellenfunktion beschrieben werden bzw. dasselbe Orbital besetzen, einen *antiparallelen Spin*. D.h., sie unterscheiden sich in ihrer Spinquantenzahl s [vgl. **MC-Fragen Nr. 172, 178, 179, 192, 194, 195, 197**].

Da sich in einem doppelt besetzten AO die beiden Spinrichtungen kompensieren, tritt insgesamt kein magnetisches Moment auf. Das Spinmoment eines mit zwei *(gepaarten)* Elektronen besetzten Orbitals ist Null. Substanzen, die nur doppelt besetzte Orbitale enthalten, sind *diamagnetisch* [vgl. **MC-Frage Nr. 192**].

Enthält ein Atom (Molekül, Ion) *ungepaarte Elektronen*, d. h. nur mit einem Elektron besetzte Orbitale, so ergibt sich ein magnetisches Moment, dessen Größe durch die Zahl der insgesamt vorhandenen ungepaarten Elektronen bestimmt ist. Solche Substanzen sind *paramagnetisch* und werden auch als **Radikale** bezeichnet [siehe auch ▸Kap. 1.4.4.4 und **MC-Frage Nr. 193**].

1.1.5.2 Orbitalbesetzung, Hundsche Regel

Ein Atomorbital kann

- unbesetzt (leer),
- nur mit einem Elektron oder
- *maximal mit zwei Elektronen* besetzt sein,

sofern die beiden Elektronen entgegen gesetzten (antiparallelen) Spin besitzen [vgl. **MC-Fragen Nr. 172, 178–180, 192, 193**].

In einem mehrelektronigen Atom besetzen die Elektronen im **Grundzustand** (siehe ▸Kap. 1.1.6.1) immer die *energieärmsten* zur Verfügung stehenden Zustände. Aus den möglichen Kombinationen der vier Quantenzahlen in Verbindung mit dem Energieniveauschema lässt sich dann die Besetzung der verschiedenen Zustände ableiten. Die daraus resultierende Verteilung der Elektronen eines Atoms auf die verschiedenen Orbitale wird **Elektronenkonfiguration** genannt (siehe ▸Kap. 1.2.3). ○Abb. 1.11 zeigt die Reihenfolge der Orbitalbesetzung in einem mehrelektronigen Atom [vgl. **MC-Fragen Nr. 178, 181, 182, 194, 199, 200, 224**].

Niveaus unterschiedlicher Energie werden in der Reihenfolge zunehmender Energie aufgefüllt, während *(entartete)* Zustände gleicher Energie (z. B. die drei 2p- oder die fünf 3d-Zustände) gemäß der **Hundschen Regel** zunächst nur *einfach* von Elektronen mit parallelem Spin besetzt werden. Die Hundsche Regel ist eine Folge der nega-

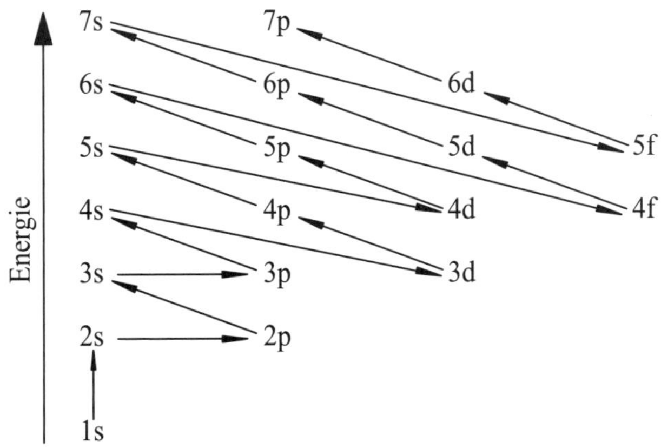

Abb. 1.11 Reihenfolge der Besetzung von Atomorbitalen

tiven Elektronenladung (geringere abstoßende Wechselwirkung zwischen den einzelnen Elektronen) [vgl. **MC-Fragen Nr. 181, 192, 193, 196, 198**].

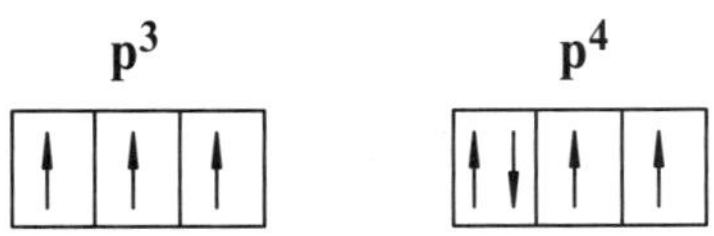

Die Elektronenzahl in einem Niveau wird als Index rechts oben an das Orbitalsymbol geschrieben. Die Kennzeichnung der Schale, zu der das Niveau gehört, erfolgt, indem man die zugehörige Hauptquantenzahl vor das Orbitalsymbol schreibt, z. B. $1s^2$, $2p^5$, $3d^8$ usw. (siehe auch ▸ Kap. 1.2.3).

Das Pauli-Prinzip sagt aus, dass im Grundzustand eines Atoms keine zwei Elektronen den gleichen Satz von Quantenzahlen aufweisen, also nicht in allen vier Quantenzahlen übereinstimmen dürfen. Besetzen zwei Elektronen das gleiche Orbital und stimmen somit in den Quantenzahlen n, l und m überein, so unterscheiden sie sich in ihrer Spinquantenzahl (s). Sie besitzen antiparallelen Spin.
Die Hundsche Regel der maximalen Multiplizität besagt, dass Elektronen sich so auf energiegleiche (entartete, degenerierte) Orbitale verteilen, dass eine maximale Anzahl von ungepaarten Elektronen mit paralellem Spin resultiert.

▫ Tab. 1.7 zeigt die Reihenfolge der Besetzung von s-, p-, d- und f-Orbitalen mit Elektronen unter Berücksichtigung der Hundschen Regel. Die Pfeile kennzeichnen die jeweilige Spinrichtung.

1.1.6 Angeregte Atome

1.1.6.1 Grundzustand, angeregter Zustand

Der **Aufbau der Elektronenhülle** eines Atoms gehorcht rein mathematisch beschreibbaren Gesetzen. Die Elektronen besetzen unter Beachtung des Pauli Prinzips und der

Tab. 1.7 Reihenfolge der Besetzung der s-, p-, d- und f-Zustände

s	p	d	f
↑ s^1	↑ _ _ p^1	↑ _ _ _ _ d^1	↑ _ _ _ _ _ _ f^1
↑↓ s^2	↑ ↑ _ p^2	↑ ↑ _ _ _ d^2	↑ ↑ _ _ _ _ _ f^2
	↑ ↑ ↑ p^3	↑ ↑ ↑ _ _ d^3	↑ ↑ ↑ _ _ _ _ f^3
	↑↓ ↑ ↑ p^4	↑ ↑ ↑ ↑ _ d^4	↑ ↑ ↑ ↑ _ _ _ f^4
	↑↓ ↑↓ ↑ p^5	↑ ↑ ↑ ↑ ↑ d^5	↑ ↑ ↑ ↑ ↑ _ _ f^5
	↑↓ ↑↓ ↑↓ p^6	↑↓ ↑ ↑ ↑ ↑ d^6	↑ ↑ ↑ ↑ ↑ ↑ _ f^6
		↑↓ ↑↓ ↑ ↑ ↑ d^7	↑ ↑ ↑ ↑ ↑ ↑ ↑ f^7
		↑↓ ↑↓ ↑↓ ↑ ↑ d^8	↑↓ ↑ ↑ ↑ ↑ ↑ ↑ f^8
		↑↓ ↑↓ ↑↓ ↑↓ ↑ d^9	↑↓ ↑↓ ↑ ↑ ↑ ↑ ↑ f^9
		↑↓ ↑↓ ↑↓ ↑↓ ↑↓ d^{10}	↑↓ ↑↓ ↑↓ ↑ ↑ ↑ ↑ f^{10}
			↑↓ ↑↓ ↑↓ ↑↓ ↑ ↑ ↑ f^{11}
			↑↓ ↑↓ ↑↓ ↑↓ ↑↓ ↑ ↑ f^{12}
			↑↓ ↑↓ ↑↓ ↑↓ ↑↓ ↑↓ ↑ f^{13}
			↑↓ ↑↓ ↑↓ ↑↓ ↑↓ ↑↓ ↑↓ f^{14}

Hundschen Regel ganz bestimmte Orbitale. Maximal zwei Elektronen, sofern sie sich in ihrem Spin unterscheiden, können dasselbe Orbital besetzen; sie haben in bezug auf den Atomkern die gleiche Aufenthaltswahrscheinlichkeit. Jedes dieser Orbitale besitzt einen definierten Energieinhalt, wobei die Energie mit wachsender Entfernung des Elektrons vom Kern ansteigt.

Normalerweise befinden sich die Elektronen eines Atoms im energieärmsten Zustand, dem sog. **Grundzustand**. Der Grundzustand ist der stabilste Zustand eines Atoms. Außer den mit Elektronen *besetzten Orbitalen* existieren noch *unbesetzte Orbitale,* die einer höheren Gesamtenergie des Elektrons entsprechen.

Führt man einem Atom Energie in Form von thermischer, optischer oder elektrischer Energie zu, so können Elektronen von *energieärmeren* (inneren) auf *energiereichere* (äußere) *Zustände* (Schalen) angehoben werden, wie dies in ▫ Abb. 1.12 schematisch dargestellt ist. Man nennt diesen Vorgang **Absorption**. Das Atom befindet sich danach nicht mehr im Grundzustand sondern in einem **angeregten Zustand**. Hierbei kann ein atomares Elektronensystem aber nur solche Energiebeträge aufnehmen, die

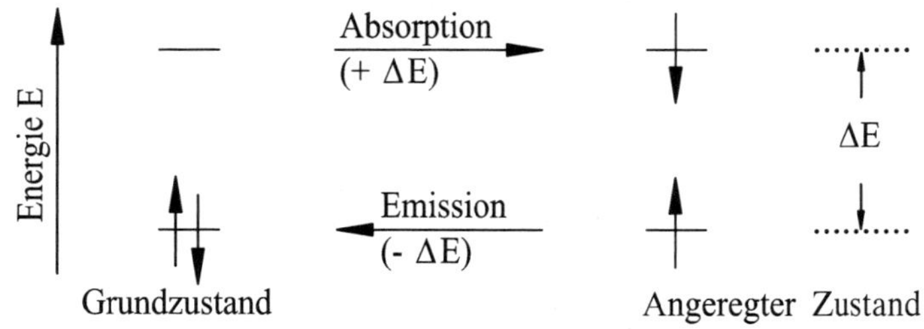

Abb. 1.12 Grundzustand und angeregter Zustand eines Atoms

exakt dem Energieunterschied zweier Elektronenzustände entsprechen [vgl. **MC-Fragen Nr. 167, 194, 201, 202, 204**].

Diese angeregten Zustände sind nicht stabil. Nach einer Lebensdauer von 10^{-9} bis 10^{-7} Sekunden gehen die Elektronen wieder in den Grundzustand, zumindest aber auf tiefere Energieniveaus zurück. Hierbei wird die der Differenz der beiden Zustände entsprechende Energie in Form elektromagnetischer Strahlung (Licht) definierter Wellenlänge ausgestrahlt. Man bezeichnet diesen Vorgang als **Emission**. Die Frequenz (ν) des ausgesandten Lichts hängt nach der **Planck-Einstein-Bedingung** mit der Energiedifferenz (ΔE) eines Elektrons vor und nach dessen Anregung wie folgt zusammen [vgl. **MC-Fragen Nr. 622, 623**]:

$$\Delta E = h \cdot \nu = h \cdot c/\lambda$$

ΔE = Energiedifferenz zweier Zustände
ν = Frequenz des Lichts
λ = Wellenlänge des Lichts
c = Lichtgeschwindigkeit
h = Plancksches Wirkungsquantum

Die Photonenenergie (ΔE) des Lichts ist danach proportional zu seiner Frequenz und umgekehrt proportional zu seiner Wellenlänge. Kurzwelliges Licht ist energiereich, langwelliges Licht ist energiearm.

Da sich die Elektronen eines Atoms nur in ganz bestimmten Orbitalen mit definierten Energieinhalten aufhalten, kann auch nur Licht ganz bestimmter Frequenzen (ν) [Wellenlängen (λ)] emittiert werden. Es resultiert ein sogenanntes **Linienspektrum**. Eine **Spektrallinie** entspricht der Differenz zweier Energiezustände eines Elektrons. Die Frequenzen der emittierten Spektrallinien erlauben daher Rückschlüsse auf die Energiezustände eines Atoms. Die einzelnen Frequenzen eines solchen Linienspektrums stehen untereinander in einem bestimmten mathematischen Zusammenhang und lassen sich zu **Spektralserien** ordnen [vgl. **MC-Fragen Nr. 205–207**].

Anzumerken ist, dass die Energieabgabe aus angeregten Elektronensystemen auch *strahlungslos* erfolgen kann (*internal conversion*).

1.1.6.2 Spektrum des Wasserstoffatoms

Atomarer Wasserstoff ($H^{\bullet}$) kann z. B. in elektrischen Gasentladungsröhren aus molekularem Wasserstoff (H_2) dargestellt werden. Das entstandene Wasserstoffatom, das

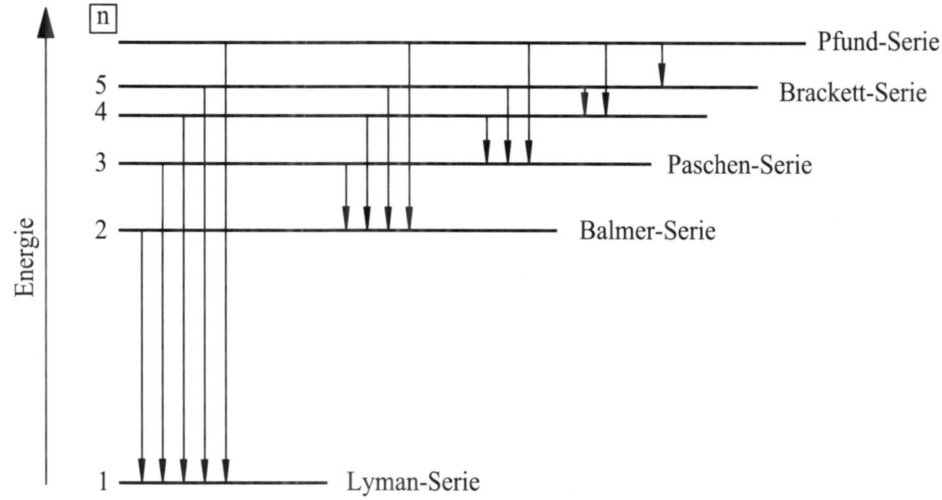

o Abb. 1.13 Zusammenhang zwischen den Elektronenübergängen und den Linien im Spektrum des Wasserstoffatoms

im Grundzustand über ein 1s-Elektron verfügt, ergibt nach der Anregung ein **Linienspektrum** mit Linien im ultravioletten, sichtbaren und infraroten Spektralbereich. Der Anregungsschritt lässt sich wie folgt beschreiben, wobei der angeregte Zustand häufig durch ein hochgestelltes Kreuz* gekennzeichnet wird [vgl. **MC-Fragen Nr. 215, 217**].

$$H^{\bullet} + \text{Energie} \longrightarrow H^{\bullet *}$$

In o Abb. 1.13 ist der Zusammenhang zwischen den möglichen Elektronenübergängen und den Energiestufen des Wasserstoffatoms in Abhängigkeit von der Hauptquantenzahl graphisch dargestellt. Die Frequenzen der emittierten Spektrallinien lassen sich nach folgender Formel berechnen,

$$\nu\ (s^{-1}) = 3{,}289 \cdot 10^{15} \cdot [1 / (n_1)^2 - 1 / (n_2)^2]$$

wobei n_1 der Hauptquantenzahl einer inneren und n_2 der einer weiter außen liegenden Elektronenbahn entspricht.

Die einzelnen Spektrallinien des Wasserstoffatoms erscheinen in fünf Serien. Unter einer *Serie* werden diejenigen Spektrallinien zusammengefasst, die ihr Entstehen Elektronenübergängen von beliebig hohen Werten von n_2 auf denselben Wert von n_1 verdanken. Zum Beispiel ergibt sich die linienreichste **Lyman-Serie** des Wasserstoffatoms durch die Rückkehr des Elektrons aus angeregten Zuständen ($n_2 = 2, 3, 4$ usw.) in den Grundzustand ($n_1 = 1$). Das Zustandekommen der **Balmer-Serie** erklärt man durch einen Übergang des angeregten Elektrons in ein Orbital mit der Hauptquantenzahl $n_1 = 2$. Die einzelnen Spektralserien des Wasserstoffs sind in ▫ Tab. 1.8 zusammen mit den jeweiligen Spektralbereichen aufgelistet [vgl. **MC-Fragen Nr. 169, 206, 216**].

Tab. 1.8 Spektralserien des Wasserstoffs

n_1	n_2	Name der Serie	Spektralbereich
1	2, 3, 4, ..	Lyman	Ultraviolett
2	3, 4, 5, ..	Balmer	Sichtbar
3	4, 5, 6, ..	Paschen	Nahes Infrarot
4	5, 6, 7, ..	Brackett	Infrarot
5	6, 7, 8, ..	Pfund	Fernes Infrarot

1.1.6.3 Emissionsspektrum, Absorptionsspektrum

Das von angeregten Atomen bei der Rückkehr in den elektronenenergetischen Grundzustand ausgesandte Linienspektrum wird *Emissionsspektrum* genannt [vgl. **MC-Fragen Nr. 205, 206**]. Führt man die zur Anregung erforderliche Energie in Form von „weißem“ (sichtbaren), d. h. ein kontinuierliches Spektrum ergebendem Licht zu, so werden die einzelnen Anregungsbeträge diesem Licht entnommen. Demzufolge treten im kontinuierlichen Spektrum des weißen Lichts bei den Frequenzen (Wellenlängen), die vom Atom absorbiert werden, dunkle **Absorptionslinien** auf sonst durchgehend hellem Hintergrund auf **(Absorptionsspektrum)**.

Bei der Absorption, d. h. einem Elektronenübergang aus dem Grundzustand in einen angeregten Zustand, ändert sich die **Elektronenkonfiguration,** hingegen bleibt die Gesamtelektronenzahl eines Atoms konstant. Wie Abb. 1.14 veranschaulicht, hat z. B. das **Boratom** im Grundzustand die Elektronenkonfiguration $1s^2 2s^2 2p^1$ und im angeregten Zustand die Konfiguration $1s^2 2s^1 2p^2$ [vgl. **MC-Frage Nr. 209**].

Bezüglich weiterer Elektronenkonfigurationen in angeregten Zuständen wird auf die *Kommentierung* der **MC-Fragen Nr. 208, 210–213** im Fragenband verwiesen.

Die Absorption bzw. Emission von Energie durch Atome erfolgt in der Regel unter Beibehaltung des Elektronenspins. Liegen die zu bestimmenden Elemente als Salze vor, so erfolgt – z. B. in einer Flamme – eine homolytische Spaltung (Atomisierung) des Salzes unter Bildung von freien Metallatomen, die thermisch angeregt werden.

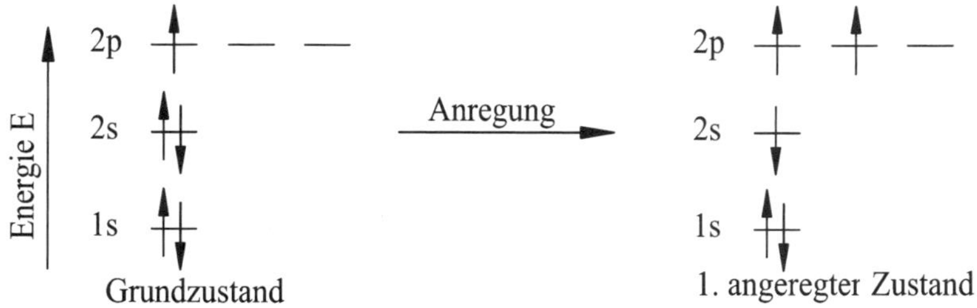

Abb. 1.14 Elektronenanregung im Boratom

1.1.6.4 Spektralanalyse, Flammenfärbung

Elemente senden im *atomaren* Zustand nach entsprechender Anregung Licht bestimmter *„Farbe“* aus, das aus definierten, für das jeweilige Element charakteristischen *Spektrallinien* besteht.

Ein solches Linienspektrum kommt dadurch zustande, dass die im Atom befindlichen **äußeren Elektronen (Valenzelektronen)** durch die Anregung kurzzeitig auf ein höheres Energieniveau gehoben werden, und beim „Zurückspringen“ auf ein niederes Niveau die zugeführte Energie in Form von elektromagnetischer Strahlung einer bestimmten Wellenlänge wieder abgegeben wird. Die inneren Elektronen werden hierbei nicht beeinflusst. Sie können erst durch Zufuhr wesentlich höherer Energiebeträge angeregt werden. Die aus der anschließenden Lichtemission resultierenden Röntgenspektren werden im nachfolgenden Abschnitt behandelt (siehe ▸Kap. 1.1.6.6).

Die *Anregungsbedingungen der Valenzelektronen* einzelner Elemente sind recht unterschiedlich. Bei den Alkali-, Erdalkali- und einigen anderen Elementen genügt, falls die Verbindungen leicht flüchtig sind, die Temperatur der Bunsenflamme, bei manchen anderen muss man zur Gebläseflamme übergehen und bei den meisten Elementen benötigt man einen elektrischen Lichtbogen oder Funken (siehe auch Ehlers, **Analytik II**, ▸Kap. 11.4 „Atomemissionsspektroskopie“ und ▸Kap. 11.5 „Atomabsorptionsspektrophotometrie“).

Die **Flammenfärbung** einer Bunsenflamme lässt demnach bei Alkali- und Erdalkalielementen unter bestimmten Bedingungen eine Aussage über deren Vorhandensein zu. Da sich jedoch die Farben der Linien einzelner Elemente überdecken können, ist die Anwendung eines Spektralapparates vorteilhafter (siehe auch Ehlers, **Analytik I**, ▸Kap. 1.2.1). Zum spektralanalytischen Nachweis der Alkali- und Erdalkalielemente dienen die in ▫Tab. 1.9 zusammengestellten Spektrallinien [vgl. **MC-Fragen Nr. 218–220**].

▫ Tab. 1.9 Flammenfärbung einiger pharmazeutisch wichtiger Elemente

Element	Farbe und Wellenlänge der Spektrallinien
Lithium	670,8 nm Rot
Natrium	589,3 nm Gelb
Kalium	768,2 nm Rot und 404,4 nm Violett
Rubidium	780,0 nm Rot und 421,5 nm Violett
Caesium	458,0 nm Blau
Calcium	622,0 nm Rot und 533,3 nm Grün
Strontium	Mehrere rote Linien (650 - 660 nm), während die charakteristische blaue Linie bei 460,7 nm nur selten sichtbar wird
Barium	513,9 - 524,2 nm Schar grüner Linien
Thallium	ca. 527 nm Grün

Angeregte Atome emittieren beim Übergang in den Grundzustand Linienspektren. Die Emissionslinien können im sichtbaren (400–800 nm) sowie im nicht-sichtbaren (ultravioletten, infraroten) Spektralbereich auftreten. Die Lage der Spektrallinien ist charakteristisch für das angeregte Atom und kann zur qualitativen und quantitativen Bestimmung des betreffenden Elements herangezogen werden.

1.1.6.5 Singulett-Zustände, Triplett-Zustände

In Atomen oder Molekülen, die eine *gerade Anzahl von Elektronen* enthalten, können alle Orbitale paarweise besetzt werden. Die entgegengesetzten Elektronenspins heben sich auf, sodass solche Substanzen kein Spinmoment besitzen. Diese elektronische Struktur wird **Singulett-Zustand** genannt [vgl. **MC-Frage Nr. 192**].

Absorbiert eine Substanz im Singulett-Grundzustand (S^0) ein Photon hinreichender Energie, so wird sie unter *Beibehaltung der Spinrichtung* in einen angeregten Singulett-Zustand (S^1) übergeführt. Angeregte Zustände sind als Zustände höherer Energie instabil und nur von kurzer Lebensdauer. Aus S^1 wird in der Regel ein Photon emittiert und das Elektron kehrt wieder in den Grundzustand (S^0) zurück. Dieser **Elektronenübergang [$S^1 \longrightarrow S^0$]** wird **Fluoreszenz** genannt (siehe auch Ehlers, **Analytik II**, ▸ Kap. 11.7 „Fluorimetrie").

In S^1 kann aber auch eine *Spinumkehr* oder ein sog. **intersystem crossing** erfolgen und die Substanz geht in einen angeregten **Triplett-Zustand** (T^1) über. Infolge der Spinumkehr enthält das Molekül im Triplett-Zustand *zwei ungepaarte Elektronen* mit parallelem Spin. Im Allgemeinen ist der niedrigste angeregte Triplett-Zustand (T^1) energiereicher als der Singulett-Grundzustand (S^0), aber energieärmer als der erste angeregte Singulett-Zustand (S^1) [vgl. **MC-Fragen Nr. 194, 214**].

Bei vielen Verbindungen ist die beschriebene Umkehr des Elektronenspins in S^1 ein unwahrscheinlicher Vorgang, und der Triplett-Zustand spielt in der Photochemie dieser Substanzen keine Rolle. Bei manchen Substanzen besitzt die Spinumkehr jedoch eine endliche Wahrscheinlichkeit. Da der Prozess des intersystem crossing nur etwa 10^{-9} s benötigt und die Lebensdauer von S^1 in der Größenordnung von 10^{-8} bis 10^{-7}s liegt, erleiden in diesen Fällen fast alle angeregten S^1-Zustände ein intersystem crossing zu T^1.

Angeregte Triplett-Zustände sind mit einer Lebensdauer von ca. 10^{-5} s recht langlebig. Manchmal erreichen sie sogar eine Lebensdauer bis zu einer Sekunde. Ein Grund für die Langlebigkeit ist, dass sich beim Übergang nach S^0 der Spin eines Elektrons erneut umkehren muss. Der **Elektronenübergang [$T^1 \longrightarrow S^0$]** wird als **Phosphoreszenz** bezeichnet.

In ○ Abb. 1.15 sind die elektronischen Vorgänge schematisch dargestellt, die sich beim Auftreten von Fluoreszenz- und Phosphoreszenz-Erscheinungen abspielen. Diese Vorgänge sollen am Beispiel des **Berylliums** nochmals verdeutlicht werden. Beryllium besitzt im Grundzustand die Elektronenkonfiguration $1s^2 2s^2$ und im ersten elektronisch angeregten Zustand die Konfiguration $1s^2 2s^1 2p^1$. Sind die Elektronen-

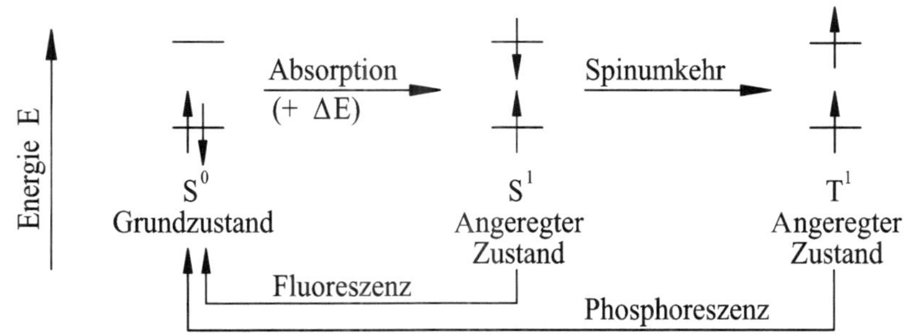

Abb. 1.15 Schematische Darstellung von Fluoreszenz und Phosphoreszenz

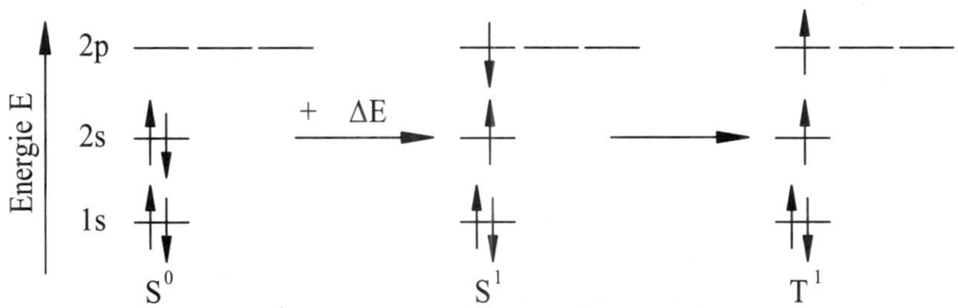

Abb. 1.16 Singulett- und Triplett-Zustand des Berylliumatoms

spins in den Zuständen $2s^1$ und $2p^1$ antiparallel, spricht man von einem Singulett-Zustand, sind sie parallel, handelt es sich um einen Triplett-Zustand [siehe Abb. 1.16 und **MC-Frage Nr. 213**].

1.1.6.6 Röntgenspektren, Moseley-Gesetz

Treffen durch ein Hochspannungsfeld beschleunigte Elektronen (Kathodenstrahlen) auf eine Anode, so werden sie durch die Atome des Anodenmaterials abgebremst. Sie besitzen danach aber immer noch soviel Energie, dass sie aus den Atomen des Anodenmaterials *Elektronen,* die sich auf *inneren Schalen* befinden, abspalten können. Die dadurch auf diesen Schalen entstandenen Lücken werden anschließend von Elektronen weiter außen liegender Schalen aufgefüllt. Die hierbei freiwerdende Energie wird in Form elektromagnetischer Strahlung sehr kurzer Wellenlänge **(Röntgenstrahlen)** ausgestrahlt.

Je nach dem Element, das als Anodenmaterial verwendet wurde, wird ein anderes Linienspektrum beobachtet. Die Röntgenspektren sind sehr einfach und bestehen nur aus zwei bis drei Gruppen von Spektrallinien, die als **K-, L-** oder **M-Serie** bezeichnet werden. Abb. 1.17 veranschaulicht das Entstehen solcher Röntgenserien.

Wird z. B. ein Elektron aus der K-Schale herausgeschlagen, so beobachtet man das sog. **K-Spektrum**, das durch Elektronenübergänge aus der L-, M-, N-Schale usw. zustandekommt. In der Regel wird nach der *Ionisierung* die Lücke in der K-Schale durch ein Elektron aus der L-Schale aufgefüllt, sodass die **K_α-Linie** die intensivste Linie im K-Spektrum ist. Abb. 1.18 zeigt das Zustandekommen der K_α-Linie beim **Lithium**.
Für die Wellenlänge der K_α-Linie gilt:

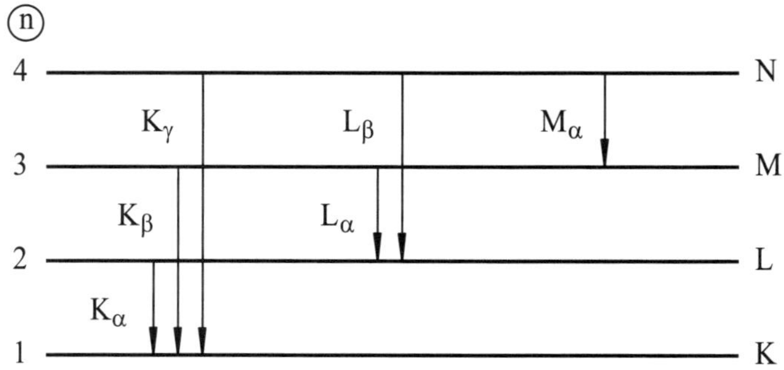

Abb. 1.17 Schematische Darstellung des Entstehens der Röntgenserien

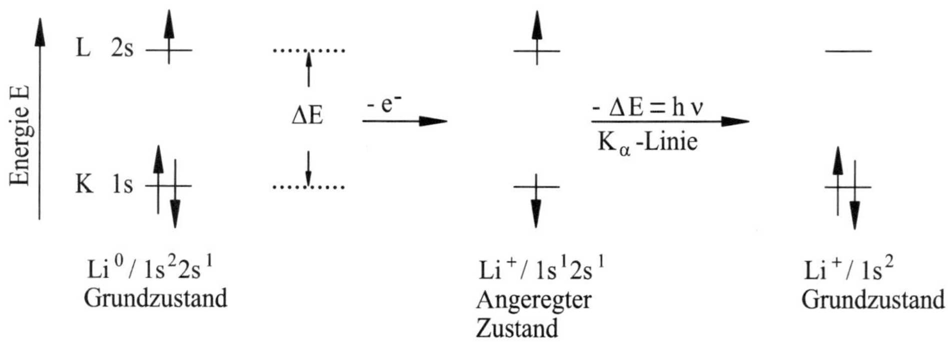

Abb. 1.18 Entstehung der K_α-Linie des Lithiumatoms

$$1/\lambda = 3/4 \cdot R \cdot (Z-1)^2$$

Danach ist die *reziproke Wellenlänge* (1/λ der emittierten K_α-Röntgenlinie eines Elements dem Quadrat der um Eins verminderten **Kernladungszahl** (Z) proportional. R wird als Rydberg-Konstante bezeichnet, die eine Naturkonstante darstellt. Diese als **Moseleysches Gesetz** bekannte Beziehung ermöglicht die eindeutige Festlegung der *Protonenzahl* (Kernladungszahl) eines Elements.

1.2 Periodensystem der Elemente (PSE)

1.2.1 Aufbau des Periodensystems

Das ursprüngliche Periodensystem der Elemente (PSE) von **Mendelejew** und **Meyer**, in dem die Elemente nach zunehmender *Atommasse* angeordnet waren, musste an mehreren Stellen korrigiert werden [vgl. **MC-Fragen Nr. 221, 224, 226**].

In der heutigen Form des PSE sind die Elemente nach **steigender Protonenzahl (Ordnungszahl, Kernladungszahl)** schematisch in **Perioden** (horizontal) und **Gruppen** (vertikal) geordnet. Alle Nuclide mit einer bestimmten Kernladung stehen an derselben Stelle im PSE und bilden zusammen ein **Element**. Eine alphabetische Auflistung der Elemente, ihrer Symbole und Massen findet sich im Anhang [vgl. **MC-Fragen Nr. 222–224, 226, 298**].

Die Reihenfolge der Elemente im PSE nach steigender Ordnungszahl konnte von **Moseley** aus den Röntgenspektren der Elemente ermittelt werden.

1.2.2 Anordnung der Elemente, Perioden, Gruppen

1.2.2.1 Perioden

Es gibt 7 Perioden. Sie werden mit *arabischen* Zahlen gekennzeichnet. *Periodennummer* und Hauptquantenzahl der äußersten Schale (Valenzschale) eines Elements stimmen überein.

Innerhalb einer Periode steigt die Ordnungszahl von links nach rechts jeweils um 1 an. In der Regel ist die relative Atommasse des Elements zur rechten größer. Ausnahmen von dieser Regel nennt man **Inversionen**. Beispiele hierfür sind die Elementpaare Ar/K – Te/I und Co/Ni. Die chemischen Eigenschaften der Elemente einer Periode differieren stark [vgl. **MC-Fragen Nr. 224–226, 302**].

1.2.2.2 Gruppen

Es gibt 16 Gruppen, 8 Haupt- und 8 Nebengruppen, wobei die VIII. Nebengruppe *drei* Elemente enthält (siehe ○ Abb. 1.20). Die Gruppen werden mit *römischen* Ziffern gekennzeichnet. (*Anmerkung*: In neueren Prüfungsfragen werden zur Kennzeichnung der Gruppennummer arabische Zahlen verwendet. Darüber hinaus werden nach IUPAC die Gruppen durchnummeriert, sodass das PSE dann insgesamt 18 Gruppen besitzt.)

n	Ia	IIa	IIIa	IVa	Va	VIa	VIIa	VIIIa
1	^{1}H							^{2}He
2	^{3}Li	^{4}Be	^{5}B	^{6}C	^{7}N	^{8}O	^{9}F	^{10}Ne
3	^{11}Na	^{12}Mg	^{13}Al	^{14}Si	^{15}P	^{16}S	^{17}Cl	^{18}Ar
4	^{19}K	^{20}Ca*	^{31}Ga	^{32}Ge	^{33}As	^{34}Se	^{35}Br	^{36}Kr
5	^{37}Rb	^{38}Sr*	^{49}In	^{50}Sn	^{51}Sb	^{52}Te	^{53}I	^{54}Xe
6	^{55}Cs	^{56}Ba*	^{81}Tl	^{82}Pb	^{83}Bi	^{84}Po	^{85}At	^{86}Rn
7	^{87}Fr	^{88}Ra*	^{113}Nh	^{114}Fl	^{115}Mc	^{116}Lv	^{117}Ts	^{118}Og

○ Abb. 1.19 Periodensystem der Hauptgruppenelemente
(An den mit einem Stern * markierten Stellen sind die jeweiligen Nebengruppen einzuordnen)

Für einige Hauptgruppen (HG) sind Trivialnamen gebräuchlich, wie z. B. **Alkalimetalle** (I.HG), **Erdalkalimetalle** (II.HG), **Chalkogene** (VI.HG), **Halogene** (VII.HG) und **Edelgase** (VIII.HG). Die übrigen Hauptgruppen werden jeweils nach dem ersten Element der betreffenden Gruppe benannt: **Borgruppe** (III.HG), **Kohlenstoffgruppe** (IV.HG), **Stickstoffgruppe** (V.HG). Neuerdings werden die Elemente der III. Hauptgruppe auch als **Erdmetalle** bezeichnet.

Die *Gruppennummer* eines Elements ist identisch mit der Zahl seiner Valenzelektronen. Da die Anzahl der Elektronen auf der äußersten Schale vorrangig die chemischen Eigenschaften eines Elements bestimmt, besitzen die Elemente einer Gruppe eine hohe Ähnlichkeit in ihren Eigenschaften und Verbindungsformen *(homologe Elemente)*. Die Elektronen der weiter innen liegenden Schalen, insbesondere die der zweitäußersten, modifizieren diese Eigenschaften und führen zu graduellen Unterschieden innerhalb einer Gruppe [vgl. **MC-Fragen Nr. 225, 226**].

1.2.2.3 Hauptgruppenelemente

50 Elemente einschließlich der Edelgase sind in 8 Hauptgruppen angeordnet. Unter den Hauptgruppenelementen finden sich Metalle, Halbmetalle und Nichtmetalle (siehe auch ▸ Kap. 1.2.4.5).

○ Abb. 1.19 zeigt ein gekürztes Periodensystem, das nur die Hauptgruppenelemente enthält, wobei links oben neben dem Elementsymbol die dazugehörige Ordnungszahl angegeben ist. Die Hauptgruppen sind mit einem römischen Zahlenwert und dem Buchstaben „**a**" gekennzeichnet. Die Periodennummer entspricht der Hauptquantenzahl (n) der Valenzelektronen (siehe nachfolgendes ▸ Kap.). Ein vollständiges Periodensystem aller Elemente findet sich im Anhang [vgl. **MC-Fragen Nr. 227–241, 243–250, 252, 254, 256, 1865, 1891**].

1.2.2.4 Nebengruppenelemente (Übergangselemente)

68 Elemente einschließlich der inneren Übergangselemente sind in 8 Nebengruppen angeordnet. Alle Nebengruppenelemente sind *Metalle*. Zu den inneren Übergangselementen zählen auch die **Lanthanoide** (**Seltene Erden**) und **Actinoide** [vgl. **MC-Frage Nr. 225**].

n	IIIb	IVb	Vb	VIb	VIIb	VIIIb	Ib	IIb
4	^{21}Sc	^{22}Ti	^{23}V	^{24}Cr	^{25}Mn	^{26}Fe ^{27}Co ^{28}Ni	^{29}Cu	^{30}Zn
5	^{39}Y	^{40}Zr	^{41}Nb	^{42}Mo	^{43}Tc	^{44}Ru ^{45}Rh ^{46}Pd	^{47}Ag	^{48}Cd
6	^{57}La*	^{72}Hf	^{73}Ta	^{74}W	^{75}Re	^{76}Os ^{77}Ir ^{78}Pt	^{79}Au	^{80}Hg
7	^{89}Ac*	^{104}Rf	^{105}Db	^{106}Sg	^{107}Bh	^{108}Hs ^{109}Mt ^{110}Ds	^{111}Rg	^{112}Cn

o Abb. 1.20 Periodensystem der Nebengruppenelemente
(An den mit einem Stern * markierten Stellen sind die Elemente der Lanthanoide und der Actinoide einzufügen)

Lanthanoide (Lanthanide)	^{58}Ce - ^{59}Pr - ^{60}Nd - ^{61}Pm - ^{62}Sm - ^{63}Eu - ^{64}Gd - ^{65}Tb - ^{66}Dy - ^{67}Ho - ^{68}Er - ^{69}Tm - ^{70}Yb - ^{71}Lu
Actinoide (Actinide)	^{90}Tb - ^{91}Pa - ^{92}U - ^{93}Np - ^{94}Pu - ^{95}Am - ^{96}Cm - ^{97}Bk - ^{98}Cf - ^{99}Es - ^{100}Fm - ^{101}Md - ^{102}No - ^{103}Lr

o Abb. 1.21 Lanthanoide und Actinoide

o Abb. 1.20 zeigt das Periodensystem der Nebengruppenelemente ohne die inneren Übergangselemente. Die Nebengruppen werden ebenfalls durch einen römischen Zahlenwert jedoch mit dem Zusatz „**b**“ gekennzeichnet; die Periodennummer (n) entspricht wiederum der Hauptquantenzahl der Valenzelektronen. Jede Reihe der Nebengruppenelemente umfasst **10** Elemente (Besetzung von 5 entarteten d-Niveaus). Die jeweils **14** Elemente (Besetzung von 7 entarteten f-Niveaus) der Lanthanoiden und Actinoiden sind in o Abb. 1.21 zusammengestellt [vgl. **MC-Fragen Nr. 234, 242, 251, 255, 257–263**].

Wie bei den Hauptgruppenelementen sind auch bei den Nebengruppenelementen stetige Eigenschaftsänderungen zu beobachten, allerdings in abgeschwächter Form (siehe hierzu ▸ Kap. 1.2.4).

1.2.3 Elektronenkonfiguration der Elemente

Als **Elektronenkonfiguration** eines Atoms bezeichnet man die Verteilung seiner Elektronen auf die verschiedenen Orbitale, wobei zur Kennzeichnung die Hauptquantenzahl vor das Orbitalsymbol (s, p, d, f) geschrieben und die Zahl der Elektronen rechts oben als Exponent angegeben wird. Aufgrund ihrer Elektronenstruktur lassen sich die Elemente in vier Gruppen unterteilen.

1.2.3.1 Edelgase

Mit Ausnahme des *Heliums* (Konfiguration $1s^2$) besitzen alle übrigen Edelgase für die Schale mit der Hauptquantenzahl (n) die **Konfiguration ns^2np^6**. Edelgase zeigen ein *diamagnetisches* Verhalten, d. h., alle Elektronenzustände liegen im Grundzustand paarweise mit Elektronen besetzt vor [vgl. **MC-Fragen Nr. 280, 1111**].

Diese **Edelgaskonfiguration [ns^2np^6]** scheint energetisch besonders stabil zu sein, was u. a. die extreme Reaktionsträgheit und die hohen Ionisierungsenergien (siehe ▸Kap. 1.2.4.1) dieser Elemente beweisen. Lediglich mit Fluor und Sauerstoff bilden die schwereren Edelgase Verbindungen (siehe ▸Kap. 2.1).

Die hohe Stabilität der Edelgaskonfiguration zeigt sich auch daran, dass neutrale Atome durch Elektronenabgabe oder Elektronenaufnahme Ionen mit einer Edelgaselektronenstruktur bilden. So werden Alkalimetalle durch Abgabe von einem, Erdalkalimetalle durch zwei und die Elemente der 3. Hauptgruppe durch Abgabe von drei Elektronen zu *Kationen oxidiert.* Umgekehrt werden Halogene durch Aufnahme von einem und Chalkogene durch Aufnahme von zwei Elektronen zu *Anionen reduziert.* Ionen wie **Li^+**, **Be^{2+}**, **H^-** oder **D^-** besitzen die Elektronenstruktur des Heliums ($1s^2$). Die Elektronenstruktur des Neons ($1s^22s^22p^6$) liegt vor in Ionen wie **Na^+**, **Mg^{2+}**, **Al^{3+}**, **N^{3-}**, **O^{2-}** und **F^-**. Ionen wie **K^+**, **Ca^{2+}**, **S^{2-}** oder **Cl^-** sind isoelektronisch mit der Elektronenstruktur des Argons ($\ldots3s^23p^6$). Die Edelgaskonfiguration des Kryptons ($\ldots4s^24p^6$) findet sich bei Ionen wie **Rb^+**, **Sr^{2+}** oder **Br^-**. Die Ionen **Cs^+**, **Ba^{2+}** oder **I^-** besitzen die Elektronenstruktur des Edelgases Xenon ($\ldots5s^25p^6$) [vgl. **MC-Fragen Nr. 280–292**].

1.2.3.2 Hauptgruppenelemente

Bei diesen Elementen wird beim Durchlaufen einer Periode von links nach rechts jeweils die äußerste Schale **(Valenzschale)** mit einem weiteren Elektron aufgefüllt. Bei den Hauptgruppenelementen sind mit Ausnahme der Valenzschale alle inneren Schalen voll besetzt bzw. besitzen eine ns^2np^6-Konfiguration. Die Elektronen in der äußersten Schale werden **Valenzelektronen** genannt. Sie bestimmen die chemischen Eigenschaften eines Elements.

In Abhängigkeit vom Orbitaltyp des jeweils zuletzt hinzukommenden Elektrons kann man diese Elemente auch in s- und p-Elemente unterteilen.

Tab. 1.10 Elektronenstruktur der Hauptgruppenelemente im Grundzustand

Hauptgruppe	Konfiguration
Alkalimetalle	..... ns^1
Erdalkalimetalle	..... ns^2
Borgruppe	..... $ns^2\,np^1$
Kohlenstoffgruppe	..... $ns^2\,np^2$
Stickstoffgruppe	..... $ns^2\,np^3$
Chalkogene	..... $ns^2\,np^4$
Halogene	..... $ns^2\,np^5$
Edelgase	..... $ns^2\,np^6$

s-Elemente = I. und II. Hauptgruppe
p-Elemente = III. bis VII. Hauptgruppe

In ▫ Tab. 1.10 sind die Elektronenkonfigurationen der Hauptgruppenelemente hinsichtlich ihrer Gruppenzugehörigkeit nochmals aufgelistet. Die Elektronenkonfigurationen ausgewählter Hauptgruppenelemente finden sich im *Kommentarteil* des Fragenbandes [vgl. **MC-Fragen Nr. 267–279, 302, 1866, 1867**].
Bei der Ermittlung der Zusammenhänge zwischen der Stellung des Elements im PSE und der Struktur seiner Elektronenhülle (Schalenaufbau) sind folgende Gesetzmäßigkeiten zu beachten:

- Die Ordnungszahl entspricht der Gesamtzahl der Elektronen in der Atomhülle.
- Die Anzahl der Elektronen auf der äußersten Schale (Valenzschale) eines Hauptgruppenelements entspricht der Gruppennummer.
- Die Anzahl der mit Elektronen besetzten Schalen eines Elements ist gleich der Periodennummer.
- Mit Ausnahme des Heliums (2 Elektronen) besitzen alle Edelgase 8 Elektronen in der Valenzschale.

Zur *abgekürzten Schreibweise* von Elektronenkonfigurationen kann man die inneren Elektronen durch das in eckige Klammern gesetzte Elementsymbol des vorausgehenden Edelgases kennzeichnen. Zum Beispiel kann die Elektronenkonfiguration des Natriumatoms mit seinen 11 Elektronen wie folgt wiedergegeben werden:

$$\mathbf{Na: 1s^2 2s^2 2p^6 3s^1 = [Ne]\ 3s^1}$$

1.2.3.3 Übergangselemente

Bei den Übergangsmetallen sind die beiden äußeren Schalen *nicht* vollbesetzt. Beim Durchlaufen einer Periode von links nach rechts werden die neu hinzukommenden Elektronen in die **d-Orbitale** der zweitäußersten Schale eingebaut. Bei diesen Elementen bestimmen sowohl die d-Elektronen der zweitäußersten als auch die s-Elektronen der äußeren Schale das chemische Verhalten. Es gibt insgesamt vier Reihen von Übergangselementen, bei denen jeweils die 3d-, 4d-, 5d- und 6d-Zustände mit Elektronen aufgefüllt werden.

▫ Tab. 1.11 Valenzelektronenkonfiguration der ersten Nebengruppenelementperiode

	Sc	Ti	V	Cr	Mn	Fe	Co	Ni	Cu	Zn
3d	1	2	3	5	5	6	7	8	10	10
4s	2	2	2	**1**	2	2	2	2	**1**	2

In ▫ Tab. 1.11 sind die Valenzelektronenkonfigurationen einiger Übergangselemente aufgelistet.

Tab. 1.12 Allgemeine Zusammenhänge im PSE

Chem. phys. Eigenschaften	Haupt- und Nebengruppen gemeinsam	Hauptgruppen	Nebengruppen
Metallcharakter		Metalle und Nichtmetalle. Metallcharakter nimmt innerhalb einer Periode von links nach rechts ab. In der Nähe der Diagonalen von links oben nach rechts unten stehen Halbmetalle (B $\longrightarrow$ Te).	Nur Metalle. Hier stehen die stärker Kationen bildenden Elemente links oben, die stärker Anionen bildenden rechts unten.
Basizität der Hydroxide	Nimmt innerhalb einer Periode von links nach rechts und beim gleichen Element mit steigender Oxidationsstufe ab.	Nimmt innerhalb einer Gruppe mit steigender Ordnungszahl zu.	Nimmt innerhalb einer Gruppe mit steigender Ordnungszahl schwach zu.
Säuretypen Beständigkeit der Orthoverbindungen	Durch die Stellung in der jeweiligen Gruppe gegeben.	Nimmt innerhalb einer Gruppe mit steigender Ordnungszahl zu.	
Anzahl der Außenelektronen		Identisch mit der Gruppennummer	Maximal zwei (s). Ausnahme: s. ▸ Kap. 1.2.3.3
Elektronegativität		Nimmt i. d. R. innerhalb einer Gruppe mit steigender Ordnungszahl ab, innerhalb einer Periode mit steigender Ordnungszahl zu.	

Tab. 1.12 Allgemeine Zusammenhänge im PSE

Chem. phys. Eigenschaften	Haupt- und Nebengruppen gemeinsam	Hauptgruppen	Nebengruppen
Maximal mögliche Oxidationsstufe	Identisch mit der Gruppennummer	Ausnahme: O, F, Edelgase der VIII. Hauptgruppe, die diese nicht erreichen.	Ausnahme: Elemente der I. Nebengruppe, die diese überschreiten, und der VIII. Nebengruppe, die diese außer Ru und Os nicht erreichen.
Oxidationsstufenintervall		Oft zwei.	Meistens eins.
Beständigkeit der maximalen Oxidationsstufe		Nimmt innerhalb einer Gruppe mit steigender Ordnungszahl ab.	Nimmt innerhalb einer Gruppe mit steigender Ordnungszahl zu. Ausnahme: II. Nebengruppe.
Minimal mögliche Oxidationsstufe		Maximale Oxidationsstufe -8 = minimale Oxidationsstufe	
Thermische Beständigkeit der Hydride in der minimalen Oxidationsstufe		Nimmt innerhalb einer Gruppe mit steigender Ordnungszahl ab.	
Basizität der Hydride		Nimmt innerhalb einer Gruppe mit steigender Ordnungszahl ab.	
Unstetige Änderung der chemischen Eigenschaften		Starke Eigenschaftsänderungen zwischen dem ersten und zweiten Element innerhalb einer Gruppe. **Schrägbeziehung!**	

Anomalien in der Abfolge der Besetzung treten dann auf, wenn *halbbesetzte* oder *vollständig besetzte d-Schalen* resultieren, weil solche Elektronenkonfigurationen besonders stabil sind. Dies ist der Fall bei Cr, Ag, Au, Cu, Mo und Pd [vgl. **MC-Fragen Nr. 294–297, 1808**].

Cr:	[Ar]	$3d^5\,4s^1$	**Pd:**	[Kr]	$4d^{10}5s^0$
Cu:	[Ar]	$3d^{10}4s^1$	**Ag:**	[Kr]	$4d^{10}5s^1$
Mo:	[Kr]	$4d^5\,5s^1$	**Au:**	[Xe]	$5d^{10}6s^1$

Da die s-Elektronen dieser Übergangsmetalle bei der *Ionisierung* bevorzugt abgespalten werden, ergeben sich für einige Ionen von Nebengruppenelementen folgende Elektronenkonfigurationen [vgl. **MC-Fragen Nr. 281, 293**].

Mn^{2+} : [Ar] $3d^5$	Cu^+ : [Ar] $3d^{10}$	Zn^{2+} : [Ar] $3d^{10}$

1.2.3.4 Innere Übergangselemente

Lanthanoide (Seltene Erden) und **Actinoide** folgen im PSE den Elementen Lanthan bzw. Actinium und gehören in die 6. bzw. 7. Periode. Bei diesen Elementen werden die f-Niveaus der drittäußersten Schale suksessive mit Elektronen aufgefüllt. Ihr chemisches Verhalten hängt somit von den drei letzten Schalen ab.

Lanthanoide **Auffüllung der 4f-Schale**
Actinoide **Auffüllung der 5f-Schale**

1.2.4 Periodische Eigenschaften der Elemente

Die chemischen und physikalischen Eigenschaften der Elemente variieren systematisch mit zunehmender Ordnungszahl, sodass die Stellung eines Elements im PSE allgemeine Aussagen über sein chemisches Verhalten zulässt. Einige dieser Eigenschaften werden in den nachfolgenden Abschnitten vorgestellt. Hierbei ist zu unterscheiden zwischen Eigenschaften, die den jeweiligen Haupt- und Nebengruppenelementen gemeinsam sind, und solchen, die nur für die Haupt- oder nur für die Nebengruppenelemente zutreffen. Eine tabellarische Zusammenstellung über die wichtigsten *Zusammenhänge innerhalb des PSE* findet sich in ▫Tab. 1.12. Die Abhängigkeit der *Oxidationszahl* von der Stellung des Elements im PSE wird im ▸Kap. 1.12.1.3 behandelt.

1.2.4.1 Ionisierungsenergie (Ionisierungspotential)

Ionisation (Ionisierung) bedeutet die Ablösung eines oder mehrerer Elektronen aus der Elektronenhülle eines Atoms, Moleküls oder Ions.

Als *erste Ionisierungsenergie* **(1. IE)** bezeichnet man die Energie, die zur vollständigen Abtrennung des jeweils am schwächsten gebundenen Elektrons aus einem Atom oder Molekül im Gaszustand (g) aufzuwenden ist [vgl. **MC-Fragen Nr. 301, 309, 314**].

$$\textbf{Atom (g)} \xrightarrow{+\,\textbf{IE}} \textbf{Kation}^+\,\textbf{(g)} + \textbf{e}^-$$

Da bei der Ionisation die Anziehungskraft des Atomkerns gegenüber einem Elektron zu überwinden ist, muss bei einem Ionisierungsvorgang *stets* Energie zugeführt werden. Die Ionisierungsenergie, die ein *direktes Maß für den Energiezustand des betreffenden Elektrons* darstellt, hängt von folgenden Faktoren ab [vgl. **MC-Frage Nr. 310**]:

- Die Ionisierungsenergie ist umso geringer, je höher der Energieinhalt des jeweiligen Elektrons ist, d. h., je weiter das betreffende Elektron vom Atomkern entfernt ist.
- Im Allgemeinen nimmt die Ionisierungsenergie mit wachsender Kernladung zu und mit wachsendem Atomradius ab.

Daraus folgt, dass innerhalb einer *Periode* des PSE die Ionisierungsenergie von links nach rechts ansteigt (wachsende Kernladung, abnehmender Atomradius). Somit besitzen innerhalb einer Periode die *Edelgase* die jeweils höchsten Ionisierungspotentiale [siehe auch ○ Abb. 1.22 und **MC-Fragen Nr. 310, 1275, 1276, 1868**].

Aus einem ähnlichen Grund ist auch die 2. IE beim Kalium ($[Ar]4s^1$) wesentlich höher als beim Calcium ($[Ar]4s^2$), weil im Gegensatz zum Calcium beim Kalium die Abspaltung eines zweiten Elektrons zu einem Verlust der Edelgaskonfiguration des K^+-Ions führt.

In □ Tab. 1.13 sind die Ionisierungsenergien der Elemente der 2. Periode des PSE aufgelistet. Die Ionisierungsenergien sind in Elektronenvolt (eV) angegeben. 1 eV entspricht $1{,}602 \cdot 10^{-19}$ Joule (J).

Innerhalb einer *Elementgruppe* des PSE nimmt die Ionisierungsenergie mit steigender Ordnungszahl von oben nach unten stark ab (Zunahme des Atomradius; das Elektron stammt aus einer weiter außen liegenden Schale), da hier die abschirmende Wirkung der inneren Elektronen die Erhöhung der Kernladung zu kompensieren vermag. □ Tab. 1.14 enthält die Ionisierungsenergien der Elemente der I. Hauptgruppe des PSE [vgl. **MC-Fragen Nr. 299, 300, 310, 1868**].

Aufgrund ihrer Stellung im PSE ist für Metalle eine relativ niedrige, für Nichtmetalle eine relativ hohe Ionisierungsenergie charakteristisch.

□ **Tab. 1.13 Ionisierungsenergien der Elemente der 2. Periode**

Element	Li	Be	B	C	N	O	F	Ne
IE (eV)	5,4	9,3	8,3	11,3	14,5	13,6	17,4	21,6

□ **Tab. 1.14 Ionisierungsenergien der Alkalimetalle**

Element	Li	Na	K	Rb	Cs
IE (eV)	5,4	5,1	4,3	4,2	3,9

▫ Tab. 1.15 Ionisierungsenergien des Kohlenstoffs

C-Atom	1.IE	2.IE	3.IE	4.IE	5.IE	6.IE
eV	11,3	24,4	47,9	64,5	391,9	666,8

- Die Ionisierungsenergie hängt in hohem Maße von der Ladung des jeweiligen Atoms oder Moleküls ab.

Die Abspaltung eines zweiten Elektrons, d. h. die Ablösung eines weiteren Elektrons aus einem einwertigen Kation, erfordert mehr Energie als die Ablösung des ersten Elektrons aus einem neutralen Atom, weil mit der Ionisierung die Atome kleiner werden und die effektive Kernladung zunimmt. Die 2. Ionisierungsenergie eines Atoms ist daher beträchtlich größer als sein 1. Ionisierungspotential.

$$\text{Atom}^0 \xrightarrow[-e^-]{1.IE} \text{Kation}^+ \xrightarrow[-e^-]{2.IE} \text{Kation}^{2+} \xrightarrow[-e^-]{3.IE} \text{Kation}^{3+} \text{ usw.}$$

Es gilt: **1.IE < 2.IE < 3.IE < 4.IE < usw.**

Dies dokumentieren auch die in ▫Tab. 1.15 aufgelisteten Ionisierungsenergien des Kohlenstoffs [vgl. **MC-Frage Nr. 1868**].

Ganz besonders groß ist die Zunahme der Ionisierungsenergie dann, wenn alle Elektronen einer Schale bereits abgespalten sind, und ein weiteres Elektron aus der nächstinneren Schale abgetrennt wird (z. B. 5.IE für $C^{4+} \longrightarrow C^{5+}$).

In ○Abb. 1.22 sind die 1. Ionisierungsenergien der Hauptgruppenelemente in Abhängigkeit von ihrer Ordnungszahl aufgetragen.

Die starke Zunahme der Ionisierungsenergie vom **Wasserstoff** zum **Helium** hin resultiert aus der erhöhten Kernladung.

Der nachfolgende starke Abfall zum **Lithium** hin ist eine Folge der Tatsache, dass hier das Valenzelektron (2s) zur 2. Schale gehört und die um eine Einheit gestiegene Kernladung durch die beiden 1s-Elektronen stark abgeschirmt wird.
Vom **Lithium** zum **Neon** hin nimmt die Ionisierungsenergie erwartungsgemäß wieder zu, weil die Kernladung stetig ansteigt und die Elektronen derselben Schale ein anderes Elektron aus der gleichen Schale kaum abschirmen.

Beim **Bor** beobachtet man eine deutliche Abnahme der Ionisierungsenergie, da die p-Elektronen etwas energiereicher sind als die s-Elektronen derselben Hauptquantenzahl.

Die im Vergleich zu Sauerstoff erhöhte Ionisierungsenergie des **Stickstoffs** (Elektronenkonfiguration: $1s^2 2s^2 2p^3$) wird mit der energetisch günstigeren *Halbbesetzung* des 2p-Zustandes erklärt.

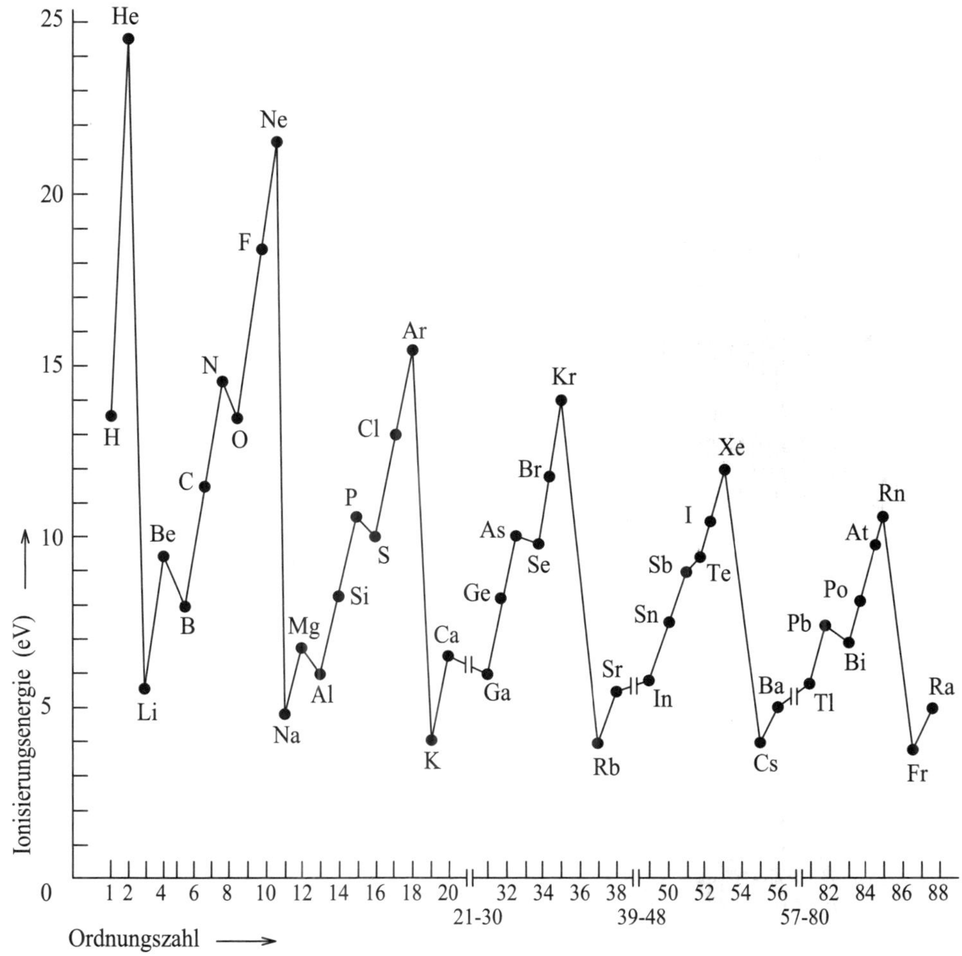

o Abb. 1.22 Ionisierungspotentiale der Hauptgruppenelemente

1.2.4.2 Elektronenaffinität

Unter **Elektronenaffinität** (EA) versteht man die mit der Aufnahme von Elektronen durch ein neutrales Atom (oder Molekül) im Gaszustand (g) verbundene Energie [vgl. **MC-Fragen Nr. 301, 311, 313, 374, 1868**].

$$\textbf{Atom}^0\ \textbf{(g)} \quad + \quad \textbf{e}^- \xrightarrow{\pm \textbf{EA}} \textbf{Anion}^-\ \textbf{(g)}$$

Nähert sich ein Elektron einem Atom, so wird es vom Atomkern angezogen und von der Elektronenhülle abgestoßen. Je nachdem, ob die Anziehungs- oder Abstoßungskräfte überwiegen, wird bei der Anionenbildung Energie freigesetzt oder benötigt.

▫Tab. 1.16 informiert über die Elektronenaffinitäten einiger Nichtmetalle. Wie diese Tabelle ausweist, erfolgt die Bildung einfach negativ geladener Ionen in *exothermer Reaktion*, d. h., bei der Bildung einwertiger Anionen wird Energie frei (siehe auch

Tab. 1.16 Elektronenaffinität von Nichtmetallen (in kJ mol^{-1})

+ 1 e⁻				+ 2 e⁻	
H	-73	F	-328	O	+704
P	-72	Cl	-349	S	+332
O	-141	Br	-325		
S	-200	I	-295		

▸ Kap. 1.9.3.4). Das *Maximum der Elektronenaffinität beim* **Chlor** ist damit zu erklären, dass hier die vom Fluor zum Chlor hin zunehmende Kernladung die Wirkung des wachsenden Atomradius übertrifft.

Die Bildung mehrfach negativ geladener Ionen [O^{2-}, S^{2-}, N^{3-}] geschieht stets stark *endotherm*.

Innerhalb des PSE gelten im Allgemeinen für die Elektronenaffinität dieselben Zusammenhänge wie für die Ionisierungsenergie. Obwohl die Elektronenaffinität innerhalb einer *Periode* z. B. vom Lithium (EA: –60 kJ/mol) zu Fluor (EA: –328 kJ/mol) hin zunimmt (negativere Werte annimmt), kann diese Tendenz nur sehr einschränkend formuliert werden. Zum Beispiel ist die Angabe der EA für Stickstoff, die Edelgase oder die Erdalkalielemente wenig sinnvoll, da deren einwertige Anionen grundsätzlich instabil sind.

Bei der vergleichenden Betrachtung der EA-Werte zweier Elemente [Li (EA: –60 kJ/mol) vs. Be (EA: +19 kJ/mol) oder C (EA: –122 kJ/mol) vs. N (EA: + 7 kJ/mol)] spiegelt sich der Einfluss der *Elektronenkonfiguration* wieder. So ist im Vergleich zu Kohlenstoff die Aufnahme eines Elektrons durch ein N-Atom aufgrund der Halbbesetzung der 2p-Niveaus beim Stickstoff energetisch ungünstig. Auch nimmt die EA vom Li (Konfiguration $1s^22s^1$) zum Be ($1s^22s^2$) hin ab, weil beim Be die Aufnahme eines weiteren Elektrons (in ein 2p-Orbital) aufgrund der Vollbesetzung des 2s-Orbitals energetisch ungünstig ist.

1.2.4.3 Atomradius

Ein Atom hat keine definierte Oberfläche und kann nicht vermessen werden. Die Bestimmung der Atomgröße ist deshalb problematisch.

Bei *Metallen* bezeichnet man als Atomradius die Hälfte des mittels Röntgenbeugung bestimmten interatomaren Abstandes zweier Atomkerne im Metallgitter, während man für *Nichtmetalle* die halbe Bindungslänge der X-X-Einfachbindung als Atomradius annimmt.

Für den Atomradius ergeben sich folgende Gesetzmäßigkeiten [vgl. **MC-Fragen Nr. 299, 304, 306, 307, 1783**]:

> Die Atomradien nehmen innerhalb einer Periode des PSE von links nach rechts ab, weil bei konstanter Zahl der Elektronenschalen die Kernladung zunimmt und die Atome durch die größere elektrostatische Anziehung der höheren Kernladung quasi schrumpfen.

Die Radien der Elemente der 2. Periode des PSE sind in ◘ Tab. 1.17 aufgelistet (1 pm = 10^{-12} m).

◘ Tab. 1.17 Atomradien der Elemente der 2. Periode des PSE

Element	Li	Be	B	C	N	O	F
Radius (pm)	145	105	85	70	65	60	50

Innerhalb einer Gruppe des PSE nimmt der Atomradius infolge des Aufbaus einer jeweils neuen (äußeren) Elektronenschale von oben nach unten mit steigender Ordnungszahl zu.

◘ Tab. 1.18 zeigt die Atomradien der Elemente der I. Hauptgruppe des PSE.

◘ Tab. 1.18 Atomradien der Alkalimetalle

Element	Li	Na	K	Rb	Cs
Radius (pm)	145	180	220	235	244

1.2.4.4 Ionenradius

Ionen entstehen, wenn elektrisch neutrale Atome (bzw. Moleküle) Elektronen aufnehmen oder abgeben.

Positiv geladene Ionen **(Kationen)** sind stets beträchtlich kleiner als die entsprechenden Atome, während *negativ geladene Ionen* **(Anionen)** erheblich größer sind. Ursache hierfür ist, dass bei Ionen im Gegensatz zu neutralen Atomen die Kernladungszahl nicht mehr der Zahl der Elektronen in der Hülle entspricht.

Kationenradius < Atomradius < Anionenradius

Durch die bei der *Kationenbildung* erfolgende Verringerung der Elektronenzahl wird die interelektronische Abstoßung schwächer, und der Kern kann die verbleibenden Elektronen stärker anziehen; die Ionen schrumpfen.

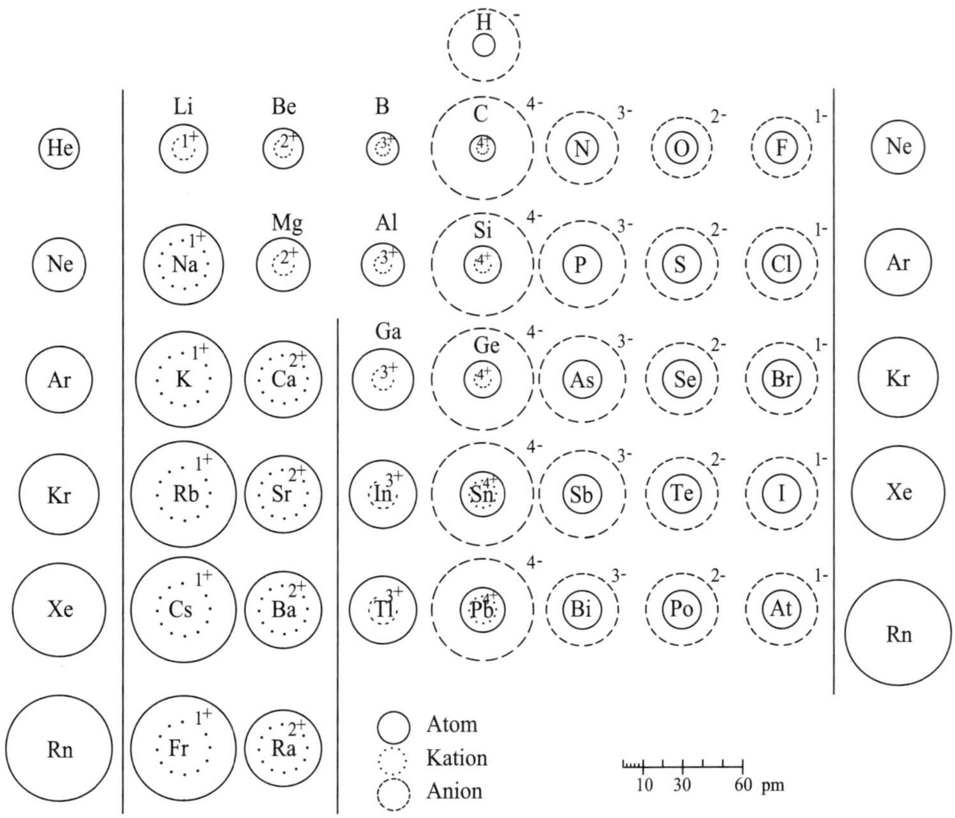

o Abb. 1.23 Atom- und Ionenradien von Hauptgruppenelementen

Bei der *Anionenbildung* erhöht sich die gegenseitige Abstoßung der Elektronen und die elektrostatische Anziehung durch den Atomkern ist geringer; die Valenzschale wird quasi aufgebläht.

Durch das Ungleichgewicht von Protonen- und Elektronenzahl in Ionen erfahren die Elektronen in Kationen eine größere und in Anionen eine kleinere elektrostatische Anziehung durch den Kern wie in einem neutralen Atom [vgl. **MC-Fragen Nr. 306–308**].

In o Abb. 1.23 sind die Ionen- und Atomradien der Hauptgruppenelemente vergleichend gegenübergestellt.

Ionenradien können aus den kürzesten Abständen zwischen den Ionen eines *Ionenkristalls (Salzes)* ermittelt werden (siehe auch ▸ Kap. 1.3.2). Es gelten folgende Regeln:

Innerhalb einer *Gruppe* des PSE nehmen die Ionenradien von oben nach unten mit wachsender Kernladung zu (jeweils Aufbau einer neuen Schale) [vgl. **MC-Fragen Nr. 299, 300, 305, 308**].

In ◻ Tab. 1.19 sind die Ionenradien einiger Haupt- und Nebengruppenelemente aufgelistet. Aus dieser Tabelle lassen sich folgende Gesetzmäßigkeiten ableiten [vgl. **MC-Fragen Nr. 307, 308**]:

Tab. 1.19 Ionenradien in pm [100 pm = 1 Å = 10^{-10} m]

		H^-	208	Li^+	68	Be^{2+}	31		
O^{2-}	140	F^-	136	Na^+	98	Mg^{2+}	65	Al^{3+}	51
S^{2-}	184	Cl^-	181	K^+	133	Ca^{2+}	99	Sc^{3+}	81
Se^{2-}	198	Br^-	195	Rb^+	148	Sr^{2+}	110	Y^{3+}	93
Te^{2-}	221	I^-	216	Cs^+	167	Ba^{2+}	135	La^{3+}	115

Bei gleicher Elektronenanordnung (sogenannte *isoelektronische Atomionen*) ist das negativ geladene Ion größer als das positiv geladene [z. B.: F^- (136 pm) > Na^+ (98 pm) oder Cl^- (181 pm) > K^+ (133 pm)].

Der Ionenradius nimmt für positive Ionen innerhalb einer Periode ab [z. B.: K^+ (133 pm) > Ca^{2+} (99 pm) > Sc^{3+}(81 pm)].

Sind von einem Element mehrere positiv geladene Ionen bekannt, so nimmt der Radius mit zunehmender Ladung ab [z. B.: Mn^{7+} (46 pm) < Mn^{3+} (62 pm) < Mn^{2+} (80 pm)].

Die Atome und Ionen der **Nebengruppenelemente** unterscheiden sich durch die Anzahl der Elektronen auf der *zweitäußersten Schale.* Dabei schirmen die jeweils in eine innere Schale neu eintretenden Elektronen die erhöhte Kernladung so stark ab, dass die Radien innerhalb einer Reihe von Übergangselementen nur noch wenig abnehmen.

In Tab. 1.20 sind die Atom- und Ionenradien einiger 3d-Elemente zusammengestellt.

Die **Lanthanoide**, die sich nur im Aufbau der *drittäußersten Schale* (4f-Niveau) unterscheiden, bilden alle Ionen der Ladung +3. Innerhalb der Reihe der Lanthanoide nimmt der Ionenradius vom Lanthan [La^{3+}: 115 pm] zum Lutetium [Lu^{3+}: 85 pm] hin stetig ab **(Lanthanoidenkontraktion)**. Dies ist eine Folge der wachsenden Kernladung bei gleichzeitiger Auffüllung einer inneren Elektronenschale.

Tab. 1.20 Atom- und Ionenradien einiger Nebengruppenelemente

Element	Elektronen-konfiguration	Atomradius (pm)	Ionenradius (pm)	
			Me^{2+}	Me^{3+}
Scandium	[Ar] $3d^1 4s^2$	160	-	81
Titan	[Ar] $3d^2 4s^2$	140	90	76
Vanadium	[Ar] $3d^3 4s^2$	135	88	74
Chrom	[Ar] $3d^5 4s^1$	140	84	69
Mangan	[Ar] $3d^5 4s^2$	140	80	66
Eisen	[Ar] $3d^6 4s^2$	140	76	64
Kobalt	[Ar] $3d^7 4s^2$	135	74	63
Nickel	[Ar] $3d^8 4s^2$	135	72	-
Kupfer	[Ar] $3d^{10} 4s^1$	135	72	-
Zink	[Ar] $3d^{10} 4s^2$	135	74	-

1.2.4.5 Metallischer und nichtmetallischer Charakter

Die Einteilung der Elemente in **Metalle, Halbmetalle** und **Nichtmetalle** gründet sich im wesentlichen auf ihre *elektrische Leitfähigkeit.*

Nichtmetalle sind **Isolatoren** und leiten den elektrischen Strom nicht. **Metalle** sind im Allgemeinen sehr gute elektrische Leiter. Ihre Leitfähigkeit nimmt mit steigender Temperatur ab. **Halbmetalle [Bor, Silicium, Germanium, Arsen, Tellur]** leiten den elektrischen Strom nur mäßig. Im Gegensatz zu Metallen nimmt ihre Leitfähigkeit mit steigender Temperatur zu [siehe auch ▸Kap. 1.6.2.2 und **MC-Fragen Nr. 580–594**].

Innerhalb einer **Periode** des PSE nimmt der metallische Charakter von links nach rechts ab [z. B. Na ⟶ Cl] und innerhalb einer **Gruppe** von oben nach unten zu [z. B. C ⟶ Pb oder N ⟶ Bi]. Kohlenstoff und Stickstoff sind typische Nichtmetalle, Blei und Bismut sind typische Metalle. Für den nichtmetallischen Charakter gelten innerhalb des Periodensystems die umgekehrten Regeln [vgl. **MC-Fragen Nr. 298, 300**].

Demzufolge stehen die typischen Metalle in den Hauptgruppen links und unten, die Nichtmetalle rechts und oben. Sie sind, wie ▫Abb. 1.24 ausweist, durch eine diagonal vom Bor zum Astat hin verlaufende Reihe von Halbmetallen getrennt. *Alle Nebengruppenelemente sind Metalle.*

Man sollte sich allerdings bewusst sein, dass eine scharfe Trennungslinie nicht gezogen werden kann, und eine Reihe von Elementen in mehreren Formen auftreten.

So ist z. B. **Phosphor** sowohl in seiner weißen als auch in der roten Modifikation ein typisches Nichtmetall, während schwarzer Phosphor Halbmetalleigenschaften besitzt (siehe ▸Kap. 2.5.10.2). Graues **Zinn** zeigt die Eigenschaften eines Halbmetalls, während weißes Zinn ein typischer metallischer Leiter ist (siehe auch ▸Kap. 2.6.7.1).

Li	Be	B	C	N	O	F
Na	Mg	Al	Si	P	S	Cl
K	Ca	Ga	Ge	As	Se	Br
Rb	Sr	In	Sn	Sb	Te	I
Cs	Ba	Tl	Pb	Bi	Po	At

▫ **Abb. 1.24 Hauptgruppenelemente und Halbmetalle**

1.2.4.6 Schrägbeziehung

Die Erscheinung, dass das *erste Element einer Gruppe* des PSE in manchen Eigenschaften mehr dem *zweiten Element der folgenden Hauptgruppe* [Li ⟶ Mg; Be ⟶ Al; B ⟶ Si] ähnelt als seinem nächsthöheren Homologen, wird **Schrägbeziehung** genannt. Sie ist immer in vergleichbaren Ladungsdichten und in ähnlichen Atom- bzw. Ionenradien begründet [vgl. **MC-Fragen Nr. 264–266, 1787**].

Die Tatsache, dass **Lithiumverbindungen** mehr den Magnesium- als den Natriumverbindungen gleichen, beruht auf der deformierenden Wirkung dieser Kationen. Hierbei wird die durch die Zunahme des Kationenradius [Li^+ ⟶ Na^+; Be^{2+} ⟶ Mg^{2+}]

bedingte Verringerung der deformierenden Wirkung (siehe ▸ Kap. 1.3.1.4) durch eine Zunahme der Kationenladung [$Na^+ \longrightarrow Mg^{2+}$; $Mg^{2+} \longrightarrow Al^{3+}$] wieder kompensiert.

So sind Li_2CO_3 und Li_3PO_4 zum Unterschied von den Carbonaten und Phosphaten der übrigen Alkalimetalle und in Übereinstimmung mit $MgCO_3$ bzw. $Mg_3(PO_4)_2$ in Wasser schwer löslich. Ferner besitzen die Fluoride und Hydroxide des Lithiums und Magnesiums ähnliche Löslichkeiten und Basizitäten. LiCl und $MgCl_2$ sind hygroskopisch, NaCl **(!)** hingegen nicht. Darüber hinaus bilden Li und Mg mit elementarem Stickstoff salzartige Nitride [Li_3N, Mg_3N_2], die in Wasser leicht zu Ammoniak hydrolysieren.

Metallisches **Beryllium** und **Aluminium** sind infolge der Bildung einer zusammenhängenden Oxidschicht gegenüber Säuren relativ inert. Auch sind $Be(OH)_2$ und $Al(OH)_3$ – im Gegensatz zum basischen $Mg(OH)_2$ – amphotere Hydroxide.

Bor und **Silicium** stellen harte, schlecht leitende Elemente dar, während Aluminium ein dehnbares, elektrisch gut leitendes Leichtmetall ist. Bor bildet wie Silicium ein feuerbeständiges Oxid und ein mit Fluorwasserstoff (HF) reagierendes flüchtiges Fluorid. Bor- und Siliciumhydride sind flüchtig, leicht entzündlich und hydrolysierbar. Dagegen ist Aluminiumhydrid ein hochpolymerer Feststoff. Ferner zeigen $B(OH)_3$ und $Si(OH)_4$ einen zwar schwachen, aber deutlich sauren Charakter, während $Al(OH)_3$ amphoter ist.

Schrägbeziehungen im PSE

Lithium/Magnesium
Beryllium/Aluminium
Bor/Silicium

1.2.4.7 Elektronegativität

Die **Elektronegativität** (EN) ist ein Maß für die Fähigkeit eines Atoms, in einer Kovalenzbindung das *bindende* Elektronenpaar anzuziehen. Die kovalente Bindung zwischen zwei Bindungspartnern stark unterschiedlicher Elektronegativität führt zu einer *polaren Atombindung* [siehe ▸ Kap. 1.4.5 und **MC-Fragen Nr. 301, 312, 315, 317, 318, 320**].

Die Elektronegativität hängt von der Ladung und der Größe eines Atoms ab. Die Elektronegativität wächst mit *zunehmender Kernladung* und *abnehmendem Atomradius*. Die Elektronen eines Moleküls sind aber dem elektrischen Feld *aller* Kerne ausgesetzt, sodass die Elektronegativität eines Elements in verschiedenen Molekülen mit unterschiedlichen Bindungsverhältnissen nicht genau denselben Wert besitzen kann. Daher ist die Elektronegativität eine zwar nützliche, physikalisch jedoch eine nicht exakte Größe [vgl. **MC-Fragen Nr. 316, 317**].

Da in den *Perioden* des PSE die Kernladung von links nach rechts ansteigt, ohne dass sich die Zahl der inneren Elektronen vermehrt, nimmt die Elektronegativität innerhalb einer Periode von links nach rechts zu. Innerhalb einer Gruppe nimmt sie hingegen von oben nach unten ab, weil die elektrostatische Wirkung des Kernfeldes auf die Valenzelektronen mit zunehmender Abschirmung durch die inneren Elektronen und wachsendem Atomradius kleiner wird [vgl. **MC-Fragen Nr. 299, 300, 302, 318, 320**].

Die *Elektronegativität* zeigt innerhalb des PSE den gleichen Gang wie die *Elektronenaffinität*. Beide Begriffe beschreiben die gleiche elektrostatische Anziehung zwischen Atomkern und Elektronen. Es besteht jedoch insofern ein Unterschied, als die Elektronenaffinität die Energie angibt, deren Auftreten mit der vollständigen Aufnahme eines Elektrons in das Elektronensystem des freien Atoms verbunden ist, während die Elektronegativität nur die partielle Anziehung der mit einem Bindungspartner gemeinsamen Elektronen innerhalb eines **kovalenten Moleküls** beschreibt.

Daraus ist abzuleiten, dass die Elektronegativität eines Elements physikalisch weniger klar definiert ist als seine Elektronenaffinität, sodass die Festlegung von Maßzahlen für die Elektronegativität auf experimentellem Wege nicht unmittelbar zugänglich ist, sondern nur indirekt erfolgen kann.

Als Regel kann gelten, dass die Elektronegativität eines Atoms dem *arithmetischen Mittel* aus seiner *Ionisierungsenergie* und seiner *Elektronenaffinität* proportional ist. Die Elektronegativität kann näherungsweise aus den *Bindungsenthalpien* berechnet werden [siehe ▸ Kap. 1.4.3.3 und **MC-Fragen Nr. 317, 319, 320, 328**].

Obwohl bisher keine eindeutigen Methoden zur Messung der Elektronegativität existieren, hat sich dieser Begriff in der Praxis für qualitative und halbquantitative Betrachtungen als äußerst nützlich erwiesen [vgl. **MC-Frage Nr. 317**].

In ◘ Tab. 1.21 sind die *relativen Zahlenwerte* der Elektronegativität (gerundete Werte) für eine Reihe wichtiger Elemente angegeben. **Fluor** wurde als dem *elektronegativsten Element* willkürlich der Zahlenwert **4,0** zugeordnet [vgl. **MC-Fragen Nr. 321–323**].

Man erkennt, dass die EN-Werte für **Metalle** in der Regel kleiner als 2 sind und für die meisten **Nichtmetalle** zwischen 2,5 und 4,0 liegen. Die Elemente **Kohlenstoff** und **Wasserstoff** stehen ziemlich genau in der Mitte der von 0,8 bis 4,0 reichenden Skala. **d-Elemente** besitzen Elektronegativitäten von 1,3 bis 2,4 und **f-Elemente** von 1,1 bis 1,2.

Die EN-Werte hängen auch vom Hybridisierungszustand des betreffenden Atoms ab. Im Allgemeinen nimmt die **Elektronegativität hybridisierter Atome** in folgender Reihe zu (siehe auch ▸ Kap. 1.4.2.3):

$$\mathbf{sp^3 < sp^2 < sp}$$

Die Elektronegativitätsdifferenz zweier Bindungspartner bestimmt den ionischen bzw. kovalenten Charakter einer Bindung. Je größer die EN-Differenz zweier miteinander verknüpfter Atome ist, desto höher ist der ionische Anteil der Bindung und

◘ **Tab. 1.21 Relative Elektronegativitäten nach Pauling (gerundete Werte)**

			H 2,2			
Li 1,0	Be 1,6	B 2,0	C 2,6	N 3,0	O 3,4	F 4,0
Na 0,9	Mg 1,3	Al 1,6	Si 1,9	P 2,2	S 2,6	Cl 3,2
K 0,8	Ca 1,0	Ga 1,8	Ge 2,0	As 2,2	Se 2,6	Br 3,0
Rb 0,8	Sr 1,0	In 1,8	Sn 2,0	Sb 2,0	Te 2,1	I 2,7
Cs 0,8	Ba 0,9	Tl 1,6	Pb 2,3	Bi 2,0	Po 2,0	At 2,2

◻ Tab. 1.22 Ionencharakter von Kovalenzbindungen

EN-Differenz	0	0,4	0,8	1,2	1,6	2,0	2,4
%-Ionencharakter %-Kovalenzcharakter	0 100	3 97	12 88	25 75	40 60	54 46	68 32

desto polarer ist die Bindung, wobei das Atom mit der größeren Elektronegativität den partiell negativen Bindungspartner darstellt. Bei zwei gleichen Bindungspartnern wie im Brommolekül (Br_2) ist die EN-Differenz Null und es liegt der Idealfall einer unpolaren Atombindung vor. In ◻Tab. 1.22 sind für einige EN-Differenzen die prozentualen ionischen Anteile einer kovalenten Bindung aufgelistet [siehe auch ▸Kap. 1.4.5 und **MC-Fragen Nr. 326, 374**].

Bei einer Elektronegativitätsdifferenz von 2 wie im BF_3 handelt es sich um eine Atombindung mit 54% Ionencharakter, bei kleineren Differenzen (z. B. NF_3) um vorwiegend kovalente, bei größeren Differenzen (z. B. NaF) um vorrangig ionische Bindungen. Für die metallische Bindung ist aufgrund der gleichartigen Bindungspartner eine Elektronegativitätsdifferenz ≤ 1 charakteristisch. Die Elektronegativitätsdifferenz im Fluorwasserstoffmolekül (HF) beträgt 1,8, im Iodwasserstoffmolekül (HI) 0,5. Aus diesen Werten lässt sich folgern, dass die HF-Bindung schwächer kovalent ist als die HI-Bindung [vgl. **MC-Fragen Nr. 324, 325, 374, 375**].

Die Elektronegativität ist ein Maß für die Tendenz eines Atoms, in einer Kovalenzbindung Elektronen anzuziehen. Die Elektronegativität wächst mit zunehmender Kernladung und abnehmendem Atomradius eines Elements. **Fluor** ist das elektronegativste Element, gefolgt von Sauerstoff, Chlor und Stickstoff. Kohlenstoff und Wasserstoff besitzen vergleichbare EN-Werte.

1.3 Ionenbindung

1.3.1 Bildung von Ionen und Ionengittern

1.3.1.1 Bildung von Ionen und Salzen

Verbinden sich zwei Atome von *Elementen stark unterschiedlicher Elektronegativität* miteinander, so kann ein vollständiger Übergang von Elektronen von einem auf das andere Element erfolgen. Aus **Metallen** entstehen positiv geladene **Kationen**, aus **Nichtmetallen** negativ geladene **Anionen**, die sich aufgrund ihrer entgegengesetzten Ladungen elektrostatisch anziehen.

Me ·	+	NMe ·	⟶	Me $^{+}$	+	NMe:$^{-}$
Metall		**Nichtmetall**		**Kation**		**Anion**

Voraussetzung für die Bildung ionischer Substanzen ist im Allgemeinen, dass ein Bindungspartner eine relativ *niedrige Ionisierungsenergie* und der andere eine relativ *hohe Elektronenaffinität* besitzt [vgl. **MC-Fragen Nr. 342, 343**].

Die meisten Ionenverbindungen **(Salze)** resultieren daher aus Reaktionen von Elementen entgegengesetzter Bereiche des PSE. Es sind dies gewöhnlich Oxide, Sulfide und Halogenide der elektropositiven Metalle der I. bis III. Hauptgruppe sowie der Übergangsmetalle. Ein Beispiel dafür ist die spontane Bildung von Natriumchlorid (Na^+Cl^-) beim Überleiten von Chlorgas über metallisches Natrium [vgl. **MC-Fragen Nr. 1145, 1146, 1154**].

$$Na + \tfrac{1}{2}\,Cl_2 \rightarrow Na^+ + Cl^-$$

Auch *Blei* bildet in der zweiwertigen Stufe mehr oder weniger ionische Verbindungen. Während *Quecksilber(II)-fluorid* (HgF_2) einen salzartigen Charakter besitzt, bestehen die übrigen *Quecksilber(II)-halogenide* aus kovalent gebundenen HgX_2-Molekülen (X = Cl, Br, I). Darüber hinaus werden Salze von vielen Metallen mit mehratomigen Ionen (*Molekülionen*) wie z. B. **Oxoanionen** (CO_3^{2-}, NO_3^-, PO_4^{3-}, SO_4^{2-}, ClO_4^-, u. a.) gebildet. Salze liegen auch vor in Verbindungen aus *komplexen Ionen* mit ihren Gegenionen ($Li[AlH_4]$, $Na[Al(OH)_4(H_2O)_2]$, $Na_3[AlF_6]$, $[Cu(NH_3)_4]Cl_2$) [vgl. **MC-Fragen Nr. 329, 333, 808**].

1.3.1.2 Bildung von Ionengittern, Coulomb-Kräfte

Kationen und Anionen können (zumindest in der Gasphase) als inkompressible „Ionenkugeln“ definierter Größe aufgefasst werden.

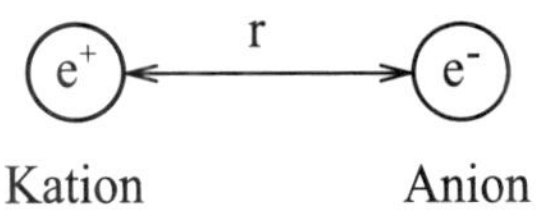

Die **Coulombsche Anziehungskraft** (K) zwischen Anionen und Kationen ist direkt proportional zum Produkt der beiden Ionenladungen und umgekehrt proportional zum Quadrat ihres Abstandes [$\sim r^{-2}$]. Darüber hinaus sind die Kräfte umgekehrt proportional zur Dielektrizitätszahl des Mediums, in dem sich die Ladungen befinden. Das **Coulomb-Gesetz** lautet [vgl. **MC-Fragen Nr. 334–341, 361, 369, 375**]:

$$\mathbf{K} = \frac{1}{\varepsilon} \cdot \frac{e^+ \cdot e^-}{r^2}$$

K = Anziehungskraft
e^+ = Ladung des Kations
e^- = Ladung des Anions
r = Abstand der Ionen
ε = Dielektrizitätszahl des Mediums

Elektrostatische Kräfte sind ungerichtet und räumlich allseitig wirksam. Sie bilden ein kugelsymmetrisches elektrostatisches Feld. Dies führt dazu, dass sich eine möglichst große Zahl von Ionen um ein als Zentralion herausgegriffenes, entgegengesetzt geladenes Teilchen gruppiert, wie dies o Abb. 1.25 zeigt.

Die zunächst aus einem Anion und einem Kation gebildeten **Ionenpaare** üben Anziehungskräfte auf weitere Ionen aus und bleiben deshalb als Einzelmoleküle nicht erhalten. Es kommt aufgrund der in allen Raumrichtungen gleich stark wirksamen Coulomb-Kräfte in exothermer Reaktion zur Bildung eines dreidimensionalen **Ionenkristalls**. Diese räumliche Struktur wird **Ionengitter** genannt. Der Aufbau des Ionenkristalls folgt hierbei rein geometrischen Gesichtspunkten, wobei das Verhältnis der **Ionenradien** eine entscheidende Rolle spielt (siehe auch ▸ Kap. 1.3.2.3). Die *Formel* einer Ionenverbindung gibt also nur das einfachste ganzzahlige Verhältnis der Ionen an [vgl. **MC-Fragen Nr. 342, 343, 349, 373, 374**].

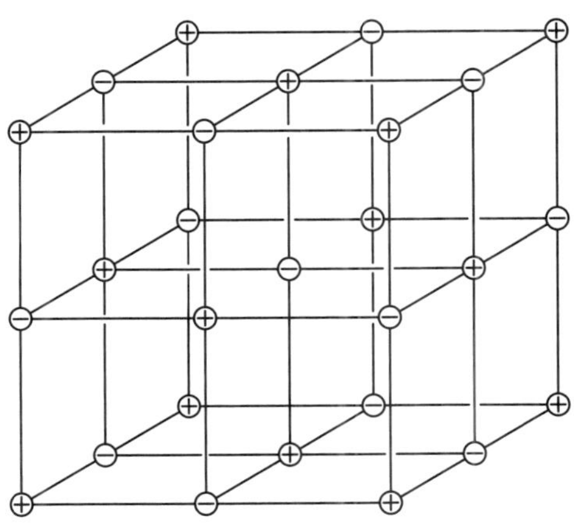

o Abb. 1.25 Die Natriumchlorid-Struktur [+ = Na^+-Ion, - = Cl^--Ion]

In einem Ionengitter werden die Bausteine ausschließlich durch allseitig wirkende Coulomb-Kräfte zusammengehalten, wobei das Prinzip der Elektroneutralität gewahrt ist. Dies bedeutet, dass in einem Ionenkristall die Summe der positiven Ladungen der Kationen mit der Summe der negativen Ladungen der Anionen übereinstimmt.

1.3.1.3 Ionenwertigkeit, Edelgaskonfiguration

Die **Ionenwertigkeit** (Ladungszahl) entspricht der Zahl der Elementarladungen eines Ions. Sie hängt in starkem Maße von der Anzahl der Valenzelektronen im Ausgangsatom ab [vgl. **MC-Fragen Nr. 21, 25, 298**].

Hauptgruppenelemente nehmen Elektronen auf oder geben sie ab, wobei in der Regel Ionen entstehen, die mit Edelgasatomen *isoelektronisch* sind **(Edelgaskonfiguration)** (siehe ▸ Kap. 1.2.3.1).

1.3.1.4 Polarisation, Polarisierbarkeit

(siehe auch ▸ Kap. 1.4.5)
Zwischen zwei benachbarten Ionen existiert neben der Coulomb-Anziehung und der Elektronenabstoßung eine weitere Wechselwirkung, die durch die gegenseitige Polarisation hervorgerufen wird. o Abb. 1.26 veranschaulicht die Deformierung der Elektronenhülle großer Anionen durch kleine, hochgeladene Kationen.
Je kleiner und höher geladen ein Kation ist, desto mehr wird es dazu neigen, die Ladungsverteilung eines benachbarten Anions zu verzerren **(Deformation der Elektronenhülle**. Ein grobes Maß für diese Polarisierungskraft eines Kations ist sein **Ionenpotential**.

Die **Polarisierbarkeit** (Elektronenverschiebbarkeit) eines Anions nimmt mit seiner Größe zu. Von zwei sonst vergleichbaren Anionen ist das größere leichter polarisierbar, weil seine Elektronen vom Kern weiter entfernt sind. Von zwei isoelektronischen Anionen, wie z. B. $O^{2-} > F^-$, wird das höher geladene stärker polarisierbar sein, weil die zusätzliche Elektron-Elektron-Abstoßung die Elektronenhülle aufbläht.

Daher wird bei den **Natriumhalogeniden** der ionische Anteil der Metall-Halogen-Bindung in der Reihenfolge Chlorid > Bromid > Iodid abnehmen, weil in der Reihe $Cl^- < Br^- < I^-$ die Polarisierbarkeit des Anions zunimmt.

Da Kationen im Verhältnis zu Anionen signifikant kleiner sind, kann die Polarisierung eines Kations durch ein Anion in den meisten Fällen vernachlässigt werden. **Caesiumfluorid** (CsF) ist wahrscheinlich eine Ausnahme**!**

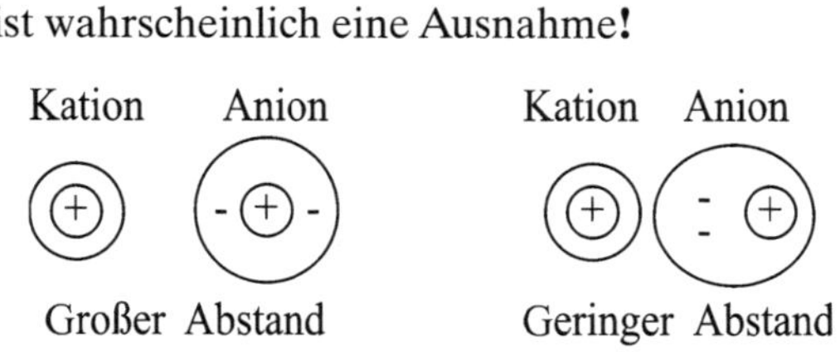

o Abb. 1.26 Schematische Darstellung der Polarisation der Elektronenhülle eines großen Anions durch ein kleines Kation

Die Polarisierbarkeit des Anions und die Polarisierungskraft eines Kations haben allerdings nur geringe Auswirkungen auf die Gitterenergie kristalliner Ionenverbindungen.

1.3.1.5 Ionenpotential

Zum Vergleich der Eigenschaften von Ionen mit unterschiedlicher Ladung und unterschiedlichem Ionenradius wird häufig das sog. **Ionenpotential** herangezogen. Das Ionenpotential [z/r] ist definiert als Quotient aus der Ionenladung (z) und dem Radius (r) des Ions. [z/r] kann als ein grobes Maß für die Stärke des von einem Ion ausgehenden elektrischen Feldes betrachtet werden.

Streng genommen ist aber ein Vergleich der chemischen Eigenschaften von Ionen aufgrund ihres Ionenpotentials nur auf Ionen mit gleicher Elektronenanordnung anwendbar. Darüber hinaus ist zu berücksichtigen, dass Ionen in Lösung solvatisiert vorliegen, sodass z. B. in wässriger Lösung der Radius des hydratisierten Ions maßgebend ist (siehe ▸Kap. 1.3.3.2).

In ◘Tab. 1.23 sind die Ionenpotentiale einiger Kationen aufgelistet.

Ionen mit ähnlichem Ionenpotential zeigen vergleichbare chemische Eigenschaften. So besitzen **Ammoniumsalze** und **Kaliumsalze** ähnliche Löslichkeiten. Auch **Beryllium-** und **Aluminiumverbindungen** zeigen ein ähnliches chemisches Verhalten.

1.3.2 Gitterenergie, Kristallstrukturen, Mischkristalle

1.3.2.1 Energiebilanz der Bildung von Salzen

Die Bildung von **Salzen** (Ionenverbindungen) aus einem Metall und einem Nichtmetall ist ein recht komplexer Vorgang, den man nach **Haber** und **Born** in eine Reihe von Teilschritten zerlegen kann (siehe ◦Abb. 1.27).

Bevor ein Metall und ein Nichtmetall miteinander reagieren können, müssen aus den Elementen freie Atome entstehen und diese ggf. in den Gaszustand übergeführt werden. Hierfür sind die **Sublimationsenergie** (E_S) bzw. Verdampfungswärme und die **Bindungsenergie** (Dissoziationsenergie) (1/2 E_B) aufzubringen.

Die Bildung der Kationen geschieht ebenfalls unter Aufwendung von Energie **(Ionisierungsenergie)** (IE), während bei der Bildung einfach negativ geladener Anionen [F^-, Cl^-, Br^-, I^-] Energie **(Elektronenaffinität)**(EA) frei wird. Die Bildung mehrwertiger Anionen [O^{2-}, S^{2-}] erfordert hingegen wieder einen beträchtlichen Energieaufwand.

Die entgegengesetzt geladenen Ionen ziehen sich elektrostatisch an, bilden ein Ionenpaar und lagern sich schließlich in das Ionengitter ein. Dabei wird die **Gitterenergie** (U_G) frei, die im Allgemeinen die zur Ionenbildung benötigten Energiebe-

◘ Tab. 1.23 Ionenpotentiale ausgewählter Kationen

Cs^+	Rb^+	NH_4^+	K^+	Na^+	Li^+	Ra^{2+}	Ba^{2+}	Sr^{2+}	Ca^{2+}
0,6	0,7	0,7	0,8	1,0	1,3	1,3	1,4	1,6	1,9
La^{3+}	Ce^{3+}	Mg^{2+}	Y^{3+}	Sc^{3+}	Zr^{4+}	Hf^{4+}	Al^{3+}	Be^{2+}	Ti^{4+}
2,5	2,5	2,6	2,8	3,6	4,6	4,6	5,3	5,9	6,2

träge deutlich übertrifft. Die Gitterenergie ist daher ein Maß für die „Bindungsstärke“ zwischen den Ionen eines Salzkristalls und ermöglicht die *exotherme Bildung von Salzen* aus ihren Elementen [vgl. **MC-Fragen Nr. 344, 345, 347, 352**].

Die Reaktionen eines Metalls mit einem zweiatomigen Nichtmetall kann auch mit Hilfe eines *Teilchenmodells* veranschaulicht werden. ◦ Abb. 1.28 zeigt, dass sich die gebildeten Ionen in ihrer Größe deutlich von den Atomen unterscheiden, aus denen sie entstanden sind. Kationen sind erheblich kleiner als die jeweiligen Metallatome und Anionen sind größer als die jeweiligen Nichtmetallatome, aus denen sie gebildet wurden (siehe auch ▸ Kap. 1.2.4.4).

Im Ionengitter ist jedes Teilchen von Ionen entgegengesetzter Ladung umgeben, wie dies die ◦ Abb. 1.25 und ◦ Abb. 1.28 zeigen. Ihre *elektrostatische Anziehung* hält das Raumgitter zusammen. Im Gitter führen die Ionen lediglich Schwingungen um eine bestimmte Schwerpunktlage aus [vgl. **MC-Fragen Nr. 348, 350, 363**].

1.3.2.2 Gitterenergie, Born-Haber-Kreisprozess

Nähern sich zwei Ionen entgegengesetzter Ladung (e) bis zum Abstand (r), so sinkt ihre potentielle Energie um den Betrag (e^2/r), der sog. **Coulomb-Energie**. Die Ionen können sich einander aber nicht beliebig nähern, da sich bei zu starker Annäherung die gleichsinnig geladenen Elektronenhüllen abstoßen. Mit kürzer werdendem Abstand der beiden Ionen nehmen diese Abstoßungskräfte drastisch zu.

In ◦ Abb. 1.29 ist die Abhängigkeit der potentiellen Energie vom Kernabstand beider Ionen graphisch dargestellt. Die potentielle Energie eines Ionenpaares zeigt bei einem bestimmten Abstand r_o ein Minimum. Es stellt sich also ein *Gleichgewichtszustand* zwischen Anziehung und Abstoßung ein. Für NaCl beträgt $r_o = 238$ pm.

Zur exakten Bestimmung der Gitterenergie eines dreidimensionalen Ionenkristalls müssen die Coulomb-Energie und die Abstoßungsenergie der Elektronenhüllen bekannt sein, wobei sich letztere nur schwer berechnen lässt. Die Gitterenergie (U_G) ist um rund 10% kleiner als die Energie der Coulomb-Anziehung allein.

Gitterenergie = Coulomb-Energie - Abstoßungsenergie

Es zeigt sich aber, dass die **Gitterenergie** sehr gut durch den Ausdruck

$$\mathbf{U_G \sim k \cdot e^2 / r}$$

beschrieben werden kann. Die Gitterenergie ist daher umso größer, je kleiner und höher geladen die Ionen des Kristalls sind. Sie ist den Ionenladungen direkt und dem Kernabstand (Summe der Ionenradien) umgekehrt proportional [vgl. **MC-Fragen Nr. 345, 1804**].

Die Gitterenergie lässt sich nur in sehr wenigen Fällen direkt messen. Sie kann aber durch den **Born-Haber-Kreisprozess** zu experimentell leicht zugänglichen thermodynamischen Größen in Beziehung gesetzt und somit indirekt ermittelt werden. Der Born-Haber-Zyklus (◦ Abb. 1.30) basiert auf dem **Satz von Hess**, wonach die Enthalpie einer chemischen Reaktion einen festen Betrag besitzt, unabhängig davon, in wie vielen Einzelschritten der Gesamtprozess verläuft [siehe ▸ Kap. 1.9.3.6 und **MC-Fragen Nr. 344–346**].

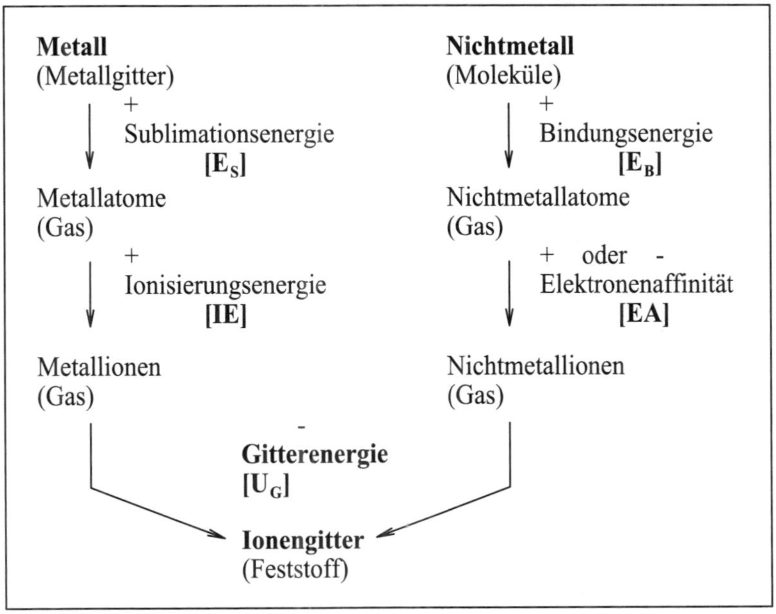

○ Abb. 1.27 Energien bei der Bildung von Ionenverbindungen
[+: für diesen Teilschritt wird Energie benötigt -: bei diesem Teilschritt wird Energie frei]

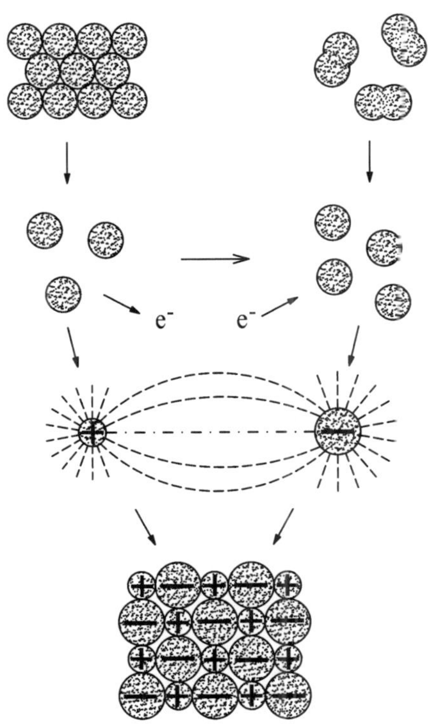

○ Abb. 1.28 Schematische Darstellung (Teilchenmodell) der Vorgänge bei der Bildung von Salzen aus ihren Elementen

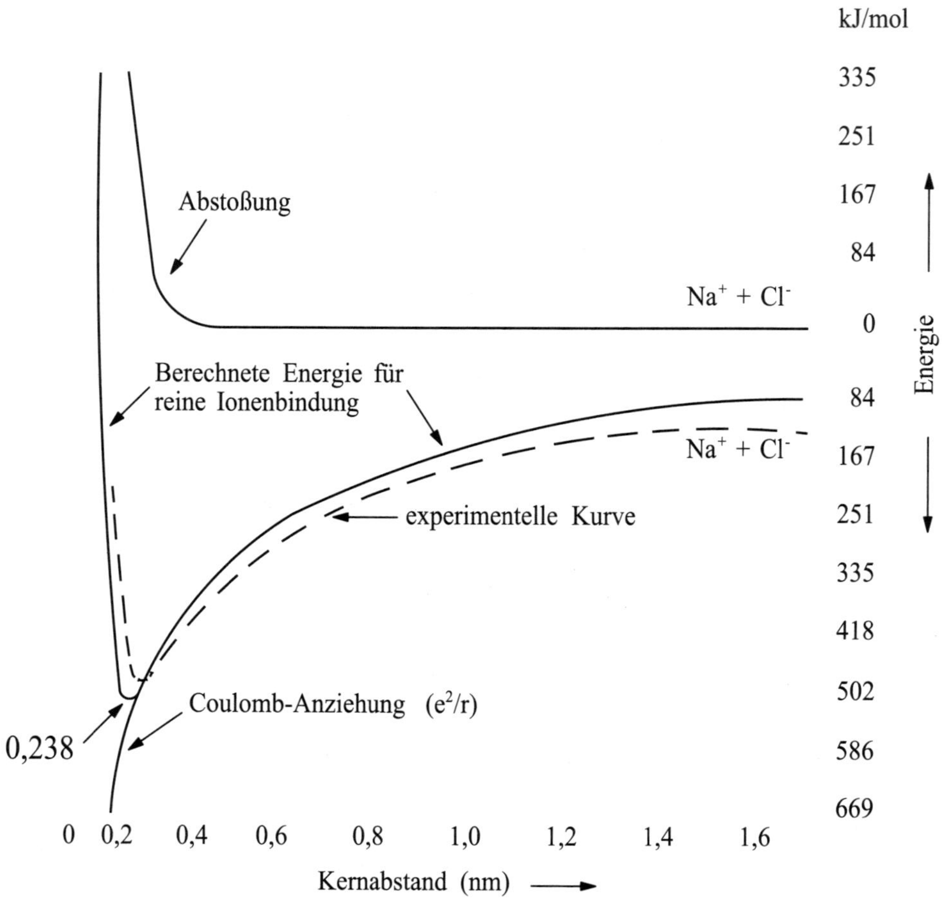

o Abb. 1.29 Potentielle Energie eines Ionenpaares als Funktion des Kernabstandes beider Ionen

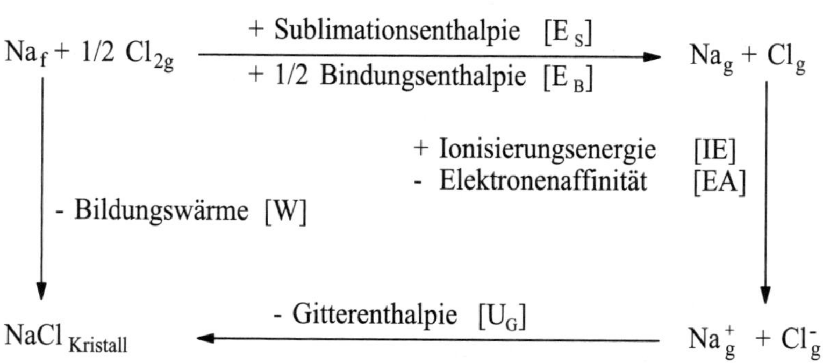

o Abb. 1.30 Born-Haber-Kreisprozess für NaCl (g = gasförmig; f = fest)

Tab. 1.24 Gitterenthalpien einiger Salze (in kJ mol^{-1})

LiF	-1019	LiCl	-838	CaF_2	-2611	MgS	-3347
LiCl	- 838	NaCl	-766	$CaCl_2$	-2146	CaS	-3084
LiBr	- 798	KCl	-703	$CaBr_2$	-2025	BaS	-2707
LiI	- 742	RbCl	-665	CaI_2	-1920	MgO	-3929
		CsCl	-623			CaO	-3477
Al_2O_3	-15100					BaO	-3042

Danach ergibt sich für die Bildungswärme (W) eines Salzkristalls folgende Energiebilanz, worin die Abkürzungen die in Abb. 1.30 genannte Bedeutung besitzen:

$$W = U_G - IE + EA - E_S - 1/2\ E_B$$

Diese Gleichung gestattet die *Berechnung der Gitterenergie* (U_G), da alle übrigen Größen einer direkten experimentellen Messung zugänglich sind.

Die Gitterenergien (Gitterenthalpien) ausgewählter Salze sind in Tab. 1.24 angegeben [vgl. **MC-Fragen Nr. 351, 352, 1345**].

Die Energie, die bei der Vereinigung äquivalenter Mengen gasförmiger Kationen und Anionen zu einem festen Ionenkristall frei wird, nennt man Gitterenergie.

$X^+_{(gas)} + Y^-_{(gas)} \rightarrow (X^+Y^-)_{(fest)}$ + Gitterenergie

Um diesen Energiebetrag ist das dreidimensionale Ionengitter stabiler als die isolierten Ionen.

Die Gitterenergie stabilisiert den Ionenkristall. Es ist die Gitterenergie und nicht etwa die Tendenz zur Erreichung der Edelgaskonfiguration der gebildeten Ionen, die die stark exotherme Bildung vieler Salze aus ihren Elementen ermöglicht. Die Gitterenergie (Gitterenthalpie) ist umso größer, je kleiner und höher geladen die Ionen des Gitters sind.

1.3.2.3 Kristallgitter und Gittertypen

Unter einem **Kristallgitter** versteht man die allseitig räumliche periodische Wiederholung einer bestimmten Anordnung der Gitterbausteine. Von einem **Ionengitter** spricht man, wenn die einzelnen Gitterpositionen des Kristalls von Ionen besetzt sind.

In einem Ionengitter ist jedes Ion von einer bestimmten Anzahl Ionen entgegengesetzter Ladung umgeben. Diese Zahl wird **Koordinationszahl** genannt. Die Koordination erfolgt hierbei durch das gesamte Raumgitter. Die Koordinationszahl ist keine willkürliche Größe. Sie ergibt sich aus geometrischen Faktoren, insbesondere dem **Radienverhältnis** von Kation und Anion. Ein großes Ion kann von vielen kleinen, aber nur von wenigen ebenso großen Ionen umgeben sein. Die Koordinationszahl macht keine Angaben über die Bindungsverhältnisse im Kristall.

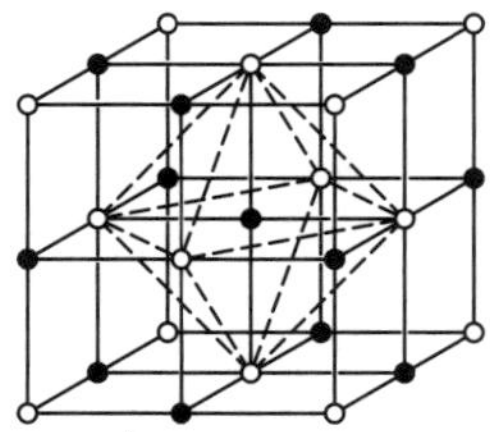

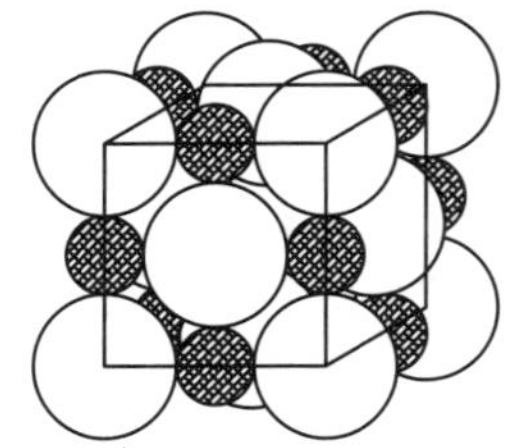

∘ Abb. 1.31 Kochsalz-Kristall [a) Punktgitter b) Raumerfüllung]

Die Koordinationszahl eines Teilchens in einem Kristallgitter ist gleich der Zahl seiner nächsten Nachbarn. Die Struktur eines Ionengitters wird in erster Linie durch die Ionenladungen und das Verhältnis der Ionenradien bestimmt.

Beispielsweise beträgt im *kubisch-flächenzentrierten Natriumchlorid-Gitter* [NaCl] (∘Abb. 1.31) die Koordinationszahl **6**. D.h., jedes Na^+-Ion ist von sechs gleich weit entfernten Cl^--Ionen und jedes Cl^--Ion von sechs gleich weit entfernten Na^+- Ionen umgeben. Im *kubisch-raumzentrierten Caesiumchlorid-Gitter* [CsCl] (∘Abb. 1.32) haben beide Ionen die Koordinationszahl **8** und schließlich besitzen im *Zinksulfid-Gitter* [ZnS] (∘Abb. 1.32) beide Gitterbausteine [Zn^{2+}, S^{2-}] die Koordinationszahl **4**. Demgegenüber sind aufgrund der unterschiedlichen Ionenladungen im *Fluorit-Gitter* [CaF_2] die Koordinationszahlen nicht mehr gleich. Beim Calciumfluorid-Gitter ist das Kation [Ca^{2+}] von **8** Anionen [F^-] und jedes Anion tetraedrisch von **4** Kationen umgeben [vgl. **MC-Fragen Nr. 349–352**].
Um die Koordinationszahlen in den chemischen Formeln zum Ausdruck zu bringen, wird häufig die sog. **Niggli-Schreibweise** verwendet, wobei im Zähler die Koordinationszahl des Kations und im Nenner die des Anions angegeben wird, z. B.:

$$\mathbf{CsCl_{8/8}\ -\ NaCl_{6/6}\ -\ ZnS_{4/4}\ -\ CaF_{8/4}\ -\ TiO_{6/3}}$$

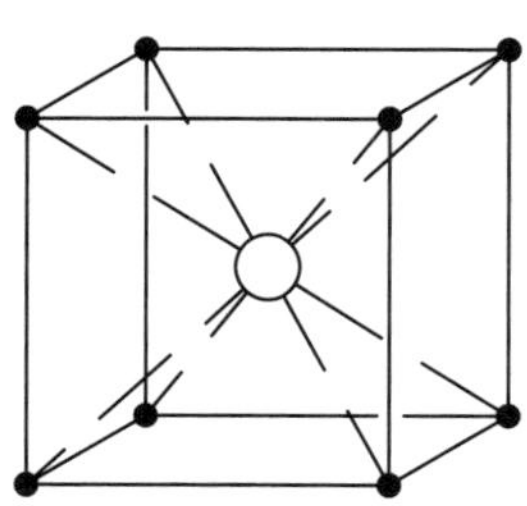

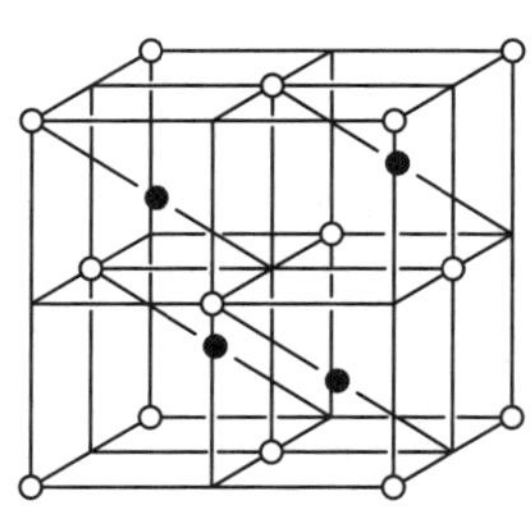

∘ Abb. 1.32 Die Caesiumchlorid- und Zinksulfid-Struktur

Allgemein lässt sich zur **Struktur eines Gitters** ausführen, dass jede Verbindung die Gitterordnung annehmen wird, die ihr die größte Stabilität, d. h. den niedrigsten Energieinhalt verleiht [vgl. **MC-Frage Nr. 349**].

Die zum *Energieinhalt eines Ionengitters* beitragenden Faktoren sind die elektrostatischen *Anziehungskräfte* zwischen den entgegengesetzt geladenen Ionen, die mit steigender Kernladungszahl abnehmen und die elektrostatischen *Abstoßungskräfte*, die sehr rasch ansteigen, wenn Ionen gleicher Ladung auf engem Raum zusammengedrängt werden.

Somit sollte die optimale Anordnung der Bausteine für einen Kristall diejenige sein, die es der größtmöglichen Zahl entgegengesetzt geladener Teilchen erlaubt, sich zu berühren, ohne dass dabei Ionen gleicher Ladung miteinander in Wechselwirkung treten.

Die stabilste Struktur einer Substanz besitzt die größtmögliche Gitterenergie, die bei der jeweils dichtesten Teilchenanordnung auftritt.

Da aber in einem Ionenkristall in jedem kleinsten Kristallbereich Elektroneutralität herrschen muss, kann die Koordinationszahl nicht die geometrisch höchstmögliche der *dichtesten Kugelpackung* sein, bei der ein Gitterbaustein von **12** anderen Gitterbausteinen umgeben ist (siehe auch ▸Kap. 1.6.1.4). Die Koordinationszahl ist in Ionengittern stets kleiner.
Würde z. B. CsCl in der NaCl-Struktur kristallisieren, so würden die Cl^--Ionen durch die relativ großen Cs^+-Ionen auseinandergedrängt werden. Eine solche Struktur wäre lockerer und somit energetisch weniger stabil. Wenn umgekehrt NaCl in der CsCl-Struktur kristallisieren würde, so müssten sich die Cl^--Ionen berühren und zwischen den Na^+- und Cl^--Ionen wäre „leerer" Platz vorhanden. Auch dies ist weniger stabil.

Diese Überlegungen zeigen, dass die **Kristallstruktur** eines Salzes vorrangig durch das **Radienverhältnis** der Ionen bestimmt wird. Bei reinen Ionenverbindungen ist die zugehörige Struktur nur stabil, solange das tatsächliche Radienverhältnis größer als ein berechneter Grenzwert ist. Wegen oft vorhandener kovalenter Bindungsanteile gibt es allerdings zahlreiche Ausnahmen. In ◘ Tab. 1.25 sind die Grenzwerte der Radienverhältnisse einiger ausgewählter Salze aufgelistet [vgl. **MC-Frage Nr. 349**].

◘ **Tab. 1.25 Grenzradienverhältnisse wichtiger Strukturtypen von Ionenverbindungen**

Zusammensetzung [AX]	[AX_2], [A_2X]	Radienverhältnis [r_{Kation} / r_{Anion}]
CsCl	CaF_2	0,732
NaCl	TiO_2	0,414
ZnS	Na_2O	0,225

1.3.2.4 Mischkristallbildung, Isomorphie

Wie erwähnt wird in Ionenkristallen die Struktur durch das Radienverhältnis und die Ladung der Ionen bestimmt. Die Art der Ionen spielt dabei nur eine untergeordnete Rolle. Daher können sich gleichwertige Ionen ähnlicher Größe im Kristall verdrängen, ohne dass der Kristalltyp entscheidend geändert wird. Dieser Ersatz von Anionen und Kationen in einem Ionenkristall durch Fremdionen wird **Isomorphie** genannt. Sie führt zur Bildung von **Mischkristallen** (*feste Lösungen*) [vgl. **MC-Fragen Nr. 353–355**].

So können die K^+-Ionen im festen **Kaliumchlorid** statistisch durch Rb^+-Ionen bzw. die Cl^- Ionen durch Br^--Ionen ersetzt werden. KCl und RbCl bzw. KCl und KBr bilden Mischkristalle, die zwar in einer einheitlichen Struktur kristallisieren, jedoch keine definierte Zusammensetzung besitzen. Demgegenüber kristallisieren aus einer Lösung die beiden Substanzen NaCl und KCl getrennt aus, da die Radien der Na^+- und K^+-Ionen zu verschieden sind, um sich im Kristall gegenseitig ersetzen zu können. Hingegen lassen sich die Na^+-Ionen eines NaCl-Gitters durch Ag^+-Ionen ersetzen.

Auch bei Verbindungen mit isolierten Oxoanionen wird deren Kristallstruktur durch das Größenverhältnis von Kation zu Anion bestimmt. Es verwundert daher nicht, dass Substanzpaare wie $CaCO_3/MgCO_3$ oder $KMnO_4/KClO_4$ zueinander isomorph sind [vgl. **MC-Frage Nr. 357**].

Man nennt Substanzen, die in der gleichen Gitterstruktur kristallisieren, zueinander *isotyp*. Bei gleicher Raumbeanspruchung (und Ladung) der Ionen ist bei isotypen Verbindungen die Bildung von Mischkristallen häufig. *Voraussetzung* zur Mischkristallbildung ist die Gleichheit des Formeltyps und der Ionenabstände im Kristallgitter.

Bei der Mischkristallbildung **(Isomorphie)** unterscheidet man zwischen *vollständiger* und *unvollständiger*, je nachdem, ob der gegenseitige Ersatz der Ionen unbegrenzt *(Mischkristalle ohne Mischungslücke)* oder nur begrenzt *(Mischkristalle mit Mischungslücke)* möglich ist.

Substanzen, deren Zusammensetzung innerhalb bestimmter Grenzen schwankt, werden als *nichtdaltonoide* oder *berthollide Verbindungen* bezeichnet. Nichtdaltonoide Verbindungen sind z. B. **Eisen(II)-sulfid** [FeS] und **Eisen(II)-oxid** [$Fe_{0,95}O$], die in gewissem Umfang stets Fe^{3+}-Ionen enthalten, sodass zum Ladungsausgleich einige Gitterplätze (*Leerstellen*) unbesetzt bleiben müssen.

1.3.2.5 Allgemeine Eigenschaften von Festkörpern

Die Eigenschaften eines Festkörpers (siehe auch ▸Kap. 1.8.5) hängen nicht nur von der Art der Gitterbausteine und den zwischen ihnen wirksamen Kräften ab, sondern auch von ihrer räumlichen Anordnung, d. h. von der *Struktur des Festkörpers*.

Das typische Merkmal einer *kristallinen Substanz*, bestehend aus Atomen, Ionen oder Molekülen, ist eine gesetzmäßige geometrische Ordnung. Nichtkristalline Feststoffe, z. B. frisch gefällte Niederschläge oder **Gläser**, in denen diese Fernordnung fehlt, nennt man *amorph*. In solchen Stoffen sind die Teilchen wie im Kristall zwar auch stark aneinander gebunden, die Ordnung innerhalb der Substanz ist jedoch *nicht völlig regelmäßig*.

Eine Folge des gesetzmäßigen Gitteraufbaus von *Idealkristallen* ist das Phänomen der **Anisotropie**. Man versteht darunter die Erscheinung, dass einige *physikalische*

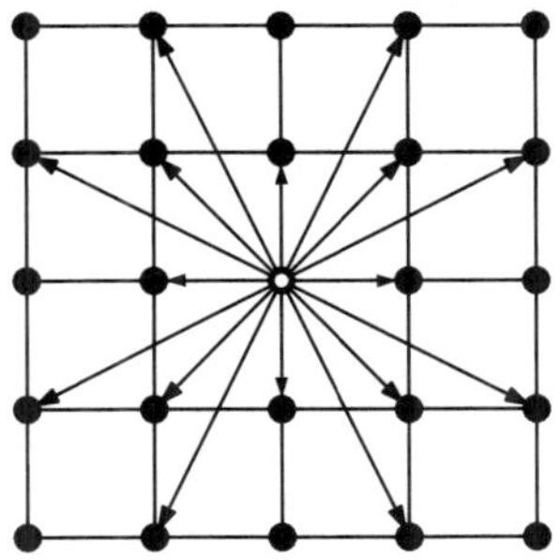

Abb. 1.33 Veranschaulichung der Anisotropie [Die Abstände benachbarter Teichen auf verschiedenen, durch denselben Punkt gehenden Geraden hängen von der Richtung ab.]

Eigenschaften von Feststoffen wie z. B. die Wärmeleitfähigkeit, die elektrische Leitfähigkeit oder die Lichtabsorption *richtungsabhängig* sind. D.h., sie haben je nach der untersuchten Richtung im Kristall verschiedene Werte. Im Gegensatz dazu sind *amorphe Stoffe* und *Flüssigkeiten isotrop,* d. h., die Größe einer bestimmten Eigenschaft hängt nicht von der Raumrichtung ab.

Die Ursache der Anisotropie ist darin zu sehen, dass die Teilchenabstände in einem Kristallgitter in unterschiedlichen Richtungen verschieden sind und sich dabei sprunghaft – je nach der untersuchten Richtung – ändern können, wie dies in Abb. 1.33 schematisch dargestellt ist.

1.3.2.6 Elementarzelle, Gitterstrukturen

Ein Kristall stellt eine regelmäßige, räumliche Anordnung von Gitterbausteinen dar. Jedes derartige Raumgitter lässt sich in lauter kongruente (identische) Zellen zerlegen. Eine solche **Elementarzelle** kann als kleinste strukturelle Einheit betrachtet werden, deren vielfache, dreidimensionale Aufeinanderfolge schließlich den ganzen makroskopischen Kristall ergibt. Durch die Beschreibung dieser sich im Raumgitter immer wiederholenden Zellen wird gleichzeitig das gesamte Gitter beschrieben.

Größe und Form einer Elementarzelle sind, wie Abb. 1.34 zeigt, durch ihre sechs **Gitterkonstanten** charakterisierbar. Hierzu zählen die drei Kantenlängen (a, b, c) sowie die drei Winkel (α, β, γ) zwischen ihnen.

Insgesamt sind 7 Typen von Elementarzellen und somit 7 Kristallsysteme bekannt. In Tab. 1.26 sind die möglichen Elementarzellen zusammengestellt

Betrachtet man – wie in Abb. 1.35 gezeigt – nicht nur Elementarzellen mit Gitterbausteinen an den Eckpunkten, sondern auch solche, bei denen Gitterbausteine auf den Flächen (*flächenzentrierte Elementarzelle*) oder im Zentrum (*innenzentrierte Elementarzelle*) lokalisiert sind, so existieren insgesamt 14 mögliche Kombinationen, die sog. **14 Bravais-Gitter**.

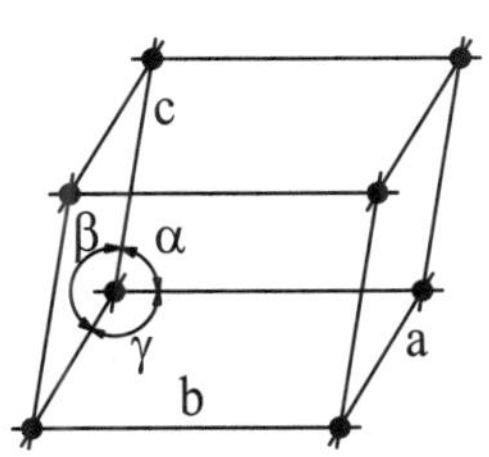

Abb. 1.34 Elementarzelle mit Gitterkonstanten

Tab. 1.26 Typen von Elementarzellen

Kubisch	a = b = c	α = β = γ = 90°	Steinsalz
Tetragonal	a = b ≠ c	α = β = γ = 90°	weißes Zinn
Orthorhombisch	a ≠ b ≠ c	α = β = γ = 90°	α-Schwefel
Monoklin	a ≠ b ≠ c	α = γ = 90°; β ≠ 90°	Kaliumchlorat
Triklin	a ≠ b ≠ c	α, β, γ	Kaliumdichromat
Hexagonal	a ≠ b ≠ c	α = β = 90°; γ= 120°	Quarz
Rhomboedrisch	a = b = c	α, β, γ ≠ 90°	Calcit

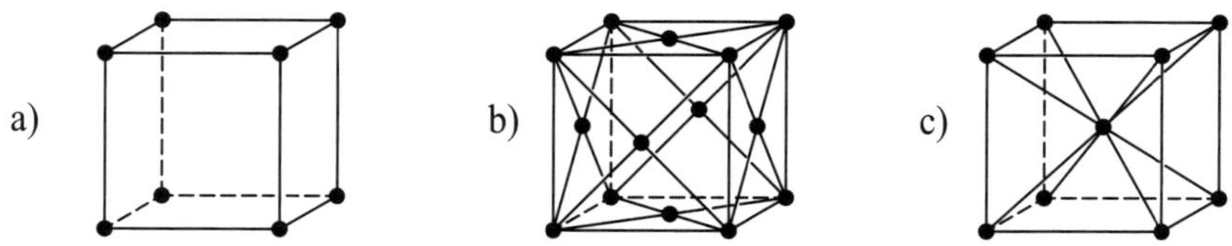

Abb. 1.35 Die drei Typen des kubischen Raumgitters
a) einfache kubische Elementarzelle
b) flächenzentrierte kubische Elementarzelle
c) innenzentrierte kubische Elementarzelle

Nach der *Art* der im Kristall vorhandenen *Teilchen* und den zwischen ihnen *wirkenden Kräften* kann man folgende Kristalltypen unterscheiden:

Ionenkristalle:	Ionen als Gitterbausteine, zwischen ihnen wirken Coulomb-Kräfte [NaCl, CaF_2]
Molekülkristalle:	Moleküle als Gitterbausteine, zwischen ihnen wirken van der Waals-Kräfte [CO_2]
Atomkristalle:	Durch kovalente Bindungen verknüpfte Atome als Gitterbausteine [Diamant]
Metallkristalle:	Delokalisierte Elektronen bewirken die Bindung zwischen den Metallatomen
Edelgaskristalle:	van der Waals-Kräfte bewirken den Zusammenhalt der Gitterbausteine [Ar]

Nur die **Molekül-** und **Edelgaskristalle** bilden einigermaßen scharf umgrenzte Gittertypen. Bei ihnen sind als diskrete Gitterbausteine Moleküle oder Einzelatome vorhanden. Den Zusammenhalt bewirken schwache van der Waals-Kräfte (siehe ▸Kap. 1.7.1.2). Die Gitterenergien sind dementsprechend gering, die Kristalle sind weich und haben meistens niedrige Schmelzpunkte von < 300 °C. Bei Molekülkristallen, in denen zwischen den Molekülen *Wasserstoffbrückenbindungen* [Eis, Rohrzucker] wirksam sind, können die Gitterenergien größer sein (siehe auch ▸Kap. 1.7.3). In den meisten Gittern treten aber Übergänge zwischen den verschiedenen Bindungsarten auf. Die unterschiedlichen Bindungstypen sind eigentlich nur bei den **Alkalihalogeniden**, beim **Diamant** und bei den typischen **Metallen** in reiner Form verwirklicht.

Betrachtet man nicht die vorhandenen Gitterbausteine, sondern den *räumlichen Bau* der Kristalle, so lassen sich folgende *Strukturtypen* unterscheiden.

Koordinationsstrukturen:	Dreidimensional-unbegrenzte Gitterverbände, in welchen keine kleineren, in sich abgegrenzte Atomverbände erkennbar sind [NaCl, Metalle, Diamant]
Schichtstrukturen:	Gitterbausteine sind zu Schichten geordnet; in zwei Dimensionen besonders enger Zusammenhalt der Bausteine [CdI_2, Graphit, Modifikationen des Phosphors und Arsens]
Kettenstrukturen:	Gitterbausteine sind zu Ketten geordnet; in einer Dimension besonders enger Zusammenhalt der Bausteine [$CuCl_2$]

In den **Koordinationsstrukturen (Gerüststrukturen)** sind die Gitterbausteine dreidimensional durch chemische Bindungen miteinander verknüpft. Solche Substanzen sind sehr hart und besitzen hohe Schmelzpunkte. Sie leiten im Allgemeinen den elektrischen Strom nicht oder nur schlecht.

Bei **Schichtstrukturen** wirken chemische Bindungen nur in zwei Richtungen des Raumes. Zwischen den Schichten sind oft van der Waals-Kräfte wirksam. Diese Substanzen sind weich, besitzen aber hohe Schmelzpunkte [vgl. **MC-Frage Nr. 721**].

Kettenstrukturen besitzen Verknüpfungen nur in einer Dimension des Raumes. Zwischen den Ketten wirken häufig van der Waals-Kräfte. Solche Substanzen haben eine faserige Gestalt und hohe Schmelzpunkte.

In den jeweiligen Gittern können die *Gitterbausteine Schwingungen* um ihre *Gleichgewichtslage* ausführen [vgl. **MC-Fragen Nr. 348, 350**].

Die Struktur eines Festkörpers kann durch eine **Röntgenspektralanalyse** ermittelt werden. Im Allgemeinen besteht zwischen der stöchiometrischen Formel und der Struktur eines Feststoffes kein Zusammenhang.

1.3.2.7 Amorphe Feststoffe, Alterung

Im Gegensatz zu Kristallen sind amorphe Substanzen völlig *isotrop*, eine Folge der verminderten Ordnung der Teilchen. Allerdings ist die Vorstellung falsch, dass in amorphen Festkörpern die Teilchen vollkommen regellos angeordnet sind. Meistens herrscht im Nahbereich – in der Nachbarschaft eines bestimmten Teilchens – noch eine gesetzmäßige Ordnung, es fehlt lediglich die für einen Kristall charakteristische Fernordnung.

Ein Feststoff ist im amorphen, d. h. stark gittergestörten Zustand stets energiereicher als im kristallinen. Als Ursache von **Gitterstörungen** sind vor allem Dehnungen und Schrumpfungen des Gitters zu nennen. Diese **Defektstrukturen** nehmen mit steigender Temperatur zu.

Verbindungen im amorphen Zustand haben oft andere Eigenschaften als in kristalliner Form. So zeigen **Aluminiumhydroxid** [$Al(OH)_3$], **Kieselsäure** [$Si(OH)_4$] oder **Zinnsäure** [$Sn(OH)_4$] im *frisch gefällten Zustand* (als amorphe Hydroxide) ein ande-

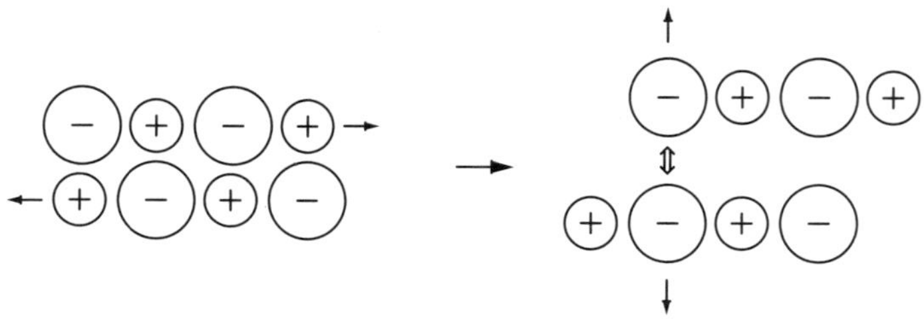

○ Abb. 1.36 Effekt der Deformation von Ionenkristallen bei mechanischer Belastung (Sprödigkeit von Salzen)

res Verhalten als im *gealterten Zustand* (als kristalline Hydroxide). Zum Beispiel wird das kristalline $Al(OH)_3$ viel schwerer von Säuren oder Basen angegriffen als das amorphe.

Der Grund hierfür ist einerseits die Verkleinerung der Oberfläche und andererseits der Abbau instabiler Stellen im amorphen Netzwerk bei der Kristallisation. Bei Raumtemperatur vollzieht sich die **Alterung** nur relativ langsam, bei höheren Temperaturen hingegen wesentlich schneller.

1.3.3 Physikalische und chemische Eigenschaften von Ionenverbindungen

Verbindungen, die aus Ionen aufgebaut sind, besitzen gewisse *typische Eigenschaften.* Es sind meistens *harte* und *spröde* Festkörper von hohem Schmelzpunkt. Beim Verschieben der Gitterebenen des Ionenkristalls gegeneinander als Folge einer mechanischen Belastung geraten Ionen gleicher Ladung in eine enge räumliche Nachbarschaft. Daraus resultieren abstoßende Kräfte und der Kristall zerbricht [siehe ○ Abb. 1.36 und **MC-Frage Nr. 363**].

Ionenverbindungen im *geschmolzenen* oder *gelösten* Zustand sind gute **elektrische Leiter**, während sie in kristalliner Form den Strom nicht leiten, da die Ionen im Kristall fest verankert sind und lediglich Schwingungen um ihre Schwerpunktlage ausführen können [vgl. **MC-Fragen Nr. 348, 350, 361**].

Ionenverbindungen sind häufig in polaren Lösungsmitteln mit hoher Dielektrizitätszahl wie z. B. Wasser löslich. Sie lösen sich schlecht in unpolaren Lösungsmittel mit geringer Dielektrizitätszahl (siehe ▸ Kap. 1.3.3.2, □ Tab. 1.27).

Die obengenannten Eigenschaften sind aber typisch für Salze, sodass man gleichsetzen kann [vgl. **MC-Fragen Nr. 360, 362**]:

Salze = Ionenverbindungen

Alle **Salzeigenschaften** beruhen auf dem Vorhandensein von Ionen, die sich elektrostatisch anziehen [vgl. **MC-Fragen Nr. 360, 364**]:

- Schwerflüchtigkeit als Folge hoher Gitterkräfte,
- Leitfähigkeit durch bewegliche Ionen,
- Löslichkeit durch Solvatation der geladenen Gitterbausteine.

Tab. 1.27 Dielektrizitätszahlen einiger Lösungsmittel

Cyanwasserstoff	114,9	Methanol	32,6
Formamid	109,0	Ethanol	25,8
Wasser	80,5	Aceton	20,7
Dimethylsulfoxid	45,0	Ammoniak	17,0
Acetonitril	38,0	Pyridin	12,3
Dimethylformamid	36,1	Eisessig	6,2
Nitromethan	35,9	Diethylether	4,3

Bei gleichem Gittertyp und gleicher Ionenladung nehmen im Allgemeinen mit *wachsenden Ionenradien* die

- Höhe des Schmelzpunktes und Siedepunktes **ab**,
- thermische Ausdehnung und Kompressibilität **zu**,
- Härte **ab**.

Umgekehrt nehmen die erwähnten Eigenschaften bei gleichem Gittertyp und ungefähr gleichem Abstand der Ladungsschwerpunkte mit zunehmender Ionenladung zu [vgl. **MC-Fragen Nr. 358, 359, 362–364**].

1.3.3.1 Leitfähigkeit von Salzen

Infolge ihres ionischen Aufbaus leiten Salze den elektrischen Strom sowohl im *geschmolzenen Zustand* als auch in *wässriger Lösung*, weil beim Anlegen einer Spannung die positiv geladenen Kationen zur negativen *Kathode* und die negativ geladenen Anionen zur positiven *Anode* wandern und auf diese Weise den elektrischen Strom transportieren. Die Stromleitung durch wandernde Ionen wird als *Migration* bezeichnet.

Da anschließend an den Elektroden durch Aufnahme bzw. Abgabe von Elektronen eine Entladung eintritt, z. B. geschmolzenes NaCl bei der *Elektrolyse* an der Kathode zu metallischem Natrium reduziert und an der Anode zu elementarem Chlor oxidiert wird, ist die *Stromleitung* stets von einer *Zersetzung des Stromleiters* begleitet **(Leiter 2. Klasse)**. Die Leitfähigkeit von Salzlösungen bzw. Salzschmelzen nimmt mit steigender Temperatur zu, weil die Ladungsträger bei höheren Temperaturen beweglicher werden. Im festen Zustand sind Salze Isolatoren [vgl. **MC-Fragen Nr. 351, 360, 362–364**].

1.3.3.2 Solvatation, Hydratation

(siehe auch ▸ Kap. 1.8.7.1)

Viele Stoffe lösen sich in Flüssigkeiten ohne chemische Reaktion; es entstehen **Lösungen**. Für das Auflösen einer Substanz sind zwei Erscheinungen von Bedeutung:

- **die Wechselwirkung zwischen Lösungsmittel und gelöstem Stoff** (die **Solvation** oder **Solvatation)** sowie
- die durch **thermische Bewegung** der Teilchen bedingte **Dispersion**.

▫ Tab. 1.28 Hydratationsenthalpien ausgewählter Ionen (in kJ mol^{-1})

	ΔH		ΔH		ΔH		ΔH
H_3O^+	1083,7	Mg^{2+}	1907,9	Fe^{2+}	1958,1	HO^-	364,0
Li^+	507,5	Ca^{2+}	1577,4	Fe^{3+}	4485,2	F^-	510,4
Na^+	398,3	Sr^{2+}	1430,9	Zn^{2+}	2054,3	Cl^-	375,7
K^+	313,8	Ba^{2+}	1288,7	Hg^{2+}	1820,0	Br^-	341,8
Rb^+	289,1	Al^{3+}	4602,4	Ag^+	468,2	I^-	298,3
Cs^+	256,1	NH_4^+	292,9			NO_3^-	255,2

Die Solvatation in Wasser als Lösungsmittel wird auch **Hydration** (oder **Hydratation**) genannt [vgl. **MC-Frage Nr. 633, 750, 763, 1876**].

Im Allgemeinen steigt die Löslichkeit eines Feststoffes mit zunehmender Temperatur. Für diese Regel existieren aber zahlreiche Ausnahmen (siehe ▸ Kap. 1.8.7.2).

Besonders stark sind die Wechselwirkungen zwischen Lösungsmittel und gelöstem Stoff beim **Auflösen von Ionenkristallen**. Löst man Ionenkristalle z. B. in Wasser, so lagern sich die Wasserdipole an der Gitteroberfläche entgegengesetzt geladener Ionen an. Durch die dabei freiwerdende Energie werden einzelne Ionen aus dem Gitterverband herausgelöst und gehen in die wässrige Phase über. Die *Dielektrizitätszahl* (ε) *des Wassers* beträgt etwa **81**, d. h., die *Coulombsche Anziehungskraft* zwischen Kation und Anion ist in Wasser auf 1/81 der Coulomb-Kraft im Ionenkristall [ε = 1] verringert worden (siehe ▸ Kap. 1.3.1). Die Wassermoleküle umhüllen (hydratisieren) schließlich die gelösten Ionen und bilden **Hydrate (Aquakomplexe)** [zur Struktur der Hydrathülle siehe ▸ Kap. 1.8.7.1 und **MC-Fragen Nr. 358, 359, 361–365, 751**].

In ▫ Tab. 1.27 sind die *Dielektrizitätszahlen* einiger häufig genutzter Lösungsmittel (bei 20 °C) aufgelistet und in ○ Abb. 1.37 ist der *Vorgang der Hydratisierung* von Anionen und Kationen in wässriger Lösung nochmals schematisch dargestellt [vgl. **MC-Fragen Nr. 1086, 1451, 1453**].

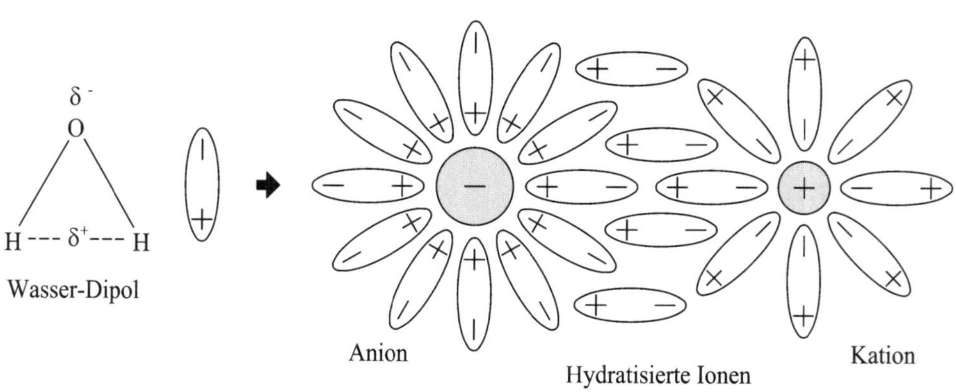

○ Abb. 1.37 Bildung hydratisierter Ionen (δ^-, δ^+ geben die Ladungsschwerpunkte an)

Beim Auflösen von Ionenverbindungen wird das Kristallgitter zerstört. Hierbei lösen sich Ionenverbindungen im Allgemeinen in polaren Lösungsmitteln mit hohen Dielektrizitätszahlen besser als in unpolaren Solventien. Wasser besitzt ein gutes Lösevermögen für Salze, weil Wasser aufgrund seiner hohen Dielektrizitätszahl die elektrostatischen Anziehungskräfte von Anionen und Kationen stark vermindert und als Dipol die Ionen gut solvatisieren kann.

Der Vorgang der *Solvatisierung* bzw. *Hydratisierung* von Ionen (oder Molekülen) ist stets mit einer Energieänderung verbunden. Es handelt sich hierbei um einen *exothermen Prozess*, bei dem Energie in Form von Wärme freigesetzt wird. Sofern die Gitterenergie eines Salzes nicht allzu groß ist, bewirkt die freiwerdende **Solvatationsenthalpie** (-energie) bzw. **Hydratationsenthalpie** (-energie), dass sich weitere Ionen aus dem Gitter solange herauslösen, bis dieses schließlich ganz aufgelöst ist. Die *Solvatationsenthalpie stabilisiert die gelösten Ionen* und ermöglicht letztlich das Auflösen eines Salzes [vgl. **MC-Fragen Nr. 752–754, 757, 758, 764**].

Alle Salze sind wasserlöslich, wenn auch mitunter nur in sehr geringem Maße, und alle gelösten Ionen sind in wässriger Lösung hydratisiert. Im Allgemeinen sind viele Salze wie z.B. *Alkaliacetate* oder *Alkalinitrate* in hydratisierte Einzelionen dissoziiert. Beim Lösen von Salzen in Wasser muss aber *nicht* immer eine vollständige Dissoziation erfolgen. Mitunter liegen die gelösten Salze auch als undissoziierte Ionenpaare vor [siehe ▸ Kap. 1.8.9.1 und **MC-Fragen Nr. 359–362**].

Ebenso wie die Gitterenergie hängt auch die **Hydratationsenthalpie** ($\approx e^2/r$) vom Radius und der Ladung der hydratisierten Ionen ab; beide Energiegrößen folgen dem gleichen Trend. Kleine und hoch geladene Ionen sind besonders stark hydratisiert. Den Einfluss der Ladung erkennt man daran, dass das Fe^{3+}-Ion eine mehr als doppelt so große Hydratationswärme entwickelt als das Fe^{2+}-Ion [vgl. **MC-Fragen Nr. 366, 367, 601**].

In ◘ Tab. 1.28 sind die Hydratationsenthalpien einiger Ionen aufgelistet. Innerhalb einer *Periode* des PSE nimmt die Hydratationsenthalpie von links nach rechts zu, während sie innerhalb einer *Gruppe* von oben nach unten abnimmt.

Besonders stark hydratisiert sind die *Ionen der Übergangsmetalle,* weil sich hier die freien Elektronenpaare von Wassermolekülen mit dem Elektronensystem des Ions, das noch *unbesetzte d-Orbitale* enthält, überlagern können. Dies bedeutet aber eine Änderung im Elektronenzustand der solvatisierten Ionen, was sich häufig durch eine *Farbänderung* bemerkbar macht. So ist z. B. das freie Cu^{2+}-Ion farblos, das hydratisierte $[Cu(H_2O)_4]^{2+}$-Ion hingegen *blau* gefärbt.

Zum Zerfall eines Kristallgitters in Ionen oder Einzelmoleküle beim Lösen der Substanz in einem Solvens muss die Gitterenergie überwunden werden. Die freie Enthalpie des Lösevorgangs errechnet sich aus der Differenz der freien Gitterenthalpie und der freien Solvatationsenthalpie (Hydratationsenthalpie). Die Gitterenergie kann größer oder kleiner sein als die Solvatationsenergie, so dass Lösevorgänge exotherm oder endotherm verlaufen. Die freie Hydratationsenthalpie, die die gelösten Ionen stabilisiert, nimmt mit zunehmendem Ionenradius bei steigender Ordnungszahl ab [vgl. **MC-Fragen Nr. 361, 366, 367, 752–758, 762**].

Beim Lösen von Substanzen, die *nicht* aus Ionen aufgebaut sind, sondern aus *Molekülen* bestehen, sind die erwähnten Wechselwirkungen beim Lösevorgang naturgemäß geringer. Um hier eine merkliche Solvatation zu erzielen, müssen Anziehungskräfte zwischen gelösten Teilchen und Lösungsmittelmolekülen auftreten. Dies ist vor allem dann der Fall, wenn Dipolkräfte oder Wasserstoffbrücken wirksam werden, wie z. B. beim Lösen polarer Moleküle (Zucker, Alkohole) in Wasser. Bei unpolaren Substanzen (Hexan, Benzol, Tetrachlorkohlenstoff) sind diese zwischenmolekularen Bindungskräfte äußerst schwach (siehe auch ▸ Kap. 1.7).

Bringt man nun unpolare Verbindungen wie **Tetrachlorkohlenstoff** [CCl_4] mit Wasser in Berührung, so würde man vermuten, dass sich diese Stoffe überhaupt nicht miteinander mischen. Man findet jedoch eine gewisse, wenn auch sehr geringe Mischbarkeit. Ursache hierfür ist, dass die *Lösung einen Zustand geringerer Ordnung* darstellt, sodass die *Entropie* durch den Lösevorgang zunimmt und dann infolge der thermischen Bewegung der Substanzen eine Durchmischung stattfindet (siehe auch ▸ Kap. 1.9.4.2). Das Lösen ist somit eine Folge der **Dispersion** (ähnlich wie die Diffusion).

1.4 Kovalente Bindung (Atombindung)

1.4.1 Molekülbildung durch Elektronenpaarbindung

1.4.1.1 Lewis-Theorie, Valenzstrukturen

Die **kovalente** oder **homöopolare Bindung (Atombindung, Elektronenpaarbindung)** bildet sich vorzugsweise zwischen *Elementen ähnlicher Elektronegativität* aus. Im Gegensatz zur Ionenbindung ist die Atombindung *gerichtet*. D. h., sie verbindet ganz bestimmte Atome unter definierten Bindungswinkeln in ganz bestimmten Abständen miteinander. Die Ladungsdichteverteilung der Elektronen zwischen den Kernen muss *nicht* symmetrisch sein [siehe ▸ Kap. 1.4.5 und **MC-Fragen Nr. 373, 381, 382, 459**].

Kovalente Bindungen können sowohl *homolytisch* unter Bildung von Radikalen als auch *heterolytisch* unter Bildung von Ionen gespalten werden [vgl. **MC-Fragen Nr. 381, 382, 749**].

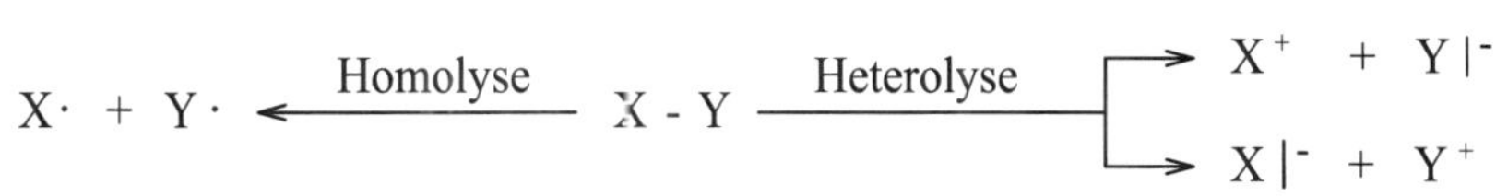

Nach der **Theorie von Lewis** vermag ein Elektronenpaar, das zwei Atomen *gemeinsam* angehört, eine kovalente *Einfachbindung* zwischen diesen Atomen herbeizuführen. Dabei entstehen aus einer begrenzten Anzahl von Atomen neue Teilchen **(Moleküle)**, die als stoffliche Individuen existieren können.

Nach der Vorstellung von Lewis ist für die Bildung kovalenter Bindungen charakteristisch, dass jedes Atom eines Moleküls für sich eine **Edelgaskonfiguration** anstrebt. Für Wasserstoff ist es die Konfiguration des Heliums ($1s^2$), für die anderen Elemente ist es das *Oktett*, d. h. die Konfiguration ns^2np^6 **(Oktettregel)**. Die Anzahl der Bindungen **(Bindigkeit, Bindungsgrad)**, die ein Atom eingehen kann, ist daher durch die Zahl seiner **Valenzelektronen** in Verbindung mit der Oktettregel festgelegt. Sie ergibt sich aus der Zahl der bis zur Konfiguration des nächsthöheren Edelgases noch fehlenden Elektronen.

Die **Oktettregel** gilt streng nur für die Elemente der 2. Periode. Da die äußere Schale der Elemente der 3. Periode auch *d-Zustände* enthält, die gegebenenfalls besetzt werden, kann hier der Atomrumpf auch von mehr als 8 Elektronen umgeben sein. Zum Beispiel sind es 10 Elektronen beim Phosphoratom im Phosphorpentachlorid [PCl_5] oder 12 Elektronen beim Schwefelatom im Schwefelhexafluorid [SF_6] (**Oktettaufweitung**).

Auch für Moleküle mit einer ungeraden Elektronenzahl (**Radikale**), wie im Stickstoffmonoxid [NO] oder Stickstoffdioxid [NO_2], kann man *keine* Formel angeben, in der alle Atome die Oktettregel erfüllen (siehe hierzu auch ▸ Kap. 1.4.4.4).

Zur formelmäßigen Darstellung von Molekülstrukturen ist es üblich, ein gemeinsames **(bindendes) Elektronenpaar**, das die Bindung zwischen zwei Atomen herstellt, durch einen Strich **(Valenzstrich)** zu symbolisieren. Valenzelektronenpaare, die an der Bindung nicht beteiligt sind, werden **nichtbindende (freie, einsame) Elektronenpaare** genannt. Sie werden überhaupt nicht, durch zwei Punkte oder ebenfalls durch einen Strich gekennzeichnet [vgl. **MC-Frage Nr. 451**].

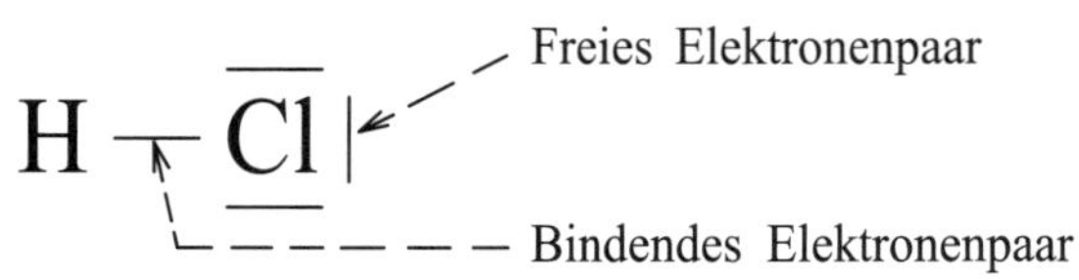

Formeln dieser Art werden als **Valenzstrukturen** oder **Lewis-Formeln** bezeichnet.

Die Elektronenpaarbindung nach Lewis in Verbindung mit der Oktettregel soll durch die nachfolgenden Beispiele nochmals verdeutlicht werden [vgl. **MC-Fragen Nr. 385, 386, 1869**].

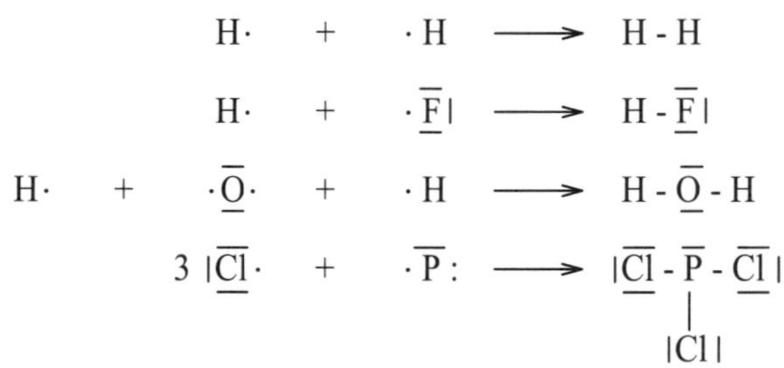

Zwei Atome können auch über *mehr* als ein gemeinsames Elektronenpaar miteinander verbunden sein. Man spricht dann von einer **Mehrfachbindung**. Bei **Doppelbindungen** sind es **zwei**, bei **Dreifachbindungen drei** bindende Elektronenpaare (siehe hierzu ▸ Kap. 1.4.2.4).

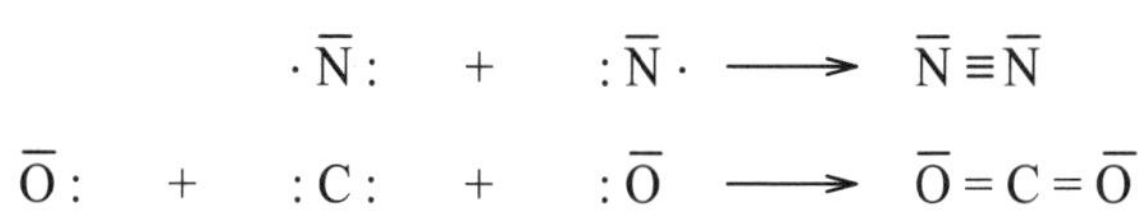

Normalerweise trägt jedes an einer Einfachbindung beteiligte Atom jeweils *ein* Elektron zum bindenden Elektronenpaar bei. Atombindungen, bei denen der eine Bindungspartner *beide* Elektronen und der andere *kein* Elektron zur Verfügung stellt, werden **koordinative (dative) Bindungen** genannt (siehe ▸ Kap. 1.5.2.2).

$$H_3N: \; + \; BF_3 \longrightarrow H_3\overset{+}{N}-\overset{-}{B}F_3$$

$$H_2O: \; + \; H^+ \longrightarrow H_2\overset{+}{O}-H \qquad (H_3O^+)$$

$$H_3N: \; + \; H^+ \longrightarrow H_3\overset{+}{N}-H \qquad (NH_4^+)$$

Nach der Vorstellung von Lewis können ein oder mehrere Elektronenpaare, die zwei Atomen gemeinsam angehören und zwischen den Atomrümpfen lokalisiert sind, eine kovalente Einfach-, Doppel- oder Dreifachbindung zwischen den Bindungspartnern bewirken. Sie werden bindende Elektronenpaare genannt. Valenzelektronenpaare, die ein Atom für sich allein behält, heißen nichtbindende (freie) Elektronenpaare.

1.4.1.2 Mesomerie

(siehe auch Ehlers, **Chemie II**, ▸ Kap. 3.1.10.8)

Im **Nitrat-Ion** [NO_3^-] sind drei Sauerstoffatome kovalent mit einem Stickstoffatom verbunden. Da Stickstoff maximal nur vierbindig auftreten kann, resultiert eine Lewis-Formel, in der formal zwei O-Atome einfach und das dritte doppelt an das N-Atom gebunden sind. Dies entspricht aber nicht dem tatsächlichen Molekülzustand mit drei äquivalenten Sauerstoffatomen. Man versucht dieses Problem dadurch zu lösen, dass man alle denkbaren Valenzstrukturen angibt und durch einen **Doppelpfeil** miteinander verbindet.

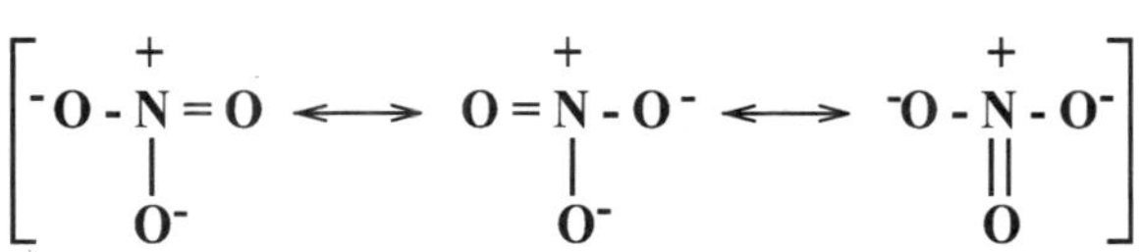

Dieses Phänomen wird **Mesomerie** oder **Resonanz** genannt. Die einzelnen Formeln werden als **mesomere Grenzstrukturen** bezeichnet. Die realen Bindungsverhältnisse des Moleküls können quasi als eine Art Überlagerung aller Grenzformeln betrachtet werden. Die Mesomerie bringt für das Nitrat-Ion zum Ausdruck, dass die negative Ladung *nicht* an einem einzigen Sauerstoffatom lokalisiert ist, sondern sich zu gleichen Teilen auf alle drei O-Atome verteilt. Man sagt, die Ladung sei *delokalisiert*, wobei sich innerhalb mesomerer Systeme π-Bindungen verschieben lassen. Zur Mesomerie befähigte Moleküle sind stabiler (energetisch begünstigt), als die zu ihrer Beschreibung verwendeten Grenzstrukturen [siehe auch ▸ Kap. 1.4.2.4 und **MC-Fragen Nr. 416, 417**].

Ebenso wie Nitrat sind auch andere *Oxoanionen* wie Carbonat (CO_3^{2-}), Nitrit (NO_2^-), Phosphat (PO_4^{3-}), Sulfat (SO_4^{2-}), Perchlorat (ClO_4^-), Chromat (CrO_4^{2-}) oder Permanganat (MnO_4^-) *mesomeriestabilisierte Moleküle*, deren negative Ladungen delokalisiert sind.

1.4.1.3 Isosterie

Unter **isosteren Molekülen** versteht man Substanzen mit *gleicher Atom-* und *Elektronenzahl.* ◘ Tab. 1.29 zeigt einige Beispiele isosterer Moleküle.

Isostere Verbindungen zeichnen sich, falls sie auch in der Summe ihrer Kernladungen übereinstimmen (*Isosterie im engeren Sinne*), durch ein ähnliches physikalisches Verhalten aus, wie dies ◘ Tab. 1.30 für die Verbindungspaare Kohlenmonoxid (CO)/ Stickstoff (N_2) und Kohlendioxid (CO_2)/Distickstoffmonoxid (N_2O) zeigt. Dies trifft nicht in gleichem Maße auf ihre chemischen Eigenschaften zu. So fungiert z. B. Kohlenmonoxid als Ligand in zahlreichen Komplexen, während elementarer Stickstoff hierfür nur wenig geeignet ist [siehe ▸ Kap. 1.5.4.2 und **MC-Fragen Nr. 374, 388, 1624, 1640, 1641, 1644–1646, 1648**].

Keine Ähnlichkeit in den physikalischen Eigenschaften ist dann zu erwarten, wenn sich die isosteren Moleküle in ihren Kernladungssummen unterscheiden, d. h., die Moleküle verschiedene Ladungen tragen. So sind z. B. mit den Neutralmolekülen CO und N_2 auch das Cyanid-Ion (CN^-), das Nitrosyl-Kation (NO^+) sowie das Acetylid-Ion (C_2^{2-}) isoster. Diese Spezies können naturgemäß aber physikalisch nicht miteinander verglichen werden. Analoges gilt auch für die mit dem CO_2 und N_2O isosteren Ionen wie das Azid-Ion (N_3^-), das Cyanat-Ion (NCO^-) oder das Fulminat-Ion (CNO^-). Besser wäre es, hier den Begriff **isoelektronische Moleküle** zu verwenden [vgl. **MC-Fragen Nr. 388–390**].

Auch einfache Ionen H^-/Li^+ bzw. Cu^+/Zn^{2+} sind zueinander isoelektronisch und haben jeweils identische Elektronenkonfigurationen. Schließlich besitzen Ionen wie Mg^{2+}, Al^{3+}, O^{2-} oder F^- die Elektronenkonfiguration von Neon [vgl. **MC-Frage Nr. 390**].

◘ **Tab. 1.29 Isostere Moleküle**

Elektronenzahl	Protonenzahl	Beispiele
10	9 11	BH_4^- NH_4^+
14	12 13 14 15	C_2^{2-} CN^- N_2, CO NO^+
22	21 22	N_3^-, NCO^-, CNO^- CO_2, N_2O, NO_2^+
32	29 30 31 32 33	BO_3^{3-} CO_3^{2-} HCO_3^-, NO_3^- HNO_3, H_2CO_3, NOCl, SO_2 $H_2NO_3^+$

Tab. 1.30 Physikalische Eigenschaften isosterer Verbindungspaare

	CO	N_2	CO_2	N_2O
Schmelzpunkt (K)	68	63	217*	182
Siedepunkt (K)	82	77	195*	184
Löslichkeit in Wasser (l/l)	0,033	0,023	1,710	1,305

* Kohlendioxid besitzt keinen Schmelz- und Siedepunkt bei Normaldruck, sondern sublimiert bei -78,5 °C. Der Tripelpunkt von CO_2 bei 5,19 bar liegt bei einer Temperatur von -56,6 °C.

1.4.1.4 Tautomerie

(siehe auch Ehlers, **Chemie II**, ▸ Kap. 3.2.15.5)

Als Tautomere bezeichnet man zwei *Isomere* (Moleküle mit gleicher Summenformel), die miteinander in einem dynamischen Gleichgewicht stehen, und sich in der Stellung eines Atoms – meistens eines Wasserstoffatoms – unterscheiden. Simultan mit der Wanderung eines Atoms (W) und dem Lösen und Neuknüpfen einer σ-Bindung erfolgt auch die Verschiebung der Lage einer π-Bindung:

W-X-Y=Z X=X-Z-W

Bekanntestes Beispiel sind Keto-Enol-Gleichgewichte, wie sie nachstehend für *Acetaldehyd* (CH_3-CH=O) formuliert werden:

(Keto-Form) CH_3-CH=O CH_2=CH-OH (Enolform)

Auch anorganische Moleküle wie *Phosphorige Säure* (Phosphonsäure) [H_3PO_3] oder *Schweflige Säure* [H_2SO_3] treten in tautomeren Formen auf [vgl. **MC-Fragen Nr. 392–394**].

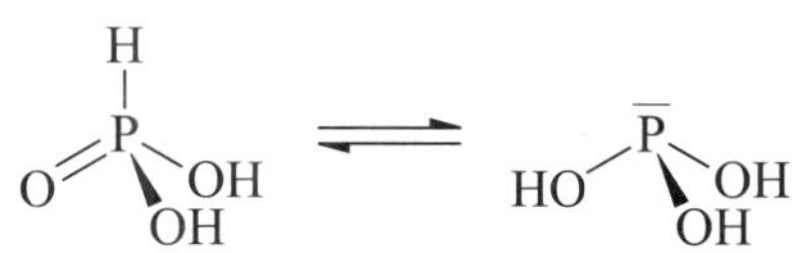

Phosphonsäure

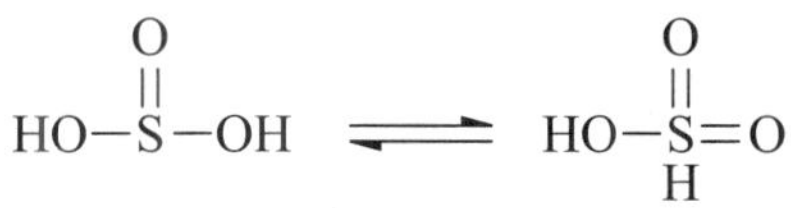

Schweflige Säure

Bezüglich der Tautomerie der *Salpetrigen Säure* [HNO_2] siehe ▸ Kap. 2.5.8.

1.4.2 Prinzipien der VB-Methode (Valence Bond-Theorie)

1.4.2.1 Prinzip der Orbitalüberlappung

Zur Beschreibung einer kovalenten Bindung benutzt man heute im wesentlichen zwei Theorien:

- **Molekülorbital(MO)-Theorie**
- **Valenzbindungs(VB)-Theorie.**

Beide Methoden sind *Näherungsverfahren zur Lösung der Schrödinger-Gleichung* (siehe ▸Kap. 1.1.4.4). Während die VB-Methode die Individualität der beiden Atome und ihrer Orbitale beibehält, betrachtet die MO-Theorie alle Elektronen eines Moleküls als zu einem einheitlichen Elektronensystem gehörig.

Atombindungen entstehen danach durch die Überlagerung zweier einfach besetzter Atomorbitale (AO) zu paarweise besetzten Molekülorbitalen (MO), wobei beide Elektronen des MO *antiparallelen Spin* besitzen [siehe auch ▸Kap. 1.1.5.1 und **MC-Fragen Nr. 362, 381, 382**].

Die *Stärke* einer Atombindung wird weitgehend durch das Ausmaß der Überlagerung der Atomorbitale bestimmt **(Prinzip der maximalen Orbitalüberlappung)**. Je stärker die gegenseitige Durchdringung der AO ist, desto stärker sind die bindenden Elektronen auf den Raum zwischen den beiden Atomrümpfen konzentriert, wo sie die gegenseitige Abstoßung der Atomkerne verringern und auf diese anziehend wirken, und umso stärker ist ihre bindende Wirkung.

1.4.2.2 Das Wasserstoffmolekül

In den zunächst voneinander getrennten *Wasserstoffatomen* werden die beiden Elektronen durch ihre atomaren ψ-Funktionen beschrieben. Mit zunehmender Annäherung der H-Atome beginnen sich die Orbitale beider Elektronen zu überlappen. Ein Elektron, das bisher nur unter der Wirkung eines Kerns stand, gerät damit auch unter den Einfluss des anderen Atomkerns. Schließlich entsteht eine *einzige Elektronenwolke*, die beide Kerne umhüllt, wobei die Aufenthaltswahrscheinlichkeit der beiden Elektronen zwischen den Atomrümpfen besonders groß ist. Die erhöhte negative Ladungsdichte im Bereich zwischen den Atomrümpfen bewirkt durch elektrostatische Kräfte den Zusammenhalt des Moleküls. Dieser Zustand entspricht einem Minimum an Energie. Das **Wasserstoffmolekül** ist um etwa **436 kJ mol^{-1} energieärmer** als zwei getrennte Wasserstoffatome.

○ Abb. 1.38 zeigt nochmals die einzelnen Schritte der Bildung des H_2-Moleküls aus zwei H-Atomen nach dem Prinzip der Orbitalüberlappung.

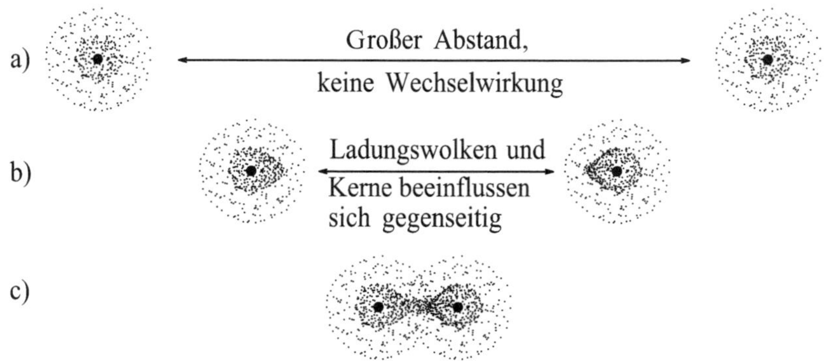

○ **Abb. 1.38 Schematische Darstellung der Bildung des Wasserstoffmoleküls**

Bei der räumlichen Annäherung zweier Wasserstoffatome durchdringen sich ihre Atomorbitale derart, dass die Elektronenwolke im Bereich zwischen den Atomkernen dichter wird. Die Bindung im Wasserstoffmolekül ist somit eine Folge der elektrostatischen Anziehung der beiden positiv geladenen Atomrümpfe und der negativen Ladungsanhäufung zwischen den Kernen.

Die *Energie des Wasserstoffmoleküls* setzt sich zusammen aus der kinetischen Energie der beiden Elektronen, der potentiellen Energie der Proton-Proton- und Elektron-Elektron-Abstoßung sowie der Coulomb-Anziehung zwischen Protonen und Elektronen. In ○ Abb. 1.39 ist der Verlauf der Gesamtenergie des H_2-Moleküls in Abhängigkeit vom Abstand der beiden Wasserstoffatome graphisch dargestellt. Bei einem bestimmten Abstand [r_O = 74 pm] ist das Wasserstoffmolekül um 436 kJ mol^{-1} energieärmer als zwei getrennte H-Atome.

Würde man die Kerne einander noch näher bringen (r < 74 pm), so würde sich die kinetische Energie der Elektronen stark erhöhen; sie werden auf einem kleineren Raum zusammengedrängt. Umgekehrt nimmt bei einer Trennung bzw. Abstandsvergrößerung der Kerne (r > 74 pm) die potentielle Energie stark zu, weil nun Arbeit gegen die Anziehung der negativen Ladungen auf die positiven Atomkerne geleistet werden muss.

Die Bindung zwischen zwei H-Atomen kann durch Energiezufuhr auch wieder gelöst werden. Die Energie, die zur vollständigen Trennung einer Bindung benötigt wird, nennt man **Dissoziationsenergie**. Sie beträgt für das H_2-Molekül 436 kJ mol^{-1} und entspricht der bei der Bildung von molekularem Wasserstoff freiwerdenden **Bindungsenergie** (siehe ▸ Kap. 1.4.3.3). Die Bindungsenergie ergibt sich als Differenz zwischen dem Energieinhalt zweier getrennter Atome und der Energie des binären Moleküls aus diesen beiden Atomen [vgl. **MC-Frage Nr. 1254**].

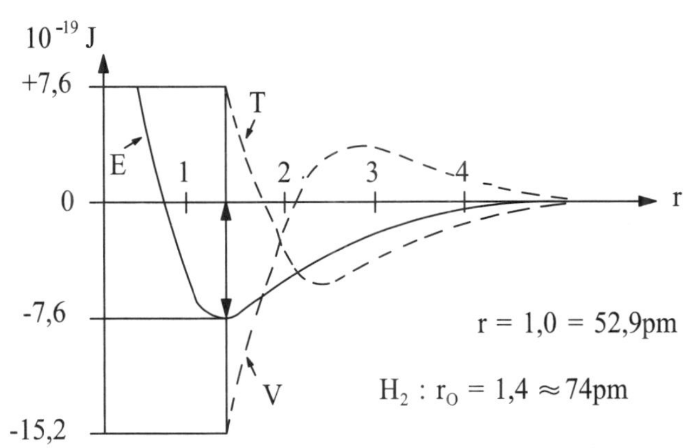

○ **Abb. 1.39 Verlauf der Gesamtenergie (E), der kinetischen Energie (T) und der potentiellen Energie (V) des Wasserstoffmoleküls in Abhängigkeit vom Abstand (r) zweier Wasserstoffatome**

Die Bildung von Molekülen durch Orbitalüberlappung ist mit einem Energiegewinn verbunden. Diese Bindungsenergie ist umso größer, je stärker sich die Orbitale überlagern, d. h., der Grad der Orbitalüberlappung ist ein Maß für die Stärke einer Bindung.

$$\text{Atome} \underset{+\text{ Dissoziationsenergie}}{\overset{-\text{ Bindungsenergie}}{\rightleftharpoons}} \text{Molekül}$$

Nach der **VB-Methode** kommt die bindende Wirkung des Elektronenpaares dadurch zustande, dass ein ungepaartes Elektron in dem Orbital des einen Atoms einer Art *„Austauschwechselwirkung"* mit einem ungepaarten Elektron des anderen Atoms unterworfen ist. Dies beinhaltet, dass beide Elektronen ihre Plätze wechseln können und nicht mehr zu unterscheiden sind.

Die extremen Elektronenverteilungen werden als **Grenzstrukturen** bezeichnet und man betrachtet den tatsächlichen Zustand des Moleküls als eine Kombination dieser Grenzstrukturen. Für das H_2-Molekül lassen sich folgende Grenzstrukturen formulieren:

$$\mathbf{I{:}\ H_A{\cdot}1\ 2{\cdot}H_B} \qquad \text{und} \qquad \mathbf{II{:}\ H_A{\cdot}2\ 1{\cdot}H_B}$$

[A,B kennzeichnen die beiden H-Atome;
1,2 kennzeichnen die beiden Elektronen]

Grenzstrukturen sind in der Regel durch Lewis-Formeln darstellbar. Der *reale Zustand* entspricht einer Überlagerung der verschiedenen Grenzstrukturen und ist stets *energieärmer* als jede einzelne verwendete Grenzstruktur.

Die verschiedenen Grenzstrukturen müssen energetisch nicht gleichwertig sein. Wenn sich jedoch energiereichere und energieärmere Grenzstrukturen formulieren lassen, ist der Beitrag der energieärmeren zum tatsächlichen Zustand größer, d. h., dieser gleicht der Elektronenverteilung der energieärmeren Grenzstruktur stärker.

Man sollte sich aber stets bewusst sein, dass Grenzstrukturen *keinerlei Realität* besitzen und nur ein Hilfsmittel sind, um eine formelmäßig nicht erfassbare Elektronenverteilung näherungsweise wiederzugeben.

1.4.2.3 Hybridisierung von Atomorbitalen, insbesondere von Kohlenstoffatomen

Wie bereits ausgeführt, kommt eine **Kovalenzbindung** dadurch zustande, dass sich zwei einfach besetzte Atomorbitale (AO) zu einem paarweise besetzten Molekülorbital (MO) durchdringen, wobei die beiden Elektronen des MO antiparallelen Spin besitzen [vgl. **MC-Fragen Nr. 368, 399**].

Molekülorbitale sind *polyzentrisch*, d. h., sie erstrecken sich über das ganze Molekül und schließen alle Atome ein. Daher muss man bei der Anwendung der MO-Methode auf mehratomige Moleküle die genaue Lage der Atomkerne zueinander kennen. Darüber hinaus ist zu berücksichtigen, dass die einzelnen *Bindungen* ganz bestimmte, *messbare Eigenschaften* besitzen, wie z. B. Bindungslänge, Bindungswinkel oder Bindungsenergie.

Betrachten wir zunächst das **Wassermolekül** [H–O–H]. Für die lineare Kombination stehen die beiden 1s-Orbitale der H-Atome sowie das $2p_x$- und das $2p_y$-Orbital

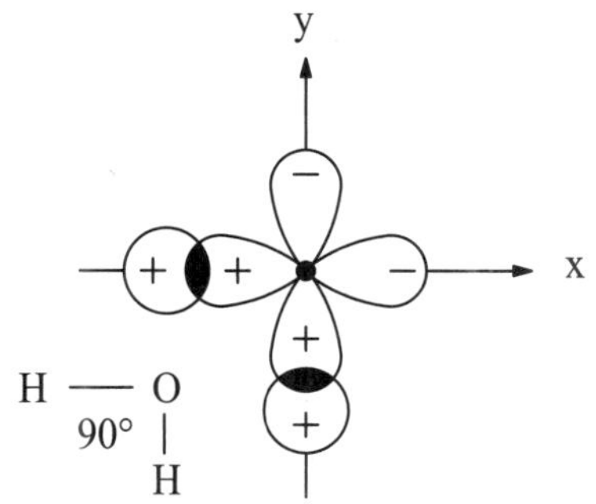

o Abb. 1.40 Bindungsrichtungen eines hypothetischen Wassermoleküls

des O-Atoms zur Verfügung. Die nichtbindenden Elektronen des Sauerstoffs besetzen paarweise das 2s- und das $2p_z$-Orbital. Die drei Atome schließen, wie in **o** Abb. 1.40 dargestellt, einen Winkel von 90° ein. Der tatsächliche Bindungswinkel im Wassermolekül beträgt aber nicht 90° sondern 105°; zudem sind die beiden freien Elektronenpaare am O-Atom äquivalent.

Noch auffälliger sind die *Abweichungen* bei der Betrachtung des **Methanmoleküls** [CH_4]. Im CH_4-Molekül sind die vier H-Atome tetraedrisch um das C-Atom angeordnet; der Bindungswinkel beträgt etwa 109° und alle C–H-Bindungen sind gleich lang. Auf diese Weise ist die gegenseitige Wechselwirkung sowohl zwischen den H-Atomen als auch zwischen den bindenden Elektronenpaaren am geringsten. Diese Konfiguration ist *energieärmer* (stabiler) als irgendeine andere mögliche Raumstruktur. **Es sind also energetische Gründe, die eine bestimmte Struktur ergeben und nicht eine für ein isoliertes Atom postulierte Ladungsdichte.**

Die **Elektronenkonfiguration des Kohlenstoffs** im Grundzustand **[$1s^2 2s^2 2p^2$]** würde aber ein Molekül **„CH_2"** *(Methylen)* mit einem Bindungswinkel von 90° erwarten lassen, da die beiden einfach besetzten 2p-Orbitale des Kohlenstoffs senkrecht zueinander angeordnet sind. Dies widerspricht den experimentellen Befunden und der beobachteten Vierbindigkeit des Kohlenstoffs.

sp^3-Hybridisierung: Damit ein Kohlenstoffatom vier Bindungen eingehen kann, muss ein Elektron aus dem 2s-Orbital in das höher liegende, leere 2p-AO angehoben

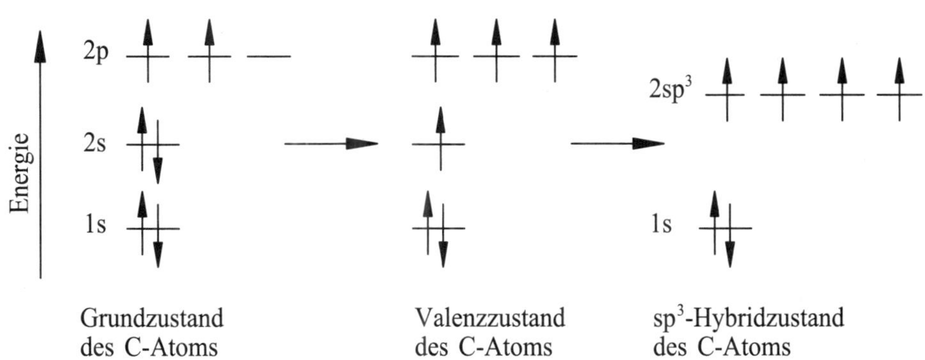

o Abb. 1.41 Energieniveauschema der sp^3-Hybridisierung des Kohlenstoffatoms

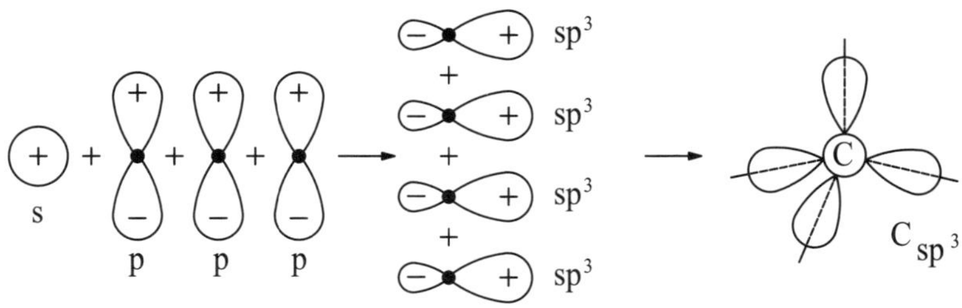

o Abb. 1.42 Bildung tetraedrisch gerichteter sp^3-Hybridorbitale

werden, wie dies in o Abb. 1.41 schematisch dargestellt ist. Das C-Atom geht in einen **angeregten Zustand (Valenzzustand)** über (siehe auch ▸ Kap. 1.1.6.1).

Zu betonen ist, dass auch der Übergang eines C-Atoms vom Grund- in den Valenzzustand als *imaginärer Prozess* aufzufassen ist, denn man hat es immer nur mit Kohlenstoffatomen im Valenzzustand zu tun, sowohl im elementaren Kohlenstoff als auch in Kohlenstoffverbindungen. Der Begriff **Valenzzustand** ist nur für die Beschreibung der experimentell festgestellten Bindungszahlen und der Ladungsdichteverteilung von Bedeutung, weil mit seiner Hilfe die offensichtliche Nichtübereinstimmung zwischen dem Experiment und der Elektronenkonfiguration des C-Atoms im Grundzustand beseitigt werden kann.

Die Eigenschaften von Elektronen lassen sich durch **Wellenfunktionen** beschreiben. Eine Wellenfunktion ist ein *mathematischer Ausdruck*, der sich aus der Lösung der Schrödinger-Gleichung ergibt. Es lassen sich nun durch eine *mathematische Umformung* der ψ-Funktionen eines 2s- und dreier 2p-Elektronen **vier** neue, völlig **äquivalente sp^3-Hybridorbitale** erhalten, die nach den Ecken eines **Tetraeders** gerichtet sind, wie dies o Abb. 1.42 veranschaulicht. Bei vollständiger Hybridisierung entspricht die Energie der Hybrid-AO dem arithmetischen Mittel der Energien der an der Hybridisierung beteiligten Ausgangs-AO.

Die Bezeichnung **sp^3** kennzeichnet den Typ und die Anzahl der Orbitale, die bei der Hybridisierung miteinander kombiniert wurden. Der Exponent gibt somit *keine* Elektronenzahl an.

Abschließend muss nochmals betont werden, dass der in den nachfolgenden Abbildungen symbolisierte Vorgang der Hybridisierung ein mathematisches, für Rechenoperationen entwickeltes Konzept ist und keinerlei physikalische Realität besitzt.

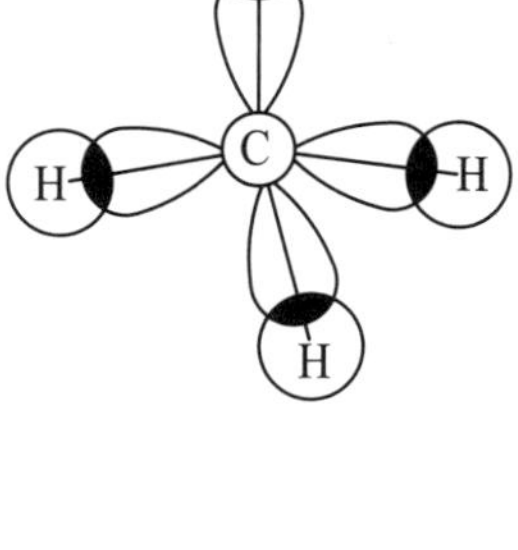

o Abb. 1.43 Bindungsrichtungen und bindende Elektronenpaare im Methanmolekül

Abb. 1.44 Bindungsrichtungen und freies Elektronenpaar im Ammoniakmolekül

Die Hybridisierung ist ein mathematisches Verfahren, bei dem die Wellenfunktionen von Atomorbitalen so miteinander kombiniert werden, dass ein neuer Satz gleichwertiger Orbitale erhalten wird, der der tatsächlichen Struktur des Moleküls entspricht.

Die lineare Kombination von vier sp^3-Hybrid-AO des Kohlenstoffs mit je einem kugelsymmetrischen 1s-Orbital eines Wasserstoffatoms, wie dies Abb. 1.43 zeigt, ergibt eine den beobachteten Bindungsverhältnissen viel besser gerecht werdende Beschreibung der Ladungsdichteverteilung im **Methanmolekül.** Allerdings ist nochmals anzumerken, dass es *energetische Gründe* sind und nicht die für ein isoliertes Atom postulierte Ladungsdichte, die eine bestimmte **Struktur** ergeben (siehe auch ▸ Kap. 1.4.2.6). Die tetraedrische Anordnung der vier H-Atome um das C-Atom des CH_4-Moleküls ist die energieärmste Struktur, weil durch diese Anordnung die abstoßenden Wechselwirkungen zwischen den H-Atomen bzw. den bindenden Elektronenpaaren des Methanmoleküls am geringsten sind [vgl. **MC-Frage Nr. 459**].
Auch im **Ethan** [C_2H_6] sind beide Kohlenstoffatome sp^3-hybridisiert. Ein sp^3-Hybridorbital dient zur Bildung der C-C-Einfachbindung, die drei restlichen sp^3-Hybridorbitale jedes C-Atoms bilden die drei C-H-Bindungen [vgl. **MC-Frage Nr. 400**].

Das **Sauerstoffatom** im **Wasser** [H_2O], das **Stickstoffatom** im **Ammoniak** [NH_3] oder das **Kohlenstoffatom** im **Diamant** sind gleichfalls sp^3-hybridisiert [vgl. **MC-Fragen Nr. 401, 428, 1532**].

Im **Ammoniakmolekül** (Abb. 1.44) können drei sp^3-Hybridorbitale des N-Atoms mit je einem 1s-AO eines H-Atoms überlappen. Das vierte Hybridorbital wird durch das freie Elektronenpaar am Stickstoff besetzt [vgl. **MC-Fragen Nr. 383, 384, 428, 1532**].

Im **Wassermolekül** (Abb. 1.45) überlappen zwei sp^3-Hybrid-AO des Sauerstoffs mit je einem 1s-AO eines H-Atoms. Die restlichen zwei sp^3-Hybridorbitale werden von je einem freien Elektronenpaar am Sauerstoffatom besetzt.

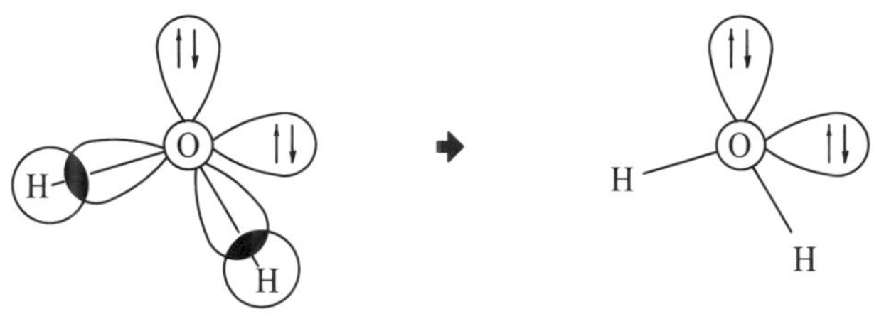

Abb. 1.45 Bindungsrichtungen und freie Elektronenpaare im Wassermolekül

▫ Tab. 1.31 Bindungswinkel tetraedrisch gebauter Moleküle

Winkel	Molekül
109°	$\mathbf{CH_4}$, $\mathbf{CH_3OH}$, $\mathbf{NH_4^+}$, $\mathbf{BH_4^-}$
107°	$\mathbf{CH_3^-}$, $\mathbf{NH_3}$, $H_3\mathbf{O}^+$
105°	$\mathbf{NH_2^-}$, $H_2\mathbf{O}$, $\mathbf{FH_2^+}$
92-93°	$\mathbf{P}H_3$, H_2S

In der Reihe Methan ⟶ Ammoniak ⟶ Wasser nimmt der *Bindungswinkel* ab [109° ⟶ 107° ⟶ 105°]. Das freie Elektronenpaar des NH_3-Moleküls beansprucht einen größeren Raum als die bindenden Paare. Dies hat zur Folge, dass sich dieses und die bindenden Paare stärker abstoßen als zwei bindende Elektronenpaare untereinander, sodass letztere zusammengedrängt werden und der Bindungswinkel kleiner wird. Im H_2O-Molekül sind sogar zwei freie Elektronenpaare vorhanden. Dadurch wird der Bindungswinkel noch kleiner [siehe auch ○ Abb. 1.58 und **MC-Fragen Nr. 383, 384, 434, 441, 459, 1452, 1532**].

In ▫ Tab. 1.31 sind die Bindungswinkel einiger tetraedrisch konfigurierter Moleküle zusammengestellt.

Neben der sp^3-Hybridisierung existieren auch Hybridisierungen, an denen nicht alle Orbitale der Valenzschale beteiligt sind.

sp^2 -Hybridisierung: Die Kombination eines s- mit zwei p-AO führt zu drei äquivalenten **sp^2-Hybridorbitalen**. Die sp^2-Hybrid-AO liegen in einer Ebene und schließen einen Winkel von 120° ein. Das dritte p-Orbital, das an der Hybridisierung nicht teilgenommen hat, steht senkrecht dazu.

○ Abb. 1.46 zeigt in schematisierter Form das Energieniveauschema des sp^2-hybridisierten Kohlenstoffs.

Für Bindungen sp^2-hybridisierter Atome stehen somit drei sp^2-Hybrid-AO und ein p-AO zur Verfügung (siehe auch ▸ Kap. 1.4.2.4). Solche Orbitale dienen zur Beschreibung der Bindungsverhältnisse **trigonal-planarer Moleküle**.

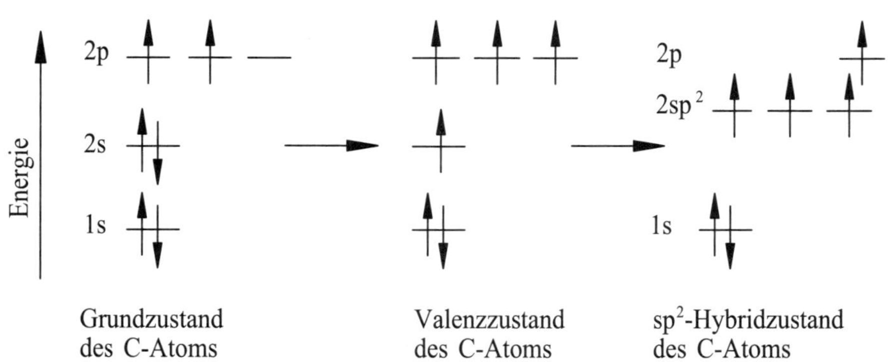

○ Abb. 1.46 Energieniveauschema der sp^2-Hybridisierung des Kohlenstoffs

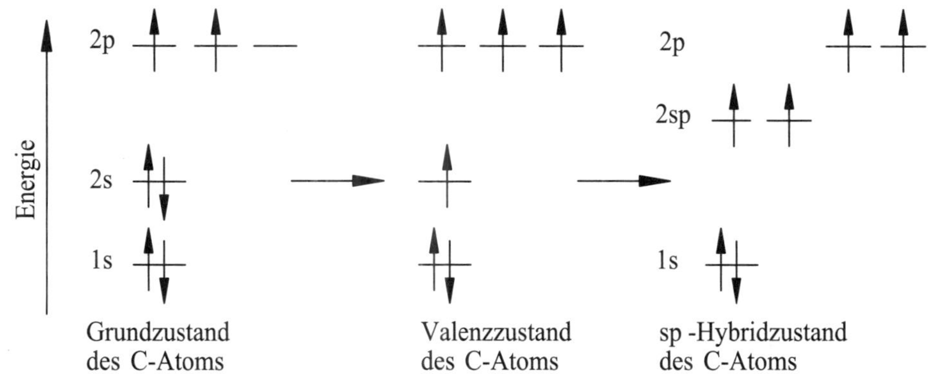

Abb. 1.47 Energieniveauschema der sp-Hybridisierung des Kohlenstoffs

sp-Hybridisierung: Die Kombination eines s- und eines p-AO ergibt zwei äquivalente, **digonal** gerichtete **sp-Hybridorbitale**, die zur Beschreibung der Bindungen in *linearen Molekülen* herangezogen werden können.

Wie Abb. 1.47 am Beispiel des Kohlenstoffs zeigt, stehen für Bindungen sp-hybridisierter Atome zwei sp-Hybrid-AO und zwei p-AO zur Verfügung. Die beiden p-AO, die an der Hybridisierung nicht teilgenommen haben, stehen senkrecht zueinander und senkrecht zur sp-Bindungsachse.

In der anorganischen Chemie spielen außer sp-, sp^2- und sp^3-Hybridorbitalen auch Hybridisierungen eine Rolle, in die **d-Orbitale** miteinbezogen sind. Die d-Orbitale können zur Valenzschale oder zur nächsten Innenschale gehören, wie dies z. B. in den Schreibweisen $\mathbf{sp^3d^2}$ und $\mathbf{d^2sp^3}$ zum Ausdruck kommt (siehe ▸ Kap. 1.5.5.1).

Überlappungsfähigkeit: Die Kombination verschiedener AO, deren Energieinhalte von ähnlicher Größenordnung sind, führt zu Hybridorbitalen, die weit besser zur Überlappung mit den Orbitalen anderer Bindungspartner geeignet sind, als die Atomorbitale, aus denen die Hybrid-AO gebildet wurden.

Wie Tab. 1.32 ausweist, bieten Hybridatomorbitale wesentlich günstigere *Überlappungsmöglichkeiten*, weil die Ladungsdichten entlang der Bindungsachsen besonders hoch sind. Die Stärke solcher Bindungen ist daher besonders groß.

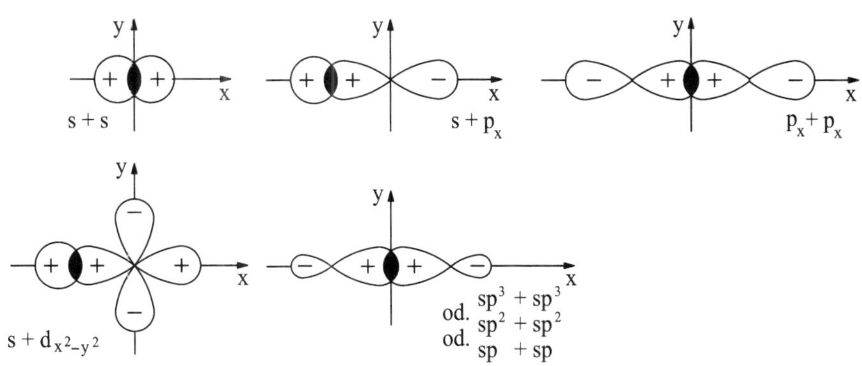

Abb. 1.48 Zustandekommen einer σ-Bindung durch einfache Orbitalüberlappung

Tab. 1.32 Relative Überlappungsfähigkeit einzelner Atomorbitale und Hybridorbitale

AO	Bindungsstärke	AO	Bindungsstärke
s	1,000	sp	1,932
p	1,732	sp^2	1,991
d_{z^2}	2,236	sp^3	2,000
d	1,936	d^2sp^3	2,923

1.4.2.4 σ- und π-Bindungen, Mehrfachbindungen

σ-Bindungen: In Abb. 1.48 sind einige bindende Kombinationen von s-, p- und d-AO sowie von sp^x-Hybridorbitalen graphisch dargestellt [vgl. **MC-Fragen Nr. 397, 456**]. Die Kombinationen zweier s-AO, einem s-AO und einem p_x-AO oder von zwei sp^3-Hybridorbitalen sind *rotationssymmetrisch* in bezug auf die Kern-Kern-Bindungsachse. Sie werden als **σ-Bindungen** (σ-MO) bezeichnet. Auch die Überlappung zweier sp^2-, zweier sp-Hybrid-AO oder durch achsensymmetrische Überlappung zweier p-Atomorbitale in der in Abb. 1.48 gezeigten Weise führt zu σ-Bindungen.

Ein wichtiges Charakteristikum solcher rotationssymmetrischer σ-Bindungen ist die *freie Drehbarkeit* der Atome um die sie verknüpfende Bindungsachse.

π-Bindungen: Die aus der Überlagerung zweier p_y- oder zweier p_z-Orbitale gebildeten MO besitzen eine *Knotenebene* und ihre Ladungsdichte verteilt sich auf zwei Bereiche ober- und unterhalb der Kern-Kern-Bindungsachse. Solche Bindungen werden **π-Bindungen** genannt (Abb. 1.49) [vgl. **MC-Frage Nr. 452**].

Bei den Elementen der 2. Periode **(Kohlenstoff, Stickstoff, Sauerstoff)** werden π-Bindungen ausschließlich durch p-Orbitale vermittelt **(p_π-p_π-Bindung)**. Bei Elementen der 3. Periode **(Phosphor, Schwefel)** erfolgen sie aus energetischen Gründen auch zwischen p- und d-AO **(p_π-d_π-Bindung)** [vgl. **MC-Frage Nr. 456**].

Durch die Ausbildung einer Mehrfachbindung wird die freie Rotation um die Bindungsachse aufgehoben [vgl. **MC-Frage Nr. 459**].

Bei der Bildung kovalenter Bindungen durch Orbitalüberlappung ist zu beachten, dass nur die Durchdringung von Orbitalen bzw. Orbitallappen *gleichen Vorzeichens* zu einer bindenden Wechselwirkung führt.

Beispielsweise ergibt die in Abb. 1.50 gezeigte Orbitalkombination *keine* bindende Wechselwirkung, da sich hier die Überlappungsgebiete in ihrer Wirkung aufheben [vgl. **MC-Frage Nr. 456**].

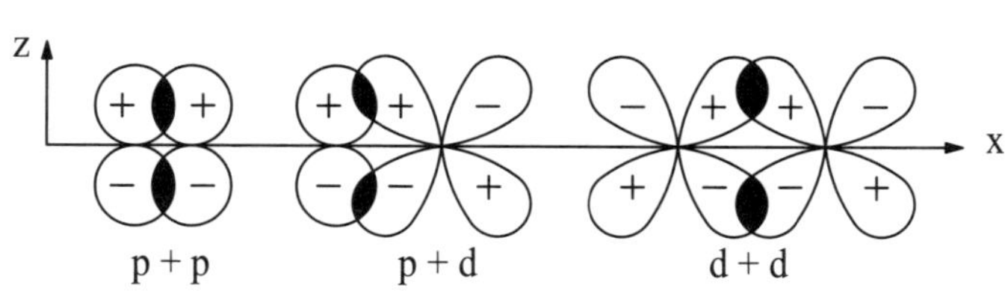

Abb. 1.49 Zustandekommen von π-Bindungen durch doppelte Überlappung von p- und d-Atomorbitalen

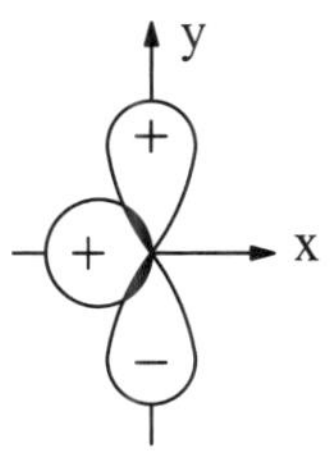

o Abb. 1.50 Hypothetische Überlagerung eines s- mit einem p_y-Orbital (Bindungsachse = x-Achse)

Mehrfachbindungen: **Doppelbindungen** entstehen, wenn sich *je zwei einfach besetzte AO* zweier Bindungspartner durchdringen. Bei der Überlagerung von *je drei einfach besetzten AO* werden **Dreifachbindungen** gebildet

Mehrfachbindungen existieren überwiegend bei den Elementen der 2.Periode **(Doppelbindungsregel)**, denn bei Atomen höherer Perioden sitzen die einfach besetzten AO an der Oberfläche größerer Atomrümpfe und können sich infolge der zunehmenden gegenseitigen Abstoßung dieser Rümpfe weniger stark überlagern.

Wie o Abb. 1.51 zeigt, besteht eine Doppelbindung aus *einer* σ- und *einer* π-Bindung, während eine Dreifachbindung aus *einer* σ- und *zwei* π-Bindungen gebildet wird, wobei die beiden π-Bindungen senkrecht zueinander angeordnet sind [vgl. **MC-Fragen Nr. 452, 457**].

Zum Beispiel können die Bindungsverhältnisse im **Ethen** (Ethylen) [$H_2C{=}CH_2$], im **Carbonat**- [CO_3^{2-}] bzw. **Hydrogencarbonat-Ion** [HCO_3^-] oder im **Graphit** am besten mit der Annahme einer sp^2-Hybridisierung des C-Atoms beschrieben werden [vgl. **MC-Fragen Nr. 402, 403**].

Wie o Abb. 1.52 veranschaulicht, überlagert sich im **Ethen** je ein sp^2-Hybridorbital der beiden C-Atome zu einer rotationssymmetrischen σ-Bindung [**C_σ-C_σ-Bindung**]. Die CH-Bindungen ergeben sich aus der Kombination der übrigen sp^2-AO des Kohlenstoffs mit je einem 1s-AO eines H-Atoms [**C_σ-H_σ-Bindung**]. Bei jedem C-Atom verbleibt danach noch ein viertes Valenzelektron in einem $2p_z$-Orbital. Durch die Überlappung dieser beiden Orbitale kommt die zweite Bindung der C=C-Doppelbindung zustande [**p_π-p_π-Bindung**].

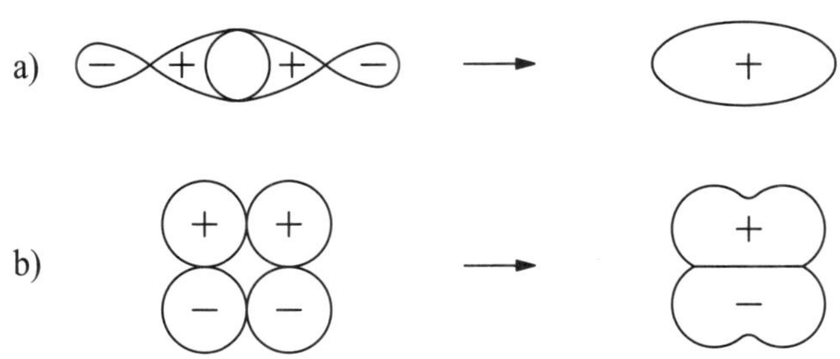

o Abb. 1.51 Doppelbindungen durch Orbitalüberlagerung
a) σ-Bindung, aus zwei sp^2-Hybrid-AO gebildet
b) π-Bindung, aus zwei p-AO gebildet

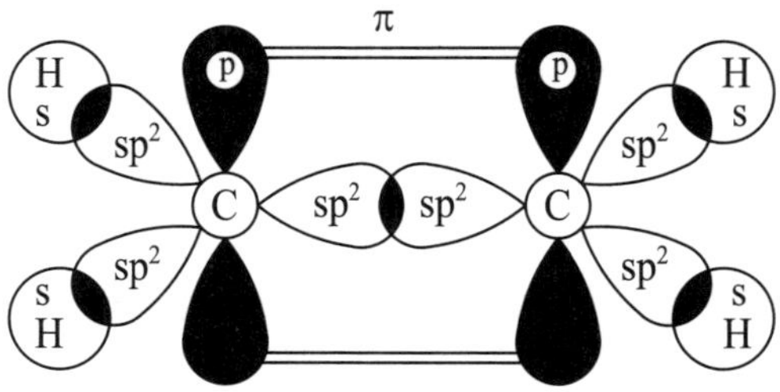

○ Abb. 1.52 Schematische Darstellung der Orbitalüberlappung im Ethenmolekül [$H_2C{=}CH_2$]

Im **Ethin** (Acetylen) [HC≡CH] (○ Abb. 1.53) ist jedes C-Atom mit zwei weiteren Bindungspartnern verbunden. Man beschreibt die Bindungsverhältnisse des linearen Moleküls am besten mit der Annahme einer sp-Hybridisierung der C-Atome. Durch Überlappung zweier sp-Hybrid-AO wird die C_σ-C_σ -Bindung gebildet. Die Überlagerung jeweils eines sp-Hybridorbitals mit dem 1s-Orbital des Wasserstoffs führt zur C_σ-H_σ-Bindung. Durch Kombination der jedem C-Atom verbleibenden jeweils einfach besetzten p_y-und p_z-AO ergeben sich die beiden senkrecht zueinander stehenden π-Bindungen [vgl. **MC-Fragen Nr. 414, 419, 421, 424**].

Auch in Molekülen wie **Cyanwasserstoff** [H-C≡N] oder **Kohlendioxid** [O=C=O] betätigt der Kohlenstoff sp-Hybridorbitale. Wie im CO_2 enthalten auch andere Kohlenstoffverbindungen mit *kumuliertem* Bindungssystem wie im **Keten** [$H_2C{=}C{=}O$] ein sp-hybridisiertes C-Atom [vgl. **MC-Fragen Nr. 404, 405, 418**].

Zusammenfassend ist auszuführen, dass X-Y-Einfachbindungen σ-Bindungen darstellen, eine X=Y-Doppelbindung durch eine σ- und eine π-Bindung aufgebaut wird. X≡Y-Dreifachbindungen enthalten schließlich eine σ- und zwei π-Bindungen.

1.4.2.5 Hybridisierung von Sauerstoff- und Stickstoffatomen

Das **N-Atom** besitzt die Elektronenkonfiguration $\mathbf{1s^2 2s^2 2p^3}$. In Analogie zum Kohlenstoff besteht auch beim Stickstoff die Möglichkeit zur Bildung von Hybridorbitalen.

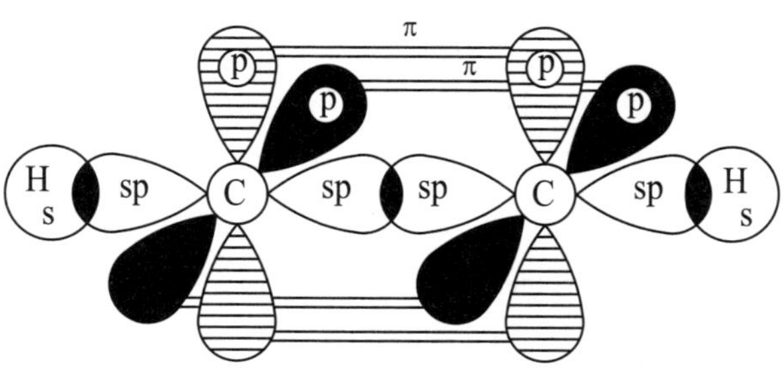

○ Abb. 1.53 Schematische Darstellung der Orbitalüberlappung im Ethinmolekül [HC≡CH]

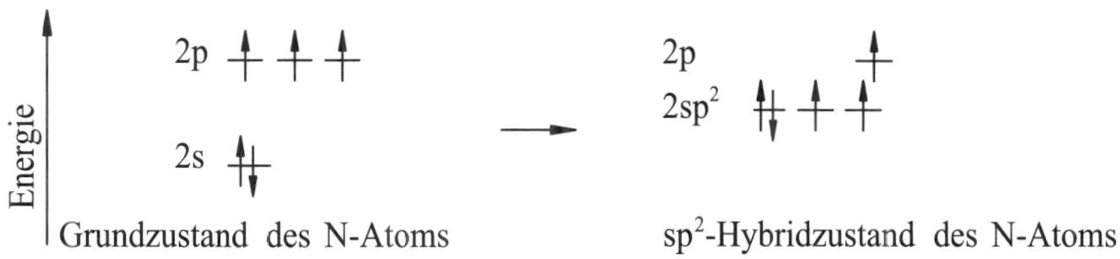

o Abb. 1.54 Energieniveauschema des sp^2-hybridisierten Stickstoffatoms

So lassen sich die Bindungsverhältnisse von Stickstoffatomen in Molekülen wie **Ammoniak** [NH_3], **Aminen** [R_3N, R_2NH, RNH_2], **Ammonium-Ionen** [NH_4^+], **Hydroxylamin** [H_2N-OH] oder **Hydrazin** [H_2N-NH_2] am besten mit einer sp^3-Hybridisierung des jeweiligen N-Atoms beschreiben. Dabei kann der sp^3-hybridisierte Stickstoff wie im *Hexamethylentetramin* (Urotropin) auch in ein Ringsystem eingebaut sein [vgl. **MC-Fragen Nr. 415, 1532, 1535, 1536**].

Dagegen liegen im **Nitrit-** [NO_2^-] bzw. **Nitrat-Ion** [NO_3^-] sp^2-Hybridorbitale vor. Auch **Pyridin** enthält einen sp^2-hybridisierten Stickstoff. Wie **o** Abb. 1.54 zeigt, besetzt in diesem Molekül das freie Elektronenpaar ein sp^2-Hybridorbital [vgl. **MC-Fragen Nr. 406, 407**].

In Molekülen wie **Cyanwasserstoff** [HCN], **Nitrilen** [RCN] oder dem **Cyanid-Ion** [CN^-], in denen eine C≡N-Dreifachbindung vorliegt, betätigt der Stickstoff sp-Hybrid-AO.

In all diesen Fällen dient stets eines der Hybridorbitale zur Aufnahme des freien Elektronenpaars am Stickstoff, z. B. ein sp^3-AO beim Ammoniak, ein sp^2-AO beim Pyridin oder ein sp-AO beim Cyanwasserstoff.

Das **O-Atom** besitzt die Elektronenkonfiguration $\mathbf{1s^2 2s^2 2p^4}$. Es benutzt für die Bindungsbildung in Molekülen wie **Wasser** [HOH], **Alkoholen** [ROH] oder **Ethern** [ROR] vier gleichwertige sp^3-Hybridorbitale. Zwei der Hybrid-AO dienen zur Bildung von σ-Bindungen, die zwei verbleibenden sp^3-Hybrid-AO zur Unterbringung der beiden freien Elektronenpaare des Sauerstoffs.

Carbonylverbindungen, die eine C=O-Doppelbindung enthalten, werden am besten mit der Annahme einer sp^2-Hybridisierung des Sauerstoffs beschrieben.

1.4.2.6 Stereochemie anorganischer Moleküle

Auch Bindungen, die unter Beteiligung von Hybridorbitalen zustande kommen, sind *gerichtet*, d. h. sie verleihen dem Molekül eine typische *Gestalt*. Einzig bei den kugelsymmetrischen s-Orbitalen ist die Richtung, in der die Bindungen gebildet werden, unbestimmt.

Man kann nun die **räumlichen Strukturen von Molekülen** mit kovalenten oder überwiegend kovalenten Bindungsanteilen relativ leicht verstehen, wenn man annimmt, dass *bindende* und *freie Elektronenpaare* im Raum um ein Zentralatom möglichst symmetrisch angeordnet sind.

Das von **Gillespie** und **Nyholm** entwickelte **Valenzelektronenpaar-Abstoßungsmodell** betrachtet ausschließlich die Valenzschale eines Zentralatoms (Z) und berücksichtigt deren bindende und nichtbindende Elektronenpaare. Das Modell geht davon aus, dass die negativ geladenen, sich abstoßenden Elektronenpaare einen gedachten, kugelförmigen Raum um ein Zentralatom so aufteilen, dass sie so weit wie möglich voneinander entfernt sind *(minimalste Abstoßung)*. Allerdings bewirken Wechselwirkungen zwi-

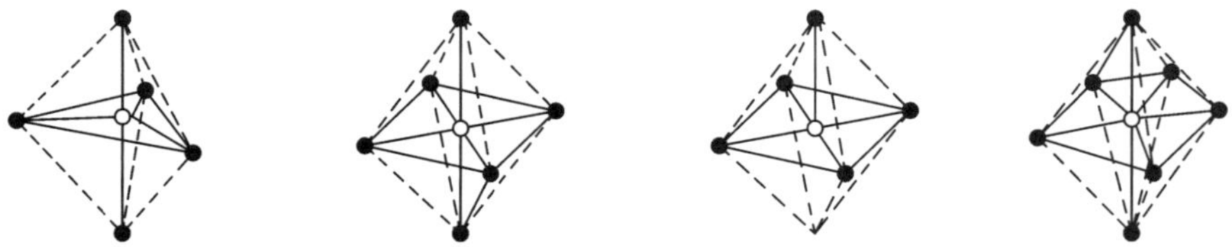

ZL_5	ZL_6	ZL_5	ZL_7
Trigonale Bipyramide	Tetragonale Bipyramide (Oktaeder)	Tetragonale Pyramide	Pentagonale Bipyramide
(z.B. PF_5)	(z.B. SF_6)	(z.B. BrF_5)	(z.B. IF_7)

o Abb. 1.55 Strukturen höher koordinierter Fluoride (○ = Zentralatom, • = F-Atom)

schen den freien Elektronenpaaren und den Liganden (L) (Nachbaratomen) oft geringe Abweichungen von den erwarteten, idealisierten geometrischen Strukturen.

Nach dieser Modellvorstellung wird die **Molekülgestalt**, die **nur** aufgrund der **Positionen der Atomkerne** beschrieben wird, durch folgende **Regeln** bestimmt:

Die Liganden (Nachbaratome) ordnen sich so um ein Zentralatom, dass der Abstand zwischen den Elektronenpaaren ein Maximum ist.

Bei gleichen Liganden und in Abwesenheit freier Elektronenpaare liegen besonders einfache Verhältnisse vor. Hier gehorcht die wahrscheinliche Lage der bindenden Elektronenpaare in der Valenzschale einfachen geometrischen Gesetzmäßigkeiten.

Zwei Liganden	$[ZL_2]$	=	Lineare Anordnung (180°)
Drei Liganden	$[ZL_3]$	=	Gleichseitiges Dreieck (120°)
Vier Liganden	$[ZL_4]$	=	Tetraeder (109°)
Fünf Liganden	$[ZL_5]$	=	Trigonale Bipyramide > Quadratische Pyramide
Sechs Liganden	$[ZL_6]$	=	Oktaeder (90°)

o Abb. 1.55 zeigt die Koordinationspolyeder einiger Fluoride mit penta-, hexa- und heptakoordiniertem Zentralatom.

Besitzt das Zentralatom bei gleichen Liganden neben bindenden auch freie Elektronenpaare, so werden die idealen geometrischen Anordnungen infolge unterschiedlicher Raumbeanspruchung verzerrt.

Nichtbindende Elektronenpaare (n-Elektronenpaare) sind *diffuser* und nehmen daher mehr Platz in Anspruch als bindende Elektronenpaare. Für die Stärke der Abstoßung gilt folgende Reihenfolge:

Freies Elektronenpaar	⟷	freies Elektronenpaar	>
Freies Elektronenpaar	⟷	bindendes Elektronenpaar	>
Bindendes Elektronenpaar	⟷	bindendes Elektronenpaar	

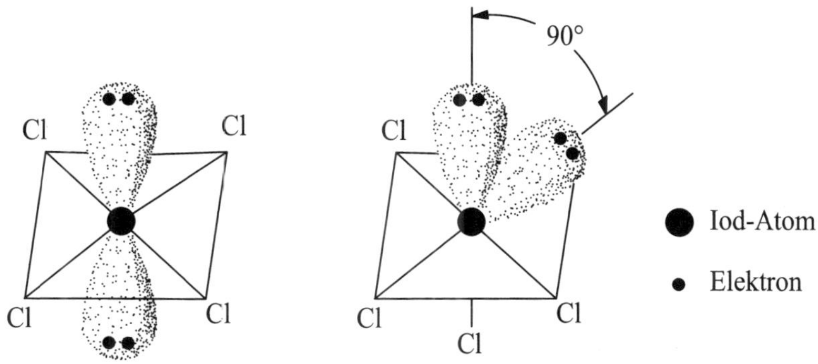

o Abb. 1.56 Mögliche Anordnung der bindenden und freien Elektronenpaare im $[ICl_4]^-$-Komplex

o Abb. 1.56 zeigt den Einfluss der freien Elektronenpaare auf die *quadratisch-planare Anordnung* der vier Chloratome im $[ICl_4]^-$-Komplex, und in o Abb. 1.57 sind die Strukturen einiger Polyfluoride mit nichtbindenden Elektronenpaaren dargestellt. Wie o Abb. 1.58 dokumentiert, verursacht bei gleicher Konfiguration die *größere Abstoßungskraft freier Elektronenpaare* auch eine Verkleinerung der idealen Bindungswinkel vom Methan, über Ammoniak zum Wasser hin [vgl. **MC-Frage Nr. 454**].

Ist das Zentralatom mit Liganden unterschiedlicher Elektronegativität verknüpft, so kommen Winkeldeformationen dadurch zustande, dass die Raumbeanspruchung der bindenden Elektronenpaare mit zunehmender Elektronegativität der Liganden sinkt.

Je „reiner" also die Atombindung ist, desto mehr Platz nimmt das bindende Elektronenpaar ein. Die unterschiedlichen Abstoßungskräfte verschiedener bindender Elektronenpaare haben auch zur Folge, dass bei Anwesenheit unterschiedlicher Ligandensorten die einzelnen Liganden ganz bestimmte Positionen des Koordinationspolyeders besetzen.

Mehrfachbindungen beanspruchen mehr Raum als Einfachbindungen. Das π-Elektronenpaar bildet jedoch zusammen mit dem σ-Elektronenpaar eine abstoßende Einheit.

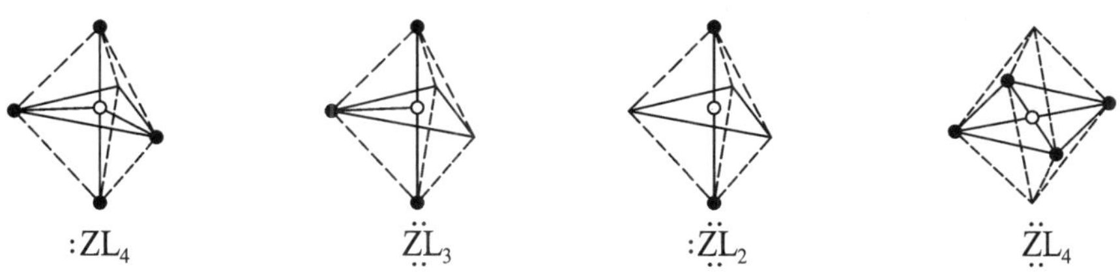

Verzerrtes Tetraeder (z.B. SF_4) | T-Gestalt (z.B. BrF_3) | Lineare Gestalt (z.B. XeF_2) | Quadrat (z.B. XeF_4)

o Abb. 1.57 Koodinationspolyeder von Fluoriden mit freien Elektronenpaaren

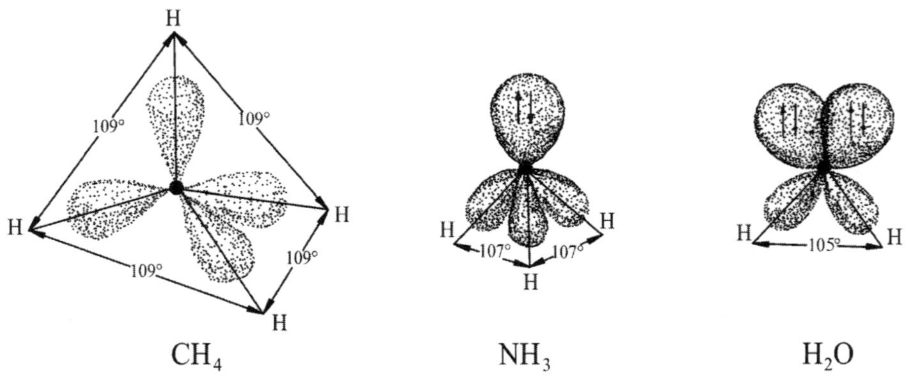

○ Abb. 1.58 Bindungsrichtungen und freie Elektronenpaare in den Molekülen Methan, Ammoniak und Wasser

□ Tab. 1.33 gibt Auskunft über die Stereochemie einiger anorganischer Substanzen.

Im Gegensatz zur Ionenbindung sind kovalente Bindungen gerichtet. Ihre Wirkung beschränkt sich auf die Atome, die durch gemeinsame Elektronenpaare miteinander verknüpft sind. Gehen von einem Atom mehrere solcher Elektronenpaarbindungen aus, so stellen sie sich nach einfachen geometrischen Gesetzmäßigkeiten zueinander ein und führen zu einer definierten räumlichen Anordnung der Atome **(Konfiguration)**. Hierbei muss man aber zwischen der Hybridisierung des jeweiligen Zentralatoms (Spalte 2, □ Tab. 1.33) und dem Bau des Moleküls (Spalte 4, □ Tab. 1.33) unterscheiden. Letzterer wird durch die Anzahl der Liganden und die Lage ihrer Atomkerne bestimmt.

Das bisher Ausgeführte soll an den nachfolgenden Beispielen nochmals erläutert werden:

Zwei Elektronenpaare: Zwei von einem Zentralatom ausgehende Elektronenpaarbindungen (sp-Hybride) ergeben eine *lineare Struktur* (Bindungswinkel 180°). Bei dieser Anordnung haben die bindenden Elektronenpaare den größtmöglichen Abstand voneinander.

Mehrfachbindungen verursachen keine Änderung der Molekülgeometrie, so dass Moleküle wie **Kohlendioxid** [O=C=O], **Allen** [$H_2C=C=CH_2$], **Keten** [$H_2C=C=O$], das **Nitril-Kation** [$(O=N=O)^+$] oder **Cyanwasserstoff** (Blausäure) [H-C≡N] und **Ethin** (Acetylen) [HC≡CH] ebenfalls eine lineare Struktur besitzen [vgl. **MC-Fragen Nr. 419–427, 435, 436**].

Drei Elektronenpaare: ○ Abb. 1.59 zeigt einige Beispiele von Molekülen der allgemeinen Formel ZL_3. Drei von einem Zentralatom ausgehende bindende Elektronenpaare, wie sie im **Bortrifluorid** [BF_3] vorliegen, weisen in die Ecken eines gleichseitigen Dreiecks. Die Moleküle besitzen somit eine *trigonal-planare Struktur* mit einem Bindungswinkel von 120° [vgl. **MC-Fragen Nr. 413, 428, 430, 445**].

▫ Tab. 1.33 Molekülgestalt von Verbindungen des Typs ZL_2, ZL_3, ZL_4, ZL_5, ZL_6 und ZL_7 (die jeweiligen Zentralatome sind fett gedruckt)
[Z = Zentralatom, L = Ligand, X = Halogenatom, : = freies Elektronenpaar]

Summe der σ-, π- und n-Elektronenpaare	Anordnung der Elektronenpaare	Verbindungstyp	Anordnung der Liganden	Beispiele
2	Linear (sp)	ZL_2	Linear	$\mathbf{B}O_2^-$, $\mathbf{C}O_2$, $\mathbf{N}O_2^+$, $\mathbf{N}_2O$, $\mathbf{Hg}_2Cl_2$, $\mathbf{Hg}Cl_2$, $H\mathbf{C}N$, $N\mathbf{C}–\mathbf{C}N$, $H\mathbf{C}≡\mathbf{C}H$, $H\mathbf{N}_3$, $\mathbf{N}_3^-$, $\mathbf{Be}Cl_2$, Komplexe des Ag
3	Trigonal-planar (sp^3)	ZL_3	Trigonal-planar	$\mathbf{B}X_3$, $\mathbf{B}(OH)_3$, $\mathbf{N}O_2X$, $H\mathbf{N}O_3$, $\mathbf{N}O_3^-$, $\mathbf{C}O_3^{2-}$, $H\mathbf{C}O_3^-$, $H_2\mathbf{C}O_3$, $\mathbf{C}OX_2$, $\mathbf{S}O_3$
		$:ZL_2$	Gewinkelt	$\mathbf{Sn}X_2$, $\mathbf{Pb}X_2$, $O\mathbf{N}$-X, $\mathbf{N}O_2^-$, $\mathbf{O}_3$, $\mathbf{S}O_2$
4	Tetraedrisch (sp^3) (d^3s) Quadratisch (dsp^2)	ZL_4	Tetraedrisch	$\mathbf{Xe}O_4$, $\mathbf{P}_4$ (weißer Phosphor), $H_3\mathbf{P}O_4$, $H_3\mathbf{P}O_3$, $\mathbf{P}OX_3$, $H_3\mathbf{P}O_2$, $\mathbf{Ni}(CO)_4$
			Quadratisch-planar	Komplexe des Pt, Pd, Ni und Cu
		$:ZL_3$	Trigonal-pyramidal	$\mathbf{C}H_3^-$, $\mathbf{N}H_3$, $H_3\mathbf{O}^+$, $\mathbf{P}X_3$, $\mathbf{S}OX_2$, $\mathbf{S}O_3^{2-}$, $H_2\mathbf{S}O_3$, $\mathbf{Cl}O_3^-$, $\mathbf{Xe}O_3$, $\mathbf{N}H_2OH$, $H_2\mathbf{N}$-$\mathbf{N}H_2$, $\mathbf{N}X_3$
		$:\underset{..}{Z}L_2$	Gewinkelt	$\mathbf{N}H_2^-$, $H_2\mathbf{O}$, $H_2\mathbf{F}^+$, $\mathbf{S}X_2$, $\mathbf{Cl}O_2^-$, $\mathbf{Xe}O_2$
5	Trigonal-bipyramidal (sp^3d) (dsp^3)	ZL_5	Trigonal-bipyramidal	$\mathbf{P}X_5$, $\mathbf{Sb}X_5$, $\mathbf{S}OF_4$, $\mathbf{Xe}O_3F_2$, $\mathbf{Fe}(CO)_5$
		$:ZL_4$	Verzerrt tetraedrisch	$\mathbf{Sb}X_4^-$, $\mathbf{S}X_4$, $\mathbf{Se}X_4$, $\mathbf{Te}X_4$, $\mathbf{Xe}O_2F_2$
		$:\ddot{Z}L_3$	T-förmig	$\mathbf{Xe}F_3$, $\mathbf{Xe}OF_2$, $\mathbf{V}O_3$
		$:\underset{..}{\ddot{Z}}L_2$	Linear	$\mathbf{I}Cl_2^-$, $\mathbf{I}BrCl$, $\mathbf{I}_3^-$, $\mathbf{Xe}F_2$
6	Tetragonal-bipyramidal (sp^3d^2) (d^2sp^3)	ZL_6	Oktaedrisch	$\mathbf{Al}F_6^{3-}$, $\mathbf{Si}F_6^{2-}$, $\mathbf{P}X_6^-$, $\mathbf{S}F_6$, $\mathbf{Se}F_6$, $\mathbf{I}OF_5$, $\mathbf{Xe}O_2F_4$, Komplexe des Fe und Co
		$:ZL_5$	Quadratisch-pyramidal	$\mathbf{Sb}F_5^{2-}$, $\mathbf{S}F_5^-$, $\mathbf{Br}F_5$, $\mathbf{I}F_5$, $\mathbf{Xe}OF_4$
		$:\ddot{Z}L_4$	Quadratisch-planar	$\mathbf{Br}F_4^-$, $\mathbf{I}Cl_4^-$, $\mathbf{Xe}F_4$
7	Pentagonal-bipyramidal (sp^3d^3)	ZL_7	Pentagonal-bipyramidal	$\mathbf{I}F_7$, $\mathbf{Xe}OF_6$
		$:ZL_6$	Verzerrt oktaedrisch	$\mathbf{Sb}Br_6^{3-}$, $\mathbf{I}F_6^-$, $\mathbf{Xe}F_6$

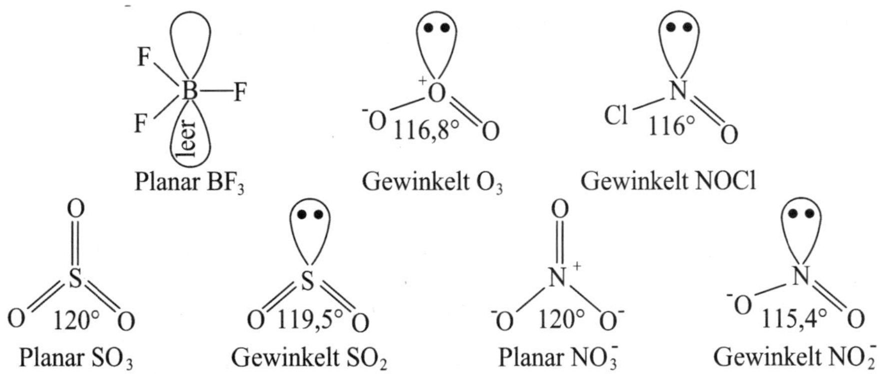

Abb. 1.59 Trigonal-planar- und gewinkelt-gebaute Moleküle

Auch hier bleibt, abgesehen von einer Änderung der Bindungswinkel, die trigonal-planare Struktur erhalten, wenn im Molekül statt einer Einfachbindung eine Doppelbindung vorhanden ist. Beispiele hierfür sind **Formaldehyd** [$H_2C=O$], **Phosgen** [$Cl_2C=O$], **Harnstoff** [$(H_2N)_2C=O$], **Schwefeltrioxid** [SO_3] sowie das **Nitrat-**[NO_3^-] und **Carbonat-Ion** [CO_3^{2-}] bzw. das **Hydrogencarbonat-Ion** [HCO_3^-] und **Ethen** (Ethylen) [$H_2C=CH_2$] [vgl. **MC-Fragen Nr. 428–432, 443**].

Enthält ein Molekül (mit oder ohne Doppelbindung) anstelle eines Liganden ein *freies Elektronenpaar*, wie im Falle von **Schwefeldioxid** [SO_2], **Nitrosylchlorid** [O=N-Cl], **Zinn(II)-chlorid** [$SnCl_2$], **Ozon** [O_3] oder des **Nitrit-Ions** [NO_2^-], so wird aus der trigonal-planaren Molekülgestalt eine *gewinkelte Anordnung der Atome*, weil die Struktur eines Moleküls *nur* durch die Lage der Atome beschrieben wird [vgl. **MC-Fragen Nr. 421, 425, 440**].

Vier Elektronenpaare: Wie Abb. 1.60 veranschaulicht, ordnen sich *vier* von einem Zentralatom ausgehende *bindende Elektronenpaare tetraedrisch* um ein Zentralatom an, weil der gegenseitige Abstand von vier Liganden in der Tetraederstruktur der

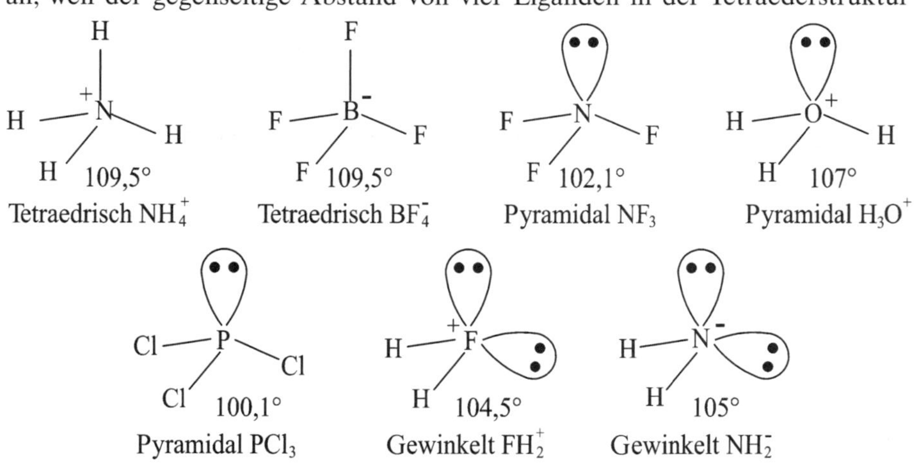

Abb. 1.60 Moleküle mit Einfachbindung und tetraedrischer, pyramidaler bzw. gewinkelter Struktur

größtmögliche ist. Die Moleküle können mit der Annahme einer sp^3-Hybridisierung des Zentralatoms (Bindungswinkel 109,5°) beschrieben werden. Beispiele für Moleküle mit tetraedrischer Konfiguration sind **Methan** [CH_4], **Kohlenstofftetrahalogenide** [CX_4], **Ammonium-** [NH_4^+], **Tetrafluoroborat-** [BF_4^-], **Tetrahydroxoborat-** [$B(OH)_4^-$] und **Tetrafluoroberyllat-Ionen** [BeF_4^{2-}] oder **Siliciumtetrachlorid** [$SiCl_4$] [vgl. **MC-Fragen Nr. 412, 432, 433, 439**].

Ist *eines* der vier Elektronenpaare ein *freies Elektronenpaar* wie z. B. im **Methyl-Anion** [CH_3^-], **Ammoniak** [NH_3], **Stickstoff-** [NX_3] und **Phosphortrihalogeniden** [PX_3] oder im **Hydroxonium-Ion** [H_3O^+], wird aus dem Tetraeder eine *trigonale Pyramide*, da die vierte Tetraederecke ligandenfrei (unbesetzt) bleibt. Hierbei steht das Zentralatom an der Spitze einer Pyramide mit dreieckiger Basisfläche. Der Bindungswinkel wird kleiner sein als der Tetraederwinkel, weil das nichtbindende Elektronenpaar, das nur der Anziehung *eines* positiven Atomkerns ausgesetzt und somit voluminöser ist, stärkere Abstoßungskräfte ausübt als die bindenden Elektronenpaare, die unter dem Einfluss von *zwei* positiven Atomkernen stehen und daher weniger diffus sind. Die Abnahme des Bindungswinkels vom **Ammoniak** [NH_3] (106,8°) zum **Stickstofftrifluorid** [NF_3] (102,1°) ist erklärbar mit der stärkeren Polarisierung der N-F-Bindung [vgl. **MC-Fragen Nr. 428, 444, 1529**].

Im **Wasser** [H_2O] oder **Amid-Ion** [NH_2^-] mit *zwei freien Elektronenpaaren* [zwei unbesetzten Tetraederecken] liegen schließlich *gewinkelte Moleküle* in der Geometrie eines gleichschenkligen Dreiecks vor. Bei zwei Liganden und zwei freien Elektronenpaaren beträgt der Tetraederwinkel etwa 104,5°.

Da die σ- und die π-Bindung einer Doppelbindung zusammen *eine* „abstoßende" Einheit bilden, sind – wie dies **o** Abb. 1.61 veranschaulicht – auch Moleküle wie **Sulfurylchlorid** [SO_2Cl_2], **Phosphoroxidchlorid** [$POCl_3$] sowie das **Sulfat-** [SO_4^{2-}] und das **Perchlorat-Ion** [ClO_4^-] *tetraedrisch* gebaut [vgl. **MC-Fragen Nr. 410, 411**].

Hingegen besitzt das Zentralatom im **Chlor(VI)-oxid** [ClO_3], in der **Chlorsäure** [$HClO_3$] und im **Chlorat-Ion** [ClO_3^-] ein freies Elektronenpaar, was zu einer *pyramidalen Struktur* führt. Im **Chlorit-Ion** [ClO_2^-] mit zwei freien Elektronenpaaren sind zwei

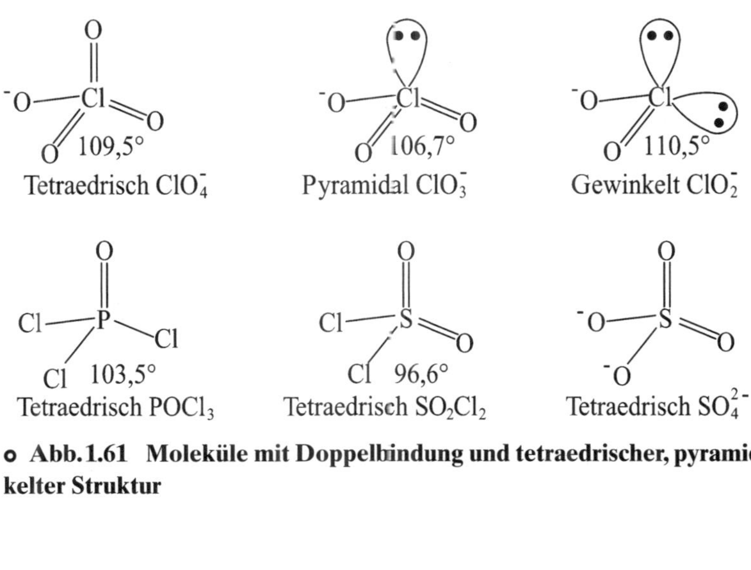

o Abb. 1.61 Moleküle mit Doppelbindung und tetraedrischer, pyramidaler bzw. gewinkelter Struktur

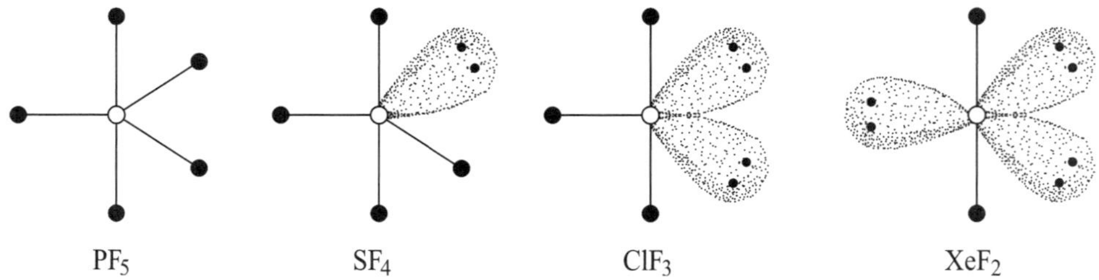

Abb. 1.62 Moleküle mit fünf bindenden und nichtbindenden Elektronenpaaren [○ = Zentralatom, ● = F-Atom, : = freies Elektronenpaar]

Ecken des Tetraeders ligandenfrei, sodass das Molekül *gewinkelt* gebaut ist [vgl. **MC-Fragen Nr. 387, 436**].

Fünf Elektronenpaare: In **Phosphorpentahalogeniden** [PX_5] ordnen sich die Liganden um ein Zentralatom zu einer *trigonalen Bipyramide*. Die ψ-Funktionen von fünf gleichwertigen Elektronen können durch Hybridisierung von einem s-, drei p- und einem d-AO gebildet werden **(sp^3d-Hybridorbital)**. In der trigonalen Bipyramide sind die fünf Positionen nicht äquivalent. Die in der Ebene liegenden drei *äquatorialen Liganden* schließen einen Winkel von 120° ein, die beiden *axialen Liganden* an den Spitzen der Bipyramide bilden mit der Äquatorebene einen Winkel von 90° [vgl. **MC-Fragen Nr. 408, 438**].

Auf die trigonale Bipyramide als Koordinationspolyeder lassen sich auch Moleküle wie **Schwefeltetrafluorid** [SF_4], **Chlortrifluorid** [ClF_3] oder **Xenondifluorid** [XeF_2] (Abb. 1.62) zurückführen. Damit erklärbar ist auch der *deformierte Tetraeder* des SF_4 (4 Liganden + 1 freies Elektronenpaar), die *T-Gestalt* des ClF_3 (3 Liganden + 2 freie Elektronenpaare) sowie die *lineare Struktur* des XeF_2 (2 Liganden + 3 freie Elektronenpaare). Dies rührt daher, dass in einer trigonalen Bipyramide *freie Elektronenpaare* vorzugsweise *äquatoriale Positionen* einnehmen.

Sechs Elektronenpaare: Ein Zentralatom wird von *sechs* Liganden *oktaedrisch* umgeben. Beispiele hierfür sind **Schwefelhexafluorid** [SF_6] und das **Hexafluoroaluminat-Ion** [AlF_6^{3-}]. Sechs gleichwertige ψ-Funktionen entsprechen einer Kombination eines s-, dreier p- und zweier d-AO (**sp^3d^2-Hybridorbital**).

Wie Abb. 1.63 zeigt, enthalten auch **Brompentafluorid** [BrF_5], **Xenontetrafluorid** [XeF_4] oder das **Iodtetrachlorid-Anion** [ICl_4^-] sechs Paare an bindenden und nichtbindenden Elektronen. Sie besitzen jedoch aufgrund freier Elektronenpaare die Gestalt

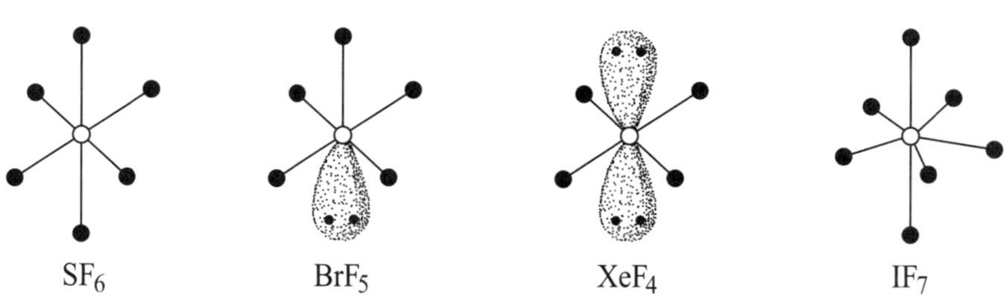

Abb. 1.63 Moleküle mit sechs bzw. sieben bindenden und nichtbindenden Elektronenpaaren [○ = Zentralatom, ● = F-Atom, : = freies Elektronenpaar]

einer *tetragonalen Pyramide* [5 bindende + 1 freies Elektronenpaar] bzw. sind *planar-quadratisch* [4 bindende + 2 freie Elektronenpaare] gebaut.

Sieben Elektronenpaare: Sieben Liganden wie z.B. im **Iodheptafluorid** [IF_7] ordnen sich um ein Zentralatom *pentagonal-bipyramidal* an. Bei *sechs* Liganden und *einem* freien Elektronenpaar resultiert hieraus eine *verzerrt-oktaedrische* Struktur.

1.4.3 Bindungsordnung, Bindungsparameter

1.4.3.1 Bindigkeit (Bindungsgrad)

Die *Anzahl der effektiven Bindungen*, die ein bestimmtes Atom eingehen kann, heißt **Bindungsgrad** oder **Bindungsordnung**. Die Bindungsordnung entspricht in den Valenzstrich-Formeln der Zahl der Bindungsstriche (Zahl der bindenden Elektronenpaare), während sie in der MO-Theorie als die Hälfte der Differenz aus der Anzahl der bindenden Elektronen minus der Zahl der antibindenden Elektronen definiert ist [siehe ▸Kap. 1.4.4 und **MC-Fragen Nr. 300, 453, 454**].

Bindungsordnung = 1/2 (Zahl der bindenden Elektronen - Zahl der antibindenden Elektronen)

Die Bindigkeit wird in erster Linie durch die Zahl der einfach besetzten AO bestimmt. In manchen Fällen ist dabei vor der Bindungsbildung eine Überführung in einen energiereicheren Valenzzustand mit anschließender Hybridisierung notwendig.

Für Wasserstoff und die Elemente der 2. Periode ergeben sich folgende Bindungsgrade (in Klammern gesetzt wurden die einfach besetzten AO):

H 1 (s)
Li 1 (s) - Be 2 (sp) - B 3 (sp^2) - C 4 (sp^3)
N 3 (p_x, p_y, p_z) - O 2 (p_y, p_z) - F 1 (p_z)

Gewisse Atome mit freiem Elektronenpaar (N, P, O, S) können auch dadurch Bindungen eingehen, dass sie einem Bindungspartner zwei Elektronen zur Verfügung stellen. Daraus resultiert eine **Vierbindigkeit** des Stickstoffs im **Ammonium-Ion** [NH_4^+], während der Sauerstoff im **Hydroxonium-Ion** [H_3O^+] **dreibindig** ist [vgl. **MC-Frage Nr. 455**].

Bei den Elementen der 3.Periode (P, S, Cl) enthält die Valenzschale auch d-Orbitale, sodass s-, p- und d-AO hybridisiert werden können. Man findet daher oft Bindungsgrade von größer als 4.

1.4.3.2 Bindungslängen

Die **Bindungslänge** ist der lineare Abstand zwischen den Schwerpunkten zweier kovalent gebundener Atome. Sie ist abhängig von:

- der *Größe* (den Radien) der gebundenen Atome,
- der *Bindungsordnung* und
- der *Polarität* der Bindung.

Generell nimmt die Länge einer kovalenten Bindung mit zunehmender Bindungsordnung ab. Doppelbindungen und Dreifachbindungen sind kürzer als Einfachbindungen. Bei gleicher Bindungsordnung nimmt die Bindungslänge [A-X] mit steigendem

Tab. 1.34 Bindungslängen von Kovalenzbindungen

Bindung	Bindungslänge (in pm)	Bindung	Bindungslänge (in pm)
H-H	74	C-C	154
H-C	107	C=C (Alken)	135
H-N	100	C=C (Benzen)	139
H-O	96	C≡C	120
H-F	92	C-O	143
H-Cl	127	C=O	122
H-Br	141	C-N	147
H-I	161	C=N	122
F-F	143	C≡N	111
Cl-Cl	199	C-S	181
Br-Br	228	C-F	136
I-I	266	C-Cl	176

Atomradius von X zu und mit steigender Elektronegativität von X ab. Stark polare Bindungen sind gewöhnlich kürzer als weniger polare, weil die zwischen den entgegengesetzt polarisierten Atomen zusätzlich wirkende elektrostatische Anziehung die Atome näher zusammenrücken lässt [vgl. **MC-Fragen Nr. 375, 448**].

Darüber hinaus hängt die Bindungslänge von der Hybridisierung des jeweiligen Bindungspartners ab. So ist die **C-H-Bindung** im *Ethin* [HC≡CH] mit sp-hybridisiertem Kohlenstoff mit 105,9 pm kürzer als im *Ethen* [$H_2C=CH_2$] (108,6 pm) mit sp^2-hybridisiertem C-Atom und diese ist wiederum kürzer als im *Ethan* [H_3C-CH_3] (110,2 pm) mit sp^3-hybrisidiertem C-Atom.

In Tab. 1.34 sind die Bindungslängen einiger Kovalenzbindungen (1 pm = 10^{-12} m) aufgelistet. Zur *Messung* von Bindungslängen dienen neben der Röntgenstrukturanalyse an kristallinen Festkörpern hauptsächlich spektroskopische Methoden (IR, Raman).

Die Länge einer kovalenten Bindung wird vorrangig durch deren Bindungsordnung bestimmt. Dreifachbindungen sind kürzer als Doppelbindungen, und Doppelbindungen sind wiederum kürzer als Einfachbindungen.

1.4.3.3 Bindungsenthalpie, Dissoziationsenthalpie

Die zur vollständigen Trennung einer ganz bestimmten Bindung aufzuwendende Energie wird als **Dissoziationsenergie** bezeichnet. Sie entspricht bei *zweiatomigen Molekülen* der Energie, die bei der Knüpfung der betreffenden Bindung freigesetzt wird. Die Dissoziationsenergie kann bei zweiatomigen Molekülen relativ einfach mit spektroskopischen Methoden ermittelt werden. Energiebeträge, die aus thermodynamischen Messungen resultieren, bezeichnet man zweckmäßigerweise als **Dissoziationsenthalpien** (auch ▸ Kap. 1.9.3.4).

Bei mehratomigen Molekülen sind die Verhältnisse komplexer. Beispielsweise werden bei der Bildung von Wasser aus den Elementen 926 kJ/mol frei. Umgekehrt muss man diesen Energiebetrag aufwenden, wenn man nacheinander beide H-Atome aus dem *Wassermolekül* abtrennen will. Nun sind aber die zur Trennung der beiden H-O-Bindungen erforderlichen Energiebeträge *nicht* gleich groß. Die Dissoziationsenergie für die erste H-O-Bindung (im H_2O-Molekül) beträgt 497 kJ/mol, für die zweite (im daraus resultierenden HO^--Ion) nur 429 kJ/mol [vgl. **MC-Frage Nr. 449**].

Man definiert daher für praktische Zwecke das *Mittel*, nämlich 926/2 = 463 kJ/mol, als die **Bindungsenthalpie** der H-O-Bindung. Die Bindungsenthalpie ist also eine, meistens aus thermodynamischen Messungen gewonnene Durchschnittsgröße.

Wie ◻Tab. 1.35 ausweist, hängt die Bindungsenthalpie einer Kovalenzbindung hauptsächlich von drei Faktoren ab [vgl. **MC-Fragen Nr. 374, 450, 452, 1254**]:

- von der *Länge* der Bindung,
- von der *Polarität* der Bindung sowie
- von der *Bindungsordnung*.

So nimmt z. B. die thermodynamische Stabilität der Kohlenstoff-Halogen-Bindung vom Fluor zu Iod und in der Reihe der elementaren Halogen vom Cl_2 zu I_2 hin erwartungsgemäß ab, weil eine Kovalenzbindung mit zunehmender Atomgröße schwächer wird. Eine Sonderstellung nimmt Fluor (F_2) ein, dessen Bindungsenergie mit der des Iods (I_2) vergleichbar ist. Als Ursache hierfür kann die abstoßende Wechselwirkung der voluminösen freien Elektronenpaare an den beiden kleinen Fluoratomen angesehen werden.

1.4.4 Prinzipien der MO-Methode (Molecular Orbital-Theorie)

1.4.4.1 LCAO-Methode

Ähnlich wie die Elektronenzustände in einem Atom kann man auch die Zustände von Elektronen in einem Molekül durch eine **Wellenfunktion (ψ_{MO})** beschreiben. Diese Wellenfunktion, die eine Lösung der Schrödinger-Gleichung ist, heißt **Molekülorbital** (abgekürzt: **MO**). Dabei betrachtet man *alle Elektronen eines Moleküls* als zu einem einheitlichen Elektronensystem gehörig [vgl. **MC-Frage Nr. 368**].

◻ **Tab. 1.35 Bindungsenthalpien von Kovalenzbindungen (in kJ/mol)**

H-H	436	H-C	413	H-F	567	C-C	348	C-O	358
O=O	498	H-N	391	H-Cl	431	C=C	594	C=O	745
N≡N	945	H-P	322	H-Br	366	C≡C	778		
F-F	159	H-As	245	H-I	298	C-F	489	C-N	305
Cl-Cl	242	H-O	463			C-Cl	339	C=N	569
Br-Br	193	H-S	367	O-F	193	C-Br	285	C≡N	891
I-I	151			O-Cl	208	C-I	218		

Aus mathematischer Sicht handelt es sich bei einem Molekülorbital um eine Wellenfunktion, die sich als Lösung der Schrödinger-Gleichung für ein System ergibt, an dem zwei Atomkerne beteiligt sind. Für MO gelten die gleichen Gesetzmäßigkeiten wie für AO.

Ebenso wie Atomorbitale sind auch Molekülorbitale durch Quantenzahlen charakterisierbar, die ihre Form und Energie bestimmen. Auch für Moleküle lässt sich ein **Energieniveauschema** erstellen. Jedes MO kann mit maximal zwei Elektronen *antiparallelen* Spins besetzt werden. Im Gegensatz zu den AO sind jedoch MO *bizentrische* bzw. *polyzentrische Orbitale* [vgl. **MC-Frage Nr. 459**].

In der MO-Theorie werden die Moleküle und ihre Elektronenstruktur als *Ganzes* beschrieben durch:

- die Festlegung der Atomkerne in ihren Gleichgewichtslagen,
- die Konstruktion der Molekülorbitale für die Elektronen und das Erstellen eines Energieniveauschemas,
- die Besetzung der MO mit der vorhandenen Anzahl von Elektronen unter Beachtung des Pauli-Prinzips und der Hundschen Regel (siehe ▸ Kap. 1.1.5).

Die exakte Formulierung der **Wellenfunktion (ψ_{MO})** ist allerdings in fast allen Fällen *nicht* möglich. Man ist auf **Näherungsverfahren** angewiesen.

Bei der einfachsten Näherung, der **LCAO-Methode** (linear combination of atomic orbitals), kann die Gesamtwellenfunktion eines Moleküls durch *lineare Kombination (Addition* oder *Subtraktion)* von Atomorbitalen, deren Wellenfunktionen bekannt sind, formuliert werden.

$$\Psi_{MO} = c_1 \cdot \Psi_{AO} \pm c_2 \cdot \Psi_{AO}$$

Bei der Linearkombination von Atomorbitalen zu Molekülorbitalen bleibt die Gesamtzahl der Orbitale unverändert. Daher werden durch *Kombination zweier AO* stets *zwei MO* gebildet [vgl. **MC-Fragen Nr. 457, 458**].

Dabei erzeugt das durch **additive Überlagerung** erhaltene MO eine erhöhte Ladungsdichte zwischen den Atomkernen und wirkt **bindend**. Wie ○ Abb. 1.64 zeigt, besitzt das bindende MO eine kleinere potentielle Energie als die isolierten AO, während die potentielle Energie des durch **subtraktive Überlagerung** erhaltenen MO im Vergleich zu den isolierten AO um den *gleichen Betrag* energetisch höher liegt. Man bezeichnet die Wirkung eines solchen Molekülorbitals als **antibindend**. Die Ladungsdichte der Elektronen zwischen den Kernen ist verringert bzw. Null. Das antibindende MO besitzt

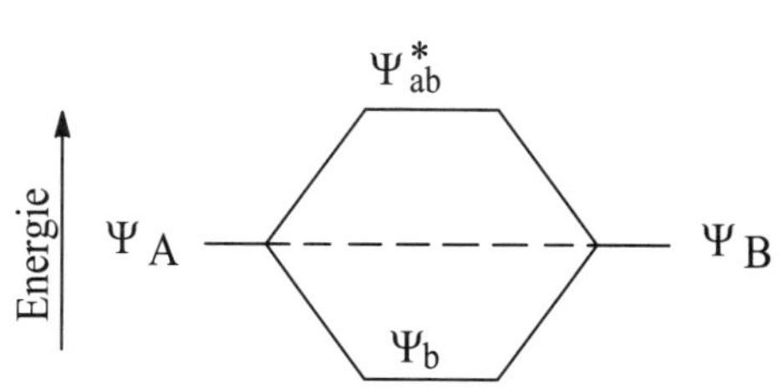

○ Abb. 1.64 Energieniveaudiagramm, das die Bindung bindender und antibindender Molekülzustände aus zwei äquivalenten Atomeigenfunktionen eines zweiatomigen, homonuclearen Moleküls wiedergibt (b = bindend, ab = antibindend)

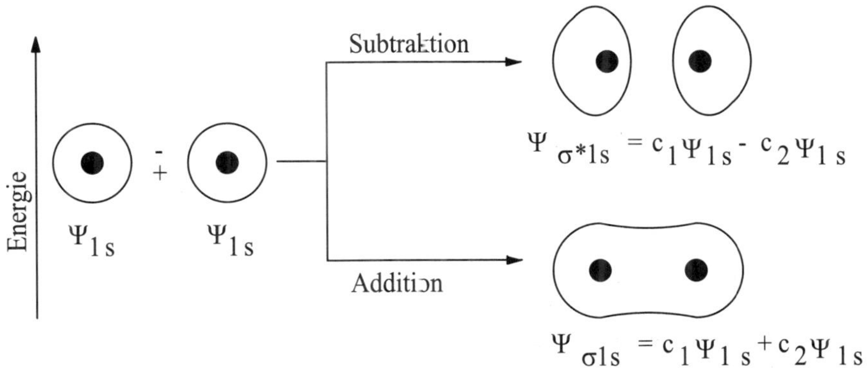

○ Abb. 1.65 Graphische Darstellung der Bindung von ψ_{1s}-MO

eine *Knotenebene* senkrecht zur Kern-Kern-Achse. Ein antibindendes MO wird mit einem * markiert. Seine Besetzung mit Elektronen wirkt einer Bindung entgegen.

In ○ Abb. 1.65 ist die Bildung der ψ_{1s}-MO des **Wasserstoffmoleküls** graphisch dargestellt. Die Koeffizienten (c_1, c_2) werden nach dem Variationsprinzip so gewählt, dass die Energie, die man erhält, wenn man ψ_{MO} in die Schrödinger-Gleichung einsetzt, einen minimalen Wert annimmt.

Bei der LCAO-Methode erhält man durch Addition der atomaren ψ-Funktionen den Zustand erhöhter Ladungsdichte zwischen den Kernen (bindender Zustand) und durch Subtraktion der ψ-Funktionen den antibindenden Zustand. Bei der Überlagerung der AO muss die Gesamtzahl der Orbitale erhalten bleiben, d. h., durch Kombination von n AO entstehen wiederum n MO.

1.4.4.2 Atombindung in zweiatomigen, homonuclearen Molekülen

In zweiatomigen, homonuclearen Molekülen (H_2, N_2, O_2, F_2, Cl_2, Br_2, I_2) sind zwei gleiche Atome kovalent miteinander verknüpft. Es liegt eine *unpolare Atombindung* vor [vgl. **MC-Frage Nr. 375**].

○ Abb. 1.66 zeigt das Energieniveauschema einiger zweiatomiger, homonuclearer Moleküle, an deren Atombindung 1s-Orbitale beteiligt sind.

Das Wasserstoffmolekül: Im H_2-Molekül sind die beiden AO zu einem molekularen Zustand verschmolzen. Im Grundzustand besetzen die beiden Elektronen das energieärmere, bindende MO. Das antibindende MO entspricht einem angeregten Zustand (siehe auch ▸ Kap. 1.1.6.1). Die Bindungsenergie beträgt 436 kJ mol^{-1}, der Bindungsabstand 74 pm [vgl. **MC-Fragen Nr. 458, 1297**].

Das H_2^+-Ion: Das H_2^+-Ion ist der einfachste denkbare Atomverband. Das Ion lässt sich spektroskopisch in Gasentladungsröhren nachweisen, die mit Wasserstoff unter vermindertem Druck gefüllt sind. Das Ion hat eine im Vergleich zum Wasserstoffmolekül beträchtlich kleinere Bindungsenergie von 269 kJ mol^{-1}. Die geringere Bindungsenergie korreliert mit einem größeren Kern-Kern-Abstand von 106 pm. Die Bindungsordnung ist **„1/2"** (siehe ▸ Kap. 1.4.3.1).

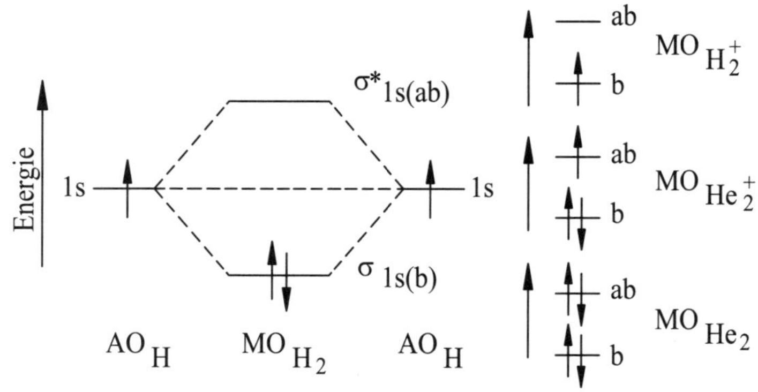

○ Abb. 1.66 Energieniveauschema zweiatomiger Moleküle, die aus gleichen Atomen aufgebaut sind (b = bindend, ab = antibindend)

Das Heliummolekül: Ein He_2-Molekül *existiert nicht*, weil seine vier Elektronen paarweise sowohl das bindende 1σ-MO als auch das antibindende 1σ*-MO besetzen würden. Beide MO heben sich in ihrer Wirkung auf, sodass insgesamt *kein* bindender

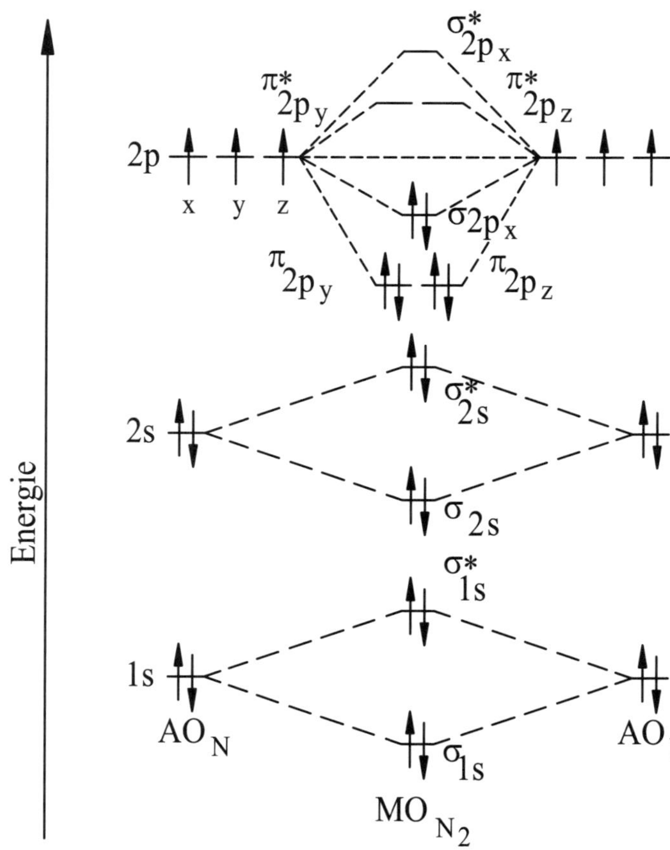

○ Abb. 1.67 Energieniveauschema des Stickstoffmoleküls

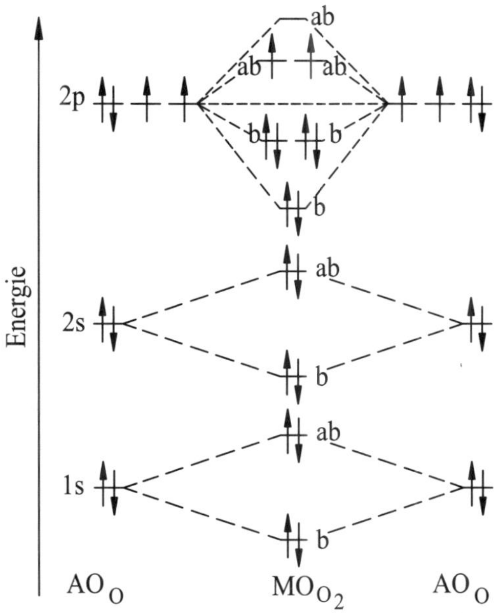

o Abb. 1.68 Energieniveauschema des Sauerstoffmoleküls [b = bindend; ab = antibindend]

Effekt zustande kommt. Die Bindungsordnung im hypothetischen He_2-Molekül ist „*Null*" [vgl. **MC-Frage Nr. 1282**].

Das He_2^+-Ion: Reale Existenz besitzt hingegen das He_2^+-Ion, dessen antibindendes MO nur einfach besetzt ist, sodass der bindende Effekt überwiegt. Die Bindungsordnung beträgt **„1/2"**. Bei einem Bindungsabstand von 108 pm besitzt das Ion eine Bindungsenergie von etwa 300 kJ mol^{-1} [vgl. **MC-Frage Nr. 457**].

Die o Abb. 1.67– o Abb. 1.69 zeigen das Energieniveauschema anderer zweiatomiger, homonuclearer Moleküle. Für zweiatomige, aus *gleichen* Atomen aufgebaute Moleküle (B_2, C_2, $\mathbf{N_2}$), deren 2s- und 2p-AO so nahe beieinanderliegen, dass sie miteinander in Wechselwirkung treten können, gilt folgende MO-Reihenfolge zunehmender Energie (s.a. o Abb. 1.67):

$$\sigma 1s < \sigma^* 1s < \sigma 2s < \sigma^* 2s < \pi 2p_y = \pi 2p_z$$
$$< \sigma 2p_x < \pi^* 2p_y = \pi^* 2p_z < \sigma^* 2p_x$$

Für zweiatomige, homonucleare Moleküle **(O_2, F_2)**, bei denen das 2s-AO deutlich energieärmer ist als die 2p-AO und somit keine Wechselwirkungen zwischen diesen Orbitalen zu berücksichtigen sind, ergibt sich folgende Abstufung der MO-Energieniveaus (s.a. o Abb. 1.68 und 1.69):

$$\sigma 1s < \sigma^* 1s < \sigma 2s < \sigma^* 2s < \sigma 2p_x <$$
$$\pi 2p_y = \pi 2p_z < \pi^* 2p_y = \pi^* 2p_z < \sigma^* 2p_x$$

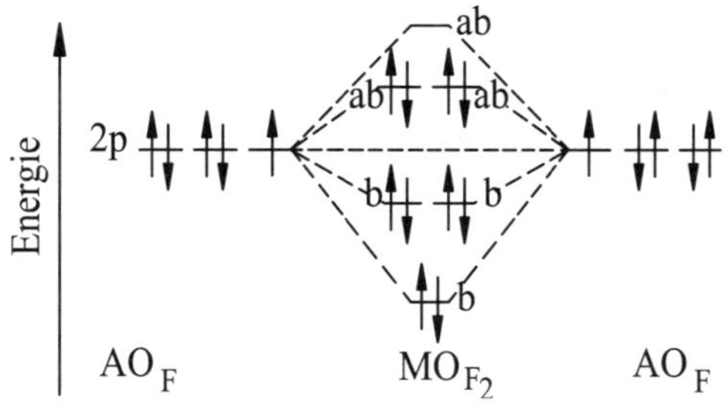

○ Abb. 1.69 Energieniveauschema des Fluormoleküls [b = bindend; ab = antibindend]

Das Stickstoffmolekül (○ Abb. 1.67): Das Stickstoffatom besitzt die Elektronenkonfiguration $1s^22s^22p^3$. Im N_2-Molekül sind insgesamt 6 bindende Elektronen vorhanden, die *eine* σ- ($\sigma 2p_x$) und *zwei π-Bindungen* ($\pi 2p_y, \pi 2p_z$) bilden. Das lineare Stickstoffmolekül besitzt die *Bindungsordnung* **„3"**. Die beiden bindenden σ1s-, σ2s-MO und die beiden antibindenden σ^*1s-, σ^*2s-MO heben sich in ihrer Wirkung auf. Die Dissoziationsenergie des Stickstoffmoleküls beträgt 945 kJ/mol, der N-N-Kernabstand 109 pm [vgl. **MC-Fragen Nr. 457, 458**].

Wird das N_2-Molekül ionisiert, so entsteht ein N_2^+-Ion mit geringerer Dissoziationsenergie (841 kJ mol^{-1}) und vergrößertem Kernabstand, weil hierbei ein Elektron aus einem bindenden MO entfernt wird.

Das Sauerstoffmolekül (○ Abb. 1.68): Das Sauerstoffatom besitzt die Elektronenkonfiguration $1s^22s^22p^4$. Das O_2-Molekül hat somit zwei Elektronen mehr als das N_2-Molekül. Diese beiden Elektronen besetzen die antibindenden Orbitale π^*2p_y und π^*2p_z. Daraus resultiert für das Sauerstoffmolekül eine Bindungsordnung von **„2"**.

Gemäß der Hundschen Regel wird jedes entartete Molekülorbital aber zunächst einfach besetzt, sodass das O_2-Molekül zwei ungepaarte Elektronen mit gleichgerichtetem Spin enthält. Sauerstoff ist daher ein **paramagnetisches Diradikal** und wird auch **Triplett-Sauerstoff** [$^3O_2(\uparrow\uparrow)$] genannt. Die Dissoziationsenergie des $^3O_2$-Moleküls beträgt 498 kJ·mol^{-1}, der O-O-Bindungsabstand beträgt 121 pm [vgl. **MC-Fragen Nr. 458, 461, 463, 1870**].

Im **Singulett-Sauerstoff** [$^1O_2(\downarrow\uparrow)$] ist eines der antibindenden π^*_{2p}-Orbitale mit zwei Elektronen antiparallelen Spins besetzt. Singulett-Sauerstoff ist *diamagnetisch* und kann als elektronenenergetisch angeregter Zustand des O_2-Moleküls aufgefasst werden. Der Singulett-Zustand liegt etwa 93,8 kJ·mol^{-1} höher als der Triplett-Grundzustand des O_2-Moleküls [siehe auch ▸ Kap. 2.4.1.2 und **MC-Fragen Nr. 460, 462, 1426**].

Durch Ionisierung des Sauerstoffmoleküls bildet sich das *paramagnetische* **Dioxygenyl-Ion** [O_2^+]. Da in diesem Ion aber – im Vergleich zum O_2-Molekül – nur ein antibindendes π-MO besetzt ist, ist die Dissoziationsenergie (+624 kJ·mol^{-1}) größer und der O-O-Bindungsabstand (112 pm) ist kleiner [vgl. **MC-Frage Nr. 1427**].

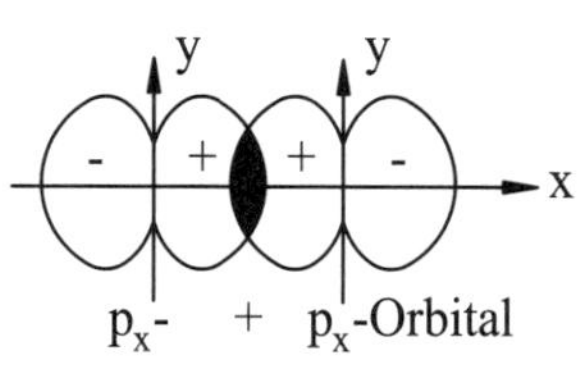

○ Abb. 1.70 σ-Bindung im Fluormolekül durch Überlappung von p_x-Orbitalen

Tab. 1.36 Bindungseigenschaften homonuclearer, zweiatomiger Moleküle

Molekül	Zahl der bindenden Elektronen	Zahl der antibindenden Elektronen	Bindungsordnung	Bindungslänge (in pm)	Bindungsenergie (kJ/mol)
Li_2 *)	2	0	1	267	105
Be_2 **)	2	2	0	-	-
B_2 *)	4	2	1	159	289
C_2 *)	6	2	2	124	473
N_2	8	2	3	109	945
N_2^+	7	2	2,5	112	841
O_2	8	4	2	121	498
O_2^+	8	3	2,5	112	624
F_2	8	6	1	144	159
Ne_2 **)	8	8	0	-	-

*) Molekül existiert im Dampfzustand bei hohen Temperaturen

**) Molekül existiert nicht

Die Elektronenaufnahme durch ein Sauerstoffmolekül führt zum *paramagnetischen* **Hyperoxid-Ion** [O_2^-]. Durch weitere Elektronenaufnahme bildet sich schließlich das *diamagnetische* **Peroxid-Ion** [O_2^{2-}], bei dem beide antibindenden π-MO doppelt besetzt sind. Daraus resultiert für das Molekül die Bindungsordnung „**1**“ [vgl. **MC-Frage Nr. 1428**].

Das Fluormolekül (Abb. 1.69): Das Fluoratom besitzt die Elektronenkonfiguration $1s^22s^22p^5$. Der Bindungsordnung von „**1**“ im F_2-Molekül entspricht die geringe Dissoziationsenergie von 159 $kJ \cdot mol^{-1}$ sowie der größere F-F-Kernabstand von 144 pm.

Die **σ2p$_x$-Bindung** im F_2-Molekül wird, wie Abb. 1.70 zeigt, als Ergebnis der Überlagerung der zwei einfach besetzten 2p-AO der beiden Fluoratome aufgefasst. Man denkt sich das Molekül so in einem Koordinatensystem justiert, dass die Bindungsachse mit der x-Achse zusammenfällt und das nur mit einem Elektron besetzte AO ein p_x-Orbital ist [vgl. **MC-Frage Nr. 458**].

Tab. 1.36 fasst nochmals die Bindungseigenschaften einiger zweiatomiger, homonuclearer Moleküle zusammen.

1.4.4.3 Atombindung in zweiatomigen, heteronuclearen Molekülen

Wird eine kovalente Bindung von zwei Atomen mit *unterschiedlicher Elektronegativität* gebildet, so führt dies zu einer *asymmetrischen Ladungsdichteverteilung* zwischen den Kernen und es liegt eine *polare Atombindung* vor. Die bindenden Elektronen halten sich im zeitlichen Mittel näher beim elektronegativeren Atom auf. Das bindende MO gleicht mehr dem AO des elektronegativeren Bindungspartners. Je elektronegativer hierbei ein Atom ist, desto energieärmer sind seine besetzten Orbitale [vgl. **MC-Fragen Nr. 381, 382, 458**].

Wenn zwei Atomorbitale unterschiedlicher Energie miteinander in Wechselwirkung treten, so entspricht der Charakter des bindenden MO überwiegend dem AO mit der niedrigeren Energie und das antibindende MO gleicht mehr dem AO mit der höheren Energie.

Das Kohlenmonoxidmolekül (○ Abb. 1.71): Insgesamt sind im CO-Molekül 6 bindende Elektronen vorhanden, die eine σ- und zwei π-Bindungen bilden. Die Bindungsordnung ist **„3"**.

Das Stickstoffmonoxidmolekül (○ Abb. 1.72): Das NO-Molekül besitzt ein ungepaartes Elektron und ist somit *paramagnetisch* . Es lässt sich *nicht* mit Hilfe einer Lewis-Formel beschreiben. Das ungepaarte Elektron besetzt ein antibindendes π^*2p-MO.

Durch Abspaltung eines Elektrons geht das NO-Molekül in das **Nitrosyl-Kation** $[NO^+]$ über: $NO \longrightarrow NO^+ + 1e^-$
Bei anderen Molekülen (H_2^+, N_2^+) tritt dabei eine Schwächung der Bindung ein. Im Gegensatz dazu wird im NO^+-Ion die Bindung stärker, weil nachher ein antibindendes MO nicht mehr besetzt ist.

Das Fluorwasserstoffmolekül (○ Abb. 1.73): Im HF-Molekül eignet sich nur ein p-AO des Fluoratoms, z. B. das $2p_x$-AO, zur linearen Kombination mit dem 1s-AO des Wasserstoffatoms. Die doppelt besetzten $2p_y$- und $2p_z$-AO bilden kein MO; sie sind *nichtbindend*. Hierbei besitzen nichtbindende MO die gleiche Energie wie die entsprechenden AO im isolierten Atom.

In ○ Abb. 1.74 ist nochmals die Bildung der σ-H-F-Bindung graphisch dargestellt.

1.4.4.4 Radikale

(siehe auch Ehlers, **Chemie II**, ▸ Kap. 3.1.11.2 und 3.2.4)

Als Radikale bezeichnet man Moleküle mit *ungepaarten Elektronen*. Solche Radikale können wie z. B. **Stickstoffmonoxid**, das **Triphenylmethyl-Radikal** oder das Diradikal **Sauerstoff** stabil und langlebig sein.

Kurzlebige, unbeständige Radikale treten bei manchen chemischen Umsetzungen auf, beispielsweise bei der radikalischen Photohalogenierung von Alkanen oder der Halogenaddition an Alkene in Gegenwart von Peroxiden. Auch einfache Reaktionen der anorganischen Chemie, wie die *Knallgas-* (siehe ▸ Kap. 2.2.3.2) oder *Chlorknallgas-Reaktion* (siehe ▸ Kap. 2.3.3.3), laufen nach einem radikalischen Mechanismus ab.

Radikale entstehen fast immer durch homolytische Spaltung kovalenter Bindungen. Die hierfür erforderlichen Dissoziationsenergien (siehe ▸ Kap. 1.4.3.3) können den Molekülen durch *Thermolyse, Photolyse* oder *Radiolyse* zugeführt werden. Radikale können aber auch bei *Redoxreaktionen* auftreten, wenn dabei Ein-Elektronenübergänge stattfinden. Auch für Radikale gilt das Pauli-Prinzip.

Alle Radikale sind *paramagnetisch*, d. h., sie werden in ein äußeres Magnetfeld hineingezogen. Dagegen werden *diamagnetische* Stoffe, bei denen alle Elektronen gepaart sind, von einem äußeren Magnetfeld abgestoßen. Bei paramagnetischen Substanzen ist immer auch Diamagnetismus vorhanden, der jedoch vom stärkeren Paramagnetismus überlagert wird.

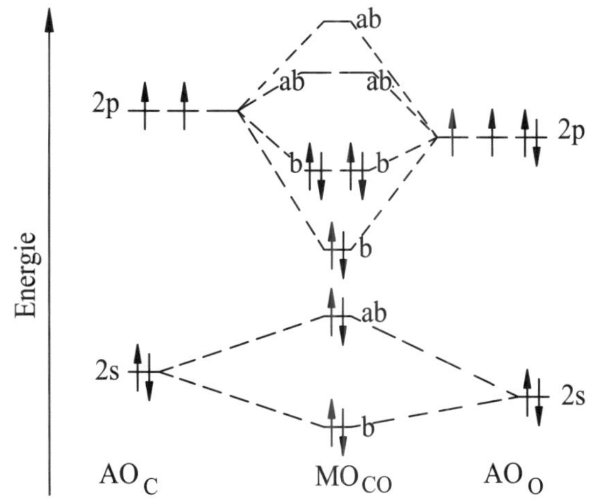

○ Abb. 1.71 Energieniveauschema des CO-Moleküls [b = bindend; ab = antibindend]

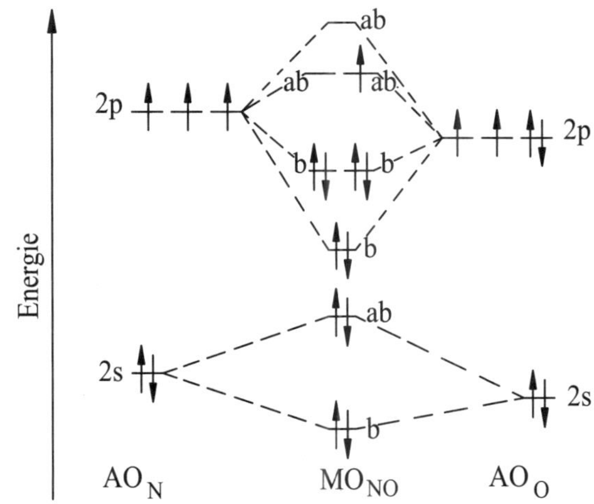

○ Abb. 1.72 Energieniveauschema des NO-Moleküls [b = bindend; ab = antibindend]

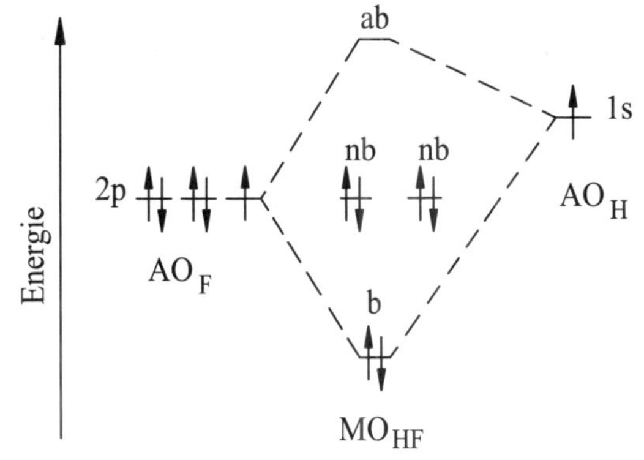

○ Abb. 1.73 Energieniveauschema des Fluorwasserstoffmoleküls [b = bindend; ab = antibindend; nb = nichtbindend]

Zum **Nachweis** von Radikalen dient als derzeit beste Methode die **Elektronenspinresonanz-Spektroskopie** [ESR-Spektroskopie] (siehe Ehlers, **Analytik II**, ▸ Kap. 11.11).

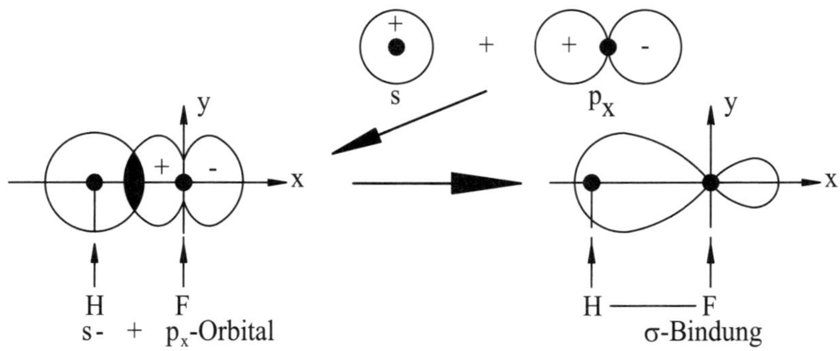

○ Abb. 1.74 Bildung eines bindenden MO im HF-Molekül durch lineare Kombination eines s-AO mit einem p-AO

Radikale lassen sich aber auch durch Reaktionen mit gefärbten Radikalen zu andersfarbigen oder farblosen Verbindungen nachweisen.

Radikale sind in der Regel energiereiche Teilchen, die rasch weiterreagieren, wobei energieärmere Radikale oder stabile Substanzen gebildet werden. Man unterscheidet bei Radikalreaktionen zwischen:

- Reaktionen unter Verlust der Radikaleigenschaft,
- Reaktionen unter Übertragung der Radikaleigenschaft.

Eine Möglichkeit zu erkennen, ob ein Molekül als Radikal vorliegen kann, ergibt sich aus der Tatsache, dass in einem neutralen Atom die Ordnungszahl (Kernladungszahl) der Anzahl der Elektronen in der Atomhülle entspricht. Führt die Summation der Elektronen aller am Aufbau eines Moleküls beteiligten Atome zu einer *ungeraden* Gesamtelektronenzahl, so liegt ein Radikal vor. Ausnahmen bilden **Diradikale** wie Sauerstoff, die eine gerade Anzahl von Elektronen aufweisen.

Die Beispiele in □ Tab. 1.37 sollen dies nochmals verdeutlichen [vgl. **MC-Fragen Nr. 395, 396**].

□ Tab. 1.37 Radikaleigenschaften ausgewählter anorganischer Stoffe

Gesamtelektronenzahl	Molekül	Radikal	Gesamtelektronenzahl	Molekül	Radikal
14	CO	-	32	N_2O_3	-
15	**NO**	+	32	BF_3	-
16	**O_2**	+	33	**ClO_2**	+
18	H_2O_2	-	42	Cl_2O	-
22	N_2O	-	46	N_2O_4	-
23	**NO_2**	+	60	PF_5	-

1.4.5 Polare Atombindung

1.4.5.1 Übergänge zur Ionenbindung

Eine reine *Ionenbindung* ist nur in Salzen realisiert, die aus einem Metall mit niedriger Ionisierungsenergie und einem Nichtmetall mit hoher Elektronenaffinität gebildet werden. In Salzen mit großem Anion liegen aufgrund von **Polarisationseffekten** (siehe ▸Kap. 1.3.1.4) *verzerrte Ionen* vor, wie dies in ○Abb. 1.75 schematisch dargestellt ist.

Eine ideale Kovalenzbindung kann nur zwischen *Atomen des gleichen Elements* bzw. zwischen identischen Atomgruppen existieren, sodass im System [Atomrumpf ↔ Bindungselektronen ↔ Atomrumpf] infolge der symmetrischen Aufteilung der gemeinsamen Elektronenpaare keinerlei Polarität vorliegt. In einem aus *verschiedenen Atomen* aufgebauten Molekül besitzen dagegen die Bindungspartner eine **unterschiedliche Elektronegativität** und die bindenden Elektronen halten sich bevorzugt beim elektronegativeren Atom auf. Die **Bindung** wird **polar** und die beiden miteinander verknüpften Atome tragen eine **positive (δ^+)** bzw. **negative (δ^-) Partialladung**. Je unterschiedlicher der elektronenanziehende Effekt der kovalent gebundenen Atome ist, desto polarer ist die Bindung. Diese einer Bindung innewohnende Polarität darf aber nicht mit der Polarität ganzer Moleküle verwechselt werden (siehe hierzu ▸Kap. 1.4.5.3).

Die größere Elektronegativität des einen Bindungspartners kommt in der LCAO-Näherung dadurch zum Ausdruck, dass der Koeffizient c_2 größer ist als der Koeffizient c_1 des anderen Atoms. Dies bedeutet auch, dass das zur linearen Kombination benutzte AO des elektronegativeren Bindungspartners energieärmer ist.

$$\Psi_{MO} = c_1 \cdot \Psi_{AO} \pm c_2 \cdot \Psi_{AO}$$

Beispielsweise ist im HF-Molekül das $2p_x$-AO von Fluor energieärmer als das 1s-AO des Wasserstoffs. Daraus folgt $c_2 > c_1$, d. h., die $2p_x$-Eigenfunktion des F-Atoms trägt stärker zum MO bei und das bindende Elektronenpaar hält sich im zeitlichen Mittel näher dem F-Kern auf (siehe auch ○Abb. 1.73).

Die **Polarität einer Kovalenzbindung** wird somit im MO-Modell durch die Größe der Koeffizienten c_1 und c_2 berücksichtigt. Es existieren *alle Übergänge* zwischen der *unpolaren Kovalenzbindung* ($c_1=c_2$), der *polaren Kovalenzbindung* ($c_1 < c_2$) und der *Ionenbindung* ($c_1=0$; $c_2=1$). Im letzteren Fall bildet sich kein MO mehr und ein AO wird doppelt besetzt.

Je größer die Elektronegativitätsdifferenz zweier miteinander verbundener Atome ist, desto stärker ist der ionische Charakter der Bindung. Bei einer Differenz von 1,7 handelt es sich um eine Atombindung mit 50% Ionencharakter, bei kleineren Diffe-

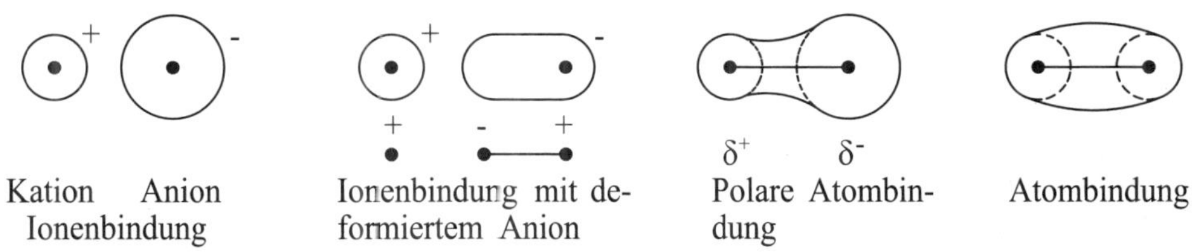

○ **Abb. 1.75 Übergang zwischen Ionenbindung und kovalenter Bindung**

Tab. 1.38 Partiell ionischer Charakter von Halogenwasserstoffen

Halogenwasserstoff	HF	HCl	HBr	HI
%-Ionencharakter	43	18	11	5

renzen um mehr kovalente, bei größeren um mehr elektrovalente Bindungen [vgl. **MC-Frage Nr. 326**]. Da innerhalb einer *Gruppe* des PSE die Elektronegativität von oben nach unten abnimmt, nimmt auch die Polarität homologer Verbindungen ab. Zum Beispiel liegen in allen **Halogenwasserstoffen** polarisierte Atombindungen vor, wobei die Bindungspolarität, wie Tab. 1.38 ausweist, vom **Fluorwasserstoff** [HF] zum **Iodwasserstoff** [HI] hin abnimmt [vgl. **MC-Fragen Nr. 331, 333, 373, 472, 1375, 1377**].

Eine gute Übersicht über den Einfluss des Bindungstyps auf die physikalischen Eigenschaften geben die Chlorverbindungen der 3. Periode des PSE (Tab. 1.39). *Natriumchlorid* (Na^+Cl^-) mit seiner typischen Ionenbindung besitzt einen hohen Schmelz- (Fp) und Siedepunkt (Kp), während *Chlor* (Cl_2) als homonucleares Molekül mit seiner reinen Kovalenzbindung bei Raumtemperatur gasförmig ist.

1.4.5.2 Dipole und Dipolmoment

Ein Objekt (Molekül) mit *unsymmetrischer Ladungsverteilung* besitzt Dipolcharakter. Sein permanentes **Dipolmoment** (μ) ist das im homogenen Einheitsfeld (E) gemessene Produkt aus der Ladung (Q) und dem Abstand (l) der Ladungsschwerpunkte. Das Dipolmoment wurde früher in *Debye-Einheiten* (D) angegeben und wird heute in *Coulombmeter* (Cm) ausgedrückt:

$$1\ D = 3{,}33564 \cdot 10^{-30}\ Cm$$

Die Einheit Debye sollte zwar nicht mehr verwendet werden, wird aber im nachfolgenden Abschnitt noch beibehalten, weil sie zu einfacheren, leichter interpretierbaren Zahlenwerten führt [vgl. **MC-Fragen Nr. 464, 467–471**].

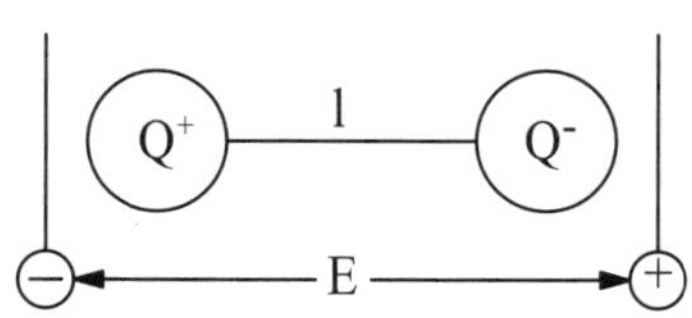

$$\mu = Q \cdot l\ [D]$$

Tab. 1.39 Physikalische Eigenschaften von Chloriden

Ionenbindung ⟶ polarisierte Atombindung ⟶ Atombindung							
	NaCl	$MgCl_2$	$AlCl_3$	$SiCl_4$	PCl_3	SCl_2	Cl_2
Schmp. (°C):	801	708	*)	-70	-112	-122	-101,5
Sdp. (°C):	1461	1412	*)	57	76,1	59,5	-34,6

*) sublimiert bei 180 °C und zersetzt sich bei 262 °C

Nach obiger Definitionsgleichung für das Dipolmoment (μ) vervierfacht sich sein Wert, wenn sowohl die Ladung (Q) als auch der Abstand (l) verdoppelt werden. Der Wert des Dipolmomentes verändert sich jedoch nicht, wenn die Ladung (Q) des Dipols verdoppelt und der Abstand (l) der Ladungsschwerpunkte halbiert wird [vgl. **MC-Fragen Nr. 465, 466**].

Moleküle, die ein *Dipolmoment* besitzen, nennt man **polare Moleküle**. Aufgrund ihres *permanenten Dipolmoments* richten sich solche Moleküle in einem elektrischen Feld aus, wobei das negative Ende des Dipols auf den positiven Pol weist und umgekehrt (o Abb. 1.76).

Die Größe von Partialladungen polarisierter Atombindungen können experimentell *nicht* unmittelbar bestimmt werden. Nach **Pauling** ist es jedoch möglich, die experimentell zugänglichen Dipolmomente zu nutzen, um den *partiell ionischen Charakter* kovalenter Bindungen zu ermitteln. Hierbei ist zu berücksichtigen, dass das Dipolmoment eine *Vektorgröße* ist, die eine definierte Richtung und einen bestimmten Betrag besitzt. Es wurde festgelegt, dass die Spitze des Vektors zum *positiven Ende des Dipols* zeigt.

H-F	H-Cl	H-Br	H-I
←	←	←	←
1,9 D	1,0 D	0,7 D	0,4 D

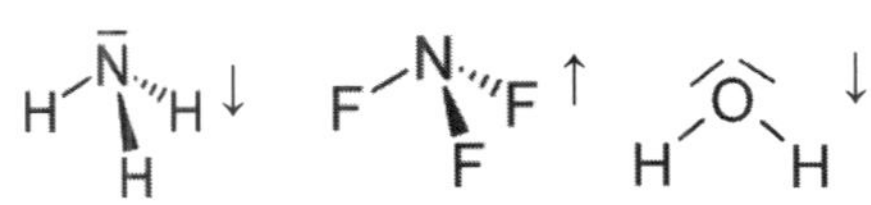

1,5 D 0,2 D 1,8 D

Bei Molekülen, in denen *mehrere* polare Kovalenzbindungen vorhanden sind, ergibt sich das Dipolmoment des Gesamtmoleküls durch *vektorielle Addition* der Dipolmomente der einzelnen Bindungen.

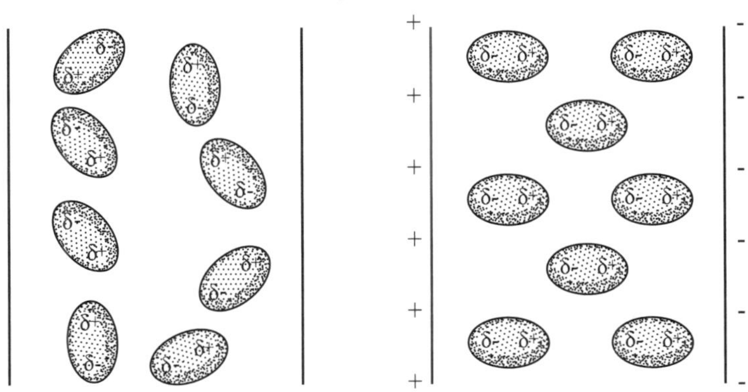

a) b)

o Abb. 1.76 Orientierung von Dipolen im elektrischen Feld
a) ungeordnete Bewegung der Moleküle
b) Ausrichtung der Moleküle unter dem Einfluss eines äußeren Feldes

▫ Tab. 1.40 Dipolmomente ausgewählter Moleküle (in Debye)

HF	1,90	H_2O	1,84	PF_3	1,02
HCl	1,03	H_2S	0,92	BF_3	0
HBr	0,74	NH_3	1,47	CO_2	0
HI	0,38	NF_3	0,23	CCl_4	0

In ▫Tab. 1.40 sind die Dipolmomente einiger Moleküle der allgemeinen Form (AB_x) mit x = 1–4 aufgelistet. Man erkennt, dass die Dipolmomente dieser Moleküle von der relativen Stellung der Bindungspartner im Periodensystem und daher vom *Elektronegativitätsunterschied* der an der Bindung beteiligten Atome abhängt. Das Dipolmoment ist umso größer, je höher die Elektronegativitätsdifferenz und damit je polarer die Kovalenzbindung ist (HF > HCl > HBr > HI oder $H_2O > H_2S$) [vgl. **MC-Fragen Nr. 467, 468, 471**].

1.4.5.3 Dipolmoment und Molekülstruktur

Der Dipolcharakter eines Moleküls kann auf folgende Weise bestimmt werden:

a) Man sucht die Elektronegativitätswerte der die Substanz aufbauenden Atome und bestimmt die *Polarität* der im Molekül enthaltenen Kovalenzbindungen. [Sind die Atombindungen unpolar, so kann schon jetzt der Schluss gezogen werden, dass das Molekül keinen Dipolcharakter besitzt.]
b) Mit Hilfe des Elektronenpaarabstoßungsmodells sucht man die *räumliche Struktur* (nicht die Strukturformel) des Moleküls (siehe ▸Kap. 1.4.2.6).
c) Man gibt die *Partialladungen* der einzelnen Atome an und sucht deren *Ladungsschwerpunkte*. Fallen die Ladungsschwerpunkte nicht zusammen, so hat das Molekül Dipolcharakter.

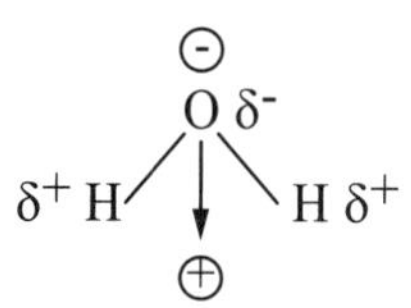

⊖ = negativer Ladungsschwerpunkt
⊕ = positiver Ladungsschwerpunkt

Selbst wenn in einem Molekül stark polare Bindungen vorhanden sind, kann aufgrund der vektoriellen Addition der Einzelmomente das Gesamtdipolmoment eines Teilchens Null sein, weil sich aus geometrischen Gründen die Einzelmomente gerade aufheben. Beispiele hierfür sind **Tetrachlorkohlenstoff** [CCl_4], **Kohlendioxid** [CO_2], **Bortrifluorid** [BF_3] oder **Quecksilber(II)-chlorid** [$HgCl_2$] [vgl. **MC-Fragen Nr. 419, 421, 423, 424, 435, 467, 474, 475, 478, 480**].

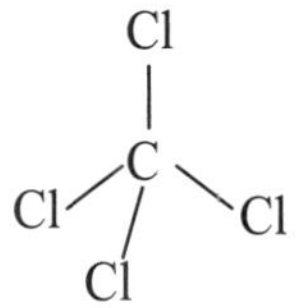

(CCl_4)

O = C = O

(CO_2)

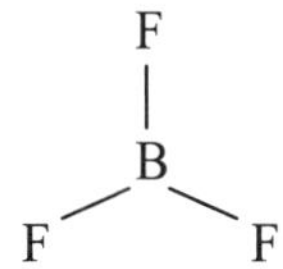

(BF_3)

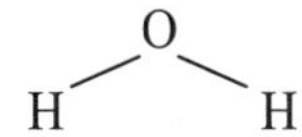

(H_2O)

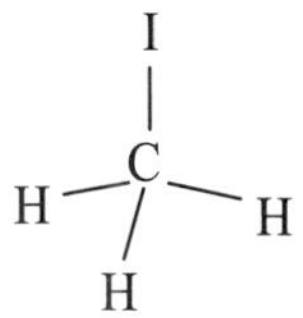

(CH_3I)

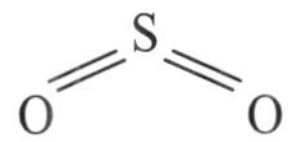

(SO_2)

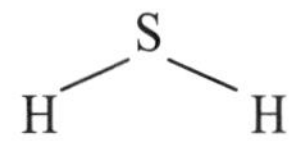

(H_2S)

Cl-Hg-Cl

$(HgCl_2)$

So sind im CCl_4-Molekül zwar die C-Cl-Bindungen polar, aber die Cl-Atome sind tetraedrisch um das zentrale C-Atom herum angeordnet, sodass ihr Ladungsschwerpunkt mit dem Kohlenstoffatom zusammenfällt. Dies trifft auch für **Methan** [CH_4] zu. Demgegenüber besitzen Methan-Derivate wie **Methyliodid** [CH_3I] oder **Chloroform** [$CHCl_3$] ein permanentes Dipolmoment.

Aus dem gleichen Grund ist auch das **CO_2-Molekül** sowie **Quecksilber(II)-chlorid** [$HgCl_2$] kein Dipol, da die drei Atome jeweils auf einer Geraden liegen. Das Dipolmoment Null für **BF_3** zeigt an, dass die drei F-Atome in den Ecken eines gleichseitigen Dreiecks angeordnet sind [vgl. **MC-Fragen Nr. 418, 419, 442, 474, 475, 478, 480, 1641**].

Das hohe Dipolmoment des **Wassers** [H_2O] ist ein Beweis dafür, dass hier die drei Atome einen Winkel einschließen. Einen ähnlich gewinkelten Bau besitzen auch **Schwefeldioxid** [SO_2] und **Schwefelwasserstoff** [H_2S] [vgl. **MC-Fragen Nr. 425, 441, 477, 479, 1442, 1443, 1487**].

Der *Einfluss eines freien Elektronenpaars* auf das Dipolmoment eines Moleküls zeigt sich z. B. beim pyramidal gebauten **Stickstofftrifluorid** [NF_3]. Sein Dipolmoment, das aufgrund der höheren Elektronegativität der F-Atome umgekehrt gerichtet ist wie im NH_3-Molekül, ist mit 0,2 D relativ gering. Zwar addieren sich die starken N-F-Bindungsdipole zu einem Dipol, dessen negatives Ende auf die Pyramidenbasisfläche weist, doch ist der Beitrag des freien Elektronenpaars entgegengesetzt gerichtet und vermindert die Polarität des Moleküls (siehe auch ▸Kap. 2.5.6, ○Abb. 2.7) [vgl. **MC-Frage Nr. 476**].

Kovalente Bindungen mit ungleicher Elektronenverteilung aufgrund unterschiedlicher Elektronegativität der an einer Bindung beteiligten Atome besitzen ein Dipolmoment. Je größer der Elektronegativitätsunterschied der Bindungspartner ist, desto stärker polar ist die betreffende Bindung. Bei mehratomigen Molekülen ergibt sich das Dipolmoment aus der vektoriellen Addition der Dipolmonente der einzelnen Bindungen, die am Aufbau des Moleküls beteiligt sind. Dadurch kann ein Molekül mit stark polaren Bindungen (BF_3, CO_2, CCl_4, $HgCl_2$) durchaus unpolar sein.

1.5 Koordinative Bindung

1.5.1 Nomenklatur von Komplexen

Bei salzartigen Komplexen gibt man *zuerst* den Namen des **Kations** und *danach* den Namen des **Anions** an, unabhängig davon, welches Ion in komplexer Form vorliegt. Im *komplexen Ion* wird die *Zahl* und die *Art* der **Liganden** an *erster* Stelle genannt, gefolgt vom Namen des **Zentralatoms** [vgl. **MC-Frage Nr. 481**].

Für die Angabe der *Zahl der Liganden* werden *griechische Zahlworte* verwendet (siehe Anhang). Die *Benennung anionischer Liganden* erfolgt durch Anhängen der *Endung „o"* an den Namen des Säurerestes. Die Namen von *neutralen Liganden* werden im Allgemeinen nicht verändert. Sie erhalten keine Endung. Teilweise existieren für Liganden auch spezielle Bezeichnungen. Unterschiedliche Liganden werden in alphabetischer Reihenfolge genannt, wobei die griechischen Zahlenwerte nicht berücksichtigt werden. In ◘ Tab. 1.41 sind die Bezeichnungen einiger häufig auftretender Liganden aufgelistet.

Die *Wertigkeit* (Oxidationsstufe) des *Zentralatoms* wird als *römischer Zahlenwert* in Klammern gesetzt. Im Falle der Oxidationszahl Null wird eine arabische Null verwendet. Ist der Komplex ein *Anion*, wird dem Zentralatom die *Endung „at"* angefügt und das Zentralatom wird mit dem lateinischen Namen bezeichnet. Ist der Komplex *neutral* oder *kationisch*, so wird der unveränderte deutsche Name des Zentralatoms genannt.

Die u. a. Beispiele sollen die Nomenklatur von Komplexen nochmals verdeutlichen [vgl. **MC-Fragen Nr. 482–484**]:

$K_4[Fe(CN)_6]$	= Kalium-hexacyanoferrat(II)
$[Co(NH_3)_6]Cl_3$	= Hexamminkobalt(III)-chlorid
$Na[Sb(OH)_6]$	= Natrium-hexahydroxoantimonat(V)
$(NH_4)_2[PtCl_6]$	= Ammonium-hexachloroplatinat(IV)
$K_3[Fe(CN)_5NO]$	= Kalium-pentacyanonitrosylferrat(III)
$[Ag(NH_3)_2]Cl$	= Diamminsilber(I)-chlorid
$[Cu(NH_3)_4]SO_4$	= Tetramminkupfer(II)-sulfat
$[CrCl_2(H_2O)_4]Cl$	= Tetraaquadichlorochrom(III)-chlorid
$[Ni(CO)_4]$	= Tetracarbonyl-nickel(0)

Tab. 1.41 Nomenklatur ausgewählter Liganden

F^-	Fluor(id)o	NH_3	Ammin	CO	Carbonyl
Cl^-	Chlor(id)o	NH_2^-	Amido	$C_2O_4^{2-}$	Oxalato
Br^-	Brom(id)o	NO_3^-	Nitrato	S^{2-}	Thio
I^-	Iod(id)o	NO_2^-	Nitr(it)o	SCN^-	Thiocyanato
H_2O	Aqua	NO	Nitrosyl	SO_4^{2-}	Sulfato
HO^-	Hydroxo	CN^-	Cyano	$S_2O_3^{2-}$	Thiosulfato
O^{2-}	Oxo	NCO^-	Cyanato	H^-	Hydrido

1.5.2 Struktur von Komplexen

1.5.2.1 Koordinationszahl

Ein **Komplex (Koordinationsverbindung)** besteht aus einem Metallion oder Metallatom als **Zentralatom** (Z), an das unter Energiegewinn mehrere Neutralmoleküle oder Anionen als **Liganden** (L) angelagert sind.

Die Anzahl der direkt an das Zentralatom gebundenen *Ligandenatome* wird **Koordinationszahl** genannt. Sie wird durch die Zahl der für eine Bindung zur Verfügung stehenden AO und durch die räumlichen Verhältnisse (Größe von Zentralatom und Liganden) bestimmt. Die Koordinationszahl ist unabhängig von der Oxidationszahl des Zentralteilchens. Komplexe mit Koordinationszahlen von 2 bis 12 sind bekannt, wobei die Koordinationszahlen 2, 4 und 6 dominieren. Viele Metalle treten in ihren Komplexen mit mehr als nur einer Koordinationszahl auf [vgl. **MC-Fragen Nr. 490–494, 529**].

Die **Koordinationsbindung** heißt *gesättigt*, wenn die Zahl der Liganden gleich der Koordinationszahl ist. Liganden, die nur *eine* Koordinationsbindung mit dem Zentralatom eingehen, nennt man *einzähnig (einzählig)*. Bei *zwei-* und *vielzähnigen* Liganden stehen zwei oder mehrere Koordinationsstellen zur Verfügung. Komplexe mit *mehrzähnigen Liganden,* zum Beispiel *Oxalat* [$^-$OOC-COO$^-$], *Ethylendiamin* [H_2N-CH_2CH_2-NH_2] oder *Glycin* [H_2N-CH_2-COOH], werden auch als **Chelatkomplexe** bezeichnet. Ein für die analytische Chemie besonders wichtiger *sechszähniger* Ligand ist das Anion der **Ethylendiamintetraessigsäure** (siehe ▸ Kap. 1.5.4.4).

Die **Ladung eines Komplexions** ist gleich der Summe der Ladungen seiner Bestandteile. Daher kann man aus der Ladung des Komplexes und der Ladung der einzelnen Liganden auf die Oxidationsstufe (Wertigkeit) des Zentralatoms schließen.

Die Koordinationszahl entspricht der Zahl der Ligandenatome (Donoratome), die an ein Zentralatom gebunden sind. Sie steht mit der Ladung des Zentralatoms in keiner Beziehung. Häufig auftretende Koordinationszahlen sind 2, 4, 6 und 8. Einzähnige Liganden verfügen nur über eine, mehrzähnige über mehrere Koordinationsstellen. Komplexe mit mehrzähnigen Liganden heißen Chelatkomplexe. Sofern der Komplex überwiegend durch elektrostatische Kräfte zusammengehalten wird, wird die Koordinationszahl durch das Größenverhältnis des Zentralatoms zu den Liganden bestimmt. Sofern kovalente Bindungen die Koordination bewirken, sind auch die Eigenschaften der Elektronenhülle des Zentralteilchens maßgebend.

1.5.2.2 Koordinative Bindung in Komplexen

Die Verknüpfung der Liganden (L) mit dem Zentralatom (Z) erfolgt wie bei kovalenten Bindungen durch ein *gemeinsames Elektronenpaar*, das folgenden Ursprung haben kann:

- hälftig von Z und L,
- allein von Z oder
- allein von L.

(1) **Komplexbildung am Elektronendonator/akzeptor**: Z und L tragen jeweils ein Elektron zur gerichteten koordinativen Bindung bei.

$$\mathbf{Z^{\cdot} + {}^{\cdot}L \longrightarrow Z - L}$$

(2) **Komplexbildung am Elektronendonator**: Freie Elektronenpaare am Zentralatom (Z) füllen die Valenzschale von Liganden auf.

$$\mathbf{Z: + L \longrightarrow Z - L}$$

Als Beispiele hierfür sind vor allem **Oxokomplexe** zu nennen, in denen formal Sauerstoffatome als Lewis-Säure an ein Zentralatom mit abgeschlossener Elektronenschale (Lewis-Base) angelagert werden.

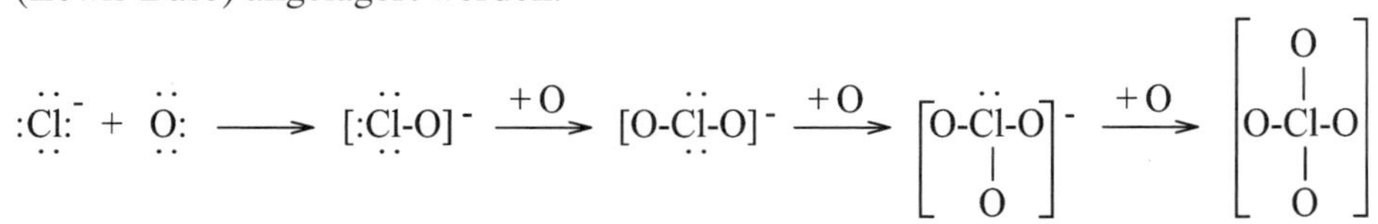

(Cl^-) (ClO^-) (ClO_2^-) (ClO_3^-) (ClO_4^-)

In analoger Weise wie an das Chlorid-Ion [Cl^-] können Sauerstoffatome auch an ein Xenonatom [Xe], ein Sulfid-Ion [S^{2-}], ein Phosphid-Ion [P^{3-}], ein Silicid-Ion [Si^{4-}] oder an das hypothetische Mn^{7+}-Ion angelagert werden. Die tetraedrischen Endglieder $[ZO_4]^{n-}$ besitzen in vereinfachter Schreibweise die folgenden Komplexformeln:

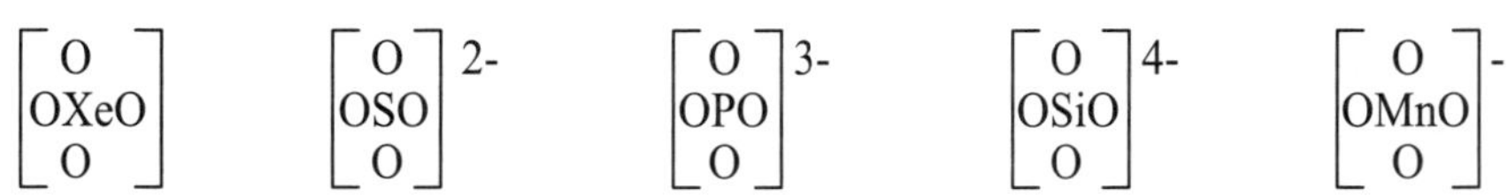

(XeO_4) (SO_4^{2-}) (PO_4^{3-}) (SiO_4^{4-}) (MnO_4^-)

Viele dieser *einkernigen Oxokomplexionen* kondensieren unter Abspaltung von O^{2-}-Ionen zu *mehrkernigen Komplexen*. Dabei bleibt die Koordinationszahl des Zentralatoms erhalten, weil ein Teil der Liganden **„Brücken"** zwischen zwei oder mehreren Zentralatomen bildet.

Ein Beispiel hierfür ist die Kondensation des **Chromat-Ions** [CrO_4^{2-}] in saurer Lösung zum **Dichromat-Ion** [$Cr_2O_7^{2-}$], die mit einer Farbänderung von Gelb nach Orangerot einhergeht [vgl. **MC-Fragen Nr. 1818, 1819**].

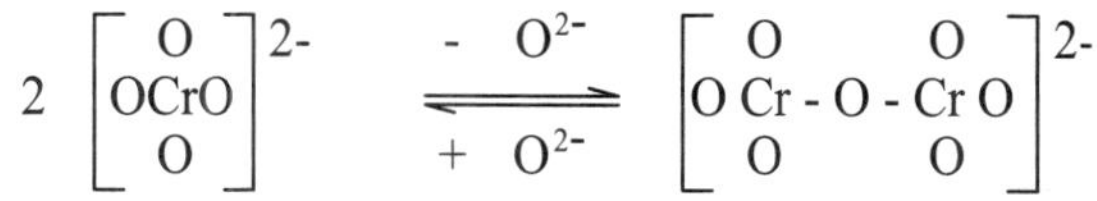

Zu solchen Kondensationen besteht in der Reihe **Sulfat** [SO_4^{2-}], **Phosphat** [PO_4^{3-}] und **Silicat** [SiO_4^{4-}] eine zunehmende Neigung. Besonders ausgeprägt ist die Tendenz zur Bildung mehrkerniger Oxokomplexe bei **Vanadat-** [VO_4^{3-}], **Molybdat-** [MoO_4^{2-}] und **Wolframat-Ionen** [WO_4^{4-}].

Auch verschiedenartige, einkernige Oxokomplexe können zu höhermolekularen Aggregaten zusammentreten. Ein analytisch wichtiges Beispiel ist die Kondensation eines PO_4^{3-}-Ions mit 12 MoO_4^{2-}-Einheiten zum gelben **Molybdatophosphat**.

$$\underset{\text{farblos}}{PO_4^{3-}} + \underset{\text{farblos}}{12\ MoO_4^{2-}} \longrightarrow \underset{\text{gelb}}{[P(OMo_3O_9)_4]^{3-}} + 12\ \text{"}O^{2-}\text{"}$$

Mehrkernige Oxoanionen, die wie Dichromat gleichartige Zentralatome enthalten, werden als **Isopolyanionen** bezeichnet, solche mit verschiedenen Zentralatomen wie Molybdatophosphat nennt man **Heteropolyanionen**. Die dazugehörigen Säuren heißen **Isopolysäuren** bzw. **Heteropolysäuren.**

(3) **Komplexbildung am Elektronenakzeptor**: Liganden mit abgeschlossenen Elektronenschalen bzw. freien Elektronenpaaren lagern sich an ein Zentralatom an und vervollständigen dessen Elektronenschale. Bei dieser Art der Komplexbildung fungiert das *Zentralatom als Lewis-Säure* (Elektronenpaarakzeptor) und die *Liganden* (Anionen oder Neutralmoleküle) *als Lewis-Base* (Elektronenpaardonator) [siehe auch ▸ Kap. 1.11.1.8 und **MC-Fragen Nr. 525–528**].

$$\mathbf{Z\ +\ :L \longrightarrow Z-L}$$

Diese Art der Bildung koordinativer Bindungen spielt die weitaus wichtigste Rolle und soll daher in den nachfolgenden Abschnitten bevorzugt diskutiert werden. Als Beispiele für die Komplexbildung am Elektronenakzeptor sind zu nennen, wobei jeder Valenzstrich ein gemeinsames Elektronenpaar symbolisiert:

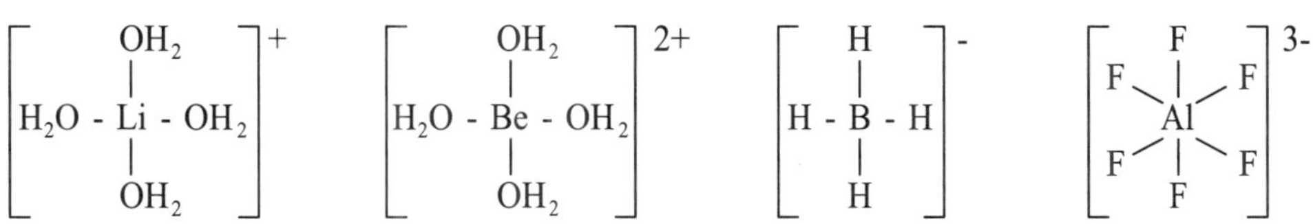

Wie die Beispiele zeigen, ist mit der Bildung von Oktettschalen im Falle der Ionen oder Atome der 2. Elementperiode die maximale Bindungsfähigkeit des Zentralatoms erreicht. Bei Atomen oder Ionen der 3. oder höheren Perioden können dagegen durch Oktettaufweitung auf 10, 12, 14 oder gelegentlich auch 16 Elektronen weitere Liganden angelagert werden.

Analog den realen Atombindungen weisen auch die realen koordinativen Bindungen einen mehr oder weniger polaren Charakter auf. Deshalb hat man *früher* die Komplexe unterteilt in:

- die *stärker polar* gebauten **Anlagerungskomplexe** und
- die *weniger polar* gebauten **Durchdringungskomplexe**.

Heute verwendet man zur Klassifizierung von Komplexen Begriffe wie **inner orbital-** bzw. **outer orbital-Komplexe** (siehe ▸Kap. 1.5.2.4) oder unterteilt in **low spin-** und **high spin-Komplexe** (siehe ▸Kap. 1.5.5.3).

Typische Anlagerungskomplexe liegen erwartungsgemäß dann vor, wenn die Elektronegativitätsdifferenz der beiden koordinierten Bindungspartner *groß* ist. Dies führt zu einer *starken Polarisierung* der koordinativen Bindung, während bei *kleiner* Elektronegativitätsdifferenz und *schwacher Polarisierung* der Bindung Durchdringungskomplexe gebildet werden.

Beispiele für **Anlagerungskomplexe** sind die *Hydrate* (Aquakomplexe), *Alkanolate* und *Ammoniakate* der stark elektropositiven Ionen der Elemente der I. und II. Hauptgruppe. Diese Metallionen bilden Komplexe durch Anlagerung von dipolaren Lösungsmittelmolekülen (Solvatation), die umso *beständiger* sind, je größer das *Dipolmoment der Lösungsmittelmoleküle* und die *Ladung* des Zentralatoms ist, bzw. je kleiner der *Abstand* ist, bis zu dem sich das Dipolmolekül dem Zentralatom nähern kann.

Abgesehen von den Ladungsverhältnissen wird die Zahl der von einem Zentralatom angelagerten Dipolmoleküle im Wesentlichen durch den auf der Oberfläche des Zentralatoms zur Verfügung stehenden Raum sowie die Möglichkeit zu einer regelmäßigen Anordnung der sich abstoßenden Liganden bestimmt. Dementsprechend findet man je nach den Größenverhältnissen von Zentralatom und Liganden vor allem die **Koordinationszahl 4** [vier Ecken eines **Tetraeders** oder **Quadrats**], **6** [sechs Ecken eines **Oktaeders**] oder **8** [acht Ecken eines **Würfels**], während die ungeraden Koordinationszahlen 5 und 7 seltener vorkommen.

Der *Einfluss der Größenverhältnisse* von Zentralatom und Liganden auf die Koordinationszahl zeigt sich recht anschaulich bei den Komplexen des Aluminiums. Al(III)-Ionen bilden mit dem Fluorid-Ionen als Ligand einen Komplex der Formel $[AlF_6]^{3-}$, während mit den größeren Chlorid- und Hydroxid-Ionen Komplexe wie $[AlCl_4]^-$ und $[Al(OH)_4]^-$ entstehen.

In **Durchdringungskomplexen** überwiegen die kovalenten Bindungskräfte. Die Einzelelektronen der d-Orbitale des Zentralatoms rücken paarweise nach inneren Orbitalen zusammen. Die freigewordenen d-Orbitale werden von Elektronenpaaren der Liganden besetzt. Die Orbitale von Zentralatom und Liganden durchdringen sich teilweise, sodass solche Komplexe weniger Raum als Anlagerungskomplexe beanspruchen.

1.5.2.3 Elektronenstruktur von Komplexen der Übergangsmetalle

▫Tab. 1.42 zeigt die Elektronenanordnungen und die Raumstruktur einiger **Eisen-, Kupfer-, Kobalt-** und **Nickelkomplexe**. Jedes Kästchen entspricht einem Orbital des Zentralatoms. Die dickumrandeten Kästchen stellen die zur Komplexbildung verwendeten Hybridorbitale dar. Die Pfeile symbolisieren die in den Orbitalen vorhandenen Elektronen; die Pfeilspitzen weisen auf die Spinrichtung hin.

Die Komplexbildungstendenz der Nebengruppenelemente hängt wie die der Hauptgruppenelemente vom Bestreben der Elemente ab, durch Vereinigung mit Liganden **Edelgasschalen** mit gefüllten s-, p- und d-Valenzorbitalen aufzubauen. Die

Tab. 1.42 Elektronenanordnung und Konfiguration ausgewählter Komplexe

	Zentralatom	Elektronenanordnung												Konfiguration
		3. Schale (M)						4. Schale (N)						
		p	d					s	p			d		
-	Fe^{2+}	--	↑↓	↑	↑	↑	↑							
-	Fe^{3+}	--	↑	↑	↑	↑	↑							
2	$[Fe^{II}(H_2O)_6]^{2+}$	--	↑↓	↑	↑	↑	↑	↑↓	↑↓	↑↓	↑↓	↑↓	↑↓	Oktaedrisch
1	$[Fe^{II}(CN)_6]^{4-}$	--	↑↓	↑↓	↑↓	↑↓	↑↓	↑↓	↑↓	↑↓	↑↓			Oktaedrisch
2	$[Fe^{III}F_6]^{3-}$	--	↑	↑	↑	↑	↑	↑↓	↑↓	↑↓	↑↓	↑↓	↑↓	Oktaedrisch
1	$[Fe^{III}(CN)_6]^{3-}$	--	↑↓	↑↓	↑	↑↓	↑↓	↑↓	↑↓	↑↓	↑↓			Oktaedrisch
1	$[Fe^0(CO)_5]$	--	↑↓	↑↓	↑↓	↑↓	↑↓	↑↓	↑↓	↑↓	↑↓			Trigonal-bipyramidal
-	Co^{2+}	--	↑↓	↑↓	↑	↑	↑							
-	Co^{3+}	--	↑↓	↑	↑	↑	↑							
2	$[Co^{II}(H_2O)_6]^{2+}$	--	↑↓	↑↓	↑	↑	↑	↑↓	↑↓	↑↓	↑↓	↑↓	↑↓	Oktaedrisch
1	$[Co^{II}(NO_2)_6]^{4-}$	--	↑↓	↑↓	↑↓	↑↓	↑↓	↑↓	↑↓	↑↓	↑↓	↑		Oktaedrisch
2	$[Co^{III}F_6]^{3-}$	--	↑↓	↑	↑	↑	↑	↑↓	↑↓	↑↓	↑↓	↑↓	↑↓	Oktaedrisch
1	$[Co^{III}(CN)_6]^{3-}$	--	↑↓	↑↓	↑↓	↑↓	↑↓	↑↓	↑↓	↑↓	↑↓			Oktaedrisch
-	Ni^{2+}	--	↑↓	↑↓	↑↓	↑	↑							
2	$[Ni^{II}Cl_4]^{2-}$	--	↑↓	↑↓	↑↓	↑	↑	↑↓	↑↓	↑↓	↑↓			Tetraedrisch
1	$[Ni^{II}(CN)_4]^{2-}$	--	↑↓	↑↓	↑↓	↑↓	↑↓	↑↓	↑↓	↑↓				Quadratisch
1	$[Ni^0(CO)_4]$	--	↑↓	↑↓	↑↓	↑↓	↑↓	↑↓	↑↓	↑↓	↑↓			Tetraedrisch
-	Cu^+	--	↑↓	↑↓	↑↓	↑↓	↑↓							
-	Cu^{2+}	--	↑↓	↑↓	↑↓	↑↓	↑							
1	$[Cu^I(CN)_4]^{3-}$	--	↑↓	↑↓	↑↓	↑↓	↑↓	↑↓	↑↓	↑↓	↑↓			Tetraedrisch
1	$[Cu^{II}(NH_3)_4]^{2+}$	--	↑↓	↑↓	↑↓	↑↓	↑↓	↑↓	↑↓	↑↓	↑			Quadratisch
	Kryptonschale	--	↑↓	↑↓	↑↓	↑↓	↑↓	↑↓	↑↓	↑↓	↑↓			

„1" = inner orbital-Komplex
„2" = outer orbital-Komplex

meisten Übergangselemente gehorchen der **18-Elektronen-Regel** ($d^{10}s^2p^6$), d. h. es bilden sich Komplexe mit so vielen Liganden, dass 18 Elektronen in der Valenzschale des Zentralatoms erreicht werden.

So benötigt das **Eisenatom** mit der Elektronenkonfiguration [$1s^22s^22p^63s^23p^63d^64s^2$ = 26 Elektronen] **10 Elektronen** (5 Zweielektronen-Liganden) bzw. das **Fe(II)-Ion** mit der Elektronenkonfiguration [$(Ar)3d^6$ = 24 Elektronen] **12 Elektronen** (6 Zweielektronen-Liganden), um seine Valenzschale mit 18 Elektronen aufzufüllen und die Kryptonschale mit insgesamt 36 Elektronen zu erreichen. Dementsprechend existieren Komplexe der Zusammensetzung $[Fe^0(CO)_5]$ und $[Fe^{II}(CN)_6]^{4-}$. Eine Kryptonschale besitzen auch die Komplexe $[Co^{III}(CN)_6]^{3-}$, $[Cu^I(CN)_4]^{3-}$ und $[Ni^0(CO)_4]$. Die 18-Elektronen-Regel gilt aber nicht streng und wird z. B. von *tetraedrischen* Komplexen wie $[FeCl_4]^-$ oder $[CoCl_4]^{2-}$ *nicht* erfüllt [vgl. **MC-Frage Nr. 500**].

Daneben existieren auch Komplexe, in denen aus räumlichen Gründen bzw. bei ungerader Elektronenzahl des Zentralatoms die nächsthöhere Edelgaskonfiguration um *ein* oder *zwei Elektronen unter-* oder *überschritten* wird. Solche Komplexe sind chemisch reaktionsfreudiger als Komplexe mit einer „Edelgasschale“. Sie fungieren erwartungsgemäß als Oxidations- bzw. Reduktionsmittel.

Beispielsweise lässt sich der Komplex $[Fe^{III}(CN)_6]^{3-}$ (mit 35 Elektronen) leicht zum entsprechenden Fe(II)-Komplex (mit 36 Elektronen) reduzieren, wirkt also selbst als Oxidationsmittel [vgl. **MC-Frage Nr. 567**].

$$[Fe^{III}(CN)_6]^{3-} + 1\ e^- \longrightarrow [Fe^{II}(CN)_6]^{4-}$$

Umgekehrt besitzen viele oktaedrische Komplexe des zweiwertigen Kobalts (mit 37 Elektronen) reduzierende Eigenschaften. So vermag z. B. $[Co(NH_3)_6]^{2+}$ aus Wasser Wasserstoff zu entwickeln. In diesen oktaedrischen Co(III)-Komplexen entspricht die Elektronenkonfiguration des Zentralatoms im Komplex der Elektronenkonfiguration des Kryptons (siehe ◘ Tab. 1.42).

$$[Co^{II}(CN)_6]^{4-} \longrightarrow [Co^{III}(CN)_6]^{3-} + 1\ e^-$$

Ähnliches trifft für Cu(II)-Komplexe (mit 35 Elektronen) zu, die sich leicht in die stabileren Cu(I)-Komplexe (mit 36 Elektronen) umwandeln. Darüber hinaus sind Ni(II)-Komplexe (mit 34 Elektronen) zu erwähnen, die sich zu Ni(0)-Komplexen reduzieren lassen.

$$[Cu^{II}(CN)_4]^{2-} + 1\ e^- \longrightarrow [Cu^I(CN)_4]^{3-}$$
$$[Ni^{II}(CN)_4]^{2-} + 2\ e^- \longrightarrow [Ni^0(CN)_4]^{4-}$$

1.5.2.4 Geometrie von Komplexen

Wir haben uns schon im ▸ Kap. 1.4.2.6 mit Faktoren beschäftigt, die die räumliche Struktur eines Atomverbandes mit *gerichteten Bindungen* bestimmen, wie sie auch in den typischen Komplexen vorliegen. Es sind dies zum Beispiel [vgl. **MC-Frage Nr. 373**]:

- die Ladung und die Größe des Zentralatoms,
- das Vorhandensein nichtbindender Elektronenpaare sowie
- die Möglichkeit zur Oktettaufweitung.

In Komplexen mit völlig *kugelsymmetrischem Zentralatom* [Komplexe der metallischen Hauptgruppenelemente sowie der Übergangselemente mit voll- oder halbbesetzten d-Niveaus] sind regelmäßig gebaute Koordinationspolyeder zu erwarten.

Das **Koordinationspolyeder** ist der Raumkörper, der entsteht, wenn man sich die Mittelpunkte der direkt an das Zentralatom gebundenen Atome der Liganden durch Linien miteinander verbunden denkt. Für die Koordinationszahlen 2, 3, 4, 5, 6, 7 und 8 sind es *lineare, trigonale, tetraedrische, trigonal-bipyramidale, oktaedrische, pentagonal-bipyramidale* und *quadratisch-antiprismatische* Strukturen. Bei der Koordinationszahl 4 tritt neben der tetraedrischen noch eine *quadratisch-planare* Anordnung der Liganden auf. Bei der Koordinationszahl 5 sind neben trigonal-bipyramidalen auch *quadratisch-pyramidale* Komplexe bekannt [vgl. **MC-Fragen Nr. 446, 447, 494, 508, 509, 526**].

In ○ Abb. 1.77 und in □ Tab. 1.43 sind die räumlichen Strukturen ausgewählter Metallkomplexe abgebildet bzw. aufgelistet.

Zu beachten ist, dass an den Komplexen der Übergangselemente **d-Orbitale** beteiligt sind und dabei zwei Arten von d-Elektronenverteilungen des Zentralatoms auftreten können, wie dies in □ Tab. 1.42 an einigen Beispielen wiedergegeben ist:

(1) Die Einzelelektronen in den d-Orbitalen eines Zentralatoms rücken paarweise nach *inneren* Orbitalen zusammen, sodass d-Orbitale für eine Hybridisierung und Aufnahme von Ligandenelektronen frei werden. Es werden **inner orbital-** bzw. **Durchdringungskomplexe** gebildet.

(2) Tritt keine Elektronenpaarbildung durch Zusammenrücken von d-Elektronen in den Orbitalen des Zentralatoms ein, so erfolgt eine Hybridisierung der noch besetzbaren *äußeren* Orbitale des Zentralatoms. Es entstehen **outer orbital-** bzw. **Anlagerungskomplexe**.

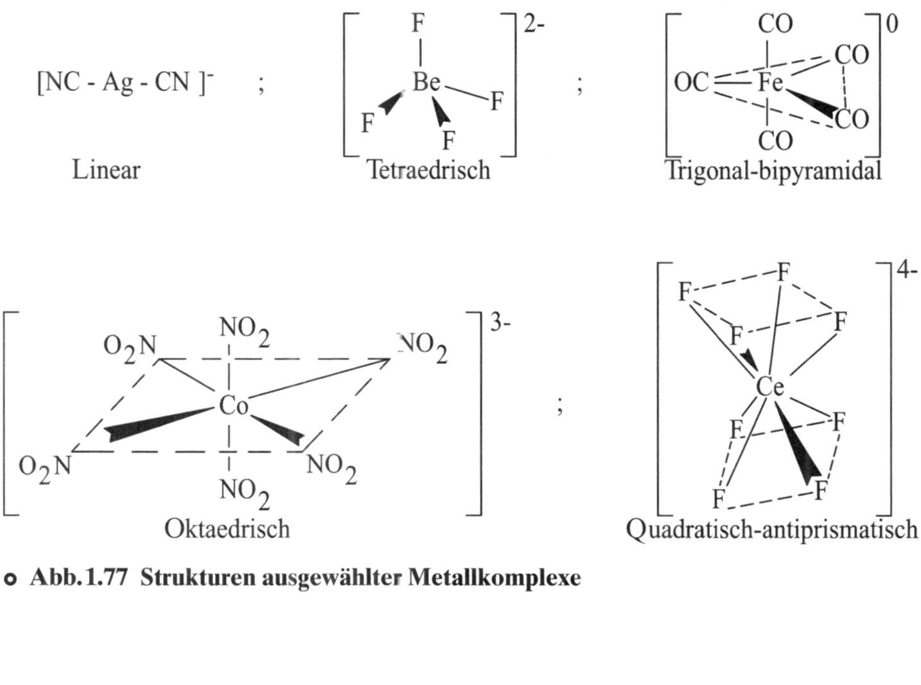

○ **Abb. 1.77 Strukturen ausgewählter Metallkomplexe**

Besonders hinzuweisen ist auf die *quadratisch-ebene* Struktur des $[Ni^{II}(CN)_4]^{2}$-Komplexes im Gegensatz zur *tetraedrischen* Konfiguration der Verbindung $[Ni^0(CO)_4]$. Dies findet seine Erklärung darin, dass beim nullwertigen **Nickel** [zwei d-Elektronen *mehr* als beim zweiwertigen] keine quadratische dsp^2-, sondern nur eine tetraedrische sp^3-Hybridisierung möglich ist, weil hier alle d-Orbitale mit Elektronen vollbesetzt sind und daher keine Elektronenpaare der Liganden mehr in diese aufgenommen werden können. Auch das komplexe $[NiCl_4]^{2-}$Ion ist tetraedisch gebaut [vgl. **MC-Fragen Nr. 498, 499, 502, 520, 563**].

Bei vierfacher Koordination werden *quadratisch-planare* Komplexe von Ni(II), Rh(II), Pd(II), Pt(II), Ir(I), Cu(II) und Au(III) gebildet. Beispiele sind $[Ni(CN)_4]^{2-}$, $[Cu(NH_3)_4]^{2+}$ und vor allem **Platin(II)-Komplexe** wie $[PtCl_4]^{2-}$ oder $[Pt(NH_3)_4]^{2+}$ [vgl. **MC-Fragen Nr. 497, 498, 501, 504, 520**].

Eine *tetraedrische* Anordnung der Liganden findet sich in Komplexen von Ni(0), Cu(I), Ag(I), Co(II), Cd(II), Hg(II) sowie Komplexen der Hauptgruppenelemente Be(II) und Al(III). Beispiele sind $[Ni(CO)_4]$ und $[NiCl_4]^{2-}$ [vgl. **MC-Fragen Nr. 499, 502, 531**].

Lineare Komplexe bilden Ionen wie Cu(I), Ag(I), Au(I) und Hg(II), wobei vor allem auf den linearen Bau vieler **Silberkomplexe** mit der Koordinationszahl 2 hingewiesen wird.

Komplexe der Übergangsmetallkationen Fe(II), Fe(III), Cr(III), Co(II) und Co(III) sind im Allgemeinen mit 6 Liganden koordiniert und besitzen eine *oktaedrische* Raumstruktur wie z.B. das *Hexacyanoferrat*(II)- $[Fe(CN)_6]^{4-}$ oder *Hexanitrocobaltat*(III)-Anion $[Co(NO_2)_6]^{3-}$, die beide die Elektronenkonfiguration des Kryptons besitzen [vgl. **MC-Fragen Nr. 495, 496, 504, 506, 558**].

Bei der Geometrie von Komplexen ist jedoch zu berücksichtigen, dass es Abweichungen geben kann. Beispielsweise ist das planare $[Cu(NH_3)_4]^{2+}$-Ion in *wässriger*

Tab. 1.43 Raumstruktur einiger Koordinationsverbindungen von Übergangsmetallen

Komplextyp	Koordinationszahl	Struktur	Beispiele
ZL_2	2	Linear	$[Ag(NH_3)_2]^+$ $[Ag(CN)_2]^-$
ZL_4	4	Tetraedrisch	$[Ni(CO)_4]$ $[Cd(NH_3)_4]^{2+}$ $[CoCl_4]^{2-}$
		Quadratisch-eben	$[PtCl_4]^{2-}$ $[Pt(NH_3)_4]^{2+}$
ZL_5	5	Trigonalbipyramidal*)	$[Fe(CO)_5]$
ZL_6	6	Oktaedrisch	$[Fe(CN)_6]^{4-}$ $[Fe(CN)_6]^{3-}$ $[Cr(H_2O)_6]^{3+}$ $[Co(NH_3)_6]^{3+}$

*) Komplexe mit fünf Liganden können neben der dreiseitigen Bipyramide auch eine quadratische Pyramide als Koordinationspolyeder bilden.

Lösung zusätzlich mit zwei weiteren Wassermolekülen zum $[Cu(NH_3)_4(H_2O)_2]^{2+}$-Ion koordiniert und bildet ein tetragonal verzerrtes Oktaeder.

1.5.2.5 Isomerie in Komplexen

Ist ein Zentralatom mit mehrzähnigen Liganden oder unterschiedlichen einzähnigen Liganden zugleich koordiniert, so können in einigen Fällen **Isomere** auftreten, d. h. Verbindungen, die sich bei gleicher stöchiometrischer Zusammensetzung (Summenformel) in der räumlichen Anordnung der Liganden unterscheiden. Isomere Verbindungen besitzen *unterschiedliche* chemische und physikalische Eigenschaften.

cis/trans-Isomerie: **Geometrische Isomere** treten bei einigen *quadratisch-planaren* und *oktaedrischen* Komplexen auf. Cis/trans-Isomerie wird beobachtet in quadratischen Komplexen der allgemeinen Form $[Za_2b_2]$ mit zwei unterschiedlichen einzähnigen Liganden (a, b). Sind alle vier einzähnigen Liganden (a, b, c, d) voneinander verschieden, so sind in quadratischen Komplexen [Zabcd] insgesamt drei geometrische Isomere möglich. Auch quadratisch-planar gebaute Chelatkomplexe der allgemeinen Form $[Z(a\text{-}b)_2]$ können in cis/trans-isomeren Strukturen auftreten [vgl. **MC-Fragen Nr. 512, 514–516, 518, 529, 530, 563**].

Besonders eingehend sind die quadratisch-planar gebauten Komplexe des zweiwertigen Platins (Elektronenkonfiguration $[Xe]4f^{14}5d^8$) untersucht worden. Das *farblose* **Diammindichloroplatin(II)** $[Pt(NH_3)_2Cl_2]$ tritt in geometrisch isomeren Formen auf. Das cis-Isomer besitzt eine *cytostatische Wirksamkeit* und wird als **Cisplatin** in der Therapie eingesetzt. Beim cis-Isomer (I) befinden sich die beiden Chloridliganden an benachbarten Ecken des Quadrats, während sie beim trans-Isomer (II) gegenüberliegende Ecken besetzen. Auch mit unsymmetrischen zweizähnigen Liganden wie z.B. Glycinat-Ionen ($H_2NCH_2COO^-$) sind cis/trans-isomere Pt(II)-Komplexe (III, IV) möglich [vgl. **MC-Fragen Nr. 433, 494, 520–524, 1861**].

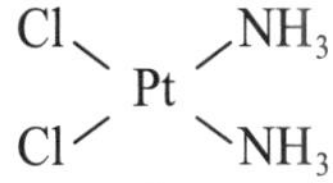

cis
(I)

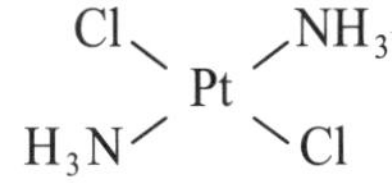

trans
(II)

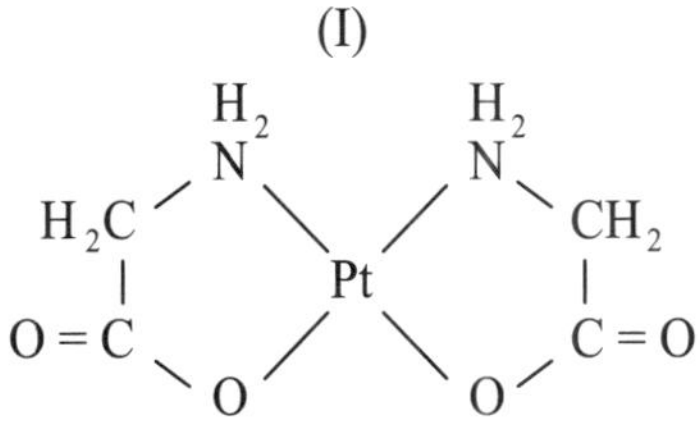

cis
(III)

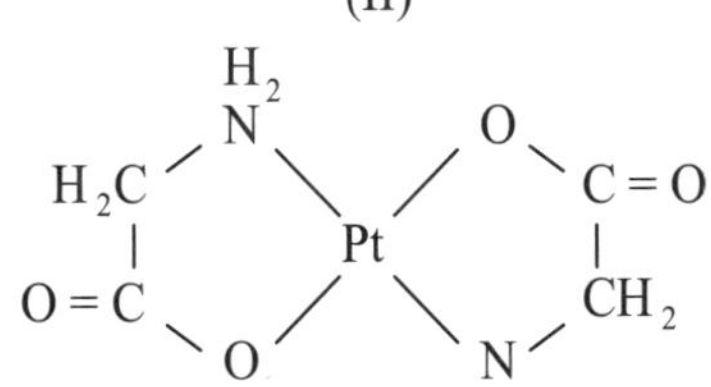

trans
(IV)

Das Auftreten geometrischer Isomerer bei unsymmetrisch koordinierten Komplexen mit der Koordinationszahl 4 bildet einen *direkten* Beweis für die quadratisch-planare Anordnung der Liganden.

Neben *Cisplatin* werden auch andere Komplexe des zweiwertigen Platins wie *Carboplatin* oder *Oxaliplatin* in der Therapie von Krebserkrankungen eingesetzt.

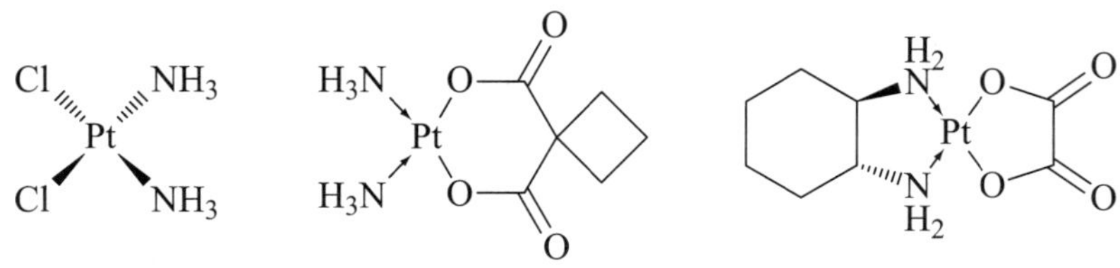

Cisplatin Carboplatin Oxaliplatin

Zu den bekanntesten Beispielen von oktaedrischen cis/trans-Isomeren zählen die *violetten* (cis) und *grünen* (trans) **Tetrammindichlorochrom(III)-Komplexe** $[Cr(NH_3)_4Cl_2]^+$.

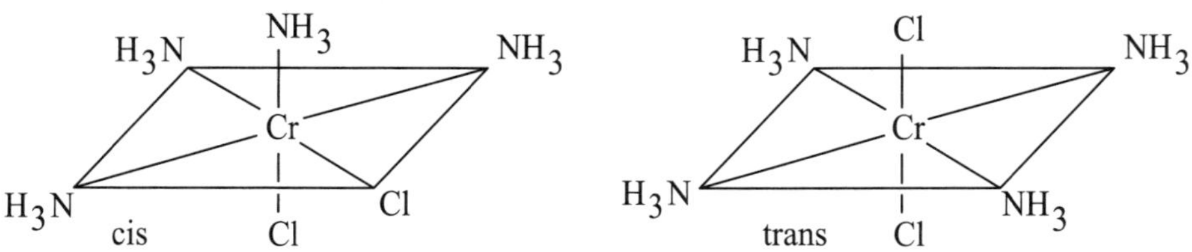

Als weiteres Beispiel für einen oktaedrischen Komplex, der in unterschiedlichen geometrischen Formen auftreten kann, ist **Tetrammindinitrokobalt(III)-chlorid** $[Co(NH_3)_4(NO_2)_2]Cl_2$ zu nennen. Im cis-Isomer sind die beiden Nitro-Liganden (b) an benachbarten Positionen angeordnet, während sie sich in der trans-Form in der Ligandenebene diametral gegenüberstehen.

Generell können oktaedrische Komplexe der allgemeinen Strukturformel $[Za_4b_2]$, worin a und b einzähnige, aber unterschiedliche Liganden darstellen, cis/trans-isomere Strukturen bilden, die sich in ihren physikalisch-chemischen Eigenschaften unterscheiden [vgl. **MC-Fragen Nr. 514, 515, 518**].

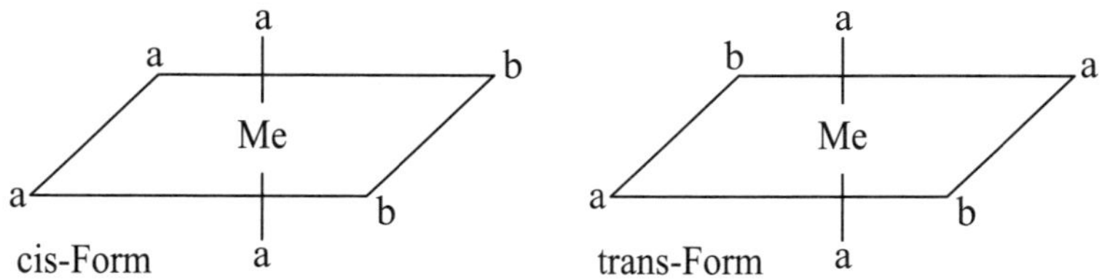

Die Reindarstellung des jeweiligen Isomers erfolgt häufig durch fraktionierte Kristallisation. Bei den quadratisch-planaren Pt(II)-Komplexen lassen sich die cis/trans-Isomeren u.U. durch eine stereoselektiv verlaufende Synthese herstellen. Es hat sich nämlich gezeigt, dass bei Ligandensubstitutionen an solchen Komplexen trans-ständige Liganden bevorzugt ausgetauscht werden [siehe ▸Kap. 1.5.3.6 und **MC-Fragen Nr. 521, 522**].

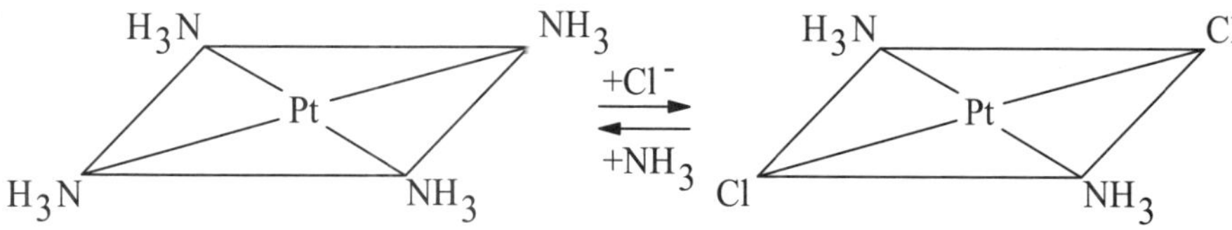

Optische Isomerie: Bei *tetraedrischer*, *quadratisch-planarer* oder *oktaedrischer* Koordination wird eine weitere Art der Stereoisomerie in Komplexen beobachtet, die sogenannte **Spiegelbildisomerie**. Dabei tritt ein Komplex in *zwei* räumlichen Strukturen auf, die sich wie *Bild* zu *Spiegelbild* verhalten [vgl. **MC-Fragen Nr. 513, 514, 517, 530**].

Ein Beispiel hierfür ist der *Trioxalatochrom*(III)-*Komplex*, in dem das Oxalat-Ion [$^{-}$O-Ox-O^{-}] als Chelatligand mit dem zentralen Chrom(III)-Ion eine Fünfringstruktur ausbildet. Auch der *Triethylendiaminokobalt*(III)-*Komplex* [$Co(H_2NCH_2CH_2NH_2)_3]^{3+}$ tritt in spiegelbildlichen Formen auf [vgl. **MC-Fragen Nr. 519, 542**].

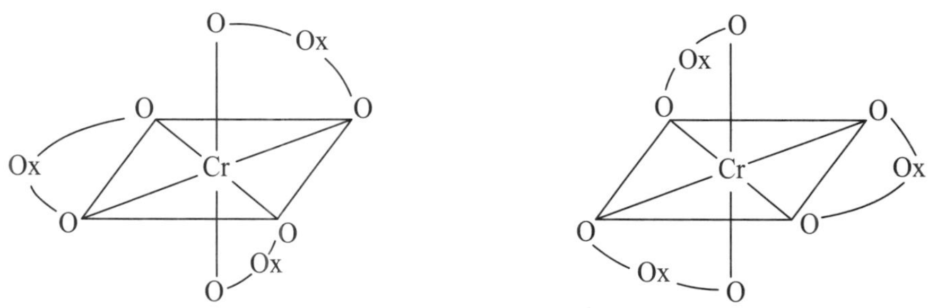

Die beiden **Enantiomeren** oder **optischen Antipoden** der genannten Komplexe unterscheiden sich *nur* darin, dass sie die Polarisationsebene des linear polarisierten Lichtes entweder nach rechts oder links drehen. Eine Eigenschaft, die auch als *optische Aktivität* bezeichnet wird. Die übrigen physikalischen und chemischen Eigenschaften der Enantiomeren sind in Abwesenheit chiraler Einflüsse identisch.

Voraussetzung für das Auftreten von Spiegelbildisomerie ist die **Chiralität** einer Substanz, d. h., es dürfen weder Symmetrieebene noch Symmetriezentrum als Symmetrieelemente im Molekül vorhanden sein (siehe auch Ehlers, **Chemie II**, ▸Kap. 3.3.1.3).

Spiegelbildisomerie wird bei *oktaedrischen* Komplexen der Zusammensetzung [$Z(a\text{-}a)_3$] und [$Z(a\text{-}a)_2b_2$] beobachtet, wobei (a-a) für einen zweizähnigen und b für einen einzähnigen Liganden steht. In *tetraedrischen* Komplexen findet sich die optische Isomerie, wenn das Zentralatom mit vier unterschiedlichen einzähnigen Liganden [Zabcd] (Analogie zum asymmetrischen Kohlenstoff) oder mit zwei unsymmetrischen, zweizähnigen Liganden [$Z(a\text{-}b)_2$] koordiniert ist. *Quadratisch-planare* Komplexe werden chiral, wenn voluminöse Gruppen in Liganden deren Rotation um die Zentralatom-Donoratom-Bindung verhindern und damit keine Symmetrie mehr vorhanden ist (nur wenige gut charakterisierte Beispiele sind hierfür bekannt) [vgl. **MC-Fragen Nr. 513, 514, 542**].

1.5.3 Bildung, Stabilität und Eigenschaften von Komplexen

1.5.3.1 Stabilität von Komplexen

Die Komplexbildungsreaktion ist eine Gleichgewichtsreaktion und kann mithilfe des Massenwirkungsgesetzes beschrieben werden (siehe ▸Kap. 1.10.1.2). Die **Gleichgewichtskonstante** der Komplexbildung ist ein Maß für die **thermodynamische Stabilität** und somit ein Maß für die Differenz der freien Enthalpie (ΔG) des Komplexes und der freien Enthalpie der Edukte jeweils im Standardzustand [vgl. **MC-Frage Nr. 530**].

$Z + n\,L \underset{\text{Dissoziation}}{\overset{\text{Assoziation}}{\rightleftharpoons}} [ZL_n]$			
$K_S = \dfrac{[ZL_n]}{[Z]\cdot[L]^n}$	$K_D = \dfrac{[Z]\cdot[L]^n}{[ZL_n]}$	$K_S = \dfrac{1}{K_D}$	$pK_S = -\,pK_D$

Die Konstante (**K_S**) heißt **Stabilitätskonstante** (**Komplexbildungskonstante**), den Kehrwert (**K_D**) nennt man **Dissoziationskonstante**. Je größer K_S ist, desto höher ist die thermodynamische Beständigkeit des Komplexes. Oder anders formuliert: *Beständige Komplexe* zeichnen sich durch einen *hohen Dissoziationsexponenten* (pK_D) oder durch eine *kleine Dissoziationskonstante* (K_D) aus. *Unbeständige Komplexe* sind durch *niedrige* Dissoziationsexponenten bzw. eine *große* Dissoziationskonstante charakterisiert [vgl. **MC-Fragen Nr. 526, 529**].

Man muss aber beachten, dass Komplexbildungsreaktionen oder die Dissoziation von Komplexen *stufenweise* erfolgen und jeder Teilschritt eine bestimmte Gleichgewichtskonstante ($K_1, K_2, K_3, \ldots K_n$) besitzt. Die Stabilitätskonstante (K_S) des Komplexes ist dann gleich dem Produkt der Konstanten für die jeweiligen Teilschritte [siehe auch ▸Kap. 1.10.2.3 und **MC-Frage Nr. 529**].

In Lösung treten somit auch die nicht vollständig koordinierten Ionen ZL_1, ZL_2, ZL_3, .., ZL_{n-1} als Zwischenstufen auf. Erst bei sehr hoher Ligandenkonzentration überwiegt schließlich der vollständig koordinierte Komplex ZL_n.

$$Z + L \longrightarrow ZL_1\ (K_1)\ ;\ ZL_1 + L \longrightarrow ZL_2\ (K_2)$$
$$ZL_2 + L \longrightarrow ZL_3\ (K_3)\ ;\ \ldots\ldots\ldots\ ;\ ZL_{n-1} + L \longrightarrow ZL_n\,(K_n)$$

$K_1 > K_2 > K_3 > \ldots\ldots\ > K_n$
$K_S = K_1 \cdot K_2 \cdot K_3 \ldots \cdot K_n$

Die Größe der Konstanten (K_1-K_n) für die einzelnen Teilschritte der Reaktion nimmt in der Regel von Schritt zu Schritt ab. Die Gründe hierfür sind:

- die mit zunehmender Zahl gebundener Liganden wachsende sterische Hinderung,
- die Coulomb-Abstoßung bei geladenen Liganden und

- statistische Faktoren, denn die Wahrscheinlichkeit, dass das Zentralatom mit einem Liganden in der bevorzugten Richtung zusammenstößt wird mit zunehmender Zahl bereits gebundener Liganden immer kleiner.

Aus all diesen Gründen darf es nicht überraschen, dass die Stabilitätskonstanten vieler Komplexe nur annähernd bekannt sind und Literaturangaben hierüber oft beträchtlich schwanken.

Darüber hinaus ist zu beachten, dass *beständige* Komplexe naturgemäß ganz *andere Eigenschaften* (Farbe, Löslichkeit, Leitfähigkeit, chemisches Reaktionsverhalten u. a.) haben als die jeweiligen Komponenten. Bei *unbeständigen* Komplexen (**Doppelsalzen**) ist dies nur bedingt der Fall.

1.5.3.2 Einflüsse auf die Stabilität von Komplexen

Die Stabilität von Komplexen wird durch eine Reihe struktureller Faktoren beeinflusst. Es sind dies vor allem [vgl. **MC-Frage Nr. 529**]:

- die Art des Zentralatoms (Ladung, Größe, Kristallfeldstabilisierung),
- die Art der Liganden (Ladung, Größe, Dipolmoment, Polarisierbarkeit) oder
- Entropieeffekte, besonders bei der Bildung von Komplexen mit mehrzähnigen Liganden (siehe auch ▸ Kap. 1.5.3.4).

Allerdings ist es in der Praxis nicht immer leicht, die Wirkungen dieser verschiedenen Einflüsse exakt zu erkennen und zu unterscheiden.

Im Allgemeinen wird die Stabilität eines Komplexes umso höher sein, je größer die Ionenladung und je kleiner die Ionen selbst sind. Die Komplexbeständigkeit müsste also mit zunehmender „Ladungskonzentration" des *Zentralatoms* wachsen. Dies ist bei zahlreichen Komplexen auch der Fall, vor allem bei **Fluoro-** und **Hydroxokomplexen** mit vorwiegend ionischer Bindung der Liganden.

Der Einfluss der **Ligandengröße** auf die Komplexstabilität zeigt sich u. a. daran, dass das kleine *Fluorid-Ion* mit vielen Metallionen häufig stabilere Komplexe bildet als die größeren Halogenid-Ionen, obwohl bei letzteren die Bindungen zwischen Zentralatom und Liganden durch eine in gewissem Umfang eintretende Überlappung von AO verstärkt werden [vgl. **MC-Frage Nr. 530**].

In der Gruppe der übrigen **Halogenid-** (Cl^-, Br^-, I^-) und **Pseudohalogenidkomplexe** (CN^-, SCN^-, N_3^-) nimmt die Stabilität mit zunehmender *Deformierbarkeit* (Polarisierbarkeit) des Anions zu.

Bei **Neutralmolekülen** (NH_3, H_2O) als Liganden spielen neben der Größe vor allem Eigenschaften wie ihr *Dipolmoment* oder ihre *Polarisierbarkeit* eine Rolle, wobei jedoch diese Effekte in ihrem Einfluss nicht immer auseinanderzuhalten sind.

Einen starken Einfluss auf die Komplexbeständigkeit haben die zwischen Zentralatom und Liganden auftretenden **Bindungskräfte**. So sind **Ion-Dipol-Komplexe** die unbeständigsten Komplexe, weil hier die Anziehungskräfte zwischen Zentralatom und Liganden am schwächsten sind. **Ionenkomplexe** sind wesentlich stabiler als Ion-Dipol-Komplexe, aber instabiler als solche, bei denen **kovalente Bindungskräfte** wirksam werden. So sind z.B. Komplexe mit hohen kovalenten Bindungsanteilen vielfach in wässriger Lösung nicht dissoziiert.

Es überrascht deshalb nicht, dass viele Moleküle oder Ionen in der Lage sind, aus Komplexen die ursprünglichen Liganden zu verdrängen, falls sie mit dem betreffenden Zentralatom einen stabileren Komplex bilden können (siehe auch ▸ Kap. 1.5.3.5).

$$[Cu(H_2O)_4]^{2+} + 4\ NH_3 \rightleftharpoons [Cu(NH_3)_4]^{2+} + 4\ H_2O$$

$$\downarrow + 6\ CN^- \ / \ - (CN)_2$$

$$[Cu(CN)_4]^{3-} + 4\ NH_3$$

Beim o.a. Beispiel kann die im Vergleich zum Tetramminkupfer(II)-Komplex $[Cu(NH_3)_4]^{2+}$ erhöhte Stabilität des Tetracyanokupfer(I)-Anions $[Cu(CN)_4]^{3-}$ auch damit erklärt werden, dass im Cu(I)-Komplex das Zentralatom die Edelgaskonfiguration des Kryptons besitzt (siehe ▸ Kap. 1.5.2.3).

Darüber hinaus ist zu beachten, dass **chelatbildende Liganden** ganz allgemein stabilere Komplexe ergeben als einzähnige Liganden. Beispielsweise sind Komplexe mit dem sechszähnigen Ethylendiamintetraacetat-Anion $[EDTA^{4-}]$ beständiger als Komplexe mit Tartrat-Ionen und diese wiederum sind stabiler als Aquakomplexe (siehe auch Ehlers, **Analytik II**, ▸ Kap. 9).

$$[Me(H_2O)_6]^{2+} + EDTA^{4-} \rightarrow [Me(EDTA)]^{2-} + 6\ H_2O$$

Da bei den Elektronenakzeptorkomplexen ein Ligand ein Elektronenpaar für die Bindungsbildung zum Zentralatom zur Verfügung stellt, darf man annehmen, dass die Tendenz eines Liganden zur Bildung koordinativer Bindungen umso größer ist, je stärker sein **Basencharakter** (seine **Nucleophilie**) ausgeprägt ist [vgl. **MC-Frage Nr. 530**].

Die Komplexe der Alkali- und Erdalkalimetalle, der Metalle der ersten Reihe der Übergangselemente sowie der Lanthanoiden und Actinoiden entsprechen diesen Erwartungen. Diese Metalle bevorzugen Liganden, die über ein N-, O- oder F-Atom an das Zentralatom gebunden sind.

Die Elemente der Kupfer- und Zink-Gruppe sowie Zinn und Blei bilden hingegen beständigere Komplexe mit Liganden, die unbesetzte d-Orbitale enthalten, wie z. B. S^{2-}, I^-, PR_3 u. a.

Abschließend ist noch anzumerken, dass auch die *Bildung von kovalenten Bindungen* zwischen Liganden (CO, CN^-) und Zentralatom die Komplexstabilität z.T. beträchtlich erhöht (siehe hierzu ▸ Kap. 1.5.4.1).

1.5.3.3 Harte und weiche Säuren und Basen

In den typischen Komplexen fungiert ein Ligand als **Lewis-Base** und das Zentralatom als **Lewis-Säure**. Das von **Pearson** entwickelte **HSAB-Konzept** (**h**ard and **s**oft **a**cids and **b**ases) baut deshalb auf den Lewis-Definitionen der Säuren und Basen auf (siehe hierzu ▸ Kap. 1.11.1.8).

Den Überlegungen von Pearson, die zu diesem neuen Klassifizierungsprinzip führten, lag die Fragestellung zugrunde, welche Eigenschaften der Substanz A aus thermodynamischer Sicht die Lage des Gleichgewichts [A+B A-B], d. h. die Stabilität der Verbindung A-B bestimmen.

Betrachtet man z. B. die *Komplexbildungsreaktion* zwischen einem Zentralatom (Elektronenpaarakzeptor) und einem Liganden (Elektronenpaardonator), so spielen vor allem die **Elektronegativität** und die **Polarisierbarkeit** der **Lewis-Base** eine Rolle (siehe auch ▸Kap. 1.2.4.7 und ▸Kap. 1.3.1.4).

Die Elektronegativität ist ein Maß für die Tendenz eines Atoms, in kovalenter Bindung Elektronen anzuziehen. Die Polarisierbarkeit gibt demgegenüber an, wie leicht die Elektronenhülle eines Teilchens unter dem Einfluss eines elektrischen Feldes, z. B. dem eines Ions, deformierbar ist.

Erfahrungsgemäß kann man die Lewis-Basen (Elektronenpaardonatoren) in zwei Gruppen unterteilen: In solche mit geringer Elektronegativität und großer Polarisierbarkeit und in solche mit großer Elektronegativität und geringer Polarisierbarkeit. Pearson schlägt vor, leicht *polarisierbare Elektronendonatoren* als *weich* und *wenig polarisierbare Elektronendonatoren* als *hart* zu bezeichnen. In ▫Tab. 1.44 sind einige Beispiele harter und weicher Basen zusammengestellt [vgl. **MC-Frage Nr. 532**].
Eine entsprechende Unterteilung ist auch für Lewis-Säuren (Elektronenpaarakzeptoren) möglich. Die eine Gruppe von ihnen bildet stabile Bindungen mit Basen, die starke, wenig polarisierbare Protonenakzeptoren darstellen. Die Säuren der anderen Gruppe bilden stabile Bindungen mit solchen Basen, die weniger gute Protonenakzeptoren und dafür leicht polarisierbar sind. Nach dem HSAB-Konzept sind z. B. *harte Säuren* dadurch gekennzeichnet, dass sie eine geringe räumliche Ausdehnung und eine hohe positive Ladung besitzen und keine nichtbindenden Elektronen in ihrer Valenzschale enthalten. In ▫Tab. 1.45 sind einige Beispiele harter und weicher Säuren aufgelistet [vgl. **MC-Fragen Nr. 532–536**].

Da nicht für alle Reaktionen einer Lewis-Säure mit einer Lewis-Base thermodynamische Messungen über die Stabilität der Endprodukte vorliegen, wurden für die Klassifizierung der Säuren noch weitere Kriterien vorgeschlagen. Beispielsweise zählt eine Säure (A) dann zu den harten Säuren, wenn in einer Verdrängungsreaktion [A-B + B‘ A-B‘ + B] die Reaktionsgeschwindigkeit groß ist, falls B‘ eine harte Base und klein ist, falls B‘ eine weiche Base darstellt.

Darüber hinaus gilt die Aussage, dass der harte oder weiche Charakter eines Metallions entscheidend von seiner *Oxidationsstufe* abhängt. Im Allgemeinen nehmen die harten Eigenschaften mit steigender Oxidationszahl (Erhöhung der Elektronegativität) und die weichen Eigenschaften mit fallender Oxidationszahl (Verringerung der Elektronegativität) zu.

▫ Tab. 1.44 Harte und weiche Basen

Harte Basen	Weiche Basen
F^-, HO^-, O^{2-}, H_2O, NH_3, N_2H_4, RO^-, ROH, R_2O, RNH_2, R_2NH, R_3N, CH_3COO^-, CO_3^{2-}, PO_4^{3-}, SO_4^{2-}, NO_3^-, ClO_4^-	Br^-, I^-, CN^-, H^-, RS^-, RSH, R_2S

Tab. 1.45 Harte und weiche Säuren

Harte Säuren	Hart-weiche Säuren (Mittelstellung)	Weiche Säuren
H^+, Li^+, Na^+, K^+, Be^{2+}, Mg^{2+}, Ca^{2+}, Sr^{2+}, Al^{3+}, Ce^{4+}, Si^{4+}, Ti^{4+}, As^{3+}, Mn^{2+}, Cr^{3+}, Cr^{6+}, Co^{3+}, Fe^{3+}, BF_3, BCl_3, $AlCl_3$, SO_3, CO_2	Sn^{2+}, Pb^{2+}, Sb^{3+}, Bi^{3+}, Fe^{2+}, Co^{2+}, Ni^{2+}, Cu^{2+}, Zn^{2+}, NO	Cs^+, Cu^+, Ag^+, Au^+, Tl^+, Hg_2^{2+}, Hg^{2+}, Cd^{2+}, Au^{3+}, Fe^0, I_2, Br_2, I-CN

Anwendungen: Obwohl es kein eindeutiges Kriterium für die Härte oder Weichheit einer Säure bzw. einer Base gibt, hat sich das Konzept in der Chemie der Metallkomplexe bewährt. Es erlaubt Aussagen über die Lage von Gleichgewichten und die Stabilität von Komplexen bestimmter Oxidationsstufen zu machen, die sonst nicht ohne weiteres in einen allgemeingültigen Zusammenhang zu stellen sind.

Es gilt die *Regel*, dass sich harte Säuren vorzugsweise mit harten Basen und weiche Säuren vorzugsweise mit weichen Basen verbinden (**hard and hard, soft and soft flock together**) [vgl. **MC-Frage Nr. 532**].

Starke Bindungen mit hohen ionischen Anteilen ergeben sich danach bei der Umsetzung von harten Säuren mit harten Basen bzw. von weichen Säuren mit weichen Basen.

$$\underset{\text{hart}}{Li^+} + \underset{\text{hart}}{F^-} \longrightarrow LiF \quad \text{bzw.} \quad \underset{\text{weich}}{Cs^+} + \underset{\text{weich}}{I^-} \longrightarrow CsI$$

Schwache Bindungen überwiegend kovalenter Natur resultieren dagegen aus der Umsetzung einer harten Säure mit einer weichen Base oder einer weichen Säure mit einer harten Base.

$$\underset{\text{hart}}{Cr^{3+}} + \underset{\text{weich}}{6\ SCN^-} \longrightarrow [Cr(SCN)_6]^{3-} \quad \text{bzw.} \quad \underset{\text{weich}}{Hg^{2+}} + \underset{\text{hart}}{2\ Cl^-} \longrightarrow HgCl_2$$

Weitherhin kann man aus diesem Konzept ableiten, dass z. B. der Fluorokomplex von Be^{2+} viel stabiler ist als der analoge Komplex des Cu^{2+}-Ions, weil das Be^{2+}-Ion im Vergleich zum Cu^{2+}-Ion die härtere Säure darstellt.

$[BeF_4]^{2-}$ ist stabiler als $[CuF_4]^{2-}$

1.5.3.4 Entropieeffekte

(siehe auch ▸ Kap. 1.9.7.1)

Mit der Komplexbildung ist eine Änderung der **freien Enthalpie** (ΔG) verbunden.

$$\Delta G = \Delta H - T \cdot \Delta S = - RT \cdot \ln K_S = - 2{,}3 \cdot RT \cdot \log K_S$$

Entsprechend obiger Gleichung misst die Stabilitätskonstante (K_S) die Differenz zwischen der freien Enthalpie des Komplexes und den freien Enthalpien von Metallion und Liganden im Standardzustand [vgl. ▸ Kap. 1.9.7.2 und **MC-Frage Nr. 530**].

Diese Differenz ist umso größer und der Komplex umso stabiler, je größer die mit der Komplexbildung einhergehende **Enthalpieabnahme** ($-\Delta H$) und **Entropiezunahme** ($+\Delta S$) sind.

Es wäre zu erwarten, dass die Entropie bei der Bildung eines Komplexes abnehmen sollte, weil die Zahl der frei beweglichen Teilchen und somit die Unordnung im System abnimmt (siehe ▸ Kap. 1.9.4.3). Tatsächlich bewirken jedoch in der Regel die mit der Komplexbildung einhergehenden Veränderungen in der Solvathülle der Ionen eine *Zunahme der Entropie.*

Bildet sich z. B. durch Ligandensubstitution eines Aquakomplexes ein neuer Komplex, bei dem die H_2O-Moleküle durch andere Liganden ersetzt wurden, so nimmt die Entropie stark zu, denn hierbei werden die Hydrathüllen der Reaktionspartner zerstört und der neu gebildete Komplex bewirkt eine geringere Ordnung der Lösungsmittelteilchen.

Besonders groß ist die Bedeutung der Entropiezunahme für die Stabilität von **Chelatkomplexen** mit mehrzähnigen Liganden. Solche Komplexe sind im Allgemeinen beträchtlich stabiler als Komplexe der gleichen Zentralatome mit einzähnigen Liganden. Diese höhere Stabilität der Chelatkomplexe ist fast immer auf die hiermit verbundene *starke Entropiezunahme* zurückzuführen. Bei der Bildung von Chelatkomplexen aus Komplexen mit einzähnigen Liganden werden mehr Teilchen freigesetzt als vor der Reaktion vorhanden sind, was mit einer Zunahme der Unordnung und damit der Entropie einhergeht [vgl. **MC-Fragen Nr. 538, 541**].

$$[Ni(H_2O)_6]^{2+} + 6\ NH_{3aq} \longrightarrow [Ni(NH_3)_6]^{2+}{}_{aq} + 6\ H_2O$$

$$[Ni(H_2O)_6]^{2+} + 3\ (H_2NCH_2CH_2NH_2)_{aq} \longrightarrow [Ni(en)_3]^{2+} + 6\ H_2O$$

(en = Ethylendiamin) $K_S[Ni(NH_3)_6]^{2+} = 2{,}0 \cdot 10^9$
$K_S[Ni(en)_3]^{2+} = 3{,}8 \cdot 10^{17}$

So werden im o.a. Beispiel *zwei* Wassermoleküle des Nickel-Aquakomplexes durch *ein* Ethylendiaminmolekül verdrängt. Die *Zunahme der Entropie* bei der Bildung von Chelatkomplexen ist umso größer, je mehr Koordinationsstellen der mehrzähnige Ligand besetzt. Komplexe mit **Ethylendiamintetraessigsäure**, einem sechszähnigen Liganden, sind daher besonders stabil. Auch die Ringgröße in den Chelatkomplexen ist für deren Beständigkeit von Bedeutung. Vor allem fünf- und sechsgliedrige Chelatringe führen zu Komplexen hoher Stabilität [siehe auch ▸ Kap. 1.5.4.4 und **MC-Frage Nr. 540**].

1.5.3.5 Labile und inerte Komplexe

Komplexe, die ihre Liganden mit relativ hoher Geschwindigkeit gegen andere Liganden austauschen, werden als *labil* bezeichnet. Dagegen geschieht bei kinetisch *inerten (metastabilen)* Komplexen die Ligandensubstitution verhältnismäßig langsam.

Die Bezeichnung *„labil"* sagt *nichts* über die Stabilität eines Komplexes aus, denn thermodynamische Stabilität und Reaktivität sind nicht miteinander vergleichbar (siehe auch ▸ Kap. 1.13.1). Die **thermodynamische Stabilität** bezieht sich auf die Differenz der freien Enthalpie des Komplexes und den freien Enthalpien seiner Bestandteile. Ein Maß für die thermodynamische Stabilität ist die Komplexdissoziationskonstante. Die **Reaktivität** eines Komplexes, d. h. der kinetische inerte (metastabile) oder labile Charakter, wird dagegen durch die **freie Aktivierungsenthalpie**, der Energiedifferenz zwischen Übergangszustand und Metallkomplex, bestimmt (siehe hierzu auch ▸ Kap. 1.13.2.6). Obwohl viele stabile Komplexe zugleich inert und ebenso viele weniger beständige Komplexe zugleich labil sind, existieren auch eine Reihe von stabilen, aber kinetisch labilen Komplexen wie z. B. $[Ni(CN)_4]^{2-}$.

Die Reaktivität von Komplexen hängt neben den Einflüssen des Ligandenfeldes vor allem von der *Ladung* und der *Größe* des *Zentralatoms* ab. Besonders kleine, hochgeladene Kationen bilden stabile und oft auch kinetisch inerte Komplexe. Dies macht verständlich, warum in der Reihe $[AlF_6]^{3-} > [SiF_6]^{2-} > [PF_6]^- > [SF_6]$ die Reaktivität der Substanzen von links nach rechts abnimmt.

Darüber hinaus scheint die Reaktivität eines Komplexes mit der **Elektronenstruktur** seines Zentralatoms in enger Beziehung zu stehen. So sind sämtliche Komplexe *labil*, deren Zentralatome Elektronen in $\mathbf{d_\gamma}$**-Orbitalen** (siehe ▸ Kap. 1.5.5.2) enthalten, wie z. B. $[Cu(H_2O)_6]^{2+}$ ($\mathbf{d^9}$), $[Ni(H_2O)_6]^{2+}$ ($\mathbf{d^8}$), $[Co(NH_3)_6]^{3+}$ ($\mathbf{d^7}$) und $[Fe(H_2O)_6]^{3+}$ ($\mathbf{d^5}$). Ebenso sind alle Komplexe *labil*, die weniger als drei d-Elektronen besitzen. Dagegen sind oktaedrische d^3-Komplexe wie das Hexaaquachrom(III)-Kation $[Cr(H_2O)_6]^{3+}$ ($\mathbf{d^3}$) oder die low spin-Komplexe von Zentralatomen mit 3–6 Valenzelektronen wie beispielsweise Hexacyanoferrat(III) $[Fe(CN)_6]^{3-}$ ($\mathbf{d^5}$) oder Hexachloroplatinat(IV) $[PtCl_6]^{2-}$ ($\mathbf{d^6}$) *kinetisch inert*.

1.5.3.6 Reaktionen von Komplexen

- **Ligandensubstitution**: Bei zahlreichen Komplexen lassen sich die Liganden durch andere Liganden austauschen. Diese Reaktionen können im Prinzip nach einem S_N1- oder S_N2-Mechanismus ablaufen (siehe Ehlers, **Chemie II**, ▸ Kap. 3.2.5).
  Zu den wichtigsten Ligandensubstitutionen zählen die Reaktionen von **Aquakomplexen**. Diese Reaktionen sind in der Regel reversibel und führen zu Gleichgewichtszuständen, deren Lage oft *pH-abhängig* ist, d. h., die Ligandensubstitution ist mit Protonenübertragungen gekoppelt.
  Als Beispiele solcher Reaktionen seien genannt, wobei in den Bruttogleichungen der Einfachheit halber das Hydratwasser weggelassen wurde:
  - **Bildung von Amminkomplexen aus wässrigen Metallsalzlösungen und Ammoniak**: Um die intermediäre Bildung schwer löslicher Metallhydroxide oder Oxidhydrate zu verhindern, arbeitet man zweckmäßigerweise in gepufferten Systemen. Amminkomplexe mit einer relativ kleinen Stabilitätskonstanten lassen sich durch ausreichende Erniedrigung des pH-Wertes wieder zerlegen.

$$[Cu(H_2O)_6]^{2+} + 4\ NH_3 \longrightarrow [Cu(NH_3)_4(H_2O)_2]^{2+} + 4\ H_2O$$
$$[Ag(NH_3)_2]^+ + 2\ H_3O^+ \longrightarrow [Ag^+]_{aq} + 2\ NH_4^+ + 2\ H_2O$$

  - **Bildung von Anionenkomplexen**: Als Beispiele hierfür seien angeführt:

$$[Hg^{2+}]_{aq} + 4\ I^- \longrightarrow [HgI_4]^{2-}$$
$$[Al^{3+}]_{aq} + 4\ HO^- \longrightarrow [Al(OH)_4]^-$$
$$[Cd^{2+}]_{aq} + 4\ CN^- \longrightarrow [Cd(CN)_4]^{2-} \text{ u.a.m.}$$

- **Isomerisierungsreaktionen**: Einige cis/trans-isomere Komplexe isomerisieren in wässrigem Milieu ziemlich rasch. Auch manche optisch isomeren Komplexe racemisieren in Lösung. Die Racemisierung tritt besonders leicht bei labilen Komplexen ein. In diesen Fällen sind die Enantiomeren oft kaum noch voneinander zu trennen.
- **Redoxreaktionen**: Einige Komplexe wie Hexacyanoferrat(III) $[Fe(CN)_6]^{3-}$ unterschreiten die Elektronenkonfiguration eines Edelgases um ein bis zwei Elektronen. Sie fungieren als Elektronenakzeptoren und wirken daher unter Erhalt der Komplexstruktur oxidierend.

$$[FeCN)_6]^{3-} + e^- \leftrightharpoons [Fe(CN)_6]^{4-}$$

Demgegenüber überschreiten einige Komplexe wie z.B. Hexacyanocobaltat(II) $[Co(CN)_6]^{4-}$ die Edelgaskonfiguration um ein bis zwei Elektronen. Solche Komplexe sind Elektronendonatoren und wirken reduzierend.

$$[Co(CN)_6]^{4-} \leftrightharpoons [Co(CN)_6]^{3-} + e^-$$

Über die Normalpotentiale einiger Eisen- und Kobaltkomplexe im Vergleich zu ihren Aquakomplexen informiert ◘ Tab. 1.46.
- **Säure-Base-Reaktionen**: Hydratisierte Metallionen, insbesondere hochgeladene Übergangsmetallkationen, sind *Kationsäuren* und reagieren in wässriger Lösung zum Teil stark sauer. So besitzt das hydratisierte Eisen(III)-Ion einen pK_s-Wert von 2,2 und hat somit einer der Phosphorsäure vergleichbare Säurestärke [siehe auch ▸ Kap. 2.10.5.5 und **MC-Fragen Nr. 995, 1009, 1018, 1829**].

$$[Fe(H_2O)_6]^{3+} + H_2O \leftrightharpoons [Fe(OH)(H_2O)_5]^{2+} + H_3O^+$$

1.5.4 Komplexliganden

In den typischen Komplexen sind **Liganden** (Anionen oder Neutralmoleküle) *Lewis-Basen*, die ein Elektronenpaar für die koordinative Metall-Ligand-Bindung zur Verfügung stellen. Vor allem N-, O- und S-Atome mit freiem Elektronenpaar fungieren als *Elektronenpaardonatoren*. Dabei können diese Donoratome wie z.B. im Pyridin auch in ein Ringsystem eingebunden sein [vgl. **MC-Fragen Nr. 526–528, 537**].

Liganden werden manchmal nach ihrer Ladung klassifiziert und man unterscheidet negativ geladene Liganden (z.B. Halogenid-Ionen) vom **X-Typ** und neutrale Liganden (z.B. Wasser, Ammoniak) vom **L-Typ**.

◘ Tab. 1.46 Normalpotentiale einiger Eisen- und Kobaltkomplexe

Redoxpaar	E°(Volt)
$[Fe(H_2O)_6]^{2+} \rightleftharpoons [Fe(H_2O)_6]^{3+} + e^-$	+0,75
$[Fe(CN)_6]^{4-} \rightleftharpoons [Fe(CN)_6]^{3-} + e^-$	+0,36
$[Fe(EDTA)]^{2-} \rightleftharpoons [Fe(EDTA)]^{-} + e^-$	- 0,12
$[Co(H_2O)_6]^{2+} \rightleftharpoons [Co(H_2O)_6]^{3+} + e^-$	+1,80
$[Co(NH_3)_6]^{2+} \rightleftharpoons [Co(NH_3)_6]^{3+} + e^-$	+0,10

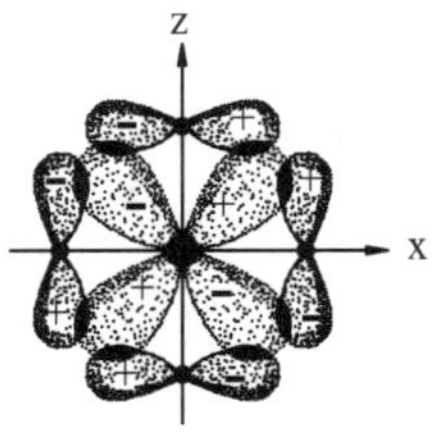

○ Abb. 1.78 Schematisierte Darstellung einer L → M-π-Bindung [Jedes der drei $d_ε$-Orbitale kann mit vier p-AO der Liganden überlappen]

Darüber hinaus unterteilt man Liganden nach der Anzahl der Donoratome, mit denen sie eine Metall-Ligand-Bindung eingehen. Man unterscheidet zwischen *einzähnigen* und *mehrzähnigen Liganden*, je nachdem, ob sie ein oder mehrere Donoratome besitzen. Mehrzähnige Liganden werden auch als **Chelatliganden** bezeichnet (siehe ▸ Kap. 1.5.4.4).

Der rein koordinative Charakter der Ligandenbindung an das Zentralatom ist stark vereinfacht. Darüber hinaus spielen auch **Rückbindungseffekte** vom Metall zum Liganden eine Rolle. Diese Effekte werden in den nachfolgenden Kapiteln detaillierter beschrieben.

1.5.4.1 Komplexe mit π-Bindungen

Die Eigenschaften mancher Komplexe sowie Unregelmäßigkeiten in der spektrochemischen Reihe sind mit der rein elektrostatischen Kristallfeldtheorie nicht mehr befriedigend zu erklären (siehe hierzu ▸ Kap. 1.5.5.1 und ▸ Kap. 1.5.5.4).

Man nimmt an, dass in diesen Komplexen in einem gewissen Ausmaß eine Überlappung von Orbitalen der Liganden mit denen des Zentralatoms eintritt. Neben σ-Bindungen werden **π-Bindungen** ausgebildet durch [vgl. **MC-Frage Nr. 1837**]:

- **Überlagerung besetzter Orbitale der Liganden mit unbesetzten p- oder d-Orbitalen des Zentralatoms** (○ Abb. 1.78),
- **Überlagerung besetzter d-Orbitale des Zentralatoms mit unbesetzten p- oder d-Orbitalen der Liganden** (*back donation*) (○ Abb. 1.79).

Dadurch wird erklärbar, warum z. B. das **Hydroxid-Ion** eine schwächere Aufspaltung der d-Orbitale bewirkt als das Wassermolekül, obwohl es eine negative Ladung trägt.

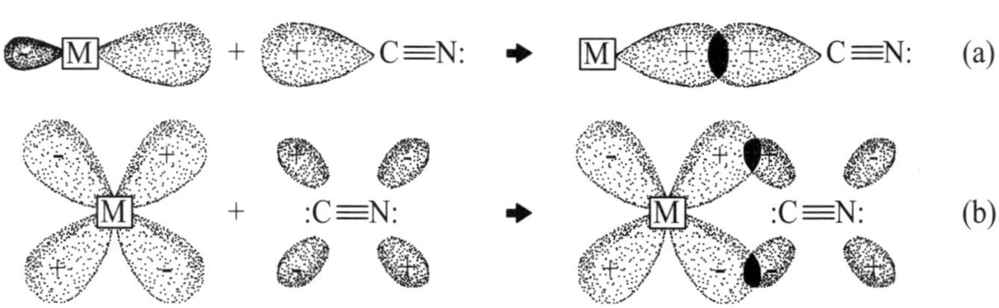

○ Abb. 1.79 Darstellung der M → L-π-Bindung in Cyanokomplexen
a) σ-Bindung unter Verwendung des freien Elektronenpaars am C-Atom
b) π-Bindung aus d-AO des Zentralatoms und unbesetzten (antibindenden) π-AO des CN^--Ions

Das HO^--Ion besitzt aufgrund seiner drei freien Elektronenpaare eine höhere Tendenz zur Übertragung negativer Ladungsanteile auf das Zentralatom als das H_2O-Molekül. Dies führt zu einer verringerten effektiven (positiven) Ladung des Zentralteilchens und somit zu einer geringeren Aufspaltung der d-Niveaus im Ligandenfeld.

Andererseits wird durch die Bildung von π-Bindungen mit ungesättigten Liganden [CO, CN^-, Alkene, Aromaten] negative Ladung von besetzten d-Orbitalen des Zentralatoms partiell auf diese Liganden übertragen, sodass die effektive Ladung der Zentralteilchen vergrößert und damit die Aufspaltung der d-Niveaus verstärkt wird. Dies erklärt die hohe thermodynamische Stabilität und oft auch geringe Reaktivität von **Cyanokomplexen** oder **Metallcarbonylen**.

Eine vom theoretischen Standpunkt aus interessante Verbindungsklasse stellen die **Metall-Aromaten-Komplexe** *(Metallocene)* dar. Es sind Komplexe aus Metallen (z. B. Cr, Fe, Ni) mit aromatischen Ringsystemen wie **Benzen** oder **Cyclopentadienyl-Derivaten**. Sie besitzen eine **Sandwich-Struktur**, d. h., das Metallatom befindet sich zwischen zwei parallel zueinander angeordneten aromatischen Ringen. Ein Beispiel hierfür ist *orangefarbene* **Ferrocen** [$(C_5H_5)_2Fe$], bei dem zwei Cyclopentadienyl-Anionen [$C_5H_5^-$] sandwichartig an ein Fe(II)-Ion koordiniert sind. Dabei werden freie Orbitale des Fe(II)-Kations durch π-Elektronen der beiden Cyclopentadienid-Ringe aufgefüllt. Beim *braunen* **Dibenzolchrom** [Bis(benzol)chrom, Dibenzenchrom] [$(C_6H_6)_2Cr$] erfolgt die Sandwich-Bindung zwischen einem Cr-Zentralatom und zwei Benzolringen als Liganden [siehe auch Ehlers, **Chemie II**, ▸ Kap. 3.1.10.5 und **MC-Fragen Nr. 545, 550–553**].

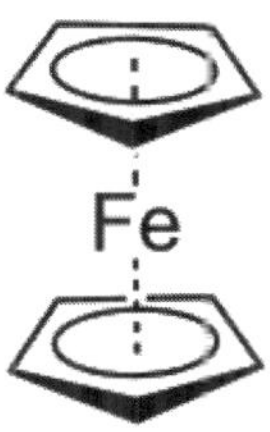

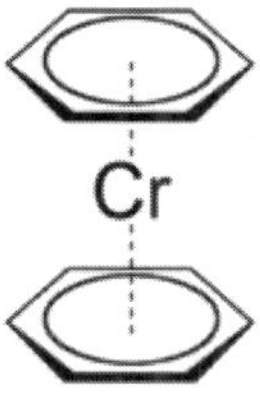

Ferrocen **Dibenzolchrom**

1.5.4.2 Metallcarbonyle

Als **Metallcarbonyle** (Kurzform: *Carbonyle*) bezeichnet man Komplexe von Metallatomen und Kohlenmonoxid [CO] als Ligand. Man unterscheidet zwischen *einkernigen* [$Me(CO)_n$] und *mehrkernigen* Carbonylen [$Me_x(CO)_y$]. Sie dienen als Katalysatoren bei organischen Synthesen oder als Antiklopfmittel in Treibstoffen (wie das trigonal-bipyramidal gebaute *Pentacarbonyleisen*(0) [$Fe(CO)_5$]) bzw. zur Gewinnung hochreiner Metalle (wie das tetraedrische *Tetracarbonylnickel*(0) [$Ni(CO)_4$]) [vgl. **MC-Fragen Nr. 329, 497, 502, 503, 1642, 1643, 1646, 1649, 1836, 1837**].

Herstellung: Zur präparativen Gewinnung von Metallcarbonylen dienen verschiedene Methoden wie die direkte Reaktion des (feinverteilten) Metalls (Fe, Ni) mit CO oder die Reduktion von Metallsalzen in Gegenwart von Kohlenmonoxid. Zweckmäßigerweise wird dabei CO selbst als Reduktionsmittel verwendet, indem man das Gas bei höheren Temperaturen auf die Oxide, Sulfide oder Halogenide der Metalle einwirken lässt [vgl. **MC-Fragen Nr. 1034, 1147, 1836**].

Eigenschaften: Die bei Raumtemperatur meistens flüssigen oder festen einkernigen Carbonyle sind typische *flüchtige* Substanzen. Sie sind wasserunlöslich, lösen sich jedoch in organischen Solventien. Carbonyle sind leicht entzündlich und sehr stark giftig. Mehrkernige Metallcarbonyle lassen sich in der Regel nicht mehr unzersetzt schmelzen und sind in organischen Lösungsmitteln kaum noch löslich. Bei längerem Erhitzen zerfallen alle Metallcarbonyle wieder in ihre Bestandteile [vgl. **MC-Frage Nr. 1147**].

Struktur: In nahezu allen einkernigen Carbonylen entspricht die Summe aus der Elektronenzahl des Metallatoms und der bindenden Elektronenpaare der CO-Moleküle der Elektronenzahl des nächsthöheren Edelgases. Ihre Zusammensetzung folgt damit der allgemeinen Formel $[Me(CO)_n]$, wobei 2n die zur nächsten Edelgaskonfiguration fehlende Zahl von Elektronen bedeutet.

$$Ni(CO)_4 : Z = 28 + 4 \cdot 2 = 36\ [Kr]$$
$$Fe(CO)_5 : Z = 26 + 5 \cdot 2 = 36\ [Kr]$$
$$Mo(CO)_6 : Z = 42 + 6 \cdot 2 = 54\ [Xe]$$

Einkernige Metallcarbonyle können also nur von Metallen mit gerader Kernladungszahl gebildet werden. Metalle mit ungerader Kernladungszahl (Mn, Co) ergeben mehrkernige Carbonyle.

Bindungsverhältnisse: Die Bindungsverhältnisse der Metallcarbonyle wurden im voranstehenden Abschnitt 1.5.4.1 bereits diskutiert. ○ Abb. 1.80 fasst das dort Gesagte nochmals für Kohlenmonoxid als Liganden zusammen.

1.5.4.3 Komplexe Cyanide

Cyanid-Ionen ergeben mit vielen komplexbildenden Kationen [Fe^{3+}, Fe^{2+}, Mn^{2+}, Cr^{3+}, Co^{3+}, Cd^{2+}, Cu^{2+}, Ag^{+}, Au^{3+}] überaus beständige, *komplexe Anionen* der Zusammensetzung:

$$\mathbf{[Me^{I}(CN)_2]^{-}, [Me^{II}(CN)_4]^{2-}, [Me^{II}(CN)_6]^{4-}, [Me^{III}(CN)_6]^{3-}.}$$

Neben den komplexen Dicyanosilber(I)-Salzen $[Ag(CN)_2]X$, die bei der Isolierung des Metalls aus Silbererzen eine Rolle spielen, sind als wichtige komplexe Cyanide vor allem das **gelbe** $K_4[Fe(CN)_6]$ und **rote Blutlaugensalz** $K_3[Fe(CN)_6]$ zu nennen, die

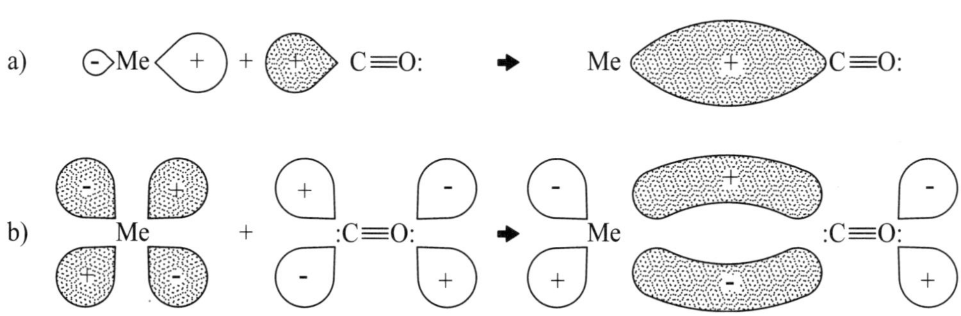

○ Abb. 1.80 Bindung der CO-Liganden in Metallcarbonylen
a) σ-Bindung unter Verwendung eines freien Elektronenpaars am C-Atom
b) π-Bindung aus d-AO des Zentralatoms und unbesetzten (antibindenden) π-AO des CO-Moleküls

praktisch keine freien Eisen- und Cyanid-Ionen enthalten. Daher dissoziiert gelbes Blutlaugensalz in neutraler wässriger Lösung überwiegend wie folgt [vgl. **MC-Fragen Nr. 485, 1830**]:

$$K_4[Fe(CN)_6] \rightleftharpoons 4\,K^+ + [Fe(CN)_6]^{4-}$$

Die Bindungsverhältnisse komplexer Cyanide waren Gegenstand des voranstehenden Abschnittes (siehe ∘ Abb. 1.79).

Hexacyanoferrate: Bei diesen komplexen Cyaniden handelt es sich um äußerst stabile *oktaedrische* Durchdringungskomplexe, die typische Eigenschaften besitzen. So sind die Hexacyanoferrate(II) fast aller Kationen mit der Ladung +2 schwer löslich und vielfach charakteristisch gefärbt. Sämtliche Cyanoferrate(II), lösliche wie schwer lösliche, können durch Kochen mit HgO unter Bildung von undissoziiertem $Hg(CN)_2$ zerstört werden. Heiße konzentrierte Schwefelsäure zersetzt die Hexacyanoferrate unter Bildung von CO [vgl. **MC-Fragen Nr. 485, 504, 506, 1871**].

Eine Unterscheidungsmöglichkeit von Cyanoferraten(II) und (III) beruht auf der guten Löslichkeit des $Ag_3[Fe(CN)_6]$ in Ammoniak, während $Ag_4[Fe(CN)_6]$ darin unlöslich ist.

1.5.4.4 Chelatkomplexe

Als **Chelate** oder **Chelatkomplexe** bezeichnet man Verbindungen, in denen ein Molekül (Ligand) durch koordinative Bindungen über einen Metallion zu einem Ring geschlossen ist. Voraussetzung hierfür ist, dass der Ligand über *mindestens zwei* (oder mehr) *Koordinationsstellen* (freie Elektronenpaare) verfügt. Vorzugsweise werden bei der Chelatisierung durch mehrzähnige Liganden spannungsfreie *fünf-* und *sechsgliedrige Ringe* gebildet. Daher reagieren einige Kationen (Fe^{2+}, Fe^{3+}) zwar mit 2-Hydroxybenzoesäure, die aufgrund der ortho-Substitution über benachbarte freie Elektronenpaare verfügt, unter Bildung von Chelatkomplexen nicht aber aus räumlichen Gründen mit der isomeren 4-Hydroxybenzoesäure. Aus dem gleichen Grund reagiert 2,2'-Bipyridin als zweizähniger Chelatligand, während das stellungsisomere 3,3´-Dipyridin dafür ungeeignet ist [vgl. **MC-Fragen Nr. 538, 539, 544, 547, 548**].

Als Beispiel für einen zweizähnigen Liganden sei das **Ethylendiamin** [$H_2NCH_2CH_2NH_2$] genannt, das z. B. mit Cu^{2+}-Ionen den u. a. Chelatkomplex zu bilden vermag. Die Pfeile bedeuten lediglich, dass das bindende Elektronenpaar von den Stickstoffatomen stammt; sie machen keine Aussagen über die Art der Bindung zwischen Zentralatom und Liganden. Aufgrund der Mehrzähnigkeit der Liganden ist ihre Zahl in Chelatkomplexen stets geringer als die Koordinationszahl des Zentralatoms [vgl. **MC-Fragen Nr. 540, 547**].

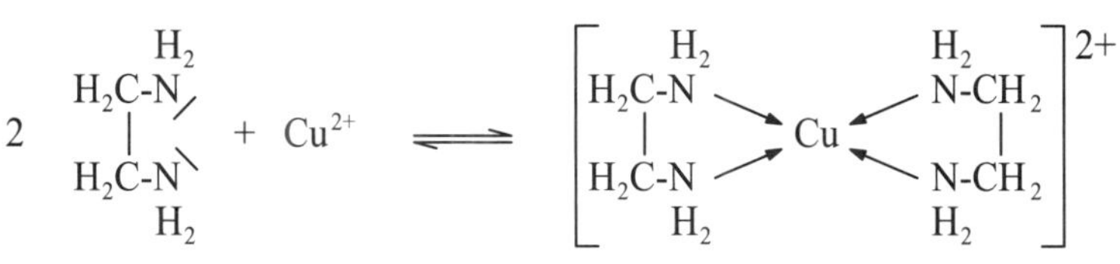

Die Chelatisierung bewirkt aufgrund der *Entropiezunahme* eine starke Erhöhung der Komplexbeständigkeit (siehe ▸ Kap. 1.5.3.5). Chelatkomplexe weisen gegenüber vergleichbaren Komplexen mit einzähnigen Liganden meistens kleinere Zerfallskonstanten auf. Dieser **Chelateffekt** kann sich in der Stabilisierung wenig beständiger Oxidationsstufen zeigen. Beispielsweise existieren Chelatkomplexe mit Ag^{2+}-Ionen als Zentralatom. Auch Chelatkomplexe können in ihre Einzelbestandteile dissoziieren, allerdings in weit geringerem Ausmaß als analoge Komplexe mit einzähnigen Liganden [vgl. **MC-Fragen Nr. 541, 563**].

Die *Bildung von Chelatkomplexen* gehört in der analytischen Chemie zu den häufig genutzten Nachweisreaktionen. Erinnert sei an die Fällung von Nickel(II)-Salzen mit Diacetyldioxim (Dimethylglyoxim) als **Nickeldiacetyldioxim** [siehe Ehlers, **Analytik I**, ▸ Kap. 2.3.2.10 und **MC-Fragen Nr. 546, 547**].

Al(III)-Ionen lassen sich als fluoreszierender *Morin-* oder als *Chinalizarin*-Farblack nachweisen. Auch Mg(II)-Salze bilden mit *Magneson*, *Chinalizarin* oder *Titangelb* charakteristisch gefärbte Chelate. Ebenso beruht die gravimetrische Bestimmung vieler zwei- und dreiwertiger Metallionen wie Mg(II) oder Al(III) mit *Oxin* (8-Hydroxychinolin) auf der Bildung schwer löslicher Chelatkomplexe [siehe Ehlers, **Analytik II**, ▸ Kap. 5.2.1.2 und **MC-Fragen Nr. 546–548**].

2,2'-*Bipyridin* bildet mit Fe(II) oder Ru(II) Trisligand- und mit Cu(I)-Ionen Bisligand-Chelatkomplexe, die intensiv gefärbt sind. Mit 1,10-*Phenanthrolin* reagieren Eisen(II)-Ionen zum rot gefärbten *Ferroin*, das als Redoxindikator Verwendung findet. Ferroin lässt sich unter Erhalt der Chelatstruktur zu blauem *Ferroin* oxidieren, das Fe(III) als Zentralatom enthält [siehe Ehlers, **Analytik II**, ▸ Kap. 7.1.3.1 und **MC-Fragen Nr. 542, 544, 545**].

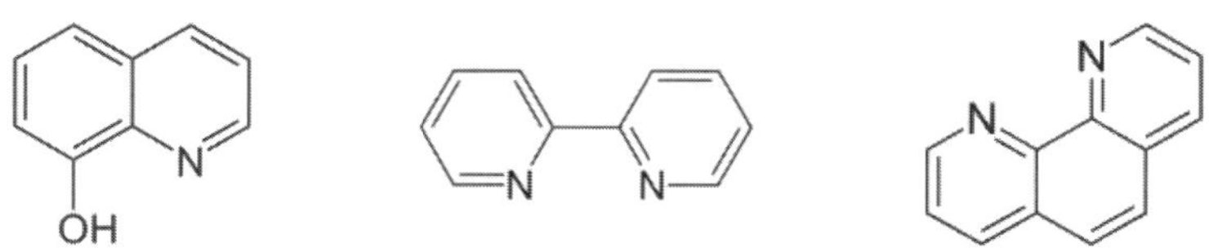

Oxin **2,2'-Bipyridin** **1,10-Phenanthrolin**

Acetylaceton (Pentan-2,4-dion) [H_3C-CO-CH=C(OH)-CH_3] findet in seiner Enolform häufig Verwendung als zweizähniger Ligand für Übergangsmetallkationen. Die *Metallacetylacetonate* werden als Katalysatoren in organischen Synthesen eingesetzt [vgl. **MC-Frage Nr. 544**].
Erwähnt sei auch an die Bestimmung vieler Metallionen mithilfe *komplexometrischer Titrationen* mit dem sechszähnigen Komplexbildner **Ethylendiamintetraessigsäure** (EDTA) [**Komplexon II**] bzw. dessen Dinatriumsalz [**Komplexon III**]. Ethylendiamintetraacetat bildet mit Metallionen oktaedrische 1:1-Chelatkomplexe, wie dies ▫ Abb. 1.81 zeigt [vgl. **MC-Fragen Nr. 528, 538, 540**].

Chelatkomplexe zeichnen sich im Allgemeinen durch andere Löslichkeitseigenschaften aus als die freien, nicht-komplexierten Ionen. Viele geladene Chelate, wie z.B. der *blaue* **Kupfer(II)-tartrat-Komplex**, ein Bestandteil von *Fehling-Reagenz*, sind infolge ihrer Fähigkeit zur Ionenbildung gut in Wasser löslich und verhindern ein Ausfallen schwer löslicher Metallhydroxide im alkalischen Milieu. Das Fehling-Reagenz besitzt oxidierende Eigenschaften und wird bei Nachweisreaktionen von Reduktionsmitteln zu Kupfer(I)-oxid (Cu_2O) reduziert. Erinnert sei ferner an der Aufschluss von

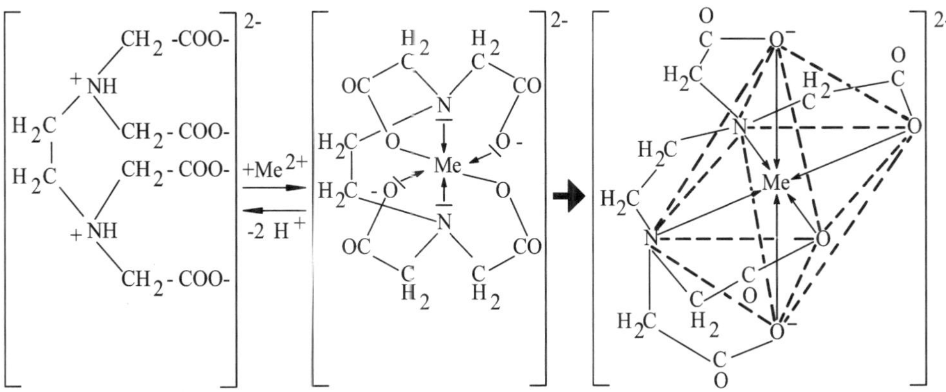

Abb. 1.81 Bildung und Struktur von EDTA-Komplexen

Bleisulfat ($PbSO_4$) mit einer ammoniakalischen Tartrat-Lösung [vgl. **MC-Fragen Nr. 549, 556, 557**].

Darüber hinaus führen *Tartrat* oder der zweizähnige Ligand *Oxalat* [$^-$OOC-COO$^-$] zu Störungen des Kationentrennungsganges und müssen deshalb während der Durchführung der Kationentrennung beseitigt werden [siehe Ehlers, **Analytik I**, ▸ Kap. 2.3.1.7 und **MC-Frage Nr. 543**].

Chelatkomplexe werden überwiegend von Kationen als Zentralatom gebildet. Es gibt jedoch auch einige wenige Beispiele für die Chelatisierung von Anionen. Hierzu zählen die Reaktionen der **Borsäure** und ihrer Salze mit mehrwertigen Alkoholen wie Ethylenglycol, Glycerol, Sorbitol oder Mannitol, die zur *quantitativen Bestimmung* der Borsäure-Derivate genutzt werden kann (siehe auch ▸ Kap. 2.7.3.2).

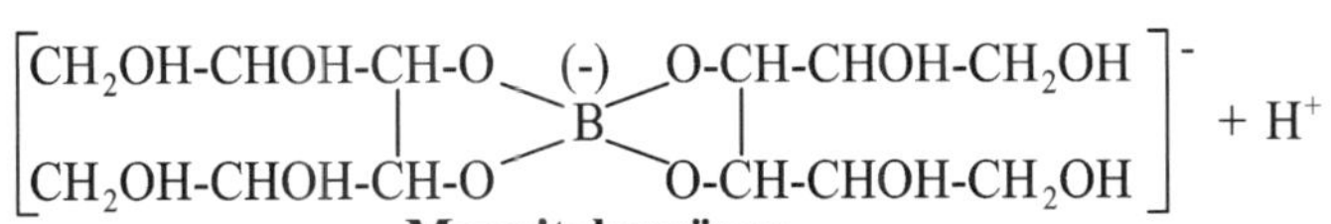

Mannitoborsäure

Auch in der belebten Natur finden sich zahlreiche und biologisch bedeutsame Chelatkomplexe wie beispielsweise **Chlorophyll** [Zentralatom: Mg^{2+}], **Häm** [Fe^{2+}] oder **Cobalamin** [Co^{3+}] [vgl. **MC-Fragen Nr. 488, 489, 545, 549, 1871**].

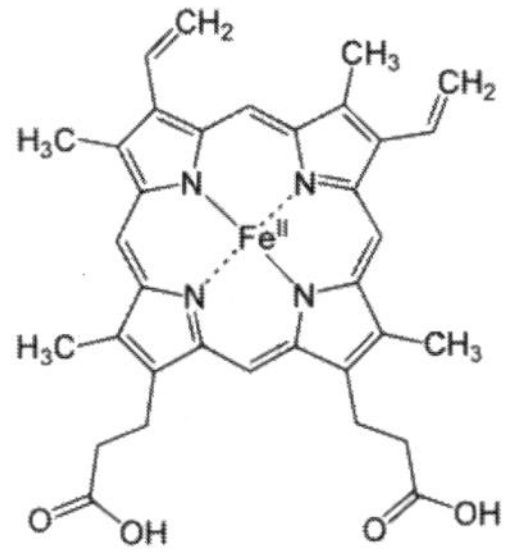

Häm

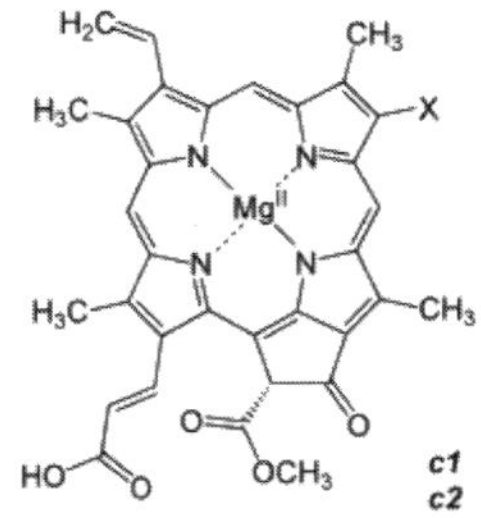

Chlorophyll

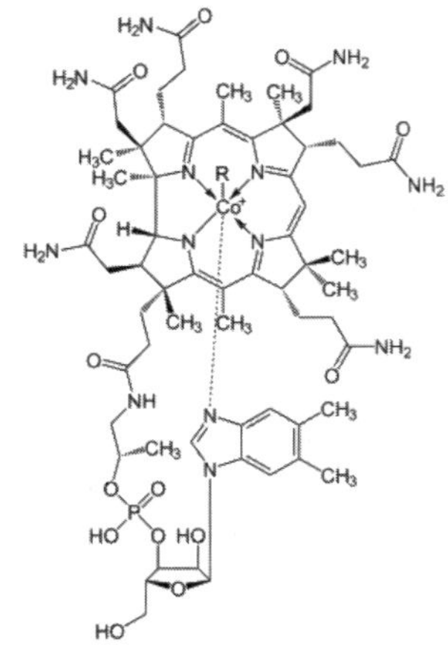

Cobalamin (Vitamin B12)

Einen besonderen Typ von Komplexen bilden *makrocyclische Polyether*. Solche **Kronenether** enthalten als Liganden (*Kryptanden*) einen käfigartigen Hohlraum, in den aufgrund von Ion-Dipol-Wechselwirkungen z. B. Alkali- oder Erdalkali-Ionen eingelagert werden können. Mittels solcher Komplexe (*Kryptate*) kann man die Löslichkeit anorganischer Salze in organischen Lösungsmitteln wie dem wenig polaren Chloroform stark erhöhen. Kronenether beschleunigen S_N2-Reaktionen, da sie die Nucleophilie von Anionen (Nucleophilen) durch Bildung stabiler Komplexe mit den betreffenden kationischen Gegenionen steigern. Je nach Ringgröße vermögen Kronenether Metallkationen *selektiv* zu komplexieren [siehe Ehlers, **Chemie II**, ▸ Kap. 3.2.5.5 und 3.9.6.4 sowie **MC-Fragen Nr. 554, 555**].

1.5.5 Ligandenfeldtheorie

1.5.5.1 Komplexbildungstheorien

Lewis-Theorie: Die Bildung von Komplexen wurde zunächst als Lewis-Säure-Base-Reaktion aufgefasst, wobei in den Elektronenakzeptorkomplexen das Zentralatom die Lewis-Säure darstellt und die Liganden als Lewis-Base fungieren, indem sie das Elektronenpaar für die koordinative Bindung zur Verfügung stellen.

Valence bond-Theorie: Mit Hilfe der VB-Methode konnten schließlich die räumlichen Strukturen und das magnetische Verhalten vieler Metallkomplexe befriedigend erklärt werden. Die VB-Theorie nimmt an, dass sich durch **Hybridisierung** von s-, p- und d-AO des Zentralatoms gleichwertige Hybridorbitale bilden, die von den freien Elektronenpaaren der Liganden besetzt werden, wodurch kovalente Bindungen entstehen (siehe auch ▸ Kap. 1.4.2.3).

Zum Beispiel wird bei vielen **oktaedrischen Komplexen** angenommen, dass das Zentralatom *sechs* äquivalente unbesetzte $\mathbf{d^2sp^3}$-Hybridorbitale für die koordinative Bindung mit den Liganden zur Verfügung stellt, wie dies im Hexacyanoferrat(III) $[Fe(CN)_6]^{3-}$, einem inner orbital-Komplex, der Fall ist. Die Bindungsverhältnisse in oktaedrischen outer orbital-Komplexen wie Hexafluoroferrat(III) $[FeF_6]^{3-}$ werden am besten mit der Annahme einer **sp³d²**-Hybridisierung des Zentralatoms beschrieben [siehe ▸Kap. 1.5.2.3, ◘Tab. 1.42 und **MC-Fragen Nr. 409, 510, 563**].

Für die Ausbildung von vier äquivalenten Bindungen werden in **tetraedrischen Komplexen sp³-** oder **d³s-**Hybridatomorbitale seitens des Zentralatoms zur Verfügung gestellt, während in **quatratisch-planaren Komplexen dsp²**-Hybrid-AO vorliegen [vgl. **MC-Fragen Nr. 511, 561**].

Ein genereller *Nachteil* der VB-Methode ist, dass sie keinerlei Aussage zur Farbe von Komplexen macht.

Kristallfeldtheorie: Bei dieser Theorie werden die AO des Zentralatoms und die der Liganden als völlig voneinander getrennt angenommen und man betrachtet die Komplexe aus Ionen bzw. Dipolmolekülen aufgebaut. Die Liganden werden entsprechend ihrem Raumbedarf symmetrisch um das Zentralatom herum angeordnet. Ein zentraler Aspekt der Kristallfeldtheorie ist der *Einfluss* und die damit verbundenen Veränderungen des durch die Liganden verursachten *elektrischen Feldes auf die d-AO des Zentralatoms*.

Auf diese Weise konnten eine Reihe von Komplexeigenschaften wie das magnetische Verhalten, die *Farbe* oder die Stabilität mit dem Verhalten der Liganden bzw. dem der d-Elektronen des Zentralatoms korreliert werden.

Ein Nachteil der Kristallfeldtheorie ist die einseitige Betrachtung *elektrostatischer Wechselwirkungen*, ohne Berücksichtigung des kovalenten Charakters der Ligand-Zentralatom-Bindung. In einer erweiterten Fassung dieser Theorie, der sog. **Ligandenfeldtheorie**, werden deshalb kovalente Bindungsanteile miteinbezogen. Noch umfassender ist die **MO-Methode**. Sie beschreibt die Bindung in Komplexen mit dem Auftreten von bindenden und antibindenden Molekülorbitalen (siehe auch ▸Kap. 1.4.4).

Alle modernen Komplexbildungstheorien kommen jedoch zum gleichen Ergebnis bezüglich der Aufspaltung der Energieniveaus und der Verteilung der d-Elektronen im Zentralatom. Abschließend ist anzumerken, dass diese Theorien nur **Modellvorstellungen** sind und kein zutreffendes Bild der Realität wiedergeben. Sie erlauben jedoch zumindest qualitativ korrekte Aussagen zu machen und können so eine Reihe von Komplexeigenschaften [Koordinationszahl, Stereochemie, magnetisches Verhalten, Absorptionsspektrum, thermodynamische Stabilität, Reaktionsmechanismen bei Substitutionsreaktionen usw.] erklären.

1.5.5.2 d-Zustände im oktaedrischen Ligandenfeld

◘Tab. 1.47 gibt die Elektronenkonfigurationen einer Reihe von Übergangsmetallen an und ○Abb. 1.82 zeigt die Form ihrer d-AO.

Bei einem *isolierten Atom* haben alle fünf d-Orbitale die gleiche Energie, d. h., sie sind *entartet*. Sie werden bei ihrer Besetzung mit Elektronen im Sinne der Hundschen Regel, wie in ○Abb. 1.83 dargestellt, aufgefüllt (siehe auch ▸Kap. 1.1.5.2).

Unterliegen die im isolierten Atom entarteten d-Orbitale dem Einfluss eines elektrischen Feldes, wie es von Liganden erzeugt wird, so sind die *d-AO nicht mehr länger gleichwertig*. Die Elektronen der Liganden und die des Zentralatoms stoßen sich gegenseitig ab, sodass die Energie derjenigen Orbitale, die in den Richtungen der

Tab. 1.47 Valenzelektronenkonfiguration der Metalle der 4. Periode des PSE

Metall	Elektronen-konfiguration	Metall	Elektronen-konfiguration
Kalium	$[Ar]4s^1$	Mangan	$[Ar]4s^2 3d^5$
Calcium	$[Ar]4s^2$	Eisen	$[Ar]4s^2 3d^6$
Scandium	$[Ar]4s^2 3d^1$	Kobalt	$[Ar]4s^2 3d^7$
Titan	$[Ar]4s^2 3d^2$	Nickel	$[Ar]4s^2 3d^8$
Vanadium	$[Ar]4s^2 3d^3$	Kupfer	$[Ar]4s^1 3d^{10}$
Chrom	$[Ar]4s^1 3d^5$	Zink	$[Ar]4s^2 3d^{10}$

Liganden ihre größte Ladungsdichte besitzen, erhöht wird, während die von den Liganden weiter entfernten Orbitale energieärmer werden. Die fünf d-AO spalten in Gruppen von Orbitalen unterschiedlicher Energie auf.

Als Beispiel soll ein *oktaedrischer* Komplex des **dreiwertigen Titans** $[Ti^{3+}]$ betrachtet werden. Dem Grundzustand des freien Titan(III)-Ions entspricht die Elektronenkonfiguration $\mathbf{[Ar]3d^1}$. Das Ion besitzt somit *ein* Außenelektron, das sich in einem der fünf entarteten 3d-Zustände aufhält.

Koordiniert das Ti^{3+}-Ion mit 6 Liganden [L oder L^-] zu einem Komplex $[TiL_6]^{3+}$ oder $[TiL_6]^{3-}$, so kann dies derart geschehen, dass man diese Liganden längs der drei Koordinatenachsen (siehe Abb. 1.82 und Abb. 1.84) synchron an das Zentralatom herantreten lässt. Dabei wird eine labilisierende Wechselwirkungsenergie zwischen dem Valenzelektron des Ti(III)-Ions und den Liganden auftreten. Diese Energie wird groß sein in Richtung der Koordinatenachsen, wenn also das Valenzelektron das $\mathbf{d_{x^2-y^2}}$**-** bzw. das $\mathbf{d_{z^2}}$**-AO** besetzt. Diese beiden Orbitale werden auch als $\mathbf{d_\gamma}$- oder $\mathbf{e_g}$**-Orbitale** bezeichnet (**e** = entartet).

Wesentlich günstiger liegen die Verhältnisse, wenn sich das Elektron in einem der $\mathbf{d_{xy}}$-, $\mathbf{d_{xz}}$- oder $\mathbf{d_{yz}}$**-Orbitale** befindet. Diese Orbitale heißen auch $\mathbf{d_\varepsilon}$- oder $\mathbf{t_{2g}}$**-Orbitale** (**t** = tripelentartet). Die Gebiete maximaler Elektronendichte liegen in diesen Fällen *zwischen* den Koordinatenachsen. Das Valenzelektron ist im Mittel weiter von den Liganden entfernt und die labilisierende Wechselwirkungsenergie wird kleiner.

Analoge Betrachtungen lassen sich auch für andere oktaedrische Komplexe anstellen, wie z. B. für Hexafluoroferrat (III) $[FeF_6]^{3-}$ (Abb. 1.84) oder die Hexacyanoferrate $[Fe(CN)_6]^{x-}$.

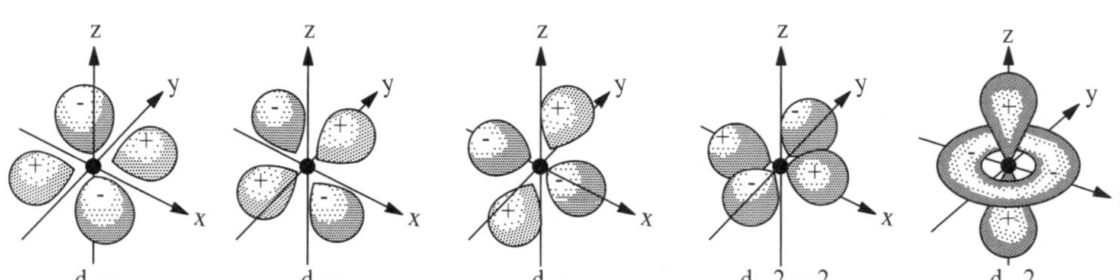

Abb. 1.82 Grenzflächendarstellung der fünf 3d-Atomorbitale

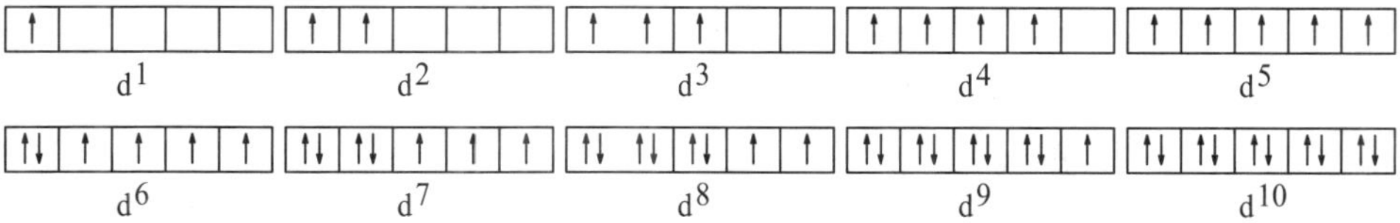

o Abb. 1.83 Elektronenbesetzung der d-Orbitale ligandenfreier Übergangsmetallatome und ihrer Ionen

Unter dem Einfluss eines oktaedrischen Ligandenfeldes erhalten die d_ε- und d_γ-Zustände, die zunächst entartet waren, eine unterschiedliche Energie, wobei die **drei d_ε-Zustände** (zwischen den Koordinatenachsen liegend) nun energetisch tiefer und die **zwei d_γ-Zustände** (längs der Koordinatenachsen liegend) energetisch höher liegen als die d-Orbitale des freien Atoms oder Ions [vgl. o Abb. 1.85 und **MC-Fragen Nr. 559, 561, 565, 566**].

Der fünffach entartete 3d-Zustand spaltet unter der Wirkung eines oktaedrischen Ligandenfeldes auf in einen dreifach entarteten, energieärmeren d_ε- und einen zweifach entarteten, energetisch höheren d_γ-Zustand.

Wenn z. B. der Komplex $[Ti(H_2O)_6]^{3+}$ im Grundzustand vorliegt, so besetzt das Valenzelektron des Titans einen der $3d_\varepsilon$-Zustände. Durch **Lichtabsorption** kann es in einen $3d_\gamma$-Zustand angeregt werden (**d-d-Übergang**). Man kann den energetischen Abstand der beiden Zustände (Δ_o= 243 kJ/mol) abschätzen und kommt zu dem Ergebnis, dass der Titankomplex eine charakteristische Absorptionsbande im sichtbaren Spektralbereich (bei 490 nm) aufweisen sollte. Dies ist der Fall. Auf der Grundlage dieses Gedankenganges ist eine Analyse der Spektren vieler Komplexverbindungen gelungen und damit wurden auch ihre **Farbe** sowie Farbänderungen bei Ligandensubstitutionen erklärbar.

Die *Energiedifferenz* zwischen den beiden Gruppen von Orbitalen im oktaedrischen Ligandenfeld beträgt Δ_o-Energieeinheiten. Der Index **„o"** weist darauf hin, dass es sich um eine Aufspaltung im oktaedrischen Ligandenfeld handelt. Δ_o variiert zwischen 105–418 kJ mol^{-1}, wobei der Energiezuwachs der zwei d_γ-Zustände $0{,}6 \cdot \Delta_o$ und der Energieabfall der drei d_ε-Zustände $0{,}4 \cdot \Delta_o$ beträgt. Dies ergibt sich aus einem Theorem der Quantenmechanik, nach dem durch eine *Störung*, wie sie das Ligandenfeld darstellt, die Gesamtenergie der d-Niveaus *nicht* verändert wird. Die Summe des Energiezuwachses der d_γ-Orbitale muss der Summe der Energieabnahme der

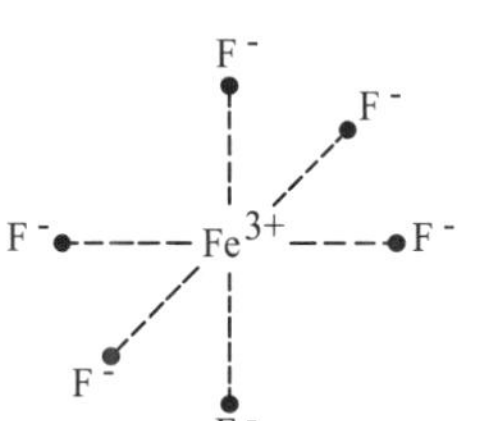

o Abb. 1.84 Anordnung der Liganden im Hexafluoroferrat(III)-Ion

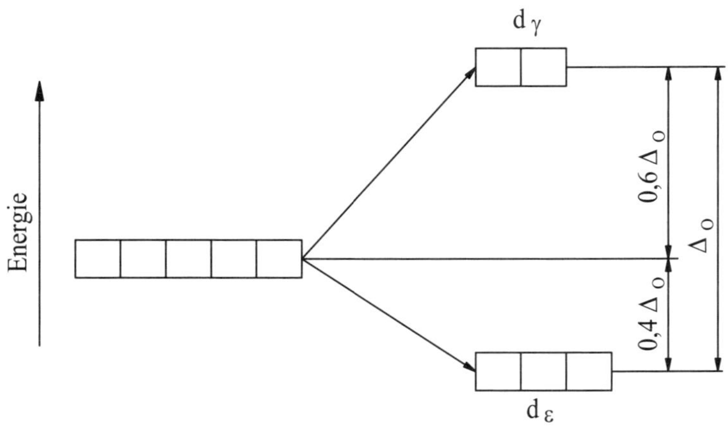

Abb. 1.85 Energetische Aufspaltung der d-Zustände im oktaedrischen Ligandenfeld

$d_ε$-Orbitale entsprechen. Daraus resultieren für ein oktaedrisches Ligandenfeld die o.a. Koeffizienten [0,6 · 2 = 0,4 · 3].

Die Energiedifferenz (Δ), die auch als **Ligandenfeldaufspaltungsenergie** bezeichnet wird, ist ein Maß für die Stärke des von den Liganden ausgehenden elektrischen Feldes. Ein starkes Ligandenfeld [CO, CN^-, CNO^-, NO_2^-] bewirkt eine stärkere energetische Aufspaltung der d-Niveaus des Zentralatoms als ein schwaches Ligandenfeld [I^-, Br^-, Cl^-, F^-, N_3^-, O^{2-}].

1.5.5.3 High spin- und low spin-Komplexe

Die meisten Komplexe der Übergangsmetalle enthalten Zentralatome mit mehreren Elektronen. Um die Elektronenverteilung auf die $d_ε$- und $d_γ$-Zustände verstehen zu können, muss man beachten, dass unter dem Einfluss eines Ligandenfeldes zwei entgegengesetzte Faktoren die **Orbitalbesetzung** bestimmen:

- Einerseits belegen die Elektronen nach Möglichkeit die energieärmeren $d_ε$-Niveaus,
- andererseits haben sie das Bestreben, gemäß der Hundschen Regel möglichst viele AO einzeln (mit parallelem Spin) zu besetzen.

Als Beispiele für die weitere Diskussion mögen die Elektronenkonfigurationen des Cr^{3+}- und des Co^{3+}-Ions dienen. Wie Abb. 1.86 veranschaulicht, besetzen in einem oktaedrischen Komplex die drei Valenzelektronen des Cr(III)-Ions (**d³**) gemäß der

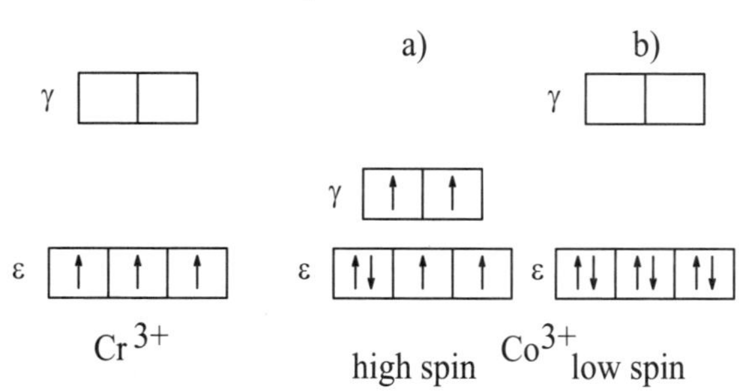

Abb. 1.86 Grundzustände von Zentralatomen in oktaedrischen Komplexen

Hundschen Regel die drei entarteten $3d_\varepsilon$-Zustände einfach mit gleichgerichtetem (parallelem) Spin [vgl. **MC-Frage Nr. 564**].

Für das dreiwertige Kobalt (**d^6**) sind in derselben Abbildung zwei extreme Elektronenkonfigurationen dargestellt. Im Fall (a) ist der energetische Abstand zwischen den $3d_\varepsilon$- und $3d_\gamma$-Zuständen klein, im Fall (b) ist er groß. Da die Parallelstellung der Spins mit einem zusätzlichen Energiegewinn verbunden ist, dessen Auftreten die eigentliche Ursache für das Hundsche Prinzip darstellt, *überwiegt bei schwachem Ligandenfeld das Hundsche Prinzip* und es kommt zur Parallelstellung der Elektronenspins (a). Dieser Fall liegt zum Beispiel im Hexafluorocobaltat(III)-Ion $[CoF_6]^{3-}$ vor; solche Kobaltkomplexe sind *paramagnetisch*, d.h. diese Komplexe besitzen aufgrund ungepaarter Elektronen ein permanentes magnetisches Dipolmoment.
Bei *starkem Ligandenfeld und großer Aufspaltung* überwiegt hingegen der Einfluss des elektrostatischen Feldes und alle sechs Valenzelektronen müssen in den drei energetisch tiefer liegenden $3d_\varepsilon$-Zuständen untergebracht werden (b). Das ist nur möglich, wenn völlige Spinkompensation eintritt. Demnach sollten solche Co-Komplexe *diamagnetisch* sein. Dies ist beispielsweise beim Hexamminkobalt(III)-Kation $[Co(NH_3)_6]^{3+}$ oder beim Hexacyanocobaltat(III)-Anion $[Co(CN)_6]^{3-}$ auch der Fall.

Wie ○ Abb. 1.87 dokumentiert, treten *unterschiedliche Elektronenanordnungen* in oktaedrischen Komplexen *nur* in den Fällen mit **d^4-, d^5-, d^6- und d^7-Elektronen** auf. Bei d^1, d^2, d^3 (Besetzung der ersten drei d-Orbitale mit je einem Elektron) und bei d^8, d^9, d^{10} (Elektronenpaarung in den letzten drei d-Orbitalen) ist die Orbitalbesetzung

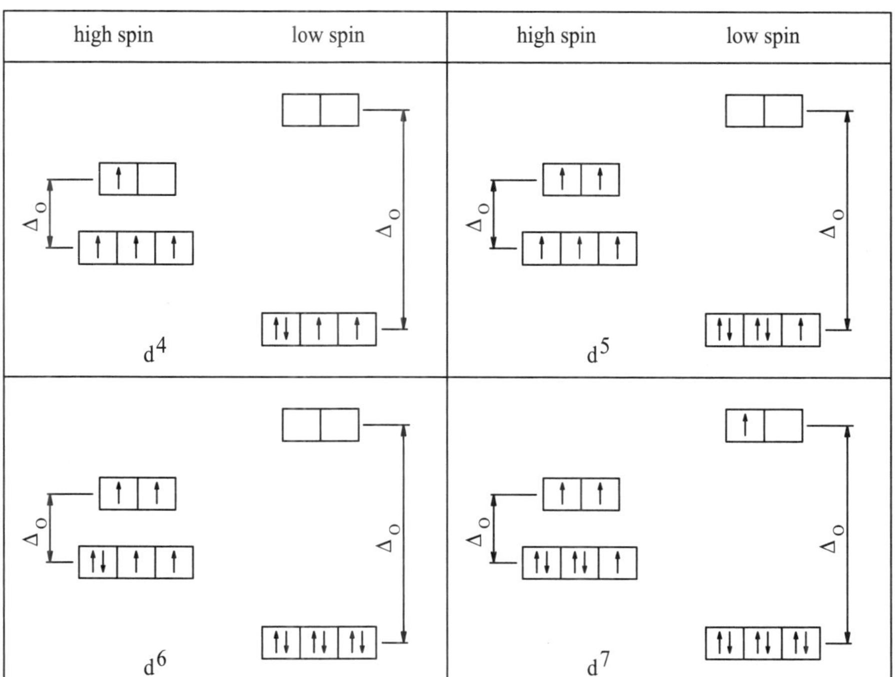

○ Abb. 1.87 Elektronenverteilung in low spin- und high spin-Komplexen

Tab. 1.48 Elektronenspins in oktaedrischen Komplexen

Zahl der d-Elektronen	Anordnung der Spins bei schwachem Feld. Der high spin-Fall		Resultierender Spin	Anordnung der Spins bei starkem Feld. Der low spin-Fall		Resultierender Spin
	t_{2g}	e_g		t_{2g}	e_g	
1	↑		½	↑		½
2	↑ ↑		1	↑ ↑		1
3	↑ ↑ ↑		1 ½	↑ ↑ ↑		1 ½
4	↑ ↑ ↑	↑	2	⇅ ↑ ↑		1
5	↑ ↑ ↑	↑ ↑	2 ½	⇅ ⇅ ↑		½
6	⇅ ↑ ↑	↑ ↑	2	⇅ ⇅ ⇅		0
7	⇅ ⇅ ↑	↑ ↑	1 ½	⇅ ⇅ ⇅	↑	½
8	⇅ ⇅ ⇅	↑ ↑	1	⇅ ⇅ ⇅	↑ ↑	1
9	⇅ ⇅ ⇅	⇅ ↑	½	⇅ ⇅ ⇅	⇅ ↑	½
10	⇅ ⇅ ⇅	⇅ ⇅	0	⇅ ⇅ ⇅	⇅ ⇅	0

unabhängig von der Energiedifferenz zwischen den d_ε- und d_γ-Orbitalen. Es ist nur ein *einziger* Zustand tiefster Energie möglich (siehe ○ Abb. 1.83 und ◻ Tab. 1.48).

Die beiden in Komplexen, in denen das Zentralatom *vier bis sieben d-Elektronen* enthält, möglichen Zustände bezeichnet man als **high spin-** und **low spin-Zustand** [vgl. **MC-Frage Nr. 561**].

Im high spin-Zustand enthält das Zentralatom die größtmögliche Zahl ungepaarter Elektronen, während im low spin-Zustand die geringstmögliche Zahl ungepaarter Elektronen, d. h. die größtmögliche Zahl doppelt besetzter d-AO vorhanden ist [vgl. **MC-Fragen Nr. 559, 560, 563**].

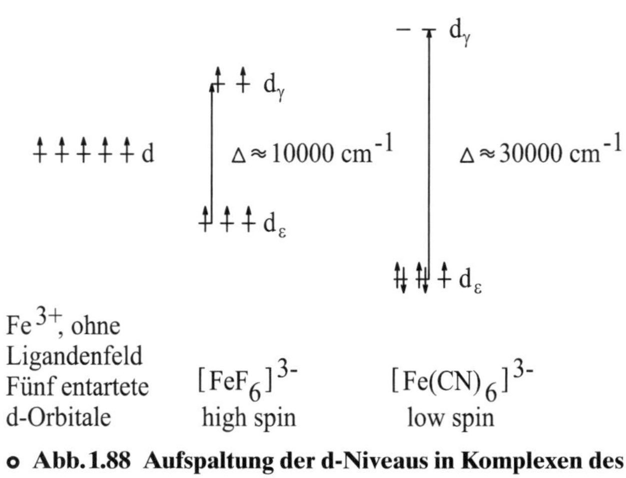

○ **Abb. 1.88 Aufspaltung der d-Niveaus in Komplexen des Eisen(III)-Ions**

Welcher der beiden Zustände in einem konkreten Fall verwirklicht ist, hängt ab vom Ausmaß der Aufspaltung der d-Niveaus, d. h. von der **Ligandenfeldaufspaltungsenergie** (Δ_o) und von der zur Doppelbesetzung eines Orbitals aufzuwendenden **Spinpaarungsenergie** (P). Wegen dieser Spinpaarungsenergie werden entartete Orbitale zunächst immer einfach mit Elektronen parallelen Spins besetzt (Hund-Regel).

Da bei den high spin-Komplexen zwangsläufig die weiter *außen* liegenden, bei low spin-Komplexen die mehr *innen* liegenden Orbitale von den Elektronenpaaren der Liganden besetzt werden, spricht man in der VB-Theorie im ersten Fall von einem outer orbital-, im zweiten Fall von einem inner orbital-Komplex.

▫ Tab. 1.48 fasst die möglichen Anordnungen der Elektronenspins in oktaedrischen high spin- und low spin-Komplexen nochmals zusammen [vgl. **MC-Frage Nr. 562**].

Um zwei Elektronen mit entgegengesetztem Spin im gleichen Orbital unterzubringen, muss deren gegenseitige Abstoßung überwunden werden. Die Spinpaarung erfordert einen gewissen Energiebetrag, sodass sie erst dann erfolgt, wenn die Ligandenfeldaufspaltungsenergie (Δ_o) größer ist als die Spinpaarungsenergie (P). Da bei oktaedrischen Komplexen je nach Ligand Δ_o größer oder kleiner sein kann als P, sind bei oktaedrischen Komplexen mit vier bis sieben d-Elektronen sowohl high spin- als auch low spin-Komplexe möglich.

high spin-Komplex : $\Delta_o < P$
low spin-Komplex : $\Delta_o > P$

Wie ○ Abb. 1.88 zeigt, liegen in oktaedrischen Eisenkomplexen wie den Hexacyanoferraten aufgrund der starken Ligandenfeldaufspaltung low spin-Komplexe vor. Die fünf 3d-Elektronen des Hexacyanoferrat(III)-Ions $[Fe(CN)_6]^{3-}$ bzw. die sechs 3d-Elektronen des Hexacyanoferrat(II)-Ions $[Fe(CN)_6]^{4-}$ besetzen jeweils die drei energieärmeren d_ε-Orbitale.

Dagegen ist das *farblose* Hexafluoroferrat(III)-Ion $[FeF_6]^{3-}$ ein high spin-Komplex. Jedes der fünf d-Orbitale ist mit einem einzigen Elektron belegt [siehe auch ▫ Tab. 1.42 und **MC-Fragen Nr. 561, 564–567**].

Während die Aufspaltungsenergie hauptsächlich durch die Stärke des Ligandenfeldes, d. h. im Wesentlichen durch die Natur der Liganden bestimmt wird, ist die Spinpaarungsenergie eine Eigenschaft des Metallions. Ein und dasselbe Metallion kann je nach den Liganden, mit denen es koordiniert ist, einen high spin- oder low spin-Komplex ergeben [vgl. **MC-Frage Nr. 560**].

Das *Ausmaß der Aufspaltung* der d-Zustände bestimmt, ob die d-Elektronen die Hundsche Regel befolgen, oder ob sie einzelne AO paarweise besetzen. Dies beeinflusst u. a. die **magnetischen Eigenschaften** der betreffenden Komplexe sowie ihre **Lichtabsorption** und **Stabilität** [vgl. **MC-Fragen Nr. 559, 560, 562**].
Auch die Ladung des Zentralatoms hat Einfluss auf die Aufspaltung der d-Niveaus. Je *höher* die *Oxidationsstufe* ist, umso *größer* wird die Aufspaltung, weil sich die Liganden einem kleineren, höher geladenen Metallion stärker nähern können. So ist z. B. das $[Co(NH_3)_6]^{2+}$-Ion ein high spin-Komplex und paramagnetisch, während das $[Co(NH_3)_6]^{3+}$-Ion als low spin-Komplex vorliegt [vgl. **MC-Fragen Nr. 560, 562**].

Tab. 1.49 Spektrochemische Reihe ausgewählter Liganden

$I^- < Br^- <$ -SCN$^- < Cl^- < N_3^- < F^- < C_2H_5OH <$
$HO^- <$ -ONO$^- < H_2O <$ -NCS$^- <$ EDTA < Pyridin,
$NH_3 <$ Ethylendiamin < -$NO_2^- < H^- < CN^- < CO$

1.5.5.4 Spektrochemische Reihe

Man kann die Größe der Aufspaltungsenergie (Δ) aus den spektroskopischen Daten der Komplexe ableiten. Im Allgemeinen *verschiebt* sich die *Lage des Absorptionsmaximums* eines Komplexes zu *kürzeren Wellenlängen* (energiereichere Strahlung ↔ stärkere Aufspaltung), wenn man bei gegebenem Zentralatom einen Liganden durch einen in der *spektrochemischen Reihe rechts* stehenden Liganden mit *stärkerem Ligandenfeld* ersetzt, während in umgekehrter Reihenfolge die Ligandensubstitution eine Verschiebung der Absorptionsbande nach längeren Wellenlängen hin verursacht. Die spektrochemische Reihe gilt für die meisten Übergangsmetallkomplexe, die Metallionen in ihren normalen Oxidationsstufen enthalten.

Nach ▫ Tab. 1.49 bilden daher die Liganden „Halogen(id)o", „Hydroxo", „Nitrito" und „Aqua" aufgrund geringer Ligandenfeldaufspaltung bevorzugt high spin-Komplexe, während die Liganden „Carbonyl", „Cyano", „Nitro" und „Ammin" infolge ihrer starken Ligandenfeldaufspaltung vorzugsweise low spin-Komplexe ergeben [vgl. **MC-Fragen Nr. 561, 562**].

Bekannte Beispiele für *Veränderungen in der Lichtabsorption* (Änderung der Farbe) eines Komplexes bei Ligandensubstitution sind die Bildung der **Amminkomplexe** des Nickels, Kupfers und Chroms beim Versetzen ihrer wässrigen Salzlösungen mit Ammoniak (NH_3).

(grün)	$[Ni(H_2O)_6]^{2+}$	⟶	$[Ni(NH_3)_6]^{2+}$	(blau)
(hellblau)	$[Cu(H_2O)_4]^{2+}$	⟶	$[Cu(NH_3)_4]^{2+}$	(tiefblau)
(violett)	$[Cr(H_2O)_6]^{3+}$	⟶	$[Cr(NH_3)_6]^{3+}$	(tiefgelb)

1.5.5.5 Komplexe mit der Koordinationszahl „Vier"

Komplexe mit der Koordinationszahl 4 können eine *tetraedrische* oder *planar-quadratische Struktur* besitzen.

Nach der **VB-Methode** werden tetraedrische Komplexe durch **sp³**-Hybridorbitale des Zentralatoms beschrieben. Dies ist z. B. für die Komplexe des Berylliums, Bors, Aluminiums, Zinks, Cadmiums und Quecksilbers zweckmäßig, in denen die d-Orbitale entweder unbesetzt oder vollständig belegt sind. Quadratisch-planare Komplexe können mit **dsp²**-Hybridorbitalen dargestellt werden [vgl. **MC-Frage Nr. 561**].

Auch die **Kristallfeldtheorie** vermag die Eigenschaften vierfach koordinierter Übergangsmetallkomplexe befriedigend zu deuten.

Tetraedrische Komplexe: Wie ○ Abb. 1.89 ausweist, spalten in einem tetraedrischen Ligandenfeld die fünf äquivalenten d-Orbitale ebenfalls in zwei energetisch unterschiedliche Gruppen von d_γ- und d_ε-Zuständen auf. Um dieses Aufspaltungsmuster zu

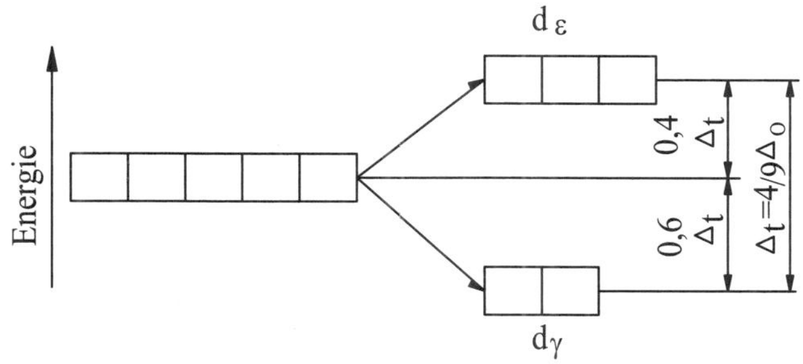

o Abb. 1.89 Aufspaltung der d-Niveaus in einem tetraedrischen Ligandenfeld

verstehen, muss man sich bewusst sein, dass bei tetraedrischer Koordination die x-, y- und z-Achse eines Koordinatensystems jeweils die Winkel zwischen den Bindungen halbieren, sodass die negative Ladungsdichte von Elektronen in d_ε-Zuständen – im Gegensatz zum oktaedrischen Ligandenfeld – höher ist als die Ladungsdichte in den d_γ-Zuständen. Dies führt zu einer energetischen Bevorzugung der d_γ-Zustände.

Das Feld von vier Liganden ist aber schwächer als das Feld von sechs, oktaedrisch angeordneten Liganden mit demselben Abstand vom Zentralatom, sodass die Aufspaltungsenergie (Δ_t) nur etwa halb so groß ist wie im oktaedrischen Ligandenfeld [$\Delta_t = 4/9 \cdot \Delta_o$]. Der Index **„t"** weist darauf hin, dass es sich um eine Aufspaltung im tetraedrischen Ligandenfeld handelt [vgl. **MC-Fragen Nr. 559, 560, 562**].

Aus diesem Grund kennt man bis heute noch keinen gesicherten Fall von low spin-Komplexen mit tetraedrischer Anordnung der Liganden. Beispiele für eine tetraedrische Koordination sind die Komplexe $[Ni(CO)_4]$, $[NiCl_4]^{2-}$ und $[Cu(CN)_4]^{3-}$ [vgl. **MC-Fragen Nr. 499, 500**].

In einem tetraedrischen Ligandenfeld spalten die d-Zustände in ein energieärmeres Dublett (d_γ-Orbitale) und ein energiereicheres Triplett (d_ε-Orbitale) auf. Bei tetraedrisch koordinierten Komplexen ist nur eine high spin-Anordnung der d-Elektronen beobachtbar, weil in diesen Komplexen die Ligandenfeldaufspaltungsenergie (Δ_t) stets kleiner ist als die Spinpaarungsenergie (P).

Quadratisch-planare Komplexe: Wie o Abb. 1.90 zeigt, ist der Energieunterschied (Δ_q) im *quadratischen Ligandenfeld* fast doppelt so groß wie im oktaedrischen [$\Delta_q = 7/4\ \Delta_o$] [vgl. **MC-Fragen Nr. 559, 560, 562**].

Hier wird bei der Annäherung von vier Liganden in Richtung der x- und y-Achse das $d_{x^2-y^2}$-Niveau am energiereichsten, denn die Ladungsdichte dieser Elektronen ist auf die Liganden ausgerichtet. Auch der d_{xy}-Zustand ist relativ instabil, während die weniger betroffenen restlichen mit der z-Achse verknüpften d-Zustände am energieärmsten sind. Hierbei liegt der d_{z}^{2}-Zustand infolge seines „Kragens" (siehe ▸Kap. 1.5.5.2, o Abb. 1.82), der zu einer größeren Abstoßung der Liganden führt, geringfügig höher als die d_{xz}- und d_{yz}-Niveaus.

Quadratisch-planare Komplexe treten vor allem bei den Elektronenkonfigurationen d^8 und d^9 auf. So sind die meisten Komplexe des Ni(II) [$\mathbf{3d^8}$], Cu(II) [$\mathbf{3d^9}$] und

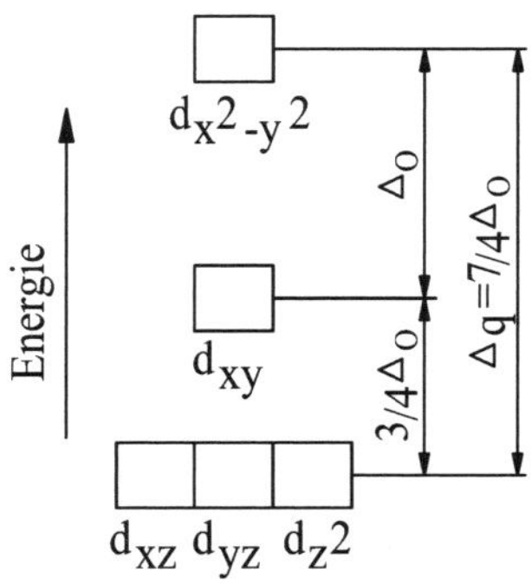

○ Abb. 1.90 Aufspaltung der d-Zustände im quadtratisch-planaren Ligandenfeld

Pt(II) [**$5d^8$**] planar gebaut, wie z.B. die Komplexionen $[Ni(CN)_4]^{2-}$, $[Cu(NH_3)_4]^{2+}$ oder $[PtCl_4]^{2-}$ [vgl. **MC-Fragen Nr. 498, 501, 507**].

1.6 Metallische Bindung

1.6.1 Bildung von Metallen und Halbmetallen

1.6.1.1 Elektronengasmodell der Metalle

Metallatome besitzen nur einige wenige *Valenzelektronen* und verfügen somit über noch unbesetzte Atomorbitale in der äußersten Schale. Da die Anziehung der Valenzelektronen durch den Atomrumpf gering ist, sind die *Ionisierungsenergien* von Metallen relativ niedrig. Die hohe elektrische Leitfähigkeit der Metalle lässt auf das Vorhandensein **frei beweglicher Elektronen** schließen [vgl. **MC-Fragen Nr. 574–576**].

Zur Erklärung der Metalleigenschaften wurde ein Modell entwickelt, nach dem das **Metallgitter** aus *positiven*, an feste Gitterplätze gebundenen Ionen besteht, in das die **negativen, delokalisierten Elektronen** nach Art von Gaspartikeln eingebettet sind (**Elektronengas**) und in dem sich die *Valenzelektronen* praktisch ohne Energieabgabe frei bewegen können [vgl. **MC-Fragen Nr. 370, 375, 570, 576, 577, 581, 582, 588, 1509**].

Wie bei der Ionenbindung liegen auch bei der metallischen Bindung *keine gerichteten Kräfte* vor. Die allseitig wirkende elektrostatische Anziehung zwischen Metallkationen und delokalisierten Elektronen führt zur Bildung eines dreidimensionalen **Metallgitters**, bei dem ein „Ionengitter aus Metallionen" in ein „Elektronengas", d. h. in ein Fluidum leicht beweglicher Valenzelektronen eingebettet ist [vgl. **MC-Fragen Nr. 568, 569**].

Die metallische Bindung ist ungerichtet und führt zur Ausbildung einer Gitterstruktur. Die Bindung in Metallen wird durch eine starke Delokalisierung der Valenzelektronen der Metallatome ermöglicht, die sich innerhalb des Metallgitters frei bewegen können. Das negative Elektronengas hält die positiven Metallionen elektrostatisch zusammen.

1.6.1.2 Energiebändermodell der Metalle

In analoger Weise wie die Kovalenzbindung kann auch die metallische Bindung mit Hilfe der **MO-Methode** behandelt werden. Dabei betrachtet man das Metallgitter als ein „Riesenmolekül" und beschreibt die Art der Bindung mit Molekülorbitalen, die das ganze Gitter durchziehen.

Das MO-Modell der Metalle sowie die Energiezustände der delokalisierten Elektronen sollen am Beispiel des **Lithiums,** das nur *ein* Valenzelektron besitzt (Elektronenkonfiguration: $1s^2 2s^1$), näher besprochen werden.

In einem Metallkristall aus N Lithiumatomen mit einem Valenzelektron pro Atom sind insgesamt n Valenzelektronen enthalten. Jedes Li-Atom bringt zur Bindung ein 2s-AO mit, sodass N MO gebildet werden, die mit jeweils zwei Elektronen antiparallelen Spins besetzt werden können. Je mehr Atome zum Lithiumkristall zusammengefügt werden, desto mehr getrennte, aber immer dichter zusammenliegende MO entstehen. Sie unterscheiden sich energetisch kaum noch voneinander und verschmelzen zu einem **Energieband.** In o Abb. 1.91 ist die Entstehung eines solchen Energiebandes schematisch dargestellt.

Hierbei bezeichnet man als **Valenzband** jenes Energieband, in dem die Valenzelektronen angetroffen werden, d. h. das höchste mit Elektronen besetzte Energieband. Im Valenzband können noch unbesetzte Elektronenzustände vorhanden sein, wie z. B. beim **Lithium**, bei dem für N Elektronen im 2s-Band insgesamt 2 N-Zustände existieren, d. h. die Zahl der Elektronen, die im 2s-Band untergebracht werden können, ist doppelt so groß wie die Zahl der Valenzelektronen des Lithiums [vgl. **MC-Fragen Nr. 372, 571**].

Ein leeres oder nicht vollständig besetztes Band wird **Leitungsband** (oder **Leitfähigkeitsband**) genannt, wie das 2s-Band des Lithiums. Vollständig mit Elektronen besetzte Bänder, wie das 1s-Band des Lithiums, leisten keinen Beitrag zur elektrischen Leitfähigkeit eines Metalls [vgl. **MC-Frage Nr. 571**].

Ebenso wie die Elektronen in Atomen nur *diskrete Energiezustände* besetzen, befinden sich auch die Elektronen im Metallgitter nur in den durch die Energiebänder charakterisierten Zuständen. Zwischen den Bändern befinden sich, wie o Abb. 1.92 vereinfacht zeigt, sogenannte „**verbotene Energiezonen**".

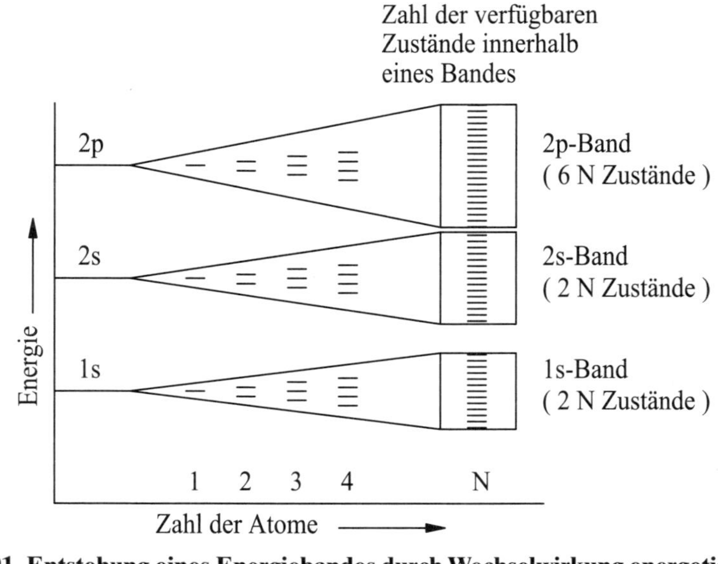

o Abb. 1.91 Entstehung eines Energiebandes durch Wechselwirkung energetisch ähnlicher Orbitale von Metallatomen

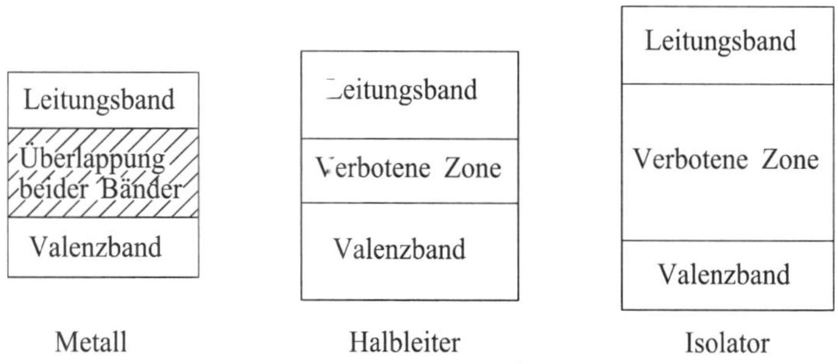

Abb. 1.92 Leitungsband, Valenzband und verbotene Zone

Die *Energiedifferenz (verbotene Zone)* zwischen zwei Bändern hängt von den Energiedifferenzen der ursprünglichen AO und dem Abstand der Atome im Metallkristall ab. Unter Umständen kann auch eine gewisse *Überlappung der Bänder* eintreten, denn nur auf diese Weise wird die elektrische Leitfähigkeit des **Berylliums** (Elektronenkonfiguration: $1s^2 2s^2$) erklärbar, bei dem das 2s-Band vollständig mit Elektronen aufgefüllt ist. Das 2s-Valenzband überlappt hier mit dem 2p-Leitungsband, wie dies in Abb. 1.93b veranschaulicht ist.

Die **Bandbreite** ist eine Funktion des Atomabstandes im Gitter und der Energie der Ausgangsorbitale. Sie ist unabhängig von der Anzahl der Atome im Metallgitter. Generell sind die *Bänder umso breiter, je größer ihre Energie* ist. Auch mit abnehmendem Atomabstand wird die Verbreiterung der Bänder immer größer, bis sie sich schließlich überlagern. Nur das 1s-Band überschneidet sich mit keinem anderen Band.

Durch Kombination vieler Metall-AO entsteht eine Vielzahl von Molekülorbitalen ähnlicher Energie, die zu einem Energieband verschmelzen. Das höchste mit Elektronen besetzte Band nennt man Valenzband. Ein leeres oder nicht vollständig besetztes Band heißt Leitungsband. Eine hohe Beweglichkeit der Elektronen ist immer dann gegeben, wenn ein Band nur teilweise besetzt ist oder ein vollbesetztes Band mit einem leeren Band überlappt.

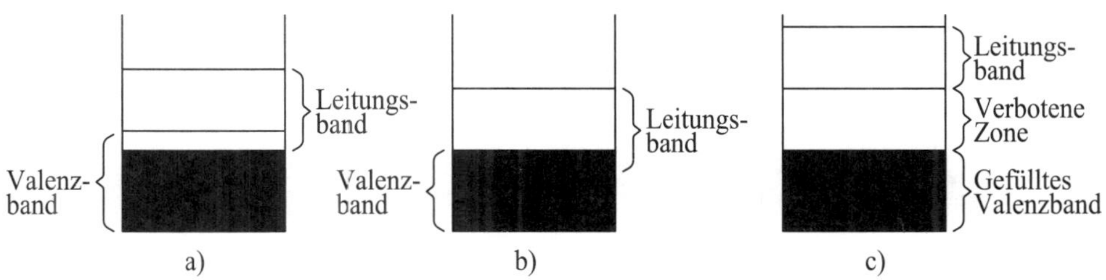

Abb. 1.93 Energiebänderdiagramme für verschiedene Typen von Festkörpern
a) Überlappung eines teilweise besetzten Valenzbandes mit einem Leitungsband
b) Überlappung eines vollbesetzten Valenzbandes mit einem Leitungsband
c) Valenzband und Leitungsband sind durch eine verbotene Energiezone voneinander getrennt (Isolator)

1.6.1.3 Metallische Leiter, Halbleiter, Isolatoren

Ein **metallischer Leiter** ist dadurch gekennzeichnet, dass Valenz- und Leitungsband unmittelbar aneinander grenzen oder sich teilweise überlappen. Das Valenz- bzw. Leitungsband ist nicht vollbesetzt und kann Elektronen für den Stromtransport zur Vergügung stellen. Legt man an einen Metallkristall ein elektrisches Feld an, so bewegen sich die Elektronen in einer Vorzugsrichtung. Verlässt ein Elektron seinen Platz, wird es durch ein benachbartes Elektron ersetzt.

Bei **Isolatoren** ist das Valenzband vollbesetzt und durch eine breite verbotene Energiezone vom Leitungsband getrennt. Die Breite der verbotenen Zonen ist zu groß, als dass sie von Elektronen ohne besonders starke elektronenenergetische Anregung überschritten werden könnte [vgl. **MC-Fragen Nr. 574, 575**].

Bei den sog. **Halbleitern** [B, Si, Ge, Se] ist das mit Elektronen *vollbesetzte Valenzband* ebenfalls vom Leitungsband durch ein verbotenes Energieband getrennt, das jedoch viel schmäler ist als bei Isolatoren. Bei Raumtemperatur ist die thermische Energie der Elektronen zu klein, um eine Anregung ins Leitungsband zu ermöglichen. Erhöht man jedoch die Temperatur, so werden einige Elektronen aus dem Valenzband in das Leitungsband übertreten können. Dadurch werden im Valenzband einige Stellen frei, die es den verbleibenden Elektronen erlauben, sich zu bewegen. Aus diesem Grund findet die elektrische Leitung (der Elektronentransport) in Halbleitern sowohl im Valenzband als auch im Leitungsband statt. Die elektrische Leitfähigkeit von Halbleitermaterialien wächst mit zunehmender Temperatur (*positiver Temperaturkoeffizient*). Demzufolge nimmt der spezifische Widerstand von Halbleitern mit steigender Temperatur ab. Bei sehr tiefen Temperaturen wirken Halbleiter als Isolatoren [vgl. **MC-Fragen Nr. 574, 575, 577, 583, 585, 586, 589, 591–594**].

Darüber hinaus können Halbleitereigenschaften auch dadurch erhalten werden, dass man in das Gitter eines Isolators bzw. Halbleiters andere Atome mit einem Elektronen-Überschuss bzw. -Defizit einbaut. Der erste Fall (**n-Leiter**) ist realisiert in Silicium- und Germanium-Kristallen, in die teilweise Elemente der V. Hauptgruppe [P, As, Sb, Bi] mit fünf Valenzelektronen eingebaut sind, deren überschüssige Elektronen vom Leitungsband aufgenommen werden. Ein elektronendefizienter **p-Leiter** liegt vor, wenn Si- oder

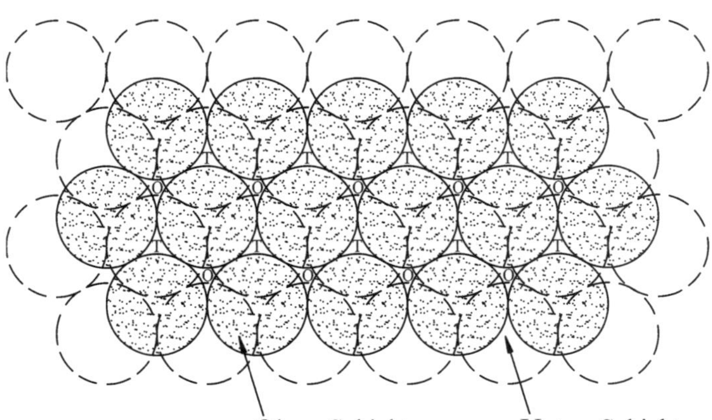

o Abb. 1.94 Bildung dichtester Kugelpackungen

Ge-Kristalle partiell Elemente der III. Hauptgruppe [B, Al, Ga, In] mit nur drei Valenzelektronen enthalten. Diese gezielte Verunreinigung von Silicium oder Germanium bezeichnet man auch als **Dotierung** [vgl. **MC-Fragen Nr. 574, 575, 590**].

1.6.1.4 Metallstrukturen

Die *Anziehungskräfte zwischen den Metallatomen in einem Metallgitter wirken* ebenso *räumlich allseitig* wie die Anziehungskräfte zwischen den Ionen eines Salzes. Im Metall ist jedoch nur *eine Art von Gitterbausteinen* vorhanden. Die Zahl der mit einem bestimmten Atom koordinierten Teilchen wird zahlenmäßig weder durch definierte Bindungsrichtungen (wie im Atomkristall) noch durch die Elektroneutralitätsbedingung (wie im Ionenkristall) eingeschränkt. Ein Metallatom kann sich daher mit so vielen anderen Atomen umgeben, wie aus rein geometrischen Gründen überhaupt möglich ist [vgl. **MC-Fragen Nr. 568, 569, 576, 1872**].

Die meisten Metalle kristallisieren in einer der beiden höchstsymmetrischen **dichtesten Kugelpackungen** (Koordinationszahl 12) oder in einer kubisch-innenzentrierten Struktur (Koordinationszahl 8) [vgl. **MC-Frage Nr. 1872**].

Wie ○ Abb. 1.94 zeigt, entstehen solche dichtesten Kugelpackungen durch Übereinanderlegen von Ebenen, die mit Metallatomen besetzt sind. Hierbei ist jedes Atom von sechs Nachbaratomen umgeben, und zwar so, dass die Kugeln einer höheren Schicht in die Mulden zwischen den Kugeln (Atomen) der unteren Schicht zu liegen kommen.

Wie in ○ Abb. 1.95 dargestellt ist, kommt bei der *hexagonal-dichtesten Kugelpackung* (a) jeweils die dritte Kugelschicht in identische Positionen mit der ersten zu liegen. In der *kubisch-dichtesten Kugelpackung* (b) befindet sich jeweils die vierte Schicht in der gleichen Lage wie die erste.

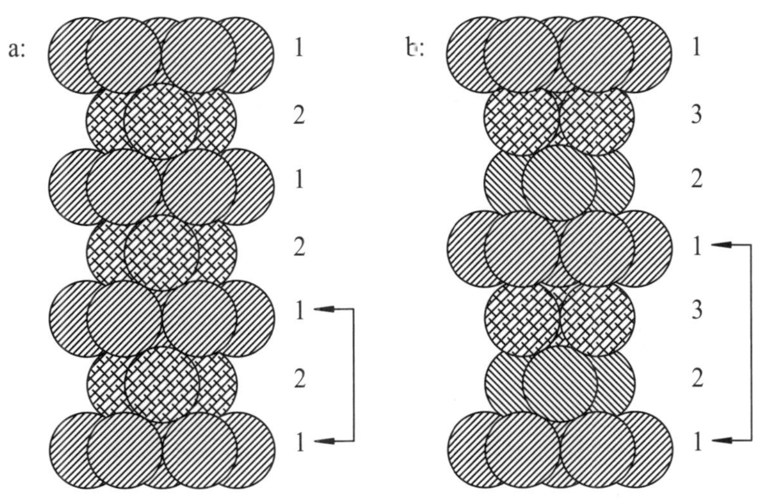

○ **Abb. 1.95 Hexagonal (a) und kubisch (b) dichteste Kugelpackung**

1.6.2 Eigenschaften von Metallen und Halbmetallen

Drei Viertel aller bekannten Elemente sind Metalle, einschließlich der halbleitenden Elemente der III. bis VI. Hauptgruppe. Metalle sind durch eine Reihe gemeinsamer physikalischer und chemischer Eigenschaften gekennzeichnet. Sie zeigen [vgl. **MC-Fragen Nr. 578, 579, 1872**]:

- ein hohes Reflexionsvermögen für sichtbares Licht (**Metallglanz**),
- eine gute Löslichkeit ineinander (Bildung von **Legierungen**),
- eine gute Verformbarkeit und Dehnbarkeit (**Duktilität**),
- ein gutes thermisches Leitvermögen (**Wärmeleitfähigkeit**),
- ein hohes **elektrisches Leitvermögen**, wobei im Gegensatz zu den Elektrolyten der Stromtransport in Metallen *nicht* mit einem Materietransport und der Bildung von Zersetzungsprodukten verbunden ist. Die Leitfähigkeit von Metallen nimmt mit steigender Temperatur ab (*negativer Temperaturkoeffizient*), während die Leitfähigkeit von *Elektrolytlösungen* infolge der Erhöhung der Ionenbeweglichkeit mit zunehmender Temperatur stark ansteigt. Mit anderen Worten, der elektrische Widerstand von Metallen steigt mit zunehmender Temperatur, während der elektrische Widerstand von Elektrolytlösungen mit steigender Temperatur abnimmt [siehe auch ▸ Kap. 1.8.9.2 und **MC-Fragen Nr. 574, 579, 580, 584, 585, 587**].

Alle Metalle neigen durch Abgabe von Elektronen zur Bildung von **Kationen**.

1.6.2.1 Verformbarkeit der Metalle

Die Verformbarkeit der Metalle wird durch die besondere Art der metallischen Bindung stark gefördert. Bei der Verformung können, wie ○ Abb. 1.96 veranschaulicht, aufgrund der gleichartigen Gitterbausteine dichtest gepackte Kugelschichten übereinandergleiten, ohne dass der Gitterzusammenhalt verloren geht, sodass eine plastische Verformung möglich ist [vgl. **MC-Fragen Nr. 578, 1872**].

1.6.2.2 Elektrische Leitfähigkeit

Die leichte Beweglichkeit des „Elektronengases" bedingt die hohe Leitfähigkeit der Metalle. Darüber hinaus stehen in Metallen pro Raumeinheit verhältnismäßig viele freie Elektronen für den Ladungstransport zur Verfügung. Die Stromleitung in Metallen ist *nicht* mit einer *chemischen Zersetzung* des Leiters verbunden, weil hierbei das Metallionengerüst erhalten bleibt und lediglich eine Wanderung der Elektronen stattfindet (**Leiter 1. Klasse**). Die Atome in Metallkristallen führen lediglich Schwingungen um ihre Schwerpunktlage aus [vgl. **MC-Fragen Nr. 374, 570, 580–582**].

Bei *Metallen sinkt* die elektrische Leitfähigkeit mit zunehmender *Temperatur*, da die hiermit verbundene thermische Bewegung der Metallionen im Metallkristall zu häufigeren Zusammenstößen zwischen Atomrümpfen und Elektronen führt. Dadurch wird die Beweglichkeit der Elektronen erheblich behindert. Demzufolge nimmt der

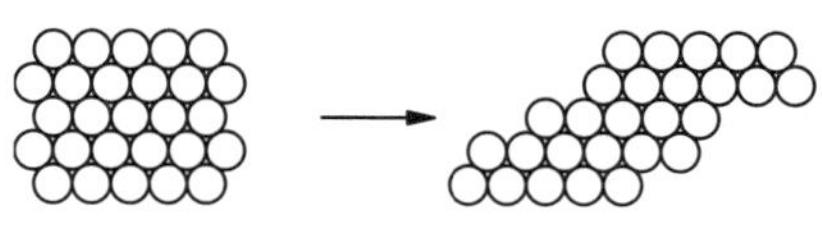

○ Abb. 1.96 Übereinandergleiten der Schichten beim Verformen eines Metalls

spezifische Widerstand von Metallen mit steigender Temperatur zu. Im Gegensatz dazu wächst die Leitfähigkeit von *Halbleitern* bei Temperaturerhöhung, weil in den gebräuchlichen Halbleitermaterialien die Konzentration an beweglichen Ladungsträgern stark zunimmt [vgl. **MC-Fragen Nr. 574, 575, 577, 579, 580, 583–586, 588, 1872**].

Typische Werte für elektrische Leitfähigkeiten sind:

Metalle	: 10^{-6}	-	10^{8}	$S \cdot m^{-1}$
Halbmetalle	: 10^{-3}	-	10^{3}	$S \cdot m^{-1}$
Isolatoren	: 10^{-10}	-	10^{-8}	$S \cdot m^{-1}$

1.6.2.3 Wärmeleitfähigkeit

Metalle gehören zu den besten Wärmeleitern und im Allgemeinen korreliert die Wärmeleitfähigkeit eines Metalls mit seiner elektrischen Leitfähigkeit. Die frei beweglichen Elektronen absorbieren Wärme in Form von kinetischer Energie und leiten diese schnell in alle Bereiche des Metallkristalls weiter [vgl. **MC-Fragen 578, 579**].

1.6.2.4 Metallglanz

Der metallische Glanz kommt dadurch zustande, dass die Elektronen in einem Energieband praktisch jede Wellenlänge des sichtbaren Spektralbereichs absorbieren und wieder abgeben können. Metalle besitzen einen hohen Absorptionskoeffizienten. Bis auf wenige Ausnahmen erscheinen uns feinverteilte Metalle schwarz [vgl. **MC-Fragen Nr. 568, 569, 578, 1872**].

1.6.2.5 Legierungen

Für die Kristallstruktur eines Metalls ist in erster Linie die *Größe der Atome* maßgebend, da ein Metallgitter nur gleichartige Gitterbausteine enthält und die *Bindungskräfte* räumlich *nicht gerichtet* sind. **Mischkristallbildung** ist daher bei Metallen besonders häufig, wobei *kein* charakteristisches Atomverhältnis auftritt.

Legierungen entstehen, wenn innerhalb eines Metallgitters eine Metallart partiell durch eine andere ersetzt wird. Beide Metallarten sind statistisch auf die festen Gitterpunkte verteilt. Ein festes Zahlenverhältnis liegt nicht vor.

Außer dem *Radienverhältnis* ist auch die Anzahl der von jedem Atom zum gesamten delokalisierten Elektronensystem beigesteuerten *Elektronen* für die Bildung von Mischkristallen von ausschlaggebender Bedeutung, weil die Stabilität eines Metallkristalls auch von der *Elektronenkonzentration*, d. h. vom Verhältnis der Zahl der Valenzelektronen zur Anzahl der Atome abhängt.

Neben der rein statistischen Mischkristallbildung existieren noch weitere Kristallstrukturen, sog. **intermetallische Phasen** oder **Hume-Rothery-Phasen**, die unabhängig von der Kristallstruktur der reinen Komponenten sind. Hierzu zählen u. a. **Messing-**

▫ **Tab. 1.50 Zusammensetzung ausgewählter Legierungen**

Zusammensetzung	Bezeichnung
Bi - Pb - Sn	Rosesches Metall
Bi - Pb - Sn - Cd	Woodsches Metall
Cu - Sn	Bronzen
Cu - Al	Aluminiumbronzen
Cu - Al - Mg - Mn	Duraluminium
Cu - Ni	Konstantan, Monelmetall
Cu - Ni - Zn	Neusilber (Alpaka)
Cu - Zn	Messing
Pb - Sb	Weichlot, Schnellot
Pb - Sn - Sb	Letternmetall
Fe - Cr - Ni	V_2A-Stahl (Nirosta)
Ag - Hg	Silberamalgam

Legierungen. Legierungen können somit als *feste Lösungen*, d. h. homogene Mischkristalle mit statistisch oder geregelt verteilten Atomen oder als intermetallische Phasen angesehen werden.

Die physikalischen Eigenschaften von Legierungen unterscheiden sich oft ziemlich stark von denen ihrer reinen Komponenten. Die *elektrische Leitfähigkeit* ist im Allgemeinen schlechter als die reiner Metalle. Umgekehrt ist die *Härte* von Legierungen meistens höher als die reiner Metalle. Einige Legierungen [**Rosesches Metall**: Schmp. 94 °C, **Woodsches Metall**: Schmp. 70 °C] zeichnen sich durch relativ niedrige Schmelzpunkte aus.

An wichtigen Legierungen sind zu nennen:

Amalgame: Viele Metalle lösen sich in Quecksilber unter Bildung von Legierungen. Amalgame sind bei kleineren Metallgehalten flüssig, bei größeren fest.

Messing: Als Messing bezeichnet man **Kupfer-Zink-Legierungen**. Je nach dem Zn-Anteil unterscheidet man zwischen Rot-, Gelb- und Weißmessing.

Bronzen sind **Kupfer-Zinn-Legierungen**, während Cu-Al-Legierungen als Aluminiumbronzen bezeichnet werden.

Stahl: Beim Stahl handelt es sich um eine Legierung, deren wichtigster Bestandteil **Eisen** ist, und der etwa 2% Kohlenstoff und andere Metalle (Co, Cr, Mn, Mo, Nb, Ni, V, W) als Beimischungen enthält.

▫ Tab. 1.50 gibt Auskunft über die Zusammensetzung einiger technisch wichtiger Legierungen [vgl. **MC-Fragen Nr. 595–597**].

1.7 Zwischenmolekulare Bindungskräfte

Wie der Titel des Kapitels besagt, handelt es sich hierbei um *Kräfte*, die *zwischen Molekülen* wirken. Viele *physikalische Eigenschaften* wie Siedepunkt, Schmelzpunkt, Mischbarkeit, Oberflächenspannung usw. hängen von diesen Kräften ab.

Voraussetzung für das Zustandekommen zwischenmolekularer Bindungskräfte ist stets eine *asymmetrische Ladungsverteilung* innerhalb eines Moleküls (siehe auch ▸ Kap. 1.4.5). Man unterteilt solche Kräfte in:

- Ion-Dipol-Wechselwirkungen,
- Dipol-Dipol-Wechselwirkungen,
- Dipol-induzierte Dipol-Wechselwirkungen,
- Dispersionskräfte (van der Waals-Kräfte) und in
- Wasserstoffbrückenbindungen, die eine spezielle Form der Dipolkräfte darstellen.

1.7.1 Dipol-Dipol-Wechselwirkungen, van der Waals-Kräfte

1.7.1.1 Dipol-Dipol-Kräfte

Moleküle, die auch ohne äußere Feldeinwirkung Dipolcharakter besitzen und somit fortwährend eine unsymmetrische Ladungsverteilung aufweisen, bezeichnet man als **permanente Dipole**.

In der gleichen Weise wie sich Ionen entgegengesetzter Ladung elektrostatisch anziehen, können sich auch Dipole untereinander oder Ionen und Dipolmoleküle anziehen und auf diese Weise höhere Molekülaggregate bilden. Die Kraft (K), mit der dies geschieht, lässt sich für die verschiedenen Fälle durch folgende, stark vereinfachte Gleichungen wiedergeben:

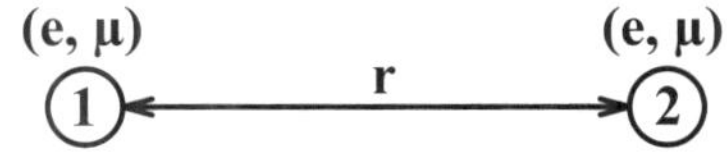

$$K_{Ion\text{-}Ion} = \frac{e_1 \cdot e_2}{r^2} \qquad K_{Ion\text{-}Dipol} = \frac{e_1 \cdot \mu_2}{r^3} \qquad K_{Dipol\text{-}Dipol} = \frac{\mu_1 \cdot \mu_2}{r^4}$$

(e = Ionenladung, μ = Dipolmoment, r = Abstand)

Danach hängen die Dipolkräfte von der Größe des Dipolmoments (μ) und dem Abstand (r) der Ladungsschwerpunkte ab. Die resultierenden Bindungsenergien betragen etwa 4–25 kJ mol^{-1}. Einen Eindruck über die Abhängigkeit der Bindungskräfte vom Abstand der Bindungspartner vermittelt ○ Abb. 1.97. Man erkennt, dass die Dipolkräfte aufgrund der höheren Potenz von r sehr viel rascher mit wachsendem Abstand der Ladungen abklingen als Ionenkräfte. Darüber hinaus sind aufgrund des größenordnungsmäßigen Unterschieds zwischen der Ladung (e) und dem Dipolmoment (μ) eines Moleküls die Dipol-Dipol-Bindungen generell sehr viel schwächer als reine Ionenbindungen.

Eine Temperaturerhöhung führt zu einer verstärkten Molekülbewegung und damit zu größeren Abweichungen von einer optimalen räumlichen Orientierung der Moleküle, sodass Dipolkräfte mit steigender Temperatur rasch abnehmen.

Dipol-Dipol-Kräfte wirken in Flüssigkeiten und Feststoffen. Ihre Wirkung zeigt sich u. a. in der Erhöhung von Schmelz- und Siedepunkten. Ebenso spielen sie eine wichtige Rolle beim Lösen von Flüssigkeiten ineinander, wie z. B. bei der unbegrenzten Löslichkeit von Ethanol in Wasser (siehe auch ▸ Kap. 1.7.3).

1.7.1.2 Van der Waals-Kräfte (Dispersionskräfte, London-Kräfte)

Auch zwischen einzelnen Molekülen einer unpolaren Substanz (ohne Dipolcharakter) oder Edelgasatomen wirken schwache Anziehungskräfte. Man bezeichnet sie als **van der Waals-** bzw. **London-Kräfte** oder als **Dispersionskräfte**. Solche Kräfte treten grundsätzlich zwischen Materieteilchen *immer* auf, auch zwischen polaren Molekülen. Bei unpolaren Molekülen sind sie die einzigen vorhandenen intermolekularen Bindungskräfte.

Dispersionskräfte sind dafür verantwortlich, dass inerte *Gase* (Edelgase, Halogene, niedere Alkane, O_2, N_2) *verflüssigt* werden können. Folge der van der Waals-Kräfte ist

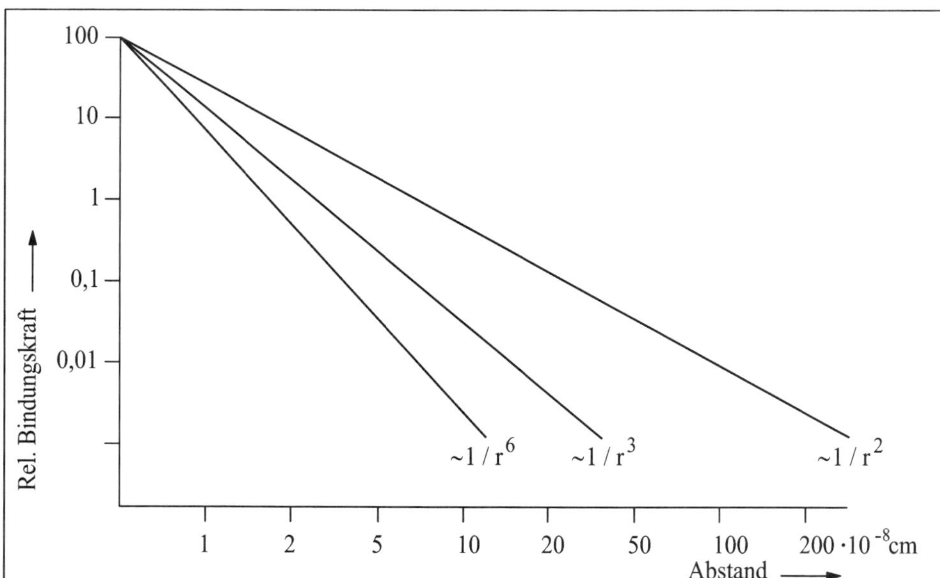

○ **Abb. 1.97 Abhängigkeit elektrostatischer Bindungskräfte vom Abstand der Ladungen**

▫ Tab. 1.51 Siedepunkte von Halogenen, Edelgasen und Alkanen [in °C]

Fluor	- 188	Helium	- 269	Methan	- 164
Chlor	- 34	Neon	- 246	Ethan	- 89
Brom	+ 59	Argon	- 186	Propan	- 45
Iod	+ 184	Krypton	- 153	Butan	- 0,5
		Xenon	- 108	Pentan	+ 36

ferner die Zunahme der Schmelz- und Siedepunkte der gesättigten Kohlenwasserstoffe mit steigender Molekülmasse. Auch der bei Raumtemperatur feste Aggregatzustand des **Iods** ist hauptsächlich auf hohe Dispersionskräfte zurückzuführen. In ▫ Tab. 1.51 sind die Siedepunkte einiger flüchtiger Stoffe aufgelistet [vgl. **MC-Fragen Nr. 306, 598–601, 629**].

Auch van der Waals-Kräfte beruhen auf der Anziehung zwischen entgegengesetzten *elektrischen Ladungen*. Zum Beispiel bewegen sich die Elektronen eines Edelgasatoms innerhalb bestimmter Räume um den Atomkern. Dabei kann nun während einer ganz kurzen Zeit die Ladungsverteilung unsymmetrisch werden. Wie in ○ Abb. 1.98 dargestellt ist, weist dann eine Seite des Atoms eine negative, die andere eine positive Partialladung auf. In diesem Moment ist das Atom ein **Dipol** mit je einem positiven und negativen Pol. Die Größe der positiven Partialladung entspricht der der negativen.

Obwohl ein so entstandener Dipol nur während sehr kurzer Zeit existiert, beeinflusst er die in seiner nächsten Umgebung befindlichen Atome. In den Nachbaratomen werden genauso ausgerichtete *Dipole induziert*, sodass sich die polarisierende Wirkung fortpflanzt. Da der Dipolcharakter des Atoms (oder Moleküls) aber im nächsten Augenblick wieder verschwindet, weil die Elektronen ständig in Bewegung sind und somit die Ladungsdichteverteilung in Atomen oder Molekülen fluktuiert, ergeben sich – im zeitlichen Mittel – nur schwache Kräfte mit Bindungsenergien von etwa 0,08 bis 42 kJ mol^{-1}. Die zwischen *induzierten Dipolen* auftretenden Anziehungskräfte (K) können durch folgende Gleichung beschrieben werden [vgl. **MC-Frage Nr. 598**]:

$$K = \frac{\mu^{+} \cdot \mu^{-}}{r^{6}}$$

μ^{+} = induziertes (positives) Dipolmoment
μ^{-} = induziertes (negatives) Dipolmoment
r = Abstand der Pole

Die Abhängigkeit der van der Waals-Kräfte vom gegenseitigen *Abstand* der sich anziehenden Teilchen wurde proportional zu $1/r^6$ gefunden. Demzufolge ist ihre Reichweite äußerst gering. Jedoch ist anzumerken, dass van der Waals-Kräfte *ungerichtet* und räumlich allseitig wirksam sind [vgl. **MC-Frage Nr. 373**].

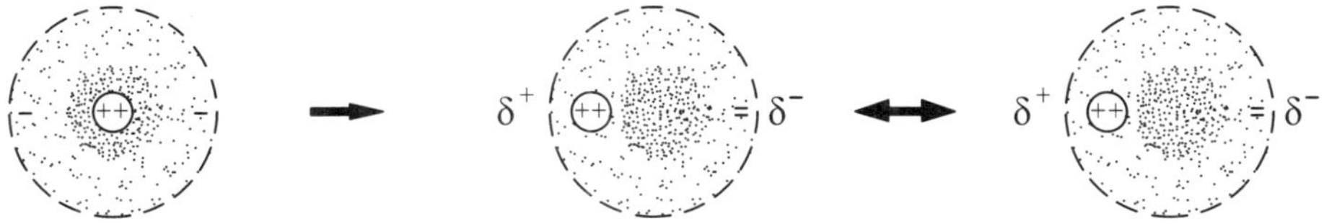

He-Atom Induzierte He-Dipole

○ Abb. 1.98 Van der Waals-Kräfte zwischen Heliumatomen

Darüber hinaus hängen die Dispersionskräfte von der *Größe des Moleküls*, insbesondere seiner *Oberfläche* und seiner *Molekülmasse* ab. Die van der Waals-Kräfte sind umso stärker, je größer die Oberfläche der Partikel ist (die Möglichkeit einer Polarisierung wird dadurch erhöht) und je leichter die Ladungsverteilung in einem Molekül durch ein Nachbarteilchen polarisiert werden kann. Beide Faktoren zusammen erklären die Zunahme der Dispersionskräfte mit *steigender* Atom- bzw. Molekülmasse [vgl. **MC-Fragen Nr. 306, 598**].

So sind z. B. die van der Waals-Kräfte zwischen Xenonatomen größer als zwischen Neonatomen, weil bei Atomen mit zunehmendem Atomradius leichter ein Dipolmoment induziert werden kann. Desgleichen besitzt Helium einen tieferen Siedepunkt als Argon, weil bei Ar-Atomen leichter ein induziertes Dipolmoment auftreten kann als bei He-Atomen. Auch der Anstieg der Schmelz- und Siedepunkte der Halogene mit steigender Ordnungszahl ist darauf zurückzuführen, dass mit steigender Ordnungszahl die Polarisierbarkeit der Halogenmoleküle und damit die van der Waals-Kräfte zunehmen [vgl. **MC-Fragen Nr. 598, 1277, 1280**].

Die Dispersionskräfte oder van der Waals-Kräfte beruhen auf induzierten Dipolen. Sie nehmen zwischen zwei gleichen Molekülen mit steigender Polarisierbarkeit bzw. größerer Masse dieser Moleküle zu. Bei Atomen wachsen die van der Waals-Kräfte mit zunehmendem Atomradius.

1.7.2 Ionen-Dipol-Kräfte, ioneninduzierte Dipolkräfte

Ionen-Dipol-Kräfte sind relativ starke Anziehungskräfte. Die Bindungsenergien liegen in der Größenordnung von 40 – 680 kJ mol^{-1}. Ionen-Dipol-Kräfte wirken vor allem beim Lösen von Salzen in polaren Lösungsmitteln. Sie spielen eine bedeutende Rolle als **Solvatationskräfte** bzw. **Hydratationskräfte** (siehe ▸ Kap. 1.3.3.2 und ▸ Kap. 1.8.7.1).

1.7.2.1 Dipol-induzierte Dipol-Wechselwirkungen

Solche Anziehungskräfte entstehen, wenn Molekülen ohne Dipolmoment [H_2, Cl_2, O_2, CH_4] durch Annäherung eines Dipols [H_2O, NH_3] eine Ladungsasymmetrie aufgezwungen und somit ein Dipolmoment induziert wird. Die Größe des induzierten Dipols hängt von der Stärke der Anziehung durch das polare Teilchen und der Polarisierbarkeit des unpolaren Moleküls ab.

Die resultierenden Bindungsenergien betragen etwa 0,8 bis 8,5 kJ mol^{-1}. Diese Kräfte spielen eine Rolle beim Lösen von unpolaren Gasen in polaren Lösungsmitteln. Auch die im Vergleich zu ***n*-Hexan** größere Löslichkeit von **Benzen** in Wasser ist darauf zurückzuführen, dass Wasser als Dipol die delokalisierten π-Elektronen des Benzens leichter polarisieren kann als die σ-Bindungen des *n*-Hexans.

1.7.3 Wasserstoffbrückenbindungen

Dipolkräfte zwischen gleichen oder unterschiedlichen Molekülen sind dann besonders stark ausgeprägt, wenn in Verbindungen ein *Wasserstoffatom* an ein kleines, stark *elektronegatives Atom* [**Fluor**, **Sauerstoff**, **Stickstoff**] gebunden ist. Das positiv polarisierte H-Atom wirkt dann auf andere, negativ polarisierte Atome oder Molekülteile anziehend und führt, wie das Beispiel des **Fluorwasserstoffs** (HF) zeigt, zur Bildung von größeren Molekülverbänden (**Assoziation**). Die Stärke der resultierenden Bindung geht parallel mit der Elektronegativität des Atoms, mit dem das Wasserstoffatom verknüpft ist [vgl. **MC-Fragen Nr. 603–605, 1873**].

$$n\,HF \underset{\text{Dissoziation}}{\overset{\text{Assoziation}}{\rightleftharpoons}} (HF)_n \quad [n = 2 - 8 \text{ und höher}]$$

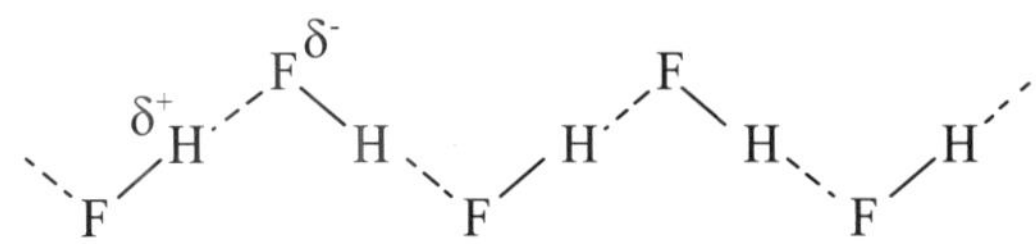

Man bezeichnet diesen Bindungstyp als **Wasserstoffbrücke** oder als **Wasserstoffbindung** und unterscheidet zwischen:

- **intermolekularen Wasserstoffbrückenbindungen** und
- **intramolekularen Wasserstoffbrückenbindungen**.

Im Falle des **Wassermoleküls** kommt die intermolekulare Wasserstoffbrückenbindung (gestrichelte Linie) dadurch zustande, dass bei der Assoziatbildung die HO-Gruppe des Wassers als Protonendonator und das Sauerstoffatom als Akzeptor fungieren [vgl. **MC-Fragen Nr. 605, 606, 1448, 1452, 1453**].

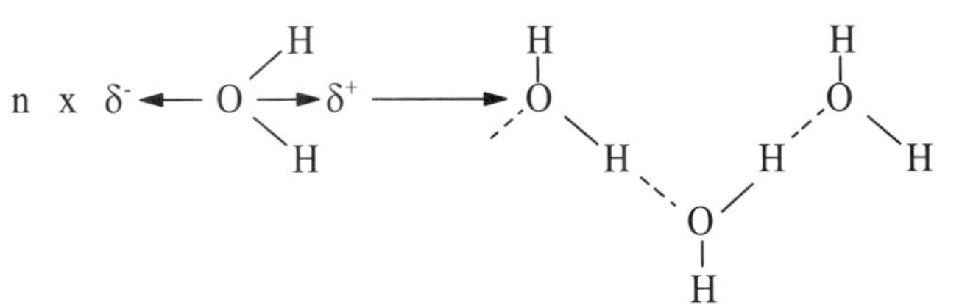

Bei der Wasserstoffbrückenbindung handelt es sich nicht um eine besondere Bindungsart, sondern lediglich um eine stark ausgeprägte Form der Dipol-Dipol-Wechselwirkungen. In der H-Brückenbindung [X-H ··· Y-E] kann X,Y Stickstoff, Sauerstoff oder Fluor sein. E steht für Wasserstoff bzw. ein anderes Element geringer Elektronegativität. Ferner muss Y über mindestens ein freies Elektronenpaar verfügen. Die X-H ··· Y-Anordnung ist bevorzugt linear [vgl. **MC-Fragen Nr. 603, 604**].

Wasserstoffbrückenbindungen, zwar stärker als die schwachen van der Waals-Kräfte, sind nur als mäßig schwache Bindungen anzusehen. Ihre Bindungsenergien liegen zwischen 8 und 42 kJ mol^{-1}, d. h., sie besitzen nur etwa 5–10% der Bindungsstärke einer kovalenten Einfachbindung.

In ○ Abb. 1.99 sind die Schmelz- und Siedepunkte der Elementwasserstoffverbindungen der IV. bis VII. Hauptgruppe graphisch dargestellt.

Starke Wasserstoffbrückenbindungen sind die Ursache für die relativ hohen Schmelz- und Siedepunkte der jeweils ersten Glieder der Wasserstoffverbindungen

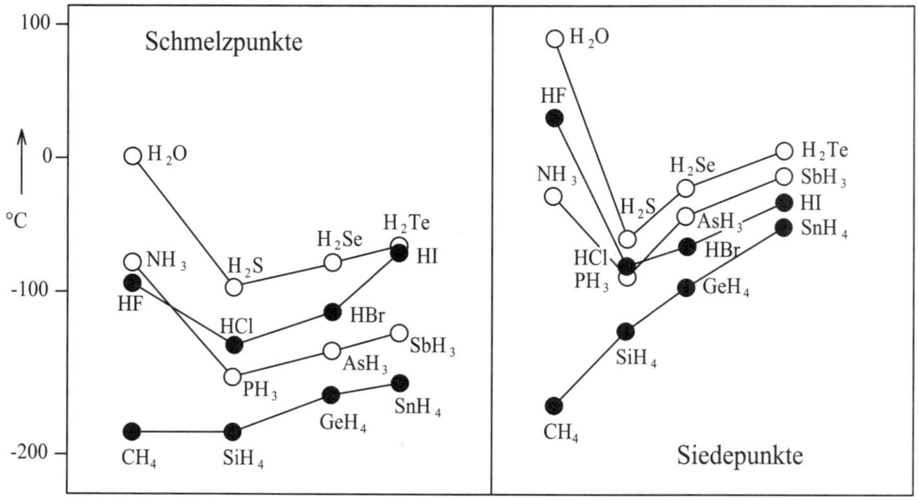

o Abb. 1.99 Schmelz- und Siedepunkte der Wasserstoffverbindungen der Elemente der IV. bis VII. Hauptgruppe

der V. bis VII. Hauptgruppe. Zum Beispiel sind die Siedepunkte von **Fluorwasserstoff** (HF) und **Wasser** (H_2O) als *assoziierte Verbindungen* beträchtlich höher als die der nächsthöheren Homologen Chlorwasserstoff (HCl) und Schwefelwasserstoff (H_2S) [vgl. **MC-Fragen Nr. 604, 605, 1350, 1476, 1480, 1481**].
Chlorverbindungen ergeben im Allgemeinen nur schwache Wasserstoffbrückenbindungen. Zwar hat das Chloratom etwa die gleiche Elektronegativität wie ein Stickstoffatom, jedoch ist es größer und seine freien Elektronenpaare sind diffuser (weniger kompakt) als das freie Elektronenpaar des N-Atoms.

Aufgrund des Fehlens von H-Brückenbindungen zeigen die unpolaren Elementwasserstoffverbindungen der IV. Hauptgruppe den erwarteten Anstieg der Schmelz- und Siedepunkte mit zunehmender Molekülmasse. Im Gegensatz zu HF, H_2O, CH_3COOH, H_2SO_4 oder NH_3 ist **Methan** (CH_4) eine nichtassoziierte Verbindung [vgl. **MC-Fragen Nr. 611, 612, 1873**].

Wasserstoffbrückenbindungen bedingen in Flüssigkeiten (z. B. Wasser) und Feststoffen (z. B. Eis, Cellulose) eine gewisse Fernordnung (Struktur). Dieser Bindungstyp ist auch verantwortlich für die **Dichteanomalie des Wassers**, d. h. der geringeren Dichte von Eis im Vergleich zu Wasser. Wie o Abb. 1.100 zeigt, werden im **Eis** die Wassermoleküle durch H-Brücken zusammengehalten, wobei jedes Sauerstoffatom tetraedrisch von vier H-Atomen umgeben ist. Diese Anordnung führt im Eiskristall zu einer lockeren Struktur mit relativ großen Hohlräumen. Deshalb hat Eis eine niedrigere Dichte als Wasser. Beim Schmelzen des Eises fallen diese Hohlräume zusammen [siehe auch ▸ Kap. 2.4.3.1 und **MC-Fragen Nr. 602, 635, 640, 733, 1451–1453**].
Von zentraler Bedeutung sind Wasserstoffbrückenbindungen für die Eigenschaften und die Molekülgestalt vieler, biochemisch wichtiger Moleküle (Proteine, Nucleinsäuren). Auch in der organischen Chemie begegnet man diesem Bindungstyp relativ häufig, vor allem in Verbindungen mit einer HO- oder NH-Gruppierung. Die bekanntes-

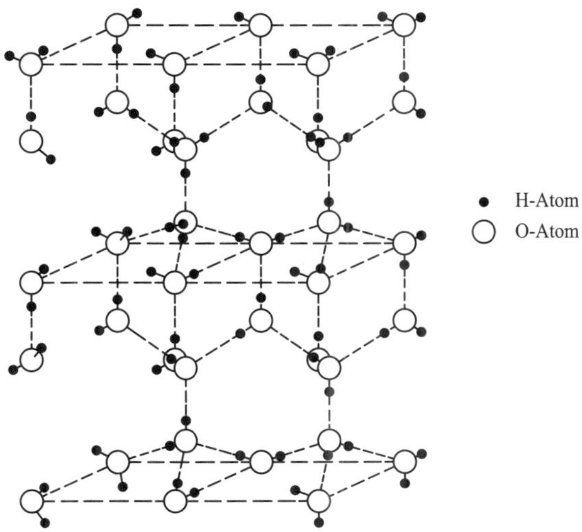

Abb. 1.100 Raumstruktur eines Eiskristalls

ten Auswirkungen sind hier die hohen Siedepunkte der **Carbonsäuren**, **Alkohole** und zahlreicher primärer und sekundärer **Amine**.

Zum Beispiel besitzen **Dimethylether** [CH_3OCH_3] (Sdp: -24 °C) und **Ethanol** [CH_3CH_2OH] (Sdp: 78,4 °C) die gleiche Molmasse (Summenformel), der Alkohol siedet aber um mehr als 100 °C höher als der Ether. Ebenso haben **Essigsäure** [CH_3COOH] (Sdp: 118 °C) und **Methylformiat** (Ameisensäuremethylester) [$HCOOCH_3$] (Sdp: 31 °C) gleiche Molmassen, unterscheiden sich aber stark in ihrer Flüchtigkeit. Ursache für den hohen Siedepunkt der Essigsäure ist ihre Fähigkeit, durch intermolekulare Wasserstoffbrücken *Dimere* zu bilden, die sich beim Verdampfen wie *ein* Molekül doppelter Masse verhalten [vgl. **MC-Frage Nr. 398**].

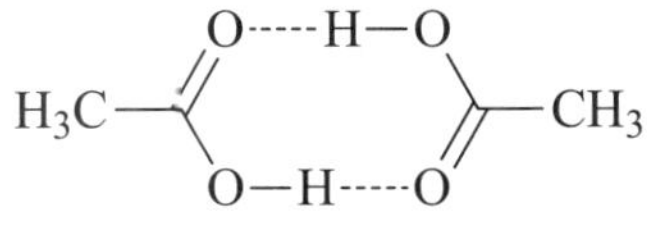

H-Brückenbindungen bedingen auch die gute Mischbarkeit der niederen Alkohole und Carbonsäuren mit Wasser, sofern lipophile Reste dies nicht kompensieren. Ähnlich wie bei Alkoholen wirkt die Hydroxylgruppe in Phenolen als H-Donator und führt durch Ausbildung intermolekularer H-Brückenbindungen zu einer Erhöhung von Schmelz- und Siedepunkten. Auch die Siedepunkte primärer und sekundärer Amine sind aufgrund von H-Brückenbindungen im Vergleich zu den Kohlenwasserstoffen gleicher C-Zahl deutlich erhöht [siehe hierzu Ehlers, **Chemie II**, ▸ Kap. 3.9.2.3, 3.9.4.2, 3.10.2.2 und 3.13.2.4 sowie **MC-Fragen Nr. 602, 607–610**].

1.7.3.1 Intramolekulare Wasserstoffbrückenbindung

Interessante physikalische Effekte [unterschiedliche Dissoziationskonstanten, Flüchtigkeiten, Löslichkeiten] treten bei **intramolekularen H-Brücken** auf.

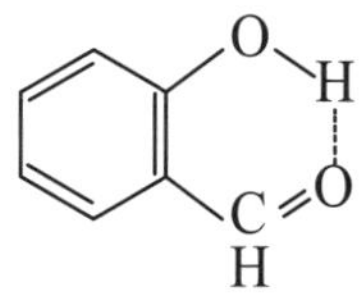

Salicylaldehyd
(2-Hydroxybenzaldehyd)

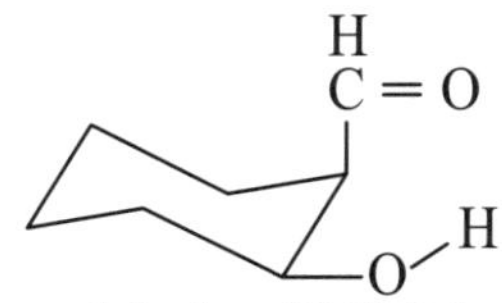

(keine intramolekulare H-Brückenbindung)

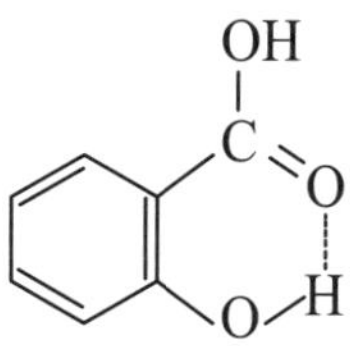

Salicylsäure
(2-Hydroxybenzoesäure)

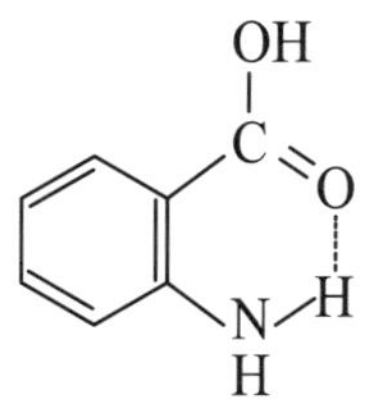

Anthranilsäure
(2-Aminobenzoesäure)

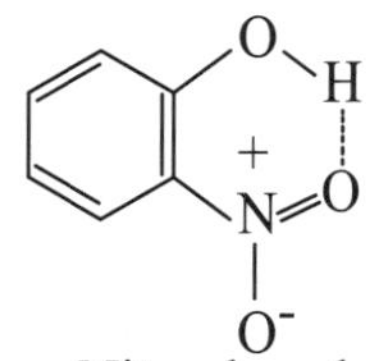

o-Nitrophenol

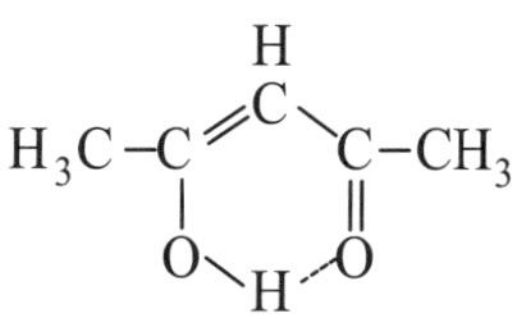

Acetylaceton
(Pentan-2,4-dion)

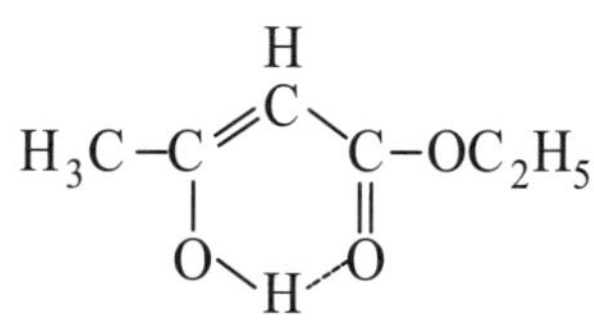

Acetessig(säureethyl)ester
[*Enolform*]

So sind beispielsweise **Salicylsäure** und ***o*-Nitrophenol** viel leichter *wasserdampfflüchtig* als 4-Hydroxybenzoesäure bzw. *p*-Nitrophenol, weil sie zur Ausbildung einer intramolekularen Wasserstoffbrückenbindung befähigt sind [siehe auch Ehlers, **Chemie II**, ▸ Kap. 3.6.4 und ▸ Kap. 3.19.2.3 sowie **MC-Fragen Nr. 613–615**].

In der Mehrzahl der Fälle, in denen im chemischen oder physikalischen Verhalten einer Substanz eine intramolekulare Wasserstoffbrücke eine Rolle spielt, ist das Wasserstoffatom in einen *ebenen sechsgliedrigen Ring* eingebaut, und jedes der übrigen fünf Ringglieder besitzt ein π Elektron. Die voranstehend aufgeführten Beispiele sollen dies belegen.

Zum Beispiel fehlt im alicyclischen Analogen des **Salicylaldehyds** die intramolekulare H-Brückenbindung, weil in dieser Verbindung das System H-O-C-C-C=O *nicht* in eine *ebene Konfiguration* hineingedreht werden kann.

1.8 Zustandsformen der Materie, Phasen, Lösungen und heterogene Systeme

1.8.1 Grundbegriffe der Wärmelehre

1.8.1.1 Temperatur

Die **Temperatur** ist eine **Zustandsgröße** und charakterisiert den Aggregatzustand der Materie. Sie ist ein Maß dafür, in welcher Richtung Wärme abfließen kann. Die Temperatur eines Körpers wird durch Aufnahme oder Abgabe von Wärme verändert. Temperaturen können mit Hilfe von Widerstandsmessungen ermittelt werden [vgl. **MC-Fragen Nr. 616–618, 627**].

Die SI-Einheit der Temperatur ist das **Kelvin** (K). Jedoch verwendet man bei Temperaturmessungen auch **Grad Celsius** (°C) als Maßeinheit. Die Fixpunkte der **Celsius-Skala** sind der Schmelzpunkt des Eises (**0°C**) sowie der Siedepunkt des Wassers (**100 °C**) bei **1013 mbar.** Demgegenüber ist die **Kelvin-Skala** eine absolute Skala. 0 K entsprechen dem **absoluten Nullpunkt** (**–273,15°C**). Die Einheiten in beiden Skalen sind gleich groß, sodass *Temperaturdifferenzen* in °C oder in K identisch sind. Die Umrechnung von Temperaturangaben in °C in K erfolgt durch Addition des Wertes 273,15 [vgl. **MC-Fragen Nr. 616, 618–621**].

$$\mathbf{T\ [K] = t\ [°C] + 273{,}15}$$

T = absolute Temperatur in Kelvin
t = Temperatur in Grad Celsius

1.8.1.2 Energie, Wärme

Energie kann in unterschiedlichen Erscheinungsformen auftreten und von einer Form in eine andere umgewandelt werden. Die Energie ist definitionsgemäß festgelegt [$J = N \cdot m = kg \cdot m^2 \cdot s^{-2}$]. In unserer mechanischen Vorstellungswelt entspricht dies einer [vgl. **MC-Fragen Nr. 622–624, 660, 831**]:

- **Arbeit**, also der auf einer Strecke wirkenden Kraft [Kraft · Weg oder Masse · Beschleunigung · Weg]. Umgekehrt kann Energie als die Fähigkeit betrachtet werden, Arbeit zu leisten. Das Produkt aus [Leistung · Zeit] ist ebenfalls ein Ausdruck für die Energie. Die *Volumenarbeit* ist definiert als Produkt von [Druck · Volumen].

- **Wärme**, die physisch empfunden wird. Wärme ist eine Energieform, die einem Körper z. B. durch elektromagnetische Strahlung zugeführt werden kann. Wärme fließt spontan nur von einem Körper höherer Temperatur zu einem Körper tieferer Temperatur (*Einseitigkeit des Wärmeübergangs*). Ein Wärmefluss setzt daher eine *Temperaturdifferenz* zweier Körper voraus, die sich miteinander in Kontakt befinden. Die Zufuhr oder Abgabe von Wärme hat entweder eine Temperaturänderung zur Folge oder äußert sich in physikalischen Veränderungen (Modifikations-, Aggregatzustandsänderungen) bzw. führt zu chemischen Stoffumwandlungen. Die SI-Einheit für Wärmeenergieangaben ist das *Joule* (J) [vgl. **MC-Fragen Nr. 625, 626**].
- **chemischen Energie.** Sie ist gleichsam die Energie der Massenanhäufung in der Materie und der Materiebindung (Massendefekt, Bindungsenergie).
- **elektrischen Energie.** Sie wird durch das Produkt [Spannung · Strommenge (Ladung)] oder [Spannung · Stromstärke · Zeit] ausgedrückt.
- **magnetischen Energie.**
- **elektromagnetischen Strahlungsenergie** (Lichtenergie). Sie ist gegeben durch das Produkt aus der Frequenz des Lichts und dem Planckschen Wirkungsquantum [$\mathbf{E = h \cdot \nu}$].
- **mechanischen Energie**. Hier unterscheidet man zwischen *kinetischer* und *potentieller Energie*. Im ersten Fall handelt es sich um die mechanisch wirkende Energie (Energie der Bewegung), im zweiten um die latent vorhandene, einer Auslösung harrende Energie (Energie der Ruhe). Die kinetische Energie eines Teilchens der Masse (m) und der Geschwindigkeit (u) kann beschrieben werden durch den Ausdruck: $\mathbf{E = \frac{1}{2} \cdot m \cdot u^2}$

Die in der **Thermodynamik** maßgeblichen Energiegrößen sind die:

- **innere Energie** (Energieinhalt eines Stoffes),
- **Enthalpie** (Wärmeinhalt eines Stoffes),
- **Entropie**,
- **freie Energie** und **freie Enthalpie**.

Es handelt sich hierbei um **Zustandsgrößen**, die im nachfolgenden ▸Kap. 1.9.2 noch explicit vorgestellt werden.

1.8.1.3 Spezifische Wärme

Die **spezifische Wärme** einer Substanz ist definiert als die *Wärmemenge*, die benötigt wird, um 1 g Substanz um 1 °C zu erwärmen. Früher verwendete man als Maßeinheit für die Wärmemenge die *Kalorie* (Abk.: **cal**). Sie war definiert als Wärmemenge, die erforderlich ist, um 1 g Wasser von 14,5 °C auf 15,5 °C zu erwärmen. Heute erfolgen Wärmemengen- oder Energieangaben in **Joule** (J) oder *Wattsekunde* (Ws). 1 J oder 1 Ws entspricht der Energie, um 1 g Wasser um 0,239 Kelvin zu erwärmen. Für die Umrechnung von Kalorie in Joule gilt [vgl. **MC-Frage Nr. 625**]:

$$\mathbf{1\ cal = 4{,}1868\ J = 4{,}1868\ Ws}$$

1.8.2 Aggregatzustände der Materie

Der **Aggregatzustand** charakterisiert die äußere Form eines Stoffes. Nach dem Grad der Ordnung, in dem Atome, Moleküle oder Ionenverbindungen auftreten können, unterscheidet man drei Zustandsformen der Materie:

- **der feste Zustand**,
- **der flüssige Zustand**,
- **der gasförmige Zustand**.

Die *Kohäsionskräfte* (Bindungskräfte innerhalb eines atomar oder molekular aufgebauten Stoffes) und damit die strukturelle Ordnung der Materie nehmen in der Reihe Feststoff > Flüssigkeit > Gas ab. Das heißt auch, die thermische Bewegung der Materieteilchen und damit der mittlere Abstand zwischen den Teilchen vergrößern sich in umgekehrter Richtung. Die *Dichte* von Feststoffen oder Flüssigkeiten ist meistens signifikant größer als die von Gasen. Synonym mit dem Begriff Gas wird auch der Ausdruck *Dampf* verwendet [vgl. **MC-Fragen Nr. 639, 641**].

Im **gasförmigen Zustand** haben die einzelnen Teilchen verhältnismäßig große Abstände voneinander. Gase füllen jedes ihnen dargebotene Volumen aus, in welchem sie sich regellos und relativ schnell bewegen. Gase sind komprimierbar und zwei (oder mehrere) Gase sind vollkommen *homogen* miteinander mischbar.

Von den 118 chemischen Elementen sind unter Normalbedingungen (20°C, 1013 mbar) nur die Nichtmetalle H_2, N_2, O_2, F_2, Cl_2 sowie die Edelgase gasförmig. Gewisse kovalent gebaute Moleküle kleiner Molmasse (CH_4, CO, CO_2, NH_3, N_2O, NO, NO_2, H_2S, HCl u. a.) liegen bei Raumtemperatur ebenfalls im gasförmigen Zustand vor.

Der **flüssige Zustand** bildet den Übergang zwischen dem gasförmigen und festen Aggregatzustand. In einer Flüssigkeit bewegen sich die einzelnen Moleküle langsamer als im gasförmigen Zustand und die einzelnen Flüssigkeitspartikel befinden sich ständig in engerem Kontakt (**Kohäsion**), der durch intermolekulare Anziehungskräfte (**Kohäsionskräfte**) aufrechterhalten wird. Diese Kräfte führen zu einer gewissen Ordnung. Die Flüssigkeitsteilchen haben im Vergleich zum gasförmigen Zustand einen geringeren mittleren Abstand voneinander; die Moleküle besitzen aber immer noch eine gewisse Beweglichkeit und gestatten keine Fixierung auf bestimmte Plätze im Raum. Flüssigkeiten können daher jede beliebige Gestalt annehmen, haben jedoch ein festes Volumen [vgl. **MC-Frage Nr. 693**].

Festkörper haben eine definierte Gestalt, d. h., die Teilchen nehmen ganz bestimmte Plätze ein, die sie beibehalten, solange sie nicht durch eine äußere Krafteinwirkung zur Gestaltsänderung gezwungen werden. In ihrer Anordnung können Feststoffpartikel lediglich noch Schwingungen um ihre Ruhelage ausführen. Feste Stoffe sind entweder *amorph* oder *kristallin*. Einige kristalline Feststoffe können in unterschiedlichen **Modifikationen** auftreten.

Neben dem Begriff Aggregatzustand ist auch der Ausdruck **Phase** gebräuchlich. Man versteht darunter einen räumlichen Bereich mit gleichartigen physikalischen und chemischen Eigenschaften (siehe auch ▸Kap. 1.8.6.1). Allerdings differenziert das Wort Phase stärker. So tritt z. B. der feste Aggregatzustand des **Kohlenstoffs** in zwei verschiedenen Phasen auf, der Modifikation des **Graphits** und der des **Diamants** [vgl. **MC-Fragen Nr. 632, 1874**].

1.8.2.1 Phasenübergänge und Umwandlungswärmen

Stoffe können – je nach den äußeren Bedingungen – meistens in allen drei Aggregatzuständen existieren. Beim Übergang von einer Phase in eine andere wird eine bestimmte Wärmemenge, die sog. **Phasenübergangswärme** aufgenommen oder abgegeben. ◻Tab. 1.52 gibt Auskunft über die wichtigsten Phasenumwandlungen und die dabei auftretenden Übergangswärmen [vgl. **MC-Frage Nr. 634**].

○Abb. 1.101 gibt den qualitativen Zusammenhang zwischen der jeweiligen Temperatur einer Phase und der aufgenommenen oder abgegebenen Wärmemenge wieder. Man erkennt, dass für die Änderung des Aggregatzustandes eines Stoffes *stets* Energie benötigt oder frei wird und dass während des Phasenübergangs, wenn zwei Phasen [fest ↔ flüssig bzw. flüssig ↔ gasförmig] nebeneinander vorliegen, die *Temperatur konstant* bleibt. Dieser Sachverhalt ist nochmals in ○Abb. 1.102 für die Phasenübergänge [Eis ↔ Wasser ↔ Wasserdampf] graphisch dargestellt [vgl. **MC-Fragen Nr. 636–638, 640, 642, 643, 694**].

Zusammenfassend ist auszuführen, dass für Zustandsänderungen wie Sublimieren, Schmelzen oder Verdampfen Energie (z.B. in Form von Wärme) zugeführt werden muss, während beim Kondensieren und Erstarren Energie freigesetzt wird [vgl. **MC-Fragen Nr. 636–638, 640, 694, 735**].

○Abb. 1.103 vermittelt einen Eindruck über den zeitlichen Verlauf der Temperatur bei Phasenumwandlungen.

Darüber hinaus ist darauf hinzuweisen, dass Änderungen des Aggregatzustandes außer durch Temperaturänderungen auch durch *Druckänderungen* herbeigeführt werden können. So kann z. B. Eis ohne Zufuhr von Wärmeenergie unter erhöhtem Druck schmelzen und eine Flüssigkeit kann auch unterhalb ihres Siedepunktes verdampfen [siehe auch ▸Kap. 1.8.6.4 und **MC-Fragen Nr. 636, 640**].

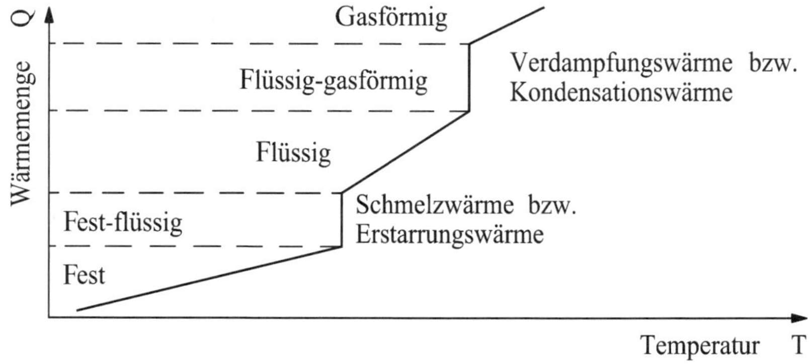

○ **Abb. 1.101 Zusammenhang zwischen Wärmemenge und Temperatur bei Phasenumwandlungen**

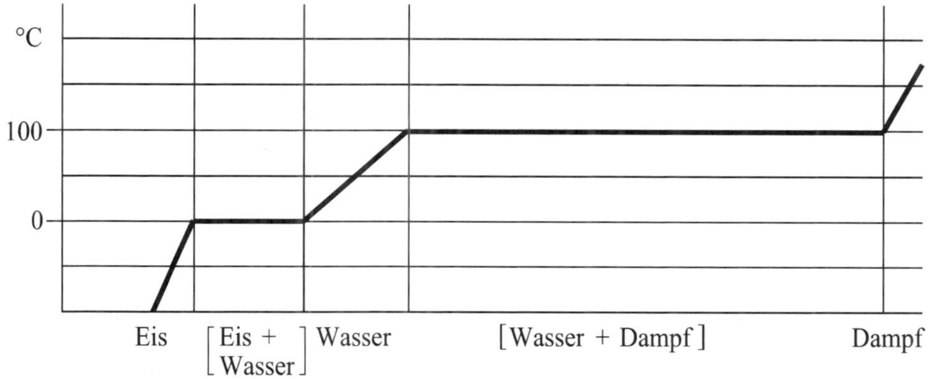

o Abb. 1.102 Zusammenhang zwischen der Temperatur und dem Aggregatzustand des Wassers

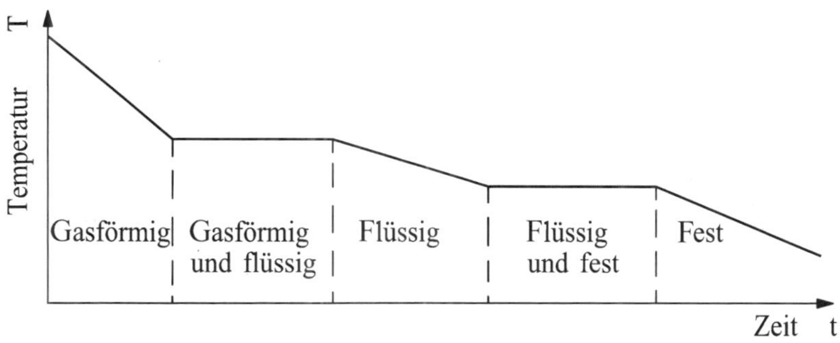

o Abb. 1.103 Zeitlicher Verlauf der Temperatur bei Änderung des Aggregatzustandes

1.8.2.2 Atomistisches Bild der Materie

Das Auftreten von **Umwandlungswärmen** bei einer Änderung des Aggregatzustandes rührt daher, dass sich hierbei der Energieinhalt des Systems verändert.

Wie bereits erwähnt, üben Moleküle oder Atome Anziehungskräfte, sogenannte **Kohäsionskräfte**, aufeinander aus, deren Stärke vom gegenseitigen Abstand der Moleküle bzw. Atome abhängt. Diese Kräfte sind umso wirksamer, je stärker sich Moleküle oder Atome einander annähern.

Im gasförmigen Zustand sind die einzelnen Moleküle (oder Atome) relativ weit voneinander entfernt, sodass die Kohäsionskräfte gering sind. Durch Abkühlen (oder Komprimieren) erhöht sich infolge der Verringerung des mittleren Molekülabstandes die Wirkung der Kohäsionskräfte beträchtlich. Dabei leisten die molekularen Anziehungskräfte Arbeit, die in Form der Kondensationswärme nach außen abgegeben wird, ohne dass sich die Temperatur des Systems ändert. Die Gasphase geht in die energieärmere flüssige Phase über. Im umgekehrten Fall, beim Verdampfen der Flüssigkeit, muss Wärme zugeführt werden, um gegen die molekulare Anziehung Arbeit verrichten zu können [vgl. **MC-Fragen Nr. 636–641**].

Die weitere Abkühlung verringert die kinetische Energie der Flüssigkeitsmoleküle, wodurch ihre Temperatur fortwährend absinkt, bis bei einer bestimmten Temperatur

Tab. 1.52 Phasenübergänge und Umwandlungswärmen (Umwandlungsenthalpien)

Phasenübergang	Bezeichnung	Übergangswärme
Fest-flüssig	Schmelzen	Schmelzwärme
Flüssig-gasförmig	Verdampfen	Verdampfungswärme
Fest-gasförmig	Sublimieren	Sublimationswärme
Flüssig-fest	Erstarren	Erstarrungswärme
Gasförmig-flüssig	Kondensieren	Kondensationswärme
Gasförmig-fest	Verfestigen	Verfestigungswärme

der Energieinhalt nochmals sprunghaft abnimmt. Das System gibt nun bei *konstant* bleibender Temperatur wieder Wärme (Erstarrungswärme) an die Umgebung ab. Die flüssige Phase geht in die energieärmere feste Phase über. Die Moleküle haben dabei ihre freie Beweglichkeit vollkommen eingebüßt. Ihre Wärmebewegung besteht nur noch in elastischen Schwingungen um eine feste Ruhelage (um ihre Gitterpunkte).

1.8.2.3 Thermische Bewegung der Bausteine

Die Moleküle eines Gases oder einer Flüssigkeit unterliegen einer ständigen regellosen Bewegung. Dabei kann zwischen einer Ortsänderung (**Translation**), Drehung um eine Molekülachse (**Rotation**) sowie Eigenschwingungen (**Vibration**) unterschieden werden.

Unter dem Mikroskop wird die *translatorische Bewegung* als **Brownsche Molekularbewegung** sichtbar, wobei die Teilchen unter sich oder mit der Behälterwand (makroskopisch beobachtbarer Druck eines Gases oder einer Flüssigkeit) laufend elastisch zusammenstoßen. Die Brownsche Bewegung ist vor allem an sehr kleinen Teilchen in flüssiger Umgebung oder an sehr kleinen Tröpfchen in einer gasförmigen Umgebung zu beobachten [vgl. **MC-Frage Nr. 644**].

Die Bewegungsrichtung und Geschwindigkeit eines individuellen Atoms oder Moleküls entziehen sich der Berechnung. Dagegen kann die Bewegung der *Gesamtheit* aller Atome oder Moleküle durch statistische Gesetze beschrieben werden.

Die **Maxwell-Boltzmann-Geschwindigkeitsverteilung** gibt an, wieviele Moleküle der Masse (m) bei gegebener Temperatur (T) in einem bestimmten Geschwindigkeitsintervall anzutreffen sind. Die **mittlere Geschwindigkeit** ($\bar{u}$) aller Moleküle (oder Atome) ist direkt proportional zur *absoluten Temperatur* (T) und umgekehrt proportional zur *Masse* (m) der Gasteilchen. Die mittlere Geschwindigkeit berechnet sich nach (vgl. **MC-Frage Nr. 647**]:

$$\bar{u} = \sqrt{\frac{8 \cdot k \cdot T}{\pi \cdot m}}$$

Der Proportionalitätsfaktor wird als *Boltzmann-Konstante* (k) bezeichnet. Da die mittlere Geschwindigkeit von Gasteilchen mit der Quadratwurzel aus der absoluten Temperatur ansteigt, vergrößert sich die Geschwindigkeit um den Faktor 2, wenn die Temperatur eines Gases z.B. von 100 K auf 400 K erhöht wird [vgl. **MC-Frage Nr. 648**].

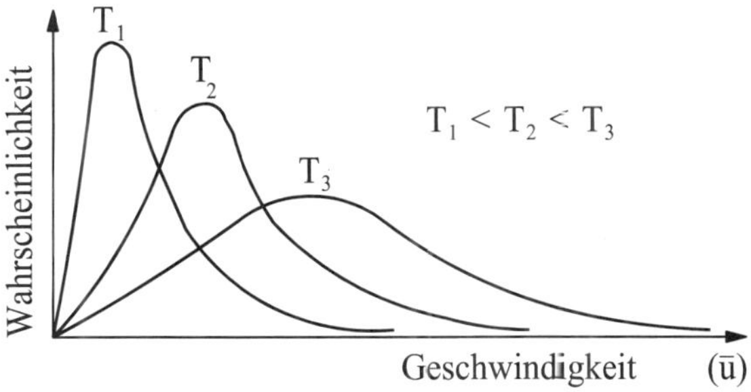

Abb. 1.104 Geschwindigkeitsverteilungskurven von Atomen oder Molekülen bei verschiedenen Temperaturen

Die mittlere Geschwindigkeit von Gasteilchen, die *nicht* identisch ist mit dem Mittelwert aller Einzelgeschwindigkeiten, entspricht in Abb. 1.104 der maximalen Wahrscheinlichkeit.

Man erkennt, dass die Geschwindigkeit von Gaspartikeln von der *Temperatur* abhängt. Erhöht man die Temperatur, erhalten mehr Teilchen eine höhere Geschwindigkeit und damit eine höhere kinetische Energie. Die gesamte Verteilungskurve wird flacher und verschiebt sich nach rechts zu höheren Geschwindigkeiten [vgl. **MC-Frage Nr. 649**].
Mithilfe der mittleren Geschwindigkeit von Gasteilchen berechnet sich die **mittlere kinetische Energie** der Translation (fortschreitende Bewegung) von N Gasteilchen zu:

$$E_{kin} = \frac{m \cdot \bar{u}^2}{2} = \frac{3}{2} \cdot \frac{1}{N \cdot p \cdot V}$$

m = Masse der Gasteilchen
ū = mittlere Geschwindigkeit
N = Anzahl der Gasteilchen
p = Druck des Gases
V = Volumen des Gases

Nach Umformen dieser Gleichung ist ersichtlich, dass der beobachtete Gasdruck (p) proportional zur Dichte (ρ) des Gases ist.

$$p = \frac{2}{3} \cdot \frac{N}{V} \cdot E_{kin} = \frac{2}{3} \cdot \frac{N}{V} \cdot \frac{m \cdot \bar{u}^2}{2} = \frac{1}{3} \cdot \rho \cdot \bar{u}^2$$ **Kinetische Gasgleichung**

Durch Einbeziehung der allgemeinen Zustandsgleichung für ideale Gase [$p \cdot V = n \cdot R \cdot T$] erhält man die *mittlere Translationsenergie* der Gasteilchen zu:

$$E_{kin} = \frac{3}{2} \cdot \frac{n}{N} \cdot R \cdot T$$

Danach wächst die mittlere kinetische Energie von Gasteilchen mit zunehmender Temperatur ($E_{kin} \sim T$). Beispielsweise verdoppelt sich die mittlere kinetische Energie eines idealen Gases, wenn man die absolute Temperatur von (T) auf (2T) verdoppelt [vgl. **MC-Fragen Nr. 644–647, 677, 678**].

Die o. a. Gleichung gestattet auch eine **Definition der Temperatur**. Die Temperatur ist eine **Zustandsgröße**, die der mittleren kinetischen Energie der Teilchen eines Gases direkt proportional ist.

Für **ein Mol** eines idealen Gases ist die Anzahl (N) der Gasteilchen gleich der Avogadro-Konstante (N_A) und es gilt:

$$E_{kin} = (3/2) \cdot R \cdot T$$

Da der Quotient [R/N_A] der **Boltzmann-Konstante** (k) entspricht, berechnet sich die *Translationsenergie* eines *einzelnen Teilchens* nach der Gleichung:

$$E_{kin} = (3/2) \cdot k \cdot T$$

Die mittlere Geschwindigkeit eines Gasteilchens hängt nur von der Temperatur und seiner Masse ab. Sie ist unabhängig vom Gasdruck und proportional zur Quadratwurzel aus der absoluten Temperatur. Aus der Abhängigkeit der mittleren Geschwindigkeit von der Teilchenmasse folgt, dass sich schwerere Gase bei gleicher Temperatur langsamer bewegen als leichtere. Die mittlere kinetische Energie (Translationsenergie) eines Teilchens ist unabhängig von der Art des Gases und der absoluten Temperatur direkt proportional.

1.8.3 Der gasförmige Aggregatzustand, Gasgesetze

Gase bestehen aus Einzelatomen oder Einzelmolekülen, die sich in relativ großem Abstand voneinander in schneller, regelloser Bewegung befinden (**Brownsche Molekularbewegung**). Gase diffundieren in jeden Teil des ihnen zur Verfügung stehenden Raumes und verteilen sich darin statistisch. Gase lassen sich verflüssigen und kristallisieren. Sie sind in jedem Verhältnis miteinander mischbar, wobei *homogene Gemische* entstehen [vgl. **MC-Frage Nr. 677**].

Der gasförmige Zustand lässt sich durch allgemeine Gesetze beschreiben. Besonders einfache Gesetze ergeben sich, wenn man sog. *ideale Gase* betrachtet.

1.8.3.1 Ideale Gase, reale Gase, Gasdruck

Ideale Gase: Die Teilchen eines idealen Gases bestehen aus Massenpunkten, die keine räumliche Ausdehnung (*kein Eigenvolumen*) besitzen. Ein ideales Gas ist praktisch unendlich verdünnt und es existieren *keine Wechselwirkungen* zwischen den einzelnen Gaspartikeln. Bei genügend hohen Temperaturen und nicht allzu hohen Drücken verhalten sich viele Gase weitgehend ideal.

Reale Gase: Sie besitzen ein Eigenvolumen und es existieren Wechselwirkungskräfte zwischen den einzelnen Teilchen. Dies führt besonders bei tiefen Temperaturen und höheren Gasdrücken zu Abweichungen vom idealen Verhalten.

Gasdruck: Stoßen Gaspartikel bei ihrer Bewegung auf die Wand des sie umschließenden Gefäßes, so üben sie auf die Gefäßwand einen Druck aus, der sich ergibt zu:

$$\text{Druck} = \frac{\text{Kraft}}{\text{Fläche}}$$

Der Druck ist definiert als die senkrecht auf die Einheit der Fläche wirkende Kraftkomponente und hat deshalb die Dimension [dyn · cm^{-2}] bzw. [g · cm^{-1} · s^{-2}].

Die **SI-Einheit** für den Druck ist das **Pascal** [Symbol: **Pa**]. Als weitere Maßeinheit ist das **Bar** [Symbol: **bar**] zugelassen. In der Chemie ist der **Atmosphärendruck** [Symbol: **atm**] eine oft benutzte Maßeinheit. Hierbei gelten folgende Umrechnungen

$$1\ \text{Pa} = 1\ \text{N}/1\ \text{m}^2$$
$$1\ \text{bar} = 10^5\ \text{Pa}$$
$$1\ \text{atm} = 101{,}325\ \text{kPa} = 1{,}01325\ \text{bar} = 760\ \text{Torr}$$

Der Atmosphärendruck wird mit einem *Barometer*, der Druck in einem Behälter mit einem *Manometer* gemessen. Der bei 0 °C gemessene mittlere Druck auf der Höhe des Meeresspiegels beträgt 1013,25 mbar. Er wird **Normaldruck** genannt. Bei konstanter Temperatur und konstantem Volumen ist der Gasdruck direkt proportional zur Anzahl der Gasmoleküle (Stoffmenge des Gases) [vgl. **MC-Frage Nr. 663**].

1.8.3.2 Boyle-Mariotte-Gesetz

Das Boyle-Mariottesche Gesetz (p,V-Abhängigkeit bei T = const.) ist ein Grenzgesetz für Gase bei unendlicher Verdünnung und wird von idealen Gasen streng befolgt.

Das Gesetz besagt, dass *der Druck eines idealen Gases bei konstanter Temperatur umgekehrt proportional zu seinem Volumen ist* (**hyperbolische Abhängigkeit**). Untersucht man dieselbe Probe eines Gases unter den Bedingungen p_1, V_1 bzw. p_2, V_2, so gilt darüber hinaus, dass die Produkte $p_1 \cdot V_1$ und $p_2 \cdot V_2$ gleich sind. Das Produkt aus Volumen und Druck hat die Dimension einer *Energie* [vgl. **MC-Fragen Nr. 622–624, 660, 664**].

$$\mathbf{p \cdot V = const.\ (k)} \quad \text{und} \quad \mathbf{p_1 \cdot V_1 = p_2 \cdot V_2} \qquad \mathbf{[T = const.]}$$

Graphisch – als **p,V-Diagramm** – dargestellt ergibt die obige Gleichung eine gleichseitige **Hyperbel** (**Isotherme**), wobei in ○Abb. 1.105 die Temperatur von T_1 nach T_5 ansteigt [vgl. **MC-Fragen Nr. 652–654, 659, 678**].

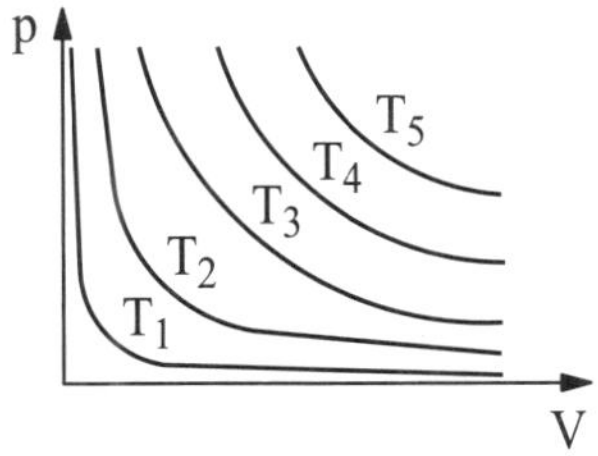

○ **Abb. 1.105 Druck-Volumen-Abhängigkeit eines idealen Gases (Isotherme)**

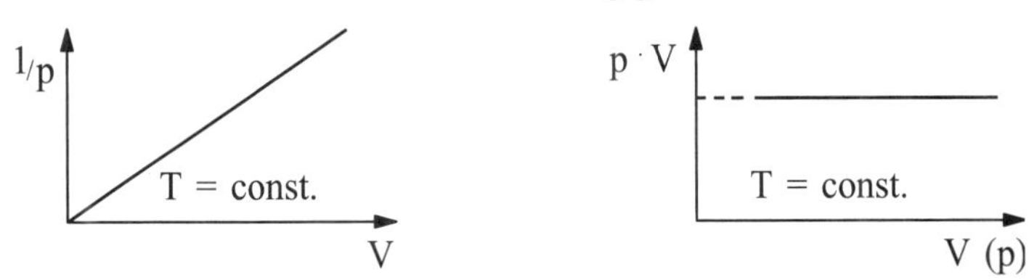

○ **Abb. 1.106 Graphische Darstellung isothermer Zustandsänderungen idealer Gase**

Trägt man hingegen, wie in **o** Abb. 1.106 gezeigt, V gegen 1/p auf, so resultiert für jede Temperatur eine *Gerade* durch den Koordinatenursprung. Die Steigung dieser Geraden entspricht der Konstanten (k), die temperatur- und druckabhängig ist. Bei der graphischen Darstellung des Produktes (p · V) gegen das jeweilige Volumen (bzw. den Druck) des Gases ergeben sich bei den verschiedenen Temperaturen Parallelen zur Abszissenachse [vgl. **MC-Frage Nr. 654**].

Nach dem Boyle-Mariotte-Gesetz hat eine Änderung des Druckes eine gleichgroße Änderung des Volumens mit entgegengesetztem Vorzeichen zur Folge. Erhöht man den Druck eines Gases, so verringert sich sein Volumen und umgekehrt. Mit steigendem Druck und kleiner werdendem Volumen nimmt aber die *Dichte* (ρ = Masse/Volumen) eines Gases zu.

Darüber hinaus repräsentiert in einem p,V-Diagramm die Fläche unter der Isothermen zwischen einem Anfangs- und Endvolumen die bei der reversiblen und isothermen Expansion oder Kompression eines idealen Gases ausgetauschte *Arbeit* (Volumenarbeit) [vgl. **MC-Fragen Nr. 657, 658**].

1.8.3.3 Gesetze nach Gay-Lussac

Beim Erwärmen oder Abkühlen eines Gases ändern sich im Allgemeinen sowohl das Volumen als auch der Druck, wobei Druck und Volumen eines idealen Gases der absoluten Temperatur direkt proportional sind.

- **[V,T-Abhängigkeit, p = const.]**: Es wurde gefunden, dass sich *ein ideales Gas bei konstantem Druck pro Grad Temperaturerhöhung um α = 1/273,15 seines Volumens bei 0 °C (V_o)* ausdehnt (**lineare Abhängigkeit**).

$$V_t = V_0 \cdot (1 + \alpha \cdot t) = V_0 \cdot (1 + t/273{,}15)$$

[p = const.]
V_t = Volumen bei t °C
V_0 = Volumen bei 0 °C
α = Ausdehnungskoeffizient

Der **kubische Ausdehnungskoeffizient** (α) ist für alle idealen Gase gleich groß und beträgt etwa 1/273 $Grad^{-1}$. Hat beispielsweise eine Gasprobe bei 0 °C ein Volumen von 273 ml, so dehnt es sich pro Grad Temperaturerhöhung um 1 ml aus, nimmt also bei 10 °C ein Volumen von 283 ml ein.

In einem **p,V-Diagramm** (**o** Abb. 1.107) erhält man bei verschiedenen Drücken jeweils Parallelen zur Abszissenachse, die **Isobare** genannt werden [vgl. **MC-Fragen Nr. 651, 655**].

- **[p,T-Abhängigkeit, V = const.]**: Hält man das Volumen eines idealen Gases konstant, dann ändert sich der Druck des Gases ebenfalls *linear* mit der Temperatur und es gilt: *Bei einer Temperaturerhöhung um 1 °C steigt der Druck (p_t)* eines Gases bei konstantem Volumen um β = 1/273,15 seines Druckes bei 0 °C (p_0) an (**lineare Abhängigkeit**).

$$p_t = p_0 \cdot (1 + \beta t) = p_0 \cdot (1 + t/273{,}15)$$

[V = const.]
p_t = Druck bei t °C
p_o = Druck bei 0 °C
ß = Spannungskoeffizient

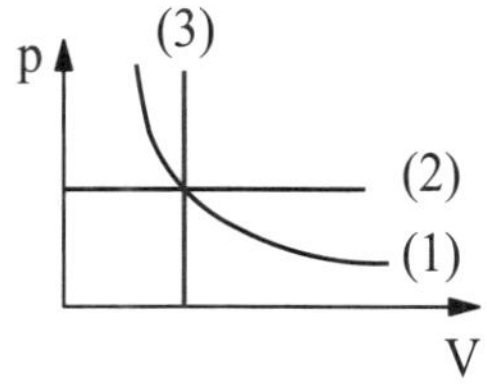

o Abb. 1.107 Druck-Volumen-Diagramm eines idealen Gases
1) Isotherme: **p · V = const. bei T = const. → gleichseitige Hyperbel**
2) Isobare: **V = V(T) bei p = const. → Parallele zur Abszissenachse**
3) Isochore: **p = p(T) bei V = const. → Parallele zur Ordinatenachse**

Der **Spannungskoeffizient** (β) ist bei idealen Gasen gleich dem kubischen Ausdehnungskoeffizienten (α). Die graphische Darstellung ergibt in einem p,V-Diagramm (o Abb. 1.107) für verschiedene Volumina Parallelen zur Ordinatenachse, die man **Isochore** nennt [vgl. **MC-Fragen Nr. 650, 656**].

Erhöht man bei konstantem Volumen die Temperatur eines idealen Gases von 0 °C auf 273 °C, so steigt nach dem Gay-Lussac-Gesetz der Gasdruck (p_{273}) auf das Doppelte seines Wertes (p_0) bei 0 °C an. Umgekehrt sinkt der Gasdruck auf die Hälfte seines Wertes bei 273 °C, wenn man das Gas anschließend von 273 °C wieder auf 0 °C abkühlt [vgl. **MC-Fragen Nr. 665–667**]:

$$\mathbf{p_{273}} = p_0 \cdot (1 + t/273) = p_0 \cdot (1 + 273/273) = p_0 \cdot (1+1) = \mathbf{2\,p_0}$$

In einem p,T- bzw. V,T-Diagramm (o Abb. 1.108) ergibt die graphische Darstellung der Gay-Lussac-Gesetze eine Gerade, welche die Abszisse bei -273,15 °C schneidet. *Ein ideales Gas hat bei -273,15 °C formal den Druck und das Volumen Null.* Man bezeichnet diese Temperatur als den **absoluten Nullpunkt**. In der Praxis lässt sich diese Aussage aber nicht realisieren, da sich ein Gas beim Abkühlen verflüssigt und schließlich fest wird. Mit anderen Worten, *keine Substanz existiert beim absoluten Nullpunkt als Gas* (siehe auch ▸ Kap. 1.9.5).

1.8.3.4 Avogadro-Gesetz

Die absolute **Dichte** eines Stoffes ist das Verhältnis seiner Masse (m) zu seinem Volumen (V) [ρ= m/V]. Bei gleichem Druck und gleicher Temperatur verhalten sich daher die Dichten (ρ) zweier Gase wie ihre Molmassen (M). D.h., gleiche Volumina idealer Gase enthalten unter gleichen Bedingungen gleich viele Teilchen.

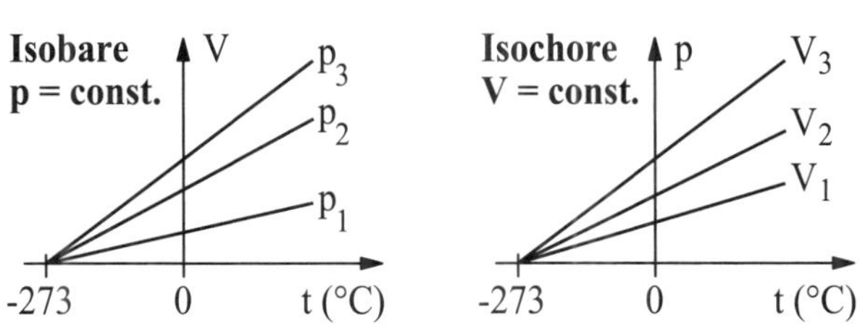

o Abb. 1.108 Volumen und Druck eines idealen Gases in Abhängigkeit von der Temperatur

$$\rho_1 : \rho_2 = M_1 : M_2$$

1 Mol eines idealen Gases besteht aus 6,022 · 10^{23} (Avogadro-Konstante, siehe ▸Kap. 1.1.1.1) Gaspartikeln (Atome oder Moleküle) und besitzt bei 0 °C und 1013 mbar ein Volumen von **22,414 l** (**Molvolumen**). Bei 25 °C und 1013 mbar beträgt das Volumen von 1 Mol eines idealen Gases **24,465 l** (**Normalvolumen**) [vgl. **MC-Fragen Nr. 47, 50, 679**].

Gleiche Volumina beliebiger Gase enthalten bei gleichem Druck und gleicher Temperatur die gleiche Anzahl von Gaspartikeln (Atome, Moleküle). Im Mol sind es 6,022 · 10^{23} Teilchen, und das Gas hat dann bei 0 °C und 1013 mbar ein Volumen (V_m) von 22,414 l.

1.8.3.5 Zustandsgleichung idealer Gase

Die **Zustandsgleichung** verknüpft für eine bestimmte Stoffmenge (n) (Anzahl der Mole) eines idealen Gases die drei Zustandsgrößen Druck (p), Volumen (V) und absolute Temperatur (T) miteinander. Durch Zusammenfassen des Boyle-Mariotteschen Gesetzes, der beiden Gay-Lussac-Gesetze sowie dem Satz von Avogadro erhält man die **allgemeine Zustandsgleichung idealer Gase**. Die Zustandsgleichung gilt für isotherme, isobare, isochore und adiabatische Prozesse. Die Eigenvolumina der Gasteilchen brauchen nicht berücksichtigt zu werden [vgl. **MC-Fragen Nr. 54, 661, 662, 667, 678**]:

$$\mathbf{p \cdot V = n \cdot R \cdot T}$$

Hierin bezeichnet man die Konstante (R) als **universelle Gaskonstante**. Ihr Wert beträgt 8,31343 J mol^{-1} K^{-1}. Der funktionelle Zusammenhang der einzelnen Zustandsgrößen lässt sich in p,V-, V,T- oder p,T-Diagrammen darstellen, wobei jeweils zwei Größen variabel sind, während die dritte Zustandsgröße konstant gehalten wird (siehe ○Abb. 1.109).

Durch Umformen obiger Zustandsgleichung lassen sich die nachfolgenden Aussagen besser erkennen [vgl. **MC-Fragen Nr. 659, 663, 664, 668, 669**]:

$$p = (n/V) \cdot R \cdot T = c \cdot R \cdot T \approx \rho \cdot R \cdot T$$
$$p/T = (n/V) \cdot R \text{ oder } V/T = (n/p) \cdot R$$

Der **Gasdruck** (p) ist direkt proportional zur Anzahl der Gasmoleküle (Stoffmenge n), zur Stoffmengenkonzentration (c) des Gases und zur absoluten Temperatur (T) und umgekehrt proportional zum Volumen (V) des Gases. Berücksichtig man, dass die *Dichte* (ρ) eines idealen Gases über seine Masse (m) und seine molare Masse (M) mit der Stoffmenge pro Volumen [$\rho = m/V = (n \cdot M)/V$] korreliert, so ist der Gasdruck auch direkt proportional zum Produkt aus der Dichte des Gases und der absoluten Temperatur in Kelvin.

Bei einem **isothermen Prozess** (T = const.) ist bei gegebener Temperatur das Produkt aus Gasdruck und Gasvolumen konstant ($p \cdot V$ = const.). Aus diesem Grund

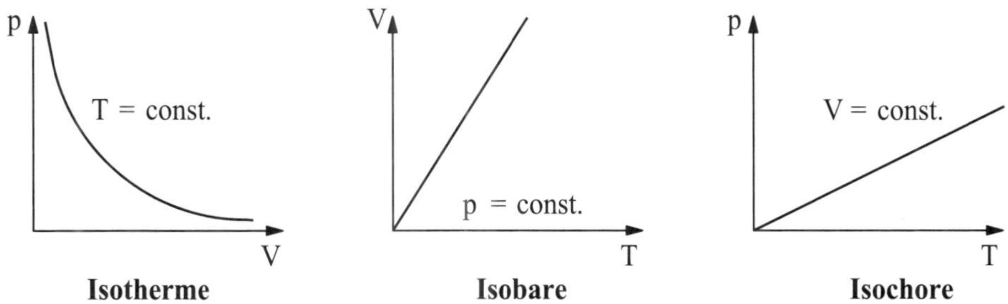

Abb. 1.109 Graphische Darstellung der Druck-Volumen-Temperatur-Abhängigkeit eines idealen Gases

nimmt z.B. bei einer *isothermen Expansion* eines idealen Gases das Volumen zu, der Gasdruck und die Gasdichte nehmen ab, das Produkt (p·V) bleibt jedoch konstant.

Bei einem **isobaren Prozess** (p = const.) ist bei gegebenem Druck das Verhältnis aus Volumen und absoluter Temperatur (V/T) konstant. Bei einem **isochoren Prozess** (V = const.) ist bei gegebenem Gasvolumen der Quotient aus dem Gasdruck und der absoluten Temperatur (p/T) konstant.

Zu Anwendungen und Berechnungen mithilfe der Zustandsgleichung für ideale Gase wird auf die *Kommentierung* der **MC-Fragen Nr. 670–676** im Fragenband verwiesen.

1.8.3.6 Dalton-Gesetz

Das Gesetz besagt, dass in einem Gemisch von Gasen, die nicht miteinander reagieren, der **Gesamtdruck** gleich der Summe der **Partialdrücke** ist, den jedes Gas ausüben würde, wenn es im betreffenden Volumen *allein* vorhanden wäre. Mit anderen Worten, die Partialdrücke der einzelnen Komponenten addieren sich zum Gesamtdruck des *Gasgemischs* [vgl. **MC-Frage Nr. 680**].

$$p = \Sigma p_i = p\,(A) + p\,(B) + p\,(C) + ...$$

Beispielsweise verhalten sich in der *Luft* die Partialdrücke von Sauerstoff und Stickstoff wie 1:4. Da in gleichen Volumenanteilen von Gasen die gleichen Stoffmengen enthalten sind und dies zu gleichen Partialdrücken führt, beträgt bei einem Sauerstoffpartialdruck $p_{O2} = 160$ mbar der Gesamtluftdruck $p_G = 800$ mbar [vgl. **MC-Fragen Nr. 681, 684**]:

$$p_G = p_{O2} + p_{N2} + p_{N2} + p_{N2} + p_{N2} = 160 + 160 + 160 + 160 + 160 = \mathbf{800\ mbar}$$

Zu weiteren Druckberechnungen von Sauerstoff/Stickstoff-Gemischen siehe *Kommentierung* der **MC-Fragen Nr. 682–684** im Fragenband.

Auch für Gemische idealer Gase gilt die Zustandsgleichung, wobei mit n_1, n_2 usw. die Stoffmengen der Bestandteile 1, 2 wie folgt zu berücksichtigen.

$$p \cdot V = (n_1 + n_2 + ...) \cdot R \cdot T$$

Daraus folgt für ein Dreikomponentengemisch, dass sich die Partialdrücke (p_1, p_2, p_3) bei gegebener Temperatur und konstantem Volumen wie die Stoffmengen (n_1, n_2, n_3) verhalten und das Verhältnis Partialdruck zu Stoffmenge (p/n) für alle Bestandteile gleich groß ist [vgl. **MC-Frage Nr. 680**]:

$$p_1 : p_2 : p_3 = n_1 : n_2 : n_3 \text{ und } p_1/n_1 = p_2/n_2 = p_3/n_3$$

Darüber hinaus addieren sich bei konstantem Druck und konstanter Temperatur die Teilvolumina des Gase (V_1, V_2, V_3) zum Gesamtvolumen (V_G) der Gasmischung [vgl. **MC-Frage Nr. 685**]:

$$V_G = V_1 + V_2 + V_3 + \ldots$$

1.8.3.7 Zustandsgleichung realer Gase

Um das reale Verhalten der Gase außerhalb des Grenzgebietes großer Verdünnung in seiner Zustandsabhängigkeit beschreiben zu können, sind die bei idealem Verhalten vernachlässigten Größen, die endliche Raumerfüllung der Gasmoleküle (das *Eigenvolumen*) und die sich bei größerer Annäherung bemerkbar machenden *intermolekularen Anziehungskräfte* zwischen den Gaspartikeln, zu berücksichtigen. Hierfür existieren mehrere Ansätze; die bekannteste und einfachste Beziehung ist die **van der Waals-Zustandsgleichung realer Gase**. Sie lautet [vgl. **MC-Fragen Nr. 686–692**]:

$$\left(p + a \cdot \frac{n^2}{V^2}\right) \cdot (V - n \cdot b) = n \cdot R \cdot T$$

Die Gleichung enthält zwei experimentell zu bestimmende, stoffspezifische numerische Konstanten a und b. Das **Covolumen** (b) ist ein Maß für das Eigenvolumen der Moleküle. Es vergrößert das Volumen eines Gases und muss deshalb abgezogen werden. Der **Binnendruck** (a/V^2) stellt das äquivalente Glied für die Wechselwirkung der Gasmoleküle dar. Der Binnendruck mindert den Gasdruck auf die Behälterwand und muss deshalb zum gemessenen Druck hinzuaddiert werden.

Bei kleinen Drücken überwiegt der erste Einfluss, bei großen Drücken der zweite, weil die intermolekularen Anziehungskräfte die Kompressibilität eines Gases vergrößern, die Abstoßungskräfte – ein anderer Ausdruck für ein starres Eigenvolumen – sie jedoch herabsetzen.

Die Anziehungskräfte zwischen den Partikeln realer Gase beeinflussen zwar das Verhalten des Gases, jedoch lassen sich auch reale Gase verflüssigen. Auch bei realen Gasen nimmt bei einer isobaren Temperaturerhöhung (p = const.) das Volumen stets zu bzw. bei einer isochoren Temperaturerhöhung (V = const.) steigt der Druck des Gases an [vgl. **MC-Fragen Nr. 689, 690**].

1.8.4 Der flüssige Aggregatzustand, Dampfdruck

1.8.4.1 Viskosität und Oberflächenspannung einer Flüssigkeit

Der flüssige Zustand bildet den Übergang zwischen dem gasförmigen und festen Aggregatzustand. Jede Flüssigkeit kann als ein kondensiertes Gas aufgefasst werden. Tatsächlich unterscheiden sich Flüssigkeiten von Gasen nur durch eine *größere* und somit durch eine *dichtere Raumerfüllung*. Die Moleküle einer Flüssigkeit können sich leicht gegeneinander verschieben, jedoch lassen sich Flüssigkeiten – im Gegensatz zu Gasen – nicht komprimieren. Druck- und Temperaturänderungen haben nur einen geringen Einfluss auf das Flüssigkeitsvolumen. Die Kohäsionskräfte, die stärker sind als in Gasen, führen zu einem gewissen Ordnungsgrad. Flüssigkeiten sind viskos und besitzen meistens eine Phasengrenzfläche (Oberfläche) [vgl. **MC-Frage Nr. 693**].

Als **Viskosität** bezeichnet man die Eigenschaft einer Flüssigkeit, ihrem Fließen einen Widerstand entgegenzusetzen. Je größer die Viskosität ist, desto dickflüssiger (weniger fließfähig) ist die betreffende Flüssigkeit. Die Viskosität beruht wie die Oberflächenspannung auf zwischenmolekularen Anziehungskräften. Diese Kohäsionskräfte sind in der Regel umso wirksamer, je langsamer sich die Moleküle bewegen. Deshalb nimmt die Viskosität mit steigender Temperatur ab, während umgekehrt eine Druckerhöhung zu einer Viskositätszunahme führt.

Die **Oberflächenspannung** ist ein Maß für die an der Flüssigkeitsoberfläche nach *innen* gerichteten Kräfte. Jede Flüssigkeit ist bestrebt, ihre Oberfläche so klein wie möglich zu halten. Dies erklärt z. B. auch die kugelförmige Gestalt von Flüssigkeitströpfchen. Die Oberflächenspannung nimmt gleichfalls mit steigender Temperatur ab, weil die schnellere Bewegung der Moleküle den zwischenmolekularen Anziehungskräften entgegenwirkt. Substanzen, die die Oberflächenspannung einer Flüssigkeit herabsetzen bezeichnet man als *Tenside*. Dazu zählen auch waschaktive Substanzen (*Detergentien*).

1.8.4.2 Verdampfung einer Flüssigkeit

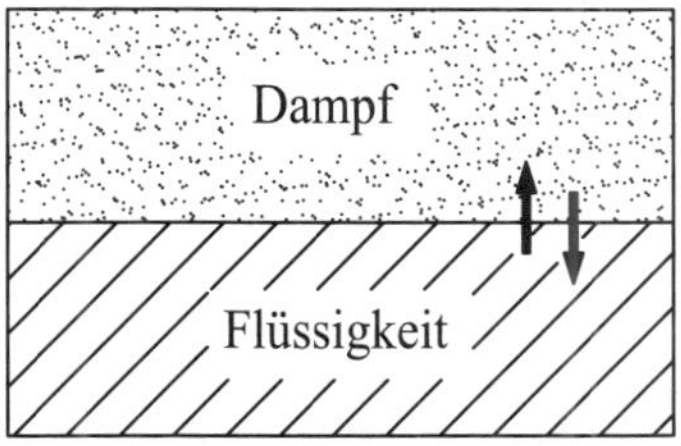

Eine für Flüssigkeiten typische Eigenschaft ist ihre **Verdampfungsfähigkeit**. Eine Flüssigkeit kann hierbei schon merklich unterhalb ihres Siedepunktes verdunsten. Ursache dafür ist, dass stets einige Flüssigkeitsmoleküle durch Kollision mit anderen Molekülen eine genügend hohe kinetische Energie besitzen, um sich der Wirkung der Kohäsionskräfte zu entziehen und in den Gasraum überzugehen, sofern sie sich nahe genug an der Oberfläche befinden. Die Verdampfungsgeschwindigkeit nimmt mit steigender Temperatur zu [vgl. **MC-Fragen Nr. 630, 694**].

Sie ist aber auch abhängig vom individuellen Charakter der Flüssigkeit. Der Anteil der Flüssigkeitsmoleküle, die in den Gasraum übertreten, ist konstant, solange die Temperatur unverändert bleibt.

Wenn das Flüssigkeitsgefäß in offener Verbindung mit der Atmosphäre steht, schreitet die Verdunstung solange fort, bis die Flüssigkeit vollkommen verdampft ist, weil sich nach dem Verdunsten die Gasteilchen aus dem Gefäß entfernen können. Vollzieht sich die Verdampfung in einem geschlossenen Gefäß, das nur teilweise mit der Flüssigkeit gefüllt ist, so werden zunächst immer mehr Teilchen in den Dampfraum übergehen. Parallel dazu geraten aber auch einige Teilchen, die während ihrer Bewegung im Gasraum in die Nähe der Flüssigkeitsoberfläche gelangen, unter die Wirkung der von den Flüssigkeitsmolekülen ausgehenden anziehenden Kräfte und werden von der Flüssigkeit wieder eingefangen.

Mit der Zeit stellt sich ein für die betreffende Temperatur charakeristisches *dynamisches Gleichgewicht* ein. Der Raum über der Flüssigkeit ist mit Dampf *gesättigt*. Beide Vorgänge – Verdampfen und Kondensieren – laufen mit gleicher Geschwindigkeit ab, sodass man äußerlich keine Veränderung erkennen kann. Im Sättigungszustand gehen im zeitlichen Mittel gleich viele Moleküle in den Gasraum über, wie umgekehrt Teilchen wieder in die flüssige Phase eintreten. Mit anderen Worten, die Konzentration der dampfförmigen Moleküle bleibt im Gleichgewichtszustand konstant. Auch die Flüssigkeitsmenge bleibt unverändert [vgl. **MC-Fragen Nr. 700, 706**].

Die in den Gasraum gelangenden Moleküle fliegen dort regellos umher, prallen auf die Grenzflächen des sie umschließenden Gefäßes und erzeugen dadurch einen messbaren **Dampfdruck**.

Der Druck, den der Dampf einer Flüssigkeit auf die Gefäßwände ausübt, ist ihr Dampfdruck. Er nimmt mit steigender Temperatur zu. Wenn der Dampf im dynamischen Gleichgewicht mit der flüssigen Phase steht, wird der gemessene Druck als **Sättigungsdampfdruck** (Gleichgewichtsdampfdruck) bezeichnet. Der Sättigungsdampfdruck hängt *allein* von der *Temperatur* der Flüssigkeit ab und ist unabhängig vom ihm zur Verfügung stehenden Volumen. Der Sättigungsdampfdruck ändert sich nicht mehr ($p = const.$), wenn die Temperatur konstant gehalten wird ($T = const.$). In einem Druck-Volumen-Diagramm (p,V-Diagramm) ergibt dies eine Parallele zur Abszissenachse (Volumenachse) [vgl. **MC-Fragen Nr. 695, 699, 701, 704, 733, 734, 739, 740**].

1.8.4.3 Sättigungsdampfdruck und Siedepunkt

Der **Sättigungsdampfdruck** ist für eine Flüssigkeit bei gegebener Temperatur eine stoffspezifische Konstante. Er ist unabhängig von der Größe der Oberfläche einer Flüssigkeit, weil bei einer größeren Oberfläche zwar mehr Teilchen die flüssige Phase verlassen, umgekehrt aber auch wieder mehr Teilchen in die Flüssigkeit zurückkehren.

Enthält z. B. ein Gefäß gesättigten Wasserdampf im Gleichgewicht mit flüssigem Wasser, so steigt der Dampfdruck nicht an, wenn man bei *konstanter Temperatur* das Volumen verkleinert, weil der Dampfdruck einer Flüssigkeit nur von der Art des Stoffes und der Temperatur, nicht aber vom Volumen abhängt [vgl. **MC-Fragen Nr. 699–701, 703–705**].

Wird die Temperatur der Flüssigkeit erhöht, so vermag eine größere Anzahl von Teilchen aus der flüssigen Phase zu entweichen, und es stellt sich ein *neues Gleichgewicht* mit einem neuen Sättigungsdampfdruck ein.

○ Abb. 1.110 zeigt die Dampfdruckkurven einiger Flüssigkeiten. Eine **Dampfdruckkurve** (p,T-Diagramm) ist eine graphische Darstellung der *Zunahme des Sättigungsdampfdruckes mit steigender Temperatur*. Die Kurve grenzt die Existenzbereiche der Flüssigkeit und des Dampfes voneinander ab. Bei höheren Drücken und niedrigeren Temperaturen als den durch die Kurve angegebenen ist nur die flüssige Phase, bei niederen Drücken und höheren Temperaturen nur die Dampfphase beständig. Entlang der Dampfdruckkurve stehen beide Phasen miteinander im Gleichgewicht [vgl. **MC-Fragen Nr. 696, 697**].

In einem Druck-Temperatur-Diagramm (p,T-Diagramm) besitzt die Dampfdruckkurve einen mehr oder weniger *hyperbolisch ansteigenden Kurvenverlauf*. Trägt man

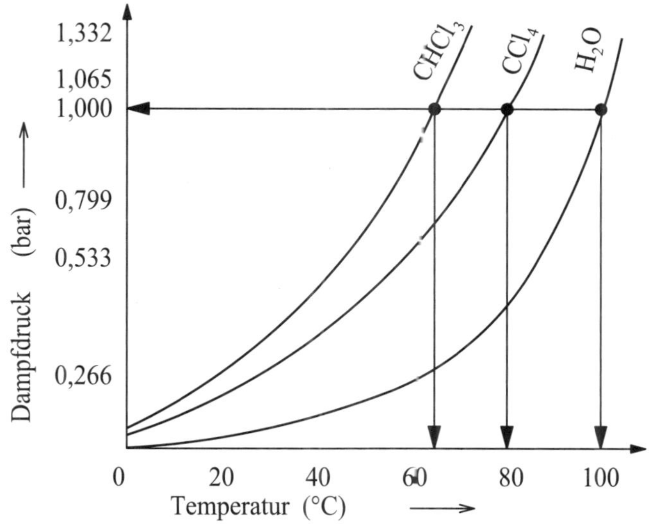

○ Abb. 1.110 Dampfdruckkurven von Chloroform, Tetrachlorkohlenstoff und Wasser (●) Siedepunkt bei Normaldruck [$CHCl_3$: 61,2 °C - CCl_4: 76,7 °C - H_2O: 100 °C]

jedoch den natürlichen (oder dekadischen) Logarithmus des Sättigungsdampfdruckes (ln p) gegen den reziproken Wert der Temperatur ($1/T = T^{-1}$) auf, so ergibt sich eine mit steigender Temperatur *abfallende Gerade* [vgl. **MC-Fragen Nr. 698, 729, 1875**].

Der Sättigungsdampfdruck einer Flüssigkeit kann jedoch nur bis zur **kritischen Temperatur** verfolgt werden, weil danach nur noch eine Phase existiert und Dampf und Flüssigkeit nicht mehr zu unterscheiden sind. Bei der kritischen Temperatur ist der Dampfdruck gleich dem **kritischen Druck**, und die Kurven *enden* an diesem Punkt. Daher ist oberhalb der kritischen Temperatur eines Stoffes ein Sättigungsdampfdruck *nicht* mehr anzugeben [siehe auch ○ Abb. 1.111 und **MC-Fragen Nr. 699, 725, 726, 734, 735, 740, 741**].

Aus den Dampfdruckkurven ist ersichtlich, dass die **Siedetemperatur** einer Flüssigkeit vom äußeren Druck abhängt. Die Temperatur, bei welcher der Dampfdruck gleich dem Atmosphärendruck (1013 mbar) ist, wird **Siedepunkt** genannt.

Die Temperatur einer siedenden Flüssigkeit bleibt solange konstant, bis die ganze Flüssigkeit verdampft ist. In einem offenen Gefäß kann der Dampfdruck nicht größer als der Atmosphärendruck werden. Die Kurven in ○ Abb. 1.110 verdeutlichen auch, warum Flüssigkeiten im Vakuum bei tieferen Temperaturen sieden bzw. warum mit wachsendem Außendruck die Siedetemperatur einer Flüssigkeit zunimmt.

Der Siedepunkt einer Flüssigkeit hängt auch vom individuellen Charakter der betreffenden Flüssigkeit ab und kann daher zu Identitäts- und Reinheitsprüfungen genutzt werden [siehe Ehlers, **Analytik I**, ▸ Kap. 3.1 und **MC-Fragen Nr. 637, 707, 708**].

Die Siedetemperatur einer Flüssigkeit ist erreicht, wenn der Sättigungsdampfdruck über der Flüssigkeit gleich dem herrschenden Außendruck ist. Dampfdruckkurven bilden daher die technische Grundlage für die *Vakuumdestillation* von Flüssigkeiten.

Zum Verdampfen einer Flüssigkeit muss Wärme zugeführt werden. Die Wärmemenge, die zum Verdampfen von 1 Mol einer Flüssigkeit benötigt wird, bezeichnet man als **molare Verdampfungsenthalpie** (ΔH_V). Der Wert der molaren Verdampfungsenthalpie ist ein Maß für die Stärke der in einer Flüssigkeit wirkenden Kohäsionskräfte [vgl. **MC-Fragen Nr. 635, 636, 702**].

1.8.4.4 Gefrierpunkt, Schmelzpunkt

Während des Abkühlens einer Flüssigkeit wird die Bewegung der Moleküle signifikant verlangsamt. Bei einer bestimmten Temperatur ist die kinetische Energie der Moleküle soweit herabgesetzt, dass sie sich unter dem Einfluss der anziehenden Kräfte zu einem Kristallgitter ordnen. Die Flüssigkeit beginnt zu gefrieren.

Zu erwähnen ist, dass Flüssigkeiten auch unter ihren Gefrierpunkt abgekühlt werden können. Man spricht dann von einer *unterkühlten Flüssigkeit*. Während des Gefrierens bleibt die Temperatur des flüssig/festen Zweiphasensystems solange konstant, bis die gesamte Flüssigkeit in fester Form vorliegt.

Die Temperatur, bei der unter Normaldruck (1013 mbar) die Flüssigkeit und der feste Aggregatzustand miteinander im Gleichgewicht stehen, wird **Gefrierpunkt** genannt. Die Wärmemenge, die 1 Mol einer Flüssigkeit *entzogen* werden muss, um zu Gefrieren, wird als **molare Kondensationsenthalpie** (**Erstarrungsenthalpie**) bezeichnet.

Beim Erwärmen eines Feststoffes schmilzt dieser bei der gleichen Temperatur, bei der die Flüssigkeit gefriert. Die Temperatur, bei der unter Normaldruck die feste und flüssige Phase miteinander im Gleichgewicht stehen, wird **Schmelzpunkt** genannt.

Während des Schmelzens bleibt wiederum die Temperatur solange konstant, bis der gesamte Feststoff geschmolzen ist. Die Wärmemenge, die 1 Mol einer festen Substanz zum Schmelzen *zugeführt* werden muss, heißt **molare Schmelzenthalpie**. Die Schmelzenthalpie ist dem Betrag nach gleich mit der **Erstarrungsenthalpie**, die während des Erstarrens einer Flüssigkeit frei wird. Der Wert der Schmelz- bzw. Erstarrungsenthalpie hängt von den Bindungskräften zwischen den einzelnen Gitterbausteinen ab. Die Schmelztemperatur ist auch abhängig von der Art des festen Stoffes und kann daher zu Identitäts- und Reinheitsprüfungen herangezogen werden [siehe Ehlers, **Analytik I**, ▸ Kap. 3.2 und **MC-Fragen Nr. 637–640**].

1.8.5 Der feste Aggregatzustand, Modifikationen

Auf die grundlegenden Charakteristika von Festkörpern wurde bereits im ▸ Kap. 1.3.2.5 eingegangen, sodass an dieser Stelle lediglich einige Aspekte nochmals zusammenfassend angesprochen werden sollen.

Feste Stoffe sind entweder *amorph* oder *kristallin*, wobei der amorphe Zustand energiereicher ist als der kristalline.

Amorphe Stoffe wie *Glas*, *Teer*, verschiedene *Kunststoffe* oder *frisch gefällte Niederschläge* sind *isotrop*. Das heißt, ihre physikalischen Eigenschaften sind unabhängig von der Raumrichtung, in der die Untersuchung stattfindet. Diese Richtungsunabhängigkeit ist gleichbedeutend mit einer *homogenen* räumlichen Struktur der amorphen Stoffe. Ein amorpher Feststoff hat keinen definierten Schmelzpunkt, sondern erweicht allmählich beim Erwärmen. Amorphe Stoffe können als Flüssigkeiten extrem hoher Viskosität angesehen werden.

In **kristallinen Stoffen** sind die Bestandteile (Atome, Ionen, Moleküle) in Form eines regelmäßigen räumlichen *Gitters* angeordnet. Durch den Gitteraufbau sind einige physikalische Eigenschaften richtungsabhängig, d. h., kristalline Stoffe sind *anisotrop*.

1.8.5.1 Polymorphie und Allotropie

Sowohl bei Elementen als auch bei Verbindungen kommt es vor, dass der gleiche Stoff je nach den äußeren Parametern (Temperatur, Druck, Kristallisationsbedingungen) in verschiedenen kristallinen Gittertypen (Kristallstrukturen) auftreten kann. Bei Elementen bezeichnet man diese Erscheinung als **Allotropie**, bei Verbindungen als **Polymorphie** [vgl. **MC-Frage Nr. 713**].

Elemente wie z.B. Antimon, Arsen, Kohlenstoff, Phosphor, Schwefel oder Zinn existieren in unterschiedlichen Modifikationen. Die Allotropie des Sauerstoffs beruht darauf, dass die Atome dieses Elements in unterschiedlicher Zahl (O_2, O_3) zu Molekülen zusammentreten können. Auch zahlreiche Verbindungen wie Quecksilber(II)-sulfid [HgS], Eisen(III)-oxid [Fe_2O_3], Silicium(IV)-oxid [SiO_2], Calciumcarbonat [$CaCO_3$], Ammoniumnitrat [NH_4NO_3], Schwefeltrioxid (SO_3) und einige Arzneistoffe bilden polymorphe Formen. Die Modifikationen des Quecksilber(II)-sulfids unterscheiden sich in ihrer Farbe (schwarzes und rotes HgS) [vgl. **MC-Fragen Nr. 714–720, 1420**].

Ist die Umwandlung einer Modifikation in die andere wechselseitig möglich, so spricht man von einer *enantiotropen* Umwandlung, erfolgt sie jedoch nur in eine Richtung, dann nennt man sie *monotrop*.

Für **enantiotrope Modifikationen** existiert eine **Umwandlungstemperatur**, bei der die Modifikationen miteinander im Gleichgewicht stehen, gleich stabil sind bzw. den gleichen Dampfdruck besitzen. Oberhalb und unterhalb dieser Temperatur ist immer diejenige Form stabiler, die den niedrigeren Dampfdruck hat.

Bei **monotropen Modifikationsänderungen** liegt die Umwandlungstemperatur oberhalb der Schmelztemperatur und ist daher normalerweise nicht erreichbar. Aus diesem Grund kann man die eine Form *nicht* unmittelbar in die andere umwandeln.

Ein Beispiel für einen Stoff mit enantiotroper Umwandlung ist **Schwefel**, der unter Normalbedingungen (25 °C, 1013 mbar) nur in der rhombischen Form vorliegt (siehe ▸Kap. 2.4.5.2). Monotropie tritt beispielsweise beim weißen und violetten **Phosphor** auf (siehe ▸Kap. 2.5.10.2). Die Modifikationen des **Kohlenstoffs** (Diamant, Fullerene, Graphit) werden im ▸Kap. 2.6.1.1 detailliert beschrieben.

1.8.6 Mehrphasensysteme, Zustandsdiagramme

1.8.6.1 Grundbegriffe, Zweiphasensysteme

Unter einer **Phase** versteht man einen einheitlichen (homogenen) Bereich, der von anderen Teilen des Systems durch eine erkennbare Grenzfläche (Phasengrenze) abgetrennt ist. An einer solchen *Phasengrenze* ändert sich sprunghaft mindestens eine chemische oder physikalische Eigenschaft [vgl. **MC-Fragen Nr. 632, 1874**].

Ein *heterogenes Gemisch* besteht aus mehreren Phasen, wobei es in einem solchen System nur eine *einzige Gasphase* geben kann, weil Gase in jedem Verhältnis miteinander mischbar sind. Mit anderen Worten, Gasgemische wie *Generatorgas*, *Knallgas* oder *Wassergas* sind homogen. Demgegenüber kann ein heterogenes System aus mehreren nicht miteinander mischbaren Flüssigkeiten (z. B. Diethylether/Wasser oder Wasser/Tetrachlorkohlenstoff) und aus beliebig vielen festen Phasen bestehen [vgl. **MC-Fragen Nr. 745, 746**].

Eine Phase ist ein homogener Bereich, der in einem heterogenen System von anderen Bereichen durch eine Phasengrenzfläche getrennt ist. An dieser Grenzfläche ändern sich die physikalischen und/oder chemischen Eigenschaften sprunghaft.

Nach Einführung des Begriffs „Phase“ können eine Reihe von Grundbegriffen wie heterogener und homogener Stoff, Lösung usw. neu definiert werden:

Heterogener Stoff	:	Stoffaufbau aus verschiedenen Phasen
Homogener Stoff	:	Stoffaufbau aus einer einzigen Phase
- Lösung	:	Phasenaufbau aus verschiedenen Molekülarten
- Reiner Stoff	:	Phasenaufbau aus einer einzigen Molekülart
* Verbindung	:	Molekülaufbau aus verschiedenen Atomarten
* Element	:	Aufbau aus einer einzigen Atomart

An **Zweiphasensystemen** (◻Tab. 1.53), die für die pharmazeutische Praxis eine gewisse Bedeutung haben, sind **Aerosole, Suspensionen** und **Emulsionen** zu nennen [vgl. **MC-Fragen Nr. 745–747**].

◻ **Tab. 1.53 Zweiphasensysteme**

Zweiphasensystem	Aggregatzustand		Beispiele
	Phase I	Phase II	
Aerosol	Gasförmig	Fest	Rauch
	Gasförmig	Flüssig	Nebel, Spray
Suspension	Flüssig	Fest	Kosmetika, Arzneizubereitungen
Emulsion	Flüssig	Flüssig	Milch (Fetttröpfchen in Wasser)
Schaum	Fest	Gasförmig	Seifenschaum

1.8.6.2 Gibbssches Phasengesetz

Die Anzahl der verschiedenen Phasen, die gleichzeitig nebeneinander in einem Gleichgewicht existieren können, wird durch das **Gibbssche Phasengesetz** beschrieben. Danach ist:

Zahl der Phasen + Zahl der Freiheitsgrade = Zahl der Bestandteile + 2
P + F = B + 2

Unter der Anzahl der Freiheitsgrade (F) versteht man die Zahl der Zustandsvariablen (Druck, Temperatur, Konzentration), die bei gegebener Zahl der Phasen (P) innerhalb endlicher Grenzen *willkürlich* verändert werden können, ohne dass sich dabei die Zahl der Phasen ändert [vgl. **MC-Fragen Nr. 742, 743**].

Die Anzahl der Bestandteile (B) ist definiert als die *kleinste Zahl* der Molekülarten (Komponenten), aus denen die verschiedenen Phasen aufgebaut werden können. Im Sinne des Phasengesetzes versteht man unter den Komponenten nur diejenigen *voneinander unabhängigen* Stoffe eines Systems, die zum Aufbau aller Phasen erforderlich sind.

Nach der Anzahl der Komponenten unterteilt man in **Ein-, Zwei-** und **Mehrkomponentensysteme**. Nach der Zahl der Phasen unterscheidet man zwischen **Ein-, Zwei-, Drei-** und **Mehrphasensystemen.**

Sind in einem Mehrphasensystem die Zahl der Phasen und die Zahl der Bestandteile bekannt, so kann man die Zahl der Freiheitsgrade ermitteln, die man unter Beibehaltung der vorhandenen Phasen unabhängig voneinander variieren kann. Die Anwendung des Gibbsschen Phasengesetzes sei an zwei Beispielen kurz erläutert:

B = 1	
P	F
1	2
2	1
3	0

a) Der einfachste Fall liegt vor, wenn das System nur aus einem einzigen Bestandteil (B = 1) aufgebaut ist.

1. System (P = 1) → **Wasserdampf**
Phasenregel: F = B – 2 – P = **2**
Das System heißt *divariant*, denn Druck und Temperatur können unabhängig voneinander variiert werden, ohne dass sich die Zahl der Phasen ändert.
2. System (P = 2) → **Wasser/Wasserdampf**
Phasenregel: F = B + 2 – P = **1**
Bei zwei im Gleichgewicht nebeneinander vorliegenden Phasen existiert nur ein Freiheitsgrad. Das System heißt *univariant*.
3. System (P = 3) → **Eis/Wasser/Wasserdampf**
Phasenregel: F = B + 2 – P = **0**
Es existiert kein Freiheitsgrad mehr. Das System heißt *nonvariant*. Die drei Phasen können nur an einem einzigen Punkt (**Tripelpunkt**) im Gleichgewicht nebeneinander vorliegen.

B = 2	
P	F
1	3
2	2
3	1
4	0

b) Vergrößert man bei dem gewählten Beispiel [a] die Zahl der Bestandteile (B) auf 2, indem man z. B. **Natriumchlorid in Wasser** auflöst, so gilt nach dem Phasengesetz nebenstehende Beziehung.
Für die gleiche Anzahl von Phasen ist die Zahl der Wahlfreiheiten jeweils um Eins größer als im vorhergehenden Beispiel.

1.8.6.3 Dampfdruck von Festkörpern, Phasengleichgewicht

Auch energiereiche Teilchen (Atome, Moleküle, Ionen) an einer Kristalloberfläche können die anziehenden Gitterkräfte überwinden und in die angrenzende Gasphase übertreten. Somit hat jeder Feststoff einen Dampfdruck. Der Dampfdruck eines Festkörpers ist allerdings gering, da die Anziehungskräfte im festen Aggregatzustand aufgrund des geringeren Teilchenabstandes sehr viel stärker wirksam sind. Der Dampfdruck eines Feststoffes ist umso niedriger, je größer diese Anziehungskräfte sind. Daher besitzen Ionenverbindungen besonders niedrige Dampfdrücke.

Der Dampfdruck eines Feststoffes nimmt mit steigender Temperatur zu. Beim **Schmelzpunkt** haben Flüssigkeit und Feststoff den gleichen Dampfdruck.

Generell ist also jeder feste und jeder flüssige Stoff von seiner eigenen Gasphase umgeben. Für ein Mehrphasensystem können somit folgende Gleichgewichte formuliert werden:

- ein Festkörper im Gleichgewicht mit seiner Schmelze
- ein Festkörper im Gleichgewicht mit seiner Flüssigkeit
- ein Festkörper im Gleichgewicht mit seinem Dampf
- eine Flüssigkeit im Gleichgewicht mit ihrem Dampf

Voraussetzung für das Auftreten solcher Gleichgewichte ist, dass ein *geschlossenes System* vorliegt (siehe auch ▸Kap. 1.9.1).

1.8.6.4 Zustandsdiagramme

Ein **Phasendiagramm** (Zustandsdiagramm) ist eine graphische Darstellung der Aggregatzustände (Phasen) eines Stoffes und ihrer Übergänge in Abhängigkeit von der gewählten Temperatur und dem äußeren Druck. Mit anderen Worten, ein Phasendiagramm ist ein **Druck-Temperatur-Diagramm**, aus dem man die Bedingungen erkennen kann, unter denen der Stoff fest, flüssig oder gasförmig vorliegt. Jede Substanz hat ihr eigenes Phasendiagramm, das aus experimentellen Daten erstellt werden muss. ▸Abb. 1.111 zeigt in allgemeiner Form das Zustandsdiagramm für ein Einstoff-

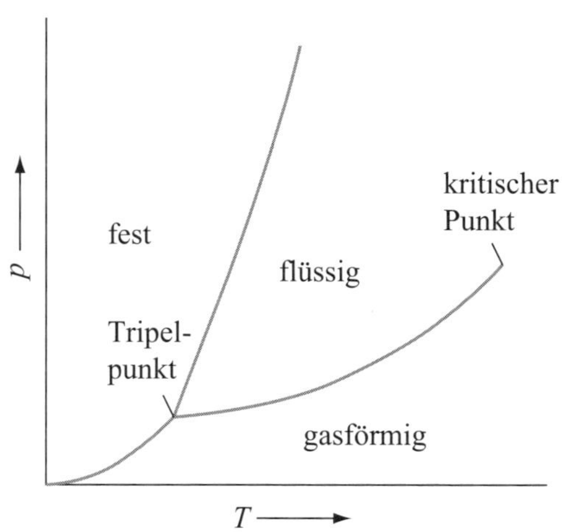

○ Abb. 1.111 Phasendiagramm eines Einstoffsystems (ohne Anomalie)

system (*ohne Anomalie*). Ein solches Phasendiagramm wird nachfolgend für *Wasser* und *Kohlendioxid* noch detailliert beschrieben. Generell stellt ein Phasendiagramm die Bedingungen dar, unter welchen die verschiedenen Aggregatzustände beständig sind und wie sie sich bei Variation der Zustandsvariablen verändern. Durch *isobare Temperaturänderungen* (p = const.) bedingte Phasenumwandlungen sind im Phasendiagramm entlang einer *horizontalen* Geraden, durch *isotherme Druckänderungen* (T = const.) verursachte Phasenumwandlungen entlang einer *vertikalen* Geraden zu verfolgen [vgl. **MC-Fragen Nr. 722, 725, 730–732**].

Phasendiagramm von Wasser: o Abb. 1.112 zeigt das Zustandsdiagramm von Wasser. Aufgrund des Verlaufs der Siededruckkurve (Kurvenast P ⟶ C) spricht man auch von einem Phasendiagramm *mit Anomalie*. Als Folge des Verlaufs der Siededruckkurve wird erklärbar, warum eine isotherme Erhöhung des Drucks auf ein bei 0 °C im Gleichgewicht befindliches Eis-Wasser-Gemisch zum Schmelzen des Eises führt. Die Siededruckkurve besitzt einen zu tieferen Temperaturen geneigten Verlauf [vgl. **MC-Frage Nr. 699**].

Darüber hinaus erkennt man, dass Wasser zum Beispiel bei einem Druck von 0,5 bar und einer Temperatur von -10 °C in fester Form als Eis vorliegt, und bei diesem Druck durch Temperaturerhöhung bei 0,0005 °C schmilzt. Bei einem verminderten Druck von 10^{-3} bar ist Wasser bei -10 °C zwar auch fest, beim Erwärmen geht das Eis jedoch *direkt* in den Dampfzustand über; es *sublimiert*.

Das Diagramm zeigt aber auch, dass die Temperatur einer Flüssigkeit über den Siedepunkt hinaus erhöht werden kann, und dass Wasser, ohne zu Erstarren, vorübergehend auch unter die Schmelztemperatur abgekühlt werden kann. Unter Normaldruck (1013 mbar) schmilzt Eis bei 0 °C und siedet Wasser bei 100 °C. Darüber hinaus dokumentieren die Zustandsdiagramme, dass eine Flüssigkeit auch unterhalb ihrer Siedetemperatur in den gasförmigen Zustand übergehen kann. Beim *Tripelpunkt* (P) liegen festes Eis, flüssiges Wasser und gasförmiger Wasserdampf (im Gleichgewicht) gleichzeitig nebeneinander vor [vgl. **MC-Fragen Nr. 636, 640, 724–726, 731, 732, 737, 738**].

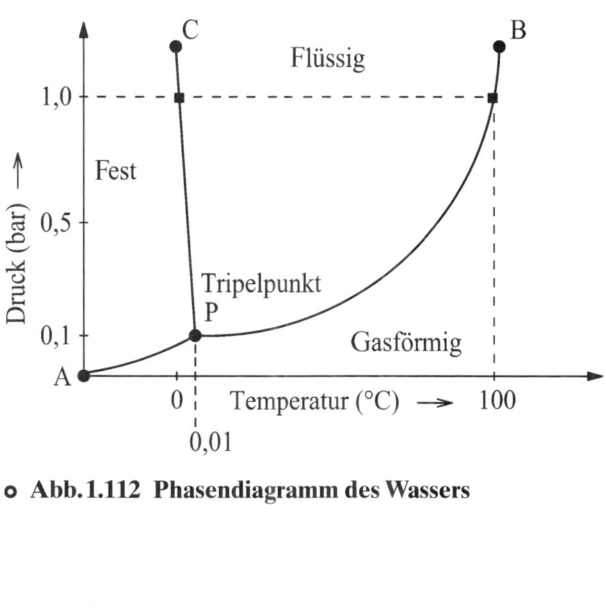

o **Abb. 1.112 Phasendiagramm des Wassers**

Zu den einzelnen Kurvenabschnitten in einem Phasendiagramm lassen sich am Beispiel des Zustandsdiagramms von Wasser (o Abb. 1.112) folgende Anmerkungen machen:

Der Kurvenabschnitt [A⟶P] entspricht der Dampfdruckkurve des Feststoffs. Dieser Kurvenabschnitt wird auch **Sublimationsdruckkurve** genannt. Beim Überschreiten der Linie geht ein Feststoff direkt in den gasförmigen Zustand über ohne zu Schmelzen; er *sublimiert*. Zum Überschreiten dieser Linie durch eine isobare Temperaturerhöhung muss die *Sublimationsenthalpie* aufgewendet werden [vgl. **MC-Fragen Nr. 634, 636, 694, 724, 733–735**].

Die Linie [P⟶B] entspricht der Dampfdruckkurve der Flüssigkeit; sie heißt auch **Verdampfungsdruckkurve** oder **Siededruckkurve**. Der Verlauf der Kurve kann mithilfe der *Dampfdruckgleichung* beschrieben werden. Beim Überschreiten der Linie *siedet* die Flüssigkeit und die *Siedetemperatur* ist erreicht, wenn der Sättigungsdampfdruck den Wert des herrschenden Außendrucks erreicht hat. Zum Überschreiten dieser Linie durch eine isobare Temperaturerhöhung muss die *Verdampfungsenthalpie* aufgebracht werden [vgl. **MC-Fragen Nr. 707, 708, 723–727**].

Der Kurvenabschnitt [P⟶C] heißt **Schmelzdruckkurve**; er trennt die Existenzbereiche des festen und flüssigen Zustands voneinander ab. Ein Überschreiten dieser Linie bei einer isobaren Temperaturerhöhung erfordert Energie (*Schmelzenthalpie*). Beim Überschreiten dieser Linie schmilzt ein Feststoff und der *Schmelzpunkt* eines Stoffes ist erreicht, wenn der Dampfdruck den Wert des herrschenden Außendruck erreicht hat [vgl. **MC-Fragen Nr. 723–725, 727**].

Innerhalb eines durch zwei Kurven begrenzten Gebietes ist jeweils nur eine Phase beständig. Das System ist *divariant*, d.h., Druck und Temperatur können in Grenzen verändert werden, ohne dass eine Aggregatzustandsänderung eintritt. In jedem Kurvenpunkt stehen mindestens zwei Phasen miteinander im Gleichgewicht; das System ist *univariant* [vgl. **MC-Fragen Nr. 728, 730–732, 744**].

Im Schnittpunkt der drei Kurven, dem sog. **Tripelpunkt** (P), koexistieren alle drei Zustände, d. h., feste, flüssige und gasförmige Phase liegen nebeneinander im Gleichgewicht vor. Der *Tripelpunkt des Wassers* bei 0,01 °C und 6,11 mbar ist der Bezugspunkt der *absoluten Temperaturskala*. 1 **Kelvin** ist der 273,15te Teil der absoluten Temperatur des Tripelpunktes [vgl. **MC-Fragen Nr. 699, 723, 724, 731–734, 736–740**].

Der **kritische Punkt** (B) ist das Ende der Dampfdruckkurve in Richtung großer p- und T-Werte; Dampf und Flüssigkeit können nicht mehr unterschieden werden, weil sich oberhalb der kritischen Temperatur keine Phasengrenze mehr ausbildet. Erfahrungsgemäß hat jedes Gas eine *kritische Temperatur* (T_C), oberhalb derer es nicht mehr verflüssigt werden kann. Der zu T_C gehörende Druck heißt *kritischer Druck* (p_C); er entspricht dem Mindestdruck, der zur Verflüssigung eines Gases bei seiner kritischen Temperatur erforderlich ist.

In ◘ Tab. 1.54 sind die kritischen Daten einiger Stoffe aufgelistet. Aus diesen Daten ist ersichtlich, dass sich z. B. **Kohlendioxid** bei Raumtemperatur (20 °C) unter Druck verflüssigen lässt, weil die kritische Temperatur von Kohlendioxid über 20°C liegt [vgl. **MC-Fragen Nr. 699, 723–726, 733, 734, 739–741**].

Phasendiagramm von Kohlendioxid: o Abb. 1.113 zeigt das p-T-Diagramm des CO_2. Hier liegt der Tripelpunkt (-57 °C; 5,2 bar) wesentlich höher als der Atmosphären-

Tab. 1.54 Kritische Daten ausgewählter Stoffe

Substanz	T_C (°C)	p_C (bar)
Chlor	144	76,9
Helium	-268	2,28
Kohlendioxid	31,1	73,7
Luft	-141	37,6
Sauerstoff	-118	50,2
Wasser	374	220,0

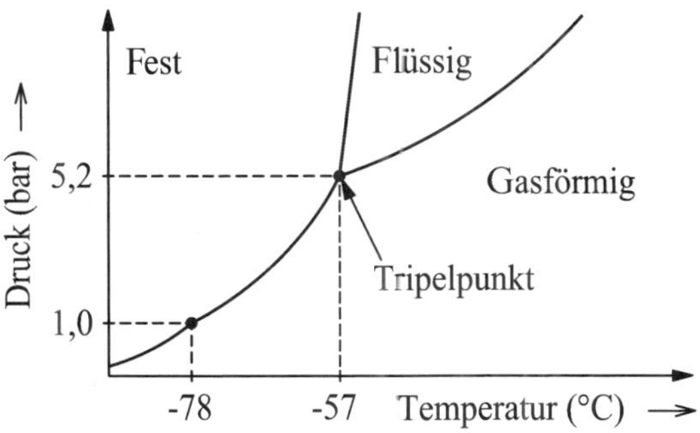

Abb. 1.113 Phasendiagramm des Kohlendioxids

druck, sodass man normalerweise Kohlendioxid nicht flüssig erhalten kann. **Trockeneis** (festes CO_2) sublimiert vielmehr bei -78 °C und 1013 mbar direkt zu gasförmigem CO_2.

Abschließend ist noch anzumerken, dass im Gegensatz zu Wasser oder Kohlendioxid die meisten anderen Stoffe ein komplizierteres Phasendiagramm besitzen, weil sowohl zwischen den Grundaggregatzuständen Übergangsformen als auch Modifikationen des festen Zustandes existieren können. Bezüglich des Zustandsdiagramms von **Schwefel** siehe ▸ Kap. 2.4.5.2, ○ Abb. 2.6.

1.8.6.5 Flüssigkeitsgemische, azeotrope Mischungen

Bei Gemischen verschiedener Flüssigkeiten treten neben der Temperatur und dem Druck die *Stoffmengenanteile* der Komponenten in den verschiedenen Phasen als weitere Zustandsvariable auf, weil der Dampfdruck eines Flüssigkeitsgemischs auch von dessen Zusammensetzung abhängt.

Prinzipiell hat man bei Lösungen von Flüssigkeiten ineinander zwischen zwei Grenzfällen zu unterscheiden:

Ideale Flüssigkeitsgemische liegen vor, wenn die zwischenmolekularen Wechselwirkungskräfte der reinen Komponenten denen der Mischung gleichen. In diesem Fall lassen sich zwei Flüssigkeiten in jedem Verhältnis miteinander mischen und es treten keine Volumeneffekte und keine Wärmetönung auf; d.h., die *Mischungsenthalpie* ist *Null* ($\Delta H_m = 0$). Ein Beispiel für ein ideales, binäres Flüssigkeitsgemisch ist das System

Benzol-Toluol. Beide Komponenten besitzen ähnliche physikalisch-chemische Eigenschaften [vgl. **MC-Frage Nr. 709**].

Der *Dampfdruck* (p) eines idealen, binären Flüssigkeitsgemischs mit den beiden Komponenten A und B hängt von der Temperatur und der Zusammensetzung der Mischphase ab. Der Dampfdruck der Mischung steigt mit zunehmender Temperatur, ist aber unabhängig von der Menge bzw. dem Volumen der Mischung. ○ Abb. 1.114 zeigt den Verlauf des Dampfdrucks in Abhängigkeit vom Stoffmengengehalt (x) an [Punkt 0: 0% A/100% B - Punkt 1: 100% A/0% B] [vgl. **MC-Fragen Nr. 710–712**].

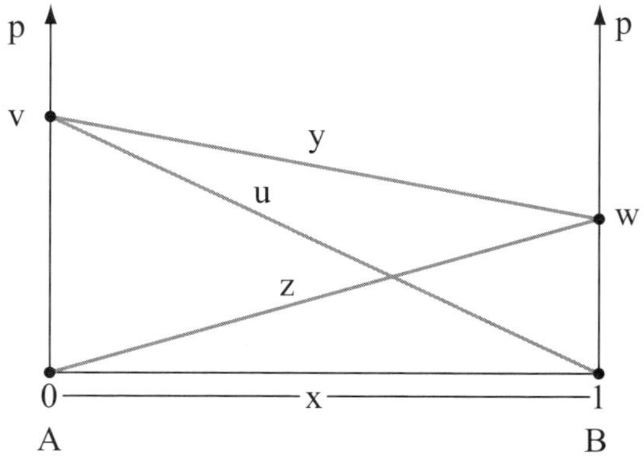

○ **Abb. 1.114 Dampfdruck eines idealen binären Flüssigkeitsgemischs**
v = Dampfdruck der reinen Komponente A
w = Dampfdruck der reinen Komponente B
z = Partialdruck von B über der Mischung
u = Partialdruck von A über der Mischung
y = Gesamtdruck der Mischung (Summe der Partialdrücke von A und B)
x = Stoffmengengehalt der Mischung

Solche idealen Flüssigkeitsgemische gehorchen dem **Raoultschen Gesetz** (siehe ▸ Kap. 1.8.8.1), d. h., Lösungen, deren Komponenten niedrigere Dampfdrücke haben, sieden höher als Gemische von Komponenten mit höherem Dampfdruck. Ideale Flüssigkeitsgemische lassen sich durch *fraktionierte Destillation* trennen, weil im Gleichgewicht die Zusammensetzung der Gasphase von der Zusammensetzung der flüssigen Phase abweicht. Die leichter flüchtige Komponente ist im Dampf gegenüber der flüssigen Phase stärker angereichert. In den Siedediagrammen idealer binärer Mischungen übersteigt die Linie der Dampfzusammensetzung nie den Siedepunkt der höher siedenden reinen Komponente.

Nichtideale Gemische flüchtiger Substanzen zeigen beim Mischen Wärmeeffekte und gehorchen *nicht* (oder nur annähernd) dem Raoultschen Gesetz. Ein Beispiel für eine nichtideale Mischung ist das System **Wasser-Ethanol**, bei dessen Herstellung eine Erwärmung sowie eine Volumenabnahme beobachtet wird.

Sind die Anziehungskräfte zwischen den Molekülen eines Zweikomponentengemischs (**binäres System**) größer als zwischen den Molekülen der reinen Komponenten, so führt die Wechselwirkung im Gemisch zu einer stärkeren Herabsetzung des Dampfdruckes als nach dem Raoultschen Gesetz zu erwarten wäre. Das Mischen der

Tab. 1.55 Eigenschaften azeotroper Gemische

Azeotropes Gemisch	Siedepunkt der Komponenten in °C			Azeotropzusammensetzung in Masse %		Azeotropsiedepunkt in °C
Wasser-Ethanol	100,0	-	78,3	4	96	78,15
Wasser-Ameisensäure	100,0	-	100,7	23	77	107,3
Wasser-Benzen	100,0	-	80,6	9	91	69,2
Wasser-Toluen	100,0	-	110,6	20	80	84,1
Chloroform-Aceton	61,2	-	56,4	80	20	64,7

Komponenten erfolgt unter Volumenverminderung und Wärmeabgabe. Bei solchen *negativen Abweichungen* vom Raoultschen Gesetz zeigt die Dampfdruckkurve ein Minimum. Dies führt im Siedediagramm zu einem Maximum.

Ein *positives Abweichen* vom Raoultschen Gesetz tritt auf, wenn die Anziehungskräfte zwischen den Molekülen der Komponenten in der Mischung geringer sind als zwischen denen der reinen Einzelstoffe. *Positive Abweichungen* mit einem Maximum in der Dampfdruckkurve führen in den Siedediagrammen zu einem Minimum.

Nichtideale binäre Systeme können miteinander **azeotrope Gemische** bilden, die bei einem bestimmten Mischungsverhältnis höher oder tiefer sieden als die beiden reinen Komponenten.

Ein azeotropes Gemisch kann *nicht* durch fraktionierte Destillation in seine Komponenten zerlegt werden, weil Flüssigkeits- und Dampfphase *dieselbe* Zusammensetzung aufweisen. Das Flüssigkeitsgemisch verdampft als einheitlicher Stoff (**Azeotrop**). Durch fraktionierte Destillation kann man nur eine Komponente rein erhalten, nicht aber die andere. An ihrer Stelle erhält man das Azeotrop. Hingegen lassen sich azeotrope Gemische häufig durch eine wiederholte Destillation bei *verschiedenen Drücken* in ihre Komponenten zerlegen, weil die Zusammensetzung eines Azeotrops vom äußeren Druck abhängt. Im Allgemeinen bewirkt eine Druckminderung, dass sich die tiefer siedende Komponente in der azeotropen Mischung anreichert. In ▫Tab. 1.55 sind die Eigenschaften einiger azeotroper Gemische aufgelistet [vgl. **MC-Frage Nr. 748**].

1.8.7 Lösungen, Solvatation

1.8.7.1 Der Lösevorgang, Hydratation

Festkörper, Flüssigkeiten und Gase können sich in chemisch von ihnen verschiedenen Flüssigkeiten ohne Stoffumwandlung lösen. Es entsteht eine *homogene* (einphasige) *Mischung* aus *gelöstem Stoff (Solvat) und Lösungsmittel (Solvens)*, die als **Lösung** bezeichnet wird. Als Lösungsmittel definiert man im Allgemeinen die Komponente mit dem größeren Stoffmengenanteil. Die **Löslichkeit** einer Substanz entspricht der maximalen Stoffmenge, die sich bei gegebener Temperatur in einer bestimmten Lösungsmittelmenge lösen lässt (siehe auch ▸Kap. 1.8.7.2).

Löst sich eine Substanz nicht vollständig in einem Solvens, so bezeichnet man den verbleibenden ungelösten Rest als **Bodenkörper**. Zwischen ihm und dem gelösten Anteil besteht ein dynamisches Gleichgewicht (siehe auch ▸Kap. 1.10.4.2). Pro Zeiteinheit gehen genausoviele Teilchen in Lösung wie am Bodenkörper wieder abgeschieden werden. Es liegt eine *gesättigte Lösung* vor.

Die Menge an gelöstem Stoff in einem definierten Lösungsmittelvolumen bezeichnet man als **Konzentration** (siehe auch ▸Kap. 1.8.7.3). Eine *ungesättigte* Lösung besitzt eine geringere, eine *übersättigte* Lösung eine höhere Konzentration als eine gesättigte Lösung.

Neben den **echten Lösungen**, bei denen der gelöste Stoff in Einzelmoleküle oder Ionen zerfällt (Partikelgröße < 10^{-9} m), kennt man auch **kolloidale Lösungen**. Bei letzteren handelt es sich um heterogene Lösungen (Partikelgröße: 10^{-9} bis 10^{-7} m). Daneben kennt man noch Zweiphasengemische aus kleinen festen Teilchen und einer Flüssigkeit, die man **Suspensionen** nennt (Partikelgröße > 10^{-6} m). **Emulsionen** sind Mischungen zweier nicht ineinander löslicher Flüssigkeiten (siehe auch ▸Kap. 1.8.6.1).

Beim Lösen von Substanzen in einem Lösungsmittel treten beide Stoffe miteinander in Wechselwirkung. Hierbei sollen Fälle ausgeschlossen werden, in denen das Lösen eines Stoffes auf einer chemischen Umsetzung mit dem Lösungsmittel beruht (z. B. Lösen von unedlen Metallen in Wasser). Die Wechselwirkungen zwischen Solvens und Solvat machen sich gegebenenfalls durch einen **Volumeneffekt** und vor allem durch einen **Wärmeeffekt** bemerkbar. Die auftretende positive oder negative **Lösungswärme (Lösungsenthalpie)** kann von verschiedenen Ursachen herrühren:

- Beim Lösen eines Festkörpers bricht das Kristallgitter zusammen; die **Gitterenergie** ist zu überwinden (siehe ▸Kap. 1.3.2.2).
- Die sich lösenden Teilchen lagern Lösungsmittelmoleküle an. Sie werden *solvatisiert*, d. h., sie werden von Lösungsmittelmolekülen umhüllt. Verwendet man Wasser als Lösungsmittel, so nennt man diesen Vorgang **Hydratation** (Hydration). Hierbei tritt die **Solvatationsenthalpie** bzw. **Hydratationsenthalpie** als Wärmeeffekt auf; Solvatation und Hydratation verlaufen *exotherm* (siehe auch ▸Kap. 1.3.3.2).
- Darüber hinaus kommt es beim Lösen von **Elektrolyten** (Säuren, Basen, Salze) zur **Dissoziation**, d. h., dem mehr oder minder starken Zerfall einer Substanz in Ionen, wobei sich entsprechend dem **Dissoziationsgrad** die **Dissoziationsenthalpie** bemerkbar macht (siehe ▸Kap. 1.8.9.1).
- Des Weiteren treten zwischen den Lösungspartikeln auch Wechselwirkungskräfte auf, die *Aktivitätsabweichungen* vom Molenbruch bzw. der Konzentration des gelösten Stoffes zur Folge haben (siehe ▸Kap. 1.8.9.3).

All diese Effekte können nebeneinander vorliegen und sich z.T. überlagern. Die *Lösungs-* und *Verdünnungswärmen* sind somit summarische Effekte [vgl. **MC-Fragen Nr. 752, 754–758, 760, 762, 764**].

> Beim Lösen von Substanzen – chemische Umsetzungen seien ausgeschlossen – sind vor allem zwei Erscheinungen von Bedeutung: Die Wechselwirkung zwischen Lösungsmittelteilchen und gelöstem Stoff, die **Solvatation** bzw. **Hydratation**, und die durch die thermische Bewegung der gelösten Teilchen bedingte **Dispersion**. Die auftretende **Lösungsenthalpie** hängt von der Temperatur und Konzentration der erhaltenen Lösung ab. Darüber hinaus bestimmen die zu überwindende **Gitterenthalpie** des zu lösenden Stoffes und die freiwerdende **Solvatationsenthalpie (Hydratationsenthalpie)** der gelösten Teilchen die Enthalpie des Lösevorgangs. Dabei kann die Solvatationsenthalpie größer oder kleiner sein als die Gitterenthalpie.

Ionenhydratation: Besonders stark sind die Wechselwirkungen zwischen Lösungsmittel und gelöstem Stoff beim *Auflösen von Salzen in Wasser*, wobei neben der hohen Dielektrizitätszahl vor allem der *Dipolcharakter von Wasser* für den Löseprozess von Bedeutung ist [vgl. **MC-Fragen Nr. 365, 751, 1877**].

Bringt man einen Ionenkristall in Wasser, so lagern sich die Wasserdipole an die Kristalloberfläche an. Die freiwerdende Energie ermöglicht den Übergang einzelner Ionen in die wässrige Phase, wo sie mit weiteren Wassermolekülen koordinieren, d. h. umhüllt werden. Es liegen *hydratisierte Ionen* vor. Sofern die Gitterenergie des Ionenkristalls nicht allzu groß ist, bewirkt die freiwerdende **Hydratationsenthalpie**, dass sich weitere Ionen aus dem Gitter herauslösen, bis schließlich das Salz ganz aufgelöst ist. Die Hydrathülle um die Ionen schwächt deren gegenseitige Anziehung, sodass sich die hydratisierten Ionen in der Lösung einzeln und relativ frei bewegen können. Man bezeichnet die hydratisierten Ionen auch als **Aquakomplexe** und den beschriebenen Lösevorgang mit dem Zerfall der gelösten Substanz in Ionen als **elektrolytische Dissoziation**.

In o Abb. 1.115 ist der **Auflösevorgang** von Salzen am Beispiel des **Natriumchlorids** dargestellt. Der besseren Übersicht halber sind an jedem der hydratisierten Ionen *nur* vier koordinierte Wassermoleküle eingezeichnet und die äußeren Hydratsphären weggelassen worden.

Auch kovalent oder überwiegend kovalent gebaute Verbindungen lösen sich in Wasser und anderen Lösungsmitteln. Beim Lösen von Nichtelektrolyten wie *niedere Alkohole* oder *Zucker* umhüllen sich die gelösten Moleküle während des Lösevor-

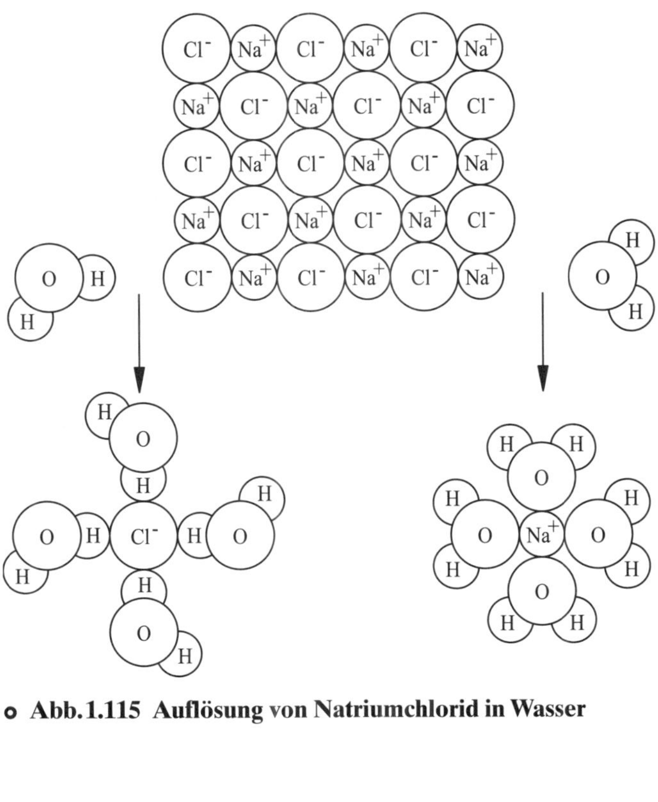

o **Abb. 1.115 Auflösung von Natriumchlorid in Wasser**

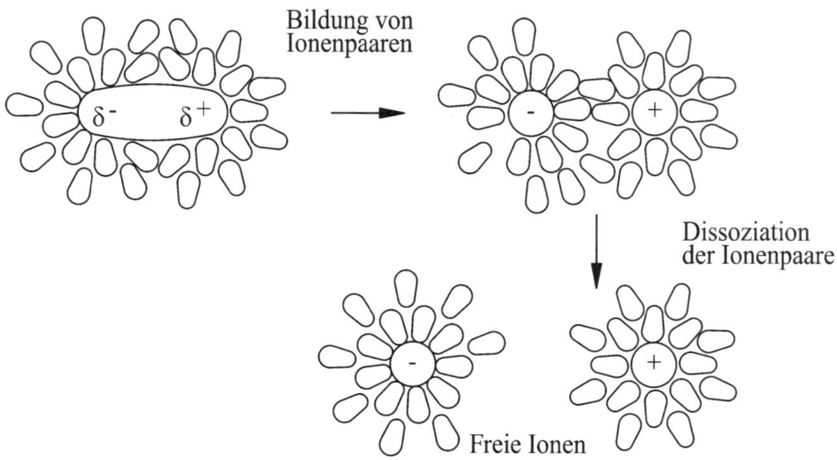

o Abb. 1.116 Bildung von Ionenpaaren durch Heterolyse kovalenter Bindung und ihre Dissoziation in freie Ionen

gangs mit Lösungsmittelmolekülen; sie werden *solvatisiert* bzw. *hydratisiert*. Wie **o** Abb. 1.116 am **Beispiel des Auflösens von Chlorwasserstoff** in Wasser zeigt, können beim Lösen von Substanzen noch weitere Vorgänge beobachtet werden.

$$H\text{-}Cl + H_2O \longrightarrow [(H_3O^+Cl^-)_{aq}] \longrightarrow (H_3O^+)_{aq} + (Cl^-)_{aq}$$

Nach dem Einleiten von HCl-Gas in Wasser kommt es durch *Heterolyse* der kovalenten Bindung zur Bildung von undissoziierten, hydratisierten *Ionenpaaren*, die anschließend in hydratisierte *Einzelionen* zerfallen. Die Bindungsspaltung durch ein Lösungsmittel bezeichnet man als *Solvolyse*, in Wasser heißt dieser Vorgang *Hydrolyse*. Der Zerfall eines HCl-Moleküls in Ionen wird als *elektrolytische Dissoziation* bezeichnet. Bei der Dissoziation des HCl-Moleküls erfolgt zudem eine Protonenübertragung (*Protolyse*) auf das Wassermolekül unter Bildung von Hydroxonium-Ionen $(H_3O)^+$. Die gelösten Teilchen umhüllen sich mit Lösungsmittelmolekülen, was *Solvatation* genannt wird. In Wasser als Solvens heißt dieser Vorgang *Hydratation* (**aq** = kennzeichnet die Umhüllung mit Wassermolekülen) [vgl. **MC-Fragen Nr. 633, 749, 750, 758, 763, 764, 1876**].

Solvatation, die Umhüllung gelöster Teilchen mit Lösungsmittelmolekülen, ist ein generelles Phänomen beim Lösen von Stoffen. In Wasser als Lösungsmittel nennt man diesen Vorgang **Hydratation**. Die dabei freigesetzte Solvatationsenergie bzw. Hydratationsenergie stabilisiert die gelösten Teilchen und ermöglicht so erst die Auflösung von Substanzen. Diese Energien sind umso größer, je kleiner und höher geladen die gelösten Teilchen sind.

Struktur hydratisierter Ionen: Die Art der Koordination zwischen Wasser und gelösten Ionen hängt davon ab, ob die H_2O-Moleküle über ihr Sauerstoffatom oder über eines der beiden Wasserstoffatome gebunden werden. Gegenüber Kationen ist das

Wassermolekül über den Sauerstoff, gegenüber Anionen über eines der beiden H-Atome koordiniert.

Hydrate von Metallionen liegen nicht nur in wässriger Lösung vor, sondern finden sich auch in kristallinen Verbindungen. Zum Beispiel enthält das kristalline, *blaue Kupfer(II)-sulfat* Cu^{2+}-Ionen, die von vier Wassermolekülen hydratisiert sind. Das eingebaute Wasser wird als **Kristallwasser** bezeichnet.

Sowohl bei Kationen als auch bei Anionen kommt es in wässriger Lösung zum Aufbau *mehrerer Hydratsphären*, wie dies in ○ Abb. 1.117 für das hydratisierte Lithium-Ion veranschaulicht ist.

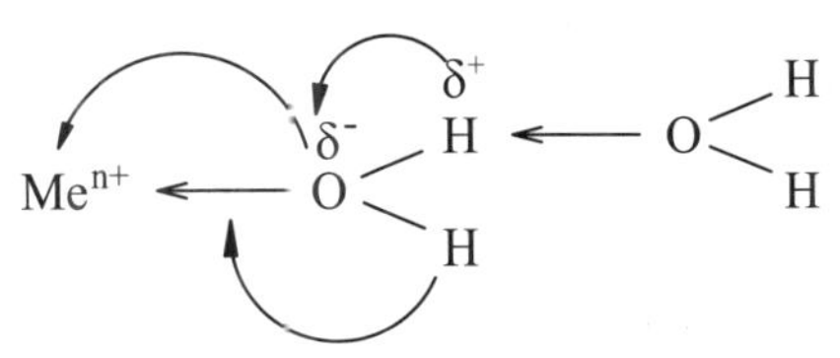

Nach der Koordination eines Wassermoleküls an ein *Kation* bewirkt der Elektronensog eine Elektronenverschiebung entlang der H-O-Bindungen, wodurch die positiven Partialladungen an den H-Atomen der koordinierten Wassermoleküle verstärkt werden. Dies ist auch der Grund dafür, warum sich weitere Wassermoleküle bevorzugt an schon koordinierte Ionen anlagern und eine äußere Hydratsphäre aufbauen. Durch den Aufbau der zweiten Koordinationssphäre erfolgt ein zusätzlicher Elektronenschub in Richtung auf das Koordinationszentrum. Deshalb bewirkt die Koordination in der äußeren Sphäre eine Verstärkung der Bindungen der inneren Koordinationssphäre und damit eine Erhöhung der Stabilität des komplexen (gelösten) Ions.

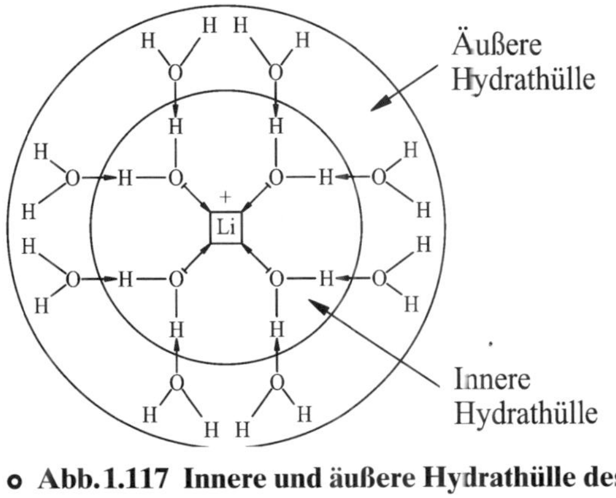

○ **Abb. 1.117 Innere und äußere Hydrathülle des Lithium-Ions**

In entsprechender Weise bewirkt die Bildung einer zweiten Koordinationssphäre auch bei *Anionen* eine Verstärkung der Bindungen der inneren Hydratsphäre. Hierbei wird durch die äußere Hydrathülle der Elektronensog vom Koordinationszentrum weg verstärkt, was gleichfalls zu einer Erhöhung der Stabilität des Aquakomplexes führt.

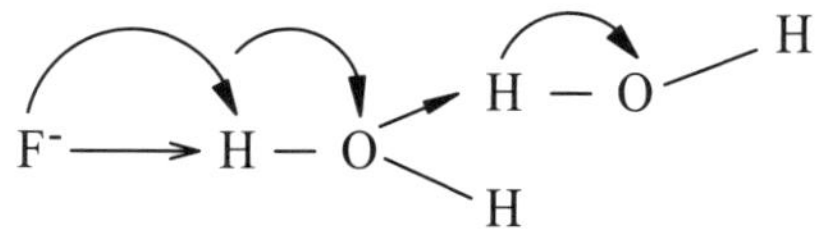

Durch die Hydratisierung vergrößert sich naturgemäß der *Radius* des gelösten Teilchens. Während jedoch bei den Alkali-Ionen der Ionenradius mit steigender Ordnungszahl zunimmt [$Li^+ < Na^+ < K^+ < Rb^+ < Cs^+$], ist bei den hydratisierten Ionen ein gegenläufiger Effekt nachweisbar [$(Li^+)_{aq} > (Na^+)_{aq} > (K^+)_{aq} > (Rb^+)_{aq} > (Cs^+)_{aq}$]. Kleinere Ionen binden aufgrund ihres höheren Ionenpotentials mehr Wassermoleküle als größere und sind daher im hydratisierten Zustand größer. Anionen sind im Allgemeinen wesentlich größer als Kationen und sind damit auch schwächer hydratisiert als Kationen [vgl. **MC-Fragen Nr. 367, 601, 1786–1788**].

1.8.7.2 Löslichkeit

Jeder Stoff hat eine spezifische, maximale *Löslichkeit*, d. h., die Stoffmenge, die sich in einem bestimmten Lösungsmittelvolumen löst, ist eine charakteristische Eigenschaft der betreffenden Substanz. Sie wird stark durch die *Temperatur* beeinflusst. Bei Elektrolyten ist sie durch die Größe des Löslichkeitsproduktes gegeben (siehe ▸ Kap. 1.10.4.2).

Die Löslichkeit einer Substanz hängt aber nicht nur von der Temperatur sondern auch von der Natur des betreffenden Stoffes und vom verwendeten Lösungsmittel ab (*Ähnliches löst sich in ähnlichem!*). Eine hohe Löslichkeit einer Substanz ist dann zu erwarten, wenn gelöster Stoff und Lösungsmittel von ähnlichem Charakter sind [vgl. **MC-Fragen Nr. 759, 761**].

Polare Substanzen sind im Allgemeinen gute Lösungsmittel für polare Stoffe, während sie unpolare Stoffe schlecht oder überhaupt nicht lösen.

Des Weiteren wird der Löseprozess, vor allem die *Lösungsgeschwindigkeit,* auch von der Größe und Beschaffenheit der Feststoffoberfläche beeinflusst. Zudem spielt die *Teilchengröße* eine Rolle beim Auflösen von Substanzen. Feinkörnige bzw. amorphe Substanzen lösen sich rascher als grobkörnige oder kristalline Stoffe [siehe auch ▸ Kap. 1.10.4.2, ○ Abb. 1.129 und **MC-Fragen Nr. 759, 760**].

Löslichkeit von Salzen: Die Energiebilanz beim Lösen von Salzen wird in erster Linie durch die zu überwindende *Gitterenergie* und die freiwerdende *Hydratationsenergie* bzw. Solvatationsenergie bestimmt. Die Gitterenergie kann größer oder kleiner sein als die Hydratationsenergie, sodass der Lösevorgang *exotherm* oder *endotherm* verlaufen kann [vgl. **MC-Fragen Nr. 756–758**].

Die Gitterenergie wächst mit zunehmender Ladung und abnehmender Größe der Ionen; parallel dazu steigt in der gleichen Richtung aber auch die Hydratationsenergie an. Die Zusammenhänge zwischen diesen beiden Größen und der Löslichkeit sind komplex und nicht ohne weiteres leicht zu durchschauen [vgl. **MC-Fragen Nr. 1760–1762, 1782**].

Beispielsweise steigt die Löslichkeit einiger **Alkalihalogenide** in den folgenden Reihen an [vgl. **MC-Frage Nr. 762**]:

— zunehmende Löslichkeit →
LiF < NaF < KF < RbF < CsF
LiF < LiCl < LiBr < LiI

Bei diesen Salzen sind Kationen und Anionen von vergleichbarer Größe. Ursache für die zunehmende Löslichkeit dürfte deshalb der wachsende Radius des Kations oder Anions sein. Die Abnahme der Gitterenergie ist in beiden Reihen größer als die Abnahme der Hydratationsenergie. Wie ▫ Tab. 1.56 belegt, verhalten sich die **Erdalkalihydroxide** und **Erdalkalifluoride** weitgehend analog [vgl. **MC-Fragen Nr. 1757, 1758, 1760**].

Bei *Salzen* mit relativ *großem Anion* wie z. B. **Carbonaten** verändert sich die Gitterenergie nur wenig, wenn sich die Größe des Kations ändert. Die Gitterenergie wird durch den wachsenden Kationenradius nur wenig beeinflusst. Hier dominiert der Einfluss der Hydratationsenergie. Aus diesem Grund nimmt beispielsweise die Löslichkeit der **Erdalkalicarbonate** und **Erdalkalisulfate** vom Magnesium zum Barium hin deutlich ab, weil der mit steigender Ordnungszahl zunehmende Radius der Erdalkali-Ionen eine geringere freie Hydratationsenthalpie zur Folge hat [vgl. **MC-Fragen Nr. 1757–1762**].

Da die Gitterenergie auch von der Ionenladung abhängt, sinkt im Allgemeinen die Löslichkeit mit wachsender Ionenladung. Erdalkalisalze sind meistens weniger gut löslich als die entsprechenden Alkalisalze, und Oxide sind in der Regel schwerer löslich als Halogenide. Allerdings wird bei manchen **Aluminiumsalzen** dieser Effekt durch die bei dreifach positiv geladenen Metallionen sehr hohe Hydratationsenergie mehr als kompensiert.

Temperaturabhängigkeit der Löslichkeit: In einer *gesättigten Lösung* stellt sich ein *dynamisches Gleichgewicht* zwischen dem gelösten Stoff und dem ungelösten Bodenkörper ein. Im Gleichgewichtszustand geht an der Phasengrenzfläche ständig ungelöster Stoff in Lösung und mit gleicher Geschwindigkeit wird gelöster Stoff aus der Lösung am Bodenkörper abgeschieden. Die Konzentration einer gesättigten Lösung entspricht der **Löslichkeit** der betreffenden Substanz.

▫ **Tab. 1.56 Löslichkeit schwer löslicher Erdalkalisalze (in Mol/1000 g Wasser bei 25 °C)**

Ion	Fluorid	Hydroxid	Carbonat	Sulfat
Mg^{2+}	$1{,}2 \cdot 10^{-3}$	$1{,}3 \cdot 10^{-4}$	$1{,}2 \cdot 10^{-3}$	2,4
Ca^{2+}	$2{,}0 \cdot 10^{-4}$	$2{,}1 \cdot 10^{-2}$	$1{,}5 \cdot 10^{-4}$	$1{,}5 \cdot 10^{-2}$
Sr^{2+}	$1{,}0 \cdot 10^{-3}$	$5{,}5 \cdot 10^{-2}$	$7{,}0 \cdot 10^{-4}$	$5{,}0 \cdot 10^{-3}$
Ba^{2+}	$1{,}0 \cdot 10^{-2}$	$2{,}8 \cdot 10^{-1}$	$1{,}0 \cdot 10^{-4}$	$1{,}0 \cdot 10^{-5}$

Erwärmt man nun eine gesättigte Lösung, so steigt im Allgemeinen die Löslichkeit mit zunehmender Temperatur an, und es wird mehr Bodenkörper gelöst werden. Die meisten Ionenverbindungen wie z. B. **Kaliumnitrat** (KNO_3) zeigen dieses Verhalten [siehe **o** Abb. 1.118 und **MC-Fragen Nr. 752–759**].

Eine starke Temperaturabhängigkeit der Löslichkeit einer Substanz in einem bestimmten Lösungsmittel ist Voraussetzung für deren **Umkristallisation** in dem betreffenden Solvens. Die Umkristallisation ist ein häufig angewandtes Verfahren zur *Reinigung von Stoffen*. Dabei wird eine heiße, gesättigte Lösung eines Stoffes hergestellt, heißt filtriert, um die unlöslichen Verunreinigungen abzutrennen, und schließlich durch Abkühlen des Filtrats zur Kristallisation gebracht. Die Umkristallisation gelingt auch, wenn in dem gewählten Lösungsmittel die Verunreinigungen besser löslich sind als die zu reinigende Substanz [vgl. **MC-Fragen Nr. 749, 750**].

o Abb. 1.118 zeigt aber auch, dass z. B. **Natriumchlorid** in kochendem und kaltem Wasser nahezu die gleiche Löslichkeit besitzt und deshalb *nicht* durch Umkristallisieren aus Wasser gereinigt werden kann. Bei 0 °C lösen sich in 100 ml Wasser 35,7 g NaCl, bei 100 °C sind es 39,12 g. Sehr reines Natriumchlorid erhält man dagegen durch Zusatz von konz. HCl zu einer kalten, gesättigten Kochsalz-Lösung, was zur Ausfällung von NaCl führt [vgl. **MC-Fragen Nr. 351, 762, 1804**].

Darüber hinaus existieren auch Beispiele, in denen sich beim Erwärmen einer gesättigten Lösung mehr Bodenkörper abscheidet, die Löslichkeit also mit zunehmender Temperatur abnimmt. An Substanzen, die dieses Verhalten zeigen, sind **Calciumcitrat, Lithiumcarbonat** und **Natriumsulfat** zu nennen.

Wie die Temperaturänderung die Löslichkeit eines Stoffes beeinflusst, kann mit Hilfe des *Prinzips vom kleinsten Zwang* vorausgesagt werden (siehe ▸ Kap. 1.10.3.4). Nach Le Chatelier weicht ein im Gleichgewicht befindliches System einem äußeren Zwang aus und es stellt sich ein neues Gleichgewicht mit vermindertem Zwang ein.

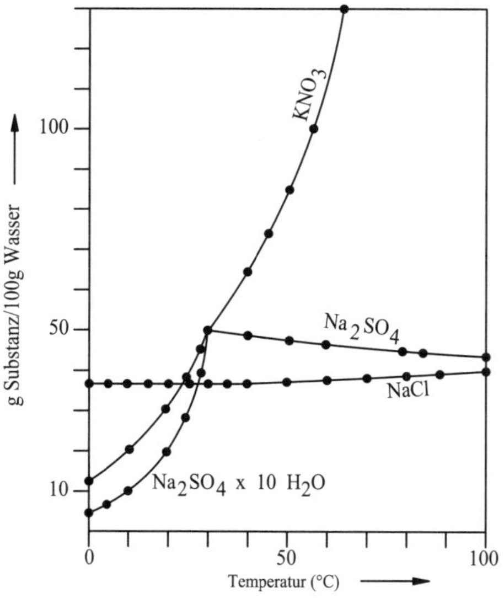

o Abb. 1.118 Temperaturabhängigkeit der Löslichkeit einiger Alkalisalze in Wasser

Der Temperatureinfluss auf die Löslichkeit hängt letztlich davon ab, ob beim Lösevorgang Energie freigesetzt oder aufgenommen wird.
Wenn z. B. die Solvatationsenergie kleiner ist als die zum Lösen aufzuwendende Energie, der Löseprozess also *endotherm* abläuft, wird der Lösevorgang durch Zufuhr von Energie in Form von Wärme begünstigt. Die Löslichkeit steigt, weil mehr Teilchen in Lösung gehen als umgekehrt aus der Lösung am Bodenkörper abgeschieden werden. Das System weicht dem äußeren Zwang einer Temperaturerhöhung aus, in dem es Wärme verbraucht und dadurch den Lösevorgang ermöglicht. Daraus kann der Schluss gezogen werden, dass die *Löslichkeit von Substanzen, die sich endotherm lösen, mit wachender Temperatur ansteigt.* Demgegenüber wird die *Löslichkeit eines Stoffes, der sich exotherm löst, mit zunehmender Temperatur abnehmen.*

Die Löslichkeit von Substanzen, die sich (endotherm) unter Wärmeaufnahme lösen, steigt mit zunehmender Temperatur an. Umgekehrt wird die Löslichkeit eines Stoffes, der sich (exotherm) unter Wärmeabgabe löst, mit zunehmender Temperatur sinken. Der Einfluss einer Temperaturänderung ist umso größer, je mehr Wärme beim Lösen verbraucht oder frei wird.

Die **Löslichkeit von Gasen** in Flüssigkeiten nimmt mit zunehmender Temperatur *stets* ab. Weil beim Lösen die Gaspartikel unter die anziehende Wirkung der Lösungsmittelteilchen geraten, ist mit dem Lösen immer eine – wenn auch geringe – Energieabgabe verbunden. Gase gehen in der Regel *exotherm* in Lösung.

Im Allgemeinen ist die Löslichkeit von Gasen in Wasser gering. In manchen Fällen bedingen aber Solvatationseffekte oder chemische Reaktionen eine sehr hohe Löslichkeit. Ein Beispiel dafür ist das Lösen von **Chlorwasserstoff** (HCl) in Wasser zu **Salzsäure** unter Ionenbildung.

Darüber hinaus ist beim Lösen von Gasen das **Henry-Dalton-Gesetz** zu beachten (siehe ▸ Kap. 1.10.5.2). Danach ist die Löslichkeit eines Gases bei gegebener Temperatur proportional zu seinem Druck und steigt mit zunehmendem Druck stark an. Bei Lösevorgängen zwischen festen und flüssigen Substanzen haben Druckänderungen nur einen geringen Einfluss, weil hierbei kaum Volumenänderungen auftreten.

Qualitative Aspekte der Löslichkeit von Salzen: ◻ Tab. 1.57 enthält einige qualitative Angaben zur Löslichkeit anorganischer Salze. Diese lassen sich grob in eine leicht lösliche und in eine schwer lösliche Gruppe einteilen.

Leicht löslich sind Fluoride, Chloride, Bromide, Iodide, Nitrate, Perchlorate, Acetate und Sulfate [vgl. **MC-Frage Nr. 358**].

Ausnahmen hiervon sind die schwer löslichen
Fluoride von Mg^{2+}, Ca^{2+}, Sr^{2+}, Ba^{2+} und Pb^{2+},
Halogenide von Cu^{+}, Ag^{+}, Hg_2^{2+}, Tl^{+} und Pb^{2+},
Perchlorate von NH_4^{+}, K^{+}, Rb^{+} und Cs^{+} sowie die
Sulfate von Ca^{2+}, Sr^{2+}, Ba^{2+} und Pb^{2+}.

Schwer löslich sind Oxide, Hydroxide, Carbonate, Cyanide, Sulfide, Oxalate und Phosphate. **Ausnahmen** bilden die leicht löslichen Oxide, Hydroxide, Cyanide und Sulfide der Alkali- und Erdalkalimetalle und des NH_4^{+}-Ions sowie die Carbonate, Oxalate und Phosphate der Alkalimetalle und des Ammoniumions.

Tab. 1.57 Qualitative Angaben über die Löslichkeitsverhältnisse anorganischer Salze

Anion	Allgemeine Löslichkeitsverhältnisse	Salze, die Ausnahmen bilden
F^-	Leicht löslich	Erdalkalimetallionen, Pb (II)
NO_3^-	Leicht löslich	-
HCO_3^-	Löslich	-
CH_3COO^-	Leicht löslich	-
ClO_4^-	Leicht löslich	K^+, Rb^+, Cs^+, NH_4^+
HSO_4^-	Leicht löslich*)	-
$H_2PO_4^-$	Leicht löslich	-
SO_4^{2-}	Leicht löslich	Erdalkalimetallionen, Pb (II)
HPO_4^{2-}	Leicht löslich	
CO_3^{2-}	Schwer löslich	Alkalimetallionen, NH_4^+
$C_2O_4^{2-}$	Schwer löslich	
PO_4^{3-}	Schwer löslich	
Cl^-, Br^-, I^-	Leicht löslich	Ag^+, Tl^+, Pb^{2+}, Hg_2^{2+}
HO^-	Schwer löslich	Alkalimetallionen, NH_4^+
CN^-	Schwer löslich	Erdalkalimetallionen
O^{2-}	Schwer löslich**)	Alkalimetallionen, Erdalkalimetallionen
S^{2-}	Schwer löslich**)	

*) Erdalkalihydrogensulfate und Bleihydrogensulfat sind nur in sehr stark schwefelsaurer Lösung beständig.

**) Die Löslichkeit der Oxide und Sulfide der Alkali- und Erdalkalielemente in Wasser beruht auf der Bildung von Hydroxiden bzw. Hydrogensulfiden.

1.8.7.3 Konzentrationsmaße

(siehe auch Ehlers, **Analytik II**, ▸ Kap. 4.1.2)

Die Konzentration eines Stoffes in einer Lösung kann auf unterschiedliche Weise angegeben werden.

- Mit **Massenprozent** bezeichnet den mit 100 multiplizierten Massenanteil einer Substanz in einer Lösung. Der Massenanteil bezieht sich dabei stets auf die Gesamtmasse einer Lösung und nicht auf die Masse des reinen Lösungsmittels. Zum Beispiel enthalten 100 g einer 10%igen Kaliumchlorid-Lösung 10 g KCl und 90 g Wasser.
  Bei Lösungen sehr geringer Stoffkonzentration kann die Konzentrationsangabe auch in **Promille** (= Milligramm pro Gramm) oder in **ppb** (= Nanogramm pro Gramm) erfolgen. Darüber hinaus sind auch Angaben wie **Gewichtsprozent** (= Gramm Substanz pro 100 g Lösung) oder **Volumenprozent** (Gramm Substanz pro 100 ml Lösung) gebräuchlich.
- Die **Stoffmengenkonzentration** (c) oder **molare Konzentration** (früher: **Molarität**) gibt die Stoffmenge (n) eines gelösten Stoffes pro Volumen (V) der Lösung an. Dabei ist die Stoffmenge (n) definiert als Quotient aus der Masse (m) des Stoffes zu seiner relativen molaren Masse (M_r). Die Angabe der Stoffmengenkonzentration erfolgt in der Regel in **Mol pro Liter**.

$$\mathbf{c = n/V = m/(M_r \cdot V)\ [mol \cdot l^{-1}]}$$

Beispielsweise enthält eine 0,3 molare wässrige Natriumacetat-Lösung [M_r = 82] insgesamt **24,6 g** (82·0,3) an Natriumacetat (CH_3COONa) gelöst.
Zu weiteren Konzentrationsberechnungen siehe *Kommentierung* der **MC-Aufgaben Nr. 766–772** im Fragenband.

Wie alle volumenbezogenen Größen ist auch die Stoffmengenkonzentration von der *Temperatur* abhängig. Da eine Temperaturerhöhung zu einer Volumenausdehnung der Lösung führt, nimmt dementsprechend die Stoffmengenkonzentration mit steigender Temperatur ab, obwohl sich an der gelösten Stoffmenge naturgemäß nichts geändert hat.

- Die **Molalität** einer Lösung gibt die Stoffmenge einer gelösten Substanz pro *Kilogramm Lösungsmittel* an. Beispielsweise ist eine Lösung von 36,5 g Chlorwasserstoff (M_r = 36,5) in 1000 g Wasser 1-molal.

Als nicht auf das Volumen bezogene Konzentrationsangabe ist die Molalität von der Temperatur unabhängig.

- Unter der **Äquivalentkonzentration** versteht man die Stoffmengenkonzentration in Grammäquivalenten gelöster Substanz in 1000 ml Lösungsmittel. Die Äquivalentkonzentration ist eine gebräuchliche Konzentrationsangabe in der *Maßanalyse* bei Säure-Base- oder Redoxtitrationen.

1 Äquivalent Säure oder Base ist danach die Stoffmenge, die imstande ist, 1 g H^+-Ionen aufzunehmen oder abzugeben [z. B. 36,5 g HCl, 98/2 g H_2SO_4, 40 g NaOH oder 171/2 g $Ba(OH)_2$].

1 Äquivalent eines Reduktions- oder Oxidationsmittels ist die Substanzmenge, die 1 Mol Elektronen aufnehmen oder abgeben kann.

- Ein weiteres Konzentrationsmaß ist der **Stoffmengenanteil** (früher: **Molenbruch**). Der Stoffmengenanteil (x) ist definiert als Quotient der Stoffmenge (n) (in **Mol**) einer Substanz (A) zur Gesamtstoffmenge (Σn) aller in der Lösung vorhandenen Substanzen (A, B, C,...).

$$x\,(A) = \frac{n\,(A)}{n\,(A) + n\,(B) + n\,(C) + ..}$$

Auch der Stoffmengenanteil einer Lösung hängt von der Temperatur ab. Die Summe aller Stoffmengenanteile einer Lösung beträgt 1.

$$x\,(A) + x\,(B) + x\,(C) + .. = 1$$

1.8.8 Konzentrationsabhängige Eigenschaften von Lösungen

1.8.8.1 Lösungen nichtflüchtiger Stoffe, Raoultsches Gesetz, Dampfdruckerniedrigung

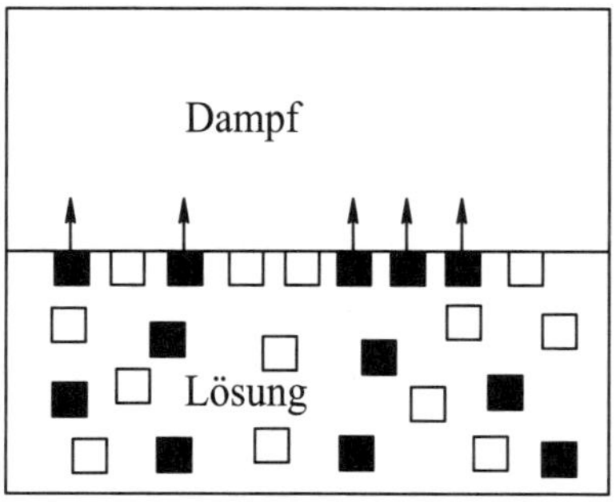

Lösungen bestehen aus einem Lösungsmittel (dem **Solvens**) und dem gelösten Stoff (dem **Solvat**). Die gelösten Bestandteile befinden sich in ständiger, regelloser translatorischer Bewegung. Ihr Zustand gleicht dem eines Gases.

Ist in dem Lösungsmittel ein nichtflüchtiger Stoff gelöst, so ist das Entweichen von Lösungsmittelteilchen in den Dampfraum erschwert, weil sich an der Oberfläche der flüssigen Phase nicht nur Lösungsmittelpartikel, die verdunsten können, sondern auch gelöste, nichtflüchtige Teilchen befinden. In der Lösung üben die Moleküle des gelösten Stoffes zusätzliche Anziehungskräfte auf die Lösungsmittelmoleküle aus, wodurch die Zahl der die Lösung verlassenden Teilchen ebenfalls verringert wird. Daher ist der **Dampfdruck** einer Lösung bei einer bestimmten Temperatur und einem gegebenen Volumen *geringer* als der Dampfdruck des reinen Lösungsmittels, weil durch die Anwesenheit des gelösten Stoffes das Lösungsmittel verdünnt wird, sodass im zeitlichen Mittel weniger Lösungsmittelmoleküle aus der Flüssigkeit austreten wie im reinen Lösungsmittel [vgl. **MC-Fragen Nr. 699, 775, 776, 780, 808**].

Die **Dampfdruckerniedrigung** (Δp) ist umso größer, je *konzentrierter* die Lösung ist. Für verdünnte (ideale) Lösungen gilt:

$$\Delta p = E \cdot n \qquad \textbf{(Raoultsches Gesetz)}$$

n ist die Anzahl Mole an gelöstem Stoff pro *Kilogramm* Lösungsmittel (**Molalität**). Das Produkt [$n \cdot N_A$] entspricht dann der Anzahl gelöster Teilchen. Dabei ist zu beachten, dass **Elektrolytlösungen** aufgrund der elektrolytischen Dissoziation stets mehr Teilchen als gleichkonzentrierte Lösungen von Nichtelektrolyten enthalten. Zum Beispiel ergibt 1 Mol NaCl insgesamt $N_A \cdot Na^+$-Ionen + $N_A \cdot Cl^-$-Ionen, während in einer 1-molaren Rohrzucker- oder Glucose-Lösung nur N_A-Teilchen vorhanden sind. Die NaCl-Lösung zeigt daher eine doppelt so große Dampfdruckerniedrigung wie die gleichkonzentrierte Lösung eines Nichtelektrolyten [vgl. **MC-Fragen Nr. 774, 786, 1878**].

E ist ein Proportionalitätsfaktor und heißt **molale Dampfdruckerniedrigung**. Der Faktor ist gleich (Δp), wenn in 1000 g Lösungsmittel genau 1 Mol einer nichtdissoziierenden Substanz gelöst ist.

Das **Raoultsche Gesetz** ist ein Grenzgesetz für verdünnte (ideale) Lösungen. Im Geltungsbereich dieses Gesetzes ist die relative Dampfdruckerniedrigung abhängig von der Teilchenzahl, aber unabhängig von der Natur des Stoffes.

Trägt man die gemessene Dampfdruckerniedrigung (Δp) gegen den Molenbruch (Stoffmengenanteil) (x) des gelösten Stoffes auf, so erhält man für eine ideale Salzlösung aufgrund der direkten Proportionalität beider Parameter eine *Gerade*, die durch den Koordinatenursprung geht [vgl. **MC-Frage Nr. 785**].

Da die Stoffmenge (n) einer Substanz auch von deren relativer Molmasse (M_r) abhängt [$n = m/M_r$], kann die Dampfdruckerniedrigung (Δp) einer Lösung des betreffenden Stoffes zur *Bestimmung der relativen Molmasse* dieses Stoffes herangezogen werden [vgl. **MC-Frage Nr. 778**].

Bei allen Stoffen oder Stoffgemischen nimmt der Dampfdruck mit steigender absoluter Temperatur zu; der resultierende Sättigungsdampfdruck ist unabhängig vom ihm zur Verfügung stehenden Volumen. Der Dampfdruck einer Lösung ist kleiner als der des reinen Lösungsmittels. Er sinkt (bei nicht zu hohen Konzentrationen) mit zunehmender Konzentration des gelösten Stoffes. Bei einer gegebenen Lösungsmittelmenge hängt die relative Dampfdruckerniedrigung einer Lösung *allein* von der Zahl der gelösten Teilchen ab und ist der Konzentration des nichtflüchtigen Stoffes direkt proportional.

Das Raoultsche Gesetz lässt sich auch in einer etwas anderen Form beschreiben, indem man den Stoffmengenanteil (x_i) (Molenbruch) als Konzentrationsmaß wählt. Bezeichnet man mit n_1 die Anzahl Mole an Lösungsmittel und mit n_2 die Anzahl Mole an gelöstem Stoff, so gilt für den Dampfdruck (p_L) der Lösung:

$$p_L = p_{LM} \cdot x_1 = p_{LM} \cdot \frac{n_1}{n_1 + n_2}$$

Dabei kennzeichnet p_{LM} den Dampfdruck des reinen Lösungsmittels und x_1 den Stoffmengenanteil des Solvens. Berücksichtigt man, dass die Summe aller Stoffmengenanteile gleich 1 ist, so ergibt sich in einem Zweikomponentensystem für den Stoffmengenanteil des Solvats $x_2 = 1 - x_1$. Daraus folgt für die Dampfdruckerniedrigung:

$$\Delta p = p_{LM} - p_L = p_{LM} - p_{LM} \cdot x_1 = p_{LM} \cdot (1 - x_1) = p_{LM} \cdot x_2$$

Die Dampfdruckerniedrigung einer Lösung ist dem Stoffmengenanteil der gelösten nichtflüchtigen Komponente direkt proportional und unabhängig von der Natur des gelösten Stoffes.

Die Dampfdruckerniedrigung von Lösungen nichtflüchtiger Stoffe hat Auswirkungen auf den Gefrierpunkt und den Siedepunkt dieser Lösung. Wie ○ Abb. 1.119 ausweist, ist die Dampfdruckkurve einer Lösung parallel zu der des reinen Lösungsmittels zu niederen Werten hin verschoben. Deshalb zeigt eine Lösung als Folge dieses niederen Dampfdruckes einen **höheren Siedepunkt** sowie einen **tieferen Gefrierpunkt** (**Schmelzpunkt**) als das reine Lösungsmittel. Nimmt man zum Beispiel Wasser als Lösungsmittel, so liegt der Gefrierpunkt einer wässrigen Lösung unter 0 °C und der Siedepunkt der Lösung über 100 °C [vgl. **MC-Fragen Nr. 773–778, 780–783**].

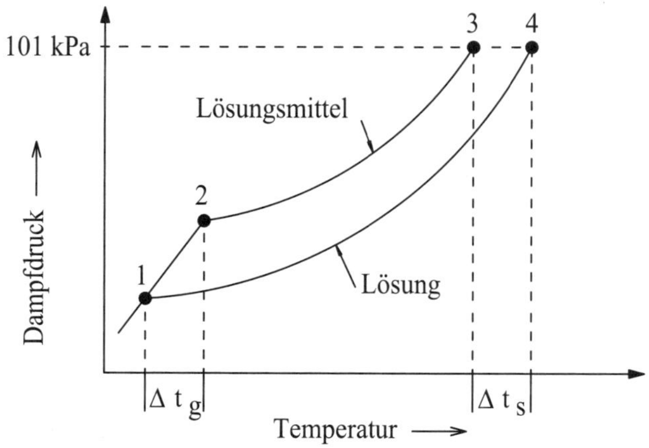

o Abb. 1.119 Dampfdruckkurve einer Lösung und des reinen Lösungsmittels
1 = Gefrierpunkt der Lösung
2 = Gefrierpunkt des reinen Lösungsmittels
3 = Siedepunkt des reinen Lösungsmittels
4 = Siedepunkt der Lösung

1.8.8.2 Siedepunktserhöhung, Gefrierpunktserniedrigung, Molmassenbestimmung

Siedepunktserhöhung: Lösungen haben einen *höheren* Siedepunkt als das reine Lösungsmittel. Die Siedepunktserhöhung ist proportional zur Konzentration der Lösung, ausgedrückt in mol/kg. Für die Siedepunktserhöhung (Δt_s) gilt näherungsweise:

$$\Delta t_s = E_s \cdot n \qquad (E_s = \text{molale Siedepunktserhöhung})$$

Für ein gegebenes Lösungsmittel und eine definierte Stoffmengenkonzentration ist die Siedepunktserhöhung immer gleich groß und unabhängig vom gelösten Stoff. Darüber hinaus ist zu erwähnen, dass Lösungsmittel (z. B. Wasser) und Lösung (z. B. wässrige Kochsalz-Lösung) *beim Sieden* denselben Dampfdruck besitzen, weil auch Lösungen erst dann sieden, wenn ihr Dampfdruck gleich dem äußeren Druck ist (siehe o Abb. 1.119, Punkt 3 und 4). Auch ist zu beachten, dass in Elektrolytlösungen aufgrund der elektrolytischen Dissoziation mehr Teilchen vorhanden sind als in einer gleichkonzentrierten Lösung eines Nichtelektrolyten. So liegt der Siedepunkt einer 1 M-Kochsalz-Lösung (Na^+Cl^-) höher als der einer 1 M-Rohrzucker-Lösung [vgl. **MC-Fragen Nr. 735, 781, 784**].

Gefrierpunktserniedrigung: Lösungen haben einen *tieferen* Gefrierpunkt als das reine Lösungsmittel. Wie die Erhöhung des Siedepunktes ist auch die Gefrierpunktserniedrigung (Δt_g) proportional zur Konzentration. Sofern Lösungsmittel und gelöster Stoff beim Gefrieren keine festen Lösungen bilden, gilt für die Erniedrigung des Gefrierpunktes [vgl. **MC-Fragen Nr. 733, 734, 777, 779, 780, 783, 784, 808**]

$$\Delta t_g = E_g \cdot n \qquad (E_g = \text{molale Gefrierpunktserniedrigung})$$

Bei Anwendung des Raoultsches Gesetzes ist wiederum zu beachten, dass in Elektrolytlösungen als Folge der elektrolytischen Dissoziation die Gefrierpunktserniedrigung höher ist als in der gleichkonzentrierten Lösung eines Nichtelektrolyten. Beispielsweise ist in einer Natriumchlorid-Lösung (Na^+Cl^-) der Δt_g-Wert doppelt so groß wie in der Lösung einer nichtdissoziierenden Substanz gleicher Stoffmenge. Daher nimmt die Gefrierpunktserniedrigung in gleichkonzentrierten Lösungen nachfolgender Stoffe in folgender Reihe zu: Rohrzucker < NaCl < K_2SO_4 < $K_3[Fe(CN)_6]$, weil in der Kaliumhexacyanoferrat(III)-Lösung (K^+, K^+, K^+, $[Fe(CN)_6]^{3-}$) die größte Teilchenzahl vorliegt [vgl. **MC-Fragen Nr. 734, 786**].

Zu Berechnungen der Gefrierpunktserniedrigung mithilfe des Raoultschen Gesetzes siehe *Kommentierung* der **MC-Aufgaben Nr. 787–790** im Fragenband.

Gefrierpunktserniedrigung (Erniedrigung des Erstarrungspunktes) und Siedepunktserhöhung sind der Konzentration (bzw. dem Molenbruch) des gelösten Stoffes direkt proportional. Sie sind abhängig von der Teilchenzahl der gelösten Substanz und können zur Bestimmung der relativen Molmasse herangezogen werden. Hierbei besitzt die Kryoskopie (Messung der Gefrierpunktserniedrigung) im Vergleich zur Ebullioskopie (Messung der Siedepunktserhöhung) eine höhere Präzision, weil im Allgemeinen die Siedepunktsverschiebung einer Lösung stets erheblich kleiner ist als die entsprechende Gefrierpunktserniedrigung.

Bestimmung der Molmasse: Die Messung der Gefrierpunktserniedrigung ist zur experimentellen Bestimmung der Molmasse (M) eines gelösten Stoffes geeignet. Die Molmasse kann nach folgender Formel berechnet werden:

$$M = \frac{1000 \cdot E_g \cdot G}{\Delta t_g \cdot G'}$$

Hierin bedeutet G die Masse des gelösten Stoffes und G' die Masse des verwendeten Lösungsmittels (jeweils in Gramm).

Die *molale Gefrierpunktserniedrigung* (kryoskopische Konstante) (E_g) hat für *Wasser* den Wert $E_g = 1{,}86$ K. Somit beträgt die Gefrierpunktserniedrigung (Δt_g) einer *wässrigen Lösung*, die n Mol eines gelösten, nichtdissoziierenden Stoffes enthält: $\Delta t_g = n \cdot (1{,}86\ K)$

Für organische Substanzen ist *Campher* ($E_g = 40$) mit seiner hohen kryoskopischen Konstanten als Lösungsmittel besonders vorteilhaft.

Neben der Gefrierpunktserniedrigung können auch die Messungen der Dampfdruckerniedrigung oder der Siedepunktserhöhung zur Bestimmung der relativen Molmasse eines Stoffes herangezogen werden.

1.8.8.3 Dichte von Salzlösungen

Die **absolute Dichte** (ρ_t) eines homogenen Stoffes ist definiert als das Verhältnis seiner Masse (m) zu seinem Volumen (V):

$$\rho_t = \text{Masse/Volumen} = m/V\ [\text{SI: kg/m}^3]$$

Die verschiedenen Möglichkeiten für eine Dichtemessung, insbesondere von flüssigen Stoffen oder Lösungen wurden in Ehlers, **Analytik I**, ▸ Kap. 3.3 bereits ausführlich vorgestellt, sodass an dieser Stelle nur einige Aspekte der Dichte wässriger Salzlösungen besprochen werden.

Beim Lösen von Salzen in Wasser ist zu beachten, dass sich um die gelösten Ionen Hydrathüllen bilden. Durch die Bildung von Hydraten vermindert sich das Volumen der Lösung. Gewöhnlich ist die Volumenzunahme beim Lösen von Salzen geringer, als man aufgrund des Volumens des gelösten Stoffes erwarten sollte.

Das hat zur Folge, dass z. B. Salzlösungen schwerer sind als reines Wasser, d. h., es befinden sich mehr Teilchen auf dem gleichen Raum. Daher nimmt die Dichte von Wasser beim Lösen von Salzen zu. Je höher der Salzgehalt ist, desto größer ist die Dichte einer Salzlösung [vgl. **MC-Fragen Nr. 783, 784**].

Während reines Wasser bei 20 °C eine Dichte von 998 kg/m^3 besitzt, beträgt die Dichte einer 25 gewichtsprozentigen Kochsalz-Lösung schon 1189 kg/m^3. Darüber hinaus ist Salzwasser schwerer als Süßwasser.

1.8.8.4 Diffusion, Ficksches Gesetz

Die **passive Diffusion** ist ein spontaner, selbstständiger und ohne weitere Energiezufuhr erfolgender physikalischer Prozess, der zur vollständigen Durchmischung von zwei oder mehr Stoffen führt, die miteinander in Berührung stehen. Die Diffusion beruht auf der zufälligen, thermischen Bewegung von Atomen, Ionen oder Molekülen (Brownsche Bewegung) [siehe auch ▸ Kap. 1.8.2.3 und **MC-Frage Nr. 791**].

Voraussetzung für Diffusion ist zum Beispiel ein Konzentrations-, Dichte- oder Temperaturunterschied, der auch als *Gradient* bezeichnet wird. Die Richtung der Diffusion wird durch das Gradientengefälle bestimmt. Durch die Diffusion werden die angesprochenen Unterschiede ausgeglichen [vgl. **MC-Fragen Nr. 793–795**].

Diffusion führt zu einer starken *Erhöhung der Entropie* (*entropiegetriebener Prozess*). Daher ist die Diffusion nach dem 2. Hauptsatz der Thermodynamik ein freiwillig ablaufender Prozess, der sich nicht ohne äußere Einwirkung umkehren lässt. Diffusion ist ein *irreversibler* Vorgang (siehe hierzu auch ▸ Kap. 1.9.4.1).

Diffusion findet vor allem in Gasen, in Flüssigkeiten und in Lösungen statt, seltener in Feststoffen. In kristallinen Festkörpern, in denen die Gitterbausteine an festen Gitterplätzen sitzen, tritt Diffusion nur bei Vorliegen von Fehlern im Gitter auf. Nur dann findet ein Stofftransport statt [vgl. **MC-Frage Nr. 793**].

Diffusion kann auch durch eine Membran oder poröse Wand erfolgen. Solche Vorgänge spielen bei der *Osmose* eine Rolle, die im nachfolgenden Abschnitt vorgestellt wird.

Diffusion in Lösung: Hierbei erfolgt ein orientierter *Materietransport*, der dafür sorgt, dass sich ein in einer Lösung bestehendes *Konzentrationsgefälle* allmählich ausgleicht. Die *Geschwindigkeit des Konzentrationsausgleichs* ist umso größer, je größer der Konzentrationsunterschied ist. Darüber hinaus hängt die Geschwindigkeit der Diffusion auch von der relativen Molmasse (M) der diffundierenden Teilchen ab. Je leichter ein Teilchen ist, desto schneller diffundiert es.

Da die Diffusion auf der unregelmäßigen thermischen Bewegung gelöster Teilchen beruht, laufen Diffussionsprozesse bei erhöhten Temperaturen schneller ab, weil bei höherer Temperatur die ungeordnete thermische Bewegung der gelösten Teilchen stärker ist [vgl. **MC-Frage Nr. 793**].

Diffusion lässt sich in einfacher Weise anschaulich darstellen, wenn man zwei verschiedenfarbige Flüssigkeiten miteinander in Berührung bringt. Gibt man in ein mit Wasser gefülltes Glas ohne Umzurühren einen Tropfen blaue Tinte hinzu, so bilden sich zunächst Schlieren. Nach einiger Zeit kann man beobachten, dass eine Blaufärbung des gesamten Wassers eingetreten ist und die Schlieren verschwunden sind. Es erfolgte also ein Ausgleich von Konzentrationsunterschieden durch die Eigenbewegung von Teilchen.

Quantitativ wird die Diffusion durch das **1. Ficksche Gesetz** beschrieben, das vereinfacht in **o** Abb. 1.120 dargestellt ist. Danach ist die Masse (m) eines Stoffes, die während der Zeit (t) durch eine senkrecht zur Diffusionsrichtung angeordnete Querschnittsfläche (A) diffundiert, proportional zum Dichtegradienten (dρ/dx), d.h. der Änderung der Dichte (dρ) entlang einer Wegstrecke (dx). Der Proportionalitätsfaktor (D) wird **Diffusionskonstante** oder **Diffusionskoeffizient** genannt. Er hat die Maßeinheit $\mathbf{m^2 \cdot s^{-1}}$ [vgl. **MC-Fragen Nr. 794, 795**].

$$dm/dt = - D \cdot A \cdot (d\rho/dx)$$

Mit der Stoffmengenkonzentration [c = n/V = m/(M·V) = ρ/M] erhält man als weitere Formulierung des 1. Fickschen Gesetzes folgenden Ausdruck für den *Teilchenstrom* oder *Diffusionsstrom* (i) [vgl. **MC-Frage Nr. 792**]:

$$i = dn/dt = - D \cdot A \cdot (dc/dx)$$

Danach ist die Stoffmenge (n), die pro Zeiteinheit (t) durch eine Fläche (A) diffundiert, proportional zum Konzentrationsgefälle (dc/dx). Daraus ist auch abzuleiten, dass der Diffusionskoeffizient (D) sich als Proportionalitätsfaktor zwischen der *Diffusionsstromdichte* oder *Fluss* (j) und dem Konzentrationsgefälle (dc/dx) darstellt, d.h. der Konzentrationsänderung (dc) über eine Wegstrecke (dx) [vgl. **MC-Fragen Nr. 794, 795**]:

$$j = i/A = - D \cdot (dc/dx) \; [mol \cdot m^{2} \cdot s^{-1}]$$

Diffusion von Gasen: Die Diffusion eines Gases in einen leeren Raum, wie z. B. in einen evakuierten Kolben, wird **Effusion** genannt. Die Effusionsgeschwindigkeit (ausströmende Gasmenge pro Zeiteinheit) (v_{Diff}) entspricht der Zahl der Moleküle die pro Zeiteinheit die Öffnung passieren. Sie ist umgekehrt proportional zur Wurzel der

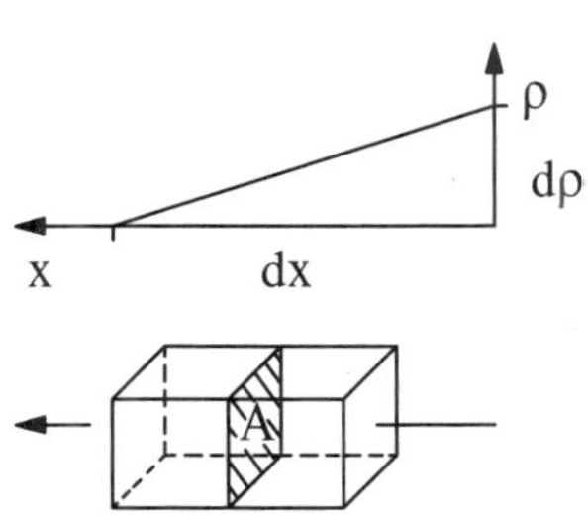

o Abb. 1.120 Veranschaulichung des 1. Fickschen Gesetzes

molaren Masse (M) des Gases bzw. zu seiner Dichte. Darüber hinaus hängt sie auch von der absoluten Temperatur (T) ab.

$$v_{Diff} \sim \sqrt{T/M}$$

Daher verhalten sich die Effusionsgeschwindigkeiten zweier Gase nach dem **Gesetz von Graham** umgekehrt wie die Quadratwurzeln aus ihren Molmassen. Aus dem Grahamschen Effusionsgesetz ist abzuleiten, dass leichtere Gase, deren Moleküle sich schneller bewegen, rascher ausströmen als schwerere. Zum Beispiel effundiert Wasserstoff viermal schneller als Sauerstoff.

Infolge der wesentlich geringeren intermolekularen Wechselwirkungen ist die Diffusionsgeschwindigkeit in Gasen beträchtlich höher als in einer Flüssigkeit oder Lösung, da die mittlere freie Weglänge zwischen den Gasteilchen erheblich größer ist.

1.8.8.5 Osmose

Wie die Dampfdruckerniedrigung ist auch die **Osmose** eine *kolligative Eigenschaft* von verdünnten (idealen) Lösungen. Als kolligativ kennzeichnet man eine physikalisch-chemische Stoffeigenschaft, die nur von der Teilchenzahl (Stoffmenge) abhängt, nicht aber von der Art der Teilchen oder deren chemischer Zusammensetzung. Die Ursache für das Phänomen der Osmose liegt im Bestreben einer Lösung sich zu verdünnen, wenn sie mit dem reinen Lösungsmittel in Berührung kommt [vgl. **MC-Frage Nr. 801**].

Löst man einen nichtflüchtigen Stoff in einem Solvens, so verteilt er sich darin molekular. Die Moleküle des gelösten Stoffes verhalten sich ähnlich wie die Moleküle eines Gases; sie sind ständig in regelloser Bewegung. Zwar üben die Lösungsmittelmoleküle starke Anziehungskräfte auf die gelösten Teilchen aus, doch heben sich diese Kräfte innerhalb der Lösung gegenseitig auf, da sie von allen Seiten her gleich stark wirksam sind, wie dies ○ Abb. 1.121 veranschaulicht.

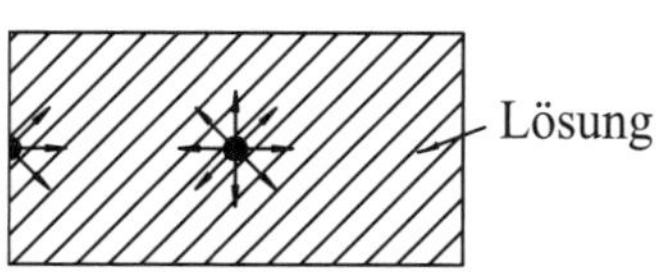

○ Abb. 1.121 Wirkung der Anziehung des Lösungsmittels auf die gelösten Teilchen

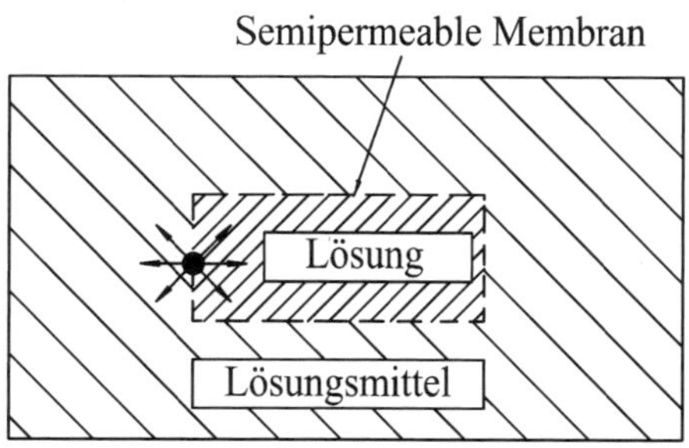

○ Abb. 1.122 Zustandekommen des osmotischen Drucks

Nur an den Außenflächen der Flüssigkeit, an denen die Anziehung einseitig nach dem Innern zu erfolgt, machen sich die Kräfte bemerkbar. Dies hat zur Folge, dass die in einer Lösung gelösten Teilchen keinen dem Gasdruck entsprechenden Druck auf die Wände des sie umschließenden Gefäßes ausüben.

Dies ist erst dann der Fall, wenn das die Lösung enthaltende Gefäß vollkommen vom Lösungsmittel umgeben ist und die Wände des Gefäßes *semipermeabel*, d. h. durchlässig für das Lösungsmittel und undurchlässig für den gelösten Stoff sind (o Abb. 1.122). Dann wirken auch an der Wandgrenzfläche die Anziehungskräfte allseitig wie im Innern der Lösung, sodass die gelösten Teilchen – quasi der Anziehung entzogen – wie Gasmoleküle gegen die für sie undurchlässige Wand prallen und dadurch einen Druck erzeugen [vgl. **MC-Fragen Nr. 798, 799**].
Man bezeichnet das Hindurchtreten nur einer Komponente einer Lösung durch eine semipermeable Membran als **Osmose** und den auftretenden Druck als **osmotischen Druck**.

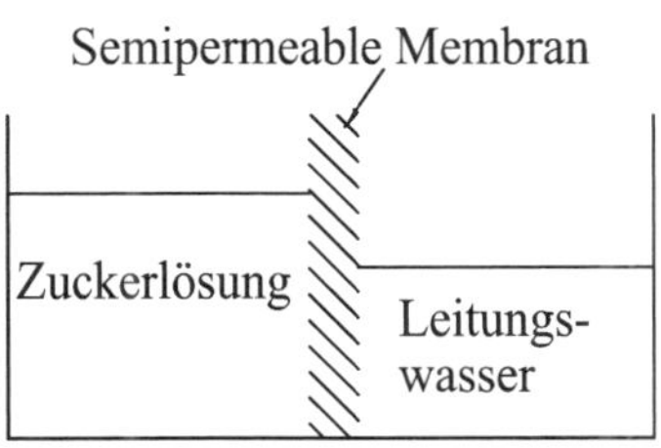

Osmose kann man z. B. beobachten, wenn man in einem Gefäß eine Zuckerlösung und das reine Lösungsmittel (z.B. Leitungswasser) durch eine semipermeable (halbdurchlässige) Wand voneinander trennt. Durch Eindiffundieren des Leitungswassers entsteht in der Zuckerlösung ein Überdruck, der dem weiteren Eindringen des Lösungsmittels entgegenwirkt. Diesen Überdruck im Gleichgewichtszustand bezeichnet man als osmotischen Druck. Im Gleichgewichtszustand wird das Niveau der Zuckerlösung höher sein als das Niveau des Leitungswassers, weil die Zuckerlösung den höheren osmotischen Druck besitzt und bestrebt ist, sich zu verdünnen. In analoger Weise werden sich in der gleichen Versuchsanordnung auch die Flüssigkeitsspiegel zweier unterschiedlich konzentrierter Zuckerlösungen auf ein unterschiedliches Niveau einstellen, obwohl sie zu Beginn auf der gleichen Höhe standen, weil der osmotische Druck von der Stoffmengenkonzentration der gelösten Substanz abhängt [vgl. **MC-Fragen Nr. 796–800**].

Aufgrund der Analogie zwischen dem Druck eines Gases und dem einer verdünnten (idealen) Lösung ist es nicht verwunderlich, dass der **osmotische Druck** (π) vom Volumen (V), der Stoffmenge (n) an gelöster Substanz und der absoluten Temperatur (T) in der gleichen Weise abhängt wie der Druck eines Gases, und dass die Konstante (R) denselben Wert wie in der Zustandsgleichung idealer Gase besitzt. Für ideale Lösungen gilt das **van't Hoff-Gesetz** [vgl. **MC-Fragen Nr. 799, 801, 804**]:

$$\pi \cdot V = n \cdot R \cdot T \qquad \textbf{(van't Hoff-Gesetz)}$$

Mit der Stoffmengenkonzentration (c = n/V) ergibt sich:

$$\pi = c \cdot R \cdot T$$

Danach ist der osmotische Druck (π) der Teilchenzahl, d. h. der Stoffmengenkonzentration (c) und der Temperatur (T) direkt proportional; er nimmt zu mit steigender Konzentration und wachsender Temperatur [vgl. **MC-Fragen Nr. 796–798, 800, 803**].

Da die Stoffmenge (n) mit der Masse (m) eines Stoffes und dessen molarer Masse (M) durch die Gleichung [n = n/M] zusammenhängt, verhalten sich die osmotischen Drücke (π) zweier unterschiedlicher Lösungen mit gleicher Stoffmengenkonzentration *umgekehrt proportional* zu den *relativen Molmassen* (M) der gelösten Stoffe [vgl. **MC-Frage Nr. 800**]:

$$\pi = (n/V) \cdot R \cdot T = (m/\mathbf{M} \cdot V) \cdot R \cdot T$$

Als Osmose bezeichnet man den Fluss von Lösungsmittelmolekülen durch eine semipermeable Membran von einer verdünnten in eine konzentriertere Lösung. Osmose sowie Diffusion und Dialyse sind vorwiegend entropiegetriebene Prozesse. Nach van't Hoff ist der osmotische Druck einer Lösung gleich dem Druck, den der gelöste Stoff ausüben würde, wenn er bei gleicher Temperatur in gasförmigem Zustand dasselbe Volumen einnähme wie die Lösung.

Der osmotische Druck ist unabhängig von der Natur des gelösten Stoffes. Eine *1 molare* Lösung eines **Nichtelektrolyten** hat bei 0 °C in 22,4 l Wasser einen osmotischen Druck von 1,01 bar. **Elektrolyte**, die in zwei Ionen [NaCl, KNO_3, $MgSO_4$] zerfallen, haben den doppelten, solche, die in drei Teilchen [K_2SO_4, $CaCl_2$] dissoziieren, den dreifachen osmotischen Druck im Vergleich zu einer gleichkonzentrierten Lösung einer nichtdissoziierenden Substanz.

Aus den bisherigen Ausführungen lässt sich schließen, dass der osmotische Druck einer Aluminiumchlorid-Lösung [Al^{3+}, Cl^-, Cl^-, Cl^-] doppelt so hoch sein muss wie der einer gleichkonzentrierten Kochsalz-Lösung [Na^+, Cl^-]. Weiterhin verdreifacht sich der osmotische Druck einer Lösung, wenn man die doppelte Menge an bereits gelöstem Stoff nochmals hinzufügt [vgl. **MC-Fragen Nr. 805–807**].

Das van't Hoff-Gesetz gilt streng nur für verdünnte Lösungen bis etwa 0,1-molar. Bei höheren Konzentrationen verringern die Wechselwirkungen zwischen den gelösten Teilchen den berechneten osmotischen Druck (*reale Lösungen*).

Lösungen verschiedener Zusammensetzung, die den gleichen osmotischen Druck verursachen, heißen *isotonisch*. Zum Beispiel hat die **physiologische Kochsalz-Lösung** [0,95 g NaCl ad 100 ml H_2O] den gleichen osmotischen Druck wie Blut. *Hypertonische* Lösungen haben einen höheren, *hypotonische* Lösungen einen tieferen osmotischen Druck als eine Bezugslösung.

Zusammenfassend ist anzumerken, dass äquimolare Lösungen verschiedener **Nichtelektrolyte** unabhängig von der Natur der gelösten Substanzen den gleichen osmotischen Druck, die gleiche Dampfdruckerniedrigung und somit die gleiche Siedepunktserhöhung und Gefrierpunktserniedrigung zeigen.

Zur Messung des osmotischen Drucks verwendet man *Osmometer*, die im Prinzip dem Aufbau einer **Pfefferschen Zelle** entsprechen. ○ Abb. 1.123 zeigt eine solche Zelle in stark vereinfachter Form. Die Zelle besteht aus einem mit einem Steigrohr versehenen Gefäß, dessen Boden mit einer semipermeablen Wand verschlossen ist. Taucht

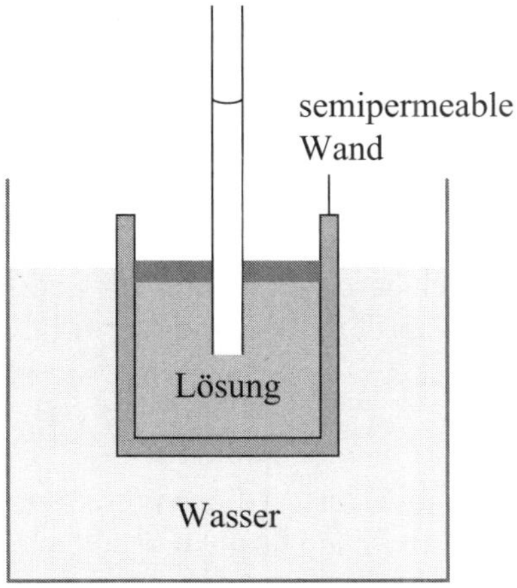

o **Abb. 1.123 Pfeffersche Zelle**

man das mit einer Lösung gefüllte Gefäß anschließend in ein mit dem reinen Lösungsmittel (z.B. Wasser) gefülltes Becherglas, so steigt die Lösung infolge ihres osmotischen Drucks im Steigrohr nach oben, bis sich der osmotische Druck mit dem hydrostatischen Druck der Lösung (entspricht der Flüssigkeitssäule der Höhe h) im Gleichgewicht miteinander befinden. Dann gilt:

$$\pi = \rho_{\text{lösuung}} \cdot g \cdot h$$

Ist am Steigrohr eine in Druckeinheiten geeichte Skala angebracht, so kann der osmotische Druck direkt abgelesen werden [vgl. **MC-Fragen Nr. 802, 803**].

1.8.8.6 Dialyse

Die Dialyse ist ein physikalischer Vorgang zur *Trennung* gelöster *niedermolekularer* von *makromolekularen* oder kolloidal gelösten Stoffen. Sie beruht darauf, dass makromolekulare bzw. kolloiddisperse Stoffe (Partikelgröße: 10–100 nm) nicht oder nur schwer durch semipermeable Membranen (**Ultrafilter**) diffundieren können.

Die echt gelösten (molekular dispersen) Teilchen einer Lösung diffundieren hingegen unter dem Einfluss der Brownschen Bewegung durch die Membran und werden vom strömenden Außenlösemittel, z. B. Wasser, abgeführt. o Abb. 1.124 zeigt den prinzipiellen Aufbau eines Dialysators.

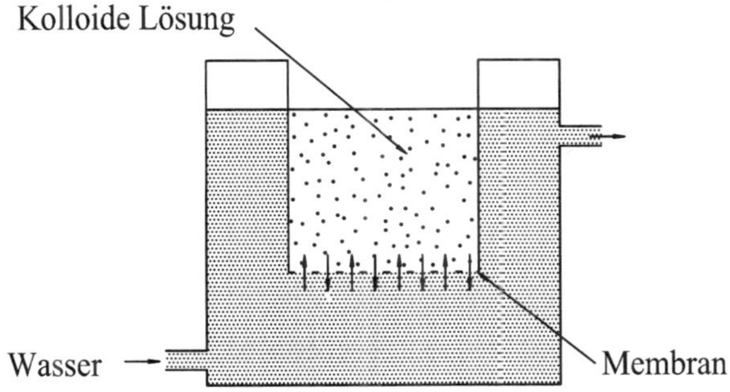

o **Abb. 1.124 Schematischer Aufbau eines Dialysators**

Die Dialyse besitzt in der Chemie, Pharmazie und Medizin eine große Bedeutung als Reinigungsverfahren für makromolekulare Stoffe. Beispielsweise können hochmolekulare Eiweißlösungen durch Dialyse gereinigt werden.

Auch im menschlichen Organismus spielen Dialysevorgänge eine wichtige Rolle. Ionen und kleinere Moleküle gelangen aus dem Blut in die Gewebsflüssigkeiten, während die kolloidalen Bestandteile des Blutes innerhalb des Kapillarsystems verbleiben. Ein weiteres Anwendungsbeispiel ist die künstliche Niere. Mit ihr werden unerwünschte niedermolekulare Substanzen mittels Dialyse aus dem Körper entfernt.

1.8.9 Elektrolytlösungen, Aktivität

1.8.9.1 Elektrolytische Dissoziation

Elektrolyte (Säuren, Basen, Salze) sind Substanzen, die in wässriger Lösung hydratisierte **Ionen** bilden und deren wässrige Lösungen den elektrischen Strom besser leiten als reines Wasser.

Nichtelektrolyte (Alkohole, Zucker) sind Verbindungen, die sich als solvatisierte Moleküle lösen und die elektrische Leitfähigkeit eines Solvens nicht erhöhen.

Der durch ein Lösungsmittel bewirkte Zerfall der Elektrolyte in Ionen wird als (**elektrolytische**) **Dissoziation** bezeichnet. Ein Elektrolyt kann praktisch *vollständig, teilweise* oder nur in *geringem Ausmaß* dissoziieren. Dementsprechend unterscheidet man *starke, mittelstarke* und *schwache Elektrolyte*. Parallel dazu nimmt bei gleicher Stoffmengenkonzentration auch die Leitfähigkeit von Elektrolytlösungen ab.

Die Dissoziation eines Elektrolyten [AB $A^+ + B^-$] ist eine typische Gleichgewichtsreaktion. Bei Anwendung des Massenwirkungsgesetzes ergibt sich die **Dissoziationskonstante** (K_D) zu (siehe ▸Kap. 1.10.2):

$$K_D = \frac{(C_{A^+}) \cdot (C_{B^-})}{(C_{AB})}$$

K_D ist ein *Maß für die Stärke eines Elektrolyten*. Elektrolyte mit einer Dissoziationskonstanten < 10^{-4} nennt man *schwach*, solche mit einem K_D-Wert > 10^{-4} *mittelstark*, während *starke* Elektrolyte praktisch *vollständig* dissoziiert sind [vgl. **MC-Frage Nr. 809**].

Statt durch die Dissoziationskonstante (K_D) kann man die Stärke eines Elektrolyten auch durch den **Dissoziationsgrad** (α) ausdrücken, der wie folgt definiert ist:

$$\alpha = \frac{a}{x} = \frac{\text{Anzahl dissoziierter Moleküle}}{\text{Anzahl der Gesamtmoleküle}}$$

Hierbei bedeutet (a) die Stoffmenge, die in Ionen zerfallen ist und (x) die Gesamtmenge an gelöster Substanz. α mit 100 multipliziert ergibt den **prozentualen Dissoziationsgrad**. Beispielsweise beträgt bei 25 °C der Dissoziationsgrad von Wasser $\alpha = 1{,}8 \cdot 10^{-9}$. Dies entspricht mit dem Faktor 100 multipliziert einem prozentualen Dissoziationsgrad von $1{,}8 \cdot 10^{-7}$ % [vgl. **MC-Frage Nr. 814**].

Schwache Elektrolyte sind zu weniger als 1% ($\alpha < 0{,}01$), mittelstarke zu mehr als 1% ($\alpha > 0{,}01$) und starke zu 100% ($\alpha = 1$) dissoziiert. Bei Säuren und Basen bezeichnet man den Dissoziationsgrad auch als **Protolysegrad** [siehe ▸ Kap. 1.11.3.4 und **MC-Fragen Nr. 809, 811**].

Der Zusammenhang zwischen α und K_D ist durch das **Ostwaldsche Verdünnungsgesetz** gegeben. Für einen Dissoziationsvorgang [AB $A^+ + B^-$] sei C die Gesamtkonzentration (Totalkonzentration) des gelösten Elektrolyten. Durch Dissoziation entstehen aus Elektroneutralitätsgründen αC Kationen (A^+) *und* αC Anionen (B^-). Im Gleichgewicht liegen dann noch (C – αC) unveränderte, nichtdissoziierte Moleküle vor. Daraus folgt:

$$K_D = \frac{(C_{A^+}) \cdot (C_{B^-})}{(C_{AB})} = \frac{\alpha C \cdot \alpha C}{C - \alpha C} = \frac{\alpha^2}{1 - \alpha} \cdot C$$ **(Ostwaldsches Verdünnungsgesetz)**

Aus diesem Gesetz ist zu ersehen, dass der Dissoziationsgrad bei gegebener Temperatur nicht nur von der Dissoziationskonstanten (K_D) sondern auch von der Totalkonzentration des gelösten Stoffes abhängt. Mit *abnehmender Totalkonzentration* eines schwachen Elektrolyten, d. h. *zunehmender Verdünnung* seiner Lösung, wird der Dissoziationsgrad (α) größer, weil bei zunehmender Verdünnung die Konzentration (C) abnimmt und die Dissoziationskonstante (K_D) unverändert bleibt. Bei hinreichender Verdünnung sind daher auch schwache Elektrolyte praktisch vollständig dissoziiert (α ≈ 1). Bei Lösungen von Säuren und Basen, deren Konzentration durch Verdünnung geringer wird, verändert sich auch der pH-Wert. In einer Säurelösung nimmt durch die Verdünnung die H_3O^+-Konzentration ab und der pH-Wert nimmt zu, bei Lösungen von Basen wird der pH-Wert mit zunehmender Verdünnung kleiner [vgl. **MC-Fragen Nr. 811–813**].

Für **schwache Elektrolyte** ist α << 1, sodass (1 – α) gleich 1 gesetzt werden kann. Daraus folgt für die Berechnung des Dissoziationsgrades eines schwachen Elektrolyten:

$$\alpha = \sqrt{\frac{K_D}{C}}$$

Der Dissoziationsgrad ist keine Konstante, sondern nimmt mit steigender Temperatur und steigender Verdünnung zu.

Zur *experimentellen Bestimmung des elektrolytischen Dissoziationsgrades* können folgende Verfahren herangezogen werden [vgl. **MC-Frage Nr. 810**]:

- Messung des osmotischen Drucks,
- Bestimmung der Siedepunktserhöhung bzw. Gefrierpunktserniedrigung,
- Messung der elektrischen Leitfähigkeit einer Lösung,
- Bestimmung des elektrochemischen Potentials.

Verläuft die Dissoziation eines Elektrolyten sehr weitgehend, so wird der Dissoziationsgrad durch Zugabe eines Dissoziationsproduktes (gleichionige Zusätze) kaum beeinflusst. Ist der Dissoziationsgrad hingegen sehr klein, so wird er durch die Zugabe eines Dissoziationsproduktes noch weiter vermindert (siehe ▸ Kap. 1.10.3.4, „Prinzip von Le Chatelier").

1.8.9.2 Leitfähigkeit von Elektrolytlösungen

(siehe auch Ehlers, **Analytik II**, ▸ Kap. 10.1.1.3)

Lösungen, die frei bewegliche Ionen enthalten, leiten den elektrischen Strom, wobei sich – im Falle von Gleichstrom oder niederfrequentem Wechselstrom – an den Elektroden auch chemische Vorgänge abspielen können (**Elektrolyse**). **Anionen** wandern zur positiven Anode und werden dort oxidiert, **Kationen** wandern zur negativen Kathode und werden reduziert.

Auch für Elektrolytlösungen gilt das **Ohmsche Gesetz** ($U = I \cdot R$), wobei – bei gegebener Spannung (U) – der Widerstand (R) der Lösung mit zunehmendem Abstand (d) der Elektroden und abnehmender Elektrodenfläche (F) zunimmt.

$$R = \rho \cdot \frac{d}{F} = \frac{1}{\kappa} \cdot \frac{d}{F}$$

Der **spezifische Widerstand** (ρ) einer Lösung bzw. sein reziproker Wert ($1/\rho$), die **Leitfähigkeit** (κ), hängt von der Natur und der Konzentration (c) des Elektrolyten ab. Im Allgemeinen nimmt die Leitfähigkeit einer Elektrolytlösung mit steigender Konzentration und steigender Temperatur zu [vgl. **MC-Fragen Nr. 584, 585**].

Um die Leitfähigkeiten verschiedener Elektrolytlösungen miteinander vergleichen zu können, verwendet man oft den Begriff **molare Leitfähigkeit** (Λ). Sie ist gegeben durch:

$$\Lambda = 1000 \cdot (\kappa/c)$$

Die molare Leitfähigkeit nimmt mit steigender Konzentration *stets* ab. Zum Beispiel ist die molare Leitfähigkeit einer 1%igen NaCl-Lösung kleiner als die einer 0,1%igen NaCl-Lösung [vgl. **MC-Frage Nr. 808**].

Bei *starken Elektrolyten* beträgt diese Abnahme nur wenige Prozent, bei *schwachen Elektrolyten* ist die Abnahme der molaren Leitfähigkeit wesentlich größer. Die Abnahme der Leitfähigkeit höher konzentrierter Lösungen von starken Elektrolyten erklärt sich mit der zunehmenden Behinderung der Ionenwanderung im elektrischen Feld bei wachsender Konzentration des Elektrolyten [vgl. **MC-Frage Nr. 809**]

Die im Vergleich zu hydratisierten Anionen und Kationen beobachteten hohen Leitfähigkeiten des **Hydroxonium-** (H_3O^+) und **Hydroxid-Ions** (HO^-) beruhen darauf, dass hier im elektrischen Feld nicht die hydratisierten Ionen wandern, sondern aufgrund der Struktur des Wassers H^+- und HO^--Ionen quasi von einem Wassermolekül auf das andere überspringen. Hydratisierte Kationen und Anionen schleppen demgegenüber eine z.T. voluminöse Hydrathülle mit sich und wandern deshalb entsprechend langsamer.

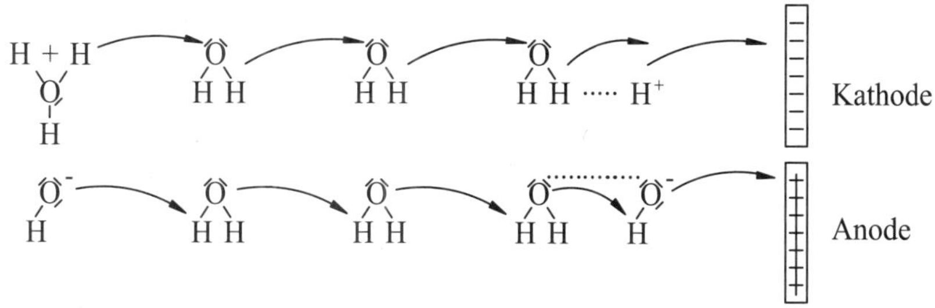

A^+ B^-	A^+ A^+B^-	$A^+B^-A^+B^-$
B^-	A^+B^-	$B^-A^+B^-A^+$
A^+ A^+	$B^-A^+B^-$	$A^+B^-A^+B^-$
B^-	B^-A^+ B^-	$B^-A^+B^-A^+$
B^- A^+	A^+	$A^+B^-A^+B^-$
Sehr verdünnte Lösung	**Konzentrierte Lösung**	**Fester Zustand**

o Abb. 1.125 Schematische Darstellung des Übergangs einer verdünnten Salzlösung in den festen Zustand

1.8.9.3 Aktivität, Debye-Hückel-Gesetz

(siehe auch Ehlers, **Analytik II**, ▸Kap. 4.3.2)

Beim Eindampfen sehr verdünnter Salzlösungen erfolgt ein kontinuierlicher Übergang vom Zustand der vollständigen elektrolytischen Dissoziation in Einzelionen zu einem „hochkondensierten" festen Zustand. Insbesondere in *konzentrierteren Lösungen* liegen neben freien Einzelionen auch **Ionenaggregate** vor, die Kationen und Anionen in verschiedenen Zahlenverhältnissen enthalten. Für ein Salz $[A^+B^-]$ kann dieser Sachverhalt durch eine Darstellung, wie sie in o Abb. 1.125 gezeigt wird, beschrieben werden.

Die in stärker konzentrierten Lösungen wirkenden *Anziehungskräfte* zwischen den gelösten Teilchen haben zur Folge, dass sich in der Lösung die gelösten Partikel nicht mehr regellos und völlig unabhängig voneinander bewegen. Somit entfällt die bei der kinetischen Ableitung des **Massenwirkungsgesetzes** (MWG) gemachte Voraussetzung einer ungestörten, regellosen Bewegung der Reaktionspartner (siehe ▸Kap. 1.10.1.2).

Bei schwachen Elektrolyten kann daher das MWG auf konzentriertere als 0,1-molare, bei mittelstarken und starken Elektrolyten schon auf konzentriertere als 0,01- bzw. 0,001-molare Lösungen *nicht* mehr angewendet werden.

Bei höherer Konzentration sind weniger gelöste Teilchen frei beweglich als tatsächlich vorhanden sind. Daher ist die wirksame Konzentration oder **Aktivität** (a) eines Stoffes kleiner als seine reale (wahre) Konzentration (c).

$$\mathbf{a = f \cdot c}$$

Der Proportionalitätsfaktor (f) wird **Aktivitätskoeffizient** genannt. Es lässt sich zeigen, dass der Aktivitätskoeffizient (f_i) eines Iones (i) in verdünnter wässriger Lösung vor allem eine Funktion der **Ionenstärke** (I) ist. Die Ionenstärke einer Lösung kann berechnet werden, wenn man die Konzentration (c_i) *jeder* in der Lösung vorhandenen Ionenart (i) mit dem Quadrat ihrer Wertigkeit (**Ladung**) (n_i^2) multipliziert und alle sich so ergebenden Werte summiert und anschließend durch 2 dividiert [vgl. **MC-Fragen Nr. 816, 817**].

$$\mathbf{I = 1/2 \cdot \Sigma\, n_i^2 \cdot c_i}$$

Beispielsweise berechnet sich die Ionenstärke einer Magnesiumsulfat-Lösung (c = 0,01 $mol \cdot l^{-1}$) zu [vgl. **MC-Fragen Nr. 817, 818**]:

$$\mathbf{I} = ½\,[2^2 \cdot 0{,}01(Mg^{2+}) + 2^2 \cdot 0{,}01(SO_4^{2-})] = \mathbf{0{,}04}$$

Da bei der Berechnung der Ionenstärke *alle* Ionen in der Lösung berücksichtigt werden müssen, erhöht sich die Ionenstärke der $MgSO_4$-Lösung (c = 0,01 $mol \cdot l^{-1}$), wenn man als weiteren Elektrolyten Kaliumchlorid (c = 0,01 $mol \cdot l^{-1}$) hinzufügt auf den Wert [vgl. **MC-Frage Nr. 819**]:

$$\mathbf{I} = ½\,[2^2 \cdot 0{,}01(Mg^{2+}) + 2^2 \cdot 0{,}01(SO_4^{2-}) + 1^2 \cdot 0{,}01(K^+) + 1^2 \cdot 0{,}01(Cl^-)] = \mathbf{0{,}05}$$

Bei sehr niedrigen Ionenstärken (I < 0,01) gehorchen die Aktivitätskoeffizienten (f_i) einer von **Debye** und **Hückel** abgeleiteten Beziehung:

$$\mathbf{\log f_i = -\,0{,}5\; n_i^2\; \sqrt{I}} \qquad \textbf{(Debye-Hückel-Gesetz)}$$

Danach ist bei kleiner Ionenstärke der **Aktivitätskoeffizient** eines Ions unabhängig von seiner Art *allein eine Funktion seiner Ladung und der Ionenstärke der Lösung*.

Die Abweichungen des Aktivitätskoeffizienten von 1 sind umso größer, je höher die Ladung des Ions und die Ionenstärke der Lösung ist, weil bei Elektrolytlösungen die Wechselwirkung der Ionen bei höheren Konzentrationen und höheren Ionenladungen zunimmt. Bei wachsenden Ionenstärken passiert der Wert von f_i ein Minimum und steigt dann oft weit über den Wert 1 hinaus an. Eine näherungsweise Abschätzung der Aktivitätskoeffizienten von Lösungen, in denen die Ionenstärke im Bereich von 0,01 bis 0,1 liegt, ist mit folgender Formel möglich [vgl. **MC-Frage Nr. 815**].

$$\log f_i = -\,\frac{0{,}5\; n_i^2\; \sqrt{I}}{1 + \sqrt{I}}$$

1.9 Grundlagen der Thermodynamik

Die Thermodynamik ist die Lehre von den energetischen Veränderungen, die im Ablauf physikalischer oder chemischer Vorgänge auftreten. Ausgehend von einigen wenigen Postulaten, den sog. **Hauptsätzen**, verknüpft die Thermodynamik messbare makroskopische Eigenschaften der Materie miteinander und bedient sich dazu einer Anzahl von Größen, die ausschließlich vom Zustand des betrachteten Stoffes oder Systems abhängen.

Man bezeichnet diese physikalischen Größen als **Zustandsgrößen** (Zustandsvariable) [z.B. Temperatur, Druck, Volumen, Stoffmenge], weil sie nur den momentanen Zustand eines Systems beschreiben und unabhängig davon sind, wie dieser Zustand erreicht wurde. Eine **Zustandsfunktion** ist eine Gleichung, welche die Eigenschaften einer Zustandsgröße in Abhängigkeit von anderen Zustandsgrößen festlegt.

Man unterscheidet zwischen *kalorischen Zustandsfunktionen*, die Aussagen zur inneren Energie, Enthalpie oder Entropie machen, und *thermischen Zustandsfunktionen*, die den Zusammenhang zwischen Temperatur, Druck, Volumen und Stoffmenge beschreiben. Demgegenüber sind Wärme und Arbeit, z.B. bei chemischen Reaktionen in Form von Volumenarbeit, *Prozessgrößen*, die vom Weg einer Zustandsänderung abhängen [siehe auch ▸ Kap. 1.9.2 und **MC-Fragen Nr. 822–824**].

Die Thermodynamik versetzt uns in die Lage vorauszusagen, ob eine *chemische Reaktion* überhaupt möglich ist; sie erlaubt, für chemische Reaktionen den optimalen Druck- und Temperaturbereich zu ermitteln, die Ausbeuten zu berechnen und Aussagen über die Stabilität von Stoffen und ihren Zuständen zu machen. Darüber hinaus gestattet die Thermodynamik bei chemischen oder physikalischen Prozessen eine Energiebilanz zu erstellen. Ferner macht sie Aussagen über die Richtung des freiwilligen Ablaufs von Vorgängen, deren Gleichgewichtslage und deren Beeinflussung.

Die Thermodynamik vermag grundsätzlich nichts auszusagen über den molekularen Aufbau der Materie sowie den zeitlichen Ablauf von Zustandsveränderungen.

Aufbauend auf Erfahrungen und nicht auf allgemeine Prinzipien rückführbar basieren alle thermodynamischen Beziehungen auf den sog. **Hauptsätzen**. Es sind dies der:

- **1. Hauptsatz** (**Energieerhaltungssatz**), wonach Energie von einer Form in eine andere umgewandelt, aber weder erzeugt noch vernichtet werden kann (Unmöglichkeit eines Perpetuum mobile 1. Art, d. h. einer Maschine, die keine Energie benötigt, um Arbeit zu verrichten).

- **2. Hauptsatz** (**Entropiesatz**) oder Satz von der *nicht vollständigen* Umwandelbarkeit von Wärme in Arbeit (Unmöglichkeit eines Perpetuum mobile 2. Art, d. h. einer Maschine, die Arbeit aus einem Gleichgewichtszustand zu verrichten vermag).
- **3. Hauptsatz** (**Nernstsche Wärmesatz**), der Aussagen über den Absolutwert der Entropie ermöglicht.
  Die in den nachfolgenden Abschnitten detailliert beschriebenen Hauptsätze der Thermodynamik gelten für geschlossene Systeme. Für offene Systeme müssen sie anders formuliert werden [siehe ▸Kap. 1.9.1 und **MC-Frage Nr. 821**].
  Aufgrund seiner fundamentalen Bedeutung für die Thermodynamik stellt man heute diesen drei Hauptsätzen den *nullten* Hauptsatz voran, obwohl er zeitlich erst später entdeckt wurde.
- **0. Hauptsatz** (**Gesetz vom thermischen Gleichgewicht**): Stehen zwei Systeme (A und B) mit einem dritten System (C) im thermischen Gleichgewicht, so stehen sie auch untereinander im Gleichgewicht. Dies bedeutet auch, dass zwei Systeme die *gleiche Temperatur* haben, wenn sie sich im thermischen Gleichgewicht befinden.

1.9.1 Offene und geschlossene Systeme

Unter einem „*thermodynamischen System*" versteht man eine beliebige Menge Materie, die durch physikalische oder gedachte Wände gegenüber ihrer Umgebung vor unkontrollierbaren Einflüssen abgegrenzt ist und deren Eigenschaften durch Angabe bestimmter Größen vollständig beschrieben werden kann. Damit der Zustand eines Systems eindeutig festzulegen ist, dürfen keine zeitlichen Veränderungen mehr stattfinden. Das System muss sich im *Gleichgewichtszustand* befinden.

Man unterscheidet [vgl. **MC-Fragen Nr. 820, 821, 1879**]:

- **Isolierte** oder **abgeschlossene Systeme**, die gegenüber ihrer Umgebung vollständig abgeschlossen sind und deren Begrenzungsflächen (Wände) sowohl für Energie in irgendeiner Form als auch für Materie undurchlässig sind.
- **Geschlossene Systeme**, die mit ihrer Umgebung zwar Energie aber keine Materie austauschen können.
- **Offene Systeme**, bei denen sowohl Energie als auch Materie mit der Umgebung ausgetauscht werden kann.

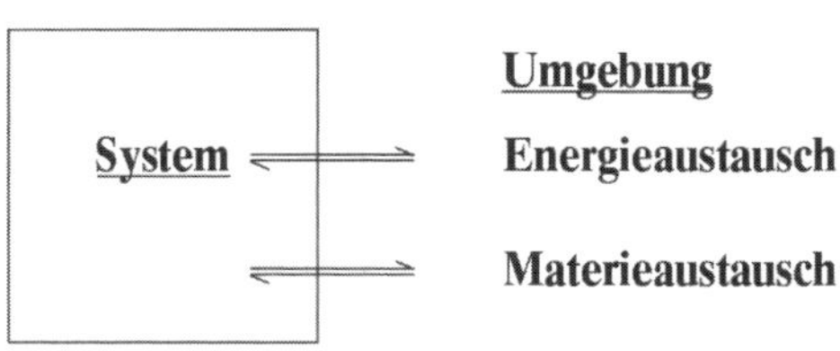

System	Energieaustausch	Materieaustausch
Isoliert	Nicht möglich	Nicht möglich
Geschlossen	Möglich	Nicht möglich
Offen	Möglich	Möglich

Sind die makroskopischen Eigenschaften eines Systems in allen seinen Teilen gleich, so bezeichnet man es als *homogen*. Ändern sich die Eigenschaften sprunghaft an bestimmten Grenzflächen, so liegt ein *heterogenes* System vor. Die homogenen Teile eines solchen Systems heißen **Phasen**, die sie trennenden Flächen **Phasengrenzflächen** (siehe auch ▸ Kap. 1.8.6.1).

Die makroskopischen Eigenschaften einer Phase lassen sich einteilen in:

- **Extensive Eigenschaften** (z. B. Volumen), die von der Masse der Gesamtphase abhängen. Bei einem mehrphasigen System setzen sie sich *additiv* aus den entsprechenden extensiven Eigenschaften der einzelnen Phasen zusammen.
- **Intensive Eigenschaften** (z. B. Dichte), die nicht von der Masse einer Phase abhängen; sie sind *nicht additiv* für die verschiedenen Phasen eines heterogenen Systems.

Demzufolge unterscheidet man zwischen *extensiven Zustandsgrößen* (Volumen, Stoffmenge usw.), die von der Größe des Systems abhängen, und *intensiven Zustandsgrößen* (Temperatur, Druck usw.), die von der Größe eines Systems unabhängig sind.

1.9.2 Zustandsgrößen geschlossener Systeme

Um ein System vollständig beschreiben zu können, benötigt man eine Reihe von Variablen. Man bezeichnet sie als **Zustandsgrößen**. Sie sind Eigenschaften des Zustands, in welchem sich das System im Augenblick befindet. Zustandsgrößen sind *unabhängig* davon, auf welche Art und Weise der betreffende Zustand erreicht worden ist. Verändert man den Zustand eines Systems, so ändern sich auch die Zustandsgrößen und zwar unabhängig davon, wie die Zustandsänderung erfolgte.

Als **Zustandsfunktion** bezeichnet man eine von den extensiven und intensiven Zustandsgrößen abhängige Funktion, die nur von diesen Zustandsgrößen abhängt und deren Änderung vom Weg der Änderung unabhängig ist. Darüber hinaus bleibt eine Zustandsfunktion unverändert, wenn ein System eine beliebige cyclische Veränderung erfährt und der Ausgangszustand wieder erreicht wird.

Wichtige **Zustandsfunktionen** der Thermodynamik sind die [vgl. **MC-Fragen Nr. 823, 824, 826, 827**]:

- innere Energie (U),
- Enthalpie (H),
- Entropie (S),
- freie Energie (F) und die
- freie Enthalpie (G).

Zur Kennzeichnung von **Zustandsänderungen** verwendet man folgende Begriffe [vgl. **MC-Fragen Nr. 882, 883, 885**]:

- *isotherm* (bei konstanter Temperatur) – $T = const.; \Delta T = 0$
- *isochor* (bei konstantem Volumen) – $V = const.; \Delta V = 0$
- *isobar* (bei konstantem Druck) – $p = const.; \Delta p = 0$
- *adiabatisch* (bei konstanter Wärme) – $Q = const.; \Delta Q = 0$
- *isentropisch* (bei konstanter Entropie) – $S = const.; \Delta S = 0$.

Δ-Zeichen: Für *isotherm* ablaufende **Zustandsänderungen**, wie z. B. bei konstanter Temperatur durchgeführte chemische Reaktionen, benutzt man ein **Δ-Zeichen** und beschreibt diese Zustandsänderung durch Differenzbildung zwischen dem Wert der entsprechenden Zustandsfunktion nach und jenem vor der Umwandlung. Eine *beliebige* energetische Umwandlungsgröße (ΔY) lässt sich danach wie folgt formulieren:

$$\Delta Y = \underset{\substack{\text{Endzustand} \\ \text{(Produkte)}}}{\Sigma\, n_i Y_i} - \underset{\substack{\text{Anfangszustand} \\ \text{(Reaktanden)}}}{\Sigma\, n_i Y_i}$$

Hierin bedeutet n_i die Molzahl der Stoffe (i), die an der Reaktion beteiligt sind.

Jede *Umwandlungsgröße* (**Reaktionsgröße**) ergibt sich demnach als Differenz der mit den stöchiometrischen Umsatzzahlen (n_i) multiplizierten molaren Einzelgrößen (Y) des Endzustands (der *Produkte*) und der des Ausgangszustands (der *Reaktanden*).

Da eine Zustandsänderung bei chemischen Reaktionen gleichbedeutend damit ist, dass sich die Edukte in die Produkte umwandeln, steht z.B. die Kurzbezeichnung „**ΔS**" sowohl für den Ausdruck „*Änderung der Entropie*" als auch für den Begriff „*Reaktionsentropie*" [vgl. **MC-Fragen Nr. 825–827**].

Vorzeichengebung: Sämtliche Werte von Zustandsfunktionen beziehen sich auf stoffliche Systeme. Führen wir einem Stoff (oder System) Energiebeträge zu, so vermehren wir dessen Energieinhalt.

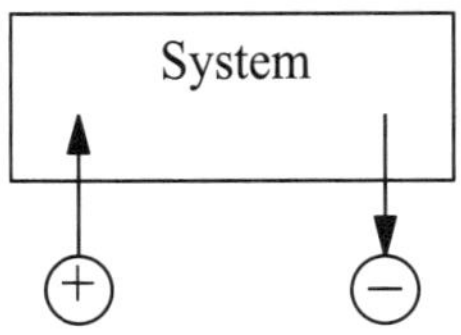

Jeder einem System *zugeführte Energiebetrag* – gleich welcher Art – wird **positiv** gezählt. Von einem System *abgegebene Energiebeträge* erhalten dann ein **negatives** Vorzeichen.

1.9.2.1 Klassifizierung von Zuständen

Der **Zustand** eines Stoffes (oder eines Systems) wird durch die Gesamtheit *aller* kalorischen und thermischen Zustandsgrößen beschrieben. Für einige ausgewählte Zustände existieren bestimmte Kriterien.

Normalzustände (**Standardzustände**) sind *Bezugszustände*, die man in all jenen Fällen wählt, in denen energetische Absolutwerte nicht oder nur schwer zugänglich sind bzw. nur ungenau ermittelt werden können.

Solche Zustände werden meistens auf **1 Mol** eines Stoffes bei **298 K** (25 °C) und einem Druck von **101,3 kPa** bezogen und durch den **Index** ° gekennzeichnet.

Daher steht die Kurzbezeichnung „**ΔH^o**" für *„Änderung der Enthalpie im Standardzustand"* oder bei chemischen Reaktionen für *„Standardreaktionsenthalpie"*.

Unter **Aggregatzuständen** versteht man die Formarten der Stoffe (gasförmig – flüssig – fest). Diese drei Zustände sind nach den beiden Kriterien – eigenbegrenzte Oberfläche (eigenes Volumen) und eigene Gestalt – unterscheidbar.

Kritische Zustände, durch kritische Daten charakterisiert, sind Zustände, bei denen der Unterschied zweier Aggregatzustände verschwindet, im speziellen Fall der gasförmige und flüssige Zustand nicht mehr zu unterscheiden sind (siehe auch ▸ Kap. 1.8.4.3 und 1.8.6.4).

1.9.3 1. Hauptsatz der Thermodynamik

Der erste Hauptsatz der Thermodynamik ist eine exaktere Formulierung des **Energiesatzes**, nach dem Energie weder vernichtet noch neu entstehen kann und der Energieinhalt des Universums konstant ist.

1.9.3.1 Innere Energie, Wärme, Arbeit

Jedes System besitzt eine **innere Energie** (U), die die *Summe* aller möglichen im System gespeicherten Energieformen darstellt. Die innere Energie ist eine **Zustandsfunktion**.

Der Energieinhalt eines Systems kann dadurch verändert werden, dass es mit seiner Umgebung Energie z. B. in Form von **Wärme** (Q) austauscht (aufnimmt oder abgibt) oder dass man am System **Arbeit** (A) leistet bzw. vom System an der Umgebung Arbeit geleistet wird.

Der erste Hauptsatz sagt aus, dass die Zunahme (Abnahme) der inneren Energie (ΔU) gleich der Summe von aufgenommener (abgegebener) Wärme und Arbeit ist [vgl. **MC-Fragen Nr. 828–830**].

$$\Delta U = Q + A$$

Die von einem System mit seiner Umgebung ausgetauschte Summe von Arbeit (A) und Wärme (Q) ist gleich der *Änderung der inneren Energie* (ΔU) des Systems. U ist eine Zustandsfunktion und daher ist ΔU unabhängig vom Wege der Zustandsänderung. Demgegenüber sind A und Q keine Zustandsfunktionen und hängen vom Weg ab, auf dem die Zustandsänderung durchgeführt wurde. Bei chemischen Reaktionen stellt ΔU die gesamte mit der Umgebung ausgetauschte Energie dar.

Ein *positives Vorzeichen* von Q und A bedeutet, dass Wärme und Arbeit vom System aufgenommen werden und seine innere Energie zunimmt. Wenn ein System Arbeit leistet oder Wärme abgibt und dadurch seine innere Energie abnimmt, werden Q bzw. A *negativ*.

Der *Energieinhalt* (U) eines Stoffes ist uns in seinem Absolutbetrag *nicht* bekannt. Kühlen wir z. B. einen Stoff bis zum absoluten Nullpunkt ab, d. h., entziehen wir ihm Energie in Form von Wärme, so verbleibt ein Restbetrag an innerer Energie, die sog.

Nullpunktsenergie, über deren Größe man keine Zahlenangaben machen kann. Man ist lediglich in der Lage, den Energiezuwachs vom absoluten Nullpunkt an zu bestimmen. Daher befasst sich die Thermodynamik nur mit den *Änderungen der inneren Energie* (ΔU); diese sind messbar.

Nach dem 1. Hauptsatz ist **Wärme** (Q) eine Energieform und stellt die Differenz zwischen der Änderung der inneren Energie (ΔU) und der zwischen dem System und der Umgebung bei beliebigen Prozessen ausgetauschten Arbeit (A) dar.

$$Q = \Delta U - A$$

1.9.3.2 Adiabatische Prozesse

Adiabatische Zustandsänderungen sind solche, bei denen das System *keine Wärme* mit der Umgebung austauscht und somit der Wärmeinhalt des Systems konstant ist [Q = const., ΔQ = 0]. Bei adiabatischen Prozessen ist daher die einem System zugeführte oder vom System geleistete *Arbeit* (A) gleich der Änderung der inneren Energie (ΔU) [vgl. **MC-Fragen Nr. 829, 830, 868, 869, 872, 877, 878, 883**]:

$$\mathbf{\Delta U = A_{adiabatisch} \qquad [\Delta Q = 0]}$$

Wenn z. B. ein Gas sein Volumen adiabatisch vergrößert, so leistet es Arbeit gegen den äußeren Druck auf Kosten seiner inneren Energie. Wird es komprimiert, so gewinnt es Arbeit, um die sich seine innere Energie erhöht.

Im Gegensatz zu isothermen Vorgängen ändert sich bei einer adiabatischen Expansion oder Kompression eines idealen Gases mit dem Druck und dem Volumen auch die Temperatur, weil die innere Energie eine Funktion der Temperatur ist (siehe auch ▸ Kap. 1.9.3.5).

Für die *adiabatische Expansion* eines idealen Gases gilt [vgl. **MC-Fragen Nr. 874, 879–881**]:

- das Volumen nimmt zu,
- der Druck nimmt ab,
- die Temperatur sinkt,
- die Dichte (Teilchendichte) nimmt ab,
- die innere Energie nimmt ab.

Für die *adiabatische Kompression* gelten die entsprechenden umgekehrten Zustandsveränderungen [vgl. **MC-Fragen Nr. 870–873, 875, 877**].

Im Gegensatz zur inneren Energie (U) bleibt die *Entropie* (S) bei einem adiabatischen Prozess unverändert. Aufgrund der Definitionsgleichung für die *Änderung der Entropie* [ΔS = ΔQ/T] ist ΔS = 0, wenn der Wärmeinhalt eines thermodynamischen Systems konstant bleibt (ΔQ = 0). Die adiabatische Expansion oder adiabatische Kompression eines idealen Gases verlaufen somit *isentropisch* (S = const.; ΔS = 0) [vgl. **MC-Fragen Nr. 864, 865, 869, 873, 874**].

Im unten abgebildeten Temperatur-Entropie-Diagramm (T-S-Diagramm) laufen in einem Kreisprozess die Schritte A⟶B und C⟶D isotherm ab, weil die Temperatur (T_1 bzw. T_2) während dieser Zustandsänderung jeweils konstant bleibt. Die Teilschritte B⟶C und D⟶A laufen hingegen bei konstanter Entropie (S_1 bzw. S_2) ab, sind also isentropisch. Ein isentropischer Prozess ist zugleich aber auch adiabatisch. Darüber hinaus gilt für die bei diesem Kreisprozess umgesetzte Wärmeenergie [vgl. **MC-Frage Nr. 876**]:

$$\Delta Q = \Delta S \cdot \Delta T = (S_2\text{-}S_1) \cdot (T_2\text{-}T_1)$$

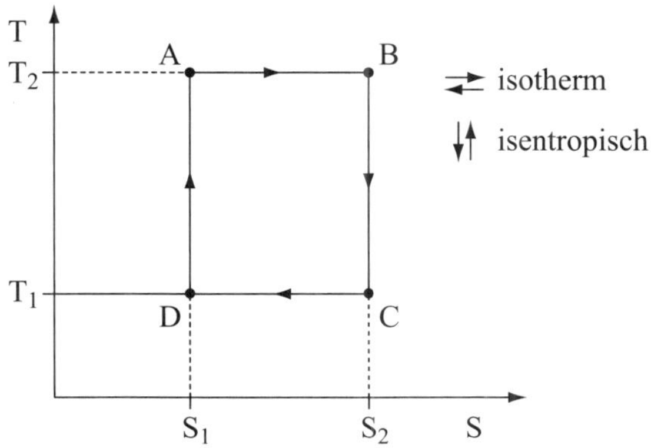

1.9.3.3 Reaktionsenergie, isochore Zustandsänderungen

Wenn bei einem chemischen Vorgang Edukte vollständig in Produkte umgewandelt werden, so bedeutet dies eine Zustandsänderung, die mit einer Änderung der inneren Energie (ΔU) verbunden ist. Dieses ΔU stellt den Unterschied in der inneren Energie der Produkte und der der Reaktanden dar.

$$\Delta U = \Sigma U_{Produkte} - \Sigma U_{Edukte}$$

Um ΔU bestimmen zu können, muss man beachten, dass unter den üblichen Bedingungen ein **chemischer Vorgang** nur dann **Arbeit** [Volumenarbeit: $A = p \cdot \Delta V$] leisten kann, wenn eine Volumenänderung eintritt [vgl. **MC-Fragen Nr. 623, 624, 830, 831**].

$$\Delta U = \underset{\text{aufgenommene Wärme}}{Q} - \underset{\text{geleistete Arbeit}}{p \cdot \Delta V}$$

Führt man eine Reaktion in einem geschlossenen Gefäß durch, sodass sich das Volumen nicht ändern kann [**isochore Zustandsänderung** – $\Delta V = 0$], so leistet das System keine Arbeit und die freiwerdende oder aufgenommene Wärme entspricht der Änderung der inneren Energie (ΔU) [vgl. **MC-Frage Nr. 885**].

> Die Änderung der inneren Energie (ΔU) stellt nichts anderes dar als die Reaktionswärme von chemischen Reaktionen bei konstanten Volumen und definierter Reaktionstemperatur.
> **$\Delta U = Q$ (*isotherme, isochore Zustandsänderung*)**
> Zur *Messung* von ΔU lässt man die betreffende chemische Reaktion in einem *Kalorimeter* bei konstantem Volumen ablaufen.

Wenn unter isothermen (T = const.) und isochoren (V = const.) Bedingungen der Probe eines Gases (Stoffmenge: 50 mol) eine Wärmemenge von Q = 450 J zugeführt wird, so beträgt die Änderung der *molaren* inneren Energie **ΔU** = 450 : 50 = **9 J/mol** [vgl. **MC-Frage Nr. 832**].

Darüber hinaus lässt sich zu ***isochoren Zustandsänderungen*** (V = const.; ΔV = 0) folgendes ausführen [vgl. **MC-Fragen Nr. 885–887, 891**]:

- Da bei isochoren Prozessen keine Volumenänderung eintritt, wird dem System keine Arbeit zu- oder abgeführt (p·ΔV = 0).
- Die kalorischen Zustandsfunktionen innere Energie ($\Delta U = Q_{isochor}$) und Entropie (ΔS = ΔQ/T) nehmen bei Zufuhr von Wärmeenergie (Q) zu.
- Bei Wärmezufuhr steigen bei konstantem Volumen die Temperatur und dadurch auch der Druck des idealen Gases an.

Demgegenüber treten bei der reversiblen ***isothermen Kompression*** (Volumenverringerung) (T = const.; ΔT = 0) eines idealen Gases folgende Effekte auf [vgl. **MC-Fragen Nr. 888, 889**]:

- Aus der idealen Glasgleichung (p · V = n · R · T) folgt, dass bei konstanter Temperatur und konstanter Stoffmenge bei einer Volumenminderung der Druck (p) des Gases ansteigen muss.
- Die innere Energie (U) bleibt konstant und die entstandene Wärme (Q) führt *nicht* zu einer Temperaturänderung, sondern wird an die Umgebung abgegeben. Durch den Wärmefluss in die Umgebung nimmt die Entropie (-ΔS = -ΔQ/T) ab.

Bei einer ***isothermen Expansion*** (Volumenvergrößerung) eines idealen Gases nehmen die Entropie und das Volumen zu, während die innere Energie und die Temperatur unverändert bleiben und der Gasdruck abnimmt [vgl. **MC-Frage Nr. 893**].

Erhöht man bei einem idealen Gas unter *isothermen und isochoren Bedingungen* (ΔT = 0; ΔV = 0) die Stoffmenge (n) des Gases, so muss der Druck (p) ansteigen. Da die zugeführte Gasmenge über Anteile an innerer und freier Energie sowie an Entropie verfügt, müssen sich aus diese kalorischen Zustandsgrößen verändern [vgl. **MC-Frage Nr. 892**].

1.9.3.4 Enthalpie, isobare Zustandsänderungen

Die meisten chemischen Reaktionen werden jedoch nicht bei konstantem Volumen, sondern in einem offenen Gefäß bei konstantem Druck (Atmosphärendruck) durchgeführt [**isobare Zustandsänderung** – Δp = 0]. Wenn sich dabei das Volumen ändert, wird Arbeit gegen den äußeren Druck geleistet. Für chemische Reaktionen, die bei konstantem Druck ablaufen, ist es daher zweckmäßig, die **Enthalpie** (H) als weitere **Zustandsfunktion** einzuführen. Es gilt [vgl. **MC-Fragen Nr. 833, 834, 882**]:

$$H = U + p \cdot V$$
$$\Delta H = \Delta U + \Delta(p \cdot V) = \Delta U + \Delta p \cdot V + p \cdot \Delta V$$

Bei einer isobaren Zustandsänderung ist Δp = 0 (p = const.) und somit wird:

$$\mathbf{\Delta H = \Delta U + p \cdot \Delta V} \; \textit{(isotherme, isobare Zustandsänderung)}$$

Unter der Enthalpie (H) eines Systems versteht man also jenen Wärmewert, der sich aus der inneren Energie des Systems und der äußeren Arbeit (Volumenarbeit) zusammensetzt. Auch Absolutwerte von H sind nicht bekannt, man kann lediglich *Enthalpieänderungen* (ΔH) bestimmen.

Die *Änderung der Enthalpie* (ΔH) eines Systems ist gleich der Änderung der inneren Energie (ΔU) und der Arbeit ($p \cdot \Delta V$), die das System bei einer Volumenänderung (ΔV) gegen den konstanten äußeren Druck leistet.

Wird einem System bei konstantem Druck z. B. Wärme zugeführt, so bewirkt ein Teil davon eine Zunahme der inneren Energie, während ein anderer Teil eine Leistung von Arbeit (Volumenarbeit) gegen den äußeren Druck ermöglicht.

Für chemische Vorgänge wird **ΔH** als **Reaktionsenthalpie** oder als **Reaktionswärme bei konstantem Druck** bezeichnet. Es gilt:
ΔH < 0 (negativ): exotherm, d.h. bei diesem Vorgang wird Energie frei und an die Umgebung abgegeben.
ΔH > 0 (positiv): endotherm, d.h. dieser Vorgang verbraucht Energie, die aus der Umgebung zugeführt werden muss.
Die **Wärmetönung einer chemischen Reaktion** ist daher nichts anderes als die Differenz zwischen den Enthalpiewerten der Produkte und denen der Edukte. Bei einer exothermen Reaktion haben die Produkte einen geringeren Wärmeinhalt als die Edukte. Bei einer endothermen Reaktion sind die entstehenden Stoffe energiereicher als die Ausgangsstoffe. Die Enthalpiewerte chemischer Substanzen hängen von der Temperatur, dem Druck und dem Aggregatzustand des betreffenden Stoffes ab.

Der Unterschied zwischen der Enthalpie (H) und der inneren Energie (U) ist durch die **Ausdehnungsarbeit** ($p \cdot \Delta V$) gegeben und fällt daher vor allem bei *Gasen* ins Gewicht. Hier unterscheiden sich ΔH und ΔU um den Betrag (ΔnRT) voneinander. Bei *Festkörpern* und *Flüssigkeiten* ändert sich dagegen das Volumen nur geringfügig, sodass man oftmals ($p \cdot \Delta V$) vernachlässigen kann und ΔH annähernd gleich ΔU ist.

Zur Kennzeichnung, auf welchen Vorgang sich die Enthalpie bezieht, werden dem Ausdruck „Enthalpie" weitere Begriffe vorangestellt. Beispielsweise bezeichnet man die Enthalpie, die zum Schmelzen eines Stoffes benötigt wird, als *Schmelzenthalpie*, während man die Enthalpie, die beim Erstarren einer Flüssigkeit frei wird, als *Erstarrungsenthalpie* kennzeichnet. Beide Enthalpiewerte sind dem Betrag nach gleich, haben aber unterschiedliche Vorzeichen. Ihre Größe hängt von den Bindungskräften der Gitterbausteine ab. Zum Verdampfen einer Flüssigkeit muss die *Verdampfungsenthalpie* aufgewendet werden, während beim Kondensieren eines Gases die *Kondensationsenthalpie* freigesetzt wird. Der direkte Übergang eines Feststoffes in den gasförmigen Zustand benötigt die Zufuhr der *Sublimationsenthalpie* [siehe ▸Kap. 1.8.2.1, ◘Tab. 1.52 und **MC-Frage Nr. 835**].

Zu ***isobaren Zustandsänderungen*** (p = const.; $\Delta p = 0$) – beispielsweise bei der reversiblen Komprimierung (Volumenverringerung) von Gasen – lassen sich folgende Ausführungen machen [vgl. **MC-Frage Nr. 890**]:

- Der Druck des Gases bleibt unverändert, Volumen und Temperatur sowie das Produkt ($p \cdot V$) nehmen bei konstanter Stoffmenge ab.
- Durch die bei der Volumenabnahme geleistete Kompressionsarbeit ändert sich die innere Energie (U).

Erhöht man bei konstantem Druck ($\Delta p = 0$; isobar) und konstanter Temperatur ($\Delta T = 0$; isotherm) die Stoffmenge (n) des Gases, steigt das Volumen (V) an. Da die hinzugefügte Stoffmenge auch über Anteile an innerer (U) und freier Energie (G) sowie an Entropie (S) verfügt, ändern sich auch diese kalorischen Zustandsgrößen des Systems [vgl. **MC-Frage Nr. 884**].

1.9.3.5 Wärmekapazität

Die einem System pro Grad Temperaturerhöhung zugeführte Wärme (ΔQ) wird als **Wärmekapazität** (C) bezeichnet.

$$C = \Delta Q/\Delta T$$

Die Dimension der Wärmekapazität ist ($J \cdot grad^{-1}$). Die Wärmekapazität hängt von der Art und der Masse eines Stoffes ab.

Da aber der Wert der Wärmekapazität auch von den Bedingungen der Erwärmung abhängt, ob diese bei konstantem Volumen (*ohne* Ausdehnungsarbeit) oder bei konstantem Druck (*mit* Ausdehnungsarbeit) durchgeführt wird, unterscheidet man die unterschiedliche Vorgehensweise durch die Indices **v** und **p** der jeweils konstant gehaltenen Zustandsgröße.

$$C_v = (\Delta Q/\Delta T)_v \text{ bzw. } C_p = (\Delta Q/\Delta T)_p$$

Die *1 Mol* eines Stoffes zugeführte Wärmemenge, die eine Temperaturerhöhung um 1 Grad bewirkt, nennt man **molare Wärmekapazität C_{mv}** (bei konstantem Volumen) bzw. **C_{mp}** (bei konstantem Druck).

Bei konstantem Volumen (*isochore Zustandsänderungen*) entspricht die zugeführte Wärme dem Zuwachs an innerer Energie (U) des Systems.

$$\mathbf{C_v = (\Delta U/\Delta T)_v}$$

Bei *isobaren Zustandsänderungen* ($\Delta p = 0$) entspricht die zugeführte Wärmemenge der Zunahme der Enthalpie (H).

$$\mathbf{C_p = (\Delta H/\Delta T)_p}$$

Den Definitionen der beiden Zustandsfunktionen U und H entsprechend wird deshalb die zugeführte Wärme bei Erwärmung unter konstantem Druck ($\Delta p = 0$) nicht nur die innere Energie (U) erhöhen sondern auch Ausdehnungsarbeit leisten.

Daraus folgt z. B. für die Erwärmung von 1 Mol eines idealen Gases, dass die bei konstantem Druck gemessene molare Wärmekapazität (C_{mp}) *stets* größer ist als die bei konstantem Volumen gemessene Wärmekapazität (C_{mv}), weil die bei konstantem

Druck aufgenommene Wärmemenge auf die Erhöhung der inneren Energie des idealen Gases und die vom Gas zu leistende Ausdehnungsarbeit aufgeteilt wird. Es gilt [vgl. **MC-Fragen Nr. 839–843**]:

$$C_{mp} > C_{mv}$$

Für ideale *Gase*, die sich mit zunehmender Temperatur stark ausdehnen, ergibt sich unter Einbeziehung der idealen Gasgleichung für die Stoffmenge (n) von 1 Mol des betreffenden Gases:

$$C_{mp} - C_{mv} = R \text{ (mit R = universelle Gaskonstante)}$$

Für *Flüssigkeiten* wie Wasser, die sich mit steigender Temperatur weniger stark ausdehnen als Gase, gilt hingegen:

$$C_{mp} - C_{mv} << R$$

1.9.3.6 Bildungsenthalpien, Reaktionsenthalpien, Satz von Hess

Da die Enthalpie einer Substanz von der Temperatur und dem Druck abhängt, bezieht man Enthalpieangaben auf einen *Standardzustand* (298 K; 101,3 kPa) und kennzeichnet dies durch das Symbol ^{O} (siehe auch ▸ Kap. 1.9.2.1).

Als **Bildungswärme** oder **Bildungsenthalpie** einer chemischen Verbindung bezeichnet man die Reaktionswärme, die bei der Bildung der betreffenden Substanz aus ihren Elementen unter Standardbedingungen auftritt.

Da Absolutwerte der Enthalpie *nicht messbar* sind, hat man die Enthalpien der Elemente im Standardzustand gleich Null gesetzt. Dies bedeutet nicht, dass die Enthalpien von Elementen tatsächlich Null sind; sie werden lediglich als Bezugswerte genutzt. Da nur Enthalpiedifferenzen (ΔH) gemessen werden können, ist die Wahl der Bezugswerte willkürlich.

Die **Standardbildungsenthalpie** (ΔH_f°) einer Verbindung ist dann der ΔH-Wert, der unter Standardbedingungen zur Bildung von *1 Mol* dieser Verbindung aus den reinen Elementen in ihrer stabilsten Form führt. Der Index $_f$ bedeutet „of formation" [vgl. **MC-Fragen Nr. 327, 344**].

Aus den Standardbildungsenthalpien lassen sich die **Reaktionsenthalpien** (ΔH) beliebiger Reaktionen wie folgt berechnen.

$$\mathbf{\Delta H = \Sigma\, \Delta H_f^\circ\ (Produkte) - \Sigma\, \Delta H_f^\circ\ (Edukte)}$$

Da die Enthalpie (H) eine Zustandsfunktion ist, hängt ΔH nur vom Anfangs- und Endzustand des Systems ab, *nicht* aber vom durchlaufenen Reaktionsweg. Lässt man ein System einmal direkt und einmal über Zwischenstufen vom Zustand (A) in den Zustand (E) übergehen, so sind die Reaktionswärmen auf beiden Wegen gleich groß: $\Delta H_1 = \Delta H_2$.

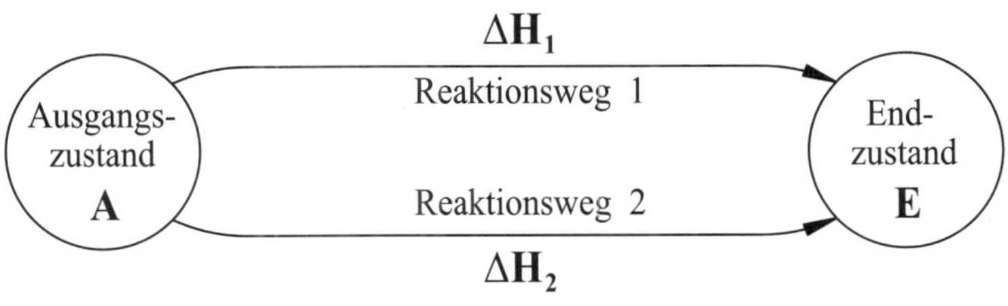

Für eine bei konstantem Druck durchgeführte Reaktion kann die Reaktionswärme aus der Differenz der Standardenthalpien der Produkte und Reaktanden berechnet werden, weil die Reaktionsenthalpie unabhängig davon ist, ob der Prozess in einem oder mehreren Schritten abläuft (**Hessscher Satz**) [vgl. **MC-Fragen Nr. 836, 837, 939**].

Daher gilt nach Hess für eine *zweistufige Reaktion* der allgemeinen Form:

1. Reaktionsschritt: $A + \frac{1}{2} X_2 \rightarrow AX$ (ΔH_1)
2. Reaktionsschritt: $AX + \frac{1}{2} X_2 \rightarrow AX_2$ (ΔH_2)

Gesamtreaktion: $A + X_2 \rightarrow AX_2$ (ΔH_{gesamt})

für die Reaktionsenthalpie der Gesamtreaktion: $\Delta H_{gesamt} = \Delta H_1 + \Delta H_2$

Man kann dieses von **Hess** formulierte *Gesetz der konstanten Wärmesummen* dazu nutzen, Reaktionswärmen, die nicht unmittelbar messbar sind, aus den ΔH-Werten bekannter Reaktionen zu berechnen. Ein Beispiel hierfür ist die Verbrennung des Kohlenstoffs zu Kohlenmonoxid [vgl. **MC-Frage Nr. 838**]:

$$C_{fest} + O_2 \longrightarrow CO_2 \qquad \Delta H_f^o = -394\ kJ \cdot mol^{-1}$$
$$CO + 1/2\ O_2 \longrightarrow CO_2 \qquad \Delta H^o = -283\ kJ \cdot mol^{-1}$$
$$C_{fest} + 1/2\ O_2 \longrightarrow CO \qquad \Delta H_f^o = \text{? (nicht messbar)}$$

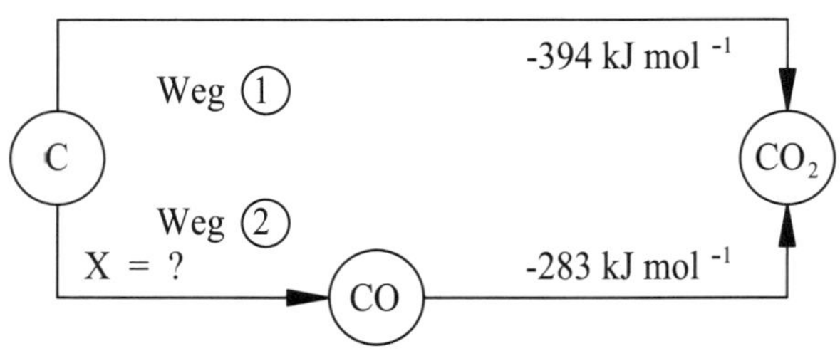

$$\rightarrow\ -394 = X + (-283)$$
$$\rightarrow\ X = -394 + 283 = \underline{-111\ kJ \cdot mol^{-1}}$$

Aus der additiven Behandlung der Reaktionsenthalpien ergibt sich für die Standardbildungsenthalpie des Kohlenmonoxids aus seinen Elementen ein Wert von $-111\ kJ \cdot mol^{-1}$.

1.9.4 2. Hauptsatz der Thermodynamik

Der erste Hauptsatz der Thermodynamik sagt lediglich aus, dass Energie weder vernichtet werden noch aus dem Nichts entstehen kann, sodass bei einer Zustandsänderung die Summe der Energien eines Systems und seiner Umgebung konstant bleibt. Der 1. Hauptsatz macht keine Angaben über die mögliche *Richtung* einer solchen Änderung und gibt keine Antwort darauf, ob zwei bestimmte Substanzen überhaupt miteinander reagieren werden.

Ausgangspunkt für die Entwicklung des zweiten Hauptsatzes der Thermodynamik war die Beobachtung, dass alle in der Natur *spontan*, d. h. freiwillig stattfindenden Prozesse stets in einer bestimmten Richtung ablaufen, wobei das System aus einem definierten Anfangszustand in einen definierten Endzustand übergeht.

Es muss offensichtlich eine „Größe“ existieren, die die mögliche Richtung einer Zustandsänderung bestimmt. Der 2. Hauptsatz macht u. a. Aussagen über [vgl. **MC-Fragen Nr. 844, 845, 849–851**]:

- die Richtung freiwillig (spontan) ablaufender Prozesse.
- die Einseitigkeit des Wärmeübergangs. Die *Wärmeübertragung* ist ein irreversibler Prozess und Wärmeenergie kann durch Wärmeleitung nur von einem Bereich höherer Temperatur zu einem Bereich niedrigerer Temperatur transportiert werden.
- die nicht vollständige Umwandelbarkeit von Wärme in Arbeit. D.h.,Wärmeenergie kann aus einem Wärmereservoir mit einer periodisch wirkenden Maschine nicht vollständig in Arbeit umgewandelt werden.
- das Zustreben auf einen Gleichgewichtszustand, dem Endzustand freiwillig ablaufender Prozesse.
- die Zustandsfunktion **Entropie** (S), die in einem abgeschlossenen System konstant bleibt, zunimmt bzw. einem Höchstwert zustrebt, und die ein *Maß für den Ordnungszustand* eines Systems darstellt und deren Zunahme chemische Reaktionen begünstigt (*entropiegetriebene Prozesse*).
- die Änderung eines abgeschlossenen Systems in Richtung auf den Zustand geringster Ordnung (größter Unordnung bzw. höchster Wahrscheinlichkeit).

1.9.4.1 Reversible und irreversible Zustandsänderungen

Um zu erkennen, wodurch die Richtung einer Zustandsänderung bestimmt wird, ist es zweckmäßig, zwischen *reversiblen* und *irreversiblen Zustandsänderungen* zu unterscheiden.

Ein **reversibler Prozess** zeichnet sich dadurch aus, dass das System wieder in seinen Ausgangszustand gebracht werden kann, ohne dass hierbei irgendwelche Veränderungen in seiner Umgebung zurückbleiben. Während einer reversiblen Zustandsänderung befindet sich das System immer mit seiner Umgebung in einem Gleichgewichtszustand [vgl. **MC-Frage Nr. 1207**].

Die Definition eines **irreversiblen Prozesses** besagt, dass man ihn zwar rückgängig machen kann, dass dabei aber stets irgendwelche Veränderungen in der Umgebumg des betreffenden Systems zurückbleiben.

Irreversible Prozesse sind z.B. das Einströmen von Gasen beim Öffnen eines evakuierten Gefäßes, das Ausströmen von Gasen aus Druckgasbehältern, das Auflösen von Salzen in Wasser oder einem anderen Lösungsmittel, das Verdunsten einer Flüssigkeit in einem offenen Gefäß oder der Wärmeaustausch (Wärmefluss) zwischen zwei Körpern unterschiedlicher Temperatur [vgl. **MC-Fragen Nr. 856–859, 916**].

Alle natürlichen, spontan verlaufenden Prozesse sind irreversibel und das gemeinsame Merkmal aller irreversiblen Vorgänge ist, dass das Gesamtsystem von einem instabileren in einen *stabileren Zustand* übergeht.

Reversible und irreversible Zustandsänderungen unterscheiden sich nun in einem sehr wesentlichen Punkt. Die bei einem irreversiblen Prozess geleistete Arbeit ist stets kleiner als die bei einer entsprechenden reversiblen Zustandsänderung geleistete Arbeit. *Alle irreversiblen Vorgänge sind mit einem Arbeitsverlust verbunden* und können nur unter Aufwendung von Arbeit wieder rückgängig gemacht werden.

$$A_{irreversibel} < A_{reversibel}$$

Dies gilt für *alle* Systeme, die imstande sind, Energie in Form von gegen einen äußeren Widerstand geleisteter *Arbeit* an die Umgebung zu übertragen. Im reversiblen Fall wird immer die *maximale Arbeit* geleistet; jeder reale Prozess liefert weniger Arbeit und ist daher zumindest teilweise irreversibel.

1.9.4.2 Entropie, Reaktionsentropie

Die von **Clausius** eingeführte **Entropie** (S) ist eine **Zustandsfunktion**, die etwas über die Richtung natürlicher Prozesse auszusagen vermag. Die Entropie nimmt bei allen spontan ablaufenden Vorgängen zu und ihre Änderung (ΔS) kann als ein Maß für die Irreversibilität eines Vorganges dienen. Darüber hinaus ist die Entropie auch ein Kriterium für die *Stabilität eines Systems.* Der 2. Hauptsatz besagt [vgl. **MC-Fragen Nr. 844, 845, 849–852, 855, 856, 863, 907**]:

Die Entropie des Universums bleibt bei einem reversiblen Prozess konstant und nimmt bei einem irreversiblen Prozess zu. Deshalb vergrößert sich bei allen spontanen Zustandsänderungen die Entropie. Für die Entropieänderung (ΔS) gilt:
$\Delta S_{reversibel} = 0$ und $\Delta S_{irreversibel} > 0$

Die Entropieänderung kann nur Null oder größer Null sein. Ein abgeschlossenes System wird sich daher solange ändern, bis seine Entropie einen Maximalwert erreicht hat. Dieser Höchstwert entspricht dem Gleichgewichtszustand. Für diesen ist die Änderung der Entropie (ΔS) gleich Null. Mit anderen Worten, ein *im Gleichgewicht befindliches System erleidet keine Entropieänderung* [vgl. **MC-Frage Nr. 852**].

Bei einem irreversiblen Vorgang nimmt die Entropie zu, d. h., die Änderung der Entropie ist größer Null. Die Zunahme der Entropie kann somit als Kriterium für das freiwillige Ablaufen eines Prozesses dienen. Bei einem reversiblen Prozess stehen das System und seine Umgebung dauernd miteinander im Gleichgewicht. Die Änderung der Gesamtentropie ist hier Null.

Nach dem zweiten Hauptsatz der Thermodynamik gilt:

$\Delta S > 0$: Irreversibler Prozess, kann spontan *oder* nicht von selbst eintreten.
$\Delta S = 0$: Reversibler Prozess, das System und seine Umgebung stehen fortwährend in einem Gleichgewichtszustand.
$\Delta S < 0$: Dieser Vorgang tritt *niemals* ein.

Allerdings ist zu beachten, dass sich die Entropieänderung (ΔS) auf das System *und* seine Umgebung als *Ganzes* bezieht. Die Gesamtänderung der Entropie ist die Summe der Entropieänderungen des Systems und der Umgebung.

$$\Delta S_{Gesamt} = \Delta S_{System} + \Delta S_{Umgebung}$$

Vorgänge, bei denen die Entropie eines Systems abnimmt, sind an und für sich möglich, nur muss dann die Entropie der Umgebung um mindestens den gleichen Betrag zunehmen.

Da die **Entropie eine Zustandsfunktion** ist, wird ihre Änderung (ΔS) allein vom Anfangs- und Endzustand bestimmt und ist unabhängig vom Weg, auf dem die Zustandsänderung durchgeführt wurde. Die Entropieänderung (ΔS) ist definiert durch

$$\Delta S = \frac{\Delta Q_{rev}}{T}$$

wobei ΔQ_{rev} dem Wärmeumsatz eines reversiblen Vorganges entspricht, der bei der Temperatur (T) durchgeführt wird. Die *Entropieänderung* (ΔS bzw. dS als Differential) ist danach eine durch die absolute Temperatur (in Kelvin) dividierte Wärmemenge (ΔQ oder dQ als Differential) und besitzt die Dimension **erg · grad^{-1}**. Als Einheit im kalorischen Maßsystem dient **cal · grad^{-1}** (= *Clausius*) und die SI-Einheit ist *Joule pro Kelvin* (**J/K ≡ J · K^{-1}**) bzw. in Basiseinheiten **(kg · m^2)/(s^2 · K)** [vgl. **MC-Fragen Nr. 846, 848, 899, 907**].

> Mit anderen Worten, das Produkt aus absoluter Temperatur (T) und Entropie (S) hat die Dimension einer Energie (Q = T · S).

Obige Definitionsgleichung für die Entropie erlaubt eine Bestimmung der ausgetauschten Wärmemenge. Überführt man zum Beispiel ein System aus einem Anfangszustand (a) in den Endzustand (e), wobei sich die Temperatur von $T_a \rightarrow T_e$ und die Entropie von $S_a \rightarrow S_e$ ändern, so gilt für die ausgetauschte Wärmemenge in den Integrationsgrenzen von S_a nach S_e:

$$Q = \int T \cdot dS$$

In einem Temperatur-Entropie-Diagramm (T-S-Diagramm) entspricht die ausgetauschte Wärmemenge (Q) der Fläche unterhalb der T-S-Kurve in den Grenzen von S_a bis S_e [vgl. **MC-Frage Nr. 847**].

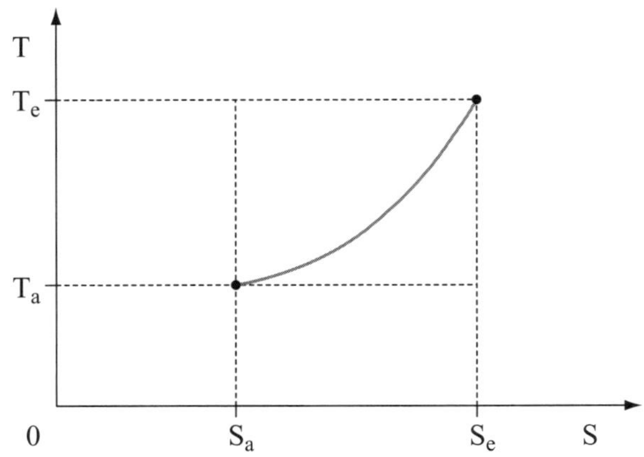

Darüber hinaus gestattet die Definitionsgleichung für die Entropie ($\Delta S = \Delta Q/T$) aus gemessenen Temperatur- und Wärmewerten die *molaren Entropieänderungen* zu berechnen. Wenn beispielsweise 50 Mol der Probe eines Gases isotherm bei einer Temperatur von 300 K eine Wärmemenge von Q = 450 J zugeführt werden, so ergibt sich die Entropieänderung pro Mol Gas zu [vgl. **MC-Frage Nr. 866**]:

$$\mathbf{\Delta S = (450 : 50)/300 = 0{,}03\ J \cdot K^{-1} \cdot mol^{-1}}$$

Aus dem Zusammenhang zwischen ausgetauschter Wärmemenge und Entropieänderung folgt auch, dass *adiabatische Prozesse*, bei denen *kein Wärmeaustausch* zwischen System und Umgebung erfolgt ($\Delta Q = 0$) zusätzlich auch *isentropisch* ($\Delta S = 0$) verlaufen müssen [vgl. **MC-Fragen Nr. 864, 865**].

Ebenso dient die Beziehung zwischen ausgetauschter Wärmemenge und Entropieänderung zur Berechnung von Entropiewerten bei Änderungen des Aggregatzustandes. So entspricht die Verdampfungsentropie (ΔS_v) dem Quotienten aus der Verdampfungsenthalpie (ΔH_v) und der Siedetemperatur (T_s) der betreffenden Flüssigkeit [$\Delta S_v = \Delta H_v/T_s$]. Beispielsweise berechnet sich die Entropieänderung von 1**g** *Ethanol* (ΔH_v = 1120 **k**J/kg) bei T = 300 K zu [vgl. **MC-Fragen Nr. 853, 867**]:

$$\mathbf{\Delta S_v = 1120 : 300 = 3{,}7\ J/K}$$

Für *chemische Reaktionen* entspricht die Änderung der Entropie (ΔS) dem Quotienten aus der mit der Umgebung ausgetauschten Wärmemenge und der jeweiligen Reaktionstemperatur. Die Entropieänderung (ΔS) ist mitbestimmend für die *Triebkraft chemischer Reaktionen*; im Standardzustand ergibt sich für die **Reaktionsentropie** ($\Delta S°$), worin n für die Molzahlen der jeweiligen Produkte und Edukte steht [vgl. **MC-Frage Nr. 863**]:

$$\mathbf{\Delta S° = \Sigma\ nS°(Produkte) - \Sigma\ nS°(Edukte)}$$

Die **Standardentropie** ($S°$) eines Elements ist im Gegensatz zu seiner Standardenthalpie ($H°$) *nicht* Null. Daher gilt für die **Standardbildungsentropie** (ΔS_f^o) einer Substanz:

$$\Delta S_f^o = S^o\ (\text{Verbindung}) \quad - \quad \Sigma\ S^o\ (\text{Elemente})$$

1.9.4.3 Wahrscheinlichkeit eines Zustandes

Die Entropie ist auch ein *Maß für den Ordnungszustand* bzw. für die Unordnung in einem System und somit ein *Maß für dessen Zustandswahrscheinlichkeit*. **Je geordneter ein System ist, desto geringer ist seine Entropie!** Das von selbst angestrebte Ziel eines jeden Systems ist der Zustand idealer Unordnung [vgl. **MC-Fragen Nr. 844, 845**].

Die Statistik zeigt nun, dass der Zustand maximaler Stabilität, den jedes abgeschlossene System anstrebt, identisch ist mit dem Zustand größter Wahrscheinlichkeit, der seinerseits auf das Engste mit dem Ordnungsgrad in einem System zusammenhängt. Es gilt:

$$S = k \cdot \ln W + \text{const.}$$

worin (k = R/N) die **Boltzmann-Konstante** darstellt und W als sog. thermodynamische Wahrscheinlichkeit bezeichnet wird.

Der spontane Übergang aus einem weniger wahrscheinlichen in einen wahrscheinlicheren Zustand ist mit einer Verkleinerung des Ordnungsgrades verbunden. Bei allen *irreversiblen* Vorgängen geht das Gesamtsystem aus einem geordneteren in einen ungeordneteren Zustand über. Dieser entspricht dem Zustand maximaler Entropie.

1.9.5 3. Hauptsatz der Thermodynamik

Da die *Entropie* ein *Maß der molekularen Unordnung* eines Systems darstellt, wird sie dann gleich Null sein, wenn die größtmögliche Ordnung verwirklicht ist. Dies trifft für einen vollkommen regelmäßig gebauten Kristall am absoluten Nullpunkt zu.

> Die Entropie von Idealkristallen eines Elements oder einer Verbindung am absoluten Nullpunkt ist Null. $\lim_{T \to 0} \Delta S = 0$

Bei Übergängen in ungeordnetere Zustände (Wärmeschwingungen, steigende Molekularbewegungen in Gasen und Flüssigkeiten usw.) nimmt die Entropie stets zu; sie wächst also mit abnehmendem Ordnungsgrad.

Flüssigkeiten sind weniger geordnet als Festkörper und Gase wiederum sind weniger geordnet als Flüssigkeiten. Da sich mit dem Sieden/Kondensieren einer Substanz oder dem Erstarren/Schmelzen von Verbindungen ihr Ordnungszustand ändert, ist bei diesen Vorgängen immer auch eine Änderung der Entropie zu erwarten. Beim Lösen von Substanzen oder ihrem Schmelzen bzw. Verdampfen nimmt der Ordnungsgrad ab, so dass all diese Vorgänge mit einer *Entropiezunahme* verbunden sind, während die Entropie beim *Kondensieren*, *Gefrieren* und *Kristallisieren* eines Stoffes abnimmt. Auch der *Anstieg der Teilchenzahl* im Verlaufe einer chemischen Reaktion ist mit einer Zunahme der Entropie verbunden [vgl. **MC-Fragen Nr. 726, 854, 860–863, 894**].

Der 3. Hauptsatz (**Nernstsche Wärmesatz**) macht Aussagen über den Bereich um den absoluten Nullpunkt, schafft die Voraussetzung zur Aufstellung einer eindeutigen

Temperaturfunktion der freien Energie und ermöglicht die Bestimmung von absoluten Entropiewerten für beliebige Temperaturen. Der dritte Hauptsatz sagt aus, dass

- mit der Annäherung an den absoluten Nullpunkt alle Prozesse zwischen kondensierten Phasen ohne Entropieänderung verlaufen.
- beim absoluten Nullpunkt die Entropie jedes reinen festen oder flüssigen Stoffes dem Wert Null zustrebt.
- der absolute Nullpunkt nicht erreicht werden kann [vgl. **MC-Fragen Nr. 894, 895**].

1.9.6 Gibbs-Helmholtz-Gleichung

Im Prinzip ist mit den bisherigen Aussagen eines der Ziele der Thermodynamik erreicht: Die Festlegung eines Kriteriums, ob ein Vorgang *freiwillig* ablaufen kann. Für praktische Zwecke sind allerdings die bisherigen Ausführungen kaum brauchbar, weil sie die Kenntnis der Eigenschaften sowohl des Systems als auch der Umgebung voraussetzen.

Es wäre deshalb nützlich, eine Größe als **Maß für die Triebkraft einer Zustandsänderung** zur Verfügung zu haben, die *nur* von den Eigenschaften des betreffenden Systems abhängt. Diese Forderung erfüllen die von **Gibbs** und **Helmholtz** eingeführten, temperaturabhängigen **Zustandsfunktionen freie Energie** (F) bzw. **freie Enthalpie** (G). Es sind wie alle Energiegrößen mengenproportionale Größen.

Die IUPAC empfiehlt allerdings den Begriff "*freie Energie*" (F) durch den Ausdruck "**Helmholtz-Energie**" und die Bezeichnung "*freie Enthalpie*" (G) durch "**Gibbs-Energie**" zu ersetzen.

Die **freie Energie (F)** stellt hierbei jenen Anteil am Energieinhalt eines Stoffes (Systems) dar, der bei reversibler Prozessführung frei wird und in jede beliebige andere Energieform – also auch in Arbeit – umwandelbar ist [vgl. **MC-Fragen Nr. 896, 898**].

$$F = U - T \cdot S = G - p \cdot V$$

Die **freie Enthalpie (G)** entspricht jenem Anteil an der Enthalpie eines Stoffes (Systems), der bei reversibler Prozessführung frei wird und in jede beliebige andere Energieform – also auch in Arbeit – umwandelbar ist [vgl. **MC-Fragen Nr. 897, 901, 916**].

$$G = H - T \cdot S = F + p \cdot V$$

Diese als **Gibbs-Helmholtz-Gleichungen** bekannten Beziehungen stellen den Zusammenhang her zwischen den sog. Reaktionseffekten, d. h. zwischen der **Reaktionswärme** und der **Reaktionsentropie**. Sie sind die *Grundgleichungen* des 2. Hauptsatzes der Thermodynamik für *isotherm* verlaufende chemische Prozesse.

Für *isotherm* (T = const.) und *isobar* (p = const.) durchgeführte Zustandsänderungen ergibt sich die **Änderung der freien Enthalpie (ΔG)** zu:

$$\mathbf{\Delta G = \Delta H - T \cdot \Delta S \quad (Gibbs\text{-}Helmholtz\text{-}Gleichung)}$$

Alle Größen dieser Gleichung ($\Delta G, \Delta H, T \cdot \Delta S$) sind Energiegrößen und beziehen sich nur auf die Änderungen im System. Änderungen in der Umgebung müssen daher *nicht* betrachtet werden [vgl. **MC-Fragen Nr. 899, 907**].

1.9.6.1 Herleitung der Gibbs-Helmholtz-Gleichung

Die Gesamtänderung der Entropie bei einer chemischen Reaktion ist gegeben durch die Entropieänderung im System *und* in der Umgebung.

$$\Delta S_{gesamt} = \Delta S_{system} + \Delta S_{umgebung}$$

Berücksichtigt man die Definitionsgleichung für die Entropieänderung

$$\Delta S = \Delta Q/T$$

und überträgt man diesen Sachverhalt auf eine *isotherm* (T = const.) und *isobar* (p = const.) durchgeführte *chemische Reaktion*, so ergibt sich eine Entropieänderung in der Umgebung nur durch den Austausch von Wärme zwischen dem System und der Umgebung. Dies entspricht aber der Reaktionsenthalpie (ΔH), die vom System an die Umgebung abgegeben wird.

$$\Delta S_{umgebung} = - \Delta H/T$$

Daher lässt sich die Gleichung für die Änderung der Gesamtentropie umschreiben in:

$$\Delta S_{gesamt} = \Delta S_{system} - \Delta H/T$$

Bezieht man in diese Überlegungen die Definitionsgleichung für die Änderung der freien Enthalpie (ΔG)

$$\Delta G = - T \cdot \Delta S_{gesamt}$$

mit ein, so ergibt sich der Ausdruck:

$$- \Delta G/T = \Delta S_{system} - \Delta H/T$$

Multipliziert man diese Gleichung mit dem Faktor (-T), so erhält man:

$$\Delta G = - T \cdot \Delta S_{system} + \Delta H$$

Durch Weglassen des Hinweises „System" führt dies zu:

$$\mathbf{\Delta G = \Delta H - T \cdot \Delta S}$$

Die Herleitung belegt, dass die einzelnen Terme der Gibbs-Helmholtz-Gleichung sich *nur auf Änderungen im System beziehen* und Änderungen in der Umgebung *nicht* berücksichtigt werden müssen.

1.9.6.2 Freie Enthalpie chemischer Reaktionen

Bei einer chemischen Reaktion

$$aA + bB + ... \rightleftharpoons cC + dD + ... ,$$

worin a,b,c,d,...die stöchiometrischen Umsatzzahlen der Stoffe A,B,C,D,...bedeuten, ist die **freie Reaktionsenthalpie** (ΔG^o) im *Standardzustand* gegeben durch den Ausdruck:

$$\Delta G^o = cG^o_C + dG^o_D + ... - aG^o_A - bG^o_B - ...$$

$$= \Sigma\ nG^o\ (\text{Produkte}) - \Sigma\ nG^o\ (\text{Edukte})$$

G^o_A (G^o_B, G^o_C, G^o_D) stellt hierbei die freie Enthalpie von 1 Mol des Stoffes A (B, C, D) im Standardzustand dar [vgl. **MC-Frage Nr. 905**].

Die bei der Bildung einer Verbindung im Standardzustand aus den jeweiligen Elementen auftretende Änderung der freien Enthalpie wird als **freie Standardbildungsenthalpie** (ΔG^o_f) der Verbindung bezeichnet.

Die **Änderung der freien Enthalpie** (ΔG) erlaubt eine Vorhersage des Ablaufs von Prozessen und ist ein Maß für das Bestreben von Substanzen miteinander zu reagieren. Der ΔG-Wert stellt gleichzeitig den Arbeitsbetrag dar, der bei dem betreffenden Prozess maximal gewinnbar ist.

Um zu entscheiden, ob ein bestimmter Vorgang bei konstantem Druck und konstanter Temperatur überhaupt möglich ist, muss *allein* der ΔG-Wert des sich ändernden Systems bekannt sein. Der ΔG^o-Wert einer Reaktion bildet somit ein **Maß für die Triebkraft** dieser Reaktion unter Standardbedingungen [vgl. **MC-Fragen Nr. 900–904, 906, 914–916, 938**]. Ist

- **$G^o < 0$ (negativ),** so handelt es sich um einen **exergonischen** Vorgang und die betreffende Änderung tritt *freiwillig* ein, d. h., im Standardzustand können Edukte spontan in Produkte übergehen.
- **$G^o > 0$ (positiv),** so nennt man dies einen **endergonischen** Vorgang, der *nicht freiwillig* eintreten kann. Dies bedeutet keineswegs, dass überhaupt keine Produkte entstehen können. Eine gewisse Menge an Produkten wird dennoch gebildet, jedoch ist ihre Konzentration kleiner als es dem Standardzustand entspricht.
- **$G^o = 0$ (Null),** so existieren Anfangs- und Endzustand im **Gleichgewicht** nebeneinander, ohne dass im Gesamteffekt eine Veränderung zu beobachten wäre (siehe auch ▸Kap. 1.10.1.1).

Freiwillig verlaufen Prozesse nur in Richtung einer Verminderung der freien Enthalpie ($\Delta G < 0$). Vorzeichen und Größe von ΔG sind somit ein Maß für die Triebkraft einer Reaktion. Die Änderung der freien Enthalpie (ΔG) ist abhängig von den Zustandsvariablen T und p sowie von der chemischen Zusammensetzung (Konzentration). Die Druckabhängigkeit von ΔG spielt vor allem eine Rolle bei der Reaktion von Gasen.
ΔG = negativ → exergonischer Vorgang
ΔG = positiv → endergonischer Vorgang
ΔG = Null → Gleichgewichtszustand

Da die *freie Enthalpie eine Zustandsfunktion* darstellt, hängt jeder Wert von ΔG nur vom Anfangs- und Endzustand des Systems ab und nicht vom Weg, auf dem dieser Zustand erreicht wurde. Es ist $\Delta G_1 = \Delta G_2$.

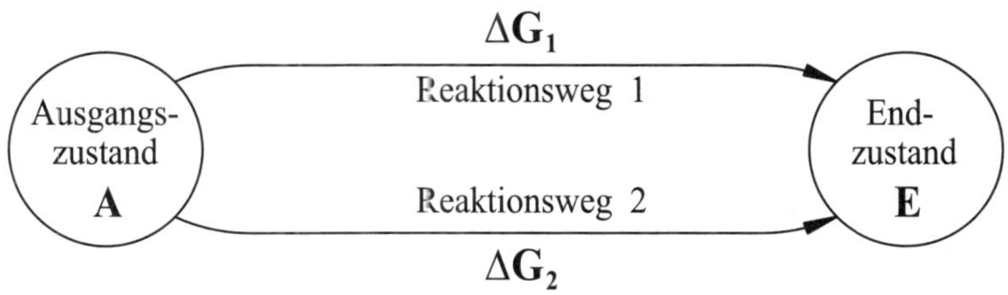

Deshalb kann man die Änderung der freien Enthalpie einer bestimmten Reaktion aus den ΔG-Werten anderer Reaktionen in ähnlicher Weise berechnen, wie dies mit den Reaktionsenthalpien geschehen ist (siehe Hessscher Satz, ▸ Kap. 1.9.3.6). Ein bekanntes Beispiel hierfür ist die **Bildung von Methan** [CH_4] aus seinen Elementen.

$$C_{Graphit} + 2\ H_2(g) \longrightarrow CH_4(g) \qquad \Delta G_f^o = \text{? (unbekannt)}$$

Messbar sind hingegen die Reaktionsenthalpien folgender Prozesse:

$$\text{(a)}\ C_{Graphit} + O_2(g) \longrightarrow CO_2(g) \qquad \Delta G_f^o = -\ 394{,}6\ \text{kJ/mol}$$
$$\text{(b)}\ 2\ H_2(g) + O_2(g) \longrightarrow 2\ H_2O(fl) \qquad \Delta G_f^o = -\ 474{,}5\ \text{kJ/mol}$$
$$\text{(c)}\ CH_4(g) + 2\ O_2(g) \longrightarrow 2\ H_2O(fl) + CO_2(g) \qquad \Delta G^o = -\ 818{,}4\ \text{kJ/mol}$$

Durch Addition der Gleichungen (a) und (b) und Subtraktion der Gleichung (c) erhält man für die o.a. Reaktion als freie Standardbildungsenthalpie (ΔG_f^o):

$$[-\ 394{,}6 + (-\ 474{,}5) - (-\ 818{,}4) = -\ 50{,}7\ \text{kJ/mol}]$$

$$C_{Graphit} + 2\ H_2(g) \longrightarrow CH_4(g) \qquad \mathbf{\Delta G_f^o = -\ 50{,}7\ kJ/mol}$$

Der Prozess verläuft exergonisch, sodass man Methan durch Umsetzung von Kohlenstoff mit Wasserstoff gewinnen kann, sofern die geeigneten Bedingungen bekannt sind.

Bei einer aus mehreren Teilschritten zusammengesetzten Reaktion (**mehrstufige** oder **gekoppelte Reaktion) addieren** sich die freien Reaktionsenthalpien der Teilreaktionen zur freien **Reaktionsenthalpie** für die **Gesamtreaktion** [vgl. **MC-Fragen Nr. 900, 902, 939**].

$$A \xrightarrow{\Delta G_1^o} B \xrightarrow{\Delta G_2^o} C \xrightarrow{\Delta G_3^o} D$$

$$\mathbf{\Delta G^o_{Gesamt} = \Delta G_1^o + \Delta G_2^o + \Delta G_3^o}$$

1.9.7 Kriterien für den Reaktionsablauf in geschlossenen Systemen

1.9.7.1 Exergonische und endergonische Prozesse

Die Gibbs-Helmholtz-Gleichung [$\Delta G = \Delta H - T \cdot \Delta S$] ist für die Thermodynamik von fundamentaler Bedeutung. Sie zeigt deutlich den Einfluss von Enthalpie- und Entropieänderungen auf die Triebkraft chemischer Reaktionen. Dies soll durch die folgenden qualitativen Überlegungen nochmals vertieft werden [vgl. **MC-Fragen Nr. 900, 902, 903, 908–913, 1880**].

1. Exotherme, irreversible Reaktionen

Bei diesen Vorgängen ist ΔH negativ und ΔS positiv. D.h., es wird Wärme frei und die Unordnung des Systems nimmt zu. Solche Reaktionen verlaufen *exergonisch* ($\Delta G < 0$).

Bei relativ tiefen Temperaturen ist der Einfluss des Entropiegliedes ($T \cdot \Delta S$) gering, sodass hier in erster Linie die Reaktionswärme (ΔH) die Abnahme der freien Enthalpie bestimmt.

2. Exotherme, reversible Reaktionen

Hier ist ΔH negativ und ΔS = Null. Die Reaktionswärme (ΔH) allein beeinflusst die Abnahme der freien Enthalpie. Die Reaktion verläuft *exergonisch*. Daraus kann generell gefolgert werden, dass *alle exothermen Reaktionen auch exergonisch sind.* Der entsprechende Umkehrschluss ist selbstverständlich *nicht* zulässig.

3. Endotherme, reversible Reaktionen

Bei diesen Reaktionen ist ΔH positiv und ΔS = Null; solche Zustandsänderungen verlaufen daher *endergonisch*.

4. Endotherme, irreversible Reaktionen

Bei diesen Reaktionen sind ΔH und ΔS positiv.

- Bei *tiefen Temperaturen* und *geringem Entropieeffekt* ist der Einfluss des Terms ($T \cdot \Delta S$) klein und die freie Enthalpie wird in erster Linie durch die Reaktionswärme bestimmt. Ein solcher Vorgang ist *endergonisch*.
- Nur wenn die Entropieänderung ganz besonders groß ist, z. B. beim Schmelzen oder Verdampfen einer Substanz, kann schon bei nicht allzu hohen Temperaturen ein positives ΔH durch die Zunahme der Entropie überkompensiert werden, sodass **ein endothermer Vorgang exergonisch verläuft**. Beispielsweise ist bei 0 °C die Umwandlung von Eis in Wasser ein exergonischer Prozess, weil die damit verbundene Entropiezunahme ein positives ΔH überkompensiert: $|T \cdot \Delta S| > |\Delta H|$ [vgl. **MC-Fragen Nr. 904, 915, 917**].
- Bei hinreichend *hohen Temperaturen* überwiegt in jedem Fall der Einfluss des Entropiegliedes ($T \cdot \Delta S$) und solche Vorgänge verlaufen *exergonisch*. Eine Reaktion kann somit Energie verbrauchen und trotzdem freiwillig (exergonisch) ablaufen.

$$+\Delta H < T \cdot \Delta S \longrightarrow \Delta G < 0 \text{ (exergonisch)}$$
$$+\Delta H > T \cdot \Delta S \longrightarrow \Delta G > 0 \text{ (endergonisch)}$$

Man kann dies nach **Ulich** in einem Satz zusammenfassen:

„Alles natürliche Geschehen wird regiert einerseits von dem Bestreben nach Abnahme der Energie und andererseits nach Zunahme der Entropie." Mit anderen Worten, bei einem freiwillig ablaufenden Prozess wird ein Minimum an Energie und ein Maximum an Unordnung angestrebt.

1.9.7.2 Freie Enthalpie und Gleichgewichtskonstante

Der ΔG^o-Wert charakterisiert nur die Änderung der freien Enthalpie einer Reaktion, wenn sich *alle* Reaktanden *und* Produkte im *Standardzustand* befinden und wenn *hierbei genau eine Reaktionseinheit* umgesetzt wird.

Um die Änderung der freien Enthalpie auch für Vorgänge angeben zu können, bei denen die Reaktionsteilnehmer in beliebigen Konzentrationen bzw. bei Gasen in beliebigen Partialdrücken auftreten, muss die Abhängigkeit der freien Enthalpie von der Konzentration (Aktivität) und dem Druck bekannt sein.

Für eine Reaktion der allgemeinen Form [aA+bB ⟶ cC+ dD], in der die Reaktionsteilnehmer in beliebiger Konzentration vorliegen, ist die Änderung der freien Enthalpie (ΔG_R) gegeben durch:

$$\Delta G_R = \Delta G^o + RT \cdot \ln \frac{[C]^c \cdot [D]^d}{[A]^a \cdot [B]^b}$$

Diese Gleichung besagt, dass die Änderung der Enthalpie durch zwei Teilbeträge bestimmt wird. Der eine (ΔG^o) ist konstant und für die betreffende Reaktion charakteristisch, während der andere Term durch die jeweiligen Konzentrationen bzw. bei Gasen durch deren Partialdrücke beeinflusst wird.

Aus obiger Gleichung ergibt sich für den *Gleichgewichtszustand* ($\Delta G_R = 0$) [vgl. **MC-Fragen Nr. 903, 918, 930, 941**]:

$$\mathbf{\Delta G^o = - R \cdot T \cdot \ln K}$$

Hierin bedeuten: R = allgemeine Gaskonstante, T = absolute Temperatur in Kelvin, K = **Gleichgewichtskonstante** (siehe ▸Kap. 1.10.1.2).

ΔG^o kann aus den freien Bildungsenthalpien (ΔG_f^o) der Reaktionsteilnehmer ermittelt werden. Diese sind aus den gemessenen ΔH_f^o-Werten und den nach dem 3. Hauptsatz berechneten Entropien erhältlich. Mit Hilfe obiger Gleichung ist es möglich, zu berechnen, ob und in welchem Ausmaß eine Reaktion gelingt, ohne sie im Experiment durchführen zu müssen.

Nach Umformung vorstehender Gleichung

$$\mathbf{K = e^{-\Delta G^o/RT} = 10^{-\Delta G^o/2,3\,RT}}$$

lassen sich daraus folgende Aussagen ableiten: Ist

$\Delta G^0 < 0$ (negativ), so ist der Exponent positiv und **K wird größer 1**. Im Gleichgewichtszustand überwiegen die Produkte.

$\Delta G^0 > 0$ (positiv), so wird **K kleiner 1**. Die Reaktion verläuft unvollständig. Im Gleichgewicht wird eine gewisse Menge an Produkten vorhanden sein, jedoch überwiegen die Edukte (siehe auch ▸Kap. 1.10.2.2).

Hingegen wird die Gleichgewichtskonstante K gleich 1, wenn die freie Standardreaktionsenthalpie $\Delta G = 0$ ist.

Die Standardreaktionsenthalpie ($\Delta G°$) für die Dissoziation der Essigsäure

$$CH_3COOH + H_2O \; CH_3COO^- + H_3O^+$$

mit einem Säureexponenten $pK_a = 4{,}75$ ($-\log K = pK_a$ bzw. $-\ln K = 2{,}3\ pK_a$) berechnet sich bei $T = 298$ K mit $R = 8{,}3 \cdot 10^{-3}$ zu [vgl. **MC-Frage Nr. 919**]:

$$\mathbf{\Delta G°} = -R \cdot T \cdot \ln K = 2{,}3 \cdot R \cdot T \cdot pK_a = 2{,}3 \cdot 8{,}3 \cdot 10^{-3} \cdot 298 \cdot 4{,}75 = \mathbf{27{,}02\ kJ \cdot mol^{-1}}$$

Somit verläuft die *Protolyse der Essigsäure endergonisch*.

Der Zusammenhang zwischen der Gleichgewichtskonstanten und der freien Standardreaktionsenthalpie erlaubt es, die **Gleichgewichtskonstante** (K) einer **Redoxreaktion** aus der *freien Standardreaktionsenthalpie* ($\Delta G°$) oder aus den *Normalpotentialen* ($E°$) der am Redoxprozess beteiligten korrespondierenden Redoxpaare zu berechnen, sofern die Anzahl der Elektronen (n, n*), die pro Mol Reduktor (Red) und Oxidans (Ox) ausgetauscht werden, bekannt sind [siehe auch ▸Kap. 1.12.2.5 und **MC-Frage Nr. 922**]:

$$-2{,}3 \log K = \Delta G°/(R \cdot T)$$
$$-\log K = 0{,}06\ (n \cdot n^*) \cdot (E^\circ_{Red} - E^\circ_{Ox})$$

1.9.7.3 Freie Enthalpie und Redoxpotential

Fließt Gleichstrom durch eine elektrolytische Zelle, so läuft in ihr eine **Redoxreaktion** ab. An der positiven Elektrode (Anode) findet eine Oxidation statt, wobei Elektronen von der reduzierten Form einer Substanz auf die Elektrode übertragen werden. Parallel dazu tritt an der negativen Elektrode (Kathode) eine Reduktion ein, wobei ein Elektronenübergang von der Elektrode zur oxidierten Form der Substanz erfolgt.

Das dabei auftretende Potential kann zur Bestimmung der freien Enthalpie herangezogen werden, da bei allen elektrochemischen Reaktionen eine Änderung der freien Enthalpie in Form elektrischer Energie auftritt [vgl. **MC-Fragen Nr. 920, 922**]. Es gilt:

$$\mathbf{\Delta G = -n \cdot F \cdot E_z}$$

Hierin kennzeichnet n die Anzahl Mole an Elektronen, die bei einem Reaktionsablauf umgesetzt werden. F ist die Faraday-Konstante, d. h. die Ladung eines Mols an Elektronen und E_Z (in Volt) ist die Spannung der Zelle, in der die Reaktion von einem zufälligen Ausgangszustand in den Gleichgewichtszustand abläuft.

Die Gibbs-Helmholtz-Gleichung ist mit Hilfe reversibel arbeitender galvanischer Zellen einer unmittelbaren experimentellen Prüfung zugänglich. Die freie Reaktionsenthalpie (ΔG) elektrochemischer Reaktionen entspricht der bei reversibler Prozessführung maximal gewinnbaren Arbeit (-nEF).

Zum Beispiel beträgt bei pH = 0 und T = 298 K für die Reduktion von Permanganat zu Mangan(II)

$$MnO_4^- + 5\ e^- + 8\ H_3O^+\ Mn^{2+} + 4\ H_2O\ (n = 5)$$

das Redoxpotential E = 1,5 V (R ~ 8 J·grad^{-1}·mol^{-1} und F ~ 10^5 A·s·mol^{-1} mit 1 Ws = 1 J). Daraus berechnet sich die freie Reaktionsenthalpie (ΔG) in kJ·mol^{-1} zu [siehe auch ▸ Kap. 1.12.2.6 und **MC-Frage Nr. 921**]:

$$\mathbf{\Delta G} = -n \cdot R \cdot E = -5 \cdot 10^5 \cdot 1{,}5 = -750000\ J{\cdot}mol^{-1} = \mathbf{-750\ kJ/{\cdot}mol^{-1}}$$

1.10 Chemisches Gleichgewicht

1.10.1 Kriterien des Gleichgewichtszustandes

1.10.1.1 Gleichgewichtszustand in geschlossenen Systemen

Aus einer chemischen Reaktionsgleichung [aA + bB cC + dD] ist nur ersichtlich, in welchem Gewichtsverhältnis Stoffe miteinander reagieren, nicht aber, in welchem Ausmaß dies geschieht. Die stöchiometrische Bruttogleichung gibt lediglich an, wieviel an Produkten aus einer gegebenen Menge an Reaktanden entstehen könnte, wenn die Reaktion vollständig ablaufen würde.

Die Erfahrung lehrt, dass im Allgemeinen keine komplette Umwandlung der Ausgangsstoffe (Edukte) in die Produkte stattfindet, unabhängig davon, wie lange man die Reaktion ablaufen lässt. Im Endzustand eines reagierenden Systems liegen stets noch Edukte vor, wenn auch mitunter nur in geringsten Mengen. Die Reaktion *endet* in einem *Gleichgewichtszustand*, in dem alle an der Reaktion beteiligten Stoffe vorhanden sind.

Ein System befindet sich im Gleichgewichtszustand, wenn in ihm unter den gegebenen äußeren Bedingungen kein freiwilliger Stoff- und Energietransport mehr erfolgt. Ein solches System kann beliebig lange im Gleichgewichtszustand gehalten werden. Ein im Gleichgewicht befindliches System vermag *keine Arbeit* zu leisten. Bei konstantem Druck und konstanter Temperatur besitzt die *freie Enthalpie* (G) im Gleichgewichtszustand ein *Miminum* [vgl. **MC-Frage Nr. 933**].

Eine freiwillig ablaufende Reaktion verläuft vom Anfangszustand aus nur bis zum Gleichgewichtszustand, weil bei einer zum Gleichgewicht gelangten, freiwillig verlaufenden Reaktion, dieses nur durch einen äußeren Zwang verändert werden kann. Ein Gleichgewicht stellt daher den Endzustand freiwillig, aber nicht vollständig einseitig verlaufender Prozesse dar.

Je nachdem, ob man das Gleichgewicht in einer einzigen Phase oder in einem aus mehreren Phasen bestehenden System betrachtet, unterscheidet man **homogene** und **heterogene Gleichgewichte**. Zu den homogenen Gleichgewichten gehören solche, bei denen chemische Reaktionen in der *Gasphase* oder in *Lösung* durchgeführt werden. Sind bei heterogenen Gleichgewichten chemische Reaktionen ausgeschlossen, so spricht man von **Phasengleichgewichten** (siehe ▸Kap. 1.10.5).

Voraussetzung für die Ausbildung eines Gleichgewichts ist die Umkehrbarkeit (**Reversibilität**) einer Reaktion, d. h., die Gegenreaktion muss ebenfalls ablaufen können. Mit anderen Worten: Bei jedem *umkehrbaren Vorgang* in einem abgeschlossenen System muss sich ein Gleichgewichtszustand einstellen, weil die Einstellung des Gleichgewichtszustandes eine Folge zweier entgegengesetzter, gleichschnell verlaufender Prozesse ist.

Das **chemische Gleichgewicht** ist dadurch charakterisiert, dass die beiden gegenläufigen Reaktionen mit gleicher Geschwindigkeit ablaufen, sodass pro Zeiteinheit ebensoviele Produktmoleküle zerfallen wie wiederum neue aus den Reaktanden gebildet werden. Deshalb ändern sich die Stoffmengenkonzentrationen nach Erreichen des Gleichgewichtszustandes *nicht* mehr. Gleichgewichte dieser Art werden im Gegensatz zu den statischen Gleichgewichten – wie man sie aus der Mechanik kennt – als **dynamische Gleichgewichte** bezeichnet [vgl. **MC-Fragen Nr. 923, 924, 938**].

Kinetisch ist der Gleichgewichtszustand reversibler chemischer Reaktionen dadurch gekennzeichnet, dass in der Zeiteinheit gleich große Änderungen in der Hin- und Rückreaktion stattfinden. D. h., Hin- und Rückreaktion verlaufen mit gleicher Geschwindigkeit. Es findet scheinbar keine Reaktion mehr statt. Im Gleichgewichtszustand bleiben die Konzentrationen aller beteiligten Stoffe unverändert. Daher ist auch die Zusammensetzung des Reaktionsgemischs im Gleichgewichtszustand konstant und die Konzentrationen aller Reaktionsteilnehmer stehen in einem festen Verhältnis zueinander, der durch das Massenwirkungsgesetz beschrieben wird.

Darüber hinaus ist für einen Gleichgewichtszustand charakteristisch, dass bei geringster Veränderung der Zustandsgrößen (äußeren Bedingungen) das *Gleichgewicht gestört* wird und sich ein neues Gleichgewicht einstellt (siehe Prinzip von Le Chatelier, ▸ Kap. 1.10.3.4).

Aus *thermodynamischer Sicht* zeichnet sich der Gleichgewichtszustand durch den **Maximalwert der Entropie** (des abgeschlossenen Systems) und den **Minimalwert der freien Enthalpie** (bzw. der freien Energie bei volumenkonstanten Vorgängen) aus. Daraus folgt für die Änderungen dieser Zustandsfunktionen [vgl. **MC-Fragen Nr. 852, 903, 932, 938**]:

$\Delta G = 0$ und $\Delta S = 0$
Gleichgewichtsbedingungen für eine isotherm und isobar verlaufende chemische Reaktion

Das Ausmaß, in welchem Substanzen miteinander reagieren, kann sehr verschieden sein. Die quantitative Beschreibung der Gleichgewichtslage ist mit Hilfe des **Massenwirkungsgesetzes (MWG)** möglich. Das MWG lässt sich sowohl thermodynamisch als auch kinetisch ableiten.

1.10.1.2 Kinetische Interpretation des Massenwirkungsgesetzes

Zur kinetischen Ableitung des MWG betrachten wir zunächst die Reaktion zwischen zwei gasförmigen oder gelösten Stoffen A und B, die in einem *geschlossenen* Gefäß bei gegebener Temperatur erfolgen soll.

$$A + B \underset{\text{Rückreaktion}}{\overset{\text{Hinreaktion}}{\rightleftharpoons}} C + D$$

Sofern dieser Vorgang reversibel ist, setzt sofort nach seinem Beginn die Gegenreaktion ein und das Ergebnis der chemischen Umsetzung hängt allein davon ab, in welcher Weise sich Hin- und Rückreaktion überlagern.

Hinreaktion: Da die beiden Substanzen A und B gasförmig oder gelöst vorliegen sollen, bewegen sich die Moleküle im homogenen Reaktionsraum *frei* und *regellos*. Damit eine Produktbildung erfolgen kann, muss jeweils ein Molekül A mit einem Molekül B zusammenstoßen. Die **Reaktionsgeschwindigkeit** (RG) wird somit der *Zahl der Zusammenstöße* (Z) proportional sein [$RG = k' \cdot Z$]. Da die Zahl der Zusammenstöße mit der Konzentration der Reaktanden wächst [$Z = k'' \cdot C_A \cdot C_B$], ergibt sich insgesamt für die Geschwindigkeit der Hinreaktion folgende einfache Beziehung:

$$\mathbf{RG_{Hin} = k_{Hin} \cdot C_A \cdot C_B}$$

Der von der Temperatur abhängige Proportionalitätsfaktor [$k_{Hin} = k' \cdot k''$] heißt **Geschwindigkeitskonstante** der Hinreaktion. Die Geschwindigkeit der Hinreaktion muss sich nach dem Einsetzen der Reaktion kontinuierlich verlangsamen, weil die Reaktanden verbraucht werden und somit ihre Konzentrationen abnehmen.

Die Geschwindigkeit einer einseitig verlaufenden Reaktion ist proportional zu den Konzentrationen der Reaktanden. Da sich deren Konzentrationen während der Reaktion laufend ändern, ändert sich zwangsläufig auch die Geschwindigkeit der Reaktion.

Rückreaktion: Für die gegenläufige Reaktion lässt sich in analoger Weise ebenfalls eine Geschwindigkeitsgleichung erstellen.

$$\mathbf{RG_{Rück} = k_{Rück} \cdot C_C \cdot C_D}$$

Hierbei bedeutet $k_{Rück}$ die Geschwindigkeitskonstante der Rückreaktion. Die Rückreaktion setzt in dem Maße ein, wie während der Hinreaktion Produkte gebildet werden; daher verläuft sie anfangs langsam und wird allmählich schneller.

Gesamtreaktion: Der zu jedem Zeitpunkt nach außen hin beobachtbare Bruttoumsatz der Gesamtreaktion ist gleich dem Stoffumsatz der Hinreaktion vermindert um den Stoffumsatz der Rückreaktion. Die Geschwindigkeit der Gesamtreaktion stellt sich deshalb als Differenz der Geschwindigkeiten beider Teilreaktionen dar.

$$\mathbf{RG_{Gesamt} = RG_{Hin} - RG_{Rück}}$$

Nur wenn ($k_{Rück}$) im Vergleich zu (k_{Hin}) sehr klein ist, kann $RG_{Rück}$ gegenüber RG_{Hin} vernachlässigt werden und die Geschwindigkeit der Gesamtreaktion ist annähernd gleich der Geschwindigkeit der Hinreaktion. Dies sind dann die praktisch einseitig (*irreversibel*) verlaufenden Reaktionen. **o** Abb. 1.126 veranschaulicht die zeitliche Änderung der Konzentration der Reaktionsteilnehmer einer irreversiblen Reaktion; die Konzentration der Edukte (A, B) nimmt kontinuierlich ab, die der Produkte (C, D) nimmt kontinuierlich zu.

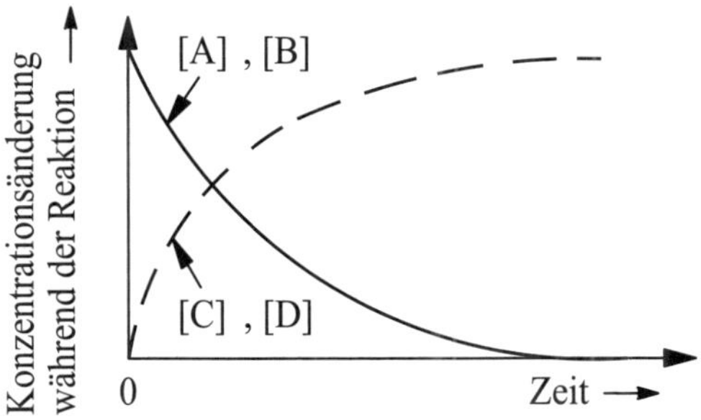

o Abb. 1.126 Konzentrations-Zeit-Diagramm einer irreversiblen Reaktion

Alle anderen Reaktionen führen zu einem **Gleichgewichtszustand**, dessen Lage durch die relativen Werte von k_{Hin} und $k_{Rück}$ bestimmt wird. Ist $k_{Hin} > k_{Rück}$, so überwiegen die Produkte. Der Gleichgewichtszustand ist erreicht, wenn die momentanen Geschwindigkeiten der Hinreaktion und der Rückreaktion gleich groß sind. Das heißt, die Geschwindigkeit der nach außen hin beobachtbaren Gesamtreaktion ist formal gleich Null [vgl. **MC-Fragen Nr. 923–925, 931–936, 938, 940**].

$RG_{Gesamt} = RG_{Hin} - RG_{Rück} = 0$
Kinetische Gleichgewichtsbedingung

Es muss aber nochmals betont werden, dass das *chemische Gleichgewicht* kein statisches, sondern ein *dynamisches* ist. Es findet nur scheinbar keine Reaktion mehr statt. Die reagierenden Stoffe liegen nämlich nicht indifferent nebeneinander im Reaktionsgemisch vor, sondern auch im Gleichgewichtszustand findet immer noch ein Hinreaktion und eine Rückreaktion statt, nur hebt sich der Stoffumsatz gerade auf, sodass nach außen hin keine Veränderung des Systems mehr wahrzunehmen ist [vgl. **MC-Fragen Nr. 933, 937**].

Bezieht man in obige kinetische Gleichgewichtsbedingung die Konzentrationsabhängigkeiten der Hin- und Rückreaktion mit ein, so erhält man folgenden Ausdruck [vgl. **MC-Fragen Nr. 926, 942**]:

$$k_{Hin} \cdot C_A \cdot C_B - k_{Rück} \cdot C_C \cdot C_D = 0$$

$$K_c = \frac{k_{Hin}}{k_{Rück}} = \frac{C_C \cdot C_D}{C_A \cdot C_B} \quad \textbf{(Massenwirkungsgesetz)}$$

Diese Gleichung stellt das erstmals von **Guldberg** und **Waage** formulierte **Massenwirkungsgesetz** (MWG) dar. Es besagt [vgl. **MC-Fragen Nr. 930, 931, 934, 935, 940**]:

- Das Produkt der Stoffmengenkonzentrationen der Reaktionsprodukte (jeweils potenziert mit den stöchiometrischen Umsatzzahlen) geteilt durch das Produkt der Stoffmengenkonzentrationen der Edukte (Reaktanden) (jeweils potenziert mit deren stöchiometrischen Umsatzzahlen) ist bei gegebener Temperatur und gegebenem Druck gleich der **stöchiometrischen Gleichgewichtskonstanten** (K_c) (siehe auch ▸ Kap. 1.10.2.1).

Wenn K_c einen großen Zahlenwert hat, liegt das Gleichgewicht auf der rechten Seite der Reaktionsgleichung. Ist K_c sehr klein, überwiegen die Ausgangsstoffe; die Reaktion verläuft unvollständig.

Da im Gleichgewichtszustand die Konzentrationen der Reaktionspartner konstant sind, ist die *stöchiometrische Gleichgewichtskonstante* (K_c) zwar unabhängig von deren Konzentrationen, der Zahlenwert von K_c hängt aber vom Druck und der Temperatur ab (siehe ▸ Kap. 1.10.3.1 und 1.10.3.2). Die Gleichgewichtskonstante ist *temperaturabhängig*, weil bei einer chemischen Umsetzung Hin- und Rückreaktion verschiedene Temperaturabhängigkeiten ihrer Geschwindigkeitskonstanten zeigen. Die *Druckabhängigkeit* von K_c spielt vor allem bei Reaktionen eine Rolle, an denen Gase beteiligt sind und signifikante Volumenänderungen auftreten können [vgl. **MC-Fragen Nr. 930, 935, 938, 941**].

Die stöchiometrische Gleichgewichtskonstante (K_c) ist ein quantitatives Maß für den Stoffumsatz (Ausbeute) einer chemischen Reaktion. Der Zahlenwert von K_c hängt vom Reaktionsdruck und der Reaktionstemperatur ab, ist aber unabhängig von den Konzentrationen der an der Reaktion beteiligten Stoffe.

Die Definition der Geschwindigkeitskonstanten als Quotient aus den Geschwindigkeitskonstanten der Hin- und Rückreaktion [$K = k_{Hin}/k_{Rück}$] ist bei mehrstufigen Reaktionen unzweckmäßig (siehe ▸ Kap. 1.10.2.3). Hier kennzeichnet man die einzelnen Reaktionsschritte wie folgt:

$$A \underset{k_{-1}}{\overset{k_1}{\rightleftharpoons}} B \underset{k_{-2}}{\overset{k_2}{\rightleftharpoons}} C \underset{k_{-3}}{\overset{k_3}{\rightleftharpoons}} D \ldots$$

Für eine einstufige Reaktion [A B] ergibt sich dann die Gleichgewichtskonstante zu:

$$\mathbf{K = k_1/k_{-1}}$$

Sind beide Geschwindigkeitskonstanten gleich ($k = k_{-1}$), so beträgt das Konzentrationsverhältnis im Gleichgewichtszustand $c_A:c_B = 1$; ist $2k_1 = k_{-1}$, wird $c_A:c_B = 2$ und bei $k_1 = 2k_{-1}$ erhält man $c_A:c_B = 0{,}5$ [vgl. **MC-Fragen Nr. 926–929**].

1.10.1.3 Stationärer Zustand in offenen Systemen

Im Gegensatz zum chemischen Gleichgewicht in einem geschlossenen System ist ein **Fließgleichgewicht** (**steady state**) dadurch gekennzeichnet, dass *sämtliche Zustandsgrößen* einen *zeitlich konstanten* Wert besitzen.

Unter einem Fließgleichgewicht versteht man einen **stationären Zustand**, bei dem dauernd Substanzen einströmen und Reaktionsprodukte aus dem System ausgeschleust werden, also ein *Materieaustausch mit der Umgebung* stattfindet. Zum Wesen eines Fließgleichgewichts gehören somit Transportvorgänge an den Grenzen des Systems. Neben anderen Parametern bestimmen sie die stationären Konzentrationen (Fließgleichgewichtskonzentrationen) der einzelnen Stoffe.

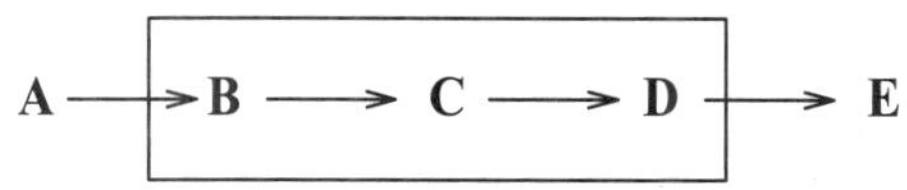

Ein stationärer Zustand kann sich *nur* in einem *offenen System* ausbilden und für ein offenes System im Fließgleichgewicht gelten *andere Gesetze* als für geschlossene Systeme.

Bildet sich in einem System ein Fließgleichgewicht aus, so besitzt das System eine konstante, aber endliche Gesamtgeschwindigkeit und die *Konzentrationen aller Reaktionsteilnehmer* (Endprodukte, Zwischenprodukte, Edukte) sind *konstant* und größer Null ($c_A, c_B, c_C, c_D > 0$) (*dynamisches Gleichgewicht im offenen System*) [vgl. **MC-Fragen Nr. 821, 970–972**].

Der lebende Organismus ist ein Beispiel für ein offenes System. Nahrung und Sauerstoff werden aufgenommen, CO_2 und andere Stoffwechselprodukte werden abgegeben. Es stellt sich eine von der Aktivität der Enzyme (Biokatalysatoren) abhängige stationäre Konzentration der Produkte ein. Dieses Fließgleichgewicht ist charakteristisch für den betreffenden Stoffwechsel.

1.10.2 Beschreibung der Gleichgewichtslage homogener Systeme

1.10.2.1 Massenwirkungsgesetz bei einfachen Reaktionen

Für die Anwendung des MWG auf einfache chemische Reaktionen kann folgende Vorgehensweise herangezogen werden: Man bildet das Produkt der Stoffmengenkonzentrationen ($mol \cdot l^{-1}$) der Reaktionsprodukte und dividiert es durch das Produkt der Stoffmengenkonzentrationen der Ausgangsstoffe. Der sich ergebende Quotient entspricht der Gleichgewichtskonstanten (K_c). Nehmen an der Reaktion zwei, drei oder mehrere Moleküle der gleichen Molekülart teil, so ist in der MWG-Gleichung die Stoffmengenkonzentration dieser Molekülart in die zweite, dritte oder höhere Potenz zu erheben [vgl. **MC-Fragen Nr. 930, 934, 941**].

$$aA + bB \rightleftharpoons cC + dD$$

$$K_c = \frac{[C]^c \cdot [D]^d}{[A]^a \cdot [B]^b}$$

Bei Reaktionen, an denen **Gase** beteiligt sind, kann man anstelle der Stoffmengenkonzentrationen die *Partialdrücke* (p) [Pa] einsetzen, da Stoffmengenkonzentration und Partialdruck eines Gases bei gegebener Temperatur einander proportional sind [$p = c \cdot R \cdot T$]. Die Gleichgewichtskonstante hat dann aber einen anderen Zahlenwert; man bezeichnet sie mit $\mathbf{K_p}$. Zwischen beiden Konstanten besteht folgender Zusammenhang:

$$\mathbf{K_p = K_c \cdot (R \cdot T)^{\Sigma n}}$$

Beispielsweise ergibt die Anwendung des Massenwirkungsgesetzes auf die **Knallgasreaktion** [$2\,H_2 + O_2 \; 2\,H_2O$] für die Gleichgewichtskonstante folgenden Ausdruck [vgl. **MC-Frage Nr. 943**]:

$$K_p = (p_{H2O})^2/(p_{H2})^2 \cdot (p_{O2})$$

Die **Konzentration des Wassers** kann bei *Reaktionen in verdünnten wässrigen Lösungen*, bei denen *Wasser sowohl Reaktand als auch Lösungsmittel* ist, als praktisch *konstant* angesehen werden, weil sie sehr groß ist im Vergleich zu den Konzentrationen der gelösten Stoffe [Wasser besitzt eine Molmasse von 18; das Gewicht von 1 l Wasser beträgt bei 25 °C 997 g. Daraus errechnet sich die Stoffmengenkonzentration von 1 l Wasser bei 25 °C zu: C = 997 : 18 = **55,4 mol/l**]. Es ist deshalb üblich, die Konzentration des Wassers in die Gleichgewichtskonstante K_c einzubeziehen und in der MWG-Gleichung formal durch den Faktor 1 zu berücksichtigen. Beispielsweise ergibt die Anwendung des MWG auf die **Protolyse von Chlorwasserstoff** in wässriger Lösung folgende Gleichgewichtskonstante (siehe auch ▸ Kap. 1.11.3.1):

$$HCl + H_2O \rightleftharpoons H_3O^+ + Cl^-$$
$$K_c = [H_3O^+] \cdot [Cl^-] \, / \, [HCl]$$

Dies gilt generell für die *Konzentrationen* aller *reinen Feststoffe* und *reinen Flüssigkeiten*, die *konstant* sind, solange Druck und Temperatur konstant gehalten werden.

Die *Messung der Gleichgewichtskonstanten* beruht auf der analytischen Bestimmung der Gleichgewichtszusammensetzung des Reaktionsgemischs. Geht man von bekannten oder stöchiometrischen Mengen an Edukten aus, so genügt es meistens, *nur* einen Stoff des Gemischs im Gleichgewicht zu ermitteln und daraus die Konzentrationen der übrigen Bestandteile mit Hilfe des MWG zu berechnen. Durch die Analyse darf aber das Gleichgewicht nicht gestört, d. h. verändert werden.

Die folgenden Berechnungen sollen die Anwendung des MWG weiter vertiefen [in Klammer Nr. der MC-Frage]:

[944] Die Gleichgewichtskonstante der Reaktion eines Alkohols (ROH) mit einer Carbonsäure (RCOOH) zu einem Ester (RCOOR) und Wasser sei $K_c = 4$. Es wird angenommen, dass im Gleichgewichtszustand die Konzentration an Carbonsäure [RCOOH] = 8 und an Alkohol [ROH] = 2 betrage, und dass die Aktivitätskoeffizienten gleich 1 seien. Außerdem liegt Wasser nur als Reaktionswasser vor.

Die allgemeine Reaktionsgleichung der Esterbildung lautet:

$$\text{Säure} + \text{Alkohol} \rightleftharpoons \text{Ester} + \text{Wasser}$$

$$R\text{-}COOH + ROH \rightleftharpoons R\text{-}COOR + H_2O$$

Da je gebildetem Estermolekül auch ein Molekül Wasser entsteht, ist
[Ester] = [Wasser]
und die Gleichgewichtskonzentration an Ester berechnet sich zu:

$$K = \frac{[Ester] \cdot [Wasser]}{[Säure] \cdot [Alkohol]} = \frac{[Ester]^2}{[Säure] \cdot [Alkohol]}$$

Durch Umformung dieser Gleichung erhält man für die Konzentration an Ester:

$$[Ester]^2 = K \cdot [Säure] \cdot [Alkohol] = 4 \cdot 8 \cdot 2 = 64$$

$$\mathbf{[Ester]} = \sqrt{64} = \mathbf{8\ mol/l}$$

[945] Bei der Reaktion (AB A + B) bewirkt eine Verdopplung der Konzentration von [AB] bei Konstanz der übrigen Reaktionsbedingungen eine Erhöhung der Gleichgewichtskonzentration von [A] und [B] um den Faktor $\mathbf{\sqrt{2}}$.

$$K = [A] \cdot [B] / [AB] = \sqrt{2} \cdot [A] \cdot \sqrt{2} \cdot [B] / 2 \cdot [AB] \quad (\sqrt{2} \cdot \sqrt{2} = 2)$$

1.10.2.2 Gleichgewichtsexponenten (pK-Werte)

Gleichgewichtskonstanten (K) können oft sehr große oder sehr kleine Zahlenwerte annehmen. Man gelangt zu bequemer handhabbaren Werten, wenn man die Gleichgewichtskonstante durch ihren *negativen dekadischen Logarithmus* (**Gleichgewichtsexponent**) festlegt. Es gilt:

$$\mathbf{pK = -\log K \quad bzw. \quad K = 10^{-pK}}$$

Zu beachten ist, dass ein *negativer* pK-Wert eine *große* Gleichgewichtskonstante (K) bedeutet und das Gleichgewicht der Reaktion weitgehend auf der Seite der Produkte liegt. Ein *positiver* Gleichgewichtsexponent resultiert aus einem *kleinen* K_c-Wert. Im Gleichgewichtszustand dieser Reaktion überwiegen die Edukte.

Die Gleichgewichtsexponenten vermitteln schließlich auch einen Einblick in die *energetischen Verhältnisse* einer Reaktion. Reaktionen mit positivem pK-Wert verbrauchen Energie, solche mit negativem pK-Wert liefern Energie. Je nachdem, ob der Gleichgewichtsexponent größer oder kleiner 1 ist, spricht man deshalb von *endergonischen* oder *exergonischen* Reaktionen (siehe ▸ Kap. 1.9.6.2 und ▸ Kap. 1.9.7.2).

1.10.2.3 Massenwirkungsgesetz bei gekoppelten Reaktionen

Das MWG gilt auch für *mehrstufige* Reaktionen, sofern sie reversibel sind. Bei gekoppelten Reaktionen kann für jeden einzelnen Teilschritt das MWG formuliert werden.

$$\underset{\text{Edukte}}{aA + bB} \overset{K_1}{\rightleftharpoons} [cC + dD] \overset{K_2}{\rightleftharpoons} [eE + fF] \overset{K_3}{\rightleftharpoons} \underset{\text{Produkte}}{gG + hH}$$

Zwischenprodukte

$$K_1 = \frac{[C]^c \cdot [D]^d}{[A]^a \cdot [B]^b} \; ; \; K_2 = \frac{[E]^e \cdot [F]^f}{[C]^c \cdot [D]^d} \; ; \; K_3 = \frac{[G]^g \cdot [H]^h}{[E]^e \cdot [F]^f}$$

Für jede Teilreaktion erhält man auf diese Weise eine Gleichgewichtskonstante. **Multipliziert** man die Gleichgewichtskonstanten der einzelnen Teilschritte miteinander, so ergibt dies die Gleichgewichtskonstante der Gesamtreaktion. Diese wird auch erhalten, wenn das MWG auf den Gesamtvorgang angewandt wird [vgl. **MC-Frage Nr. 939**].

$$K_{Gesamt} = K_1 \cdot K_2 \cdot K_3 = \frac{[G]^g \cdot [H]^h}{[A]^a \cdot [B]^b}$$

Demgegenüber **addieren** sich die freien Reaktionsenthalpien (ΔG^o) der Teilreaktionen zur freien Reaktionsenthalpie der Gesamtreaktion (siehe ▸Kap. 1.9.6.2).

1.10.2.4 Exakte Form des Massenwirkungsgesetzes

Bei der bisher benutzten Form des MWG handelt es sich um eine Näherungsbeziehung. Zur exakten Formulierung des MWG sind anstelle der Konzentrationen (c) die **Aktivitäten** (a) der an der Reaktion beteiligten Substanzen in die MWG-Gleichung einzusetzen [vgl. **MC-Frage Nr. 930**].

In *konzentrierten Salzlösungen* können die Aktivitäten erheblich von den jeweiligen Ionenkonzentrationen abweichen, weil die *Anziehungskräfte* zwischen den gelösten Ionen nicht mehr zu vernachlässigen sind und die bei der kinetischen Ableitung des MWG gemachte Voraussetzung einer ungestörten, regellosen Bewegung der Teilchen nicht mehr zutrifft. Die Abweichungen sind umso größer, je höher die Konzentrationen der Stoffe sind. Nur in sehr verdünnten Lösungen sind die Ionenaktivitäten praktisch identisch mit den Ionenkonzentrationen. Bei gelösten *Nichtelektrolyten* erstreckt sich die Übereinstimmung zwischen Konzentration und Aktivität bis in einen wesentlich höheren Konzentrationsbereich.

Für eine homogene Reaktion [aA + bB cC + dD] erfüllen die Gleichgewichtsaktivitäten stets das MWG.

$$\mathbf{K_a = \frac{(a_C)^c \cdot (a_D)^d}{(a_A)^a \cdot (a_B)^b}}$$

K_a wird als **thermodynamische Gleichgewichtskonstante** bezeichnet. Ihr Zahlenwert ist bei gegebener Temperatur immer eine Konstante.

Bei einem gelösten Stoff wird seine **Aktivität** am besten so definiert, dass ihr Wert sich mit zunehmender Verdünnung, d. h. abnehmender Konzentration aller gelösten Teilchen der *molaren Konzentration* (c) nähert (siehe auch ▸Kap. 1.8.9.3).

$$\lim_{\Sigma c \to 0} \frac{a}{c} = 1$$

Die Beziehung (a = c) gilt daher nur für außerordentlich verdünnte Lösungen. Die exakte Behandlung der Verhältnisse in Lösungen endlicher Konzentration wird erst durch die sog. **Aktivitätskoeffizienten** (f) ermöglicht. Es sind dies Faktoren, die die Aktivität und Molarität einer Substanz in folgender Weise miteinander verknüpfen:

$$\mathbf{a = f \cdot c} \quad \text{oder} \quad \mathbf{f = a/c}$$

Ferner gilt die Beziehung:

$$\lim_{\Sigma c \to 0} f = 1$$

Daraus ist abzuleiten, dass mit abnehmender Ionenkonzentration die Aktivitätskoeffizienten der gelösten Stoffe immer größer werden, um schließlich bei der Konzentration 0 den Grenzwert 1 zu erreichen. In genügend verdünnten (idealen) Lösungen weichen die Aktivitäten (a) nur noch geringfügig von den Konzentrationen (c) ab. Für den *Grenzfall unendlicher Verdünnung* gilt: **a = c**.

Für eine Reaktion [aA + bB cD + dD] lautet somit das *Massenwirkungsgesetz in seiner allgemeinsten Form:*

$$\mathbf{K_a = \frac{(f_C)^c \cdot (f_D)^d}{(f_A)^a \cdot (f_B)^b} \cdot \frac{(c_C)^c \cdot (c_D)^d}{(c_A)^a \cdot (c_B)^b} = Q_f \cdot K_c}$$

K_a = thermodynamische Gleichgewichtskonstante
Q_f = Quotient der Aktivitätskoeffizienten
K_c = stöchiometrische Gleichgewichtskonstante

1.10.3 Abhängigkeit der Gleichgewichtslage

1.10.3.1 Temperaturabhängigkeit der Gleichgewichtskonstanten

Wie bereits ausgeführt ist die Gleichgewichtskonstante (K) einer chemischen Reaktion *temperaturabhängig,* weil bei einer chemischen Umsetzung Hin- und Rückreaktion verschiedene Temperaturabhängigkeiten ihrer Geschwindigkeitskonstanten (k) aufweisen [siehe auch ▸Kap. 1.13.2.6 und **MC-Fragen Nr. 930, 935**].

Um die Temperaturabhängigkeit der Gleichgewichtskonstanten (K) zu erhalten, kombiniert man die beiden Definitionsgleichungen der **freien Reaktionsenthalpie** (ΔG) miteinander (siehe ▸Kap. 1.9.6.1 und ▸Kap. 1.9.7.2).

Aus $\Delta G° = \Delta H° - T \cdot \Delta S°$ und $\Delta G° = -RT \cdot \ln K$ ergibt sich:

$$\mathbf{\ln K = -\Delta H°/RT + \Delta S°/R}$$

Wenn ΔH° und ΔS° konstante Größen und von der Temperatur unabhängig sind, ist der Logarithmus der Gleichgewichtskonstanten (K) umgekehrt proportional zur absoluten Temperatur (T). Ist der betrachtete Temperaturbereich nicht allzu groß, so sind ΔH° und ΔS° näherungsweise temperaturunabhängig und es gilt:

$$\frac{d(\ln K)}{dT} = \frac{\Delta H^\circ}{RT^2}$$

(van't Hoff-Gleichung)
K = Gleichgewichtskonstante
ΔH° = Standardreaktionsenthalpie
R = allgemeine Gaskonstante
T = absolute Temperatur

Die van't Hoff-Gleichung zeigt, dass vor allem ΔH° die Temperaturabhängigkeit der Gleichgewichtskonstanten bestimmt. Die Gleichung besagt, dass K bei *endothermen Reaktionen* (ΔH° positiv) mit steigender Temperatur zunimmt, dagegen bei *exothermen Reaktionen* (ΔH° negativ) mit steigender Temperatur abnimmt. Das Gleichgewicht verschiebt sich somit bei Temperaturerhöhung in Richtung eines *Wärmeverbrauchs* (siehe auch ▸Kap. 1.10.3.4).

1.10.3.2 Druckabhängigkeit der Gleichgewichtskonstanten

Die Druckabhängigkeit von K ist stets bei Reaktionen zu berücksichtigen, an denen **Gase** beteiligt sind, insbesondere dann, wenn sich die Molzahlen (Volumen) während der Reaktion ändern.

$$\frac{d(\ln K)}{dp} = -\frac{\Delta V}{RT}$$

Bei einer Gasreaktion wie dem thermischen **Zerfall von Distickstofftetroxid** [$N_2O_4 \longrightarrow 2\,NO_2$] nimmt die Gesamtmolzahl und damit das Reaktionsvolumen zu. ΔV ist positiv, so dass die Gleichgewichtskonstante (K) mit steigendem Druck abnimmt. D. h., das Gleichgewicht verschiebt sich im Sinne einer Volumenverminderung. Ist ΔV negativ wie im Falle der **Ammoniaksynthese** aus den Elementen [$N_2 + 3\,H_2 \longrightarrow 2\,NH_3$], so wächst K mit zunehmendem Druck. Auch hier reagiert das Gleichgewicht in Richtung einer *Volumenverminderung*.

1.10.3.3 Beschleunigung der Gleichgewichtseinstellung

Eine schnellere Einstellung des chemischen Gleichgewichts kann erreicht werden durch

- eine **Temperaturerhöhung** (van't Hoff-Regel, siehe ▸Kap. 1.13.2.6),
- **Katalysatoren** (siehe ▸Kap. 1.13.5).

Die Anwesenheit eines *Katalysators* hat aber *keinen* Einfluss auf die Lage des Gleichgewichts, weil Katalysatoren die Hin- und Rückreaktion gleichermaßen beschleunigen. Katalysatoren beeinflussen also *nicht* den ΔG-Wert einer chemischen Reaktion [vgl. **MC-Fragen Nr. 931, 932, 935**].

1.10.3.4 Verschiebung von Gleichgewichten, Le Chatelier-Prinzip

Das Prinzip besagt, dass jede Störung eines Gleichgewichts durch einen äußeren Einfluss (Aktion) einen Vorgang (Reaktion) auslöst, der die Wirkung dieses Einflusses vermindert.

Ein Gas oder ein gelöster Stoff ist nach der allgemeinen Zustandsgleichung durch drei Größen charakterisierbar. Durch den **Druck** (p) bzw. osmotischen Druck (π), die **Konzentration** (c) und die **Temperatur** (T) (siehe ▸ Kap. 1.8.3.5 und 1.8.8.5).

Dementsprechend kann man ein im Gleichgewicht befindliches System durch Vergrößern oder Verkleinern dieser Zustandsgrößen stören und dadurch verschieben. Nach welcher Seite der Reaktionsgleichung hin die Gleichgewichtsverlagerung erfolgt, geht qualitativ aus dem von **Le Chatelier** formulierten **„Prinzip der Flucht vor dem Zwang"** hervor:

> Übt man auf ein im Gleichgewicht befindliches System durch Änderung der äußeren Bedingungen einen Zwang aus, so verschiebt sich das Gleichgewicht derart, dass es dem äußeren Zwang ausweicht. D. h., es stellt sich ein neues Gleichgewicht mit vermindertem Zwang ein.

Das Gesetz gilt sowohl für physikalische als auch für chemische Gleichgewichte und erlaubt deren Verschiebung durch Änderung der äußeren Bedingungen vorauszusagen.

Konzentrationsänderungen: Erhöht man z. B. die Konzentration eines Ausgangsstoffes, so muss sich, um die Gleichgewichtsbedingung zu erfüllen (K ist bei unveränderter Temperatur konstant), ein Teil des zugesetzten Stoffes mit einer gewissen Menge eines anderen Reaktanden in ein Reaktionsprodukt umwandeln. Die Folge ist, dass die Gleichgewichtskonzentrationen der Produkte größer sind als vorher [vgl. **MC-Fragen Nr. 931, 932, 937, 940, 947**].

Ein Beispiel für die Gleichgewichtsverschiebung durch eine Konzentrationsänderung ist der Übergang von gelbem **Chromat** (CrO_4^{2-}) in orangefarbenes **Dichromat** ($Cr_2O_7^{2-}$) bei Zusatz von überschüssiger Säure.

$$2\ CrO_4^{2-} + 2\ H^+ \rightleftharpoons Cr_2O_7^{2-} + H_2O$$

Statt durch Hinzufügen eines Überschusses eines Eduktes kann man das Gleichgewicht auch durch Entfernen eines Produktes stören. Fängt man z. B. im *Chromat-Dichromat-Gleichgewicht* die Protonen durch Zugabe einer Lauge ab, so zerfällt Dichromat und es bildet sich das gelbe Chromat.

Durch das Entfernen eines Produktes aus dem Gleichgewicht wird *formal* das Konzentrationsprodukt im Zähler der MWG-Gleichung kleiner. Daher werden zur Minderung dieses Zwanges aus den noch vorhandenen Ausgangsstoffen weitere Reaktionsprodukte solange gebildet, bis der Quotient aus den Konzentrationen wieder der Gleichgewichtskonstanten (K) entspricht. Die Entfernung eines Produktes aus dem Gleichgewichtssystem kann z. B. dadurch geschehen, dass ein Produkt als Gas entweicht oder als leichtflüchtiger Stoff abdestilliert bzw. als schwer löslicher Stoff aus der Reaktionslösung abgeschieden wird.

Durch Erhöhung der Konzentration eines Ausgangsstoffes lässt sich das Gleichgewicht zugunsten der Produkte verschieben. Auch die Entfernung eines Reaktionsproduktes verlagert das Gleichgewicht zur Produktseite (nach rechts) hin.

Druckänderungen: Übt man auf eine *Gasreaktion* der allgemeinen Form [A + B C + D] einen Druck aus, so erfolgt *keine* Verschiebung des Gleichgewichts, da sich die Zahl der Moleküle und damit das Volumen der anwesenden Stoffe nicht ändert.

Besitzen hingegen die gasförmigen Reaktionsprodukte ein *kleineres Volumen* als die gasförmigen Edukte, wie dies bei der **Synthese von Ammoniak** aus den Elementen [$3\,H_2 + N_2 \longrightarrow 2\,NH_3$] der Fall ist, so führt eine *Druckerhöhung* (Minderung des Reaktionsraumes) zu einer Verlagerung des Gleichgewichts zugunsten der Produkte.

Eine *Vergrößerung des Reaktionsraumes* (Minderung des Druckes) hat umgekehrt eine Verschiebung des Gleichgewichts nach der Seite des größeren Volumens hin zur Folge. So nimmt z. B. die *elektrolytische Dissoziation* [$AB \longrightarrow A^+ + B^-$] mit steigender Verdünnung der Lösung zu [siehe ▸ Kap. 1.8.9.1 und **MC-Fragen Nr. 934, 936, 937, 940, 949, 950**].

Eine Druckerhöhung bewirkt stets eine Veränderung der Gleichgewichtslage in Richtung der volumenvermindernden Reaktion. Das Gleichgewicht wird durch die Druckerhöhung auf die Seite der Reaktionsgleichung mit der geringeren Anzahl von Molekülen verschoben.
Reaktion unter Volumenverminderung → Druckerhöhung
Reaktion unter Volumenvergrößerung → Druckerniedrigung

Reaktionen, an denen nur *Flüssigkeiten* oder *Feststoffe* beteiligt sind, werden im Allgemeinen nur geringfügig von Druckänderungen beeinflusst.

Temperaturänderungen: Generell bewirkt eine Temperaturerhöhung eine Verschiebung des Gleichgewichts in Richtung der wärmeverbrauchenden Reaktion.

Bei *exothermen Reaktionen* wird die Gleichgewichtskonstante mit steigender Temperatur kleiner, während sie umgekehrt bei *endothermen Reaktionen* größer wird. Eine Temperaturerhöhung bewirkt somit, dass das Gleichgewicht chemischer Vorgänge, die Wärme liefern, nach der Seite der Edukte hin verschoben wird, während es sich bei Vorgängen, die Wärme verbrauchen, zur Produktseite hin verlagert [vgl. **MC-Fragen Nr. 931, 932, 936, 937, 940, 948, 949**].

Eine Temperaturerhöhung begünstigt endotherme, eine Temperaturerniedrigung exotherme Prozesse.
Exotherme Reaktion → Kühlen
Endotherme Reaktion → Heizen

Ganz allgemein herrschen bei hohen Temperaturen die endothermen, bei tiefen Temperaturen die exothermen Prozesse vor. Beim absoluten Nullpunkt (T = 0 K) können sich nur exotherme Reaktionen abspielen; bei Raumtemperatur (T = 298 K) verlaufen die meisten Umsetzungen noch exotherm, doch sind bereits endotherme Reaktionen möglich. Bei hohen Temperaturen (T > 3000 K) werden hingegen die exothermen Verbindungen größtenteils zerstört und endotherme gebildet.

1.10.3.5 Anwendungen des Le Chatelier-Prinzips

Die folgenden Beispiele sollen die präparative Anwendung dieses Prinzips nochmals verdeutlichen.

Ammoniakgleichgewicht: Das wichtigste Verfahren zur technischen Darstellung von NH_3 ist die Synthese aus den Elementen (**Haber-Bosch-Verfahren**).

$$3\,H_2 + N_2 \rightleftharpoons 2\,NH_3 \qquad \Delta H = -92{,}4\ kJ = -46.2\ kJ\ mol^{-1}$$

Hierbei handelt es sich um eine *exotherme* (ΔH negativ) unter *Volumenverminderung* (aus 1 Mol N_2 und 3 Mol H_2 entstehen nur 2 Mol NH_3) verlaufende Reaktion. Deshalb verschiebt sich das Gleichgewicht dieses Prozesses mit *fallender Temperatur* und *steigendem Druck* nach rechts [vgl. **MC-Fragen Nr. 950, 1530, 1532**].

Bei niedrigen Temperaturen ist aber die Geschwindigkeit der Reaktion gering, und Katalysatoren wirken erst ab 400 °C beschleunigend auf die Umsetzung. Daher ist man gezwungen, bei 400–500 °C und 200 atm Druck zu arbeiten. Die Ausbeute liegt bei 17,6 Vol%.

Alkoholyse von Carbonsäuren: Die Veresterung einer Carbonsäure mit einem Alkohol läuft nach folgender Gleichung ab:

$$\underset{\text{Säure}}{RCOOH} + \underset{\text{Alkohol}}{ROH} \rightleftharpoons \underset{\text{Ester}}{RCOOR} + \underset{\text{Wasser}}{H_2O}$$

Das Veresterungsgleichgewicht liegt auf der Seite der Edukte. Es kann nach rechts zur Produktseite hin verschoben werden, indem man eine der Ausgangskomponenten, meistens den billigeren Alkohol, in 5–10 fachem Überschuss einsetzt, oder wenn man dem Reaktionsgemisch kontinuierlich eines der Umsetzungsprodukte (Wasser oder Ester) entzieht [siehe auch Ehlers, **Chemie II,** ▸ Kap. 3.13.6.3].

Bezüglich des **Boudouard-Gleichgewichts** siehe ▸ Kap. 2.6.2.

1.10.4 Heterogene Gleichgewichte

Alle bisher behandelten chemischen Gleichgewichte bezogen sich auf *homogene*, d. h. aus einer *einzigen Phase* (Gasphase, Lösungsphase) bestehende Systeme (○ Abb. 1.127).

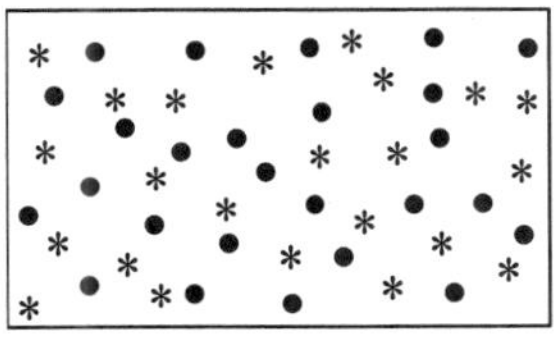

○ Abb. 1.127 Homogener Reaktionsraum
*** Molekül A • Molekül B**

Liegen *heterogene*, d. h. aus mehreren Phasen bestehende Systeme vor (Gasphase + fester Stoff oder Lösung + fester Stoff), so lässt sich das Massenwirkungsgesetz nicht mehr unmittelbar anwenden, weil z. B. für einen *festen Stoff* das MWG, das unter der Voraussetzung der sich frei und ungeordnet im Reaktionsraum bewegenden Reaktanden abgeleitet wurde, nicht mehr zutrifft.

Man kann sich in diesen Fällen aber dadurch behelfen, dass man die Reaktion als nur in einer Phase ablaufend betrachtet, wobei zwei wichtige Regeln zu beachten sind [vgl. **MC-Frage Nr. 930**]:

- Die Aktivität einer Substanz in einem heterogenen System, das sich im Gleichgewicht befindet, ist in jeder Phase des Systems, in der die Substanz als Bestandteil auftritt, die gleiche.
- Die Aktivität einer reinen Flüssigkeit oder eines reinen Feststoffs ist konstant, wenn Druck und Temperatur konstant gehalten werden.

Da die Aktivität einer reinen flüssigen oder kristallinen Phase bei gegebener Temperatur konstant ist, wird sie in die Gleichgewichtskonstante einbezogen und muss nicht explicit beim Aufstellen der MWG-Gleichung berücksichtigt werden.

1.10.4.1 Fest-gasförmige Systeme

Als Beispiel einer heterogenen Reaktion soll die Umsetzung von metallischem Eisen mit Wasserdampf zu Eisen(II)-oxid und Wasserstoff betrachtet werden.

$$Fe + H_2O \rightleftharpoons FeO + H_2$$

Als fester Stoff hat Eisen bei gegebener Temperatur einen zwar kleinen, aber konstanten Sättigungsdampfdruck (p_{Fe}). Das Eisen wird deshalb in einem *geschlossenen* Reaktionsgefäß (○ Abb. 1.128) nur bis zum Erreichen des Wertes p_{Fe} verdampfen. Im Gasraum findet die Umsetzung statt. Der dabei gebildete FeO-Dampf wird sich infolge seines außerordentlich geringen Sättigungsdampfdruckes solange als festes Eisenoxid abscheiden, bis der Druck auf den Sättigungsdampfdruck (p_{FeO}) abgenommen hat. Umgekehrt verdampft Eisen in dem Maße, wie es in der Reaktion verbraucht wird, sodass auch sein Druck konstant bleibt, solange noch fester Bodenkörper vor-

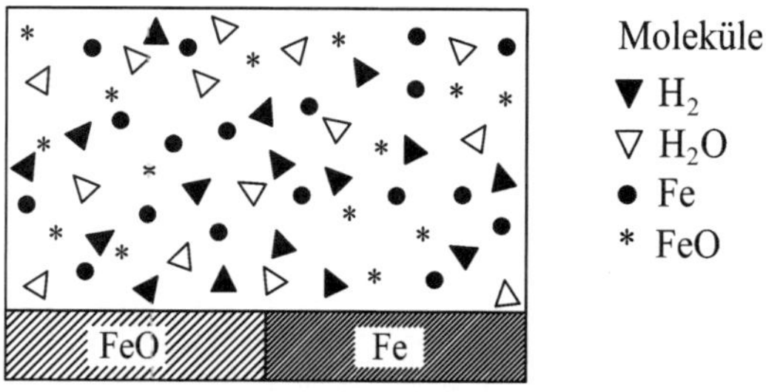

○ **Abb. 1.128 Heterogener Reaktionsraum**

handen ist. Im Gleichgewichtszustand gilt für den *Gasraum* folgende MWG-Beziehung:

$$K_p = \frac{P_{FeO} \cdot P_{H_2}}{P_{Fe} \cdot P_{H_2O}} \text{ oder } K'_p = \frac{P_{H_2}}{P_{H_2O}}$$

Da p_{Fe} und p_{FeO} wie eingangs begründet konstante Größen sind, können sie mit K_p zur neuen Konstanten K'_p zusammengefasst werden. Die Reaktion kommt bei gegebener Temperatur dann zum Stillstand, wenn das Verhältnis der Partialdrücke des H_2- und des H_2O-Dampfes den konstanten Wert von K'_p erreicht hat.

Arbeitet man nicht wie oben angenommen in einem geschlossenen Gefäß, sondern leitet Wasserdampf durch ein mit Eisen gefülltes offenes Rohr (*offenes System*, das einen Materieaustausch mit der Umgebung gestattet), so erfolgt eine quantitative Umsetzung, weil Wasserstoff entweichen kann und die für die Einstellung des Gleichgewichts erforderlichen Drücke nicht erreicht werden.

Ein analoges Beispiel ist die **thermische Zersetzung von Metallcarbonaten**, die in einer offenen Abdampfschale quantitativ unter Bildung der entsprechenden Metalloxide abläuft. In einem geschlossenen Gefäß führt hingegen die CO_2-Abspaltung zu einem Gleichgewichtszustand.

$$MeCO_3 \rightleftharpoons MeO + CO_2$$

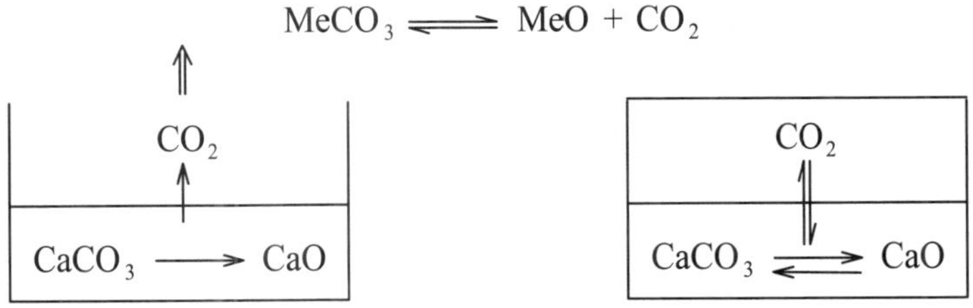

1.10.4.2 Fest-flüssige Systeme, Löslichkeitsprodukt, Löslichkeit

Die Vorgänge, die sich in einer **gesättigten Salzlösung** an der Oberfläche des Bodenkörpers abspielen, sind ein weiteres Beispiel für ein heterogenes Gleichgewichtssystem.

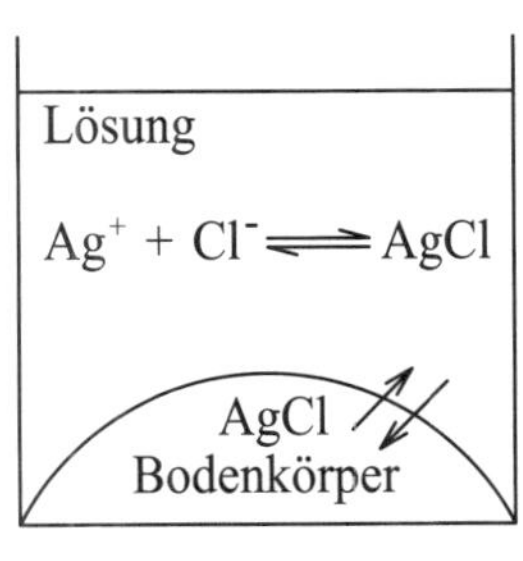

Aus dem Gitter des Bodenkörpers treten ständig Ionen aus und gehen in Lösung. Umgekehrt werden fortwährend Ionen aus der Lösung am festen Salz abgeschieden und in das Gitter eingebaut. Für den Gleichgewichtszustand, in dem beide Vorgänge mit gleicher Geschwindigkeit ablaufen, ergibt sich folgende MWG-Beziehung:

$$AB_{fest} \rightleftharpoons A^{+}_{aquo} + B^{-}_{aquo}$$

$$K_c = \frac{[A^+]_{aq} \cdot [B^-]_{aq}}{[AB]_f}$$

Solange aber festes Salz (AB) als Bodenkörper vorhanden ist, bleibt dessen Aktivität konstant und man kann die MWG-Gleichung wie folgt vereinfachen:

$$K_L = K_c \cdot [AB]_f = [A^+]_{aq} \cdot [B^-]_{aq}$$

Die neue Konstante (K_L) wird als das **Löslichkeitsprodukt** der Substanz (AB) bezeichnet, weil das Produkt der Ionenkonzentrationen $[A^+]$ und $[B^-]$ diesen Wert überschreiten muss, damit die **Löslichkeit** einer Verbindung erreicht wird und diese ausfällt. Ist das Produkt der Konzentrationen von $[A^+]$ und $[B^-]$ kleiner als es dem Zahlenwert des Löslichkeitsproduktes entspricht, so fällt das Salz (AB) nicht aus und es liegt keine gesättigte Lösung vor [vgl. **MC-Fragen Nr. 951, 952**]

Für ein Salz der allgemeinen Formel A_mB_n ergibt sich das **Löslichkeitsprodukt** (K_L) zu:

$$\mathbf{K_L = [A^+]^m \cdot [B^-]^n \ (mol^{m+n} \cdot l^{-(m+n)})}$$

Für *Calciumfluorid* (CaF_2) oder *Silbersulfid* (Ag_2S) errechnet sich das jeweilige Löslichkeitsprodukt (K_L) nach folgenden Formelgleichungen [vgl. **MC-Fragen Nr. 951, 953**]:

$$K_L(CaF_2) = [Ca^{2+}] \cdot [F^-]^2 \ (mol^3 \cdot l^{-3})$$
$$K_L(Ag_2S) = [Ag^+]^2 \cdot [S^{2-}] \ (mol^3 \cdot l^{-3})$$

Generell gilt, dass *ein Salz umso schwerer löslich ist, je kleiner der Zahlenwert des Löslichkeitsproduktes ist.* Hierbei muss allerdings berücksichtigt werden, dass das Löslichkeitsprodukt *nicht* die Löslichkeit eines Salzes angibt. In ◻Tab. 1.58 sind die Löslichkeitsprodukte einiger schwer löslicher Salze in Wasser bei 20 °C aufgelistet. Da die Konstante (K_L) u.U. sehr kleine Zahlenwerte annehmen kann, ist auch hier die Einführung des **Löslichkeitsexponenten (pK_L)** von Nutzen.

$$\mathbf{pK_L = -\log K_L}$$

In einer gesättigten Salzlösung ist das Produkt der Ionenkonzentrationen (Aktivitäten) konstant und wird Löslichkeitsprodukt (K_L) genannt. Der negative dekadische Logarithmus dieser Konstanten wird als pK_L-Wert bezeichnet. Je größer der pK_L-Wert ist, desto schwerer löslich ist die Substanz und desto früher setzt eine Fällung ein. Ein schwer lösliches Salz wird nur dann gefällt, wenn sein Löslichkeitsprodukt überschritten wird. Mit anderen Worten, ein Salz der allgemeinen Zusammensetzung (AB) bleibt vollständig gelöst, solange das Produkt der Ionenkonzentrationen ($[A^+] \cdot [B^-]$) kleiner ist als das Löslichkeitsprodukt.

Die Löslichkeit eines Salzes hängt vor allem von der **Temperatur** und der **Teilchengröße** ab. Bezüglich der Temperaturabhängigkeit der Löslichkeit siehe ▸Kap. 1.8.7.2. Im Allgemeinen tritt mit einer Temperaturerhöhung eine Vergrößerung des Löslichkeitsproduktes ein. ○Abb. 1.129 zeigt den Einfluss der Teilchengröße auf die Löslichkeit eines Stoffes. Je kleiner (feinkörniger) die Teilchen sind, desto besser löslich ist die Substanz [vgl. **MC-Fragen Nr. 951, 952**].

Die Kenntnis des Löslichkeitsproduktes ist vor allem für die Betrachtung der *Vorgänge beim Auflösen und Ausfällen von Salzen* von Bedeutung.

Setzt man z. B. einer Lösung, die Ag^+-Ionen enthält, eine Cl^--haltige Lösung hinzu, so beginnt sich festes AgCl abzuscheiden, sobald das Produkt der Ionenkonzentrationen $[Ag^+]$ und $[Cl^-]$ den Wert $K_L(AgCl) = 10^{-10}$ überschritten hat. Um die Silber-Ionen quantitativ auszufällen, verwendet man hohe Konzentrationen an Cl^--Ionen, weil dann – gemäß $K_L = [Ag^+] \cdot [Cl^-]$ – nur sehr kleine Mengen an Ag^+-Ionen in Lösung verbleiben. Die Ausfällung eines schwer löslichen Salzes sollte daher mit einem Überschuss an Fällungsmittel geschehen.

Die Löslichkeit eines Salzes wird in der Regel durch die Anwesenheit solcher Ionen erniedrigt, die durch die Dissoziation der schwer löslichen Verbindung gebildet werden (**gleichionige Zusätze**). So besitzt z. B. AgCl in einer Ag^+-Ionen enthaltenden Lösung eine geringere Löslichkeit als in reinem Wasser. Darüber hinaus kann sehr reines **Natriumchlorid** (NaCl) durch Zusatz von HCl zu einer gesättigten Kochsalz-Lösung erhalten werden [vgl. **MC-Fragen Nr. 951, 952, 1804**].

Auch durch **Komplexbildung** kann sich die Löslichkeit eines Stoffes deutlich ändern. Beispiele hierfür sind das:

- Auflösen von AgCl in konzentrierter Salzsäure
  $AgCl + HCl \longrightarrow [AgCl_2]^- + H^+$
- Auflösen von AgCl in wässrigem Ammoniak
  $AgCl + 2\,NH_3 \longrightarrow [Ag(NH_3)_2]^+ + Cl^-$
- Auflösen von Magnesiumhydroxid durch Ammoniumsalze
  $Mg(OH)_2 + 2\,NH_4^+ \longrightarrow [Mg(NH_3)_2]^{2+} + 2\,H_2O.$

Sofern die Bildung löslicher Komplexe auszuschließen ist, erhöht ein Überschuss an Fällungsmittel den **Fällungsgrad**. Darüber hinaus wird die Löslichkeit schwer löslicher Salze auch durch *gleichionige* Zusätze erniedrigt. *Fremdionige Zusätze* beeinflussen dagegen die Aktivität eines Salzes und erhöhen im Allgemeinen dessen Löslichkeit.

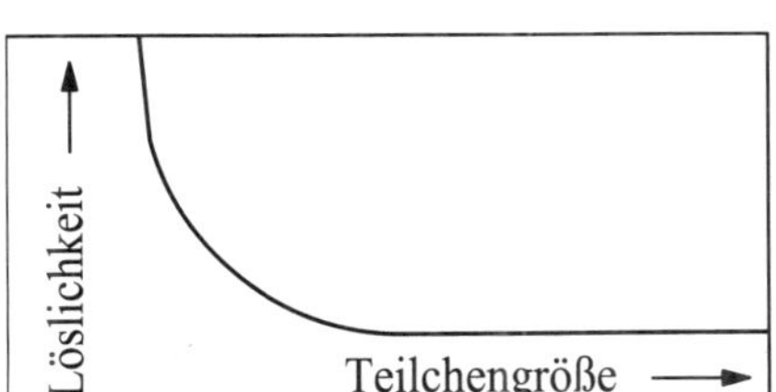

○ **Abb. 1.129 Abhängigkeit der Löslichkeit von der Teilchengröße**

Tab. 1.58 Löslichkeitsprodukte schwer löslicher Salze (Dimensionen entsprechend dem MWG)

HgS	$2 \cdot 10^{-52}$	$Fe(OH)_3$	$1{,}1 \cdot 10^{-36}$	$PbCO_3$	$3{,}3 \cdot 10^{-14}$
Ag_2S	$1{,}6 \cdot 10^{-49}$	$Al(OH)_3$	$2 \cdot 10^{-33}$	Li_2CO_3	$1{,}7 \cdot 10^{-13}$
CuS	$8{,}5 \cdot 10^{-36}$	$Cr(OH)_3$	$6{,}7 \cdot 10^{-31}$	$SrCO_3$	$1{,}6 \cdot 10^{-9}$
PbS	$1 \cdot 10^{-28}$	$Fe(OH)_2$	$1 \cdot 10^{-15}$	$CaCO_3$	$4{,}8 \cdot 10^{-9}$
CdS	$8 \cdot 10^{-27}$	$Ni(OH)_2$	$1 \cdot 10^{-14}$	$BaCO_3$	$5 \cdot 10^{-9}$
ZnS	$1 \cdot 10^{-23}$	$Zn(OH)_2$	$1{,}8 \cdot 10^{-14}$		
NiS	$2 \cdot 10^{-21}$	$Mg(OH)_2$	$1{,}2 \cdot 10^{-11}$	CaF_2	$3{,}4 \cdot 10^{-11}$
FeS	$3{,}7 \cdot 10^{-18}$	$Ca(OH)_2$	$8 \cdot 10^{-6}$	PbF_2	$3{,}6 \cdot 10^{-8}$
$BaSO_4$	$1 \cdot 10^{-10}$	AgBr	$5 \cdot 10^{-13}$	BaF_2	$1{,}7 \cdot 10^{-6}$
$PbSO_4$	$2 \cdot 10^{-8}$	Hg_2I_2	$1{,}2 \cdot 10^{-28}$	Hg_2Cl_2	$2 \cdot 10^{-18}$
$PbCrO_4$	$1{,}8 \cdot 10^{-14}$	AgI	$1{,}5 \cdot 10^{-16}$	AgCl	$1 \cdot 10^{-10}$
$BaCrO_4$	$2{,}4 \cdot 10^{-10}$	CuI	$5 \cdot 10^{-12}$	$PbCl_2$	$1{,}7 \cdot 10^{-5}$

Molare Löslichkeit: Die molare Löslichkeit (c_m) *(Sättigungskonzentration)* eines Salzes der allgemeinen Zusammensetzung A_mB_n kann aus dem Löslichkeitsprodukt (K_L) nach folgender Gleichung berechnet werden.

$$c_m = \sqrt[m+n]{\frac{K_L}{m^m \cdot n^n}} \qquad (\mathrm{mol} \cdot \mathrm{l}^{-1})$$

Ist die molare Löslichkeit eines Salzes bekannt, so berechnet sich daraus das Löslichkeitsprodukt wie folgt:

$$K_L = m^m \cdot n^n \cdot (C_m)^{m+n} \qquad (\mathrm{mol} \cdot \mathrm{l}^{-1})^{m+n}$$

Beispielsweise besitzt *Bismut*(III)-*sulfid* (Bi_2S_3) in Wasser ein Löslichkeitsprodukt von $K_L(Bi_2S_3) = 10^{-97}\ \mathrm{mol}^5 \cdot \mathrm{l}^{-5}$. Daraus berechnet sich die molare Löslichkeit (c_m) des Salzes zu [vgl. **MC-Frage Nr. 963**]:

$$c_m(Bi_2S_3) = \sqrt[3+2]{\frac{10^{-97}}{2^2 \cdot 3^3}} = \sqrt[5]{\frac{10^{-97}}{108}} \approx \mathbf{10^{-19}\ mol \cdot l^{-1}}$$

Weitere Berechnungen zum Löslichkeitsprodukt und zur molaren Löslichkeit finden sich im Fragenband in den *Kommentierungen* der **MC-Fragen Nr. 954–962**.

1.10.5 Andere Gleichgewichte

In diesem Abschnitt sollen die physikalischen Gleichgewichte der *Verteilung* eines Stoffes zwischen zwei flüssigen oder einer gasförmigen und einer flüssigen Phase vorgestellt werden.

A_{Gas}	$A_{Phase\ 1}$
$A_{Lösung}$	$A_{Phase\ 2}$

Bsp.

Ether	Wasser
Wasser	Chloroform

1.10.5.1 Nernstsches Verteilungsgesetz

Verteilt sich ein Stoff physikalisch zwischen zwei Phasen,

$$A_{Phase\ 1} \rightleftharpoons A_{Phase\ 2}$$

so führt die Verteilung zu einem Gleichgewicht, in dem die gegenläufigen Transportvorgänge durch eine Phasengrenze hindurch mit gleicher Geschwindigkeit verlaufen. Ein solches *Verteilungsgleichgewicht* ist durch folgende Beziehung charakterisiert:

$$K = \frac{[A]_{Phase\ 1}}{[A]_{Phase\ 2}} \quad \textbf{(Nernstches Verteilungsgesetz)}$$

Das Nernstsche Verteilungsgesetz besagt, dass das Verhältnis der Konzentrationen eines sich zwischen zwei Phasen verteilenden Stoffes im Gleichgewichtszustand bei gegebener Temperatur konstant ist. Die Konstante (K) heißt **Verteilungskoeffizient**. Der Verteilungskoeffizient ist eine temperaturabhängige Stoffkonstante. Bei einem Verteilungskoeffizienten K = 1 befinden sich jeweils 50% eines Stoffes in jeder der beiden Phasen [vgl. **MC-Fragen Nr. 964–966**].

Zu Berechnungen von Verteilungskoeffizienten mit Hilfe des Nernstschen Verteilungsgesetzes siehe Kommentierung der **MC-Fragen Nr. 967–969** im Fragenband.

Das Nernstsche Verteilungsgesetz bildet die Grundlage der **Lösungsmittelextraktion**. *Voraussetzung* für die Gültigkeit des Gesetzes ist, dass der Stoff in beiden Phasen *denselben Molekularzustand* aufweist.

Die Verwendung des Verteilungskoeffizienten als Stoffkonstante ist an gewisse Konventionen geknüpft und erfordert eine Angabe wie der Verteilungskoeffizient berechnet werden soll. Im Allgemeinen versteht man unter dem Verteilungskoeffizienten das Verhältnis:

$$K = \frac{\textbf{[Konzentration in der leichteren Phase]}}{\textbf{[Konzentration in der schwereren Phase]}}$$

Dies gilt auch, wenn das organische Lösungsmittel die größere Dichte hat, wie z. B. beim Zweiphasensystem Wasser/Chloroform.

Eine für die Pharmazie wichtige Größe ist der ***n*-Octanol-Wasser-Verteilungskoeffizient (K_{ow}-Wert)**. Der K_{ow}-Wert ist ein Maß für das Verhältnis zwischen der *Lipophilie* (Fettlöslichkeit) und der *Hydrophilie* (Wasserlöslichkeit) eines Stoffes. Der K_{ow}-Wert ist größer 1, wenn eine Substanz besser in fettähnlichen Lösungsmitteln wie *n*-Octanol (Dichte: 0,83 g cm^3 bei 20 °C) löslich ist. Der K_{ow}-Wert ist kleiner 1, wenn sich der Stoff besser in Wasser (Dichte: 1,00 g cm^3 bei 20 °C) löst. Substanzen mit hohem K_{ow}-Wert neigen dazu, sich im Fettgewebe von Organismen anzureichern.

1.10.5.2 Henry-Dalton-Gesetz

Ist in Verteilungsgleichgewichten eine der beiden Phasen eine *Gasphase*, so kann man in dieser Phase die Konzentration eines Stoffes durch seinen Partialdruck ersetzen.

$$\mathbf{K'} = \frac{[\mathbf{A}]_{\mathbf{Lösung}}}{[\mathbf{p}_{\mathbf{A}}]_{\mathbf{Gas}}} \qquad \textbf{(Henry-Dalton-Gesetz)}$$

Das Gesetz besagt, dass die *Löslichkeit eines Gases* bei gegebener Temperatur *proportional zu seinem Druck* ist. Erhöht man den Gasdruck, so steigt die Löslichkeit des Gases an. Der Proportionalitätsfaktor (K') wird **Löslichkeitskoeffizient** genannt.

1.11 Säure-Base-Systeme

1.11.1 Säure-Base-Begriffe

1.11.1.1 Säure-Base-Begriffe nach Arrhenius

Die **Ionentheorie von Arrhenius**, wonach in Lösungen (oder Schmelzen) von **Elektrolyten** frei bewegliche Ionen vorhanden sind, ermöglichte erstmals ein tieferes Verständnis für das Wesen von Säuren und Basen (siehe auch ▸ Kap. 1.8.9.1).

Nach der Terminologie von Arrhenius sind **Säuren** Wasserstoffverbindungen, die *in wässriger Lösung H^+-Ionen* abgeben. **Basen** sind Hydroxylgruppen-haltige Verbindungen, die beim Lösen *in Wasser hydratisierte HO^--Ionen* bilden. Die Entstehung solcher Ionen betrachtet man als eine Folge der elektrolytischen Dissoziation von Molekülen und formulierte beispielsweise folgende Gleichgewichte [vgl. **MC-Frage Nr. 1017**]:

$$HI \xrightleftharpoons{H_2O} (H^+)_{aq} + (I^-)_{aq} \quad ; \quad NaOH \xrightleftharpoons{H_2O} (Na^+)_{aq} + (HO^-)_{aq}$$

Die **Neutralisation** einer Säure mit einer Base ergibt nach Arrhenius ein **Salz** und Wasser, wobei die eigentliche chemische Reaktion in der Bildung von Wasser aus H^+- und HO^--Ionen besteht.

$$H^+ + HO^- \rightleftharpoons H_2O + \text{Wärme}$$

Ein gravierender Nachteil des Arrhenius-Konzeptes war zweifellos die Beschränkung auf das Lösungsmittel Wasser. So wurden Reaktionen in nichtwässrigen Systemen oder im Gaszustand von der Arrhenius-Terminologie nicht erfasst. Eine weitere Schwäche dieser Definitionen bildete die Beschränkung des Base-Begriffs auf Hydroxylgruppen-haltige Substanzen. Viele organische Basen sowie Ammoniak (NH_3) oder Hydrazin (H_2H-NH_2) zeigen basische Eigenschaften, ohne HO-Gruppen zu enthalten.

1.11.1.2 Säure-Base-Begriffe nach Brönsted, Protonendonatoren, Protonenakzeptoren

Nach Arrhenius formulierte man die Reaktion von gasförmigem Chlorwasserstoff (HCl) in Wasser unter Bildung von Salzsäure wie folgt:

$$H-Cl \rightarrow H^+ + Cl^-$$

In Wirklichkeit enthält aber Salzsäure *keine* freien H^+-Ionen (**Protonen**), sondern die durch Dissoziation gebildeten Protonen werden aufgrund ihres hohen **Ionenpotentials** in wässriger Lösung an die freien Elektronenpaare von Wassermolekülen gebunden (siehe auch ▸ Kap. 1.3.1.5). Es entstehen **Hydroxonium-Ionen** (Hydronium-Ionen oder Oxonium-Ionen) (**H_3O^+**). Das H_3O^+-Ion ist z. B. auch Bestandteil des **Perchlorsäurehydrats** ($H_3O^+ \cdot ClO_4^-$) [vgl. **MC-Frage Nr. 1402**].

$$H^+ + H-\overline{\underline{O}}-H \longrightarrow H-\underset{-}{\overset{\overset{H}{|}}{O^+}}-H$$

> Freie Protonen (H^+-Ionen) sind in wässriger Lösung praktisch nicht existent, weil ihr extrem kleiner Radius zu einem hohen Ionenpotential und damit zu einer starken Bindung an Teilchen mit freiem Elektronenpaar führt.

Auch das H_3O^+-Ion existiert nicht völlig frei, sondern koordiniert mit drei weiteren, über H-Brücken gebundenen Wassermolekülen zu einem $H_9O_4^+$-Ion (○ Abb. 1.130). In der Regel lässt man aber diese weiteren H_2O-Moleküle unberücksichtigt [vgl. **MC-Frage Nr. 1035**].
Der Lösevorgang von HCl-Gas in Wasser wird somit am besten durch folgende Bruttogleichung beschrieben [vgl. **MC-Frage Nr. 1032**]:

$$HCl + H_2O \rightleftharpoons H_3O^+ + Cl^-$$

Eine ähnliche Reaktion kann auch beim Lösen von Chlorwasserstoff in Ethanol beobachtet werden,

$$HCl + CH_3-CH_2-OH \rightleftharpoons CH_3-CH_2-\overset{+}{O}H_2 + Cl^-$$

aber auch bei der Bildung von Ammoniumchlorid (NH_4Cl) durch Neutralisieren von Chlorwasserstoff mit Ammoniak findet eine **Protonenübertragung** statt [vgl. **MC-Frage Nr. 1033**].

$$HCl + NH_3 \rightleftharpoons NH_4^+ + Cl^-$$

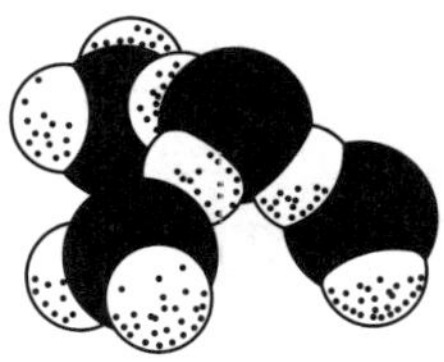

○ **Abb. 1.130 Das $H_9O_4^+$-Ion**

Um alle derartigen Reaktionen in analoger Weise behandeln zu können, wurden von **Brönsted** und **Lowry** die Säure-Base-Begriffe neu definiert [vgl. **MC-Fragen Nr. 973–975, 996, 998, 1000, 1014**].

Säuren sind Stoffe, die Protonen abgeben können (**Protonendonatoren**), wobei ein Säurerest (korrespondierende Base) zurückbleibt.
Basen sind Stoffe, die Protonen anlagern können (**Protonenakzeptoren**) und dabei in ihre korrespondierende Säure übergehen. Brönsted-Basen verfügen daher über mindestens ein freies Elektronenpaar.
Eine Säure-Base-Reaktion besteht somit in der Protonenübertragung (Protolyse/Protonenwanderung) von einer Säure auf eine Base. Die Brönstedschen Säure/Base-Definitionen sind vom verwendeten *Lösungsmittel unabhängig* [vgl. **MC-Fragen Nr. 933, 934, 975, 996, 998, 1000, 1014**].

Säuren oder Basen können aus neutralen Molekülen oder Ionen bestehen. Danach unterteilt man in [vgl. **MC-Fragen Nr. 973–975, 1009**]:

Neutralsäuren: Ungeladene Moleküle, die ein Proton abgeben können [vgl. **MC-Frage Nr. 1005**].
HF, HCl, HBr, HI, $HClO_4$, H_2O, H_2SO_4, HNO_3, H_3PO_4, CH_3COOH
z.B.: $HClO_4 + H_2O \rightleftharpoons H_3O^+ + ClO_4^-$

Anionsäuren: Negativ geladene Verbindungen, die ein Proton abgeben können [vgl. **MC-Frage Nr. 1001**].
HO^-, HS^-, HSO_4^-, $H_2PO_4^-$, HPO_4^{2-} HCO_3^-, $HOOC\text{-}COO^-$, $HOOC\text{-}C_6H_4\text{-}COO^-$
z.B.: $H_2PO_4^- + H_2O \rightleftharpoons H_3O^+ + HPO_4^{2-}$

Kationsäuren: Positiv geladene Verbindungen, die ein Proton abgeben können [vgl. **MC-Fragen Nr. 993, 995, 1016, 1018, 1019**].
$H_3O^+, NH_4^+, NRH_3^+, NR_2H_2^+, NR_3H^+, [Al(H_2O)_6]^{3+}, [Fe(H_2O)_6]^{3+}$
z.B.: $[Al(H_2O)_6]^{3+} + H_2O \rightleftharpoons [Al(H_2O)_5(OH)]^{2+} + H_3O^+$

Neutralbasen: Ungeladene Moleküle, die ein Proton aufnehmen können [vgl. **MC-Fragen Nr. 991, 1014**].
$H_2O, NH_3, N_2H_4, NH_2OH, N(CH_3)_3, NCl_3, PPh_3, (CH_3)_2O$
z.B.: $NH_3 - H_3O^+ \rightleftharpoons NH_4^+ + H_2O$

Anionbasen: Negativ geladene Verbindungen, die ein Proton aufnehmen können [vgl. **MC-Fragen Nr. 988, 996, 998, 1000**].
$F^-, Cl^-, HO^-, NH_2^-, O^{2-}, SO_4^{2-}, [Al(OH)_4]^-, [Zn(OH)_3]^-$
z.B.: $[Zn(OH)_3]^- + H_3O^+ \rightleftharpoons Zn(OH)_2 + 2\,H_2O$

Kationbasen: Positiv geladene Verbindungen, die ein Proton aufnehmen können [vgl. **MC-Fragen Nr. 995, 1009, 1018, 1829**].
$N_2H_5^+$, $[Be(H_2O)_3(OH)]^+$, $[Al(H_2O)_5(OH)]^{2+}$
z.B.: $[Fe(H_2O)_5(OH)]^{2+} + H_3O^+ \rightleftharpoons [Fe(H_2O)_6]^{3+} + H_2O$

Die häufig als Prototyp einer Base angesehenen **Metallhydroxide** $[Me(OH)_n]$ der Alkali- und Erdalkalielemente sind nur ein spezieller Fall der Anionbasen, da die Basenwirkung dieser Verbindungen auf das Hydroxid-Ion (HO^-) zurückzuführen ist.

Ein wesentlicher *Vorteil* des Brönsted-Konzeptes ist, dass es nicht bestimmte Stoffe sondern eine bestimmte Funktion charakterisiert, nämlich die *Fähigkeit Protonen aufzunehmen oder abzugeben.*

Säure-Base-Reaktionen: Da in gewöhnlicher Materie freie Protonen aufgrund ihres hohen Ionenpotentials (Verhältnis von Ladung zu Ionenradius) nicht existieren können, tritt die **Protolyse** (Protonenübertragung) einer Säure (HA) *nur* dann ein, wenn eine Base (B) zugegen ist. Die saure oder basische Wirkung einer Substanz ist also stets eine Funktion des jeweiligen Reaktionspartners. Allgemein gilt, dass *eine Säure (Base) umso leichter ein Proton abgibt (aufnimmt), je stärker sie ist.*

Protonenaufnahme und -abgabe sind stets *reversibel* und führen zu einem **Protolysegleichgewicht**.

$$\underset{\textbf{Säure}}{\mathbf{HA}} + \underset{\textbf{Base}}{\mathbf{B}} \rightleftharpoons \underset{\textbf{korr. Säure}}{\mathbf{BH^+}} + \underset{\textbf{korr. Base}}{\mathbf{A^-}}$$

Bei der Rückreaktion fungiert A^- als Base. Man kann deshalb solche Protolysegleichgewichte als eine Konkurrenz zweier Basen (B und A^-) um ein Proton auffassen. Die Gleichgewichtslage wird durch die Stärke beider Basen (bzw. Säuren) bestimmt. Ist B eine stärkere Base als A^-, so liegt das Gleichgewicht auf der rechten Seite; wäre dagegen A^- die stärkere Base, so würde das Gleichgewicht auf der linken Seite der Reaktionsgleichung liegen (siehe auch ▸Kap. 1.11.3.5).

Da jedes System nach einer Protonenabgabe wiederum Protonen aufnehmen bzw. nach einer Protonenaufnahme diese wiederum abgeben kann, entsteht durch Protonenabgabe aus einer Säure eine Base und durch Protonenaufnahme aus einer Base eine Säure. In übersichtlicher Weise lassen sich diese Vorgänge durch folgendes Schema beschreiben:

$$\textbf{Säure} \rightleftharpoons \textbf{Base} + \textbf{Protonen}$$

Ein solches Paar, das durch Aufnahme oder Abgabe von Protonen ineinander umwandelbar ist, – z. B. HCl/Cl^-; HCO_3^-/CO_3^{2-}; NH_4^+/NH_3 – wird als **korrespondierendes (konjugiertes) Säure-Base-Paar** bezeichnet.

Beispielsweise ist das Anion A^- die korrespondierende Base zur Säure HA und das Kation BH^+ ist die korrespondierende Säure zur Base B. Eine Säure und ihre korrespondierende Base unterscheiden sich daher stets in ihrer Ladung. So ist die korrespondierende Base einer Neutralsäure eine Anionbase und einer Neutralbase entspricht eine korrespondierende Kationsäure. Des Weiteren gilt der Zusammenhang, je stärker eine Säure ist, desto schwächer ist ihre korrespondierende Base und umgekehrt (siehe hierzu auch ▸Kap. 1.11.3.1).

Die Zahl (n) an Protonen, die eine Säure beim Übergang in ihre konjugierte Base abgibt oder eine Base bei der Umwandlung in die korrespondierende Säure aufnimmt, nennt man die **Wertigkeit** der Säure oder Base.

$$H_2SO_4 + 2\ HO^- + 2\ Na^+ \rightleftharpoons 2\ Na^+ + SO_4^{2-} + 2\ H_2O$$
(Schwefelsäure wirkt als zweiwertige Säure)

$$H_2SO_4 + Cl^- + Na^+ \rightleftharpoons Na^+ + HSO_4^- + HCl$$
(Schwefelsäure wirkt als einwertige Säure)

Aus dem Befund, dass H_2SO_4 gegenüber HO^--Ionen als zweibasige (zweiwertige) Säure und gegenüber Cl^--Ionen als einbasige (einwertige) Säure reagiert, ist ersichtlich, dass die Wertigkeit einer Säure (Base) nur im Hinblick auf eine bestimmte mit ihr reagierende Base (Säure) eindeutig zu definieren ist.

1.11.1.3 Ampholyte und amphiprotische Lösungsmittel

Ampholyte oder **amphotere** (amphiprotische) **Substanzen** sind Verbindungen, die sowohl Protonen aufnehmen als auch abgeben können und somit sauren *und* basischen Charakter besitzen.

Als Beispiele sind vor allem *mittlere Dissoziationsstufen mehrwertiger Protolyte* zu nennen [Dihydrogenphosphat ($H_2PO_4^-$), Monohydrogenphosphat (HPO_4^{2-}), Hydrogensulfat (HSO_4^-), Hydrogencarbonat (HCO_3^-), Hydrogenphthalat ($HOOC\text{-}C_6H_4\text{-}COO^-$)].

Die Protolysereaktionen einiger Ampholyte werden nachfolgend vorgestellt. Die jeweils amphoteren Substanzen sind in Fettdruck geschrieben [vgl. **MC-Fragen Nr. 1021, 1022, 1029**].

$$O^{2-} \xleftarrow{-H^+} \mathbf{HO^-} \underset{+H^+}{\overset{-H^+}{\rightleftharpoons}} \mathbf{H_2O} \xrightarrow{+H^+} H_3O^+$$

$$S^{2-} \xleftarrow{-H^+} \mathbf{HS^-} \underset{+H^+}{\overset{-H^+}{\rightleftharpoons}} \mathbf{H_2S} \xrightarrow{+H^+} H_3S^+$$

$$N^{3-} \xleftarrow{-H^+} \mathbf{NH^{2-}} \underset{+H^+}{\overset{-H^+}{\rightleftharpoons}} \mathbf{NH_2^-} \underset{-H^+}{\overset{-H^+}{\rightleftharpoons}} \mathbf{NH_3} \xrightarrow{+H^+} NH_4^+$$

$$PO_4^{3-} \xleftarrow{-H^+} \mathbf{HPO_4^{2-}} \underset{+H^+}{\overset{-H^+}{\rightleftharpoons}} \mathbf{H_2PO_4^-} \underset{+H^+}{\overset{-H^+}{\rightleftharpoons}} \mathbf{H_3PO_4} \xrightarrow{+H^+} H_4PO_4^+$$

Welche Funktion ein Ampholyt in einem bestimmten Fall ausübt, hängt vom jeweiligen Reaktionspartner ab, weil die saure oder basische Wirkung einer Substanz keine gegebene Stoffeigenschaft sondern eine Funktion des Reaktionspartners ist.

Amphiprotische Lösungsmittel (LH) sind Solventien, die sowohl sauren als auch basischen Charakter besitzen, also zur **Autoprotolyse** befähigt sind [vgl. **MC-Fragen Nr. 1011, 1012, 1027–1032, 1481**].

2 LH	$\rightleftharpoons$	**LH_2^+**	+	**L^-**
Ampholyt		**Lyonium-Ion**		**Lyat-Ion**

Als Beispiele sind Wasser, wasserfreie Essigsäure (Eisessig), flüssiges Ammoniak, absolutes Ethanol oder Methanol sowie konzentrierte wasserfreie Salpetersäure, Schwefelsäure und Phosphorsäure zu nennen.

2 H_2O Wasser	$\rightleftharpoons$	H_3O^+ Hydroxonium-Ion	+	HO^- Hydroxid-Ion
2 CH_3COOH Essigsäure	$\rightleftharpoons$	$CH_3COOH_2^+$ Acetacidium-Ion	+	CH_3COO^- Acetat-Ion
2 HNO_3(conc.) Salpetersäure	$\rightleftharpoons$	$H_2NO_3^+$ Nitratacidium-Ion	+	NO_3^- Nitrat-Ion
2 NH_3(fl.) Ammoniak	$\rightleftharpoons$	NH_4^+ Ammonium-Ion	+	NH_2^- Amid-Ion
2 CH_3CH_2OH Ethanol	$\rightleftharpoons$	$CH_3CH_2OH_2^+$ Ethyloxonium-Ion	+	$CH_3CH_2O^-$ Ethylat- (Ethanolat-) Ion
2 H_2SO_4(conc.)	$\rightleftharpoons$	$H_3SO_4^+$	+	HSO_4^-
2 H_3PO_4(conc.)	$\rightleftharpoons$	$H_4PO_4^+$	+	$H_2PO_4^-$

Dieses amhotere Verhalten dokumentiert sich u. a. darin, dass z. B. die starke Säure **Salpetersäure** auch als Base reagieren kann und durch konzentrierte Schwefelsäure in ihre konjugierte Säure, das **Nitratacidium-Ion**, übergeführt wird.

$$HNO_3 + H_2SO_4 \rightleftharpoons H_2NO_3^+ + HSO_4^-$$

In einem amphiprotischen Lösungsmittel stellen **Lyonium-** und **Lyat-Ionen** die in dem betreffenden Lösungsmittel *stärksten stabilen* (existenzfähigen) *Säuren* und *Basen* dar. Beispielsweise ist in flüssigem Ammoniak das Amid-Ion (NH_2^-) die stärkste Base und das Ammonium-Ion (NH_4^+) die stärkste Säure. Amphiprotische Lösungsmittel zeigen einen *nivellierenden Effekt* auf starke Protolyte (siehe ▸Kap. 1.11.3.3).

1.11.1.4 Hydroxylgruppen-enthaltende Substanzen

In der allgemeinen Formel $[XO_n(OH)_m]$ kann X für ein Nichtmetall- oder ein Metallatom stehen; n kann die Werte 0, 1, 2 und 3 annehmen, m kann 1, 2, 3, 4, 5 oder 6 sein.

Je nachdem, ob bei der *Heterolyse* solcher Verbindungen die X-O- oder die H-O-Bindung gespalten wird, spricht man von **basischen Hydroxiden** oder von **Sauerstoff-**

säuren (Oxosäuren). Ist X ein Metallatom geringer Elektronegativität, so wird bevorzugt die X-O-Bindung getrennt, ist X ein Nichtmetallatom hoher Elektronegativität erfolgt vorzugsweise eine Heterolyse der H-O-Bindung.

$$X\text{-}O\text{-}H \longrightarrow X^+ + HO^- \quad \textbf{basische Hydroxide}$$
$$X\text{-}O\text{-}H \longrightarrow X\text{-}O^- + H^+ \quad \textbf{Sauerstoffsäuren}$$

Zu diesem Verbindungstyp lassen sich folgende Aussagen machen:

1. *In den Perioden der Hauptgruppenelemente des PSE nimmt von links nach rechts (Na $\longrightarrow$ Cl) der Basencharakter ab und der Säurecharakter zu.*

NaOH ist eine starke, $Mg(OH)_2$ eine mittelstarke Base und $Al(OH)_3$ besitzt amphoteren Charakter. $Si(OH)_4$ zählt zu den schwächsten Säuren. H_3PO_4 ist eine mittelstarke Säure, während H_2SO_4 und $HClO_4$ sehr starke Säuren sind.

2. *In derselben Richtung durchschreitet die Löslichkeit der Verbindungen in Wasser ein Minimum.*

So lösen sich $Al(OH)_3$ und $Si(OH)_4$ praktisch nicht in Wasser und $Mg(OH)_2$ besitzt nur eine mäßige Löslichkeit, während die anderen Hydroxide dieser Periode sich gut in Wasser lösen.

3. *In den Gruppen des PSE nimmt mit steigender Ordnungszahl der saure Charakter ab und der basische zu.*

Bezüglich der V. Hauptgruppe ist auszuführen, dass HNO_2 und H_3PO_3 schwache Säuren darstellen, H_3AsO_3 und SbO(OH) amphoteren Charakter besitzen, während $Bi(OH)_3$ eine schwache Base ist.

4. *Bei ein und demselben Element nehmen mit steigender Oxidationszahl die basischen Eigenschaften ab und die sauren zu.*

Basisch	Amphoter		Sauer	
+2	+4	+6		+7
$Mn(OH)_2$	$MnO(OH)_2$	H_2MnO_4		$HMnO_4$
+2	+3		+6	
$Cr(OH)_2$	$Cr(OH)_3$		H_2CrO_4	

Dies trifft auch auf folgende Beispiele zu (die jeweiligen Oxidationszahlen stehen in Klammern):

Schwache Säure	Starke Säure	Schwache Base	Stärkere Base
(+3) HNO_2 (+3) H_3PO_3 (+4) H_2SO_3	(+5) HNO_3 (+5) H_3PO_4 (+6) H_2SO_4	(+3) $Fe(OH)_3$	(+2) $Fe(OH)_2$

Bei Hydroxylgruppen-enthaltenden Basen ist es zweckmäßig sie zu unterteilen in:

- **Leicht lösliche Hydroxide**: Alle leicht löslichen Hydroxide (vor allem die Hydroxide der Alkalielemente und einiger Erdalkalimetalle) sind in verdünnten wässrigen Lösungen gleicher Konzentration gleich *starke Basen,* weil bei diesen Verbindungen das **Hydroxid-Ion** die wirksame Base darstellt.
- **Schwer lösliche Hydroxide**: Sie können sowohl basische als auch saure Eigenschaften besitzen.

1. **Basische Eigenschaften**: Die schwer löslichen Hydroxide der zweiwertigen Metalle sind schwache, die der dreiwertigen sehr schwache und die der vierwertigen Metalle überaus schwache Basen.

Alle schwer löslichen Hydroxide sind schwächere Basen als Ammoniak ($pK_b = 4{,}74$), sodass sie aus ammoniakalischer Lösung gefällt werden können. Sofern die jeweiligen Kationen lösliche **Amminkomplexe** bilden, lösen sich die gefällten Hydroxide in einem NH_3-Überschuss wieder auf.

$$Zn^{2+} \xrightarrow{(NH_3/H_2O)} Zn(OH)_2 \xrightarrow{(NH_3/H_2O)} [Zn(NH_3)_4]^{2+}$$
$$Fe^{3+} \longrightarrow Fe(OH)_3 \not\longrightarrow$$

Als schwache bzw. sehr schwache Basen bilden diese Hydroxide keine löslichen Salze mit schwachen oder sehr schwachen Säuren; es erfolgt eine Fällung des Hydroxids. Viele der schwer löslichen Hydroxide lösen sich jedoch in Mineralsäuren.

$$Al^{3+} + 3\ CN^- + 3\ H_2O \longrightarrow Al(OH)_3 + 3\ HCN$$
$$2\ Fe^{3+} + 3\ CO_3^{2-} + 3\ H_2O \longrightarrow 2\ Fe(OH)_3 + 3\ CO_2$$
$$Fe(OH)_3 + 3\ HCl \longrightarrow (Fe^{3+})_{aq} + 3\ (Cl^-)_{aq} + 3\ H_2O$$

2. **Saure Eigenschaften**: Zahlreiche Hydroxide bilden mit Alkalihydroxiden lösliche **Hydroxokomplexe.** Ihre Reaktion mit der starken Base (HO^-) kennzeichnet diese Verbindungen als Säuren.

$$Al(OH)_3 + HO^- \longrightarrow [Al(OH)_4]^-$$

$$Pb(OH)_2 + HO^- \longrightarrow [Pb(OH)_3]^- \xrightarrow{+\ HO^-} [Pb(OH)_4]^{2-}$$

Die amphoteren Hydroxide sind sehr schwache bis überaus schwache Säuren. Sie bilden daher nur mit sehr starken Basen Hydroxosalze, nicht aber mit schwachen Basen wie Ammoniak. Ammoniumsalze fällen aus den Lösungen solcher Hydroxosalze die Hydroxide wieder aus, weil das Ammonium-Ion ($pK_s = 9{,}25$) als wesentlich stärkere Säure die schwächer sauren amphoteren Hydroxide aus ihren Salzen freisetzt.

Säure + Base	$\rightleftharpoons$	korr. Base + korr. Säure
NH_4^+ + $[Al(OH)_4]^-$	$\rightleftharpoons$	NH_3 + $Al(OH)_3$ + H_2O
$pK_S = 9{,}24$		$pK_S = 12{,}4$

In ◘Tab. 1.59 und ◘Tab. 1.60 sind Zusammensetzung und Farbe einiger nicht-amphoterer und einiger analytisch wichtiger amphoterer Metallhydroxide aufgelistet. In den letzten Spalten dieser Tabellen finden sich die Produkte, die beim Versetzen der Hydroxide mit einer Ammoniumsalz-haltigen Ammoniak-Lösung entstehen [vgl. **MC-Fragen Nr. 1023–1026**].

◘ **Tab. 1.59 Nicht-amphotere Hydroxide**

Metallion	Zusammensetzung des Hydroxids	Farbe	Zusatz von NH_3 und NH_4^+
Mg^{2+}	$Mg(OH)_2$	Weiß	$[Mg(NH_3)_2]^{2+}$
Ni^{2+}	$Ni(OH)_2$	Grün	$[Ni(NH_3)_6]^{2+}$
Co^{2+}	$Co(OH)_2$ [bas. Hydroxide]	Rosenrot [Blau]	$[Co(NH_3)_6]^{2+}$ Ox. ↓ Luft $[Co(NH_3)_6]^{3+}$
Fe^{2+}	$Fe(OH)_2$ [Fe(III)-Spuren]	Weiß [Braun]	$[Fe(NH_3)_6]^{2+}$
Fe^{3+}	$Fe(OH)_3$	Rotbraun	$Fe(OH)_3$
Hg^{2+}	HgO	Gelb	$HgNH_2X$
Hg_2^{2+}	HgO + Hg	Schwarz	Hg + $HgNH_2X$
Bi^{3+}	$Bi(OH)_3$ BiO(OH)	Weiß Weiß	$Bi(OH)_3$ BiO(OH)
Cd^{2+}	$Cd(OH)_2$	Weiß	$[Cd(NH_3)_4]^{2+}$
Cu^{2+}	$Cu(OH)_2$ - H_2O ↓ Hitze CuO	Bläulich Schwarz	$[Cu(NH_3)_4]^{2+}$
Cu^+	CuOH - H_2O ↓ Hitze Cu_2O	Rot Rot	$[Cu(NH_3)_4]^+$
Ag^+	AgOH - H_2O ↓ Hitze Ag_2O	Weiß Braun	$[Ag(NH_3)_2]^+$

Tab. 1.60 Amphotere Hydroxide

Metallion	Zusammensetzung des Hydroxids	Farbe	Überschuss an Lauge	Zugabe von Ammoniak
Zn^{2+}	$Zn(OH)_2$	Weiß	$[Zn(OH)_3]^-$	$[Zn(NH_3)_4]^{2+}$
Be^{2+}	$Be(OH)_2$	Weiß	$[Be(OH)_4]^-$	$[Be(NH_3)_4]^{2+}$
Al^{3+}	$Al(OH)_3$	Weiß	$[Al(OH)_4]^-$	$Al(OH)_3$
Pb^{2+}	$Pb(OH)_2$	Weiß	$[Pb(OH)_3]^-$	$Pb(OH)_2$
Sn^{2+}	$Sn(OH)_2$	Weiß	$[Sn(OH)_3]^-$	$Sn(OH)_2$
Sb^{3+}	$Sb(OH)_3 \xrightarrow[\text{Hitze}]{-H_2O} SbO(OH)$	Weiß	$[Sb(OH)_4]^-$	$SbO(OH)$

1.11.1.5 Element-Sauerstoff-Verbindungen

(siehe auch ▸ Kap. 2.4.4)

Auch **Oxide** können in das Schema der bisherigen Säure-Base-Konzepte eingefügt werden. Man unterteilt sie in:

- **Saure Oxide (Säureanhydride)** sind Stoffe, die mit Wasser zu Säuren reagieren. So ist z. B. SO_2 das Anhydrid der Schwefligen Säure (H_2SO_3). Als weitere typische Säureanhydride sind SO_3, N_2O_3, N_2O_5, P_2O_5 und CO_2 zu nennen. Bei diesen Substanzen handelt es sich vor allem um **Nichtmetalloxide**.

$$P_2O_5 + 3\,H_2O \longrightarrow 2\,H_3PO_4 \quad ; \quad CO_2 + H_2O \longrightarrow (H_2CO_3)$$
$$N_2O_5 + H_2O \longrightarrow 2\,HNO_3 \quad ; \quad SO_2 + H_2O \longrightarrow (H_2SO_3)$$
$$N_2O_3 + H_2O \longrightarrow 2\,HNO_2 \quad ; \quad SO_3 + H_2O \longrightarrow H_2SO_4$$

- **Basische Oxide (Basenanhydride)** sind Substanzen, die mit Wasser unter Bildung von Hydroxiden reagieren. So ist z. B. Na_2O das Anhydrid von NaOH. Weitere typische Basenanhydride sind **Metalloxide** wie Li_2O, CaO, BaO oder MgO. Meistens handelt es sich um ionische Oxide. Beim Lösen in Wasser entzieht das O^{2-}-Ion dem Lösungsmittel Wasser ein Proton unter Bildung von Hydroxid-Ionen.

$$Na_2O + H_2O \longrightarrow 2\,NaOH \quad ; \quad CaO + H_2O \longrightarrow Ca(OH)_2$$

$$O^{2-} + H_2O \longrightarrow 2\,HO^-$$

- **Amphotere Oxide:** Sie bilden in wässriger Lösung – je nach den Bedingungen – entweder Säuren oder Basen. Beispiele hierfür sind Al_2O_3, ZnO u. a.

An Hand der genannten Beispiele ist auch ersichtlich, dass die *Basizität von Oxiden* innerhalb einer *Periode* von links nach rechts abnimmt; umgekehrt nimmt der Säurecharakter der Oxide zu: Na_2O (basisch) – Al_2O_3 (amphoter) – SO_2 (sauer).

1.11.1.6 Oxosäuren, Metasäuren, Orthosäuren

In **Oxosäuren (Sauerstoffsäuren)** ($H_m XO_n$) liegt das Strukturelement [X – O – H] vor. Das Wasserstoffatom ist direkt an ein Sauerstoffatom gebunden. X steht vor allem für ein Element der IV. bis VII. Hauptgruppe (H_4SiO_4, H_3PO_4, H_2SO_4, $HClO_4$) oder für ein Nebengruppenelement ($HMnO_4$, H_2CrO_4). Der Aufbau dieser Säuren und ihrer Anionen wird durch die Stellung des betreffenden Elements (X) im PSE bestimmt. Oxosäuren können in unterschiedlichen Formen auftreten, die sich formal in ihrem „Wassergehalt" unterscheiden und als **meta**- bzw. **ortho-Formen** bezeichnet werden.

$$\underset{\text{ortho-Form}}{H_m XO_n} \rightleftharpoons \underset{\text{meta-Form}}{H_{m-2} XO_{n-1}} + H_2O$$

In ▫Tab. 1.61 sind die Salze dieser Säuren aufgelistet, die entstehen, wenn man an die Anhydride der betreffenden Elemente in ihrer höchsten Oxidationsstufe sukzessive Wasser anlagert. Die *Acidität* der Oxosäuren in Abhängigkeit von ihrer Struktur wird im ▸Kap. 1.11.3.6 beschrieben.

Die wasserärmste **meta-Form** der Oxosäuren wird überall erreicht. Als **ortho-Form** wird streng genommen diejenige Verbindung angesehen, die rein formelmäßig eine der jeweiligen Oxidationsstufe des Zentralatoms (X) entsprechende Anzahl von Sauerstoffatomen enthält. In der Literatur wird jedoch meistens die beständigste wasserreichste Form als ortho-Form bezeichnet, wie z. B. **Orthophosphorsäure** (H_3PO_4). Die **meso-Formen** nehmen eine Zwischenstellung zwischen meta- und ortho-Formen ein.

Welche der verschiedenen Formen gebildet wird, hängt von der Größe des Zentralatoms (X) ab. Da innerhalb einer Gruppe des PSE mit steigender Ordnungszahl der Ionenradius zunimmt, können bei den höheren Gruppenhomologen mehr Sauerstoffatome als Liganden angelagert werden. Die Beständigkeit der meso- und ortho-For-

▫ Tab. 1.61 Oxide und einwertige Metallsalze der Sauerstoffsäuren der III. und VII. Hauptgruppe

	III. Gruppe	IV. Gruppe	V. Gruppe	VI. Gruppe	VII. Gruppe
Anhydrid (Oxid)	X_2O_3	XO_2	X_2O_5	XO_3	X_2O_7
meta-Form	$MeXO_2$	Me_2XO_3	$MeXO_3$	Me_2XO_4	$MeXO_4$
meso-Form			Me_3XO_4	Me_4XO_5	Me_3XO_5 Me_5XO_6
ortho-Form	Me_3XO_3	Me_4XO_4	Me_5XO_5	Me_6XO_6	Me_7XO_7

men nimmt deshalb in dieser Richtung zu. So bildet z. B. der sechswertige Schwefel die Säure H_2SO_4, das sechswertige Tellur hingegen eine Säure der Form H_6TeO_6.

Die nachfolgend genannten Beispiele sollen dies vertiefen, wobei die jeweils instabileren Formen in eckige Klammern gesetzt wurden.

- **Salpetersäure**: Hier ist die meta-Form stabil, während die Orthosäure nur in Form von Salzen, z. B. Na_3NO_4, bekannt ist.

$$\underset{\text{Metasalpetersäure}}{\mathbf{HNO_3}} + H_2O \rightleftharpoons \underset{\text{Orthosalpetersäure}}{[H_3NO_4]}$$

- **Phosphorsäure**: Hier ist die ortho-Form beständig, während von den Metapolyphosphorsäuren nur die Glieder mit n = 3 bis 6 gut charakterisiert sind.

$$\underset{\text{Metapolyphosphorsäure}}{(HPO_3)_n} \longleftarrow \underset{\text{meta-Form}}{[HPO_3]} + H_2O \rightleftharpoons \underset{\text{Orthophosphorsäure}}{\mathbf{H_3PO_4}}$$

- **Kohlensäure**: Orthokohlensäure und Metakohlensäure sind nur in Form ihrer Ester (R = Alkyl, Aryl) stabil.

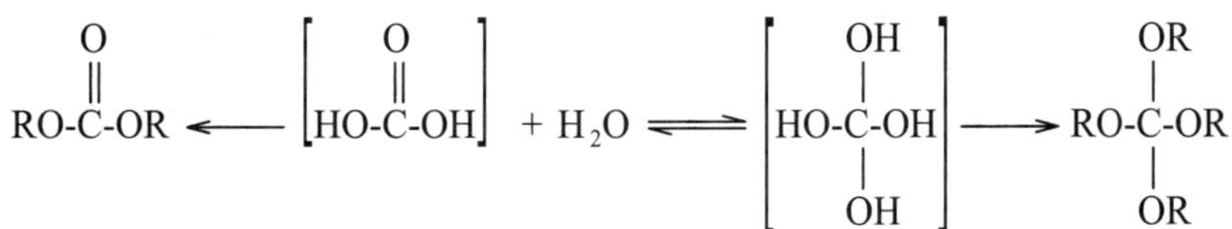

Kohlensäureester meta-Form ortho-Form Orthokohlensäureester

- **Ameisensäure**: Hier ist die meta-Form stabil, während Orthoameisensäure nur als Ester beständig ist.

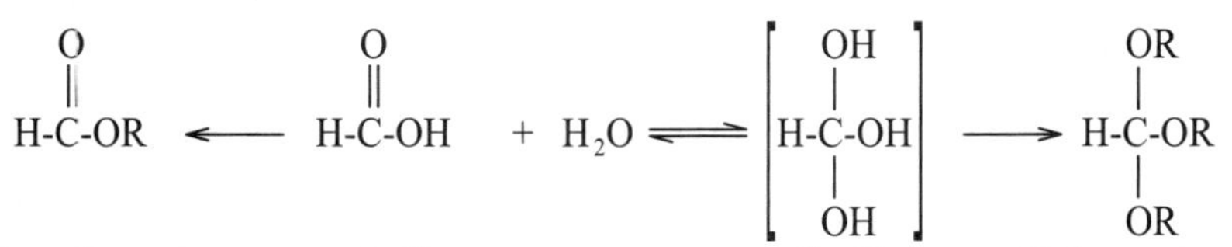

Ameisensäureester meta-Form ortho-Form Orthoameisensäureester

Für **Kieselsäure** (H_4SiO_4), **Periodsäure** (HIO_4) oder **Salpetrige Säure** (HNO_2) lassen sich ähnliche Gleichgewichte formulieren.

$$H_2SiO_3 + H_2O \rightleftharpoons H_4SiO_4$$
$$HIO_4 + H_2O \rightleftharpoons H_3IO_5$$
$$HNO_2 + H_2O \rightleftharpoons H_3NO_3$$

meta-Form **ortho-Form**

1.11.1.7 Element-Wasserstoff-Verbindungen

Die binären Verbindungen (X-H) der Elemente mit Wasserstoff nennt man **Hydride**. Die basischen bzw. sauren Eigenschaften der Hydride werden in ▸Kap. 1.11.3.6 und ▸Kap. 2.2.4 vorgestellt.

1.11.1.8 Säure-Base-Begriffe nach Lewis, Elektronenpaardonatoren, Elektronenpaarakzeptoren

Nach Brönsted besteht eine Säure-Base-Reaktion in der Übertragung eines Protons von einer Säure auf eine Base. Damit müssen alle Brönsted-Säuren (NH_4^+, HCl, HI, H_3O^+, H_2SO_4) Wasserstoff enthalten, während alle Brönsted-Basen (NH_3, NCl_3) über ein freies Elektronenpaar verfügen. Der Brönstedsche Säure-Begriff lässt sich somit nur auf *wasserstoffhaltige* (prototrope) *Substanzen* anwenden.

Nun kennt man aber zahlreiche *Verbindungen ohne Wasserstoff* [z.B. AlH_3, $AlBr_3$, $AlCl_3$, BCl_3, BF_3, CO_2, $FeCl_3$, PCl_5, SO_2, SO_3, $SbCl_5$, SbF_5, $SiCl_4$, SiF_4, $SnCl_4$, $TiCl_4$, $ZnCl_2$], die ebenfalls sauren Charakter besitzen und in Wasser sauer reagieren [vgl. **MC-Fragen Nr. 977, 982, 984, 986, 989, 997, 1005–1008**].

Auch zahlreiche *hochgeladene Kationen* (z. B. Al^{3+}, Bi^{3+}, Fe^{3+}, Sn^{4+}) haben saure Eigenschaften [vgl. **MC-Fragen 992, 994, 999, 1002**].

In Kenntnis dieser Zusammenhänge schuf **Lewis** ein umfassenderes Säure-Base-Konzept, das unabhängig vom Begriff des Protons ist. Nach Lewis ist eine

- **Säure** ein Teilchen (Molekül, Ion) mit einer **unvollständig besetzten äußeren Elektronenschale**, das zur Ausbildung einer kovalenten Bindung ein freies Elektronenpaar von einem anderen Teilchen übernehmen kann. Lewis-Säuren sind daher **Elektronenpaarakzeptoren** und besitzen *elektrophile* (elektronensuchende) Eigenschaften. Eine Lewis-Säure muss somit noch ein unbesetztes Orbital (eine Elektronenpaarlücke) haben [vgl. **MC-Fragen Nr. 976, 977**].
- **Base** ein Teilchen (Molekül, Ion), das einem Partner ein **freies Elektronenpaar** zur Bildung einer Kovalenzbindung zur Verfügung stellen kann. Lewis-Basen sind deshalb **Elektronenpaardonatoren** oder *nucleophile* (kernsuchende) Teilchen [vgl. **MC-Fragen Nr. 981, 983, 985, 987, 991**].

Eine **Säure-Base-Reaktion nach Lewis** besteht in der Bildung einer *kovalenten Bindung* aus einem Elektrophil (Säure) und einem Nucleophil (Base), wobei das bindende Elektronenpaar stets von der Base stammt. Gegebenenfalls können sich die primär gebildeten Lewis-Säure-Base-Addukte durch Umlagerung oder Dissoziation weiter stabilisieren [vgl. **MC-Frage Nr. 977**].

Als typische Beispiele für eine Lewis-Säure-Base-Reaktion seien genannt die Bildung von Calciumsulfat ($CaSO_4$) durch Umsetzung von gasförmigem Schwefeltrioxid (SO_3) als Lewis-Säure mit Calciumoxid (CaO) und die Anlagerung von Ammoniak (NH_3) an die Lewis-Säure Bortrifluorid (BF_3) unter Bildung eines zwitterionischen Adduktes.

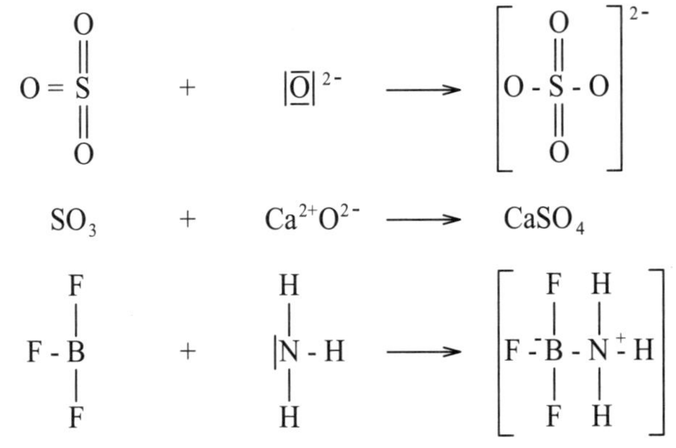

Lewis-Säure Lewis Base Säure-Base-Addukt

Ein weiteres Beispiel für ein *stabiles* Lewis-Säure-Base-Addukt ist *Bortrifluorid-diethyletherat* [$BF_3 \cdot OEt_2$], das bei 126 °C siedet und durch Umsetzung des bei Raumtemperatur gasförmigen Bortrifluorids [BF_3] (Sdp. -100,3 °C) mit dem leicht flüchtigen Diethylether [$CH_3CH_2OCH_2CH_3$] (Sdp. 34,6 °C) hergestellt wird.
Das Lewis-Konzept ist auch auf die organische Chemie übertragbar. Beispielsweise entspricht die Addition eines primären oder sekundären Amins (Nucleophil) an ein Keton (Elektrophil) einer Säure-Base-Reaktion nach Lewis.

Die folgenden Reaktionen sollen die Lewis-Definitionen weiter vertiefen [vgl. **MC-Fragen Nr. 1016, 1020**]:

Säure	+	Base	⟶	Addukt
Ag^+	+	$2\ NH_3$	⟶	$[Ag(NH_3)_2]^+$
Be^{2+}	+	$4\ F^-$	⟶	$[BeF_4]^{2-}$
SiF_4	+	$2\ F^-$	⟶	$[SiF_6]^{2-}$
PCl_5	+	Cl^-	⟶	$[PCl_6]^-$
CO_2	+	HO^-	⟶	HCO_3^-
BF_3	+	$H_3C\text{-}O\text{-}CH_3$	⟶	$[(CH_3)_2\overset{+}{O}\text{-}\overset{-}{B}F_3]$
H^+	+	H_2O	⟶	H_3O^+
S	+	SO_3^{2-}	⟶	$S_2O_3^{2-}$

Die üblicherweise als typische Brönsted-Säuren bezeichneten Verbindungen wie HCl, HNO_3, NH_4^+, H_3O^+, H_2SO_4, H_2S usw. sind *keine* Lewis-Säuren, da sie keine Elektronenpaarlücke besitzen und deshalb nicht als Elektronenpaarakzeptoren fungieren können [vgl. **MC-Fragen Nr. 973, 1004, 1016**].

Umgekehrt sind Lewis-Säuren wie $AlCl_3$, SO_2 oder SO_3 keine Brönsted-Säuren, weil sie keinen Wasserstoff enthalten.

Eine typische Lewis-Säure ist dagegen das **Proton** (H^+), welches durch Dissoziation von Brönsted-Säuren gebildet wird [vgl. **MC-Frage Nr. 1003**].

Auch **Borsäure** [$B(OH)_3$] ist *keine* Brönsted-Säure; sie reagiert in wässriger Lösung als einbasige **Lewis-Säure** [vgl. **MC-Fragen Nr. 990, 1007, 1719–1726**].

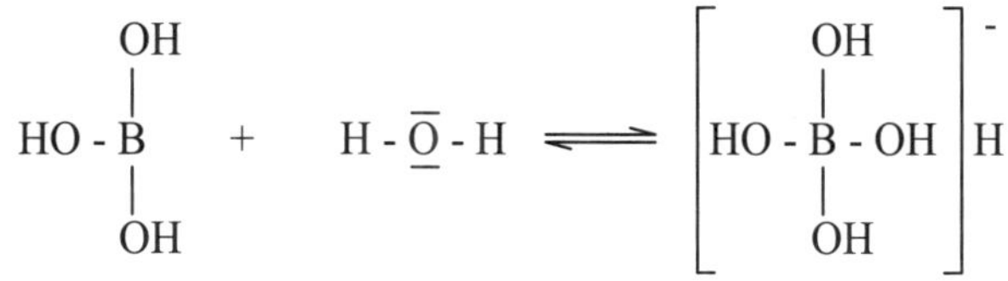

Demgegenüber stimmen der Brönsted-Begriff und die Lewis-Definition einer Base überein. Anionen wie *Chlorid* (Cl^-) oder Neutralstoffe mit freiem Elektronenpaar wie *Ammoniak* (NH_3) sind also Brönsted-Base *und* Lewis-Base zugleich. **Jede Brönsted-Base ist auch eine Lewis-Base!** [vgl. **MC-Fragen Nr. 973–975, 977, 987, 1010, 1016, 1017**].

Das amphotere *Wassermolekül* (H_2O) ist daher Brönsted-Säure, Brönsted-Base und Lewis-Base [vgl. **MC-Frage Nr. 1010**].

Eine interessante Verbindung ist **wasserfreie Essigsäure [Eisessig]** (CH_3COOH). Als amphiprotisches Lösungsmittel ist die Verbindung sowohl Brönsted-Säure als auch Brönsted-Base. Darüber hinaus ist das Essigsäuremolekül eine Lewis-Base und besitzt am Carboxylkohlenstoff *elektrophile* Eigenschaften. Daher kann das CH_3COOH-Molekül auch als Lewis-Säure angesehen werden [vgl. **MC-Fragen Nr. 980, 981, 1009, 1017**].

Auch **Phosphortrichlorid** (PCl_3) ist Lewis-Säure und Lewis-Base zugleich [vgl. **MC-Fragen Nr. 978, 979**].

Das **Eisen(III)-Ion** (Fe^{3+}) ist wie andere hochgeladene Kationen eine Lewis-Säure, die mit dem Nucleophil Wasser zum Hexaaquaeisen(III)-Komplex $[Fe(H_2O)_6]^{3+}$ reagiert. Das hydratisierte Fe(III)-Ion stellt eine mittelstarke Brönsted-Säure ($pK_s \approx$ 2,2) dar. Ergänzend ist anzumerken, dass die *Acidität hydratisierter Ionen* in hohem Maße vom Ionenradius und der Ionenladung abhängt [siehe ▸Kap. 2.10.1.5, ◘Tab. 2.29 und **MC-Fragen Nr. 995, 1009, 1018, 1019, 1829**].

$$Fe^{3+} + 6\,H_2O \longrightarrow [Fe(H_2O)_6]^{3+} + H_2O \longrightarrow [Fe(H_2O)_5OH]^{2+} + H_3O^+$$

1.11.1.9 Harte und weiche Säuren und Basen; das Pearson-Konzept

Das HSAB-Konzept von Pearson wurde bereits ausführlich im ▸Kap. 1.5.3.3 behandelt.

1.11.2 Protolysegleichgewicht von Wasser

1.11.2.1 Ionenprodukt des Wassers

Reines Wasser zeigt eine minimale elektrische Leitfähigkeit. Deshalb müssen in reinem Wasser, wenn auch in sehr geringem Maße, bewegliche Ionen vorhanden sein, die durch die Eigendissoziation des Wassers gebildet werden [vgl. **MC-Frage Nr. 1481**].

$$H_2O + H_2O \rightleftharpoons H_3O^+ + HO^- \qquad \Delta H = +\,57{,}5\ kJ\ mol^{-1}$$

Über die hohen Beweglichkeiten von H^+- und HO^--Ionen in Wasser und den daraus resultierenden hohen elektrischen Leitfähigkeiten wässriger Lösungen von Säuren und Basen informierte bereits ▸ Kap. 1.8.9.2 [vgl. **MC-Frage Nr. 1451**].

Die Anwendung des MWG auf die Autoprotolyse des Wassers gibt Auskunft über die Lage des Dissoziationsgleichgewichts. Hierbei kann nach den Regeln für verdünnte wässrige Lösungen (siehe ▸ Kap. 1.10.2) die Konzentration des Wassers als konstant angesehen und in die Gleichgewichtskonstante einbezogen werden.

$$K = \frac{[H_3O^+] \cdot [HO^-]}{[H_2O]^2} \longrightarrow \mathbf{K_w = [H_3O^+] \cdot [HO^-]}$$

$$\mathbf{pK_w = -\log K_w}$$

Die Konstante (K_W) wird als **Autoprotolysekonstante von Wasser** oder als dessen **Ionenprodukt** bezeichnet; ihr Wert hängt nur von der Temperatur ab und beträgt bei 22 °C $\mathbf{K_w = 10^{-14}\ mol^2/l^2}$. Um nicht mit Potenzzahlen rechnen zu müssen, ist es zweckmäßig, die logarithmische Größe (pK_W) einzuführen. Der **Ionenexponent** des Wassers beträgt bei 22 °C $\mathbf{pK_w = 14}$.

Über die Temperaturabhängigkeit von K_W informiert ◘ Tab. 1.62. Danach liegt z. B. das pH von reinem Wasser bei 373 K (100 °C) nahe bei pH = 6 [vgl. auch **MC-Frage Nr. 1036**].

In verdünnten wässrigen Lösungen ist bei gegebener Temperatur das Produkt aus den H_3O^+- und HO^--Konzentrationen konstant. Das Ionenprodukt des Wassers nimmt zu mit steigender und nimmt ab mit fallender Temperatur.

◘ **Tab. 1.62 Temperaturabhängigkeit des Ionenprodukts von Wasser**

t (°C)	$K_W \cdot 10^{-14}$	pK_W	pH
0	0,13	14,89	7,45
10	0,36	14,45	7,23
20	0,86	14,07	7,04
22	**1,00**	**14,00**	**7,00**
25	1,27	13,90	6,87
50	5,60	13,25	6,63
100	74,00	12,13	6,07

1.11.2.2 pH-Wert und pOH-Wert

Für reines Wasser bei 22 °C ergibt sich aufgrund der Elektroneutralitätsbedingung:

$$[H_3O^+] = [HO^-] = \sqrt{K_W} = \sqrt{10^{-14}} = \mathbf{10^{-7}\ mol \cdot l^{-1}}$$

In *sauren Lösungen* überwiegt die Konzentration der H_3O^+-Ionen, in *alkalischen Lösungen* die der HO^--Ionen. Durch Angabe einer dieser beiden Konzentrationen lässt sich der Charakter einer verdünnten wässrigen Lösung eindeutig festlegen.

Man hat hierfür die **Hydroxonium-Ionenkonzentration** (Aktivität) gewählt und verwendet als Maßzahl deren negativen dekadischen Logarithmus, den sog. **pH-Wert**.

$$\mathbf{pH = -\log [H_3O^+] = -\log a_{H_3O^+}}$$

Führt man darüber hinaus noch den negativen dekadischen Logarithmus der HO^--Konzentration als **pOH-Wert** ein,

$$pOH = -\log [HO^-] = -\log a_{HO^-}$$

so erhält man bei 22 °C folgende grundlegende Beziehung:

$$\mathbf{pH + pOH = 14}$$

Danach gilt für wässrige Lösungen bei Raumtemperatur:

saure Lösung : $a_{H^+} > 10^{-7} > a_{HO^-} \longrightarrow pH < 7 < pOH$
neutrale Lösung : $a_{H^+} = 10^{-7} = a_{HO^-} \longrightarrow pH = 7 = pOH$
alkalische Lösung: $a_{H^+} < 10^{-7} < a_{HO^-} \longrightarrow pH > 7 > pOH$

Durch die Eigendissoziation sind in reinem Wasser von pH = 7 insgesamt 10^{-7} $mol \cdot l^{-1}$ an H_3O^+-Ionen enthalten. Fügt man nun eine 10^{-9} molare Salzsäure-Lösung hinzu, so sind in dieser Lösung weniger H_3O^+-Ionen verfügbar als bereits durch die Eigendissoziation in reinem Wasser enthalten sind. Daher verändert sich der pH-Wert von Wasser nicht [vgl. **MC-Frage Nr. 1037**].

Innerhalb des **pH-Bereiches** von **0** bis **14** erstreckt sich die **normale** (konventionelle) **pH-Skala** für wässrige Systeme. Lösungen mit pH < 0 werden als *übersauer*, solche mit pH > 14 als *überalkalisch* bezeichnet. Außerhalb der normalen pH-Skala gilt die Gleichung (pH = $-\log [H^+]$) *nicht* mehr. Das pH steht hier in keiner Beziehung zur Konzentration der Hydroxonium-Ionen.

Eine exakte thermodynamische Beziehung zwischen der Wasserstoffionen-Aktivität und dem pH-Wert besteht nicht. Die konventionelle pH-Skala wird durch eine Reihe von Standard-Pufferlösungen realisiert. Die Messung des pH-Wertes erfolgt entweder potentiometrisch oder kolorimetrisch (visuell) mit Hilfe von Indikatoren.

1.11.2.3 Neutralisation, Neutralisationswärme

Die Bildung von Wassermolekülen durch Protonenübertragung von H_3O^+-Ionen auf HO^--Ionen ist die eigentliche Reaktion bei der Neutralisation einer verdünnten starken Säure mit der Lösung eines Hydroxids. Die Metallkationen und die Säurerest-

Anionen bleiben meistens gelöst und nur in einigen Fällen [H_2SO_4/$Ba(OH)_2$] scheidet sich ein schwer lösliches Salz ab.

Die Neutralisation einer Säure mit einer Base ist in wässriger Lösung stets mit einem *Freiwerden von Wärme* verbunden, die als **molare Neutralisationswärme** bezeichnet wird. Diese Wärme hängt bei der Neutralisation einer starken Säure mit einer starken Base praktisch *nicht* von der chemischen Natur der reagierenden Stoffe ab. Dies entspricht dem Wesen des Neutralisationsvorgangs, der auf der Reaktion von Protonen mit Hydroxid-Ionen beruht.

$$H^+ (aq) + HO^- (aq) \rightleftharpoons H_2O \qquad \Delta H^\circ = -57{,}5 \text{ kJ mol}^{-1}$$

Bei starken Säuren und Basen, die in wässriger Lösung vollständig dissoziiert sind, ist dies die einzige Reaktion, die bei der Neutralisation stattfindet. Sind jedoch schwache Säuren und Basen an der Reaktion beteiligt, so finden noch Parallelreaktionen (Assoziationen, Hydratationen, Änderungen des Dissoziationsgrades) statt, die die Neutralisationswärme beeinflussen können.

1.11.3 Stärke von Säuren und Basen

1.11.3.1 Säure-Base-Konstanten, Säure-Base-Exponenten

Sowohl Säuren als auch Basen reagieren (protolysieren) mit Wasser, weil Wasser als amphoteres System Protonen anlagern *und* abgeben kann. Gegenüber einer Säure (HA) wirkt Wasser als Base, gegenüber einer Base (B) als Säure. Durch die *Säure-Reaktion mit Wasser* wird eine Säure in ihre korrespondierende Base und Hydroxonium-Ionen umgewandelt; durch eine *Base-Reaktion mit Wasser* wird eine Base in ihre konjugierte Säure und Hydroxid-Ionen übergeführt.

Wie bei allen Protonenübertragungsreaktionen handelt es sich hierbei um typische **Gleichgewichtsreaktionen**, auf die das Massenwirkungsgesetz angewendet werden kann. Nach den Regeln für verdünnte Lösungen wird die Aktivität des Solvens Wasser gleich 1 gesetzt und seine als konstant zu betrachtende Konzentration in die Gleichgewichtskonstante einbezogen.

Reaktion einer Säure mit Wasser	Reaktion einer Base mit Wasser
$HA + H_2O \rightleftharpoons H_3O^+ + A^-$	$B + H_2O \rightleftharpoons BH^+ + HO^-$
$K_s = \frac{[H_3O^+] \cdot [A^-]}{[HA]}$	$K_b = \frac{[BH^+] \cdot [HO^-]}{[B]}$

Die Gleichgewichtskonstante (K_s oder K_a) heisst **Säuredissoziationskonstante** (kurz **Säurekonstante** oder **Aciditätskonstante**), die Konstante (K_b) wird als **Basenkonstante** bezeichnet. Die Konstanten sind ein Maß für die Stärke einer Säure oder einer Base [vgl. **MC-Frage Nr. 1038**].

Ist zum Beispiel der K_s-Wert > 1, so dissoziiert die Säure zu mehr als 50% in wässriger Lösung; in diesen Lösungen überwiegen die H_3O^+- und A^--Ionen. Sehr starke Säuren (K_s > 100) reagieren praktisch vollständig (zu 100%) mit Wasser unter Bildung von Hydroxonium-Ionen (H_3O^+). Hier stellt das H_3O^+-Ion die eigentliche Säure dar. Analoge Überlegungen lassen sich auch für die Base-Reaktion mit Wasser anstellen.

Starke Säuren (Basen) besitzen eine große Säurekonstante (Basenkonstante) von $K_a > 10$, schwache Säuren (Basen) haben kleine Gleichgewichtskonstanten.
Starke Säuren reagieren daher in höherem Ausmaß mit Wasser zu H_3O^+-Ionen als schwächere Säuren.

Für Berechnungen verwendet man häufig die logarithmischen Größen der Gleichgewichtskonstanten. Es gilt:

$$\mathbf{pK_S = -\log K_S \text{ und } pK_b = -\log K_b}$$

Die zu K_s und K_b gehörenden **Gleichgewichtsexponenten** werden als **Säureexponent** (pK_s oder pK_a) und **Basenexponent** (pK_b) bezeichnet. Der K_s-Wert einer Säure und der K_b-Wert ihrer konjugierten Base hängen im Lösungsmittel Wasser in einfacher Weise voneinander ab [vgl. auch **MC-Fragen Nr. 1017, 1038**]:

$$\mathbf{K_S \cdot K_b = K_w = 10^{-14}}$$

$$\mathbf{pK_S + pK_b = pK_w = 14}$$

Starke Säuren (Basen) besitzen kleine pK_s (pK_b)-Werte, schwache Säuren (Basen) haben hingegen große Gleichgewichtsexponenten. Bei einem korrespondierenden Säure-Base-Paar addieren sich Säure- und Basenexponent zum Wert $pK_W = 14$.

Danach ergibt sich z. B. aus dem Säureexponenten der Essigsäure [CH_3COOH] ($pK_s = 4{,}76$) der Basenexponent des Acetats [CH_3COO^-] zu: $pK_b = 14 - 4{,}76 = 9{,}24$.

Tab. 1.63 Einteilung von Säuren und Basen aufgrund ihrer Säurestärke bzw. Basenstärke

1.	Sehr starke	Säuren und Basen:	$pK_a < 0$
2.	Starke	Säuren und Basen:	$pK_a = 0 - 4{,}5$
3.	Schwache	Säuren und Basen:	$pK_a = 4{,}5 - 9{,}5$
4.	Sehr schwache	Säuren und Basen:	$pK_a = 9{,}5 - 14$
5.	Überaus schwache	Säuren und Basen:	$pK_a = > 14$

Tab. 1.64 Acidität und Basizität korrespondierender Säure-Base-Paare

1. Ist eine Säure (Base) sehr stark, so ist die korrespondierende Base (Säure) überaus schwach.
2. Ist eine Säure (Base) stark, so ist die korrespondierende Base (Säure) sehr schwach.
3. Ist eine Säure (Base) schwach, so ist die korrespondierende Base (Säure) schwach.
4. Ist eine Säure (Base) sehr schwach, so ist die korrespondierende Base (Säure) stark.
5. Ist eine Säure (Base) überaus schwach, so ist die korrespondierende Base (Säure) sehr stark.

Wie ▫Tab. 1.63 zeigt, erlauben die Gleichgewichtsexponenten der Säure- oder Base-Reaktion mit Wasser eine Klassifizierung von Säuren und Basen aufgrund ihrer **Acidität** bzw. **Basizität**.

Entsprechend der Beziehung ($pK_s + pK_b = 14$) gilt für korrespondierende Säure-Base-Paare: *Je stärker eine Säure (Base) ist, desto schwächer ist ihre konjugierte Base (Säure)*. In ▫Tab. 1.64 ist diese Aussage nochmals in detaillierter Form wiedergegeben.

In ▫Tab. 1.65 sind die pK_s- und pK_b-Werte einiger konjugierte Säure-Base-Paare aufgelistet. Weitere pK_s-Werte finden sich in einer Zusammenstellung im Anhang [vgl. **MC-Fragen Nr. 1039–1049**].

Danach sind die **Mineralsäuren** [HI, HBr, HCl, H_2SO_4, HNO_3] typische Vertreter der sehr starken Säuren. Sehr starke Basen sind die löslichen **Alkali-** und **Erdalkalihydroxide** [NaOH, KOH, $Ba(OH)_2$]. Essigsäure (CH_3COOH) – eine **Carbonsäure** – ist eine schwache Säure, Ammoniak (NH_3) ist eine typische schwache Base. Wasser ist gleichzeitig eine überaus schwache Säure und eine überaus schwache Base.

1.11.3.2 Mehrwertige Säuren und Basen

Mehrbasige (mehrprotonige) Säuren übertragen ihre Protonen *schrittweise*. Für jede einzelne Protolysestufe gibt es eine Säurekonstante bzw. einen Säureexponenten. Dies soll am Beispiel der **Phosphorsäure** (H_3PO_4) näher erläutert werden [vgl. **MC-Fragen Nr. 1069, 1070**].

$$H_3PO_4 + H_2O \rightleftharpoons H_3O^+ + H_2PO_4^- \qquad K_{s1} = \frac{[H_3O^+]\cdot[H_2PO_4^-]}{[H_3PO_4]}$$

$$pK_{s1} = 2{,}16$$

$$H_2PO_4^- + H_2O \rightleftharpoons H_3O^+ + HPO_4^{2-} \qquad K_{s2} = \frac{[H_3O^+]\cdot[HPO_4^{2-}]}{[H_2PO_4^-]}$$

$$pK_{s2} = 7{,}21$$

$$HPO_4^{2-} + H_2O \rightleftharpoons H_3O^+ + PO_4^{3-} \qquad K_{s3} = \frac{[H_3O^+]\cdot[PO_4^{3-}]}{[HPO_4^{2-}]}$$

$$pK_{s3} = 12{,}32$$

Generell gilt für die Gleichgewichtskonstanten bzw. Gleichgewichtsexponenten der Protolyse mehrbasiger Säuren:

$$K_{s1} > K_{s2} > K_{s3} > \ldots$$
$$pK_{s1} < pK_{s2} < pK_{s3} < \ldots$$

D.h., die Acidität mehrstufig dissoziierender Säuren nimmt mit fortschreitender Protolyse ab. Dies bedeutet, dass die Abspaltung eines zweiten Protons aus einem einwertigen Anion oder die Abtrennung eines weiteren Protons aus einem zweifach negativ geladenen Ion schwieriger ist als die Abspaltung des ersten Protons einer mehrwertigen Säure. Man kennt bis heute keine mehrbasige Säure, die *alle* Protonen

Tab. 1.65 Säure-Base-Exponenten ausgewählter korrespondierender Säure-Base-Paare

pK_s	Säure		Base	pK_b
-10	$HClO_4$	Perchlorsäure	ClO_4^-	24
-10	HI	Iodwasserstoff	I^-	24
-9	HBr	Bromwasserstoff	Br^-	23
-6,2	HCl	Chlorwasserstoff	Cl^-	20,2
-3	H_2SO_4	Schwefelsäure	HSO_4^-	17
-2,7	$HClO_3$	Chlorsäure	ClO_3^-	16,7
-1,74	H_3O^+	Hydroxonium-Ion	H_2O	15,74
-1,32	HNO_3	Salpetersäure	NO_3^-	15,32
1,23	HOOC-COOH	Oxalsäure	$HOOC\text{-}COO^-$	12,77
1,92	HSO_4^-	Hydrogensulfat-Ion	SO_4^{2-}	12,08
1,97	$HClO_2$	Chlorige Säure	ClO_2^-	12,03
2,16	H_3PO_4	Orthophosphorsäure	$H_2PO_4^-$	11,84
2,22	$[Fe(H_2O)_6]^{3+}$	Hexaaquaeisen(III)-Ion	$[Fe(OH)(H_2O)_5]^{2+}$	11,78
2,26	H_3AsO_4	Arsensäure	$H_2AsO_4^-$	11,74
3,14	HF	Fluorwasserstoff	F^-	10,86
3,29	HNO_2	Salpetrige Säure	NO_2^-	10,71
3,29	H_5IO_6	Periodsäure	IO_4^-	10,71
3,75	HCOOH	Ameisensäure	$HCOO^-$	10,25
4,19	$HOOC\text{-}COO^-$	Hydrogenoxalat-Ion	$^-OOC\text{-}COO^-$	9,81
4,76	CH_3COOH	Essigsäure	CH_3COO^-	9,24
6,38	CO_2/H_2O	Kohlensäure	HCO_3^-	7,62
6,92	H_2S	Schwefelwasserstoff	HS^-	7,08
7,21	$H_2PO_4^-$	Dihydrogenphosphat-Ion	HPO_4^{2-}	6,79
7,54	HClO	Hypochlorige Säure	ClO^-	6,46
9,23	H_3AsO_3	Arsenige Säure	$H_2AsO_3^-$	4,77
9,24	NH_4^+	Ammonium-Ion	NH_3	4,76
9,25	H_3BO_3	Borsäure	$[B(OH)_4]^-$	4,75
9,40	HCN	Cyanwasserstoff	CN^-	4,60
9,51	H_4SiO_4	Orthokieselsäure	$H_3SiO_4^-$	4,49
10,33	HCO_3^-	Hydrogencarbonat-Ion	CO_3^{2-}	3,67
10,64	HIO	Hypoiodige Säure	IO^-	3,36
11,8	H_2O_2	Wasserstoffperoxid	HOO^-	2,2
12,32	HPO_4^{2-}	Monohydrogenphosphat-Ion	PO_4^{3-}	1,68
12,92	HS^-	Hydrogensulfid-Ion	S^{2-}	1,08
15,74	H_2O	Wasser	HO^-	-1,74
15,9	CH_3CH_2OH	Ethanol	$CH_3CH_2O^-$	-1,9
23	NH_3	Ammoniak	NH_2^-	-9
29	HO^-	Hydroxid-Ion	O^{2-}	-15
34	CH_4	Methan	CH_3^-	-20
38,60	H_2	Wasserstoff	H^-	-24,60

vollständig an Wasser übertragen kann. Selbst bei **Schwefelsäure** (H_2SO_4) verläuft nur die erste Dissoziation quantitativ, die zweite dagegen nicht.

Hinsichtlich der *Gesamtreaktion* mehrbasiger Säuren *multiplizieren* sich die jeweiligen *Säurekonstanten* und *addieren* sich die entsprechenden *Säureexponenten.*

$$\mathbf{K_{s\,1,2,3} = K_{s1} \cdot K_{s2} \cdot K_{s3}} \text{ bzw. } \mathbf{pK_{s\,1,2,3} = pK_{s1} + pK_{s2} + pK_{s3}}$$

Ein Sonderfall ist die **Kohlensäure**. Eine wässrige Lösung von CO_2 reagiert schwach sauer (pH = 4–5). In einer solchen Lösung treten nebeneinander folgende Gleichgewichte auf:

$$\begin{array}{llll} (1) & CO_2 + H_2O & \rightleftharpoons (H_2CO_3) & \\ (2) & (H_2CO_3) + H_2O & \rightleftharpoons H_3O^+ + HCO_3^- & pK_s = 3{,}80 \\ (3) & HCO_3^- + H_2O & \rightleftharpoons H_3O^+ + CO_3^{2-} & pK_s = 10{,}33 \end{array}$$

Das Gleichgewicht (1) liegt ziemlich stark auf der linken Seite; bei 20 °C liegen etwa 99% des gelösten Kohlendioxids in Form physikalisch gelöster CO_2-Moleküle vor. Die Bildung der Kohlensäure gemäß (1) ist eine Lewis-Säure-Base-Reaktion und verläuft relativ langsam.

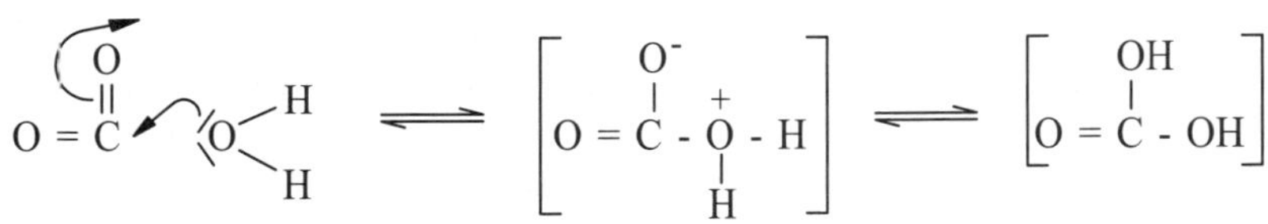

Durch Zusammenfassen der Gleichgewichte (1) und (2) erhält man nun die übliche erste Dissoziationskonstante der Kohlensäure, d. h. die Säurekonstante bezogen auf gelöstes CO_2.

$$(4)\quad CO_2 + 2\,H_2O \rightleftharpoons H_3O^+ + HCO_3^- \qquad pK_s = 6{,}38$$

Aufgrund dieser pK_s-Werte zählt die Kohlensäure zu den schwachen zweibasigen Säuren, wirken HCO_3^--Ionen schwach basisch, während das CO_3^{2-}-Ion eine starke Base darstellt.

Da entsprechend Gleichung (4) die Konzentration des gelösten CO_2 in den Massenwirkungsquotienten der Dissoziation von Kohlensäure in Wasser eingeht, hängt der pH-Wert einer wässrigen Kohlensäure-Lösung auch vom *Druck* der angrenzenden Gasphase ab; bei höheren Drücken löst sich mehr CO_2 [vgl. **MC-Fragen Nr. 1050–1053**].

1.11.3.3 Nivellierender Effekt des Lösungsmittels Wasser

Sehr starke Säuren ($K_s > 100$) sind in Wasser vollständig dissoziiert. Ihre wässrigen Lösungen enthalten nahezu ausschließlich H_3O^+-Ionen und die konjugierten Basen. In allen verdünnten starken Säuren ist daher das pyramidal gebaute H_3O^+-Ion die eigentliche Säure. Aus diesem Grund sind auch *gleichkonzentrierte* wässrige Lösungen von Perchlorsäure [$HClO_4$] (pK_s = -10) oder Salzsäure [HCl] (pK_s = -6,2) gleich stark sauer und besitzen denselben pH-Wert.

Wasser hat somit einen **nivellierenden Effekt** auf Säuren, die stärker sauer sind als das Hydroxonium-Ion. Da das H_3O^+-Ion einen pK_s-Wert von –1,74 besitzt, reagieren sehr starke Säuren nicht nur quantitativ mit Wasser zu Hydroxonium-Ionen, sondern alle sehr starken Säuren besitzen auch negative pK_s-Werte.

Wegen des nivellierenden Effektes von Wasser müssen zum Vergleich der Säurestärke sehr starker Säuren Lösungen in schwächer basischen Lösungsmitteln (Alkoholen, Eisessig) herangezogen werden. Säuren, die schwächer sind als das H_3O^+-Ion, werden in Wasser *nicht* nivelliert.

Wasser nivelliert auch **Basen**. Die Basizität sehr starker Basen [H^-, NH_2^-, O^{2-}, RO^-] wird dabei auf den Niveau des Hydroxid-Ions (HO^-) abgesenkt. Solche Substanzen reagieren vollständig mit Wasser und bilden HO^--Ionen; Lösungen mit äquimolaren Mengen dieser Anionen besitzen daher den gleichen pH-Wert [vgl. **MC-Frage Nr. 1084**].

$$O^{2-} + H_2O \longrightarrow 2\,HO^- \;;\; NH_2^- + H_2O \longrightarrow NH_3 + HO^-$$
$$CH_3O^- + H_2O \longrightarrow CH_3OH + HO^- \;;\; H^- + H_2O \longrightarrow H_2 + HO^-$$

Dies alles ist Ausdruck der Tatsache, dass das H_3O^+-Ion und das HO^--Ion die *stärkste stabile* Säure bzw. Base darstellt, die in wässrigen Lösungen in höheren Konzentrationen auftreten kann. Auch andere *amphiprotische Lösungsmittel* zeigen nivellierende Effekte, weil die jeweils durch Autoprotolyse gebildeten *Lyonium-* und *Lyat-Ionen* die in dem betreffenden System stärksten existenzfähigen Säuren und Basen darstellen [siehe ▸ Kap. 1.11.3.1 und 1.11.4.1 sowie **MC-Frage Nr. 1035**].

1.11.3.4 Dissoziationsgrad, Ostwaldsches Verdünnungsgesetz

(siehe auch ▸ Kap. 1.8.9.1)

Die Stärke einer Säure oder Base kann auch durch ihren **Dissoziationsgrad (α)** charakterisiert werden. Als Dissoziationsgrad (**Protolysegrad**) bezeichnet man das Verhältnis der Konzentrationen der protolysierten Säure-Base-Teilchen zur Gesamtkonzentration des Elektrolyten vor der Protonenübertragung.

$$\alpha = \frac{\textbf{Konzentration der protolysierten Teilchen}}{\textbf{Gesamtkonzentration des gelösten Elektrolyten vor der Protolyse}}$$

Starke Säuren oder Basen sind vollständig dissoziiert; ihr α-Wert ist 1. Bei schwachen Elektrolyten mit unvollständiger Dissoziation stehen gelöste Moleküle im Gleichgewicht mit solvatisierten Ionen; ihr Dissoziationsgrad ist kleiner 1.

Bezeichnet man die Gesamtkonzentration des Elektrolyten vor der Protolyse mit C, so ergibt sich aufgrund der Definition von α für die Säure-Base-Reaktion mit Wasser:

$$HA + H_2O \rightleftharpoons H_3O^+ + A^-$$

$$\alpha = \frac{C - [HA]}{C} = \frac{[A^-]}{C} = \frac{[H_3O^+]}{C}$$

$$[H_3O^+] = [A^-] = \alpha \cdot C$$
$$[HA] = C - \alpha \cdot C = C \cdot (1 - \alpha)$$

$$B + H_2O \rightleftharpoons BH^+ + HO^-$$

$$\alpha = \frac{C - [B]}{C} = \frac{[BH^+]}{C} = \frac{[HO^-]}{C}$$

$$[BH^+] = [HO^-] = \alpha \cdot C$$
$$[B] = C - \alpha \cdot C = C \cdot (1 - \alpha)$$

Bei der Reaktion einer schwachen Säure mit Wasser ist die Konzentration der dissoziierten Moleküle gleich ($\alpha \cdot C$). Durch Protolyse entstehen ($\alpha \cdot C$) H_3O^+-Ionen und aus Elektroneutralitätsgründen ($\alpha \cdot C$) Anionen. Im Gleichgewicht liegen noch ($C - \alpha \cdot C$) unveränderte HA-Moleküle vor. Analoge Überlegungen lassen sich auch für die Reaktion einer schwachen Base mit Wasser anstellen. Führt man die Definitionen für den Protolysegrad in die MWG-Gleichungen ein,

$$K_s = \frac{[H_3O^+] \cdot [A^-]}{[HA]} \quad \text{bzw.} \quad K_b = \frac{[BH^+] \cdot [HO^-]}{[B]}$$

so erhält man:

$$\mathbf{K_{s(b)} = C \cdot \frac{\alpha^2}{1-\alpha}} \quad \textbf{(Ostwaldsches Verdünnungsgesetz)}$$

Mit zunehmender Verdünnung strebt α gegen 1. D.h., die Zahl der protolysierten Teilchen nähert sich der Zahl der Teilchen vor der Protolyse. Bei **schwachen Säuren und Basen** ist α jedoch sehr klein; man kann deshalb im Nenner ohne wesentlichen Fehler α gegenüber 1 vernachlässigen $[(1 - \alpha) \sim 1]$. Damit wird:

$$\alpha = \sqrt{\frac{\mathbf{K_{s(b)}}}{\mathbf{C}}}$$

Man erkennt, dass der Dissoziationsgrad (α) mit abnehmender Gesamtkonzentration (C) (zunehmender Verdünnung) und steigender Acidität (Basizität) des schwachen Elektrolyten größer wird.

Mithilfe des Ostwaldschen Verdünnungsgesetzes lassen sich die *Konzentrationen undissoziierter schwacher Elektrolyte* wie *Essigsäure* berechnen. In einer Essigsäure-Lösung ($C_{gesamt} = 0{,}1$ mol·l^{-1}; $K_s = 10^{-5}$ mol·l^{-1}) liegen an undissoziierten CH_3COOH-Molekülen [HA] vor [vgl. **MC-Frage Nr. 946**]:

$$\alpha = \sqrt{K_s/C} = \sqrt{10^{-5}/10^{-1}} = \sqrt{10^{-4}} = 10^{-2}$$
$$\mathbf{[HA]} = C - \alpha \cdot C = 10^{-1} - 10^{-2} \cdot 10^{-1} \approx \mathbf{10^{-1}\ mol \cdot l^{-1}}$$

- **Verdünnungseffekte**: Unter *Verdünnung* versteht man die Zugabe von weiterem Lösungsmittel zu einer Lösung. Durch die damit verbundene Volumenzunahme nimmt die Konzentration ($c = n/V$) des gelösten Stoffes sowie die Konzentrationen der durch elektrolytische Dissoziation entstehenden Ionen ab, hingegen nimmt das Ausmaß der Dissoziation, der Dissoziationsgrad (α), durch die Verdünnung zu [vgl. **MC-Fragen Nr. 1065, 1066**].
  Bei Säuren bewirkt das Verdünnen ein Ansteigen des pH-Wertes, d.h., eine Abnahme der Hydroxonium-Ionenkonzentration; bei Basen verursacht das Verdünnen ein Absinken des pH-Wertes. Besonders einfach sind die Verhältnisse bei starken Elektrolyten wie *Salzsäure*, die vollständig dissoziieren. Hier wird der pH-Wert beim Verdünnen auf das Zehnfache um eine pH-Einheit größer, beim Verdünnen auf das Hundertfache steigt der pH-Wert um zwei pH-Einheiten an [vgl. **MC-Fragen Nr. 1065–1067**].
  Allerdings ist hierbei auch das Ausmaß der Verdünnung zu berücksichtigen. Verdünnt man eine 10^{-2} molare Salzsäure-Lösung auf das 10^8fache, so enthält die resultierende Lösung eine Konzentration von $c(HCl) = 10^{-10}\ mol{\cdot}l^{-1}$. In einer solchen Lösung sind aber weniger H_3O^+-Ionen enthalten als in reinem Wasser durch dessen Eigendissoziation ($c_{H+} = 10^{-7}\ mol{\cdot}l^{-1}$). Folglich besitzt die verdünnte HCl-Lösung einen Wert von **pH = 7** und reagiert neutral [vgl. **MC-Frage Nr. 1068**].
- **Abstumpfen von Lösungen**: Für eine Säure-Base-Reaktion mit Wasser gelten dieselben Gesetzmäßigkeiten wie für die elektrolytische Dissoziation. Daher wird die Säure-Reaktion durch den Zusatz der konjugierten Base und die Base-Reaktion durch Zugabe der korrespondierenden Säure in der gleichen Weise beeinflusst wie die elektrolytische Dissoziation eines Salzes durch den Zusatz eines Dissoziationsproduktes.
  Ist die Gleichgewichtskonstante (K_a) sehr groß, so hat dies praktisch *keinen* Einfluss auf die Säure-Base-Reaktion in wässriger Lösung; ist K dagegen klein, so wird die *Dissoziation* der betreffenden Säure oder Base *zurückgedrängt*.
  Die Säure-Reaktion von HCl ($K_s \sim 10^6$) mit Wasser wird deshalb durch die korrespondierende Base Chlorid (Cl^-), z. B. durch Zusatz von NaCl, nicht beeinflusst. Demgegenüber besteht ein starker Einfluss auf die Dissoziation der Essigsäure ($K_s \sim 10^{-5}$) bei Zugabe von Natriumacetat oder auf die Base-Reaktion des Ammoniaks ($K_b \sim 10^{-5}$) mit Wasser nach Zusatz von NH_4Cl.
- **Gemische von Säuren oder von Basen**: Sind in einer wässrigen Lösung *zwei Säuren (Basen)* enthalten, so beeinflussen sie gegenseitig ihre Dissoziation, weil der Zusatz der zweiten Säure (Base) zu einer sauren oder alkalischen Lösung die Zugabe von H_3O^+- bzw. HO^--Ionen bedeutet. Generell gilt, dass die Säure (Base) mit der größeren Säurekonstante (Basenkonstante) diejenige mit dem kleineren K_a-Wert stärker beeinflusst als umgekehrt. Auf die Dissoziation der Essigsäure wirkt sich deshalb ein Zusatz von HCl in gleicher Weise aus wie die Zugabe von Natriumacetat; in beiden Fällen wird die Dissoziation zurückgedrängt. Daraus kann man folgern, dass *starke Säuren (Basen) schwächere Säuren (Basen) aus ihren Salzen in Freiheit setzen.*

$$CH_3COO^- Na^+ + HCl \rightleftharpoons CH_3COOH + Na^+Cl^-$$
$$NH_4^+Cl^- + NaOH \rightleftharpoons NH_3 + Na^+Cl^- + H_2O$$

1.11.3.5 Säure-Base-Gleichgewichte

Protonenübertragungen (Protolysen) gehören zu den *schnellsten* chemischen Reaktionen. Ihre Geschwindigkeiten bewegen sich in der Größenordnung von 10^{11} mol/l · s, d. h. in Größenordnungen, wie sie zu erwarten sind, wenn jeder Zusammenstoß zweier Teilchen in einer Lösung zu einer Umsetzung führt. Daher ist es nicht verwunderlich, dass *einfache Protonenübertragungsreaktionen ohne Aktivierungsenergie verlaufen.*
An jedem **Säure-Base-Gleichgewicht** sind zwei korrespondierende Säure-Base-Paare (HA/Aund B/BH^+) beteiligt.

$$HA + B \rightleftharpoons BH^+ + A^-$$

Die Lage des Gleichgewichts, d. h. die *Größe der Gleichgewichtskonstanten* (K) hängt von der Stärke der Säure (HA) und der Stärke der Base (B) ab. **Je stärker die Säure (HA) und die Base (B) sind, umso größer wird K** und desto ausgeprägter ist das Gleichgewicht auf die Seite von BH^+ und A^- verschoben. Ist aber BH^+ die stärkere Säure und A^- die stärkere Base, so wird K < 1 und das Gleichgewicht liegt weitgehend auf der Seite der Ausgangsstoffe. **Die Lage des Gleichgewichts begünstigt die Bildung der schwächeren Säure und der schwächeren Base**.

Die Stärke einer Säure oder Base wird durch ihren pK-Wert charakterisiert. Man kann deshalb den pK-Wert irgendeiner Protolysereaktion aus den pK_s-Werten der beiden daran beteiligten Säure-Base-Paare bestimmen. Für eine Reaktion der allgemeinen Form [HA + B $BH^+ + A^-$] gilt:

$$\mathbf{pK = pK_s(HA) - pK_s(BH^+)}$$

Ist die Differenz der pK_s-Werte *negativ*, so ist die Gleichgewichtskonstante K größer 1. D. h., die betreffende Reaktion ist *exergonisch* und läuft zu mehr als 50% nach rechts ab. Ist hingegen die Differenz positiv, so ist K <1 und im Gleichgewichtszustand überwiegen die Ausgangsstoffe.

Ein Beispiel hierfür ist die Freisetzung von Essigsäure (CH_3COOH) aus ihren Salzen durch Verreiben mit Kaliumhydrogensulfat ($KHSO_4$), einem gebräuchlichen analytischen Nachweis für Acetate.

$$HSO_4^- + CH_3COO^- \rightarrow CH_3COOH + SO_4^{2-}$$
$$pK = pK_s(HSO_4^-) - pK_s(CH_3COOH) = 1{,}92 - 4{,}74 = \mathbf{-\ 2{,}82}$$

Des Weiteren setzt Natriumdihydrogenphosphat [NaH_2PO_4] (pK_s = 7,21) als stärkere Säure Cyanwasserstoff [HCN] (pK_s = 9,40) aus wässrigen Cyanid-Lösungen frei [vgl. **MC-Frage Nr. 1085**]:

$$NaH_2PO_4 + NaCN \rightarrow HCN + Na_2HPO_4$$

Bezüglich der **Energiediagramme** von Säure-Base-Reaktionen siehe ▸Kap. 1.13.4.1.

1.11.3.6 Acidität und Molekülstruktur

Säurestärke binärer Nichtmetall-Wasserstoffverbindungen: In ◘Tab. 1.66 sind die pK_s-Werte einiger Element-Wasserstoffverbindungen (X-H) aufgelistet.

Tab. 1.66 pK_s-Werte binärer Hydride

CH_4	34	NH_3	23	H_2O	15,74	HF	3,14
		PH_3	20	H_2S	6,92	HCl	-6,2
				H_2Se	3,77	HBr	-9
				H_2Te	2,64	HI	-10

Zwei Faktoren bestimmen die Acidität **binärer Hydride**. Wie Tab. 1.66 zeigt, steigt die Stärke der Elementwasserstoffsäuren innerhalb einer *Periode* des PSE von links nach rechts in dem Maße an, wie die *Elektronegativität* des Elements und damit die *Polarität* der X-H-Bindung zunimmt.

$$CH_4 < NH_3 < H_2O < HF$$

Innerhalb einer Gruppe nimmt die Säurestärke mit wachsender *Atomgröße*, d. h. abnehmender *Bindungsenergie* der X-H-Bindung zu. Dieser zweite Faktor, die Atomgröße, ist generell von größerer Bedeutung für die Säurestärke der binären Hydride als die Elektronegativität, sodass sich folgende Reihen zunehmender Acidität ergeben [vgl. **MC-Fragen Nr. 1040, 1374, 1375**]:

$$HF < HCl < HBr < HI$$
$$H_2O < H_2S < H_2Se < H_2Te$$

Iodwasserstoffsäure (HI) ist demzufolge die *stärkste* Elementwasserstoffsäure.

Säurestärke von Nichtmetall-Sauerstoffsäuren: Wie Tab. 1.67 ausweist, kann man **Oxosäuren** der allgemeinen Formel $\mathbf{XO_n(OH)_m}$ bezüglich ihrer Acidität in vier Gruppen unterteilen.

Die Stärke der einzelnen Protolysestufen mehrwertiger Sauerstoffsäuren lässt sich mithilfe folgender Regel abschätzen:

Die Säurekonstanten aufeinanderfolgender Dissoziationsstufen K_{s1}, K_{s2}, K_{s3}, ... mehrbasiger Oxosäuren stehen zueinander im Verhältnis **$1 : 10^{-5} : 10^{-10}$**. Dies entspricht einem Unterschied von etwa **5 pK-Einheiten** zwischen den einzelnen Protolysestufen.

Tab. 1.67 pK_s-Werte von Sauerstoffsäuren

$X(OH)_m$	$XO(OH)_m$	$XO_2(OH)_m$	$XO_3(OH)_m$
$As(OH)_3$ 9,23	$AsO(OH)_3$ 2,26	$ClO_2(OH)$ -2,7	$ClO_3(OH)$ -10
$B(OH)_3$ 9,25	$CO(OH)_2$ 3,80	$NO_2(OH)$ -1,32	
$Br(OH)$ 8,68	$ClO(OH)$ 1,97	$IO_2(OH)$ 0,80	
$Cl(OH)$ 7,54	$H_2PO(OH)$ 2,0*	$SO_2(OH)_2$ -3	
$I(OH)$ 10,64	$HPO(OH)_2$ 2,0*	$SeO_2(OH)_2$ -3	
$Si(OH)_4$ 9,51	$IO(OH)_5$ 3,29		
$Te(OH)_6$ 7,70	$NO(OH)$ 3,29		
	$PO(OH)_3$ 2,16		
	$SO(OH)_2$ 1,81		
	$SeO(OH)_2$ 2,46		
	$TeO(OH)_2$ 2,70		

*) **Phosphonsäure (Phosphorige Säure)** [H_3PO_3] und **Phosphinsäure (Hypophosphorige Säure)** [H_3PO_2] besitzen folgende Strukturformeln

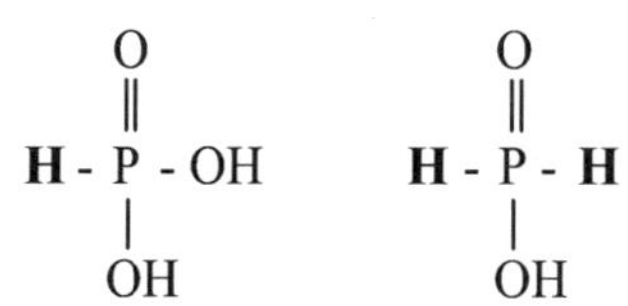

Die direkt an das Phosphoratom gebundenen Wasserstoffatome werden für die Berechnung von n in der allgemeinen Formel [$XO_n(OH)_m$] nicht mitgezählt.
Dies belegen die pK_s-Werte der **Arsensäure** [H_3AsO_4], der **Phosphorsäure** [H_3PO_4], der **Schwefligen Säure** [H_2SO_3] oder der **Schwefelsäure** [H_2SO_4]:

$pK_{s1}(H_3AsO_4) = 2,26$	$pK_{s1}(H_3PO_4) = 2,16$	$pK_{s1}(H_2SO_3) = 1,81$
$pK_{s2}(H_2AsO_4^-) = 6,76$	$pK_{s2}(H_2PO_4^-) = 7,21$	$pK_{s2}(HSO_3^-) = 6,99$
$pK_{s3}(HAsO_4^{2-}) = 11,29$	$pK_{s3}(HPO_4^{2-}) = 12,32$	$pK_{s1}(H_2SO_4) = -3$
		$pK_{s2}(HSO_4^-) = 1,92$

Der Wert der 1. Säurekonstanten einer Oxosäure der allgemeinen Formel [$XO_n(OH)_m$] hängt vom Zahlenwert von n ab. Bei n = 0, die Säure enthält dann nicht mehr O-Atome als H-Atome, handelt es sich um eine sehr schwache Säure mit einem K_{s1}-Wert von ca. 10^{-7}mol/l. Für n = 1 ist die Säure schwach; der K_{s1}-Wert beträgt dann etwa 10^{-2}mol/l. Säuren mit n = 2 ($K_{s1} \sim 10^3$ mol/l) und n = 3 ($K_{s1} \sim 10^8$ mol/l) sind stark bzw. sehr stark. Es fällt auf, dass auch hier der Faktor 10^5 auftritt.

Offensichtlich besteht ein Zusammenhang zwischen der Acidität einer Oxosäure und ihrer Molekülstruktur: **Sauerstoffsäuren sind um so acider, je weniger H-Atome und je mehr O-Atome sie enthalten.** Dies belegt die Zunahme der Acidität in den Reihen

Hypochlorige Säure [HClO] ⟶ Perchlorsäure [$HClO_4$] und Kieselsäure [H_4SiO_4] ⟶ Perchlorsäure [$HClO_4$]. Darüber hinaus spielt auch – wie nachfolgend noch detailliert beschrieben wird – die Elektronegativität des Nichtmetallatoms eine Rolle. Aus all diesen Gründen ist **Perchlorsäure** [$pK_s = -10$] die *stärkste* Sauerstoffsäure [vgl. **MC-Fragen Nr. 1039, 1402–1404**].

$$HClO_4 > HClO_3 > HClO_2 > HClO$$
$$HClO_4 > H_2SO_4 > H_3PO_4 > H_4SiO_4$$

Die im Vergleich zu Wasser (H-OH) erhöhte Säurestärke der **Hypochlorigen Säure** (Cl-OH) kann auf den elektronenanziehenden Effekt (**-I-Effekt**) des elektronegativen Cl-Atoms zurückgeführt werden, weil dadurch die Polarität der H-O-Bindung verstärkt und die Ablösung des Protons erleichtert wird.

Säure:	**H ⟶ O ⟵ [H**	**Cl ⟵ O ⟵ [H**
pK_s:	**15,74**	**7,54**

Die starke Zunahme der Acidität in der Reihe

Säure:	**HO-Cl**	**HO-ClO**	**HO-ClO_2**	**HO-ClO_3**
pK_s:	**7,54**	**1,97**	**-2,7**	**-10**

beruht sicherlich auch auf dem -I-Effekt, den die mit dem Cl-Atom verbundenen O-Atome ausüben, z.T. aber auch darauf, dass als Folge der stärker symmetrischen Ladungsverteilung die *Stabilität der konjugierten Base* dieser Säuren, d. h. des ClO^--, ClO_2^-, ClO_3^- und ClO_4^--Anions, mit wachsender Oxidationsstufe des Chlors deutlich zunimmt.

Parallel mit der Stabilitätszunahme vom Hypochlorit (ClO^-) zum Perchlorat (ClO_4^-) hin nimmt auch die Basizität dieser Anionen in der Reihe $ClO_4^- < ClO_3^- < ClO_2^- < ClO^-$ zu. Das mesomeriestabilisierte **Perchlorat-Ion** ist eine extrem schwache aber sehr stabile Base; daher verläuft die Protonenabgabe der Perchlorsäure ($HClO_4$) stark exergonisch [vgl. **MC-Frage Nr. 1398**].

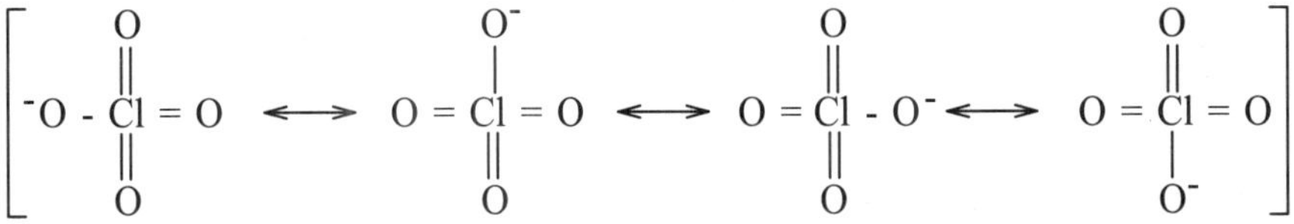

In den Reihen

$$H_4SiO_4 < H_3PO_4 < H_2SO_4 < HClO_4$$
$$HOI < HOBr < HOCl$$

steigt die Acidität mit zunehmender *Elektronegativität* des Nichtmetallatoms an, wodurch die Polarität die H-O-Bindung stark erhöht wird. Die von links nach rechts zunehmende Acidität korreliert mit einer Abnahme der Stabilität der freien Säuren, während umgekehrt die Stabilität der korrespondierenden Basen ($H_3SiO_4^-$, $H_2PO_4^-$, HSO_4^-, ClO_4^-) in der gleichen Richtung zunimmt.

1.11.3.7 pH-Wert wässriger Lösungen starker Säuren

(siehe auch Ehlers, **Analytik II**, ▸ Kap. 6.1.2)

Eine **starke Säure** reagiert praktisch vollständig mit Wasser. Die Konzentration an Protonen ist gleich der Gesamtkonzentration (C_s) der Säure. Der pH-Wert entspricht dann dem negativen dekadischen Logarithmus der Gesamtkonzentration dieser Säure.

$$\mathbf{pH = - \log [H_3O^+] = - \log C_s}$$

Zum Beispiel besitzt eine Salzsäure-Lösung ($C_s = 0{,}1\ mol \cdot l^{-1}$) mit dem Aktivitätskoeffizienten $f_{H3O+} = 0{,}1$ einen pH-Wert von:

$$\mathbf{pH} = -\log a_{H3O+} = -\log f_{H3O+} \cdot c_{H3O+} = -\log f_{H3O+} \cdot C_s = -\log 10^{-1} \cdot 10^{-1} = -\log 10^{-2} = \mathbf{2}$$

1.11.3.8 pH-Wert wässriger Lösungen starker Basen

Für den pOH-Wert starker Basen gilt ($pOH = -\log [HO^-] = -\log C_b$), wobei C_b die Gesamtkonzentration der starken Base darstellt. Mit [pH = 14 – pOH] ergibt sich für den pH-Wert wässriger Lösungen **starker Basen**:

$$\mathbf{pH = 14 + \log C_b}$$

Daraus folgt für den pH-Wert einer Natriumhydroxid-Lösung [$C_b(NaOH) = 10^{-6}\ mol \cdot l^{-1}$] [vgl. **MC-Frage Nr. 1057**]:

$$\mathbf{pH} = 14 + \log C_b = 14 + \log 10^{-6} = 14 - 6 = \mathbf{8{,}0}$$

Darüber hinaus ist bei der Berechnung von pH-Werten die Wertigkeit des Protolyten zu berücksichtigen. So enthält eine 0,05 M Bariumhydroxid-Lösung [$Ba(OH)_2$] insgesamt 0,1 Mol an Hydroxid-Ionen und besitzt demzufolge einen pH-Wert von **pH = 13** [vgl. **MC-Frage Nr. 1062**].

1.11.3.9 pH-Wert wässriger Lösungen schwacher Säuren

Schwache Säuren sind nur in geringem Umfang protolysiert. Das Gleichgewicht [$HA + H_2O \ \ H_3O^+ + A^-$] der Protolysereaktion mit Wasser liegt weitgehend auf der linken Seite.

Aus Elektroneutralitätsgründen ist $[H_3O^+] = [A^-]$, und die Konzentration an undissoziierter Säure [HA] ist annähernd gleich der Gesamtkonzentration (C_s) der schwachen Säure. Somit gilt für die Säurekonstante bzw. daraus abgeleitet für die Hydroxonium-Ionenkonzentration:

$$K_s = \frac{[H_3O^+] \cdot [A^-]}{[HA]} = \frac{[H_3O^+]^2}{C_s} \quad \text{bzw.} \quad [H_3O^+] = \sqrt{K_s \cdot C_s}$$

Durch Umformung dieser Beziehung erhält man für die pH-Wert-Berechnung von Lösungen schwacher Säuren folgende Gleichungen [vgl. **MC-Fragen Nr. 1063, 1064**]:

$$\begin{aligned}\mathbf{pH} &= \mathbf{1/2 \cdot (pK_s - \log C_s) = 1/2\ pK_s - 1/2 \log C_s} \\ &= \mathbf{1/2\ pK_w - 1/2\ pK_b - 1/2 \log C_s} \\ &= \mathbf{7 - 1/2\ pK_b - 1/2 \log C_s}\end{aligned}$$

Hierin entspricht pK_s dem Säureexponenten der Säure (HA) und pK_b ist der Basenexponent der zur Säure (HA) korr. Base (A^-).

Nach obigen Gleichungen besitzt eine 0,1 M Essigsäure-Lösung ($pK_s = 4{,}8$) einen pH-Wert von [vgl. **MC-Frage Nr. 1058**]:

$$\mathbf{pH} = \tfrac{1}{2}(pK_s - \log C_s) = \tfrac{1}{2}(4{,}8 - \log 10^{-1}) = 2{,}4 + 0{,}5 = \mathbf{2{,}9}$$

Zu weiteren pH-Wert-Berechnungen von Lösungen schwacher Säure siehe *Kommentierung* der **MC-Fragen Nr. 1054–1056** im Fragenband.

1.11.3.10 pH-Wert wässriger Lösungen schwacher Basen

Die Berechnung des pOH-Wertes einer **schwachen Base** erfolgt analog der Berechnung des pH-Wertes einer schwachen Säure, wobei C_b der Gesamtkonzentration der gelösten Base entspricht.

$$pOH = 1/2\ pK_b - 1/2 \log C_b$$

Daraus folgt für den pH-Wert:

$$\begin{aligned}\mathbf{pH} &= \mathbf{14 - 1/2\ pK_b + 1/2 \log C_b} \\ &= \mathbf{1/2\ pK_w + 1/2\ pK_s + 1/2 \log C_b} \\ &= \mathbf{7 + 1/2\ pK_s + 1/2 \log C_b}\end{aligned}$$

Hierin ist pK_s der Säureexponent der zu schwachen Base korrespondierenden Säure.

Beispielsweise besitzt eine 0,1 M Ammoniak-Lösung ($pK_b = 5$) einen pH-Wert von [vgl. **MC-Fragen Nr. 1059, 1061**]:

$$\mathbf{pH} = 14 - \tfrac{1}{2} pK_b + \tfrac{1}{2} \log C_b = 14 - \tfrac{1}{2} \cdot 5 + \tfrac{1}{2} \log 10^{-1} = 14 - 2{,}5 - 0{,}5 = \mathbf{11}$$

1.11.3.11 Protolysereaktionen beim Lösen von Salzen

Ganz allgemein gilt die Regel, dass sehr starke Säuren und Basen auf der normalen pH-Skala von 0 bis 14 nicht beständig sind und *nivelliert* werden. Überaus schwache Säuren und Basen sind dagegen über den gesamten pH-Bereich stabil und protolysieren nicht.

Die meisten *Anionen* von Salzen sind nun mehr oder weniger stark *basisch*; viele *Kationen*, wie das Ammonium-Ion (NH_4^+) oder hydratisierte, mehrfach positiv geladene Metallionen (Al^{3+}, Fe^{3+}) wirken stark *sauer*, wobei die Acidität von **Kationsäuren** wie $[Al(H_2O)_6]^{3+}$ oder $[Fe(H_2O)_6]^{3+}$ vom Radius des Kations abhängt. Lösungen solcher *hydratisierten Metallionen* reagieren umso stärker sauer, je geringer der Radius und je höher geladen das Metallion ist [vgl. **MC-Fragen Nr. 993, 995, 1018, 1019**].

Beim *Lösen von Salzen*, die *saure* oder *basische Ionen* enthalten, muss deshalb eine Protolyse eintreten; es entstehen H_3O^+- oder HO^--Ionen, so dass die wässrigen Lösun-

◘ Tab. 1.68 Existenzgebiete von Säuren und Basen auf der normalen pH-Skala

Säuren		Basen	
$[Na(H_2O)_6]^+$	$\rightleftharpoons$	$[Na(OH)(H_2O)_5] + H^+$	$pK_S = 24$
H_3PO_4	$\rightleftharpoons$	$H_2PO_4^- + H^+$	$pK_S = 2{,}16$
$H_2PO_4^-$	$\rightleftharpoons$	$HPO_4^{2-} + H^+$	$pK_S = 7{,}21$
HPO_4^{2-}	$\rightleftharpoons$	$PO_4^{3-} + H^+$	$pK_S = 12{,}32$
H_2S	$\rightleftharpoons$	$HS^- + H^+$	$pK_S = 6{,}92$
HS^-	$\rightleftharpoons$	$S^{2-} + H^+$	$pK_S = 12{,}92$
$HClO_4$	$\rightleftharpoons$	$ClO_4^- + H^+$	$pK_S = -10$

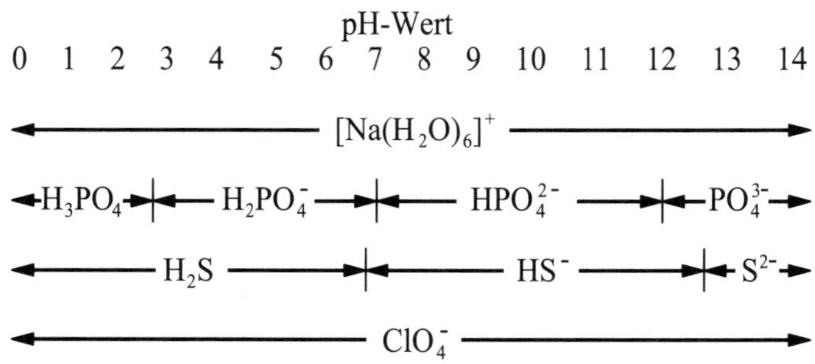

gen solcher Salze *nicht neutral* reagieren. Enthält ein Salz basische und saure Ionen, so kann auch zwischen den Ionen des Salzes ein Protonenübergang stattfinden. Das betreffende Salz ist dann in wässriger Lösung unbeständig oder überhaupt nicht mehr existenzfähig.

Der **Säureexponent** (pK_S) trennt nun die pH-Bereiche, in denen überwiegend eine Säure (Base) oder ihre konjugierte Base (Säure) beständig sind. In ◘ Tab. 1.68 sind die pK-Werte sowie die Stabilitätsbereiche einiger korrespondierender Säure-Base-Paare aufgelistet (siehe auch ▸ Kap. 1.11.5.2).

Aufgrund der genannten Stabilitätsbeziehungen kann man nun leicht angeben, ob die wässrige Lösung eines Salzes sauer, alkalisch oder neutral reagiert.

[A] Salze aus einer starken Säure mit einer starken Base wie z. B. NaCl, $NaClO_4$, $NaNO_3$, Na_2SO_4, K_2SO_4, KI erleiden in Wasser keine Aciditätsänderungen bzw. Veränderungen der Dissoziation, weil die gebildeten Kationen überaus schwache Säuren und die entstehenden Anionen überaus schwache Basen darstellen und über den gesamten pH-Bereich existenzfähig (stabil) sind. *Wässrige Lösungen dieser Salze reagieren neutral.* Daher bezeichnet man solche Salze auch als *Neutralsalze* [vgl. **MC-Fragen Nr. 1082, 1083**].

$$[Na^+Cl^-] + H_2O \rightleftharpoons Na^+_{aq} + Cl^-_{aq} \qquad \textbf{(pH = 7)}$$

[B] Salze aus einer schwachen Säure mit einer starken Base wie z. B. CH_3COONa, Na_2CO_3, NaCN, KCN, Na_2S, Na_2HPO_4, Na_3PO_4, $Na_2B_4O_7$ werden durch die korrespondierende Base der Säure beeinflusst und reagieren in *wässriger Lösung alkalisch* [vgl. **MC-Fragen Nr. 1071–1073**].

In Wasser gelöst reagieren Salze wie **Natriumacetat** (CH_3COONa) oder **Natrium-** ($NaHCO_3$) bzw. **Kaliumhydrogencarbonat** ($KHCO_3$) schwach und **Natriumcarbonat** (*Soda*) (Na_2CO_3) stark alkalisch, weil das Acetat- ($pK_b = 9{,}24$) bzw. das Hydrogencarbonat-Ion ($pK_b = 7{,}62$) eine schwache und das Carbonat-Ion ($pK_b = 3{,}67$) eine starke Base ist. Carbonat kann aufgrund seines pK_b-Wertes sogar erst oberhalb pH > 11 in nennenswerter Konzentration vorliegen. Demzufolge stellen sich in wässriger Lösung für Natriumacetat und Natriumcarbonat folgende Gleichgewichte ein [vgl. **MC-Frage Nr. 1075**]:

$$\underset{Na^+}{CH_3COO^-} + H_2O \rightleftharpoons \underset{Na^+}{HO^-} + CH_3COOH \qquad \textbf{(pH > 7)}$$

$$\underset{2\,Na^+}{CO_3^{2-}} + H_2O \rightleftharpoons \underset{Na^+}{HO^-} + \underset{Na^+}{HCO_3^-} \qquad \textbf{(pH > 7)}$$

Auch die wässrige Lösung von **Natriumsulfid** (Na_2S) muss alkalisch reagieren, weil das Sulfid-Ion (S^{2-}), wie ▫ Tab. 1.68 ausweist, nur bei pH > 13 beständig ist. Beim Lösen von Na_2S in Wasser bilden sich deshalb HS^--Ionen und partiell auch undissoziierte H_2S-Moleküle. Dies führt unter Freisetzung von HO^--Ionen zur alkalischen Reaktion der Lösung.

$$\underset{2\,Na^+}{S^{2-}} + H_2O \rightleftharpoons \underset{Na^+}{HO^-} + \underset{Na^+}{HS^-}$$

$$\underset{Na^+}{HS^-} + H_2O \rightleftharpoons \underset{Na^+}{HO^-} + H_2S$$

Des Weiteren kann die wässrige Lösung von **Natriumhydrogenphosphat** (Na_2HPO_4) nicht pH = 7 haben, da bei pH = 7 $H_2PO_4^-$- und HPO_4^{2-}-Ionen in etwa gleicher Konzentration vorliegen müssen. Daher reagieren HPO_4^{2-}-Ionen solange mit Wasser zu Dihydrogenphosphat ($H_2PO_4^-$) bis das Verhältnis $c(H_2PO_4^-)$ zu $c(HPO_4^{2-})$ gleich $c(H_3O^+)/10^{-7}$ geworden ist.

$$HPO_4^{2-} + H_2O \rightleftharpoons HO^- + H_2PO_4^- \qquad \textbf{(pH > 7)}$$

Die parallele Bildung von Hydroxid-Ionen führt zur alkalischen Reaktion. In analoger Weise lässt sich zeigen, dass **Natriumphosphat** (Na_3PO_4) in Wasser gelöst noch stärker alkalisch reagiert als Na_2HPO_4.

Ionische Salze starker Basen wie **Hydride** (NaH), **Nitride** (Li_3N, Mg_3N_2), **Oxide** (Na_2O, CaO, BaO) oder **Amide** ($NaNH_2$, KNH_2) protolysieren praktisch quantitativ in Wasser und führen durch Bildung von Hydroxid-Ionen zu einer stark alkalischen Reaktion ihrer wässrigen Lösungen.

$$H^- + H_2O \longrightarrow HO^- + H_2$$
$$N^{3-} + 3\,H_2O \longrightarrow 3\,HO^- + NH_3$$
$$O^{2-} + H_2O \longrightarrow 2\,HO^-$$
$$NH_2^- + H_2O \longrightarrow HO^- + NH_3$$

Die *Oxide* der *Erdalkalimetalle* sind allerdings in Wasser nur in geringem Maße löslich; die O^{2-}-Ionen, die in Lösung gehen, setzen sich jedoch vollständig mit Wasser unter Bildung von HO^--Ionen um.

[C] Salze schwacher Basen mit starken Säuren wie z. B. $AlCl_3$, $Al_2(SO_4)_3$, $FeCl_3$, NH_4Cl, $(NH_4)_2SO_4$ oder $ZnCl_2$ werden durch die korrespondierende Säure aciditätsmäßig verändert und reagieren in *wässriger Lösung sauer* [vgl. **MC-Fragen Nr. 1076–1081, 1881**].

So reagiert **Ammoniumchlorid** (NH_4Cl) schwach, das hydratisierte **Fe(III)-Ion** $[Fe(H_2O)_6]^{3+}$ jedoch ziemlich stark sauer, weil NH_4^+-Ionen nur wenig, die aciden Hexaquaeisen(III)-Ionen hingegen in höherem Maße in Wasser protolysieren. Das $[Fe(H_2O)_6]^{3+}$-Ion ($pK_s = 2{,}22$) ist eine wesentlich stärkere Brönsted-Säure als Essigsäure ($pK_s = 4{,}76$) [vgl. **MC-Fragen Nr. 995, 1018, 1019, 1829**].

$$NH_4^+ + H_2O \rightleftharpoons H_3O^+ + NH_3 \qquad \textbf{(pH < 7)}$$

$$[Fe(H_2O)_6]^{3+} + H_2O \rightleftharpoons H_3O^+ + [Fe(OH)(H_2O)_5]^{2+} \qquad \textbf{(pH < 7)}$$

Aufgrund des Säureexponenten der Phosphorsäure [$pK_{s1}(H_3PO_4) = 2{,}16$] für deren erste Protolysestufe ist auch zu verstehen, warum eine wässrige **Natriumdihydrogenphosphat**-Lösung (NaH_2PO_4) sauer reagieren muss, weil das $H_2PO_4^-$-Ion nur im schwach sauren pH-Bereich stabil ist. In analoger Weise führt auch **Natriumhydrogensulfat** ($NaHSO_4$) [$pK_{s2}(H_2SO_4) = 1{,}92$] in wässriger Lösung zu einer *sauren* Reaktion [vgl. **MC-Fragen Nr. 1081, 1881**].

[D] Sind **beide Anteile des Salzes** in Wasser **schwach dissoziiert**, so ist der Dissoziationsgrad ein Maß für die sich aus der Säure-Base-Reaktion mit Wasser ergebende Acidität der Lösung. Zum Beispiel reagieren **Ammoniumoxalat** [$(NH_4)_2C_2O_4$] oder **Ammoniumsulfat** [$(NH_4)_2SO_4$] sauer, **Ammoniumacetat** [$CH_3COO^-NH_4^+$] neutral und **Ammoniumcarbonat** [$(NH_4)_2CO_3$] alkalisch.

Darüber hinaus können Salze wie **Ammoniumsulfid** [$(NH_4)_2S$] in Wasser überhaupt nicht existieren, weil einerseits NH_4^+-Ionen nur unterhalb pH = 7, S^{2-}-Ionen nur oberhalb pH = 13 in höheren Konzentrationen beständig sind. Somit überschneiden sich die Existenzbereiche beider Ionen nicht auf der normalen pH-Skala. Aus dem gleichen Grund gibt es in *wässriger Lösung* auch kein Salz der Formel $(NH_4)_3PO_4$.

Die Aussagen über die Protolyse von Salzen in wässriger Lösung sind in ◘ Tab. 1.69 nochmals zusammengefasst.

Tab. 1.69 Protolyse von Salzen in Wasser

Salz aus		Reaktion der wässrigen Lösung	
Säure	Base		
Stark	Stark	Neutral	(pH = 7)
Stark	Schwach	Sauer	(pH < 7)
Schwach	Stark	Alkalisch	(pH > 7)
Schwach	Schwach	pH-Wert variabel bzw. das Salz ist unbeständig	

1.11.3.12 pH-Wert wässriger Salzlösungen

Insbesondere bei der *maßanalytischen Auswertung einer Säure-Base-Reaktion* interessiert der pH-Wert *nach* der Reaktion äquivalenter Mengen an Säure und Base. Dies ist gleichbedeutend mit der Berechnung des **pH-Wertes einer Salzlösung**, die eine Kation- oder Anionsäure bzw. eine Anionbase, eine Kationsäure und eine Anionsäure zugleich oder ein amphoteres System enthält. Man kann sich dies an folgenden Reaktionsbeispielen klarmachen.

$$CH_3COOH + K^+HO^- \rightleftharpoons K^+ + \underset{\text{(Anionbase)}}{CH_3COO^-} + H_2O$$

$$H_3O^+Cl^- + NH_3 \rightleftharpoons Cl^- + \underset{\text{(Kationsäure)}}{NH_4^+} + H_2O$$

$$CH_3COOH + NH_3 \rightleftharpoons \underset{\text{(Anionbase)}}{CH_3COO^-} + \underset{\text{(Kationsäure)}}{NH_4^+}$$

$$H_3PO_4 + K^+HO^- \rightleftharpoons K^+ + \underset{\text{(Ampholyt)}}{H_2PO_4^-} + H_2O$$

In den beiden erstgenannten Beispielen kann das pH nach den Formeln berechnet werden, die für schwache Säuren und Basen gelten (siehe auch ▸Kap. 1.11.3.9 und 1.11.3.10).

[A] pH-Wert wässriger Lösungen von Salzen aus starken Säuren und schwachen Basen

Der pH-Wert berechnet sich nach folgender Formel, wobei pK_s dem Säureexponenten des hydratisierten Kations entspricht:

$$\mathbf{pH = 1/2\ pK_s - 1/2 \log C_{Kationsäure}}$$

Danach hat eine 0,01 M Ammoniumchlorid-Lösung [$pK_s(NH_4^+)$ = 9,24] einen pH-Wert von:

$$\mathbf{pH} = ½\ pK_s(NH_4^+) - ½ \log [NH_4^+] = ½ \cdot 9{,}24 - ½ \log 10^{-2} = 4{,}62 + 1{,}0 = \mathbf{5{,}62}$$

[B] pH-Wert wässriger Lösungen von Salzen aus starken Basen und schwachen Säuren
Der pH-Wert berechnet sich nach der unten angeführten Formel, wobei pK_b dem Basenexponenten der Anionbase entspricht und pK_s der Säureexponent der zum Anion konjugierten Säure ist:

$$\mathbf{pH = 14 - 1/2\ pK_b + 1/2 \log C_{Anionbase}}$$
$$\mathbf{= 7 + 1/2\ pK_s + 1/2 \log C_{Anionbase}}$$

Zum Beispiel beträgt der pH-Wert einer 0,1 M Natriumcarbonat-Lösung [$pK_b(CO_3^{2-})$ = 3,6]:

$$\mathbf{pH} = 14 - ½\ pK_b(CO_3^{2-}) + ½\ [CO_3^{2-}] = 14 - ½·3,6 + ½ \log 10^{-1} = 14 - 1,8 - 0,5 = \mathbf{11,7}$$

[C] pH-Wert wässriger Lösungen von Salzen aus schwachen Säuren und schwachen Basen
Der pH-Wert solcher Salzlösungen ist *unabhängig* von der Konzentration des Salzes und entspricht näherungsweise dem arithmetischen Mittel aus dem Säureexponenten der Kationsäure (pK_s) und dem Säureexponenten (pK_s^*) der zum Anion konjugierten Säure:

$$\mathbf{pH = 1/2 \cdot (pK_s + pK_s^*)}$$

Dies soll am Beispiel der pH-Wert-Berechnungen wässriger Lösungen von **Ammoniumformiat** ($HCOONH_4$), **Ammoniumacetat** (CH_3COONH_4) und **Ammoniumcyanid** (NH_4CN) verdeutlicht werden.

Aus obiger Beziehung kann man auch ableiten, dass eine Lösung, die eine *Säure und eine Base in äquivalenten Mengen* enthält, sauer reagiert, wenn die Säure stärker ist als die Base, und alkalisch reagiert, falls die Base stärker ist als die Säure.

Salz	Säure	Base	korr. Säure	pK_s	pK_b	pK_s^*	pH der Lösung
$HCOO^-$ NH_4^+	NH_4^+	$HCOO^-$	HCOOH	9,2	10,3	3,7	**6,45**
CH_3COO^- NH_4^+	NH_4^+	CH_3COO^-	CH_3COOH	9,2	9,2	4,8	**7,00**
CN^- NH_4^+	NH_4^+	CN^-	HCN	9,2	4,6	9,4	**9,30**

1.11.4 Nichtwässrige Systeme

1.11.4.1 Wasserähnliche Lösungsmittel, Solvenstheorie

Als wasserähnliche Lösungsmittel bezeichnet man amphotere Protolyte, die wie Wasser zur **Autoprotolyse** befähigt sind (siehe ▸Kap. 1.11.1.3). Wichtige **amphiprotische Lösungsmittel** sind u. a. Eisessig, Ameisensäure, wasserfreies Ethanol, konzentrierte Schwefelsäure und insbesondere flüssiges Ammoniak.

Führt man für ein derartiges Solvens das Symbol **LH** ein, so kann man die Autoprotolyse und das Verhalten von Säuren (HA) und Basen (B) in diesen Lösungsmitteln durch folgende allgemeine Gleichungen beschreiben:

Säure	+	Base	$\rightleftharpoons$	korr. Säure	+	korr.Base
LH	+	LH	$\rightleftharpoons$	LH_2^+	+	L^-
HA	+	LH	$\rightleftharpoons$	LH_2^+	+	A^-
LH	+	B	$\rightleftharpoons$	BH^+	+	L^-

Nach der **Solvenstheorie** ist eine **Säure** (HA) definiert als eine Substanz, die die Konzentration an **Lyonium-Ionen** (LH_2^+) (Kationen des Lösungsmittels) erhöht. Daher wird z. B. in **Eisessig** die „saure Reaktion" durch das protonierte Lösungsmittel, das Acetacidium-Ion ($CH_3COOH_2^+$) hervorgerufen.

In analoger Weise erhöhen **Basen** (B) die Konzentration an **Lyat-Ionen** (L^-) (Anionen des Lösungsmittels).

Darüber hinaus sei daran erinnert, dass in amphiprotischen Lösungsmitteln das Lyonium-Ion die stärkste existenzfähige Säure und das Lyat-Ion die stärkste stabile Base darstellt. In **flüssigem Ammoniak** werden deshalb sehr starke Säuren auf das Niveau des Ammonium-Ions (NH_4^+) und sehr starke Basen auf das Niveau des Amid-Ions (NH_2^-) *nivelliert.*

Wie in Wasser können auch in anderen amphoteren Lösungsmitteln die gelösten Säuren und Basen hinsichtlich ihrer Stärke eingeteilt werden. *Starke* Säuren und Basen reagieren weitgehend mit dem Lösungsmittel, *schwache* Säuren und Basen bleiben auch in solchen Solventien weitgehend unverändert.

Neben nivellierenden Eigenschaften üben einige amphiprotische Lösungsmittel wie **Eisessig** auch einen *differenzierenden Effekt* auf die Acidität bzw. Basizität von Protolyten aus. Beispielsweise ist Perchlorsäure ($HClO_4$) in Eisessig deutlich stärker sauer als Chlorwasserstoff (HCl). Eisessig übt auf die Aciditäten beider Säuren *keinen* nivellierenden Effekt aus.

Ordnet man nun die verschiedenen Säuren und Basen nach ihrer Stärke, so erhält man im Allgemeinen für wasserähnliche Lösungsmittel die gleiche Reihenfolge wie für Wasser. Allerdings kann die jeweilige Säure (Base) in dem einen Lösungsmittel als starker und in einem anderen als schwacher Protolyt wirken. So ist **Chlorwasserstoff** in Wasser eine starke, in Eisessig hingegen eine schwache Säure. Demgegenüber ist Essigsäure in Wasser eine schwache, in flüssigem Ammoniak jedoch eine starke Säure. In konz. H_2SO_4 sind praktisch alle Basen sehr stark.

Ein für die pharmazeutische Analytik wichtiges amphiprotisches Lösungsmittel ist **wasserfreie Essigsäure** (*Eisessig*) [Autoprotolysekonstante: pK = 14,4; Dielektrizitätszahl: $\varepsilon = 6{,}13$]. Das Solvens ermöglicht die Titration schwacher Basen ($pK_b = 9 - 14$), die in Wasser nicht direkt acidimetrisch bestimmbar sind. Zur Erzielung eines hinreichend großen pH-Sprungs am Endpunkt der Titration muss mit einer in Eisessig sehr starken Säure, z. B. **Perchlorsäure** ($HClO_4$), titriert werden. Die Indizierung des Äquivalenzpunktes kann potentiometrisch oder visuell mit Säure-Base-Indikatoren erfolgen (siehe auch Ehlers, **Analytik II**, ▸ Kap. 6.3.1).

1.11.4.2 Lösungsmitteleinflüsse auf die Acidität bzw. Basizität von Protolyten

Wie voranstehende Ausführungen belegen, hängt das Dissoziationsverhalten von Säuren und Basen entscheidend von der Natur des verwendeten Lösungsmittels ab. So wird z. B. die Dissoziation einer Säure in hohem Maße von der Basizität des verwendeten Solvens beeinflusst. Je größer die Protonenaffinität des Lösungsmittels ist, desto stärker ist eine Säure in diesem Solvens dissoziiert. Analoge Betrachtungen gelten auch für die Dissoziation einer Base in sauren Lösungsmitteln.

Neben diesen chemischen Eigenschaften der Solventien spielen aber auch ihre **Dielektrizitätszahlen** (siehe ▸Kap. 1.3.3.2, ◻Tab. 1.27), die **Solvatationseigenschaften** sowie die Fähigkeit des Lösungsmittels zur **Bildung** von **Wasserstoffbrücken** eine wichtige Rolle. Erinnert sei auch daran, dass die *Hydratation* in wässriger Lösung die Basizität und Nucleophilie von Brönsted-Basen verringert [vgl. **MC-Frage Nr. 995**].

Darüber hinaus sind *protische Lösungsmittel* imstande entweder ein Proton vollständig auf eine Base zu übertragen und diese in ihre korrespondierende Säure zu überführen oder sie ermöglichen die Ausbildung von Wasserstoffbrücken (siehe ▸Kap. 1.7.3). *Amphiprotische Lösungsmittel* wirken als Protonenakzeptoren und -donatoren; solche Lösungsmittel besitzen gute Solvatationseigenschaften für Anionen und Kationen.

Demgegenüber können *aprotische* oder *dipolar-aprotische* Solventien, wie z. B. **Dimethylformamid** und **Dimethylsulfoxid**, keine Protonen abgeben, sind mitunter aber in der Lage, als schwache Basen zu fungieren. In diesen Lösungsmitteln sind vor allem *basische Anionen* nur *schwach solvatisiert* und verhalten sich deshalb wie starke Basen. Zum Beispiel ist **Natriummethanolat** ($CH_3O^-Na^+$) in Dimethylsulfoxid eine 10^9mal stärkere Base als in Methanol. Ferner steigt bei Zugabe geringer Mengen von Dimethylformamid oder Dimethylsulfoxid zu einer wässrigen **Natriumhydroxid-Lösung** deren Wirksamkeit gegenüber sauren Katalysatoren stark an [vgl. **MC-Frage Nr. 1882**].

1.11.4.3 Reaktionen in Salzschmelzen, Bjerrum-Theorie

Base-Antibase-Reaktionen: Die am häufigsten verwendeten Reagenzien für Schmelzaufschlüsse sind mehr oder minder hochschmelzende Salze anorganischer Sauerstoffsäuren, wie z. B. **Natriumcarbonat** (Na_2CO_3) [Schmp. 850 °C], **Kaliumcarbonat** (K_2CO_3) [Schmp. 897 °C], **Kaliumnitrat** (KNO_3) [Schmp. 308 °C] oder **Natriumdisulfat** ($Na_2S_2O_7$) [Schmp. 40 °C]. Man spricht in diesen Fällen auch von oxidischen Schmelzen.

In derartigen Schmelzen kommen weder Wasserstoff- noch Hydroxid-Ionen vor. Trotzdem besitzen die Schmelzen keinen neutralen Charakter. Auch in diesen Schmelzflüssen kommt zum Ausdruck, dass das CO_3^{2-}-Ion eine Base und das $S_2O_7^{2-}$-Ion ein Säureanhydrid [$S_2O_7^{2-} + H_2O \longrightarrow 2\ HSO_4^-$] darstellt. Beim Eintragen von $Na_2S_2O_7$ in eine Na_2CO_3-Schmelze entwickelt sich ebenso CO_2 wie beim Ansäuern einer Soda-Lösung mit H_2SO_4.

$$\underset{2\,Na^+}{CO_3^{2-}} + \underset{2\,Na^+}{S_2O_7^{2-}} \longrightarrow (CO_2)_g + \underset{4\,Na^+}{2\,SO_4^{2-}}$$

$$\underset{2\,Na^+}{CO_3^{2-}} + H_2SO_4 \longrightarrow (CO_2)_g + \underset{2\,Na^+}{SO_4^{2-}} + H_2O$$

In oxidischen Salzschmelzen spielen die Sauerstoff-Ionen (O^{2-}) eine ähnliche Rolle wie die H^+ bzw. HO^--Ionen in wässrigen Lösungen. In der Tat lässt sich die Reaktion von $Na_2S_2O_7$ mit einer Sodaschmelze als Übertragung von O^{2-}-Ionen deuten.

$$\left.\begin{array}{l} CO_3^{2-} \longrightarrow CO_2 + O^{2-} \\ S_2O_7^{2-} + O^{2-} \longrightarrow 2\ SO_4^{2-} \end{array}\right\} \quad CO_3^{2-} + S_2O_7^{2-} \longrightarrow CO_2 + 2\ SO_4^{2-}$$

Stoffe, die sich durch Anlagerung oder Abspaltung von O^{2-}-Ionen ineinander überführen lassen, bilden ein **korrespondierendes Base-Antibase-Paar**. Beispiele für Base-Antibase-Reaktionen sind in der folgenden Zusammenstellung wiedergegeben [vgl. **MC-Frage Nr. 1015**].

Base			Antibase	
SiO_4^{4-}	$\rightleftharpoons$	$2\ O^{2-}$ +	SiO_2	
$2\ BO_2^-$	$\rightleftharpoons$	O^{2-} +	B_2O_3	
$4\ BO_2^-$	$\rightleftharpoons$	O^{2-} +	$B_4O_7^{2-}$	
PO_4^{3-}	$\rightleftharpoons$	O^{2-} +	PO_3^-	
$2\ PO_4^{3-}$	$\rightleftharpoons$	$3\ O^{2-}$ +	P_2O_5	
SO_4^{2-}	$\rightleftharpoons$	O^{2-} +	SO_3	
$2\ SO_4^{2-}$	$\rightleftharpoons$	O^{2-} +	$S_2O_7^{2-}$	
$2\ NO_3^-$	$\rightleftharpoons$	O^{2-} +	N_2O_5	$\longrightarrow 2\ NO_2 + 1/2\ O_2$
$2\ NO_2^-$	$\rightleftharpoons$	O^{2-} +	N_2O_3	$\longrightarrow NO + NO_2$
CO_3^{2-}	$\rightleftharpoons$	O^{2-} +	CO_2	

Amphoteren Charakter besitzen Oxide, die Anhydride amphoterer Hydroxide sind. Ein typisches Beispiel ist Al(III)-oxid, das durch Abspaltung von O^{2-}-Ionen in das Al^{3+}-Ion und durch Anlagerung von O^{2-} in das Aluminat-Ion (AlO_2^-) übergehen kann.

$$Al_2O_3 \longrightarrow 3\ O^{2-} + 2\ Al^{3+}\ ;\ Al_2O_3 + O^{2-} \longrightarrow 2\ AlO_2^-$$

Auch in Salzschmelzen lassen sich stärkere Basen von schwächeren und stärkere Antibasen von schwächeren unterscheiden. Starke Basen (Antibasen) reagieren mit vielen Antibasen (Basen) und setzen dabei die schwächere Base (Antibase) frei. In obiger Zusammenstellung von korrespondierenden Base-Antibase-Paaren sind oben schwache Basen und starke Antibasen, unten starke Basen und schwache Antibasen aufgelistet. Darüber hinaus gilt, dass einer starken Base eine schwache Antibase und umgekehrt entspricht.

Die Stärke von Basen und Antibasen in Schmelzen wird vor allem durch deren Flüchtigkeit beeinflusst. So ist das CO_3^{2-}-Ion in Schmelzen eine außerordentlich starke Base, weil die korrespondierende Antibase (CO_2) bei den Temperaturen von Salzschmelzen gasförmig vorliegt und in den Schmelzen (physikalisch) unlöslich ist.

1.11.5 Puffersysteme

1.11.5.1 Pufferlösungen

Fügt man zur Lösung einer *schwachen Säure* (HA) ein Salz hinzu, welches das gleiche Anion (A^-) enthält, so wird die Gleichgewichtskonzentration des Anions (korr. Base) vergrößert. Der Quotient $[H_3O^+] \cdot [A^-]/[HA]$, der gleich der Dissoziationskonstanten (K_S) der schwachen Säure (HA) sein muss, kann aber nur dann konstant bleiben, wenn die Vergrößerung von $[A^-]$ durch eine Verkleinerung des Verhältnisses $[H_3O^+]/[HA]$

kompensiert wird. Dies ist nur möglich, wenn sich eine bestimmte Menge an Protonen mit der äquivalenten Konzentration von Anionen zur undissoziierten Säure verbindet. Dadurch wird die Dissoziation der schwachen Säure in gewissem Umfang zurückgedrängt; man spricht auch vom *Abstumpfen der Acidität*. Beispiele hierfür sind Lösungen von Essigsäure mit Natriumacetat oder Lösungen von Natriumdihydrogenphosphat mit Natriumhydrogenphosphat.

In ähnlicher Weise kann auch die Basizität einer schwachen Base durch Zugabe eines Salzes mit dem gleichen Kation (korr. Säure) abgestumpft werden, wie z. B. von Ammoniak nach Zugabe von NH_4Cl.

Solche **Lösungen aus einer schwachen Säure** (CH_3COOH oder $H_2PO_4^-$ oder NH_4^+) **und ihrer korrespondierenden Base** (CH_3COO^- oder HPO_4^{2-} oder NH_3) besitzen die Eigenschaft, dass ihr **pH-Wert** durch Zugabe kleiner Mengen an starker Säure oder starker Base *praktisch nicht verändert wird*. Mit anderen Worten, diese Lösungen haben einen in Grenzen *konstanten* pH-Wert.

Eine Veränderung des pH-Wertes wird bei Säurezusatz (Zugabe von H^+-Ionen) durch die Reaktion [$A^- + H^+ \longrightarrow HA$] und bei Basenzusatz (Zugabe von HO^--Ionen) durch die Reaktion [$HA + HO^- \longrightarrow A^- + H_2O$] verhindert. Die H^+- und HO^--Ionen werden *weggepuffert*. Auf ein Gemisch aus Essigsäure und Natriumacetat übertragen bedeutet dies, dass die Zugabe einer Säure die Konzentration an Essigsäure erhöht und die Zugabe einer Base die Konzentration an Essigsäure erniedrigt.

Durch die Zugabe einer Säure oder einer Base verändert sich das Verhältnis $[A^-]/[HA]$, diese Veränderung ist aber viel kleiner, als sie bei *alleiniger* Anwesenheit der Komponenten HA und A- zu erwarten wäre. Zudem wird der pH-Wert – wie nachfolgend beschrieben - nicht durch den Quotienten ($[A^-]/[HA]$) sondern durch den Logarithmus des Quotienten ($\log[A^-]/[HA]$) beeinflusst, was den Effekt von pH-Veränderungen bei Zusatz von Säuren oder Basen noch weiter mindert. Die pH-Schwankungen sind am geringsten, wenn ein *äquimolares Gemisch* an schwacher Säure (HA) und ihrer korrespondierenden Base (A^-) vorliegt [vgl. **MC-Fragen Nr. 1087–1089**].

Derartige Lösungen mit nahezu konstantem pH-Wert werden als **Puffer** oder **Pufferlösungen** bezeichnet. Pufferlösungen haben ein weites Anwendungsgebiet und sind überall dort unentbehrlich, wo Reaktionen, bei denen H^+- bzw. HO^--Ionen gebunden oder freigesetzt werden, in einem Medium mit praktisch konstantem pH-Wert ablaufen sollen.

Als Pufferlösungen bezeichnet man (meistens äquimolare) Lösungen aus einer schwachen Säure und ihrer korrespondierenden Base. Puffergemische vermögen den pH-Wert einer Lösung bei Zugabe kleiner Mengen an starker Säure oder an starker Base konstant zu halten. Diese Pufferwirkung ist begrenzt. Ein günstiger Pufferbereich (ΔpH) erstreckt sich über je eine pH-Einheit auf beiden Seiten des pK_S-Wertes der dem Puffergemisch zugrundeliegenden schwache Säure ($\Delta pH = pK_S \pm 1$).

▫ Tab. 1.70 informiert über die Zusammensetzung einiger pharmazeutisch und analytisch wichtiger Puffersysteme und ihre jeweiligen Pufferbereiche [vgl. **MC-Fragen Nr. 1087, 1091–1095, 1097–1100, 1534**].

Tab. 1.70 Häufig genutzte Puffersysteme

Puffersystem	pH-Bereich
CH_3COOH/CH_3COONa	3,75 - 5,75
KH_2PO_4/K_2HPO_4	5,3 - 8
NH_4Cl/NH_3	8,25 - 10,25
CO_2/HCO_3^- (**Blut**)	um 7,4
HCO_3^-/CO_2	9,4 - 11,4
Natriumcitrat/HCl	
≡ Citronensäure/Citrat	1,0 - 3,5
Borsäure/NaOH	
≡ $H_3BO_3/Na_2B_4O_7$	8,5 - 13

Man spricht bei einem Gemisch von Essigsäure (CH_3COOH) und Natriumacetat ($CH_3COO^-Na^+$) auch von einem *Acetatpuffer*, ein Gemisch aus Natriumdihydrogenphosphat (NaH_2PO_4) und Natriummonohydrogenphosphat (Na_2HPO_4) heißt *Phosphatpuffer* und eine Mischung aus Ammoniumchlorid (NH_4Cl) und Ammoniak-Lösung (NH_3) nennt man *Ammoniakpuffer*.

Man kann eine Pufferlösung aber auch dadurch herstellen, dass man die Lösung einer schwachen Säure wie Borsäure (H_3BO_3) *zur Hälfte* mit NaOH-Lösung neutralisiert. Es liegt dann ein äquimolares Gemisch aus schwacher Borsäure und Borat als korrespondierender Base vor, das als *Boratpuffer* bezeichnet wird. Auch die Halbneutralisation von Natriumcitrat als korrespondierender Base mit HCl-Lösung führt zu einer Pufferlösung (*Citratpuffer*), die äquimolare Mengen an Natriumcitrat und schwacher Citronensäure enthält [vgl. **MC-Frage Nr. 1089**].

1.11.5.2 Henderson-Hasselbalch-Gleichung, Pufferkurven

Protonenübertragungen in wässrigen Lösungen verändern stets auch deren pH-Wert. Umgekehrt werden die Konzentrationen der anwesenden Säure- und Base-Teilchen durch das pH der Lösung eindeutig festgelegt [vgl. **MC-Fragen Nr. 1088, 1091**].

Die **Henderson-Hasselbalch-Gleichung** gibt die Abhängigkeit des pH-Wertes einer Lösung vom prozentualen Verhältnis an schwacher Säure (HA) zu ihrer konjugierten Base (A^-) wieder.

$$\mathbf{pH = pK_s + \log \frac{[korr.Base]}{[Säure]} = pK_s + \log \frac{[A^-]}{[HA]} = pK_s - \log \frac{[HA]}{[A^-]}}$$

Diese Gleichung ist besonders für die Beurteilung der Eigenschaften von Pufferlösungen geeignet. Sie erlaubt, die Anteile eines korrespondierenden Säure-Base-Paares zu ermitteln, die bei einem bestimmten pH-Wert als Säure (HA) bzw. als korrespondierende Base (A^-) vorliegen. Die Henderson-Hasselbalch-Gleichung ergibt sich durch Logarithmieren der Massenwirkungsgesetz-Gleichung für die Reaktion einer schwachen Säure mit Wasser (siehe hierzu ▸Kap. 1.11.3.1).

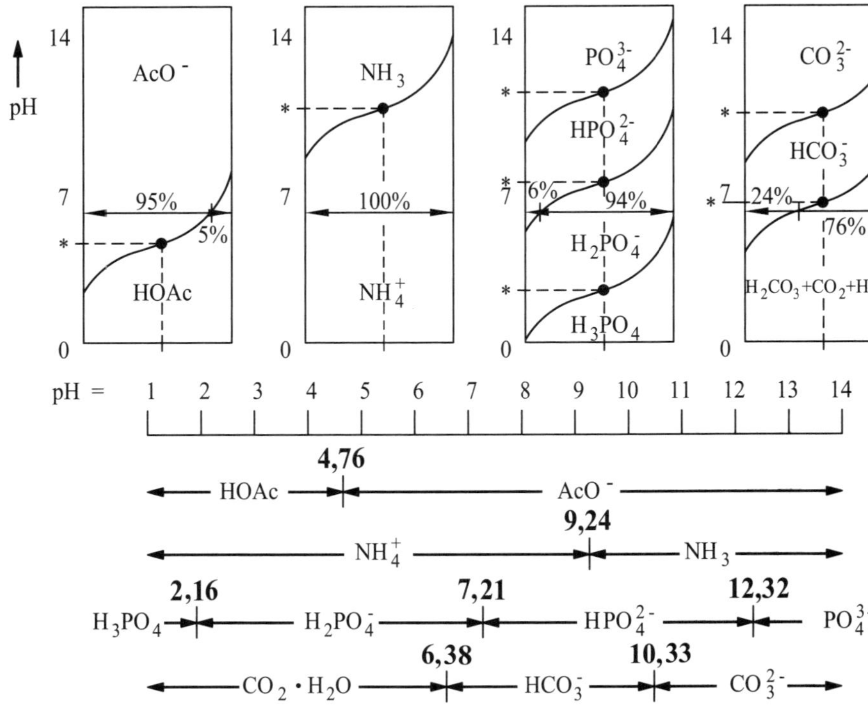

o Abb. 1.131 Pufferungskurven und Stabilitätsbereiche wichtiger korrespondierender Säure-Base-Paare (* = pK_s-Wert der schwachen Säure)

Die Henderson-Hasselbalch-Gleichung macht auch deutlich, dass sich beim *Verdünnen* einer Pufferlösung der pH-Wert praktisch nicht ändert, weil der pH-Wert einer Pufferlösung vom Logarithmus des Konzentrationsverhältnisses (log $[A^-]/[HA]$) des betreffenden Säure-Base-Paares abhängt und die Konzentrationen beider Pufferbestandteile sich beim Verdünnen in gleicher Weise ändern.

Berechnet man mithilfe der Henderson-Hasselbalch-Gleichung für bestimmte pH-Werte die prozentualen Konzentrationsverhältnisse von Säure und ihrer konjugierten Base und stellt diese in Abhängigkeit vom pH-Wert graphisch dar, so entstehen für eine mehrbasige schwache Säure eine Schar von Kurven, die als **Pufferungskurven** bezeichnet werden. o Abb. 1.131 zeigt die Pufferkurven einiger korrespondierender Säure-Base-Paare.

Die **Pufferkurven** geben in anschaulicher Weise die *Existenzbereiche von Säure und korrespondierender Base in wässriger Lösung an.* Entlang der Kurven sind beide Formen des korrespondierenden Säure-Base-Paares nebeneinander stabil; bei pH-Werten darunter existiert nur die undissoziierte, schwache Säure, bei pH-Werten darüber nur ihre korrespondierende Base. Der *pH-Wert im Wendepunkt* einer Pufferkurve entspricht dem **pK_s-Wert** der schwachen Säure. Analoges gilt auch für Pufferlösungen aus einer schwachen Base und ihrem Salz mit einer starken Säure; der pH-Wert im Wendepunkt der Pufferkurve entspricht dann dem pK_s-Wert der zur schwachen

Base konjugierten Säure. Die Pufferungskurven gestatten somit eine *experimentelle Bestimmung des Säureexponenten* (pK_s -Wert) *schwacher Säuren.*
Die Kurven in ◦ Abb. 1.131 lassen erkennen, dass z. B. das System **NH_3/NH_4^+** bei pH = 6 zu 100% als Ammonium-Ion vorliegt. Um NH_4^+-Ionen quantitativ in NH_3 zu überführen, muss das pH durch Zusatz einer starken Base auf pH > 10 erhöht werden. **Kohlensäure** liegt bei pH = 6 zu 76% als „H_2CO_3" vor, die im Gleichgewicht mit CO_2 und Wasser steht; um HCO_3^--Ionen vollständig in CO_2 und H_2O umzuwandeln, muss das pH durch Zugabe einer starken Säure auf etwa pH = 4 gesenkt werden. Ein *Acetatpuffer* besteht bei pH = 6 zu 95% aus Acetat-Ionen und zu 5% aus undissoziierter Essigsäure. Von den verschiedenen Protolysestufen der **Phosphorsäure** existieren bei pH = 6 nur $H_2PO_4^-$ (94%) und HPO_4^{2-}-Ionen (6%) [vgl. **MC-Frage Nr. 1096**].

1.11.5.3 Bedeutung der Henderson-Hasselbalch-Gleichung

Aus der Henderson-Hasselbalch-Gleichung lassen sich folgende Aussagen ableiten [vgl. **MC-Frage Nr. 1090**]:

- Bei bekanntem pH-Wert und bekanntem Säureexponenten kann man daraus das Verhältnis an Säure und korrespondierender Base berechnen.
- Bei bekanntem Verhältnis von Salz (korr. Base) zu Säure kann man durch Messung des pH-Wertes der Lösung den pKs-Wert der schwachen Säure ermitteln.

Die experimentelle Bestimmung des pK_s-Wertes ist auch durch Aufnahme der **Titrationskurve** einer schwachen Säure mit einer starken Base möglich; der pK_s-Wert der Säure entspricht dem **Halbneutralisationspunkt**; dort liegt ein Maximum an Pufferwirkung vor, während die Pufferwirkung am Äquivalenzpunkt einen Minimalwert besitzt [siehe Ehlers, **Analytik II**, ▸ Kap. 6.1.4.3 und **MC-Fragen Nr. 1106–1108**].

- Eine maximale Pufferwirkung resultiert für ein äquimolares Verhältnis von Salz (korr. Base) zu Säure. Der pH-Wert einer solchen Pufferlösung entspricht zahlenmäßig dem pK_s-Wert der Säure.

Setzt man **[Salz] = [Säure]** in die Henderson-Hasselbalch-Gleichung ein und berücksichtigt, dass log 1 = 0 ist, so ergibt sich [vgl. **MC-Fragen Nr. 1060, 1087, 1090, 1091**]:

$$\mathbf{pH = pK_s}$$

Dieser pH-Wert stellt den Wendepunkt der jeweiligen Pufferungskurve in ◦ Abb. 1.131 dar.

Nach obiger Beziehung besitzt eine Lösung, die neben 0,1 Mol NH_4Cl noch 0,1 Mol NH_3 enthält, einen pH-Wert von **9,24**, dem pK_s-Wert des Ammonium-Ions. Darüber hinaus hat eine Lösung von 1 Mol Cyanwasserstoff, der man 0,5 Mol KOH-Lösung hinzufügt, einen pH-Wert von **9,4**, dem pK_s-Wert des Cyanwasserstoffs [vgl. **MC-Fragen Nr. 1060, 1101**].

Weitere Berechnungen mithilfe der Henderson-Hasselbalch-Gleichung finden sich in den Kommentaren zu den **MC-Fragen Nr. 1091, 1102–1104** im Fragenband.

Benötigt man eine Pufferlösung, deren pH-Wert vom pK_s-Wert der schwachen Säure etwas abweicht, so kann man die schwache Säure und ihre korrespondierende Base in einem anderen Stoffmengenverhältnis als 1 : 1 einsetzen. Für praktische Zwecke benutzt man Pufferlösungen, bei denen das Konzentrationsverhältnis $[A^-]/[HA]$ etwa in den Grenzen von 0,1 bis 10 variiert. In diesem Fall umfassen die Pufferlösungen den pH-Bereich von (pK_s-1) bis (pK_s+1), d. h. insgesamt **2 pH-Einheiten.** An den Grenzen dieses pH-Bereichs beträgt die Pufferkapazität nur 1/10 der maximalen Pufferkapazität.

Da sich die Dissoziationskonstanten der verschiedenen schwachen Säuren beträchtlich voneinander unterscheiden, kann für jedes pH-Gebiet eine geeignete Pufferlösung gefunden werden.

1.11.5.4 Pufferkapazität

Die Kapazität (β) eines Puffers ist die Größe seiner Pufferwirkung und charakterisiert die Aufnahmefähigkeit von Pufferlösungen für starke Protolyte. Die Pufferwirkung ist *begrenzt* und abhängig von der *Totalkonzentration* des Puffergemischs. Je höher konzentriert eine Pufferlösung ist, desto größer ist ihre Pufferkapazität [vgl. **MC-Fragen Nr. 1088–1090**].

Nach *van Slyke* ist die Pufferkapazität definiert als Kehrwert von d(pH)/dc, worin dc die Menge an zugesetzter Säure oder Base und d(pH) die resultierende pH-Änderung bedeutet.

$$\beta = dc/d(pH)$$

Danach hat eine Pufferlösung die Pufferkapazität β = 1, wenn sich bei Zugabe von 1 Mol H_3O^+-Ionen (bzw. HO^--Ionen) zu 1 l der betreffenden Pufferlösung der pH-Wert um *eine* Einheit ändert.

Die Pufferkapazität ist abhängig von der Zusammensetzung der Pufferlösung. Die Pufferkapazitäten zweier Phosphatpufferlösungen A (mit 0,15 $mol \cdot l^{-1}$ NaH_2PO_4 und 0,25 $mol \cdot l^{-1}$ Na_2HPO_4) sowie A* (mit 0,015 $mol \cdot l^{-1}$ NaH_2PO_4 und 0,025 $mol \cdot l^{-1}$ Na_2HPO_4) verhalten sich daher wie **A/A* = 10/1** [vgl. **MC-Frage Nr. 1105**].

Eine Pufferlösung besitzt dann ihre **maximale Pufferwirkung**, wenn *äquimolare Mengen* an schwacher Säure und ihrer konjugierten Base in der Lösung vorliegen [vgl. **MC-Fragen Nr. 1090, 1091**].

1.12 Redox-Systeme

1.12.1 Oxidation und Reduktion

1.12.1.1 Grundbegriffe

Unter einer **Oxidation** versteht man eine

- **Elektronenabgabe**
- *Erhöhung der Oxidationszahl*
- Sauerstoffaufnahme
- Wasserstoffabgabe (Dehydrierung)

und entsprechend gilt für eine **Reduktion**:

- **Elektronenaufnahme**
- *Erniedrigung der Oxidationszahl*
- Sauerstoffabgabe
- Wasserstoffaufnahme (Hydrierung, Hydrogenolyse).

Elektronenabgabe bzw. Elektronenaufnahme oder die Erhöhung bzw. die Erniedrigung der Oxidationszahl sind allgemeingültige Kriterien zur Beurteilung von Oxidations- oder Reduktionsvorgängen. Aber auch die Aufnahme oder Abgabe von Wasserstoff und Sauerstoff kann als Kriterium nützliche Dienste leisten. So sind *Verbrennungsprozesse* von Metallen und Nichtmetallen (C, H_2, Mg, S) mit Sauerstoff unter Bildung von *Oxiden* (CO_2, H_2O, MgO, SO_2) leicht als *Oxidationsvorgänge* einzuordnen. Solche Verbrennungsvorgänge verlaufen zudem häufig *exotherm*, jedoch ist die Oxidation von elementarem Stickstoff (N_2) zu Stickstoffmonoxid (NO) aufgrund der hohen Bindungsenergie des N_2-Moleküls eine endotherme Reaktion [vgl. **MC-Fragen Nr. 1153, 1155–1157**].

Da ein Teilchen Elektronen nur abgeben kann, wenn diese gleichzeitig von einem anderen Reaktionspartner aufgenommen werden, laufen Oxidations- und Reduktionsvorgänge *stets* miteinander *gekoppelt* ab. Deshalb bezeichnet man solche Prozesse auch als **Redoxreaktionen**.

$$\underset{(Ox^1)}{\text{Oxidationsmittel}} + \underset{(n \cdot e^-)}{\text{Elektronen}} \underset{\text{Oxidation}}{\overset{\text{Reduktion}}{\rightleftharpoons}} \underset{(Red^1)}{\text{Reduktionsmittel}}$$

$$\underset{(Red^2)}{\text{Reduktionsmittel}} \underset{\text{Reduktion}}{\overset{\text{Oxidation}}{\rightleftharpoons}} \underset{(Ox^2)}{\text{Oxidationsmittel}} + \underset{(n \cdot e^-)}{\text{Elektronen}}$$

$$\mathbf{Ox^1 + Red^2 \rightleftharpoons Red^1 + Ox^2}$$

Gibt ein System Elektronen ab, so spricht man von einer Oxidation. Nimmt es Elektronen auf, so bedeutet dies eine Reduktion des Systems. Da sich bei chemischen Prozessen Elektronen nicht in merklichen Konzentrationen ansammeln können, muss eine Elektronenabgabe immer mit einer Elektronenaufnahme verbunden sein. Es gibt also keine Stoffumwandlungen, bei denen Oxidationen und Reduktionen für sich alleine auftreten, sondern nur eine Kombination beider Vorgänge.
Oxidation = Elektronenabgabe
Reduktion = Elektronenaufnahme
Redoxvorgang = Elektronenverschiebung

Eine Substanz, die Elektronen aufnehmen kann, heißt **Oxidationsmittel** oder **Oxidans**, weil sie einem Reaktionspartner Elektronen entzieht und dabei selbst reduziert wird. Umgekehrt bezeichnet man einen Stoff, der Elektronen abgeben kann und dabei selbst oxidiert wird, als **Reduktionsmittel** oder **Reduktor**.

Der Entzug von Elektronen kann auch *elektrolytisch* mittels einer Anode erfolgen (**anodische Oxidation**), da die Anode als positive Elektrode einer Lösung Elektronen entzieht und sie an den positiven Pol der Stromquelle abführt. Demgegenüber stellt die Kathode ein Reduktionsmittel dar (**kathodische Reduktion**), weil die Kathode als negative Elektrode die vom negativen Pol der Stromquelle kommenden Elektronen einer Lösung zuführt.

Ebenso wie Protolysen verlaufen auch die meisten Redoxvorgänge *reversibel*. Die Gleichgewichte liegen jedoch meistens stark auf einer Seite der Reaktionsgleichung.

Ein Reduktionsmittel (Red) steht mit dem aus ihm durch Elektronenabgabe gebildeten Oxidans (Ox) in einer ähnlichen Beziehung wie eine Säure zu ihrer konjugierten Base. Beide zusammen bilden ein **korrespondierendes Redoxpaar**.

$$\mathbf{\underset{\text{(Reduzierte Form)}}{Red} \underset{\text{Reduktion}}{\overset{\text{Oxidation}}{\rightleftharpoons}} \underset{\text{(Oxidierte Form)}}{Ox + n \cdot e^-}}$$

Als Beispiele korrespondierender Redoxpaare sind zu nennen [vgl. **MC-Frage Nr. 1144**]:

$$Zn \rightleftharpoons Zn^{2+} + 2e^- ; Fe^{2+} \;\; Fe^{3+} + e^-$$
$$2\,Br^- + 2\,e^- \rightleftharpoons Br_2 ; H_2 + 2\,H_2O \rightleftharpoons 2\,H_3O^+ + 2\,e^-$$

Für korrespondierende Redoxpaare gilt ganz allgemein: *Wirkt die reduzierte Form stark (schwach) reduzierend, so ist die oxidierte Form des korrespondierenden Redoxpaares ein schwaches (starkes) Oxidationsmittel* (siehe auch ▸ Kap. 1.12.2.5, ◻ Tab. 1.74).

Wie an einer Protolysereaktion stets zwei korrespondierende Säure-Base-Paare beteiligt sind, so nehmen auch an einer **Redoxreaktion stets zwei korrespondierende Redoxpaare** (Ox^1/Red^1 und Ox^2/Red^2) teil. Im Gegensatz zu Protolysen ist aber der *Ablauf von Redoxprozessen* recht kompliziert und in vielen Fällen noch nicht genau bekannt. Reine Elektronenübergänge sind jedenfalls selten. Redoxreaktionen sind daher häufig verknüpft mit:

- einem **Lösevorgang**,
  $Cu + 4\,HNO_3 \leftrightharpoons (Cu^{2+})_{aq} + 2\,(NO_3^-)_{aq} + 2\,NO_2 + 2\,H_2O$
- einer **Komplexbildung** bzw. einem **Komplexzerfall**,
  $2\,Cu^{2+} + 10\,CN^- \leftrightharpoons 2\,[Cu(CN)_4]^{3-} + (CN)_2$
- einer **Protonenübertragung**,
  $H_2S + 2\,H_2O \leftrightharpoons S + 2\,H_3O^+ + 2\,e^-$
- einer **Komplexbildung** und einer **Protonenübertragung**.
  $Mn^{2+} + 12\,H_2O \leftrightharpoons MnO_4^- + 8\,H_3O^+ + 5\,e^-$

1.12.1.2 Oxidationszahl (Oxidationsstufe)

Als Hilfsbegriff zum Erkennen von Reduktions- und Oxidationsprozessen, in denen sich die Elektronenübertragung nicht unmittelbar ablesen lässt, vermag **die Oxidationszahl (Oxidationsstufe)** nützliche Dienste zu leisten. Sie gestattet eine einheitliche Behandlung *aller* Oxidations- und Reduktionsvorgänge. Darüber hinaus liefert sie einen einfachen Schlüssel zum Ausgleichen der Reaktionsgleichungen von Redoxreaktionen (siehe ▸ Kap. 1.12.1.5).

Oxidationszahlen sind *fiktive Ladungen*, die man einem Atom in einer Verbindung nach bestimmten Regeln zuweisen kann. Die Oxidationszahl, die einem Element in einer Verbindung zugeteilt wird, ist in der betreffenden Formel durch eine mit einem (positiven oder negativen) *Vorzeichen* versehene *Zahl* über dem Elementsymbol gekennzeichnet. Ein Element kann dabei in verschiedenen Verbindungen in unterschiedlichen Oxidationsstufen auftreten.

Da bei einer Oxidation einem Teilchen Elektronen (negative Ladungen) entzogen werden, muss seine Oxidationszahl positiver werden, während umgekehrt bei einer Reduktion die Oxidationszahl negativer (kleiner) wird.

Als Oxidationszahl eines Atoms in einer Verbindung definieren wir die Größe und das Vorzeichen der fiktiven elektrischen Ladung, die einem Atom zuzuschreiben wäre, wenn man die Elektronen einer Verbindung in bestimmter Weise auf ihre Atome verteilt, wobei man alle Elektronenpaare kovalenter Bindungen dem elektronegativeren Bindungspartner zuteilt.
Oxidation = Erhöhung der Oxidationszahl
Reduktion = Erniedrigung der Oxidationszahl

Für die **Festlegung der Oxidationszahl** eines Atoms in einer Verbindung gelten folgende Regeln [vgl. **MC-Fragen Nr. 320, 1109, 1110**]:

1. Die Oxidationszahl eines einatomigen Ions ist gleich seiner Ionenladung.
2. Die Oxidationszahl von Atomen in Elementarsubstanzen ist gleich Null.
3. In einer kovalenten Verbindung bekannter Struktur ist die Oxidationszahl jedes Atoms diejenige Ladung, die dem Atom verbleibt, wenn alle gemeinsamen Elektronenpaare jeweils dem Atom mit der höheren Elektronegativität zugeschrieben werden.
   Elektronen, die zwei Atome desselben Elements miteinander verknüpfen, werden dagegen symmetrisch auf beide Atome aufgeteilt. D.h., sind zwei gleiche Atome in einem Molekül in identischer Weise gebunden, so findet man die Oxidationszahl des betreffenden Elements durch Bildung des Mittelwertes.
4. Die Summe der Oxidationszahlen aller Atome eines mehratomigen Moleküls ist gleich dessen Ladung.
5. Die Oxidationszahl eines Elements in einer Verbindung unbekannter Struktur lässt sich berechnen, wenn man den anderen Elementen dieser Verbindung vernünftige Oxidationszahlen zuweist.

Die Festlegung von Oxidationszahlen in *Verbindungen bekannter Struktur* soll am Beispiel des *Hydrazinmoleküls* ($H_2N\text{-}NH_2$) detaillierter erläutert werden:

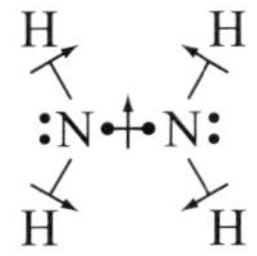

Der Stickstoff ist elektronegativer als der Wasserstoff, sodass das bindende Elektronenpaar der N-H-Bindung komplett dem N-Atom zuzuschreiben ist. Daher hat jedes der vier Wasserstoffatome ein Elektron weniger als atomarer Wasserstoff und besitzt folglich die Oxidationszahl **+1**. Die beiden N-Atome im Hydrazin sind gleichwertig gebunden, sodass das bindende Elektronenpaar der N-N-Bindung symmetrisch auf beide N-Atome aufgeteilt wird. Die beiden Elektronen des freien Elektronpaars verbleiben beim jeweiligen N-Atom. Durch diese Elektronenaufteilung hat jedes N-Atom 7 Elektronen und somit 2 Elektronen mehr als der atomare Stickstoff. Folglich besitzt jedes N-Atom die Oxidationszahl **-2**. Darüber hinaus ist Hydrazin ein neutrales Molekül, sodass die Summe aller sechs Oxidationszahlen Null sein muss [vgl. **MC-Frage Nr. 1131**].

Die Oxidationszahl einer *Verbindung unbekannter Struktur* lässt sich ermitteln, wenn man einigen Atomen einer Verbindung vernünftige Oxidationszahlen zuordnen kann:

- **Metalle** (sowie *Bor* und *Silicium*) müssen stets positive Oxidationszahlen erhalten. Beispielsweise besitzen Metallionen wie Na^+ = **+1**, Mg^{2+} = **+2** oder Al^{3+} = **+3** einer ihrer Ionenladung entsprechende Oxidationszahl. Darüber hinaus hat im *Bornitrid* (BN) das Boratom die positive Oxidationszahl **+3** und das N-Atom demzufolge die Oxidationszahl **-3** [vgl. **MC-Fragen Nr. 1112, 1113, 1121, 1142**].

- **Fluor** besitzt im F_2-Molekül die Oxidationszahl **0** und als elektronegativstes Element in seinen Verbindungen stets die Oxidationszahl **-1**.
- **Sauerstoff** hat in elementarer Form (O_2, O_3!) die Oxidationszahl **0** und normalerweise in seinen Verbindungen (**-O-** wie H-O-H) die Oxidationszahl **-2**, in Peroxoverbindungen (**-O-O-** wie H-O-O-H) jedoch die Oxidationszahl **-1**. Im *Sauerstoffdifluorid* (Difluoroxid) [F_2O] besitzt das O-Atom die Oxidationszahl **+2** und im *Fluorperoxid* (Difluordioxid) [F_2O_2] die Oxidationszahl **+1** [vgl. **MC-Fragen Nr. 1115, 1116, 1140**].
- Analoges gilt für **Schwefel** im *Schwefelwasserstoff* [H-S-H] bzw. in *Hydrogensulfiden* [MeHS, R-SH] oder *Sulfiden* [Me_2S, R-S-R] oder im *Disulfan* [H-S-S-H] bzw. in *Disulfiden* [R-S-S-R].

Wasser	**Wasserstoffperoxid**	**Schwefelwasserstoff**	**Disulfan**
–2	–1 –1	–2	–1 –1
H–O–H	H–O–O–H	H–S–H	H–S–S–H

Als weitere Verbindungen mit einer Peroxo- bzw. Disulfid-Struktur sind zu nennen [vgl. **MC-Fragen Nr. 1117, 1136, 1137, 1141**]:

Peroxomonoschwefelsäure

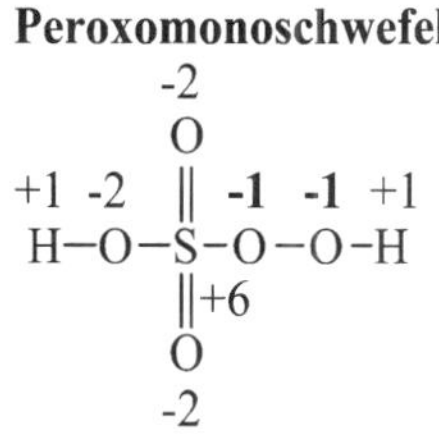

Peroxodischwefelsäure

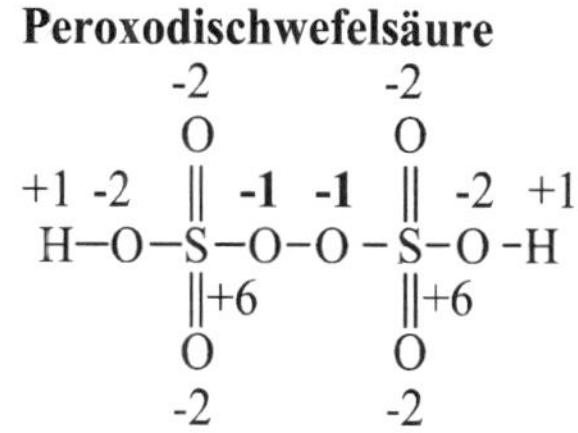

Chrompentoxid

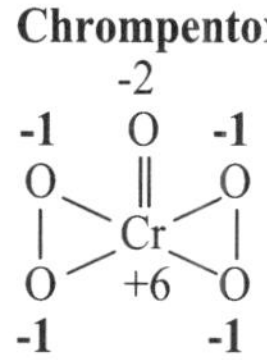

Tetrathionsäure

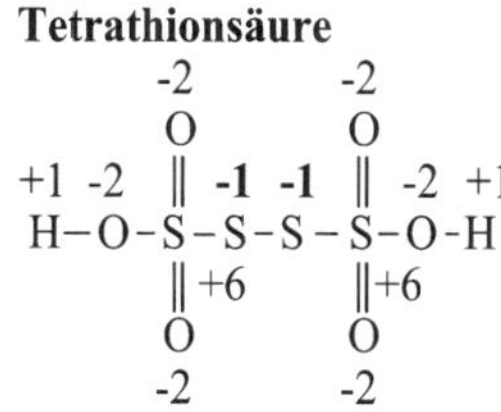

- **Wasserstoff** hat in elementarer Form (H_2) die Oxidationszahl **0**, in seinen Verbindungen mit Nichtmetallen (NH_3, H_2O, HF, HCl) die Oxidationszahl **+1** und in *Metallhydriden* (NaH, CaH_2, SiH_4) die Oxidationszahl **-1** [vgl. **MC-Fragen Nr. 1109, 1115, 1116**].
- Negative Oxidationszahlen treten nur bei **Nichtmetallen** auf, die im Gegensatz zu Metallen eine Tendenz zur Aufnahme von Elektronen besitzen. Darüber hinaus haben Nichtmetalle in Verbindungen mit den elektronegativsten Elementen (F, O) auch positive Oxidationszahlen. Beispielsweise besitzt das N-Atom im *Ammoniak* [NH_3] die Oxidationszahl **-3**, im *Stickstoffmonoxid* [NO] hingegen die Oxidationszahl **+2**.

1.12.1.3 Oxidationszahl und Periodensystem der Elemente

Die Stellung eines Elements im Periodensystem gestattet allgemeine Aussagen über die möglichen Oxidationszahlen des betreffenden Elements zu machen. ◻Tab. 1.71 informiert über die häufigsten Oxidationszahlen wichtiger Elemente.

Die *maximal mögliche Oxidationszahl* eines Elements ist identisch mit seiner **Gruppennummer**. Dies ist bei den Hauptgruppenelementen leicht einzusehen, weil die Anzahl der Valenzelektronen mit der Gruppennummer übereinstimmt. Bei den Nebengruppenelementen, die auf ihrer äußersten Schale nur 2 Elektronen besitzen und somit durchwegs in der Oxidationsstufe +2 auftreten, können auch die Elektronen der zweitäußersten Schale abgegeben werden. Deshalb erreichen auch diese Elemente die ihrer Gruppennummer entsprechende höchstmögliche Oxidationszahl.

Zum Beispiel stehen **Chrom** in der VI. und **Mangan** in der VII. Nebengruppe des Periodensystems. Die höchste Oxidationsstufe von Chrom (**+6**) und von Mangan (**+7**) wird deshalb durch die Abgabe aller vorhandenen 3d- und der beiden 4s-Elektronen erreicht [vgl. **MC-Fragen Nr. 1111, 1134–1136, 1141**].

Werden von den Elementen der IV. bis VII. Hauptgruppe Elektronen zur Auffüllung der Valenzschale aufgenommen, so ergibt die maximale Oxidationsstufe minus 8 die *minimal mögliche Oxidationszahl* des betreffenden Elements.

Maximal mögliche Oxidationszahl = Gruppennummer
Minimal mögliche Oxidationszahl = Gruppennummer - 8

Maximale Oxidationsstufe

+4	+5	+6	+7
H_4SiO_4	H_3PO_4	H_2SO_4	$HClO_4$

Minimale Oxidationsstufe

-4	-3	-2	-1
SiH_4	PH_3	H_2S	HCl

◻ Tab. 1.71 Häufig vorkommende Oxidationszahlen

+1	H	Li	Na	K	Rb	Cs	Cu	Ag	Au	Tl	Cl	Br	I	
+2	Mg	Ca	Sr	Ba	Mn	Fe	Co	Ni	Cu	Zn	Cd	Hg	Sn	Pb
+3	B	Al	Cr	Mn	Fe	Co	Ce	Ti	N	P	As	Sb	Bi	Cl
+4	C	Si	Sn	Pb	S	Se	Te	Xe	Ti	Ce				
+5	N	P	As	Sb	Cl	Br	I							
+6	Cr	Mn	S	Se	Te	Xe								
+7	Mn	Cl	I											
+8	Os	Xe												
-1	F	Cl	Br	I	H	O								
-2	O	S	Se	Te										
-3	N	P	As	Sb										
-4	C													

Die höchstmögliche Oxidationsstufe wird *nicht* erreicht von den Hauptgruppenelementen **Fluor**, das nur in den Oxidationszahlen 0 und -1, und **Sauerstoff**, der maximal nur mit der Oxidationszahl **+2** (im F_2O) auftritt.

Bei den *Elementen der VIII. Nebengruppe* erreichen nur **Osmium** und **Ruthenium** in ihren Tetroxiden (OsO_4, RuO_4) die Oxidationsstufe **+8**. **Eisen** als Element der VIII. Nebengruppe tritt in seinen Verbindungen ($BaFeO_4$, K_2FeO_4) nur maximal sechswertig auf, auch **Kobalt** (**+5**) und **Nickel** (**+4**) erreichen in ihren Verbindungen *nicht* die maximal mögliche Oxidationszahl von +8 [vgl. **MC-Fragen Nr. 531, 1138**].

Darüber hinaus können die *Elemente der I. Nebengruppe* (Kupfer, Silber, Gold) in ihren Verbindungen neben der Oxidationszahl +1 auch in höheren Oxidationsstufen (+2, +3) auftreten.

Da die **Nebengruppenelemente** imstande sind, Elektronen auch aus der zweitäußersten Schale abzugeben, sind bei diesen Elementen die Variationsmöglichkeiten der Oxidationsstufen wesentlich größer als bei den Hauptgruppenelementen. So tritt z. B. **Mangan** in allen Oxidationszahlen von **0** bis **+7** auf [vgl. **MC-Fragen Nr. 531, 1134, 1135**].

Bei den **Hauptgruppenelementen** beobachtet man dagegen oft einen Unterschied von jeweils 2 Elektronen, z. B. beim **Schwefel** die Oxidationszahlen -2, 0, +2, +4 und +6.

In den Hauptgruppen nimmt im Allgemeinen die *Beständigkeit* der Elemente in ihren maximalen Oxidationsstufen mit steigender Ordnungszahl ab, die Beständigkeit der Verbindungen mit einer um 2 Einheiten niedrigeren Oxidationsstufe hingegen zu.

Zum Beispiel liegen in der V. Hauptgruppe beim **Stickstoff** die beständigsten Verbindungen in der Oxidationsstufe +5 vor, **Bismut** dagegen tritt vorwiegend mit der Oxidationszahl +3 auf. Bi(V)-Verbindungen sind daher sehr starke Oxidationsmittel. Analoge Betrachtungen lassen sich auch für die III. (Al = +3 ⟶ Tl = +1) und IV. Hauptgruppe (C = +4 ⟶ Pb = +2) des PSE anstellen.

Bei den Nebengruppen liegen die Verhältnisse umgekehrt. Hier nimmt die Stabilität der einzelnen Verbindungen meistens mit größer werdender Oxidationsstufe zu.

In ○ Abb. 1.132 bis ○ Abb. 1.135 sind nochmals die wichtigsten Oxidationsstufen der **Halogene**, des **Schwefels**, des **Stickstoffs** und des **Phosphors** in ihren Verbindungen zusammengestellt [vgl. **MC-Fragen Nr. 1117–1120, 1122–1127, 1130-1132, 1137, 1139–1142, 1343, 1566**].

+7		$HClO_4$, Cl_2O_7	$HBrO_4$	HIO_4
+6		Cl_2O_6	BrO_3	
+5		$HClO_3$	$HBrO_3$	HIO_3, I_2O_5
+4		ClO_2	BrO_2, Br_2O_4	IO_2, I_2O_4
+3		$HClO_2$		
+2				
+1		$HClO$, Cl_2O	$HBrO$, Br_2O	HIO
0	F_2	Cl_2	Br_2	I_2
-1	HF, F^-	HCl, Cl^-	HBr, Br^-	HI, I^-

○ **Abb. 1.132 Oxidationszahlen von Halogenverbindungen**

+6	H_2SO_4	Schwefelsäure	$H_2S_2O_7$	Pyroschwefelsäure
	H_2SO_5	Peroxomonoschwefelsäure	$H_2S_2O_8$	Peroxodischwefelsäure
	SO_3	Schwefeltrioxid		
	HSO_3Cl	Chlorsulfonsäure		
	SO_2Cl_2	Sulfurylchlorid		
	SF_6	Schwefelhexafluorid		
+5			$H_2S_2O_6$	Dithionsäure
+4	H_2SO_3	Schweflige Säure		
	SO_2	Schwefeldioxid		
	$SOCl_2$	Thionylchlorid		
	SF_4	Schwefeltetrafluorid		
+3			$H_2S_2O_4$	Dithionige Säure
+2	SCl_2	Schwefeldichlorid		
0	S_8	Elementarer Schwefel		
-1			H_2S_2	Disulfan
-2	H_2S	Schwefelwasserstoff		
	HSCN	Thiocyansäure		

Abb. 1.133 Oxidationszahlen des Schwefels

+5	N_2O_5	Distickstoffpentoxid	HNO_3	Salpetersäure
	NO_2^+	Nitryl-Kation	NO_3^-	Nitrat-Ion
+4	NO_2	Stickstoffdioxid		
	N_2O_4	Distickstofftetroxid		
+3	N_2O_3	Distickstofftrioxid		
	NO^+	Nitrosyl-Kation	HNO_2	Salpetrige Säure
	NOCl	Nitrosylchlorid	NO_2^-	Nitrit-Ion
+2	NO	Stickstoffmonoxid		
+1	N_2O	Distickstoffoxid		
0	N_2	Elementarer Stickstoff		
-1	NH_2OH	Hydroxylamin		
-2	N_2H_4	Hydrazin		
-3	NH_3	Ammoniak	NH_2^-	Amid-Ion
	HCN	Cyanwasserstoff	NH_4^+	Ammonium-Ion

Abb. 1.134 Oxidationszahlen des Stickstoffs

+5	H_3PO_4	Phosphorsäure	POX_3	Phosphoroxidhalogenid
	P_4O_{10}	Phosphorpentoxid	PX_5	Phosphorpentahalogenid
+3	H_3PO_3	Phosphonsäure	PX_3	Phosphortrihalogenid
	P_4O_6	Phosphortrioxid		
+1	H_3PO_2	Phosphinsäure		
0	P_4	Elementarer Phosphor		
-2	P_2H_4	Diphosphin		
-3	PH_3	Phosphin		

o Abb. 1.135 Oxidationszahlen des Phosphors

1.12.1.4 Oxidationszahlen des Kohlenstoffs und Stickstoffs in organischen Verbindungen

Zur Festlegung der Oxidationszahlen in organischen Substanzen werden die *bindenden Elektronenpaare* den einzelnen Atomen aufgrund der Elektronegativität der Bindungspartner zugeteilt, wobei folgende Regeln zu beachten sind:

1. Elektronenpaarbindungen zwischen gleichen Atomen werden symmetrisch aufgeteilt.
2. Die Elektronen von polarisierten Elektronenpaarbindungen werden komplett zum stärker elektronegativen Atom gezählt.
3. Doppel- und Dreifachbindungen werden wie zwei bzw. drei Einfachbindungen behandelt.
4. In jedem neutralen Molekül muss die Summe der Oxidationszahlen aller enthaltenen Atome Null sein; in Molekülionen muss die Summe der Oxidationszahlen der elektrischen Ladung des Molekülions entsprechen.

Als Folge dieser Regeln hat **Wasserstoff** praktisch immer die Oxidationszahl +1. **Sauerstoff** tritt meistens in der Oxidationsstufe -2 auf. Ausnahme bilden Verbindungen wie Hydroperoxide, Peroxide, Peroxosäuren sowie Ozonide, in denen das O-Atom die Oxidationszahl -1 besitzt.

Mit Hilfe der o.a. Regeln lassen sich in organischen Verbindungen leicht die Oxidationszahlen von C- und N-Atomen bzw. anderer Atome angeben.

Beispielsweise sind im **Methan** alle bindenden Elektronenpaare dem elektronegativeren Kohlenstoff zuzuschreiben, der damit von 8 Elektronen oder 4 Elektronen mehr als elementarer Kohlenstoff umgeben ist. Die Oxidationszahl des C-Atoms im Methan ist somit **-4**.

Beim **Aceton** sind die Elektronen der beiden C-C-Bindungen symmetrisch aufzuteilen. Alle Elektronen der C=O-Doppelbindung werden dem Sauerstoff zugeteilt. Am Carbonyl-C-Atom verbleiben danach noch zwei Elektronen oder 2 Elektronen weniger als im elementaren Kohlenstoff. Das C-Atom hat somit die Oxidationszahl **+2**. Für das Carbonyl-C-Atom der **Essigsäure** ergibt sich in analoger Weise die Oxidationszahl **+3** während das C-Atom der Methylgruppe in beiden Verbindungen in der Oxidationsstufe **-3** vorliegt.

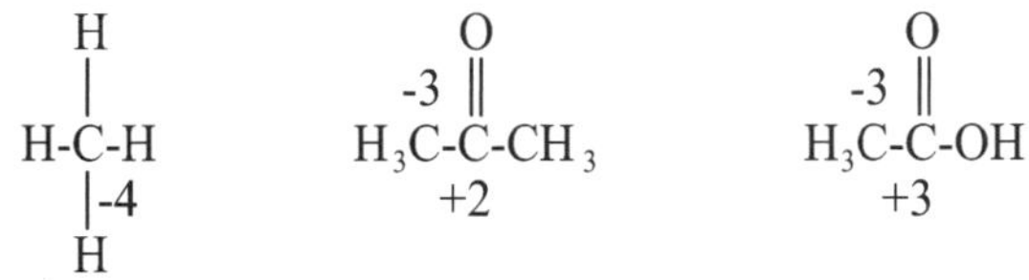

Methan **Aceton** **Essigsäure**

Wie aus ○ Abb. 1.136 hervorgeht, werden für *Kohlenstoff* alle denkbaren Oxidationszahlen von **-4** bis **+4** verwirklicht. In Verbindungen wie **Kohlendioxid** (CO_2) oder **Harnstoff** ($H_2N\text{-}CO\text{-}NH_2$) tritt Kohlenstoff in seiner maximal möglichen Oxidationsstufe (**+4**) auf [vgl. **MC-Frage Nr. 1133**].

○ Abb. 1.136 dokumentiert aber auch, dass die Oxidationszahl im Gegensatz zur Wertigkeit keine reelle Größe ist. Das eine Hydroxylgruppe tragende C-Atom in primären, sekundären und tertiären *Alkoholen* (z.B. Methanol, Ethanol, *tert*-Butanol) hat in diesen Verbindungen *nicht* dieselbe Oxidationszahl. Konstant ist jedoch die Änderung der Oxidationszahl für eine bestimmte chemische Reaktion. Der Übergang von einem Alkohol zur entsprechenden Carbonylverbindung lässt die Oxidationszahl jeweils um 2 Einheiten ansteigen (Methanol → Formaldehyd; Ethanol → Acetaldehyd; Isopropanol → Aceton), die Oxidation eines primären Alkohols zu einer Carbonsäure erhöht die Oxidationsstufe jeweils um 4 Einheiten (Methanol → Ameisensäure; Ethanol → Essigsäure).

Hinzuweisen ist auch darauf, dass Kohlenstoff außer in elementaren Formen (Graphit, Diamant, Fullerene) auch in Verbindungen [wie z. B. im Isopropanol, Methanal (Formaldehyd), Alanin] die Oxidationszahl **0** haben kann [vgl. **MC-Frage Nr. 1109**]. Wie ○ Abb. 1.1.37 ausweist, kann auch der *Stickstoff in organischen Verbindungen* in unterschiedlichen Oxidationsstufen auftreten [vgl. **MC-Fragen Nr. 1128, 1129, 1883, 1884**].

1.12.1.5 Formulierung von Redoxgleichungen

Durch die Einführung des Begriffs Oxidationszahl lassen sich Oxidations- und Reduktionsvorgänge – auch in komplexen Fällen – nun leicht in Form chemischer Gleichungen formulieren. Hierzu geht man in folgenden Schritten vor.

Wenn eine **Oxidation** (Elektronenabgabe) formuliert werden soll, schreibt man zuerst den Reduktor und dann – durch einen Pfeil getrennt – die oxidierte Form des korrespondierenden Redoxpaares; umgekehrt verfährt man im Falle einer **Reduktion** (Elektronenaufnahme).

Danach ermittelt man die Oxidationszahlen derjenigen Atome von Reduktor und Oxidans, welche ihre Oxidationsstufe ändern (1) und setzt die der Änderung der Oxidationszahlen entsprechende Anzahl von Elektronen in die Gleichung ein (2). Schließlich berücksichtigt man die übrigen auf der Reduktor- bzw. Oxidansseite aufgeführten Atome oder Ionen.

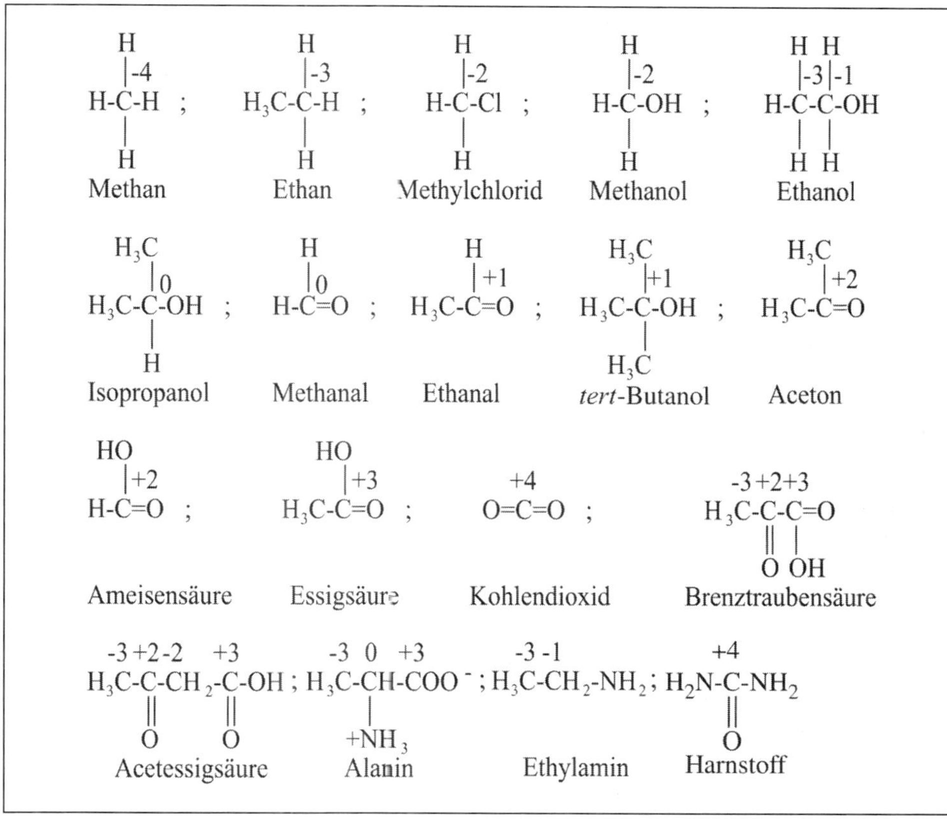

o Abb. 1.136 Oxidationszahlen des Kohlenstoffs

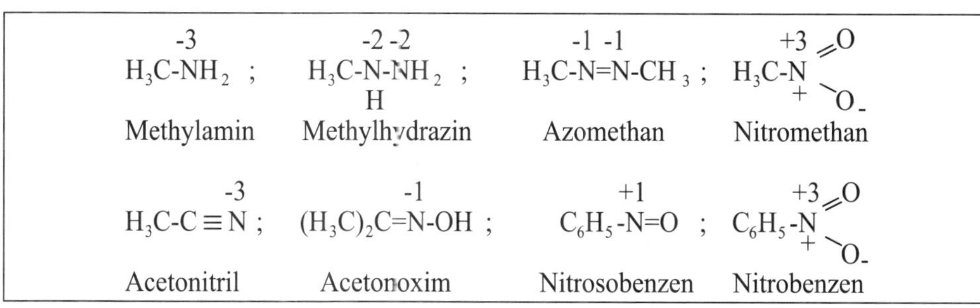

o Abb. 1.137 Oxidationszahlen des Stickstoffs in organischen Verbindungen.

Kommen als Liganden nur O^{2-}-Ionen vor, dann verfährt man am besten so, dass man die Ladungssumme auf der Reduktor- und der Oxidansseite feststellt (3) und danach durch Einsetzen der entsprechenden Anzahl von H^+- bzw. H_3O^+-Ionen oder HO^-- bzw. O^{2-}-Ionen einen **Ladungsausgleich** herbeiführt. H^+- oder H_3O^+-Ionen sind dann zu benutzen, wenn es sich um saure, HO^--Ionen, wenn es sich um alkalische Lösungen handelt. O^{2-}-Ionen werden bei Redoxreaktionen in Salzschmelzen verwendet (4). In den beiden erstgenannten Fällen muss dann noch zum **Massenausgleich** durch Kontrolle der H- und O-Atome die Anzahl der beteiligten H_2O-Moleküle ermittelt werden (5). Danach überzeugt man sich, dass die erhaltenen Gleichungen sowohl stöchiometrisch als auch ladungsmäßig richtig sind. Die beschriebene Vorgehensweise soll an den nachfolgenden Beispielen nochmals erläutert werden [vgl. auch **MC-Fragen Nr. 1143–1157**].

a) Oxidation von Mn^{2+} zu MnO_4^- in saurer Lösung

1. $Mn^{2+}\ (+2) \longrightarrow MnO_4^-\ (+7)$
2. $Mn^{2+} \longrightarrow MnO_4^- + 5\ e^-$
3. $+2 \longrightarrow -6$
4. $Mn^{2+} \longrightarrow MnO_4^- + 5\ e^- + 8\ H^+$
5. $Mn^{2+} + 4\ H_2O \longrightarrow MnO_4^- + 5\ e^- + 8\ H^+$
   $Mn^{2+} + 12\ H_2O \longrightarrow MnO_4^- + 5\ e^- + 8\ H_3O^+$

b) Reduktion von MnO_4^- zu MnO_2 in alkalischen Suspensionen

1. $MnO_4^-\ (+7) \longrightarrow MnO_2\ (+4)$
2. $MnO_4^- + 3\ e^- \longrightarrow MnO_2$
3. $-4 \longrightarrow 0$
4. $MnO_4^- + 3\ e^- \longrightarrow MnO_2 + 4\ HO^-$
5. $MnO_4^- - 3\ e^- + 2\ H_2O \longrightarrow MnO_2 + 4\ HO^-$

c) Oxidation von MnO_2 zu MnO_4^{2-} in einer Salzschmelze

1. $MnO_2\ (+4) \longrightarrow MnO_4^{2-}\ (+6)$
2. $MnO_2 \longrightarrow MnO_4^{2-} + 2\ e^-$
3. $0 \longrightarrow -4$
4. $MnO_2 + 2\ O^{2-} \longrightarrow MnO_4^{2-} + 2\ e^-$

Da sich jede **Redoxreaktion** als Kombination eines Oxidationsvorganges mit einem Reduktionsprozess darstellen lässt, kann die stöchiometrische Gesamtgleichung einer Redoxreaktion wie folgt erhalten werden:

Zunächst werden die Reaktanden und Produkte in der Weise zusammengestellt, dass aus ihnen zwei korrespondierende Redoxpaare gebildet werden können. *Voraussetzung* ist deshalb, dass man die reduzierte und die oxidierte Stufe des Redoxsystems kennt.

Mit den zusammengehörenden korrespondierenden Redoxpaaren wird anschließend nach den bereits gegebenen Anweisungen eine Oxidationsgleichung und danach eine Reduktionsgleichung formuliert.

Schließlich sind die beiden Teilgleichungen derart zusammenzufassen, dass die *Elektronen eliminiert* werden. D.h., die beim Oxidationsvorgang freigesetzten Elektronen müssen im Reduktionsprozess vollständig verbraucht werden. Hierzu müssen die beiden Teilgleichungen mit geeigneten Faktoren multipliziert und anschließend addiert werden.

Die Stoffgleichung der Redoxreaktion wird erhalten, wenn die Ionengleichung durch entsprechende Gegenionen ergänzt wird.

Das Verfahren zur Formulierung von Redoxgleichungen sei zunächst in allgemeiner Form und danach an zwei speziellen Beispielen erläutert.

A) Reaktanden : Red, Ox^*
Produkte : Ox, Red^*
Redoxpaare : Red/Ox und Ox^*/Red^*
Oxidation : $(Red = Ox + n \cdot e^-) \cdot (n^*)$
Reduktion : $(Ox^* + n^* \cdot e^- \rightleftharpoons Red^*) \cdot (n)$

Redoxgleichung: $n^*Red + nOx^* \rightleftharpoons n^*Ox + nRed^*$

B) Reaktanden : $FeSO_4$, $KMnO_4$, H_2SO_4
Produkte : $Fe_2(SO_4)_3$, K_2SO_4, $MnSO_4$
Redoxpaare : Fe(II)/Fe(III) und MnO_4^-/Mn(II)
Oxidation : $(Fe^{2+} \rightleftharpoons Fe^{3+} + 1\ e^-) \cdot (5)$
Reduktion : $(MnO_4^- + 8\ H_3O^+ + 5\ e^- \rightleftharpoons Mn^{2+} + 12\ H_2O) \cdot (1)$

Redoxgleichung: $5\ Fe^{2+} + MnO_4^- + 8\ H_3O^+ \rightleftharpoons$
$5\ Fe^{3+} + Mn^{2+} + 12\ H_2O$
Stoffgleichung: $10\ FeSO_4 + 2\ KMnO_4 + 8\ H_2SO_4 \rightleftharpoons$
$5\ Fe_2(SO_4)_3 + 2\ MnSO_4 + K_2SO_4 + 8\ H_2O$

C) Reaktanden : $NaNO_2$, $KMnO_4$, H_2SO_4
Produkte : $NaNO_3$, $MnSO_4$, K_2SO_4
Redoxpaare : NO_2^-/NO_3^- und MnO_4^-/Mn(II)
Oxidation : $(NO_2^- + H_2O \rightleftharpoons NO_3^- + 2\ H^+ + 2\ e^-) \cdot (5)$
Reduktion : $(MnO_4^- + 8\ H^+ + 5\ e^- \rightleftharpoons Mn^{2+} + 4\ H_2O) \cdot (2)$

Redoxgleichung: $5\ NO_2^- + 2\ MnO_4^- + 6\ H^+ \rightleftharpoons$
$5\ NO_3^- + 2\ Mn^{2+} + 3\ H_2O$
$5\ NO_2^- + 2\ MnO_4^- + 6\ H_3O^+ \rightleftharpoons$
$5\ NO_3^- + 2\ Mn^{2+} + 9\ H_2O$
Stoffgleichung: $5\ NaNO_2 + 2\ KMnO_4 + 3\ H_2SO_4 \rightleftharpoons$
$5\ NaNO_3 + 2\ MnSO_4 + K_2SO_4 + 3\ H_2O$

Solche Gleichungen geben naturgemäß nur die *stöchiometrischen Verhältnisse* einer Redoxreaktion wieder, keinesfalls jedoch ihren tatsächlichen Ablauf. Der *Mechanismus* der weitaus meisten Redoxvorgänge ist recht kompliziert und häufig nur schwierig zu ermitteln.

Abschließend ist nochmals zu betonen, dass es unmöglich ist, eine Redoxgleichung einzig und allein aus den Edukten ohne Kenntnis der Produkte vorauszusagen, denn stöchiometrische Gleichungen stellen nichts anderes dar als eine besonders einfache Formulierung experimenteller Befunde.

Die nachfolgenden MC-Beispiele von Redoxreaktionen sollen das bisher Ausgeführte weiter vertiefen.

1. **Reaktion von Nichtmetallen mit Metallen** zu Salzen, wobei die Metalle zu Kationen oxidiert und die Nichtmetalle zu Anionen reduziert werden [vgl. **MC-Fragen Nr. 1145, 1146, 1154**].

   0 0 +1 -1
   $2\ Na + Cl_2 \rightarrow 2\ Na^+ + 2\ Cl^-$

2. **Lösen von unedlen Metallen** (Me) **in Wasser oder Alkoholen**, wobei Wasserstoff und Hydroxide (MeOH) bzw. Alkanolate (MeOR) entstehen [vgl. **MC-Fragen Nr. 1147, 1150**].

   $\overset{0}{2\,Na} + 2\,\overset{+1}{H_2}O \longrightarrow 2\,\overset{+1}{Na^+} + 2\,HO^- + \overset{0}{H_2}\uparrow$

   $\overset{0}{2\,Na} + 2\,CH_3O\overset{+1}{H} \longrightarrow 2\,\overset{+1}{Na^+} + 2\,CH_3O^- + \overset{0}{H_2}\uparrow$

3. **Lösen von edlen Metallen in oxidierenden Säuren**, wie beispielsweise die Auflösung von Kupfer, Quecksilber oder Silber in Salpetersäure bzw. Schwefelsäure. Es entsteht bei diesen Reaktionen *kein* Wasserstoff, sondern es wird z.B. in Salpetersäure das Nitrat-Ion (NO_3^-) zu Stickstoffmonoxid (NO) reduziert.

   $3\,\overset{0}{Cu} + 2\,\overset{+5}{N}O_3^- + 8\,H_3O^+ \longrightarrow 2\,\overset{+2}{Cu^{2+}} + 2\,\overset{+2}{N}O\uparrow + 12\,H_2O$

   $3\,\overset{0}{Ag} + \overset{+5}{N}O_3^- + 4\,H_3O^+ \longrightarrow 3\,\overset{+1}{Ag^+} + \overset{+2}{N}O\uparrow + 6\,H_2O$

   $3\,\overset{0}{Hg} + 2\,\overset{+5}{N}O_3^- + 8\,H_3O^+ \longrightarrow 3\,\overset{+2}{Hg^{2+}} + 2\,\overset{+2}{N}O\uparrow + 12\,H_2O$

4. **Halogenierung von Kohlenwasserstoffen** wie z.B. die Chlorierung von Methan (CH_4) unter Bildung von Chlormethan (CH_3Cl) [vgl. **MC-Frage Nr. 1147**].

   $\overset{-4}{C}H_4 + \overset{0}{Cl_2} \longrightarrow \overset{-2}{C}H_3\overset{-1}{Cl} + H\overset{-1}{Cl}$

5. **Thermische Zersetzung von Metallhalogeniden höherer Oxidationsstufen** wie z.B. die Thermolyse (Δ) von Mangan(IV)-chlorid ($MnCl_4$) oder Bleitetrachlorid ($PbCl_4$) [vgl. **MC-Fragen Nr. 1147, 1149**].

   $\overset{+4}{Mn}\overset{-1}{Cl_4} \xrightarrow{\Delta} \overset{+2}{Mn}Cl_2 + \overset{0}{Cl_2}$

   $\overset{+4}{Pb}\overset{-1}{Cl_4} \xrightarrow{\Delta} \overset{+2}{Pb}Cl_2 + \overset{0}{Cl_2}$

6. **Darstellung von Thiocyanaten aus Cyaniden** [vgl. **MC-Fragen Nr. 1148, 1410, 1471**].

   $\overset{0}{S} + {}^-\overset{+2}{C}N \longrightarrow {}^-\overset{-2}{S}\text{-}\overset{+4}{C}N$

7. **Oxidation von Halogenen zu Interhalogenen** wie z.B. die Herstellung von Iodmonochlorid (ICl) aus den Elementen [vgl. **MC-Fragen Nr. 1147, 1153**].

   $\overset{0}{I_2} + \overset{0}{Cl_2} \longrightarrow 2\,\overset{+1}{I}\text{-}\overset{-1}{Cl}$

8. **Oxidation von Schwefelwasserstoff** oder **Sulfiden** mit elementarem Sauerstoff [vgl. **MC-Frage Nr. 1153**].

   $2\,H_2\overset{-2}{S} + \overset{0}{O_2} \longrightarrow 2\,\overset{0}{S}\downarrow + 2\,H_2\overset{-2}{O}$

1.12.1.6 Redoxäquivalente

Aus den o. a. Reaktionsbeispielen ist ersichtlich, dass Oxidations- und Reduktionsmittel im Verhältnis von Gewichtsmengen miteinander reagieren, die sich ergeben, wenn das jeweilige Formelgewicht durch die Anzahl der vom Reagenz aufgenommenen

Tab. 1.72 Redoxäquivalente pharmazeutisch wichtiger Oxidantien

Oxidans	Reduktor	Anzahl der Elektronen	Redoxäquivalentgewicht in AME
$KMnO_4$	Mn^{2+}	5	158,03:5 = 31,61
$KMnO_4$	MnO_2	3	158,03:3 = 52,68
$KBrO_3$	Br^-	6	167,00:6 = 27,67
$K_2Cr_2O_7$	Cr^{3+}	2 · 3	294,21:6 = 49,04
K_2CrO_4	Cr^{3+}	3	194,11:6 = 64,70
I_2	I^-	2	253,82:2 = 126,91

oder abgegebenen Elektronen dividiert wird. Man bezeichnet diese Stoffmengen auch als **Redoxäquivalentgewichte**.

Da sich die Oxidationsstufe eines Elements bei verschiedenen Redoxreaktionen in unterschiedlicher Weise ändern kann, ist das Redoxäquivalentgewicht einer Substanz nur im Hinblick auf ein bestimmtes Oxidations- bzw. Reduktionsmittel eindeutig definiert.

Zur Erläuterung sind in Tab. 1.72 die Äquivalentgewichte einer in der quantitativen pharmazeutischen Analytik häufig eingesetzter Oxidationsmittel zusammengestellt.

Ein wichtiges Beispiel für unterschiedliche Äquivalentgewichte ist die pH-abhängige *Reduktion des Permanganat-Ions*, das in saurer Lösung (pH = 1) unter Aufnahme von 5 Elektronen zu Mn(II) und in alkalischer Lösung (pH = 13) unter Aufnahme von 3 Elektronen in Braunstein (MnO_2) umgewandelt wird. Die nachfolgenden Gleichungen bilden die Grundlage der *Permanganometrie* [vgl. **MC-Fragen Nr. 1143, 1825–1827**].

$$MnO_4^- + 8\,H_3O^+ + \mathbf{5\,e^-} \rightarrow Mn^{2+} + 12\,H_2O$$
$$MnO_4^- + 2\,H_2O + \mathbf{3\,e^-} \rightarrow MnO_2 + 4\,HO^-$$

1.12.1.7 Redox-amphotere Stoffe, Disproportionierung, Komproportionierung

Als *redox-amphoter* bezeichnet man Stoffe, die sowohl Elektronen abgeben als auch aufnehmen können. Als redox-amphoter kann jede Verbindung wirken, die ein Element in einer *mittleren Oxidationszahl* enthält, weil das betreffende Element durch Abgabe von Elektronen in eine höhere und durch Elektronenaufnahme in eine niedrigere Oxidationsstufe übergehen kann.

> Alle Oxidationsstufen eines Elements, welche zwischen der höchsten und niedrigsten Oxidationszahl liegen, können Verbindungen bilden, welche redox-amphotere Stoffe darstellen.

Redoxvorgänge, bei denen ein Element aus einer mittleren *gleichzeitig* in eine höhere (Oxidation) und eine tiefere (Reduktion) Oxidationsstufe übergeht und dabei aus einer Verbindung *zwei* Produkte gebildet werden, bezeichnet man als **Disproportio-**

nierungsreaktionen. Bei einer Disproportionierung tauschen also „identische" Teilchen Elektronen aus [vgl. **MC-Frage Nr. 301**].

Die folgenden Reaktionsbeispiele sollen den Begriff der *Disproportionierung* weiter verdeutlichen:

1. Beim Einleiten von elementarem Chlor (Cl_2) in Wasser bilden sich Salzsäure (HCl) und Hypochlorige Säure (HOCl). Beim Einleiten in eine natronalkalische Lösung entstehen deren Salze. In analoger Weise reagieren Brom (Br_2) und Iod (I_2) mit einer Natriumhydroxid-Lösung [vgl. **MC-Fragen Nr. 1159, 1166, 1168–1170, 1172, 1345, 1353, 1355**].
   0 -1 +1
   $Cl_2 + H_2O \rightleftharpoons HCl + HOCl$
   0 -1 +1
   $Cl_2 + 2\ NaOH \longrightarrow NaCl + NaOCl + H_2O$
   0 -1 +1
   $Br_2 + 2\ NaOH \longrightarrow NaBr + NaOBr + H_2O$
2. Als Pseudohalogen disproportioniert Dicyan $(CN)_2$ in Natronlauge zu Cyanid (^-CN) und Cyanat (^-OCN), wobei das C-Atom seine Oxidationsstufe ändert [vgl. **MC-Fragen Nr. 1410, 1411**].
   +3 +2 +4
   $NC\text{-}CN + 2\ NaOH \longrightarrow NaCN + NaOCN + H_2O$
3. Auch Chlorsauerstoffverbindungen disproportionieren in der Hitze. So liefert Hypochlorige Säure (HOCl) beim Erhitzen Salzsäure (HCl) und Chlorsäure ($HClO_3$) und beim Schmelzen von Kaliumchlorat ($KClO_3$) wandelt sich dieses in Kaliumchlorid (KCl) und Kaliumperchlorat ($KClO_4$) um [vgl. **MC-Fragen Nr. 1170, 1175**].
   +1 -1 +5
   $3\ HOCl \longrightarrow 2\ HCl + HClO_3$
   +5 -1 +7
   $4\ KClO_3 \longrightarrow KCl + 3\ KClO_4$
4. Weißer Phosphor (P_4) reagiert in alkalischer Lösung unter Disproportionierung zu Phosphin (PH_3) und Hypophosphit [Phosphinat] ($H_2PO_2^-$) [vgl. **MC-Frage Nr. 1172, 1578, 1581, 1582**].
   0 -3 +1
   $P_4 + 3\ NaOH + 3\ H_2O \longrightarrow PH_3\uparrow + 3\ NaH_2PO_2$
5. Disproportionierung tritt auch bei einigen Stickstoffverbindungen auf. So zerfällt Salpetrige Säure (HNO_2) beim Erhitzen in Salpetersäure (HNO_3) und Stickstoffmonoxid (NO). Stickstoffdioxid (NO_2) reagiert mit Wasser zu Salpetriger Säure (HNO_2) und Salpetersäure (HNO_3). Diimid (N_2H_2) kann zu elementarem Stichstoff (N_2) und Hydrazin (N_2H_4) disproportionieren [vgl. **MC-Fragen Nr. 1161, 1163, 1171, 1178, 1567–1570**].
   +3 +5 +2
   $3\ HNO_2 \longrightarrow HNO_3 + 2\ NO\uparrow + H_2O$
   +4 +5 +3
   $2\ NO_2 + H_2O \longrightarrow HNO_3 + HNO_2$
   -1 0 -2
   $2\ HN{=}NH \longrightarrow N_2\uparrow + H_2N\text{-}NH_2$

6. Quecksilber(I)-Verbindungen wie *Kalomel* (Hg_2Cl_2) disproportionieren leicht zu Quecksilber(II)-Verbindungen und metallischem Quecksilber; dieses Verhalten besitzt Bedeutung für die qualitative Analytik von Quecksilber(I)-Verbindungen [vgl. **MC-Frage Nr. 1173**].
   $$\overset{+1}{Hg_2I_2} \rightarrow \overset{0}{Hg} + \overset{+2}{HgI_2}$$
   $$\overset{+1}{Hg_2Cl_2} + 2\,NaOH \rightarrow \overset{0}{Hg} + [\overset{+2}{Hg}(NH_3)_2]Cl_2$$
7. Wasserstoffperoxid (H_2O_2), eine metastabile Verbindung, zerfällt in Gegenwart von Edelmetallkatalysatoren (Pt) leicht in Wasser und molekularen Sauerstoff (O_2) [vgl. **MC-Fragen Nr. 1152, 1169, 1173, 1434, 1441**].
   $$2\,H_2\overset{-1}{O_2} \rightarrow 2\,H_2\overset{-2}{O} + \overset{0}{O_2}\uparrow$$
8. Die bei der *Oxidationsschmelze* von Mangan(II)-Verbindungen erhaltenen Manganat(VI)-Salze (MnO_4^{2-}) disproportionieren in saurer, z.B. in essigsaurer Lösung zu Permanganat (MnO_4^-) und Braunstein (MnO_2) [vgl. **MC-Fragen Nr. 1165, 1170, 1173, 1827**].
   $$3\,\overset{+6}{Mn}O_4^{2-} + 4\,H_3O^+ \rightarrow 2\,\overset{+7}{Mn}O_4^- + \overset{+4}{Mn}O_2 + 6\,H_2O$$
9. Auch *Decarboxylierungen* substituierter Carbonsäuren, wie der Zerfall von Acetessigsäure (CH_3-CO-CH_2-COOH) zu Aceton (CH_3-CO-CH_3), die Bildung von Acetaldehyd (CH_3-CHO) aus Brenztraubensäure (CH_3-CO-COOH) oder die Umwandlung von Alanin (CH_3-$CHNH_2$-COOH) in Ethylamin (CH_3-CH_2-NH_2), stellen Disproportionierungsreaktionen dar [vgl. **MC-Fragen Nr. 1149, 1151, 1152**].
   $$CH_3\text{-CO-}\overset{-2}{C}H_2\text{-}\overset{+3}{C}OOH \rightarrow CH_3\text{-CO-}\overset{-3}{C}H_3 + \overset{+4}{C}O_2\uparrow$$
   $$CH_3\text{-}\overset{+2}{C}O\text{-}\overset{+3}{C}OOH \rightarrow CH_3\text{-}\overset{+1}{C}H{=}O + \overset{+4}{C}O_2\uparrow$$
   $$CH_3\text{-}\overset{0}{C}H(NH_2)\text{-}\overset{+3}{C}OOH \rightarrow CH_3\text{-}\overset{-1}{C}H_2\text{-}NH_2 + \overset{+4}{C}O_2\uparrow$$
10. Nicht enolisierbare Aldehyde wie Formaldehyd ($H_2C{=}O$) disproportionieren in alkalischer Lösung zu Carboxylaten und Alkoholen (*Cannizarro-Reaktion*). Beim Behandeln von Formaldehyd mit Natriumhydroxid-Lösung entstehen Formiat ($HCOO^-$) und Methanol (CH_3OH) [vgl. **MC-Frage Nr. 1153**].
    $$2\,H_2\overset{0}{C}{=}O + HO^- \rightarrow H\overset{+2}{C}OO^- + \overset{-2}{C}H_3OH$$

Als **Komproportionierung** oder **Synproportionierung** bezeichnet man den zur Disproportionierung umgekehrten Vorgang. Hierbei bildet sich aus einer höheren und einer tieferen Oxidationsstufe eines Elements *eine* Verbindung in einer mittleren Oxidationsstufe. Mit anderen Worten, zwei unterschiedliche Verbindungen desselben Elements reagieren unter Oxidation und Reduktion zu *einem* Produkt. Die nachfolgenden Beispiele sollen dies vertiefen.

1. Kupfer(II)-Salze wie Kupfer(II)-chlorid ($CuCl_2$) wandeln sich in Gegenwart von metallischem Kupfer in Kupfer(I)-Salze um [vgl. **MC-Frage Nr. 1158**].

   +2 0 +1

   $CuCl_2 + Cu \rightarrow 2\ CuCl$
2. Iodmonobromid (IBr) reagiert mit Iodiden zu elementarem Iod (I_2). Elementares Iod wird auch gebildet bei der Komproportionierung von Iodwasserstoff (HI) mit Iodsäure (HIO_3) oder Iodaten in saurer Lösung. Die letztgenannte Reaktion dient in der quantitativen Analyse zur in situ Erzeugung von Iod (*Iodometrie* bzw. *Iodatometrie*) [vgl. **MC-Fragen Nr. 1158, 1167, 1168, 1172, 1176, 1337–1339**].

   +1 -1 0

   $IBr + KI \rightarrow KBr + I_2$

   -1 +5 0

   $5\ HI + HIO_3 \rightarrow 3\ I_2 + 3\ H_2O$
3. Hypochlorige Säure (HOCl) oder Hypochlorite wie Chlorkalk [CaCl(OCl)] bilden in salzsaurer Lösung elementares Chlor (Cl_2). Elementares Chlor bildet sich auch beim Behandeln von Chlorsäure ($HClO_3$) mit Chlorwasserstoff (HCl) [vgl. **MC-Fragen Nr. 1164, 1172, 1174-1176, 1332–1336**].

   +1 -1 0

   $HOCl + HCl \rightarrow Cl_2\uparrow + H_2O$

   +1 -1 0

   $CaCl(OCl) + 2\ HCl \rightarrow Cl_2\uparrow + CaCl_2 + H_2O$

   +5 -1 0

   $HClO_3 + 5\ HCl \rightarrow 3\ Cl_2\uparrow + 3\ H_2O$
4. Beim trockenen Erhitzen von Ammoniumnitrat (NH_4NO_3) bilden sich Distickstoffmonoxid (N_2O) und Wasser. Dagegen entsteht beim Erhitzen von Ammoniumnitrit (NH_4NO_2) elementarer Stickstoff (N_2) [vgl. **MC-Fragen Nr. 1151, 1152, 1162, 1553, 1554, 1567, 1569, 1575**].

   -3 +5 +1

   $NH_4NO_3 \rightarrow N_2O\uparrow + 2\ H_2O$

   -3 +3 0

   $NH_4NO_2 \rightarrow N_2\uparrow + 2\ H_2O$
5. Elementarer Stickstoff (N_2) wird auch gebildet beim Behandeln von Salpetriger Säure (HNO_2) mit Amidosulfonsäure (H_2NSO_3H). Die Reaktion dient in der qualitativen Analytik zum Entfernen von Nitrit aus dem Trennungsgang [vgl. **MC-Fragen Nr. 1168, 1172, 1176–1178**].

   +3 -3 0

   $HNO_2 + H_2N\text{-}SO_3H \rightarrow N_2\uparrow + H_2SO_4 + H_2O$
6. Bei der Umsetzung von Schwefeldioxid (SO_2) mit Schwefelwasserstoff (H_2S) entsteht elementarer Schwefel [vgl. **MC-Fragen Nr. 1177, 1469, 1470, 1474, 1476**].

   +4 -2 0

   $SO_2 + 2\ H_2S \rightarrow 3\ S\downarrow + 2\ H_2O$

1.12.2 Redoxpotential, Normalpotential, Spannungsreihe

1.12.2.1 Normalpotential, Spannungsreihe

Eine bestimmte Substanz vermag *nicht* von jedem anderen Stoff Elektronen aufzunehmen bzw. an ihn abzugeben, so dass es keine absoluten Oxidations- und Reduktionsmittel gibt. Vielmehr ist die oxidierende oder reduzierende Wirkung einer Substanz eine Funktion des zu oxidierenden bzw. zu reduzierenden Reaktionspartners.

Zum Beispiel oxidieren Cu(II)-Ionen metallisches Zink (Zn) zu Zn(II). Cu(II)-Salze vermögen aber nicht metallisches Silber (Ag) zu oxidieren; vielmehr oxidieren Silber-Ionen (Ag^+) metallisches Kupfer (Cu) zu Cu(II).

$$Zn + Cu^{2+} \longrightarrow Zn^{2+} + Cu$$
$$Ag + Cu^{2+} \longrightarrow \text{keine Reaktion}$$
$$Cu + 2\,Ag^+ \longrightarrow Cu^{2+} + 2\,Ag$$

Will man diese unterschiedliche Oxidationswirkung *zahlenmäßig* erfassen, muss man nach der treibenden Kraft des Elektronenübergangs fragen. Die Tatsache, dass zwischen dem **Zinksystem** (1) und dem **Kupfersystem** (2) ein *Elektronenübergang* stattfindet und somit ein *elektrischer Strom* fließt, zeigt, dass zwischen beiden Systemen eine **Potentialdifferenz** (**Spannung**) bestehen muss.

$$\begin{array}{l} (1)\ Zn \longrightarrow Zn^{2+} + 2\,e^- \\ (2)\ 2\,e^- + Cu^{2+} \longrightarrow Cu \\ \hline Zn + Cu^{2+} \longrightarrow Zn^{2+} + Cu \end{array} \qquad \begin{array}{l} (2)\ Cu \longrightarrow Cu^{2+} + 2\,e^- \\ (3)\ 2\,e^- + 2\,Ag^+ \longrightarrow 2\,Ag \\ \hline Cu + 2\,Ag^+ \longrightarrow Cu^{2+} + 2\,Ag \end{array}$$

> Jeder Elektronenübergang zwischen zwei Substanzen stellt einen elektrischen Strom dar, wobei das Vorhandensein einer Potentialdifferenz zwischen zwei korrespondierenden Redoxpaaren Voraussetzung für das Fließen eines elektrischen Stromes ist.

Die zwischen der Zink- (1) und der Kupferelektrode (2) bestehende Potentialdifferenz lässt sich aber experimentell durch bloßes Eintauchen eines Zn-Stabes in eine $CuSO_4$-Lösung *nicht* messen, weil sich der Elektronenaustausch innerhalb atomarer Dimensionen abspielt.

Isoliert man jedoch die Zinkelektrode (1) (**1. Halbzelle**) *räumlich* von der Kupferelektrode (2) (**2. Halbzelle**), indem man einen Zn-Stab in eine $ZnSO_4$-Lösung und einen Cu-Stab in eine $CuSO_4$-Lösung eintaucht und beide Lösungen durch eine poröse Trennwand (*Diaphragma*) voneinander trennt, so kann Zink seine Elektronen nur über einen äußeren Leitungsdraht an die Cu^{2+}-Ionen abgeben. Die zwischen beiden Systemen existierende Potentialdifferenz lässt sich durch Anlegen einer gleichgroßen Gegenspannung an die beiden Elektroden messen (Stromlosigkeit im äußeren Schließungsdraht).

Als *Elektrode* bezeichnet man ganz allgemein elektrisch leitende Teile einer apparativen Anordnung, die den Übertritt von Ladungsträgern wie z. B. Elektronen zwischen zwei Phasen ermöglicht.

Eine *Kombination zweier Halbzellen* (zweier **Elektroden**), wie dies ○Abb. 1.138 illustriert, nennt man ein **galvanisches Element** oder eine **galvanische Zelle**. In einer solchen Zelle kann eine Redoxreaktion zur Erzeugung elektrischer Energie genutzt werden. Hierbei läuft in der einen Halbzelle eine Oxidation und in der anderen Halbzelle eine Reduktion ab. Die spezielle galvanische Zelle, in der Zink als Anode und Kupfer als Kathode fungiert, wird als **Daniell-Element** bezeichnet. Die zwischen beiden Elektroden befindliche poröse Wand verhindert ein mechanisches Durchmischen beider Lösungen, ermöglicht aber den Durchtritt von Ionen. Die Potentialdifferenz zwischen den Elektroden wird häufig als **elektromotorische Kraft (EMK)** der Zelle bezeichnet. Sie ist ein Maß für die Tendenz des Ablaufs eines Redoxprozesses [vgl. **MC-Fragen Nr. 1180, 1181**].
○Abb. 1.139 zeigt nochmals eine schematische Darstellung des galvanischen Zink-Kupfer-Elements und ○Abb. 1.140 veranschaulicht die bauliche Anordnung eines Silber-Kupfer-Elements, in dem in einer Halbzelle ein Ag-Stab in eine Ag_2SO_4-Lösung eintaucht. Hierbei besitzt Zink ein höheres und Kupfer ein tieferes Potential, weil Elektronen vom Zink- zum Kupfersystem hinfließen und *ein Elektronenfluss nur von einem höheren (negativeren) zu einem tieferen (positiveren) Potential stattfinden kann.* Demgegenüber besitzt das Silbersystem (3) ein tieferes Potential als das Kupfersystem und die Elektronen fließen im Silber-Kupfer-Element vom Kupfer zum Silber hin.

Die Tatsache, dass zwischen zwei unterschiedlichen Halbzellen eine messbare elektrische Spannung auftritt, belegt, dass offenbar jeder Halbzelle, d. h. jedem **korrespondierenden Redoxpaar** ein charakteristisches Potential, das sog. **Redoxpotential**, zugeordnet werden kann.

Die Potentialwerte, die man den beiden aus Reaktanden und Produkten gebildeten korrespondierenden Redoxpaaren einer Redoxreaktion zuordnen kann, werden als ihre Redoxpotentiale bezeichnet. Sie hängen von den beteiligten Substanzen, ihren Konzentrationen und der Temperatur ab.

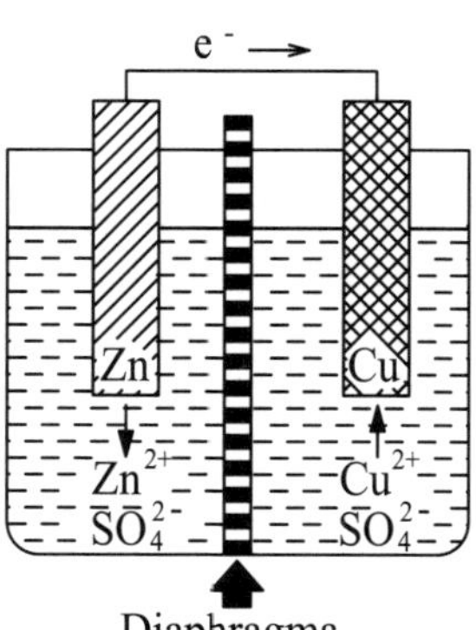

○ **Abb. 1.138 Schema eines kurzgeschlossenen Daniell-Elements**

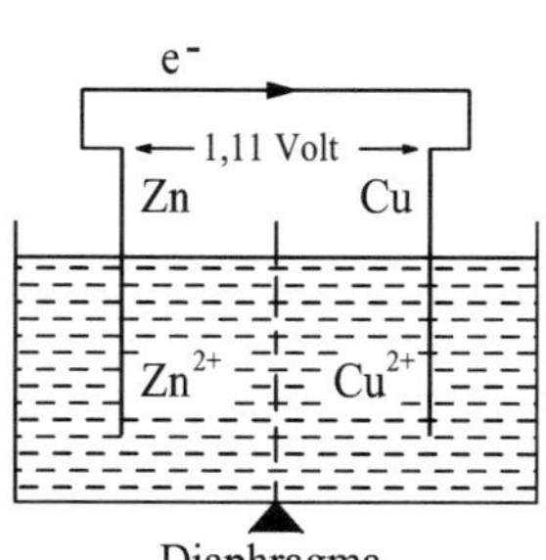

○ **Abb. 1.139 Galvanisches Zink-Kupfer-Element**

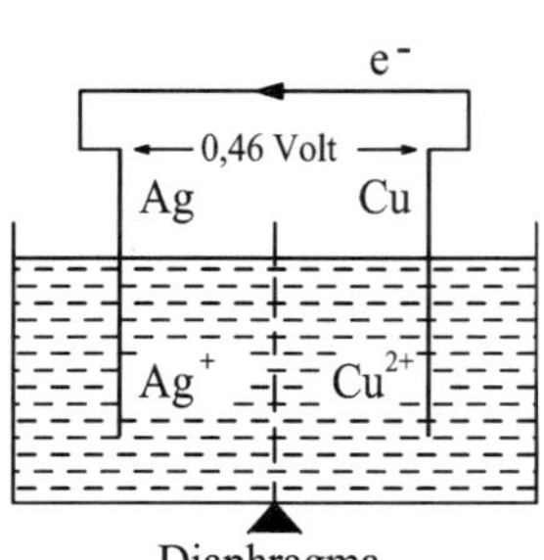

○ **Abb. 1.140 Galvanisches Silber-Kupfer-Element**

Absolute Einzelpotentiale einer Halbzelle (korr. Redoxpaar) können *nicht* gemessen werden, da hierzu eine 2.Halbzelle erforderlich ist, deren absolutes Potential wiederum nicht bekannt ist; man kann nur Spannungen, d. h. Potentialdifferenzen bestimmen. Für **relative Potentialmessungen** ist deshalb ein *willkürlicher Nullpunkt* festzulegen (siehe o Abb. 1.142).

Man hat hierfür die **Normalwasserstoffelektrode (NWE)** gewählt, d. h. eine Halbzelle mit einer Elektrode aus platiniertem (mit elektrolytisch abgeschiedenen, fein verteiltem Pt überzogenem) Platin, die von Wasserstoffgas unter einem Druck von 101,3 kPa umspült wird und in eine Säurelösung mit der *Protonenkonzentration* $c(H_3O^+) = 1\ mol{\cdot}l^{-1}$ eintaucht. Das Potential der NWE, das auf dem Redoxvorgang

$$2\,H_3O^+ + 2\,e^- \leftrightharpoons H_2 + 2\,H_2O$$

beruht, wurde gleich *Null* gesetzt (siehe auch ▸ Kap. 1.12.2.4). Bei einer **Standardwasserstoffelektrode** (**SWE**) taucht das platinierte Platinblech in eine Säurelösung der *Protonenaktivität* $a(H_3O^+) = 1\ mol{\cdot}l^{-1}$ ein. o Abb. 1.141 zeigt in stark vereinfachter Form den Bau der Standard- bzw. Normalwasserstoffelektrode (siehe auch Ehlers, **Analytik II**, ▸ Kap. 10.1.3.6).
Ein Vorteil der Verwendung eines platinierten Platinblechs als inerte Ableitelektrode bei der Bestimmung von Redoxpotentialen ist, dass das Potential der NWE oder SWE *nicht* durch Überspannungseffekte verfälscht wird.

Außer von Elektroden bestehend aus einem Metall im Gleichgewicht mit seinen Ionen [Zn/Zn^{2+} oder Cu/Cu^{2+}] oder von Nichtmetallelektroden [Cl_2/Cl^- oder I_2/I^-] können auch die Potentialwerte von Lösungen bestimmt werden, die ein korrespondierendes Redoxpaar desselben Elements in unterschiedlichen Wertigkeitsstufen enthalten. Beispielsweise enthält das Fe(II)-Fe(III)-System die Lösung eines Eisen(II)- und eines Eisen(III)-Salzes, in die eine Platinelektrode als inerte Ableitelektrode eintaucht.

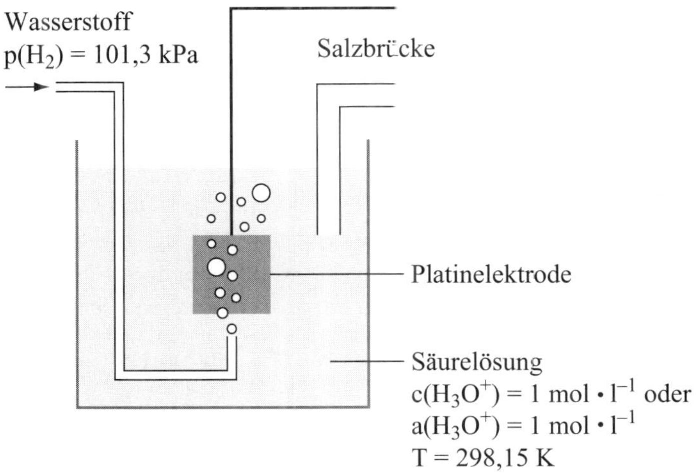

o Abb. 1.141 Aufbau einer Normal- bzw. Standardwasserstoffelektrode

Tab. 1.73 Spannungsreihe (Redoxreihe)

Reduzierende Wirkung nimmt ab ↓ / Oxidierende Wirkung nimmt ab ↑

Red (Reduzierte Form)	**Ox** (Oxidierte Form)	**Normalpotential** E^o (in Volt)
Li	$Li^+ + e^-$	- 3,04
Na	$Na^+ + e^-$	- 2,71
Mg	$Mg^{2+} + 2\ e^-$	- 2,37
Al	$Al^{3+} + 3\ e^-$	- 1,66
Mn	$Mn^{2+} + 2\ e^-$	- 1,19
Zn	$Zn^{2+} + 2\ e^-$	- 0,76
S^{2-}	$S + 2\ e^-$	- 0,48
Fe	$Fe^{2+} + 2\ e^-$	- 0,45
Ni	$Ni^{2+} + 2\ e^-$	- 0,26
Sn	$Sn^{2+} + 2\ e^-$	- 0,14
Pb	$Pb^{2+} + 2\ e^-$	- 0,13
$Ti^{3+} + H_2O$	$TiO^{2+} + 2\ H^+ + e^-$	- 0,04
$H_2 + 2\ H_2O$	$2\ H_3O^+ + 2\ e^-$	0,00
$NO_2^- + H_2O$	$NO_3^- + 2\ H^+ + 2\ e^-$	+ 0,01
$SO_2 + 2\ H_2O$	$SO_4^{2-} + 4\ H^+ + 2\ e^-$	+ 0,14
Sn^{2+}	$Sn^{4+} + 2\ e^-$	+ 0,14
Cu^+	$Cu^{2+} + e^-$	+ 0,17
Cu	$Cu^{2+} + 2\ e^-$	+ 0,34
$2\ I^-$	$I_2 + 2\ e^-$	+ 0,54
$H_3AsO_3 + H_2O$	$H_3AsO_4 + 2\ H^+ + 2\ e^-$	+ 0,56
Fe^{2+}	$Fe^{3+} + e^-$	+ 0,75
Ag	$Ag^+ + e^-$	+ 0,80
Hg	$Hg^{2+} + 2\ e^-$	+ 0,85
$2\ Br^-$	$Br_2 + 2\ e^-$	+ 1,07
$Cr^{3+} + 4\ H_2O$	$CrO_4^{2-} + 8\ H^+ + 3\ e^-$	+ 1,36
$2\ Cl^-$	$Cl_2 + 2\ e^-$	+ 1,36
$Br^- + 3\ H_2O$	$BrO_3^- + 6\ H^+ + 6\ e^-$	+ 1,42
Ce^{3+}	$Ce^{4+} + e^-$	+ 1,44
$Mn^{2+} + 4\ H_2O$	$MnO_4^- + 8\ H^+ + 2\ e^-$	+ 1,52
$2\ F^-$	$F_2 + 2\ e^-$	+ 2,85

Die Potentiale von korrespondierenden Redoxpaaren bei denen Elektronen frei werden, wenn sie mit der NWE kombiniert sind, erhalten ein *negatives Vorzeichen*; sie wirken gegenüber dem System (H_2/H_3O^+) *reduzierend*. Redoxpaare, deren *oxidierte* Form stärker oxidierend wirkt als das H_3O^+-Ion besitzen *positive Potentialwerte*.

(−) **K Ca Na Mg** — **Leichtmetalle (unedel)** | **Mn Zn Cr Fe Cd Co Ni Sn Pb** — **Schwermetalle (unedel)** | **H_2**

Cu Ag Hg — **Halbedelmetalle** | **Au Pt** — **Edelmetalle** (+)

Potentialwerte unterscheiden sich in ihren Zahlenwerten *und* in ihrem Vorzeichen. Zum Beispiel besitzen *unedle Metalle* (Alkali- und Erdalkalimetalle, Zn, Al) negative Potentialwerte und lösen sich in Säuren unter Wasserstoffentwicklung, sofern keine Redoxhemmung auftritt. *Edle Metalle* (Ag, Cu, Hg) haben ein positives Redoxpotential und erzeugen in einer Säurelösung *keinen* Wasserstoff [siehe auch ▸Kap. 2.2.1.2 und **MC-Fragen Nr. 1179–1181, 1203, 1286, 1289, 1292, 1295**].

Um einen Vergleich verschiedener Redoxpaare zu ermöglichen, misst man ihre Redoxpotentiale unter Standardbedingungen (c = 1 mol/l, T = 298 K, p = 101,3 kPa) gegenüber der *Normalwasserstoffelektrode* (NWE) und bezeichnet die erhaltenen Werte als **Normalpotential** (**E°**) des betreffenden korrespondierenden Redoxpaares [vgl. **MC-Fragen Nr. 301, 1179, 1181**].

Potentialwerte von korrespondierenden Redoxpaaren, die gegen die *Standardwasserstoffelektrode* (SWE) als Bezugselektrode gemessen wurden, heißen **Standardpotentiale** [vgl. **MC-Frage Nr. 1180**].

Eine tabellarische Anordnung der Normal- bzw. Standardpotentiale nach zunehmend positiveren Potentialwerten wird **Spannungsreihe** genannt. In ◘Tab. 1.73 sind die Normalpotentiale einiger pharmazeutisch wichtiger, korrespondierender Redoxpaare aufgelistet. Weitere Redoxpotentiale finden sich im Anhang [vgl. **MC-Fragen Nr. 1180-1185**].

Das Normalpotential (E°) charakterisiert die Oxidationskraft bzw. das Reduktionsvermögen eines korrespondierenden Redoxpaares. Ein Oxidationsmittel nimmt Elektronen auf und wird dabei reduziert. Daraus folgt, je positiver das Normalpotential ist, desto stärker oxidierend wirkt die oxidierte Form des korrespondierenden Redoxpaares.
Ein Reduktionsmittel gibt Elektronen ab und wird selbst oxidiert. Daher wirkt die reduzierte Form eines korrespondierenden Redoxpaares umso stärker reduzierend, je negativer das Normalpotential (E°) der reduzierten Form eines korrespondierenden Redoxpaares ist [vgl. **MC-Fragen Nr. 1179, 1203**].

1.12.2.2 Konzentrationsabhängigkeit des Redoxpotentials, Nernstsche Gleichung

Das **Redoxpotential** (E) eines korrespondierenden Redoxpaares kann mit Hilfe der **Nernstschen Formel** berechnet werden, wenn man sein Normalpotential, die Aktivitäten (bzw. Konzentrationen) seiner Bestandteile und die Temperatur kennt. Für einen Redoxvorgang der allgemeinen Form [Ox + n · e⁻ Red] lautet die Nernstsche Gleichung [vgl. **MC-Fragen Nr. 1181, 1186, 1187**]:

$$E = E^\circ + \frac{R \cdot T}{n \cdot F} \ln \frac{[Ox]}{[Red]}$$

E	= Redoxpotential in Volt
E^o	= Normalpotential des Redoxpaares in Volt
R	= allgemeine Gaskonstante (8,315 Joule/Grad)
T	= absolute Temperatur in K
F	= Faraday-Konstante (96 487 Coulomb = 1 Faraday)
n	= Anzahl der übertragenen Elektronen
[Ox], [Red]	= Konzentrationen des korrespondierenden Redoxpaares

Die Nernstsche Gleichung gibt die Konzentrationsabhängigkeit des Redoxpotentials (E) an und gestattet die Berechnung der elektromotorischen Kraft beliebiger Zellen, wenn die am Redoxvorgang beteiligten Stoffe nicht in ihren Standardzuständen vorliegen. Darüber hinaus verdeutlicht die Nernstsche Formel wie man durch Änderung der Konzentrationen der an der Redoxreaktion beteiligten Reaktionspartner den Zahlenwert des Redoxpotentials (E) und damit die oxidierende bzw. reduzierende Kraft eines Redoxsystems willkürlich variieren kann. Alle Veränderungen, die das Konzentrationsglied der Nernst-Gleichung vergrößern, erhöhen das Redoxpotential (E) und somit die Oxidationskraft eines Oxidationsmittels. Alle Veränderungen, die das Konzentrationsglied verkleinern, erniedrigen das Redoxpotential und somit die Oxidationskraft eines Oxidationsmittels; diese Veränderungen erhöhen aber das Reduktionsvermögen eines Reduktionsmittels.

Setzt man in obige Gleichung die Zahlenwerte für R und F sowie für T = 298 K (25 °C) ein und berücksichtigt den Umwandlungsfaktor von ln in log [ln a = 2,3 · log a], so ergibt sich folgende Formulierung der Nernstschen Gleichung:

$$\mathbf{E = E^o + \frac{0{,}059}{n} \log \frac{[Ox]}{[Red]} \quad (bei\ 25\ °C)}$$

Aus der Nernstschen Gleichung lässt sich ableiten, dass das **Normalpotential** (E^o) eines korrespondierenden Redoxpaares den verfügbaren Potentialbereich in zwei Gebiete unterteilt, in denen entweder die oxidierte oder die reduzierte Form überwiegt. Voraussetzung ist, dass die beiden Formen wasserlöslich sind und zwischen ihnen eine reversible Redoxbeziehung besteht. Es gilt:

$$\mathbf{E < E^o \text{ bedeutet } [Ox] < [Red]}$$
$$\mathbf{E = E^o \text{ bedeutet } [Ox] = [Red]}$$
$$\mathbf{E > E^o \text{ bedeutet } [Ox] > [Red]}$$

Für bestimmte Redoxsysteme kann die Nernstsche Formel stark vereinfacht werden. Bei einer **Metallelektrode**

$Me^o \longrightarrow Me^{n+} + n \cdot e^-$

ist die Konzentration der festen Phase (reduzierte Form) als konstant anzusehen. Daraus folgt für die Konzentrationsabhängigkeit des Redoxpotentials:

$$E = E^{o} + (0{,}059/n) \cdot \log [Me^{n+}]$$

Bei einer **Nichtmetallelektrode**

$$Nime^{o} + n \cdot e^{-} \rightarrow Nime^{n-}$$

ist die Konzentration des Nichtmetalls, d. h. die oxidierte Form des korrespondierenden Redoxpaares ebenfalls eine Konstante, so dass gilt:

$$E = E^{o} - (0{,}059/n) \cdot \log [Nime^{n-}]$$

Schließlich ist auch bei Redoxvorgängen in wässriger Lösung die Konzentration des Reaktanden und Lösungsmittels *Wasser* als konstant zu betrachten. Deshalb kann z. B. für die Reduktion von **Permanganat** in saurer Lösung zu Mn(II) die Nernstsche Gleichung durch folgenden Ausdruck wiedergegeben werden:

$$MnO_4^- + 8\ H_3O^+ + 5\ e^- \longrightarrow Mn^{2+} + 12\ H_2O$$

$$E = E^{o} + \frac{0{,}059}{5} \cdot \log \frac{[MnO_4^-] \cdot [H_3O^+]^8}{[Mn^{2+}]}$$

Aus obiger Nernst-Formel ist ersichtlich, dass das Redoxpotential und somit die *Oxidationskraft von Permanganat* mit zunehmender Permanganat-Konzentration und zunehmender Protonenkonzentration (abnehmendem pH-Wert) ansteigt, und geringer wird bei ansteigender Mn(II)-Salzkonzentration. Mit anderen Worten das Redoxpotential einer Permanganat-Lösung ist in stark saurem Milieu am größten [vgl. **MC-Fragen Nr. 1189–1191, 1203, 1826, 1827**].

Ganz allgemein gelten für die Formulierung des Konzentrationsgliedes der Nernstschen Formel dieselben Regeln wie für die Erstellung der MWG-Gleichung. Darüber hinaus ist zu beachten, dass die Nernstsche Gleichung – ebenso wie das Massenwirkungsgesetz – nur auf *reversible* Vorgänge angewandt werden kann. Die mit Hilfe dieser Formel berechneten Potentialwerte werden deshalb auch als **reversible Redoxpotentiale** bezeichnet.

1.12.2.3 pH-Abhängigkeit des Redoxpotentials

Oxidations- und Reduktionsvorgänge, die sich in wässriger Lösung abspielen, sind häufig mit einer Protonenübertragung gekoppelt. Immer dann, wenn an einer Halbreaktion H_3O^+- oder HO^--Ionen beteiligt sind, ist das Redoxpotential eines korrespondierenden Redoxpaares und somit der gesamte Redoxprozess pH-abhängig. Von Ausnahmen abgesehen gilt, dass Oxidationsmittel in saurer und Reduktionsmittel in alkalischer Lösung stärker wirksam sind.

o Abb. 1.143 zeigt für einige ausgewählte Redoxsysteme die Abhängigkeit des Redoxpotentials vom pH-Wert. Danach ist am geradlinigen Kurvenverlauf erkennbar, dass die Redoxpotentiale der korrespondierenden Redoxpaare (Cl_2/Cl^-), (I_2/I^-) oder (Fe^{3+}/Fe^{2+}) vom pH-Wert unabhängig sind, während Redoxsysteme wie

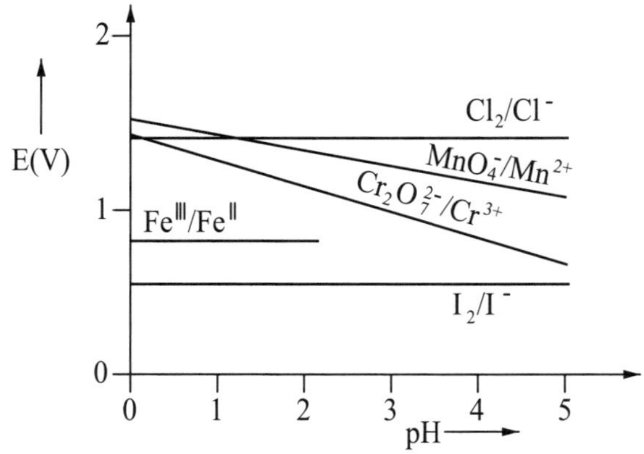

Abb. 1.143 pH-Abhängigkeit des Redoxpotentials

(MnO_4^-/Mn^{2+}) oder ($Cr_2O_7^{2-}/Cr^{3+}$) in hohem Maße vom pH-Wert der Reaktionslösung abhängen.

Redoxgleichgewichte, an denen Protonen beteiligt sind, lassen sich in allgemeiner Form durch folgende Redoxgleichung beschreiben:

$$\text{Red} \rightleftharpoons \text{Ox} + n\,e^- + m\,H^+$$

Die Nernstsche Gleichung lautet:

$$E = E^o + \frac{0{,}059}{n} \cdot \log \frac{[Ox][H^+]^m}{[Red]}$$

$$= E^o + 0{,}059\,\frac{m}{n} \cdot \log\,[H^+] + \frac{0{,}059}{n} \cdot \log \frac{[Ox]}{[Red]}$$

$$\mathbf{E = E^o - 0{,}059\,\frac{m}{n} \cdot pH + \frac{0{,}059}{n} \cdot \log \frac{[Ox]}{[Red]}}$$

Wie die Gleichung belegt, ist das Redoxpotential in diesen Fällen von der Protonenaktivität und somit vom pH-Wert der Lösung abhängig. Aus der Gleichung ist auch abzuleiten, dass *mit steigender H_3O^+-Konzentration (abnehmendem pH-Wert) das Redoxpotential zunimmt* [vgl. **MC-Fragen Nr. 1188, 1191, 1203, 1826, 1827**].

In der Regel liegt der Quotient (m/n) nahe bei 1. Die Redoxpotentiale von stark sauren [pH = 0] und stark alkalischen [pH = 14] Lösungen unterscheiden sich daher um ca. 1 Volt (14 · 0,059 = 0,826), sofern die Konzentrationen von Oxidans und Reduktor einander gleich sind.

Zum Beispiel ändert sich aufgrund des pH-Gliedes (0,059·m/n) und der Reduktionsgleichung

$$MnO_4^- + 8\,H_3O^+ + 5\,e^- \rightarrow Mn^{2+} + 12\,H_2O \text{ (mit: m = 8, n = 5)}$$

das Potential einer wässrigen *Permanganat-Lösung* um etwa **-0,1 V**, wenn man den pH-Wert der Lösung von 3 auf 4 erhöht [vgl. **MC-Frage Nr. 1192**].

Zu weiteren Berechnungen mithilfe der Nernstschen Gleichung siehe *Kommentierung* der **Fragen Nr. 1193, 1194** im Fragenband.

1.12.2.4 Wasserstoffelektrode, pH-Wertmessung

Die Wasserstoff-Ionenkonzentration einer Lösung bzw. ihr pH-Wert (siehe ▸ Kap. 1.11.2.2) ist ein Maß für die Acidität oder Alkalität der Lösung. Hierbei gestattet die pH-Abhängigkeit des Potentials bestimmter Redoxvorgänge eine elektrochemische Messung der Protonenkonzentration.

Der einer potentiometrischen pH-Wertmessung zugrundeliegende potentialbildende Redoxvorgang lautet:

$$H_2 + 2\,H_2O \rightleftharpoons 2\,H_3O^+ + 2\,e^-$$

Daraus ergibt sich durch Anwendung der Nernstschen Gleichung für das Potential der **Wasserstoffelektrode**, wobei E° definitionsgemäß gleich Null gesetzt wird:

$$E = + (0{,}059/2) \cdot \log [H_3O^+]^2 = 0{,}059 \log [H_3O^+]$$

$$\mathbf{E = -\,0{,}059 \cdot pH}$$

Zur potentiometrischen pH-Wertbestimmung benötigt man eine Messelektrode (Indikatorelektrode), die auf die unterschiedlichen H^+-Ionenkonzentrationen anspricht. Als Messelektroden, deren Potential von der H_3O^+-Konzentration und somit vom pH-Wert einer Lösung abhängt, können verwendet werden (siehe hierzu Ehlers, **Analytik II**, ▸ Kap. 10.2.2.2):

- **Wasserstoffelektrode** (selten),
- **Glaselektrode** (häufigste Anwendung),
- **Antimonelektrode**,
- **Chinhydronelektrode**.

Darüber hinaus nutzt man Potentialmessungen zur *Endpunkterkennung von Säure-Base-Titrationen* mit potentiometrischer Indizierung des Äquivalenzpunktes (siehe Ehlers, **Analytik II**, ▸ Kap. 10.2.3).

1.12.2.5 Redoxgleichgewichte, Gleichgewichtskonstante

Um Aussagen über das *Ausmaß einer Redoxreaktion* machen zu können, benötigt man deren Gleichgewichtskonstante (K). Für einen Redoxprozess der allgemeinen Form

$$n\,Ox^1 + n^*\,Red^2 \rightleftharpoons n\,Red^1 + n^*\,Ox^2$$

und den Normalpotentialen des

Reduktors: E^0_{Red} (Red^2/Ox^2)
Oxidans: E^0_{Ox} (Ox^1/Red^1)

ergibt sich die **Gleichgewichtskonstante** dieser Reaktion zu:

$$-\log K = \frac{n \cdot n^*}{0{,}059} \left(E^o_{Red} - E^o_{Ox}\right)$$

Man erkennt, dass die Gleichgewichtslage einer Redoxreaktion von der Differenz der Normalpotentiale der beteiligten Redoxsysteme abhängt. Die Gleichgewichtskonstante (K) ist umso größer, je größer E^0_{Ox} und je kleiner E^0_{Red} ist [vgl. **MC-Frage Nr. 922**].

Ein *Reduktionsmittel* ist deshalb umso wirkungsvoller, je niedriger das Normalpotential des betreffenden Redoxpaares ist; ein *Oxidationsmittel* ist umso wirksamer, je höher das Normalpotential des entsprechenden korrespondierenden Redoxpaares ist. ◻ Tab. 1.74 zeigt eine Einteilung von Reduktions- und Oxidationsmitteln im Hinblick auf ihren Wirkungsgrad [vgl. **MC-Fragen Nr. 1179, 1203**].

Danach sind sowohl in saurer als auch in alkalischer Lösung besonders *starke Reduktionsmittel* ($E^o < -1$ V): Hydride (H^-), Metalle der I. und II. Hauptgruppe sowie Aluminium und einige Elemente der III. Nebengruppe. Als besonders *starke Oxidationsmittel* ($E^o > +2$ V) sind Fluor, Difluoroxid (F_2O), Ozon (O_3), Peroxodisulfat-Ionen ($S_2O_8^{2-}$), Platinhexafluorid (PtF_6) und atomarer Sauerstoff zu nennen.

1.12.2.6 Redoxpotential und freie Reaktionsenthalpie

Die elektromotorische Kraft einer Zelle (E_z) ist ein Maß für die *Änderung der freien Enthalpie* (ΔG), die in Form von elektrischer Energie auftritt (siehe auch ▸ Kap. 1.9.7.3). Es gilt [vgl. **MC-Fragen Nr. 920, 922**]:

$$\Delta G = -n \cdot F \cdot E_z$$

Hierin bedeutet n die Anzahl Mole an Elektronen, die pro Reaktionsablauf umgesetzt werden. F ist die Faraday-Konstante, d. h. die Ladung eines Mols an Elektronen bzw. die Ladung von 1 Äquivalent Substanz [ca. 96000 Coulomb ($A \cdot s \cdot mol^{-1}$)] und E_z ist die Spannung der Zelle [in Volt ($J \cdot A^{-1} \cdot s^{-1}$)], in der die betreffende Reaktion stattfindet.

Nur wenn die freie Enthalpie des Systems abnimmt ($\Delta G < 0$), läuft eine Reaktion freiwillig ab. Daher kann mit [$\Delta G = -nFE_z$] ein galvanisches Element nur dann Ener-

◻ **Tab. 1.74 Einteilung der Oxidations- und Reduktionsmittel**

Reduktionswirkung	Oxidationswirkung	Potentialbereiche der korr. Redoxpaare (in V) a) Saure Lösung	b) Alkal. Lösung
1. Überaus stark	Praktisch keine	< -0,5	< -1,5
2. Sehr stark	Überaus schwach	-0,5 - 0	-1,5 - -1
3. Stark	Sehr schwach	0 - 0,5	-1 - -0,5
4. Schwach	Schwach	0,5 - 1	-0,5 - 0
5. Sehr schwach	Stark	1 - 1,5	0 - 0,5
6. Überaus schwach	Sehr stark	1,5 - 2	0,5 - 1
7. Praktisch keine	Überaus stark	> 2	> 1

gie abgeben, wenn E_z *positiv* ist. Hierbei gilt für das richtige *Vorzeichen* der elektromotorischen Kraft (E): **E = E°(Kathode) – E°(Anode)**.

1.12.3 Voraussage von Redoxreaktionen

Das **Normalpotential eines Redoxpaares** charakterisiert seine reduzierende oder oxidierende Wirkung. Je negativer das Potential ist, desto stärker wirkt seine reduzierte Form reduzierend; je positiver das Potential ist, desto stärker ist die Oxidationskraft seiner oxidierten Form.

Kennt man die Normalpotentiale *zweier* korrespondierender Redoxpaare, so kann man voraussagen, in welcher Weise sie aufeinander einwirken und ob eine bestimmte Oxidation oder Reduktion überhaupt möglich ist. Da sich die negativ geladenen Elektronen nur von Stellen mit niedrigem Potential zu solchen mit höherem Potential bewegen, werden Elektronen stets vom *Reduktionsmittel* des korrrespondierenden Redoxpaares mit dem *niedrigeren Potential* auf das *Oxidationsmittel* des korrespondierenden Redoxpaares mit dem *höheren Potential* übertragen.

Eine Redoxreaktion kann nur dann freiwillig ablaufen, wenn das Potential der Gesamtreaktion positiv ist, d. h., das Oxidationsmittel dem korrespondierenden Redoxpaar mit dem höheren Normalpotential angehört.

$Red^1 + Ox^2 \leftrightharpoons Ox^1 + Red^2$

Ein oxidierbares Teilchen (Red^1) kann nur von einem Oxidationsmittel (Ox^2) oxidiert werden, dessen Redoxpotential positiver ist als das Potential des korrespondierenden Redoxpaares (Red^1/Ox^1).

Die Voraussage über den Ablauf von Redoxprozessen bei Kenntnis der Normalpotentiale der am Redoxvorgang beteiligten korrespondierenden Redoxpaare soll durch nachfolgende Betrachtungen vertieft werden.

- Das korrespondierende Redoxpaar **Chlor/Chlorid** besitzt ein Normalpotential von $E°(Cl_2/Cl^-) = +1{,}36$ Volt. Daher kann Chlorid nur von solchen Stoffen oxidiert werden, deren Normalpotentiale E > +1,36 V betragen [z.B.: $E°(\mathbf{F_2}/F^-) = +2{,}85$ V; $E°(\mathbf{MnO_4^-}/Mn^{2+}) = +1{,}52$ V].
  Umgekehrt können nur solche Substanzen Chlor zu Chlorid reduzieren, deren Normalpotentiale E° < +1,36 V sind [z.B.: $E°(Br_2/\mathbf{Br^-}) = +1{,}07$ V; $E°(I_2/\mathbf{I^-}) = +0{,}54$ V; $E°(SO_4^{2-}/\mathbf{SO_3^{2-}}) = +0{,}14$ V; $E°(S_4O_6^{2-}/\mathbf{S_2O_3^{2-}}) = +0{,}08$ V; $E°(S/\mathbf{S^{2-}}) = -0{,}51$V]. Deshalb oxidiert Chlor beispielsweise Iodide zu elementarem Iod.

  $2\,I^- + Cl_2 \longrightarrow I_2 + 2\,Cl^-$

  Darüber hinaus oxidiert Chlor Blei(II)-chlorid ($PbCl_2$) zu Blei(IV)-chlorid ($PbCl_4$) und aus Ammoniak (NH_3) bildet sich bei der Umsetzung mit Chlorgas Stickstofftrichlorid (NCl_3), in dem das N-Atom die Oxidationszahl +3 besitzt [vgl. **MC-Fragen Nr. 1195, 1196**].

  $PbCl_2 + Cl_2 \longrightarrow PbCl_4$
  $NH_3 + 3\,Cl_2 \longrightarrow NCl_3 + 3\,HCl$

- **Metallisches Eisen** in Form eines Eisendrahtes oder Eisennagels kann nur solche Metalle aus ihren Salzlösungen in nennenswerten Mengen abscheiden, die edler als Eisen sind und deren Normalpotentiale positiver sind als E°(Fe^{2+}/**Fe**) = -0,44 Volt [z.B.: E°(Sb^{3+}/**Sb**) = +0,21 V; E°(Cu^{2+}/**Cu**) = +0,35 V; E°(Ag^{+}/**Ag**) = +0,81 V; E°(Hg^{2+}/**Hg**) = +0,86 V] [vgl. **MC-Fragen Nr. 1197, 1198**].

  $Fe + Cu^{2+} \longrightarrow Fe^{2+} + Cu\downarrow$

  Umgekehrt werden Eisen(II)-Ionen nur von solchen Metallen zu metallischem Eisen reduziert, deren Normalpotential negativer ist als E° < -0,44 Volt [z.B.: E°(Zn^{2+}/**Zn**] = -0,76 V] [vgl. **MC-Fragen Nr. 1199, 1200**].

  $Fe^{2+} + Zn \longrightarrow Fe\downarrow + Zn^{2+}$

- Aufgrund seines geringeren Normalpotentials überzieht sich ein Blech aus **Zink** [E°(Zn^{2+}/Zn) = -0,76 V] mit metallischem **Kupfer** [E°(Cu^{2+}/Cu) = +0,35 V], wenn das Zinkblech in eine Kupfer(II)-sulfat-Lösung eintaucht [vgl. **MC-Frage Nr. 1201**].

  $Zn + Cu^{2+} \longrightarrow Zn^{2+} + Cu\downarrow$

- **Wasserstoffperoxid** ist *redox-amphoter*. Gegenüber Stoffen mit Normalpotentialen E° > +0,68 Volt wirkt es oxidierend [z.B.: E°(I_2/I^-) = +0,54 V], gegenüber Substanzen mit positiverem Normalpotential [z.B.: E°(MnO_4^-/Mn^{2+}) = +1,52 V; E°(Cl_2/Cl^-) = +1,36 V] wirkt es reduzierend und wird selbst zu molekularem Sauerstoff (O_2) oxidiert [vgl. **MC-Frage Nr. 1202**].

  $H_2O_2 + 2\,I^- + 2\,H_3O^+ \longrightarrow I_2 + 4\,H_2O$
  $2\,MnO_4^- + 5\,H_2O_2 + 6\,H_3O^+ \longrightarrow 2\,Mn^{2+} + 5\,O_2\uparrow + 14\,H_2O$

Die Normalpotentiale lassen allerdings nur Voraussagen zu, ob ein bestimmter Vorgang überhaupt möglich ist; sie sagen nichts darüber aus, ob der Redoxprozess auch tatsächlich eintritt.

Da das Redoxpotential (E) konzentrationsabhängig ist, können auch nicht begünstigte Redoxprozesse durch Änderung der Konzentration initiiert werden. Ebenso ist zu beachten, dass Stoffe, die nicht unmittelbar in den Redoxprozess eingreifen, das Redoxpotential beeinflussen können. Beispielsweise wird das Potential einer Fe(II)/Fe(III)-Lösung nach Zugabe von NaF herabgesetzt, weil die Konzentration an Fe^{3+}-Ionen durch Komplexierung zu $[FeF_6]^{3-}$ abnimmt.

Darüber hinaus benötigen einige kompliziertere Redoxvorgänge, besonders wenn daran Gase beteiligt sind, oft sehr *große Aktivierungsenergien* (siehe ▸Kap. 1.13.2.6) und sind stark gehemmt, so dass viele theoretisch mögliche Redoxvorgänge äußerst langsam ablaufen.

1.12.3.1 Redoxhemmung, Überspannung

Während gehemmte Reaktionen bei Löse- und Fällungsvorgängen nur selten und bei (einfachen) Protolysen überhaupt nicht vorkommen, sind *Reaktionshemmungen von Redoxprozessen* relativ häufig. Besonders charakteristisch sind Redoxhemmungen bei *Umsetzungen mit Gasen* oder bei der *Bildung von Gasen* während einer Redoxreaktion.

Wenn keine Reaktionshemmung auftreten würde, müsste molekularer Wasserstoff aufgrund des Normalpotentials (H_2/H_3O^+) bei 101,3 kPa und pH = 0 in der Lage sein, alle Oxidationsmittel mit höherem Normalpotential zu reduzieren. Zum Beispiel müssten sich Fe^{3+}-Ionen beim Einleiten von H_2 in eine wässrige Fe(III)-Salzlösung in Fe^{2+}-Ionen umwandeln.

$$\begin{array}{lll} 1/2\ H_2 + H_2O \rightleftharpoons H_3O^+ + e^- & & E° = \ \ 0{,}00\ \text{Volt} \\ Fe^{3+} + e^- \rightleftharpoons Fe^{2+} & & E° = +0{,}77\ \text{Volt} \\ \hline 1/2\ H_2 + Fe^{3+} + H_2O \rightleftharpoons H_3O^+ + Fe^{2+} & & K = 10^{13} \end{array}$$

Tatsächlich wirkt aber Wasserstoff auf Fe(III)-Salzlösungen in keiner Weise reduzierend. Selbst wässrige Lösungen der stärksten Oxidationsmittel [MnO_4^-, $S_2O_8^{2-}$] werden durch H_2 *nicht* reduziert.

In ähnlicher Weise – aber nicht annähernd so ausgeprägt – ist auch die *Bildung von Wasserstoff* gehemmt. Zum Beispiel ist eine Hemmung der H_2-Bildung beim Auflösen einer Reihe unedler Metalle (Al, Ni, Cr) in Säuren zu beobachten. Diese Hemmung ist Ursache dafür, dass sich viele Metalle erst bei einer wesentlich höheren Protonenaktivität in Säuren auflösen, als nach ihrer Stellung gegenüber Wasserstoff in der Spannungsreihe zu erwarten wäre. Außerdem kann der Lösevorgang durch **Passivierung** des Metalls (Al, Mg) verhindert werden, welche durch eine dünne, an der Oberfläche des Metalls haftende Oxidschicht verursacht wird (siehe auch ▸ Kap. 2.2.1.2).

Auch bei der *Bildung von Sauerstoff* ist oft eine Reaktionshemmung zu beobachten. Ohne diese Hemmung würden sämtliche Oxidationsmittel, deren Normalpotential bei pH = 0 über **+1,22 Volt** liegt, aus ihren wässrigen Lösungen spontan O_2 freisetzen. So müsste z. B. eine wässrige Lösung von **Hypochloriger Säure** (HOCl) in HCl und O_2 zerfallen.

$$\begin{array}{lll} 3\ H_2O \rightleftharpoons 2\ H_3O^+ + 1/2\ O_2 + 2\ e^- & & E° = +1{,}22\ \text{Volt} \\ H_3O^+ + HOCl + 2\ e^- \rightleftharpoons Cl^- + 2\ H_2O & & E° = +1{,}49\ \text{Volt} \\ \hline HOCl + H_2O \rightleftharpoons H_3O^+ + Cl^- + 1/2\ O_2 & & pK = -\ 4{,}6 \end{array}$$

Im Allgemeinen entwickelt sich aus wässrigen Lösungen sehr starker Oxidationsmittel jedoch nur dann O_2, wenn die zur Überwindung der Hemmung notwendige Aktivierungsenergie z. B. bei der Hypochlorigen Säure durch Lichteinwirkung geliefert wird oder wenn Katalysatoren die Einstellung des Gleichgewichts beschleunigen (**induzierte Redoxreaktionen**).

Nur die stärksten Oxidationsmittel, wie z. B. $[Co(H_2O)_6]^{3+}$ oder F_2, sind in der Lage die Hemmung der O_2-Bildung aus wässrigen Lösungen ohne Katalysatoren zu überwinden.

$$F_2 + H_2O \rightleftharpoons 2\ HF + 1/2\ O_2$$

Des Weiteren sind auch Redoxreaktionen mehr oder minder gehemmt, wenn stabile Komplexe, insbesondere **Oxokomplexe**, gespalten oder gebildet werden. Beispielsweise sollte das ClO_4^--Ion aufgrund der Lage des Normalpotentials [E°(ClO_4^-/Cl^-) =

+1,34 V] ein starkes Oxidationsmittel sein. In Wirklichkeit üben aber Perchlorate in wässriger Lösung keine oxidierenden Wirkungen aus, da die hohe Oxidationsstufe des Chlors im ClO_4^--Ion durch die Umhüllung mit fest gebundenen Sauerstoffatomen stabilisiert ist. In analoger Weise ist es auch nicht möglich, das Perchlorat-Ion in wässriger Lösung durch Oxidationsprozesse zu erzeugen.

Häufig kann eine Redoxhemmung durch eine **Temperaturerhöhung** aufgehoben werden. Reaktionen, die in wässriger Lösung bei einer Temperatur von maximal 100 °C völlig gehemmt sind, laufen z.T. bei stärkerem Erhitzen der *trockenen* oder *geschmolzenen* Substanzen ab.

$$KClO_3 \longrightarrow KCl + 3/2\ O_2 \text{ (Schmelze)}$$
$$KClO_4 + 4\ KNO_2 \longrightarrow KCl + 4\ KNO_3 \text{ (Aufschluss)}$$

Wenn eine gehemmte Redoxreaktion vorliegt, kann man den Verhältnissen dadurch Rechnung tragen, dass zu den mit Hilfe der Nernstschen Gleichung berechneten reversiblen Einzelpotentialen (E_{rev}) der korrespondierenden Redoxpaare noch bestimmte Potentialbeträge hinzuaddiert werden.

$$\mathbf{E_{eff} = E_{rev} + Ü}$$

Die zu addierenden Potentialbeträge (Ü) werden als **Überspannung** des jeweiligen Redoxsystems bezeichnet. Überspannungswerte können positiv oder negativ sein (siehe hierzu Ehlers, **Analytik II**, ▸ Kap. 10.1.4.2].

1.12.3.2 Induzierte Redoxreaktionen

Gehemmte Redoxreaktionen sind in der analytischen Chemie nur verwertbar, wenn die Hemmung durch Katalysatoren überwunden werden kann.

So sind z. B. für die maßanalytische Bestimmung von **Arseniger Säure** (H_3AsO_3) mit $KMnO_4$ oder Cer(IV)-sulfat Katalysatoren erforderlich, um die Reaktionsgeschwindigkeit den Anforderungen einer Titration anzupassen; die Titration mit Permanganat wird durch KI, die des Cer(IV)-Salzes durch eine Spur OsO_4 stark beschleunigt.

In ähnlicher Weise kann die Hemmung der Oxidation von **Iodid** mit H_2O_2 durch Molybdat (MoO_4^{2-}) aufgehoben werden. Bei der Oxidation mit Peroxodisulfaten ($S_2O_8^{2-}$) wird häufig von der katalytischen Wirkung des Ag^+-Ions Gebrauch gemacht. Die Wirkungsmechanismen solcher Katalysatoren sind in der Regel nicht bekannt.

Des Weiteren ist auszuführen, dass in gewissen Fällen auch Substanzen, die sich während der Reaktion als Zwischenprodukte bilden, katalytisch wirken können, sodass anfangs langsame Reaktionen allmählich immer schneller verlaufen (**Autokatalyse**).

Ein Beispiel hierfür ist die maßanalytische Bestimmung von **Oxalsäure** oder Oxalaten mit $KMnO_4$ in schwefelsaurer Lösung, die von Verbindungen des Mangans in niedrigeren Oxidationsstufen beschleunigt wird.

1.13 Reaktionskinetik

Die **Reaktionskinetik** beschäftigt sich mit der *zeitlichen Veränderung* von Systemen und betrachtet die **Geschwindigkeit**, mit der sich die verschiedenen Systeme dem Gleichgewichtszustand nähern. Hierbei hängt die Geschwindigkeit einer chemischen Reaktion nicht nur vom Anfangs- und Endzustand, sondern auch vom **Reaktionsmechanismus** ab. Unter dem Mechanismus einer Reaktion versteht man die Gesamtheit aller **Elementarprozesse**, d. h. die Gesamtheit der Übergangszustände und Zwischenprodukte, die bei der Umwandlung der Reaktanden in die Produkte durchlaufen werden. Die meisten chemischen Umsetzungen verlaufen nach einem mehrstufigen Mechanismus.

Die experimentelle Grundlage für die Reaktionsmechanismen ist die Messung der Reaktionsgeschwindigkeiten in Abhängigkeit von den Konzentrationen der reagierenden Stoffe und der Temperatur. Somit sind Reaktionsmechanismen nichts anderes als hypothetische Vorstellungen über den detaillierten Ablauf einer Reaktion, deren Aussagen auf kinetischen Befunden basieren.

In der Reaktionskinetik unterteilt man Reaktionen nach der

- Zahl der Teilchen (Atome, Moleküle, Ionen), deren gleichzeitige Wechselwirkung zu einer chemischen Umsetzung führt (**Reaktionsmolekularität**) (siehe ▸ Kap. 1.13.3),
- Anzahl der Stoffe, von deren Konzentrationen bzw. Partialdrücken die Geschwindigkeit der jeweiligen Stoffumwandlung abhängt (**Reaktionsordnung**) (siehe ▸ Kap. 1.13.2.2).

Im Allgemeinen kann man aus der stöchiometrischen Reaktionsgleichung weder auf die Reaktionsordnung noch auf die Reaktionsmolekularität schließen. Ebensowenig gestattet die experimentell ermittelte Reaktionsordnung Rückschlüsse auf die Reaktionsmolekularität.

Die Geschwindigkeiten chemischer Reaktionen sind sehr verschieden. Einige Reaktionen, wie z. B. Protonenübertragungen, laufen spontan mit hoher Geschwindigkeit ab; andere Reaktionen verlaufen hingegen extrem langsam, wie z. B. die Umsetzung von Wasserstoff mit Sauerstoff bei Raumtemperatur zu Wasser. Dies ist auch eine Folge der unterschiedlichen Stabilität von Reaktanden und Produkten.

1.13.1 Thermodynamische und kinetische Stabilität, Metastabilität

Die Größe der Gleichgewichtskonstanten (K) einer Reaktion (siehe ▸Kap. 1.10.1.2) bzw. die Differenz der freien Enthalpien (ΔG) von Edukten und Produkten (siehe ▸Kap. 1.9.6) gibt nur das Verhältnis der Konzentrationen im Gleichgewichtszustand an, sagt aber nichts darüber aus, wie schnell die Gleichgewichtseinstellung erfolgte.

So vereinigen sich z. B. Wasserstoff und Sauerstoff bei Raumtemperatur nicht zu Wasser, obwohl das Gleichgewicht der Wasserbildung aufgrund der hohen Gleichgewichtskonstanten und des stark negativen Wertes für die Bildungsenthalpie im Standardzustand (ΔG_f^o) praktisch vollkommen auf der rechten Seite liegen sollte.

$$2\ H_2 + O_2 \rightleftharpoons 2\ H_2O \quad [\Delta G_f^o = -\ 228{,}61\ \text{kJ mol}^{-1}]$$

Die freie Reaktionsenthalpie (ΔG) einer chemischen Umsetzung gibt offenbar nur an, ob die betreffende Reaktion überhaupt möglich ist; sie gibt keine Auskunft darüber, wie schnell dies geschieht. Die Geschwindigkeit der Reaktion von Sauerstoff und Wasserstoff ist als Folge der hohen freien Aktivierungsenthalpie extrem klein. Eine Mischung von H_2 und O_2 ist scheinbar beständig.

Ein solches System nennt man *metastabil* oder *kinetisch inert*. Zum Unterschied von stabilen Systemen kann bei *metastabilen* Systemen durch entsprechende Aktivierung eine Reaktion ausgelöst werden. Auch *instabile* Systeme befinden sich nicht in einem Gleichgewichtszustand; bei ihnen ist jedoch die Reaktionsgeschwindigkeit von messbarer Größe und die Stoffe reagieren miteinander bis schließlich ein *stabiler* Zustand erreicht wurde.

Die **thermodynamische Stabilität** eines Stoffes oder eines Systems wird durch ΔG ausgedrückt. Thermodynamisch stabile Systeme befinden sich in einem Gleichgewichtszustand ($\Delta G_r^o = 0$; r = of reaction); es besteht keinerlei Triebkraft für eine Zustandsänderung. Zudem besitzen stabile Stoffe eine *hohe negative freie Bildungsenthalpie* ($\Delta G_f^o < 0$; f = of formation) (siehe auch ▸Kap. 1.9.6.1).

Demgegenüber wird die **Reaktivität** eines Systems oder einer Substanz durch die **freie Aktivierungsenthalpie** ($\Delta G^{\neq}$) und damit durch die Reaktionsgeschwindigkeit bestimmt (siehe ▸Kap. 1.13.2.6). *Metastabile* Systeme oder Stoffe können durchaus eine exergonische Reaktion eingehen, die freie Aktivierungsenergie hierfür ist aber recht hoch. Somit wird die Reaktionsgeschwindigkeit für einen solchen Vorgang gering sein. Das System kann sich *erst* nach entsprechender Energiezufuhr oder durch Einsatz von Katalysatoren verändern (siehe auch ▸Kap. 1.13.5).

1.13.2 Reaktionsgeschwindigkeit und Reaktionsordnung

1.13.2.1 Definition der Reaktionsgeschwindigkeit

Bei jeder chemischen Reaktion nehmen in der Zeit bis zum Erreichen des Gleichgewichtszustandes die Konzentrationen der Edukte ab und die der Produkte zu. Da sich die Konzentrationen der reagierenden Stoffe während der Reaktion dauernd ändern, verändert sich auch *stets* die Geschwindigkeit der Reaktion. Die **Reaktionsgeschwindigkeit** ist somit ein Maß dafür, wie schnell die Konzentrationsänderungen erfolgen.

Dies ergibt sich aus der Definition der **momentanen Reaktionsgeschwindigkeit** als Quotient der Konzentrationsänderung (dc) pro Zeitintervall (dt) multipliziert mit den reziproken stöchiometrischen Umsatzzahlen. In der Regel gibt man die Stoffmengenkonzentration in mol/l an, sodass die Reaktionsgeschwindigkeit (RG) die Einheit **$mol \cdot l^{-1} \cdot s^{-1}$** besitzt [vgl. **MC-Fragen Nr. 926, 1205, 1206**].

$$RG = + \frac{dC_{Produkte}}{dt} = - \frac{dC_{Edukte}}{dt}$$

Für eine Reaktion der allgemeinen Form [aA + bB cC + dD] lässt sich die Reaktionsgeschwindigkeit durch folgende Ausdrücke beschreiben:

$$RG = - \frac{1}{a} \cdot \frac{dC_A}{dt} = - \frac{1}{b} \cdot \frac{dC_B}{dt} = + \frac{1}{c} \cdot \frac{dC_C}{dt} = + \frac{1}{d} \cdot \frac{dC_D}{dt}$$

Das *Vorzeichen* ist *positiv*, wenn die Konzentrationen während der Reaktion zunehmen (Produkte) und *negativ*, wenn die Konzentrationen während der Reaktion abnehmen (Edukte).

Die Reaktionsgeschwindigkeit ist definiert als differentielle Zunahme der Konzentration der Produkte bzw. als differentielle Abnahme der Konzentration der Edukte pro Zeiteinheit.

Bei reversiblen Prozessen ist die Gesamtreaktionsgeschwindigkeit bis zur Einstellung des Gleichgewichtszustandes gleich der Differenz der Geschwindigkeiten der Hinreaktion und der Rückreaktion (siehe auch ▸ Kap. 1.10.1.2).

$$RG_{Gesamtreaktion} = RG_{Hinreaktion} - RG_{Rückreaktion}$$

Zur Vereinfachung der weiteren Betrachtung zeigt ○ Abb. 1.144 das Konzentrations-Zeit-Diagramm einer Reaktion [A ⟶ B], bei der nur die Hinreaktion von Bedeutung

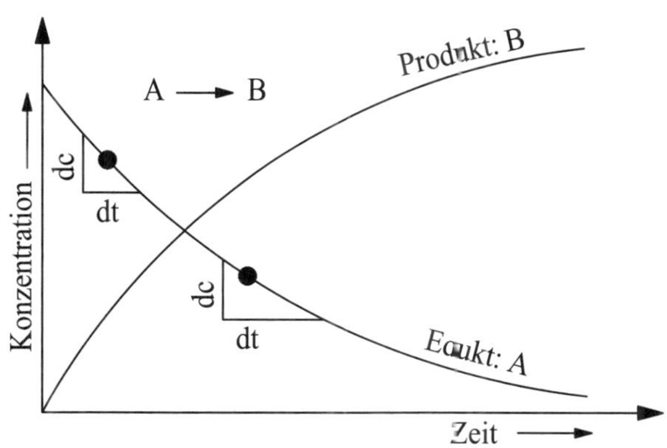

○ Abb. 1.144 Konzentrations-Zeit-Diagramm einer Reaktion, bei der 1 Mol des Stoffes (A) in 1 Mol des Stoffes (B) umgewandelt wird.

ist, d. h., die Stoffumwandlung nur in einer Richtung abläuft. ○ Abb. 1.144 dokumentiert aber auch, dass die Reaktionsgeschwindigkeit groß ist, wenn die Konzentrationen der Reaktanden groß sind, und dass sich die Reaktionsgeschwindigkeit während der Reaktion stetig ändert. Je weiter die Reaktion fortschreitet, desto langsamer ändern sich die Konzentrationen und desto langsamer verläuft die Reaktion. Die Geschwindigkeit zu Beginn einer Reaktion (t = 0) wird als *Anfangsgeschwindigkeit* bezeichnet [vgl. **MC-Fragen Nr. 1220, 1223**].
Die *Reaktionsgeschwindigkeit* hängt von den Konzentrationen der Reaktionspartner, der Temperatur, dem Druck, dem Lösungsmittel, von Zusatzstoffen (Salzen, Katalysatoren) und schließlich auch von der Struktur der Reaktanden ab.

1.13.2.2 Konzentrationsabhängigkeit der Reaktionsgeschwindigkeit, Reaktionsordnung, Geschwindigkeitsgesetze

Experimentelle Befunde belegen, dass die Geschwindigkeiten vieler Reaktionen von den molaren Konzentrationen der Reaktionsteilnehmer abhängen. Diese *experimentell zu bestimmende Abhängigkeit* nennt man das **Zeitgesetz** oder die **Geschwindigkeitsgleichung** der Reaktion.

Häufig haben Geschwindigkeitsgleichungen die Form:

$$\mathbf{RG = k \cdot [A]^{\alpha} \cdot [B]^{\beta} \cdot [C]^{\gamma} \cdot ...}$$

Als **Reaktionsordnung** (n) bezeichnet man dann die *Summe der Exponenten*, mit denen die Konzentrationen im Zeitgesetz auftreten.

$$\mathbf{n = \alpha + \beta + \gamma + ...}$$

Jeder einzelne Exponent bestimmt darüber hinaus die Reaktionsordnung in bezug auf die betreffende Komponente. Die Exponenten sind meistens kleine ganze Zahlen; die Ordnung einer Reaktion muss aber nicht ganzzahlig sein. Die Reaktionsordnung kann auch Null betragen [vgl. **MC-Frage Nr. 1208**].

Die Konstante (k) im Zeitgesetz heißt **Reaktionsgeschwindigkeitskonstante** (oder kurz: Geschwindigkeitskonstante). Sie ist gleich der Reaktionsgeschwindigkeit, wenn alle im Zeitgesetz auftretenden Komponenten in der Konzentration 1 mol/l vorliegen. k hat für jede chemische Reaktion einen charakteristischen Zahlenwert. k hängt von der Temperatur ab und wächst in der Regel mit zunehmender Temperatur (siehe ▸ Kap. 1.13.2.6). Die *Dimension* von k beträgt $(\text{Konzentration})^{1-n} \cdot (\text{Zeit})^{-1}$, worin n der Reaktionsordnung entspricht. Im Allgemeinen wählt man als Konzentrationsmaß mol/l und als Zeitmaß die Sekunde.

Chemisch ähnliche Reaktionen müssen *nicht* dem gleichen Geschwindigkeitsgesetz folgen. Für einen Vorgang [$2\,A + B \rightarrow A_2B$] könnte man beispielsweise experimentell folgende Geschwindigkeitsgleichung finden.

1. $-d[A]/dt = k \cdot [A]$

Da die Konzentration von A in der 1.Potenz auftritt, nennt man einen solchen Vorgang eine **Reaktion erster Ordnung**. Es ist jedoch auch möglich, dass man für einen Vorgang, der nach derselben Reaktionsgleichung abläuft, andere Geschwindigkeitsgesetze findet, wie z. B.:

2. $-d[A]/dt = k \cdot [A] \cdot [A] = k \cdot [A]^2$
3. $-d[A]/dt = k \cdot [A] \cdot [B]$
4. $-d[A]/dt = k \cdot [A]^2 \cdot [B]$

Im Fall (2) wäre die **Reaktion zweiter Ordnung**; auch im Beispiel (3) liegt eine Reaktion 2.Ordnung vor, die allerdings 1. Ordnung bezüglich A und 1. Ordnung bezüglich B verläuft. Das Zeitgesetz (4) stellt schließlich eine Reaktion 2. Ordnung bezüglich A und 1. Ordnung bezüglich B dar. Der Gesamtprozess (4) entspricht einer Reaktion 3. Ordnung [vgl. **MC-Fragen Nr. 940, 1213**].

In bestimmten Fällen ist die Reaktionsgeschwindigkeit konstant und hängt nicht von der Konzentration ab. Solche Vorgänge bezeichnet man als **Reaktionen nullter Ordnung**.

Für jede chemische Reaktion kann eine mathematische Beziehung, Geschwindigkeitsgleichung oder **Zeitgesetz** genannt, erstellt werden, welche die Abhängigkeit der Reaktionsgeschwindigkeit von den Konzentrationen der Reaktanden angibt. Die Potenz, mit der die Konzentration eines Reaktanden in das Zeitgesetz eingeht, wird als **Reaktionsordnung** bezüglich des betreffenden Stoffes bezeichnet. Die Summe aller Konzentrationsexponenten im Geschwindigkeitsgesetz entspricht der Reaktionsordnung des Gesamtprozesses. Im Allgemeinen sind die Exponenten der Konzentrationen im Zeitgesetz nicht identisch mit den stöchiometrischen Faktoren in der Reaktionsgleichung.
Der substanzspezifische und temperaturabhängige Proportionalitätsfaktor (k) heißt **Geschwindigkeitskonstante**. Die Art des Zeitgesetzes und der Zahlenwert von k müssen experimentell bestimmt werden.

1.13.2.3 Reaktionen nullter Ordnung

Bei einer Reaktion nullter Ordnung ist die Reaktionsgeschwindigkeit *unabhängig* von der Konzentration. Die Geschwindigkeit der Reaktion wird durch einen zeitlich konstanten Vorgang bestimmt und die Konzentrationsänderung des Reaktanden ist direkt proportional zur Zeit. Die Geschwindigkeitsgleichung für eine Reaktion nullter Ordnung lautet [vgl. **MC-Frage Nr. 1209**]:

$$-d[A]/dt = k$$

Beispiele hierfür sind Reaktionen an Feststoffoberflächen oder manche Enzymreaktionen wie z.B. der enzymatische Abbau von Ethanol im menschlichen Organismus.

Definiert man als **Halbwertszeit ($t_{1/2}$)** einer Reaktion den Zeitraum, in der die Hälfte der zu Beginn vorhandenen Menge des Ausgangsstoffes umgesetzt wurde, so ergibt sich für die Halbwertszeit einer Reaktion nullter Ordnung folgender Ausdruck [vgl. **MC-Frage Nr. 1225**]:

$$t_{1/2} = C_o/2 \cdot k$$

Hierin bedeutet C_o die Anfangskonzentration zur Zeit $t = 0$.

Da die Geschwindigkeit einer Reaktion nullter Ordnung [A⟶B] von der Konzentration unabhängig ist, erhält man eine *lineare Beziehung*, wenn die Konzentration (C) gegen die Zeit (t) aufgetragen wird (siehe ▪ Abb. 1.145). Als Maßstab für die Konzentration wählt man Mol pro Liter ($mol{\cdot}l^{-1}$) und für die Zeit die Sekunde (s). Die Steigung der *abfallenden Geraden* entspricht **-k** und der Ordinatenabschnitt ist gleich der Anfangskonzentration (C_o). Demgegenüber ergibt sich für die Produktbildung eine *ansteigende Gerade* mit der Steigung **k**, die durch den Nullpunkt geht.

1.13.2.4 Reaktionen erster Ordnung

Eine weitgehend einseitig verlaufende Reaktion erster Ordnung kann durch den Ausdruck

$$A \longrightarrow \text{Produkte}$$

dargestellt werden. Beispiele solcher Prozesse sind der *radioaktive Zerfall* (siehe ▸ Kap. 1.1.3.4) oder die thermische Zersetzung zahlreicher Verbindungen. Darüber hinaus sind als Reaktionsbeispiele die monomolekulare nucleophile Substitution (S_N1) sowie die monomolekulare Eliminierung (E_1) zu nennen (siehe Ehlers, **Chemie II**, ▸ Kap. 3.2.5.2 und 3.2.10.1).

Für die Geschwindigkeit dieser Reaktionen gilt [vgl. **MC-Fragen Nr. 137, 138, 1204, 1210, 1216**]:

$$\mathbf{- d[A]/dt = k \cdot [A]}$$

Die Reaktionsgeschwindigkeit (-d[A]/dt) hat die Dimension $mol{\cdot}l^{-1}{\cdot}s^{-1}$, sodass bei einer Reaktion erster Ordnung die Geschwindigkeitskonstante (k) die Dimension ($1/s = s^{-1}$) besitzt [vgl. **MC-Frage Nr. 1886**].

Obige Geschwindigkeitsgleichung lässt sich in einen Ausdruck umformen, in dem die Konzentration des Eduktes in Beziehung zur abgelaufenen Zeit steht. Bezeichnet man die Anfangskonzentration des Reaktanden zur Zeit t = 0 mit [A_o] und zu einem beliebigen Zeitpunkt t mit [A], so gilt:

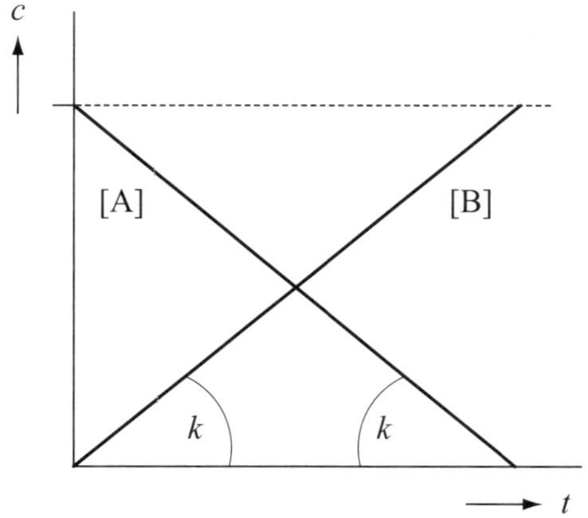

▪ **Abb. 1.145 Konzentrations-Zeit-Diagramm einer Reaktion 0. Ordnung**

$$\int_{A_0}^{A} \frac{d[A]}{[A]} = -k \cdot \int_{0}^{t} dt$$

Die Integration ergibt,

$$\ln [A]/[A_0] = -k \cdot t$$
$$\ln [A] = -k \cdot t + \ln [A_0]$$
$$\log[A] = -(k \cdot t)/2{,}3 + \log [A_0]$$

und durch Entlogarithmieren erhält man:

$$\mathbf{[A] = [A_0] \cdot e^{-kt}}$$

Der Verlauf eines Zeitgesetzes erster Ordnung ist als Konzentrations-Zeit-Diagramm in ○ Abb. 1.146 graphisch dargestellt. $t_{1/2}$ kennzeichnet die Halbwertszeit der Reaktion. Aus der Graphik ist erkennbar, dass die Konzentration (C) (bzw. [A]) und somit die Reaktionsgeschwindigkeit *exponentiell* mit der Zeit (t) abnimmt und sich asymptotisch dem Wert Null nähert. Der Schnittpunkt der Kurve mit der Ordinatenachse entspricht der Anfangskonzentration (C_0) (bzw. $[A_0]$). Darüber hinaus belegt ○ Abb. 1.146, dass bei einer Reaktion erster Ordnung in gleichen Zeiträumen jeweils gleiche Bruchteile der noch vorhandenen Stoffmenge in Produkte umgewandelt werden [vgl. **MC-Fragen Nr. 138, 140, 1211, 1219**].
Trägt man hingegen den natürlichen Logarithmus der Konzentration des Reaktanden (ln C) (bzw. ln[A]) gegen die Zeit (t) auf, so resultiert eine *absteigende Gerade*, wie dies ○ Abb. 1.147 zeigt. Die Steigung der Geraden entspricht **-k** und ihr Schnittpunkt mit der Ordinate (bei t=0) kennzeichnet die Anfangskonzentration (ln C_0) (bzw. ln$[A_0]$). Wählt man als Ordinatenmaßstab den dekadischen Logarithmus (log C) der Konzentration des Eduktes, so ergibt sich für die Steigung der Geraden der Ausdruck (**-k/2,3**).

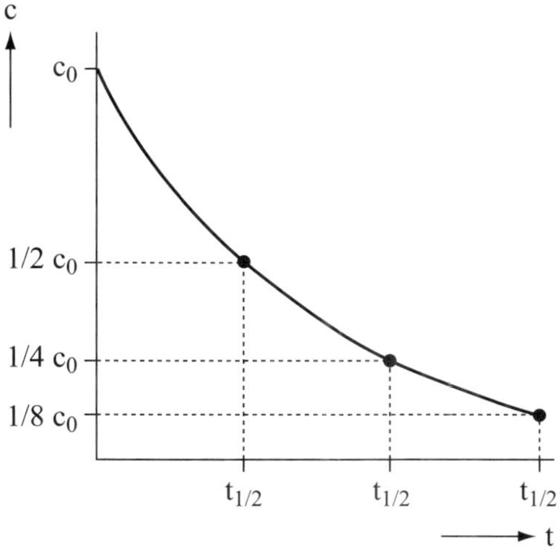

○ **Abb. 1.146 Konzentrations-Zeit-Diagramm einer Reaktion 1. Ordnung**

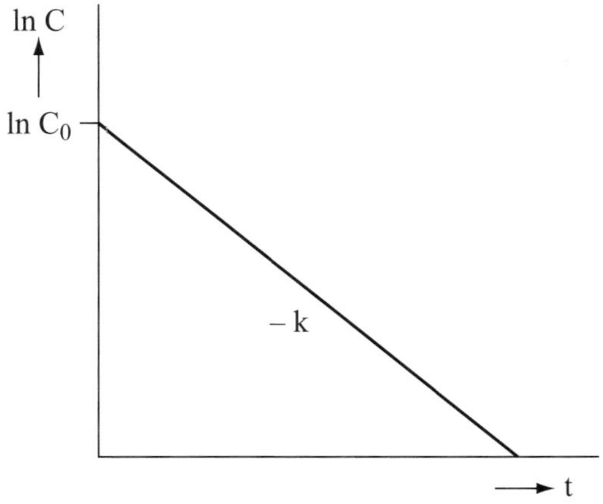

○ Abb. 1.147 Lineare Darstellung des Konzentrationsverlaufs einer Reaktion 1. Ordnung

Betrachtet man anstelle der Konzentrationsabnahme des Eduktes die Konzentrationszunahme des Produktes, so resultiert eine *ansteigende Gerade* mit der Steigung **k**, die durch den Nullpunkt geht, wenn man ln C gegen t aufträgt [vgl. **MC-Fragen Nr. 139, 140, 1204, 1217, 1221**].
Bei einer Reaktion erster Ordnung ist die **Halbwertszeit unabhängig von der Anfangskonzentration** $[A_o]$ des Reaktanden. Bezeichnet man die Konzentration [A] des Reaktanden zur Zeit $(t_{1/2})$ mit $[A_o]/2$, so ergibt sich:

$$\ln [A_o]/([A_o] - [A^o]/2) = \ln 2 = k \cdot t_{1/2}$$

Daraus folgt:

$$\mathbf{t_{1/2} = ln\ 2/k = 0{,}693/k}$$

Aus dieser Gleichung ist abzuleiten, dass bei einer Reaktion erster Ordnung die Halbwertszeit umso größer ist, je langsamer die Reaktion verläuft, d. h., je kleiner die Geschwindigkeitskonstante (k) ist [vgl. **MC-Frage Nr. 1216**].

Zu Berechnungen von Halbwertszeiten siehe *Kommentierung* der **MC-Fragen Nr. 1216, 1228–1232** im Fragenband.

Bei einer *reversiblen Reaktion erster Ordnung* (A B) ergibt sich das Zeitgesetz aus der Differenz der Geschwindigkeiten von Hin- und Rückreaktion. Für eine Gleichgewichtsreaktion der allgemeinen Form

$$A \underset{k_{-1}}{\overset{k_1}{\rightleftharpoons}} B$$

gilt für die Geschwindigkeit der Umwandlung des Eduktes (A) bzw. für die Bildung des Produktes (B) folgendes Zeitgesetz [vgl. **MC-Fragen Nr. 1212, 1224**]:

$$-d[A]/dt = +d[B]/dt = k_1[A] - k_{-1}[B]$$

1.13.2.5 Reaktionen zweiter Ordnung

Die thermische Zersetzung von **Iodwasserstoff** zu Iod und Wasserstoff ist ein Beispiel für eine Reaktion zweiter Ordnung.

Beschreibt man diesen Prozess in allgemeiner Form mit [2 A → B + C], so lautet die Geschwindigkeitsgleichung der Reaktion [vgl. **MC-Frage Nr. 1214**]:

$$\mathbf{- d[A]/dt = k \cdot [A]^2}$$

Ein weiteres Beispiel ist die alkalische Verseifung eines Carbonsäureesters:

$$\text{R-COOR'} + \text{NaOH} \longrightarrow \text{R-COONa} + \text{R'OH}$$

Für diesen Vorgang [A + B → Produkte] besitzt das Zeitgesetz die Form:

$$\mathbf{- d[A]/dt = - d[B]/dt = k \cdot [A] \cdot [B]}$$

Für eine Reaktion 2. Ordnung [2 A → Produkte] ergibt sich mit

$$RG = k \cdot [C(A)]^2$$

das Geschwindigkeitsgesetz in integrierter Form zu:

$$1/C(A) = k \cdot t + [1/C_0(A)]$$

Darin bedeutet $C_0(A)$ die Anfangskonzentration des Stoffes A zur Zeit t = 0. Aus der Gleichung ist ersichtlich, dass der Kehrwert der Konzentration (1/C) proportional zur Zeit (t) ist. Trägt man deshalb 1/C gegen die Zeit t auf, so resultiert daraus eine *Gerade*

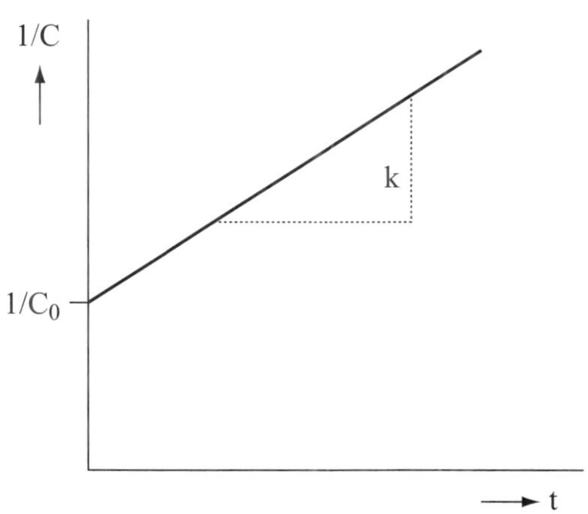

○ Abb. 1.148 Lineare Darstellung des Konzentrationsverlaufs einer Reaktion 2. Ordnung der allgemeinen Form [2A → Produkte]

Tab. 1.75 Charakteristika einstufiger Reaktionen

Ordnung	Zeitgesetz	Lineare Beziehung	Halbwertszeit
Nullter	RG = - k	C(X) gegen t	C_0 (X)/2 · k
Erster	RG = - k · C(X)	ln C(X) gegen t*)	0,693/k
Zweiter	RG = - k · C^2(X)	1/C(X) gegen t	1/C_0 (X) · k

*) anstelle von ln C kann auch log C gegen t aufgetragen sein

mit der Steigung k und dem Ordinatenabschnitt $1/C_0$ [siehe Abb. 1.148 und **MC-Frage Nr. 1218**].
Für eine Reaktion [2 A ⟶ Produkte] mit der Anfangskonzentration [A_0] ist die **Halbwertszeit ($t_{1/2}$)** umgekehrt proportional zur Ausgangskonzentration.

$$t_{1/2} = 1 / ([A_0] \cdot k)$$

Die charakteristischen Merkmale einstufiger Reaktionen sind nochmals in Tab. 1.75 zusammengefasst. Das Minuszeichen in den Zeitgesetzen ist ein Hinweis darauf, dass die Konzentration des Reaktanden (X) während der Reaktion abnimmt.

1.13.2.6 Temperaturabhängigkeit der Reaktionsgeschwindigkeit, Arrhenius-Gleichung

Der *Einfluss der Temperatur* auf die Reaktionsgeschwindigkeit ist beträchtlich. Bei allen chemischen Reaktionen nimmt die Reaktionsgeschwindigkeit mit steigender Temperatur zu. Dies gilt sowohl für endotherme als auch für exotherme Prozesse.

Eine von **van't Hoff** aufgestellte Regel besagt, dass eine Temperaturerhöhung um 10 °C eine Steigerung der Reaktionsgeschwindigkeit um das zwei- bis vierfache zur Folge hat. Deshalb reagieren viele Stoffe, die sich bei Raumtemperatur kaum umsetzen, mit erhöhter Geschwindigkeit, wenn sie erwärmt werden. Für diese **RGT-Regel** gibt es allerdings manche Ausnahmen.

Die **Temperaturabhängigkeit der Reaktionsgeschwindigkeit** kommt in der **Temperaturabhängigkeit ihrer Geschwindigkeitskonstanten** (k) zum Ausdruck. Die Geschwindigkeitskonstante nimmt mit steigender Temperatur *exponentiell* zu. Deshalb führt eine kleine Änderung von T zu einer relativ großen Änderung von k und damit zu einer beträchtlichen Vergrößerung der Reaktionsgeschwindigkeit.

Auf empirischem Wege wurde von **Arrhenius** gefunden, dass eine lineare Abhängigkeit des Logarithmus der Geschwindigkeitskonstanten von der reziproken Temperatur besteht. Die **Arrhenius-Gleichung** lautet

$$\ln k = \ln A - \left[\frac{E_a}{R} \cdot \frac{1}{T}\right]$$

bzw. in entlogarithmierter Form [vgl. **MC-Fragen Nr. 1233, 1234, 1241**]:

$$\mathbf{k = A \cdot e^{-E_a/R \cdot T}} \quad \textbf{(Arrhenius-Gleichung)}$$

Der empirische Faktor A besitzt einen von der Temperatur unabhängigen konstanten Zahlenwert. E_a ist die **Aktivierungsenergie** (bzw. **Aktivierungsenthalpie** $\Delta H^{\neq}$), d. h. der Mindestenergiebetrag, der nach Arrhenius überschritten werden muss, damit Stoffe miteinander reagieren (siehe auch ▸ Kap. 1.13.4). R ist die universelle Gaskonstante und T die absolute Temperatur in Kelvin [vgl. **MC-Frage Nr. 1253**].

Die Geschwindigkeit einer chemischen Reaktion hängt aber nicht nur von der Aktivierungsenthalpie ($\Delta H^{\neq}$) sondern über die Gibbs-Helmholtz-Gleichung ($\Delta G^{\neq} = \Delta H^{\neq} - T{\cdot}\Delta S^{\neq}$) auch von der freien Aktivierungsenthalpie ($\Delta G^{\neq}$) und der Aktivierungsentropie ($\Delta S^{\neq}$) ab [vgl. **MC-Fragen Nr. 1240, 1250, 1251**].

Die üblichen Aktivierungsenergien chemischer Reaktionen liegen im Bereich von 60 bis 250 kJ mol^{-1} und damit in der Größenordnung von Bindungsenergien (siehe ▸ Kap. 1.4.3.3). Die Arrhenius-Gleichung gilt auch für *mehrstufige Reaktionen*.

Aufgrund der Arrhenius-Gleichung bestehen zwischen k, E_a und T folgende Zusammenhänge [vgl. **MC-Fragen Nr. 1215, 1216, 1235, 1236, 1238, 1239**]:

Je größer die Aktivierungsenthalpie (E_a) ist, desto kleiner ist k und umso langsamer verläuft die Reaktion.
Ein Temperaturanstieg führt dazu, dass der Term ($-E_a/R \cdot T$) kleiner wird und dadurch k und somit auch die Reaktionsgeschwindigkeit zunehmen.
Die Arrhenius-Gleichung stellt den Zusammenhang zwischen der Geschwindigkeitskonstanten, der Temperatur und der Aktivierungsenergie einer Reaktion her.
Die hauptsächliche Wirkung einer Temperaturerhöhung besteht vor allem darin, dass der Anteil der Reaktanden wächst, die genügend Energie besitzen, um bei einem eventuellen Zusammenstoß miteinander zu reagieren.

Wenn ln k als Funktion von 1/T aufgetragen wird, erhält man eine *Gerade*, deren Steigung dem Wert ($-E_a/R$) und deren Ordinatenabschnitt dem Wert (ln A) entspricht (siehe ∘ Abb. 1.149). Auf diese Weise kann man die **Aktivierungsenergie** bzw. **Aktivierungsenthalpie** einer chemischen Reaktion *experimentell bestimmen*; es ist lediglich die Kenntnis der Geschwindigkeitskonstanten (k) bei zwei verschiedenen Temperaturen erforderlich, weil zwei Messpunkte ausreichen, eine lineare Beziehung graphisch abzubilden [vgl. **MC-Frage Nr. 1237**].

Im Allgemeinen können Stoffe nur miteinander reagieren, wenn sie zusammenstoßen und dabei die alten Bindungen gelöst und neue geknüpft werden (**Kollisionstheorie**).

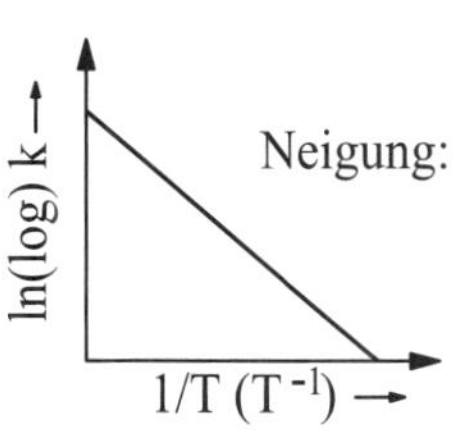

∘ **Abb. 1.149 Temperaturabhängigkeit der Geschwindigkeitskonstanten**

Daher wird die Geschwindigkeit einer chemischen Reaktion von der Zahl (Z) der Zusammenstöße *aktivierter* Teilchen pro Zeiteinheit abhängen. Die Zahl der Zusammenstöße wächst mit steigender Temperatur. Allerdings führt nicht jeder Zusammenstoß aktivierter Partikel zu einer chemischen Umsetzung. Offenbar müssen die kollidierenden Reaktionspartner auch eine bestimmte Lage zueinander einnehmen; die Partner müssen in der richtigen gegenseitigen Orientierung aufeinander aufprallen. Man hat diesem Sachverhalt dadurch Rechnung getragen, dass man die empirische Konstante (A) in der Arrhenius-Gleichung als Produkt aus der „Stoßzahl" (Z) und dem „sterischen Faktor" (P) darstellt. Somit lautet die Arrhenius-Gleichung in einer etwas modifizierten Form:

$$k = Z \cdot P \cdot e^{-Ea/R \cdot T}$$

Unbefriedigend an dieser Stoßtheorie ist, dass der sterische Faktor nicht berechnet werden kann, sondern in der Regel so gewählt wird, dass eine möglichst gute Übereinstimmung mit der experimentell ermittelten Temperaturabhängigkeit von k erreicht wird.

1.13.2.7 Mehrstufige Reaktionen (Folgereaktionen)

Für eine Reaktionsfolge [Edukte ⟶ Zwischenprodukte ⟶ Produkte]

$$A + B \xrightarrow{k_1} C \xrightarrow{k_2} D$$

werden die Teilgeschwindigkeiten der einzelnen Reaktionsschritte durch die Geschwindigkeitskonstanten k_1 und k_2 charakterisiert. Gilt z. B. $k_2 >> k_1$, so ist der erste Reaktionsschritt **geschwindigkeitsbestimmend** und das Zwischenprodukt (C) wird zu keiner Zeit in höheren Konzentrationen gebildet. Ist $k_1 >> k_2$, so ist der zweite Schritt geschwindigkeitsbestimmend für die Gesamtreaktion [vgl. **MC-Fragen Nr. 1216, 1255, 1256**].

> Der langsamste Teilschritt einer mehrstufigen Reaktion wird geschwindigkeitsbestimmender Schritt genannt; von ihm hängt die Geschwindigkeit der Gesamtreaktion ab. Der geschwindigkeitsbestimmende Schritt einer mehrstufigen Reaktion hat von allen Teilschritten die höchste (freie) Aktivierungsenthalpie.

Auch für die *Zeitgesetze mehrstufiger Reaktionen* müssen die Geschwindigkeiten von Hin- und Rückreaktionen berücksichtigt werden. Für eine Reaktion der allgemeinen Form,

$$A \xrightarrow{k_1} B \underset{k_{-2}}{\overset{k_2}{\rightleftharpoons}} C$$

bei der der erste Reaktionsschritt weitgehend einseitig und der zweite reversibel verläuft, kann zum Beispiel die zeitliche Änderung der Konzentration des Zwischenproduktes (B) beschrieben werden mit [vgl. **MC-Frage Nr. 1885**]:

$$+d[B]/dt = k_1 \cdot [A] - k_2 \cdot [B] + k_{-2} \cdot [C]$$

Die Geschwindigkeit der Produktbildung (C) wird aber vom langsamsten Teilschritt bestimmt und die Gesamtgeschwindigkeit der Reaktion kann nicht größer sein als die Geschwindigkeit des langsamsten (geschwindigkeitsbestimmenden) Teilschrittes [vgl. **MC-Frage Nr. 1216**].

1.13.3 Reaktionsmolekularität

Man kann aus der Ordnung einer chemischen Reaktion nicht ohne weiteres auf ihren molekularen Ablauf, d. h. auf den **Reaktionsmechanismus** schließen. Man hat also exakt zwischen der **Reaktionsordnung** und der **Reaktionsmolekularität** zu unterscheiden. Zum Beispiel kann eine bimolekulare Reaktion durchaus auch einem Zeitgesetz erster Ordnung gehorchen [vgl. **MC-Frage Nr. 1204**].

Die Reaktionsordnung gibt die *experimentell* ermittelte Abhängigkeit der Reaktionsgeschwindigkeit von den Konzentrationen der Reaktanden an, während sich die Reaktionsmolekularität auf den molekularen Ablauf einer Reaktion bezieht.

Man nennt einen Vorgang, der als Folge eines Zusammenstoßes *zweier* Teilchen eintritt, einen *bimolekularen* Prozess. Die seltenen Reaktionen, die den gleichzeitigen Zusammenstoß dreier oder mehrerer Teilchen erfordern, heißen *trimolekular* bzw. *höhermolekular. Monomolekulare* Reaktionen, zu denen gewisse Zerfallsprozesse wie der radioaktive Zerfall und zahlreiche Umlagerungsvorgänge gehören, bedürfen keines Zusammenstoßes mit einem anderen Reaktionspartner.

Mehrstufige Reaktionen verlaufen in einer Reihe hintereinandergeschalteter Teilschritte über Zwischenstufen, d. h., sie bestehen aus einer Folge mehrerer **Elementarprozesse**. Bei diesen Reaktionen bestimmt der *langsamste Teilschritt* nicht nur die Geschwindigkeit der Gesamtreaktion, sondern auch ihre Reaktionsmolekularität.

1.13.4 Reaktionsdiagramme, Reaktionskontrolle

1.13.4.1 Freie Enthalpie-Reaktionskoordinaten-Diagramme

Der *energetische Verlauf* einer Reaktion lässt sich anschaulich in Form sog. **Reaktionsdiagramme** *(Energiediagramme)* darstellen, die aufzeigen, wie sich die Energie der beteiligten Substanzen während der Reaktion verändert. In der Regel wird auf der Ordinate die **Reaktionsenthalpie** (ΔH) oder die **freie Reaktionsenthalpie** (ΔG) aufgetragen. Die Abszisse bildet den *Reaktionweg* ab; sie wird auch als **Reaktionskoordinate** bezeichnet. Die Reaktionskoordinate bildet ein Maß dafür, wie weit die Reaktion fortgeschritten ist.

o Abb. 1.150 zeigt das Reaktionsdiagramm für eine einstufige exotherme (oder exergonische) [**a**] bzw. für eine einstufige endotherme (oder endergonische) Reaktion [**b**]. Der energetische Verlauf der *Hinreaktion* kann verfolgt werden, wenn man das Energiediagramm von links nach rechts betrachtet. Die *Rückreaktion* kann verfolgt werden, wenn man das Diagramm von rechts nach links betrachtet [vgl. **MC-Fragen 1245, 1246, 1249**].

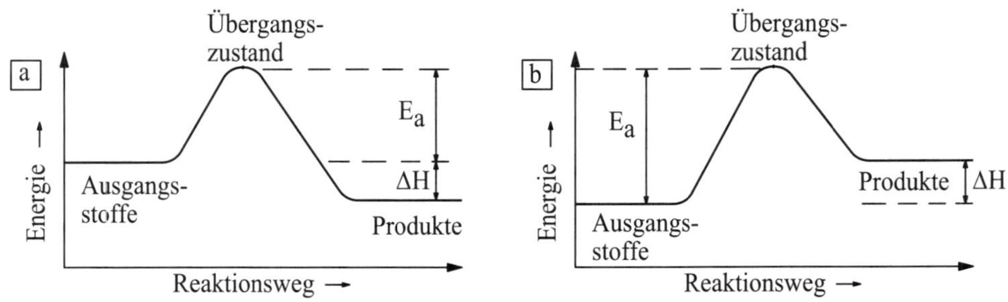

○ Abb. 1.150 Reaktionsdiagramme verschiedener Prozesse
a) einstufige exotherme (exergonische) Reaktion
b) einstufige endotherme (endergonische) Reaktion

Die Energiedifferenz zwischen den Edukten und Produkten entspricht der Reaktionsenthalpie (ΔH), wenn man auf der Ordinate den Verlauf der Enthalpie (H) aufträgt bzw. sie entspricht der freien Reaktionsenthalpie (ΔG), wenn die Ordinate den Verlauf der freien Enthalpie (G) anzeigt [vgl. **MC-Frage Nr. 1242**].

Die **Aktivierungsenergie** (E_a) bzw. die **Aktivierungsenthalpie** ($\Delta H^{\neq}$) erscheint in den Reaktionsdiagrammen als Energiebarriere (Energiemaximum), die stets überwunden werden muss; selbst dann, wenn die Energie der Reaktanden höher ist als die der Reaktionsprodukte. Je mehr Teilchen die notwendige Aktivierungsenergie besitzen, desto schneller verläuft die Reaktion [vgl. **MC-Fragen Nr. 1244, 1247, 1252, 1253**].

Die „Spitze des Energieberges" bezeichnet man als **Übergangszustand** (*transition state*) oder als *„aktivierten Komplex"*. Es handelt sich hierbei um eine instabile Atomanordnung, die nur während kurzer Zeit beständig ist und in der sich die reagierenden Teilchen so weit einander nähern, dass die alten Bindungen gelöst und neue Bindungen geknüpft werden können. Der aktivierte Komplex wird meistens durch den hochgestellten Index ≠ gekennzeichnet; seine **Aktivierungsentropie** wird durch $\Delta S^{\neq}$, seine **freie Aktivierungsenthalpie** durch $\Delta G^{\neq}$ symbolisiert [vgl. **MC-Fragen Nr. 1240, 1243, 1250, 1251**].

Der Übergangszustand (aktivierter Komplex) einer chemischen Reaktion ist ein instabiler Zustand relativ hoher Energie. Die Differenz der potentiellen Energie des Übergangszustandes und der potentiellen Energie der Reaktanden wird als Aktivierungsenergie (Aktivierungsenthalpie) bezeichnet. Die Reaktionsenthalpie (ΔH) (bzw. ΔG) ergibt sich in den Diagrammen als Enthalpiedifferenz zwischen den Edukten und den Reaktionsprodukten.

Protolyse von Säuren: Das bisher Ausgeführte soll am Beispiel der Protolyse einer Säure nochmals diskutiert werden.

Die Säurekonstante (K_s) (siehe ▸Kap. 1.11.3.1) ist ein Maß für die Differenz der freien Enthalpien (ΔG^o) der undissoziierten (einbasigen) Säure und ihrer konjugierten Base im Standardzustand. Ist $K_s > 1$ bzw. $pK_s < 1$, so ist ΔG^o negativ und die Protonenabgabe (Protolyse) verläuft *exergonisch* (siehe ○ Abb. 1.150a).

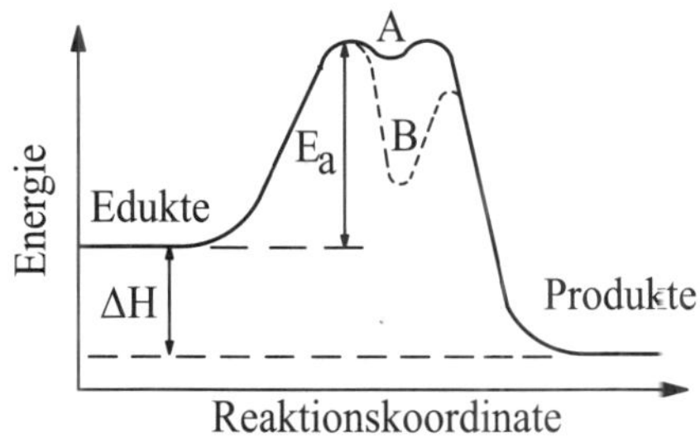

o Abb. 1.151 Reaktionsdiagramm einer zweistufigen, exothermen (exergonischen) Reaktion
(A) instabile Zwischenstufe
(B) metastabile Zwischenstufe

Bei allen Säuren mit positivem pK_s-Wert ist dagegen die Protonenübertragung eine *endergonische* Reaktion. Beispielsweise erfolgt die Protonenabgabe aller **Carbonsäuren** trotz der Mesomeriestabilisierung des resultierenden Carboxylat-Ions endergonisch (siehe o Abb. 1.150b).

$$\text{R-COOH} + H_2O \rightleftharpoons \text{R-COO}^- + H_3O^+$$

Dies kann wie folgt begründet werden: Die Abspaltung eines Protons der Säure, d. h. die Trennung der O-H-Kovalenzbindung erfordert zwar Energie (endothermer Vorgang), parallel dazu entsteht aber eine neue Bindung durch Anlagerung des Protons an ein Wassermolekül unter Bildung von H_3O^+. Darüber hinaus hydratisieren die gebildeten Ionen, sodass in der Regel die mit der Protonenübertragung einhergehende **Enthalpieänderung** (ΔH^o) im Standardzustand negativ (exotherm) ist. Demgegenüber nimmt aber die **Entropie** ab, wenn neutrale Moleküle als Protonendonatoren fungieren, weil die Hydratation der gebildeten Anionen (korr. Base) zu einer Ausrichtung der zuvor frei beweglichen Wassermoleküle führt, woraus ein höherer Ordnungsgrad resultiert. Entsprechend der Gibbs-Helmholtz-Gleichung [$\Delta G = \Delta H - T\Delta S$] vermag die starke **Entropieänderung** (ΔS^o) im Standardzustand ein negatives (ΔH^o) überzukompensieren, sodass die Protolyse insgesamt *endergonisch* verläuft.

Zum Beispiel wurde für **Essigsäure** ΔH^o zu -0,469 kJ/mol und ΔS^o zu -92,5 J/mol · K gefunden. Daraus ergibt sich bei T = 298 K mit ($-T \cdot \Delta S^o$) = + 27,6 kJ/mol ein ΔG^o-Wert von + 27,1 kJ/ mol, entsprechend einem **pK_s-Wert** von 4,76 für die Essigsäure [vgl. **MC-Frage Nr. 919**].

1.13.4.2 Reaktionsdiagramme und Geschwindigkeitsgesetze mehrstufiger Reaktionen (Folgereaktionen)

Prozesse, die eine Folge mehrerer Reaktionsschritte darstellen, müssen durch ein Reaktionsdiagramm, wie es o Abb. 1.151 zeigt, veranschaulicht werden. *Jeder* Reaktionsschritt besitzt einen Übergangszustand und eine entsprechende Aktivierungsenergie. Als **Zwischenprodukte** bezeichnet man ganz allgemein Stoffe, die während der Reaktion entstehen und wieder verbraucht werden; sie zeigen sich in den Reaktionsdiagrammen als *Energieminimum* [vgl. **MC-Frage Nr. 1248**].

Darüber hinaus zeigt ▸ Abb. 1.151 zwei verschiedene Arten von Zwischenprodukten. Im Extremfall ist das Energieminium so wenig ausgeprägt, dass die Zwischenstufe (A) von einem Übergangszustand nicht zu unterscheiden ist. Das Zwischenprodukt (A) ist nicht fassbar. Befindet sich dagegen das Zwischenprodukt wie im Beispiel (B) in einer tiefen „Energiemulde", so könnte es isolierbar sein. Man hat es in diesem Fall letztlich mit zwei getrennten Reaktionen zu tun, wobei jede Reaktionsstufe einen eigenen Übergangszustand besitzt und man bezeichnet eine Substanz nur deshalb als Zwischenstufe, weil sie bei der real ablaufenden Reaktion, die sich aus mehreren Teilschritten zusammensetzt, nicht isoliert wird.

Für eine mehrstufige Reaktion mit sehr unterschiedlichen Geschwindigkeiten ihrer Teilschritte ist der langsamste Schritt **geschwindigkeitsbestimmend**, weil der langsamste Teilschritt dieser Reaktion die höchste **freie Aktivierungsenthalpie** ($\Delta G^{\neq}$) besitzt (siehe auch ▸ Kap. 1.13.2.7).

In ▸ Abb. 1.152 sind die Energiediagramme für eine *zweistufige Reaktion* der allgemeinen Form

$$A + X \underset{k_{-1}}{\overset{k_1}{\rightleftharpoons}} AX \qquad \text{(1.Teilschritt)}$$

$$AX + B \underset{k_{-2}}{\overset{k_2}{\rightleftharpoons}} AXB \qquad \text{(2.Teilschritt)}$$

(k_1, k_2 = Geschwindigkeitskonstanten der Teilschritte der Hinreaktion
k_{-1}, k_{-2} = Geschwindigkeitskonstanten der Teilschritte der Rückreaktion)

graphisch dargestellt [vgl. **MC-Fragen Nr. 1256–1260**].

Aus dem Energiediagramm (**a**) (▸ Abb. 1.152) ist abzuleiten, dass die Aktivierungsenthalpien der einzelnen Teilschritte für die Hin- und Rückreaktion in folgende Reihe abnehmender Energie [$E_{-2} > E_1 > E_{-1} > E_2$] geordnet werden können. Daraus ergibt sich nach der Arrhenius-Gleichung für die Geschwindigkeitskonstanten der jeweiligen Teilschritte folgende Reihenfolge:

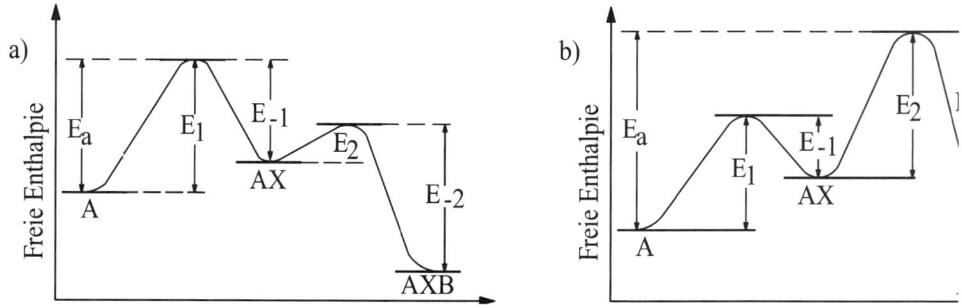

▸ Abb. 1.152 Energiediagramme zweistufiger Reaktionen
a) zweistufige exergonische Reaktion, wobei der erste Reaktionsschritt geschwindigkeitsbestimmend ist
b) zweistufige exergonische Reaktion, wobei der zweite Reaktionsschritt geschwindigkeitsbestimmend ist

$$\mathbf{k_{-2} < k_1 < k_{-1} < k_2}$$

Da $\mathbf{k_2 > k_1}$ ist, bestimmt k_1 die Geschwindigkeit der Hinreaktion und der erste Teilschritt, die Bildung des Zwischenproduktes (AX) verläuft langsamer und ist geschwindigkeitsbestimmend. Aufgrund des schnellen zweiten Teilschrittes, in dem (AX) zu (AXB) reagiert, folgt auch, dass das Zwischenprodukt (AX) zu keiner Zeit im Reaktionsgemisch in höheren Konzentrationen auftritt.

Aus dem Energiediagramm (**b**) (○ Abb. 1.152) ergibt sich für die Aktivierungsenthalpien folgende Reihe abnehmender Energie [$E_{-2} > E_2 > E_1 > E_{-1}$]. Daraus ergibt sich nach der Arrhenius-Gleichung für die Geschwindigkeitskonstanten:

$$\mathbf{k_{-2} < k_2 < k_1 < k_{-1}}$$

Da nun $\mathbf{k_2 < k_1}$ ist, bestimmt der langsamere zweite Teilschritt die Geschwindigkeit der Gesamtreaktion, d.h., die Bildung des Produktes (AXB) wird im Wesentlichen durch die Geschwindigkeitskonstante k_2 beeinflusst.

1.13.4.3 Konkurrenzreaktionen, Reaktionskontrolle

Häufig treten bei chemischen Umsetzungen **Nebenreaktionen** (Parallel-, Konkurrenz-, Simultanreaktionen) auf. Zum Beispiel reagiere eine Substanz (A) gleichzeitig mit den Stoffen (B) und (C), die identisch sein können, zu den Produkten (D) und (E).

$$\mathrm{E} \xleftarrow[k_2]{+\,\mathrm{C}} \mathrm{A} \xrightarrow[k_1]{+\,\mathrm{B}} \mathrm{D}$$

Bei einer *irreversiblen* Konkurrenzreaktion gleicher Reaktionsordnung ist das Verhältnis der gebildeten Produkte (D/E) während der gesamten Reaktion konstant und damit ein Maß für die Reaktivität der Stoffe (B) und (C) gegenüber (A):

$$[\mathrm{D}]/[\mathrm{E}] = k_1 \cdot [\mathrm{B}]/k_2 \cdot [\mathrm{C}]$$

(B) und (C) müssen nicht unbedingt verschiedene Verbindungen sein, sondern können auch zwei unterschiedliche Positionen in ein und demselben Molekül darstellen, wie z. B. die *ortho-*, *meta-* oder *para-*Position eines Benzol-Derivates bei der elektrophilen Substitution an Aromaten (siehe Ehlers, **Chemie II**, ▸ Kap. 3.2.6).

Kompliziertere Verhältnisse liegen dann vor, wenn eine oder mehrere Konkurrenzreaktionen *reversibel* verlaufen. Beispielsweise reagiere ein Stoff (A) in reversibler Reaktion zur Substanz (B), wobei k_1 die Geschwindigkeitskonstante der Hinreaktion und k_{-1} die der Rückreaktion darstellt. Außerdem kann (A) in einer irreversiblen Konkurrenzreaktion mit der Geschwindigkeitskonstanten k_2 auch zum Produkt (C) reagieren.

$$\mathrm{C} \xleftarrow{k_2} \mathrm{A} \underset{k_{-1}}{\overset{k_1}{\rightleftharpoons}} \mathrm{B}$$

Für diese Reaktion soll [$k_1 > k_{-1} >>> k_2$] gelten. Darüber hinaus soll von den beiden Konkurrenzprodukten (B) und (C) der Stoff (C) der thermodynamisch stabilere sein.

Kurze Zeit nach Reaktionsbeginn wird sich infolge der hohen Geschwindigkeitskonstanten k_1 eine relativ große Menge an (B) gebildet haben, während (C) nur in relativ geringen Mengen vorliegt. Bricht man die Reaktion zu diesem Zeitpunkt ab, wird überwiegend (B) als Reaktionsprodukt isoliert. Man spricht in diesem Fall von einer **kinetischen Kontrolle** der Reaktion. Bei einer kinetisch kontrollierten Reaktion entsteht bevorzugt das Produkt, zu dessen Bildung die **niedrigere Aktivierungsenergie** erforderlich ist.

Lässt man die Reaktion dagegen weiterlaufen, so wird allmählich das Edukt (A) dem Gleichgewicht (A B) durch die langsamere Konkurrenzreaktion nach (C) entzogen. Entsprechend der Gleichgewichtslage muss deshalb weiteres (B) in (A) übergehen, das zu (C) abreagiert. Wenn man die Reaktion lange genug laufen lässt, ist schließlich die gesamte Menge an (B) in das thermodynamisch (energetisch) stabilere Produkt (C) umgewandelt worden. Die Reaktion (A → C) ist eine **thermodynamisch kontrollierte Reaktion**, die stets zum thermodynamisch stabileren Produkt führt. **o** Abb. 1.153, das die Energiediagramme - ausgehend vom gemeinsamen Edukt (A) - der beiden *einstufigen* Reaktionen (A→B) und (A→C) wiedergibt, fasst nochmals den Sachverhalt einer kinetisch oder thermodynamisch kontrollierten Reaktion zusammen [vgl. **MC-Fragen Nr. 1204, 1256, 1257, 1261, 1262**].

Die Einflüsse einer Reaktionskontrolle auf *mehrstufige* Reaktionen soll an folgendem einfachen Beispiel näher erläutert werden:

$$A + B \xrightarrow{k_1} C \xrightarrow{k_2} D$$

Die Stoffe (A) und (B) reagieren *spontan* in einem ersten Reaktionsschritt zum Produkt (C), das sich in einem nachfolgenden zweiten Reaktionsschritt in den Stoff (D) umwandelt.

Ist $\mathbf{k_2 \ll k_1}$, so verläuft der erste Reaktionsschritt schneller als der zweite und der zweite Teilschritt ist geschwindigkeitsbestimmend für die Gesamtreaktion. Die schnelle Bildung des Stoffes (C) korreliert mit der niedrigeren Aktivierungsenergie

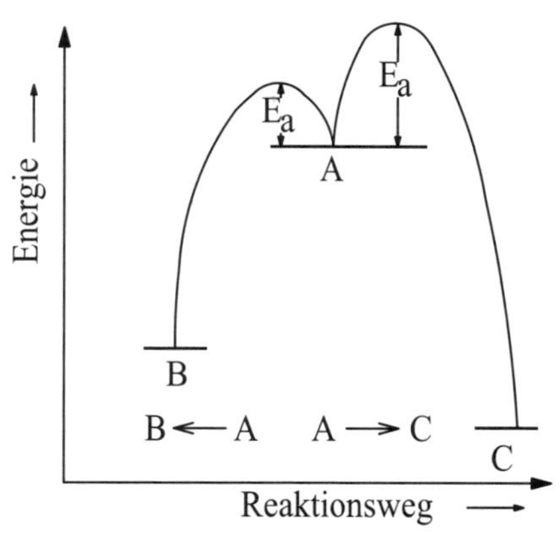

o Abb. 1.153 Reaktionsdiagramm einer Konkurrenzreaktion,
a) A → B kinetisch kontrollierte Reaktion
b) A → C thermodynamisch kontrollierte Reaktion

für seine Bildung. Der Stoff (C) ist daher das kinetisch kontrollierte Produkt und nach kurzer Reaktionszeit liegt (C) als einziges Produkt vor. Der Stoff (D) stellt demgegenüber das thermodynamisch kontrollierte Produkt dar, da diese Substanz *nicht* das kinetisch kontrollierte Produkt ist. Weil die Gesamtreaktion spontan (freiwillig) abläuft, muss es sich um einen exergonischen Prozess handeln ($\Delta G < 0$). Unter diesen Bedingungen erhält man letztlich ein Produktgemisch aus den Stoffen (C) und (D).

Ist $\mathbf{k_1 \ll k_2}$, so verläuft der zweite Reaktionsschritt schneller als der erste und der 1. Reaktionsschritt ist geschwindigkeitsbestimmend für die Gesamtreaktion. Da der zweite Schritt – die Umwandlung von (C) nach (D) – schneller verläuft als die Bildung des Zwischenproduktes, liegt der Stoff (C) zu keinem Zeitpunkt im Reaktionsgemisch in höheren Konzentrationen vor. Das Produkt (D) ist das kinetisch kontrollierte Produkt, da zu dessen Bildung die niedrigere Aktivierungsenergie ($k_2 > k_1 \equiv E_{a2} < E_{a1}$) aufzuwenden ist. Zudem stellt der Stoff (D) auch das thermodynamisch kontrollierte Produkt dar, da er das energetisch stabilste Produkt ist. Deshalb erhält man unter diesen Bedingungen vor allem den Stoff (D) als Reaktionsprodukt.

In einer kinetisch gesteuerten Reaktion wird das Produkt gebildet, zu dessen Bildung die geringere freie Aktivierungsenthalpie benötigt wird. Eine thermodynamisch gesteuerte Reaktion führt zum stabileren (energetisch günstigeren) Reaktionsprodukt. Ein Produkt gilt als kinetisch kontrolliert, wenn es nicht das thermodynamisch stabilste der möglichen Produkte darstellt.

1.13.5 Katalyse

1.13.5.1 Homogene und heterogene Katalyse

Als **Katalysator** bezeichnet man einen Stoff, dessen Anwesenheit die Geschwindigkeit einer chemischen Reaktion erhöht. Ein Katalysator greift zwar in das Reaktionsgeschehen ein, er wird aber während der Reaktion nicht verbraucht und kann zurückgewonnen werden. In der Reaktionsgleichung schreibt man den Katalysator in Klammern über den Reaktionspfeil.

Ein Katalysator beschleunigt bei chemischen Reaktionen die Gleichgewichtseinstellung und verkürzt auf diese Weise die Reaktionszeit. Ein Katalysator hat aber **keinen** Einfluss auf die Gleichgewichtslage (Gleichgewichtskonzentrationen, Ausbeute) und verändert dadurch nicht die Gleichgewichtskonstante (K). Ein Katalysator hat auch **keinen** Einfluss auf die Reaktionsenthalpie (ΔH) bzw. die freie Reaktionsenthalpie (ΔG). Bei reversiblen Prozessen beeinflussen (beschleunigen) Katalysatoren die Geschwindigkeiten von Hin- und Rückreaktion gleichermaßen.

Wie ○ Abb. 1.154 in stark vereinfachter Form zeigt, *setzen Katalysatoren die freie Aktivierungsenthalpie* ($\Delta H^{\neq}$) *bzw. Aktivierungsenergie* (E_a) *einer chemischen Reaktion herab*. Als Folge dieser Erniedrigung der Aktivierungsenergie ergibt sich nach der Arrhenius-Gleichung eine Vergrößerung der Geschwindigkeitskonstanten (k) und

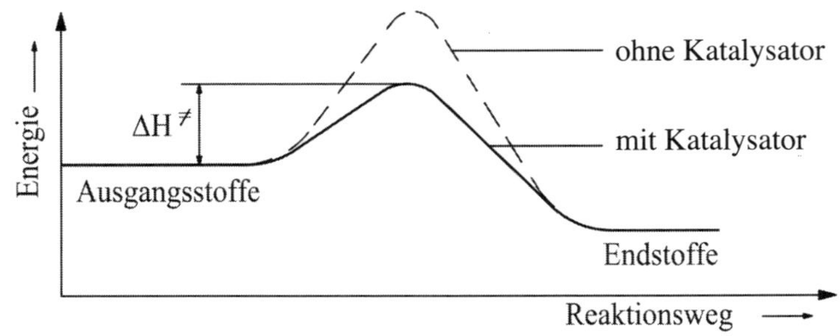

o Abb. 1.154 Vereinfachtes Energiediagramm einer einstufigen Reaktion mit und ohne Katalysator bei gleichem Reaktionsmechanismus

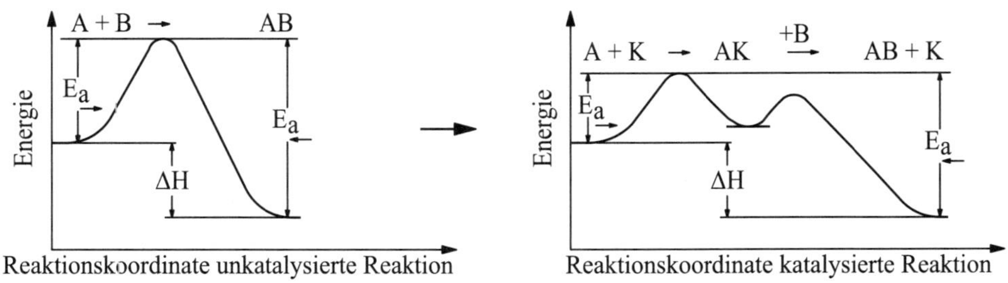

o Abb. 1.155 Energiediagramme katalysierter und nicht-katalysierter Reaktionen mit unterschiedlichem Mechanismus

damit eine Erhöhung der Reaktionsgeschwindigkeit (siehe ▸Kap. 1.13.2.6). Bei reversiblen Prozessen werden die Aktivierungsenergien der Hin- und Rückreaktion jeweils um den *gleichen* Betrag gesenkt [vgl. **MC-Fragen Nr. 900, 902, 931, 932, 935, 936, 1204, 1235, 1262–1271**].

Katalysatoren setzen die Aktivierungsenthalpie ($\Delta H^{\neq}$) und die freie Aktivierungsenthalpie ($\Delta G^{\neq}$) bzw. die Aktivierungsenergie (E_a) chemischer Reaktionen herab. Dadurch erhöht sich die Geschwindigkeitskonstante (k) und damit auch die Geschwindigkeit der Reaktion, die betreffende Reaktion wird schneller.

Eine katalysierte Reaktion läuft aber häufig auf einem anderen Reaktionsweg, d. h. nach einem *anderen Mechanismus* ab. Eine einstufige, unkatalysierte Reaktion kann in Anwesenheit eines Katalysators durchaus mehrstufig verlaufen, wie dies o Abb. 1.155 veranschaulicht. Jedoch gilt immer, dass insgesamt für die katalysierte Reaktion eine niedrigere Aktivierungsenergie aufzuwenden ist [vgl. **MC-Frage Nr. 1267**].

Die Wirkungsweise von Katalysatoren kann mit unterschiedlichen Hypothesen erklärt werden. Zu den wichtigsten Hypothesen zählen:

- Bildung eines **reaktiven Zwischenproduktes** mit einem der Edukte,
- Annahme einer reinen **Oberflächenwirkung**.

Nach der ersten Hypothese läuft eine Reaktion der allgemeinen Form [A + B ⟶ C] bei Anwesenheit eines Katalysators (K) nach folgendem Schema ab:

$$\begin{array}{lll} A + K & \longrightarrow & AK \\ AK + B & \longrightarrow & C + K \\ \hline A + B & \longrightarrow & C \end{array} \qquad \text{Bsp.:} \qquad \begin{array}{lll} 1/2\ O_2 + NO & \longrightarrow & (NO_2) \\ (NO_2) + SO_2 & \longrightarrow & SO_3 + NO \\ \hline 1/2\ O_2 + SO_2 & \longrightarrow & SO_3 \end{array}$$

Dabei bildet sich ein reaktives Zwischenprodukt (AK), das sofort nach seiner Entstehung unter *Rückbildung des Katalysators* weiterreagiert. Die beiden Teilschritte sind dadurch charakterisiert, dass sie zusammengenommen mit größerer Geschwindigkeit ablaufen als die direkte Reaktion. Man bezeichnet derartig wirkende Katalysatoren auch als **Überträger**. Das obige Reaktionsschema lässt erkennen, dass Katalysatoren (K) nach jedem Reaktionszyklus wieder freigesetzt werden, sodass häufig nur geringe Mengen (*katalytische Menge*) an Katalysator benötigt werden [vgl. **MC-Fragen Nr. 1264–1266, 1270**].

Ein Beispiel für eine so katalysierte Reaktion ist die Übertragung von Sauerstoff (O_2) durch Stickstoffoxide auf Schwefeldioxid (SO_2) unter Bildung von Schwefeltrioxid (SO_3). Dies ist ein wichtiger Teilschritt der Herstellung von Schwefelsäure (H_2SO_4) nach dem Bleikammer-Verfahren (siehe hierzu auch ▸Kap. 2.4.8.4).

$$SO_{2(g)} + \tfrac{1}{2}\, O_{2(g)} \longrightarrow SO_{3(g)} + H_2O_{(l)} \longrightarrow H_2SO_{4(l)}$$

Die Bildung eines reaktiven Zwischenproduktes als Wirkungsprinzip von Katalysatoren beobachtet man vor allem bei der **homogenen Katalyse**, bei der Katalysator und die reagierenden Stoffe in derselben Phase (Gas- oder Lösungsphase) vorliegen. Beim obigen Beispiel der Bildung von Schwefeltrioxid liegen Katalysator, Edukt und Produkt in der Gasphase vor. Darüber hinaus laufen auch viele sauer oder basisch katalysierte Reaktionen der organischen Chemie homogen katalysiert ab (siehe ▸Kap. 1.13.5.3). Ein Beispiel hierfür ist die Decarbonylierung (Abspaltung von Kohlenmonoxid) von Ameisensäure (HCOOH) in Gegenwart von Schwefelsäure [vgl. **MC-Fragen Nr. 1265, 1272**].

$$HCOOH \xrightarrow{(H_3O^+)} H_2O + CO$$

Die **heterogene Katalyse**, bei der Gas- oder Lösungsreaktionen durch feste Katalysatoren beschleunigt werden, ist meistens mit der Annahme einer **Oberflächenwirkung** zu deuten. Hierbei werden die reagierenden Stoffe in der Regel durch chemische **Adsorption (Chemiesorption)** an der Oberfläche des Katalysators in einen reaktiveren Zustand übergeführt, in dem sie befähigt sind, schneller als im nicht-aktivierten Zustand zu reagieren.

Während bei der physikalischen Adsorption die Moleküle durch van der Waals-Kräfte die Haftung an der Oberfläche bedingen, werden bei der Chemiesorption die Moleküle durch chemische Bindungen an die Katalysatoroberfläche gebunden. Dies führt zu Veränderungen in der Elektronenverteilung der chemiesorbierten Moleküle, wodurch kovalente Bindungen geschwächt oder sogar aufgebrochen werden. Die Festigkeit der Adsorptionsbindung muss jedoch sehr spezifisch abgestuft sein, damit das adsorbierte Molekül zwar durch die Oberflächenbindung in einen reaktiveren Zustand versetzt wird, andererseits aber nicht – infolge zu fester Bindung – eine stabile chemische Oberflächenverbindung entsteht. Darüber hinaus muss die Art der Bindung auch eine Loslösung (**Desorption**) des Reaktionsproduktes vom Katalysator ermöglichen.

o Abb. 1.156 zeigt in vereinfachter Form das Energiediagramm einer heterogen katalysierten, exothermen Reaktion. Die an der Oberfläche des Katalysators adsorbierten Edukte und Produkte stellen sich im Reaktionsablauf als energiearme Zwischenprodukte dar.

Beispiele für heterogene Katalysen sind die meisten Hydrierreaktionen der organischen Chemie. Auch von **Enzymen** (biochemischen Katalysatoren) katalysierte Stoffwechselvorgänge in der lebenden Zelle sind in der Regel heterogene Katalysen. Darüber hinaus ist die Darstellung von Wasser aus den Elementen in Gegenwart von Platin als Beispiel einer heterogen katalysierten Reaktion zu nennen [siehe ▸ Kap. 2.2.3.2 und **MC-Frage Nr. 1273**].

$$2\ H_2 + O_2 \xrightarrow{(Pt)} 2\ H_2O$$

Im Allgemeinen wirken Katalysatoren sehr *spezifisch*. D.h., ausgehend von bestimmten Substraten können verschiedene Katalysatoren zu unterschiedlichen Produkten führen. Des Weiteren ist zu beachten, dass die Wirkung fester Katalysatoren durch geringste Mengen an Hemmstoffen (**Katalysatorgifte**) aufgehoben werden kann. Dies belegt, dass wahrscheinlich nicht die gesamte Oberfläche des festen Katalysators, sondern nur

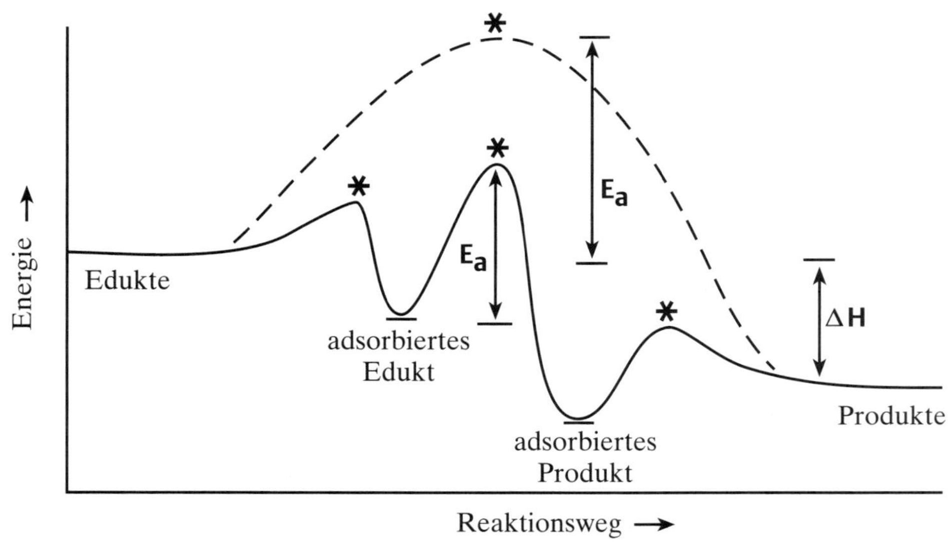

o Abb. 1.156 Energiediagramm ein heterogen katalysierten Reaktion (gestrichelte Kurve: ohne Katalysator; durgezogene Kurve: mit Katalysator; E_a = Aktivierungsenergie, ΔH = Reaktionsenthalpie; * Übergangszustände

bestimmte *aktive Zentren* (Unregelmäßigkeiten, Fehlstellen), die durch die „Vergiftung“ blockiert werden, für die Wirksamkeit eines Katalysators verantwortlich sind. Besonders Schwefelverbindungen in der Oxidationsstufe (-2) wirken als *Kontaktgifte*.

Durch Zugabe von Fremdstoffen (**Aktivatoren,**), die für die betreffende zu katalysierende Reaktion nicht wirksam zu sein brauchen, kann die Oberfläche verändert und dadurch die Katalysatorwirkung in erheblichem Maße gesteigert werden. Solche **Mischkatalysatoren** besitzen eine große Anwendungsbreite bei technischen Prozessen.

1.13.5.2 Autokatalyse

Als **Autokatalyse** bezeichnet man einen Vorgang, bei dem im Verlaufe der Reaktion ein Katalysator erst gebildet wird. Diese Reaktionen unterscheiden sich in ihrem Ablauf deutlich von normalen chemischen Reaktionen. Ihre Geschwindigkeit ist anfangs gering, vergrößert sich mit der Zunahme der Katalysatorkonzentration und nimmt schließlich wieder ab. Ein Beispiel hierfür sind manche Oxidationsreaktionen von Kaliumpermanganat ($KMnO_4$), die von Manganverbindungen in niedrigeren Oxidationsstufen katalysiert werden [vgl. **MC-Fragen Nr. 1265, 1274**]

1.13.5.3 Säurekatalyse und Basenkatalyse

Besonders häufig laufen in der anorganischen wie organischen Chemie Reaktionen dann beschleunigt ab, wenn sie durch Säuren oder Basen katalysiert werden.

Der Verlauf einer säurekatalysierten Reaktion kann in vielen Fällen durch das folgende allgemeine Formelschema dargestellt werden:

$$A + H^+ \underset{k_{-1}}{\overset{k_1}{\rightleftharpoons}} AH^+ \xrightarrow[k_2]{+B} P$$

Danach lassen sich zwei Grenzfälle einer Säurekatalyse diskutieren:

1. Die Umwandlungsgeschwindigkeit des Zwischenproduktes (AH^+) in (P) ist sehr viel größer als die Geschwindigkeit der Rückbildung von (A) [$k_2 >> k_{-1}$]. Dann wandeln sich alle protonierten Teilchen des Zwischenproduktes (AH^+) sofort nach ihrem Entstehen in das Produkt (P) um und es stellt sich kein Gleichgewicht zwischen dem Edukt (A) und dem Katalysator (H^+) ein. Die Geschwindigkeit der Gesamtreaktion wird durch k_1 bestimmt. Dieser Fall liegt vor bei der sogenannten *allgemeinen Säurekatalyse*. Hierbei wird die Reaktion von *allen* Protonendonatoren katalysiert.
2. Verläuft die Umwandlungsgeschwindigkeit des Zwischenproduktes (AH^+) in (P) viel langsamer als die Geschwindigkeit der Rückbildung von (A), so befindet sich das Zwischenprodukt dauernd im Gleichgewicht mit dem Substrat. Daher wird die Reaktionsgeschwindigkeit durch die Gleichgewichtskonzentration des Zwischenproduktes mitbestimmt. Dies ist der Fall für eine *spezifische Säurekatalyse* Hier wird die Reaktionsgeschwindigkeit nur durch den Zusatz der konjugierten Säure des verwendeten amphiprotischen Lösungsmittels erhöht (siehe hierzu auch Ehlers, **Chemie II**, ▸ Kap. 3.2.15.8).

Für spezifisch säurekatalysierte Reaktionen findet man häufig ein Zeitgesetz der Form:

$$\mathbf{d[P]/dt = k \cdot [A] \cdot [H^+] \cdot [B]}$$

Analoge Verhältnisse existieren auch für *allgemein* und *spezifisch basenkatalysierte* Reaktionen.

2 Anorganische Chemie

2.1 Edelgase

Von den **114** durch ein Elementsymbol gekennzeichneten Elementen sind 11 (Wasserstoff, Helium, Neon, Argon, Krypton, Xenon, Radon, Fluor, Chlor, Sauerstoff und Stickstoff) bei Raumtemperatur *gasförmig*, 2 (Brom und Quecksilber) *flüssig*, alle übrigen 101 Elemente sind *fest*. Sauerstoff und Silicium sind mit über 10 Gewichtsprozent der Erdrinde einschließlich der Wasser- und Lufthülle die beiden häufigsten Elemente, gefolgt von Aluminium als dritthäufigstem Element. Wasserstoff ist hingegen das *kosmisch* häufigste Element [vgl. **MC-Frage Nr. 1309**].

2.1.1 Vorkommen, Gewinnung, Reaktivität und Anwendung

2.1.1.1 Vorkommen und Gewinnung der Edelgase

Die Elemente **Helium** (He), **Neon** (Ne), **Argon** (Ar), **Krypton** (Kr), **Xenon** (Xe) sowie das radioaktive **Radon** (Rn) treten alle als Bestandteile der *Luft* auf, wobei Argon den größten Anteil ausmacht. Helium kommt ferner in gewissen Erdgasen als Folgeprodukt radioaktiver Zerfallsprozesse vor (siehe ▸Kap. 1.1.3.1) und wird daraus in technischem Maßstab gewonnen. Neon, Argon, Krypton und Xenon fallen als Nebenprodukte bei der fraktionierten Destillation verflüssigter Luft an (siehe ▸Kap. 2.4.1.1). Radon ist ein Produkt des radioaktiven Zerfalls von Radium. Seine Halbwertszeit ($t_{1/2}$) beträgt 3,8 Tage.

Edelgase sind nicht brennbar. Sie werden daher als Schutz- und Füllgase zur Erzeugung einer inerten Atmosphäre verwendet [vgl. **MC-Fragen Nr. 1275–1280, 1282–1284, 1433, 1887**].

2.1.1.2 Eigenschaften der Edelgase

Alle Edelgase sind bei Raumtemperatur einatomige, weitgehend reaktionsträge, farb- und geruchlose Gase, wobei *Helium* den tiefsten Schmelz- und Siedepunkt aller bekannten Stoffe besitzt. Der Anstieg der Schmelz- und Siedepunkte vom Helium zum Radon hin ist charakteristisch für Stoffe, bei denen allein schwache van der Waals-Kräfte den Zusammenhalt der Teilchen bewirken (siehe ▸Kap. 1.7.1.2). Über weitere Eigenschaften der Edelgase informiert ◘Tab. 2.1.

Tab. 2.1 Eigenschaften der Edelgase

Edelgas	Schmp. (°C)	Sdp. (°C)	Vol% in der Luft	Ionisierungsenergie (kJ/mol)	Elektronenkonfiguration	Atomradius (pm)
He	-272,2*	-268,9	$5{,}2 \cdot 10^{-4}$	2374	$1s^2$	93
Ne	-248,6	-246,08	$1{,}8 \cdot 10^{-3}$	2081	$1s^22s^22p^6$	131
Ar	-189,3	-185,8	$9{,}3 \cdot 10^{-1}$	1520	$[Ne]3s^23p^6$	174
Kr	-157,4	-153,2	$1{,}0 \cdot 10^{-4}$	1352	$[Ar]3d^{10}4s^24p^6$	189
Xe	-111,7	-108,0	$9{,}0 \cdot 10^{-6}$	1172	$[Kr]4d^{10}5s^25p^6$	209
Rn	- 71,0	- 61,8	$\sim 6 \cdot 10^{-18}$	1040	$4f^{14}5d^{10}6s^26p^6$	214

*) bei 25,316 bar (Helium lässt sich nur unter Druck verfestigen).

Mit Ausnahme des Heliums ($1s^2$) haben die Edelgase in der Valenzschale die *Elektronenkonfiguration* ns^2np^6. Da alle Edelgase im Grundzustand keine ungepaarten Elektronen enthalten, sind sie *diamagnetisch*.

Darüber hinaus zeigen die Edelgase als Folge der vollständig besetzten s- und p-Niveaus keinerlei Tendenz sich untereinander zu Molekülen zu vereinigen (bzgl. des MO-Modells des He_2^+-Ions siehe Kap. 1.4.4.2).

Die *Ionisierungsenergien* der Edelgase sind relativ hoch und nehmen innerhalb der Gruppe vom He zum Rn hin ab. Helium hat das höchste Ionisierungspotential aller Elemente. Die Ionisierungsenergie des Xenons entspricht der des Sauerstoffs. Innerhalb einer Periode des PSE besitzen die Edelgase jeweils die höchste Ionisierungsenergie. Helium hat von allen Edelgasen die größte *Wärmeleitfähigkeit*, da bei gegebener Temperatur die Geschwindigkeit von He-Atomen aufgrund ihrer geringen Masse höher ist als die der anderen Edelgase. Helium zeigt bei sehr tiefen Temperaturen das Phänomen der *Suprafluidität* (extrem niedrige Viskosität; fließt u.U. sogar aufwärts) [vgl. **MC-Fragen Nr. 1275–1277, 1279–1282**].

2.1.1.3 Edelgasverbindungen

Lange bekannt sind Teilchen wie He_2^+ oder Ar_2^+, die vorübergehend in Gasentladungsröhren auftreten können. Echte Edelgasverbindungen wurden erst 1962 von **Bartlett** entdeckt [vgl. **MC-Fragen Nr. 1275–1277, 1280–1285**].

In der Folgezeit konnten eine Reihe von Edelgasverbindungen hergestellt werden, hauptsächlich **Verbindungen** des **Xenons** und **Kryptons** mit den stark elektronegativen Elementen Sauerstoff und Fluor. Generell nimmt die Reaktivität der Edelgase vom Radon zum Helium hin ab. Helium bildet keine Verbindungen mit anderen Elementen, weil es das höchste 1.Ionisierungspotential aller Elemente besitzt.

Durch direkte Synthese aus den Elementen lassen sich relativ leicht die kristallinen **Xenonfluoride** [XeF_2, XeF_4, XeF_6] darstellen, von denen XeF_4 am stabilsten ist. Durch Hydrolyse der Fluoride entstehen **Oxide** und Oxoanionen [XeO_3, XeO_4, XeO_4^{2-}] bzw. **Oxidfluoride** [$XeOF_2$, $XeOF_4$]. Bei den chemischen Bindungen in diesen Substanzen handelt es sich um normale *kovalente Bindungen* mit Bindungsenergien von 125–210 kJ/mol.

2.2 Wasserstoff

Wasserstoff ist das im Weltall am häufigsten vorkommende Element. Das Wasserstoffatom und die Atome seiner Isotope besitzen im Kern ein Proton und in der Hülle ein Elektron, welches das kugelförmige 1s-Orbital besetzt (Elektronenkonfiguration: $1s^1$). Durch Aufnahme eines weiteren Elektrons bildet sich ein *Hydrid-Ion* (H^-) mit der Elektronenkonfiguration des Heliums ($1s^2$), durch Abgabe des Elektrons wird das Wasserstoffatom zum *Proton* (H^+) [vgl. **MC-Fragen Nr. 1302, 1304, 1309–1311**].

2.2.1 Gewinnung und Bildung von Wasserstoff

2.2.1.1 Technische Herstellungsverfahren

- In der Technik stellt man Wasserstoff (H_2) meistens aus **Wasser** durch Elektrolyse (*kathodische Reduktion*) bzw. durch Reduktion mit einem unedlen Metall oder Kohle her [vgl. **MC-Fragen Nr. 1286, 1287, 1290, 1292, 1296, 1308, 1310**].

$$H_3O^+ + e^- \longrightarrow H_2O + 1/2\ H_2\uparrow$$

$$Fe + H_2O \xrightarrow{650\ °C} FeO + H_2\uparrow$$

$$C + H_2O \xrightarrow{1000\ °C} CO\uparrow + H_2\uparrow \qquad [\Delta H = +\ 131{,}4\ kJ/mol]$$

Das aus der Reduktion von Wasser mit Kohle in endothermer Reaktion ($\Delta H > 0$) entstehende Gemisch aus Kohlenmonoxid (CO) und Wasserstoff (H_2) wird **Wassergas** genannt. Eine Trennung der beiden Komponenten erfolgt dadurch, dass Kohlenmonoxid mit weiterem Wasserdampf zu Kohlendioxid (CO_2) oxidiert (**Kohlenoxid-Konvertierung**) und dieses mit kaltem Wasser unter Druck oder mit einer Natriumhydroxid-Lösung als Natriumcarbonat (Na_2CO_3) aus dem Reaktionsgemisch herausgelöst wird [vgl. **MC-Fragen Nr. 1289, 1290, 1296, 1313, 1647, 1652**].

$$CO + H_2O \xrightarrow[450\ °C]{(Co_3O_4)} H_2\uparrow\ + CO_2 \xrightarrow{+\ 2\ NaOH} Na_2CO_3 + H_2O$$

- Größere Mengen an Wasserstoff entstehen auch bei der **Chloralkalielektrolyse** (siehe ▸ Kap. 2.3.1.3) sowie beim **Steam-Reforming**, der H_2-Darstellung aus Kohlenwasserstoffen, insbesondere aus dem im Erdgas enthaltenen **Methan** (CH_4).

$$CH_4 + H_2O \xrightarrow[900\ °C]{(Ni)} CO\uparrow + 3\ H_2\uparrow$$

Darüber hinaus wird Wasserstoff auch beim *Cracken* von im Erdöl enthaltenen Kohlenwasserstoffen zu kleineren Molekülen gebildet.

2.2.1.2 Darstellung im Laboratorium

- **Metall + Säure**: Auch die H_2-Darstellung im Labor geht von Wasser aus, indem man z. B. im Kippschen Apparat eine salzsaure bzw. essigsaure Lösung mit Zink oder Eisen reduziert [vgl. **MC-Fragen Nr. 1286, 1287, 1291–1294, 1309**].

$$Zn + 2\ CH_3COOH \longrightarrow Zn(CH_3COO)_2 + H_2\uparrow \qquad [E° = -\ 0{,}76\ V]$$
$$Fe + 2\ HCl \longrightarrow FeCl_2 + H_2\uparrow \qquad [E° = -\ 0{,}44\ V]$$

Generell sollten alle *unedlen* Metalle, die bei pH = 0, d. h. $[H_3O^+] = 1$ mol/l, ein *negatives Normalpotential* ($E° < 0$) besitzen aus einer *Säure* Wasserstoff in Freiheit setzen [siehe auch ▸Kap. 1.12.2.1, ◻Tab. 1.73 und **MC-Fragen Nr. 1293, 1294**].

$$Mg + 2\ H^+ \longrightarrow Mg^{2+} + H_2\uparrow \qquad [E° = -\ 2{,}40\ V]$$
$$2\ Al + 6\ H^+ \longrightarrow 2\ Al^{3+} + 3\ H_2\uparrow \qquad [E° = -\ 1{,}69\ V]$$
$$Sn + 2\ H^+ \longrightarrow Sn^{2+} + H_2\uparrow \qquad [E° = -\ 0{,}14\ V]$$

Allerdings reagieren einige Metalle [Ni, Cr, Pb, Al] infolge von Hemmerscheinungen (**Passivierung**) nur sehr langsam. Eventuell auftretende **Wasserstoffüberspannungen** lassen sich häufig durch Kontakt mit *Platin* beseitigen (siehe ▸ Kap. 1.12.3.1).

Bei manchen Metallen kann die H_2-Entwicklung durch Ausbildung einer unlöslichen Schutzschicht ausbleiben. So löst sich z. B. **Blei** *nicht* in verdünnter Schwefelsäure (H_2SO_4), weil das gebildete Bleisulfat [$Pb + H_2SO_4 \rightarrow PbSO_4 + H_2$] als schützende Deckschicht den weiteren Angriff der Schwefelsäure unterbindet. **Eisen** und **Chrom** bilden mit konzentrierter Salpetersäure (HNO_3) eine oxidische Schutzschicht (Fe_2O_3, Cr_2O_3) [vgl. **MC-Fragen Nr. 1291, 1293**].

Edlere Metalle [Sb, Cu, Hg, Ag] vermögen aus Säuren *keinen* Wasserstoff zu entwickeln, sind also in *nichtoxierenden* Säuren unlöslich; sie lösen sich z.T. aber in *oxidierenden* Säuren wie H_2SO_4 oder HNO_3 [vgl. **MC-Fragen Nr. 1286, 1287, 1291, 1292, 1295**].

$$Cu + HCl \longrightarrow \text{keine Reaktion}$$
$$Cu + SO_4^{2-} + 4\ H^+ \longrightarrow Cu^{2+} + SO_2\uparrow + 2\ H_2O$$
$$3\ Cu + 2\ NO_3^- + 8\ H^+ \longrightarrow 3\ Cu^{2+} + 2\ NO\uparrow + 4\ H_2O$$
$$3\ Ag + NO_3^- + 4\ H^+ \longrightarrow 3\ Ag^+ + NO\uparrow + 2\ H_2O$$

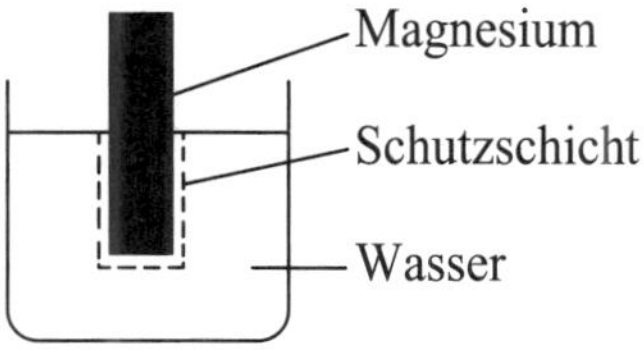

Abb. 2.1 Passivierung des Magnesiums

- **Metall + Wasser**: In neutralem Wasser beträgt das Redoxpotential der Wasserstoffelektrode [E = – 0,06 pH = – 0,42 V] (siehe ▸ Kap. 1.12.2.4). Metalle mit negativerem Potential wie Alkali- und einige Erdalkalielemente reagieren daher mit Wasser unter H_2-Bildung [vgl. **MC-Fragen Nr. 1290, 1442**].

$$Na + H_2O \longrightarrow NaOH + 1/2\ H_2\uparrow$$

Allerdings entwickeln manche unedlen Metalle [Mg, Fe, Al, Zn] mit Wasser entgegen ihrer Stellung in der Spannungsreihe *keinen* Wasserstoff, weil das entstehende Hydroxid, wie Abb. 2.1 illustriert, eine unlösliche Schutzschicht um das Metall bildet, wodurch der weitere Auflösungsprozess zum Erliegen kommt. Durch Zusatz einer schwachen Säure löst sich hingegen die Schutzschicht aus Magnesiumhydroxid [$Mg(OH)_2$] auf und das unedle Magnesium reagiert vollständig in wässriger Lösung unter Wasserstoffentwicklung [vgl. **MC-Frage Nr. 1291**].

$$Mg + 2\ H_2O \rightarrow Mg(OH)_2\downarrow + H_2\uparrow$$

- **Metall + Lauge**: In starken Laugen lösen sich die primär entstehenden Hydroxide des **Aluminiums** und **Zinks** unter Bildung von Hydroxokomplexen wieder auf, sodass diese Metalle aus alkalischen Lösungen H_2 freisetzen können. Dies gilt auch für eine Ni-Al-Legierung (**Raney-Legierung**) und **Silicium** [vgl. **MC-Fragen Nr. 1288, 1289, 1296, 1674**].

$$Zn + 2\ H_2O + 2\ HO^- \rightarrow [Zn(OH)_4]^{2-} + H_2$$

$$2\ Al + 6\ H_2O + 2\ HO^- \longrightarrow 2\ [Al(OH)_4]^- + 3\ H_2\uparrow$$
$$Si + 4\ HO^- \longrightarrow SiO_4^{4-} + 2\ H_2\uparrow$$

Wasserstoff kann auch durch Hydrolyse von *salzartigen Hydriden* oder durch Zersetzung von Lösungen der Alkalimetalle in flüssigem Ammoniak dargestellt werden [siehe auch ▸ Kap. 2.9.1.5 und **MC-Fragen Nr. 1286–1290, 1292**].

$$CaH_2 + H_2O \longrightarrow 2\ H_2\uparrow + CaO \xrightarrow{+ H_2O} Ca(OH)_2$$
$$NaH + H_2O \longrightarrow NaOH + H_2\uparrow$$
$$2\ Na + 2\ NH_3 \longrightarrow 2\ NaNH_2 + H_2\uparrow$$

2.2.1.3 Atomarer Wasserstoff

Wasserstoff, der bei den o.a. Reaktionen der Metalle oder bei der Elektrolyse von Wasser gebildet wird, besteht zunächst aus paramagnetischen H-Atomen und ist deshalb wesentlich reaktionsfähiger. Beispielsweise reagiert er mit Arsen- oder Antimon-

Verbindungen zu AsH_3 bzw. SbH_3. **Atomarer (nascierender) Wasserstoff** kann aus molekularem H_2 auch bei hohen Temperaturen und Bestrahlung mit kurzwelligem Licht oder an der Oberfläche fein verteilter Platinmetalle erzeugt werden.

Allerdings existieren freie H-Atome bei Raumtemperatur nur für eine kurze Zeit (0,3–0,5 s). Die exotherm verlaufende Rekombination der H-Atome zu diamagnetischen H_2-Molekülen – mit antiparallelem Spin der Bindungselektronen – tritt jedoch nicht sofort ein, weil die bei der Rekombination freiwerdende in Schwingungsenergie umgewandelte Bindungsenergie zum erneuten Zerfall des H_2-Moleküls führt. Atomarer Wasserstoff ist ein *starkes* Reduktionsmittel [vgl. **MC-Fragen Nr. 1297–1299, 1301**].

2.2.2 Wasserstoffisotope

Natürlicher Wasserstoff ist ein *Mischelement* und besteht aus den Isotopen: ^1H (**Wasserstoff**, Symbol: **H**), ^2H (**Deuterium**, Symbol: **D**) und ^3H (**Tritium**, Symbol **T**) im Mengenverhältnis $H : D : T = 1 : 1{,}1 \cdot 10^{-4} : 10^{-18}$ [vgl. **MC-Fragen Nr. 1301, 1302, 1308, 1311**].

Das Deuteriumnuclid ist stabil, Tritium hingegen ist radioaktiv und wandelt sich mit einer Halbwertszeit von ca. 12,3 Jahren unter β-Strahlung in Helium um [vgl. **MC-Fragen Nr. 82, 84, 356, 1301, 1305**].

$$ {}^{3}_{1}H \longrightarrow {}^{3}_{2}He^{+} + e^{-} $$

Tritium wird wegen seiner Radioaktivität häufig zur Isotopenmarkierung von Wasserstoffverbindungen verwendet.

Bei keinem anderen Element ist der relative Massenunterschied zwischen den einzelnen Isotopen so groß wie beim Wasserstoff. Daher unterscheiden sich die Wasserstoffisotope hinsichtlich ihren Reaktionsgeschwindigkeiten und ihren Gleichgewichtskonstanten relativ stark voneinander. Wasserstoff ist deutlich reaktionsfähiger als Deuterium [siehe auch ▸ Kap. 1.1.2.2 „*Isotopieeffekte*" und **MC-Fragen Nr. 1302, 1309, 1310**].

In ◘ Tab. 2.2 und ◘ Tab. 2.3 sind einige physikalische Daten von Wasserstoffisotopen und ihren Verbindungen aufgelistet. Diese Daten belegen das unterschiedliche physikalische Verhalten von **Wasserstoff** (H_2) und **Deuterium** (D_2) bzw. von **Wasser** (H_2O) und **Deuteriumoxid** (D_2O) [„*schweres Wasser*"]. Auch Verbindungen wie **Hydrodeuteriumoxid** (HDO) [„*halbschweres Wasser*"] und **Tritiumoxid** (T_2O) sind bekannt.

Deuteriumoxid kann durch Elektrolyse von destilliertem Wasser gewonnen werden, weil bei der Elektrolyse von destilliertem Wasser H_2O an der Kathode schneller zu H_2 reduziert wird als D_2O zu D_2, sodass sich D_2O im Rückstand anreichert [vgl. **MC-Fragen Nr. 1303, 1304**].

Deuteriumoxid ist eine deutlich schwächere Säure als Wasser. Das Ionenprodukt von schwerem Wasser ist bei Raumtemperatur etwa fünfmal kleiner als das von Wasser [siehe ▸ Kap. 1.11.2.1 und **MC-Frage Nr. 1301**].

Darüber hinaus sind die *Bindungsenergien* von Bindungen mit Deuterium in der Regel höher als die Bindungsenergien entsprechender Wasserstoffbindungen. Hingegen ist die *Reaktionsgeschwindigkeit* von Deuterium anderen Elementen oder Verbin-

Tab. 2.2 Physikalische Eigenschaften von Wasserstoff und Deuterium

	H_2	D_2
Schmelzpunkt (°C)	-259,3	-254,4
Siedepunkt (°C)	-252,9	-249,6
Verdampfungsenthalpie (J/mol)	903,7	225,9
Bindungsenergie (kJ/mol)	436,0	443,3

Tab. 2.3 Physikalische Eigenschaften von Wasser und Deuteriumoxid

	H_2O	D_2O
Siedepunkt (°C)	100	101,4
Gefrierpunkt (°C)	0	3,8
Temperatur des Dichtemaximums (°C)	3,96	11,6
Ionenprodukt bei 25 °C ($mol^2 l^{-2}$)	$1{,}01 \cdot 10^{-14}$	$0{,}195 \cdot 10^{-14}$

dungen gegenüber meistens geringer als die von Wasserstoff (**kinetischer Isotopeneffekt**) [vgl. **MC-Frage Nr. 1310**].

Diese erhöhte Stabilität von Bindungen des Deuteriums an andere Elemente nutzt man in **Isotopenaustauschreaktionen** mit Verbindungen, die einen beweglichen Wasserstoff enthalten [vgl. **MC-Fragen Nr. 1303, 1306, 1307**].

$$X\text{-}H + D_2O \longrightarrow X\text{-}D + HDO$$

Auf diese Weise lässt sich z. B. ein acides H-Atom im Ammoniak, in Aminen, Ammoniumsalzen, Alkoholen, Carbonsäuren oder in der α-Position von Carbonylverbindungen relativ leicht gegen Deuterium austauschen.

$$NH_4^+ + D_2O \xrightarrow{\Delta} NH_3D^+ + HDO$$
$$CH_3COOH + D_2O \longrightarrow CH_3COOH + HDO$$
$$CH_3OH + D_2O \longrightarrow CH_3OD + HDO$$
$$CH_3MgBr + D_2O \longrightarrow CH_3D + DOMgBr$$
$$CH_3CO\text{-}CH_2\text{-}COCH_3 + D_2O \longrightarrow CH_3CO\text{-}CHD\text{-}COCH_3 + HDO$$
$$CH_3CO\text{-}R + D_2O \longrightarrow CH_2D\text{-}CO\text{-}R + HDO$$

H-Atome in Alkylgruppen sind dagegen kinetisch inert und werden nicht gegen D-Atome ausgetauscht. Dies gelingt erst, wenn man die Verbindung mit D_2 in Gegenwart eines Übergangsmetallkatalysators umsetzt.

$$CH_4 + D_2/Ni \longrightarrow CH_3D + HD$$
$$CH_2{=}CH_2 + D_2/Pt \longrightarrow DCH_2\text{-}CH_2D$$

2.2.3 Eigenschaften und Reaktionen von Wasserstoff

Wasserstoff, ein unpolares diamagnetisches Molekül, ist das leichteste aller Gase. Aufgrund seiner geringen Masse besitzt H_2 von allen Gasen die *größte Diffusionsgeschwindigkeit* und *Wärmeleitfähigkeit.*

Wasserstoff ist ein farb-, geruch- und geschmackloses Gas, das in Wasser praktisch unlöslich ist. Aus chemischer Sicht ist H_2 ein typisches Nichtmetall; sein Ionisierungspotential ist mehr als doppelt so groß wie das der Alkalimetalle; auch seine Elektronegativität [EN: 2,1] ist deutlich höher als die der Elemente der I. Hauptgruppe. Als Folge seiner relativ hohen Bindungsenergie ist molekularer Wasserstoff ziemlich reaktionsträge. Viele Reaktionen des Wasserstoffs laufen deshalb erst bei höheren Temperaturen ab [vgl. **MC-Frage Nr. 1310**].

Wasserstoff kann in seinen Verbindungen in den Oxidationszahlen **+1** (Proton, H^+) und **-1** (Hydrid-Ion, H^-) auftreten. Elementarer Wasserstoff (H_2) besitzt definitionsgemäß die Oxidationszahl **0**. Molekularer Wasserstoff (H_2) kann als Reduktions- und Oxidationsmittel wirken und ist eine extrem schwache Säure ($pK_s = 38{,}6$) [vgl. **MC-Fragen Nr. 1114, 1115, 1308–1310**].

Über die Bindungsverhältnisse von molekularem Wasserstoff informierten bereits die ▸Kap. 1.4.2.2 und 1.4.4.2 [vgl. **MC-Fragen Nr. 449, 458**].

2.2.3.1 Orthowasserstoff, Parawasserstoff

Das Kernproton eines H-Atoms besitzt ebenso wie das Elektron einen Spin; als Folge des **Kernspins** existieren, wie ∘Abb. 2.2 veranschaulicht, zwei Formen von H_2-Molekülen: der **Orthowasserstoff** (o-H_2) mit parallelen Kernspins und der **Parawasserstoff** (p-H_2) mit antiparallelen Kernspins [vgl. **MC-Frage Nr. 1312**].

Die beiden Formen stehen miteinander in einem dynamischen Gleichgewicht. Die gegenseitige Umwandlung geschieht durch Dissoziation des Moleküls und anschließende Rekombination.

$$\text{p-H}_2 + \text{Energie} \rightleftharpoons \text{o-H}_2$$

Ortho- und Parawasserstoff haben verschiedene Energieinhalte, wobei die ortho-Form die energiereichere ist. Beim absoluten Nullpunkt liegt demzufolge reiner Parawasserstoff vor. Mit steigender Temperatur verschiebt sich das Gleichgewicht zugunsten von o-H_2. Bei Raumtemperatur besteht Wasserstoff zu 75% aus o-H_2 und zu 25% aus p-H_2.

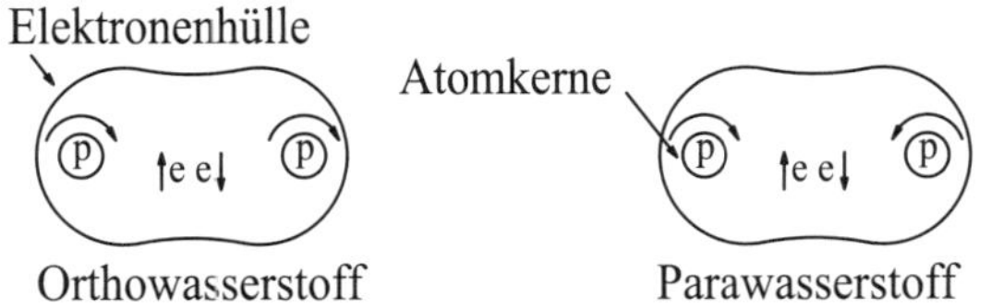

∘ **Abb. 2.2 Kernspins in Wasserstoffmolekülen [p=Proton; e=Elektron]**

2.2.3.2 Knallgasreaktion

Bei Raumtemperatur reagieren Wasserstoff und Sauerstoff mit unmessbar geringer Geschwindigkeit miteinander, weil die Reaktion von H_2 mit O_2 eine sehr hohe Aktivierungsenergie erfordert. Das System H_2/O_2 ist *metastabil* [siehe ▸Kap. 1.13.1 und **MC-Fragen Nr. 1313, 1314, 1424**].

$$2\,H_2 + O_2 \rightarrow 2\,H_2O \qquad [\Delta H = -286\ kJ/mol]$$

Hält man dagegen ein angewärmtes Pt-Blech in ein Gemisch von H_2 und O_2, so erfolgt eine spontane, explosionsartige Verbrennung. Durch Adsorption der H_2-Moleküle an der Oberfläche des Metalls wird die H-H-Bindung so stark gelockert, dass die Umsetzung mit O_2-Molekülen zu Wasser unmittelbar ablaufen kann. Die über Radikale (atomarer Wasserstoff) verlaufende Reaktion kann auch durch energiereiche UV-Strahlung ausgelöst werden. Bei etwa 600 °C erfolgt die Wasserbildung aus O_2 und H_2 auch in Abwesenheit eines Katalysators mit messbarer Geschwindigkeit [vgl. **MC-Fragen Nr. 1313, 1425**].

Der laute Knall kommt dadurch zustande, dass der gebildete Wasserdampf infolge der freiwerdenden Reaktionswärme plötzlich ein viel größeres Volumen erlangt als das ursprüngliche H_2/O_2-Gemisch, sodass die Luft mit großer Wucht weggestoßen wird.

2.2.4 Wasserstoffverbindungen (Hydride)

Mit Ausnahme der Edelgase sind Wasserstoffverbindungen von allen Elementen bekannt. Sie werden **Hydride** genannt. Man unterscheidet gasförmige bzw. leichtflüchtige Hydride, polymere Hydride, die weder Salz- noch Metallcharakter besitzen, sowie salzartige und legierungsartige Hydride.

Innerhalb einer Periode der Hauptgruppenelemente des PSE beobachtet man im Allgemeinen von links nach rechts folgenden Trend [vgl. **MC-Fragen Nr. 1323–1325**]:

Salzartig	**Hochpolymer**	**Gasförmig**
NaH	**$(MgH_2)x$, $(AlH_3)x$**	**SiH_4, PH_3, H_2S, HCl**

Aufgrund der Bindungsverhältnisse lassen sich die Element-Wasserstoff-Verbindungen auch einteilen in:

- **Salzartige Hydride** (der I. und II. Hauptgruppe des PSE),
- **Metallische Hydride** (der Nebengruppenelemente),
- **Kovalente Hydride** (der III. bis VII. Hauptgruppe des PSE),
- **Komplexe Hydride**.

2.2.4.1 Salzartige Hydride

Als Folge seiner geringen Elektronenaffinität (-73 kJ/mol) bildet Wasserstoff bei mäßig hohen Temperaturen salzartige Hydride nur mit den elektropositiven Metallen der I. und II. Hauptgruppe, ausgenommen Beryllium [vgl. **MC-Fragen Nr. 1311, 1313, 1315, 1317, 1318, 1322–1324**].

$$2\,Li + H_2 \rightarrow 2\,LiH$$

Diese Verbindungen sind typische *Salze,* die in Ionengittern kristallisieren und deren Bildung durch die dabei freiwerdende Gitterenergie ermöglicht wird. In den salzartigen Hydriden ist der Wasserstoff elektronegativer als sein Bindungspartner und besitzt die Oxidationszahl **–1**. Diese Salze enthalten daher neben dem jeweiligen Metallkation das negativ geladene Hydrid-Ion (H^-) und liefern bei der *Elektrolyse* ihrer Schmelze Wasserstoff an der Anode [vgl. **MC-Frage Nr. 1328**].

Das Hydrid-Ion ist isoster zum Heliumatom oder Li^+-Ion und von ähnlicher Größe wie das Fluorid-Ion. Hydrid-Ionen sind extrem starke Basen und reagieren heftig mit Wasser oder anderen prototropen Lösungsmitteln unter Bildung von Wasserstoff [vgl. **MC-Fragen Nr. 1315, 1326, 1328, 1888**]:

$$CaH_2 + 2\,H_2O \longrightarrow Ca(OH)_2 + 2\,H_2\uparrow$$
$$LiH + CH_3OH \longrightarrow CH_3OLi + H_2\uparrow$$
$$NaH + H_2O \longrightarrow NaOH + H_2\uparrow$$
$$KH + NH_3 \longrightarrow KnH_2 + H_2\uparrow$$

Die angeführten Reaktionen stellen zugleich auch Redoxreaktionen dar (Oxidation von H^- zu H_2). Das Normalpotential des H^-/H_2-Systems beträgt E^o = -2,22V. Hydrid-Ionen sind deshalb starke *Reduktionsmittel,* die z. B. elementare Halogene zu den entsprechenden Halogeniden reduzieren können [vgl. **MC-Frage Nr. 1326**].

$$2\,LiH + Cl_2 \longrightarrow 2\,LiCl + H_2\uparrow$$

2.2.4.2 Metallische Hydride (legierungsartige Hydride)

Einige Übergangsmetalle absorbieren bei höheren Temperaturen in *nichtstöchiometrischen* Mengen Wasserstoff und bilden spröde, aber elektrisch leitende Festkörper, in denen Wasserstoff unter Spaltung der H-H-Bindung eingelagert wird.

Die Gitterstruktur des Metalls bleibt erhalten. Die Bindungsverhältnisse sind weitgehend als metallisch anzusehen. Allerdings beweist der im Vergleich zu den reinen Metallen verringerte Paramagnetismus der **Einlagerungshydride**, dass in gewissem Umfang auch eine Elektronenpaarung erfolgt.

Durch eine besondere Fähigkeit zur Einlagerung von Wasserstoff zeichnet sich **Palladium** aus; es absorbiert ungefähr das Tausendfache seines eigenen Volumens an H_2, was wegen seiner hohen Atommasse für das Hydrid eine Zusammensetzung von etwa $PdH_{0,8}$ ergibt [vgl. **MC-Frage Nr. 1313**].

2.2.4.3 Kovalente Hydride

Zu dieser Gruppe gehören die Hydride der Elemente der III.–VII. Hauptgruppe des PSE. Die meisten kovalenten Hydride sind *flüchtige* Stoffe; viele von ihnen sind bei Raumtemperatur gasförmig.

Die E-H-Bindung ist in allen kovalenten Hydriden mehr oder weniger stark *polar.* Entsprechend der Elektronegativität des Elements E ist dabei entweder das H- oder das E-Atom positiv polarisiert. Ersteres gilt für die Hydride der V.–VII. Hauptgruppe, letzteres für die Wasserstoffverbindungen von Silicium, Bor, Aluminium und Beryllium [vgl. **MC-Fragen Nr. 1308, 1315, 1317**].

▫ Tab. 2.4 Bindungsenergien (in kJ/mol) und thermische Beständigkeit einiger kovalenter Hydride

Bindungsenergie							
HF	565	HCl	431	HBr	364	HI	297
H_2O	429	H_2S	345	H_2Se	306	H_2Te	268
Thermische Beständigkeit							
HF > HCl > HBr > HI							
$H_2O > H_2S > H_2Se > H_2Te$							
$NH_3 > PH_3 > AsH_3 > SbH_3 > BiH_3$							

Die Richtung des Bindungsdipols bestimmt somit auch den sauren oder basischen Charakter dieser Verbindungen. Im Allgemeinen nimmt die *Säurestärke* innerhalb einer Periode von links nach rechts und innerhalb einer Gruppe mit steigender Ordnungszahl von oben nach unten zu (siehe auch ▸Kap. 1.11.3.6).

$$E\text{-}H \rightleftharpoons E^- + H^+$$

Einige Element-Wasserstoff-Verbindungen der V. Hauptgruppe sind *schwache Basen.* Die Veränderung ihrer basischen Eigenschaften erkennt man an der Lage des Gleichgewichts:

$$EH_3 + H^+ \rightleftharpoons EH_4^+$$

Beim **Ammoniak** (NH_3) liegt es auf der Seite des Ammonium-Ions. Beim **Phosphin** (PH_3) ist es weitgehend nach links verschoben; so zerfallen **Phosphoniumsalze** ($PH_4^+X^-$) in wässriger Lösung in PH_3 und HX. Vom **Arsin** (AsH_3) sind *keine* Arsoniumverbindungen bekannt.

Die *Bindungsenergie* der E-H-Bindung wird vor allem von der *Polarität der Bindung* und der *Größe des E-Atoms* bestimmt. Wie ▫Tab. 2.4 belegt, nimmt die Bindungsenergie innerhalb einer Periode des PSE von links nach rechts zu und innerhalb einer Gruppe von oben nach unten ab. Deshalb nimmt auch die *Thermostabilität* der Hydride im PSE nach rechts zu und nach unten ab [vgl. **MC-Frage Nr. 1316**].

Die *direkten Synthesen* der Nichtmetallhydride aus den Elementen sind alle *reversibel.* Wegen der hohen Bindungsenergie der H-F- und der H-O-Bindung zerfallen **Fluorwasserstoff** (HF) und **Wasser** (H_2O) erst bei sehr hohen Temperaturen. Die Hydride des Tellurs, Antimons oder Arsens zersetzen sich dagegen schon bei Raumtemperatur. Auf der Thermolabilität des **Arsins** (AsH_3) bzw. **Stibins** (SbH_3) beruht die **Marshsche Probe** zum Nachweis dieser Elemente.

Eine besondere Stellung unter den kovalenten Hydriden nehmen die **Kohlenwasserstoffe** ein (siehe auch Ehlers, **Chemie II**, ▸Kap. 3.4). Obwohl es sich um thermodynamisch metastabile Verbindungen handelt, sind sie bei Raumtemperatur aufgrund des kinetisch inerten Charakters der C-H-Bindung beständig (siehe ▸Kap. 1.13.1).

Silicium, Bor, Aluminium und **Beryllium** bilden Wasserstoffverbindungen, in denen das H-Atom die Rolle des negativ polarisierten Bindungspartners übernimmt. Diese

Hydride reagieren ähnlich wie ionische Hydride; sie haben reduzierende Eigenschaften und reagieren mit prototropen Lösungsmitteln unter Bildung von H_2. Zum Beispiel sind **Siliciumwasserstoffe (Silane)** selbstentzündliche, an der Luft explosive Verbindungen, die in Wasser (pH >7) leicht zu Kieselsäure hydrolysieren [vgl. **MC-Frage Nr. 1319**].

$$SiH_4 + 4\ H_2O \longrightarrow Si(OH)_4 + 4\ H_2\uparrow$$

Gründe dafür sind, dass in den kinetisch labilen Silanen die negativ polarisierten H-Atome das relativ große Si-Atom gegenüber dem Angriff eines Nucleophils nur schlecht abzuschirmen vermögen (siehe auch ▶Kap. 2.6.4.2).

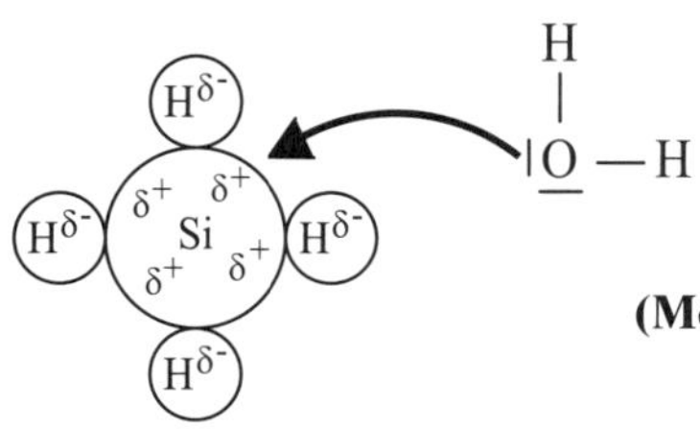

(Monosilan)

Zu den kovalenten Hydriden zählen auch die **Borwasserstoffe** (*Borane*), deren einfachster Vertreter **Diboran** [$B_2H_6 \equiv (BH_3)_2$] genannt wird. Die in diesen Boranen auftretende *Zweielektronen-Dreizentren-Bindung* wird im ▶Kap. 2.7.2.2 ausführlich beschrieben [vgl. **MC-Fragen Nr. 1317, 1320**].

2.2.4.4 Komplexe Hydride

Bor, Aluminium und Gallium bilden auch Metallhydride von teilweise *salzartigem* Charakter, in denen vier tetraedrisch angeordnete Hydrid-Ionen als Liganden das metallische Zentralion umgeben [vgl. **MC-Fragen Nr. 329, 332, 431, 432, 1321, 1327, 1329, 1330, 1859**]:

- **$NaBH_4$ (Natriumborhydrid, Natriumboranat)**,
- **$LiAlH_4$ (Lithiumaluminiumhydrid, Lithiumalanat)**,
- $LiGaH_4$ (Lithiumgalliumhydrid, Lithiumgallanat).

$LiAlH_4$ ist eine weiße, in Diethylether lösliche Substanz; sie kann durch Umsetzung von Aluminiumchlorid ($AlCl_3$) oder Aluminiumbromid ($AlBr_3$) mit Lithiumhydrid (LiH) dargestellt werden [vgl. **MC-Fragen Nr. 1327, 1328, 1790**].

$$AlCl_3 + 4\ LiH \rightarrow Li^+[AlH_4]^- + 3\ LiCl$$

Die Umsetzung von Alkalimetallhydriden mit den Halogeniden der Elemente der III. Hauptgruppe kann generell zur Herstellung von Verbindungen dieses Typs herangezogen werden.

Die thermische Beständigkeit der komplexen Hydride nimmt innerhalb der Gruppe von oben nach unten ab. Umgekehrt wächst ihre Reaktionsbereitschaft gegenüber Wasser oder anderen prototropen Lösungsmitteln wie Methanol (CH_3OH)

unter Bildung stark alkalischer Lösungen und Freisetzung von Wasserstoff [vgl. **MC-Fragen Nr. 1315, 1327, 1328, 1888**].

$$Me[XH_4] + 4\ H_2O \longrightarrow MeOH + X(OH)_3 + 4\ H_2\uparrow$$
$$Me[XH_4] + 4\ CH_3OH \longrightarrow CH_3OMe + X(OCH_3)_3 + 4\ H_2\uparrow$$

$NaBH_4$ löst sich als salzartiger Stoff in Wasser und ist relativ stabil. Demgegenüber hydrolysiert $LiAlH_4$ sehr rasch, z.T. explosionsartig in wässrigen Lösungen. Die große Bedeutung der komplexen Hydride liegt in ihrer Verwendung als **Reduktionsmittel** in der organischen Chemie [siehe Ehlers, **Chemie II**, ▸Kap. 3.2.19.4 und **MC-Fragen Nr. 1315, 1327**].

2.3 Halogene

Die Elemente der VII. Hauptgruppe [**Fluor** (F), **Chlor** (Cl), **Brom** (Br), **Iod** (I) und **Astat** (At)] werden **Halogene** (*Salzbildner*) genannt. Mit Ausnahme des radioaktiven Astats sind sie in der Natur weit verbreitet. Fluor und Iod sind *Reinelemente*. Natürliches Chlor besteht aus zwei Isotopen: ^{35}**Cl** (75,4 %) und ^{37}**Cl** (24,6%). Auch Brom tritt in der Natur in zwei Isotopen auf: ^{79}**Br** (50,57%) und ^{81}**Br** (49,43%). Astat ist das seltenste natürliche Element auf der Erde. Alle Halogene existieren in elementarer Form als *zweiatomige Moleküle* (F_2, Cl_2, Br_2, I_2, At_2) [vgl. **MC-Fragen Nr. 1345, 1353**].

2.3.1 Vorkommen und Gewinnung der Elemente

2.3.1.1 Vorkommen

Als Folge ihrer hohen Reaktivität treten die Halogene in der Natur nicht elementar sondern nur als Salze, vor allem in Form ihrer **Halogenide**, auf. Zu den wichtigsten Mineralien zählen: **Steinsalz** [NaCl], **Sylvin** [KCl], **Kryolith** [Na_3AlF_6], **Flussspat** [CaF_2], **Fluorapatit** [$Ca_5(PO_4)_3F$] und **Natriumiodat** [$NaIO_3$] (im *Chilesalpeter*).

2.3.1.2 Darstellung von Fluor

Zur Darstellung von elementarem Fluor (F_2) geht man von **Fluorwasserstoff** (HF) aus. Da Fluor das positivste Standardredoxpotential aller Oxidationsmittel besitzt, existiert kein chemisches Oxidans, das stark genug ist, um Fluorid-Ionen zu F_2 zu oxidieren. Die Zerlegung von HF ist deshalb nur auf elektrochemischem Wege (*anodische Oxidation*) möglich. Der für die Elektrolyse benötigte Fluorwasserstoff kann aus Calciumfluorid (CaF_2) und H_2SO_4 gewonnen werden [vgl. **MC-Fragen Nr. 1331, 1339, 1351**].

$$CaF_2 + H_2SO_4 \xrightarrow{-CaSO_4\downarrow} 2\ HF \xrightarrow{\text{Elektrolyse}} H_2\uparrow + F_2\uparrow$$

Als Elektrolyt ist eine *wässrige* HF-Lösung *nicht* geeignet, weil Fluor ein höheres Redoxpotential als Sauerstoff hat und somit Wasser sofort zu O_2 oxidiert, sodass bei der Elektrolyse einer wässrigen Fluorid-Lösung an der Anode kein Fluor sondern Sauerstoff erhalten wird [vgl. **MC-Frage Nr. 1352**].

$$F_2 + H_2O \longrightarrow 2\ HF + 1/2\ O_2\uparrow$$

Deshalb verwendet man *wasserfreien, flüssigen Fluorwasserstoff*, dem zur Erhöhung der elektrischen Leitfähigkeit Kaliumfluorid (KF) zugesetzt wird. Reiner Fluorwasserstoff leitet wie Wasser nur schlecht den elektrischen Strom. Als Ladungsträger fungieren K^+- und **Hydrogendifluorid-Ionen** (HF_2^-), in denen ein Fluorid-Ion über eine Wasserstoffbrücke an ein HF-Molekül gebunden ist.

Auch *wasserfreie Schmelzen* von Salzen wie KF · HF [Schmp. 217 °C], KF · 2 HF [Schmp. 72 °C] oder KF · 3 HF [Schmp. 66 °C] lassen sich zur Elektrolyse einsetzen.

2.3.1.3 Darstellung von Chlor

Zur Gewinnung von elementarem Chlor (Cl_2) oxidiert man meistens Chloride oder **Chlorwasserstoff** (HCl) [vgl. **MC-Fragen Nr. 1332–1336**].

- Ein geeignetes Oxidationsmittel ist Luftsauerstoff, der bei erhöhter Temperatur Wasserstoff unter Bildung von Wasser bindet. Die Reaktion (**Deacon-Verfahren**) bedarf der Beschleunigung durch einen $CuCl_2$-Katalysator.

$$4\ HCl + O_2 \xrightarrow{(CuCl_2)} 2\ H_2O + 2\ Cl_2\uparrow$$

- Ein weiteres Oxidationsmittel ist Braunstein (MnO_2) (**Weldon-Verfahren**). Die Umsetzung verläuft zweistufig.

$$\begin{array}{rcl} 4\ HCl + MnO_2 & \longrightarrow & 2\ H_2O + MnCl_4 \\ MnCl_4 & \longrightarrow & MnCl_2 + Cl_2 \\ \hline 4\ HCl + MnO_2 & \longrightarrow & 2\ H_2O + MnCl_2 + Cl_2\uparrow \end{array}$$

- Im Labormaßstab gebräuchlich sind Oxidationsmittel wie $KMnO_4$, PbO_2 oder Chlorkalk [CaCl(OCl)]; die Umsetzung von Chlorkalk (bzw. Hypochloriger Säure) mit Chlorwasserstoff stellt eine Komproportionierung dar [vgl. **MC-Fragen Nr. 1174, 1175, 1332–1336**]:

$$CaCl(OCl) + 2\ HCl \rightarrow CaCl_2 + H_2O + Cl_2\uparrow$$
$$HOCl + HCl \rightarrow H_2O + Cl_2\uparrow$$
$$4\ HCl + PbO_2 \rightarrow 2\ H_2O + [PbCl_4] \rightarrow PbCl_2 + Cl_2\uparrow$$

- Statt auf chemischem Wege kann HCl auch elektrolytisch zerlegt werden. Hierbei entsteht an der Kathode H_2 und an der Anode Cl_2.

$$2\ HCl \longrightarrow H_2\uparrow + Cl_2\uparrow$$

Chloralkalielektrolyse: Die Hauptmenge an Chlor wird heute durch Elektrolyse einer wässrigen Natriumchlorid-Lösung hergestellt. Neben dem anodisch gebildeten Chlor fallen noch der an der Kathode entstehende Wasserstoff sowie Natriumhydroxid als Elektrolyseprodukte an [vgl. **MC-Fragen Nr. 1296, 1332–1336, 1339, 1353, 1805**].

$$2\ HOH + 2\ NaCl \longrightarrow H_2\uparrow + 2\ NaOH + Cl_2\uparrow$$

In kleineren Mengen erhält man Chlor auch bei der Elektrolyse von geschmolzenem NaCl, $CaCl_2$ und $MgCl_2$, die zur Gewinnung der entsprechenden Metalle durchgeführt wird.

2.3.1.4 Darstellung von Brom

- Elementares Brom (Br_2) kann durch Einleiten von Chlorgas in wässrige Bromid-Lösungen hergestellt werden, weil Cl_2 ein stärkeres Oxidationsmittel als Brom ist [vgl. **MC-Frage Nr. 1349**].

$$2\,Br^- + Cl_2 \longrightarrow 2\,Cl^- + Br_2\uparrow$$

- Im Laboratorium lässt sich Brom bequem durch Einwirken von konzentrierter H_2SO_4 und Braunstein (MnO_2) auf KBr gewinnen. Auch durch Einwirken von konz. H_2SO_4 allein kann elementares Brom aus Bromiden hergestellt werden [siehe auch ▸Kap. 2.3.3.4 und **MC-Frage Nr. 1368**].

$$4\,KBr + 2\,H_2SO_4 \longrightarrow 2\,K_2SO_4 + 4\,HBr$$
$$4\,HBr + MnO_2 \longrightarrow MnBr_2 + 2\,H_2O + Br_2\uparrow$$

2.3.1.5 Darstellung von Iod

- Die Hauptmenge an Iod (I_2) wird heute aus dem Iodat der Chilesalpeter-Mutterlaugen gewonnen, das durch Schweflige Säure (H_2SO_3) zu Iodwasserstoff (HI) reduziert wird [vgl. **MC-Fragen Nr. 1337–1339**].

$$(1) \qquad HIO_3 + 3\,H_2SO_3 \longrightarrow HI + 3\,H_2SO_4$$

Zur Rückoxidation von HI zu elementarem Iod bedarf es keines gesonderten Oxidationsmittels, da die in der Lösung vorhandene Iodsäure (HIO_3) HI zu Iod oxidieren kann.

$$(2) \qquad HIO_3 + 5\,HI \longrightarrow 3\,H_2O + 3\,I_2$$

Gibt man daher nur 5/6 der nach Gleichung (1) erforderlichen Menge an Schwefliger Säure bzw. Schwefeldioxid hinzu, sodass je Mol gebildeter HI noch 1/5 Mol HIO_3 in der Lösung vorhanden ist, so erhält man direkt Iod als Reaktionsprodukt.

$$(3) \qquad 2\,HIO_3 + 5\,H_2SO_3 \longrightarrow 5\,H_2SO_4 + H_2O + I_2$$

- Darüber hinaus gelingt die Oxidation von HI oder Iodiden zu Iod auch mit Oxidantien wie Cl_2, Br_2, MnO_2, H_2SO_4 bzw. durch anodische Oxidation [vgl. **MC-Fragen Nr. 1337, 1370**].

$$4\,HI + MnO_2 \longrightarrow I_2 + MnI_2 + 2\,H_2O$$
$$2\,I^- + Cl_2 \longrightarrow I_2 + 2\,Cl^-$$

2.3.2 Eigenschaften der Elemente

2.3.2.1 Gruppeneigenschaften

Alle Halogene besitzen die *Elektronenkonfiguration* ns^2np^5, also ein Elektron weniger als die nachfolgenden Edelgase. Ihr chemisches Verhalten wird daher geprägt durch die Aufnahme eines Elektrons unter Bildung einer abgeschlossenen Schale [vgl. **MC-Frage Nr. 1344**].

Mit Ausnahme des Fluors, das in elementarer Form die Oxidationszahl 0 und in seinen Verbindungen als elektronegativstes Element stets die Oxidationszahl -1 besitzt, können die übrigen Halogen die *Oxidationszahlen* von -1 bis +7 annehmen. Stabile Verbindungen mit der Oxidationszahl +2 sind jedoch nicht bekannt [siehe auch ▸Kap. 1.12.1.3 und **MC-Frage Nr. 1343**].

Die *Bindungsenergien* (Dissoziationsenergie) der zweiatomigen Halogene nehmen in der Reihe $Cl_2 > Br_2 > I_2$ ab, weil die Kovalenzbindungen mit zunehmender Atomgröße schwächer werden. Eine Sonderstellung nimmt **Fluor** ein, dessen Bindungsenergie mit der des Iods vergleichbar ist. Als Ursache hierfür kann die abstoßende Wechselwirkung der nichtbindenden Elektronenpaare der kleinen Fluoratome angesehen werden. Die *Atom-* und *Ionenradien* nehmen erwartungsgemäß mit steigender Ordnungszahl zu [vgl. **MC-Frage Nr. 1343**].

Die *Elektronegativität* der Halogene ist relativ hoch und nimmt vom Fluor zum Iod hin ab. **Fluor** ist das *elektronegativste* aller Elemente. Alle Halogene sind ausgesprochene **Nichtmetalle**, wobei der Nichtmetallcharakter innerhalb der Gruppe von oben nach unten abnimmt; beim Iod fällt schon ein äußeres Merkmal der Metalle, der Metallglanz, ins Auge. Innerhalb einer Periode ist das Halogen das jeweils reaktionsfähigste Nichtmetall [vgl. **MC-Fragen Nr. 1340, 1344, 1346, 1348, 1352**].

Die *Elektronenaffinität* ist bei allen Halogenen negativ; sie ist beim **Chlor** am *größten* und sinkt wiederum mit zunehmender Kernladungszahl. Die *Ionisierungsenergien* sind relativ hoch und nehmen gleichfalls mit steigender relativer Atommasse ab. Die Halogene bilden daher bevorzugt einwertige Anionen [vgl. **MC-Fragen Nr. 1346, 1348, 1352**].

Alle elementaren Halogene sind *starke Oxidationsmittel.* Die *Normalpotentiale* des Systems $X_2/2X^-$ nehmen vom Fluor zum Iod hin ab. Fluor (F_2) ist das stärkste Oxidationsmittel und vermag daher alle übrigen Halogene (X_2) aus ihren Halogeniden (X^-) in Freiheit zu setzen. Fluor ist auch ein stärkeres Oxidationsmittel als Ozon. Iodide und Iodwasserstoff (HI) werden demgegenüber als Reduktionsmittel eingesetzt. Die große Oxidationskraft des Fluors ist eine Folge der hohen Hydratationsenthalpie des F^--Ions sowie der kleinen Bindungsenergie des F_2-Moleküls [vgl. **MC-Fragen Nr. 1340, 1341, 1344, 1346, 1348, 1352**].

2.3.2.2 Physikalische Eigenschaften der Halogene

◻Tab. 2.5 informiert über die wichtigsten physikalischen Eigenschaften der elementaren Halogene. Alle Halogene sind *flüchtige* Stoffe und zeigen charakteristische *Farben.* Fluor ist unter Normalbedingungen ein Gas und Chlor ein leicht zu verflüssigendes Gas. Brom ist flüssig, wobei Bromdämpfe schwerer sind als Luft. Iod ist ein Feststoff. Als Folge der wachsenden van der Waals-Kräfte steigen die Schmelz- und Siedepunkte der Halogene innerhalb der Gruppe mit zunehmender Atommasse an [vgl. **MC-Fragen Nr. 303, 1329, 1339, 1342, 1348, 1353, 1365**].

Tab. 2.5 Physikalische Eigenschaften der Halogene

	Fluor	**Chlor**	**Brom**	**Iod**
Farbe (im Gaszustand)	Fast farblos	Gelbgrün	Rotbraun	Violett
Schmelzpunkt (°C)	-219,6	-101,5	-7,3	113,6
Siedepunkt (°C)	-188,1	-34,0	58,8	184,4
Elektronenaffinität (kJ/mol)	-328	-349	315	-285
Elektronegativität	4,0	3,2	3,0	2,7
Normalpotential [E°] (Volt)	+2,87	+1,36	+1,07	+0,54
Bindungslänge [X_2] (pm)	143	199	228	266
Bindungsenergie [X_2] (kJ/mol) (Dissoziationsenergie)	159	242	193	151
Ionenradius [X^-] (pm)	136	181	195	216

2.3.2.3 Chemische Eigenschaften der Halogene

Alle Halogene sind äußerst reaktionsfähige Elemente. Die allgemeine **Reaktivität** nimmt in der Reihe $F_2 > Cl_2 > Br_2 > I_2$ ab, weil in dieser Richtung die Elektronenaffinität und die Elektronegativität ab- und die Ionenradien zunehmen. Mit *Metallen* bilden sie *salzartige*, mit *Nichtmetallen* flüchtige, *kovalente Halogenide* [siehe auch ▸Kap. 2.3.4 und **MC-Frage Nr. 1347**].

Alle Halogene bilden kovalente Wasserstoffverbindungen (HX), die in wässriger Lösung sauer reagieren. Die *Affinität zu Wasserstoff* nimmt mit steigender relativer Atommasse ab. Fluor (F_2) verbindet sich schon im Dunkeln und bei niedriger Temperatur mit Wasserstoff (H_2) zu Fluorwasserstoff (HF), während Iod (I_2) erst in der Wärme und in Anwesenheit eines Katalysators zu Iodwasserstoff (HI) reagiert [vgl. **MC-Frage Nr. 1340**].

Entsprechend der höheren Oxidationskraft vermag jedes leichtere Halogen das schwerere aus seiner Wasserstoffverbindung oder aus seinen Halogeniden zu verdrängen; so setzt Fluor sämtliche anderen Halogene in Freiheit. Chlor oxidiert nur noch die Wasserstoffverbindungen des Broms und Iods, Brom nur noch die des Iods [vgl. **MC-Frage Nr. 1352**].

$$2\ H\text{-}X + F_2 \longrightarrow 2\ HF + X_2\ (X = Cl, Br, I)$$

Die unterschiedliche Oxidationskraft der Halogene zeigt sich auch daran, dass Chlor und Brom im neutralen bis schwach sauren Medium **Thiosulfat** ($S_2O_3^{2-}$) zu **Sulfat** (SO_4^{2-}) oxidieren, während die Oxidation mit Iod zum **Tetrathionat** ($S_4O_6^{2-}$) führt [vgl. **MC-Fragen Nr. 1353, 1369, 1503, 1511, 1513–1518**].

$$4\ Cl_2 + S_2O_3^{2-} + 15\ H_2O \longrightarrow 2\ SO_4^{2-} + 10\ H_3O^+ + 8\ Cl^-$$
$$I_2 + 2\ S_2O_3^{2-} \longrightarrow S_4O_6^{2-} + 2\ I^-$$

Von allen Halogenen existieren Sauerstoffverbindungen. Die *Affinität zu Sauerstoff* nimmt vom Fluor zum Iod hin zu, sodass die Oxide des Iods am beständigsten und zum Unterschied von den endothermen Oxiden der übrigen Halogene exotherme Verbindungen sind [siehe auch ▶Kap. 2.3.7 und **MC-Fragen Nr. 1340, 1406**].

Allgemeine Reaktionsfähigkeit	**F ⟶ Cl ⟶ Br ⟶ I** ⟶	**nimmt ab**
Affinität zu elektropositiven Elementen	⟶	**nimmt ab**
Affinität zu elektronegativen Elementen	⟶	**nimmt zu**

Mit *Wasser* reagiert Fluor sehr heftig unter Bildung von HF und Sauerstoff; bei pH-Werten > 7 entsteht gasförmiges **Sauerstoffdifluorid** (Difluoroxid) (F_2O) [vgl. **MC-Fragen Nr. 1345, 1347, 1349, 1355**].

$$2\ F_2 + 2\ H_2O \longrightarrow 4\ HF + O_2\uparrow$$
$$2\ F_2 + 2\ HO^- \longrightarrow F_2O + 2\ F^- + H_2O$$

Auch Chlor reagiert in gewissem Ausmaß mit Wasser, wobei sich unter Disproportionierung **Hypochlorige Säure** (HOCl) bildet. Im alkalischen Milieu entstehen Chlorid und Hypochlorit. Brom und Iod reagieren analog [vgl. **MC-Fragen Nr. 1159, 1166, 1169, 1170, 1345, 1347, 1353, 1355**].

$$Cl_2 + 2\ H_2O \rightleftharpoons H_3O^+ + Cl^- + HOCl$$
$$Cl_2 + 2\ HO^- \longrightarrow H_2O + Cl^- + ClO^-$$
$$Br_2 + 2\ HO^- \longrightarrow H_2O + Br^- + BrO^-$$
$$I_2 + 2\ HO^- \longrightarrow H_2O + I^- + IO^-$$

Das durch Lösen von Iod in NaOH-Lösung gebildete Hypoiodit (IO^-) disproportioniert jedoch rasch zu Iodat (IO_3^-) und Iodid [vgl. **MC-Frage Nr. 1349**].

$$3\ IO^- \rightarrow IO_3^- + 2\ I^-$$

Während die Elemente Chlor, Brom und Iod in Wasser oberhalb pH = 8 zu Halogenid und Hypohalogenit disproportionieren, geht Fluor unter diesen Bedingungen in Sauerstoffdifluorid (F_2O) über, in dem der Sauerstoff die Oxidationszahl +2 besitzt.

2.3.2.4 Sonderstellung des Fluors

Die hohe Reaktivität des Fluors ist darauf zurückzuführen, dass die *Dissoziationsenergie* – bei zweiatomigen Molekülen identisch mit der Bindungsenergie – der F-F-Bindung mit 159 $kJ \cdot mol^{-1}$ ungewöhnlich *niedrig* ist. Dies ist eine Folge der relativ starken Abstoßungskräfte der nichtbindenden Elektronenpaare gekoppelt mit der hohen Bindungsenergie der neu geknüpften Bindungen bzw. der großen Hydratationsenthalpie der entstehenden Fluorid-Ionen. Im Allgemeinen bildet ein Element mit einem Fluoratom immer eine stärkere Bindung wie mit einem anderen Halogenatom. Darüber hinaus gilt für Fluor als Element der 2.Periode streng die Oktettregel; eine Oktettaufweitung unter Beteiligung von d-AO erfolgt nicht. Fluor hat von allen Halogenen das höchste 1. Ionisierungspotential [vgl. **MC-Fragen Nr. 1343, 1350, 1352, 1386**].

2.3.2.5 Löslichkeit der Halogene in Wasser

Wie ◘ Tab. 2.6 belegt, ist die Löslichkeit von Chlor, Brom und Iod in Wasser *gering*. In Gegenwart von Halogenid-Ionen erhöht sich die Löslichkeit der schwereren Halogene in Wasser durch Bildung von **Polyhalogenid-Anionen**, insbesondere des Trihalogenid-Monoanions (**X_3^-**). Das Trihalogenid-Anion (X_3^-) ist *linear* gebaut und *mesomeriestabilisiert*. Die Polyhalogenid-Anionen sind hydrophiler als die freien Elemente. Auch Polyhalogenid-Ionen der Form (X_5^-, X_7^-, X_9^-) sind bei großem Gegenion existenzfähig. Für das Pentaiodidmonoanion (I_5^-) wird eine V-förmige Struktur postuliert. Die Tendenz zur Bildung von wasserlöslichen *charge-transfer-Komplexen* des Typs (X_3^-) ist beim Iod (I_3^-) stärker ausgeprägt als beim Chlor (Cl_3^-) oder beim Brom (Br_3^-). **Kaliumtriiodid** (KI_3) verleiht einer wässrigen Iod-Lösung eine *tiefbraunrote* Farbe [vgl. **MC-Fragen Nr. 1349, 1354, 1356–1359**].

$$Br_2 + KBr \rightleftharpoons K^+[Br_3]^-$$
$$I_2 + KI \rightleftharpoons K^+[I_3]^- \quad \text{(braun)}$$

2.3.2.6 Lösungsmittelabhängigkeit der Iod-Farbe

Iod löst sich sehr gut in unpolaren Lösungsmitteln wie **Schwefelkohlenstoff** (CS_2) oder **Tetrachlorkohlenstoff** (*Tetrachlormethan*) (CCl_4); die entstehenden *violetten* Lösungen enthalten I_2-Moleküle. Auch in **Chloroform** ($CHCl_3$) ist Iod mit *violetter* Farbe löslich [vgl. **MC-Fragen Nr. 1354, 1358, 1361–1363**].

Die Lösungen von Iod in **Benzen, Dioxan, Alkoholen, Diethylether** oder **Ketonen** sind dagegen *rotbraun* gefärbt und enthalten nur wenig beständige *charge transfer-Komplexe* aus I_2 und den jeweiligen Lösungsmittelmolekülen. Diese Verbindungen kommen dadurch zustande, dass Iod mit dem (sauerstoff- oder stickstoffhaltigen) Donor-Lösungsmittel (D) durch teilweise Übertragung eines Elektronenpaars vom Donor zum Iod (Schalenerweiterung von Iod) einen Ladungsübertragungskomplex bildet, in dem ein Resonanzhybrid des folgenden Typs vorliegt [vgl. **MC-Fragen Nr. 1354, 1358, 1361, 1362, 1364**]:

$$I_2 + |D \longleftrightarrow \overset{(-)}{I_2} \ldots \overset{(+)}{D}$$

Mit **Stärke** bildet Iod eine in der Hitze unbeständige, *blaugefärbte* Einschlussverbindung, bei der I_2-Moleküle in Anwesenheit von Iodid-Ionen in die Hohlräume des Polysaccharids **Amylose** eingelagert werden [siehe auch Ehlers, **Analytik II**, ▸Kap. 7.2.3.2 und **MC-Fragen Nr. 1354, 1358, 1360**].

◘ Tab. 2.6 Wasserlöslichkeit der Halogene

	Chlor	Brom	Iod
mol/l	0,092	0,214	0,001

2.3.3 Halogenwasserstoffe

2.3.3.1 Eigenschaften der Halogenwasserstoffe

Alle Halogenwasserstoffe sind *kovalent* gebundene, die Schleimhaut reizende, farblose und stechend riechende *Gase*, die sich leicht in Wasser lösen. Die *wässrigen Lösungen* heißen **Flusssäure** (HF), **Salzsäure** (HCl), **Bromwasserstoffsäure** (HBr) und **Iodwasserstoffsäure** (HI) [vgl. **MC-Fragen Nr. 331, 333, 472, 630, 1344, 1373, 1395**].

Die *Acidität* der Halogenwasserstoffsäuren nimmt mit steigender Atommasse zu [HF(pK_s = 3,14) < HCl(pK_s = –6,2) < HBr(pK_s = –9) < HI(pK_s = –10)]. *Fluorwasserstoff* ist eine verhältnismäßig schwache Säure, *Iodwasserstoff* eine sehr starke Säure. Demzufolge nimmt die Basizität der korrespondierenden Anionen in folgender Reihe ab: F^- > Cl^- > Br^- > I^- [siehe auch ▶ Kap. 1.11.3.6 und **MC-Fragen Nr. 1374, 1377, 1378, 1387, 1889**].

In den Halogenwasserstoffen liegt eine *polare Atombindung* vor. Mit abnehmender Elektronegativitätsdifferenz nimmt vom Fluorwasserstoff zum Iodwasserstoff hin der ionische Charakter der Wasserstoff-Halogen-Bindung ab und der kovalente Bindungsanteil zu [siehe ▶ Kap. 1.4.5 und **MC-Fragen Nr. 1375, 1377, 1395**].

Wie die *Dipolmomente* (siehe ◘ Tab. 2.7) der Halogenwasserstoffe zeigen, nimmt die Polarität der H-Hal-Bindung mit steigender relativer Atommasse und fallender Elektronegativitätsdifferenz in der Reihe HF > HCl > HBr > HI ab [siehe auch ▶ Kap. 1.4.5.2 und **MC-Fragen Nr. 468, 471, 1374, 1375, 1377**].

Die *Bindungsenergien* der Halogenwasserstoffe nehmen in der Reihe HF (567 kJ/mol) > HCl (431 kJ/mol) > HBr (366 kJ/mol) > HI (298 kJ/mol) ab. In der gleichen Richtung nimmt auch die *Thermostabilität* der Halogenwasserstoffe ab.

Dies macht sich bei der *Bildung* der Halogenwasserstoffe aus den Elementen bemerkbar. Fluorwasserstoff (HF) bildet sich spontan und in stark exothermer Reaktion aus den Elementen, während die nach einem *Radikalkettenmechanismus* ablaufende Reaktion von Cl_2 mit H_2 (**Chlorknallgasreaktion**) zu HCl photochemisch oder durch Erwärmen gestartet werden muss. Brom (Br_2) reagiert weit weniger heftig als Chlor und bei Iod (I_2) verläuft die Bildung von Iodwasserstoff (HI) nur unvollständig. Darüber hinaus zersetzen sich HBr und HI bereits wieder bei nur mäßig erhöhter Temperatur. Die Synthese von Iodwasserstoff aus den Elementen folgt einem Zeitgesetz 2. Ordnung [siehe ▶ Kap. 1.13.2.5 und **MC-Fragen Nr. 1373, 1375, 1377, 1378**].

In ◘ Tab. 2.7 sind einige physikalischen Eigenschaften der Halogenwasserstoffe aufgelistet. Die *Siedepunkte* der flüssigen Halogenwasserstoffe steigen in der Reihe HCl < HBr < HI < HF an [vgl. **MC-Fragen Nr. 1367, 1376, 1377, 1889**].

Der abnorm hohe Siedepunkt von Fluorwasserstoff (HF) wird durch starke *Wasserstoffbrückenbindungen* verursacht. Die F-H…F-Brücken haben als Folge der hohen Polarität der H-F-Bindung die größtmögliche Bindungsenergie aller Wasserstoffbrücken (ca. 25-35 kJ/mol) [siehe auch ▶ Kap. 1.7.3 und **MC-Fragen Nr. 605, 612, 1373, 1386**].

Die Fähigkeit als *Reduktionsmittel* zu wirken nimmt in der Reihe HF < HCl < HBr < HI zu. **Iodwasserstoff** besitzt das stärkste Reduktionsvermögen der Halogenwasserstoffe [vgl. **MC-Frage Nr. 1378**].

Tab. 2.7 Eigenschaften der Halogenwasserstoffe

	HF	HCl	HBr	HI
Schmelzpunkt (°C)	- 83,1	-114,8	- 86,9	- 50,7
Siedepunkt (°C)	19,5	- 84,9	- 66,8	- 35,4
Dipolmoment (D)	1,91	1,03	0,74	0,38
pK_s-Wert	3,14	- 6,2	- 9	- 10
Bindungslänge [H-X] (pm)	92	128	141	160
Bildungsenthalpie (kJ/mol)	-286,6	- 92,3	- 36,2	+ 25,9

Die durch Deprotonierung der Halogenwasserstoffe entstehenden Anionen besitzen eine Edelgaskonfiguration (ns^2np^6). Die Nucleophilie der Halogenid-Ionen nimmt vom Fluorid zum Iodid hin zu [vgl. **MC-Frage Nr. 1387**].

Alle Halogenwasserstoffe bilden mit Wasser *azeotrope Gemische* [vgl. **MC-Fragen Nr. 1379, 1380, 1889**].

Für die nachfolgend noch detailliert beschriebene **Darstellung** der **Halogenwasserstoffe** stehen folgende Herstellungsvarianten zur Verfügung:

- durch direkte Synthese aus den Elementen,
- durch Freisetzung der Halogenwasserstoffe aus ihren Salzen mit einer starken Säure,
- durch Hydrolyse eines Nichtmetallhalogenids mit Wasser.

2.3.3.2 Fluorwasserstoff und Fluoride

Fluorwasserstoff (HF) kann entweder aus den Elementen oder durch Einwirkung einer starken Säure auf ein Fluorid gewonnen werden. Zum Beispiel entweicht Fluorwasserstoff nach Behandeln von **Flussspat** (CaF_2) mit konzentrierter H_2SO_4 beim Erwärmen, wodurch das Gleichgewicht nach rechts verschoben wird [vgl. **MC-Frage Nr. 1371**].

$$CaF_2 + H_2SO_4 \longrightarrow CaSO_4\downarrow + 2\,HF\uparrow$$

Die bei der Dissoziation der Flusssäure gebildeten Fluorid-Ionen lagern sich über H-Brücken an HF-Moleküle an, sodass wässrige HF-Lösungen auch Ionen wie HF_2^-, $H_2F_3^-$ usw. enthalten [siehe auch ▸Kap. 1.7.3 und **MC-Fragen Nr. 605, 1350**].

$$F^- + HF \rightleftharpoons HF_2^-$$
$$F^- + H_2F_2 \rightleftharpoons H_2F_3^-$$

Flusssäure löst zahlreiche Metalle unter H_2-Entwicklung; Gold und Platin werden nicht angegriffen, Blei nur oberflächlich (Bildung von schwer löslichem PbF_2). HF *ätzt* Quarz und Glas unter Bildung von *gasförmigen Siliciumtetrafluorid* (SiF_4) und kann deshalb nicht in Glasgefäßen aufbewahrt werden [vgl. **MC-Fragen Nr. 1351, 1373**].

$$4\,HF + SiO_2 \longrightarrow 2\,H_2O + SiF_4\uparrow$$

Durch Einwirken von HF auf **Borsäure** (H_3BO_3) entsteht **Fluoroborsäure** $H[BF_4]$, eine extrem starke Säure, die nur in wässriger Lösung, nicht dagegen im freien Zustand bekannt ist.

$$B(OH)_3 + 4\ HF \longrightarrow H^+[BF_4]^- + 3\ H_2O$$

Die Salze der Flusssäure heißen **Fluoride**. Die meisten Metallfluoride lösen sich in Wasser, einige [CuF_2, PbF_2] jedoch nur schwer. Die Erdalkalifluoride [CaF_2, SrF_2, BaF_2] sind wasserunlöslich. Im Gegensatz zu den übrigen Silberhalogeniden ist **Silberfluorid** (AgF) ein in Wasser lösliches Salz. Einige kovalente Fluoride (BF_3, SbF_5 u. a.) sind starke Lewis-Säuren [vgl. **MC-Fragen Nr. 1344, 1350, 1382, 1386, 1387**].

Fluoride sind in höheren Konzentrationen giftig; in großer Verdünnung wirken F^--Ionen kariesverhindernd (Milch- und Trinkwasser-Fluorierung) [vgl. **MC-Frage Nr. 1351**].

2.3.3.3 Chlorwasserstoff und Chloride

Die technische Darstellung von Chlorwasserstoff (HCl) geht entweder von **Kochsalz** (NaCl) oder von den Elementen Wasserstoff (H_2) und Chlor (Cl_2) aus [vgl. **MC-Frage Nr. 1889**].

- Lässt man konzentrierte H_2SO_4 auf Kochsalz bei erhöhter Temperatur einwirken, so erfolgt ein zweistufiger Austausch des Natrium-Ions gegen ein Proton unter intermediärer Bildung von Natriumhydrogensulfat ($NaHSO_4$) [**Sulfat-Salzsäure-Prozess**].

$$\begin{array}{l}NaCl + H_2SO_4 \longrightarrow HCl + NaHSO_4 \\ NaCl + NaHSO_4 \xrightarrow{800\ °C} HCl + Na_2SO_4 \\ \hline 2\ NaCl + H_2SO_4 \longrightarrow 2\ HCl + Na_2SO_4\end{array}$$

- Besonders reinen Chlorwasserstoff erhält man bei der Synthese aus den Elementen, die ihrerseits als Produkte bei der Chloralkalielektrolyse anfallen.

Mischt man hierzu $H_2 + Cl_2$ im Molverhältnis 1:1 miteinander, so tritt bei Raumtemperatur und im Dunkeln keine merkliche Reaktion ein; das System ist *metastabil*. Bestrahlt man dagegen mit kurzwelligem Licht [UV] (oder bei lokaler Erhitzung), so bildet sich Chlorwasserstoff explosionsartig (**Chlorknallgasreaktion**) [vgl. **MC-Frage Nr. 1372**].

Die reaktionsbeschleunigende Wirkung des Lichts bzw. der Wärme beruht darauf, dass durch Zufuhr von Energie eine homolytische Spaltung einzelner Cl_2-Moleküle eintritt. Die gebildeten Chloratome reagieren dann in einer *Radikalkettenreaktion* mit den vorhandenen H_2-Molekülen.

$$Cl_2 \xrightarrow{h\nu} 2\ Cl\cdot$$

$$\begin{array}{ll}Cl\cdot + H_2 \longrightarrow HCl + H\cdot & \Delta H = +\ 4{,}2\ kJ/mol \\ H\cdot + Cl_2 \longrightarrow HCl + Cl\cdot & \Delta H = -\ 189{,}0\ kJ/mol \\ \hline Cl_2 + H_2 \longrightarrow 2\ HCl & \Delta H = -\ 184{,}8\ kJ/mol\end{array}$$

Anstelle von H_2 können zur HCl-Darstellung auch Wasserstoffverbindungen wie z. B. **Kohlenwasserstoffe** eingesetzt werden. So fallen in der Technik große Mengen an HCl bei der **Alkanchlorierung** an (R = Alkylrest).

$$R\text{-}H + Cl_2 \rightarrow R\text{-}Cl + HCl$$

Chlorwasserstoff ist ein farbloses Gas, dessen wässrige Lösung **Salzsäure** genannt wird. Konzentrierte Salzsäure enthält 36 Gewichts% an HCl-Gas gelöst. Die *Salze* der Chlorwasserstoffsäure heißen **Chloride**. AgCl, $PbCl_2$ und Hg_2Cl_2 sind in Wasser mäßig bis schwer löslich. Viele Chloride wie $AlCl_3$, $CaCl_2$ oder $MgCl_2$ sind *hygroskopisch;* dagegen ist NaCl *nicht* hygroskopisch. Die wasseranziehenden Eigenschaften von Speisesalz stammen vom darin enthaltenen Magnesiumchlorid [vgl. **MC-Fragen Nr. 1381, 1382**].

2.3.3.4 Bromwasserstoff und Bromide

Bromwasserstoff (HBr) kann *nicht* durch Behandeln von Bromiden mit konz. H_2SO_4 hergestellt werden, weil HBr teilweise von Schwefelsäure zu elementarem Brom oxidiert wird [vgl. **MC-Frage Nr. 1368**].

$$2\,HBr + H_2SO_4 \rightarrow H_2O + Br_2 + H_2SO_3$$

Hingegen gelingt die Darstellung bei Verwendung einer schwer flüchtigen, nichtoxidierenden Säure wie z. B. konzentrierte Phosphorsäure (H_3PO_4).

$$3\,KBr + H_3PO_4 \rightarrow K_3PO_4 + 3\,HBr$$

Ein weiterer Syntheseweg ist die Hydrolyse von **Phosphortribromid** (PBr_3). Da Bromwasserstoff flüchtiger ist als die gebildete Phosphorige Säure (H_3PO_3), lässt er sich bequem aus dem Reaktionsansatz abtrennen.

$$PBr_3 + 3\,H_2O \rightarrow P(OH)_3 + 3\,HBr$$

Bei dieser Herstellungsvariante kann man auch von den Elementen Phosphor und Brom ausgehen, die sich in situ zu PBr_3 umsetzen.

Die Salze der Bromwasserstoffsäure nennt man **Bromide**; sie sind meistens in Wasser löslich. Unlöslich ist AgBr, schwer löslich $PbBr_2$ [vgl. **MC-Frage Nr. 1382**].

2.3.3.5 Iodwasserstoff und Iodide

Da Iodwasserstoff (HI) noch leichter oxidierbar ist als HBr, kommt auch hier eine Darstellung aus einem Iodid und konz. H_2SO_4 nicht in Frage. Man lässt entweder konz. H_3PO_4 auf ein Iodid bzw. Wasser auf **Phosphortriiodid** (PI_3) einwirken oder leitet H_2S-Gas als Reduktionsmittel durch eine wässrige Iod-Aufschlämmung.

$$PI_3 + 3\,H_2O \longrightarrow P(OH)_3 + 3\,HI$$
$$I_2 + H_2S \longrightarrow S + 2\,HI$$

HI ist die stärkste Elementwasserstoffsäure, ihre Salze nennt man **Iodide**. **Kaliumiodid** (KI), das wichtigste Salz der HI, wird dem Tafelsalz zur Vorbeugung einer Kropfbildung zugesetzt. AgI, HgI_2, PbI_2 und CuI sind in Wasser schwer löslich. Iodwasserstoff ist das Reagenz der Wahl zur Spaltung von Dialkylethern [vgl. **MC-Fragen Nr. 1378, 1382, 1387**].

2.3.4 Halogenide und kovalente Halogenverbindungen

Halogenverbindungen sind mit Ausnahme der Edelgase He, Ne und Ar von allen Elementen bekannt; man unterteilt sie in salzartige und kovalente Halogenide. Zu ihrer **Synthese** stehen verschiedene Verfahren zur Verfügung. Zu den wichtigsten zählen:

- Darstellung aus den Elementen,
- Umsetzung von Halogenwasserstoffen mit (unedlen) Metallen,
- Reaktion von Halogenwasserstoffen mit Metalloxiden, -hydroxiden oder -carbonaten.

2.3.4.1 Salzartige Halogenide

Mit Ausnahme des Berylliums ergeben Alkali- und Erdalkalimetalle Halogenide mit vorwiegend ionischem Charakter. Auch die Übergangsmetalle (vor allem in niederen Oxidationsstufen) bilden zahlreiche salzartige Halogenide. Bei Metallen, die in mehreren Oxidationsstufen auftreten, bildet das Element in seiner höchsten Oxidationsstufe ein Halogenid mit stärker ausgeprägtem kovalenten Bindungscharakter. Dies belegen z. B. die Schmelzpunkte der entsprechenden Chloride [$PbCl_2$ (Schmp. 501 °C) $\longrightarrow$ $PbCl_4$ (Schmp. -15 °C); $SnCl_2$ (Schmp. 246 °C) $\longrightarrow$ $SnCl_4$ (Schmp. –33 °C)].

In Übereinstimmung mit den Elektronegativitäten besitzen *Metallfluoride* höhere ionische Bindungsanteile als die betreffenden Verbindungen der übrigen Halogenide [$HgF_2 \longrightarrow HgCl_2$ bzw. Hg_2Cl_2; $PbF_4 \longrightarrow PbCl_4$] [vgl. **MC-Fragen Nr. 808, 1384, 1385**].

Bromide, Iodide und in gewissem Umfang auch Chloride zeigen bereits deutliche Übergänge zur Kovalenzbindung, weil in der Reihe F < Cl < Br < I die Polarisierbarkeit des Anions zunimmt [siehe auch ▸Kap. 1.3.1.4 und **MC-Frage Nr. 1387**].

Dies manifestiert sich auch in den jeweiligen Gitterstrukturen; Fluoride kristallisieren gewöhnlich in typischen Ionengittern, während die anderen Halogenide z.T. Schicht- oder Molekülgitter bilden [$HgCl_2$, $PbCl_2$]. Im Allgemeinen nimmt der *kovalente* Bindungscharakter mit höherer Wertigkeit des Kations zu (stärker polarisierende Wirkung). So kristallisiert **Aluminiumchlorid** ($AlCl_3$) im Gegensatz zu NaCl in einer Schichtgitterstruktur (siehe auch ▸Kap. 1.3.2.6).

Je höher die Bindungspolarität der Element-Halogen-Bindung ist, desto höher sind die Schmelz- und Siedepunkte dieser Salze. In der Regel nimmt der Ionencharakter der Element-Halogen-Bindung innerhalb einer Gruppe mit steigender Kernladungszahl zu [LiF $\longrightarrow$ CsF]. Häufig sinkt mit zunehmendem kovalenten Bindungsgrad auch die Löslichkeit der Halogenide in Wasser [AgF $\longrightarrow$ AgI].

2.3.4.2 Kovalente Halogenide

Kovalente Halogenide werden von Nichtmetallen und Übergangsmetallen in höheren Oxidationsstufen gebildet. Viele Halogenide mit kovalentem oder überwiegend kovalentem Bindungscharakter sind starke **Lewis-Säuren** [BF_3, BCl_3, $AlCl_3$, SbF_5, PCl_5, $TiCl_4$]. Die Wirkung der Lewis-Säure zeigt sich auch in der Fähigkeit dieser Substanzen, Halogenid-Ionen unter Bildung komplexer Ionen wie $[AlCl_4]^-$, $[PCl_6]^-$, $[SbF_6]^-$ oder $[BiF_6]^-$ anzulagern [vgl. **MC-Fragen Nr. 1350, 1385, 1388, 1393, 1394**].

$$SbF_5 + F^- \rightarrow SbF_6^-$$
$$PCl_5 + Cl^- \rightarrow PCl_6^-$$

Zahlreiche kovalente Halogenide sind reaktionsfähige Substanzen, die infolge ihres Lewis-Säure-Charakters, leicht von Nucleophilen angegriffen werden. So tritt z. B. in Anwesenheit von Wasser Hydrolyse ein, wobei neben der Halogenwasserstoffsäure die Säure des betreffenden Nichtmetalls entsteht. Chloride und Bromide sind leichter zu hydrolysieren als die stabileren Fluoride [vgl. **MC-Fragen Nr. 1345, 1383**].

$$PCl_3 + 3\,H_2O \rightarrow P(OH)_3 + 3\,HCl$$
$$BCl_3 + 3\,H_2O \rightarrow B(OH)_3 + 3\,HCl$$
$$SiCl_4 + 4\,H_2O \rightarrow Si(OH)_4 + 4\,HCl$$
$$TiCl_4 + 2\,H_2O \rightarrow TiO_2 + 4\,HCl$$

Die Eigenschaften der wichtigsten Halogenide des Schwefels, Stickstoffs, Phosphors, Siliciums und Bors werden in den entsprechenden Kapiteln dieser Elemente vorgestellt.

2.3.4.3 Fluorverbindungen

Zahlreiche Elemente bilden mit Fluor Verbindungen in hohen Oxidationsstufen [AgF_2, AsF_5, BiF_5, CoF_3, IF_7, SF_6], manche Elemente (z.B. Kupfer) zeigen die höchstmögliche Oxidationszahl nur in Verbindungen mit Fluor. Fluoride von Nichtmetallen [CF_4, SF_6] sind oft reaktionsträger als die analogen Verbindungen mit anderen Halogeniden. Die Nichtmetall-Fluor-Bindung ist nicht nur thermodynamisch stabil sondern auch kinetisch inert [siehe ▸Kap. 1.13.1 und **MC-Frage Nr. 1388**].

Viele Kationen mit hoher Ladung und kleinem Ionenradius bilden mit F^--Ionen stabilere Komplexe als mit den übrigen Halogenid-Ionen [BF_4^-, AlF_6^{3-}, SiF_6^{2-}, FeF_6^{3-}, CoF_6^{3-}]. Zu diesen Verbindungen analoge Komplexe mit anderen Halogeniden existieren nicht. Die Liganden in diesen **Fluorokomplexen** besitzen weitgehend Ionencharakter; die Gitterenergien der Komplexe sind daher groß und die Substanzen sind dementsprechend sehr stabil.

2.3.5 Halogenhalogenide und Interhalogene

Die Halogene bilden untereinander eine Reihe von Verbindungen der allgemeinen Formel $\mathbf{XY_n}$, wobei n eine ungerade Zahl (n = 1, 3, 5, 7) und Y das leichtere Halogen ist. Ihre Stabilität nimmt mit zunehmender Zahl n, mit wachsender Größe von X und abnehmender Größe von Y ab. Ihre Strukturen sind mit Hilfe des Elektronenpaar-Abstoßungsmodells erklärbar [siehe auch ▸Kap. 1.4.2.6 und **MC-Fragen Nr. 1385, 1391, 1392, 1396**].

In Bezug auf ihre physikalischen Eigenschaften stehen viele Interhalogenverbindungen zwischen den beiden Elementen, aus denen sie aufgebaut sind. Die Moleküle sind *polar*, entsprechend der unterschiedlichen Elektronegativität von X und Y. Alle Interhalogene sind reaktiv. Es sind starke, *hydrolyseempfindliche Oxidationsmittel*.

Die einfachsten Vertreter (**XY**) entstehen durch direkte Reaktion der beiden Elemente; höhere Interhalogenverbindungen sind durch Anlagerung von weiterem Halogen an die einfachen XY-Verbindungen darstellbar.

$$X_2 + Y_2 \rightleftharpoons 2\,XY$$
$$XY + m\,Y_2 \rightleftharpoons XY_{2m+1} \qquad (2m+1 = n)$$

Iodchlorid (ICl) und **Iodbromid** (IBr) werden in den Pharmakopöen als Reagenzien zur Bestimmung der *Iodzahl* in Fetten oder fetten Ölen verwendet.

Die Interhalogenverbindungen werden auch als *Halogenhalogenide* (Chlorfluoride, Bromfluoride, usw.) bezeichnet, wobei zur *Nomenklatur* (siehe Anhang) dieser Verbindungen der elektropositivere Bestandteil zuerst genannt wird. Der nachfolgende Name des elektronegativeren Bindungspartners erhält die Endung **-id**. So wird IBr korrekterweise als **Iodbromid** und nicht als Bromiodid bezeichnet, da bei der Heterolyse von IBr das Bromatom aufgrund seiner größeren Elektronegativität als Anion abgespalten wird.

2.3.6 Halogensauerstoffsäuren

Mit Ausnahme des Fluors sind von allen Halogenen mehrere *Oxosäuren* bekannt. Fluor bildet lediglich die instabile **Hypofluorige Säure** (HOF). Generell nimmt die Acidität dieser Säuren mit steigender Oxidationszahl des Halogens zu und jeweils vom Chlor zum Iod hin ab (siehe ▸Kap. 1.11.3.6). Mit steigender Acidität der Säure nehmen deren oxidierende Eigenschaften ab. Die Halogensauerstoffsäuren wirken in saurer Lösung stärker oxidierend als im Alkalischen. Viele Oxosäuren neigen zu Disproportionierungen.

2.3.6.1 Sauerstoffsäuren des Chlors

In ▫Tab. 2.8 sind die vier Sauerstoffsäuren des Chlors aufgelistet. Die *Säurestärke* dieser Verbindungen nimmt in der Reihe $HClO < HClO_2 < HClO_3 < HClO_4$ mit zunehmender Oxidationszahl des Chloratoms zu. *Perchlorsäure* ($HClO_4$) zählt zu den Supersäuren und ist als einzige dieser Säuren in reiner Form darstellbar. Auch bei den Anionen nimmt die mesomere Stabilisierung mit zunehmendem Oxidationsgrad in der Reihe $ClO^- < ClO_2^- < ClO_3^- < ClO_4^-$ zu [vgl. **MC-Fragen Nr. 1399, 1402–1405**].

Hypochlorige Säure [Chlor(I)-säure, veraltet: *Unterchlorige Säure*] (HOCl): Sie entsteht zusammen mit Chlorwasserstoff (HCl) beim Einleiten von Chlorgas in Wasser. Das Gleichgewicht der Reaktion liegt weitgehend auf der linken Seite (**Chlorwasser**) [vgl. **MC-Fragen Nr. 1159, 1170**].

▫ **Tab. 2.8 Sauerstoffsäuren des Chlors**

Formel	Bezeichnung	pK_s	Salz	Ox.zahl
HClO	Hypochlorige Säure	7,54	Hypochlorit	+1
$HClO_2$	Chlorige Säure	1,97	Chlorit	+3
$HClO_3$	Chlorsäure	-2,7	Chlorat	+5
$HClO_4$	Perchlorsäure	-10,0	Perchlorat	+7

$$Cl_2 + H_2O \rightleftharpoons HCl + HOCl$$

Zur Verschiebung des Gleichgewichts fängt man die gebildete HCl mit Quecksilber(II)-oxid (HgO) unter Bildung von unlöslichem [$HgO \cdot HgCl_2$] ab.

$$2\ Cl_2 + 2\ HgO + H_2O \longrightarrow [HgO \cdot HgCl_2]\downarrow + 2\ HOCl$$

Zur Darstellung der Hypochlorite leitet man Chlor in die entsprechenden Laugen ein. Die Umsetzung mit einer wässrigen Calciumhydroxid-Lösung (*Kalkmilch*) [$Ca(OH)_2$] führt zu **Chlorkalk** [CaCl(OCl)] [vgl. **MC-Fragen Nr. 1159, 1166, 1399**]:

$$Cl_2 + 2\ NaOH \longrightarrow NaOCl + NaCl + H_2O$$
$$Cl_2 + Ca(OH)_2 \longrightarrow CaCl(OCl) + H_2O$$

Hypochlorige Säure ist nur in wässriger Lösung beständig. Versucht man diese Lösungen zu entwässern, so bildet sich **Dichloroxid** (Cl_2O), das Anhydrid der HOCl.

$$2\ HOCl \longrightarrow Cl_2O\uparrow + H_2O$$

Hypochlorige Säure ist eine schwache Säure. Hypochlorit-Lösungen wirken oxidierend und disproportionieren bei erhöhter Temperatur (~ 75 °C) zu Chlorid und Chlorat (ClO_3^-).

$$3\ ClO^- \longrightarrow ClO_3^- + 2\ Cl^-$$

Chlorige Säure [Chlor(III)-säure] ($HClO_2$): Sie entsteht vom Einleiten von Chlordioxid (ClO_2) in Wasser [vgl. **MC-Frage Nr. 1407**].

$$2\ ClO_2 + H_2O \rightarrow HClO_2 + HClO_3$$

Die freie Säure ist instabil; ihre im Alkalischen einigermaßen stabilen Salze erhält man durch Reduktion von Chloraten.

Chlorsäure [Chlor(V)-säure] ($HClO_3$): Zur Darstellung der recht starken Chlorsäure geht man von Chloraten aus. Diese entstehen bei der Einwirkung von Hypochloriger Säure auf Hypochlorite.

$$2\ HOCl + NaOCl \rightarrow 2\ HCl + NaClO_3$$

Zur Gewinnung der unbeständigen freien Säure setzt man Bariumchlorat mit Schwefelsäure um.

$$Ba(ClO_3)_2 + H_2SO_4 \longrightarrow BaSO_4\downarrow + 2\ HClO_3$$

Wässrige Lösungen von Chloraten sind beständiger und wirken weniger stark oxidierend als Hypochlorite. Erst beim Erhitzen über ihren Schmelzpunkt hinaus gehen Chlorate in *Perchlorate* (ClO_4^-) über; bei noch stärkerem Erhitzen spaltet schließlich auch das gebildete Perchlorat molekularen Sauerstoff ab [vgl. **MC-Fragen Nr. 1168, 1169, 1403–1405, 1671**].

$$4\ ClO_3^- \xrightarrow{\text{Schmelze}} 3\ ClO_4^- + Cl^-$$

$$ClO_4^- \xrightarrow{\text{Schmelze}} Cl^- + 2\ O_2\uparrow$$

Perchlorsäure [Chlor(VII)-säure, Hydrogentetraoxochlorat, veraltet: *Überchlorsäure*] ($HClO_4$): Behandelt man die bei höheren Temperaturen durch Disproportionierung von Chloraten gebildeten Perchlorate mit konz. H_2SO_4, so wird $HClO_4$ freigesetzt und kann im Vakuum durch vorsichtiges Erwärmen des Reaktionsgemischs abdestilliert werden [vgl. **MC-Frage Nr. 1401**].

$$KClO_4 + H_2SO_4 \longrightarrow KHSO_4 + HClO_4$$

Neben der Freisetzung aus Perchloraten kann die Säure auch durch anodische Oxidation von Chlor gewonnen werden.

Perchlorsäure ist die beständigste und die einzige in reiner Form herstellbare Chlorsauerstoffsäure; sie ist die *stärkste Oxosäure* (pK_s = -10). Perchlorsäure verursacht auf der Haut schwer heilende Verätzungen und bildet mit Wasser ein *kristallines Hydrat* der Form [$H_3O^+\ ClO_4^-$]. Das *Azeotrop* aus 71,6 Gew% $HClO_4$ und 28,4 Gew% Wasser siedet bei 203 °C. In verdünnter wässriger Lösung hat Perchlorsäure *keine* oxidierende Wirkung, in reinem, wasserfreiem Zustand ist $HClO_4$ jedoch ein starkes Oxidationsmittel und neigt zu explosionsartigem Zerfall. *Perchlorsäure-Maßlösungen* in Eisessig dienen in der analytischen Chemie zur quantitativen Bestimmung schwacher Basen (siehe Ehlers, **Analytik II**, ▸Kap. 6.3.4).

Das tetraedrisch gebaute, mesomeriestabilisierte Perchlorat-Anion (ClO_4^-), eine extrem schwache Base, ist wegen seiner hohen Symmetrie besonders reaktionsträge und wirkt kaum oxidierend. *Perchlorate* sind in wässriger Lösung stabil. **Kaliumperchlorat** ($KClO_4$) ist in Wasser schwer löslich [vgl. **MC-Fragen Nr. 1035, 1379, 1397–1405**].

2.3.6.2 Sauerstoffsäuren des Broms

Vom Brom existieren gleichfalls Verbindungen, die sich von vier unterschiedlichen Oxosäuren ableiten.

Hypobromige Säure [Brom(I)-säure] (HOBr) entsteht durch Schütteln von Bromwasser mit Quecksilber(II)-oxid (HgO). *Hypobromite* (BrO^-) erhält man hingegen bei der Umsetzung von Brom mit Alkalihydroxid-Lösungen [vgl. **MC-Fragen Nr. 1168, 1172**].

$$2\ Br_2 + 2\ HgO + H_2O \longrightarrow [HgO \cdot HgBr_2]\downarrow + 2\ HOBr$$
$$Br_2 + 2\ NaOH \longrightarrow NaOBr + NaBr + H_2O$$

Hypobromige Säure ist eine schwache Säure ($pK_s = 7{,}69$) und ihre Salze disproportionieren in wässriger Lösung ziemlich rasch zu Bromid und Bromat, sodass Hypobromit-Lösungen nur unterhalb von 0 °C beständig sind.

$$3\ BrO^- \rightarrow BrO_3^- + Br^-$$

Bromige Säure [Brom(III)-säure] ($HBrO_2$) wird technisch in Form ihrer Salze *(Bromite)* durch Oxidation von Hypobromiten mit Hypochloriten dargestellt.

$$BrO^- + ClO^- \rightarrow BrO_2^- + Cl^-$$

Zum Unterschied von Chloriten sind Bromite nur in alkalischer Lösung beständig. Mit einigen Schwermetallionen (Pb^{2+}, Hg^{2+}, Ag^+) bilden Alkalibromite schwer lösliche, gelbe bis orangefarbene Niederschläge.

Bromsäure [Brom(V)-säure] ($HBrO_3$) lässt sich in Analogie zur Chlorsäure durch Umsetzung von Bariumbromat ($BaBrO_3$) mit verdünnter Schwefelsäure herstellen. **Kaliumbromat** ($KBrO_3$) ist ein in der analytischen Chemie häufig eingesetztes Oxidationsmittel (siehe Ehlers, **Analytik II**, ▸Kap. 7.2.5 „Bromatometrie“).

Perbromsäure [Brom(VII)-säure] ($HBrO_4$) wird in Form ihrer Salze *(Perbromate)* durch Oxidation von Bromat mit elementarem Fluor oder Xenondifluorid (XeF_2) gewonnen.

$$BrO_3^- + F_2 + H_2O \rightarrow BrO_4^- + 2\ HF$$

Verdünnte Schwefelsäure setzt aus Alkaliperbromaten wie $KBrO_4$ die zugrunde liegende Säure frei. $HBrO_4$ ist weniger flüchtig als $HClO_4$.

2.3.6.3 Sauerstoffsäuren des Iods

Hypoiodige Säure [Iod(I)-säure] (HOI) ist nur in wässriger Lösung existent und in freier Form nicht isolierbar. Die beim Behandeln von elementarem Iod mit Alkalihydroxid-Lösung zunächst gebildeten *Hypoiodite* (IO^-) disproportionieren bereits bei tiefen Temperaturen so schnell, dass man beim Lösen von Iod in Alkalihydroxid-Lösung direkt *Iodat* (IO_3^-) erhält (siehe ▸Kap. 2.3.2.3).

Iodige Säure [Iod(III)-säure] (HIO_2) ist die instabilste Halogensauerstoffsäure und disproportioniert schon bei 0 °C in Hypoiodit und Iodat.

$$2\ HIO_2 \rightarrow HIO + HIO_3$$

Iodsäure [Iod(V)-säure] (HIO_3), ein farbloser Feststoff, kann durch Oxidation von Iod mit konz. HNO_3, Ozon, H_2O_2 oder Cl_2 in wässriger Lösung gewonnen werden.

$$I_2 + 5\ Cl_2 + 6\ H_2O \rightleftharpoons 2\ HIO_3 + 10\ HCl$$

Hierbei muss die gebildete HCl als schwer lösliches AgCl aus dem Gleichgewicht entfernt werden, da umgekehrt HIO_3 Salzsäure wieder zu Chlor zu oxidieren vermag. Iodsäure und ihre Salze, die **Iodate**, sind starke Oxidationsmittel, aber beständiger als Chlorate und Bromate.

In der pharmazeutischen Analytik verwendet man Iodate zur in situ-Herstellung von Iod, wobei durch Komproportionierung mit Iodid pro Mol Iodat 6 Äquivalente

Iod freigesetzt werden [siehe **Ehlers, Analytik II,** ▸Kap. 7.2.3 und **MC-Fragen Nr. 1167, 1176**].

$$IO_3^- + 5\ I^- + 6\ H_3O^+ \rightarrow 3\ I_2 + 9\ H_2O$$

Periodsäure [Iod(VII)-säure] (HIO_4): Oxidiert man Iodate mit Hypochlorit in alkalischer Lösung, so entstehen Periodate.

$$IO_3^- + ClO^- \rightarrow IO_4^- + Cl^-$$

Die Periodate leiten sich aber nicht nur von der **Metaperiodsäure** (HIO_4) sondern auch von der wasserreicheren **Orthoperiodsäure** (H_3IO_5 oder H_5IO_6) ab. Letztere erhält man als farblose, fließende Kristalle auch beim Verdampfen des Wassers aus angesäuerten, wässrigen Periodat-Lösungen.

2.3.7 Halogenverbindungen von Hauptgruppenelementen

An dieser Stelle sollen nur die Sauerstoffverbindungen der Halogene vorgestellt werden. Die Halogenide von anderen Hauptgruppenelementen werden in den betreffenden Kapiteln des jeweiligen Elements besprochen.

Alle Elemente der VII. Hauptgruppe bilden Verbindungen mit Sauerstoff. Diese **Halogenoxide** sind im Allgemeinen ziemlich unbeständige, reaktionsfreudige Stoffe, die größtenteils zu explosionsartigem Zerfall neigen [vgl. **MC-Frage Nr. 1344**].

2.3.7.1 Oxide des Fluors

Die Fluor-Sauerstoff-Verbindungen werden aufgrund der höheren Elektronegativität des Fluors besser als *Sauerstofffluoride* statt als Fluoroxide bezeichnet [vgl. **MC-Frage Nr. 1423**].

Sauerstoffdifluorid [Difluoroxid] (F_2O) ist ein metastabiles, sehr reaktionsfähiges Gas und die einzige bei Raumtemperatur existente Fluor-Sauerstoff-Verbindung. Sie entsteht beim Einleiten von Fluor in eine verdünnte Natriumhydroxid-Lösung.

$$2\ F_2 + 2\ NaOH \longrightarrow 2\ NaF + H_2O + F_2O\uparrow$$

2.3.7.2 Oxide des Chlors

Von den Anhydriden bzw. gemischten Anhydriden der Chlorsauerstoffsäuren sind zu nennen:

Dichlormonoxid (Cl_2O), das Anhydrid der Hypochlorigen Säure, ist ein *gelbes* Gas. Das Oxid bildet sich beim Überleiten von Chlor über feuchtes Quecksilber(II)-oxid (HgO). In wässriger Lösung hydrolysiert es wieder zu Hypochloriger Säure [vgl. **MC-Frage Nr. 1406**].

$$2\ Cl_2 + HgO \xrightarrow{-\ HgCl_2} Cl_2O \xrightarrow{+\ H_2O} 2\ HOCl$$

Chlordioxid (ClO_2) entsteht bei tiefen Temperaturen durch Reduktion von Chloraten mit Oxalsäure ($H_2C_2O_4$) oder Schwefliger Säure (H_2SO_3).

$$2\ HClO_3 + H_2C_2O_4 \longrightarrow 2\ ClO_2\uparrow + 2\ CO_2\uparrow + 2\ H_2O$$
$$2\ HClO_3 + H_2SO_3 \longrightarrow 2\ ClO_2\uparrow + H_2SO_4 + H_2O$$

2 Anorganische Chemie

ClO_2, ein gelbes Gas, ist aufgrund seiner ungeraden Elektronenzahl *paramagnetisch* und als Radikal äußerst reaktiv. Es zerfällt schon bei geringem Erwärmen in die Elemente.

$$ClO_2 \longrightarrow 1/2\ Cl_2\uparrow + O_2\uparrow \qquad [\Delta H = -\ 103{,}3\ kJ/mol]$$

In Wasser gelöst, zersetzt es sich allmählich unter Bildung von Chloriger Säure und Chlorsäure (siehe ▸Kap. 2.3.6.1).

Dichlorheptaoxid (Cl_2O_7), das Anhydrid der Perchlorsäure, ist ein farbloses Öl, das bei der Dehydratisierung von Perchlorsäure mit Phosphorpentoxid (P_4O_{10}) gebildet wird.

$$4\ HClO_4 + P_4O_{10} \rightarrow 2\ Cl_2O_7 + 4\ HPO_3$$

2.3.7.3 Oxide des Broms und Iods

Dibrommonoxid (Br_2O), das Anhydrid der Hypobromigen Säure, entsteht beim Einwirken von elementarem Brom auf Quecksilber(II)-oxid. Das Oxid zersetzt sich bei Temperaturen unterhalb von –40 °C allmählich in die Elemente.

$$2\ Br_2 + HgO \rightarrow HgBr_2 + Br_2O\uparrow$$

Diiodpentoxid [Iod(V)-oxid] (I_2O_5), ein weißer Feststoff, ist das stabilste Halogenoxid. Es kann als Anhydrid der Iodsäure aufgefasst werden und entsteht aus HIO_3 beim Erwärmen auf ca. 250 °C.

$$2\ HIO_3 \longrightarrow I_2O_5 + H_2O$$

Behandelt man dagegen Iodsäure mit heißer konz. H_2SO_4, so wird **Diiodtetroxid** (I_2O_4) als *gelber* Feststoff gebildet.

2.3.8 Pseudohalogene, Pseudohalogenwasserstoffe und deren Salze

Bestimmte Verbindungen stark elektronegativer Elemente gleichen in ihrem Verhalten den elementaren Halogenen. Es sind wie diese flüchtige Stoffe und sie bilden mit Metallen Salze, die in ihren Eigenschaften den Halogeniden ähneln.

Zu den wichtigsten *Pseudohalogenen* gehören **Dicyan** [$(CN)_2$] und **Dirhodan** [$(SCN)_2$]. Zu den *Pseudohalogeniden*, die viele für Halogenide typische Reaktionen zeigen, zählen **Cyanide** (CN^-), **Rhodanide (Thiocyanate)** (SCN^-), **Cyanate** (OCN^-), **Isocyanate** (NCO^-) und **Azide** (N_3^-). Die Eigenschaften der letztgenannten Substanzklasse werden im ▸Kap. 2.5.4 vorgestellt [vgl. **MC-Fragen Nr. 1408, 1409, 1411**].

2.3.8.1 Dicyan

Eigenschaften: Dicyan [N≡C-C≡N] ist ein *linear* gebautes, farbloses und giftiges Gas, das mit Metallen zu vorwiegend ionischen **Cyaniden**, in Gegenwart von Wasserstoff zu **Cyanwasserstoff** (HCN) und mit Wasser zu **Oxalsäure** ($H_2C_2O_4$) reagiert [vgl. **MC-Fragen Nr. 420, 426, 436, 1390**].

$$Me + (CN)_2 \longrightarrow Me^{II}(CN)_2$$
$$H_2 + (CN)_2 \longrightarrow 2\ HCN \qquad [\Delta H = -47\ kJ/mol]$$
$$4\ H_2O + (CN)_2 \longrightarrow HOOC\text{-}COOH + 2\ NH_3$$

In Analogie zu den schwereren Halogenen disproportioniert Dicyan in alkalischer Lösung in Cyanid- und Cyanat-Ionen [vgl. **MC-Fragen Nr. 1410, 1411**].

$$(CN)_2 + 2\ HO^- \longrightarrow CN^- + OCN^- + H_2O$$

Darstellung: Im Laboratorium kann Dicyan durch thermische Zersetzung von AgCN bzw. von $Hg(CN)_2$ in Anwesenheit von $HgCl_2$ oder durch Oxidation von Cyanid-Ionen, z. B. mit Cu(II)-Salzen, dargestellt werden [vgl. **MC-Fragen Nr. 1410, 1411, 1415**].

$$2\ AgCN \longrightarrow 2\ Ag + (CN)_2\uparrow$$
$$Hg(CN)_2 + HgCl_2 \longrightarrow Hg_2Cl_2 + (CN)_2\uparrow$$
$$2\ Cu^{2+} + 4\ CN^- \longrightarrow 2\ CuCN + (CN)_2\uparrow$$

2.3.8.2 Cyanwasserstoff und Cyanide

Darstellung: Cyanwasserstoff (HCN), der formal als Nitril der Ameisensäure aufgefasst werden kann, wird durch Behandeln von Metallcyaniden mit Säuren oder großtechnisch durch katalysierte Oxidation von **Methan** (CH_4) in Gegenwart von Ammoniak hergestellt.

$$2\ CH_4 + 3\ O_2 + 2\ NH_3 \xrightarrow[800\ °C]{Kat.} 2\ HCN + 6\ H_2O$$

Eigenschaften: Der linear gebaute Cyanwasserstoff ist wie die Halogenwasserstoffe eine kovalente Molekülverbindung, die in zwei tautomeren Formen, einer *Nitril-* und einer *Isonitril-Form*, auftreten kann. Als *tautomere Moleküle* bezeichnet man miteinander im Gleichgewicht stehende Konstitutionsisomere, die sich in der Position eines Protons unterscheiden [siehe auch Ehlers, **Chemie II**, ▸Kap. 3.2.15.5 und **MC-Fragen Nr. 418, 419, 421, 424, 425, 1414, 1894**].

$$\textbf{(Nitril) } H\text{-}C\equiv\overline{N} \rightleftharpoons |C=\overline{N}\text{-}H \textbf{ (Isonitril)}$$

HCN ist eine farblose, nach Bittermandelöl riechende, toxische Flüssigkeit [Sdp. 25,6 °C] mit einer größeren Dielektrizitätszahl als Wasser (siehe ▸Kap. 1.3.3.2). Flüssiger Cyanwasserstoff neigt in Abwesenheit von Stabilisatoren zu explosionsartigen Polymerisationen [vgl. **MC-Frage Nr. 1414**].

Cyanwasserstoff ist gut wasserlöslich; die wässrige Lösung nennt man **Blausäure**. Ihre Salze heißen **Cyanide**. In konz. H_2SO_4 zerfällt HCN in H_2O und CO. Im Gegensatz zu den Halogenwasserstoffen ist Cyanwasserstoff nur eine *schwache* Säure (pK_s = 9,40). Daher reagieren die wässrigen Lösungen der farblosen Alkalicyanide *alkalisch*. Solche Lösungen enthalten aufgrund der partiellen Protolyse des Cyanid-Ions auch immer etwas Blausäure [siehe ▶Kap. 1.11.3.11 und **MC-Fragen Nr. 1073, 1076, 1077, 1079, 1080, 1410-1415**].

$$CN^- + H_2O \rightleftharpoons HCN + HO^-$$

Das Cyanid-Ion (CN^-) ist isoelektronisch zu CO und N_2. Die meisten Cyanide sind in Wasser leicht löslich. In Analogie zu den Halogeniden sind jedoch AgCN, $Pb(CN)_2$ schwer löslich in Wasser, wobei AgCN bei einem Überschuss an CN^--Ionen als komplexes Cyanid wieder in Lösung geht. Diese Komplexbildungsreaktion nutzt man z. B. in der „*Cyanidlaugerei*", um Silber aus seinen Erzen herauszulösen [vgl. **MC-Fragen Nr. 1410, 1411, 1415**].

$$AgCN + CN^- \longrightarrow [Ag(CN)_2]^-$$

Die Tendenz zur *Komplexbildung* von Cyanid-Ionen ist stärker ausgeprägt als bei den Halogeniden und führt in der Regel zu sehr stabilen **komplexen Cyaniden** wie z. B. $[Hg(CN)_4]^{2-}$, $[Cu(CN)_4]^{3-}$, $[Ni(CN)_4]^{2-}$, $[Fe(CN)_6]^{3-}$, $[Fe(CN)_6]^{4-}$, $[Co(CN)_6]^{3-}$ (siehe auch ▶Kap. 1.5.4.3).

Die *extrem giftige Wirkung* der Cyanide und der Blausäure beruht u. a. darauf, dass sie schwermetallhaltige Enzyme durch Komplexbildung inaktivieren.

Cyanid-Ionen besitzen sowohl am N- als auch am C-Atom je ein freies Elektronenpaar und verfügen daher über zwei reaktive Zentren. Man bezeichnet sie aus diesem Grund auch als *ambidente* (*ambifunktionelle*) *Nucleophile* (Elektronenpaardonatoren). Sie reagieren mit Elektrophilen (Elektronenpaarakzeptoren) sowohl am Stickstoff als auch am Kohlenstoff. In cyanidhaltigen Komplexen ist das CN^--Ion über den Kohlenstoff an das jeweilige Zentralatom gebunden (siehe auch Ehlers, **Chemie II**, ▶Kap. 3.2.5.9).

2.3.8.3 Cyansäure und Fulminsäure (Knallsäure)

Cyanate (NCO^-) können durch Oxidation von Cyaniden mit milden Oxidationsmitteln oder durch Disproportionierung von Dicyan in alkalischer Lösung hergestellt werden. Daraus entsteht nach dem Ansäuern eine wässrige Lösung der **Cyansäure** (HOCN), die man auch durch thermische Zersetzung von Harnstoff-Lösungen erhalten kann [vgl. **MC-Frage Nr. 1415**].

Die wässrigen Lösungen der Cyansäure sind instabil und zerfallen in CO_2 und NH_3. Das linear gebaute Cyanat-Ion ist isoelektronisch zum CO_2- und zum N_2O-Molekül sowie zum Azid-Ion (N_3^-). Von der Cyansäure existiert gleichfalls eine tautomere Isoform [vgl. **MC-Frage Nr. 1422**].

$$\textbf{(Cyansäure) H-O-C}\equiv\overline{\textbf{N}} \rightleftharpoons \textbf{O=C=}\overline{\textbf{N}}\textbf{-H (Isocyansäure)}$$

Cyansäure kann formal als Nitril der Kohlensäure aufgefasst werden. HOCN trimerisiert leicht zur **Cyanursäure**, einem Derivat des 1,3,5-Triazins.

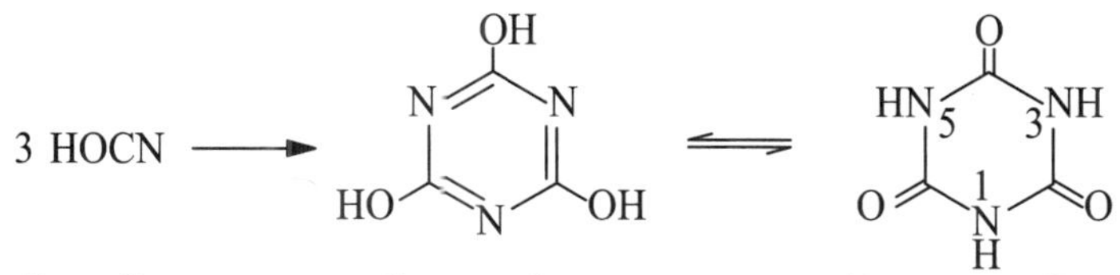

Cyansäure **Cyanursäure** **Isocyanursäure**

Ersetzt man die HO-Gruppe der Cyansäure durch ein Brom- oder Chloratom, so erhält man die äußerst reaktiven Verbindungen **Bromcyan** (Br-CN) und **Chlorcyan** (Cl-CN). Daraus entsteht durch Umsetzung mit Ammoniak **Cyanamid** (H_2N-CN), das einerseits als Amid der Cyansäure und andererseits als Nitril der Carbamidsäure angesehen werden kann. Es steht in einem tautomeren Gleichgewicht zum **Carbodiimid** (HN=C=NH).

$$\text{Br-C} \equiv \text{N} + \text{NH}_3 \xrightarrow[\text{- HBr}]{} \underset{\text{Cyanamid}}{\text{H}_2\text{N-C} \equiv \text{N}} \rightleftharpoons \underset{\text{Carbodiimid}}{\text{HN=C=NH}}$$

Eine zur Cyansäure isomere Substanz ist die **Fulminsäure** (*Knallsäure*) (HCNO), die in freiem Zustand nicht beständig ist. Auch von der Knallsäure existieren isomere Formen.

$$\text{H-}\overset{\ominus}{\bar{\text{C}}}\text{=}\overset{\oplus}{\text{N}}\text{=}\underline{\bar{\text{O}}} \rightleftharpoons |\overset{\ominus}{\text{C}}\equiv\overset{\oplus}{\text{N}}\text{-}\underline{\bar{\text{O}}}\text{-H}$$

Die Salze der Knallsäure heißen **Fulminate**. Man stellt sie aus einem Metall, Salpetersäure und Ethanol her. Quecksilber- und Silberfulminat dienen als Initialzünder. **Quecksilberfulminat** (*Knallquecksilber*) besitzt eine lineare Struktur (O-N=C-Hg-C=N-O).

2.3.8.4 Dirhodan und Thiocyansäure

Das bei Raumtemperatur flüssige **Dirhodan** (N ≡ C-S-S-C ≡ N) [Schmp. 12 °C] kann durch Oxidation von **Thiocyanat-Ionen** (SCN^-) hergestellt werden. In freiem Zustand polymerisiert es ziemlich rasch zu einem *roten* Feststoff unbekannter Struktur.

Thiocyansäure (*Rhodanwasserstoffsäure*) (HS-CN) ist ein farbloses Gas und stärker sauer ($pK_s \approx 4$) als Cyanwasserstoff ($pK_s = 9{,}40$). Sowohl Thiocyanat-Ionen als auch die freie Thiocyansäure sind weniger giftig als Cyanide oder Blausäure. Thiocyanate (Rhodanide) können durch Zusammenschmelzen von Cyaniden mit elementarem Schwefel erhalten werden [vgl. **MC-Frage Nr. 1410**].

$$8\ CN^- + S_8 \rightarrow 8\ SCN^-$$

Das wahrscheinlich linear gebaute Rhodanid-Ion ($N{\equiv}C{-}S^-$) bildet wie das CN^--Ion zahlreiche stabile Metallkomplexe ($[Ag(SCN)_2]^-$ oder $[Fe(SCN)_6]^{3-}$).

2.4 Chalkogene

Zu den Elementen der VI. Hauptgruppe gehören: **Sauerstoff** (O), **Schwefel** (S), **Selen** (Se), **Tellur** (Te) sowie das radioaktive **Polonium** (Po). Die **Chalkogene** (*Erzbildner*) unterscheiden sich in ihren Eigenschaften viel stärker voneinander als die Halogene, wobei der Sauerstoff als erstes Element der Gruppe wiederum eine *Sonderstellung* einnimmt. Über die wichtigsten allgemeinen Eigenschaften der Chalkogene informiert ◘ Tab. 2.9 [vgl. **MC-Fragen Nr. 1417, 1419**].

Metallcharakter: Sauerstoff und Schwefel sind ausgesprochene Nichtmetalle. Selen kommt außer in typisch nichtmetallischen (roten) Formen bereits in einer (grauen) Modifikation vor, die sich durch starke Lichtreflexion und ein gewisses Leitvermögen für den elektrischen Strom auszeichnet. Beim Tellur und Polonium ist die metallische Modifikation schon die bevorzugte Zustandsform.

Reaktivität: Einem Chalkogenatom fehlen zwei Elektronen bis zur nächsthöheren Edelgaskonfiguration. Daher treten alle Elemente der VI. Hauptgruppe gegenüber *elektropositiven* Elementen *zweiwertig* auf und bilden *Anionen* (X^{2-}) in der Oxidationsstufe **-2**. Die Affinität der Elemente gegenüber Wasserstoff nimmt innerhalb der Gruppe von oben nach unten ab; in der gleichen Richtung nimmt auch die *Stabilität* dieser Verbindungen vom Wasser (H_2O) zum Tellurwasserstoff (H_2Te) hin ab.

Gegenüber *elektronegativen* Elementen sind die Chalkogene – mit Ausnahme von Sauerstoff – *zwei-*, *vier-* und *sechswertig* (Oxidationszahl: **+2**, **+4**, **+6**) [siehe auch ▶ Kap. 1.12.1.3 und **MC-Fragen Nr. 1416, 1418**].

2.4.1 Sauerstoff

2.4.1.1 Gewinnung und Eigenschaften von Sauerstoff

Atmosphärischer Sauerstoff ist ein Gemisch aus ^{16}**O** (99,795%), ^{17}**O** (0,037%) und ^{18}**O** (0,205%). Keines dieser Isotope ist radioaktiv [vgl. **MC-Fragen Nr. 1416, 1422**].

Darstellung: *Sauerstoff* und *Stickstoff* werden heute großtechnisch nach dem **Linde-Verfahren** durch *fraktionierte Destillation* (Rektifikation) aus verflüssigter Luft gewonnen, in der Sauerstoff zu etwa 21 Vol% und Stickstoff zu etwa 78 Vol% enthalten sind [siehe ◘ Tab. 2.10 und **MC-Fragen Nr. 1433, 1656**].

Flüssiger Stickstoff siedet bei -196 °C und flüssiger Sauerstoff bei -183 °C. Mischungen beider Flüssigkeiten sieden bei dazwischenliegenden Temperaturen. Wie

Tab. 2.9 Eigenschaften der Chalkogene

	O	S	Se	Te	Po
Elektronenkonfiguration	ns^2np^4				
Schmelzpunkt (°C)	-218,8	115,2	220,0	449,5	254
Siedepunkt (°C)	-183,0	444,6	684,9	988	962
Ionisierungsenergie (kJ/mol)	1313,9	999,6	941	839,3	812,1
Elektronenaffinität [$E \longrightarrow E^{2-}$] (kJ/mol)	704	332	403	414	-
Elektronegativität	3,4	2,6	2,6	2,1	2,0
Normalpotential [E/E^{2-}] (V)	+0,82	-0,48	-0,92	-1,14	+0,37
Atomradius (pm)	60	100	115	140	190
Ionenradius [E^{2-}] (pm)	140	184	198	221	230
Metallcharakter	——— **Zunehmend** ———>				
Reaktionsfähigkeit	——— **Abnehmend** ———>				
Salzcharakter der Halogenide	——— **Zunehmend** ———>				
Affinität zu elektropositiven Elementen	——— **Abnehmend** ———>				
Affinität zu elektronegativen Elementen	——— **Zunehmend** ———>				

Tab. 2.10 Bestandteile der Luft

	Massen%	Vol%	Sdp.(°C)	Schmp.(°C)
Sauerstoff	23,16	20,95	-182,9	-218,3
Stickstoff	75,51	78,08	-195,8	-210,1
Edelgase	1,28	0,933	-	-
Kohlendioxid	0,05	0,034	-	*)

*) CO_2 sublimiert bei 1013 mbar bei -78,5 °C

Abb. 2.3 ausweist, siedet ein Gemisch aus 80 Vol% N_2 und 20 Vol% O_2 bei -194,5 °C [vgl. **MC-Frage Nr. 1421**].

Trägt man in einem Diagramm auf der Abszisse die prozentuale Zusammensetzung des flüssigen N_2/O_2-Gemischs und auf der Ordinate die jeweilige Siedetemperatur auf, so erhält man die in Abb. 2.3 als *„Siedekurve"* bezeichnete Linie. Erwärmt man nun eine flüssige Stickstoff/Sauerstoff-Mischung gegebener Zusammensetzung, so ist der entstehende Dampf stets stickstoffreicher als die Flüssigkeit. Dampf und Flüssigkeit haben also zwischen -183 °C und -196 °C eine verschiedene Zusammensetzung. Kühlt man danach die mit der Flüssigkeit im Gleichgewicht befindlichen Dämpfe ab und notiert die bei gegebener Zusammensetzung gemessenen Temperaturen, bei denen sich beim Kondensieren das erste Flüssigkeitströpfchen abscheidet, so erhält man die als „*Taukurve*" (Kondensationskurve) bezeichnete Linie.

Destilliert man z. B. ein Gemisch von 60 Vol% O_2 und 40 Vol% N_2 (Punkt A in o Abb. 2.3), so siedet es bei -190,6 °C. Der entstehende Dampf ist stickstoffreicher und hat eine Zusammensetzung von 30/70 Vol% O_2/N_2, während die verbleibende Flüssigkeit sauerstoffreicher wird. Während der Destillation bewegen wir uns also auf der Siedekurve bezüglich der verbleibenden flüssigen Phase in Richtung A*.

Kondensiert man den bei der Destillation des Gemischs A erhaltenen Dampf, so erhält man ein Kondensat B, das nur noch 30 Vol% O_2 enthält. Destilliert man diese Flüssigkeit erneut, so ist das daraus gebildete Kondensat noch weiter an Sauerstoff verarmt. Wir bewegen uns also während der Destillation bezüglich des aus dem Dampf gebildeten Kondensats auf der Taukurve in Richtung B**.

Auf diese Weise gelingt es schließlich, durch wiederholte fraktionierte Destillation *reinen Sauerstoff* und *reinen Stickstoff* herzustellen, während ein O_2/N_2-Gemisch

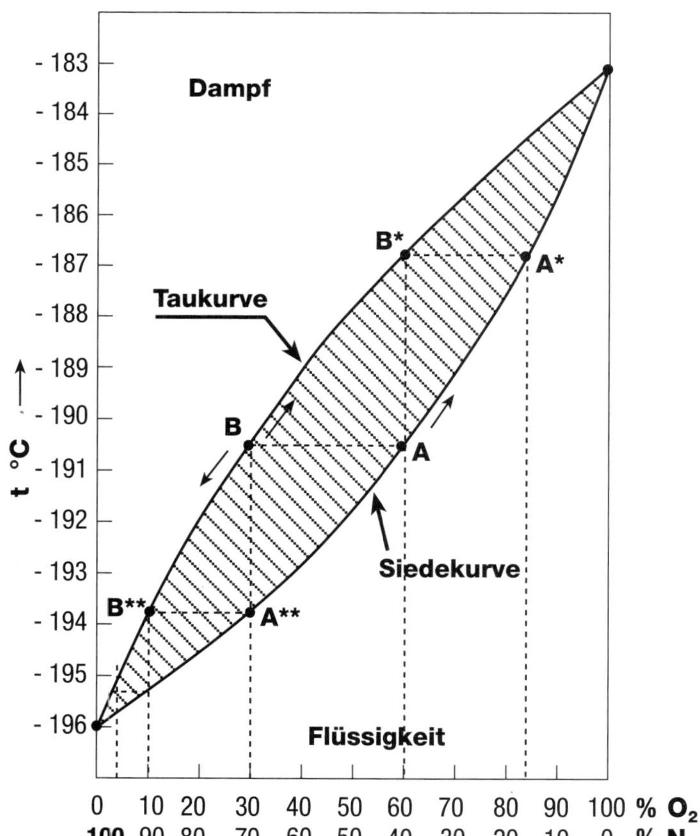

o **Abb. 2.3 Siedediagramm von Stickstoff-Sauerstoff-Gemischen**

naturgemäß durch eine einfache Destillation nicht zu trennen ist [vgl. **MC-Fragen Nr. 1421, 1433–1435**].

Der Siedepunkt eines idealen Gemischs zweier Flüssigkeiten hängt von der Zusammensetzung der flüssigen Phase ab, die sich bei jeder Temperatur von der in der Dampfphase unterscheidet. In der Dampfphase reichert sich die niedriger siedende, in der flüssigen Phase die höher siedende Komponente an. Trägt man bei konstantem Druck die jeweiligen Siedetemperaturen als Funktion der Zusammensetzung in beiden Phasen auf, so ergeben sich zwei unterschiedliche Kurven, die als **Siedekurve** und als **Taukurve** bezeichnet werden.

Die Gewinnung von Sauerstoff durch *Elektrolyse von Wasser,* wobei O_2 an der Anode entsteht, hat großtechnisch keine Bedeutung [vgl. **MC-Frage Nr. 1422**].

Im Labormaßstab gewinnt man Sauerstoff durch katalytische Zersetzung von **Wasserstoffperoxid** (siehe ▶Kap. 2.4.2.2) oder durch Erhitzen von **Chloraten.**

$$4\ KClO_3 \xrightarrow[-\ KCl]{400\ °C} 3\ KClO_4 \xrightarrow{500\ °C} 3\ KCl + 6\ O_2\uparrow$$

In Anwesenheit eines MnO_2-Katalysators erniedrigt sich die Temperatur dieser Zersetzungsreaktion auf etwa 150 °C.

$$2\ KClO_3 \xrightarrow[150\ °C]{(MnO_2)} 2\ KCl + 3\ O_2\uparrow$$

Auch **Alkalinitrate** sowie **Silber-** (Ag_2O) und **Quecksilber(II)-oxid** (HgO) spalten beim Erhitzen molekularen Sauerstoff ab.

$$2\ HgO \longrightarrow 2\ Hg + O_2\uparrow$$
$$2\ NaNO_3 \longrightarrow 2\ NaNO_2 + O_2\uparrow$$

Eine weitere Möglichkeit zur Sauerstoffgewinnung besteht darin, dass man ihn aus der *Luft* an einen Stoff bindet, der imstande ist, nach der O_2-Bindung den gebundenen Sauerstoff wieder abzugeben. Ein Beispiel hierfür ist **Bariumoxid** (BaO), das sich bei ca. 500 °C unter Druck mit O_2 in **Bariumperoxid** (BaO_2) umwandelt [vgl. **MC-Frage Nr. 1421**].

$$2\ BaO + O_2 \underset{700\ °C}{\overset{500\ °C}{\rightleftharpoons}} 2\ BaO_2$$

Bei 700 °C oder bei Druckminderung gibt Bariumperoxid den gebundenen Sauerstoff wieder ab. Auch aus anderen **Peroxiden** wie z. B. **Natriumperoxid** (Na_2O_2) lässt sich Sauerstoff thermisch freisetzen.

$$4\ Na + 2\ O_2 \longrightarrow 2\ Na_2O_2 \longrightarrow 2\ Na_2O + O_2\uparrow$$

Eigenschaften: Sauerstoff – das häufigste aller Elemente – ist ein farb-, geruch- und geschmackloses Gas.

In dicken Schichten zeigt gasförmiger oder verflüssigter Sauerstoff eine *blaue* Farbe. Unterhalb von -218,75 °C erstarrt Sauerstoff zu blauen Kristallen [vgl. **MC-Frage Nr. 1425**].

In Wasser ist Sauerstoff in geringem Maße löslich; die Löslichkeit wächst mit steigendem Druck und nimmt mit zunehmender Temperatur ab.

Das zweiatomige Sauerstoffmolekül, das eine gerade Anzahl von Elektronen besitzt, ist ein **Diradikal**; es enthält im Grundzustand *zwei* ungepaarte Elektronen in antibindenden $2\pi^*p_z$-MO und $2\pi^*p_y$-MO (siehe ⚬Abb. 1.68, ▸Kap. 1.4.4.2). Die beiden ungepaarten Elektronen bedingen den *Paramagnetismus* und die verglichen mit H_2 ziemlich hohe Reaktivität von molekularem O_2. Der *Triplett-Charakter* des Sauerstoffs [$^3O_2(\uparrow\uparrow)$] im Grundzustand bedingt auch, dass O_2 bei vielen photochemischen Reaktionen als Radikalfänger fungieren kann [vgl. **MC-Fragen Nr. 461, 462, 1421–1423**].

Sauerstoff wirkt auf viele Stoffe *oxidierend* und bildet mit den meisten Elementen auf direktem Wege **Oxide** (siehe ▸Kap. 2.4.4). Die in der Regel *exothermen* Reaktionen des Sauerstoffs laufen jedoch bei Raumtemperatur nur sehr langsam ab; Ursache hierfür ist die hohe Dissoziationsenergie der O-O-Bindung von etwa 984 kJ/mol.

Sauerstoff reagiert leicht in Allylstellung von ungesättigten Verbindungen, wie z. B. Fetten mit ungesättigten Fettsäuren, unter Bildung von **Hydroperoxiden**. Auf dieser Oxidation beruht das Ranzigwerden von Fetten [vgl. **MC-Frage 1422**].

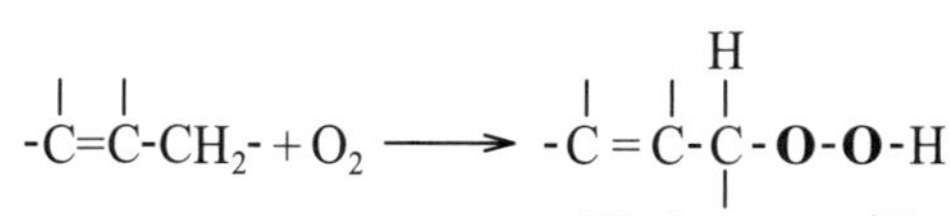

Hydroperoxid

Vom Sauerstoffmolekül leiten sich drei Anionen ab: das paramagnetische **Hyperoxid-Ion** (O_2^-) sowie die beiden diamagnetischen **Peroxid-** (O_2^{2-}) und **Oxid-Ionen** (O^{2-}). Die Ionisierung des O_2-Moleküls führt zum **Dioxygenyl-Ion** (O_2^+); zur Bindungsstruktur dieser Ionen siehe Kap. 1.4.4.2 [vgl. **MC-Fragen Nr. 1427, 1428**].

2.4.1.2 Singulett-Sauerstoff

Singulett-Sauerstoff [$^1O_2(\uparrow\downarrow)$] ist ein elektronenenergetisch angeregter Zustand von molekularem Sauerstoff. Die beiden energiereichsten π^*-Elektronen des O_2-Moleküls besitzen eine entgegengesetzte Spinorientierung, so dass Singulett-Sauerstoff diamagnetisch ist. Der Singulett-Zustand liegt etwa 93,8 kJ/mol oberhalb des Triplett-Grundzustandes [vgl. **MC-Fragen Nr. 460, 462, 1422, 1426**].

Singulett-Sauerstoff kann durch Reaktion von Wasserstoffperoxid (H_2O_2) mit Natriumhypochlorit [NaOCl] oder durch Thermolyse bestimmter Ozonide erzeugt werden.

$$H_2O_2 + ClO^- \rightarrow Cl^- + H_2O + {}^1O_2\,(\uparrow\downarrow)$$

Häufigstes Verfahren ist jedoch die Farbstoff-sensibilisierte photochemische Anregung von Triplett-Sauerstoff. Hierbei wird ein Farbstoff (F) mit sichtbarem Licht in einen angeregten Singulett-Zustand (S^1) übergeführt, der sich nach einem raschen **intersystem crossing** in einen angeregten Triplett-Zustand (T^1) umwandelt. Der Farbstoff wirkt dann als **Sensibilisator**, indem er die Anregungsenergie auf den Triplett-Sauerstoff (T^0) überträgt, wodurch Singulett-Sauerstoff (S^1) gebildet wird und der Farbstoff in seinen Grundzustand zurückkehrt (siehe auch ▶Kap. 1.1.6.5).

$$\mathbf{F(S^0)} \xrightarrow{h\nu} \mathbf{F^*(S^1)} \xrightarrow[\text{crossing}]{\text{intersystem}} \mathbf{F^*(T^1)} \xrightarrow{+\,O_2(T^0)} \mathbf{F(S^0)} + \mathbf{O_2^*(S^1)}$$

Singulett-Sauerstoff ist ein wirksames Oxidationsmittel. Seine Reaktionen mit organischen Molekülen werden als **Photooxidationen** bezeichnet. Bei diesen Reaktionen verhält sich Singulett-O_2 wie **Ethen** und kann sich an Doppelbindungssysteme unter Cycloaddition anlagern [vgl. **MC-Frage Nr. 1426**].

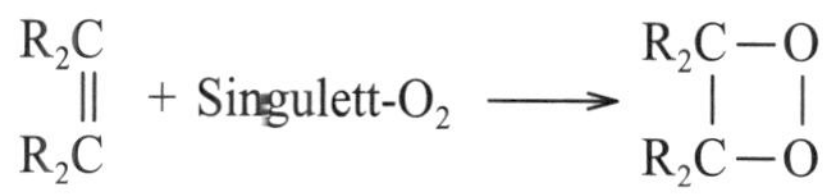

2.4.1.3 Ozon

Sauerstoff existiert in der Natur in einer weiteren *allotropen Form* (Modifikation) [vgl. **MC-Fragen Nr. 715-719**].

Setzt man das O_2-Molekül elektrischen Entladungen oder einer Bestrahlung mit UV-Licht (185 nm) aus, so bildet sich **Ozon** (O_3), ein bläuliches, in hohen Konzentrationen stechend scharf bis chlorähnlich riechendes Gas. Die Bildung von Ozon aus Sauerstoff ist ein *zweistufiger*, *endothermer* Prozess. Nach der endothermen, durch UV-Licht ausgelösten Dissoziation des Sauerstoffmoleküls reagieren die gebildeten Sauerstoffatome in einer exothermen Folgereaktion mit weiteren Sauerstoffmolekülen zu Ozon [vgl. **MC-Fragen Nr. 1416, 1420, 1421, 1423, 1425, 1429–1432**].

$O_2 \rightarrow 2\,O$	$\Delta H = +247\ kJ \cdot mol^{-1}$
$O + O_2 \rightarrow O_3$	$\Delta H = -105\ kJ \cdot mol^{-1}$
$3/2\ O_2 \rightarrow O_3$	$\Delta H = +142\ kJ \cdot mol^{-1}$

Das diamagnetische O_3-Molekül ist *gewinkelt* gebaut mit einem Bindungswinkel von 116,8° und einem O-O-Bindungsabstand von 127,8 pm. Das Ozonmolekül ist durch Mesomerie stabilisiert unter Ausbildung einer 1,2- und 1,3-dipolaren Struktur [vgl. **MC-Fragen Nr. 421, 424, 1423, 1429–1432**].

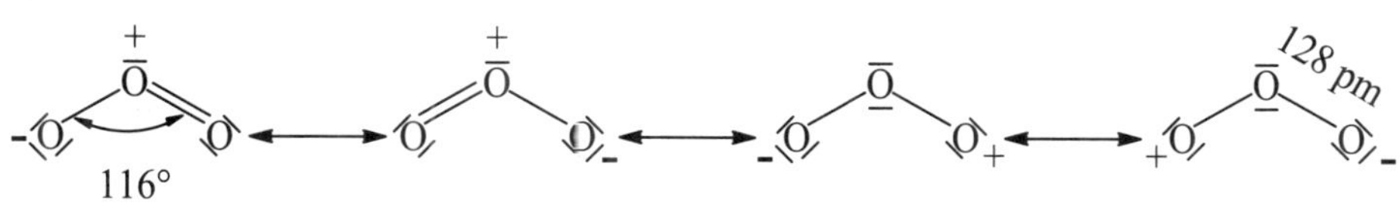

Ozon ist ein essentieller Bestandteil höherer Schichten der Erdatmosphäre. In hohen Konzentrationen ist Ozon stark giftig. Es ist in Wasser etwas besser löslich als O_2. Sein Siedepunkt (Sdp. = -112 °C) liegt höher als der von Sauerstoff (Sdp. = -182,9 °C) [vgl. **MC-Frage Nr. 1430**].

Ozon ist ein starkes Oxidationsmittel [E°(O_3/O_2) = +1,9 V] und wesentlich reaktiver als Sauerstoff. Ozon reagiert mit Alkalihydroxiden zum paramagnetischen **Ozonid-Ion** (O_3^-) unter Bildung von Salzen wie *Natriumozonid* (NaO_3) [vgl. **MC-Frage Nr. 1429**].

Man benutzt Ozon zur Trinkwasserdesinfizierung sowie zur **Ozonisierung** organischer Verbindungen. So reagiert Ozon mit Alkenen ($R_2C{=}CR_2$) zu cyclischen Ozoniden, die sich zu Carbonylverbindungen ($R_2C{=}O$) spalten lassen [siehe Ehlers, **Chemie II**, ▸Kap. 3.2.18.3 und **MC-Fragen Nr. 1430–1432**].

2.4.2 Wasserstoffperoxid, Peroxoverbindungen

2.4.2.1 Darstellung von Wasserstoffperoxid

Wasserstoffperoxid (H_2O_2) wird technisch durch Hydrolyse von Peroxoverbindungen hergestellt, z. B. aus:

- **Peroxodisulfaten**

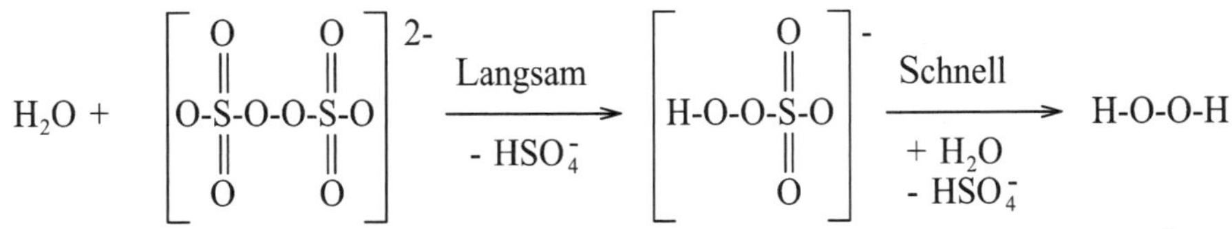

Da der erste Reaktionsschritt langsamer verläuft, kann **Carosche Säure** (H_2SO_5) als Intermediat isoliert werden. Um eine Oxidation des gebildeten H_2O_2 durch HSO_5^--Ionen zu verhindern, führt man die Hydrolyse unter vermindertem Druck durch. Dabei destilliert H_2O_2 als etwa 30%ige Lösung ab [vgl. **MC-Fragen Nr. 1416, 1437–1439, 1445**].

Peroxodischwefelsäure ($H_2S_2O_8$) erhält man durch anodische Oxidation von *wasserfreier* Schwefelsäure, wobei an der Kathode H_2 gebildet und H_2SO_4 bei der nachfolgenden Hydrolyse wieder zurückgewonnen wird. Deshalb läuft das Verfahren letzten Endes auf eine Umwandlung von Wasser in H_2 und H_2O_2 hinaus.

$$2\ H_2SO_4 \xrightarrow{\text{Elektrolyse}} H_2S_2O_8 + H_2$$

$$H_2S_2O_8 + 2\ H_2O \xrightarrow{\text{Hydrolyse}} H_2O_2 + 2\ H_2SO_4$$

$$2\ H_2O \longrightarrow H_2O_2 + H_2\uparrow$$

- **Natrium-** oder **Bariumperoxid**, die sich ihrerseits leicht durch Erhitzen von Na oder BaO mit O_2 gewinnen lassen. Bei der Hydrolyse dieser **Peroxide** bildet sich H_2O_2. Hierbei bindet eine geeignete Säure [H_2SO_4, H_3PO_4] die freigesetzte Lauge und verschiebt das Gleichgewicht zugunsten der H_2O_2-Bildung. Die Hydrolyse von Natriumperoxid verläuft zweistufig unter intermediärer Bildung von **Natriumhydroperoxid** (NaOOH) [vgl. **MC-Fragen Nr. 1421, 1445, 1446**].

$$2\ Na + O_2 \longrightarrow Na_2O_2 \xrightarrow{+\ H_2SO_4} Na_2SO_4 + H_2O_2$$

$$BaO + 1/2\ O_2 \longrightarrow BaO_2 \xrightarrow{+\ H_2SO_4} BaSO_4\downarrow + H_2O_2$$

- **Anthrahydrochinon** oder **2-Ethylanthrahydrochinon** durch Oxidation mit Luftsauerstoff [vgl. **MC-Frage Nr. 1440**].

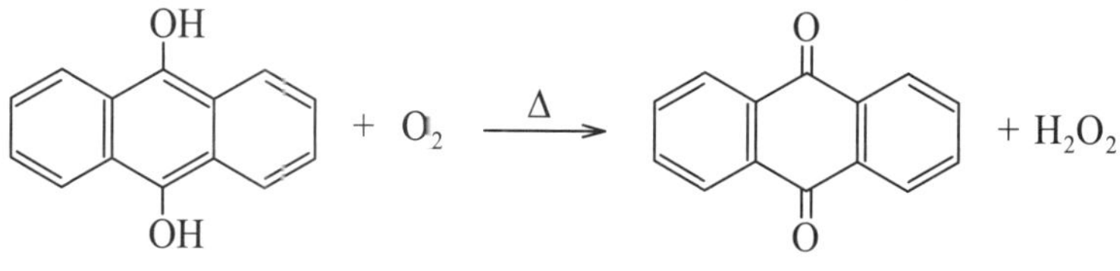

2.4.2.2 **Eigenschaften und Reaktionen von Wasserstoffperoxid**

H_2O_2 ist eine farblose, in dickeren Schichten bläuliche, über H-Brücken *assoziierte* Flüssigkeit [Schmp. -0,4 °C; Sdp. 150,2 °C]. Eine 30%ige H_2O_2-Lösung ist als Perhydrol® im Handel [vgl. **MC-Fragen Nr. 1436, 1442**].

Wasserstoffperoxid ist eine zwar äußerst schwache Säure ($pK_s = 11{,}8$), jedoch stärker sauer als Wasser. Durch Neutralisation mit NaOH entsteht Natriumhydroperoxid ($NaHO_2$). Das Peroxid-Ion (O_2^{2-}) ist eine starke Base, jedoch schwächer basisch als das Oxid-Ion (O^{2-}). H_2O_2 besitzt wie Wasser eine hohe Dielektrizitätszahl ($\varepsilon = 84{,}2$). Wie ○ Abb. 2.4 zeigt, ist das H_2O_2-Molekül *gewinkelt* gebaut und enthält zwei gleichsinnig polarisierte H-O-Bindungen. Hochkonzentrierte Lösungen oder reines H_2O_2 neigen zu explosionsartigem Zerfall. Bei Raumtemperatur ist jedoch die Zerfallsgeschwindigkeit der exothermen und exergonischen *Disproportionierung* von H_2O_2 sehr langsam. Wasserstoffperoxid ist somit *metastabil* [vgl. **MC-Fragen Nr. 1436–1443**].

$$2\ H_2\overset{-1}{O}_2 \longrightarrow 2\ H_2\overset{-2}{O} + \overset{0}{O}_2\uparrow$$

Durch Katalysatoren (Edelmetalle, Schwermetallionen, MnO_2, HO^-, I^-, Kohle- und Staubteilchen) oder durch das *Enzym Katalase* wird die radikalische Zersetzungsreaktion stark beschleunigt. Deshalb werden H_2O_2-Lösungen durch Zusatz von *Phosphorsäure* oder verschiedenen organischen Säuren wie *Barbitursäure* oder *Harnsäure* stabilisiert [vgl. **MC-Fragen Nr. 1424, 1436**].

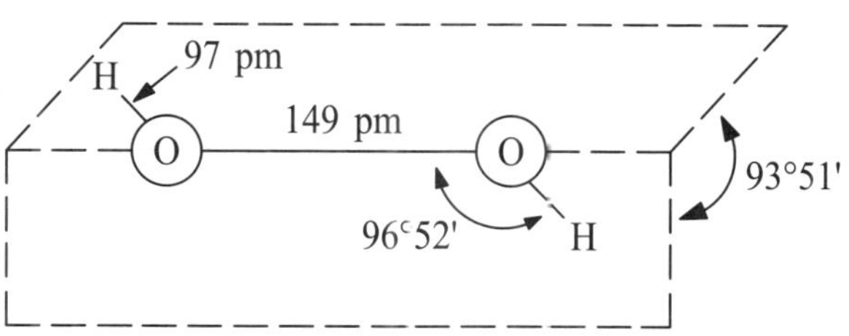

○ **Abb. 2.4 Struktur des Wasserstoffperoxids**

In Anwesenheit von Protonen und katalytischen Mengen von Fe(II) kann die H_2O_2-Disproportionierung wie folgt formuliert werden:

$$\begin{aligned} 2\,Fe^{2+} + H_2O_2 + 2\,H^+ &\longrightarrow 2\,Fe^{3+} + 2\,H_2O \\ 2\,Fe^{3+} + H_2O_2 &\longrightarrow 2\,Fe^{2+} + 2\,H^+ + O_2 \\ \hline 2\,H_2O_2 &\longrightarrow 2\,H_2O + O_2\uparrow \end{aligned}$$

Eine wässrige Lösung von H_2O_2 und $FeSO_4$ dient als *Fentons Reagenz* zum Nachweis von Tartraten [siehe Ehlers, **Analytik I,** ▸Kap. 3.5.2.17 und **MC-Fragen Nr. 1438, 1442**].

H_2O_2 wirkt stark *oxidierend* [$E°(H_2O_2/H_2O) = + 1{,}77$ V]. Allerdings sind manche dieser Oxidationsprozesse gehemmt und laufen nur sehr langsam ab (siehe ▸Kap. 1.12.3.1). Die Oxidation von Fe(II)-Ionen mit H_2O_2 verläuft wahrscheinlich über zwei Stufen, wobei intermediär *Radikale* auftreten.

$$\begin{aligned} Fe^{2+} + H_2O_2 &\longrightarrow Fe^{3+} + HO^- + HO\bullet \\ Fe^{2+} + HO\bullet &\longrightarrow Fe^{3+} + HO^- \end{aligned}$$

Gegenüber Substanzen mit positiverem Redoxpotential vermag H_2O_2 auch *reduzierend* zu wirken; so wird es z. B. durch $KMnO_4$ in saurer Lösung quantitativ zu Wasser und Sauerstoff oxidiert [$E°(H_2O_2/O_2) = +0{,}68$ V]. Wasserstoffperoxid ist daher *redoxamphoter* [vgl. **MC-Frage Nr. 1437**].

$$2\,MnO_4^- + 5\,H_2O_2 + 6\,H_3O^+ \longrightarrow 2\,Mn^{2+} + 5\,O_2\uparrow + 14\,H_2O$$

Die Gehaltsbestimmung von Wasserstoffperoxid-Lösung erfolgt iodometrisch. Der Ablauf der Reaktion ist gehemmt, sodass man Ammoniummolybdat als Oxidationskatalysator hinzufügt [siehe Ehlers, **Analytik II**, ▸Kap. 7.2.3.3 und **MC-Frage Nr. 1444**].

$$H_2O_2 + 2\,I^- + 2\,H_3O^+ \longrightarrow I_2 + 4\,H_2O$$

2.4.2.3 Peroxide und Peroxosäuren

Wie bereits ausgeführt verbrennen manche Metalle an der Luft zu **Peroxiden** (Na_2O_2, BaO_2). Sie sind ionisch aufgebaut und enthalten das diamagnetische Peroxid-Ion (O_2^{2-}) [vgl. **MC-Fragen Nr. 1445, 1446**].

Kalium und die schwereren Alkalimetalle verbrennen an der Luft zu „**Superoxiden**“, in deren Gitter paramagnetische O_2^--Ionen eingebaut sind. Das **Hyperoxid-Ion** (O_2^{2-}) besitzt dieselbe Struktur wie das O_2-Molekül und zusätzlich noch ein Elektron in einem antibindenden π^*2p_y-MO (siehe ▸Kap. 1.4.4.2). Superoxide sind äußerst reaktionsfähige Substanzen, die mit Wasser H_2O_2 und O_2 bzw. mit CO_2 Carbonate und O_2 bilden.

$$\begin{aligned} 4\,MeO_2 + 2\,CO_2 &\longrightarrow 2\,Me_2CO_3 + 3\,O_2\uparrow \qquad [Me = K, Rb, Cs] \\ 2\,MeO_2 + 2\,H_2O &\longrightarrow H_2O_2 + 2\,MeOH + O_2\uparrow \end{aligned}$$

Viele andere Elemente bilden ebenfalls Peroxoverbindungen (CrO_5, H_2SO_5, $H_2S_2O_8$). Die Bildung von *blauem* **Chrom(VI)-peroxid** (CrO_5), das mit Diethylether extrahierbar ist, dient zum analytischen Nachweis von Wasserstoffperoxid bzw. von Chrom(VI)-Verbindungen (siehe Ehlers, **Analytik I**, ▸Kap. 2.1.10).

$$Cr_2O_7^{2-} + 4\,H_2O_2 + 2\,H_3O^+ \rightarrow 2\,CrO(O_2)_2 + 7\,H_2O$$

Peroxycarbonsäuren ($R\text{-}CO_3H$) wie *Peroxyessigsäure* ($CH_3\text{-}CO_3H$) oder *Peroxybenzoesäure* ($C_6H_5\text{-}CO_3H$) werden bei der Umsetzung von Carbonsäuren mit konzentrierten H_2O_2-Lösungen gebildet.

Bei der Reaktion von Carbonsäurechloriden (R-COCl) mit H_2O_2 entstehen **Diacylperoxide** (R-CO-O-O-CO-R), die in der organischen Chemie als *Initiatoren* radikalisch verlaufender Reaktionen dienen. Bei der Reaktion von H_2O_2 mit Alkenen ($R_2C{=}CR_2$) bilden sich **Oxirane** (Epoxide), die zu **1,2-Diolen** ($R_2COH\text{-}CR_2OH$) hydrolysieren [vgl. **MC-Fragen Nr. 1439, 1444–1447**].

2.4.3 Wasser

Unter den kovalenten Oxiden nimmt Wasser eine Sonderstellung ein. Das H_2O-Molekül besitzt einen *gewinkelten* Bau und kann am besten mit der Annahme einer sp^3-Hybridisierung des O-Atoms beschrieben werden (siehe ▸Kap. 1.4.2.3, ▫Abb. 1.45). Der H-O-H-Bindungswinkel beträgt 104,5°.

Seine in mancher Hinsicht einzigartigen Eigenschaften lassen sich letztlich alle auf die Struktur des H_2O-Moleküls und dessen Fähigkeit, sehr starke **Wasserstoffbrücken** zu bilden, zurückführen (siehe ▸Kap. 1.7.3). Als stark assoziierte Flüssigkeit hat Wasser trotz seiner kleinen Molmasse einen relativ hohen *Siedepunkt*. Sehr reines Wasser hat nur eine geringe *elektrische Leitfähigkeit* infolge Autoprotolyse (siehe hierzu ▸Kap. 1.11.2.1). Über die wichtigsten physikalischen Eigenschaften von Wasser informiert ▫Tab. 2.11 [vgl. **MC-Fragen Nr. 1442, 1443, 1448, 1450–1453**].

▫ Tab. 2.11 Physikalische Eigenschaften von Wasser

Schmelzpunkt (°C)	0
Siedepunkt (°C)	100
Tripelpunkt (°C)	0,01
Bildungsenthalpie (kJ/mol)	-286,0
Schmelzenthalpie (kJ/mol)	5,632
Verdampfungsenthalpie (kJ/mol)	40,656
Dielektrizitätszahl	80,53
Leitfähigkeit ($Ohm^{-1}cm^{-1}$ bei 18°C)	$4 \cdot 10^{-8}$
Ionenprodukt ($mol^2 l^{-2}$ bei 25 °C)	$1{,}002 \cdot 10^{-14}$

2.4.3.1 Struktur und Dichte von Wasser

Im **Eis** ist ein sp^3-hybridisiertes O-Atom tetraedrisch von vier H-Atomen umgeben, von denen zwei durch kovalente Bindungen und zwei durch H-Brückenbindungen gebunden werden (siehe ▸Kap. 1.7.3, ▫Abb. 1.100). Diese offene, netzförmige Anordnung ist sehr locker und voluminös. Beim Schmelzen bricht die Gitterordnung des Eises zusammen und die Moleküle können sich dichter zusammenlagern, sodass Wasser bei 0 °C eine höhere Dichte als Eis besitzt. Bei weiterem Erwärmen nimmt einerseits die Raumbeanspruchung der Teilchen zu (stärkere Wärmebewegung), andererseits wird aber die Ordnung immer mehr gestört und die Teilchen lagern sich noch enger zusammen. Als Folge dieser entgegengesetzten Effekte zeigt Wasser ein *Maximum der Dichte* bei **3,98 °C** (**Dichteanomalie des Wassers**). Dieses Dichtemaximum verhindert bzw. erschwert ein vollständiges Gefrieren tieferer Gewässer [vgl. **MC-Fragen Nr. 435, 602, 640, 733, 1448, 1450–1453**].

Auch oberhalb von 4 °C ist im Wasser in bestimmten Bereichen noch eine gewisse Ordnung infolge Assoziatbildung vorhanden; ein Beweis dafür ist die im Vergleich zu seiner Molmasse und zu anderen nichtassoziierten Flüssigkeiten hohe *Verdampfungsenthalpie* des Wassers [vgl. **MC-Frage Nr. 1451**].

Der *Dipolcharakter* des Moleküls bedingt das gute Lösevermögen des Wassers für Salze und stark polare Substanzen wie z. B. Harnstoff, Alkohole oder Zucker [vgl. **MC-Fragen Nr. 365, 1449, 1453**].

2.4.3.2 Chemische Eigenschaften

Die polare H-O-Bindung lässt sich nur durch Zufuhr großer Energiebeträge spalten, z. B. durch Elektrolyse oder extrem starkes Erhitzen auf Temperaturen um 2000 °C. Die Zersetzungsspannung von Wasser beträgt 1,24 V; wegen der geringen elektrischen Leitfähigkeit von reinem Wasser geschieht die Elektrolyse unter Zusatz von H_2SO_4 oder NaOH. Durch sehr starke Oxidationsmittel [F_2, Co^{3+}] oder Reduktionsmittel [Na, K] kann Wasser zu O_2 oxidiert bzw. zu H_2 reduziert werden [vgl. **MC-Fragen Nr. 1442, 1443**].

$$2\,F_2 + H_2O \longrightarrow 4\,HF + O_2\uparrow$$
$$2\,Na + 2\,H_2O \longrightarrow 2\,NaOH + H_2\uparrow$$

Wasser besitzt amphotere Eigenschaften und ist Brönsted-Säure und Brönsted-Base zugleich. Mit Säuren (HA) reagiert Wasser unter Bildung von Hydroxonium-Ionen (H_3O^+), bei der Reaktion mit Basen (B) entstehen Hydroxid-Ionen (HO^-) [vgl. **MC-Frage Nr. 1450**].

$$HA + H_2O \longrightarrow \mathbf{H_3O^+} + A^-$$
$$B + H_2O \longrightarrow BH^+ + \mathbf{HO^-}$$

2.4.3.3 Wasserhärte

Natürliches Wasser ist niemals rein. Die wichtigsten Bestandteile von *Brunnenwasser* sind neben CO_2 und O_2 vor allem Salze wie $Ca(HCO_3)_2$, $CaSO_4$ oder $MgCl_2$.

Ein an **Calciumsalzen** reiches Wasser heißt *„hartes Wasser"*, zum Unterschied von Calciumsalz-freiem oder -armen Wasser, das als *„weiches Wasser"* bezeichnet wird. Gemessen wird die Wasserhärte in **Härtegraden**; darunter versteht man die Anzahl Milligramm CaO je 100 ml Wasser. Hartes Wasser erhöht den Seifenverbrauch.

Beim Erhitzen vom hartem Wasser fällt gelöstes **Calciumhydrogencarbonat** [$Ca(HCO_3)_2$] als **Calciumcarbonat** [$CaCO_3$] (**Kesselstein**) aus, wodurch ein Teil der Wasserhärte – die *vorübergehende* oder *temporäre Härte* (**Carbonathärte**) – verschwindet [vgl. **MC-Fragen Nr. 1454, 1455, 1457, 1459, 1460, 1767**].

$$Ca(HCO_3)_2 \longrightarrow CaCO_3\downarrow + H_2O + CO_2\uparrow$$

Die restliche, auf den Gehalt an **Calciumsulfat** [$CaSO_4$] zurückzuführende Wasserhärte wird *bleibende* oder *permanente Härte* genannt. Vorübergehende und bleibende Härte ergeben zusammen die **Gesamthärte** des Wassers [vgl. **MC-Fragen Nr. 1455, 1456**].

Die *Enthärtung* von Wasser für technische Zwecke erfolgt entweder durch *Destillation* oder durch chemische *Ausfällung* der störenden Ionen, z. B. mit **Soda** (Na_2CO_3) oder **Natriumphosphat** (Na_3PO_4) [vgl. **MC-Fragen Nr. 1453, 1459**].

$$Ca^{2+} + CO_3^{2-} \longrightarrow CaCO_3\downarrow$$
$$3\ Ca^{2+} + 2\ PO_4^{3-} \longrightarrow Ca_3(PO_4)_2\downarrow$$

Da Salze durch *Ionenaustauscher* aus wässrigen Lösungen entfernt werden können, ist eine Enthärtung des Wassers auch durch Bindung der Ionen an geeignete Ionenaustauscher möglich, was zu einer Vollentsalzung des Wassers führt (siehe auch Ehlers, **Analytik II**, ▶Kap. 6.2.4.6). Zu diesem Zweck leitet man Wasser zunächst über einen Ionenaustauscher, der saure Gruppen enthält und die Kationen des harten Wassers gegen H^+-Ionen austauscht, während der zweite basische Filter Anionen bindet und dafür die äquivalente Menge an Hydroxid-Ionen abgibt. Die in der ersten Stufe gebildeten H^+-Ionen werden dadurch neutralisiert, sodass salzfreies (*deionisiertes*) Wasser zurückbleibt [vgl. **MC-Fragen Nr. 1453, 1458**].

1. Stufe:	$Ca^{2+} + 2\ R\text{-}H$	$\longrightarrow R_2Ca + 2\ H^+$	**(Kationenaustausch)**
2. Stufe:	$SO_4^{2-} + 2\ R\text{-}OH$	$\longrightarrow R_2SO_4 + 2\ HO^-$	**(Anionenaustausch)**
	$H^+ + HO^-$	$\longrightarrow H_2O$	**(Neutralisation)**

Die temporäre Härte des Wassers wird im Wesentlichen durch Calciumhydrogencarbonat verursacht. Sie kann durch Erhitzen des Wassers beseitigt werden, wobei Kesselstein ($CaCO_3$) ausfällt. Die permanente Härte wird vor allem durch Calciumsulfat verursacht. Permanente und temporäre Härte können gemeinsam durch Sodazusatz (Na_2CO_3) verringert werden. Die Demineralisierung von Wasser erfolgt durch Mischbettbehandlung mit stark sauren Kationen- und stark basischen Anionenaustauschern.

2.4.4 Oxide, Oxokomplexe

(siehe auch ▶ Kap. 1.11.1.5)

Von allen Elementen, ausgenommen den leichteren Edelgasen (He, Ne, Ar), sind Sauerstoffverbindungen bekannt. Mit Ausnahme einiger **Oxide** der Halogene und Edelmetalle können sie alle durch *direkte Synthese* aus den Elementen gewonnen werden. Eine weitere Methode zur Darstellung von Oxiden ist die Thermolyse von Metallcarbonaten. Auch die Dehydratisierung von Metallhydroxiden oder Sauerstoffsäuren in Gegenwart wasserentziehender Reagenzien führt zu Oxiden.

$$2\ Me + O_2 \longrightarrow 2\ Me^{II}O$$
$$MeCO_3 \longrightarrow Me^{II}O + CO_2\uparrow$$
$$Me(OH)_2 \longrightarrow Me^{II}O + H_2O$$

Entsprechend ihres Säure- oder Basencharakters bei der Umsetzung mit Wasser lassen sich Oxide unterteilen in:

- **Säureanhydride** (saure Oxide),
- **Basenanhydride** (basische Oxide),
- **amphotere Oxide**.

Aufgrund ihres Bindungscharakters werden sie eingeteilt in [vgl. **MC-Frage Nr. 1420**]:

- **salzartige (ionische) Oxide**,
- **kovalente Oxide**.

Alkali- und Erdalkalielemente bilden *salzartige Oxide*, die O^{2-}-Ionen als Anionen enthalten und in Ionengittern (z. B. Steinsalzgitter) kristallisieren (siehe ▶ Kap. 1.3.2). Diese Oxide werden auch *basische Oxide* oder **Basenanhydride** genannt, weil sie alkalisch reagieren und mit Wasser Hydroxid-Ionen bilden [vgl. **MC-Fragen Nr. 332, 1420, 1463**].

$$Li_2O + H_2O \longrightarrow 2\ LiOH$$
$$CaO + H_2O \longrightarrow Ca(OH)_2$$

Das **Oxid-Ion** (O^{2-}) ist eine sehr starke Base ($pK_b = -15$), die in Wasser nicht beständig ist und zum Hydroxid-Ion (HO^-) nivelliert wird, das in Wasser die stärkste existenzfähige Base darstellt.

$$O^{2-} + H_2O \longrightarrow 2\ HO^-$$

Nur die Oxide der Alkalimetalle lösen sich gut in Wasser. Die anderen salzartigen Oxide, auch die der Erdalkalimetalle lösen sich jedoch in Säuren. Einige in Wasser schwer lösliche Oxide wie **Magnesiumoxid** (MgO) werden beim Erhitzen auf hohe Temperaturen ziemlich resistent gegenüber dem Angriff von Säuren [vgl. **MC-Frage Nr. 1463**].

Zu den Oxiden mit überwiegend *kovalenten* Bindungsanteilen zählen die Oxide der *Nichtmetalle* (CO_2, As_2O_3, SO_2) und mancher Schwermetalle (CrO_3). Mit Wasser bilden sie Sauerstoffsäuren. Es sind deshalb *saure Oxide* oder **Säureanhydride** [vgl. **MC-Fragen Nr. 1420, 1464, 1465**].

$$As_2O_3 + 3\ H_2O \longrightarrow 2\ H_3AsO_3$$
$$SO_3 + H_2O \longrightarrow H_2SO_4$$
$$Cl_2O + H_2O \longrightarrow 2\ HOCl$$

Basische und saure Oxide lassen sich zu Salzen vereinigen.

$$Na_2O + SiO_2 \xrightarrow{\text{Schmelze}} Na_2SiO_3$$

Einige Oxide (ZnO, Al_2O_3) lösen sich sowohl in Säuren als auch in Hydroxid-Lösungen; sie besitzen *amphoteren* Charakter [vgl. **MC-Frage Nr. 1465**].

$$ZnO + 2\ H_3O^+ \longrightarrow Zn^{2+} + 3\ H_2O$$
$$ZnO + 2\ HO^- + H_2O \longrightarrow [Zn(OH)_4]^{2-}$$
$$Al_2O_3 + 6\ H_3O^+ \longrightarrow 2\ Al^{3+} + 9\ H_2O$$
$$Al_2O_3 + 2\ HO^- + 3\ H_2O \longrightarrow 2\ [Al(OH)_4]^-$$

Darüber hinaus existieren einige *reaktionsträge* Oxide (CO, N_2O, MnO_2, PbO_2), die sich weder in Säuren noch in Basen lösen. Tritt trotzdem Lösung ein, so stellt dies eine Redoxreaktion und keine Säure-Base-Reaktion dar, wie die Auflösung von Mangan(IV)-oxid (MnO_2) in konzentrierter Salzsäure belegt.

$$\overset{+4}{Mn}O_2 + 4\ H\overset{-1}{Cl} \longrightarrow \overset{+2}{Mn}Cl_2 + \overset{0}{Cl_2} + 2\ H_2O$$

Man kennt auch eine Reihe sog. **Doppeloxide** wie z. B. **Spinelle** [$MeO \cdot Me_2O_3$]; ihre Eigenschaften werden im ▸Kap. 2.7.6.2 besprochen. Zu den Doppeloxiden gehört auch $CaTiO_3$ [$CaO \cdot TiO_2$] [vgl. **MC-Frage Nr. 1466**].

Die meisten **Übergangsmetalle** bilden *mehrere* Oxide, die im Allgemeinen nicht typisch salzartig sind, sondern Übergangsformen darstellen. Die Oxide niedriger Oxidationsstufen lösen sich oft noch in Säuren und ergeben hydratisierte Metallionen; Oxide höherer Oxidationsstufen werden dagegen in der Regel in **Oxoanionen** übergeführt.

$$\textbf{Cr(III)}: Cr_2O_3 \longrightarrow (Cr^{3+})_{aq} \qquad \textbf{Cr(VI)}: CrO_3 \longrightarrow CrO_4^{2-}$$
$$\textbf{Mn(II)}: MnO \longrightarrow (Mn^{2+})_{aq} \qquad \textbf{Mn(VII)}: Mn_2O_7 \longrightarrow MnO_4^-$$

Existieren von einem Element mehrere Oxide, so ist das Oxid, in dem das Element die höchste formale Oxidationszahl besitzt, gewöhnlich das stärker saure und das mit dem ausgeprägteren kovalenten Bindungscharakter.

$$\textbf{CrO = basisch} \ - \ Cr_2O_3 \textbf{ = amphoter} \ - \ CrO_3 \textbf{ = sauer}$$

Manche Oxide der Übergangselemente besitzen keine stöchiometrische Zusammensetzung wie z. B. **Titan(II)-oxid** [$Ti_{(0,90\text{-}1,33)}O$] oder **Eisen(II)-oxid** [$Fe_{(0,90\text{-}0,95)}O$]. Letzteres enthält in Gitterhohlräumen zum Ladungsausgleich Eisen(III)-Ionen. Solche Substanzen werden auch als *nichtdaltonoide Verbindungen* bezeichnet (siehe ▸Kap. 1.3.2.4).

Die **Reduktion von Oxiden** dient in der Technik zur *Darstellung vieler Metalle*. Am häufigsten wird Koks oder Kohlenmonoxid als Reduktionsmittel eingesetzt. Hierbei erhält man selten die reinen Metalle. Metalle, die mit Kohlenstoff leicht *Carbide* bilden, müssen durch Reduktion der Oxide mit Al, Mg oder H_2 gewonnen werden.

2.4.5 Schwefel

2.4.5.1 Vorkommen

Schwefel – ein typischer *Nichtleiter* – hat bei Raumtemperatur eine *gelbe* Farbe und kommt in der Natur sowohl *elementar* (gediegen) als auch in gebundenem Zustand vor [vgl. **MC-Fragen Nr. 1416, 1468–1473**].

Anorganisch gebundener Schwefel findet sich hauptsächlich in Form von **Sulfiden** und **Sulfaten**. Je nach ihrem Aussehen unterteilt man die Sulfide in **Kiese** [Eisenkies (**Pyrit**): FeS_2; Kupferkies: $CuFeS_2$], **Blenden** [Zinkblende: ZnS] und **Glanze** [Bleiglanz: PbS]. Quecksilber(II)-sulfid [HgS] trägt den Trivialnamen *Zinnober*. Zu den wichtigsten natürlichen Sulfaten zählen: Calciumsulfat [**Gips**: $CaSO_4 \cdot 2\ H_2O$; **Anhydrit**: $CaSO_4$], Magnesiumsulfat [**Bittersalz**: $MgSO_4 \cdot 7\ H_2O$; **Kieserit**: $MgSO_4 \cdot H_2O$], Bariumsulfat [**Schwerspat**: $BaSO_4$] und Natriumsulfat [**Glaubersalz**: $Na_2SO_4 \cdot 10\ H_2O$] [vgl. **MC-Fragen Nr. 1461, 1483, 1484, 1510, 1668, 1734, 1735, 1768, 1774, 1800**].
Als Bestandteil von Peptiden und Proteinen (Cystein, Cystin, Methionin) tritt Schwefel in der Natur auch in organisch gebundener Form auf.

2.4.5.2 Modifikationen des Schwefels

Schwefel ist *polymorph* (*allotrop*). Unter Normalbedingungen (0 °C, 1013 mbar) ist nur die gelbe, *orthorhombische* Form des Schwefels (**α-Schwefel**) stabil. Sie wandelt sich bei 95,6 °C langsam und *reversibel* in den *monoklin* kristallisierenden **β-Schwefel** um. Die beiden Modifikationen enthalten kronenförmige, cyclische S_8-Moleküle („*Cyclooctaschwefel*" – siehe ○Abb. 2.5). Der S-S-S-Bindungswinkel beträgt etwa 105°. Beide Modifikationen sind wasserunlöslich, lösen sich aber in Schwefelkohlenstoff (CS_2) [vgl. **MC-Fragen Nr. 714, 716, 718, 1416, 1418, 1468–1473, 1503**].

Neben α- und β-Schwefel existieren bei Raumtemperatur noch weitere, allerdings metastabile Formen des Schwefels.

Monokliner Schwefel schmilzt bei 119,0 °C zu einer honiggelben, leicht beweglichen Flüssigkeit. Bei deren Abkühlung entsteht zunächst β-Schwefel und unterhalb von 95,6 °C wiederum α-Schwefel. Flüssiger Schwefel enthält bis etwa 160 °C vorwiegend S_8-Moleküle. Oberhalb dieser Temperatur wird die Schmelze hochviskos und dunkelbraun; der größte Teil der S_8-Ringe wurde thermisch zu hochmolekularen S_n-Ketten [$n \approx 10^3$–10^6] gespalten. Bei weiterem Erhitzen fragmentieren diese Ketten zu kleineren Bruchstücken und bei 400 °C wird die Schmelze erneut dünnflüssig.

Beim Siedepunkt (444,6 °C) besteht Schwefel nahezu ausschließlich aus S_8-Molekülen. Im Dampf bis ca. 800 °C existieren verschiedene Molekülarten (S_8, S_6, S_4, S_2) im Gleichgewicht nebeneinander und erst oberhalb dieser Temperatur sind überwiegend *paramagnetische* S_2-Moleküle vorhanden.

Schreckt man hocherhitzten, flüssigen Schwefel in kaltem Wasser ab, so bleibt die Kettenstruktur erhalten und man isoliert ein plastisches, in Schwefelkohlenstoff völlig unlösliches Produkt (**γ-Schwefel**). Beim Stehenlassen wandelt sich auch diese Form allmählich wieder in α-Schwefel um.

○Abb. 2.6 zeigt in vereinfachter Form das **Phasendiagramm** von Schwefel, das die Existenzbereiche der beiden festen Modifikationen sowie von flüssigem und dampfförmigem Schwefel anschaulich wiedergibt. Man erkennt, dass z.B. bei sehr hohen

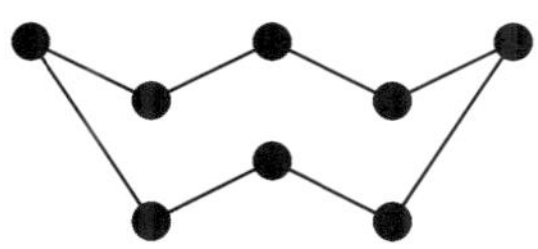

Abb. 2.5 Struktur von elementarem Schwefel

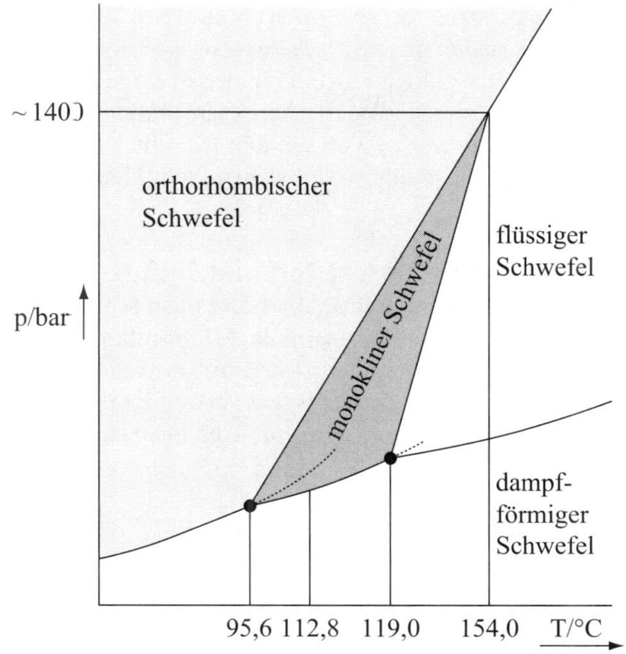

Abb. 2.6 Zustandsdiagramm von Schwefel

Drucken (ca. 1400 bar und 154 °C) orthorhombischer Schwefel sich direkt verflüssigen lässt, ohne sich zuvor in die monokline Modifikation umzuwandeln.

2.4.5.3 Gewinnung von Schwefel

Die technische Gewinnung von Schwefel erfolgt teils aus natürlichen Vorkommen, teils durch Oxidation von **Schwefelwasserstoff** (H_2S) oder durch Reduktion von **Schwefeldioxid** (SO_2) [vgl. **MC-Fragen Nr. 1469, 1470, 1472, 1474**].

$$H_2S \xrightarrow[\text{[O]}]{\text{Oxidation}} S \xleftarrow[\text{[C]}]{\text{Reduktion}} SO_2$$

Neuerdings stellt man Schwefel aus H_2S-haltigen Erdgasen oder Abgasen her. Hierzu wird H_2S mit Luftsauerstoff zu SO_2 oxidiert, das anschließend als Oxidationsmittel für weiteren H_2S fungiert [**Claus-Prozess**] [vgl. **MC-Fragen Nr. 1474, 1476**].

$$2\ H_2S + 3\ O_2 \longrightarrow 2\ H_2O + 2\ SO_2\uparrow$$
$$2\ H_2S + SO_2 \longrightarrow 2\ H_2O + 3\ S\downarrow$$

2.4.5.4 Eigenschaften von elementarem Schwefel

Schwefel verfügt im Grundzustand über unbesetzte d-Atomorbitale und kann 2-, 4- und 6-bindig auftreten. Mit vielen Metallen und Nichtmetallen reagiert er schon bei mäßig erhöhter Temperatur.

Beim Erhitzen an der Luft verbrennt Schwefel zu **Schwefeldioxid** (SO_2), mit Wasserstoff vereinigt er sich zu **Schwefelwasserstoff** (H_2S). Beim Überleiten von Schwefeldampf über glühende Kohle bildet sich **Schwefelkohlenstoff** (CS_2). Beim Schmelzen mit Sulfiten (SO_3^{2-}) entstehen **Thiosulfate** ($S_2O_3^{2-}$). Mit Sulfiden (S^{2-}) reagiert elementarer Schwefel zu **Polysulfiden** (S_n^{2-}) [n = 2–8]. Beim Zusammenschmelzen von Schwefel mit Cyaniden (CN^-) entstehen **Thiocyanate** (^-SCN) [vgl. **MC-Fragen Nr. 1467–1473**].

2.4.6 Schwefelwasserstoff und Sulfide

2.4.6.1 Darstellung und Eigenschaften von Schwefelwasserstoff

Darstellung: Schwefelwasserstoff (**Monosulfan**) (H_2S) kann aus den Elementen synthetisiert werden. Bequemer ist seine Darstellung durch Behandeln eines Sulfids mit einer starken Säure. In der Regel verwendet man hierfür **Eisen(II)-sulfid** (FeS). FeS wird durch Erhitzen von Eisenpulver mit Schwefel hergestellt [vgl. **MC-Fragen Nr. 1477, 1478, 1486**].

$$FeS + 2\,HCl \longrightarrow FeCl_2 + H_2S\uparrow$$

Eine elegante Methode zur Darstellung von H_2S besteht im Erhitzen eines Gemischs von *Paraffin* und Schwefel, wobei Kohle zurückbleibt. Im Laboratorium wird H_2S häufig durch (saure) *Hydrolyse von Thioacetamid* gewonnen [vgl. **MC-Fragen Nr. 1475, 1476, 1479**].

$$CH_3\text{-}C(=S)\text{-}NH_2 + H_2O \longrightarrow CH_3\text{-}C(=O)\text{-}NH_2 + H_2S\uparrow$$

Thioacetamid **Acetamid**

Eigenschaften: H_2S ist ein farbloses, brennbares, sehr giftiges Gas [Schmp. -85,7 °C; Sdp. -60,2 °C]. Es besitzt den unangenehmen Geruch fauler Eier. Die Löslichkeit in Wasser ist gering [2,47 l H_2S in 1 l H_2O bei 20 °C]. Das H_2S-Molekül ist *gewinkelt* gebaut [vgl. **MC-Fragen Nr. 1476, 1477, 1480–1482**].

Schwefelwasserstoff ist eine schwache, zweibasige Säure [$pK_{s1} = 6{,}92$; $pK_{s2} = 12{,}92$]. Das **Hydrogensulfid-Ion** (HS^-) ist demzufolge eine schwache, das **Sulfid-Ion** (S^{2-}) eine starke Base [vgl. **MC-Fragen Nr. 1475, 1479, 1480, 1486**].

H_2S ist ein mittelstarkes Reduktionsmittel [$E^o = -0{,}51$ V] und verbrennt an der Luft mit blauer Flamme zu **Schwefeldioxid** (SO_2) und Wasser; bei unvollständiger Verbrennung (begrenzte Luftzufuhr) scheidet sich elementarer Schwefel ab [vgl. **MC-Fragen Nr. 1474, 1475, 1477, 1479–1481**].

$$2\,H_2S + 3\,O_2 \longrightarrow 2\,SO_2\uparrow + 2\,H_2O$$
$$2\,H_2S + O_2 \longrightarrow 2\,S\downarrow + 2\,H_2O$$

2.4.6.2 Sulfide

Als zweibasige Säure bildet H_2S zwei Reihen von Salzen: **Hydrogensulfide** [MeHS] und **Sulfide** [Me_2S]. Alle Hydrogensulfide sind in Wasser leicht löslich [vgl. **MC-Frage Nr. 1480**].

Von den Sulfiden sind nur die Alkali- und Erdalkalisulfide sowie Ammoniumsulfid salzartig und in Wasser löslich. Hierbei protolysiert die starke Base (S^{2-}) und es bilden sich HS^--Ionen. Die löslichen Sulfide reagieren deshalb in wässriger Lösung *alkalisch* [siehe auch ▸Kap. 1.11.3.11 und **MC-Fragen Nr. 1478, 1479**].

$$S^{2-} + H_2O \longrightarrow HS^- + HO^-$$

Manche Sulfide [Al_2S_3, Cr_2S_3], deren Metallionen schwer lösliche Hydroxide bilden, werden durch Wasser quantitativ zersetzt.

$$Al_2S_3 + 6\,H_2O \longrightarrow 2\,Al(OH)_3 + 3\,H_2S$$

Die meisten, in Wasser *schwer löslichen* Metallsulfide sind keine reinen Ionenverbindungen, sondern bilden Übergänge zwischen Ionen- und Atomgittern.

Auf der *pH-abhängigen*, unterschiedlichen *Löslichkeit* der Metallsulfide beruht die große Bedeutung von Schwefelwasserstoff für die *qualitative Analyse von Kationen*. So lassen sich einige Metallionen [Ag(I), As(III), As(V), Bi(III), Cd(II), Cu(I), Cu(II), Hg(II), Pb(II), Sb(III), Sb(V), Sn(II), Sn(IV)] bereits bei saurem pH-Wert als schwer lösliche Sulfide fällen, während andere Ionen [Co(II), Fe(II), Mn(II), Ni(II), Zn(II)] erst in alkalischem Milieu Sulfidniederschläge bilden.

Die Löslichkeitsprodukte (K_L) einiger Metallsulfide sind in ◘Tab. 1.58 aufgelistet. Im sauren Milieu werden nur Sulfide gefällt, deren Löslichkeitsprodukt $K_L < 10^{-22}$ ($pK_L > 22$) beträgt, wie z.B. Quecksilber(II)-sulfid (HgS) [$pK_L \approx 52$]. In neutraler bis schwach alkalischer Lösung fallen Sulfide mit K_L-Werten von 10^{-15} bis 10^{-22} (pK_L = 15-22) aus, wie z.B. Nickel(II)-sulfid (NiS) [$pK_L = 21$] [siehe auch Ehlers, **Analytik I**, ▸Kap. 2.3.1 und **MC-Fragen Nr. 1478, 1485, 1486**].

2.4.6.3 Polysulfide

Durch Lösen von elementarem Schwefel in konzentrierten Alkali- oder Erdalkalisulfid-Lösungen erhält man komplexe Gemische von **Polysulfid-Anionen** (S_n^{2-}) [n = 2–8], die aus zickzackförmig miteinander verknüpften S-Atomen bestehen. Säuert man diese Lösungen bei Raumtemperatur an, so bildet sich H_2S und Schwefel fällt aus.

Beim vorsichtigen Ansäuern mit konz. HCl bei -15 °C entstehen alkaliempfindliche **Sulfane** (H_2S_n). Mit Ausnahme des **Monosulfans** (H_2S) sind alle Sulfane wasserunlöslich. Es sind gelbe, ölige Flüssigkeiten, deren Viskosität mit steigender Kettenlänge zunimmt. Nur **Disulfan** (H_2S_2) und **Trisulfan** (H_2S_3) können im Vakuum unzersetzt destilliert werden; höhere Sulfane zerfallen schon bei gelindem Erhitzen in Schwefelwasserstoff (H_2S) und elementaren Schwefel (S) [vgl. **MC-Fragen Nr. 1416, 1478, 1502**].

2.4.7 Schwefeloxide und Schwefelhalogenide

2.4.7.1 Halogenverbindungen des Schwefels

Schwefel reagiert mit Halogenen je nach den Versuchsbedingungen zu einer Vielzahl von Schwefel-Halogen-Verbindungen. Ihre Zusammensetzung entspricht den allgemeinen Formeln $\mathbf{S_2X_2}$ [X = Cl, Br], $\mathbf{SX_2}$ [X = Cl, Br], $\mathbf{SX_4}$ [X = F, Cl, Br] und $\mathbf{SF_6}$ [vgl. **MC-Frage Nr. 1478**].

Schwefeltetrafluorid (SF_4) besitzt aufgrund seiner großen Reaktionsfähigkeit eine gewisse Bedeutung als *Fluorierungsmittel* in der organischen Chemie. Es reagiert sehr selektiv, indem es C=O- und COOH-Gruppen in CF_2- bzw. CF_3-Gruppen umwandelt, ohne dass hierbei andere funktionelle Gruppen angegriffen werden.

Schwefelhexafluorid (SF_6) ist, als Folge der starken Abschirmung des S-Rumpfes durch die sechs F-Atome, eine Verbindung von großer Reaktionsträgheit gegenüber nucleophilen Reagenzien. Das oktaedrisch gebaute Schwefelhexafluorid ist direkt aus den Elementen darstellbar. SF_6 ist isoster zum $[SiF_6]^{2-}$-Ion [vgl. **MC-Frage Nr. 1491**].

2.4.7.2 Thionylhalogenide

Thionylhalogenide [SOF_2, $SOCl_2$, $SOBr_2$, SOI_2, SOFCl, SOBrF, SOBrCl] sind *Säurehalogenide*, die sich von der Schwefligen Säure (H_2SO_3) durch Ersatz der beiden HO-Gruppen gegen Halogenatome ableiten [vgl. **MC-Frage Nr. 1519**].

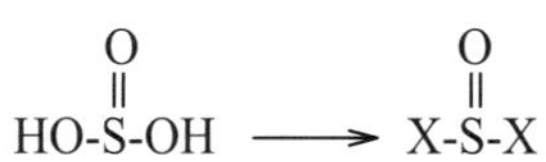

[X = F, Cl, Br, I]

In den Thionylhalogeniden sind die vier Elektronenpaare des S-Atoms tetraedrisch angeordnet. Daraus resultiert ein *pyramidaler* Bau der Moleküle. Die relativ kurze Bindungslänge der S-O-Bindung weist darauf hin, dass ihr in gewissem Umfang Doppelbindungscharakter zukommt (Besetzung der d-AO des S-Atoms – siehe auch Ehlers, **Chemie II**, ▶Kap. 3.11.1.2).

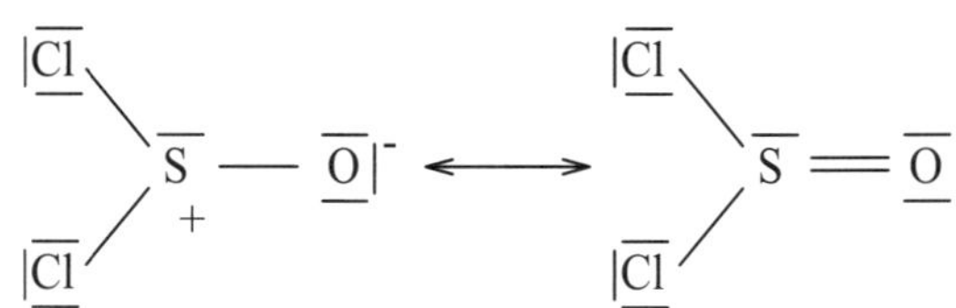

Thionylhalogenide werden durch Wasser rasch zu SO_2 und dem entsprechenden Halogenwasserstoff hydrolysiert, wobei das Thionylhalogenid als Lewis-Säure reagiert.

Thionylchlorid ($SOCl_2$), eine farblose Flüssigkeit, kann aus SO_2 und Phosphorpentachlorid (PCl_5) oder durch Umsetzung von Schwefeldichlorid (SCl_2) mit SO_3 hergestellt werden.

$$SO_2 + PCl_5 \longrightarrow SOCl_2 + POCl_3$$
$$SCl_2 + SO_3 \longrightarrow SOCl_2 + SO_2\uparrow$$

$SOCl_2$ wird in der organischen Chemie als *Chlorierungsmittel* verwendet, z. B. zur Synthese von Säurechloriden aus Carbonsäuren oder von Alkylchloriden aus Alkoholen. Daneben entstehen SO_2 und HCl, die als Gase leicht aus dem Reaktionsansatz entweichen können [vgl. **MC-Frage Nr. 1522**].

$$R\text{-}COOH + SOCl_2 \longrightarrow R\text{-}COCl + HCl\uparrow + SO_2\uparrow$$
$$R\text{-}OH + SOCl_2 \longrightarrow R\text{-}Cl + HCl\uparrow + SO_2\uparrow$$

2.4.7.3 Sulfurylhalogenide

Sulfurylhalogenide (SO_2X_2), die Säurehalogenide der Schwefelsäure, sind *tetraedrisch* konfiguriert.

Sulfurylchlorid (SO_2Cl_2), das Dichlorid der Schwefelsäure, bildet sich durch direkte Reaktion von SO_2 und Cl_2 unter der katalytischen Wirkung von Aktivkohle. Beim Erhitzen auf 300 °C zerfällt das Molekül in Umkehrung seiner Bildungsreaktion. SO_2Cl_2 ist eine farblose, durch Wasser leicht zu H_2SO_4 hydrolysierbare Flüssigkeit. In der organischen Chemie dient Sulfurylchlorid zur Einführung der SO_2Cl-Gruppierung (*Sulfochlorierung*). In Gegenwart eines Radikalstarters kann es durch Bildung von Chlorradikalen auch zur *Chlorierung* von Alkanen oder Cycloalkanen eingesetzt werden [vgl. **MC-Fragen Nr. 330, 1520–1522**].

Sulfurylfluorid (SO_2F_2), ein nahezu inertes Gas, reagiert selbst bei 150 °C *nicht* mit Wasser und wird erst von konzentrierten Hydroxid-Lösungen langsam hydrolysiert.

2.4.7.4 Schwefeldioxid

Darstellung: Schwefeldioxid (SO_2) ein farbloses, stechend riechendes Gas, bildet sich bei der *direkten* Verbrennung von elementarem Schwefel an der Luft (neben sehr wenig SO_3). Darüber hinaus entsteht SO_2 beim *Rösten* sulfidischer Erze [vgl. **MC-Fragen Nr. 1418, 1487–1490**].

$$4\ FeS_2 + 11\ O_2 \longrightarrow 2\ Fe_2O_3 + 8\ SO_2\uparrow$$

Im Laboratorium gewinnt man SO_2 als Anhydrid der Schwefligen Säure am bequemsten durch Behandeln von Sulfiten mit konz. H_2SO_4 als wasserentziehendem Mittel.

$$NaHSO_3 + H_2SO_4 \longrightarrow NaHSO_4 + H_2O + SO_2\uparrow$$

Statt von Schwefliger Säure kann man auch von Schwefelsäure ausgehen und diese z. B. mit metallischem Kupfer reduzieren.

$$Cu + 2\ H_2SO_4 \longrightarrow 2\ H_2O + CuSO_4 + SO_2\uparrow$$

Eigenschaften: SO_2 ist ein starkes Reduktionsmittel und wirkt desinfizierend. Die oxidierende Wirkung des SO_2 zeigt sich nur gegenüber unedlen Metallen (Al, Ca, K, Na, Mg, Zn), von denen es zu Schwefelwasserstoff reduziert wird [vgl. **MC-Frage Nr. 1487**].

$$SO_2 + 3\ Zn + 6\ HCl \longrightarrow H_2S\uparrow + 3\ ZnCl_2 + 2\ H_2O$$

In Wasser ist es nur mäßig löslich. *Flüssiges Schwefeldioxid* [Sdp. -10 °C] ist ein gutes Lösungsmittel für zahlreiche Substanzen, insbesondere Salze.

SO_2 besteht aus *gewinkelten* Molekülen (Bindungswinkel: 119,5°), die mesomer sind. Der relativ kurze S-O-Abstand von 143 pm deutet auf das Vorliegen einer S=O-Doppelbindung hin (d_π-p_π-Bindung). Im festen Zustand bildet SO_2 Molekülgitter. Aufgrund seines gewinkelten Baus besitzt Schwefeldioxid ein permanentes Dipolmoment (μ = 1,633 D) [vgl. **MC-Fragen Nr. 425, 479, 1487**].

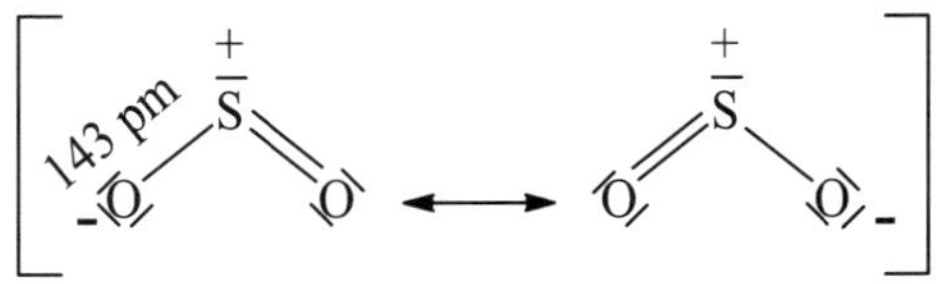

2.4.7.5 **Schwefeltrioxid**

Darstellung: Schwefeltrioxid (SO_3) wird in der Technik durch Luftoxidation von SO_2 gewonnen (siehe nachfolgendes ▸Kap. 2.4.8.4).

Im Laboratorium gewinnt man Schwefeltrioxid – als *Anhydrid der Schwefelsäure* – durch Erwärmen von konz. H_2SO_4 mit Phosphorpentoxid als wasserentziehendem Mittel [vgl. **MC-Frage Nr. 1489**].

$$H_2SO_4 \rightarrow H_2O + SO_3\uparrow$$

Eine weitere Labormethode zur SO_3-Herstellung ist das Erhitzen von **Pyrosulfaten** (Disulfaten) ($S_2O_7^{2-}$) [vgl. **MC-Fragen Nr. 1488, 1489**].

$$S_2O_7^{2-} \longrightarrow SO_3\uparrow + SO_4^{2-}$$

Tab. 2.12 Sauerstoffsäuren des Schwefels

Säuren des Typs H_2SO_n			Säuren des Typs $H_2S_2O_n$		
Formel	Name	Salze	Formel	Name	Salze
H_2SO_2	Sulfoxylsäure Schwefel(II)-säure	Sulfoxylate Sulfate(II)			
			$H_2S_2O_4$	Dithionige Säure Dischwefel(III)-säure	Dithionite Disulfate(III)
H_2SO_3	Schweflige Säure Schwefel(IV)-säure	Sulfite Sulfate(IV)	$H_2S_2O_5$	Dischweflige Säure Dischwefel(IV)-säure	Disulfite Disulfate(IV)
			$H_2S_2O_6$	Dithionsäure Dischwefel(V)-säure	Dithionate Disulfate(V)
H_2SO_4	Schwefelsäure Schwefel(VI)-säure	Sulfate Sulfate(VI)	$H_2S_2O_7$	Dischwefelsäure Dischwefel(VI)-säure	Disulfate Disulfate(VI)
			$H_2S_2O_8$	Peroxodischwefel(VI)-säure	Peroxodisulfate(VI)
H_2SO_5	Peroxo(mono)-schwefel(VI)-säure	Peroxo(mono)-sulfate(VI)			

Struktur: SO_3, eine flüchtige Verbindung [Sdp. 44,45 °C; Schmp. 16,8 °C] enthält im Dampfzustand monomere, *planar-gebaute* SO_3-Moleküle. Auch hier zeigt der kurze S-O-Bindungsabstand von 143 pm das Vorliegen von S=O-Doppelbindungen an. Im flüssigen Zustand besteht SO_3 aus einem Gemisch von monomeren und trimeren $(SO_3)_3$-Molekülen. *Festes* Schwefeltrioxid existiert demgegenüber in drei unterschiedlichen Modifikationen. Die *eisenartige* Modifikation besteht aus sechsgliedrigen Ringen, während die beiden *asbestartigen* Formen lange, faserige Ketten enthalten [vgl. **MC-Fragen Nr. 1502, 1503**].

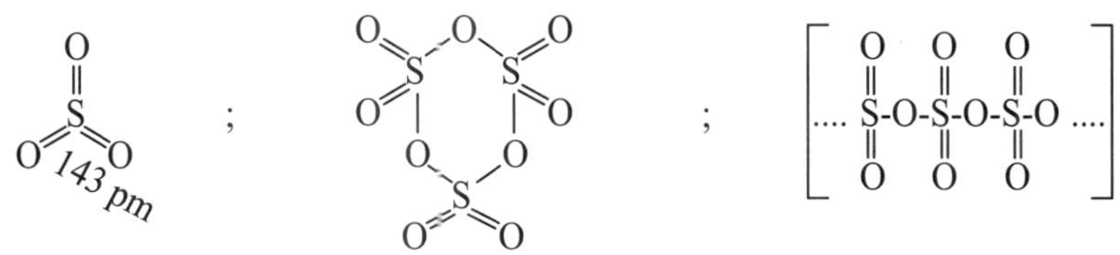

Eigenschaften: SO_3 besitzt stark oxidierende Eigenschaften. Die Substanz reagiert heftig und stark exotherm mit Wasser. Diese Reaktion kann als Umsetzung einer Lewis-Säure (SO_3) mit einer Lewis-Base (H_2O) angesehen werden. Mit Oxiden bildet es Sulfate.

$$SO_3 + H_2O \longrightarrow H_2SO_4$$

2.4.8 Sauerstoffsäuren des Schwefels und deren Salze

2.4.8.1 Klassifizierung und Struktur der Sauerstoffsäuren des Schwefels

Der Schwefel bildet vier Sauerstoffsäuren der allgemeinen Formel $\mathbf{H_2SO_n}$ [n = 2, 3, 4, 5] und fünf Sauerstoffsäuren der allgemeinen Zusammensetzung $\mathbf{H_2S_2O_n}$ [n = 4, 5, 6, 7, 8]. Über die Nomenklatur dieser Oxosäuren und ihrer Salze informiert ◘ Tab. 2.12.

Mit Ausnahme der *einbasigen* Peroxomonoschwefelsäure (H_2SO_5) sind alle Sauerstoffsäuren des Schwefels *zweibasig*. Die Molekülstrukturen einiger Oxosäuren des Schwefels und ihrer Ionen zeigt ◘ Tab. 2.13 [vgl. **MC-Fragen Nr. 1492–1501, 1503, 1890**].

2.4.8.2 Schweflige Säure

Schwefeldioxid löst sich ziemlich gut in Wasser [40 l SO_2 in 1 l H_2O bei 20 °C]. Die Lösung reagiert deutlich sauer, wobei die hydratisierten SO_2-Moleküle direkt HSO_3^--Ionen bilden. Bis jetzt bestehen *keine* Hinweise darauf, dass eine Verbindung der Formel „H_2SO_3" existiert.

$$SO_2 + H_2O \rightleftharpoons H_3O^+ + HSO_3^-$$

Tab. 2.13 Konstitution einiger Schwefelsauerstoffsäuren und ihrer Derivate

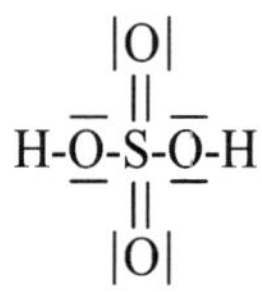
Schwefelsäure

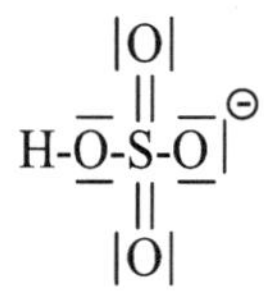
Hydrogensulfat-Ion

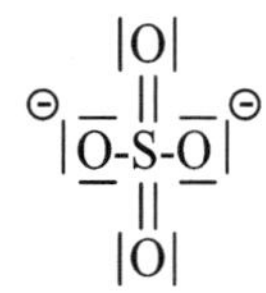
Sulfat-Ion

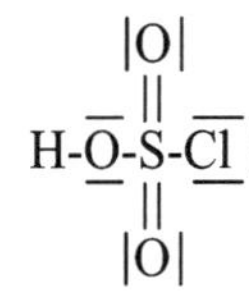
Chlorsulfonsäure

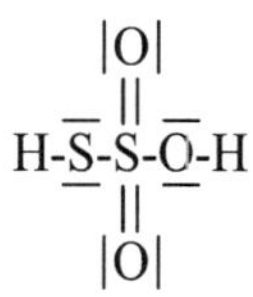
Thioschwefelsäure

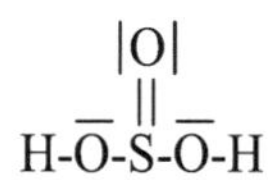
Schweflige Säure

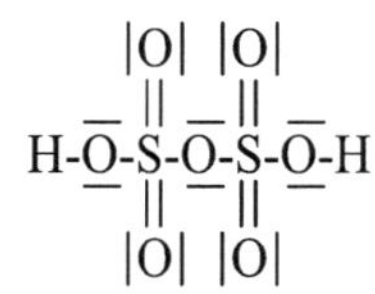
Dischwefelsäure

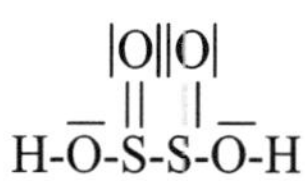
Dithionige Säure

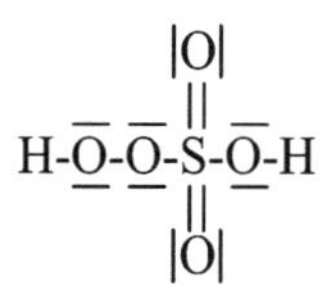
Peroxomonoschwefelsäure

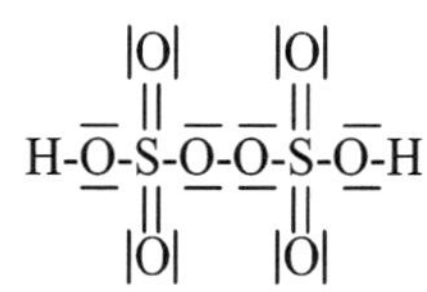
Peroxodischwefelsäure

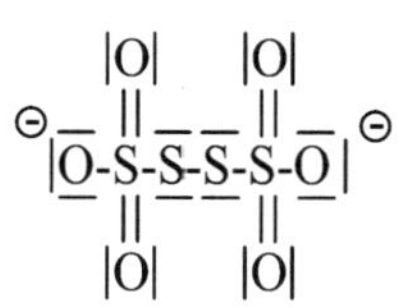
Tetrathionat-Ion

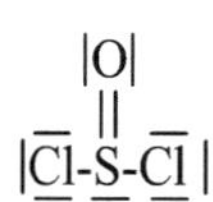
Thionylchlorid

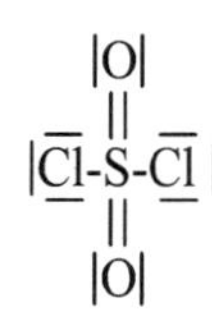
Sulfurylchlorid

Sulfite (Me_2SO_3) entstehen beim Einleiten von SO_2 in wässrige Lösungen von Metallcarbonaten oder -hydroxiden. Neben den normalen Sulfiten kennt man noch (saure) **Hydrogensulfite** (Me^IHSO_3) [vgl. **MC-Frage Nr. 1502**].

Durch Erhitzen von festem Hydrogensulfit oder durch Einleiten von Schwefeldioxid (SO_2) in wässrige Hydrogensulfit-Lösungen bilden sich **Pyrosulfite** [**Disulfite**] ($S_2O_5^{2-}$) [vgl. **MC-Frage Nr. 1497**].

$$2\,HSO_3^- \longrightarrow S_2O_5^{2-} + H_2O$$
$$HSO_3^- + SO_2 \longrightarrow HS_2O_5^-$$

Das $S_2O_5^{2-}$-Ion ist unsymmetrisch gebaut und enthält eine S-S-Bindung. Sulfite, Hydrogensulfite und Pyrosulfite sind – besonders in alkalischer Lösung – starke Reduktionsmittel, die leicht zu Sulfat oxidiert werden [vgl. **MC-Fragen Nr. 1444, 1504**].

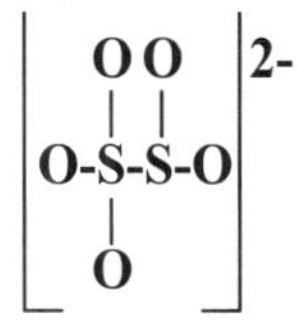

$$SO_2 + 6\ H_2O \rightleftharpoons SO_4^{2-} + 4\ H_3O^+ + 2\ e^- \quad [E^\circ = +0{,}14\ V]$$

Gegenüber stark reduzierenden Substanzen können Schwefel(IV)-Verbindungen auch als Oxidationsmittel reagieren, wie die Komproportionierung von H_2S mit SO_2 beweist.

$$2\ H_2\overset{-2}{S} + \overset{+4}{S}O_2 \longrightarrow 2\ H_2O + 3\ \overset{0}{S}$$

Sulfit- und Hydrogensulfit-Ionen besitzen sowohl am O- als auch S-Atom ein freies Elektronenpaar und stellen *ambidente Nucleophile* dar. Daher reagieren Alkalisulfite mit Alkylhalogeniden zu *Alkansulfonsäuren* (RSO_3H) und als weitere Reaktionsprodukte entstehen *Schwefeligsäureester* [$SO(OR)_2$]. Beispielsweise kann Hydrogensulfit mit Ethylbromid zu Ethansulfonsäure oder Schwefeligsäureethylester alkyliert werden.

$$\underset{\textbf{Ethansulfonsäure}}{CH_3CH_2\text{-}SO_3H} \leftarrow CH_3CH_2\text{-}Br + HSO_3^- \rightarrow \underset{\textbf{Schwefligsäureethylester}}{CH_3CH_2\text{-}O\text{-}SO\text{-}O\text{-}CH_2CH_3}$$

Des Weiteren erklärt die Valenzstruktur der Schwefligen Säure mit einem freien Elektronenpaar am S-Atom auch das Auftreten *tautomerer* Formen, die miteinander im Gleichgewicht stehen [vgl. **MC-Frage Nr. 393**].

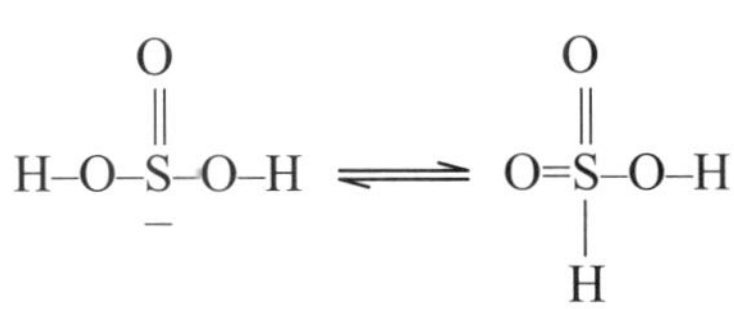

2.4.8.3 Chlorsulfonsäure

Chlorsulfonsäure (HSO_3Cl), das Monochlorid der Schwefelsäure, ist eine farblose Flüssigkeit [Sdp. 152 °C]; sie entsteht in einer Lewis-Säure-Base-Reaktion bei der Umsetzung von gasförmigem Chlorwasserstoff (HCl) mit Schwefeltrioxid (SO_3) [vgl. **MC-Frage Nr. 1523**].

$$HCl + SO_3 \rightarrow H\text{-}O\text{-}SO_2\text{-}Cl \rightarrow H_2SO_4 + HCl$$

Eine weitere Darstellungsvariante ist die Reaktion von Phosphorpentachlorid mit konz. H_2SO_4.

$$H_2SO_4 + PCl_5 \longrightarrow HO_3S\text{-}Cl + POCl_3 + HCl$$

Von Wasser wird Chlorsulfonsäure leicht zu H_2SO_4 hydrolysiert. In der organischen Chemie findet sie Verwendung zur *Sulfonierung* und *Sulfochlorierung* [siehe Ehlers, **Chemie II**, ▸Kap. 3.6.4 und **MC-Frage Nr. 1523**].

2.4.8.4 Schwefelsäure

Darstellung: Zur technischen Gewinnung von H_2SO_4 dienen zwei Verfahren, das bevorzugt angewandte **Kontaktverfahren** sowie das **Bleikammerverfahren**. Beide Prozesse gehen von **Schwefeldioxid** (SO_2) aus und oxidieren dieses mit Luftsauerstoff zu **Schwefeltrioxid** (SO_3). Beim Kontaktverfahren dienen Vanadinverbindungen, beim Bleikammerverfahren Stickstoffoxide als Sauerstoffüberträger. Auch Platin ist als Katalysator geeignet.

Die Umsetzung von SO_2 mit O_2 zu SO_3 verläuft *exotherm* und *reversibel.*

$$2\ SO_2 + O_2 \rightleftharpoons 2\ SO_3 \qquad [\Delta H^\circ = -98{,}3\ kJ] \quad [\Delta G^\circ = -70{,}0\ kJ]$$

Bei Raumtemperatur reagieren SO_2 und O_2 kaum miteinander; bei sehr hohen Temperaturen liegt das Gleichgewicht auf der linken Seite (Le Chatelier-Prinzip, siehe ▸Kap. 1.10.3.4). Will man deshalb SO_2 möglichst quantitativ zu SO_3 oxidieren, muss man bei nicht allzu hohen Temperaturen [400–500 °C] arbeiten. Bei diesen Temperaturen läuft die Reaktion jedoch nur in Anwesenheit von Katalysatoren (Platin, Vanadinoxide) mit hinreichender Geschwindigkeit ab [vgl. **MC-Fragen Nr. 1488, 1489**].

Die sauerstoffübertragende Wirkung der Vanadinoxide beim **Kontaktverfahren** kann durch folgendes Schema erklärt werden:

$$\begin{array}{lll} 1/2\ O_2 + 2\ VO_2 & \longrightarrow & V_2O_5 \\ V_2O_5 + SO_2 & \longrightarrow & SO_3 + 2\ VO_2 \\ \hline 1/2\ O_2 + SO_2 & \longrightarrow & SO_3 \end{array}$$

Das beim Kontaktverfahren entstehende SO_3 löst sich nur sehr schlecht in Wasser; man löst es daher in *konzentrierter* Schwefelsäure, die bis zu 65% ihres Gewichts an SO_3 absorbieren kann und dabei eine an der Luft stark rauchende Flüssigkeit (**Pyroschwefelsäure, Oleum**) bildet. Durch Zusatz von Wasser kann dann Schwefelsäure der gewünschten Konzentration erhalten werden [vgl. **MC-Frage Nr. 1490**].

$$\begin{array}{lll} SO_3 + H_2SO_4 & \longrightarrow & H_2S_2O_7 \\ H_2S_2O_7 + H_2O & \longrightarrow & 2\ H_2SO_4 \\ \hline SO_3 + H_2O & \longrightarrow & H_2SO_4 \end{array}$$

Zur Oxidation von SO_2 nach dem homogen katalysierten **Bleikammerverfahren** wird Stickstoffdioxid (NO_2) verwendet, das zu Stickstoffmonoxid (NO) reduziert wird. Letzteres bildet an der Luft erneut NO_2. Das Bleikammerverfahren liefert *nur verdünnte* Schwefelsäure [vgl. **MC-Fragen Nr. 1488, 1489, 1571**].

$$SO_2 + NO_2 \longrightarrow SO_3\uparrow + NO\uparrow$$
$$2\ NO + O_2 \longrightarrow 2\ NO_2\uparrow$$

Eigenschaften: Reine H_2SO_4 ist eine ölige Flüssigkeit [Sdp. 338 °C; Schmp. 10,4 °C], die unter beträchtlicher Wärmeentwicklung sehr leicht Wasser aufnimmt (*wasserentziehende* bzw. *hygroskopische Wirkung*). Dabei entstehen Hydrate der Schwefelsäure [$H_2SO_4 \cdot xH_2O$] (x = 1, 2, 4), die als **Hydroxoniumsalze** [$H_3O^+ \cdot HSO_4^-$] aufgefasst werden können. Wasserfreie Schwefelsäure kann daher zum Trocknen von Gasen (HCl, CO_2) verwendet werden, die nicht mit H_2SO_4 reagieren [vgl. **MC-Frage Nr. 1508**].

Reine, 98%ige Schwefelsäure zeigt eine *geringe*, jedoch messbare *elektrische Leitfähigkeit*, die auf ihrer *Autoprotolyse* beruht [vgl. **MC-Fragen Nr. 1508, 1509**].

$$H_2SO_4 + H_2SO_4 \rightleftharpoons H_3SO_4^+ + HSO_4^-$$

Schwefelsäure ist eine starke, zweibasige Säure (pK_{s1} = -3). Verdünnte H_2SO_4 ist nahezu vollständig in H_3O^+- und HSO_4^--Ionen dissoziiert. Dank der Bildung dieser Ionen nimmt die *spezifische Leitfähigkeit* mit wachsender Verdünnung zunächst zu, mit immer stärkerer Verdünnung jedoch wieder ab (Verringerung der molaren Ionenkonzentration!). 30%ige H_2SO_4 zeigt ein Maximum an Leitfähigkeit.

Heiße, konzentrierte Schwefelsäure besitzt deutlich *oxidierende Eigenschaften*. Als Säure entwickelt sie H_2 bei der Einwirkung auf Metalle, die in der Spannungsreihe oberhalb des Wasserstoffs stehen [vgl. **MC-Fragen Nr. 1474, 1508**].

$$Me + H_2SO_4 \longrightarrow Me^{II}SO_4 + H_2\uparrow$$

Die in der Spannungsreihe unterhalb des Wasserstoffs angeordneten edleren Metalle [Kupfer, Quecksilber, Silber] lösen sich beim Erhitzen in H_2SO_4 *nicht* unter H_2- sondern unter SO_2 -Entwicklung. Gold und Platin werden von Schwefelsäure nicht angegriffen [vgl. **MC-Fragen Nr. 1286, 1287, 1488, 1490**].

$$Me + 2\ H_2SO_4 \longrightarrow Me^{II}SO_4 + 2\ H_2O + SO_2\uparrow$$

Mit Ausnahme der schwer löslichen Salze $SrSO_4$, $BaSO_4$ und $PbSO_4$ sind die übrigen **Sulfate** in Wasser leicht löslich. $CaSO_4$ und Ag_2SO_4 sind nur mäßig löslich. Wegen des äußerst schwach basischen Charakters des Sulfat-Ions lösen sich die schwer löslichen Sulfate auch nicht in Säuren. **Hydrogensulfate** ($MeHSO_4$) kennt man nur von den Alkalimetallen.

Mit Alkoholen vermag Schwefelsäure *saure* (*Alkylhydrogensulfate*, RO-SO_3H) und *neutrale Ester* [*Alkylsulfate*, $SO_2(OR)_2$] zu bilden.

Bindungsverhältnisse: Schwefelsäuremoleküle sind verzerrt *tetraedrisch* gebaut. Der Bindungswinkel zwischen den S-OH-Gruppen beträgt 101,3°, der zwischen den S=O-Gruppen 123,3°. Die S-O-Bindungslänge beträgt 157,4 pm (zu den HO-Gruppen) bzw. 142,2 pm (zu den Sauerstoffatomen). Das H_2SO_4-Molekül kann mit verschiedenen mesomeren Grenzformeln beschrieben werden, zum einen mit S=O-Doppelbindungen, zum anderen mit S-O-Einfachbindungen unter gleichzeitiger Ladungstrennung. Zwischen den einzelnen Schwefelsäuremolekülen wirken starke *Wasserstoffbrückenbindungen*, was die hohe Viskosität der Säure erklärt [vgl. **MC-Frage Nr. 1507**].

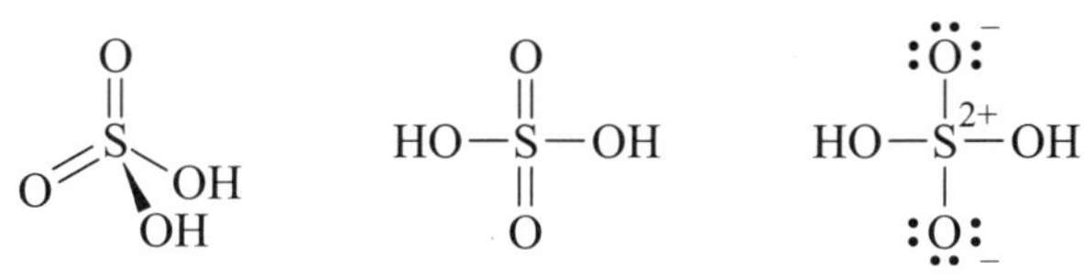

2.4.8.5 Dischwefelsäure (Pyroschwefelsäure)

Beim Erhitzen von Hydrogensulfaten ($Me^{I}HSO_4$) bilden sich **Pyrosulfate** [**Disulfate**] ($S_2O_7^{2-}$) [vgl. **MC-Frage Nr. 1501**].

$$2\ HSO_4^- \rightleftharpoons S_2O_7^{2-} + H_2O$$

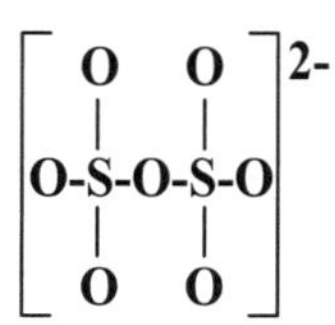

Im Pyrosulfat-Anion sind zwei SO_3-Gruppen über eine Sauerstoffbrücke miteinander verbunden. Die freie **Dischwefelsäure** ($H_2S_2O_7$) entsteht beim Auflösen von SO_3 in konz. H_2SO_4 und wird als *Oleum* bezeichnet. Sie wirkt stärker oxidierend und dehydratisierend als Schwefelsäure. Pyrosulfate werden in Umkehrung ihrer Bildung durch Wasser wieder zu Hydrogensulfaten gespalten.

2.4.8.6 Dithionsäure

Durch Oxidation von Sulfiten mit Braunstein entstehen **Dithionate**. Die gleichzeitig gebildeten Sulfate können als $BaSO_4$ abgetrennt werden, weil Bariumdithionat (BaS_2O_6) im Gegensatz zu $BaSO_4$ in Wasser leicht löslich ist.

$$2\ SO_3^{2-} + MnO_2 + 4\ H_3O^+ \longrightarrow Mn^{2+} + S_2O_6^{2-} + 6\ H_2O$$

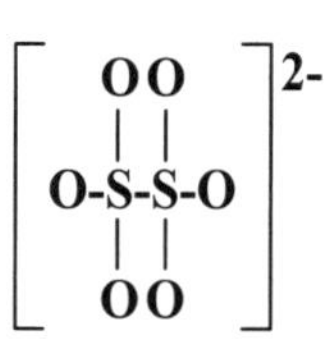

Im Dithionat-Anion ist jedes S-Atom tetraedrisch von vier anderen Atomen umgeben. Die Dithionate, die den Schwefel in der ungewöhnlichen Oxidationsstufe **+5** enthalten, sind überraschend stabil. **Dithionsäure** ($H_2S_2O_6$), eine mittelstarke Säure, disproportioniert dagegen in konzentrierten Lösungen (30%ig) zu Schwefeldioxid (SO_2) und Schwefelsäure (H_2SO_4) [vgl. **MC-Frage Nr. 1498**].

2.4.8.7 Dithionige Säure

Dithionite ($S_2O_4^{2-}$) lassen sich durch Reduktion von Sulfiten bzw. Hydrogensulfiten mit Zink oder Natrium herstellen [vgl. **MC-Fragen Nr. 1492, 1494, 1496, 1499, 1506**].

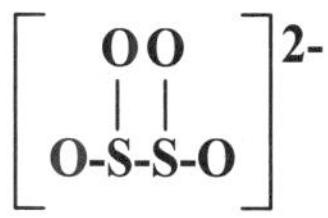

In diesen Anionen kommt der Schwefel formal in der Oxidationsstufe **+3** vor. Dithionite und **Dithionige Säure** ($H_2S_2O_4$) disproportionieren rasch in Thiosulfat und Hydrogensulfit bzw. in SO_2 und Schwefel.

$$2\ H_2S_2O_4 \longrightarrow 2\ H_2O + 3\ SO_2\uparrow + S\downarrow$$

Dithionite sind starke Reduktionsmittel [E° = -1,4 V]; sie reduzieren zahlreiche organische Farbstoffe zu farblosen Leukobasen [vgl. **MC-Frage Nr. 1506**].

2.4.8.8 Thioschwefelsäure

Beim Erhitzen von Sulfit-Lösungen mit elementarem Schwefel entstehen **Thiosulfate** ($S_2O_3^{2-}$) [vgl. **MC-Fragen Nr. 1467, 1470, 1472, 1473, 1502, 1511**].

$$SO_3^{2-} + S \longrightarrow S_2O_3^{2-}$$

Die **Thioschwefelsäure** [Monosulfanmonosulfonsäure] ($H_2S_2O_3$) ist in freier Form nicht beständig; beim Ansäuern von Thiosulfat-Lösungen erfolgt in Umkehrung der Bildungsreaktion eine Zersetzung zu Schwefel und Schwefeldioxid [vgl. **MC-Fragen Nr. 1474, 1511**].

$$S_2O_3^{2-} + 2\ H^+ \longrightarrow (H_2S_2O_3) \longrightarrow SO_2\uparrow + S\downarrow + H_2O$$

Thiosulfate, in denen die beiden S-Atome chemisch nicht gleichwertig sind, besitzen *reduzierende* Eigenschaften [E° = +0,08 V]. Sie können z. B. in schwach saurem Medium **Iod** quantitativ zu Iodid reduzieren, wobei sie selbst zum **Tetrathionat** ($S_4O_6^{2-}$) oxidiert werden. Auf dieser Reaktion beruht eine für die pharmazeutische Analytik wichtige Methode der Maßanalyse, die *Iodometrie* [siehe auch Ehlers, **Analytik II**, ▸Kap. 7.2.3 und **MC-Fragen Nr. 1517, 1518, 1890**].

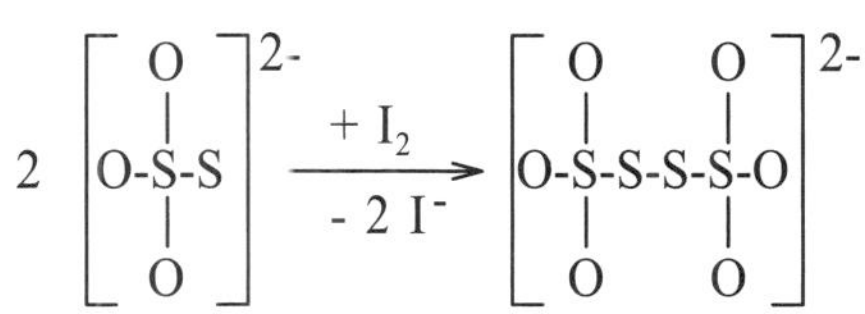

Thiosulfat **Tetrathionat**

Die freie **Tetrathionsäure** [Disulfandisulfonsäure] ($H_2S_4O_6$) ist nicht beständig. **Dithionat** (n = 2), **Trithionat** (n = 3) und **Tetrathionat** (n = 4) sind Verbindungen der allgemeinen Formel $[O_3S{-}S_{(n-2)}{-}SO_3]^{2-}$. In diesen Substanzen sind die beiden Endglieder einer S_n-Kette jeweils mit drei Sauerstoffatomen koordiniert [vgl. **MC-Fragen Nr. 1493, 1511**].

Natriumthiosulfat ($Na_2S_2O_3$), das wichtigste Salz der Thioschwefelsäure, wird aus Natriumsulfit (Na_2SO_3) und Schwefel hergestellt. Eine $Na_2S_2O_3$-Lösung löst *Silberhalogenide* unter Komplexbildung, sodass man die Substanz in der Photographie als *Fixiersalz* zum Herauslösen des beim Belichten und Entwickeln unveränderten Silberhalogenids (AgX) einsetzt [vgl. **MC-Fragen Nr. 1502, 1505, 1512, 1513**].

$$AgX + 2\,S_2O_3^{2-} \longrightarrow [Ag(S_2O_3)_2]^{3-} + X^-$$

Beim Chlorbleichen von Geweben benutzt man es als *Antichlor* zum Entfernen überschüssigen Chlors, da es **Chlor** zu Chlorid reduziert und dabei selbst in Sulfat übergeht. Auch elementares **Brom** vermag Thiosulfat bis zur Stufe des Sulfats zu oxidieren [vgl. **MC-Fragen Nr. 1511, 1512, 1514–1516**].

$$4\,Cl_2 + S_2O_3^{2-} + 5\,H_2O \longrightarrow 2\,SO_4^{2-} + 10\,H^+ + 8\,Cl^-$$

2.4.8.9 Peroxoschwefelsäuren

Die Oxidation von Sulfaten mit elementarem Fluor oder an einer Anode entsprechend positiven Potentials liefert **Peroxodisulfate** ($S_2O_8^{2-}$) [vgl. **MC-Fragen Nr. 1495, 1500**].

$$2\,SO_4^{2-} \longrightarrow S_2O_8^{2-} + 2\,e^-$$

Technisch erfolgt die Darstellung der **Peroxodischwefelsäure** und ihrer Salze in der Weise, dass man konzentrierte Schwefelsäure bzw. Sulfat-Lösungen mit hoher Stromdichte elektrolysiert. Besonders leicht sind **Kalium-** oder **Ammoniumperoxodisulfat** zu gewinnen, da sie wegen ihrer Schwerlöslichkeit auskristallisieren. Fast alle übrigen Peroxodisulfate sind wasserlöslich.

Peroxodischwefelsäure ($H_2S_2O_8$) und Peroxodisulfate sind sehr starke Oxidationsmittel [E^o= +2,05 V]. Allerdings verlaufen manche Oxidationsreaktionen recht langsam. Die hohe Oxidationskraft von Peroxodisulfaten zeigt sich u. a. daran, dass sie Mangan(II)-Salze zu Braunstein (MnO_2) und unter Ag^+-Katalyse auch bis zur Stufe des Permanganats (MnO_4^-) oxidieren können.

$$S_2O_8^{2-} + Mn^{2+} + 2\,H_2O \longrightarrow 2\,H_2SO_4 + MnO_2\downarrow$$

$$5\,S_2O_8^{2-} + 2\,Mn^{2+} + 8\,H_2O \xrightarrow{(Ag^+)} 10\,SO_4^{2-} + 16\,H^+ + 2\,MnO_4^-$$

Peroxodischwefelsäure ist in der 1. Protolysestufe eine starke Säure. Während wässrige Peroxodisulfat-Lösungen recht beständig sind, ist die *freie* Peroxodischwefelsäure [Schmp. 60 °C] stark hygroskopisch und unterliegt in wässriger Lösung leicht der Hydrolyse, wobei **Peroxomonoschwefelsäure** [**Carosche Säure**] (H_2SO_5) als Intermediat gebildet wird; letztere hydrolysiert weiter zu H_2SO_4 und H_2O_2. Daher ist auch die Carosche Säure [Schmp. 45 °C] in wasserfreier Form stark hygroskopisch [vgl. **MC-Fragen Nr. 1445, 1502, 1505**].

$$H_2S_2O_8 \xrightarrow[- H_2SO_4]{+ H_2O} H_2SO_5 \xrightarrow{+ H_2O} H_2SO_4 + H_2O_2$$

Die Carosche Säure kann als Monosulfonsäure des Wasserstoffperoxids angesehen werden. Ihre Darstellung gelingt deshalb auch durch Umsetzung von Chlorsulfonsäure mit H_2O_2.

$$HO_3S\text{-}Cl + H\text{-}OOH \longrightarrow HO_3S\text{-}OOH + HCl$$

Zur Struktur der Peroxoschwefelsäuren siehe ◘ Tab. 2.13.

Peroxidisulfate lassen sich als Derivate des H_2O_2 in Gegenwart von Fe(II)-Ionen als Katalysator in schwefelsaurer Lösung *iodometrisch* unter Bildung von Sulfaten bestimmen [vgl. **MC-Frage Nr. 1503**].

$$S_2O_8^{2-} + 2\,I^- \rightarrow 2\,SO_4^{2-} + I_2$$

2.4.9 Selen und Tellur

Selen tritt in einer nichtmetallischen, halbmetallischen und einer metallischen Modifikation auf. **Tellur** ist nur in einer metallischen Form geringer elektrischer Leitfähigkeit bekannt [vgl. **MC-Frage Nr. 1418**].

Selenwasserstoff (H_2Se) und **Tellurwasserstoff** (H_2Te) sind acider, aber deutlich weniger stabil als H_2S. Beide Substanzen sind starke Reduktionsmittel; H_2Te vermag sogar Wasser zu H_2 zu reduzieren. Die Darstellung der Wasserstoffverbindungen gelingt durch Reduktion der Oxide mit Zink in salzsaurer Lösung [vgl. **MC-Frage Nr. 1418**].

Beide Elemente verbrennen an der Luft zu festen, weißen Dioxiden. **Selendioxid** (SeO_2), ein in der organischen Chemie oft eingesetztes Oxidationsmittel, bildet Molekülgitter, in dem SeO_2-Moleküle zu Ketten unbegrenzter Länge angeordnet sind. **Tellurdioxid** (TeO_2) kristallisiert in einem Ionengitter, das Te^{4+}-Ionen enthält [vgl. **MC-Frage Nr. 1418**].

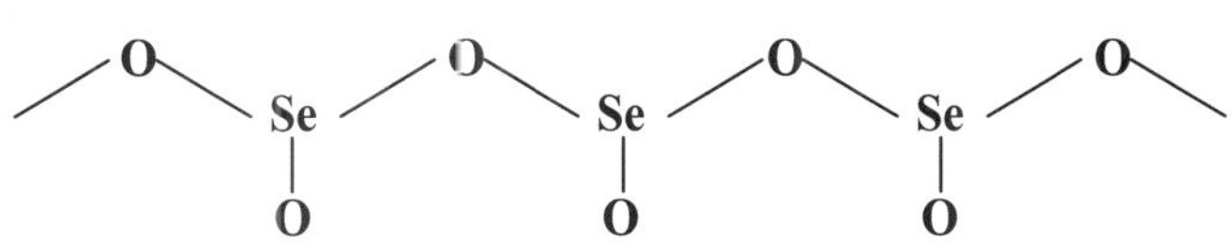

SeO_2 löst sich in Wasser unter Bildung der schwachen **Selenigen Säure** (H_2SeO_3); in alkalischer Lösung bilden sich **Selenite**. Ihre Oxidation zu **Selensäure** (H_2SeO_4) gelingt nur mit starken Oxidationsmitteln (Cl_2, $HClO_3$) oder durch anodische Oxidation. Die stark hygroskopische H_2SeO_4 wirkt stärker oxidierend, ist aber schwächer sauer als H_2SO_4. Ihre Salze heißen **Selenate**.

Auch vom Tellur kennt man zwei Sauerstoffsäuren: **Tellurige Säure** (H_2TeO_3) und **Orthotellursäure** (H_6TeO_6); ihre Salze nennt man **Tellurite** bzw. **Tellurate**.

2.5 Stickstoffgruppe

Zur V. Hauptgruppe des PSE gehören die Elemente **Stickstoff** (N), **Phosphor** (P), **Arsen** (As), **Antimon** (Sb) und **Bismut** (Bi). Außer Stickstoff und Bismut treten alle Elemente in mehreren *Modifikationen* auf. Die im Vergleich zu den anderen Elementen der Gruppe große Reaktionsträgheit des Stickstoffs ist eine Folge der hohen Bindungsenergie des N_2-Moleküls von 945 kJ/mol. Die wichtigsten Eigenschaften der Elemente der Stickstoffgruppe sind in ▫Tab. 2.14 zusammengefasst [vgl. **MC-Fragen Nr. 1620, 1891**].

Metallcharakter: Der metallische Charakter der Elemente nimmt mit steigender Ordnungszahl vom Stickstoff zum Bismut hin zu. *Stickstoff* ist ein reines Nichtmetall, *Phosphor* kommt außer in drei typisch nichtmetallischen Modifikationen (weißer, roter, violetter P) bereits in einer (schwarzen) Form vor, die elektrisches Leitvermögen und eine starke Lichtbrechung zeigt (siehe ▸Kap. 2.5.10.2). *Arsen* und *Antimon* zählen zu den Halbmetallen; sie existieren in drei verschiedenen Modifikationen, während vom *Bismut* nur eine einzige metallische Form bekannt ist (siehe ▸Kap. 2.5.18).

Wertigkeit: Gegenüber elektropositiven Elementen (Wasserstoff, Metalle) treten die Elemente der V. Hauptgruppe nur dreiwertig auf, gegenüber elektronegativen Elementen (Sauerstoff, Schwefel, Halogene) sind sie vor allem drei- und fünfwertig.

Die Beständigkeit der dreiwertigen Stufe gegenüber elektropositiven Elementen nimmt innerhalb der Gruppe mit steigender Ordnungszahl ab, die der Verbindungen mit elektronegativen Elementen dagegen zu. So ist Ammoniak (NH_3) im Vergleich zum zersetzlichen Bismutin (BiH_3) sehr beständig, während umgekehrt die Oxide, Sulfide oder Halogenide des Stickstoffs unbeständiger sind als die des Bismuts.

Stickstoff, Phosphor und Arsen bilden keine einfachen Ionen. Dagegen können Antimon und Bismut durch Abspaltung ihrer p-Elektronen Sb^{3+}- und Bi^{3+}-Ionen bilden. In wässriger Lösung reagieren diese Ionen zu Antimonyl- (SbO^+) bzw. Bismutyl-Verbindungen (BiO^+). Fünffach positiv geladene Ionen existieren von keinem Element; die Oxidationsstufe +5 wird nur in kovalenten Verbindungen erreicht. Die Beständigkeit der fünfwertigen Stufe nimmt vom Stickstoff zum Bismut hin ab.

Über die wichtigsten *Oxidationszahlen* des Stickstoffs und Phosphors in ihren Verbindungen informierte bereits ▸Kap. 1.12.1.3 (○Abb. 1.134 und 1.135).

Tab. 2.14 Eigenschaften der Elemente der V. Hauptgruppe

	N	P	As	Sb	Bi
Elektronenkonfiguration	ns^2np^3				
Schmelzpunkt (°C)	-210,0	44,1*	**	630,6	271,4
Siedepunkt (°C)	-195,8	281*	603	1587	1564
Ionisierungsenergie (kJ/mol)	1402,3	1011,8	947,0	834	703
Atomradius (pm)	65	100	115	145	160
Ionenradius [E^{5+}] (pm)	11	34	47	62	74
Elektronegativität	3,0	2,2	2,2	2,0	2,0
Metallcharakter	**Zunehmend** →				
Affinität zu elektropositiven Elementen	**Abnehmend** →				
Affinität zu elektronegativen Elementen	**Zunehmend** →				
Thermische Beständigkeit der Wasserstoffverbindungen [EH_3]	**Abnehmend** →				
Basencharakter der Wasserstoffverbindungen [EH_3]	**Abnehmend** →				
Salzcharakter der Halogenide [EX_3]	**Zunehmend** →				
Stabilität der Oxide [E_2O_3]	**Zunehmend** →				
Basenstärke der Oxide [E_2O_3]	**Zunehmend** →				
Säurestärke der Oxide [E_2O_3]	**Abnehmend** →				
Stabilität der Oxidationsstufe [+3]	**Zunehmend** →				
Stabilität der Oxidationsstufe [+5]	**Abnehmend** →				

*) Angaben beziehen sich auf die *weiße* Modifikation des Phosphors
**) Arsen sublimiert bei 613 °C

Bindigkeit: Da Stickstoff als Element der 2. Periode über keine unbesetzten d-Orbitale verfügt, kann es maximal nur vierbindig auftreten [z. B. NH_4^+]. Phosphor, Arsen, Antimon und Bismut bilden demgegenüber auch Verbindungen mit bis zu sechs kovalenten Bindungen [z. B. PCl_6^-, SbF_6^-].

Stickstoffatome gehen leicht *Mehrfachbindungen* ein (**p_π-p_π-Bindung**). Beim Phosphor ist die Tendenz zur Bildung von Mehrfachbindungen (**p_π-d_π-Bindung**) bereits deutlich schwächer, und beim Arsen, Antimon oder Bismut spielen Mehrfachbindungen keine Rolle.

Oxide: Der saure Charakter der dreiwertigen Oxide [E_2O_3] nimmt vom Stickstoff zum Bismut hin ab. N_2O_3, P_4O_6, As_4O_6 sind Säureanhydride, Sb_4O_6 ist amphoter und Bi_2O_3 ist ein ausgesprochenes Basenanhydrid.

$$EO_3^{3-} + 3\,H^+ \rightleftharpoons E(OH)_3 \rightleftharpoons E^{3+} + 3\,HO^-$$

$$E_2O_3\ (E_4O_6) \rightarrow E(OH)_3$$

Die Oxide der fünfwertigen Oxidationsstufe (E_2O_5) sind ausnahmslos Säureanhydride. Auch hier nimmt die Acidität der resultierenden Säure (H_3EO_4) innerhalb der Gruppe mit steigender Kernladungszahl von oben nach unten ab.

Hydride: Der basische Charakter der Element-Wasserstoff-Verbindungen (EH_3) nimmt mit steigender relativer Atommasse ab, sodass das Protolysegleichgewicht beim NH_3 ganz auf der rechten, beim Arsen dagegen ganz auf der linken Seite liegt [vgl. **MC-Frage Nr. 1587, 1588**].

$$EH_3 + H^+ \rightleftharpoons EH_4^+$$

2.5.1 Stickstoff

2.5.1.1 Gewinnung und Eigenschaften des Stickstoffs

Gewinnung: Stickstoff tritt in elementarer Form in der Atmosphäre auf (~78 Vol%) und wird in großen Mengen durch Fraktionierung verflüssigter Luft gewonnen, wobei N_2 vor O_2 überdestilliert [siehe hierzu auch ▸Kap. 2.4.1.1 und **MC-Fragen Nr. 1524-1526, 1892**].

Im Laboratorium erhält man Stickstoff durch Thermolyse von **Aziden**, wie z.B. *Natriumazid* (NaN_3) oder beim trockenen Erhitzen von **Ammoniumnitrit** (NH_4NO_2) bzw. beim Erhitzen wässriger konzentrierter NH_4NO_2-Lösungen. Solche Lösungen lassen sich aus Salpetriger Säure (HNO_2) durch Neutralisieren mit Ammoniak (NH_3) herstellen. Auch bei der Umsetzung von Nitriten bzw. Salpetriger Säure mit *Amidosulfonsäure* ($H_2N\text{-}SO_3H$) oder *Harnstoff* ($H_2N\text{-}CO\text{-}NH_2$) bildet sich unter Komproportionierung elementarer Stickstoff. Die letztgenannten Reaktionen dienen zum Entfernen von Nitrit aus einem Analysengemisch [vgl. **MC-Fragen Nr. 1526, 1527, 1567, 1569, 1570, 1577, 1892**].

$$2\,NaN_3 \rightarrow 3\,N_2\uparrow + 2\,Na$$
$$NH_4NO_2 \rightarrow N_2\uparrow + 2\,H_2O$$
$$HNO_2 + H_2N\text{-}SO_3H \rightarrow N_2\uparrow + H_2SO_4 + H_2O$$
$$2\,HNO_2 + H_2N\text{-}CO\text{-}NH_2 \rightarrow 2\,N_2\uparrow + CO_2\uparrow + 3\,H_2O$$

Auch beim Verbrennen von **Hydrazin** ($H_2N\text{-}NH_2$) an der Luft bildet sich in exothermer Reaktion elementarer Stickstoff [vgl. **MC-Fragen Nr. 1527, 1539**].

$$H_2N\text{-}NH_2 + O_2 \rightarrow N_2\uparrow + 2\,H_2O$$

Eigenschaften: Stickstoff – ein geruch- und geschmackloses Gas – ist häufigster Bestandteil von Luft und das einzige bei Raumtemperatur gasförmige Element der V. Hauptgruppe. Natürlicher Stickstoff besteht aus den stabilen Isotopen ^{14}**N** und ^{15}**N** im Mengenverhältnis 272:1.

Die hohe Dissoziationsenergie der N≡N-Dreifachbindung hat nicht nur eine extreme Reaktionsträgheit zur Folge, sondern ist auch verantwortlich dafür, dass Reaktionen, bei denen Stickstoff gebildet wird, in der Regel stark *exotherm* verlaufen. Die einzige mit elementarem Stickstoff bei Raumtemperatur mögliche Reaktion ist die Umsetzung mit metallischem Lithium zu **Lithiumnitrid** (Li_3N) [vgl. **MC-Fragen Nr. 1524, 1525**].

2.5.1.2 Nitride

Salzartige Nitride werden von Alkali- und Erdalkalimetallen gebildet. Sie entstehen durch direkte Synthese aus den Elementen und enthalten das N^{3-}-Ion, das noch stärker basisch ist als das O^{2-}-Ion. Salzartige Nitride reagieren deshalb mit Wasser unter Bildung von Ammoniak und den entsprechenden Metallhydroxiden [vgl. **MC-Fragen Nr. 1288, 1289, 1526, 1528, 1892**].

$$Li_3N + 3\,H_2O \longrightarrow 3\,LiOH + NH_3\uparrow$$

$$Mg_3N_2 + 6\,H_2O \longrightarrow 3\,Mg(OH)_2 + 2\,NH_3\uparrow$$

Von den **kovalenten Nitriden** der Elemente der III.–VI. Hauptgruppe sind **Bor-** (BN) und **Aluminiumnitrid** (AlN) besonders schwer flüchtige Substanzen (siehe auch ▸Kap. 2.7.1.3).

Mit Übergangsmetallen bilden sich nicht immer stöchiometrisch zusammengesetzte **interstitielle Nitride** (**Einlagerungsnitride**), in denen N-Atome Hohlräume in den Metallgittern besetzen. Diese Verbindungen leiten den elektrischen Strom, sind sehr hart und besitzen eine große Reaktionsträgheit.

2.5.2 Ammoniak

2.5.2.1 Darstellung von Ammoniak

Das *trigonal-pyramidal* gebaute Ammoniakmolekül [IUPAC: *Azan*] (NH_3) mit sp^3-hybridisiertem N-Atom kann direkt aus den Elementen hergestellt werden (**Haber-Bosch-Verfahren**) [vgl. **MC-Fragen Nr. 1529, 1530, 1532, 1587, 1588**].

$$N_2 + 3\,H_2 \rightleftharpoons 2\,NH_3 \qquad [\Delta G° = -16{,}4\ kJ/mol] \quad [\Delta H° = -46{,}2\ kJ/mol]$$

Bei tiefen Temperaturen führt jedoch die extreme Reaktionsträgheit des Stickstoffs dazu, dass die Geschwindigkeit dieses *exothermen* Vorganges äußerst gering ist. Katalysatoren wirken erst ab 400 °C genügend stark beschleunigend, sodass man in der Praxis bei Temperaturen von 400–500 °C arbeiten muss.

Da bei dieser Reaktion aus 1 Mol N_2 und 3 Mol H_2 unter *Volumenverminderung* nur 2 Mol NH_3 entstehen, muss nach dem Prinzip von Le Chatelier ein hoher Druck die Ammoniakbildung begünstigen. Bei Drücken von etwa 200 at liegt die Ausbeute bei 17,6 Vol% [siehe auch ▸Kap. 1.10.3.5 und **MC-Frage Nr. 950**].

Als Ausgangsmaterial zur Gewinnung von N_2 dient **Luft**. Den Sauerstoffanteil der Luft entfernt man mit Koks [vgl. **MC-Fragen Nr. 1647, 1651**].

$$[4\,N_2 + O_2 + 2\,C] \longrightarrow \underset{\textbf{Generatorgas}}{[4\,N_2 + 2\,CO]}$$

Den Wasserstoff erhält man durch Elektrolyse von **Wasser** oder dadurch, dass man Wasserdampf über glühende Kohle leitet. Die Bildung von Wassergas verläuft endotherm [$\Delta H = +132$ kJ/mol] [vgl. **MC-Fragen Nr. 1647, 1651**].

$$H_2O + C \longrightarrow \underset{\textbf{Wassergas}}{[H_2 + CO]}$$

Das jeweils gebildete Kohlenmonoxid wird katalytisch mit weiterem Wasserdampf zu CO_2 oxidiert, das unter Druck in Wasser gelöst und damit aus dem Gleichgewicht entfernt wird.

$$\underset{\textbf{Wassergas}}{5\ [H_2 + CO]} + \underset{\textbf{Generatorgas}}{2\ [2\ N_2 + CO]} \xrightarrow[-\ 7\ CO_2]{+\ 7\ H_2O} \underset{\textbf{(3 : 1)}}{[12\ H_2 + 4\ N_2]}$$

Die Herstellung von Ammoniak durch Hydrolyse von **Nitriden** spielt heute großtechnisch keine Rolle mehr. Im Laboratorium kann man NH_3 auch durch Behandeln eines **Ammoniumsalzes** (NH_4X) mit einer starken Base, z. B. einer Alkali- oder Erdalkalihydroxid-Lösung, darstellen [vgl. **MC-Fragen Nr. 1530, 1588**].

2.5.2.2 Eigenschaften von Ammoniak

Ammoniak ist ein stechend riechendes, farbloses, tränenreizendes Gas [Schmp. -77 °C; Sdp. -33,4 °C], das sich sehr gut in Wasser löst [1 l H_2O löst bei 15 °C 727 l NH_3]. Entsprechend des sich einstellenden Protolysegleichgewichts reagiert die Lösung *alkalisch*. Eine Substanz der Formel NH_4OH, wie sie nach der Arrhenius-Theorie postuliert wurde, *existiert* mit Sicherheit *nicht* [vgl. **MC-Fragen Nr. 628, 1530, 1532, 1533**].

$$NH_3 + H_2O \rightleftharpoons NH_4^+ + HO^-$$

Flüssiges Ammoniak gleicht in seinem physikalischen Verhalten dem Wasser und ist zur *Autoprotolyse* befähigt, wobei das Gleichgewicht noch stärker als beim Wasser auf der linken Seite liegt [siehe ▸Kap. 1.11.4.1 und **MC-Fragen Nr. 1530–1532**].

$$NH_3 + NH_3 \rightleftharpoons NH_4^+ + NH_2^- \qquad [pK = 33\ (\text{bei -35 °C})] \quad [\varepsilon = 22]$$

Viele Reaktionen in flüssigem Ammoniak verlaufen in ähnlicher Weise wie in Wasser. So entspricht die Umsetzung von Ammoniumsalzen ($NH_4^+X^-$) mit Amiden ($Me^+NH_2^-$) der Neutralisation einer starken Säure. Darüber hinaus löst NH_3 in verflüssigter Form zahlreiche Salze [vgl. **MC-Fragen Nr. 1531, 1539**].

$$NH_4^+X^- + Me^+NH_2^- \longrightarrow 2\ NH_3 + Me^+X^-$$

Die wichtigste Eigenschaft des NH_3-Moleküls ist seine *basische Wirkung* [$pK_b = 4{,}76$]. Der verglichen mit Wasser stärker basische Charakter des NH_3 zeigt sich u. a. daran, dass viele Säuren, die in Wasser nur in geringem Maße dissoziieren, in flüssigem Ammoniak starke Säuren sind.

Ähnlich wie Wasser neigt Ammoniak zur *Komplexbildung* mit zahlreichen Metallionen. Die resultierenden **Amminkomplexe** sind in der Regel wesentlich stabiler als die entsprechenden Aquakomplexe, sodass sie beim Versetzen der wässrigen Metall-Salzlösungen mit NH_3 gebildet werden (siehe auch ▶Kap. 1.5.3.6).

$$[Cu(H_2O)_4]^{2+} + 4\,NH_3 \rightarrow [Cu(NH_3)_4]^{2+} + 4\,H_2O$$

Die schwach N-H-aciden Wasserstoffatome des Ammoniaks lassen sich sukzessive durch Metallatome substituieren. Man kommt so zu den Substanzklassen der **Amide** [$MeNH_2$], **Imide** [Me_2NH] und **Nitride** [Me_3N]. Alkali- und Erdalkaliamide entstehen beim Einwirken von Ammoniakgas auf die erhitzten Metalle [vgl. **MC-Fragen Nr. 1529, 1587**].

$$2\,NH_3 + 2\,Na \longrightarrow 2\,NaNH_2 + H_2\uparrow$$

Amide sind starke Basen, die mit Wasser quantitativ unter Bildung von NH_3 und den entsprechenden Metallhydroxiden reagieren.

$$NaNH_2 + H_2O \longrightarrow NaOH + NH_3\uparrow$$

Aufgrund der aciden H-Atome reagiert Ammoniak mit Grignard-Verbindungen (R-MgX) unter Freisetzung des betreffenden Kohlenwasserstoffs [siehe Ehlers, **Chemie II**, ▶Kap. 3.8.3.1 und **MC-Frage Nr. 1529**].

$$R\text{-}MgX + NH_3 \rightarrow R\text{-}H + Mg(NH_2)X$$

Ammoniak ist leicht *oxidierbar*. Je nach Oxidationsmittel und den jeweiligen Reaktionsbedingungen bilden sich unterschiedliche Produkte [Hydrazin, Stickstoff, Stickstoffoxid]. In reinem Sauerstoff verbrennt NH_3 *exotherm* zu N_2 und Wasser, während in Gegenwart eines Pt-Katalysators Stickstoffmonoxid entsteht [siehe ▶Kap. 2.5.7.2 und **MC-Frage Nr. 1531**].

$$4\,NH_3 + 3\,O_2 \rightarrow 2\,N_2 + 6\,H_2O$$

An der Luft lässt sich Ammoniak zwar entzünden, die freiwerdende Energie reicht aber für eine kontinuierliche Verbrennung *nicht* aus, sodass die Flamme erlischt [vgl. **MC-Frage Nr. 1482**].

Ammoniak ist Zwischenprodukt beim Auf- und Abbau von Aminosäuren. Aufgrund seiner Giftigkeit wird er vom Organismus zur Entgiftung bzw. zur Ausscheidung in *Harnstoff* ($H_2N\text{-}CO\text{-}NH_2$) oder in *Harnsäure* umgewandelt.

2.5.2.3 Ammoniumsalze

Aufgrund ähnlicher Kationenradien gleichen die leicht flüchtigen **Ammoniumsalze** in ihren Eigenschaften den Kalium- und Rubidiumsalzen. Die meisten Ammoniumsalze sind wasserlöslich. Das Ammonium-Ion [$pK_s = 9{,}24$] ist deutlich schwächer sauer als das Hydroxonium-Ion [$pK_s = -1{,}74$]. Beim Erhitzen zerfallen Ammoniumsalze von nichtoxidierenden Säuren in Umkehrung ihrer Bildung in NH_3 und die betreffende Säure [vgl. **MC-Fragen Nr. 1535, 1536**].

2 Anorganische Chemie

Auch basische Oxide wie MgO setzen aus Ammoniumsalzen Ammoniak frei. **Ammoniumnitrit** [NH_4NO_2], **Ammoniumperchlorat** [NH_4ClO_4] und **Ammoniumdichromat** [$(NH_4)_2Cr_2O_7$] liefern demgegenüber beim Erhitzen elementaren Stickstoff, während die Thermolyse von **Ammoniumnitrat** [NH_4NO_3] Distickstoffoxid (N_2O) ergibt [vgl. **MC-Fragen Nr. 1526, 1527, 1535**].

$$NH_4^+ + X^- \xrightarrow{\Delta} NH_3\uparrow + HX$$
$$2\,NH_4Cl + MgO \longrightarrow MgCl_2 + H_2O + 2\,NH_3\uparrow$$
$$NH_4Cl + KNO_2 \longrightarrow KCl + 2\,H_2O + N_2\uparrow$$
$$NH_4^+\,NO_2^- \longrightarrow N_2\uparrow + 2\,H_2O$$
$$NH_4^+\,NO_3^- \longrightarrow N_2O\uparrow + 2\,H_2O$$

Beim Lösen von Ammoniumsalzen in Wasser reagieren diese unterschiedlich. Ammoniumsalze von starken Säuren wie **Ammoniumchlorid** (NH_4Cl) reagieren *sauer*, bei Ammoniumsalzen von schwachen Säuren wie **Ammoniumcyanid** (NH_4CN) führt die Protolyse zu einer *alkalischen* Reaktion und **Ammoniumacetat** (CH_3COONH_4) reagiert in wässriger Lösung *neutral* [siehe auch ▶Kap. 1.11.3.12 und **MC-Frage Nr. 1534**].

2.5.3 Hydrazin

Darstellung: **Hydrazin** ($H_2N\text{-}NH_2$) entsteht durch Oxidation von Ammoniak mit Hypochloriger Säure oder einer Natriumhypochlorit-Lösung. Als Zwischenprodukt tritt **Chloramin** ($H_2N\text{-}Cl$) auf (**Raschig-Verfahren**) [vgl. **MC-Fragen Nr. 1529, 1531, 1539**].

$$NH_3 + HOCl \longrightarrow H_2N\text{-}Cl + H_2O$$
$$H_2N\text{-}Cl + NH_3 \longrightarrow H_2N\text{-}NH_2 + HCl$$
$$\overline{2\,NH_3 + HOCl \longrightarrow N_2H_4 + H_2O + HCl}$$

Spuren von Schwermetallsalzen katalysieren allerdings die rasche Weiteroxidation von NH_3, Chloramin oder Hydrazin zu Stickstoff.

Eigenschaften: Reines Hydrazin ist eine unter Normaldruck bei Raumtemperatur farblose Flüssigkeit, die *schwächer* basisch [$pK_b = 6{,}07$] ist als Ammoniak [$pK_b = 9{,}24$]. Hydrazin bildet als *zweiprotonige* Base zwei Reihen von Salzen [$N_2H_5^+X^-$ und $N_2H_6^{2+}(X^-)_2$], die in wässriger Lösung sauer reagieren. Salze vom Typ $N_2H_5^+X^-$ sind in Wasser stabil, dagegen protolysieren $N_2H_6^{2+}$-Ionen vollständig zu $N_2H_5^+$- und H_3O^+-Ionen. Von den Salzen ist **Hydrazinsulfat** [$(H_2N\text{-}NH_3)^+(HSO_4)^-$] in Wasser schwer löslich [vgl. **MC-Fragen Nr. 1537–1539, 1893**].

Hydrazin reagiert heftig mit Halogenen (X_2) unter Bildung von Stickstoff und den betreffenden Halogenwasserstoffen (HX) [vgl. **MC-Frage Nr. 1893**].

$$N_2H_4 + 2\,X_2 \rightarrow N_2\uparrow + 4\,HX$$

Reines Hydrazin kann bei hohen Temperaturen explosionsartig zu Stickstoff und Ammoniak zerfallen (disproportionieren) [vgl. **MC-Frage Nr. 1893**].

$$3\,N_2H_4 \rightarrow N_2\uparrow + 4\,NH_3$$

An der Luft verbrennt Hydrazin unter beträchtlicher Wärmeentwicklung zu elementarem Stickstoff [vgl. **MC-Fragen Nr. 1527, 1539, 1893**].

$$N_2H_4 + O_2 \rightarrow N_2 - 2\,H_2O \quad [\Delta H = -621{,}7\ kJ/mol]$$

In stark alkalischer Lösung wirkt Hydrazin *reduzierend* und wird zu N_2 oxidiert [vgl. **MC-Fragen Nr. 1537, 1538**].

$$N_2H_4 + 4\,HO^- \longrightarrow N_2 + 4\,H_2O + 4\,e^- \qquad [E^\circ = -\,1{,}16\ V]$$

Gegenüber starken Reduktionsmitteln vermag es auch oxidierend zu wirken. In der organischen Chemie wird Hydrazin als *Carbonylreagenz* verwendet. Es bilden sich **Hydrazone** und **Azine** [siehe auch Ehlers, **Chemie II**, ►Kap. 3.12.5 und **MC-Frage Nr. 1537**].

$$\underset{\textbf{Carbonylverbindung}}{R_2C{=}O + H_2N\text{-}NH_2} \xrightarrow{-\,H_2O} \underset{\textbf{Hydrazon}}{R_2C{=}N\text{-}NH_2} \xrightarrow[-\,H_2O]{+\,R_2C{=}O} \underset{\textbf{Azin}}{R_2C{=}N\text{-}N{=}CR_2}$$

2.5.4 Stickstoffwasserstoffsäure und deren Salze

In der Stickstoffwasserstoffsäure (HN_3) sind die drei N-Atome *linear* miteinander verknüpft; sie besitzen eine unterschiedliche Bindungsordnung. Der N-N-H-Bindungswinkel beträgt 110°. Im Hydrogenazid liegt somit ein mesomeriestabilisiertes *gewinkeltes* Molekül vor. Das durch Deprotonierung gebildete Azid-Ion (N_3^-) besitzt hingegen eine *lineare* Struktur und ist gleichfalls mesomeriestabilisiert [vgl. **MC-Fragen Nr. 418, 420. 422, 1540, 1541, 1565**].

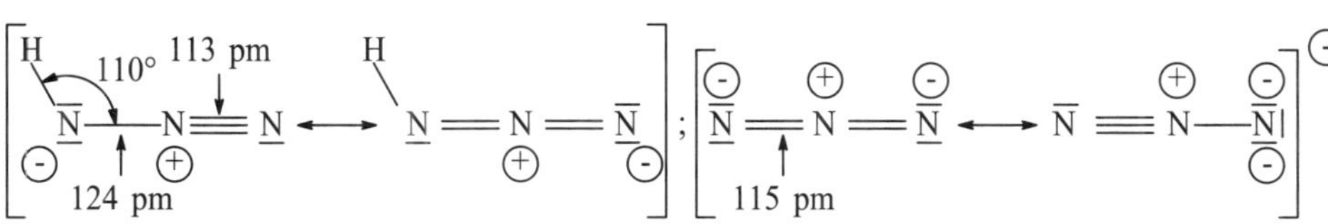

Hydrogenazid **Azid-Ion**

Stickstoffwasserstoffsäure wird durch Umsetzung von Hydrazin mit Salpetriger Säure (HNO_2) erhalten und kann durch Destillation aus dem Reaktionsgemisch abgetrennt werden [vgl. **MC-Fragen Nr. 1531, 1540, 1541**].

$$N_2H_4 + HNO_2 \longrightarrow HN_3 + 2\,H_2O$$

Natriumazid (NaN_3) gewinnt man aus Natriumamid ($NaNH_2$) durch Reaktion mit Natriumnitrat ($NaNO_3$) in der Schmelze oder in flüssigem NH_3 bzw. durch Umsetzung mit Distickstoffoxid (N_2O).

$$3\ NaNH_2 + NaNO_3 \longrightarrow NaN_3 + NH_3 + 3\ NaOH$$
$$NaNH_2 + N_2O \longrightarrow NaN_3 + H_2O$$

Hydrogenazid ist eine farblose, giftige, stark endotherme Flüssigkeit [Schmp. -80 °C; Sdp. +35,7 °C], die zu explosionsartiger Zersetzung neigt. HN_3 ist eine schwache Säure [pK_s= 4,76]; ihre Salze, die **Azide**, ähneln in ihrem Verhalten den Halogeniden und werden zu den *Pseudohalogeniden* gerechnet. Schwermetallazide, insbesondere **Bleiazid** [$Pb(N_3)_2$], detonieren beim Erhitzen oder auf Schlag; sie werden in der Sprengtechnik als Initialzünder verwendet; Alkaliazide sind stabiler und nicht explosiv. Die Stickstoffwasserstoffsäure ist ein verhältnismäßig starkes Oxidationsmittel und wird dabei zu Stickstoff oder Ammoniak reduziert. Gegenüber sehr starken Oxidantien vermag HN_3 auch reduzierend zu wirken [vgl. **MC-Fragen Nr. 1539–1541**].

2.5.5 Hydroxylamin

Hydroxylamin (H_2N-OH) ist eine bei Raumtemperatur feste, farblose Substanz [Schmp. 33 °C]. Sie entsteht bei der Reduktion von Nitraten oder Nitriten mit SO_2 (Schwefliger Säure) oder Hydrogensulfiten bzw. bei der kathodischen Reduktion dieser Verbindungen oder ihren Säuren in schwefelsaurer Lösung. Darüber hinaus kann Hydroxylamin auch durch katalytische Reduktion von Stickstoffoxiden [NO, NO_2] gewonnen werden [vgl. **MC-Fragen Nr. 1542, 1544, 1565**].

$$HNO_2 + 2\ SO_2 + 3\ H_2O \longrightarrow H_2N\text{-}OH + 2\ H_2SO_4$$
$$HNO_3 + 6\ H^+ + 6\ e^- \longrightarrow H_2N\text{-}OH + 2\ H_2O$$

Hydroxylamin (H_2N-OH) [pK_b = 8,18] ist eine *schwächere* Base als Ammoniak (NH_3) [pK_b = 4,75] und reagiert als O-H-acide Verbindung schwächer sauer [pK_s = 13,70] als Salpetrige Säure (HNO_2) [pK_s = 3,92].

Oberhalb von 100 °C tritt unter *Disproportionierung* ein explosionsartiger Zerfall von Hydroxylamin in Stickstoff, Ammoniak und Wasser ein [vgl. **MC-Fragen Nr. 1542, 1543, 1545**].

$$3\ \overset{-1}{N}H_2OH \longrightarrow \overset{-3}{N}H_3 + \overset{0}{N_2} + 3\ H_2O$$

Deshalb verwendet man vorzugsweise ihre Salze [$NH_3OH^+X^-$], insbesondere **Hydroxylammoniumchlorid** [$NH_3OH^+Cl^-$], die an der Luft beständig sind. Hydroxylamin kann als Oxidations- oder Reduktionsmittel wirken, wobei es zu NH_3 reduziert bzw. zu N_2 oxidiert wird [vgl. **MC-Fragen Nr. 1542, 1544**].

Hydroxylamin reagiert mit Aldehyden oder Ketonen zu **Oximen** (Aldoximen, Ketoximen) und mit Carbonsäureestern zu **Hydroxamsäuren** [siehe auch Ehlers, **Chemie II**, ▸Kap. 3.12.5 und **MC-Fragen Nr. 1543, 1545**].

$$R_2C{=}O + H_2N\text{-}OH \xrightarrow{-\,H_2O} R_2C{=}N\text{-}OH \qquad \textbf{(Oxim)}$$

$$R\text{-}C(=O)\text{-}OR' + H_2N\text{-}OH \xrightarrow{-R'OH} R\text{-}C(=O)\text{-}NH\text{-}OH \qquad \textbf{(Hydroxamsäure)}$$

Hydroxylamin ist ein *ambidentes* (bifunktionelles) *Nucleophil* und reagiert zu N-Alkyl- [R-NHOH] oder O-Alkyl-Derivaten [H_2N-O-R].

2.5.6 Halogenverbindungen des Stickstoffs

Die Trihalogenide des Stickstoffs (NX_3) lassen sich durch Umsetzung von elementaren Halogenen (X_2) mit Ammoniak (NH_3) herstellen [vgl. **MC-Frage Nr. 1546**].

$$NH_3 + 3\ X_2 \longrightarrow NX_3 + 3\ HX$$

Stickstofftrifluorid (NF_3) ist ein farbloses, relativ stabiles Gas, *Stickstofftrichlorid* (NCl_3) ein gelbliches Öl. *Stickstofftribromid* (NBr_3) und *Stickstofftriiodid* (NI_3) sind tiefrote Feststoffe. Ein Pentachlorid (NCl_5) existiert aus sterischen Gründen *nicht*, jedoch sind Verbindungen wie *Distickstoffdifluorid* (N_2F_2) und *Distickstofftetrafluorid* (N_2F_4) bekannt, die sich vom Diimin (N_2H_2) bzw. Hydrazin (N_2H_4) ableiten [vgl. **MC-Frage Nr. 1388**].

Außer Stickstofftrifluorid sind die übrigen Trihalogenide endotherme Verbindungen, die beim Erwärmen z.T. explosionsartig in die Elemente zerfallen.

$$2\ NCl_3 \longrightarrow N_2 + 3\ Cl_2 \quad [\Delta H = -230\ kJ/mol]$$

Die Trihalogenide zeigen ein unterschiedliches Verhalten gegenüber Wasser; so ist NF_3 praktisch inert, während NCl_3 leicht unter Bildung von Hypochloriger Säure hydrolysiert.

$$NF_3 + 3\ H_2O \longrightarrow \text{keine Reaktion}$$
$$NCl_3 + 3\ H_2O \longrightarrow NH_3 + 3\ HOCl$$

Stickstofftrifluorid (NF_3) ist wie Ammoniak *pyramidal* gebaut (○Abb. 2.7), besitzt jedoch im Gegensatz zu Ammoniak keine basischen Eigenschaften mehr und hat, ebenfalls im Gegensatz zu Ammoniak, nur ein *minimales Dipolmoment*. Dies resultiert daher, dass sich im NH_3-Molekül die Einzeldipolmomente der N-H-Bindungen zu einem relativ großen Gesamtdipolmoment addieren, während die umgekehrt gerichteten N-F-Dipole dies teilweise kompensieren [siehe auch ►Kap. 1.4.5.3 und **MC-Fragen Nr. 476, 1546**].

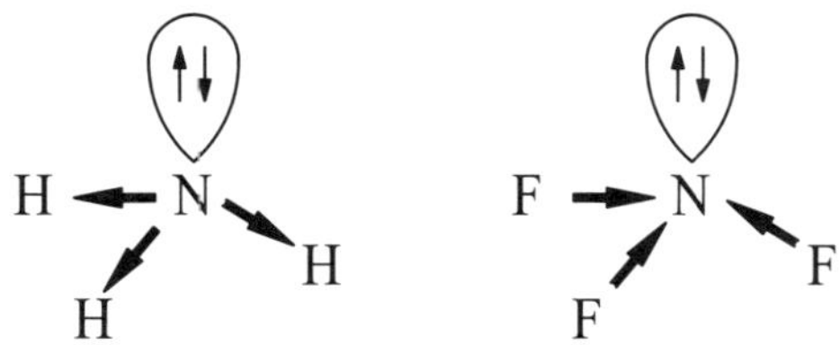

1,47 D **0,23 D**

o Abb. 2.7 Struktur des Ammoniaks und Stickstofftrifluorids
(Die Pfeile sind von δ⁻ nach δ⁺ gerichtet)

2.5.7 Stickstoffoxide

2.5.7.1 Distickstoffoxid (Distickstoffmonoxid)

Distickstoffoxid (N_2O) ist *linear* gebaut; das unsymmetrische Molekül ist mesomeriestabilisiert und isoelektronisch zu CO_2 [vgl. **MC-Fragen Nr. 418, 422, 423, 427, 437, 1553, 1554, 1565**].

$$N \xrightarrow{112{,}9\,pm} N \xrightarrow{118{,}8\,pm} O;$$

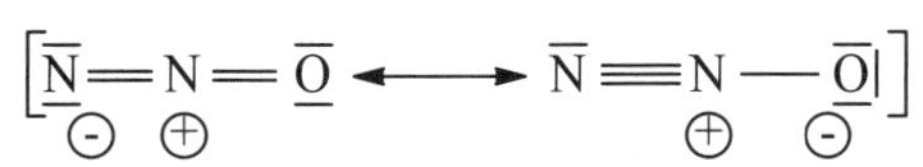

N_2O ist ein farbloses, diamagnetisches Gas [Schmp. -90,9 °C; Sdp. -88,5 °C], das beim Erhitzen von konzentrierten wässrigen Lösungen von **Ammoniumnitrat** (NH_4NO_3) oder beim vorsichtigen Schmelzen vom festem NH_4NO_3 entsteht [vgl. **MC-Fragen Nr. 1547, 1552-1554, 1566, 1567, 1575, 1895**].

$$NH_4^+\,NO_3^- \xrightarrow{\Delta} N_2O\uparrow + 2\ H_2O$$

Die endotherme Verbindung ist metastabil und wird im Gemisch mit Sauerstoff als Inhalationsnarkotikum („*Lachgas*“) verwendet. N_2O ist bei Raumtemperatur recht reaktionsträge, zerfällt aber bei erhöhter Temperatur in die Elemente, sodass es aufgrund der O_2-Freisetzung Verbrennungsprozesse unterhalten kann [vgl. **MC-Fragen Nr. 1548, 1552, 1554, 1895**].

$$N_2O \xrightarrow{\Delta} N_2 + 1/2\ O_2$$

Aufgrund seiner Fettlöslichkeit unter Druck wird Lachgas auch in der Nahrungsmitteltechnik als Treibgas, vor allem für Milchprodukte, verwendet [vgl. **MC-Frage Nr. 1553**].

2.5.7.2 Stickstoffmonoxid (Stickoxid)

Darstellung: **Stickstoffmonoxid** (NO) ist ein *farbloses*, in Wasser nur wenig lösliches Gas, das großtechnisch als Zwischenprodukt zur Herstellung von Salpetersäure durch *Oxidation von Ammoniak* gewonnen wird (**Ostwald-Verfahren**) [vgl. **MC-Fragen Nr. 1531, 1549, 1556, 1558, 1559, 1566, 1895**].

$$4\ NH_3 + 5\ O_2 \xrightarrow[600\ °C]{Pt\text{-}Netz} 4\ NO\uparrow + 6\ H_2O \quad [\Delta H = -226{,}5\ kJ/mol]$$

Zur Katalyse verwendet man Pt-Drahtnetze, über die man ein Gemisch von NH_3 und O_2 strömen lässt. Das NH_3/O_2-Gemisch darf dabei nur kurze Zeit (1/1000 s) mit dem Katalysator in Kontakt kommen, weil sonst das bei 600 °C metastabile NO in N_2 und O_2 zerfällt.

$$2\ NO \longrightarrow N_2 + O_2$$

Die Verbrennung von Ammoniak verläuft *exotherm*, sodass man den Katalysator nur zu Beginn erhitzen muss. Bereits während des Abkühlens der Verbrennungsgase vereinigt sich NO spontan mit noch vorhandenem Restsauerstoff in exothermer Reaktion zu **Stickstoffdioxid** (NO_2) [vgl. **MC-Fragen Nr. 1558, 1560**].

$$2\ NO + O_2 \longrightarrow 2\ NO_2 \quad [\Delta H = -56{,}5\ kJ/mol] \quad [\Delta G = -69{,}6\ kJ/mol]$$

Das gebildete NO_2 wird anschließend in Rieseltürmen durch Zufuhr von Luft und Wasser unter intermediärer Bildung von Salpetriger Säure (HNO_2) in eine etwa 40–50%ige **Salpetersäure** (HNO_3) umgewandelt.

$$2\ NO_2 + H_2O + 1/2\ O_2 \longrightarrow 2\ HNO_3$$

Ein weiteres Verfahren zur NO-Herstellung ist die sog. *Luftverbrennung*, bei der Luft durch einen Flammenbogen geschickt und nachher rasch abgekühlt wird. Dabei reagieren N_2 und O_2 miteinander zu NO [vgl. **MC-Fragen Nr. 1556, 1560, 1566**].

$$N_2 + O_2 \longrightarrow 2\ NO \quad [\Delta H° = +180{,}7\ kJ/mol] \quad [\Delta G° = +173{,}4\ kJ/mol]$$

Im Laboratorium gewinnt man Stickstoffmonoxid durch Reduktion von Nitriten oder Nitraten [vgl. **MC-Frage Nr. 1555**].

$$2\ NaNO_2 + 2\ NaI + 2\ H_2SO_4 \longrightarrow 2\ NO + I_2 + 2\ Na_2SO_4 + 2\ H_2O$$
$$2\ NO_3^- + 3\ Cu + 8\ H^+ \longrightarrow 2\ NO + 3\ Cu^{2+} + 4\ H_2O$$

Eigenschaften: Das NO-Molekül besitzt eine ungerade Elektronenzahl und ist *paramagnetisch*; das Molekül ist mit Hilfe einer einfachen Lewis-Formel nicht darstellbar, hingegen liefert die MO-Theorie eine bessere Beschreibung der Bindungsverhältnisse und des Radikalcharakters [siehe ▸Kap. 1.4.4.3, ○Abb. 1.72 und **MC-Fragen Nr. 1547, 1558, 1559, 1565**].

Im Gaszustand ist NO monomer, jedoch existieren Befunde, dass es im flüssigen Zustand dimer als N_2O_2 vorliegt. NO ist sehr reaktionsfähig und verbrennt an der Luft spontan zu *braunem* NO_2.

Stickstoffmonoxid lagert sich an einige Metallsalze (z. B. $FeSO_4$, $CuCl_2$) unter Bildung lockerer Additionsverbindungen an, die sich durch Erwärmen wieder in die Ausgangskomponenten zerlegen lassen. Die Bildung des *braunen* bis *amethystfarbenen* Pentaaquanitrosylferrat(II)-Kations $[Fe(H_2O)_5NO]^{2+}$ kann zum Nachweis von Nitrit-Ionen (NO_2^-) genutzt werden.

$$NO_2^- \rightarrow NO + [Fe(H_2O)_6]SO_4 \rightarrow [Fe(H_2O)_5NO]SO_4$$

NO kann als Ligand in Übergangsmetallkomplexen auftreten. Durch starke Oxidationsmittel, z. B. Permanganat, wird Stickstoffoxid bis zur Nitratstufe oxidiert und durch starke Reduktionsmittel bis zum NH_3 reduziert [vgl. **MC-Frage Nr. 1557**].

$$5\ NO + 3\ MnO_4^- + 4\ H^+ \longrightarrow 5\ NO_3^- + 3\ Mn^{2+} + 2\ H_2O$$

2.5.7.3 Nitrosylverbindungen

Durch Umsetzung von Stickstoffoxid mit elementaren Halogenen entstehen **Nitrosylhalogenide** (ON-X) [vgl. **MC-Frage Nr. 1558**].

$$2\ NO + X_2 \longrightarrow 2\ O{=}N{-}X \qquad [X = F, Cl, Br]$$

Die *gewinkelt gebauten* Moleküle können als gemischte Anhydride der Salpetrigen Säure (HNO_2) und der betreffenden Halogenwasserstoffsäure aufgefasst werden. Demzufolge hydrolysieren Nitrosylhalogenide in Wasser zu HNO_2 und den betreffendem Halogenwasserstoffen (HX) [vgl. **MC-Frage Nr. 437**].

$$O{=}N{-}X + H_2O \longrightarrow O{=}N{-}OH + H{-}X$$

Nitrosylchlorid (NOCl) ist ein *rotbraunes* Gas [Sdp. -5,55 °C] und kann durch Umsetzung von Chlorwasserstoff mit flüssigem **Distickstofftrioxid** (N_2O_3) in Gegenwart von P_2O_5 hergestellt werden.

$$N_2O_3 + 2\ HCl \longrightarrow 2\ O{=}N{-}Cl\uparrow + H_2O$$

Gegenüber Metallen wirken Nitrosylhalogenide wie Oxidationsmittel; mit manchen Lewis-Säuren reagieren sie unter Bildung von **Nitrosyl-Kationen** (NO^+) [vgl. **MC-Frage Nr. 1564**].

$$O{=}N{-}F + BF_3 \longrightarrow O{=}N^+[BF_4]^-$$

Das NO^+-Ion entspricht in seiner Elektronenstruktur dem NO-Molekül, besitzt aber ein antibindendes π^*2p_y-Elektron weniger als dieses (siehe ▸Kap. 1.4.4.3, ○Abb. 1.72). Deshalb ist die Dissoziationsenergie der N-O-Bindung im Nitrosyl-Ion größer als im NO-Molekül. Das NO^+-Ion ist isoelektronisch zum CO-Molekül und CN^--Ion.

Nitrosylhydrogensulfat („*Nitrosylschwefelsäure*") $[NO^+HSO_4^-]$ ist ein Zwischenprodukt des Bleikammerverfahrens zur Herstellung von Schwefelsäure (siehe ▸Kap. 2.4.8.4).

$$2\ HSO_4^-NO^+ + 2\ H_2O + SO_2 \longrightarrow 3\ H_2SO_4 + 2\ NO$$

und kann aus einem Gemisch von konz. H_2SO_4 und N_2O_3 als kristalliner Feststoff isoliert werden.

$$N_2O_3 + 2\ H_2SO_4 \rightarrow 2\ NO^+HSO_4^-\downarrow + H_2O$$

2.5.7.4 Distickstofftrioxid

Distickstofftrioxid (N_2O_3) bildet sich als *blauer* Feststoff [Schmp. -111 °C], wenn man ein äquimolares Gemisch von NO und NO_2 auf tiefe Temperaturen abkühlt [vgl. **MC-Frage Nr. 1560**].

$$NO + NO_2 \rightleftharpoons N_2O_3$$

Bei höheren Temperaturen (> -20 °C) zerfällt es wieder in die Ausgangskomponenten. Das diamagnetische N_2O_3 kann als Anhydrid der Salpetrigen Säure (HNO_2) aufgefasst werden [vgl. **MC-Fragen Nr. 1550, 1895**].

$$N_2O_3 + H_2O \longrightarrow 2\ HNO_2$$

2.5.7.5 Stickstoffdioxid, Distickstofftetroxid

Darstellung: Großtechnisch fällt **Stickstoffdioxid** (NO_2) als Zwischenprodukt der Salpetersäure-Herstellung an. Im Laboratorium gewinnt man es durch Reduktion von HNO_3 oder durch Erhitzen von Schwermetallnitraten [vgl. **MC-Frage Nr. 1895**].

$$2\ Pb(NO_3)_2 \xrightarrow{\Delta} 2\ PbO + 4\ NO_2\uparrow + O_2\uparrow$$

Eigenschaften: In der vierwertigen Stufe bildet Stickstoff zwei miteinander im Gleichgewicht stehende Oxide: **Stickstoffdioxid** (NO_2), ein *braunes* Gas, und **Distickstofftetroxid** (N_2O_4), eine *farblose* Flüssigkeit, die bei -11,2 °C fest wird [vgl. **MC-Fragen Nr. 1547, 1560, 1671**].

$$2\ NO_2 \rightleftharpoons N_2O_4 \qquad [\Delta H^\circ = -58{,}2\ kJ]$$

braun / **farblos**
paramagnetisch / **diamagnetisch**

Bei höheren Temperaturen verschiebt sich das Gleichgewicht auf die linke Seite. Bei 135 °C besteht der Dampf zu etwa 99% aus NO_2-Molekülen. Im Bereich von -20 bis +140 °C liegt ein Gemisch aus Monomerem und Dimerem vor. Beim Schmelzpunkt überwiegen die N_2O_4-Spezies.

N_2O_4 (bzw. NO_2) kann als gemischtes Anhydrid der Salpetrigen Säure und der Salpetersäure angesehen werden. Demzufolge disproportioniert die Substanz in Alkalihydroxid-Lösungen zu Nitrit und Nitrat [vgl. **MC-Frage Nr. 1567**].

$$N_2O_4 + 2\,NaOH \longrightarrow NaNO_2 + NaNO_3 + H_2O$$
$$N_2O_4 + H_2O \longrightarrow HNO_2 + HNO_3$$

Infolge seiner leichten Sauerstoffabgabe ist NO_2 ein kräftiges Oxidationsmittel [$E^\circ(NO_2/HNO_2) = +1{,}07$ V].

Struktur: Das NO_2-Molekül ist *gewinkelt* gebaut und besitzt aufgrund seiner ungeraden Elektronenzahl *Radikalcharakter* [vgl. **MC-Fragen Nr. 437, 1565**].

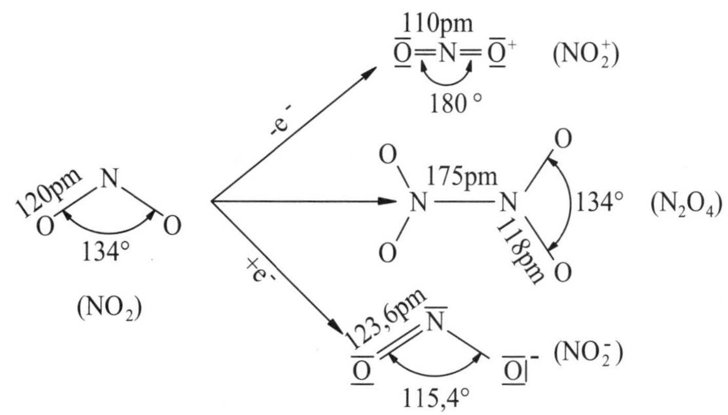

Durch Elektronenabgabe entsteht das **Nitryl-Kation** (**Nitronium-Ion**) (NO_2^+). Das *lineare* NO_2^+-Ion ist mit dem CO_2-Molekül und dem N_3^--Ion isoster; es ist das elektrophile, den aromatischen Ring angreifende Teilchen bei der Nitrierung aromatischer Verbindungen [siehe Ehlers, **Chemie II**, ►Kap. 3.6.4.2 und **MC-Fragen Nr. 437, 1561, 1563, 1567**].

Nitrylhalogenide ($NO_2^+X^-$) sind wie die Nitrosylhalogenide starke Lewis-Säuren, die von Wasser zu HNO_3 und dem entsprechenden Halogenwasserstoff hydrolysiert werden.

2.5.7.6 Distickstoffpentoxid

Distickstoffpentoxid (N_2O_5), das Anhydrid der Salpetersäure, wird aus HNO_3 mit wasserentziehenden Mitteln hergestellt [vgl. **MC-Frage Nr. 1551**].

$$4\,HNO_3 + P_4O_{10} \longrightarrow 4\,HPO_3 + 2\,N_2O_5$$

Das farblose N_2O_5 schmilzt bei 32,5 °C und zersetzt sich beim Erwärmen leicht in NO_2 und O_2. Im festen Zustand liegt es ionogen als **Nitrylnitrat** [$NO_2^+\,NO_3^-$] vor. Distickstoffpentoxid (Sdp. 47 °C) ist im Vergleich zum homologen P_2O_5 ein starkes Oxidationsmittel, weil Phosphor verglichen zu Stickstoff eine höhere Sauerstoffaffinität aufweist.

2.5.8 Sauerstoffsäuren des Stickstoffs und deren Salze

2.5.8.1 Salpetrige Säure

Darstellung: **Salpetrige Säure** (HNO_2) ist eine Oxosäure des Stickstoffs in der Oxidationsstufe **+3**. **Alkalinitrite** entstehen bei der thermischen Zersetzung von Alkalinitraten oder beim Einleiten eines äquimolaren Gemischs von NO und NO_2 in Alkalihydroxid-Lösungen. Darüber hinaus können Nitrite auch durch Reduktion von Nitraten gebildet werden. Als Reduktionsmittel verwendet man Blei, Eisen oder Kohle [vgl. **MC-Frage Nr. 1570**].

$$NO + NO_2 + 2\,NaOH \longrightarrow 2\,NaNO_2 + H_2O$$
$$2\,NaNO_3 \longrightarrow 2\,NaNO_2 + O_2\uparrow$$
$$NaNO_3 + C \longrightarrow NaNO_2 + CO\uparrow$$

Durch Ansäuern lassen sich daraus wässrige Lösungen der HNO_2 erhalten. Die freie Säure ist unbekannt. Beim Konzentrieren von HNO_2-Lösungen tritt Disproportionierung unter Bildung von NO und NO_2 (bzw. N_2O_3) ein, sodass in einer wässrigen Lösung der Salpetrigen Säure folgende Reaktionen ablaufen können [vgl. **MC-Fragen Nr. 1566, 1568, 1569**].

$$HNO_2 + H_2O \rightleftharpoons H_3O^+ + NO_2^-$$
$$2\,HNO_2 \rightleftharpoons H_2O + N_2O_3$$
$$N_2O_3 \rightleftharpoons NO + NO_2$$
$$2\,NO_2 + H_2O \rightleftharpoons HNO_3 + HNO_2$$

Eigenschaften: Salpetrige Säure ist eine schwache Säure [$pK_s = 3{,}29$]. Wässrige Lösungen von Nitriten reagieren daher schwach *alkalisch* [vgl. **MC-Fragen Nr. 1569, 1570**].

Je nach Wahl der Reaktionspartner können HNO_2 oder Nitrite als Oxidations- bzw. als Reduktionsmittel wirken. Von starken Reduktoren werden sie zu NO reduziert, von Oxidantien (z. B. Luftsauerstoff) zu Nitraten (bzw. HNO_3) oxidiert. In saurer Lösung disproportionieren Nitrite zu NO und Nitraten; basische Nitrit-Lösungen sind demgegenüber stabiler [vgl. **MC-Fragen Nr. 1569, 1570**].

$$3\,HNO_2 \longrightarrow 2\,NO + NO_3^- + H_3O^+$$

Durch NH_4^+-Ionen werden Nitrite beim Erhitzen unter Komproportionierung in elementaren Stickstoff übergeführt [vgl. **MC-Fragen Nr. 1526, 1569, 1570, 1577, 1892**].

$$\overset{-3}{NH_4^+} + \overset{+3}{NO_2^-} \xrightarrow{\Delta} \overset{0}{N_2} + 2\,H_2O$$

Beim Einwirken angesäuerter Nitrit-Lösungen auf aromatische Amine entstehen **Diazoniumsalze** (siehe Ehlers, **Chemie II**, ▶Kap. 3.10.6).

2 Anorganische Chemie

$$Ar\text{-}\overline{N}H_2 \xrightarrow[H_3O^+]{NaNO_2} [Ar\text{-}\overset{+}{N}\equiv\underline{N} \longleftrightarrow Ar\text{-}\underline{N}=\underline{N}^+] \qquad (Ar = \text{Arylrest})$$

Sie spielen eine Rolle bei der Herstellung von Azofarbstoffen (Azokupplung), als Zwischenprodukte der Sandmeyer-Reaktion sowie bei der Darstellung von Phenolen. *Alkylnitrite* (RO-N=O), die Ester der Salpetrigen Säure, werden in der organischen Chemie als *Nitrosierungsmittel* eingesetzt.

Mit *Harnstoff* [$(H_2N)_2C=O$] reagiert Salpetrige Säure zu N_2, CO_2 und H_2O. Auch *Amidosulfonsäure* ($H_2N\text{-}SO_3H$), *Stickstoffwasserstoffsäure* (HN_3) bzw. *Azide* (MeN_3) wandeln Nitrite in elementaren Stickstoff um. Diese Reaktionen dienen in der analytischen Chemie zur Entfernung von Nitrit aus der Analysenlösung [siehe auch Ehlers **Analytik I**, ▶Kap. 2.2.3.19 und **MC-Frage Nr. 1569**].

$$2\ HNO_2 + (H_2N)_2C=O \longrightarrow CO_2\uparrow + 2\ N_2\uparrow + 3\ H_2O$$

Struktur: Freie Salpetrige Säure kann in zwei tautomeren Formen auftreten, von denen organische Derivate [$R\text{-}NO_2$ und R-ONO] bekannt sind; es überwiegt das O-H-acide Tautomer [H-O-N=O] [vgl. **MC-Fragen Nr. 393, 1894**].

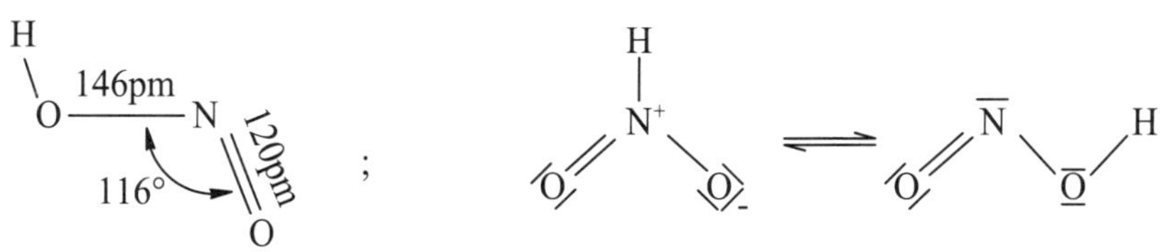

Das Nitrit-Ion (NO_2^-) besitzt ebenfalls einen *gewinkelten* Molekülbau und ist isoelektronisch zum O_3-Molekül [vgl. **MC-Frage Nr. 437**].

2.5.8.2 Salpetersäure

Darstellung: **Salpetersäure** (HNO_3), die wichtigste Oxosäure des Stickstoffs, wird technisch nach dem **Ostwald-Verfahren** durch Oxidation aus **Ammoniak** erzeugt (siehe ▶Kap. 2.5.7.2). Das als Zwischenprodukt entstehende Stickstoffdioxid (NO_2) disproportioniert in wässriger Lösung zu HNO_3 und HNO_2; letztere wird anschließend durch Luftsauerstoff zu HNO_3 oxidiert, sodass bei der Salpetersäure-Darstellung folgende Teilschritte ablaufen [vgl. **MC-Fragen Nr. 1531, 1566, 1570, 1571, 1573, 1577**].

$$\begin{array}{lcl} 4\ NH_3 + 5\ O_2 & \longrightarrow & 4\ NO + 6\ H_2O \\ 2\ NO + O_2 & \longrightarrow & 2\ NO_2 \\ 2\ NO_2 + H_2O & \longrightarrow & HNO_2 + HNO_3 \\ 2\ HNO_2 + O_2 & \longrightarrow & 2\ HNO_3 \\ \hline 4\ NO_2 + O_2 + 2\ H_2O & \longrightarrow & 4\ HNO_3 \end{array}$$

Da beide Ausgangsstoffe (NH_3, NO) aus elementarem Stickstoff darstellbar sind, kann der Prozess *indirekt* als eine Verbrennung des N_2-Moleküls aufgefasst werden.

$$N_2 + 3\ H_2 \longrightarrow 2\ NH_3$$
$$N_2 + O_2 \longrightarrow 2\ NO$$

Das Produkt des Ostwald-Verfahrens ist eine 69%ige HNO_3, die ein *azeotropes* Gemisch bildet. Konzentriertere Lösungen werden daraus durch Destillation in Gegenwart wasserentziehender Agenzien (H_2SO_4, P_4O_{10}) hergestellt. Darüber hinaus wird Salpetersäure in geringen Mengen aus **Chilesalpeter** ($NaNO_3$) gewonnen.

$$NaNO_3 + H_2SO_4 \longrightarrow NaHSO_4 + HNO_3$$

Struktur: Das HNO_3-Molekül ist *trigonal-planar* gebaut. Das ebene und symmetrische **Nitrat-Ion** (NO_3^-) ist gegenüber dem HNO_3-Molekül durch Mesomerie so sehr stabilisiert, dass die Abgabe des Protons stark exergonisch verläuft [vgl. **MC-Fragen Nr. 429, 1573, 1574**].

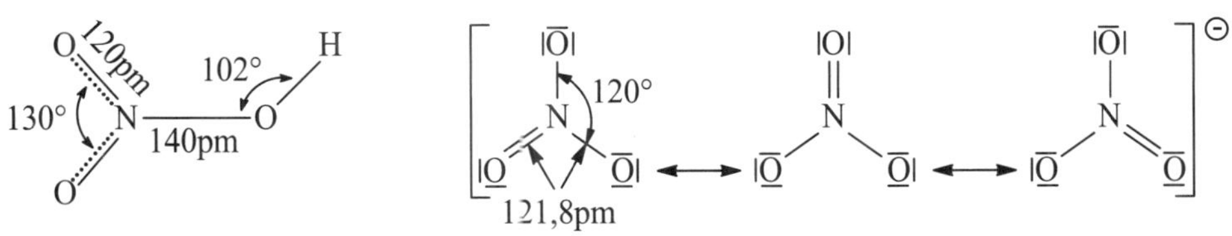

(HNO_3) **(NO_3^-)**

Eigenschaften: *Reine Salpetersäure* (Sdp. 84,1 °C) ist eine *farblose* Flüssigkeit und zählt zu den starken Mineralsäuren (pK_s = -1,32). Sie ist thermodynamisch wenig stabil und zerfällt unter Lichteinfluss in H_2O, O_2 und NO_2. Letzteres löst sich in HNO_3 mit *roter* Farbe (*„rote rauchende Salpetersäure"*) [vgl. **MC-Fragen Nr. 1572, 1574**].

$$4\ HNO_3 \xrightarrow{h\nu} 4\ NO_2\uparrow + 2\ H_2O + O_2\uparrow$$

Gegenüber wesentlich stärkeren Säuren kann HNO_3 auch als *Base* wirken [vgl. **MC-Frage Nr. 1574**].

$$HNO_3 + H_2SO_4 \rightleftharpoons H_2NO_3^+ + HSO_4^-$$
$$\downarrow\uparrow$$
$$NO_2^+ + H_2O$$

Das gebildete **Nitratacidium-Ion** ($H_2NO_3^+$) spaltet leicht Wasser ab und ergibt das relativ stabile **Nitryl-Ion** (NO_2^+). Auf dieser Reaktion beruht auch die Verwendung von HNO_3/H_2SO_4-Gemischen (*Nitriersäure*) zur Nitrierung von Aromaten (siehe Ehlers, **Chemie II**, ▸Kap. 3.6.4.2). Bei reaktiveren Aromaten setzt man anstelle von Nitriersäure eine konz. HNO_3-Lösung ein, die zur *Autoprotolyse* befähigt ist [vgl. **MC-Fragen Nr. 1562, 1572**].

$$HNO_3 + HNO_3 \rightleftharpoons \underset{\textbf{Nitratacidium-Ion}}{H_2NO_3^+} + \underset{\textbf{Nitrat-Ion}}{NO_3^-}$$

Konzentrierte Salpetersäure ist ein *starkes Oxidationsmittel* [E° = +0,95 V] und wird gewöhnlich zu NO reduziert. Häufig entstehen jedoch bei diesen Reaktionen Gemische von NO, NO_2 und N_2O_4 („*Nitrose Gase*").

Nitrate wirken aufgrund ihrer höheren thermodynamischen Stabilität in Lösung weit weniger stark oxidierend als die freie Säure. Erhitzt man allerdings Nitrate über ihren Schmelzpunkt hinaus, so bilden sich aus *Alkalinitraten* Nitrite, die übrigen Nitrate reagieren unter NO_2-Abspaltung zu Oxiden und *Ammoniumnitrat* liefert beim Erhitzen Distickstoffoxid (N_2O) [vgl. **MC-Fragen Nr. 1552–1554, 1567, 1573, 1575**].

$$\begin{aligned} 2\,NaNO_3 &\xrightarrow{\Delta} 2\,NaNO_2 + O_2\uparrow \\ 2\,Pb(NO_3)_2 &\longrightarrow 2\,PbO + 4\,NO_2\uparrow + O_2\uparrow \\ NH_4NO_3 &\longrightarrow N_2O\uparrow + 2\,H_2O \end{aligned}$$

Metalle mit geringerem Normalpotential als +0,95 V [**Cu**: E° = +0,35 V; **Ag**: E° = +0,81 V; **Hg**: E° = +0,85 V] setzen aus *konz.* HNO_3-Lösungen *keinen* Wasserstoff frei, sondern reagieren unter Bildung von NO_2. In *verdünnter* Salpetersäure entsteht dagegen NO [vgl. **MC-Fragen Nr. 1555, 1567, 1572**].

$$\begin{aligned} Cu + 4\,H^+ + 2\,NO_3^- &\longrightarrow Cu^{2+} + 2\,NO_2\uparrow + 2\,H_2O \\ 3\,Cu + 8\,H^+ + 2\,NO_3^- &\longrightarrow 3\,Cu^{2+} + 2\,NO\uparrow + 4\,H_2O \end{aligned}$$

Nur Gold, Platin [**Au**: E° = +1,5 V; **Pt**: E° = +1,6 V] sowie Rhodium und Iridium werden von HNO_3 nicht angegriffen. Unter dem Namen „*Scheidewasser*" benutzt man deshalb konzentrierte Salpetersäure zur Trennung von Gold und Silber [vgl. **MC-Frage Nr. 1570**].

Eisen, Chrom und Aluminium werden trotz ziemlich negativen Normalpotentials von konz. HNO_3 gleichfalls nicht angegriffen, weil die Metalle infolge der oxidierenden Wirkung der Säure durch eine schützende Oxidschicht *passiviert* werden.

Stark verdünnte HNO_3 löst einige unedle Metalle unter H_2-Entwicklung, doch entsteht stets auch etwas NO bzw. NO_2. Darüber hinaus werden zahlreiche Nichtmetalle durch konz. HNO_3 zu Oxiden oder Oxosäuren oxidiert.

Besonders stark oxidierend wirkt ein Gemisch aus 1 Teil konz. HNO_3 und 3 Teilen konzentrierte Salzsäure, da es neben *Nitrosylchlorid* (NOCl) auch *nascierendes Chlor* (Cl·) freisetzt. Diese Mischung wird „**Königswasser**" genannt [vgl. **MC-Fragen Nr. 1572, 1574, 1576, 1577**].

$$1\,HNO_3 + 3\,HCl \longrightarrow NOCl + 2\,Cl\cdot + 2\,H_2O$$

Königswasser löst mit Ausnahme von Iridium alle Metalle einschließlich **Gold** und **Platin**; die komplexierende Wirkung der Cl^--Ionen unter Bildung von $[AuCl_4]^-$-Komplexen fördert die oxidierende Wirkung von Königswasser auf Gold. Königswasser löst auch das in Säuren schwer lösliche **Quecksilber(II)-sulfid** (HgS) [vgl. **MC-Fragen Nr. 1576, 1861**].

Die Salze der Salpetersäure heißen **Nitrate**. Sämtliche Nitrate sind in Wasser löslich. In der Natur kommen u. a. Natriumnitrat (**Chilesalpeter**) [$NaNO_3$], Kaliumnitrat (**Kaliumsalpeter**) [KNO_3] und Calciumnitrat (**Kalksalpeter**) [$Ca(NO_3)_2$] vor. Salpetersäure-Derivate wie *Alkalinitrate* finden Verwendung als Düngemittel sowie als *Salpetersäureester* (*Alkylnitrate*, RO-NO_2), z. B. in Form von Nitroglycerin und Nitrocellulose [vgl. **MC-Fragen Nr. 1462, 1573, 1768**].

2.5.9 Phosphor

2.5.9.1 Vorkommen und Darstellung von elementarem Phosphor

Vorkommen: Phosphor tritt als Folge seiner hohen Sauerstoffaffinität in der Natur nur in Form von Derivaten der Phosphorsäure (H_3PO_4) auf. Die wichtigsten Mineralphosphate sind **Phosphorit** [$Ca_3(PO_4)_2$] und **Apatit** [$Ca_5(PO_4)_3(HO,F,Cl)$], also **Calciumphosphate** [vgl. **MC-Fragen Nr. 1767, 1770**].

Darüber hinaus bilden Verbindungen der Phosphorsäure in Nucleinsäuren, Phospholipiden u. a. wichtige Bestandteile des pflanzlichen und tierischen Organismus.

Darstellung: **Weißer Phosphor** lässt sich bei hohen Temperaturen durch Reduktion von Phosphor(V)-oxid (P_4O_{10}) mit Kohle herstellen.

$$P_4O_{10} + 10\ C \longrightarrow P_4 + 10\ CO\uparrow$$

Das hierfür benötigte P_4O_{10} gewinnt man in einem Arbeitsgang mit dieser Reaktion, indem ein Gemisch von Calciumphosphat/Quarzsand und Koks im elektrischen Ofen auf 1300–1450 °C erhitzt wird. Dabei setzt die Kieselsäure als weniger flüchtige Säure H_3PO_4 in Freiheit, die anschließend durch Kohle reduziert wird.

$$2\ Ca_3(PO_4)_2 + 6\ SiO_2 \longrightarrow 6\ CaSiO_3 + P_4O_{10}$$
$$2\ Ca_3(PO_4)_2 + 6\ SiO_2 - 10\ C \longrightarrow 6\ CaSiO_3 + 10\ CO\uparrow + P_4\uparrow$$

Die gasförmigen Produkte [P_4 und CO] leitet man in Wasser ein, wobei sich Phosphor als weißer Feststoff abscheidet.

Roter Phosphor entsteht aus der weißen Modifikation durch langsames Erwärmen auf 280 °C unter Luftausschluss. Geringe Mengen an Iod beschleunigen den Vorgang [vgl. **MC-Frage Nr. 1578**].

2.5.9.2 Modifikationen des Phosphors

Natürlicher Phosphor ist ein Reinelement und existiert in mehreren Modifikationen, die sich in ihren Eigenschaften stark voneinander unterscheiden. An allotropen Formen des Phosphors sind zu nennen [vgl. **MC-Fragen Nr. 714, 716, 718, 719, 1580, 1896**]:

Weißer Phosphor: Die *kristalline weiße Modifikation* entsteht bei der Kondensation von Phosphordampf. Infolge seiner leichten Oxidierbarkeit und niedrigen Entzündungstemperatur (*Selbstentzündung*) muss weißer Phosphor unter Wasser aufbewahrt werden. Weißer Phosphor ist giftig und verursacht Knochennekrosen [vgl. **MC-Fragen Nr. 1578–1584**].

Wie ○Abb. 2.8 zeigt, enthält weißer Phosphor P_4-Moleküle, in denen die vier P-Atome *tetraedrisch* angeordnet sind und jedes P-Atom durch Einfachbindungen mit drei anderen verknüpft ist. Die Dissoziationsenergie der P-P-Einfachbindung ist zwar beträchtlich höher als die Dissoziationsenergie einer N-N-Einfachbindung, aber der abnorm *kleine Bindungswinkel* von **60°** und die daraus resultierende starke Spannung des verzerrten P_4-Tetraeders bedingt den metastabilen Charakter und die hohe Reaktivität von weißem Phosphor [Spannungsenergie: 92 kJ/mol; P-P-Abstand: 221 pm]. P_4-Moleküle treten auch im Phosphordampf auf; erst oberhalb von 800 °C spalten sich die P_4-Tetraeder teilweise in P_2-Moleküle [P≡P] auf [vgl. **MC-Fragen Nr. 1580, 1583, 1584**].

Roter Phosphor: Weißer Phosphor wandelt sich beim Erwärmen auf 280 °C unter Luftausschluss allmählich in die rote Modifikation um. Wie ○Abb. 2.9 illustriert, enthält roter Phosphor Ketten aus P_4-Einheiten.

Roter Phosphor, der sich nicht direkt wieder in weißen Phosphor zurückverwandeln lässt, bildet *kristalline* und *amorphe* Formen. Roter Phosphor ist weniger löslich und reaktionsträger als die weiße Modifikation [vgl. **MC-Fragen Nr. 1578, 1579, 1582**].

Violetter Phosphor: Erhitzt man roten Phosphor längere Zeit auf 550 °C, so wird eine kristalline, violette Modifikation erhalten (**Hittorfscher Phosphor**), die bis zu ihrem Schmelzpunkt bei etwa 620 °C stabil bleibt. Violetter Phosphor besitzt eine komplizierte Schichtgitterstruktur [vgl. **MC-Frage Nr. 721**].

Schwarzer Phosphor: Beim Behandeln von weißem Phosphor unter hohem Druck bildet sich eine schwarze Modifikation, die bei Raumtemperatur stabil und nur schwer entzündbar ist [vgl. **MC-Frage Nr. 1579**].

Wie ○Abb. 2.10 veranschaulicht, besteht die schwarze Modifikation des Phosphors aus einem Gitter mit parallel übereinanderliegenden Doppelschichten von P-Atomen, wobei jedes P-Atom wiederum mit drei anderen P-Atomen unter einem *Bindungswinkel* von **120°** verbunden ist.

Die elektrische Leitfähigkeit der schwarzen Modifikation deutet darauf hin, dass leicht verschiebbare Elektronen (das an jedem P-Atom noch vorhandene nichtbin-

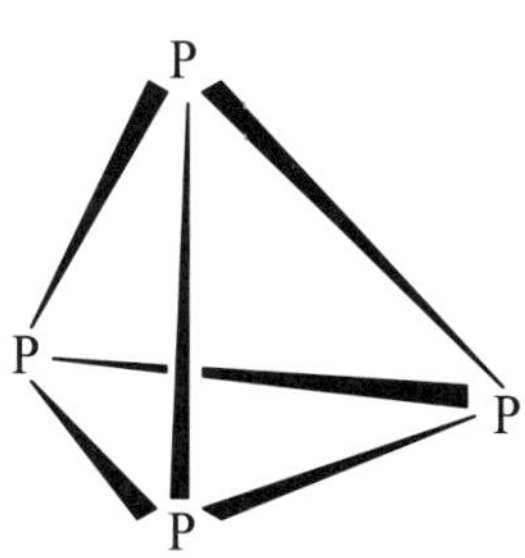

○ **Abb. 2.8 Struktur von weißem Phosphor**

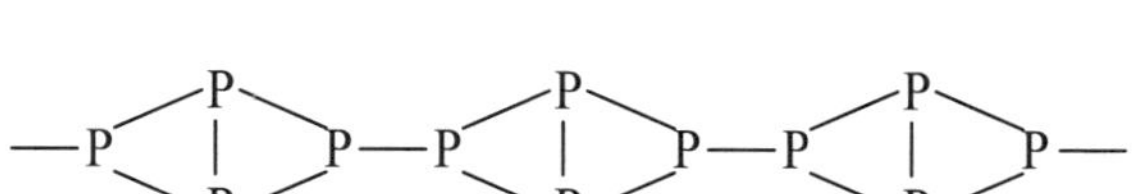

○ **Abb. 2.9 Struktur des roten Phosphors**

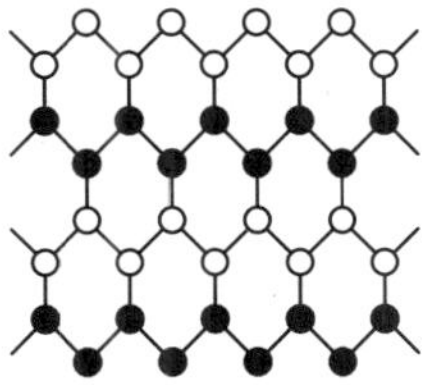

o Abb. 2.10 Gewellte Schichtgitterstruktur des schwarzen Phosphors
[• = P-Atome liegen oberhalb des Papierebene,
◦ = P-Atome liegen unterhalb der Papierebene]

dende Elektronenpaar) im Gitter vorliegen müssen. Schwarzer Phosphor besitzt eine *schuppige* Konsistenz und ist bis 550 °C die thermodynamisch *stabilste* und am wenigsten reaktive Form des Phosphors. Alle übrigen Formen sind metastabil. Roter, violetter und schwarzer Phosphor lassen sich *nicht* auf direktem Wege wieder in die weiße Modifikation umwandeln.

2.5.9.3 Eigenschaften von elementarem Phosphor

Weißer Phosphor ist eine wachsweiche, destillierbare Substanz [Schmp. 44,2 °C; Sdp. 280 °C]. Er ist unlöslich in Wasser, löst sich aber in Benzen, Ether und Schwefelkohlenstoff.

Bei 45 °C entzündet sich weißer Phosphor an der Luft und verbrennt ebenso wie roter Phosphor zu **Phosphor(V)-oxid** (P_4O_{10}). Mit elementaren Halogenen verbindet er sich zu **Phosphortrihalogeniden** (PX_3). Bei der Umsetzung mit Metallen entstehen **Phosphide**. Beim Kochen von weissem Phosphor in Alkalihydroxid-Lösungen erfolgt *Disproportionierung* unter Bildung von **Phosphin** (PH_3) und **Hypophosphit** ($H_2PO_2^-$). Weißer Phosphor ist ein starkes Reduktionsmittel, der z. B. Schwefelsäure zu Schwefeldioxid und Salpetersäure zu Stickoxiden reduziert [vgl. **MC-Fragen Nr. 1578, 1581–1584**].

Der **rote Phosphor** ist Bestandteil der Reibflächen von Streichholzschachteln. Er ist unlöslich in CS_2, schwer entzündbar und wesentlich reaktionsträger als die weiße Form. Auch **violetter Phosphor** [Schmp. 620 °C] ist unlöslich in Schwefelkohlenstoff. Roter und violetter Phosphor sind *nicht giftig* [vgl. **MC-Fragen Nr. 1578, 1579**].

2.5.9.4 Phosphide

Die meisten Metalle bilden mit Phosphor binäre Verbindungen. Aufgrund der hohen Polarisierbarkeit des **Phosphid-Ions** (P^{3-}) besitzen sie einen höheren kovalenten Bindungsanteil als Nitride und Sulfide. Auch **Alkaliphosphide** [Li_3P, Na_3P, K_3P] sind keine echten Salze; sie reagieren mit Wasser zu **Phosphin** (PH_3) [vgl. **MC-Fragen Nr. 1587, 1588**].

$$Li_3P + 3\ H_2O \longrightarrow 3\ LiOH + PH_3\uparrow$$

2.5.10 Phosphane (Phosphorwasserstoffe)

Von den binären Hybriden des Phosphors werden zwei Verbindungen vorgestellt: **Phosphin** (**Phosphan, Monophosphan**) [PH_3] und **Diphosphin** (**Diphosphan**) [P_2H_4].

Phosphin ist ein giftiges Gas [Sdp. -87,8 °C] und besitzt einen tieferen Siedepunkt als NH_3 [Sdp. -33,4°C]. PH_3 ist instabiler als Ammoniak und in Wasser nur wenig löslich. Es bildet sich bei der Hydrolyse von Metallphosphiden (z. B. Ca_3P_2) oder bei der Disproportionierung von *weißem* Phosphor in warmen Alkalihydroxid-Lösungen [vgl. **MC-Fragen Nr. 1577, 1578, 1581, 1582, 1585–1588**].

$$P_4 + 3\ HO^- + 3\ H_2O \longrightarrow PH_3\uparrow + 3\ H_2PO_2^-$$
$$Ca_3P_2 + 6\ H_2O \longrightarrow 2\ PH_3\uparrow + 3\ Ca(OH)_2$$

Darüber hinaus stehen für die PH_3-Gewinnung noch die direkte Synthese aus den Elementen sowie die Behandlung von Phosphoniumhalogeniden mit starken Basen zur Verfügung [vgl. **MC-Frage Nr. 1585**].

$$PH_4^+ + HO^- \longrightarrow PH_3\uparrow + H_2O$$

Auch höhere Oxidationsstufen des Phosphors lassen sich mit nascierendem Wasserstoff zu Phosphin reduzieren. Ferner gelingt die Synthese von PH_3 durch Reduktion von Phosphortrichlorid (PCl_3) mit Lithiumalanat ($LiAlH_4$) in Ether [vgl. **MC-Frage Nr. 1585**].

$$4\ PCl_3 + 3\ LiAlH_4 \longrightarrow 4\ PH_3\uparrow + 3\ LiCl + 3\ AlCl_3$$

Diphosphin entsteht gewöhnlich in kleinen Mengan als Nebenprodukt bei der Herstellung von Phosphin. Es ist noch instabiler als PH_3 und die Ursache für die Selbstentzündlichkeit des Phosphins an der Luft. Unter Lichteinfluss disproportioniert es zu PH_3 und Phosphor.

$$3\ P_2H_4 \longrightarrow 4\ PH_3\uparrow + 2\ P$$

Sowohl Phosphin als auch Diphosphin sind *starke Reduktionsmittel*. Beispielsweise verbrennt PH_3 an der Luft zu Phosphorsäure.

$$PH_3 + 2\ O_2 \longrightarrow H_3PO_4$$

Das *pyramidal* gebaute **Phosphin** [pK_b = 27,4] ist eine deutlich schwächere Base als Ammoniak, sodass die thermisch labilen **Phosphoniumsalze** unter Ausschluss von Wasser *nur* mit den stärksten Säuren erhalten werden. **Phosphoniumiodid** (PH_4I) ist das einzige bei Raumtemperatur einigermaßen stabile Salz. Wie die übrigen Phosphoniumhalogenide setzt es sich bei der Hydrolyse oder Thermolyse vollständig zu PH_3 um [vgl. **MC-Frage Nr. 1586**].

$$PH_4^+X^- \longrightarrow PH_3 + HX$$

2.5.11 Halogen- und Schwefelverbindungen des Phosphors

2.5.11.1 Schwefelverbindungen des Phosphors

Bei Temperaturen oberhalb 100 °C verbinden sich Schwefel und Phosphor zu niedermolekularen Sulfiden wie z. B. P_4S_3, P_4S_5, P_4S_7 und P_4S_{10}. Ebenso wie die Oxide leiten sich auch die Sulfide formal vom P_4-Tetraeder ab, indem zwischen einzelnen P-P-Bindungen S-Atome eingeschoben sind, wie dies ◦ Abb. 2.11 für **Phosphorsesquisulfid** (P_4S_3) zeigt, in dem drei P-S-P-Brücken auftreten. **Phosphor(V)-sulfid** [*Phosphorpentasulfid*] (P_4S_{10}) ähnelt in seinem Aufbau dem P_4O_{10}-Molekül, dessen Struktur ◦ Abb. 2.12 zeigt [vgl. **MC-Frage Nr. 1589**].

An der Luft verbrennen die Phosphorsulfide zu P_4O_{10} und SO_2; mit Wasser ergeben sie H_2S und Phosphorsauerstoffsäuren. **Phosphor(V)-sulfid** (P_4S_{10}) dient in der organischen Chemie als *Schwefelüberträger* auf Carbonylverbindungen [vgl. **MC-Frage Nr. 1589**].

$$P_4S_{10} + 16\ H_2O \longrightarrow 4\ H_3PO_4 + 10\ H_2S\uparrow$$

$$R_2C{=}O \xrightarrow{(P_4S_{10})} R_2C{=}S\ \textbf{(Thiocarbonylverbindung)}$$

2.5.11.2 Halogenverbindungen des Phosphors

Phosphor bildet eine Reihe von Halogenverbindungen der allgemeinen Zusammensetzung $\mathbf{PX_3}$ und $\mathbf{P_2X_4}$, die sich formal vom Phosphin (PH_3) und Diphosphin (P_2H_4) durch Ersatz des Wasserstoffs durch Halogenatome ableiten. Zu dieser Substanzklasse zählen auch *Phosphorpentahalogenide* ($\mathbf{PX_5}$) und *Phosphoroxidhalogenide* ($\mathbf{POX_3}$), die als Säurehalogenide der Orthophosphorsäure ausgefasst werden können.

Phosphortrihalogenide (PX_3) und Phosphorpentahalogenide (PX_5) dienen in der organischen Chemie als Halogenierungsmittel. So wandelt z.B. *Phosphortrichlorid* (PCl_3) primäre Alkohole (R-CH_2OH) in Alkylchloride (R-CH_2Cl) um, und bei der Reaktion von Carbonsäuren (R-COOH) mit *Phosphorpentachlorid* (PCl_5) bilden sich Carbonsäurechloride (R-COCl) [vgl. **MC-Frage Nr. 1592**].

$$3\ R\text{-}CH_2OH + PCl_3 \longrightarrow 3\ R\text{-}CH_2Cl + P(OH)_3$$
$$R\text{-}COOH + PCl_5 \longrightarrow R\text{-}COCl + POCl_3 + HCl$$

Die *trigonal-pyramidal* gebauten **Phosphortrihalogenide** können durch direkte Umsetzung von weißem Phosphor mit dem betreffenden Halogen dargestellt werden. Im Falle von PCl_3 und PBr_3 ist ein Halogenüberschuss zu vermeiden, da sonst die jeweiligen **Pentahalogenide** gebildet werden. **Phosphortrifluorid** (PF_3), das kaum noch den Charakter einer Lewis-Säure besitzt, kann aus PCl_3 und AsF_3 gewonnen werden [vgl. **MC-Fragen Nr. 1590, 1592**].

Phosphortrichlorid (PCl_3) ist eine stechend riechende Flüssigkeit [Schmp. -111,8 °C; Sdp. 76,1 °C]. Sie wird sehr leicht von Wasser unter Bildung von Phosphoriger Säure [Phosphonsäure] (H_3PO_3) und Salzsäure hydrolysiert und raucht deshalb an der feuchten Luft [vgl. **MC-Fragen Nr. 1335, 1383, 1590, 1591**].

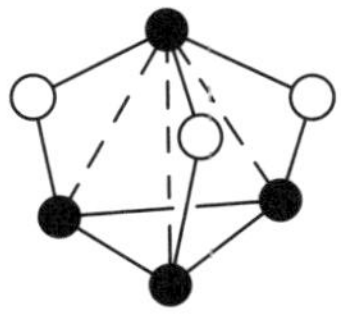

o **Abb. 2.11 Struktur des P_4S_3-Moleküls [• = P-Atom; ◦ = S-Atom]**

$$PCl_3 + 3\ H_2O \longrightarrow H_3PO_3 + 3\ HCl$$

PCl_3 wirkt somit als Lewis Säure und wird durch Oxidationsmittel (z. B. Chlorat) in **Phosphoroxidchlorid** ($POCl_3$) übergeführt. Aufgrund seines freien Elektronenpaars kann PCl_3 auch als Lewis-Base aufgefasst werden, die mit überschüssigem Chlor zu PCl_5 reagiert [vgl. **MC-Frage Nr. 386**].

Phosphorpentachlorid (PCl_5) ist ein bei Raumtemperatur *fester* Stoff, der ab 160 °C sublimiert und im Dampfzustand als *trigonal-bipyramidal* gebautes PCl_5-Molekül vorliegt (sp^3d-Hybridisierung des P-Atoms). Im festen kristallisierten Zustand bilden sich hingegen *Ionengitter* mit PCl_4^+- und PCl_6^--Ionen. PCl_5 hat aufgrund seiner unbesetzten, für Bindungen zur Verfügung stehenden d-Orbitale am P-Atom *Lewis-Säurecharakter*. Daher reagiert es mit Wasser zu Phosphorsäure (H_3PO_4), wobei $POCl_3$ als Zwischenprodukt abgefangen werden kann [vgl. **MC-Fragen Nr. 1383, 1590, 1591, 1608, 1614**].

$$PCl_5 \xrightarrow[-\ 2\ HCl]{+\ H_2O} POCl_3 \xrightarrow[-\ 3\ HCl]{+\ 3\ H_2O} H_3PO_4$$

Phosphorpentachlorid zerfällt beim Erhitzen in Umkehrung seiner Bildung teilweise wieder in PCl_3 und Cl_2 [vgl. **MC-Frage Nr. 1592**].

Phosphoroxidchlorid, [Phosphoroxychlorid, Phosphorylchlorid] ($POCl_3$) entsteht bei der Hydrolyse von PCl_5 mit der berechneten Menge Wasser. Um die weitere Zersetzung zu H_3PO_4 zu vermeiden, lässt man jedoch Substanzen einwirken, die nur schwer Wasser abgeben (Oxalsäure, Borsäure).

$$PCl_5 + H_2C_2O_4 \longrightarrow POCl_3 + 2\ HCl\uparrow + CO\uparrow + CO_2\uparrow$$

Darüber hinaus ist $POCl_3$ durch Umsetzung von PCl_5 mit Phosphorpentoxid (P_4O_{10}) darstellbar.

$$6\ PCl_5 + P_4O_{10} \longrightarrow 10\ POCl_3$$

$POCl_3$ ist eine an der Luft stark rauchende Flüssigkeit [Sdp. 105,1 °C]. Das Molekül hat die Struktur eines verzerrten *Tetraeders*.

2.5.12 Phosphoroxide

Phosphor(III)-oxid (P_4O_6) [Schmp. 23,8 °C; Sdp. 175,3 °C] – zuweilen auch **Phosphortrioxid** genannt – bildet sich bei der Verbrennung von *weißem* Phosphor unter *verminderter* Zufuhr von Sauerstoff und besitzt eine *Adamantan-Struktur*. Wie o Abb. 2.12 zeigt, leitet sich die Struktur des P_4O_6-Moleküls vom P_4-Tetraeder ab, indem jede P-P-Bindung durch eine P-O-P-Bindung ersetzt ist [vgl. **MC-Fragen Nr. 1577, 1593, 1638**].

P_4O_6 ist das Anhydrid der Phosphorigen Säure (H_3PO_3); letztere entsteht aus dem Oxid durch Umsetzung mit *kaltem* Wasser (mit heißem Wasser bilden sich Gemische unterschiedlicher Produkte) [vgl. **MC-Fragen Nr. 1577, 1593, 1638**].

Verbrennt man Phosphor bei hinreichender Sauerstoffzufuhr, so bildet sich **Phosphor(V)-oxid** (P_4O_{10}), das bisweilen auch **Diphosphorpentoxid** oder kurz **Phosphorpentoxid** genannt wird [vgl. **MC-Frage Nr. 1577**].

Das Oxid ist das Anhydrid der Phosphorsäure und existiert in drei verschiedenen Modifikationen. Der dem Adamantan ähnliche räumliche Aufbau leitet sich gleichfalls vom P_4-Tetraeder ab, wobei jedes P-Atom des P_4O_6-Moleküls mit einem weiteren Sauerstoffatom verbunden ist. Wie die Bindungslängen [P-O: 160 pm; P=O: 140 pm] dokumentieren, hat eine der vier P-O-Bindungen den Charakter einer Doppelbindung. o Abb. 2.13 veranschaulicht, dass solche Doppelbindungen durch Überlappung eines zweifach besetzten p-Orbitals des O-Atoms mit einem unbesetzten d-Orbital des P-Atoms zustandekommen (**p_π-d_π-Bindung**) [vgl. **MC-Fragen Nr. 330, 1600, 1637**].

P_4O_{10} ist ein weißes Pulver, das bei 362 °C sublimiert. Die Substanz ist stark hygroskopisch und ein äußerst wirksames *Trocknungsmittel*. Sie vermag selbst Verbindun-

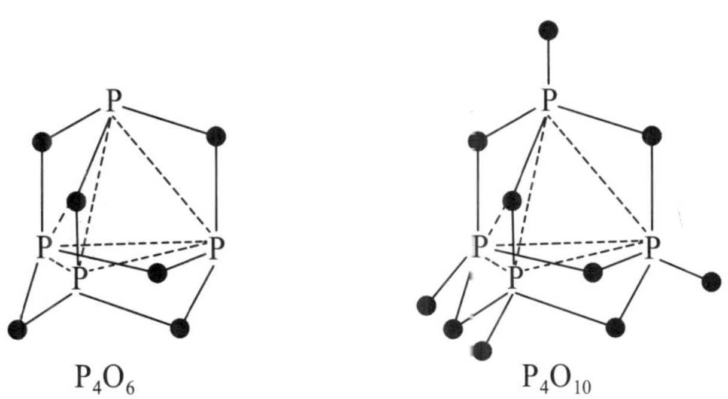

o Abb. 2.12 Struktur der Phosphoroxide [• = Sauerstoff]

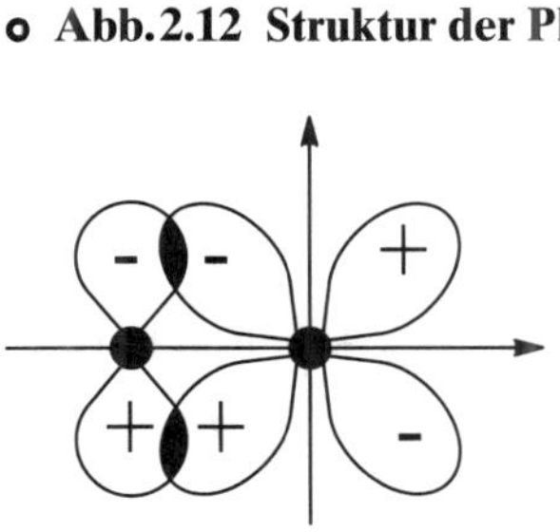

o Abb. 2.13 Zustandekommen einer p_π-d_π-Bindung

gen Wasser zu entziehen, wobei P_4O_{10} über Meta- und Polyphosphorsäuren schließlich in Orthophosphorsäure übergeht [vgl. **MC-Frage Nr. 1594**].

$$P_4O_{10} \xrightarrow{+\,2\,H_2O} \underset{\textbf{Metaphosphorsäure}}{4\,HPO_3} \xrightarrow{+\,2\,H_2O} \underset{\textbf{Diphosphorsäure}}{2\,H_4P_2O_7} \xrightarrow{+\,2\,H_2O} \underset{\textbf{Orthophosphorsäure}}{4\,H_3PO_4}$$

So erhält man z. B. aus P_4O_{10} und Schwefelsäure oder Salpetersäure deren Anhydride SO_3 bzw. N_2O_5. Phosphor(V)-oxid besitzt *keine* oxidierenden Eigenschaften; mit PCl_5 reagiert es zu $POCl_3$ [vgl. **MC-Fragen Nr. 1594, 1595**].

2.5.13 Sauerstoffsäuren des Phosphors und deren Salze

Phosphor bildet vier Oxosäuren der allgemeinen Formel $\mathbf{H_3PO_n}$ (n = 2, 3, 4, 5) [**Orthosäuren**] bzw. in wasserärmerer Form $\mathbf{HPO_{n-1}}$ [**Metasäuren**] (siehe ▸Kap. 1.11.1.6). Darüber hinaus existieren noch fünf Sauerstoffsäuren der allgemeinen Zusammensetzung $\mathbf{H_4P_2O_n}$ (n = 4, 5, 6, 7, 8). Die Namen der einzelnen Säuren und ihrer Salze sind in ▫Tab. 2.15 aufgelistet. **Polyphosphorsäuren** [$H_{n+2}P_nO_{3n+1}$] und **Metapolyphosphorsäuren** [$(HPO_3)_x$] sind Gegenstand der ▸Kap. 2.5.13.4 und 2.5.13.5.

2.5.13.1 Phosphinsäure (Hypophosphorige Säure)

Phosphinsäure [Hypophosphorige Säure, Phosphor(I)-säure] (H_3PO_2) kann – neben Phosphin (PH_3) – in Form ihrer gut wasserlöslichen Salze ($Me^IH_2PO_2$) durch Erhitzen von weißem Phosphor in Alkalihydroxid-Lösungen erhalten werden. Die freie Säure gewinnt man durch Behandeln von Bariumhypophosphit mit Schwefelsäure.

$$P_4 + 3\,H_2O + 3\,HO^- \longrightarrow PH_3\uparrow + 3\,H_2PO_2^-$$

$$Ba(H_2PO_3)_2 + H_2SO_4 \longrightarrow BaSO_4\downarrow + 2\,H_3PO_2$$

Die tetraedrisch gebaute Phosphinsäure ist eine starke, *einbasige* Säure (pK_s = 2,0), weil zwei H-Atome direkt an das Phosphoratom gebunden sind (nur H-Atome, die mit O-Atomen verknüpft sind, haben in Sauerstoffsäuren aciden Charakter) [vgl. **MC-Fragen Nr. 1597, 1601–1605**].

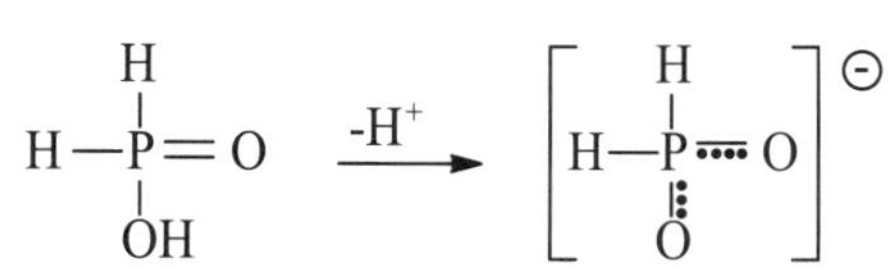

(H_3PO_2) ($H_2PO_2^-$)

Phosphinsäure und ihre Salze, die **Hypophosphite** oder **Phosphinate** [$Me^IH_2PO_2$] genannt werden, sind starke Reduktionsmittel [E^o = -1,65 V], die leicht zu Phosphaten oxidiert werden. Sie wirken stärker reduzierend als Phosphite. Phosphinsäure disproportioniert beim Erwärmen auf 130 °C zu Phosphin (PH_3) und Phosphoriger Säure (H_3PO_3) [vgl. **MC-Fragen Nr. 1601-1605**].

Tab. 2.15 Sauerstoffsäuren des Phosphors

Säuren des Typs H_3PO_n (HPO_{n-1})				Säuren des Typs $H_4P_2O_n$		
Formel		Name	Salze	Formel	Name	Salze
Orthoform	Metaform					
H_3PO_2	(HPO)	Hypophosphorige Säure Phosphinsäure	Hypophosphite			
				$H_4P_2O_4$	Hypodiphosphorige Säure	Hypodiphosphite
H_3PO_3	HPO_2	Phosphorige Säure Phosphonsäure	Phosphite	$H_4P_2O_5$	Diphosphorige Säure	Diphosphite
				$H_4P_2O_6$	Hypodiphosphorsäure	Hypodiphosphate
H_3PO_4	HPO_3	Phosphorsäure	Phosphate	$H_4P_2O_7$	Diphosphorsäure	Diphosphate
				$H_4P_2O_8$	Peroxodiphosphorsäure	Peroxodiphosphate
H_3PO_5	(HPO_4)	Peroxophosphorsäure	Peroxophosphate			

$$3\ H_3\overset{+1}{P}O_2 \longrightarrow 2\ H_3\overset{+3}{P}O_3 + \overset{-3}{P}H_3 \uparrow$$

Auch von der Phosphinsäure sind zwei *tautomere* Strukturen denkbar. Allerdings überwiegt, wie der einbasige Charakter der Phosphinsäure dokumentiert, im Gleichgewicht die Konstitutionsformel, in der die beiden Wasserstoffe direkt an den Phosphor gebunden sind [vgl. **MC-Fragen Nr. 1603, 1604, 1894**].

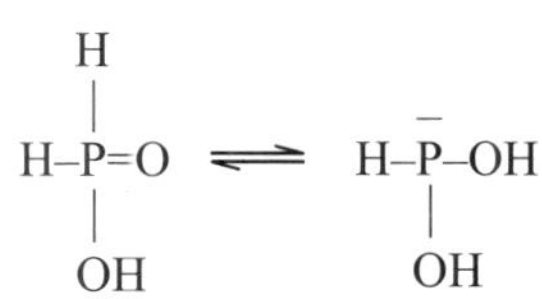

2.5.13.2 **Phosphonsäure (Phosphorige Säure)**

Phosphonsäure [Phosphorige Säure, Phosphor(III)-säure] (H_3PO_3) ist ein farbloser, hygroskopischer Feststoff [Schmp. 73 °C], der durch Hydrolyse von Phosphortrichlorid (PCl_3) oder von Phosphor(III)-oxid (P_4O_6) hergestellt werden kann [vgl. **MC-Fragen Nr. 1606, 1608**].

$$PCl_3 + 3\ H_2O \rightarrow H_3PO_3 + 3\ HCl\uparrow$$
$$P_4O_6 + 6\ H_2O \rightarrow 4\ H_3PO_3$$

Phosphonsäure ist eine *zweiprotonige* Säure [$pK_{s1} = 2{,}0$], da in der vorherrschenden *tautomeren* Form ein H-Atom direkt an den Phosphor gebunden ist. Die Säurestärke der Phosphonsäure ist vergleichbar mit der von Orthophosphorsäure [vgl. **MC-Fragen Nr. 1598, 1601**].

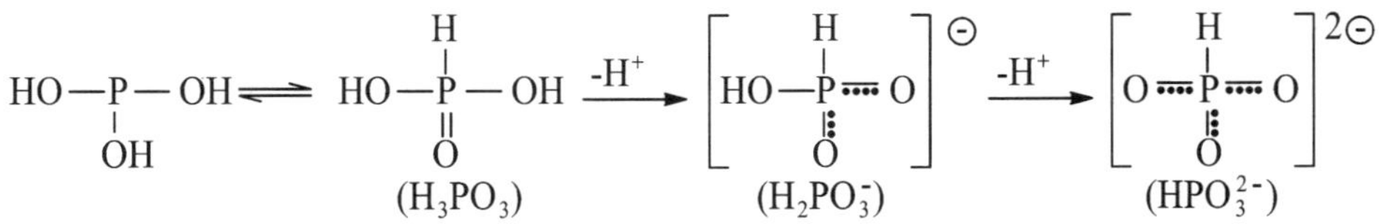

Sowohl die Säure als auch ihre Salze (**Phosphite, Phosphonate**) sind mittelstarke Reduktionsmittel [$E^o = -1{,}12$ V], wobei sie zu Phosphorsäure bzw. Phosphaten oxidiert werden. Beim Erhitzen der Säure im trockenen Zustand erfolgt Disproportionierung zu Phosphorsäure (H_3PO_4) und Phosphin (PH_3) [vgl. **MC-Fragen Nr. 1606, 1608**].

$$4\ \overset{+3}{H_3PO_3} \longrightarrow \overset{-3}{PH_3}\uparrow + 3\ \overset{+5}{H_3PO_4}$$

Als zweibasige Säure bildet Phosphonsäure zwei Reihen von Salzen: **Hydrogenphosphite** (primäre Phosphite) [MeH_2PO_3] und **Phosphite** (sekundäre Phosphite) [Me_2HPO_3]. Alkaliphosphite sowie Calciumphosphit lösen sich leicht in Wasser, die übrigen Phosphite sind schwer löslich.

Die *tautomeriefähige* Phosphonsäure bildet mit Alkoholen symmetrische Ester vom Typ $P(OR)_3$, sog. *Trialkylphosphite*. Auch organische Derivate der allgemeinen Formel $RPO(OR')_2$, die sich von der vorherrschenden, zweibasigen Struktur der Phosphonsäure ableiten und als *Alkanphosphonate* bezeichnet werden, sind bekannt [vgl. **MC-Frage Nr. 393, 1607, 1608, 1610, 1612**].

2.5.13.3 Orthophosphorsäure [Phosphor(V)-säure]

ortho-Form

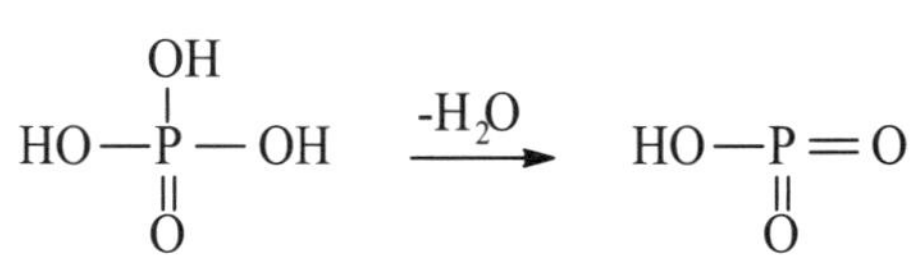

meta-Form

Phosphor(V)-oxid (P_4O_{10}) reagiert mit kaltem Wasser zu **Metaphosphorsäure** (HPO_3), während in der Hitze oder bei einem Überschuss an Wasser die stabilere **Orthophosphorsäure** (H_3PO_4) gebildet wird. In der Technik wird Orthophosphorsäure auch beim Aufschluss von Mineralphosphaten mit H_2SO_4 gewonnen.

$$Ca_3(PO_4)_2 + 3\ H_2SO_4 \longrightarrow 2\ H_3PO_4 + 3\ CaSO_4$$

Durch Konzentrieren solcher Lösungen erhält man eine 85–90%ige *sirupöse* Phosphorsäure, deren hohe Viskosität auf H-Brücken zwischen den H_3PO_4-Molekülen zurückzuführen ist. Wasserfreie H_3PO_4 [Schmp. 42 °C] fällt beim Eindampfen im Vakuum an [vgl. **MC-Frage Nr. 1609**].

Orthophosphorsäure besitzt praktisch *keine* oxidierenden Eigenschaften; sie ist eine mittelstarke, *dreiprotonige* Säure [$pK_{s1} = 2{,}16$; $pK_{s2} = 7{,}21$; $pK_{s3} = 12{,}32$], die drei Reihen von Salzen bildet [vgl. **MC-Frage Nr. 1601**]:

MeH_2PO_4	Primäres Phosphat	(**Dihydrogenphosphat**)
Me_2HPO_4	Sekundäres Phosphat	(**Hydrogenphosphat**)
Me_3PO_4	Tertiäres Phosphat	

Sowohl $H_2PO_4^-$ als auch HPO_4^{2-}-Ionen sind **Ampholyte**. Beim Dihydrogenphosphat überwiegt jedoch der saure, beim Hydrogenphosphat der basische Charakter. Primäre Phosphate reagieren deshalb in wässriger Lösung *sauer*, sekundäre dagegen *alkalisch*. Mischungen von primären und sekundären Phosphaten *puffern* im pH-Bereich von 6,5–7,5. Das *tetraedrisch* gebaute PO_4^{3-}-Ion ist eine starke Base. PO_4^{3-}-Ionen sind in wässriger Lösung nur oberhalb pH = 13 existent. Mit Ausnahme der Alkalisalze sind alle tertiären Phosphate in Wasser schwer löslich, lösen sich aber aufgrund ihres stark basischen Charakters in Säuren [vgl. **MC-Frage Nr. 1609**].

Phosphate sind wichtige *Düngemittel*. Die natürlichen Mineralien **Phosphorit** und **Apatit** werden infolge ihrer Schwerlöslichkeit von den Pflanzen nicht aufgenommen. Mit H_2SO_4 lässt sich aber Phosphorit in ein Gemisch aus $CaSO_4$ und $Ca(H_2PO_4)_2$ überführen, das besser wasserlöslich ist und „*Superphosphat*" genannt wird [vgl. **MC-Frage Nr. 1767**].

$$Ca_3(PO_4)_2 + 2\ H_2SO_4 \longrightarrow \underset{\textbf{Superphosphat}}{[Ca(H_2PO_4)_2 \cdot 2\ CaSO_4]}$$

Beim *Glühen* gehen Phosphate wie $CaHPO_4 \cdot 2\ H_2O$ in **Pyrophosphate** ($P_2O_7^{4-}$) über. Diese Reaktion wird bei der gravimetrischen Bestimmung schwer löslicher Phosphate genutzt [siehe **Ehlers, Analytik II,** ▸Kap. 5.1.3.1 und **MC-Fragen Nr. 1769, 1770**].

$$2\ CaHPO_4 \cdot 2\ H_2O \xrightarrow{\Delta} Ca_2P_2O_7 + 3\ H_2O$$

Mit Alkoholen bildet Phosphorsäure drei Reihen von *Estern* [vgl. **MC-Fragen Nr. 1611, 1613**].

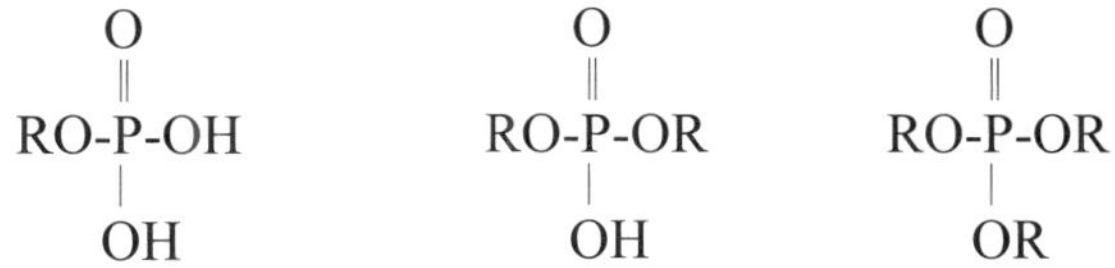

Monoalkylphosphat **Dialkylphosphat** **Trialkylphosphat**

2.5.13.4 Polyphosphorsäuren

Orthophosphorsäure und Hydrogenphosphat-Ionen neigen zur *Kondensation*. Kondensierte Phosphorsäuren oder **Polyphosphorsäuren** haben eine Kettenstruktur aus PO_4-Tetraedern, die über gemeinsame O-Brücken miteinander verknüpft sind.

Beispielsweise erhält man die vierbasige **Diphosphorsäure** (**Pyrophosphorsäure**) [Schmp. 61 °C] durch *intermolekulare* Wasserabspaltung aus zwei H_3PO_4-Molekülen.

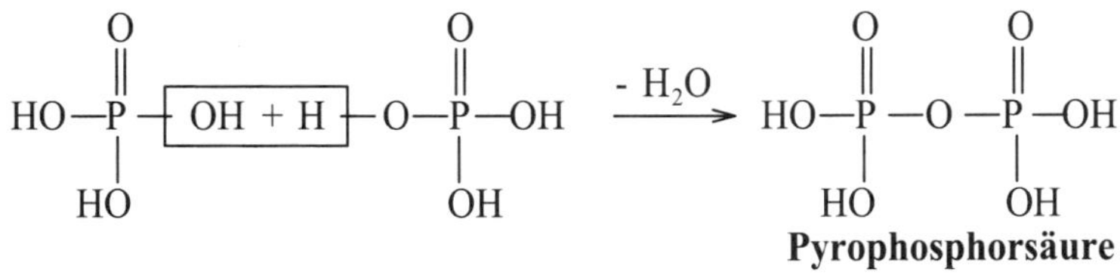

Bei stärkerem Erhitzen [T > 200 °C] oder bei der Reaktion von Phosphor(V)-oxid (P_4O_{10}) mit wenig Wasser bilden sich höhere Polyphosphorsäuren ($H_{n+2}\,P_nO_{3n+1}$). Der Kondensationsgrad ist stark pH-abhängig.

Pyrophosphorsäure ist eine wesentlich stärkere Säure als Phosphorsäure; sie bildet zwei Reihen von Salzen. Die sauren Salze sind in der Regel in Wasser löslich, von den neutralen Salzen sind nur die Alkalisalze wasserlöslich.

Werden Dihydrogenphosphate auf hohe Temperaturen erhitzt [T = 200–1000 °C], so kondensieren sie zu hochpolymeren **Polyphosphaten** mit 10^3–10^4 P-Atomen in einer kettenförmigen Anordnung. Natriumpolyphosphate finden Anwendung bei der Waschmittel- und der Lebensmittelherstellung.

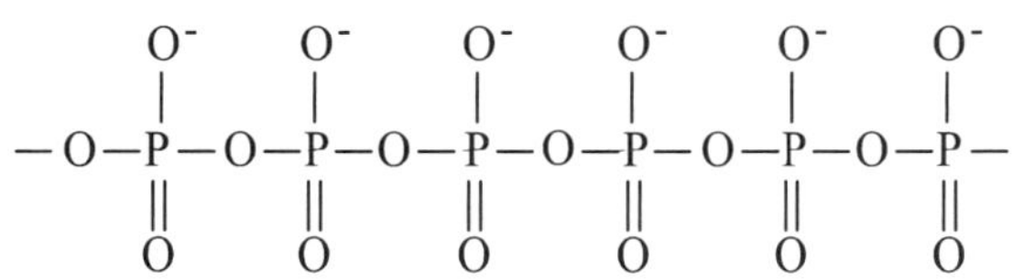

[**Polyphosphat**]

2.5.13.5 Metaphosphorsäuren

Metaphosphate $(PO_3^-)_x$ bzw. **Metaphosphorsäuren** $(HPO_3)_x$ haben fast die gleiche stöchiometrische Zusammensetzung wie Polyphosphate oder Polyphosphorsäuren; sie unterscheiden sich jedoch von diesen dadurch, dass sie *ringförmig* geschlossene Moleküle enthalten, weil die Wasserabspaltung beim Erhitzen auch *intramolekular* erfolgen kann.

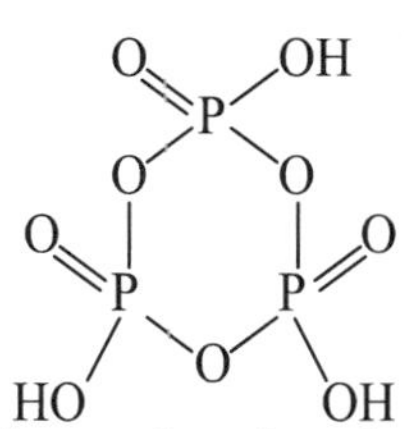

Trimetaphosphorsäure

Die einfachste Metaphosphorsäure ist die **Trimetaphosphorsäure** ($H_3P_3O_9$), die einen Sechsring bildet. Von den verschiedenen Metaphosphorsäuren sind nur die Glieder mit x = 3–6 gut charakterisierbar; sie haben eine der Orthophosphorsäure vergleichbare Säurestärke und ihre Anionen sind isoelektronisch zum SO_3-Molekül. Von Wasser werden sie über Polyphosphorsäuren schließlich bis zur Orthophosphorsäure hydrolysiert [vgl. **MC-Fragen Nr. 1596, 1599, 1601**].

2.5.14 Arsen, Antimon und Bismut

Vorkommen: **Arsen** (As) und **Antimon** (Sb) kommen in der Natur sowohl gediegen (elementar) als auch in Verbindungen, hauptsächlich in Form von Sulfiden und Oxiden, vor. Die wichtigsten **Bismuterze** sind **Bismutglanz** (Bi_2S_3) und **Bismutocker** (Bi_2O_3) [vgl. **MC-Frage Nr. 1615**].

Modifikationen: Während Arsen und Antimon in drei verschiedenen Modifikationen auftreten, ist vom Bismut nur eine einzige Form bekannt. Die thermodynamisch instabilen *gelben* Formen des Arsens und Antimons enthalten analog dem weißen Phosphor As_4- bzw. Sb_4-Moleküle. Die *grauen* metallischen Modifikationen sind beständig und entsprechen dem schwarzen Phosphor; sie sind isomorph zum metallischen Bismut, kristallisieren in Schichtgittern und zeigen eine relativ gute elektrische Leitfähigkeit. Arsen und Antimon zählen zu den *Halbmetallen*. Darüber hinaus kennt man von beiden Elemente noch eine instabile, *schwarze* Modifikation. Elementares Bismut zeigt – ähnlich wie Eis – als Folge seiner lockeren Gitterstruktur beim Schmelzen eine Volumenkontraktion [vgl. **MC-Fragen Nr. 714, 721, 1615**].

2.5.14.1 Arsen

Zahlreiche Metalle bilden mit Arsen sog. **Arsenide**; die Alkali- (z. B. Na_3As) und Erdalkaliarsenide reagieren mit Wasser zu **Arsin** (**Arsan**) [AsH_3]. AsH_3 ist ein noch giftigeres und instabileres Gas als PH_3. Arsenwasserstoff entsteht auch bei der Einwirkung von nascierendem Wasserstoff (Zn/HCl) auf lösliche Arsenverbindungen. Die Bildung eines *Arsenspiegels* durch Thermolyse von Arsin dient zu dessen Nachweis (**Marshsche Probe**) [siehe auch Ehlers, **Analytik I**, Kap. 1.2.6 und **MC-Fragen Nr. 1062, 1616, 1617, 1671**].

$$Na_3As + 3\ H_2O \longrightarrow 3\ NaOH + AsH_3\uparrow$$

$$2\ H_3AsO_3 + 12\ H\cdot \xrightarrow{-6\ H_2O} 2\ AsH_3\uparrow \xrightarrow{\Delta} 2\ As\downarrow + 3\ H_2\uparrow$$

Arsenwasserstoff ist eine deutlich *schwächere* Base als NH_3; AsH_3 wirkt stark reduzierend und scheidet aus $AgNO_3$-Lösungen metallisches Silber ab. Mit festem Silbernitrat reagiert es dagegen unter Bildung von **Silberarsenid** (Ag_3As) [vgl. **MC-Fragen Nr. 1615–1617**].

$$AsH_3 + 3\ H_2O + 6\ Ag^+ \longrightarrow H_3AsO_3 + 6\ H^+ + 6\ Ag\downarrow$$
$$AsH_3 + 3\ Ag^+ \longrightarrow AsAg_3 + 3\ H^+$$

An der Luft verbrennt Arsin zu **Arsen(III)-oxid** (Arsentrioxid) [As_2O_3 bzw. As_4O_6) [vgl. **MC-Fragen Nr. 1616, 1617**].

$$4\ AsH_3 + 6\ O_2 \longrightarrow As_4O_6 + 6\ H_2O$$

Arsen(III)-oxid (**Arsenik**) [As_4O_6] ist eine analog dem P_4O_6-Molekül gebaute Verbindung, die sich auch beim Erhitzen des Elements an der Luft bildet [vgl. **MC-Fragen Nr. 1615, 1618**].

Das *farblose* As_4O_6 löst sich unter *saurer* Reaktion nur langsam und in geringem Maße in Wasser. Das Oxid ist jedoch gut löslich in konzentrierten Natriumhydroxid-Lösungen unter Bildung von primären (NaH_2AsO_3), sekundären (Na_2HAsO_3) und tertiären **Arseniten** (Na_3AsO_3). **Arsen(III)-säure** [**Arsenige Säure**] (H_3AsO_3) ist somit – im Gegensatz zur Phosphorigen Säure (H_3PO_3) – eine schwache, *dreibasige* Säure (pK_{s1} = 9,23). Arsenige Säure kann *nicht* in reiner Form isoliert werden [vgl. **MC-Fragen Nr. 1616, 1618**].

As(III)-oxid, eine bei Redoxtitrationen häufig benutzte *Urtitersubstanz*, wirkt oxidierend und reduzierend. Beispielsweise reduziert $SnCl_2$ As(III)-Verbindungen zu As, während die Reduktion mit nascierendem Wasserstoff bis zur Arsin-Stufe weiterläuft. Oxidationsmittel wie Iod oder Salpetersäure überführen Arsenige Säure zu **Arsen(V)-säure** [**Arsensäure**] (H_3AsO_4) bzw. Arsenite in **Arsenate** (AsO_4^{3-}).

$$H_3AsO_3 + 3\ H^+ + 3\ e^- \longrightarrow As + 3\ H_2O$$
$$H_3AsO_3 + H_2O \longrightarrow H_3AsO_4 + 2\ H^+ + 2\ e^-$$

Arsen(V)-oxid (As_4O_{10}) ist deutlich instabiler als das dreiwertige Oxid; es besitzt eine polymere Struktur. As_4O_{10} kann im Gegensatz zum P_4O_{10} *nicht* durch Verbrennen des Elements an der Luft erhalten werden, sondern wird durch Entwässern von Arsensäure gewonnen.

$$4\ H_3AsO_4 \xrightarrow{300\ °C} As_4O_{10} + 6\ H_2O$$

Arsensäure (H_3AsO_4) ist eine mittelstarke, *dreibasige* Säure (pK_{s1} = 2,26) und wirkt etwas schwächer sauer als H_3PO_4. Sie unterscheidet sich von der Phosphorsäure durch ihr *Oxidationsvermögen* [E^o = +0,56 V] und kann z. B. in stark saurer Lösung Iodid zu Iod oxidieren (siehe auch Ehlers, **Analytik II**, ▸Kap. 7.1.4).

$$H_3AsO_4 + 2\ H^+ + 2\ I^- \rightleftharpoons H_3AsO_3 + H_2O + I_2$$

Die Salze der Arsensäure heißen **Arsenate**; sie ähneln in ihrer Löslichkeit und Kristallform stark den entsprechenden Phosphaten. Arsenate und Phosphate sind *isomorph* (siehe ▸Kap. 1.3.2.4).

Arsen bildet mit Halogenen Verbindungen der allgemeinen Zusammensetzung $\mathbf{AsX_3}$ und $\mathbf{AsX_5}$. Die Arsentrihalogenide, z. B. $AsCl_3$, hydrolysieren in Wasser zu Arseniger Säure und Halogenwasserstoffen. Alle Arsenhalogenide sind Lewis-Säuren. Bekannt sind auch Halogenkomplexe wie AsF_6^- [vgl. **MC-Frage Nr. 1614**].

$$AsCl_3 + 3\ H_2O \longrightarrow H_3AsO_3 + 3\ HCl$$

Beim Zusammenschmelzen des Elements mit elementarem Schwefel erhält man eine Reihe von Arsen-Schwefel-Verbindungen [**Realgar**: As_4S_4; **Auripigment**: As_4S_6; As_4S_{10}]; **As(III)-sulfid** (As_4S_6) und **As(V)-sulfid** (As_4S_{10}) entsprechen in ihrer Struktur den jeweiligen Phosphorverbindungen. Im Gegensatz zu diesen werden sie jedoch nicht von Wasser zu Arsensauerstoffsäuren zerlegt; im Gegenteil, sie entstehen aus wässrigen Arsenit- bzw. Arsenat-Lösungen beim Versetzen mit Schwefelwasserstoff (H_2S) als schwer lösliche Sulfide. Beide Sulfide lösen sich aber in einer Alkalisulfid-Lösung unter Bildung von Thiosalzen.

$$As_4S_6 + 6\ S^{2-} \longrightarrow 4\ AsS_3^{3-} \quad \textbf{(Thioarsenit)}$$
$$As_4S_{10} + 6\ S^{2-} \longrightarrow 4\ AsS_4^{3-} \quad \textbf{(Thioarsenat)}$$

2.5.14.2 Antimon

Antimon tritt wie Arsen in seinen Verbindungen vorwiegend drei- und fünfwertig auf [vgl. **MC-Frage Nr. 1619**].

Durch Einwirken von naszierendem Wasserstoff auf lösliche Antimonverbindungen entsteht **Antimonwasserstoff** [**Stiban**, **Stibin**] (SbH_3) als farbloses Gas. SbH_3 ist *pyramidal* gebaut und thermisch noch instabiler als Arsin; Stibin zerfällt leicht wieder in die Elemente [vgl. **MC- Frage Nr. 1619**].

Die analog den P- und As-Halogeniden gebauten Halogenverbindungen des Antimons sind starke Lewis-Säuren (z. B. $SbCl_5$); sie reagieren mit überschüssigen Halogenid-Ionen zu Halogenokomplexen (z. B. $SbCl_6^-$) und hydrolysieren in Wasser zu **Antimonyl-Verbindungen** (SbO^+X^-) [vgl. **MC-Frage Nr. 1614**].

$$SbCl_3 + H_2O \longrightarrow (SbO^+)_{aq} + 3\ (Cl^-)_{aq} + 2\ (H^+)_{aq}$$

Von den Sauerstoffverbindungen sind die **Antimonige Säure** ($HSbO_2$) und **Antimonsäure**($HSbO_3$) und deren Anhydride (Sb_4O_6 bzw. Sb_4O_{10}) zu nennen.

Antimon(III)-oxid (Sb_4O_6) ist *amphoter* und kann mit Säuren und Basen Salze bilden. In Wasser ist es nur wenig löslich, löst sich jedoch in Säuren unter Bildung von Sb^{3+}- bzw. SbO^+-Ionen. In basischen Lösungen bilden sich **Antimonit-Ionen** $[Sb(OH)_4]^-$. Das dreiwertige Sb-Oxid ist stabiler als das fünfwertige [vgl. **MC-Frage Nr. 1619**].

Antimon(V)-oxid (Sb_4O_{10}) ist nur wenig wasserlöslich und wird durch Oxidation von Sb mit Salpetersäure gewonnen. Die wässrige Lösung reagiert sauer und enthält neben H_3O^+-Ionen wahrscheinlich **Hexahydroxoantimonat-Ionen** $[Sb(OH)_6]^-$, die mit Na^+-Ionen ein schwer lösliches Salz $Na[Sb(OH)_6]$ ergeben.

Die den Arsensulfiden analogen Substanzen **Antimon(III)-sulfid** [Sb_2S_3 bzw. Sb_4S_6] und **Antimon(V)-sulfid** [Sb_2S_5 bzw. Sb_4S_{10}] ähneln diesen weitgehend in ihren Eigenschaften. Die *orangefarbenen* Antimonsulfide sind praktisch unlöslich in Säuren, lösen sich aber in Ammoniumsulfid-Lösungen [vgl. **MC-Fragen Nr. 1619, 1897**].

$$Sb_2S_5 + 3\ S^{2-} \longrightarrow 2\ SbS_4^{3-} \quad \textbf{[Thioantimonat(V)]}$$

Beide Antimonsulfide können durch direkte Reaktion der Elemente oder durch Behandlen von Antimonit- bzw. Antimonat-Lösungen mit H_2S erhalten werden.

2.5.14.3 Bismut

Die Darstellung von metallischem Bismut erfolgt durch Reduktion der oxidischen Erze mit Kohle. Die sulfidischen Erze werden nach dem Röstreduktionsverfahren verarbeitet.

$$2\ Bi_2S_3 + 9\ O_2 \longrightarrow 2\ Bi_2O_3 + 6\ SO_2\uparrow \quad \text{(Rösten)}$$
$$Bi_2O_3 + 3\ C \longrightarrow 2\ Bi + 3\ CO\uparrow \quad \text{(Reduktion)}$$

Metallisches Bismut, das sich mit Halogenen und Schwefel direkt zu Halogeniden und Sulfiden verbindet, löst sich *nicht* in verdünnter Salzsäure, dagegen in oxidierenden Säuren wie HNO_3 oder H_2SO_4. Diese Lösungen enthalten Bi^{3+}-Ionen. Beim Alkalisieren der Lösung erhält man das schwach **basische Bismut(III)-hydroxid** [$Bi(OH)_3$]. Beim Erwärmen geht das Hydroxid in die wasserärmere Form [BiOOH] über und bildet schließlich bei noch stärkerem Erhitzen das *gelbe* **Bismut(III)-oxid** (Bi_2O_3) [vgl. **MC-Frage Nr. 1620**].

$$Bi^{3+} + 3\ HO^- \longrightarrow Bi(OH)_3\downarrow \xrightarrow{-\ H_2O} BiOOH \xrightarrow{\Delta} Bi_2O_3$$

Bi(III)-oxid verhält sich ausgesprochen basisch; es ist in Säuren löslich, löst sich aber nicht in Laugen. Das instabile **Bismut(V)-oxid** (Bi_2O_5) ist bislang noch nicht in reiner Form isoliert worden; es spaltet leicht Sauerstoff ab und wirkt daher stark oxidierend.

Bismut(III)-Salze hydrolysieren in wässriger Lösung und bilden **Bismutyl-Verbindungen** [BiO^+X^-], die z.T. in Wasser schwer löslich sind [BiOCl, $BiONO_3$]. Bismut(III)-nitrat ist nur in Gegenwart überschüssiger Salpetersäure stabil [vgl. **MC-Frage Nr. 1620**].

$$BiCl_3 + H_2O \longrightarrow BiOCl + 2\ HCl$$

Bi(III)-Halogenide bilden mit überschüssigen Alkalihalogeniden komplexe **Tetrahalogenobismutat(III)-Ionen**, wie z. B. das **Tetraiodobismutat**.

$$BI_3 + KI \longrightarrow K^+[BI_4]^- \quad \textbf{(Dragendorffs Reagenz)}$$

2.6 Kohlenstoffgruppe

Zu den Elementen der IV. Hauptgruppe gehören **Kohlenstoff** (C), **Silicium** (Si), **Germanium** (Ge), **Zinn** (Sn) und **Blei** (Pb). Silicium ist nach Gewichtsprozenten das zweithäufigste Element in der Erdkruste. Kohlenstoff und Zinn treten in mehreren Modifikationen auf. Über die wichtigsten Eigenschaften der Elemente der Kohlenstoffgruppe informiert ◘ Tab. 2.16 [vgl. **MC-Fragen Nr. 1624, 1626, 1688**].

Metallcharakter: Kohlenstoff ist ein Nichtmetall, wenn auch Graphit elektrisch leitend ist. Silicium verhält sich chemisch wie ein Nichtmetall, seine physikalischen Eigenschaften entsprechen jedoch denen eines Halbmetalls. Germanium ist ein Halbmetall. Zinn und Blei sind Metalle mit relativ niedrigem Schmelzpunkt.

Beständigkeit der Oxidationsstufen: Bei den Verbindungen der zweiwertigen Elemente nimmt die Stabilität vom Kohlenstoff zum Blei hin zu. Kohlenstoff tritt überhaupt nicht zweiwertig auf; Verbindungen des zweiwertigen Siliciums sind unbeständig; beim Zinn hält sich die Stabilität der zwei- und vierwertigen Stufe die Waage, während beim Blei die Zweiwertigkeit gegenüber der Vierwertigkeit dominiert. Pb(IV)-Verbindungen sind starke Oxidationsmittel.

In den meisten Verbindungen mit den Oxidationszahlen **+2** und **+4** überwiegt der kovalente Bindungscharakter, jedoch sind einige Pb(II)-Verbindungen [PbF_2, $PbCl_2$] als Ionenverbindungen anzusehen. Während Kohlenstoff maximal nur vierbindig ist, können die übrigen Elemente dieser Gruppe unter Einbeziehung von d-Orbitalen auch sechsbindig auftreten und oktaedrische Strukturen bilden [SiF_6^{2-}, $Sn(OH)_6^{2-}$, $PbCl_6^{2-}$].

Vergleich Kohlenstoff/Silicium: Wie ◘ Tab. 2.17 ausweist, ist die C-C-Bindung etwa so stark wie die Bindung eines C-Atoms an irgendein anderes Element. Kohlenstoffatome besitzen daher eine hohe Tendenz, Bindungen mit anderen C-Atomen einzugehen.

Demgegenüber ist die Si-Si-Bindung deutlich schwächer als die Bindung eines Si-Atoms an andere Atome. Silicium neigt deshalb eher dazu, sich mit anderen Elementen zu verbinden als Si-Si-Bindungen zu knüpfen.

Eine weitere Eigenschaft des Kohlenstoffs, die bei den übrigen Elementen der Gruppe nur sehr wenig ausgeprägt ist, ist seine Fähigkeit *Mehrfachbindungen* (**p_π-p_π-Bindungen**) zu bilden [vgl. **MC-Fragen Nr. 1622, 1623, 1625, 1626**].

Tab. 2.16 Eigenschaften der Elemente der IV. Hauptgruppe

	C	Si	Ge	Sn	Pb
Elektronenkonfiguration	$ns^2\ np^2$				
Schmelzpunkt (°C)	3642	1410	938,3	231,9	327,5
Siedepunkt (°C)	-	2355	2833	6220	1749
Ionisierungsenergie (kJ/mol)	1086,5	786,5	762	708,6	715,6
Atomradius (pm)	70	110	125	145	180
Ionenradius $[E^{4+}]$ (pm)	16	42	53	71	84
$[E^{2+}]$ (pm)	-	-	93	112	120
$[E^{4-}]$ (pm)	260	271	272	294	313
Elektronegativität	2,55	1,90	2,01	1,96	2,33
Normalpotential $[E/E^{2+}]$ (V)	+0,51	-	-	-0,14	-0,13
Metallcharakter	——— **Zunehmend** ———>				
Affinität zu elektropositiven Elementen	——— **Abnehmend** ———>				
Affinität zu elektronegativen Elementen	——— **Zunehmend** ———>				
Beständigkeit der zweiwertigen Verbindungen	——— **Zunehmend** ———>				
Beständigkeit der vierwertigen Verbindungen	——— **Abnehmend** ———>				
Säurecharakter der Oxide [EO]	——— **Abnehmend** ———>				
Säurecharakter der Oxide $[EO_2]$	——— **Zunehmend** ———>				
Salzcharakter der Chloride	——— **Zunehmend** ———>				
Hydrolyseneigung der Chloride	——— **Zunehmend** ———>				
Stabilität der Wasserstoffverbindungen $[EH_4]$	——— **Abnehmend** ———>				

2.6.1 Kohlenstoff

Kohlenstoff tritt in der Natur in den Isotopen ^{12}**C** (98,89%) und ^{13}**C** (1,11%) auf; in Spuren kommt auch das radioaktive Nuclid ^{14}**C** vor. ^{14}C ist ein **β-Strahler** mit einer Halbwertszeit von ca. 5570 Jahren. Die Bestimmung des ^{14}C-Anteils kann zur Altersbestimmung fossiler Funde herangezogen werden. Das Isotop ^{13}**C** ist von Bedeutung in der NMR-Spektroskopie zur Strukturaufklärung organischer Verbindungen [vgl. **MC-Fragen Nr. 78–82, 84, 157–159, 1622, 1625, 1627, 1898**].

2.6.1.1 Allotropie des Kohlenstoffs

Elementarer Kohlenstoff ist *polymorph* (*allotrop*) und tritt in der Natur in den beiden Modifikationen **Diamant** und **Graphit** auf, die sich in ihren Kristallstrukturen und Eigenschaften deutlich voneinander unterscheiden [vgl. **MC-Fragen Nr. 715–719, 1626, 1898**].

Tab. 2.17 Bindungsenergien des Kohlenstoffs und Siliciums (in kJ/mol)

C—C	348	C—O	358	Si—Si	226	Si—O	368
C—H	413	C—Cl	339	Si—H	328	Si—Cl	391

Diamant: Abb. 2.14 zeigt das *Kristallgitter von Diamant*, einer dreidimensionalen, *Adamantan-ähnlichen* Struktur mit gewellten Sechsringen. Im Diamant, der bei Raumtemperatur *metastabilen* Modifikation des Kohlenstoffs, ist jedes der **sp^3-hybridisierten** C-Atome von *vier* anderen Atomen *tetraedrisch* umgeben, wobei die Atome durch kovalente Bindungen miteinander verbunden sind. Die C-C-Bindungslänge beträgt **154 pm** und der Abstand der einzelnen Ebenen des Diamantgitters wurde zu 250 pm gefunden. Aufgrund des Fehlens von nichthybridisierten p-Elektronen zeigt Diamant *keine* elektrische Leitfähigkeit. Das dreidimensionale Atomgitter von Diamant ist verantwortlich für dessen Festigkeit und große Härte. Die Härte des Diamanten ist auch eine Folge seiner relativ hohen Gitterenergie von 348 kJ/mol. Diamant ist farblos, transparent und reaktionsträger als Graphit [vgl. **MC-Fragen Nr. 580, 1623, 1624, 1627–1629, 1633, 1637, 1638, 1898**].

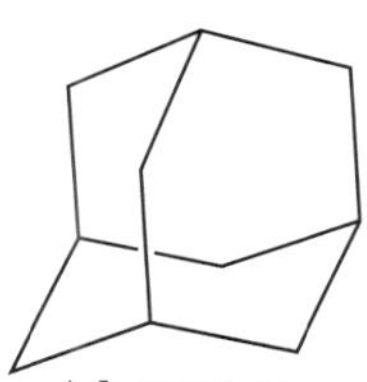

Adamantan

Adamantan ist ein tricyclischer Kohlenwasserstoff, der wegen seiner Diamant-Struktur auch als *Diamantan* bezeichnet wird. Das Molekül besteht formal aus drei Cyclohexanringen in einer Sesselkonformation. Neben *Diamant* und *Hexamethylentetramin* (Urotropin) besitzen auch *Phosphor-* (P_4O_6, P_4O_{10}) und *Arsenoxide* (As_4O_6) einen Adamantan-ähnlichen räumlichen Bau [siehe auch ▸Kap. 2.5.12, Abb. 2.12 und **MC-Fragen Nr. 1637, 1638**].

Graphit: Abb. 2.15 zeigt das *Kristallgitter von Graphit*, das aus vielen übereinanderliegenden Kohlenstoffschichten besteht, in welchen die **sp^2-hybridisierten** C-Atome zu lauter Sechsecken der Kantenlänge **142 pm** (**Wabennetz**) zusammengefügt sind. Wie Abb. 2.16 veranschaulicht, sind die einzelenen Ebenen des Schichtgit-

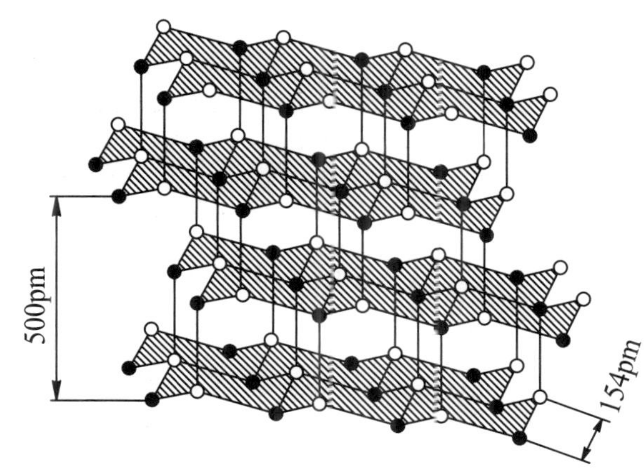

Abb. 2.14 Kristallgitter des Diamanten

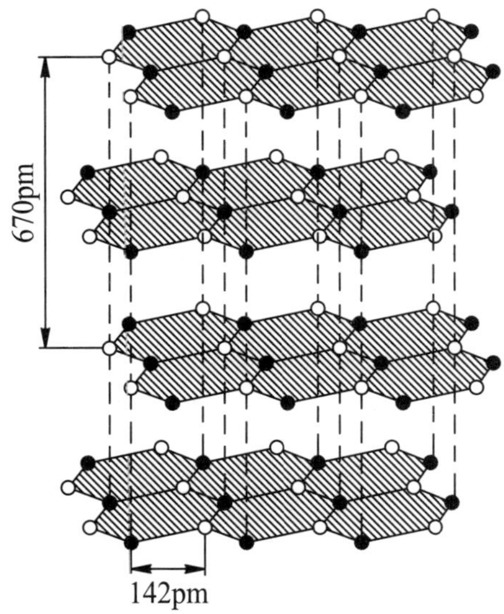

Abb. 2.15 Kristallgitter des Graphits

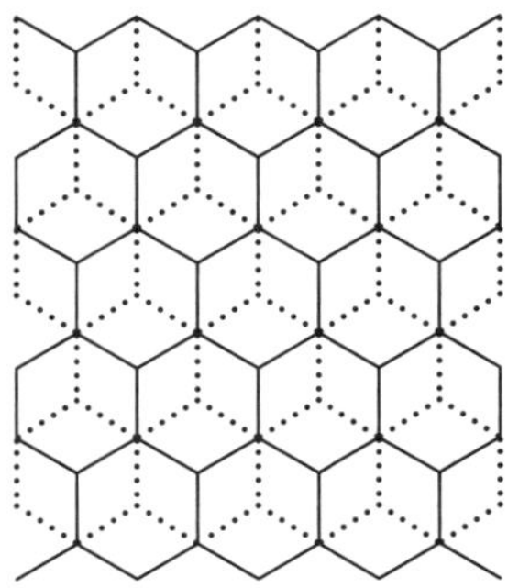

Abb. 2.16 Sechsringanordnung der Graphit-Schichten
[ausgezogene Linien: Ausgangsebene, punktierte Linien: darunter- bzw. darüberliegende Ebene]

ters so angeordnet, dass über und unter der Mitte eines jeden Sechsecks der Ausgangsebene ein C-Atom der benachbarten Ebene zu liegen kommt. Die Schichten haben jeweils einen Abstand von 335 pm voneinander. Da in den Sechsringen jedes C-Atom *nur* mit *drei* anderen Kohlenstoffatomen verknüpft ist, betätigt es lediglich drei seiner vier Valenzelektronen für kovalente Bindungen. Die jeweils vierten Valenzelektronen in nichthybridisierten, senkrecht zu den Schichten angeordneten p-AO bilden ein völlig *delokalisiertes π-Elektronensystem*. Dies erklärt die *elektrische Leitfähigkeit*, die hohe Lichtabsorption sowie den metallischen Glanz und die gute Wärmeleitfähigkeit des Graphits. Die Leitfähigkeit des Graphits ist *anisotrop*; parallel zu den Schichten ist die Leitfähigkeit groß, senkrecht dazu ist sie gering [siehe auch ▸Kap. 1.3.2.5 und **MC-Fragen Nr. 580, 721, 1509, 1623, 1624, 1628–1632, 1640**]. Zwischen den einzelnen Schichten wirken nur schwache van der Waals-Kräfte, was die geringe Härte und die leichte Spaltbarkeit des Graphits parallel zu den Schichtebenen erklärt. Graphit ist ein schwarzer, weicher Festkörper.

Graphit ist bei Normaldruck und Raumtemperatur die *thermodynamisch stabilere* Form des Kohlenstoffs. Die Differenz der freien Energie zwischen beiden Modifikationen beträgt jedoch nur **1,89** kJ/mol. Die Umwandlung von Diamant in Graphit verläuft aber *extrem langsam*; erst beim Erhitzen auf 1500 °C unter Luftausschluss geht Diamant rascher in Graphit über. Industriediamanten werden aus Graphit bei 3000 °C und Drücken von ca. $1{,}5 \cdot 10^5$ bar hergestellt. Graphit und Diamant sind somit wechselseitig ineinander umwandelbar [vgl. **MC-Fragen Nr. 1621–1623, 1625, 1627, 1628, 1630, 1898**].

Die weiteren amorphen Formen des Kohlenstoffs wie **Koks**, **Gaskohle** oder **Ruß** stellen keine besonderen Modifikationen dieses Elements dar, sondern bestehen im Wesentlichen aus mikrokristallinem Graphit [vgl. **MC-Fragen Nr. 1621, 1622, 1625**].

Fullerene: Bei den Fullerenen handelt es sich um eine neue, 1985 entdeckte *allotrope Form* des Kohlenstoffs, die mit dem Graphit strukturell verwandt ist. Im Gegensatz aber zu Diamant und Graphit, die beide ausgedehnte Festkörperstrukturen besitzen, sind die Fullerene *sphärische* Moleküle, die in vielen organischen Lösungsmitteln löslich sind. Beispielsweise löst sich das dunkelbraune Fulleren C_{60} in organischen Lösungsmitteln mit *weinroter* Farbe [vgl. **MC-Fragen Nr. 1634, 1635**].
Alle bekannten Fullerene sind aus anellierten Fünf- und Sechsringen sp^2-hybridisierter C-Atome aufgebaut. Die Fünfringe sorgen für die Krümmung des Kohlenstoff-Netzwerkes. Darüber hinaus sind die Bindungen zwischen zwei Sechsringen kürzer (138 pm) als zwischen einem Fünf- und einem Sechsring (145 pm).

Ein besonders hervorstechendes Charakteristikum dieser Kohlenstoffmodifikation ist ihr hohler Innenraum, in den Atome oder Ionen eingelagert werden können. Darüber hinaus besitzen Fullerene eine hohe Elektronenaffinität und neigen zu Additionsreaktionen.

Das bekannteste Fulleren ist das hochsymmetrische, fußballförmige **Buckminsterfulleren** C_{60}, dessen sphärische Struktur in ○ Abb. 2.17 dargestellt ist. Weitere höhere Fullerene (C_{70}, C_{76}, C_{78}, C_{82}, C_{84}) wurden mittlerweile isoliert und charakterisiert. Man erhält Fullerene durch Verdampfen von Graphit im Lichtbogen (3000 K) in einer Helium-Atmosphäre. Die Fullerene lassen sich aus dem mitgebildeten Ruß mit Toluen extrahieren und mithilfe chromatographischer Verfahren trennen [vgl. **MC-Fragen Nr. 1634–1636**].

Carbin ist eine weitere, neue allotrope Form des Kohlenstoffs, die aus Ketten von Kohlenstoffatomen aufgebaut ist, und bisher nur im Labor synthetisiert wurde. Die C-Ketten enthalten bis zu 12 Kohlenstoffatome, die entweder durch alternierende Dreifach- und Einfachbindungen oder fortlaufende Doppelbindungen miteinander verbunden sind. Aufgrund von *van der Waals-Kräften* können sich mehrere dieser Ketten zu weißen, flockenartigen Kristallen zusammenlagern. Carbine besitzen im Vergleich zu den anderen Kohlenstoffmodifikationen neue mechanische, elektronische und optische Eigenschaften. Anwendungsmöglichkeiten für Carbine sind bisher nicht bekannt.

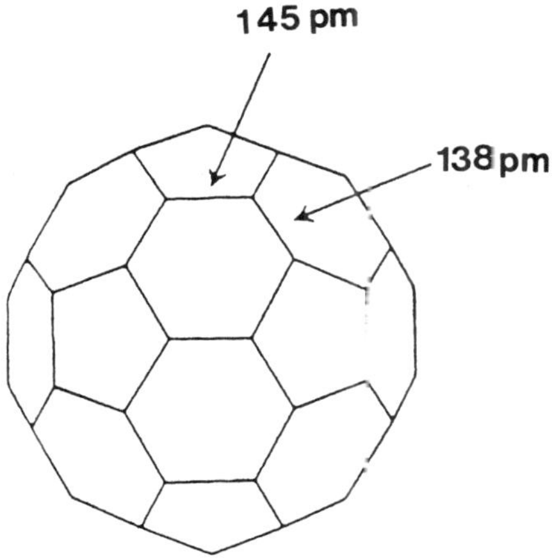

○ **Abb. 2.17 Sphärische Struktur des Buckminsterfullerens**

2.6.1.2 Carbide

Carbide sind Element-Kohlenstoff-Verbindungen. Sie lassen sich durch direkte Vereinigung der Elemente oder durch Reduktion von Metalloxiden mit Kohle herstellen.

Salzartige Carbide werden nur von den stark elektropositiven Metallen gebildet. Je nach dem Produkt [Methan, Acetylen (Ethin)], das bei ihrer Hydrolyse entsteht, unterscheidet man zwischen **Methaniden** [Al_4C_3, Be_2C, Mg_2C] und **Acetyliden** [CaC_2, Cu_2C_2, Ag_2C_2]. Während Acetylide das C_2^{2-}-Anion enthalten, dürfte aufgrund seiner hohen Ladung in den Methaniden ein C^{4-}-Ion eher unwahrscheinlich sein [vgl. **MC-Fragen Nr. 1639, 1769, 1773**].

$$Al_4C_3 + 12\,H_2O \longrightarrow 3\,CH_4\uparrow + 4\,Al(OH)_3$$
$$CaC_2 + 2\,H_2O \longrightarrow HC{\equiv}CH\uparrow + Ca(OH)_2$$

Zu den **kovalenten Carbiden** zählen nur **Siliciumcarbid** (SiC) und **Borcarbid** ($B_{13}C_2$), die überaus harte, unschmelzbare Festkörper von großer Reaktionsträgheit darstellen. SiC (**Carborundum**) kristallisiert in einer Diamantstruktur, in der jedes zweite C-Atom durch ein Si-Atom ersetzt ist.

Mit einigen Übergangsmetallen bildet Kohlenstoff *interstitielle Carbide* (**Einlagerungscarbide**), bei denen C-Atome in die Hohlräume des Metallgitters eingelagert werden. Diese Carbide zeigen metallische Leitfähigkeit und sind härter und schwerer flüchtig als die reinen Metalle.

2.6.1.3 Schwefelverbindungen des Kohlenstoffs

Durch Erhitzen von Kohle mit elementarem Schwefel entsteht **Kohlenstoffdisulfid** (**Schwefelkohlenstoff**) (CS_2). CS_2 ist eine unangenehm riechende, leicht verdampfbare und leicht entzündliche Flüssigkeit [Sdp. 46,3 °C]. Schwefelkohlenstoff, einer der wenigen Fälle, in denen Schwefel als Element der 3. Periode eine echte p_π-p_π-Bindung eingeht. Das CS_2-Molekül ist *linear* gebaut. Die Herstellung von Schwefelkohlenstoff erfolgt durch Umsetzung von *Methan* (CH_4) mit Schwefeldampf [vgl. **MC-Frage Nr. 424**].

$$CH_4 + 4\,S \xrightarrow[600\,°C]{(Al_2O_3)} S{=}C{=}S\uparrow + 2\,H_2S\uparrow$$

Schwefelkohlenstoff reagiert mit Alkalisulfid-Lösungen zu **Trithiocarbonat** (CS_3^{2-}). Die daraus durch Ansäuren erhältliche freie **Trithionkohlensäure** (H_2CS_3) ist instabil und nicht isolierbar.

2.6.1.4 Halogenverbindungen des Kohlenstoffs

Von den einfachen Kohlenstoffhalogeniden sind vor allem **Tetrafluorkohlenstoff** (CF_4) und **Tetrachlorkohlenstoff** (CCl_4) zu erwähnen. Letzteres wird auch *Kohlenstofftetrachlorid* bzw. *Tetrachlormethan* genannt. Die kovalenten, tetraedrisch gebauten Halogenide besitzen *kein* Dipolmoment [vgl. **MC-Fragen Nr. 330, 473, 477, 1385**].

CF_4 ist ein ungewöhnlich stabiles Gas und CCl_4 eine farblose, nicht brennbare Flüssigkeit [Schmp. -22,9 °C; Sdp. 76,7 °C]. CCl_4 ist aufgrund der geringeren Bindungsenergie der C-Cl-Bindung weniger stabil als CF_4 und wird in der Technik aus CS_2 und Chlor bzw. durch Methanchlorierung gewonnen.

$$CS_2 + 3\ Cl_2 \longrightarrow S_2Cl_2 + CCl_4$$
$$CH_4 + 4\ Cl_2 \longrightarrow CCl_4 + 4\ HCl$$

Tetrachlorkohlenstoff ist nicht mit Wasser mischbar und wird von reinem Wasser praktisch nicht hydrolysiert, weil die vier Chloratome das kleinere C-Atom gegenüber dem Angriff von Lewis-Basen abschirmen.

2.6.2 Kohlenstoffoxide

2.6.2.1 Kohlenmonoxid

Kohlenmonoxid (CO) ist ein farb-, geruch- und geschmackloses Gas [Schmp. -205 °C; Sdp. -191,5 °C], das neben Kohlendioxid (CO_2) bei der unvollständigen Verbrennung von Kohlenstoff an der Luft entsteht. Darüber hinaus bildet es sich im Gemisch mit H_2 (**Wassergas**), wenn man überhitzten Wasserdampf über glühenden Koks leitet. Kohlenmonoxid ist Bestandteil des **Generatorgases** [siehe auch ▸Kap. 2.5.2.1 und **MC-Fragen Nr. 1621, 1622, 1625, 1643, 1647, 1648, 1651, 1652**].

$$H_2O + C \xrightarrow{1000\text{-}1400\ °C} \underbrace{[CO + H_2]}_{\textbf{Wassergas (Synthesegas)}} \qquad [\Delta H = +\ 118{,}8\ kJ]$$

CO ist ein *Atemgift*, weil es an *Hämoglobin*, dem Farbstoff der roten Blutkörperchen, besser bindet als Sauerstoff. Dies führt zu einer ungenügenden Sauerstoffzufuhr in den Körperzellen [vgl. **MC-Frage Nr. 1643**].

Das CO-Molekül ist isoelektronisch mit dem N_2-Molekül sowie mit dem NO^+- und CN^--Ion. Bezüglich des MO-Schemas von Kohlenmonoxid siehe ▸Kap. 1.4.4.3, ○ Abb. 1.71 [vgl. **MC-Fragen Nr. 1646, 1648, 1649**].

Kohlenmonoxid löst sich nur wenig in Wasser [bei 0 °C sind es 0,033 l in 1 l H_2O]; die Lösung reagiert *nicht* sauer. CO kann deshalb nicht als Anhydrid der *Ameisensäure* angesehen werden, obgleich es aus dieser durch Behandeln mit konz. H_2SO_4 entsteht und mit NaOH unter Druck zu **Natriumformiat** reagiert [vgl. **MC-Fragen Nr. 1642–1646, 1649, 1650**].

$$HCOOH \xrightarrow[100\ °C]{(H_2SO_4)} CO\uparrow + H_2O$$

$$CO + NaOH \xrightarrow[3\text{-}4\ at]{>150\ °C} HCOO^-\,Na^+$$

CO besitzt *reduzierende* Eigenschaften. Mit Wasserdampf reagiert es zu CO_2 und H_2. An der Luft verbrennt CO mit *hellblauer* Flamme zu CO_2. Im Gegensatz zu Stickoxid (NO) reagiert Kohlenmonoxid als kinetisch inerte, metastabile Verbindung aber nicht spontan mit Luftsauerstoff [vgl. **MC-Fragen Nr. 1642–1645, 1649**].

$$2\,CO + O_2 \rightleftharpoons 2\,CO_2 \qquad [\Delta H = -\,283\ kJ/mol]$$

CO_2, CO und Kohlenstoff stehen miteinander im sog. **Boudouard-Gleichgewicht**:

$$C + CO_2 \rightleftharpoons 2\,CO \qquad [\Delta H = +\,172{,}5\ kJ \cdot mol^{-1}]$$

Die Reaktion verläuft *endotherm* und das Gleichgewicht verlagert sich mit höherer Temperatur auf die rechte Seite der Reaktionsgleichung. [Bei 1000 °C und darüber liegt das Gleichgewicht auf der Seite des CO, bei 400 °C und darunter auf der Seite von C und CO_2; bei etwa 680 °C liegen beide Gase zu gleichen Teilen vor.] Bei der Reaktion werden aus einem Mol CO_2 unter Volumenvermehrung zwei Mol CO gebildet. Daher verschiebt auch eine Minderung des Reaktionsdruckes das Gleichgewicht zur CO-Seite hin [siehe auch ▸Kap. 1.10.3.4 und **MC-Fragen Nr. 949, 1641, 1642, 1653, 1654**].

Die Reaktion ist für technische Verbrennungsprozesse und Reduktionen sauerstoffhaltiger Verbindungen von großer Bedeutung. Reduziert man z. B. ein Metalloxid bei hoher Temperatur mit Kohle, so bildet sich vorwiegend CO, während bei tieferen Temperaturen bevorzugt CO_2 entsteht.

$$MeO + C \longrightarrow Me + CO\uparrow \quad \text{(hohe Temperaturen)}$$
$$2\,MeO + C \longrightarrow 2\,Me + CO_2\uparrow \quad \text{(niedrige Temperaturen)}$$

Kohlenmonoxid ist eine schwache Lewis-Base. Trotzdem reagiert es als Ligand mit zahlreichen Übergangsmetallen zu **Metallcarbonylen**. In diesen Komplexen erfolgt die Bindung von CO zum Zentralatom über den Kohlenstoff [siehe auch ▸Kap. 1.5.4.2 und **MC-Fragen Nr. 1642, 1643, 1646, 1649, 1836, 1837**].

$$Ni + 4\,CO \xrightleftharpoons{80\ °C} [Ni(CO)_4]$$

$$Fe + 5\,CO \xrightarrow[100\ at]{200\ °C} [Fe(CO)_5]$$

Metallcarbonyle sind teilweise leicht flüchtige, sehr giftige und bei Raumtemperatur relativ stabile Substanzen, die technisches Interesse besitzen. Die Darstellung von hochreinem Nickel erfolgt z. B. in der Weise, dass man Rohnickel mit CO in **Nickeltetracarbonyl** [$Ni(CO)_4$] überführt und letzteres bei höheren Temperaturen wieder in die Ausgangskomponenten zerlegt.

Mit Schwefeldampf reagiert CO zu **Carbonylsulfid** (Kohlenstoffoxidsulfid) [O=C=S], mit Halogenen bilden sich bei Bestrahlung **Carbonylhalogenide** [$O{=}CX_2$]. Zum Beispiel entsteht bei der Umsetzung von Kohlenmonoxid mit Chlor **Phosgen** ($O{=}CCl_2$), das formal als Dichlorid der Kohlensäure aufgefasst werden kann [vgl. **MC-Fragen Nr. 1052, 1667**].

$$CO + Cl_2 \xrightarrow{h\nu} COCl_2 \quad \textbf{(Phosgen)}$$

Zum *Nachweis* von CO kann ein mit einer Palladium(II)-chlorid-Lösung getränktes Filterpapier dienen. CO reduziert $PdCl_2$ zum elementaren Pd, das schon in geringer Konzentration zu einer Dunkelfärbung des Filterpapiers führt.

$$CO + PdCl_2 + H_2O \rightarrow CO_2\uparrow + Pd\downarrow + 2\ HCl$$

Des Weiteren kann Kohlenmonoxid durch Absorption in einer Kupfer(I)-chlorid-Lösung (CuCl) bestimmt werden [vgl. **MC-Fragen Nr. 1648, 1838**].

2.6.2.2 Kohlendioxid

Kohlendioxid (CO_2) ist das Produkt der vollständigen Verbrennung von Kohlenstoff und kohlenstoffhaltiger Verbindungen. CO_2 entsteht auch als Produkt der pflanzlichen und tierischen Atmung sowie bei der alkoholischen Gärung. In der Technik gewinnt man CO_2 durch Verbrennen von Koks mit Luft oder als Nebenprodukt beim *Kalkbrennen* [vgl. **MC-Fragen Nr. 1665, 1671**].

$$CaCO_3 \xrightarrow{\Delta} CaO + CO_2\uparrow$$

Im Laboratorium setzt man CO_2 aus Carbonaten durch Einwirken starker Säuren in Freiheit.

$$CaCO_3 + 2\ HCl \longrightarrow CaCl_2 + H_2O + CO_2\uparrow$$

CO_2 ist ein farb-, geruch- und geschmackloses Gas, das bei -78,5 °C sublimiert. Bezüglich seines Phasendiagramms siehe ▸Kap. 1.8.6.4, ▫Abb. 1.113. Kohlendioxid ist deutlich *schwerer* als Luft, deren CO_2-Anteil etwa 0,035% (345 ppm) beträgt. Kohlendioxid ist nicht brennbar und kann daher als Löschmittel zur Brandbekämpfung eingesetzt werden. CO_2 ist eine der chemischen Ursachen für den Treibhauseffekt [vgl. **MC-Fragen Nr. 1655–1657, 1663, 1666**].

CO_2 kann als Anhydrid der Kohlensäure angesehen werden. Seine Löslichkeit in Wasser ist mit 0,2% zwar gering, die Reaktion des atmosphärischen Kohlendioxids mit Wasser verleiht jedoch dem *natürlichen Regenwasser* einen schwach sauren pH-Wert von etwa **5,6**. Sinkt der pH-Wert des Niederschlags unter diesen Wert von 5,6 ab, so spricht man von **saurem Regen**. Ursache hierfür sind hauptsächlich die in der Luft enthaltenen Verbrennungsgase Schwefeldioxid (SO_2) und Stickoxide (NO_x), deren Reaktion mit Wasser zu den starken Säuren Schwefelsäure bzw. Salpetersäure führt [vgl. **MC-Fragen Nr. 1655, 1658, 1659**].

Das symmetrische CO_2-Molekül ist *linear* gebaut und besitzt dementsprechend *kein* Dipolmoment. Das zentrale C-Atom ist *sp-hybridisiert*. CO_2 ist isoelektronisch mit N_2O und den Ionen NO_2^+ und N_3^-. CO_2 kann als Lewis-Säure leicht mit Nucleophilen reagieren und bildet mit Alkalihydroxiden Carbonate [siehe auch ▸Kap. 1.11.1.8 und **MC-Fragen Nr. 419, 421, 423–425, 435, 1641, 1658–1664**].

$$CO_2 + 2\ HO^- \rightarrow CO_3^{2-} + H_2O$$

2.6.3 Kohlensäure und Derivate

2.6.3.1 Kohlensäure und Carbonate

Die Löslichkeit von CO_2 in Wasser ist gering. Eine *gesättigte wässrige Lösung* von Kohlendioxid reagiert schwach sauer (pH = 4–5). Die CO_2-Löslichkeit in Wasser steigt mit zunehmendem Druck und sinkt mit steigender Temperatur [vgl. **MC-Fragen Nr. 1657, 1658, 1661, 1664**].

In einer solchen Lösung treten folgende Gleichgewichte auf:

$$(1) \quad CO_2 + H_2O \rightleftharpoons (H_2CO_3)$$
$$(2) \quad (H_2CO_3) + H_2O \rightleftharpoons H_3O^+ + HCO_3^- \qquad (pK_S = 3{,}80)$$

$$(3) \quad CO_2 + 2\,H_2O \rightleftharpoons H_3O^+ + HCO_3^- \qquad (pK_S = 6{,}38)$$

$$(4) \quad HCO_3^- + H_2O \rightleftharpoons H_3O^+ + CO_3^{2-} \qquad (pK_S = 10{,}33)$$

Kohlensäure (H_2CO_3) lässt sich wegen ihrer raschen Dehydratation *nicht* als Reinsubstanz isolieren. Das Gleichgewicht (1) liegt ziemlich stark auf der linken Seite; bei 20 °C liegen etwa 99,8% des gelösten CO_2 in Form *physikalisch* gelöster CO_2-Moleküle vor. Deshalb wirkt eine wässrige CO_2-Lösung entsprechend der Reaktionsgleichung (3) nur wie eine schwache Säure [siehe ▶Kap. 1.11.3.2 und **MC-Fragen Nr. 1050–1053, 1657, 1658, 1662, 1664**].

Als *zweiprotonige* Säure bildet Kohlensäure zwei Reihen von Salzen: **Hydrogencarbonate** (**Bicarbonate**) [$MeHCO_3$] und **Carbonate** [Me_2CO_3]. Hydrogencarbonat- und Carbonat-Ionen sind *eben* gebaut (sp^2-Hybridisierung des C-Atoms). Das Hydrogencarbonat-Ion ist isoelektronisch zum HNO_3-Molekül. Das HCO_3^--Ion ist ein Ampholyt und bildet zusammen mit dem Carbonat-Ion ein korrespondierendes Säure-Base-Paar. HCO_3^--Ionen reagieren in wässriger Lösung nur schwach basisch, Carbonat-Ionen sind dagegen starke Basen [vgl. **MC-Fragen Nr. 1624, 1641, 1664, 1669, 1670**].

Mit Ausnahme des Natriumhydrogencarbonats lösen sich alle Hydrogencarbonate leicht in Wasser. Von den Carbonaten sind nur die Alkalicarbonate wasserlöslich, alle übrigen sind schwer löslich in Wasser.

Beim Ansäuern von Carbonat-Lösungen bilden sich zunächst bei pH = 7–9 Hydrogencarbonate; bei weiterem Ansäuern entsteht CO_2, das der Lösung entweicht, sobald seine Löslichkeit überschritten ist. Mischungen von CO_2 und Hydrogencarbonaten *puffern* im pH-Bereich von 7,0–7,5 (Blut, Brunnenwasser). Leitet man durch eine solche Pufferlösung N_2, so nimmt der Gehalt an gelöstem CO_2 ab und der pH-Wert der Lösung steigt an.

Beim Erhitzen von Carbonaten tritt Zersetzung in CO_2 und das betreffende Metalloxid ein, wobei die Carbonate mit zunehmender Ordnungszahl des Kations [z.B. $MgCO_3 \rightarrow BaCO_3$] thermisch stabiler werden [vgl. **MC-Frage Nr. 1671**].

$$MeCO_3 \xrightarrow{\Delta} MeO + CO_2\uparrow$$

Hydrogencarbonate zersetzen sich bei mäßigem Erhitzen in Carbonate, Wasser und CO_2 [vgl. **MC-Fragen Nr. 1569, 1769, 1770**].

$$Me(HCO_3)_2 \rightleftharpoons MeCO_3 + H_2O + CO_2\uparrow$$

Umgekehrt werden durch Einleiten von CO_2 in wässrige Carbonat-Suspensionen wieder lösliche Hydrogencarbonate erhalten; CO_2 kann daher in wässrigem Milieu zur Auflösung von **Kalkspat** ($CaCO_3$) führen [vgl. **MC-Fragen Nr. 1658, 1659, 1661, 1669**].

$$CaCO_3 + CO_2 + H_2O \rightleftharpoons Ca(HCO_3)_2$$

2.6.3.2 Ausgewählte Carbonate und Hydrogencarbonate

Natriumcarbonat [**Soda**] (Na_2CO_3) kommt in der Natur in Salzseen vor und wird technisch durch den „**Ammoniak-Soda-Prozess**" (**Solvay-Verfahren**) aus **Kalk** ($CaCO_3$) und **Kochsalz** (NaCl) hergestellt [vgl. **MC-Frage Nr. 1669**].

Bei diesem industriellen Verfahren wird die relative Schwerlöslichkeit von Natriumhydrogencarbonat ($NaHCO_3$) im Vergleich zu Ammoniumchlorid (NH_4Cl) ausgenutzt. Hierzu leitet man in eine gesättigte NaCl-Lösung nacheinander Ammoniak (NH_3) und Kohlendioxid (CO_2) ein, wobei $NaHCO_3$ ausfällt und NH_4Cl in Lösung verbleibt. Anschließend wird $NaHCO_3$ durch Erhitzen in Soda (Na_2CO_3) übergeführt (*Calcinieren*). Das benötigte CO_2 erhält man durch Brennen von Kalk ($CaCO_3$). Das hierbei gebildete Calciumoxid (CaO) (*gebrannter Kalk*) wird danach zur Rückgewinnung des Ammoniaks verwendet. Zu diesem Zweck lässt man CaO mit Wasser zu Calciumhydroxid [$Ca(OH)_2$] (*gelöschter Kalk*) reagieren und setzt dieses mit der bei der $NaHCO_3$-Bildung entstandenen NH_4Cl-Lösung um, wobei NH_3 und Calciumchlorid ($CaCl_2$) als Abfallprodukte anfallen. Der Solvay-Prozess kann insgesamt durch folgende Teilschritte beschrieben werden [vgl. **MC-Frage Nr. 1671**].

$$\begin{array}{lcl}
2\ NaCl + 2\ NH_3 + 2\ CO_2 + 2\ H_2O & \longrightarrow & 2\ NaHCO_3 + 2\ NH_4Cl \\
2\ NaHCO_3 & \xrightarrow{\Delta} & Na_2CO_3 + H_2O + CO_2\uparrow \\
CaCO_3 & \xrightarrow{\Delta} & CaO + CO_2\uparrow \\
CaO + H_2O & \longrightarrow & Ca(OH)_2 \\
Ca(OH)_2 + 2\ NH_4Cl & \longrightarrow & CaCl_2 + 2\ H_2O + 2\ NH_3\uparrow \\
\hline
\mathbf{2\ NaCl + CaCO_3} & \longrightarrow & \mathbf{Na_2CO_3 + CaCl_2}
\end{array}$$

Die direkte Gewinnung von Soda durch Umsetzung einer wässrigen NaCl-Lösung mit $CaCO_3$ ist *nicht* durchführbar, weil $CaCO_3$ im Gegensatz zu NaCl, Na_2CO_3 und $CaCl_2$ in Wasser schwer löslich ist.

Natriumhydrogencarbonat ($NaHCO_3$) enthält das schwach basische HCO_3^--Anion und dient als Medikament zur Neutralisierung überschüssiger Magensäure (*Antacidum*). Beim Erwärmen tritt Abspaltung von CO_2 ein (Verwendung als Backpulver). $NaHCO_3$ ist relativ schwer löslich in Wasser [vgl. **MC-Frage Nr. 1670**].

Calciumcarbonat ($CaCO_3$), das wichtigste Carbonat, kommt in der Natur als **Kalk**, **Marmor, Doppelspat** oder **Kalkspat** (**Calcit**) vor. Darüber hinaus entsteht es beim Einleiten von CO_2 in eine $Ca(OH)_2$-Lösung [vgl. **MC-Fragen Nr. 1668, 1766, 1767**].

$$Ca^{2+} + 2\ HO^- + CO_2 \longrightarrow CaCO_3\downarrow + H_2O$$
$$CaCO_3 + CO_2 + H_2O \longrightarrow Ca(HCO_3)_2$$
$$Ca(HCO_3)_2 \xrightarrow{\Delta} CaCO_3 + H_2O + CO_2\uparrow$$

Leitet man in eine $CaCO_3$-Suspension CO_2 ein, so erfolgt Auflösung unter Bildung von Calciumhydrogencarbonat. Letzteres spaltet beim Erhitzen wieder CO_2 ab. Zur *Carbonathärte* von natürlichem Wasser siehe ▶Kap. 2.4.3.3. [vgl. **MC-Fragen Nr. 1454–1457**].

Der in der Natur vorkommende **Dolomit** ist ein Doppelsalz aus Magnesium- und Calciumcarbonat [$CaMg(CO_3)_2$] [vgl. **MC-Fragen Nr. 1462, 1668**].

2.6.4 Silicium, Siliciumwasserstoffe, Siliciumhalogenverbindungen

2.6.4.1 Silicium

Silicium ist nach Sauerstoff das zweithäufigste Element in der Erdkruste. Es tritt im Gegensatz zu Kohlenstoff in der Natur *nicht* elementar auf und wird durch Reduktion von **Quarz** (SiO_2) mit Kohle oder Calciumcarbid (CaC_2) hergestellt. Im Laboratorium können auch unedle Metalle wie Al oder Mg als Reduktionsmittel verwendet werden [vgl. **MC-Fragen Nr. 1461, 1672–1674, 1899**].

$$SiO_2 + 2\ C \xrightarrow{> 2000\ °C} Si + 2\ CO\uparrow$$

Elementares Silicium ist ziemlich reaktionsträge und kristallisiert in der Diamantstruktur; eine graphitartige Modifikation ist nicht bekannt. Mit heißen Laugen reagiert Silicium zu Silicaten und H_2 (siehe ▶Kap. 2.2.1.2).

Si ist ein wichtiger Grundstoff der Halbleitertechnik und bildet mit vielen Metallen **Silicide** (Mg_2Si, CaSi, FeSi) [vgl. **MC-Fragen Nr. 1672, 1674**].

Im Gegensatz zu Kohlenstoff geht Si keine Mehrfachbindungen ein. In seinen Verbindungen tritt es in der Regel vierbindig, in Ausnahmefällen auch sechsbindig [z. B. $SiCl_6^{2-}$] auf, weil Silicium unbesetzte d-AO für Bindungen zur Verfügung stellen kann [vgl. **MC-Frage Nr. 1673**].

2.6.4.2 Wasserstoffverbindungen des Siliciums (Silane)

Silicium bildet weit weniger Wasserstoffverbindungen (**Silane**) als Kohlenstoff. Die den Alkanen analog gebauten ersten Glieder der homologen Reihe der Silane $\mathbf{Si_nH_{2n+2}}$ sind bis zum **Hexasilan** (Si_6H_{14}) bekannt. Silane sind selbstentzündliche, an der Luft explosive Substanzen, die von Wasser bei pH > 7 rasch zu **Kieselsäure** (H_4SiO_4) hydrolysiert werden.

$$SiH_4 + 4\ H_2O \longrightarrow Si(OH)_4 + 4\ H_2\uparrow$$
$$2\ Si_2H_6 + 7\ O_2 \longrightarrow 4\ SiO_2 + 6\ H_2O$$

Die im Vergleich zu den hydrolysestabilen Alkanen kinetische Instabilität der Silane ist darauf zurückzuführen, dass die größeren Si-Atome durch die H-Atome nur ungenügend abgeschirmt werden und darüber hinaus das Silicium unbesetzte d-AO für die Bildung aktivierter Komplexe bereitstellen kann. Zudem ist in den Si-H-Bindungen das Siliciumatom *positiv polarisiert*, was den Angriff von Nucleophilen erleichtert. Demgegenüber ist in Alkanen das H-Atom der positiv polarisierte Bindungspartner.

Monosilan: 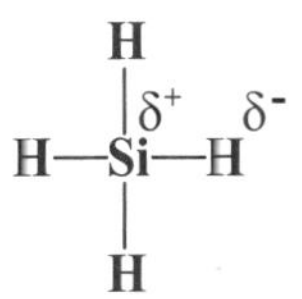 **Methan:** 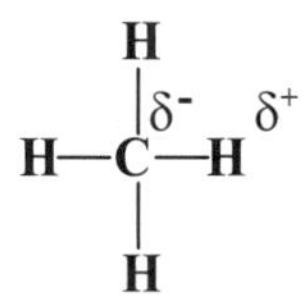

2.6.4.3 Halogenverbindungen des Siliciums

Bei der Umsetzung von Silicium mit elementaren Halogenen erhält man **Siliciumtetrahalogenide (SiX_4)**. **Siliciumtetrafluorid** (SiF_4) bildet sich auch durch Einwirkung von Fluorwasserstoff (HF) auf SiO_2 oder Glas (siehe ►Kap. 2.3.3.2). Lässt man elementares Chlor mit Calciumsilicid (CaSi) reagieren, so entstehen die höheren Glieder der homologen Reihe $\mathbf{Si_nCl_{2n+2}}$ [vgl. **MC-Fragen Nr. 330, 1673, 1899**].

SiF_4 ist bei Raumtemperatur ein Gas, $SiCl_4$ und $SiBr_4$ sind flüssig und SiI_4 ist fest [Schmp. 120,5 °C]; die anderen Siliciumhalogenide sind Flüssigkeiten. Siliciumhalogenide sind sehr reaktionsfähige Stoffe; sie werden alle durch Wasser leicht zu Kieselsäure hydrolysiert. Aufschlussreich ist der Vergleich des chemischen Verhaltens von **Siliciumtetrachlorid** ($SiCl_4$) und **Tetrachlorkohlenstoff** (CCl_4) gegenüber Wasser [vgl. **MC-Frage Nr. 1899**].

$$CCl_4 + 2\,H_2O \longrightarrow CO_2\uparrow + 4\,HCl \qquad [\Delta H = -\,376{,}6\ \text{kJ/mol}]$$
$$SiCl_4 + 2\,H_2O \longrightarrow SiO_2 + 4\,HCl \qquad [\Delta H = -\,278{,}2\ \text{kJ/mol}]$$

Beide Hydrolysen verlaufen stark *exergonisch*, wobei die Triebkraft für die Reaktion des Tetrachlorkohlenstoffs mit Wasser noch etwas größer ist als für die analoge Umsetzung von $SiCl_4$. Trotzdem ist CCl_4 gegenüber Wasser *kinetisch inert*, weil die vier Cl-Atome das zentrale C-Atom wirksam gegenüber dem nucleophilen Angriff einer Lewis-Base abschirmen. Im Falle des Siliciumtetrachlorids ist die sterische Abschirmung der Chloratome auf das größere Si-Atom wesentlich geringer, sodass Wasser das positiv polarisierte Si-Atom leichter angreifen kann. Darüber hinaus besitzt $SiCl_4$ im Gegensatz zu CCl_4 noch energetisch tiefliegende d-AO, die zur Bildung eines aktivierten Komplexes benutzt werden können [vgl. **MC-Frage Nr. 1673**].

SiF_4 ist bei Ausschluss von Feuchtigkeit recht reaktionsträge. Dagegen reagiert es mit Wasser zu *gallertartiger* Kieselsäure und Flusssäure (HF), wobei sich die gebildete Flusssäure mit noch unverändertem SiF_4 zu **Hexafluorokieselsäure** [Dihydrohexafluorosilicat] ($H_2[SiF_6]$) umsetzt [vgl. **MC-Frage Nr. 1676**].

$$SiF_4 + 2\,HF \longrightarrow H_2[SiF_6]$$
$$3\,SiF_4 + 2\,H_2O \longrightarrow SiO_2 + 2\,H_2[SiF_6]$$

$H_2[SiF_6]$ ist im reinen, wasserfreien Zustand nicht bekannt; sie ist eine starke Säure, die beim Erwärmen in SiF_4 und HF zerfällt. Sie bildet ein kristallines **Oxoniumsalz** $(H_3O^+)_2[SiF_6^{2-}]$ und ihre wässrigen Lösungen enthalten praktisch keine freie Flusssäure [vgl. **MC-Frage Nr. 1675**].

2.6.5 Sauerstoffverbindungen des Siliciums

2.6.5.1 Siliciumdioxid

Siliciumdioxid (SiO_2) ist in der Natur weit verbreitet und findet sich dort sowohl in kristalliner (**Quarz**) als auch in amorpher Form (**Kieselgur**) [vgl. **MC-Frage Nr. 1461**].

Im Gegensatz zu CO_2 ist SiO_2 kein flüchtiger, sondern ein harter, hochschmelzender Feststoff. Dies beruht darauf, dass einerseits das größere Si-Atom gegenüber Sauerstoff die Koordinationszahl 4 besitzt und andererseits keine Si=O-Doppelbindungen gebildet werden. Das SiO_2 -Molekül ist deshalb *nicht* monomer, sondern Silicium- und Sauerstoffatome bilden ein hochmolekulares, dreidimensionales Netzwerk, in dem jedes Si-Atom tetraedrisch von *vier* O-Atomen umgeben ist. Die Si-O-Bindung kann als stark polare Atombindung aufgefasst werden [vgl. **MC-Fragen Nr. 1674, 1681**].

SiO_2 bildet eine Reihe *polymorpher Formen* (Quarz, Tridymit, Cristoballit), deren häufigste und wichtigste Form **Quarz** ist. Quarzkristalle treten in zwei zueinander spiegelbildlichen Kristallformen auf [vgl. **MC-Fragen Nr. 719, 720, 1461, 1681**].

SiO_2 ist chemisch sehr reaktionsträge und wird von Säuren praktisch nicht angegriffen. Nur Flusssäure (HF) und elementares Fluor (F_2) reagieren ziemlich leicht mit SiO_2 unter Bildung von Siliciumtetrafluorid (SiF_4) bzw. Hexafluorokieselsäure ($H_2[SiF_6]$). Auch konzentrierte Laugen vermögen SiO_2 nur sehr langsam zu lösen [vgl. **MC-Frage Nr. 1681**].

Durch Zusammenschmelzen von Quarzsand mit Metalloxiden oder Verbindungen, die in der Hitze leicht Metalloxide bilden, erhält man *amorphe Gläser*. Dabei wird der Verband der tetraedrisch gebauten SiO_4-Gruppen in kleinere Bruchstücke gespalten; die dadurch entstehenden negativen Ladungen werden durch Metallionen kompensiert. **Normalglas** (Fenster-, Gebrauchs-, Flaschenglas) kann durch Zusammenschmelzen von Quarzsand (SiO_2), Soda (Na_2CO_3) und Kalk ($CaCO_3$) im Verhältnis 6:1:1 hergestellt werden; es enthält Na^+- und Ca^{2+}-Ionen als Gegenionen. Normalglas ist nicht transparent für kurzwelliges UV-Licht, unbeständig gegenüber Flusssäure und verhält sich nicht völlig inert gegenüber kochendem Wasser. Normalglas besitzt keinen definierten Schmelzpunkt [siehe ▸Kap. 1.3.2.5 und **MC-Fragen Nr. 1681–1683**].

2.6.5.2 Orthokieselsäure, Polykieselsäuren, Metakieselsäuren

Zersetzt man Siliciumtetrahalogenide mit Wasser, so bildet sich **Orthokieselsäure** [H_4SiO_4]. Orthokieselsäure entsteht auch beim Ansäuern der Lösung eines Orthosilicats. H_4SiO_4 ist eine sehr schwache Säure ($pK_s = 9{,}51$).

Orthokieselsäure ist nur bei einem pH-Wert von 3,2 für einige Zeit beständig, bei größeren oder kleineren pH-Werten spaltet die Säure intermolekular Wasser ab. Als erstes Kondensationsprodukt tritt **Dikieselsäure** (**Pyrokieselsäure**) [$H_6Si_2O_7$] auf.

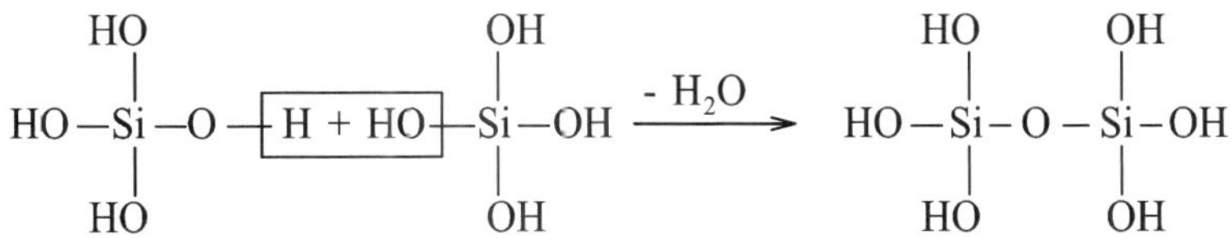

Pyrokieselsäure

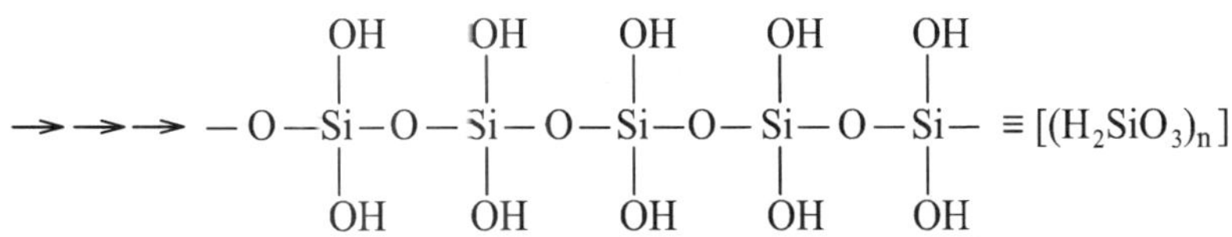

Metakieselsäure

Die weitere Kondensation unter Wasseraustritt führt auf dem Wege über **Polykieselsäuren** $[H_{2n}Si_nO_{3n+1}]$ schließlich zur Bildung von **Metakieselsäuren** der Bruttozusammensetzung $[(H_2SiO_3)_n]$, deren Moleküle bei kleiner Zahl von n (n = 3–6) zu einem Ring geschlossen sind. Bei großen Zahlen von n liegen Metakieselsäuren, wie o Abb. 2.18 zeigt, als Kettenmoleküle vor. Kettensilicate enthalten zu Gerüstanionen vereinigte SiO_4-Gruppen.

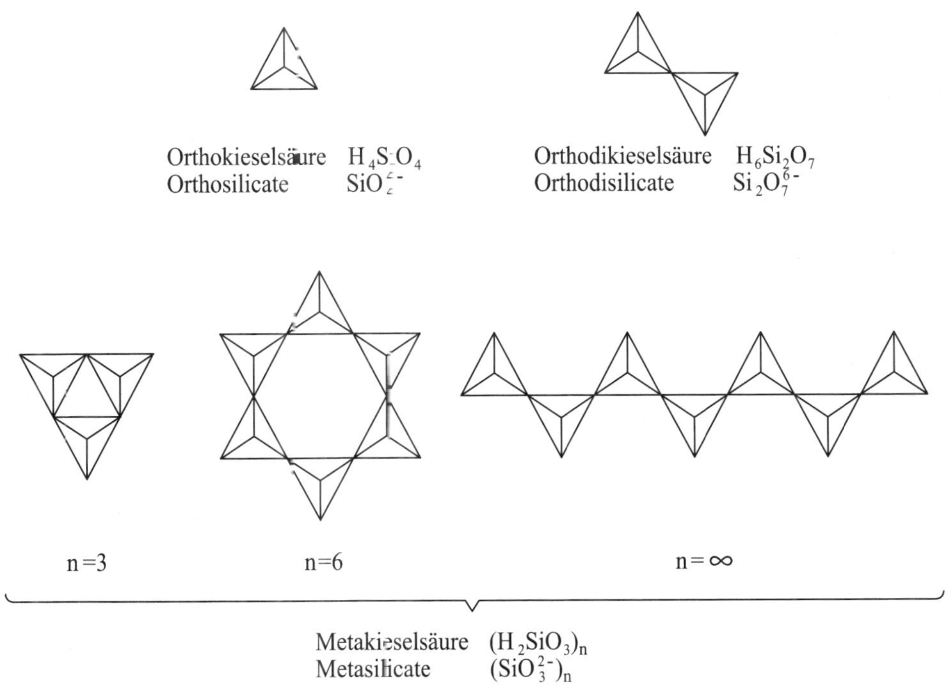

o Abb. 2.18 Tetraedrische Anordnung der Atome in Kieselsäuren
[nur die Sauerstoffatome sind als Tetraederecken ausgezeichnet]

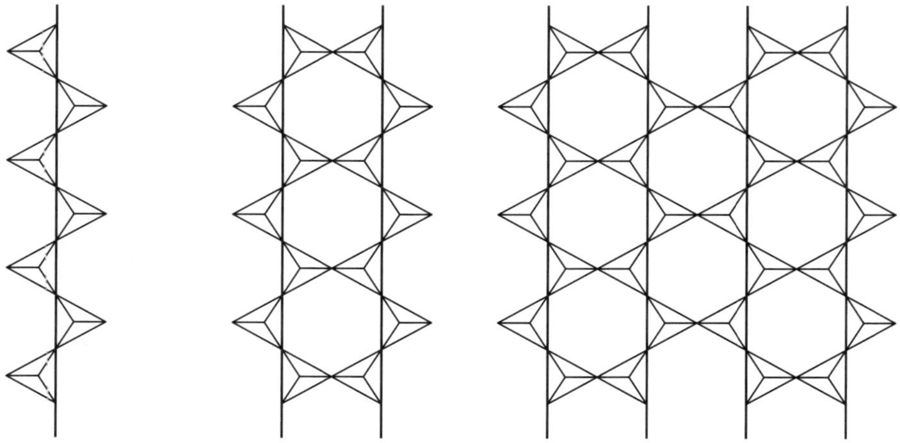

Kette | Band | Blatt

Kieselsäure $[H_2SiO_3]_\infty$ Silicate $[SiO_3^{2-}]_\infty$ | Kieselsäure $[H_6Si_4O_{11}]_\infty$ Silicate $[Si_4O_{11}^{6-}]_\infty$ | Kieselsäure $[H_2Si_2O_5]_\infty$ Silicate $[Si_2O_5^{2-}]_\infty$

○ Abb. 2.19 Kieselsäuren mit Ketten-, Band- und Blattstruktur

Wie ○ Abb. 2.19 veranschaulicht, können mehrere solcher *Ketten* zu *Bändern* und diese wiederum zu *Blättern* zusammentreten. Entsprechend ihrer Struktur spricht man dann von **Ketten-, Band-** oder **Blattsilicaten** [vgl. **MC-Fragen Nr. 1677, 1678**].

2.6.5.3 Silicate

Silicate sind die Salze der Orthokieselsäure und der Polykieselsäuren. Auch in den Silicaten besitzt das Si-Atom die Koordinationszahl 4, sodass isolierte SiO_3^{2-}-Anionen *nicht* existieren. Das *tetraedrisch* gebaute SiO_4^{4-}-Ion zeigt durch Verkettung der SiO_4-Gruppen ein großes Bestreben, zu größeren Molekülverbänden zusammenzutreten; jedes im Mittelpunkt eines Tetraeders (○ Abb. 2.18 und ○ Abb. 2.19) stehende Si-Atom ist von *vier* Sauerstoffatomen umgeben und jeweils zwei Si-Atome sind über eine Sauerstoffbrücke miteinander verbunden; dieses Brücken-O-Atom stellt die gemeinsame Ecke zweier Tetraeder dar. Die Silicate enthalten daher als bestimmende Strukturelemente **Gerüstanionen**, die aus zahlreichen einzelnen SiO_4-Tetraedern aufgebaut sind.

Die **Orthosilicate** entsprechen größtenteils der formalen Zusammensetzung $Me_2^{II}SiO_4$; sie enthalten einzelne SiO_4^{4-}-Anionen; ihre Zusammensetzung schwankt allerdings in gewissen Grenzen.

Kettensilicate enthalten zu kettenartigen Gerüstanionen vereinigte SiO_4-Gruppen, die sich weiter zu Bändern und schließlich zu Blättern zusammenlagern können (siehe ○ Abb. 2.19). **Asbest** ist ein Sammelbegriff für faserige Kettensilicate [vgl. **MC-Frage Nr. 1679**].

In den **Schichtsilicaten** sind ebene Schichten aus SiO_4-Gruppen vorhanden, die durch zwischen den Schichten liegende Kationen zusammengehalten werden.

Statt zu Ketten, Bändern oder Schichten können die tetraedrischen SiO_4-Gruppen auch zu *dreidimensionalen Gittern* koordinieren, wie dies bei den verschiedenen Modifikationen des SiO_2 der Fall ist.

Prinzipiell den gleichen Aufbau zeigen **Gerüstsilicate**; bei ihnen vertreten aber Al-Atome einen Teil der Si-Atome und das Gitter enthält zum Ladungsausgleich Kationen wie Na^+, K^+ oder Ca^{2+}. Solche **Alumosilicate** sind als *Tone*, *Feldspäte* und *Glimmer* in der Natur weit verbreitet (siehe ▸Kap. 2.7.5.1). **Talkum** (Talk) ist ein natürlich vorkommendes Magnesiumsilicat der allgemeinen Formel $[Mg(OH)_2(SiO_5)_2]$, das oft geringe Mengen an Aluminiumsilicaten enthält [vgl. **MC-Fragen Nr. 1679, 1680**].

Durch Schmelzen von feingepulvertem SiO_2 mit Soda oder Pottasche (K_2CO_3) bzw. durch Kochen von SiO_2 mit konzentrierten Laugen erhält man *wasserlösliche* **Alkalisilicate**. Sie enthalten neben SiO_4^{4-}- auch $Si_2O_7^{6-}$-, $Si_3O_{10}^{8-}$-Anionen usw. Im Gegensatz zu echten Lösungen lassen sich die Teilchen einer solchen **Wasserglas-Lösung** mittels Dialyse abtrennen. Es handelt sich um *kolloidale Lösungen* mit Teilchen in der Größenordnung von 10^{-7} bis 10^{-5} cm [vgl. **MC-Fragen Nr. 1679, 1681**].

$$2\ Na_2CO_3 + SiO_2 \longrightarrow Na_4SiO_4 + 2\ CO_2\uparrow$$

Silicate können auch durch Zusammenschmelzen von SiO_2 mit anderen Metalloxiden, -hydroxiden oder -carbonaten erhalten werden.

$$CaO + SiO_2 \longrightarrow CaSiO_3$$

2.6.6 Silicone

Siliciumhalogenide wie z. B. $SiCl_4$ hydrolysieren in Wasser zu Orthokieselsäure, die anschließend unter Wasserabspaltung zu dreidimensionalen Gitterverbänden kondensieren kann.

$$SiCl_4 + 4\ H_2O \longrightarrow Si(OH)_4 + 4\ HCl$$

Setzt man anstelle von Siliciumtetrachlorid organische Siliciumhalogenide, wie z. B. **Trialkylsiliciumchloride** $[R_3SiCl]$ mit Wasser um, so entstehen zunächst **Silanole** (*Siliciumalkohole*), die ebenfalls leicht Wasser abspalten und in niedermolekulare **Siloxane** $[R_3Si\text{-}O\text{-}SiR_3]$ übergehen.

$$2\ (CH_3)_3Si\text{-}Cl \xrightarrow[-\ 2\ HCl]{+\ 2\ H_2O} \underset{\textbf{Trimethylsilanol}}{2\ (CH_3)_3Si\text{-}OH} \xrightarrow{-\ H_2O} \underset{\textbf{Hexamethyldisiloxan}}{(CH_3)_3Si\text{-}O\text{-}Si(CH_3)_3}$$

Durch Reaktion von **Dialkyl-** $[R_2SiCl_2]$ und **Monoalkylsiliciumchloriden** $[RSiCl_3]$ mit Wasser erhält man über im monomeren Zustand nicht fassbare **Dialkylsilandiole** $[R_2Si(OH)_2]$ bzw. **Alkylsilantriole** $[RSi(OH)_3]$ hochmolekulare **Silicone** („*Siliciumketone*“) mit ringförmigen, kettenartigen oder auch vernetzten Strukturen. Silicone sind also **Polykondensationsprodukte** aus Silanolen, Silandiolen und Silantriolen [vgl. **MC-Fragen Nr. 1674, 1684–1687**].

2 Anorganische Chemie

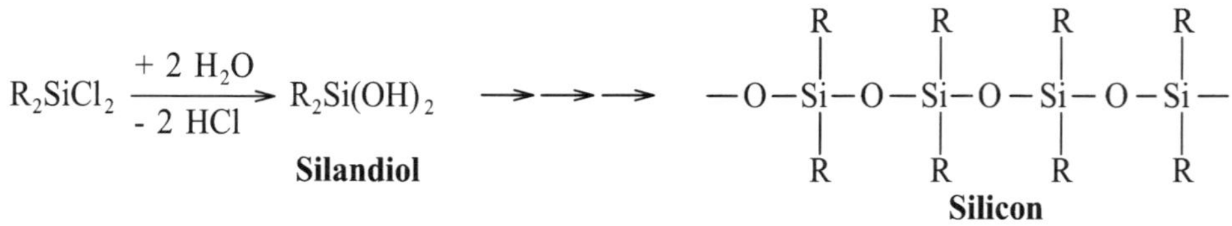

Die Länge der Ketten und der Vernetzungsgrad werden durch den Anteil an Trialkylsiliciumchlorid [R_3SiCl] und Alkylsiliciumchlorid [$RSiCl_3$] im Gemisch mit Dialkylsiliciumchlorid [R_2SiCl_2] bestimmt.

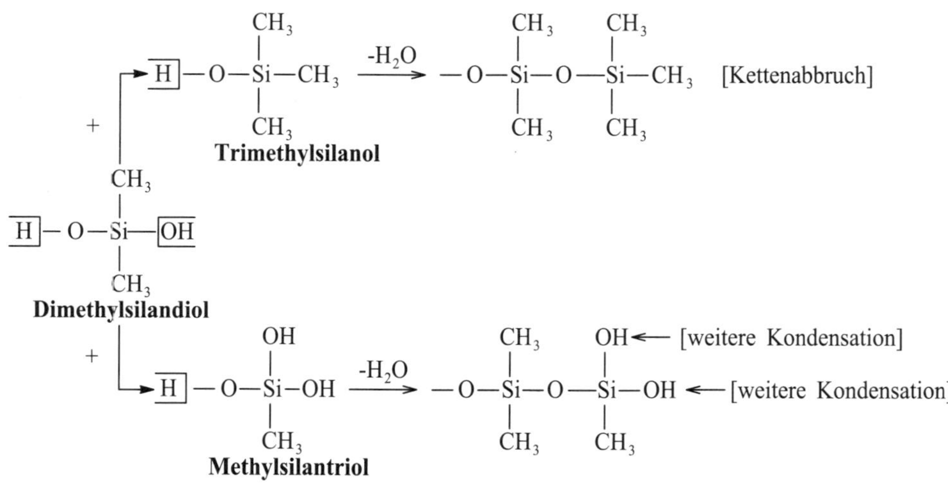

Kondensiert ein Trialkylsilanol-Molekül [R_3SiOH] mit einer im Wachstum befindlichen Siloxan-Kette, so wird die Polykondensation abgebrochen. R_3SiO-Gruppen bilden die Kettenenden. Dagegen führen höhere Anteile an Alkylsilantriolen [$RSi(OH)_3$] zu einer stärkeren Vernetzung. Kettenförmige Makromoleküle mit mäßiger Kettenlänge sind flüssig (**Siliconöle**), wobei die Viskosität mit zunehmender Kettenlänge wächst; gering vernetzte Ketten besitzen Kautschukelastizität (**Siliconkautschuk**), während stark vernetzte Produkte eine harzartige Konsistenz haben (**Siliconharze**).

Die Si-C-Bindung ist *kinetisch inert* und wird unter normalen Bedingungen weder von Säuren noch von Laugen angegriffen. Der organische Anteil in den Makromolekülen macht die Silicone wasserabstoßend (*hydrophob*), sodass sie zur Imprägnierung verwendet werden können.

Zur Herstellung der Silicone werden Silicium und Alkylchloride, z. B. Methylchlorid (CH_3Cl), bei 300–400 °C in Anwesenheit von Kupfer-Katalysatoren miteinander zur Reaktion gebracht und die gebildeten Alkylsiliciumchloride anschließend mit Wasser umgesetzt. Im Laboratorium können Alkylsiliciumchloride durch Reaktion von $SiCl_4$ mit **Grignard-Verbindungen** ($RMgCl$) erhalten werden [vgl. **MC-Fragen Nr. 1684–1687**].

$$CH_3CH_2\text{-}MgCl + SiCl_4 \longrightarrow CH_3CH_2\text{-}SiCl_3 + MgCl_2$$

2.6.7 Zinn und Blei

2.6.7.1 Vorkommen, Verwendung und Eigenschaften der Elemente

Vorkommen: In der Natur kommen Zinn und Blei vorwiegend als Sulfide und Oxide vor [**Bleiglanz** (PbS); **Zinnstein** (SnO_2)]. Weitere wichtige Bleierze sind $PbCO_3$, $PbCrO_4$ und $PbSO_4$. Zinn findet sich in der Natur im wesentlichen in Form von Zinn(IV)-Verbindungen [vgl. **MC-Fragen Nr. 1461, 1462, 1689, 1690, 1693**].

Die Metalle erhält man durch Reduktion der Oxide mit Kohle oder Kohlenmonoxid. Die sulfidischen Erze müssen zuvor durch Rösten in die betreffenden Oxide umgewandelt werden [vgl. **MC-Fragen Nr. 572, 1900**].

$$2\ PbS + 3\ O_2 \longrightarrow 2\ PbO + 2\ SO_2\uparrow$$
$$PbO + CO \longrightarrow Pb + CO_2\uparrow$$

Blei ist ein weiches, dehnbares Schwermetall, das in einer kubisch-dichtesten Kugelpackung kristallisiert. **Zinn** ein relativ unedles Metall [$E^\circ(Sn/Sn^{2+}) = -0{,}16\ V$], tritt in drei unterschiedlichen Modifikationen auf [vgl. **MC-Fragen Nr. 714, 1695**].

$$\underset{\text{grau}}{\alpha\text{-Sn}} \xrightleftharpoons{13{,}2\ °C} \underset{\text{weiß}}{\beta\text{-Sn}} \xrightleftharpoons{161\ °C} \underset{\text{grau, spröde}}{\gamma\text{-Sn}} \xrightleftharpoons{232\ °C} \text{Schmelze}$$

Bei Raumtemperatur ist die metallische, weiße β-Form beständig. Die Umwandlung von β-Sn in α-Sn unterhalb von 13,2 °C erfolgt sehr langsam, wobei Zinn in viele kleine Kristalle zerfällt. Haben sich aber einmal an vereinzelten Stellen graue Sn-Pusteln gebildet, so wirken sie als Kristallisationskeime für andere Bereiche, so dass sich die zerstörende Umwandlung rasch weiter ausbreitet (*Zinnpest*).

Verwendung: Zinn und Blei werden häufig als Bestandteile von Legierungen eingesetzt. *Bronze* ist z. B. eine Legierung von Kupfer und Zinn (siehe auch ▶Kap. 1.6.2.5). Die Hauptmenge an Blei wird für *Bleiakkumulatoren* benötigt [vgl. **MC-Frage Nr. 1694**].

Eigenschaften: Zinn ist bei Raumtemperatur gegenüber Luft und Wasser recht beständig, verbrennt jedoch bei starkem Erhitzen zu Zinndioxid (SnO_2). Mit freien Halogenen entstehen Tetrahalogenide (SnX_4). Zinn löst sich nur in starken Säuren und Basen unter H_2-Entwicklung. Gegenüber schwachen Säuren und Basen ist Zinn verhältnismäßig beständig [vgl. **MC-Fragen Nr. 1389, 1693**].

$$Sn + 2\ HCl \longrightarrow SnCl_2 + H_2\uparrow$$

$$Sn + 4\ H_2O + 2\ HO^- \longrightarrow [Sn(OH)_6]^{2-} + 2\ H_2\uparrow$$

Blei wird von Wasser in Gegenwart von Luftsauerstoff langsam in farbloses Blei(II)-hydroxid [$Pb(OH)_2$] übergeführt [vgl. **MC-Fragen Nr. 1831, 1900**].

$$Pb + 1/2\ O_2 + H_2O \longrightarrow Pb(OH)_2$$

Gegenüber Säuren, wie z. B. H_2SO_4, HCl und HF, die mit Blei schwer lösliche Salze [$PbSO_4$, $PbCl_2$, PbF_2] bilden, ist Pb beständig, weil sich auf der Oberfläche des Metalls ein schützender Überzug bildet (*Passivierung*). Säuren, die nicht passivieren, greifen Blei an; im Falle oxidierender Säuren, wie z. B. konzentrierte Salpetersäure, erfolgt Auflösung unter Bildung eines Pb(II)-Salzes, bei nichtoxidierenden Säuren (z. B. Essigsäure) geschieht dies erst bei Zutritt von Luftsauerstoff. In heißen Laugen löst sich Blei unter Bildung von Hydroxoplumbiten.

$$Pb + 2\ H_2O + HO^- \longrightarrow [Pb(OH)_3]^- + H_2\uparrow$$

Sowohl Zinn als auch Blei bilden Verbindungen in den *Oxidationsstufen* **+2** und **+4**. Einige dieser Substanzen werden nachfolgend vorgestellt.

2.6.7.2 Verbindungen der vierwertigen Oxidationsstufe

Von den Wasserstoffverbindungen sind nur **Stannan** (SnH_4) und **Plumban** (PbH_4) bekannt.

Außer $PbBr_4$ und PbI_4 existieren von Zinn und Blei alle **Tetrahalogenide**. Mit Ausnahme der Fluoride sind es flüchtige Substanzen, die in Wasser zu wasserhaltigen Dioxiden hydrolysieren; die Hydroxide der allgemeinen Formel $M(OH)_4$ sind *nicht* bekannt. Die *thermische Beständigkeit* der Tetrahalogenide nimmt vom Kohlenstoff zum Blei hin ab. **Bleitetrachlorid** ($PbCl_4$) zerfällt bereits bei tiefen Temperaturen – in Umkehrung seiner Bildung – in **Blei(II)-chlorid** ($PbCl_2$) und elementares Chlor (Cl_2) [vgl. **MC-Fragen Nr. 1688, 1696**].

Zinntetrachlorid ($SnCl_4$), eine an der Luft stark rauchende farblose Flüssigkeit, kann durch direkte Synthese aus den Elementen hergestellt werden, während $PbCl_4$ nur aus $PbCl_2$ und Chlor darstellbar ist. Blei liefert bei der Umsetzung mit elementaren Halogenen lediglich Dihalogenide. Alle Tetrahalogenide sind Lewis-Säuren, die mit überschüssigen Halogenid-Ionen anionische Komplexe bilden [$SnCl_6^{2-}$, $PbCl_6^{2-}$] [vgl. **MC-Fragen Nr. 1383, 1692, 1694, 1696**].

Zinndioxid (SnO_2) und **Bleidioxid** (PbO_2) besitzen salzähnlichen Charakter. SnO_2 ist *polymorph* und in Wasser, Säuren oder Laugen unlöslich. Beim Schmelzen mit Alkalihydroxiden bilden sich **Hexahydroxostannate** ($[Sn(OH)_6]^{2-}$). Auch PbO_2 löst sich kaum in Säuren, jedoch bilden sich bei der Alkalischmelze oder beim Lösen in konzentrierten Alkalihydroxid-Lösung gleichfalls **Hexahydroxoplumbate** ($[Pb(OH)_6]^{2-}$). Blei(IV)-oxid (PbO_2) kann in alkalischem Milieu durch Oxidation mit starken Oxidationsmitteln (Chlor, Brom, Hypochloriten) oder durch elektrolytische (anodische) Oxidation von Pb(II)-Verbindungen hergestellt werden [vgl. **MC-Frage Nr. 1963**].

$$[Pb(OH)_3]^- + ClO^- \longrightarrow PbO_2 + Cl^- + HO^- + H_2O$$

Die *oxidierende* Wirkung der vierwertigen Oxide nimmt vom CO_2 zum PbO_2 deutlich zu. Blei(IV)-oxid ist ein starkes Oxidationsmittel [$E^o = +1{,}47\ V$] und spaltet beim Erwärmen leicht Sauerstoff ab, wobei zunächst **Mennige** (Pb_3O_4) und erst bei noch stärkerem Erhitzen Pb(II)-oxid (PbO) gebildet wird. Pb_3O_4 ist ein Oxid, das Blei in den Oxidationsstufen **+2** und **+4** enthält ($2\ PbO \cdot PbO_2$). Beweisend hierfür ist, dass beim Behandeln von Pb_3O_4 mit HNO_3 neben $Pb(NO_3)_2$ auch PbO_2 entsteht [vgl. **MC-Fragen Nr. 1695–1697, 1900**].

Nur Zinn bildet eine Schwefelverbindung in der vierwertigen Stufe. **Zinn(IV)-sulfid** (SnS_2) löst sich in Alkalisulfid-Lösungen unter Bildung von **Thiostannaten**. Das oft als (SnS_3^{2-}) formulierte Anion ist *dimer* ($Sn_2S_6^{4-}$) [vgl. **MC-Frage Nr. 1692**].

$$2\ SnS_2 + 2\ Na_2S \longrightarrow Na_4[Sn_2S_6]$$

Blei(IV)-acetat (*Bleitetraacetat*) [$Pb(OOCCH_3)_4$] ist ein farbloser bis pinkfarbener Feststoff (Schmp. 117 °C), der an der Luft nach Essigsäure riecht. Im Bleitetraacetat [$Pb(OAc)_4$] ist das Bleiatom *kovalent* an die vier Essigsäure-Einheiten gebunden. $Pb(OAc)_4$ löst sich in organischen Lösungsmitteln wie wasserfreier Essigsäure und wird in Wasser zu Essigsäure und Blei(IV)-oxid (PbO_2) hydrolysiert. Die Substanz dient in der organischen Chemie als Oxidationsmittel [siehe Ehlers, **Chemie II**, ►Kap. 3.2.18.5 und **MC-Frage Nr. 1698**].

2.6.7.3 Verbindungen der zweiwertigen Oxidationsstufe

Die **Dihalogenide** von Sn und Pb sind weitgehend *salzartig* und weniger flüchtig als die Tetrahalogenide. Sn(II)-Salze sind – besonders in alkalischer Lösung – *starke Reduktionsmittel* und gehen in Zinn(IV)-Verbindungen über [vgl. **MC-Fragen Nr. 330, 1692–1694, 1696**].

$$[Sn(OH)_3]^- + 3\ HO^- \longrightarrow [Sn(OH)_6]^{2-} + 2\ e^- \qquad [E^\circ = -0{,}93\ V]$$

Demgegenüber wirken Pb^{2+}-Ionen *nicht* reduzierend. Alle Pb(II)-Halogenide sind in kaltem Wasser schwer löslich. Auch die Dihalogenide von Sn und Pb sind Lewis-Säuren und bilden mit überschüssigen Halogenid-Ionen anionische Komplexe [$SnCl_3^-$, $PbCl_4^{2-}$] [vgl. **MC-Frage Nr. 1697**].

Sn(II)- und Pb(II)-Ionen ergeben mit HO^--Ionen schwer lösliche Hydroxide, die *amphoter* sind und sich in konzentrierten Alkalihydroxid-Lösungen unter Bildung von **Hydroxostanniten** ($[Sn(OH)_3]^-$) und **Hydroxoplumbiten** ($[Pb(OH)_3]^-$) wieder auflösen [vgl. **MC-Fragen Nr. 1692, 1695, 1696**].

$$Me(OH)_2 + HO^- \longrightarrow [Me(OH)_3]^- \quad (Me:\ Sn,\ Pb)$$

Keines dieser Hydroxide besitzt eine exakte stöchiometrische Zusammensetzung. Es handelt sich vielmehr um stark wasserhaltige Oxide. **Zinn(II)-oxid** (SnO) und **Blei(II)-oxid** (PbO) sind hochschmelzende Feststoffe. PbO existiert in zwei Modifikationen unterschiedlicher Farbe (*Thermochromie*); die rote Form ist die thermodynamisch stabilere.

$$PbO_{rot} \xrightarrow{488\ °C} PbO_{gelb}$$

Beide Elemente bilden in der zweiwertigen Stufe schwer lösliche **Sulfide** (SnS, PbS), wobei **Blei(II)-sulfid** (PbS) in Alkalisulfid-Lösungen unlöslich ist. Auch **Zinn(II)-sulfid** (SnS) löst sich *nicht* in Alkalisulfid-Lösungen auf, weil Sn(II) *keine* Thiosalze bildet [vgl. **MC-Frage Nr. 1692**].

Als weitere schwer lösliche Blei(II)-Salze sind **Blei(II)-chromat** ($PbCrO_4$) und **Blei(II)-sulfat** ($PbSO_4$) zu nennen. $PbSO_4$ ist jedoch wie Bariumsulfat ($BaSO_4$) in konzentrierter Schwefelsäure löslich.

$$PbSO_4 + H_2SO_4 \longrightarrow H_2[Pb(SO_4)_2]$$

2.7 Borgruppe

Zu den Elementen der III. Hauptgruppe gehören **Bor** (B), **Aluminium** (Al), **Gallium** (Ga), **Indium** (In) und **Thallium** (Tl). Keines dieser Elemente kommt in der Natur elementar vor. Die Affinität der Elemente gegenüber elektronegativen Elementen (z. B. Chlor) ist größer als die Affinität gegenüber elektropositiven Elementen (z. B. Wasserstoff). Über die wichtigsten Eigenschaften der Elemente der III. Hauptgruppe, die auch als Erdmetalle bezeichnet werden, informiert ◘ Tab. 2.18 [vgl. **MC-Fragen Nr. 1699, 1737**].

Sonderstellung des Bors: Wie in den anderen Hauptgruppen so unterscheidet sich auch Bor als erstes Element der Gruppe stark von den übrigen Elementen. Das *polymorphe* Bor ist ein *Halbmetall*, die anderen Elemente dieser Gruppe sind *Metalle*. Bor bildet als einziges Element *keine* freien Ionen der Ladung +3 und ist in seinen Verbindungen kovalent gebunden. Bor ähnelt in seinem Verhalten stark dem Silicium [siehe auch ▸Kap. 1.2.4.6 „Schrägbeziehung" und **MC-Fragen Nr. 264, 265**].

Wertigkeit: Bor und Aluminium kommen in der Oxidationsstufe **+3** vor; vom Gallium existieren bereits Verbindungen mit Ga^+-Ionen. Beim Thallium leiten sich dagegen die meisten Verbindungen von der Oxidationsstufe **+1** ab; Tl(I)-Verbindungen sind im Allgemeinen stabiler als Tl(III)-Verbindungen und zeigen ein den Alkalimetallsalzen analoges Verhalten. Alle Thallium-Verbindungen sind hochtoxisch [vgl. **MC-Fragen Nr. 1699, 1705**].

2.7.1 Bor

2.7.1.1 Vorkommen und Darstellung von Bor

Vorkommen: Bor ist ein Mischelement [^{10}**B** (18,83%), ^{11}**B** (81,17%)] und tritt in der Natur wie alle Elemente dieser Gruppe *nicht* elementar, sondern nur in gebundener Form als Derivate der Borsäure auf. Die wichtigsten Bormineralien sind **Kernit** [$Na_2B_4O_7 \cdot 4\ H_2O$] und **Borax** [$Na_2B_4O_7 \cdot 10\ H_2O$] [vgl. **MC-Fragen Nr. 1700, 1703, 1706**].

Darstellung: Amorphes Bor wird aus diesen Salzen gewonnen, indem man sie zunächst in **Bortrioxid** (B_2O_3) überführt und anschließend das Oxid mit unedlen Metallen wie Natrium oder Magnesium reduziert [vgl. **MC-Fragen Nr. 1706, 1707**].

$$B_2O_3 + 3\ Mg \longrightarrow 2\ B + 3\ MgO$$

Tab. 2.18 Eigenschaften der Elemente der Borgruppe

	B	Al	Ga	In	Tl
Elektronenkonfiguration	ns^2np^1				
Schmelzpunkt (°C)	2075	660,3	29,8	156,6	304
Siedepunkt (°C)	3927	2519	2204	2072	1473
Normalpotential $[E/E^{3+}]$ (V)	-0,87	-1,66	-0,55	-0,34	+0,72
Ionisierungsenergie (kJ/mol)	800,6	577,5	578,8	558,3	599,4
Atomradius (pm)	85	125	130	155	190
Ionenradius $[E^{3+}]$ (pm)	-	51	62	81	89
Elektronegativität	2,0	1,6	1,8	1,8	1,6
Metallcharakter	**Zunehmend** →				
Beständigkeit der E(I)-Verbindungen	**Zunehmend** →				
Beständigkeit der E(III)-Verbindungen	**Abnehmend** →				
Basencharakter der Oxide $[E_2O_3]$	**Zunehmend** →				
Säurecharakter der Hydroxide $[E(OH)_3]$	**Abnehmend** →				
Salzcharakter der Chloride $[EX_3]$	**Zunehmend** →				
Stabilität der Halogenide [B → Tl bzw. F → I]	**Abnehmend** →				

Hochreines, kristallisiertes Bor lässt sich durch Reduktion von **Bortrihalogeniden** (BCl_3, BBr_3) mit Wasserstoff oder durch thermische Zersetzung von **Bortriiodid** (BI_3) herstellen [vgl. **MC-Fragen Nr. 1701, 1702**].

$$2\,BX_3 + 3\,H_2 \longrightarrow 2\,B + 6\,HX$$
$$2\,BI_3 \longrightarrow 2\,B + 3\,I_2$$

2.7.1.2 Eigenschaften von elementarem Bor

Elementares Bor (Schmp. 2076 °C), das in mehreren Modifikationen auftritt, ist ein **Halbleiter** und nach Diamant das härteste Element. Amorphes Bor ist ein *braunes* Pulver. Die Bindung zwischen den Boratomen erfolgt ähnlich wie in den Borwasserstoffen durch *mehrzentrige* MO. Es liegt im elementaren Bor eine *Elektronenmangelstruktur* vor [vgl. **MC-Fragen Nr. 1700–1703, 1706**].

Trotz seines stark negativen Normalpotentials [E° = -0,87 V] wird Bor weder von HCl noch von HF angegriffen und reagiert in der Kälte auch mit starken Oxidationsmitteln (z. B. HNO_3) nur langsam. Beim Schmelzen mit Soda/Pottasche-Gemischen entstehen Borate. Mit Halogenen reagiert Bor bei höheren Temperaturen unter Bildung von Bortrihalogeniden (BX_3). Beim Erhitzen an der Luft verbrennt Bor erst bei höheren Temperaturen zu B_2O_3. Bor bildet *nur kovalente Bindungen* und tritt *nur dreiwertig* und niemals einwertig auf. B^{3+}-Ionen sind *nicht* existent [vgl. **MC-Fragen Nr. 1701, 1704, 1706, 1707**].

Kovalente Borverbindungen sind *trigonal-planar* oder *tetraedrisch* gebaut, weil das Boratom in seinen Verbindungen sp^2- oder sp^3-hybridisiert sein kann. Aufgrund ihres Elektronensextetts fungieren Borverbindungen in *koordinativen Bindungen* als Elektronenpaarakzeptor (Lewis-Säure) [vgl. **MC-Fragen Nr. 1702, 1703**].

2.7.1.3 Bornitrid

Bornitrid [$(BN)_x$] kann bei Weißglut aus den Elementen bzw. in besonders reiner Form durch Umsetzung von **Bortribromid** (BBr_3) mit flüssigem Ammoniak dargestellt werden, wobei zunächst **Boramid** [$B(NH_2)_3$], dann **Borimid** [$B_2(NH)_3$] und schließlich bei 750 °C Bornitrid gebildet wird.

$$2\,BBr_3 + 6\,NH_3 \xrightarrow{-\,6\,HBr} 2\,B(NH_2)_3 \xrightarrow{-NH_3} B_2(NH)_3 \xrightarrow{-\,NH_3} (BN)_x$$

Bornitrid ist eine farblose, hochschmelzende Substanz. Das polymere BN-Molekül baut sich aus wabenförmig vernetzten, kovalent dreiwertigen B- und N-Atomen auf. Es besitzt die Schichtgitterstruktur von Graphit, aber im Gegensatz zu diesem liegen die „Sechsringe“ der einzelnen Schichten senkrecht übereinander, sodass oberhalb und unterhalb eines jeden Boratoms ein N-Atom zu liegen kommt [der B-N-Abstand beträgt 145 pm, der Abstand der Schichten 335 pm]. Graphit und Bornitrid sind *isoster*, aber aufgrund des Fehlens freier Valenzelektronen leitet $(BN)_x$ den elektrischen Strom *nicht*.

Bornitrid existiert wie Kohlenstoff noch in einer Diamantgitter-Modifikation. Sie ist von gleicher Härte und gleichem Aussehen wie Diamant, jedoch chemisch beträchtlich widerstandsfähiger [vgl. **MC-Frage Nr. 1705**].

2.7.2 Wasserstoffverbindungen des Bors (Borane)

Die **Borane** lassen sich in zwei Gruppen der allgemeinen Zusammensetzung $\mathbf{B_nH_{n+4}}$ und $\mathbf{B_nH_{n+6}}$ einteilen. Der einfachste Vertreter der Borhydride, *Monoboran* (BH_3), ist *nicht* als Substanz fassbar, weil einerseits die Elektronegativität des Bors zu groß ist, um eine salzähnliche Struktur mit Hydrid-Ionen zu ermöglichen und andererseits bei kovalenter Bindung von drei H-Atomen eine Elektronenpaarlücke am Boratom vorhanden wäre. Ein solches Molekül wäre eine extrem starke Lewis-Säure. Allerdings sind Addukte von Monoboran mit Lewis-Basen wie z.B. Ammoniak [$H_3B\leftarrow NH_3$] bekannt [vgl. **MC-Fragen Nr. 1708, 1709, 1711**].

Der einfachste Borwasserstoff ist **Diboran** (B_2H_6). Im Diboran besitzt das Boratom die Oxidationszahl **+3**, d. h., die H-Atome haben Hydridcharakter. Diboran ist gegenüber dem System [$2 \cdot BH_3$] um 117 kJ thermodynamisch stabiler [vgl. **MC-Fragen Nr. 1700, 1705, 1708, 1710, 1711, 1714**].

2.7.2.1 Darstellung von Diboran und höheren Boranen

Diboran, wie die meisten Borhydride ein farbloses, unangenehm riechendes und leicht entzündliches, brennbares Gas, entsteht bei der Reaktion von **Bortrifluorid** (BF_3) oder von **Bortrichlorid** (BCl_3) mit etherischen Lösungen von Lithiumalanat ($LiAlH_4$) oder Natriumboranat ($NaBH_4$). Auch bei der Umsetzung von Bortrifluorid mit Alkalihydrid-Lösungen (LiH, NaH) bildet sich Diboran [$B_2H_6 \equiv (BH_3)_2$] [vgl. **MC-Fragen Nr. 1708, 1709, 1712–1714, 1901**].

$$4\,BF_3 + 3\,MeBH_4 \longrightarrow 2\,B_2H_6\uparrow + 3\,MeBF_4\ [Me: Li, Na]$$
$$2\,BF_3 + 6\,MeH \longrightarrow B_2H_6\uparrow + 6\,MeF\ [Me: Li, Na]$$

Durch thermische Spaltung von Diboran bei 100–250 °C erhält man höhere Borhydride. Diboran wird von Wasser zu Borsäure (H_3BO_3) und Wasserstoff hydrolysiert, mit Lithiumalkylen oder Alkylhalogeniden entstehen **Boralkylverbindungen** (R_3B) und mit Lithiumhydrid bildet sich **Lithiumboranat** ($Li^+[BH_4]^-$) [vgl. **MC-Fragen Nr. 1710, 1713, 1714**].

2.7.2.2 Struktur des Diborans

Borane, elementares Bor (!) sowie bestimmte Aluminiumorganyle zählt man zu den sog. **Elektronenmangelverbindungen** [vgl. **MC-Fragen Nr. 331, 333, 371, 380, 384, 1317, 1320, 1706, 1708, 1709**].

Im Diboran sind die sechs H-Atome *nicht gleichwertig* gebunden. Für das Molekül wurde nachfolgende Struktur (**o** Abb. 2.20) postuliert und schließlich auch bewiesen. Die beiden Boratome und die zwei Brücken-H-Atome liegen in einer Ebene; die terminalen Wasserstoffatome sind jeweils in Ebenen senkrecht dazu angeordnet. Der Bindungsabstand zwischen den Boratomen und den terminalen Wasserstoffatomen ist kürzer als zwischen den Boratomen und den Brücken-H-Atomen.

Im Diboran sind die terminalen Wasserstoffatome über normale kovalente **Zweizentrenbindungen** an die beiden Boratome gebunden. Für die Verknüpfung der resultierenden BH_2-Fragmente stehen noch zwei H-Atome und jeweils ein Elektron an jedem Boratom zur Verfügung; die beiden BH_2-Fragmente werden über *verbrückte* H-Atome zusammengehalten, die jeweils Bindungen zu beiden Boratomen ausbilden. Es entstehen **B-H-B-Bindungen** [vgl. **MC-Fragen Nr. 1706, 1708, 1709, 1711, 1713, 1715–1718**].

Die Theorie über Atombindungen erklärt diesen Sachverhalt mit der Bildung sogenannter **Dreizentrenbindungen**. Im ►Kap. 1.4.4.1 hatten wir gesehen, dass sich bei Anwendung der MO-Methode auf die Bindung zweier Atome ein bindendes und ein antibindendes Molekülorbital ergeben. Werden in einem Molekül wie dem Dibo-

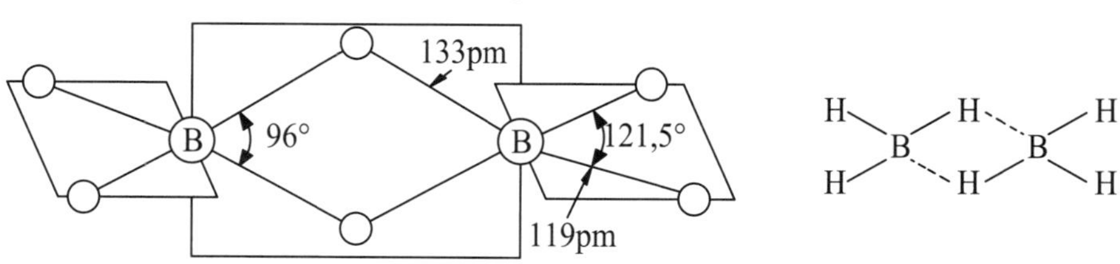

o Abb. 2.20 Struktur des Diborans

ran drei Atome miteinander verknüpft, lässt sich ein drittes Molekülorbital konstruieren, dessen Energie zwischen dem bindenden und antibindenden MO liegt und das keinen Beitrag zur Bindung leistet; es wird *nichtbindendes Molekülorbital* genannt. In diesem speziellen Fall genügen auch zwei Elektronen im bindenden MO, um drei Atome miteinander zu verknüpfen. Man bezeichnet eine solche Bindung als **Zweielektronen-Dreizentren-Bindung** [vgl. **MC-Fragen Nr. 378, 380, 1317, 1711**].

Im Diboran ist das Boratom sp^3-hybridisiert. Mit je zwei sp^3-Hybridorbitalen werden die normalen Zweizentrenbindungen zu den terminalen H-Atomen geknüpft. Die verbleibenden beiden sp^3-Hybridorbitale überlappen dann mit je einem s-Orbital der Brücken-H-Atome. In den **Polyboranen** gibt es außer **B-H-B-** auch **B-B-B-Dreizentrenbindungen.**

2.7.2.3 Hydroborierung

(siehe auch Ehlers, **Chemie II**, ▶Kap 3.5.4)

Unter Hydroborierung versteht man die Addition von Boranen an Doppelbindungssysteme. Am besten untersucht ist die Umsetzung von Alkenen mit Diboran, die als *anti-Markownikow-cis-Addition* abläuft. Die anti-Markownikow-Orientierung folgt aus der Polarisationsrichtung der BH-Bindung. Der Wasserstoff hat Hydridcharakter und addiert sich deshalb an das positivierte Atom der Doppelbindung [vgl. **MC-Frage Nr. 1707**].

Sofern keine sterisch gehinderten Alkene zum Einsatz kommen, reagieren bei niedrigen Temperaturen 6 Mol Alken mit einem Mol Diboran zu **Trialkylboranen**.

$$6\ \text{-C=C-} + B_2H_6 \longrightarrow [(\text{H-C-C-})_3B]_2 \quad \textbf{(Trialkylboran)}$$

Trialkylborane reagieren mit Wasser zu *Alkanen* und Borsäure, während sich bei der Umsetzung mit einer alkalischen Wasserstoffperoxid-Lösung *Alkohole* bilden.

2.7.2.4 Hydroborate (Boranate)

Durch Anlagerung von Hydrid-Ionen (oder durch Abspaltung von Protonen) an Borane entstehen komplexe **Hydroborate** (**Boranate**) [$MeBH_4$], wie z.B. *Lithiumboranat* [$LiBH_4$] oder *Natriumboranat* [$NaBH_4$] [vgl. **MC-Fragen Nr. 1321, 1330**].

Diese Substanzen sind *ionisch* (salzartig) aufgebaut und enthalten das *tetraedrische* Boranat-Anion ($[BH_4]^-$) [vgl. **MC-Fragen Nr. 329, 332, 431, 432, 1708**].

Die Darstellung und Eigenschaften der Boranate (Tetrahydroborate) wurden bereits im ▶Kap. 2.2.4.4 beschrieben. Beispielsweise kann Lithiumboranat [$LiBH_4$] durch Reaktion von Lithiumhydrid (LiH) mit Diboran (B_2H_6) oder mit Bortrifluorid (BF_3) hergestellt werden [vgl. **MC-Fragen Nr. 1711, 1713**].

$$2\ LiH + B_2H_6 \longrightarrow 2\ Li^+[BH_4]^-$$
$$4\ LiH + BF_3 \longrightarrow 3\ LiF + Li^+[BH_4]^-$$

Die Boranate (komplexe Borhydride) werden in der organischen Chemie zur Reduktion von Verbindungen mit einer C=O-Doppelbindung eingesetzt (Aldehyde, Ketone, Lactone, Ester u.a.). Dabei ist Natriumborhydrid ($NaBH_4$) relativ stabil in Wasser und kann deshalb zur Reduktion von wasserlöslichen Verbindungen verwendet werden. Lithiumborhydrid ($LiBH_4$) ist hingegen hygroskopisch und zersetzt sich spontan in Wasser oder an feuchter Luft unter Freisetzung von Wasserstoff (H_2) [siehe auch Ehlers, **Chemie II**, ▸Kap. 3.2.19.4 und **MC-Fragen Nr. 1327, 1328**].

$$LiBH_4 + 2\,H_2O \rightarrow LiBO_2 + 4\,H_2\uparrow$$

2.7.3 Sauerstoffverbindungen des Bors

2.7.3.1 Dibortrioxid

Dibortrioxid (B_2O_3), das Anhydrid der Borsäure, wird bisweilen auch **Bortrioxid** genannt. Man erhält es durch Erhitzen von Borsäure (H_3BO_3) als farblose, *glasige*, bei Rotglut erweichende Masse. Die Dehydratisierung der Borsäure verläuft über **Metaborsäure** (HBO_2) als Intermediat [vgl. **MC-Fragen Nr. 1704, 1722, 1726**].

$$2\,H_3BO_3 \xrightleftharpoons[170\ °C]{-\,2\,H_2O} 2\,HBO_2 \xrightleftharpoons[>500\ °C]{-\,H_2O} B_2O_3$$

Das Oxid, das sich schwer kristallisieren lässt, ist sehr hygroskopisch und geht unter Wasseraufnahme leicht wieder in Borsäure über.

2.7.3.2 Borsäure und Derivate

Borsäure (*Orthoborsäure*) [$H_3BO_3 \equiv B(OH)_3$] kommt in der Natur in freier Form vor und kristallisiert in einem Schichtgitter, dessen einzelne Ebenen durch H-Brückenbindungen zusammengehalten werden. Das $B(OH)_3$-Molekül besitzt eine *trigonal-planare Struktur* [vgl. **MC-Fragen Nr. 429, 1720, 1723, 1729**].

Borsäure löst sich in geringem Maße in Wasser (39,9 g/l bei 20 °C). Die wässrige Lösung wurde früher als schwaches Antiseptikum verwendet (*Borwasser*). H_3BO_3 ist eine sehr schwache *einbasige* Säure ($pK_s = 9{,}25$) und wirkt dabei nicht als Brönsted-Säure, sondern als *Lewis-Säure* unter Bildung des *tetraedrisch* gebauten **Tetrahydroxoborat-Ions** [$B(OH)_4^-$] [vgl. **MC-Fragen Nr. 990, 1007, 1700, 1704, 1705, 1719–1723, 1725, 1726**].

$$H_3BO_3 + 2\,H_2O \rightleftharpoons H_3O^+ + [B(OH)_4]^-$$

Die Löslichkeit der Borsäure in Wasser nimmt mit steigender Temperatur zu; wird die Konzentration an H_3BO_3 erhöht, so sinkt das pH und es bilden sich **Polyborat-Ionen** [vgl. **MC-Fragen Nr. 1720–1722**].

$$3\,H_3BO_3 \longrightarrow [B_3O_3(OH)_4]^- + H_3O^+ + H_2O$$

Durch Zusatz organischer **Polyhydroxyverbindungen** [Ethylenglycol, Glycerol, Mannitol, Sorbitol u. a.] kann die *Acidität* einer wässrigen Borsäure-Lösung deutlich *erhöht* werden. Dieser Effekt beruht auf der Bildung einer *komplexen Säure*, die eine der Essigsäure vergleichbare Säurestärke aufweist [vgl. **MC-Fragen Nr. 1705, 1719–1724**].

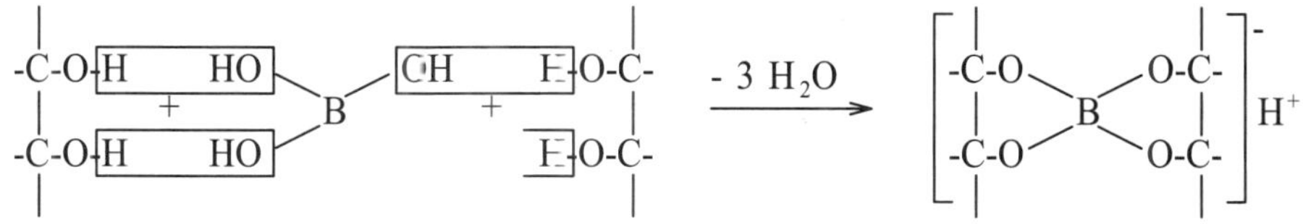

Voraussetzung für die Komplexbildung ist, dass sich die beiden Hydroxylgruppen der organischen Komponente an benachbarten C-Atomen (vicinale Stellung) befinden und eine cis-Konfiguration einnehmen. Man benutzt diese Reaktion zur alkalimetrischen Bestimmung von Borsäure und ihren Salzen (siehe Ehlers, **Analytik II**, ▶Kap. 6.2.4.5).

Von störenden Begleitstoffen kann die Borsäure leicht durch Abdestillieren des flüchtigen **Borsäuretrimethylesters** [$B(OCH_3)_3$] abgetrennt werden, indem man borsäurehaltige Substanzen mit Methanol und konz. H_2SO_4 erhitzt. Die *Grünfärbung*, die dieser Ester der brennenden Alkoholflamme verleiht, dient zum qualitativen Borat-Nachweis (siehe Ehlers, **Analytik I**, ▶Kap. 2.2.3.27). Borsäuretrimethylester reagiert als Lewis-Säure [vgl. **MC-Fragen Nr. 1707, 1719, 1726**].

$$B(OH)_3 - 3\ CH_3OH \xrightarrow{\Delta} B(OCH_3)_3\uparrow + 3\ H_2O$$

Die Salze der Borsäure heißen **Borate**. Das Borat-Ion ist isoelektronisch zum Nitrat-Ion. Die Struktur der Borate leitet sich von der *planar* gebauten BO_3-Gruppe ab, die zwar auch als diskretes **Orthoborat-Ion** (BO_3^{3-}) auftreten kann, aber meistens zu größeren Molekülverbänden kondensiert [vgl. **MC-Fragen Nr. 429, 1719–1721, 1727**].

Im **Pyroborat** ($B_2O_5^{4-}$) sind zwei BO_3-Gruppen über ein gemeinsames Brücken-O-Atom miteinander verbunden; in den polymeren **Metaboraten** [$(BO_2)_n^{n-}$] sind die BO_3-Gruppen über zwei gemeinsame O-Atome zu Ringen oder Ketten miteinander verknüpft [vgl. **MC-Fragen Nr. 1728, 1799**].

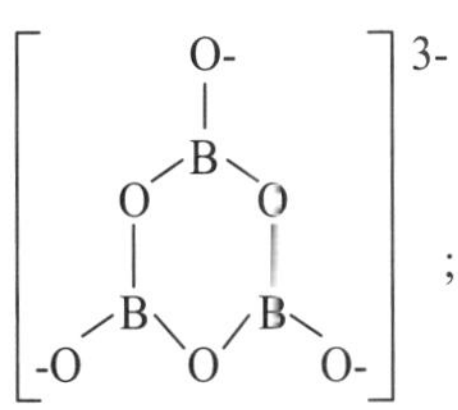

;

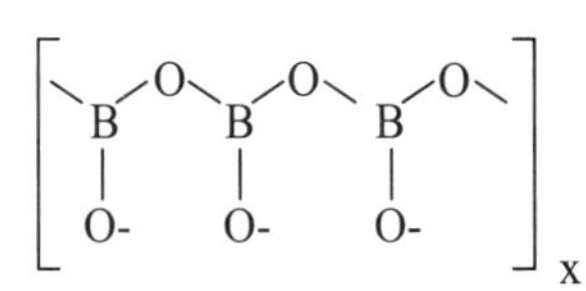

Anion der Metaborsäure [HBO_2]

Einen bemerkenswerten Sonderfall bildet **Borax** [$Na_2B_4O_7 \cdot 10\ H_2O$], dessen Anion zwei dreifach (*planar*, *sp^2-hybridisiert*) koordinierte und zwei vierfach (*tetraedrisch*, *sp^3-hybridisiert*) koordinierte Boratome enthält [vgl. **MC-Fragen Nr. 1723, 1730**].

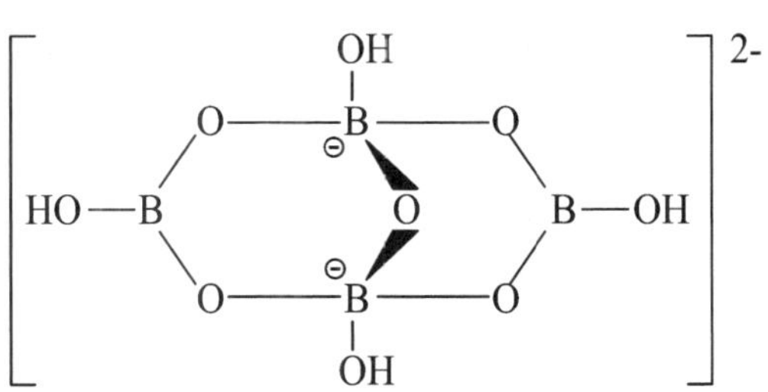

Anion der Tetraborsäure [$B_4O_5(OH)_4$]$^{2-}$

2.7.3.3 Perborate

Durch Behandeln von Boraten mit Wasserstoffperoxid (H_2O_2) oder von Borsäure mit Natriumperoxid (Na_2O_2) entstehen **Perborate** unterschiedlicher Zusammensetzung [z. B. ($NaBO_2 \cdot H_2O_2 \cdot 3\,H_2O$)], die als Waschmittelzusätze Verwendung finden. Perborate sind *keine* Peroxoverbindungen des Bors, sondern *Additionsprodukte* aus H_2O_2 und gewöhnlichen Boraten (das B-Atom besitzt die Oxidationszahl **+3**). Das Perborat-Dianion hat folgende Struktur [vgl. **MC-Fragen Nr. 1447, 1704, 1707, 1719, 1722**].

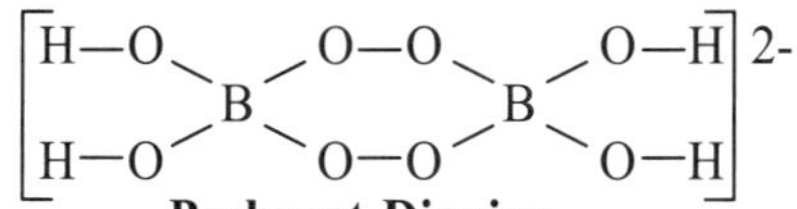

Perborat-Dianion

2.7.4 Halogenverbindungen des Bors

Alle Halogenverbindungen sind ausgesprochen flüchtige Substanzen, die aufgrund der am Boratom vorhandenen Elektronenpaarlücke als *Lewis-Säuren* wirken. Dabei nimmt vom **Bortrifluorid** (BF_3) zum **Bortriiodid** (BI_3) hin die thermische Stabilität stark ab, die Lewis-Säurestärke dagegen zu. Dies ist in erster Linie darauf zurückzuführen, dass in den *pyramidalen* BX_3-Molekülen in gewissem Ausmaß eine Delokalisierung der freien Elektronenpaare der Halogenatome eintritt. Dieser Effekt ist beim BF_3 am stärksten ausgeprägt, da hier infolge ähnlicher Atomradien eine p-p-Überlappung am ehesten möglich ist [vgl. **MC-Frage Nr. 1732**].

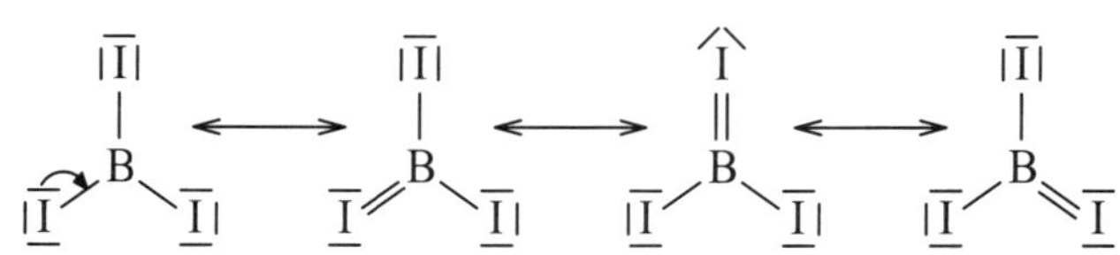

Bortriiodid

2.7.4.1 Darstellung der Bortrihalogenide

Die Bortrihalogenide sind durch direkte Reaktion von Bor mit den jeweiligen elementaren Halogenen zugänglich. **Bortrifluorid** (BF_3) gewinnt man in der Technik durch Erhitzen von Bortrioxid (B_2O_3) mit Flussspat (CaF_2) und konz. H_2SO_4 [vgl. **MC-Frage Nr. 1731**].

$$B_2O_3 + 3\,H_2SO_4 + 3\,CaF_2 \longrightarrow 2\,BF_3\uparrow + 3\,CaSO_4\downarrow + 3\,H_2O$$

Bortribromid (BBr_3) lässt sich auch durch Umhalogenierung von Aluminiumtribromid ($AlBr_3$) gewinnen [vgl. **MC-Frage Nr. 1732**].

$$BF_3 + AlBr_3 \longrightarrow BBr_3 + AlF_3$$

2.7.4.2 Eigenschaften der Bortrihalogenide

Die Schmelz- und Siedepunkte der monomeren, *trigonal-planaren* Bortrihalogenide (BX_3) sind in ◘Tab. 2.19 zusammengestellt. Bei Raumtemperatur sind *Bortribromid* (BBr_3) und *Bortriiodid* (BI_3) flüssig und *Bortrichlorid* (BCl_3) sowie *Bortrifluorid* (BF_3) sind stechend riechende, giftige Gase [vgl. **MC-Fragen Nr. 1383, 1700, 1705, 1731**].

Mit Ausnahme des Bortrifluorids werden die übrigen Bortrihalogenide (BCl_3, BBr_3, BI_3) von Wasser leicht und vollständig zu Borsäure (H_3BO_3) hydrolysiert. Sie bilden deshalb Nebel bei der Berührung mit feuchter Luft [vgl. **MC-Fragen Nr. 1706, 1707, 1733**].

$$BX_3 + 3\ H_2O \longrightarrow H_3BO_3 + 3\ HX$$

Bortrifluorid, ein als *Antibase* reagierendes, farbloses Gas, bildet hingegen zwei *Hydrate* [$BF_3 \cdot x\ H_2O$; x = 1,2], wobei das Monohydrat als direktes Additionsprodukt der Lewis-Base Wasser an die Lewis-Säure BF_3 angesehen werden kann [vgl. **MC-Fragen Nr. 1013, 1731, 1733, 1901**].

Die Hydrate sind oberhalb von 20 °C nicht stabil und hydrolysieren weiter zu Borsäure und Borfluorwasserstoffsäure (HBF_4), die den sehr stabilen Tetrafluoroborat-Komplex $[BF_4]^-$ enthält. **Tetrafluoroborsäure** [HBF_4] ist eine sehr starke Säure, die als *Oxoniumsalz* $[H_3O]^+[BF_4]^-$ vorliegt. Die Säure bildet sich auch bei der Umsetzung von Borsäure oder Bortrifluorid mit Fluorwasserstoff [vgl. **MC-Frage Nr. 1901**].

$$4\ BF_3 + 6\ H_2O \rightarrow 3\ [H_3O]^+[BF_4]^- + B(OH)_3$$
$$B(OH)_3 + 4\ HF \rightarrow [H_3O]^+[BF_4]^- + 2\ H_2O$$
$$BF_3 + HF \rightarrow HBF_4$$

In geringem Umfang liegt in wässriger Lösung auch **Hydroxofluoroborat** $[F_3B{\leftarrow}OH]^-$ als Lewis-Säure-Base-Addukt vor.

$$[BF_4]^- + H_2O \rightarrow [F_3B{\leftarrow}OH]^- + HF$$

Tetrafluoroborate [$MeBF_4$] lassen sich herstellen durch Umsetzung von Bortrifluorid mit Alkalifluoriden [vgl. **MC-Frage Nr. 1901**].

$$BF_3 + NaF \rightarrow Na^+[BF_4]^-$$

Bortrifluorid (BF_3) wird bei zahlreichen organischen Synthesen als Lewis-Säure-Katalysator eingesetzt. Der Lewis-Säure-Charakter von gasförmigen BF_3 (Sdp. -100,4 °C) zeigt sich auch an der Bildung von **Bortrifluoriddiethyletherat** $[F_3B{\leftarrow}OEt_2]$ (Sdp. +126 °C) bei der Umsetzung mit dem leichtflüchtigen Diethylether (Sdp. +34,6 °C) [vgl. **MC-Fragen Nr. 1704, 1731, 1901**].

$$BF_3 + H_5C_2\text{-}O\text{-}C_2H_5 \rightarrow [F_3B{\leftarrow}O(C_2H_5)_2]$$

Bortrifluoriddiethyletherat ist eine stechend riechend, *gelbe* Flüssigkeit, die höher als Wasser siedet.

2.7.5 Aluminium

2.7.5.1 Vorkommen von Aluminium

Aluminium ist mit 8% Massenanteil das häufigste Metall und das dritthäufigste Element in der Erdrinde. Wegen seiner hohen Sauerstoffaffinität kommt es in der Natur nicht gediegen, sondern nur in Form von Verbindungen vor. Zu den wichtigsten Mineralien gehören **Alumosilicate** wie z. B. (Me = Alkalimetall-Ion):

- **Feldspäte** $Me[AlSi_3O_8] = (Me_2O \cdot Al_2O_3 \cdot 6\ SiO_2)$
- **Glimmer** $Me_5[AlSi_3O_{10}] = (5\ Me_2O \cdot Al_2O_3 \cdot 6\ SiO_2)$.

Tone sind Verwitterungsprodukte feldspathaltiger Gesteine und bestehen hauptsächlich aus Al_2O_3, SiO_2 und Wasser. **Bentonit** ist eine Mischung aus verschiedenen Tonmaterialien. Als reines **Aluminiumoxid** (Al_2O_3) [„*Tonerde*"] tritt Aluminium in den Modifikationen **Korund** und **Schmirgel** auf (verunreinigt durch Eisenoxide und Quarz) [vgl. **MC-Fragen Nr. 1461, 1462, 1679, 1680, 1738**].

Unter den **Aluminiumhydroxiden** besitzt vor allem **Bauxit** [$AlO(OH)$] (= $Al_2O_3 \cdot H_2O$) großtechnische Bedeutung. Ein anderes Hydroxid ist **Hydrargillit** [$Al(OH)_3$] (= $Al_2O_3 \cdot 3\ H_2O$). Darüber hinaus ist noch **Kryolith** ($Na_3[AlF_6]$) von technischem Interesse, das den beständigen anionischen Hexafluoroaluminat-Komplex $[AlF_6]^{3-}$ enthält [vgl. **MC-Fragen Nr. 331, 333, 485, 486, 546, 1668, 1734**].

2.7.5.2 Darstellung von Aluminium

Metallisches Aluminium wird aus seinem Oxid durch *kathodische Reduktion* hergestellt. Vor der elektrolytischen Gewinnung des Metalls muss **Bauxit** zuerst in reine Tonerde übergeführt werden, da sonst die *Schmelzflusselektrolyse* von rotem, durch Fe_2O_3 verunreinigtem Bauxit an der Kathode Eisen ergäbe. Hierzu löst man Aluminiumhydroxid mit Lauge als **Hydroxoaluminat** $[Al(OH)_4^-]$, aus dem reines $Al(OH)_3$ mit CO_2 gefällt und zu Al_2O_3 calciniert wird. Zuvor werden unlösliches Eisenhydroxid [$Fe(OH)_3\downarrow$] und Siliciumdioxid ($SiO_2\downarrow$) abfiltriert [vgl. **MC-Fragen Nr. 573, 1735, 1736, 1741, 1743, 1744**].

$$\underset{\textbf{Bauxit}}{Al_2O_3} \xrightarrow{(NaOH)} Na^+[Al(OH)_4]^- \xrightarrow{(CO_2)} Al(OH)_3 \xrightarrow[-H_2O]{\Delta} Al_2O_3$$

Das auf diese Weise gereinigte Aluminiumoxid wird anschließend einer Schmelzflusselektrolyse unterworfen. Da der Schmelzpunkt von reinem Al_2O_3 [Schmp. ~ 2000 °C] sehr hoch liegt, elektrolysiert man eine Lösung des Oxids in geschmolzenem **Kryolith** ($Na_3[AlF_6]$) [Schmp. ~ 1000 °C] [vgl. **MC-Fragen Nr. 1740, 1744**].

$$2\ Al_2O_3 \longrightarrow 4\ Al + 3\ O_2\uparrow$$

Tab. 2.19 Physikalische Eigenschaften der Bortrihalogenide

Halogenid	BF_3	BCl_3	BBr_3	BI_3
Schmelzpunkt (°C)	-127,1	-107,2	-46	+49,9
Siedepunkt (°C)	-100,4	+12,5	+91	+209,5

Aus dem Schmelzdiagramm [Kryolith/Aluminiumoxid] ist ersichtlich, dass das am niedrigst schmelzende (*eutektische*) Gemisch aus 81,5% $Na_3[AlF_6]$ und 18,5% Al_2O_3 besteht und bei 935 °C schmilzt.

Das für die Al-Darstellung benötigte Kryolith wird aus Natriumtetrahydroxoaluminat-Lösungen ($Na[Al(OH)_4]$) durch Zugabe von Flusssäure gewonnen. Das salzartige, komplexe Kryolith ist nur wenig in Wasser löslich.

$$[Al(OH)_4]^- + 6\ HF \longrightarrow [AlF_6]^{3-} + 2\ H_3O^+ + 2\ H_2O$$

2.7.5.3 Eigenschaften von Aluminium

Aluminium ist ein silberweißes, gut verformbares *Leichtmetall* [Schmp. 660,2 °C], das trotz seines stark negativen Normalpotentials [E^o = -1,69V] relativ reaktionsträge ist (*Passivierung durch eine schützende Oxidschicht*). Durch Zulegieren von anderen Metallen kann Aluminium härter und korrosionsbeständiger gemacht werden [vgl. **MC-Fragen Nr. 594, 1741**].

Feinverteiltes Al verbrennt beim Erhitzen an der Luft unter Lichterscheinung und starker Wärmeentwicklung (*Vakublitze*).

$$4\ Al + 3\ O_2 \longrightarrow 2\ Al_2O_3$$

Technisch wird die große Sauerstoffaffinität des Aluminiums genutzt, um bestimmte Metalle aus ihren schwer reduzierbaren Oxiden (Cr_2O_3, Mn_3O_4, TiO_2, SiO_2 u. a.) herzustellen (**Aluminothermische Verfahren**). Ein Gemisch aus Eisenoxid und Aluminiumgrieß dient als **Thermit** zum Schweißen und Verbinden von Eisenteilen [vgl. **MC-Fragen Nr. 1738, 1741**].

$$3\ Fe_3O_4 + 8\ Al \longrightarrow 4\ Al_2O_3 + 9\ Fe$$

Die Beständigkeit von Aluminium gegenüber oxidierenden Säuren (HNO_3) beruht auf der Bildung einer schützenden Al_2O_3-Schicht. Diese Schutzwirkung kann erheblich verbessert werden, indem man künstlich durch anodische Oxidation eine wesentlich dickere Oxidschicht erzeugt (**Eloxal-Verfahren**). In nichtoxidierenden Säuren löst sich Al entsprechend seiner Stellung in der Spannungsreihe unter H_2-Entwicklung [vgl. **MC-Fragen Nr. 1295, 1739, 1742, 1814**].

$$2\ Al + 6\ H^- \longrightarrow 2\ Al^{3+} + 3\ H_2\uparrow$$

In stark sauren oder stark alkalischen Lösungen ist Aluminium auch deshalb löslich, weil sich unter diesen Bedingungen die oxidische Schutzschicht nicht ausbilden kann. Sie wird fortwährend unter Bildung von Al^{3+}- oder $[Al(OH)_4]^-$-Ionen angegriffen, wodurch es zu einer kontinuierlichen H_2-Entwicklung kommt [vgl. **MC-Fragen Nr. 1288, 1289, 1293, 1294, 1742**].

$$Al(OH)_3 + 3\ H^+ \longrightarrow Al^{3+} + 3\ H_2O$$
$$Al(OH)_3 + HO^- \longrightarrow [Al(OH)_4]^-$$
$$2\ Al + 2\ NaOH + 6\ H_2O \longrightarrow 2\ Na[Al(OH)_4] + 3\ H_2\uparrow$$

Gegenüber Wasser und schwachen Säuren ist Aluminium sehr beständig, lebhaft mit Wasser reagiert jedoch *amalgamiertes* Aluminium [vgl. **MC-Fragen Nr. 1741, 1742**].

2.7.6 Verbindungen des Aluminiums

Die Bindungen des Aluminiums zu anderen Elementen können sowohl ionischer als auch kovalenter Natur sein. In seinen Komplexen mit koordinativen Bindungen kann Aluminium – im Gegensatz zu Bor – die Koordinationszahlen **4** und **6** annehmen ($[AlF_6]^{3-}$; $[AlCl_4]^-$; $Al(OH)_4]^-$) [vgl. **MC-Frage Nr. 1739**].

2.7.6.1 Halogenverbindungen des Aluminiums

Das salzartige **Aluminium(tri)fluorid** (AlF_3) [Subl. ~1260 °C] ist wegen seiner hohen Gitterenergie in Wasser schwer löslich. Sehr beständig ist auch der Hexafluorokomplex $[AlF_6]^{3-}$.

Die übrigen Halogenide sind leicht flüchtige Substanzen, die im geschmolzenen Zustand nur eine geringe elektrische Leitfähigkeit besitzen, weil mit Ausnahme von AlF_3 geschmolzene Aluminiumtrihalogenide aus *kovalent* gebauten Molekülen bestehen. Im festen, kristallinen Zustand bildet $AlCl_3$ dagegen ein ionisches Koordinationsgitter [vgl. **MC-Fragen Nr. 379, 1748**].

Aluminiumtrihalogenide wie $AlCl_3$ lösen sich leicht in organischen Lösungsmitteln (z. B. Benzen). Solche Lösungen enthalten *dimere* Al_2X_6-Moleküle, in welchen die beiden Al-Atome durch *Mehrzentrenbindungen* über zwei Halogenbrücken miteinander verknüpft sind. Das dimere **Aluminiumchlorid** (Al_2Cl_6) kann als ein Lewis-Säure-Base-Addukt angesehen werden, in dem neben kovalenten auch koordinative Bindungen auftreten. Das Al-Atom fungiert als Elektronenpaarakzeptor, das Brückenchloratom als Elektronenpaardonator [vgl. **MC-Fragen Nr. 1746-1748**].

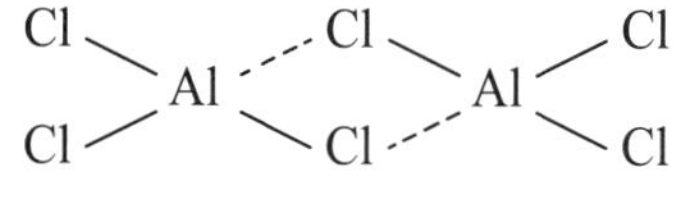

= (**Al_2Cl_6**)

Die Lösungsmittel-freien Al-Halogenide sind *Elektronenmangelverbindungen* und ergeben als starke *Lewis-Säuren* mit einigen Lewis-Basen (**Ether, Amine** u. a.) oft ziemlich beständige Additionsprodukte [$R_2O \rightarrow AlCl_3$]. Auf der Bildung solcher Addukte beruht die Verwendung von $AlCl_3$ als Katalysator bei bestimmten S_E-Reaktionen an Aromaten [siehe Ehlers, **Chemie II**, ►Kap. 3.6.4.2 „Friedel-Crafts-Reaktionen“ und **MC-Fragen Nr. 1739, 1740, 1742, 1745, 1747**].

Aluminium(tri)chlorid ($AlCl_3$), eine bei 180 °C sublimierende Substanz, kann technisch durch Erhitzen von Aluminium im Chlor- oder Chlorwasserstoff-Strom bzw. durch Einwirken von Chlor auf ein Gemisch von Al_2O_3 und Kohle hergestellt werden [vgl. **MC-Fragen Nr. 1739, 1741, 1744, 1745**].

$$2\ Al + 3\ Cl_2 \longrightarrow 2\ AlCl_3$$
$$2\ Al + 6\ HCl \longrightarrow 2\ AlCl_3 + 3\ H_2\uparrow$$

$$Al_2O_3 + 3\ C + 3\ Cl_2 \xrightarrow{800\ °C} 2\ AlCl_3 + 3\ CO\uparrow$$

Im Gegensatz zu AlF_3 bildet $AlCl_3$ mit weiteren Chlorid-Ionen nur tetraedrische $[AlCl_4]^-$ -Komplexe. Durch Umsetzung von $AlCl_3$ mit Lithiumhydrid in Ether erhält man salzartiges Lithiumaluminiumhydrid ($LiAlH_4$) [siehe ►Kap. 2.2.4.4 und **MC-Fragen Nr. 1745, 1859**].

$$AlCl_3 + 4\ LiH \longrightarrow Li^+[AlH_4]^- + 3\ LiCl$$

Bei der Reaktion von wasserfreiem $AlCl_3$ mit Grignard-Verbindungen bilden sich **Aluminiumtrialkyle** (AlR_3) [vgl. **MC-Frage Nr. 1740**].

$$AlCl_3 + 3\ RMgCl \longrightarrow AlR_3 + 3\ MgCl_2$$

Die wasserfreien Aluminiumtrihalogenide reagieren spontan und sehr heftig mit Wasser, wobei mit wenig Wasser zunächst Lewis-Säure-Base-Addukte entstehen, die unter Abspaltung von Halogenwasserstoff basische Salze liefern [vgl. **MC-Fragen Nr. 1745–1747**].

$$AlCl_3 + H_2O \longrightarrow [H_2O \longrightarrow AlCl_3] \longrightarrow [HO\text{-}AlCl_2] + HCl$$
$$[HO\text{-}AlCl_2] + 2\ H_2O \longrightarrow Al(OH)_3\downarrow + 2\ HCl$$

Bei einem Überschuss an Wasser entstehen schließlich hydratisierte Al^{3+}-Ionen, die *Kationsäuren* ($pK_s = 4{,}85$) mittlerer Stärke darstellen [vgl. **MC-Fragen Nr. 993, 1745**].

$$AlCl_3 + 6\ H_2O \rightleftharpoons [Al(H_2O)_6]^{3+} + 3\ Cl^-$$
$$[Al(H_2O)_6]^{3+} + H_2O \rightleftharpoons [Al(H_2O)_5(OH)]^{2+} + H_3O^+$$

2.7.6.2 Sauerstoffverbindungen des Aluminiums

Das farblose **Aluminiumhydroxid** [$Al(OH)_3$] ist in Wasser unlöslich und zeigt ein *amphoteres* Verhalten; es löst sich sowohl in Säuren unter Bildung von hydratisierten Al^{3+}-Ionen als auch in Laugen unter Bildung von **Tetrahydroxoaluminat-Ionen** $[Al(OH)_4]^-$ [vgl. **MC-Fragen Nr. 331, 333, 1739, 1831**].

$$[Al(OH)_4]^- \xleftarrow{+\ HO^-} Al(OH)_3 \xrightarrow{+\ 3\ H_3O^+} [Al(H_2O)_6]^{3+}$$

Beim Versetzen von Aluminat-Lösungen mit CO_2 oder NH_4Cl fällt infolge Erniedrigung des pH-Wertes Aluminiumhydroxid wieder aus [vgl. **MC-Frage Nr. 1743**].

$$[Al(OH)_4]^- + NH_4^+ \longrightarrow Al(OH)_3 + NH_3 + H_2O$$

Aluminiumhydroxid fällt auch aus beim Erhitzen wässriger Lösungen von **Aluminiumacetat** $[Al(OOCCH_3)_3]$ oder durch Zugabe von Natriumcarbonat zu Aluminiumsulfat-Lösungen. Dies beruht darauf, dass Acetat- und Carbonat-Ionen Basen sind, die in Wasser unter Bildung von HO^--Ionen protolysieren. Letztere werden irreversibel von Al^{3+}-Ionen abgefangen [vgl. **MC-Frage Nr. 1743**].

$$CH_3COO^- + H_2O \rightleftharpoons CH_3COOH + HO^-$$
$$CO_3^{2-} + H_2O \rightleftharpoons HCO_3^- + HO^-$$
$$[Al(H_2O)_6]^{3+} + 3\ HO^- \longrightarrow Al(OH)_3\downarrow + 6\ H_2O$$

Frisch gefälltes Aluminiumhydroxid ist gallertartig, stark wasserhaltig und *amorph*; erst bei längerem Stehenlassen ordnen sich die $Al(OH)_6$-Oktaeder zu einem regelmäßigen Schichtgitter. Gealtertes Aluminiumhydroxid ist wegen seiner kleineren inneren Oberfläche und wegen der besseren Ordnung der Gitterbausteine viel reaktionsträger als das frische Fällungsprodukt. So löst sich z. B. gealtertes $Al(OH)_3$ nur schwer in Säuren. Die *Alterung* vollzieht sich bei Raumtemperatur nur langsam, bei höheren Temperaturen jedoch rascher [vgl. **MC-Frage Nr. 1738**].

Beim Entwässern von $Al(OH)_3$ bildet sich **Aluminiumoxid** (Al_2O_3), bei dessen Verschmelzen mit Metalloxiden wasserfreie Aluminate der Form [$Me_2O \cdot Al_2O_3 = Me^IAlO_2$] und [$MeO \cdot Al_2O_3 = Me^{II}Al_2O_4$] entstehen. In der Natur finden sich vor allem *Mischoxide* des letzten Typs, sog. **Spinelle**, in denen Me^{II} z. B. für Mg, Fe, Co und Zn stehen kann. Aluminium wird dabei häufig isomorph durch dreiwertiges Eisen oder Chrom vertreten [vgl. **MC-Fragen Nr. 1738, 1744, 1750, 1752**].

2.7.6.3 Aluminiumsalze

Neben den Aluminiumhalogeniden ist auch das Sulfat und Nitrat in Wasser leicht löslich. Die wässrigen Lösungen dieser Salze reagieren *sauer*. Wegen der Acidität von hydratisierten Al^{3+} Ionen sind dagegen die Aluminiumsalze von schwachen Säuren (Carbonate, Sulfide, Cyanide, Acetate u. a.) in wässriger Lösung *nicht beständig* und werden durch die Protolyse mit Wasser in Aluminiumhydroxid umgewandelt.

$$2\ [Al(H_2O)_6]^{3+} + 3\ S^{2-} \longrightarrow 2\ Al(OH)_3\downarrow + 3\ H_2S\uparrow + 6\ H_2O$$

Aluminiumsulfat $[Al_2(SO_4)_3 \cdot 18\ H_2O]$ ist neben dem Oxid die meist verwendete Aluminiumverbindung. Sie wird durch Auflösen von $Al(OH)_3$ in konz. H_2SO_4 bei 100 °C erhalten. Durch Umsetzung dieses Salzes mit Barium- oder Bleiacetat erhält man ionogenes **Aluminiumacetat** $[Al(OOCCH_3)_3]$ („*essigsaure Tonerde*") [vgl. **MC-Frage Nr. 377**].

Mit Kaliumsulfat reagiert Aluminiumsulfat zum **Alaun** [$KAl(SO_4)_2 \cdot 12\ H_2O$]. Unter **Alaunen** versteht man ganz allgemein *Doppelsalze* der Form $Me^IMe^{III}(SO_4)_2 \cdot 12\ H_2O$, in denen Me^I = Na, K, Rb, Cs, Tl, NH_4 und Me^{III} = Al, Cr, Fe, Co u. a. bedeuten kann. Von den 12 Molekülen Kristallwasser umgeben 6 in lockerer Bindung das einwertige, die restlichen 6 in fester Bindung das dreiwertige Metallion. Alaune zeigen in wässriger Lösung die Eigenschaften ihrer Einzelkomponenten [vgl. **MC-Fragen Nr. 485, 1734, 1738, 1740, 1749, 1752, 1753**].

2.7.6.4 Wasserstoffverbindungen des Aluminiums

Eine monomere Verbindung AlH_3 (Alan) ist aus den gleichen Gründen nicht existenzfähig, wie sie für das monomere BH_3 bereits diskutiert wurden (siehe ▶Kap. 2.7.2.2). Wegen des größeren Radius des Al-Atoms betätigt aber Aluminium gegenüber Wasserstoff die Koordinationszahl 6, sodass **Alan** [$(AlH_3)_x$] eine hochpolymere, nichtflüchtige Substanz darstellt [vgl. **MC-Frage Nr. 1325**].

Auch Alan ist eine *Elektronenmangelverbindung* mit **Al-H-Al-Dreizentrenbindungen**. Alan ist bei Raumtemperatur recht beständig und wird von Wasser zu $Al(OH)_3$ und H_2 hydrolysiert. Man erhält Alan aus $AlCl_3$ durch Umsetzung mit $LiAlH_4$ in Ether [vgl. **MC-Frage Nr. 1718**].

2.8 Erdalkaligruppe

Zu den Elementen der II. Hauptgruppe des Periodensystems gehören **Beryllium** (Be), **Magnesium** (Mg), **Calcium** (Ca), **Strontium** (Sr), **Barium** (Ba) und **Radium** (Ra). Mit Ausnahme des sehr harten Berylliums sind es relativ weiche, reaktionsfähige *Metalle*. Die allgemeine *Reaktionsfähigkeit* der Elemente nimmt als Folge des wachsenden Atomradius (Abnahme der Ionisierungsenergie) mit steigender Ordnungszahl zu. Beryllium gleicht in manchen Eigenschaften dem Aluminium (siehe ▸Kap. 1.2.4.6 „*Schrägbeziehung*"). Die wichtigsten Eigenschaften der Erdalkalimetalle sind in ◘ Tab. 2.20 zusammengestellt [vgl. **MC-Fragen Nr. 1757–1762**].

2.8.1 Elemente

2.8.1.1 Vorkommen und Gewinnung der Elemente

Vorkommen: Kein Erdalkalimetall tritt in der Natur elementar auf. Das seltene Beryllium kommt als Berylliumaluminiumsilicat (**Beryll**) oder Berylliumaluminat (**Chrysoberyll**) vor. Magnesium tritt hauptsächlich als Chlorid, Carbonat, Silicat und Sulfat [$MgSO_4 \cdot 7\ H_2O$] (**Bittersalz**) auf. Wichtige Calciummineralien sind Calciumcarbonat [$CaCO_3$] (**Kalkstein**, **Kalkspat**, **Doppelspat**, **Kreide**, Marmor), Calciumsulfat [$CaSO_4$] (**Gips, Alabaster**, **Anhydrit**), Calciumfluorid [CaF_2] (**Flussspat**), Calciumphosphat [$Ca_3(PO_4)_2$] (**Phosphorit**) und Calciumsilicat [$CaSiO_3$]. **Dolomit** ist ein Doppelsalz aus Calcium- und Magnesiumcarbonat [$CaMg(CO_3)_2$]. Wichtige Strontium- und Bariumsalze sind Carbonate und Sulfate [$BaSO_4$] (**Schwerspat**). Das radiumreichste Mineral ist **Pechblende** [im wesentlichen Urandioxid (UO_2)], in dem Radium als Zerfallsprodukt des Urans enthalten ist [vgl. **MC-Fragen Nr. 383, 485, 720, 1462, 1754, 1759, 1766–1768, 1770, 1774**].

Gewinnung: Die Elemente werden durch *Elektrolyse* ihrer *geschmolzenen Halogenide* gewonnen. Magnesium kann auch durch Reduktion von Magnesiumoxid (MgO) mit Ferrosilicium erhalten werden.

2.8.1.2 Eigenschaften und Reaktivität der Elemente

Die metallische Bindung der Erdalkalimetalle ist aufgrund ihres kleineren Atomradius fester als bei den Elementen der I. Hauptgruppe. Deshalb besitzen die Erdalkalielemente im Vergleich zu den Alkalimetallen höhere Schmelz- und Siedepunkte,

Tab. 2.20 Eigenschaften der Erdalkalielemente

	Be	Mg	Ca	Sr	Ba	Ra
Elektronenkonfiguration	$2s^2$	$3s^2$	$4s^2$	$5s^2$	$6s^2$	$7s^2$
Schmelzpunkt (°C)	1287	650	842	777	727	700
Siedepunkt (°C)	2471	1090	1484	1382	1897	1737
Atomradius (pm)	15	150	180	200	215	215
Ionenradius [E_{2+}] (pm)	31	65	99	110	135	143
Ionisierungsenergie (kJ/mol)	899,5	737,7	589,8	549,5	502,9	509,3
Elektronegativität	1,57	1,31	1,00	0,95	0,89	0,90
Normalpotential [E/E_{2+}] (V)	-1,85	-2,37	-2,87	-2,91	-2,91	-
Hydtrationsenthalpie [E_{2+}] (kJ/mol)	-2385	-1908	-1577	-1431	-1296	-1231
Basencharakter der Oxide	Zunehmend →					
Basizität der Hydroxide	Zunehmend →					
Löslichkeit der Hydroxide	Zunehmend →					
Löslichkeit der Sulfate	Zunehmend →					
Löslichkeit der Carbonate	Zunehmend →					
Löslichkeit der Chromate	Zunehmend →					
Stabilität der Carbonate	Zunehmend →					
Stabilität der Nitrate	Zunehmend →					
Allg. Reaktionsfähigkeit	Zunehmend →					
Tendenz zur Bildung kovalenter Verbindungen	Abnehmend →					

höhere Dichten und eine größere Härte. Die Erdalkalimetalle sind silberglänzend und gute elektrische Leiter.

Bei den Erdalkalimetallen handelt es sich um sehr reaktive Elemente, die sich an der Luft mit einer Oxidschicht bedecken oder wie Calcium allmählich durchoxidieren. Barium muss zum Schutz vor der Oxidation durch Luftsauerstoff unter Petroläther aufbewahrt werden. Nur Beryllium bleibt infolge einer sich ausbildenden, kompakten Oxidschicht völlig blank.

Trotz ihres negativen Normalpotentials sind **Beryllium** und **Magnesium** an der feuchten Luft bzw. in *kaltem* Wasser beständig, weil sich wie beim Aluminium eine dünne hydroxidische Schutzschicht um das Metall bildet (*Passivierung*) [siehe ▶ Kap. 2.2.1.2, ○ Abb. 2.1 und **MC-Frage Nr. 1756**].

Magnesium wird jedoch von kochendem Wasser bzw. von Wasserdampf angegriffen. Die übrigen Erdalkalimetalle reagieren heftig mit Wasser unter Bildung von Wasserstoff und Erdalkalimetallhydroxiden.

$$Me + 2\ H_2O \longrightarrow Me(OH)_2 + H_2\uparrow \qquad [Me: Ca, Sr, Ba]$$

2.8.2 Verbindungen

2.8.2.1 Allgemeine Eigenschaften von Erdalkalisalzen

Alle Erdalkalimetalle kommen in stabilen Verbindungen nur in der *Oxidationsstufe* **+2** vor. Die hydratisierten Erdalkali-Ionen sind *Kationsäuren*, wobei infolge des wachsenden Ionenradius die Säurestärke vom Beryllium zum Barium hin abnimmt. Schon die wässrigen Lösungen von Magnesiumsalzen reagieren praktisch neutral.

$$[Be(H_2O)_4]^{2+} + H_2O \rightleftharpoons [Be(H_2O)_3(OH)]^+ + H_3O^+$$

Infolge ihrer hohen Tendenz hydratisierte Ionen zu bilden, nehmen einige feste Erdalkalisalze [$CaCl_2$, $CaSO_4$] leicht Hydratwasser auf und können als *Trocknungsmittel* von Substanzen verwendet werden, mit denen sie nicht reagieren. Zum Beispiel ist *Calciumchlorid* ($CaCl_2$) zum Trocknen von Ammoniakgas *nicht* geeignet, weil sich beide Substanzen zu einer Verbindung [$CaCl_2 \cdot 8\,NH_3$] vereinigen [vgl. **MC-Fragen Nr. 1769, 1770**].

Im Gegensatz zu den Alkalimetallsalzen sind einige Verbindungen der Erdalkalimetalle in Wasser schwer löslich. Ganz allgemein hängt die Löslichkeit eines Salzes von seiner Gitterenergie und der Hydratationsenthalpie der gelösten Ionen ab (siehe auch ▶Kap. 1.8.7.2); Beim Vergleich von Salzen mit identischem Anion kann man näherungsweise den Einfluss des Anions auf die Löslichkeit vernachlässigen, sodass vor allem die Eigenschaften der Erdalkali-Kationen als löslichkeitsbestimmende Faktoren der Erdalkalisalze zu beachten sind.

In den ◘Tab. 2.21 und ◘Tab. 2.22 sind die *Gitterenergien* und die *Löslichkeit* ausgewählter Erdalkalisalze aufgelistet.

Die vom Be^{2+} zum Ba^{2+} hin abnehmenden Gitterenergien innerhalb einer Stoffklasse beruhen daher auf dem zunehmenden Ionenradius des jeweiligen Erdalkali-Kations.

Die *Hydratationsenthalpie* ist beim Be^{2+} am größten, beim Ba^{2+}-Ion am kleinsten. Während die Abnahme der Gitterenergie allein eine Zunahme der Löslichkeit zur Folge hätte, wirkt die im gleichen Sinne abnehmende Hydratationsenthalpie in entgegengesetzter Richtung; daher zeigt die *Löslichkeit* analoger Salze bei einem bestimmten Element ein *Maximum* oder ein *Minimum*. So besitzt mit *Magnesiumhydroxid* [$Mg(OH)_2$] das erste, mit *Calciumfluorid* [CaF_2] das zweite und mit *Bariumchlorid* [$BaCl_2$], *Bariumcarbonat* [$BaCO_3$] sowie *Bariumsulfat* [$BaSO_4$] das vierte Element dieser Gruppe die geringste Löslichkeit der betreffenden homologen Salze [vgl. **MC-Fragen Nr. 1755, 1757, 1758, 1760–1763**].

2.8.2.2 Erdalkalisulfate und Erdalkalicarbonate

Die Löslichkeit der **Sulfate** der Erdalkalimetalle in Wasser nimmt mit steigendem Kationenradius deutlich ab; $BeSO_4$ und $MgSO_4$ sind leicht löslich, $BaSO_4$ ist schwer löslich in Wasser. Die Gitterenergie ändert sich in der Reihe $BeSO_4 \rightarrow BaSO_4$ nur geringfügig, weil das Sulfat-Ion bedeutend größer ist als das jeweilige Kation. Deshalb wird die Löslichkeit der Erdalkalisulfate vor allem durch die *Hydratationsenthalpie des Kations* bestimmt, die beim Ba^{2+} am geringsten ist [vgl. **MC-Fragen Nr. 1757–1762, 1764, 1765**].

Wegen seiner Schwerlöslichkeit in Wasser und in Säuren und der hohen Ordnungszahl (großer Atomradius) des Bariums eignet sich **Bariumsulfat** ($BaSO_4$) als *Röntgenkontrastmittel* zur Magen-Darm-Darstellung [vgl. **MC-Fragen Nr. 1775–1778**].

Der gleiche Trend wie bei den Sulfaten findet sich auch bei den Löslichkeiten der **Carbonate**; alle Erdalkalicarbonate sind in Wasser *schwer löslich*. Ihre thermische Beständigkeit nimmt vom $BeCO_3$ zum $BaCO_3$ hin zu [vgl. **MC-Fragen Nr. 1757, 1758, 1760, 1762**].

Die thermische Zersetzung von **Calciumcarbonat** ($CaCO_3$) („*Kalkbrennen*") wird großtechnisch genutzt. Aus dem erhaltenen **Calciumoxid** (CaO) („*gebrannter Kalk*") entsteht durch Zusatz von Wasser **Calciumhydroxid** [$Ca(OH)_2$] („*gelöschter Kalk*"). Mit Sand angerührtes $Ca(OH)_2$ wurde früher als **Luft-Kalkmörtel** verwendet; durch Reaktion mit dem CO_2 der Luft bildet sich erneut $CaCO_3$, dessen miteinander verfilzte Kristalle das Mauerwerk zusammenhalten [vgl. **MC-Fragen Nr. 1762, 1769, 1770, 1772**].

$$CaCO_3 \xrightarrow{-\,CO_2\uparrow} CaO \xrightarrow{+\,H_2O} Ca(OH)_2$$
$$Ca(OH)_2 + CO_2 \longrightarrow Ca(OH)(HCO_3) \longrightarrow CaCO_3\downarrow + H_2O\uparrow$$

Im Gegensatz zu den Erdalkalicarbonaten sind die entsprechenden **Hydrogencarbonate** [$Me(HCO_3)_2$] leicht löslich in Wasser. Sie entstehen beim Einleiten von CO_2 in die betreffende Carbonat-Suspension [vgl. **MC-Fragen Nr. 1669, 1761, 1762, 1839**].

$$CaCO_3 + CO_2 + H_2O \longrightarrow (Ca^{2+})_{aq} + 2\ (HCO_3^-)_{aq}$$

Die Löslichkeit von **Bariumcarbonat** ($BaCO_3$) in Wasser ist größer als nach dem Löslichkeitsprodukt zu erwarten wäre, weil Carbonat-Ionen mit Wasser teilweise zu Hydrogencarbonat- und Hydroxid-Ionen reagieren.

2.8.2.3 Oxide und Hydroxide der Erdalkalimetalle

Mit Ausnahme von Berylliumoxid (BeO) kristallisieren alle Oxide im NaCl-Gitter. Sie können im Laboratorium durch Glühen der Carbonate erhalten werden.

$$MeCO_3 \xrightarrow[-\,CO_2\uparrow]{\Delta} MeO \xrightarrow{+\,H_2O} Me(OH)_2$$

Bei den **Oxiden** und **Hydroxiden** der Erdalkalimetalle ist die Abfolge ihrer Löslichkeit in Wasser umgekehrt wie bei den Erdalkalisulfaten, da bei diesen Verbindungen die Gitterenergie vor allem von der Größe des betreffenden Kations abhängt (siehe ◘ Tab. 2.21).

Berylliumoxid (BeO) reagiert wie Al(III)-oxid nicht mit Wasser. **Magnesiumoxid** (MgO) löst sich nur wenig in Wasser; hochgeglühtes MgO ist in Wasser sogar unlöslich. In der Reihe CaO < SrO < BaO wächst die Löslichkeit dieser Oxide in Wasser, wobei die gebildeten O^{2-}-Ionen in wässriger Lösung *quantitativ* zu HO^--Ionen *protolysieren*. Die Erdalkalioxide sind jedoch in starken Säuren löslich [vgl. **MC-Frage Nr. 1759**].

Tab. 2.21 Gitterenergien von Erdalkalisalzen (in kJ/mol)

Ion	Oxide [MeO]	Fluoride [MeF_2]	Carbonate [$MeCO_3$]
Mg^{2+}	3930	2908	3180
Ca^{2+}	3477	2611	2987
Sr^{2+}	3205	2460	2720
Ba^{2+}	3042	2368	2615

Tab. 2.22 Löslichkeit einiger Erdalkalisalze in Wasser (in mol/l bei 25 °C)

Ion	Hydroxide [$Me(OH)_2$]	Fluoride [MeF_2]	Chloride [$MeCl_2$]	Sulfate [$MeSO_4$]	Carbonate [$MeCO_3$]
Mg^{2+}	**$1{,}3 \cdot 10^{-4}$**	$1{,}2 \cdot 10^{-3}$	5,6	$0{,}24 \cdot 10^{1}$	$1{,}2 \cdot 10^{-3}$
Ca^{2+}	$2{,}1 \cdot 10^{-2}$	**$2{,}0 \cdot 10^{-4}$**	5,4	$1{,}5 \cdot 10^{-2}$	$1{,}5 \cdot 10^{-4}$
Sr^{2+}	$6{,}5 \cdot 10^{-2}$	$1{,}0 \cdot 10^{-3}$	3,0	$5{,}0 \cdot 10^{-3}$	$7{,}0 \cdot 10^{-4}$
Ba^{2+}	$2{,}8 \cdot 10^{-1}$	$1{,}0 \cdot 10^{-2}$	**1,5**	**$1{,}0 \cdot 10^{-5}$**	**$1{,}0 \cdot 10^{-4}$**

$$MeO + H_2O \longrightarrow Me^{2+} + 2\ HO^-$$

Auch die Löslichkeit und die Basenstärke der Hydroxide nimmt in der Reihe [$Be(OH)_2$ $\rightarrow$ $Ba(OH)_2$] stark zu. **Berylliumhydroxid** [$Be(OH)_2$] ist das einzige *amphotere* Hydroxid dieser Reihe [vgl. **MC-Fragen Nr. 1757–1760, 1762**].

$$Be^{2+} \underset{-\,2\ H_2O}{\xleftarrow{+\,2\ H^+}} Be(OH)_2 \xrightarrow{+\,2\ HO^-} [Be(OH)_4]^{2-}$$

Die wässrige Lösung von **Bariumhydroxid** [$Ba(OH)_2$] wird auch *Barytwasser* genannt [vgl. **MC-Fragen Nr. 1669, 1761**].

Magnesiumhydroxid [$Mg(OH)_2$] ist in Wasser schwer löslich und wird deshalb durch Versetzen von Mg(II)-Salzlösungen mit Basen gefällt. In Gegenwart von Ammoniumsalzen bleibt die Fällung aus, weil die HO^--Ionen durch Ammonium-Ionen abgefangen werden und der freigesetzte Ammoniak mit Mg^{2+}-Ionen wahrscheinlich einen löslichen Diamminkomplex bildet [vgl. **MC-Fragen Nr. 1761, 1763**].

$$Mg^{2+} + 2\ HO^- \longrightarrow Mg(OH)_2 \xrightarrow{+\,2\ NH_4^+} [Mg(NH_3)_2]^{2+} + 2\ H_2O$$

2.8.2.4 Komplexe der Erdalkalimetalle

Beryllium ergibt verhältnismäßig stabile *tetraedrische* Komplexe [BeF_4^{2-}, $Be(H_2O)_4^{2+}$, $Be(OH)_4^{2-}$, $Be(NH_3)_4^{2+}$]. Die übrigen Erdalkali-Ionen zeigen nur eine geringe Tendenz zur Komplexbildung; sie bilden lediglich mit einigen mehrzähnigen Liganden stabile Chelatkomplexe, wie z. B. mit **Ethylendiamintetraessigsäure**, einem sechszähnigen Liganden (siehe ▶Kap. 1.5.4.4).

Ein wichtiger Mg-Komplex ist **Chlorophyll**. Der Chelatkomplex zwischen Mg^{2+}-Ionen und 8-Hydroxychinolin (*Oxin*) wird zur gravimetrischen Bestimmung von Mg(II) genutzt [siehe auch Ehlers **Analytik I**, ▶Kap. 5.2.1.2 und **MC-Fragen Nr. 488, 549, 553, 1871**].

2.8.2.5 Hydride der Erdalkalimetalle

Ca, Sr und Ba bilden *salzartige* Hydride mit H^--Ionen als Gitterbausteinen. Sie können durch Überleiten von Wasserstoff über die Metalle bei erhöhten Temperaturen dargestellt werden [vgl. **MC-Fragen Nr. 384, 1769, 1770**].

Im Gegensatz dazu ist **Berylliumhydrid** (BeH_2) (wie auch MgH_2) eine feste, hochpolymere Substanz. BeH_2 bildet ein Kettengitter, in dem die Be-Atome tetraedrisch von 4 H-Atomen umgeben sind und über **Be-H-Be-Dreizentrenbindungen** zusammengehalten werden.

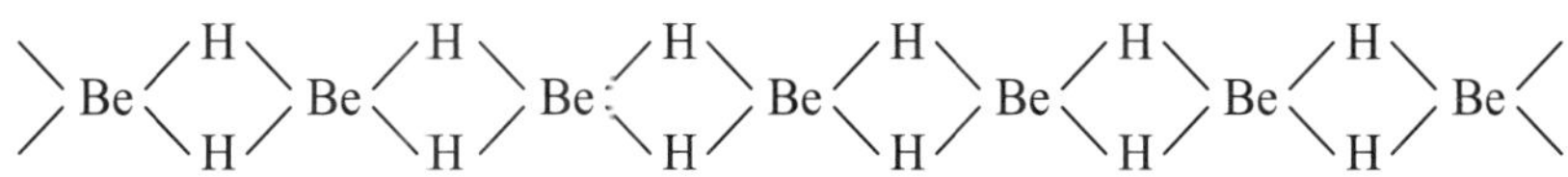

2.8.2.6 Sonderstellung des Berylliums

Als erstes Element der Gruppe unterscheidet sich Beryllium stärker von den anderen Erdalkalimetallen als die übrigen Erdalkalielemente untereinander. Verantwortlich dafür ist der kleine Radius des Be-Atoms bzw. des Be^{2+}-Ions. Be^{2+}-Ionen wirken deshalb auf große Anionen stark *polarisierend* und die Bindungen, selbst zu den elektronegativsten Elementen, besitzen einen deutlich *kovalenten* Charakter. Dies zeigt sich auch in der schlechten elektrolytischen Leitfähigkeit geschmolzener Berylliumverbindungen. Be-Verbindungen sind *Elektronenmangelverbindungen* [vgl. **MC-Frage Nr. 1759**].

Die Tendenz zur Bildung von Kovalenzbindungen und die beobachtete *Zweibindigkeit* des Berylliums wird dadurch erleichtert, dass ein 2s-Elektron in ein leeres, nur wenig energiereicheres 2p-AO promovieren kann unter Bildung von zwei äquivalenten **sp-Hybridorbitalen**. Der relativ kleine Atomradius und das Bestreben, kovalente Bindungen einzugehen, führt auch zu der schon mehrfach erwähnten Ähnlichkeit zwischen Beryllium und Aluminium

Berylliumhalogenide unterscheiden sich in ihrer Struktur signifikant von den anderen Erdalkalihalogeniden. Das bei Raumtemperatur feste $BeCl_2$ (Schmp. 405 °C) ist noch weniger salzähnlich als BeF_2, indem hier $BeCl_4$-Tetraeder jeweils durch zwei als Brückenatome fungierende Chloratome miteinander verbunden sind.

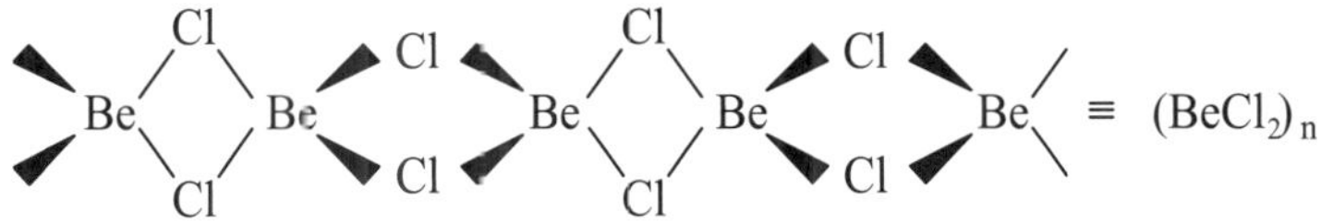

In Analogie zum dimeren Al_2Cl_6 treten im $BeCl_2$-Dampf neben monomeren $BeCl_2$- auch dimere Be_2Cl_4-Moleküle auf.

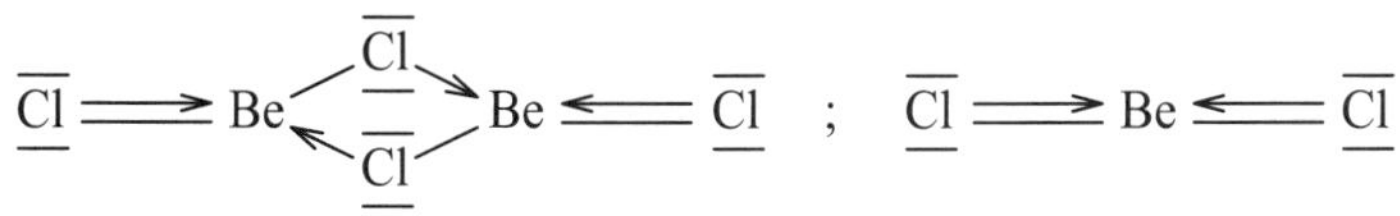

2.8.2.7 Magnesiumorganische Verbindungen

Magnesium reagiert in etherischer Lösung mit organischen Halogeniden unter Bildung von **Grignard-Verbindungen** (R-Mg-X)(siehe Ehlers, **Chemie II**, ▸Kap. 3.8.3.1).

$$\text{R-X} + \text{Mg} \longrightarrow \text{R-Mg-X} \quad [\text{X} = \text{Cl, Br, I}]$$

Die Grignard-Verbindungen sind feuchtigkeits- und häufig auch sauerstoffempfindlich; ihre Darstellung und ihre Reaktionen müssen daher in völlig wasserfreiem Milieu durchgeführt werden.

Die Struktur der Grignard-Reagenzien ist noch nicht vollständig geklärt. Fest steht nur, dass aus Grignard-Lösungen das Lösungsmittel nicht komplett ohne Zersetzung der Grignard-Verbindung entfernt werden kann; Grignard-Reagenzien sind in reinem, lösungsmittelfreien Zustand nicht existent. Die C-Mg-Bindung ist stark polar, wobei das Mg positiv polarisiert ist, sodass Grignard-Verbindungen als *nucleophile Reagenzien* anzusehen sind.

Grignard-Verbindungen dienen auch als Startmaterial zur Herstellung anderer Organometallverbindungen. Hierzu setzt man die entsprechenden Halogenide von Metallen, die edler als Magnesium sind, mit Grignard-Verbindungen um, z. B.:

$$\text{SiCl}_4 + \text{CH}_3\text{-Mg-Cl} \longrightarrow \text{CH}_3\text{-SiCl}_3 + \text{MgCl}_2$$
$$\text{PbCl}_4 + 4\ \text{CH}_3\text{CH}_2\text{-Mg-Cl} \longrightarrow \text{Pb(CH}_2\text{CH}_3)_4 + 4\ \text{MgCl}_2$$

2.9 Alkaligruppe

Zu den Elementen der I. Hauptgruppe gehören **Lithium** (Li), **Natrium** (Na), **Kalium** (K), **Rubidium** (Rb), **Caesium** (Cs) und **Francium** (Fr). Die Alkalimetalle zeigen unter sich eine größere Ähnlichkeit als die Elemente irgendeiner anderen Gruppe. Sie treten in Verbindungen ausschließlich in der *Oxidationsstufe* **+1** auf. Alkalimetalle sind die reaktionsfähigsten Metalle. Alle **Francium-Isotope** sind radioaktiv und besitzen eine kurze Halbwertzeit. Die wichtigsten Eigenschaften der Alkalimetalle sind in ◻ Tab. 2.23 zusammengestellt [vgl. **MC-Fragen Nr. 1783–1785**].

Bei den Alkalimetallen wird der Einfluss des wachsenden Atom- bzw. Ionenradius besonders deutlich. Mit zunehmender Ordnungszahl (zunehmendem Radius) *nehmen* durchweg *ab*: Schmelzpunkt, Siedepunkt, Gitterenergie sowie die Leichtigkeit der thermischen Zersetzung der Carbonate und Nitrate. Die silbrig glänzenden, sehr weichen Alkalimetalle haben einen relativ niedrigen Schmelzpunkt, der mit steigender Atommasse abnimmt; sie besitzen jeweils die niedrigste 1. Ionisierungsenergie innerhalb ihrer Periode, was die leichte Bildung einwertiger Kationen erklärt. Das Normal-

◻ **Tab. 2.23 Eigenschaften der Alkalimetalle**

	Li	Na	K	Rb	Cs
Elektronenkonfiguration	$2s^1$	$3s^1$	$4s^1$	$5s^1$	$6s^1$
Schmelzpunkt (°C)	181	97,8	63,4	39,3	38,4
Siedepunkt (°C)	1342	883	759	688	671
Ionisierungsenergie (kJ/mol)	520,2	495,8	418,8	403,0	375,7
Hydrationsenthalpie (kJ/mol)	-507,5	-398,3	-313,8	-289,1	-256,1
Atomradius (pm)	145	180	220	235	244
Ionenradius (pm)	68	98	133	148	167
Radius des hydratisierten Kations (pm)	340	276	232	228	228
Elektrongativität	0,98	93	82	82	79
Normalpotential (V)	-3,04	-2,71	-2,93	-2,98	-3,02

potential der Alkalimetalle wird vom Lithium zum Caesium hin positiver. Alle Alkalielemente wirken stark *reduzierend* [vgl. **MC-Fragen Nr. 1780, 1782–1789**].

2.9.1 Elemente

2.9.1.1 Vorkommen und Gewinnung der Elemente

Vorkommen: Als Folge ihrer großen Reaktionsfähigkeit kommen die Elemente der I. Hauptgruppe *nicht elementar* vor. **Lithium** ist in der Natur relativ selten anzutreffen und tritt hauptsächlich als Silicat und Phosphat auf.

Natrium, das häufigste Alkalimetall, ist als Ion Bestandteil vieler Silicate. Zu den mineralisch vorkommenden und technisch nutzbaren Natriumsalzen zählen noch **Steinsalz** ($NaCl$), **Natronfeldspat** ($NaAlSi_3O_8$), **Kryolith** (Na_3AlF_6), **Glaubersalz** (Na_2SO_4) und **Borax** ($Na_2B_4O_7 \cdot 10\,H_2O$).

Die wichtigsten Salze des **Kaliums** sind **Kalifeldspat** ($KAlSi_3O_8$), **Sylvin** (KCl) und **Carnallit** ($KCl \cdot MgCl_2$). **Rubidium** und **Caesium** treten als Begleiter der anderen Elemente auf [vgl. **MC-Fragen Nr. 1786, 1799, 1800**].

Gewinnung: Die Metalle sind aufgrund ihres stark negativen Normalpotentials nur elektrolytisch darstellbar. Infolge der spontanen Reaktion mit Wasser erfolgt die Gewinnung der Alkalimetalle durch **Schmelzflusselektrolyse** der *wasserfreien Chloride* oder *Hydroxide*, wobei die Metallionen durch Elektronenaufnahme an der Kathode zum Metall reduziert werden [vgl. **MC-Fragen Nr. 1509, 1781, 1783, 1785, 1786, 1789**].

2.9.1.2 Eigenschaften und Reaktivität der Elemente

Alle Alkalimetalle sind extrem *oxidationsempfindlich*, sodass sie unter Petroläther aufbewahrt werden müssen. Ihre Reaktivität wächst mit zunehmender Ordnungszahl und läuft damit parallel zur Abnahme der Ionisierungsenergie. Als Folge der leichten Elektronenabgabe sind alle Alkalimetalle *starke Reduktionsmittel*. Sie reagieren direkt mit den meisten Nichtmetallen und bilden mit diesen binäre Verbindungen. Beispielsweise setzen sich Alkalimetalle mit Wasserstoff zu salzartigen Hydriden (Me^+H^-) um. Mit vielen Metallen wie z. B. Quecksilber reagieren die Alkalielemente zu Legierungen [siehe auch ▸Kap. 1.6.2.5 und **MC-Fragen Nr. 1784, 1785, 1790**].

Die Alkalimetalle zeigen nur eine geringe Tendenz zur Bildung von Kovalenzbindungen. Allerdings besitzen die Bindungen in den metallorganischen Verbindungen der Alkalielemente kovalente Bindungsanteile. Die meisten Alkaliverbindungen sind sehr gut durch ein reines **Ionenmodell** zu beschreiben. Am ehesten besitzen noch Lithiumverbindungen, besonders **Lithiumorganyle**, kovalenten Bindungscharakter. Zudem wirkt das kleine Li^+-Ion stark polarisierend auf große Anionen und Moleküle von mäßig polaren Lösungsmitteln. Dieser Effekt erklärt auch die gute Löslichkeit mancher Lithiumsalze in Alkoholen und Ketonen. Auch **Alkalimetalldämpfe** enthalten in geringem Ausmaß kovalente Moleküle [vgl. **MC-Frage Nr. 1779**].

2.9.1.3 Verhalten der Metalle gegenüber Wasser und Alkoholen

Die Alkalimetalle reagieren mit *Wasser* unter Bildung von löslichen **Alkalihydroxiden** (Me^+HO^-) und Wasserstoff (H_2); mit *Alkoholen* (ROH) bilden sich **Alkalialkanolate** (Me^+RO^-). Diese Umsetzungen stellen Redoxreaktionen dar. Alkalihydroxide und Alkalialkanolate zählen zu den *starken* Basen [vgl. **MC-Fragen Nr. 1780, 1781, 1784, 1789, 1791–1793**].

$$2\,Me + 2\,H_2O \rightarrow 2\,Me^+HO^- + H_2\uparrow$$
$$2\,Me + 2\,ROH \rightarrow 2\,Me^+RO^- + H_2\uparrow$$

Generell nimmt die Reaktionsfähigkeit gegenüber Wasser vom Li zum Cs hin zu. So reagiert Lithium mit Wasser ohne zu schmelzen und ohne Entzündung des sich bildenden Wasserstoffs; Natrium schmilzt bei der Reaktion, ohne dass der Wasserstoff brennt; Kalium reagiert bereits so heftig, dass sich der freiwerdende Wasserstoff entzündet [vgl. **MC-Frage Nr. 1788**].

Die festen Alkalihydroxide sind typische Salze. Unter Luftzutritt aufbewahrte Alkalihydroxide sind immer carbonathaltig, da sie aus der Luft Kohlendioxid absorbieren. Sie weisen auch einen gewissen Wassergehalt auf.

$$2\,MeOH + CO_2 \longrightarrow Me_2CO_3 + H_2O$$

2.9.1.4 Verhalten der Metalle gegenüber Sauerstoff und Halogenen

An der Luft verbrennt **Lithium** unter intensiv *roter* Lichterscheinung zu einem normalen **Oxid** (Li_2O). **Natrium** ergibt hingegen bei der Verbrennung ein **Peroxid** (Na_2O_2), das durch Erhitzen mit metallischem Natrium in ein normales Oxid (Na_2O) umgewandelt werden kann. **Kalium**, **Rubidium** und **Caesium** bilden beim Verbrennen an der Luft **Hyperoxide** (MeO_2) [**Superoxide**]. Die Stabilität der Peroxide und Superoxide nimmt mit steigender Ordnungszahl zu. Alle Oxide sind gut wasserlöslich und gehen dabei in Alkalimetallhydroxide über [vgl. **MC-Fragen Nr. 332, 1779, 1784, 1794–1796**].

$$4\,Li + O_2 \longrightarrow 2\,Li_2O$$
$$2\,Na + O_2 \longrightarrow Na_2O_2 \xrightarrow{+\,2\,Na} 2\,Na_2O$$
$$K + O_2 \longrightarrow KO_2$$
$$Na_2O + H_2O \longrightarrow 2\,NaOH$$

Die Alkalimetalle reagieren heftig mit Chlor zu Alkalichloriden. Natrium reagiert mit Brom nur oberflächlich und mit Iod selbst bei Schmelztemperatur nicht; Kalium setzt sich hingegen mit diesen Halogenen unter heftiger Detonation um.

$$2\,Me + X_2 \longrightarrow 2\,MeX$$

2.9.1.5 Verhalten der Metalle gegenüber flüssigem Ammoniak

Alle Alkalimetalle lösen sich in *flüssigem Ammoniak* mit *blauer* Farbe. In den Lösungen liegen **solvatisierte Elektronen** und solvatisierte Metallkationen vor.

$$Me \xrightarrow{NH_3\,fl.} (Me^+)_{solv.} + (e^-)_{solv.}$$

Die blaue Farbe der Lösung schreibt man den solvatisierten Elektronen zu. Solche Lösungen leiten den elektrischen Strom und wirken stark *reduzierend* [vgl. **MC-Fragen Nr. 1781, 1785, 1797, 1798**].

Beim Erwärmen der Lösungen, bei ihrem Belichten (photochemisch) oder in Anwesenheit von Salzen der Übergangsmetalle tritt spontane Zersetzung unter Bildung von **Alkaliamiden** ($Me^+NH_2^-$) und Wasserstoff (H_2) ein.

$$2\ Me + 2\ NH_3(fl.) \longrightarrow 2\ MeNH_2 + H_2\uparrow$$

2.9.2 Verbindungen

2.9.2.1 Allgemeine Eigenschaften von Alkalisalzen

Alle **Alkalihalogenide** sind salzartige, schwer flüchtige Substanzen von hoher Stabilität. Ihre *Gitterenergien* nehmen erwartungsgemäß in der Reihenfolge Fluorid > Chlorid > Bromid > Iodid bzw. in der Reihe Lithium > Natrium > Kalium > Rubidium > Caesium mit zunehmendem Ionenradius ab. Daher steigt z. B. die Löslichkeit von *Alkalifluoriden* in der Reihe LiF < NaF < KF < RbF < CsF hin an. Alkalihalogenid-Dämpfe enthalten Ionenpaaare. Nach Atomisierung zeigen Alkalihalogenide und andere Alkalisalze typische **Flammenfärbungen** [siehe auch ▸Kap. 1.1.6.4 und **MC-Fragen Nr. 331, 333, 1781**].

Chemisch reines **Natriumchlorid**, dessen Löslichkeit in Wasser sich nur wenig mit der Temperatur ändert [35,6 g bei 0 °C und 39,1 g NaCl bei 100 °C in 100 g H_2O], ist *nicht hygroskopisch*. Das Zerfließen von Kochsalz (**Speisesalz**) an der feuchten Luft beruht auf Beimengungen von Magnesiumchlorid. Aufgrund der geringen Temperaturabhängigkeit der Löslichkeit von NaCl in Wasser kann das Salz *nicht* durch *Umkristallisation aus Wasser* gereinigt werden. NaCl besitzt in heißem und in kaltem Wasser nahezu die gleiche Löslichkeit. Reines NaCl wird erhalten, wenn man eine gesättigte NaCl-Lösung mit konzentrierter Salzsäure versetzt, den Niederschlag abtrennt, wäscht und trocknet. So gereinigtes NaCl wird auch als *Urtiter* in der *Argentometrie* verwendet [siehe Ehlers, **Analytik II**, ▸Kap. 8.1.4 und **MC-Frage Nr. 1804**].

Die meisten Alkalisalze sind *in Wasser leicht löslich*, wobei sich LiOH, LiF, Li_2CO_3 und Li_3PO_4 deutlich schlechter lösen als die entsprechenden Salze der anderen Alkalielemente. In den ▫Tab. 2.24 und ▫Tab. 2.25 ist die Löslichkeit der Alkalihalogenide und einiger anderer Alkalisalze in Wasser aufgelistet [vgl. **MC-Fragen Nr. 1801, 1803, 1839**].

Zu den wenigen schwer löslichen Salzen zählen **Natriumhexahydroxoantimonat** ($Na[Sb(OH)_6]$), **Natriumzinkuranylacetat** ($Na[Zn(UO_2)_3(CH_3COO)_9] \cdot 6\ H_2O$) sowie **Perchlorate** ($MeClO_4$), **Hexachloroplatinate(IV)** ($MePtCl_6$) und **Hexanitrocobaltate(III)** ($Me_3[Co(NO_2)_6]$) des **Kaliums**, **Rubidiums** und **Caesiums** [vgl. **MC-Frage Nr. 1802**].

Stabile **Komplexe** der Alkalimetalle sind mit Ausnahme gewisser *Kronenether* nicht bekannt [vgl. **MC-Fragen Nr. 554, 555, 1780**].

Li^+-Ionen bilden lediglich mit NH_3 labile Assoziate. Das Lithium-Ion ist stark hydratisiert, was in seiner hohen negativen Hydratationsenthalpie zum Ausdruck kommt. Li^+-Ionen besitzen von allen Alkalimetall-Ionen die größte Hydrathülle

Tab. 2.24 Löslichkeit der Alkalihalogenide in Wasser (Angaben in Mol/1000 g H_2O bei 25 °C)

Element	Fluorid	Chlorid	Bromid	Iodid
Lithium	0,01	19,5	2,04	12,2
Natrium	0,98	6,15	8,80	12,0
Kalium	8,26	4,61	5,51	8,71
Rubidium	12,50	7,54	6,35	7,16
Caesium	-	11,1	5,68	1,69

Tab. 2.25 Löslichkeit ausgewählter Alkalisalze in Wasser (Angaben in Mol/1000 g H_2O bei 25 °C)

Element	Nitrat	Sulfat	Carbonat	Phosphat
Lithium	10,1	3,17	0,18	$2{,}6 \cdot 10^{-3}$
Natrium	10,3	1,34	2,04	0,37
Kalium	3,21	0,634	8,06	4,85
Rubidium	3,62	1,80	19,7	-
Caesium	1,18	4,94	7,99	-

(siehe Tab. 2.23). Die *starke Hydratation des kleinen Li^+-Ions* ist auch dafür verantwortlich, dass Lithium das negativste Normalpotential aller Alkalimetalle hat. Als einziges Alkali-Ion ist das Li^+-Kation (Elektronenkonfiguration: $1s^2$) eine schwache *Kationsäure* [vgl. **MC-Fragen Nr. 1783, 1786–1788**].

Alle Alkalisalze sind *farblos*, sofern nicht die betreffenden Anionen im sichtbaren Spektralbereich Licht absorbieren und so eine Farbe erzeugen, wie z. B. $KMnO_4$, K_2CrO_4, $K_2Cr_2O_7$ u. a.

2.9.2.2 Sonderstellung des Lithiums

Die Sonderstellung des Lithiums [„Schrägbeziehung" zum Magnesium, siehe ▸Kap. 1.2.4.6] äußert sich nicht nur im Hydratationsverhalten und in der relativen Schwerlöslichkeit mancher Salze [LiOH, LiF, Li_2CO_3, Li_3PO_4], sondern zeigt sich auch in den chemischen Eigenschaften des Elements. So verbrennt Lithium an der Luft zum normalen Oxid (Li_2O) und bildet kein Peroxid oder Superoxid. LiOH, Li_2CO_3 und $LiNO_3$ zersetzen sich beim Erhitzen unter Bildung von Li_2O. Demgegenüber entstehen beim trockenen Erhitzen der übrigen Alkalinitrate ($MeNO_3$) die betreffenden Alkalinitrite ($MeNO_2$) [vgl. **MC-Fragen Nr. 1787, 1788, 1801, 1803, 1839**].

$$4\ LiNO_3 \xrightarrow{\Delta} 2\ Li_2O + 4\ NO_2\uparrow + O_2\uparrow$$

$$2\ NaNO_3 \xrightarrow{\Delta} 2\ NaNO_2 + O_2\uparrow$$

2.9.2.3 Metallorganische Verbindungen

Auch organische Verbindungen der Alkalimetalle sind bekannt. So bildet Lithium mit Alkyl- oder Arylhalogeniden leicht **Lithiumorganyle**. Beispielsweise entsteht bei der Umsetzung von metallischem Li mit Ethylchlorid (CH_3CH_2Cl) in etherischer Lösung **Lithiumethyl** (CH_3CH_2Li) [vgl. **MC-Frage Nr. 1787**].

$$2\ Li + CH_3CH_2Cl \longrightarrow LiCl + CH_3CH_2Li$$

Die Lithium-organischen Verbindungen sind gewöhnlich Flüssigkeiten oder relativ niedrig schmelzende Festkörper; sie besitzen einen typisch *kovalenten* Bindungscharakter und lösen sich in unpolaren Solventien.

Die anderen **Alkaliorganyle** können z. B. durch Umsetzung der Metalle mit Quecksilber-organischen Verbindungen hergestellt werden.

$$2\ Me + HgR_2 \longrightarrow 2\ MeR + Hg$$

Es sind *salzartige*, im Gegensatz zu den Lithiumorganylen in Kohlenwasserstoffen unlösliche, polymere Substanzen, die **Carbanionen** als negatives Gegenion enthalten [vgl. **MC-Frage Nr. 1779**].

Daher reagieren Alkaliorganyle wie *Methyllithium* (CH_3Li) oder *n-Butyllithium* ($CH_3CH_2CH_2CH_2Li$) mit aciden Substraten wie Wasser oder Alkoholen unter Freisetzung des betreffenden Kohlenwasserstoffs [vgl. **MC-Fragen Nr. 1326, 1888**].

$$CH_3Li + H_2O \rightarrow CH_4\uparrow + LiOH$$
$$LiC_4H_9 + CH_3OH \rightarrow C_4H_{10}\uparrow + LiOCH_3$$

2.10 Nebengruppenelemente, insbesondere Elemente der ersten Übergangsreihe

2.10.1 Allgemeine Eigenschaften von Nebengruppenelementen

Bei den **Übergangselementen** werden mit steigender Ordnungszahl schrittweise *innere* Elektronenschalen [d- und f-AO] bzw. bei den **Lanthanoiden** und **Actinoiden** innere f-Orbitale mit Elektronen besetzt [vgl. **MC-Fragen Nr. 1806, 1812, 1902**].

Obwohl die Auffüllung dieser Schalen mit den Elementen 28 (**Ni**), 46 (**Pd**) und 78 (**Pt**) jeweils abgeschlossen ist, rechnet man auch die Elemente der I. (*Kupfergruppe*) und der II. Nebengruppe (*Zinkgruppe*) zu den Übergangselementen.

Ein verkürztes Periodensystem der Nebengruppenelemente zeigt ▫Tab. 2.26. Danach umfasst die erste Reihe der Übergangselemente die 10 Elemente vom Scandium (**Sc**) bis zum Zink (**Zn**), die zweite Reihe die 10 Elemente vom Yttrium (**Y**) bis zum Cadmium (**Cd**) und in der dritten Reihe befinden sich gleichfalls 10 Elemente vom Lanthan (**La**) bis zum Quecksilber (**Hg**). Dies ergibt sich aus der Besetzung von *fünf* entarteten d-Orbitalen mit Elektronen.

Die auf das Lanthan (**La**) bzw. Actinium (**Ac**) jeweils folgenden 14 Elemente (Besetzung von 7 entarteten f-Niveaus mit Elektronen) werden als *innere Übergangselemente* oder als *Lanthanoide* (Lanthaniden) bzw. als *Actinoide* (Actiniden) bezeichnet.

In ihren *physikalischen* und *chemischen Eigenschaften* unterscheiden sich die Übergangselemente sehr stark voneinander; einige sind unedel (z. B. Lanthan), andere zählen hingegen zu den Edelmetallen (Ag, Au, Platinmetalle).

Neben ihrer hohen *Tendenz zur Bildung von Komplexen* ist auch das *magnetische* (*Paramagnetismus* zahlreicher Übergangsmetallionen) und *spektrale Verhalten* (*Far-*

▫ Tab. 2.26 Periodensystem der Nebengruppenelemente (ohne Lanthanoide und Actinoide)

III	IV	V	VI	VII	VIII			I	II
Sc	**Ti**	**V**	**Cr**	**Mn**	**Fe**	**Co**	**Ni**	**Cu**	**Zn**
Y	**Zr**	**Nb**	**Mo**	**Tc**	**Ru**	**Rh**	**Pd**	**Ag**	**Cd**
La	**Hf**	**Ta**	**W**	**Re**	**Os**	**Ir**	**Pt**	**Au**	**Hg**

bigkeit zahlreicher Verbindungen) der Nebengruppenelemente sowie das Auftreten dieser Elemente in relativ vielen *Oxidationsstufen* auf das Vorhandensein nur teilweise besetzter d- und f-Atomorbitale zurückzuführen [vgl. **MC-Fragen Nr. 1806–1810, 1812, 1902**].

Der Befund, dass die d-Orbitale erst *nach* dem s-AO der nächsthöheren Hauptquantenzahl aufgefüllt werden, zeigt, dass bei den Übergangsmetallen das s-AO energieärmer ist als die d-Niveaus. Bilden sich jedoch aus den Atomen ein- und zweiwertige Kationen, so werden *zuerst* die Elektronen aus dem höheren s-Niveau abgespalten. Dies hat zur Folge, dass im Gegensatz zu den freien Atomen die d-AO der Ionen energetisch günstiger liegen als das nächsthöhere s-Orbital. Darüber hinaus können auch die d-Elektronen als *Valenzelektronen* fungieren. Dies sollen die Elektronenkonfigurationen von Eisen und seiner zwei- und dreiwertigen Ionen belegen [vgl. **MC-Frage Nr. 1810**].

$$\mathbf{Fe(0)}: [Ar]3d^6\mathbf{4s^2} - \mathbf{Fe(II)}: [Ar]\mathbf{3d^6} - \mathbf{Fe(III)}: [Ar]\mathbf{3d^5}$$

2.10.1.1 Metalleigenschaften

Alle Übergangselemente sind **Metalle**. Im Allgemeinen besitzen sie hohe Schmelz- und Siedepunkte sowie hohe Verdampfungsenthalpien. Eine Ausnahme bilden die Elemente der Zinkgruppe: Quecksilber ist bei Raumtemperatur flüssig, Zink und Cadmium besitzen relativ niedrige Schmelzpunkte und alle drei Metalle sind leicht verdampfbar; sie können durch Destillation gereinigt werden. Die meisten Übergangselemente kristallisieren in der dichtesten Kugelpackung und sind *gute elektrische Leiter*; diesbezüglich sind besonders die Elemente der I. Nebengruppe [Cu, Ag, Au] hervorzuheben [vgl. **MC-Fragen Nr. 1806–1810, 1902**].

Metallgewinnung: Nur wenige Übergangsmetalle kommen in der Natur *gediegen* (elementar) vor; man gewinnt die Metalle meistens durch *Reduktion der Oxide* mit Kohle oder Kohlenmonoxid (CO). Sulfidische Erze müssen zunächst durch Rösten in die betreffenden Oxide übergeführt werden. Metalle, die leicht *Einlagerungscarbide* [Mn, Cr, Ti, W u. a.] bilden, lassen sich *nicht* mit Kohle reduzieren; zu ihrer Reduktion werden Wasserstoff oder Aluminium eingesetzt bzw. man gewinnt sie elektrolytisch durch kathodische Reduktion [vgl. **MC-Frage Nr. 1814**].

$$Cr_2O_3 + 2\ Al \longrightarrow 2\ Cr + Al_2O_3$$

2.10.1.2 Elektronenkonfiguration und Oxidationszahlen

Über die Valenzelektronenkonfigurationen und die wichtigsten Oxidationszahlen der ersten Reihe der Übergangsmetalle (Sc→Zn) informiert ▫Tab. 2.27 [vgl. **MC-Fragen Nr. 531, 1806, 1808, 1810, 1811, 1815, 1816**].

Mit Ausnahme des Scandiums (Sc), das nur in der Oxidationsstufe +3 auftritt, bilden alle Elemente durch Abgabe der beiden 4s-Elektronen *zweiwertige* Ionen. Es überrascht, dass auch Kupfer ($[Ar]3d^{10}4s^1$) vorzugsweise Cu(II)-Ionen bildet, obwohl aufgrund seiner Elektronenkonfiguration eher die Stufe +1 zu erwarten wäre. Dazu ist anzumerken, dass die relative Stabilität einer Oxidationsstufe auch von der Art der

▫ Tab. 2.27 Elektronenkonfigurationen und Oxidationszahlen der Elemente der ersten Übergangsmetallreihe (selten auftretende Oxidationszahlen sind in Klammer gesetzt)

Element	Elektronen-konfiguration	Oxidationszahlen
Scandium	$[Ar]3d^14s^2$	+3
Titan	$[Ar]3d^24s^2$	(+2), +3, +4
Vanadium	$[Ar]3d^34s^2$	+2, +3, +4, +5
Chrom	$[Ar]3d^54s^1$	+2, +3, (+4), (+5), +6
Mangan	$[Ar]3d^54s^2$	+2, (+3), +4, (+5), (+6), +7
Eisen	$[Ar]3d^64s^2$	+2, +3, (+4), (+6)
Kobalt	$[Ar]3d^74s^2$	+2, +3, (+4)
Nickel	$[Ar]3d^84s^2$	+2, (+3)
Kupfer	$[Ar]3d^{10}4s^1$	+1, +2
Zink	$[Ar]3d^{10}4s^2$	+2

jeweils vorhandenen Anionen und Liganden abhängt. In wässriger Lösung sind hydratisierte Cu(I)-Ionen nicht beständig und disproportionieren zu Cu und Cu(II) [siehe auch ▸Kap. 2.11.1.1 und **MC-Fragen Nr. 1808, 1809**].

Die Oxidationsstufe **+3** ist in der ersten Übergangsmetallreihe gleichfalls häufig anzutreffen. Mit zunehmender Ordnungszahl nimmt allerdings die Tendenz, in die Stufe +3 überzugehen, stark ab, sodass einige dreiwertige Ionen [Fe^{3+}, Co^{3+}] oxidierende Eigenschaften besitzen. Co(III)-Ionen wirken bereits so stark oxidierend, dass sie aus wässriger Lösung Sauerstoff entwickeln.

▫ Tab. 2.27 zeigt auch, dass innerhalb einer Reihe von Übergangsmetallen vor allem die mittleren Elemente die höchsten Oxidationszahlen erreichen. In der zweiten und dritten Reihe sind es die Elemente **Ruthenium** (Ru) und **Osmium** (Os), die in den Tetroxiden (MeO_4) die höchstmögliche Oxidationszahl **+8** besitzen. In den höchsten Oxidationsstufen bilden die Nebengruppenelemente jedoch nur Verbindungen mit den elektronegativsten Elementen [F, O, Cl]. Innerhalb einer Nebengruppe [z. B. Fe – Ru – Os] werden mit zunehmender Ordnungszahl die Verbindungen in den höheren Oxidationsstufen immer stabiler [vgl. **MC-Fragen Nr. 1138, 1812**].

2.10.1.3 Atomradien, Ionenradien

Die Atome und Ionen der Nebengruppenelemente unterscheiden sich durch die Anzahl der Elektronen auf der *zweitäußersten* bzw. *drittäußersten Schale* (Lanthanoide, Actinoide). Dabei schirmen die jeweils neu eintretenden Elektronen die zunehmende Kernladung so stark ab, dass sich die Atom- oder Ionenradien innerhalb einer Reihe von Übergangselementen nur noch sehr wenig unterscheiden. Eine Zusammenstellung von Atomradien und Ionenradien einiger Nebengruppenelemente findet sich im ▸Kap. 1.2.4.4, ▫ Tab. 1.20.

Im Allgemeinen sind die Atom- und Ionenradien der Nebengruppenelemente geringer als die der Hauptgruppenelemente in der gleichen Periode.

$\mathbf{A_r}$: **Ca** ($[Ar]4s^2$) 180 pm – **Mn** ($[Ar]3d^54s^2$) 140 pm – **Zn** ($[Ar]3d^{10}4s^2$) 135 pm

Tab. 2.28 Normalpotentiale (E^0) einiger Übergangsmetalle (in Volt)

Element	Normalpotential			Element	Normalpotential		
	Me/Me^{2+}	Me/Me^{3+}	Me^{2+}/Me^{3+}		Me/Me^{+}	Me/Me^{2+}	Me/Me^{3+}
Chrom	-0,91	-0,74	-0,41	Kupfer	+0,13	+0,34	-
Mangan	-1,19	-0,28	+1,51	Quecksilber	+0,80	+0,85	-
Eisen	-0,45	-0,04	+0,75	Silber	+0,80	-	-
Kobalt	-0,28	-0,40	+1,80	Gold	+1,75	-	+1,50
Nickel	-0,26	-	+0,49	Platin	-	+1,12	-
Zink	-0,76	-	-	Palladium	-	+0,95	-

Weil die Ionen der Übergangselemente relativ klein sind, besitzen sie eine hohe Ladungsdichte. Die geringe Größe der Ionen verbunden mit der Verfügbarkeit von d-Orbitalen für koordinative Bindungen erklärt die ausgeprägte Bereitschaft der Nebengruppenelemente zur Bildung von stabilen Komplexen (siehe auch ►Kap. 1.5.2.3).

2.10.1.4 Normalpotentiale

Viele Metalle der Nebengruppen reagieren aufgrund ihres negativen Normalpotentials mit Säuren bzw. mit Wasserdampf unter Freisetzung von H_2. Einige Metalle sind jedoch schlechte Reduktionsmittel. Hierzu zählen Quecksilber, die Münzmetalle [Cu, Ag, Au] sowie die Elemente der Platingruppe. In Tab. 2.28 sind die Normalpotentiale einiger Übergangsmetalle aufgelistet.

2.10.1.5 Chemie der Übergangsmetallionen

Die Übergangsmetalle bilden nur relativ wenige typische Salze, d. h. Substanzen, deren Gitter aus idealen, kugelförmigen Ionen aufgebaut sind. Vielmehr treten meist mehr oder weniger starke Wechselwirkungen zwischen den Metallkationen und den betreffenden Anionen auf, sodass die *Bindungen* in den Gittern in gewissem Umfang *kovalenten Charakter* annehmen. Am ehesten bleibt der *Salzcharakter* bei Verbindungen erhalten, die diese Metalle in niedrigen Oxidationsstufen (+2, +3) enthalten.

Viele Ionen von Nebengruppenelementen sind *paramagnetisch* und besitzen eine charakteristische *Farbe* [vgl. **MC-Fragen Nr. 1806, 1807, 1902**].

In höheren Oxidationsstufen (+5, +6, +7) bilden eine Reihe von Übergangsmetallen **Oxoanionen** (z. B. MnO_4^-, CrO_4^{2-}). Säuert man die wässrigen Lösungen einiger dieser Oxokomplexe an, so entstehen durch Kondensation *mehrkernige Anionen*. Bei Vereinigung einer einzigen Art von Oxokomplexen, wie z. B. bei der Polykondensation von Chromat-Ionen (CrO_4^{2-}) zu Chrom(VI)-oxid (CrO_3), bezeichnet man sie als **Isopolyanionen** [vgl. **MC-Fragen Nr. 1818, 1819**].

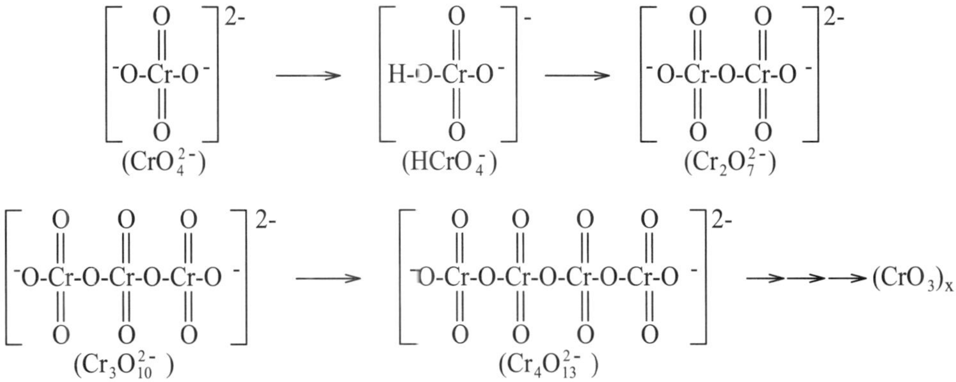

Enthalten solche Lösungen noch andere Oxoanionen, so werden auch diese eingebaut und man erhält **Heteropolyanionen**, wie zum Beispiel das *Molybdatophosphat-Anion* $[\mathbf{P}(O\mathbf{Mo}O_9)_4]^{3-}$, das Phosphor und Molybdän als Zentralatome enthält (siehe auch ▶Kap. 1.5.2.2).

Die hydratisierten Ionen der Übergangsmetalle reagieren in wässriger Lösung als **Kationsäuren**. Eine Zusammenstellung der pK_S-Werte einiger ausgewählter Hydrate findet sich in ◻Tab. 2.29. Die Acidität dieser Kationsäuren hängt vor allem vom Ionenradius und der Ionenladung ab. Allerdings ist es nicht möglich, die Säurestärke der verschiedenen hydratisierten Ionen zu einander in eine einfache, gesetzmäßige Beziehung zu bringen. Ursache hierfür ist, dass die hydratisierten Ionen nicht nur H^+-Ionen auf Wassermoleküle übertragen, sondern sich zugleich auch zu mehrkernigen Komplexen vereinen können [vgl. **MC-Fragen Nr. 995, 1009, 1018, 1019, 1829**].

$$[Fe(H_2O)_6]^{3+} + H_2O \rightleftharpoons [Fe(H_2O)_5(OH)]^{2+} + H_3O^+$$
$$2\,[Fe(H_2O)_6]^{3+} + 2\,H_2O \rightleftharpoons [Fe(H_2O)_5(OH)_2Fe(H_2O)_5]^{4+} + 2\,H_3O^+$$

Im letztgenannten zweikernigen Eisenkomplex sind die beiden Fe(III)-Ionen über zwei HO^--Brückenliganden miteinander verknüpft.

◻ **Tab. 2.29 pK_s-Werte von Aquakomplexen einiger Übergangsmetalle**

Ion	Radius (pm)	pK_s	Ion	Radius (pm)	pK_s	Ion	Radius (pm)	pK_s
Fe^{2+}	78	9,51	Ce^{3+}	102	~9	Ni^{2+}	60	8,3
Fe^{3+}	65	2,22	Ce^{4+}	91	0,15	Cu^{2+}	73	6,8
Co^{2+}	75	9,3	Cr^{3+}	73	4,95	Zn^{2+}	74	9,66
Co^{3+}	61	4,79	Mn^{2+}	65	10,64	Ti^{3+}	67	1,7

2.10.1.6 Lanthanoide (Lanthanide)

Die auf das Lanthan folgenden 14 Elemente, die sog. **Lanthanoide**, werden auch als Metalle der „**seltenen Erden**“ bezeichnet [vgl. **MC-Frage Nr. 1813**].

Bei ihnen erfolgt die Auffüllung der **4f-Niveaus** mit Elektronen; allerdings ist anzumerken, dass infolge des geringen Energieunterschieds zwischen den 5d- und den

4f-Orbitalen nicht in allen Fällen völlige Klarheit über die Elektronenkonfiguration der freien Atome besteht.

Alle Lanthanoide bilden *dreiwertige* Ionen dadurch, dass die beiden 6s-Elektronen sowie ein 5d- oder 4f-Elektron abgegeben werden. Manche Lanthanoidenelemente treten zusätzlich noch in den Oxidationsstufen **+2** und **+4** auf. In der vierwertigen Stufe sind diese Ionen starke Oxidationsmittel [z. B. Ce(IV)]. Demgegenüber ist das Eu^{2+}-Ion ein starkes Reduktionsmittel.

Viele Lanthanoide kommen in der Natur vergesellschaftet vor; eine ganze Reihe von ihnen kann aus **Monazit**, einem phosphathaltigen Silicat, gewonnen werden. Da sich die Lanthanoide nur im Aufbau der *drittäußersten* Schale unterscheiden, die von geringem Einfluss auf die chemischen Eigenschaften ist, verhalten sich die Elemente außerordentlich ähnlich.

Innerhalb der Reihe der Lanthanoide nimmt der *Ionenradius* von 115 pm (La^{3+}) auf 85 pm (Lu^{3+}) stetig ab (**Lanthanoidenkontraktion**), eine Folge der von Element zu Element wachsenden Kernladung bei gleichzeitiger Auffüllung einer inneren Elektronenschale.

Die Elemente der Lanthanoidengruppe sind weiche, sehr reaktionsfähige Metalle, die z.T. heftig mit Wasser unter Freisetzung von Wasserstoff reagieren und leicht von Luftsauerstoff oxidiert werden. In ihren *chemischen Eigenschaften* ähneln sie z.T. dem Calcium, z.T. dem Aluminium (E = Lanthanoidenelement):

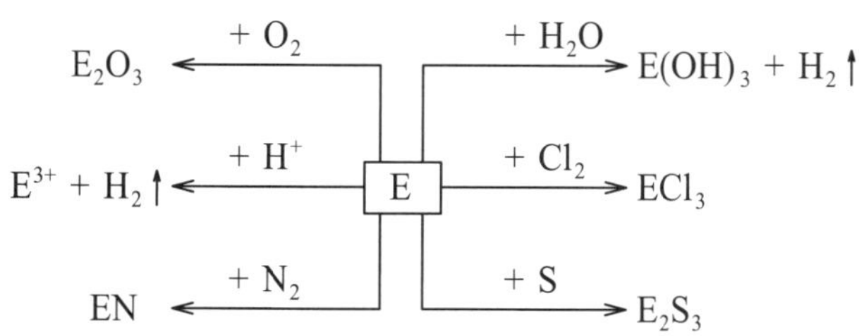

2.10.1.7 Actinoide (Actinide)

Die exakte Elektronenkonfiguration der 14 Actinoide ist noch nicht in allen Einzelheiten gesichert. Die Kerne der Actinoide sind *instabil* und zerfallen unter Aussendung von **α-Teilchen**. Auch die Actinoide sind ziemlich reaktionsfähige Metalle und bilden vorwiegend Verbindungen in den Oxidationsstufen +2, +4, +5 und +6.

2.10.2 Elemente der ersten Übergangsmetallreihe

2.10.2.1 Chrom

Chrom (Cr) tritt in der Natur hauptsächlich als **Chromeisenstein** ($FeCr_2O_4$), einem Spinell, und als **Rotbleierz** ($PbCrO_4$) auf. Zur Gewinnung des Metalls überführt man die Erze in Cr(III)-oxid (Cr_2O_3), das mit Aluminium reduziert wird. Ein Teil des Chromeisensteins wird durch Erhitzen mit Soda direkt in **Natriumchromat** (Na_2CrO_4) umgewandelt.

$$Cr_2O_3 + 2\ Al \longrightarrow 2\ Cr + Al_2O_3$$
$$4\ FeCr_2O_4 + 7\ O_2 + 8\ Na_2CO_3 \longrightarrow 2\ Fe_2O_3 + 8\ Na_2CrO_4 + 8\ CO_2\uparrow$$

Metallisches Chrom ist sehr hart und trotz seines negativen Normalpotentials chemisch äußerst widerstandsfähig. Es löst sich zwar in Salzsäure unter Bildung von **Cr(II)-chlorid** und Freisetzung von H_2, nicht aber in oxidierenden Säuren wie HNO_3. Dies ist eine Folge der *Passivierung* des Metalls durch Bildung einer dünnen, undurchlässigen und festhaftenden Oxidschicht.

Alle Chromverbindungen sind *farbig*. Die wichtigsten Oxidationsstufen sind **+2, +3** und **+6**; am stabilsten sind Cr(III)-Verbindungen. Cr(II)-Ionen wirken stark reduzierend, während Cr(VI)-Verbindungen starke Oxidationsmittel darstellen.

Hydratisierte Cr(II)-Ionen können durch Reduktion höherer Oxidationsstufen mit Zink oder durch Reaktion von hochreinem Chrom mit verdünnten, nichtoxidierenden Säuren erhalten werden. Cr(II)-Salzlösungen sind nur unter Luftausschluss haltbar.

Das hydratisierte Cr^{3+}-Ion ist eine *schwache Kationsäure*. Versetzt man Cr(III)-Salzlösungen mit HO^--Ionen, so bildet sich **Chrom(III)-hydroxid** [$Cr(OH)_3$], das bei höheren pH-Werten unter Bildung eines *grünen* Hydroxokomplexes wieder in Lösung geht. Beim Entwässern von $Cr(OH)_3$ entsteht **Chrom(III)-oxid** (Cr_2O_3) [vgl. **MC-Frage Nr. 1831**].

$$[Cr(H_2O)_6]^{3-} \xrightarrow{+\,HO^-} [Cr(OH)_3]\downarrow \xrightarrow{+\,HO^-} [Cr(OH)_6]^{3-}$$
$$[Cr(OH)_3] \downarrow\; Cr_2O_3$$

Cr^{3+}-Ionen besitzen eine hohe Tendenz zur Komplexbildung. In diesen Komplexen ist das Cr(III)-Ion oktaedrisch von sechs Liganden umgeben. Die Komplexe sind im Allgemeinen kinetisch inert und gehen nur langsam Ligandensubstitutionen ein; es sind high spin-Komplexe.

Die wichtigsten Chrom(VI)-Verbindungen sind **Cr(VI)-oxid** (CrO_3), **Chromate** (CrO_4^{2-}) und **Dichromate** ($Cr_2O_7^{2-}$). Die *gelb* gefärbten Chromate können durch Oxidation von Cr(III)-Salzlösungen mit alkalischer H_2O_2-Lösung erhalten werden.

$$2\,Cr^{3+} + 3\,H_2O_2 + 10\,HO^- \longrightarrow 2\,CrO_4^{2-} + 8\,H_2O$$

Beim Ansäuern solcher Lösungen ändert sich die Farbe in *orange* und es bilden sich zweikernige Dichromat-Ionen; die Reaktion ist umkehrbar. In konzentrierten Säuren entsteht durch Polykondensation von CrO_4^{2-}-Ionen über verschiedene Isopolyanionen als Zwischenstufen schließlich das *rote*, polymere **Chrom(VI)-oxid** (CrO_3). Die einzelnen Zwischenstufen unterscheiden sich jeweils um eine CrO_3-Einheit [siehe auch ▶Kap. 2.10.1.5 und **MC-Fragen Nr. 1818, 1819**].

$$CrO_4^{2-} \rightarrow Cr_2O_7^{2-} \rightarrow Cr_3O_{10}^{2-} \rightarrow Cr_4O_{13}^{2-} \rightarrow Cr_5O_{16}^{2-} \rightarrow\rightarrow (CrO_3)_x$$

Chrom(VI)-Verbindungen wirken stark oxidierend [$E^o = +1{,}36$ V], wobei sie in neutraler oder saurer Lösung zu hydratisierten Cr^{3+}-Ionen oder zu Komplexen der Oxidationsstufe + 3 reduziert werden. In alkalischer Lösung ist die Oxidationswirkung der sechswertigen Stufe weniger stark ausgeprägt.

Dichromate ($Cr_2O_7^{2-}$) reagieren mit Wasserstoffperoxid (H_2O_2) in saurer Lösung zum **Chrom(VI)-peroxid** (*Chromperoxid*) [$CrO_5 \equiv CrO(O_2)_2$]. Die Bildung des *blauen*

Chromperoxids dient als Nachweisreaktion auf Chrom(VI)-Verbindungen [siehe Ehlers, **Analytik I**, ►Kap. 2.2.3.11 und **MC-Fragen Nr. 1445, 1447**].

$$Cr_2O_7^{2-} + 4\ H_2O_2 + 2\ H_3O^+ \longrightarrow 2\ CrO_5 + 7\ H_2O$$

Bei den **Oxiden** des Chroms zeigt sich, dass die Metalloxide mit zunehmender Oxidationszahl stärker sauer werden. So besitzt **CrO** basische Eigenschaften, **Cr_2O_3** verhält sich amphoter und **CrO_3** ist ein Säureanhydrid.

2.10.2.2 Mangan

Die wichtigsten Manganerze sind **Oxide** [**Braunstein** (MnO_2), **Braunit** (Mn_2O_3), **Hausmannit** (Mn_3O_4)] und **Manganspat** ($MnCO_3$)]. Zur Herstellung des Metalls werden die gereinigten Oxide mit Aluminium reduziert. Mangan (Mn) ist ein sprödes, relativ unedles Metall [E^o = -1,18 V], das sich leicht in nichtoxidierenden Säuren zu Mn(II)-Verbindungen löst.

In seinen Verbindungen tritt Mangan in den Oxidationsstufen **+2, +3, +4, +5, +6** und **+7** auf. Viele dieser Verbindungen sind charakteristisch gefärbt.

In den stabilen Mn(II)-Verbindungen besitzt das Mn^{2+}-Ion ein halbbesetztes d^5-Niveau. In neutraler und saurer Lösung liegt es als *blassrosa* gefärbter Aquakomplex $[Mn(H_2O)_6]^{2+}$ vor. Im Gegensatz zum Cr(II)-Ion wirkt Mn^{2+} nicht reduzierend. Erhöht man den pH-Wert von Mn(II)-Salzlösungen, so fällt ein *weißes Hydroxid* [$Mn(OH)_2$] aus, das wesentlich leichter zu oxidieren ist [vgl. **MC-Frage Nr. 1820**].

Mit Ausnahme des Phosphats und Carbonats sind alle Mn(II)-Salze in Wasser leicht löslich. Mn(II)-Ionen bilden zahlreiche oktaedrische Komplexe; außer dem Hexacyanokomplex handelt es sich hierbei um high spin-d^5-Komplexe. Daneben existieren auch einige Komplexe mit tetraedrischer Ligandenanordnung.

In der +3-Stufe ist Mangan ein starkes Oxidationsmittel und nur in Festkörpern beständig [Mn_2O_3, $Mn_3O_4 = MnO \cdot Mn_2O_3$]; in wässriger Lösung disproportioniert es zu Mn(II) und Mn(IV).

$$2\ Mn^{3+} + 6\ H_2O \longrightarrow Mn^{2+} + MnO_2\downarrow + 4\ H_3O^+$$

Die wichtigste Verbindung des Mangans in der vierwertigen Stufe ist **Mangan(IV)-oxid** [*Braunstein*] (MnO_2), eine nichtstöchiometrische Verbindung der Bruttoformel $MnO_{1,95}$. Mn(IV)-Verbindungen wirken z.T. erst beim Erhitzen oxidierend, wobei sie selbst zu Mn(II) reduziert werden. Gegenüber den meisten Säuren ist MnO_2 ziemlich inert.

Von den Verbindungen der Oxidationsstufe +5 ist als einziges das *blaue* $Na_3MnO_4 \cdot 7\ H_2O$ bekannt, das in alkalischer Lösung durch Reduktion von Na_2MnO_4 mit Natriumformiat (HCOONa) erhalten wird. In neutralem Milieu disproportionieren Manganat(V)-Verbindungen zu Mn(VI) und Mn(IV).

$$2\ MnO_4^{2-} + HCOO^- + HO^- \longrightarrow 2\ MnO_4^{3-} + CO_2\uparrow + H_2O$$
$$2\ MnO_4^{3-} + 2\ H_2O \longrightarrow MnO_4^{2-} + MnO_2\downarrow + 4\ HO^-$$

Von den Manganat(VI)-Verbindungen ist vor allem das *tiefgrüne* MnO_4^{2-}-Ion zu erwähnen, das durch Zusammenschmelzen von Braunstein mit Ätzkali an der Luft erhalten wird [vgl. **MC-Fragen Nr. 1134, 1821, 1823**].

$$2\ MnO_2 + O_2 + 4\ KOH \longrightarrow 2\ K_2MnO_4 + 2\ H_2O$$

Zur Darstellung im Laboratorium fügt man dem Schmelzgemisch zweckmäßigerweise ein geeignetes Oxidationsmittel (z. B. KNO_3) hinzu (**Oxidationsschmelze**). Das MnO_4^{2-}-Ion ist in wässriger Lösung nur bei sehr hohen pH-Werten beständig; unterhalb von pH = 8 tritt rasch Disproportionierung zu Mn(IV) und Mn(VII) ein [vgl. **MC-Fragen Nr. 1165, 1170, 1173, 1827**].

$$3\ MnO_4^{2-} + 4\ H_3O^+ \longrightarrow 2\ MnO_4^- + MnO_2\downarrow + 6\ H_2O$$

Das *tiefviolette*, adstringierend wirkende **Permanganat-Ion** (MnO_4^-), das Mangan in der Oxidationsstufe +7 enthält, wird durch elektrolytische Oxidation einer alkalischen Kaliummanganat(VI)-Lösung (K_2MnO_4) hergestellt [vgl. **MC-Fragen Nr. 1141, 1822**].

MnO_4^--Ionen wirken stark oxidierend. Lösungen von **Kaliumpermanganat** ($KMnO_4$) zersetzen sich allmählich beim Stehenlassen, wobei die Zersetzung durch Licht katalysiert wird.

$$4\ MnO_4^- + 4\ H_3O^+ \xrightarrow{h\nu} 3\ O_2\uparrow + 6\ H_2O + 4\ MnO_2\downarrow$$

In *alkalischer* Lösung wird Permanganat zu MnO_2 reduziert.

$$MnO_4^- + 2\ H_2O + \mathbf{3}\ e^- \longrightarrow MnO_2\downarrow + 4\ HO^- \qquad [E° = +1{,}23\ V]$$

In *saurer* Lösung entstehen hingegen Mn(II)-Verbindungen.

$$MnO_4^- + 8\ H_3O^+ + \mathbf{5}\ e^- \longrightarrow Mn^{2+} + 12\ H_2O \qquad [E° = +1{,}52\ V]$$

Wie die Nernstsche Formel für die Reduktion des Permanganats belegt, ist dessen Oxidationskraft in stark saurer Lösung wesentlich größer als in neutraler. Eine $KMnO_4$-Lösung vermag beispielsweise Salzsäure zu elementarem Chlor zu oxidieren [vgl. **MC-Fragen Nr. 1189–1191, 1825, 1826, 1827**].

$$2\ MnO_4^- + 10\ Cl^- + 16\ H_3O^+ \longrightarrow 2\ Mn^{2+} + Cl_2\uparrow + 24\ H_2O$$

Die zum Permanganat-Ion korrespondierende **Mangan(VII)-säure** ($HMnO_4$) ist in freier Form *nicht* bekannt. Allerdings lässt sich das entsprechende Anhydrid, das **Mangan(VII)-oxid** (Mn_2O_7), durch vorsichtiges Einwirken von konz. H_2SO_4 auf trockenes $KMnO_4$ als *rotes* Öl [Schmp. 5,9 °C] gewinnen.

2.10.2.3 Eisen

Eisen (Fe) ist *polymorph* und das vierthäufigste Element der Erdkruste. Die wichtigsten Eisenerze sind **Oxide** [**Hämatit** (Fe_2O_3), **Limonit** ($Fe_2O_3 \cdot xH_2O$), **Magnetit** (Fe_3O_4)]. Auch **Eisenspat** ($FeCO_3$) und **Pyrit** (FeS_2) haben eine gewisse technische Bedeutung erlangt [vgl. **MC-Fragen Nr. 1461, 1483, 1484**].

Die Reduktion der Eisenerze mit Kohle (bzw. CO) geschieht im sog. **Hochofenprozess**. *Roheisen* enthält ca. 3–7% Fremdstoffe und kann aufgrund seiner Sprödigkeit nur vergossen, aber nicht geschmiedet oder gewalzt werden. Um es verformbar zu machen, muss sein Kohlenstoffanteil auf unter 1,7% herabgesetzt und die übrigen Begleitstoffe entfernt werden. Das Roheisen wird so zum **Stahl**.

Eisen-Sauerstoff-Verbindungen: Die drei **Eisenoxide** [FeO, Fe_2O_3, Fe_3O_4] besitzen in der Regel keine exakte stöchiometrische Zusammensetzung. Sie zählen zu den sog. *nichtdaltonoiden* Verbindungen (siehe ▸Kap. 1.3.2.4). **Eisen(II)-oxid** (FeO) kann durch Erhitzen von **Fe(II)-oxalat** (FeC_2O_4) im Vakuum als *schwarzes*, pyrophores Pulver erhalten werden.

$$FeC_2O_4 \xrightarrow{\Delta} FeO + CO\uparrow + CO_2\uparrow$$

Eisen(III)-oxid (Fe_2O_3) wird durch Erhitzen von frisch gefälltem Fe(III)-hydroxid als *rotbraunes* Pulver gewonnen und ist *unlöslich* in NaOH-Lösung.

$$2\ Fe(OH)_3 \xrightarrow{\Delta} Fe_2O_3 + 3\ H_2O$$

Eisen(II)-hydroxid [$Fe(OH)_2$] wird als *grünliche* Substanz definierter Zusammensetzung durch Zugabe von HO^--Ionen aus Fe(II)-Salzlösungen unter Luftausschluss gefällt. An der Luft oxidiert sich der Niederschlag außerordentlich leicht und geht dabei über graugrüne, dunkelgrüne und schwarze Zwischenstufen in *rotbraunes* „$Fe(OH)_3$" über. Bei den grünen, intermediär auftretenden Produkten handelt es sich um basische Salze, die neben Fe^{2+}-Ionen einen variablen Gehalt an Fe(III) aufweisen. Eisen(II)-hydroxid ist schwach *amphoter* und löst sich in Säuren und konzentrierten Alkalihydroxid-Lösungen [vgl. **MC-Frage Nr. 1831**].

Im Gegensatz zu $Fe(OH)_2$ existiert *kein* **Fe(III)-hydroxid** mit definierter Zusammensetzung. Der bei Erhöhung des pH-Wertes aus wässrigen Fe(III)-Salzlösungen ausfallende gallertartige Niederschlag besteht aus stark wasserhaltigem Fe_2O_3. Fe(III)-oxid und Fe(III)-hydroxid sind Bestandteile des **Rostes**. Die Oxidation des Eisens an der Luft ist ein ziemlich komplizierter Vorgang, der durch Säuren begünstigt wird. Alkalische Lösungen hemmen dagegen das Rosten. Auch das Fe(III)-oxidhydrat ($Fe_2O_3 \cdot xH_2O$) ist schwach amphoter.

Auf der exothermen Bildung von Rost [$xFeO \cdot yFe_2O_3 \cdot zH_2O$] aus Eisenpulver, Wasser und Sauerstoff beruht auch die Wärmeentwicklung in Wärmepflastern.

Fe(II)-Salze: Fe^{2+}-Ionen bilden mit nahezu jedem stabilen Anion recht beständige Salze. Manche von ihnen werden aber beim Aufbewahren an der Luft oberflächlich zu Fe(III)-Verbindungen oxidiert. Das Redoxpotential Fe^{2+}/Fe^{3+}[E^o = +0,75 V] ist pH-abhängig; es wird in sauren Lösungen positiver, in schwach alkalischem Milieu dagegen negativer [vgl. **MC-Frage Nr. 567**].

Eisen(II)-chlorid ($FeCl_2$) entsteht beim Auflösen von Eisen in Salzsäure und kristallisiert als *grünes* Tetrahydrat. Das *weiße*, wasserfreie Salz erhält man beim Erhitzen von Fe in trockenem Chlorwasserstoff [vgl. **MC-Frage Nr. 1828**].

Eisen(II)-sulfid (FeS) dient im Laboratorium zur Schwefelwasserstoff-Herstellung.

$$FeS + 2\ HCl \longrightarrow FeCl_2 + H_2S\uparrow$$

Eisen(II)-sulfat ($FeSO_4 \cdot 7\ H_2O$) wird technisch durch Lösen von Eisenabfällen in H_2SO_4 oder durch Oxidation von teilweise geröstetem Pyrit an der Luft erhalten. Die infolge Hydrolyse sauer reagierende Lösung des Salzes wird an der Luft leicht zu einem basischen Salz [$Fe(OH)SO_4$] oxidiert. Wesentlich beständiger ist dagegen das Doppelsalz mit Ammoniumsulfat [$(NH_4)_2Fe(SO_4)_2$] (**Mohrsches Salz**).

Eisen(III)-Verbindungen Fe(III)-Halogenide können als *rotbraune*, hygroskopische und flüchtige Feststoffe durch direkte Reaktion der Elemente gewonnen werden. **Eisen(III)-iodid** (FeI_3) zerfällt jedoch spontan, sodass es *nicht* isolierbar ist.

Eisen(III)-chlorid ($FeCl_3$) ist eine *mittelstarke Lewis-Säure*; eine wässrige Lösung des Salzes reagiert sauer. Das hydratisierte Fe^{3+}-Ion ist eine ziemlich *starke Kationsäure* ($pK_s = 2{,}22$). $FeCl_3$ dient in der organischen Chemie zum qualitativen Nachweis von Phenolen und Enolen. Darüber hinaus wird $FeCl_3$ auch als Lewis Säure-Katalysator bei S_E-Reaktionen verwendet [siehe auch Ehlers, **Analytik I**, ▸Kap. 3.5.3.8 „Eisen(III)-chlorid-Reaktion" und **MC-Fragen Nr. 995, 1009, 1018, 1829**].

Während das hydratisierte Fe^{3+}-Ion nahezu *farblos* ist, sind die hydratisomeren Komplexe $[FeCl(H_2O)_5]^{2+}$, $[FeCl_2(H_2O)_4]^+$ und $[FeCl_3(H_2O)_3]$ intensiv *gelb* gefärbt. Ebenso sind die bei der Hydrolyse des $[Fe(H_2O)_6]^{3+}$-Ions auftretenden Ionen $[Fe(OH)(H_2O)_5]^{2+}$ und $[Fe(OH)_2(H_2O)_4]^+$ *gelblich-braun*. Im weiteren Verlauf der Hydrolyse entsteht schließlich kolloides, *rotbraunes* $[Fe(OH)_3(H_2O)_3]$ [vgl. **MC-Fragen Nr. 1828, 1829, 1831**].

Von den meisten Anionen sind Fe(III)-Salze bekannt, sofern die betreffenden Anionen nicht reduzierend wirken. Über die Oxidationsstufe von +3 hinaus kennt man eine Reihe von Verbindungen, in denen Eisen in höheren Wertigkeitsstufen (**+4, +6**) auftritt. Solche Verbindungen sind sehr starke Oxidationsmittel [vgl. **MC-Fragen Nr. 531, 1811**].

Eisenkomplexe: Mit Ausnahme des Hexacyanoferrat(II) bilden Fe^{2+}-Ionen paramagnetische high spin-Komplexe mit meistens oktaedrischer Koordination. Der wichtigste Fe(II)-Komplex ist das **Häm**, ein Chelatkomplex, der an ein globuläres Protein gebunden als **Hämoglobin** bezeichnet wird. Er bindet Sauerstoff in einer lockeren Additionsverbindung und besitzt demzufolge Bedeutung für die Sauerstoffübertragung im Blut [vgl. **MC-Fragen Nr. 489, 545, 549, 1871**].

Auch von Fe(III) sind zahlreiche high spin-d^5-Komplexe bekannt. Im Allgemeinen sind Fe(III)-Komplexe instabiler als die analogen Komplexe mit zweiwertigem Eisen. So sind z. B. die wässrigen Lösungen des **Kaliumhexacyanoferrat(II)** ($K_4[Fe(CN)_6]$) (**gelbes Blutlaugensalz**) viel beständiger als die wässrigen Lösungen von **Kaliumhexacyanoferrat(III)** ($K_3[Fe(CN)_6]$) (**rotes Blutlaugensalz**) [vgl. **MC-Fragen Nr. 485, 1830, 1871**].

Die beim Zusammengießen einer Fe(III)-Lösung und einer Rhodanid-Lösung entstehenden Komplexe wie $[FeSCN(H_2O)_5]^{2+}$, $[Fe(SCN)_2(H_2O)_4]^+$ oder $[Fe(SCN)_3(H_2O)_3]$ besitzen eine intensiv *rote* Farbe und gestatten, selbst Fe^{3+}-Spuren noch analytisch nachzuweisen. In diesem Zusammenhang sei auch an das sog. **Berliner Blau (Turn-**

bulls Blau) ($K^+[Fe^{3+}Fe^{2+}(CN)_6]$) erinnert [siehe auch Ehlers, **Analytik I**, ►Kap. 2.2.3.28 und **MC-Fragen Nr. 545, 1871**].

Prussiate (**Pentacyanoferrate**) heißen Komplexe, in denen eine Cyanogruppe des $[Fe(CN)_6]$-Ions durch einen anderen einzähnigen Liganden ersetzt wurde. Diese oktaedrischen Fe(II)-Komplexe besitzen die allgemeine Bruttozusammensetzung ($Y[FeX(CN)_5]$), wobei X = NO, CO, NH_3, NO_2, SO_3 u. a.m. bedeuten kann. Die wichtigste Verbindung dieser Art ist das **Natriumpentacyanonitrosylferrat** (**Nitroprussidnatrium**) ($Na_2[FeNO(CN)_5]$) [vgl. **MC-Fragen Nr. 545, 553, 1871**].

Im **Ferroin** liegt ein Fe(II)-Chelatkomplex mit Phenanthrolin vor, der häufig bei Redoxtitrationen zur Indizierung der Äquivalenzpunktes eingesetzt und dabei unter Erhalt der Struktur des Chelatkomplexes zu **Ferriin** mit zentralem Fe(III) oxidiert wird. **Ferrocen** ist ein *Sandwich-Komplex* in dem ein Fe(II)-Ion im Zentrum zweier Cyclopentadienid-Ringe angeordnet ist [siehe ►Kap. 1.5.4.1 und Ehlers, **Analytik II**, ►Kap. 7.1.3.1 sowie **MC-Fragen Nr. 545, 550–553**].

2.10.2.4 Kobalt (Cobalt)

Kobalt (Co) ist ein relativ hartes Metall, das ziemlich reaktionsträge ist und sich trotz seines negativen Normalpotentials [E^o = -0,28 V] nur langsam in Säuren löst. Durch konz. HNO_3 wird es ähnlich wie Eisen *passiviert*.

In **Verbindungen** tritt Co in den Oxidationsstufen **+2** und **+3** auf.

Das hydratisierte Co^{2+}-Ion ist *rosa*, das wasserfreie Ion *hellblau* gefärbt. Im Gegensatz zum Fe(II)-Ion ist das Co(II)-Ion an der Luft vollkommen beständig; auch wässrige Co(II)-Salzlösungen sind an der Luft unbeschränkt haltbar. Beim Erhöhen des pH-Wertes fällt aus diesen Lösungen das schwach *amphotere* **Kobalt(II)-hydroxid** [$Co(OH)_2$] als *blauer* Niederschlag aus. Die blaue Modifikation ist wenig beständig und wandelt sich rasch in eine *rote* Form um.

$$Co^{2+} \xrightarrow{+\,HO^-} Co(OH)_2\downarrow \xrightarrow{+\,HO^-} [Co(OH)_4]^{2-}$$

Durch Erwärmen unter Sauerstoffausschluss kann das Hydroxid in *olivgrünes* **Co(II)-oxid** (CoO) übergeführt werden. Durch Glühen von Co(II)-Verbindungen mit Al(III)- oder Zn(II)-Verbindungen bilden sich schwer lösliche Doppeloxide vom *Spinelltyp* [**Thenards-Blau** = Kobaltaluminat ($CoAl_2O_4$) bzw. **Rinmanns-Grün** = Kobaltzinkat ($CoZnO_2$)] [vgl. **MC-Fragen Nr. 1752, 1824**].

Es sind nur wenige einfache Salze mit Co(III)-Kationen bekannt. Das Co^{3+}-Ion ist ein sehr starkes Oxidationsmittel und vermag z. B. Wasser zu Sauerstoff zu oxidieren.

In beiden Oxidationsstufen bildet Kobalt zahlreiche oktaedrische **Komplexe**. Alle Co(II)-Komplexe sind kinetisch inert und im Allgemeinen leicht oxidierbar. In Gegenwart von Liganden, die Co^{3+}-Ionen komplexieren, wird die dreiwertige Stufe gegenüber der zweiwertigen viel stabiler. Ein Co(III)-Komplex von besonderem Interesse liegt im **Vitamin B_{12}** (*Cobalamin*) vor, einem Chelatkomplex von Kobalt(III) mit dem Corrin-Ringsystem [vgl. **MC-Frage Nr. 549**].

2.10.2.5 Nickel

Nickel (Ni) tritt in der Natur hauptsächlich in Verbindung mit Arsen und Schwefel auf. Zur Herstellung von metallischem Nickel werden die Erze in Sulfide übergeführt, diese anschließend geröstet und mit Kohle reduziert. Das hochreine Metall wird über **Tetracarbonylnickel(0)** (*Nickeltetracarbonyl*) $[Ni(CO)_4]$ gewonnen. Das komplexe $Ni(CO)_4$ ist eine *farblose*, giftige Flüssigkeit [Schmp. -25 °C; Sdp. 43 °C] und entsteht in einer Lewis-Säure-Reaktion aus Nickelpulver (als Zentralatom) und Kohlenmonoxid (als Liganden) bei mäßigem Erwärmen. Das tetraedrisch gebaute Molekül wird durch Erhitzen auf höhere Temperaturen wieder in die Ausgangskomponenten zerlegt [vgl. **MC-Fragen Nr. 502, 546, 1147, 1811, 1836, 1837, 1859**].

$$Ni + 4\,CO \underset{200\ °C}{\overset{20\text{-}30\ °C}{\rightleftharpoons}} [Ni(CO)_4]$$

Der Komplex wird in der organischen Chemie bei Carbonylierungen von Acetylen *(Reppe-Synthese)* eingesetzt [siehe Ehlers, **Chemie II**, ►Kap. 3.5.7.3 und **MC-Fragen Nr. 329, 1837**].

$$HC \equiv CH + CO + H_2O \longrightarrow H_2C = CH\text{-}COOH \quad \textbf{Acrylsäure}$$
$$HC \equiv CH + CO + ROH \longrightarrow H_2C = CH\text{-}COOR \quad \textbf{Acrylsäureester}$$

Reines Nickel ist gegenüber Luft, Wasser und verdünnten Säuren relativ beständig. **Raney-Nickel** (RaNi) ist eine poröse Nickel-Aluminium-Legierung, die zu 85% aus Nickel besteht und durch Behandeln einer Ni/Al-Legierung mit NaOH-Lösung erhalten wird, wobei der überwiegende Teil an Aluminium als Aluminat herausgelöst wird [vgl. **MC-Fragen Nr. 1833-1835**].

$$2\,Ni + 2\,Al + 2\,NaOH + 6\,H_2O \longrightarrow 2\,\mathbf{Ni} + 2\,Na[Al(OH)_4] + 3\,H_2\uparrow$$

RaNi ist selbstentzündlich (*pyrophor*) und wird in der organischen Chemie als Katalysator bei Hydrierungen und Hydrogenolysen eingesetzt. In der pharmazeutischen Analytik wird Raney-Nickel zur hydrogenolytischen Abspaltung von organisch gebundenem Halogen verwendet. Durch Waschen mit Essigsäure-Lösungen wird frisch hergestelltes RaNi partiell *desaktiviert* [vgl. **MC-Fragen Nr. 1834, 1835**].

$$R_3C\text{-}Cl + H_2 \xrightarrow{(RaNi)} R_3C\text{-}H + HCl \qquad \textbf{(Hydrogenolyse)}$$

In seinen Verbindungen tritt Nickel fast ausschließlich in der Oxidationsstufe **+2** auf. Alle Ni(III)-Verbindungen sind extrem instabil. Wässrige Ni(II)-Salzlösungen enthalten das *apfelgrüne* $[Ni(H_2O)_6]^{2+}$-Ion; aus den Lösungen kann auf Zusatz von H_2S *schwarzes* **Nickel(II)-sulfid** (NiS) gefällt werden. Frisch gefälltes NiS ist ebenso wie CoS in Säuren löslich, altert aber an der Luft und wird dann säureunlöslich.

Nickel(II)-hydroxid $[Ni(OH)_2]$ ist im Gegensatz zu Fe(II)- und Co(II)-hydroxid *nicht amphoter* und in Alkalihydroxid-Lösungen völlig unlöslich. Durch Erhitzen von $Ni(OH)_2$, $NiCO_3$ oder $Ni(NO_3)_2$ erhält man das *grüne* **Ni(II)-oxid** (NiO).

Ni^{2+}-Ionen bilden zahlreiche **Komplexe**, die kinetisch sehr labil sind. Mit NH_3 und H_2O bildet Nickel oktaedrische Komplexe der Koordinationszahl 6; anderen Liganden gegenüber ist jedoch auch die Koordinationszahl 4 möglich, wie beispielsweise im tetraedrischen $[NiCl_4]^{2-}$- und im planar-quadratischen $[Ni(CN)_4]^{2-}$-Ion. Während die oktaedrischen und tetraedrischen Ni(II)-Komplexe paramagnetisches Verhalten zeigen, sind planar-quadratische Komplexe von zweiwertigem Nickel diamagnetisch. Darüber hinaus existieren auch diamagnetische Ni-Komplexe der Oxidationsstufe 0 wie z. B. der $[Ni(CN)_4]^{4-}$- und $[Ni(CO)_4]$-Komplex. Der Chelatkomplex von Ni(II) mit *Diacetyldioxim* wird zur dessen analytischen Bestimmung genutzt [siehe auch ▶Kap. 1.5.2.3, ◘Tab. 1.42 und **MC-Fragen Nr. 546, 547, 1832**].

2.10.2.6 Titan

In der Natur kommt **Titan** (Ti) als **Rutil** (TiO_2) vor. Zur Gewinnung des reinen Metalls wird das oxidische Erz zunächst in **Titantetrachlorid** ($TiCl_4$) übergeführt und anschließend mit Magnesium reduziert.

In seinen **Verbindungen** tritt Titan in den Oxidationsstufen **+2**, **+3** und **+4** auf. Im chemischen Verhalten zeigt Titan eine deutliche Ähnlichkeit mit Zinn. So kristallisieren die Dioxide SnO_2 und TiO_2 im gleichen Kristallgitter, sind die Tetrachloride $SnCl_4$ und $TiCl_4$ farblose, flüchtige, destillierbare Flüssigkeiten, die beide an der Luft stark rauchen. Als Lewis-Säuren bilden sie mit *Ethern Additionsverbindungen* wie z. B. $[R_2O{\rightarrow}TiCl_4]$ [vgl. **MC-Fragen Nr. 1383, 1817**].

Ti(II)-Verbindungen sind nur in Abwesenheit von Luft und Wasser stabil; sie können durch Reduktion der vierwertigen Verbindungen mit elementarem Titan erhalten werden. An der Luft oxidieren sie leicht zu Ti(IV).

Die vierwertige Stufe ist die wichtigste und beständigste Oxidationsstufe des Elements. Allerdings existieren kaum echte Ti^{4+}-Ionen, eher besitzen Ti(IV)-Verbindungen einen kovalenten Bindungscharakter. **Titandioxid** (TiO_2) ist eine hochschmelzende Substanz, die durch Erhitzen mit Kohle im Chlor-Strom in $TiCl_4$ umgewandelt werden kann. Als starke Lewis-Säure reagiert Titantetrachlorid spontan mit Wasser zu TiO_2 und HCl [vgl. **MC-Frage Nr. 1817**].

In wässrigen Lösungen von Ti(IV)-Verbindungen sind weder Ti^{4+}- noch **Titanyl-Ionen** (TiO^{2+}) beständig. Vielmehr dürften in solchen Lösungen basische Salze wie z. B. $[Ti(OH)_2(H_2O)_4]X_2$ vorliegen. Diese Salze bilden mit H_2O_2 *gelb* bis *gelborange* gefärbte **Peroxotitanyl-Ionen** ($[Ti(O_2)]^{2+}$).

$$[Ti(OH)_2(H_2O)_4]^{2+} + H_2O_2 \longrightarrow [Ti(O_2)]^{2+} + 6\ H_2O$$

Elementares Titan ist Bestandteil zahlreicher korrosionsbeständiger Legierungen. TiO_2 wird als Farbpigment verwendet und $TiCl_4$ ist ein wichtiger Katalysator in der Kunststoffindustrie (siehe auch Ehlers, **Chemie II**, ▶Kap. 3.18.2.2 „*Ziegler-Natta-Katalysatoren*"). **Titan(IV)-oxid** (TiO_2) ist sehr lichtbeständig und wird u.a. als physikalischer UV-Blocker in Sonnenschutzmitteln oder als Aufheller in Tabletten verwendet.

2.11 Elemente der ersten und zweiten Nebengruppe

2.11.1 Kupfergruppe

Die drei Elemente **Kupfer** (Cu), **Silber** (Ag) und **Gold** (Au) kommen in der Natur *elementar* (gediegen) vor. Zu den wichtigsten Erzen zählen Sulfide und Oxide. Technisch genutzte Silbermineralien sind **Silberglanz** (Ag_2S) und **Hornsilber** (AgCl). Silber ist zudem Bestandteil vieler Blei- und Kupfererze. **Malachit** ist ein Doppelsalz [$Cu(OH)_2 \cdot CuCO_3$] aus Kupfer(II)-hydroxid und Kupfer(II)-carbonat [vgl. **MC-Fragen Nr. 1462, 1851**].

2.11.1.1 Kupfer

Metallisches **Kupfer** ist leicht verformbar und zeigt nach Silber die beste elektrische Leitfähigkeit aller Metalle. Aus der großen Zahl an Kupferlegierungen sollen nur **Messing** (Cu/Zn) und **Bronze** (Cu/Sn) erwähnt werden [vgl. **MC-Fragen Nr. 595, 596, 1811**].

In seinen Verbindungen tritt Kupfer in den Oxidationsstufen **+1** und **+2** auf. Cu(I) besitzt die Elektronenkonfiguration [Ar]$3d^{10}$ und ist isoelektronisch mit dem Ni-Atom. Kupfer(I)-Verbindungen sind *diamagnetisch* und meistens *farblos*.

Bekannte **Kupfer(I)-Derivate** sind das *farblose*, schwer lösliche Chlorid (CuCl), Bromid (CuBr) und Iodid (CuI). **Kupfer(I)-fluorid** (CuF) entsteht als Zwischenprodukt bei manchen Synthesen, existiert aber im festen Zustand nicht als reine Verbindung. Schwer löslich sind auch das *grünlichweiße* **Kupfer(I)-cyanid** (CuCN) sowie das – je nach Herstellung – *gelbe* oder *rote* **Kupfer(I)-oxid** (Cu_2O). Cu(I)-oxid ist neben dem schwarzen **Cu(I)-sulfid** (Cu_2S) die bei höheren Temperaturen stabilste Kupfer(I)-Verbindung. Eine ammoniakalische Kupfer(I)-chlorid-Lösung besitzt die Eigenschaft Kohlenmonoxid (CO) unter Komplexbildung [$CuCl(CO)_4$] zu absorbieren [vgl. **MC-Fragen Nr. 1838, 1839**].

Das Cu^+-Ion ist eine weiche Lewis-Säure und koordiniert daher bevorzugt mit weichen Basen (I^-, CN^-, S^{2-}, SCN^-). Cu(I)-Salze wie das *grauweiße* **Kupfer(I)-sulfat** (Cu_2SO_4) können nur bei Ausschluss von Wasser erhalten werden; in Wasser disproportionieren sie zu metallischem Cu und Cu(II)-Salzen. Nur die *schwer löslichen* **Cu(I)-Halogenide** sind gegenüber Wasser beständig. Infolge ihrer geringen Löslichkeit wird das Normalpotential (Cu^{+}/Cu^{2+}) positiver, so dass Cu(II) durch Iodid- oder Cyanid-Ionen zu Cu(I) reduziert werden kann.

$$2\ Cu^{2+} + 4\ I^- \longrightarrow 2\ CuI\downarrow + I_2$$
$$2\ Cu^{2+} + 4\ CN^- \longrightarrow 2\ CuCN\downarrow + (CN)_2\uparrow$$

Durch **Komplexbildung** kann die +1-Stufe erheblich stabilisiert werden. Zum Beispiel erhält man aus Cu(II)-Salzlösungen mit einem Überschuss an CN^--Ionen den tetraedrischen Cu(I)-tetracyano-Komplex $[Cu^I(CN)_4]^{3-}$ neben Dicyan [$(CN)_2$]. Der *farblose* Tetracyanokomplex ist so beständig, dass sich metallisches Kupfer in einer KCN-Lösung unter H_2-Entwicklung auflöst [vgl. **MC-Frage Nr. 1903**].

$$2\ Cu^{2+} + 10\ CN^- \longrightarrow 2\ [Cu(CN)_4]^{3-} + (CN)_2\uparrow$$

Auch in der Oxidationsstufe +2 bildet Kupfer zahlreiche Komplexe und Salze. Das Cu^{2+}-Ion enthält ein einzelnes, ungepaartes Elektron und ist daher *paramagnetisch*.

Mit Ausnahme der *weißen* Derivate CuF_2 und $CuSO_4$ sind *wasserfreie* **Cu(II)-Verbindungen** *schwarz* oder *gelbbraun* gefärbt. Die meisten Komplexe des Cu(II)-Ions sind kinetisch labil und von *blauer* oder *grüner Farbe*. Besonders bekannt ist der *tiefblaue* **Tetramminkomplex** $[Cu(NH_3)_4]^{2+}$, der zum analytischen Nachweis des Elements herangezogen wird. Die Liganden in Cu(II)-Komplexen sind entweder quadratisch-eben angeordnet oder sie bilden wie im $[Cu(H_2O)_6]^{2+}$-Ion ein verzerrtes Oktaeder [vgl. **MC-Fragen Nr. 1811, 1903**].

Cu^{2+}-Ionen sind in wässriger Lösung beständiger als Cu^+-Ionen, da sie eine wesentlich größere Hydratationsenthalpie besitzen.

Das hydratisierte Cu^{2+}-Ion ist nur eine mäßig starke Kationsäure. Beim Versetzen von Cu^{2+}-Salzlösungen mit einer Alkalihydroxid-Lösung fällt *blaues*, gallertartiges **Kupfer(II)-hydroxid** [$Cu(OH)_2$] aus, das sich im Überschuss von Alkalihydroxid nur sehr wenig löst. Beim Erhitzen geht das Hydroxid in *schwarzes* **Cu(II)-oxid** (CuO) über.

$$Cu^{2+} + 2\ HO^- \longrightarrow Cu(OH)_2\downarrow \xrightarrow{\Delta} CuO + H_2O$$

In Gegenwart von Kaliumnatriumtartrat *(„Seignette-Salz")* wird $Cu(OH)_2$ durch Alkalilaugen nicht gefällt; es entstehen vielmehr *blaue* Lösungen eines Kupfertartrat-Chelatkomplexes, der als **Fehlings Reagenz** zum Nachweis reduzierender Stoffe dient; der Kupfer(II)-Tartratkomplex ist planar-quadratisch gebaut [vgl. **MC-Fragen Nr. 1840–1842**].

2.11.1.2 Silber

Zur Darstellung von metallischem **Silber** bläst man Luft in eine Suspension von Silbererzen in einer wässrigen NaCN-Lösung. Da sich hierbei der lösliche, stabile $[Ag(CN)_2]^-$-Komplex bildet, ist das Normalpotential (Ag/Ag^+) so stark herabgesetzt, dass die Oxidation zu Ag^+ bereits mit Luftsauerstoff möglich ist [E^o (Ag/Ag^+) = +0,81 V; E^o ($Ag/[Ag(CN)_2]^-$) = -0,31 V] [vgl. **MC-Frage Nr. 1903**].

$$4\ Ag + 8\ CN^- + 2\ H_2O + O_2 \longrightarrow 4\ [Ag(CN)_2]^- + 4\ HO^-$$

Aus dem Silberdicyano-Komplex wird das Metall mit starken Reduktionsmitteln (Zn, Al) gewonnen. Die Stabilität des Dicyanokomplexes ist so groß, dass auch das schwer lösliche **Silbersulfid** (Ag_2S) [$K_L = 10^{-49}$] durch genügend hohe Cyanid-Konzentrationen in diesen löslichen Komplex übergeführt wird [vgl. **MC-Frage Nr. 1904**].

$$Ag_2S + 4\ CN^- \longrightarrow 2\ [Ag(CN)_2]^- + S^{2-}$$

Metallisches Silber ist ein weiches Metall mit der höchsten thermischen und elektrischen Leitfähigkeit. Es ist weniger reaktionsfähig als Kupfer, außer gegenüber H_2S (aus der Luft) und S^{2}-Ionen, die das Metall oberflächlich in *schwarzes* Ag_2S umwandeln.

$$4\ Ag + O_2 + 2\ H_2S \longrightarrow 2\ Ag_2S + 2\ H_2O$$

In **Verbindungen** tritt Silber vor allem in der Oxidationsstufe **+1** auf, seltener in der Stufe +2 oder +3. Das hydratisierte Ag^+-Ion ist *farblos* und nur eine schwache Kationsäure; es bildet mit vielen Anionen *lineare* Komplexe der Koordinationszahl 2, wie z. B. $[Ag(NH_3)_2]^+$, $[Ag(S_2O_3)_2]^{3-}$, wobei die Stabilität solcher Silberkomplexe in folgender Reihe zunimmt [siehe Ehlers, **Analytik I**, ▸Kap. 2.3.2.1 und **MC-Fragen Nr. 1843, 1844**]:

$$[AgCl_2]^- < [Ag(H_2O)_2]^+ < [Ag(NH_3)_2]^+ < [Ag(SCN)_2]^- < [Ag(S_2O_3)_2]^{3-} < [Ag(CN)_2]^-$$

Auf der Bildung des Komplexes mit Thiosulfat-Ionen als Liganden beruht die Verwendung von $Na_2S_2O_3$ als *Fixiersalz* in der Photographie zum Herauslösen von unbelichtetem **Silberbromid** (AgBr) [vgl. **MC-Frage Nr. 1513**].

$$AgBr + 2\ S_2O_3^{2-} \longrightarrow [Ag(S_2O_3)_2]^{3-} + Br^-$$

Aus wässrigen Ag(I)-Salzlösungen fällt bei Erhöhung des pH-Wertes *dunkelbraunes* **Silberoxid** (Ag_2O) aus, das in Wasser kaum löslich ist, sich dagegen gut in verdünnter Ammoniak-Lösung unter Bildung des Diamminsilber-Komplexes auflöst.

$$2\ Ag^+ \xrightarrow[-\ H_2O]{+\ 2\ HO^-} Ag_2O \xrightarrow[-\ H_2O]{+\ 4\ NH_4^+} 2\ [Ag(NH_3)_2]^+ + (2\ H^+)$$

Infolge der stark polarisierenden Wirkung des relativ kleinen Ag^+-Ions und dem partiell kovalenten Charakter der Bindungen sind die meisten Silbersalze in Wasser *schwer löslich*. Leicht löslich ist das Fluorid ($AgF \cdot H_2O$), das Nitrat ($AgNO_3$), das Chlorat ($AgClO_3$) und das Perchlorat ($AgClO_4$). **Silbersulfat**(Ag_2SO_4) ist in Wasser nur wenig löslich [vgl. **MC-Fragen Nr. 1344, 1847**].

Die Löslichkeit der **Silberhalogenide** nimmt vom **Silberchlorid** (AgCl) zum **Silberiodid** (AgI) hin ab. Allerdings lösen sich die Silberhalogenide in gewissem Umfang in konzentrierten Halogenid-Lösungen unter Bildung von Dihalogenokomplexen (z. B. $[AgCl_2]^-$). AgCl ist unter Komplexbildung in Ammoniak löslich. AgI löst sich dagegen nicht in wässrigem Ammoniak, wohl aber in einer wässrigen Cyanid-Lösung **MC-Fragen Nr. 302, 1344, 1845, 1846, 1848, 1849, 1903**].

$$AgCl + 2\ NH_3 \longrightarrow [Ag(NH_3)_2]^+ + Cl^-$$
$$AgI + 2\ CN^- \longrightarrow [Ag(CN)_2]^- + I^-$$

2.11.1.3 **Gold**

Die wichtigsten Oxidationsstufen von **Gold** sind **+1** und **+3**. Au^+-Ionen wirken stark oxidierend, können aber durch Komplexbildung, z. B. mit CN^--Ionen, stabilisiert werden. In wässriger Lösung disproportionieren Au(I)-Salze zu Au und Au(III). Auch Au(III)-Verbindungen wirken stark oxidierend. $AuCl_3$ und $AuBr_3$ können durch direkte Reaktion der Elemente erhalten werden; auf Zusatz von Halogenwasserstoffsäuren gehen sie in die sehr stabilen $[AuCl_4]^-$- bzw. $[AuBr_4]^-$-Komplexe über. Auf der Bildung des Tetrachlorokomplexes beruht die Löslichkeit von elementarem Gold in *Königswasser* [vgl. **MC-Frage Nr. 1850**].

$$HNO_3 + 3\ HCl \rightarrow 2\ Cl_{nasc} + NOCl + 2\ H_2O$$
$$Au + 3\ Cl_{nasc} + Cl^- \rightarrow [AuCl_4]^-$$

Generell kann ausgeführt werden, dass als Lösungsmittel für Gold, das von Luft und Säuren nicht angegriffen wird, nur starke Oxidationsmittel wie Chlorwasser und Königswasser oder Komplexbildner wie eine Alkalicyanid-Lösung (NaCN, KCN) geeignet sind. In Gegenwart von Luftsauerstoff wird in der Cyanid-Lösung der sehr stabile Au(I)-dicyano-Komplex gebildet. Aus diesem Komplex kann das Edelmetall durch Behandeln mit Zinkstaub wieder zurückgewonnen werden [vgl. **MC-Fragen Nr. 1850, 1903**].

$$2\ Au + \tfrac{1}{2}\ O_2 + H_2O + 4\ CN^- \rightarrow 2\ [Au(CN)_2]^- + 2\ HO^-$$
$$2\ [Au(CN)_2]^- + Zn \rightarrow [Zn(CN)_4]^{2-} + 2\ Au$$

2.11.2 Zinkgruppe

Zur II. Nebengruppe des PSE gehören die Elemente **Zink** (Zn), **Cadmium** (Cd) und **Quecksilber** (Hg).

Zink kommt in der Natur nur selten *elementar* vor. Die wichtigsten Erze sind **Zinkblende** [*Zinksulfid*] (ZnS) und **Zinkspat** [*Zinkcarbonat*] ($ZnCO_3$). Daraus gewinnt man das Metall durch Überführen der Erze in **Zinkoxid** (ZnO) und dessen anschließende Reduktion mit Kohle. Zink ist ein sprödes Metall und wirkt stark reduzierend [E^o = -0,76 V]. In seinen Verbindungen tritt Zink vor allem *zweiwertig* auf [vgl. **MC-Frage Nr. 1852**].

Cadmium wird als Nebenprodukt bei der Reduktion von Zinkerzen erhalten. Es tritt in der Natur mit diesen vergesellschaftet als Sulfid (CdS) und Carbonat ($CdCO_3$) auf. In seinen Verbindungen hat Cadmium vor allem die Oxidationsstufe **+2**.

Das wichtigste Quecksilbererz ist **Zinnober** [*Quecksilber*(II)-*sulfid*] (HgS). **Quecksilber** ist im Gegensatz zu allen anderen Metallen bei Raumtemperatur *flüssig* [Schmp. -38,8 °C] und infolge seines relativ niedrigen Siedepunktes [Sdp. +356,8 °C] flüchtig und ziemlich *giftig*. Aufgrund seiner hohen Oberflächenspannung benetzt Quecksilber eine inerte Unterlage *nicht* und bildet infolge starker Kohäsionskräfte linsenförmige Tropfen. Quecksilber hat ein positives Normalpotential [E° = +0,85 V]. In seinen Verbindungen besitzt Quecksilber die Oxidationszahlen **+1** und **+2** [vgl. **MC-Fragen Nr. 1484, 1691, 1768, 1856, 1857**].

2.11.2.1 Zink

Das zum Cu^+-Ion isoelektronische Zn^{2+}-Ion ($[Ar]3d^{10}$) ist *farblos* und aufgrund doppelt besetzter Orbitale auch *diamagnetisch*. Es tritt in wässriger Lösung als schwach saurer Aquakomplex $[Zn(H_2O)_6]^{2+}$ (pK_s = 8,96) auf. Bei Erhöhung des pH-Wertes wässriger Zn(II)-Salzlösungen fällt *weißes* **Zinkhydroxid** [$Zn(OH)_2$] aus, das im Überschuss von Hydroxid-Ionen als Tetrahydroxo-Komplex wieder in Lösung geht [vgl. **MC-Fragen Nr. 1831, 1852**].

$$Zn^{2+} \xrightarrow{+\ HO^-} Zn(OH)_2\downarrow \xrightarrow{+\ HO^-} [Zn(OH)_4]^{2-}$$

Aufgrund der Bildung dieses Komplexes wirkt Zink in alkalischer Lösung viel stärker reduzierend als in saurer.

$$Zn + 4\ HO^- \longrightarrow [Zn(OH)_4]^{2-} + 2\ e^- \qquad [E° = -\ 1{,}22\ V]$$

Von den **Komplexen** des Zinks sind der Tetrammin- und der Tetracyanokomplex zu erwähnen, die beide thermodynamisch stabil, jedoch kinetisch labil sind.

Zinkoxid (ZnO), ein *weißer* Feststoff, wird aufgrund verschiedenartiger Gitterstörungen beim Erhitzen *gelb*; ZnO sublimiert bei höheren Temperaturen unzersetzt und ist in Säuren und Alkalihydroxid-Lösungen löslich. In Zinksalben führt ZnO zu einer Austrocknung der Hautoberfläche. Zinkoxid bildet mit Aluminiumoxid (Al_2O_3) einen grünlichschwarzen bis schwarzen *Zinkspinell* ($ZnAl_2O_4$), beim Zusammenschmelzen mit Kobalt(II)-oxid entsteht „*Rinmans Grün*" ($ZnCo_2O_4$) [vgl. **MC-Fragen Nr. 1750, 1852**].

Zinkchlorid ($ZnCl_2$), eine stark *hygroskopische*, in der organischen Chemie häufig als Katalysator eingesetzte Lewis-Säure, kann durch Erhitzen von Zink im Chlor-Strom oder durch Auflösen von Zn in Salzsäure hergestellt werden. Beim Lösen in Wasser bilden sich verschiedene Chlorokomplexe; beim Stehenlassen solcher Lösungen scheiden sich gewöhnlich basische Salze wie Zn(OH)Cl ab [vgl. **MC-Frage Nr. 1852**].

Zinkfluorid (ZnF_2) ist in Wasser schwer löslich und bildet mit überschüssigen F^--Ionen *keinen* Fluorokomplex.

2.11.2.2 Cadmium

Cadmium gleicht in seinen Eigenschaften stark dem Zink. In seinen Komplexen zeigt Cadmium die Koordinationszahl 4 und 6. Die meisten Komplexe entsprechen in ihrer Zusammensetzung den Zinkkomplexen, sie sind jedoch wesentlich stabiler als diese.

Cadmiumhydroxid [$Cd(OH)_2$] ist im Gegensatz zu $Zn(OH)_2$ *nicht amphoter*. In der Hitze geht es in das *gelbbraune* **Cadmiumoxid** (CdO) über. Einige Cadmiumsalze wie Cadmiumchlorid ($CdCl_2$) oder Cadmiumbromid ($CdBr_2$) sind in wässriger Lösung nur schwach dissoziiert.

2.11.2.3 Quecksilber

Quecksilber löst viele Metalle (Cu, Ag, Au, Alkalimetalle) zu *Amalgamen*. Einige dieser Legierungen wie **Silberamalgam** sind weich, plastisch verformbar und erhärten nach einiger Zeit; in den Alkaliamalgamen ist die Reaktionsfähigkeit des Alkalimetalls so stark abgeschwächt, dass z. B. **Natriumamalgam** mit Wasser nur langsam Wasserstoff entwickelt [vgl. **MC-Fragen Nr. 595–597**].

Über die wichtigsten *chemischen Eigenschaften* des Quecksilbers informiert das nachfolgende Schema:

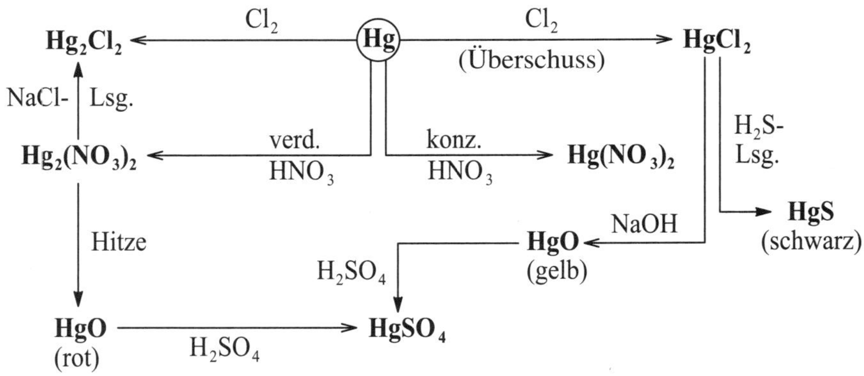

In **Hg(I)-Verbindungen** sind jeweils zwei „Hg^+"-Ionen *kovalent* miteinander verknüpft. Dafür spricht der *Diamagnetismus* des Hg_2^{2+}-Ions. Ein Hg^+-Ion besäße ein ungepaartes Elektron und wäre paramagnetisch. Das *bimolekulare* Hg_2^{2+}-Ion tritt auch in wässriger Lösung auf und ähnelt in seinen chemischen Eigenschaften dem Ag^+-Ion; so bildet es gleichfalls schwer lösliche Halogenide, deren Löslichkeit vom Fluorid zum Iodid hin stark abnimmt. Hg(I)-Verbindungen sind u. a. aus Hg(II)-Salzen und elementarem Quecksilber darstellbar [vgl. **MC-Fragen Nr. 1853, 1854**].

Hg(I)-chlorid [*Kalomel*] (Hg_2Cl_2) färbt sich infolge Disproportionierung zu Hg(II) und Hg an der Luft allmählich schwarz. Aus Hg_2Cl_2 und Ammoniak entsteht das *„schwarze Präzipitat"*, ein Gemisch von Quecksilber und *„weißem, schmelzbaren Präzipitat"* ($[Hg(NH_3)_2]Cl_2$) [vgl. **MC-Frage Nr. 1173**].

In der **zweiwertigen** Stufe tritt Hg häufig in Form von Komplexen auf, in denen es die Koordinationszahl 4 zeigt. Eine Lösung von **Kaliumtetraiodomercurat(II)** ($K_2[HgI_4]$) dient als *Neßlers Reagenz* zum Nachweis von Ammoniak und Ammonium-Ionen. Das farblose $K_2[HgI_4]$ wird aus **Quecksilber(II)-iodid** (HgI_2) und überschüssigem KI hergestellt. HgI_2 tritt in einer *roten* und einer *gelben* Modifikation auf [vgl. **MC-Fragen Nr. 487, 1860**].

$$\underset{\text{(rot/gelb)}}{HgI_2} + 2\,KI \longrightarrow \underset{\text{(farblos)}}{K_2[HgI_4]}$$

Hg(II)-chlorid [*Sublimat*] ($HgCl_2$) ist *linear* gebaut und existiert im Gitter in *undissoziierten, kovalent* gebundenen $HgCl_2$-Molekülen, die auch in Lösung weitgehend erhalten bleiben. Im Gegensatz dazu ist **Hg(II)-fluorid** (HgF_2) eine Ionenverbindung. Aufgrund der minimalen Dissoziation des *farblosen* $HgCl_2$-Moleküls in wässriger Lösung weisen solche Lösungen nur eine geringe elektrische Leitfähigkeit auf [vgl. **MC-Fragen Nr. 329, 332, 384, 418, 419, 442, 808, 1858-1860**].

Auch Quecksilberorganyle wie z.B. **Diphenylquecksilber** [$(C_6H_5)_2Hg$] besitzen einen weitgehend kovalenten Molekülbau [vgl. **MC-Frage Nr. 376**].

Aus Hg(II)-chlorid und NH_3-Gas erhält man das *„weiße, schmelzbare Präzipitat"* ($[Hg(NH_3)_2]Cl_2$), mit Ammoniak-Lösung entsteht demgegenüber das *„weiße, unschmelzbare Präzipitat"*, das ein Kettengitter bildet, wobei die Ketten untereinander durch Chlorid-Ionen zusammengehalten werden.

$$\mathbf{-\overset{+}{N}H_2-Hg-\overset{+}{N}H_2-Hg-\overset{+}{N}H_2-Hg-\overset{+}{N}H_2-Hg-\overset{+}{N}H_2-Hg-}$$

Beim Versetzen einer Hg(II)-Salzlösung mit HO^--Ionen fällt *rotes* oder *gelbes* **Hg(II)-oxid** (HgO) aus. Hydroxide des Quecksilbers sind nicht bekannt. Erwärmt man HgO in einer wässrigen NH_3-Lösung, so entsteht eine Verbindung der Zusammensetzung $Hg_2NOH \cdot 2H_2O$, die sog. *Millonsche Base*, die definierte Hg_2N^+-Gruppen in ihrem Gitter enthält [vgl. **MC-Frage Nr. 1860**].

Auch **Quecksilber(II)-sulfid** (HgS) tritt in zwei – einer *roten* und einer *schwarzen* – Modifikationen auf, die sich in ihrer Kristallstruktur unterscheiden. Die rote Form ist thermodynamisch stabiler. Schwarzes HgS bildet sich beim Einleiten von H_2S in eine Hg(II)-Salzlösung [vgl. **MC-Fragen Nr. 1484, 1860**].

Auf die *Giftigkeit* von Quecksilberdämpfen und von *löslichen* Hg-Verbindungen wie $HgCl_2$ wird nochmals explicit hingewiesen.

2.12 Platinmetalle

Zu den Platinmetallen zählen die Elemente **Ruthenium** (Ru), **Rhodium** (Rh), **Palladium** (Pd), **Osmium** (Os), **Iridium** (Ir) und **Platin** (Pt) [vgl. **MC-Fragen Nr. 1809, 1905**].

Diese Elemente sind ziemlich reaktionsträge, besitzen ein positives Normalpotential (siehe ▫Tab. 2.28) und sind schwer zu oxidieren. Alle Platinmetalle treten in der Natur *elementar* auf. Über einige Eigenschaften der Platinmetalle informiert ▫Tab. 2.30.

In Verbindungen besitzt **Ruthenium** die Oxidationszahlen +2, +3, +4, +5, +6, +7 und +8, während die Oxidationsstufe +3 die wichtigste des **Rhodiums** ist.

Palladium, das häufigste und unedelste Platinmetall, existiert in Verbindungen überwiegend in den Oxidationsstufen +2 und +4. Seine auffallendste Eigenschaft ist die Fähigkeit, große Mengen (das 600–3000fache seines Volumens) Wasserstoff unter Bildung eines *Einlagerungshydrids* zu lösen [siehe ▸Kap. 2.2.4.2 und **MC-Frage Nr. 1313**].

Pd, Rh und Pt finden in der organischen Chemie Anwendung als Hydrierungskatalysatoren. Im Gegensatz zu Platin löst sich Palladium in konz. HNO_3.

▫ **Tab. 2.30 Eigenschaften der Platinmetalle**

	Ru	Rh	Pd	Os	Ir	Pt
Ordnungszahl	44	45	46	76	77	78
Elektronenkonfiguration	$4d^7 5s^1$	$4d^8 5s^1$	$4d^{10}$	$5d^6 6s^2$	$5d^7 6s^2$	$5d^9 6s^1$
Schmelzpunkt (°C)	2334	1964	1554,9	~3130	2466	1768,3
Siedepunkt (°C)	4150	3727	2960	~5000	4130	3827
Atomradius (pm)	130	135	140	130	135	135
Ionisierungsenergie (kJ/mol)	710,2	719,7	804,4	840	880	870
Elektronegativität	2,2	2,28	2,20	2,2	2,20	2,28

Von den Verbindungen des **Osmiums** ist vor allem das farblose **Osmiumtetroxid [Osmium(VIII)-oxid]** (OsO_4) [Schmp. 40 °C; Sdp. 130 °C] von Interesse, das in der organischen Chemie zur *cis-Hydroxylierung* von Alkenen eingesetzt wird (siehe Ehlers, **Chemie II**, ▶Kap. 3.2.18.3).

Iridium tritt überwiegend in den Oxidationsstufen +3 und +4 auf. Das Metall wird selbst von Königswasser nicht angegriffen.

Platin ist das praktisch wichtigste Metall dieser Gruppe und bevorzugt in seinen Verbindungen, insbesondere seinen Komplexen, die Oxidationszahlen +2 und +4. Platin ist wie Pd in Königswasser löslich. Auch in einer Alkalihydroxid-Schmelze tritt Lösung unter Bildung eines Hexahydroxoplatinat(IV)-Komplexes ($[Pt(OH)_6]^{2-}$) ein. Die wichtigsten **Platinkomplexe** besitzen die Koordinationszahl 4 und sind *quadratisch eben* gebaut. Über die *cis/trans-Isomerie* von Pt-Komplexen informierte ▶Kap. 1.5.2.5. Der cis-konfigurierte **Diammindichloroplatin(II)-Komplex** (*Cisplatin*) wird in der Therapie als Cytostatikum eingesetzt [vgl. **MC-Fragen Nr. 332, 433, 494, 520–524, 1861**].

Anhang

Elemente, Elementsymbole, Ordnungszahlen, Atommassen

Element	Symbol	Ordnungszahl	Relative Atommasse
Actinium	**Ac**	89	227,0278
Aluminium	**Al**	13	26,981539
Americium	**Am**	95	243,06138
Antimon	**Sb**	51	121,757
Argon	**Ar**	18	39,948
Arsen	**As**	33	74,92159
Astat	**At**	85	209,9871
Barium	**Ba**	56	137,327
Berkelium	**Bk**	97	247,0703
Beryllium	**Be**	4	9,012182
Bismut	**Bi**	83	208,98037
Blei (Plumbum)	**Pb**	82	207,20
Bohrium	**Bh**	107	262,1229
Bor	**B**	5	10,811
Brom	**Br**	35	79,904
Cadmium	**Cd**	48	112,411
Caesium	**Cs**	55	132,90543
Calcium	**Ca**	20	40,078
Californium	**Cf**	98	251,0796
Cer	**Ce**	58	140,115
Chlor	**Cl**	17	35,4527
Chrom	**Cr**	24	51,9961
Copernicium	**Cn**	112	277
Curium	**Cm**	96	247,0703
Darmstadtium	**Ds**	110	281
Dubnium	**Db**	105	262,1138
Dysprosium	**Dy**	66	162,50
Einsteinium	**Es**	99	252,0829
Eisen (Ferrum)	**Fe**	26	55,845
Erbium	**Er**	68	167,26
Europium	**Eu**	63	151,965
Fermium	**Fm**	100	257,0915
Flerovium	**Fl**	114	289
Fluor	**F**	9	18,998403
Francium	**Fr**	87	223,0197
Gadolinium	**Gd**	64	157,25
Gallium	**Ga**	31	69,723
Germanium	**Ge**	32	72,61
Gold (Aurum)	**Au**	79	196,96654
Hafnium	**Hf**	72	178,49
Hassium	**Hs**	108	265
Helium	**He**	4	4,002602
Holmium	**Ho**	67	164,93032
Indium	**In**	49	114,818
Iod	**I**	53	126,90447
Iridium	**Ir**	77	192,217
Kalium	**K**	19	39,0983
Kobalt (Cobalt)	**Co**	27	58,93320
Kohlenstoff (Carboneum)	**C**	6	12,011
Krypton	**Kr**	36	83,798
Kupfer (Cuprum)	**Cu**	29	63,546
Lanthan	**La**	57	138,9055
Lawrencium	**Lr**	103	260,1053
Lithium	**Li**	3	6,941
Livermorium	**Lv**	116	293
Lutetium	**Lu**	71	174,967
Magnesium	**Mg**	12	24,3050
Mangan	**Mn**	25	54,938049
Meitnerium	**Mt**	109	268
Mendelevium	**Md**	101	258,0986
Molybdän	**Mo**	42	95,94
Moscovium	**Mc**	115	288
Natrium	**Na**	11	22,989768
Neodym	**Nd**	60	144,24
Neon	**Ne**	10	20,1797
Neptunium	**Np**	93	237,0482
Nickel (Niccolum)	**Ni**	28	58,6934
Nihonium	**Nh**	113	287
Niob	**Nb**	41	92,90638
Nobelium	**No**	102	259,1009

Element	Symbol	Ordnungszahl	Relative Atommasse
Oganesson	**Og**	118	294
Osmium	**Os**	76	190,23
Palladium	**Pd**	46	106,42
Phosphor	**P**	15	30,973762
Platin	**Pt**	78	195,084
Plutonium	**Pu**	94	244,0642
Polonium	**Po**	84	209,982
Praseodym	**Pr**	59	140,90765
Promethium	**Pm**	61	144,9127
Protactinium	**Pa**	91	231,03588
Quecksilber (Mercurium)	**Hg**	80	200,59
Radium	**Ra**	88	226,0254
Radon	**Rn**	86	222,0176
Rhenium	**Re**	75	186,207
Rhodium	**Rh**	45	102,90550
Röntgenium	**Rg**	111	280
Rubidium	**Rb**	37	85,4678
Ruthenium	**Ru**	44	101,07
Rutherfordium	**Rf**	104	261,1087
Samarium	**Sm**	62	150,36
Sauerstoff (Oxygenium)	**O**	8	15,9994
Scandium	**Sc**	21	44,955910
Schwefel (Sulfur)	**S**	16	32,066
Seaborgium	**Sg**	106	263,1182
Selen	**Se**	43	78,96

Element	Symbol	Ordnungszahl	Relative Atommasse
Silber (Argentum)	**Ag**	47	107,8682
Silicium	**Si**	14	28,0855
Stickstoff (Nitrogenium)	**N**	7	14,00674
Strontium	**Sr**	38	87,62
Tantal	**Ta**	73	180,9479
Technetium	**Tc**	43	98,9072
Tellur	**Te**	52	127,60
Tennessine	**Ts**	117	292
Terbium	**Tb**	65	158,92534
Thallium	**Tl**	81	204,3833
Thorium	**Th**	90	232,0381
Thulium	**Tm**	69	168,93421
Titan	**Ti**	22	47,867
Uran	**U**	92	238,0289
Vanadium (Vanadin)	**V**	23	50,9415
Wasserstoff (Hydrogenium)	**H**	1	1,00794
Wolfram (Tungsten)	**W**	74	183,84
Xenon	**Xe**	54	131,293
Ytterbium	**Yb**	70	173,04
Yttrium	**Y**	39	88,90585
Zink	**Zn**	30	65,39
Zinn (Stannum)	**Sn**	50	118,710
Zirconium (Zirkon)	**Zr**	40	91,224

Löslichkeitsprodukte (pK$_L$-Werte)

$pK_L = - \log K_L$

Salz	pK_L	Salz	pK_L	Salz	pK_L	Salz	pK_L
BaF_2	5,77	AgOH	7,7	Ag_2CO_3	11,3	Ag_2S	49
CaF_2	10,46	$Al(OH)_3$	32,3	$BaCO_3$	8,8	As_2S_3	25,3
MgF_2	8,16	$Be(OH)_2$	18,6	$CaCO_3$	8,33	Bi_2S_3	96
PbF_2	7,5	$Cd(OH)_2$	13,92	$CdCO_3$	11,28	CdS	28
SrF_2	8,52	$Co(OH)_2$	15,7	$CoCO_3$	12	CoS	22
		$Cr(OH)_3$	30,2	Li_2CO_3	0,5	Cu_2S	46,7
AgCl	9,96	$Cu(OH)_2$	19,75	$MgCO_3$	3,7	CuS	~40
CuCl	6	$Fe(OH)_2$	14,74	$MnCO_3$	10,06	FeS	21
Hg_2Cl_2	17,96	$Fe(OH)_3$	37,2	$NiCO_3$	6,85	HgS	52
$PbCl_2$	4,77	$Mg(OH)_2$	11,05	$PbCO_3$	13,48	MnS	15
		$Mn(OH)_2$	14,15	$SrCO_3$	8,8	NiS	21
AgBr	12,3	$Ni(OH)_2$	15,8	$ZnCO_3$	10,2	PbS	28
CuBr	7,4	$Pb(OH)_2$	15,55			SnS	28
Hg_2Br_2	21,89	$Sb(OH)_3$	41,4	Ag_2SO_4	4,92	ZnS	23
$PbBr_2$	5,34	$Sn(OH)_2$	25,53	$BaSO_4$	10		
		$Sn(OH)_4$	56	$CaSO_4$	4,32	Ag_2CrO_4	11,7
AgI	16	$Zn(OH)_2$	16,75	$PbSO_4$	8	$Ag_2Cr_2O_7$	6,7
CuI	11,3			$SrSO_4$	6,56	$BaCrO_4$	9,7
Hg_2I_2	28,35	$NaHCO_3$	2,92			Hg_2CrO_4	8,7
PbI_2	8,09			Ag_3PO_4	17,7	$PbCrO_4$	18,8
		$KClO_4$	2,05	$Ba_3(PO_4)_2$	38,3	$SrCrO_4$	4,44
BiOCl	6,15	$RbClO_4$	2,4	$Ca_3(PO_4)_2$	31,9		
		$CsClO_4$	2,5	$Pb_3(PO_4)_2$	54	AgCN	11,4
K_2PtCl_6	5,85			$Sr_3(PO_4)_2$	31	AgSCN	12

Säuredissoziationskonstanten (pK_s-Werte)

$pK_s = -\log K_s$

Säure	Formel	pK_s	Säure	Formel	pK_s
Aluminiumhydrat	$[Al(H_2O)_6]^{3+}$	4,85	Hypochlorige Säure	$HOCl$	7,54
Ammoniak	NH_3	~ 23	Hypoiodige Säure	HOI	10,64
Ammonium-Ion	NH_4^+	9,24	Iodsäure	HIO_3	0,80
Arsenige Säure	H_3AsO_3	9,23	Iodwasserstoff	HI	-10
Arsensäure	H_3AsO_4	2,26	Kieselsäure	H_4SiO_4	9,51
Borsäure	H_3BO_3	9,25	Kohlensäure	(H_2CO_3)	3,80
Bromsäure	$HBrO_3$	~ 0	Kohlensäure	CO_2/H_2O	6,38
Bromwasserstoff	HBr	-9	Methan	CH_4	~ 34
Chlorige Säure	$HClO_2$	1,97	Perchlorsäure	$HClO_4$	-10
Chlorsäure	$HClO_3$	-2,7	Periodsäure	H_5IO_6	3,29
Chlorwasserstoff	HCl	-6,2	Phosphinsäure	H_3PO_2	2,0
Chromsäure	H_2CrO_4	-0,61	Phosphonsäure	H_3PO_3	2,0
Cyanwasserstoff	HCN	9,40	Phosphorsäure	H_3PO_4	2,16
Dihydrogenarsenat	$H_2AsO_4^-$	6,76	Salpetersäure	HNO_3	-1,32
Dihydrogenarsenit	$H_2AsO_3^-$	13,53	Salpetrige Säure	HNO_2	3,29
Dihydrogenphosphat	$H_2PO_4^-$	7,21	Schwefelsäure	H_2SO_4	-3
Diphosphorsäure	$H_4P_2O_7$	1,52	Schweflige Säure	(H_2SO_3)	1,81
Dithionige Säure	$H_2S_2O_4$	0,35	Schwefelwasserstoff	H_2S	6,92
Eisen(III)-hydrat	$[Fe(H_2O)_6]^{3+}$	2,22	Selenige Säure	H_2SeO_3	2,46
Fluorwasserstoff	HF	3,14	Selensäure	H_2SeO_4	-3
Fulminsäure	$HNCO$	3,92	Selenwasserstoff	H_2Se	3,77
Hydrogenarsenat	$HAsO_4^{2-}$	11,29	Stickstoffwasserstoff	HN_3	4,76
Hydrogencarbonat	HCO_3^-	10,33	Tellurige Säure	H_2TeO_3	2,70
Hydrogenphosphat	HPO_4^{2-}	12,32	Tellursäure	H_6TeO_6	7,70
Hydrogensulfat	HSO_4^-	1,92	Tellurwasserstoff	H_2Te	2,64
Hydrogensulfid	HS^-	12,92	Tetraborsäure	$H_2B_4O_7$	~ 4
Hydrogensulfit	HSO_3^-	6,99	Thiocyansäure	$HSCN$	~ 4
Hydroxid-Ion	HO^-	~ 29	Wasser	H_2O	15,74
Hydroxonium-Ion	H_3O^+	-1,74	Wasserstoff	H_2	38,6
Hypobromige Säure	$HOBr$	8,68	Wasserstoffperoxid	H_2O_2	11,9
			Zinkhydrat	$[Zn(H_2O)_6]^{2+}$	8,96

Bei mehrwertigen Säuren ist jeweils der pK_s-Wert der ersten Protolysestufe angegeben.

Normalpotentiale (E°-Werte) bei 25 °C (in Volt)

(Bei den in alphabetischer Reihenfolge der Elementsymbole aufgelisteten korrespondierenden Redoxpaaren ist jeweils die reduzierte Form zuerst genannt).

Red/Ox	E^0	Red/Ox	E^0	Red/Ox	E^0
Ag/Ag^+	+0,80	Cu/Cu^+	+0,13	HNO_2/NO_2	+1,07
$Ag/[Ag(CN)_2]^-$	-0,31	Cu/CuI	-0,19	HNO_2/NO_3^-	+0,94
Al/Al^{3+}	-1,66	Cu/Cu^{2+}	+0,34	NO_2/NO_3^-	+0,81
$Al/[Al(OH)_4]^-$	-2,33	Cu^+/Cu^{2+}	+0,17	Na/Na^+	-2,71
AsH_3/As	-1,43	CuI/Cu^{2+}	+0,85	Ni/Ni^{2+}	-0,26
As/H_3AsO_3	+0,25	F^-/F_2	+2,87	O_2/O_3	+1,90
$H_3AsO_3/H3AsO_4$	+0,56	Fe/Fe^{2+}	-0,45	H_2O/O_2	+0,82
Au/Au^+	+1,70	Fe/Fe^{3+}	-0,04	H_2O/H_2O_2	+1,77
Au/Au^{3+}	+1,50	Fe^{2+}/Fe^{3+}	+0,75	HO^-/HO_2^-	+0,88
$Au/[AuCl_4]^-$	+1,00	H_2/H_3O^+	0,00	H_2O_2/O_2	+0,68
B/H_3BO_3	-0,87	Hg/Hg_2^{2+}	-0,80	PH_3/P	-0,06
Ba/Ba^{2+}	-2,91	Hg/Hg^{2+}	-0,85	P/H_3PO_3	-0,51
Be/Be^{2+}	-1,85	$Hg/[HgI_4]^{2-}$	-0,04	H_3PO_2/H_3PO_3	-0,50
Bi/BiO^+	+0,32	Hg_2^{2+}/Hg^{2+}	+0,92	H_3PO_3/H_3PO_4	-0,28
Br^-Br_2	+1,07	I^-/I_2	+0,54	Pb/Pb^{2+}	-0,13
Br^-/BrO_3^-	+1,42	I/HOI	+0,99	$Pb/PbSO_4$	-0,36
Ca/Ca^{2+}	-2,86	I^-/IO_3^-	+1,09	$Pb^{2+}/PbSO_2$	+1,47
Cd/Cd^{2+}	-0,40	IO_3^-/H_5IO_6	+1,70	$Pt/[PtCl_6]^{2-}$	+0,73
Ce/Ce^{3+}	-2,38	K/K^+	-2,93	S^{2-}/S	-0,48
Ce^{3+}/Ce^{4+}	+1,44	La/La^{3+}	-2,33	H_2S/S	+0,17
Cl^-/Cl_2	+1,36	Li/Li^+	-3,04	S/H_2SO_3	+0,45
Cl^-/ClO^-	+1,49	Mg/Mg^{2+}	-2,37	H_2SO_3/SO_4^{2-}	+0,14
Cl^-/ClO_3^-	+1,45	Mn/Mn^{2+}	-1,19	$S_2O_4^{2-}/SO_3^{2-}$	-1,4
$Cl_2/HOCl$	+1,63	Mn^{2+}/MnO_2	+1,35	$S_2O_3^{2-}/S_4O_6^{2-}$	+0,08
Co/Co^{2+}	-0,28	Mn^{2+}/MnO_4^-	+1,52	$SO_4^{2-}/S_2O_8^{2-}$	+2,05
Co/Co^{3+}	-0,42	MnO_2/MnO_4^-	+1,63	SbH_3/Sb	-0,51
Co^{2+}/Co^{3+}	+1,80	MnO_4^{2-}/MnO_4^-	+0,56	Sb/SbO^+	+0,21
Cr/Cr^{2+}	-0,91	NH_4^+/N_2	+0,27	Si/SiO_2	-0,86
Cr/Cr^{3+}	-0,74	NH_4^+/NO_3^-	+0,87	Sn/Sn^{2+}	-0,14
Cr^{2+}/Cr^{3+}	-0,41	N_2H_4/N_2	-1,16	Sn^{2+}/Sn^{4+}	+0,15
Cr^{3+}/CrO^{2-}	+1,34	NH_2OH/NO_3^-	-0,30	Ti/Ti^{3+}	-1,2
$Cr^{3+}/Cr_2O_7^{2-}$	+1,36	NO/HNO_2	+0,99	Ti^{3+}/TiO^{2+}	-0,04
$Cr(OH)_3/CrO_4^{2-}$	-0,13	NO/NO_2	+1,03	Zn/Zn^{2+}	-0,76
Cs/Cs^+	-3,03	NO/NO_3^-	+0,95	$Zn/[Zn(OH)_4]^{2-}$	-1,22

Nomenklatur anorganischer Verbindungen

1. Binäre Verbindungen

Die Namen von chemischen Verbindungen werden durch Aneinanderfügen der Substanzbestandteile und Angabe ihrer Mengenverhältnisse gebildet. Für binäre Verbindungen, die nur aus zwei Elementen bestehen, gelten folgende Regeln:

- Der *deutsche* Name des weniger elektronegativen Bestandteils wird *zuerst* genannt.
- Dann folgt der *lateinische* Name des elektronegativeren Elements, dessen Endung durch die Silbe „**id**" ersetzt wird. Der lateinische Name wird in manchen Fällen gekürzt wiedergegeben (z. B. Oxid anstelle von Oxygenid).
- Bei binären Verbindungen der **Nichtmetalle** erhält der Name desjenigen Elements das Surfix „**id**", das in der folgenden Reihe rechts vom anderen steht:
  B – Si – C – Sb – As – P – N – H – Te – Se – S – I – Br – Cl – O – F
- Die Anzahl der Atome werden durch *griechische* Zahlworte angegeben, die man dem Namen der Elemente, auf die sie sich beziehen, voranstellt. Das Präfix „**mono**" wird oftmals weggelassen. (**Merke**: Zahlworte beziehen sich immer auf das nachfolgende Element. Steht vor dem Element kein Zahlenwort, so wird die Zahl „Eins" impliziert.)

Tab. Griechische Präfixe (Zahlworte)

Präfix	Zahl	Präfix	Zahl	Präfix	Zahl
mono-	1	penta-	5	nona-	9
di-	2	hexa	6	deca-	10
tri-	3	hepta-	7	undeca-	11
tetra-	4	octa-	8	dodeca-	12

Beispiele

F_2O	Sauerstoffdifluorid	PCl_5	Phosphorpentachlorid
IBr	Iod(mono)bromid	SF_6	Schwefelhexafluorid
CS_2	Kohlenstoffdisulfid	N_2O_3	Distickstofftrioxid

- Häufig wird das Mengenverhältnis auch indirekt durch die „**Stocksche Bezeichnungsweise**" ausgedrückt. Hierzu wird die **Oxidationsstufe** des Elements mittels *römischer* Zahlen angegeben, die in Klammern unmittelbar hinter den Namen gesetzt werden. (**Merke**: Die in Klammern gesetzte Oxidationszahl bezieht sich immer auf das davor stehende Element. Nach der Angabe der Oxidationszahl beginnt der nachfolgende Wortteil des Namens der Substanz mit einem Bindestrich.)

Beispiele

N_2O:	Distickstoff(mon)oxid	= Stickstoff(I)-oxid
N_2O_4	Distickstofftetroxid	= Stickstoff(IV)-oxid
PbO_2:	Bleidioxid	= Blei(IV)-oxid

Tritt ein Element in seinen Verbindungen nahezu ausschließlich *nur in einer Oxidationsstufe* auf, so wird diese häufig weggelassen. Beispiele hierfür sind: Alkalimetalle (I), Erdalkalimetalle (II) sowie Bor (III), Aluminium (III), Zink (II) und Cadmium (II).

Für einige Verbindungen existieren **Trivialnamen**, wie zum Beispiel Wasser (H_2O), Ammoniak (NH_3) oder Hydrazin (N_2H_4).

Zur Bezeichnung **binärer Ionenverbindungen** bedient man sich derselben Regeln. Der Name eines Salzes besteht aus dem *deutschen* Namen des **Kations** gefolgt vom *lateinischen* Namen des **Anions**, der das Surfix „**id**" trägt. Dabei ist zusätzlich zu beachten:

- Bei Metallen, die mehrere *Kationen unterschiedlicher Ladung* bilden, wird die Ladung in der Stockschen Bezeichnungsweise angegeben.
- Mehratomige Kationen, in denen Wasserstoff gebunden ist, erhalten die Endung „**onium**".

Beispiele

Li_3N	Lithiumnitrid	$SnCl_2$	Zinn(II)-chlorid
Fe_2O_3	Eisen(III)-oxid	$CaCl_2$	Calciumchlorid
$(NH_4)_2S$	Ammoniumsulfid	CuI	Kupfer(I)-iodid
KH_2PO_4	Kaliumdihydrogen-phosphat	K_2HPO_4	Dikalium(mono)hydrogen-phosphat

Für viele Salze sind auch **Trivialnamen** üblich. Als Beispiele seien genannt: Soda (Na_2CO_3), Pottasche (K_2CO_3), Kalk ($CaCO_3$), Bittersalz ($MgSO_4$), Glaubersalz (Na_2SO_4), Schwerspat ($BaSO_4$), Flussspat (CaF_2), Kochsalz (NaCl), u.a.m.

2. Verbindungen aus mehreren Elementen

Bei der überwiegenden Zahl anorganischer Verbindungen, die aus mehreren Elementen aufgebaut sind, ist es möglich, ein charakteristisches „*Bezugsatom*" für die Bezeichnung auszuwählen. Man benennt dann diese Substanzen analog den **Komplexverbindungen** (siehe ▶Kap. 1.5.1), wobei der Name des elektropositiveren Bestandteils vorangestellt wird und die nachfolgende Nennung des elektronegativeren Elements die Endung „**at**" erhält. Anionische Liganden bekommen die Endung „**o**". Die Oxidationszahl des Bezugsatoms wird nach der Stockschen Bezeichnungsweise angegeben.

Diese systematische Nomenklatur gilt auch für **Ionenverbindungen** mit mehratomigen Anionen.

Häufig werden solche Verbindungen aber in einer verkürzten Form gekennzeichnet. In Einzelfällen sind Trivialnamen durchaus noch gebräuchlich.

Beispiele

Na_2SO_4:	Natriumtetr(a)oxosulfat(IV)	= Natriumsulfat
K_2SO_3:	Kaliumtrioxosulfat(IV)	= Kaliumsulfit
Ag_3PO_4:	Silbertetr(a)oxophosphat(V)	= Silberphosphat
$HClO_4$:	Hydrogentetr(a)oxochlorat(VII)	= Perchlorsäure
H_2SiF_6:	Dihydrogenhexafluorosilicat(IV)	= Hexafluorokieselsäure

3. Nomenklatur von Elektrolyten

Wegen der Bedeutung von Säuren, Basen und Salzen für die anorganische Chemie soll die Nomenklatur dieser Substanzklassen an einigen Beispielen nochmals verdeutlicht und durch zusätzliche Möglichkeiten einer rationellen Bezeichnungsweise erweitert werden.

- *Wässrige Lösungen binärer Verbindungen*, die saure Eigenschaften besitzen, werden durch das Anhängen der Endung „**säure**" an den Namen der Verbindung gebildet (Bsp.: HI = Iodwasserstoffsäure, HBr = Bromwasserstoffsäure).

Eigene Namen haben u. a. die folgenden wässrigen Lösungen: HF = **Flusssäure**, HCl = **Salzsäure** oder HCN = **Blausäure**.

- **Basen** werden als **Metallhydroxide** entsprechend den im Abschnitt 1 aufgeführten Regeln benannt (Bsp.: $Zn(OH)_2$ = Zinkhydroxid; TlOH = Thallium(I)-hydroxid).
- **Salze** von binären Säuren erhalten die Endung „**id**". Ihre Bezeichnung folgt den Regeln im Abschnitt 1 (Bsp.: I^- = Iodid oder S^{2-}= Sulfid).
- **Ternäre Säuren** bestehen aus drei Elementen. Enthalten sie Sauerstoff, so spricht man von **Oxosäuren**. Zu ihrer Bezeichnung wird zuerst die Anzahl der Sauerstoffatome genannt, gefolgt vom deutschen Namen des Zentralatoms, gefolgt von der Endung „**säure**" und der Oxidationszahl des Zentralatoms.

Häufig wird bei den Oxosäuren aber auf die Bezeichnung der Sauerstoffatome verzichtet. Darüber hinaus existieren vielfach gebräuchlichere *Trivialnamen*.

Beispiele [systematischer Name/gekürzter systematischerName/Trivialname]

HOCl:	Oxochlorsäure(I) Chlor(I)-säure Hypochlorige Säure	HNO_2:	Dioxostickstoffsäure(III) - Salpetrige Säure
$HClO_2$:	Dioxochlorsäure(III) Chlor(III)-säure Chlorige Säure	HNO_3:	Trioxostickstoffsäure(V) Stickstoff(V)-säure Salpetersäure
HIO_4:	Tetroxoiodsäure(VII) Iod(VII)-säure Periodsäure	H_2SO_4:	Tetroxoschwefelsäure(VI) Schwefel(VI)-säure Schwefelsäure

- Die Namen der **Anionen** von ternären Säuren werden wie die Namen der Säuren gebildet, jedoch wird der lateinische Name des Zentralatoms verwendet und an Stelle von -säure wird die Endung „**at**" angefügt. Bei den nach wie vor gebräuchlichen Trivialnamen erhalten die Anionen von Säuren, die mit „**ige**" bezeichnet werden, die Endung „**it**".

Beispiele

ClO_2^-:	Dioxochlorat(III) Chlorat(III) Chlorit	NO_2^-:	Dioxonitrat(III) Nitrat(III) Nitrit
ClO_4^-:	Tetroxochlorat(VII) Chlorat(VII) Perchlorat	SO_3^{2-}:	Trioxosulfat(IV) Sulfat(IV) Sulfit

- Bei **Salzen** wird zuerst der Name des Kations genannt, gefolgt vom Namen des Anions, wobei deren Zahl durch ein vorangestelltes griechisches Zahlwort gekennzeichnet wird. Wenn Wasserstoffatome vorhanden sind, werden sie mit dem Namen **Hydrogen** wie ein Kation behandelt.

Beispiele

$FeSO_4$:	Eisen(II)-tetroxosulfat(VI) Eisen(II)-sulfat
K_2HPO_4:	Dikaliummonohydrogentetroxophosphat(V) Dikaliumhydrogenphosphat

Bei manchen **sauren Salzen** wird auch noch der historische Name mit dem Präfix „**bi**" benutzt [Bsp.: HCO_3^- = Bicarbonat (Hydrogencarbonat); HSO_3^- = Bisulfit (Hydrogensulfit)].

4. Erstellen einer Summenformel

Für das Erstellen einer Summenformel gelten folgende Regeln:

- Die einzelnen Elemente werden im allgemeinen nach ansteigender *Elektronegativität* (EN) geordnet. Das bedeutet, das Element mit dem geringsten EN-Wert wird zuerst genannt, das mit der höchsten Elektronegativität zuletzt (z.B.: CCl_4, NF_3, SF_6, Fe_2O_3, u.a.m.). Ausnahmen sind bekannt, wie beispielsweise Sauerstoffdifluorid, das als F_2O geschrieben wird.
- Die *Anzahl* der jeweiligen Atome eines Elements wird rechts unten an das Elementsymbol geschrieben, wobei die Ziffer Eins weggelassen wird (z.B. $KHSO_4$, H_3PO_4, u.a.m).
- Einen Sonderfall bildet das Element *Wasserstoff*, der in der Regel an letzter Stelle aufgelistet wird (z.B. B_2H_6, C_2H_6, SiH_4, NH_3, u.a.m.). Ausnahmen dieser Regel gelten für Verbindungen, die in wässriger Lösung *sauer* reagieren. In diesen Verbindungen steht der Wasserstoff am Anfang (z.B. HF, HCl, H_2O, H_2O_2, H_2S, u.a.m.).

Maßeinheiten

SI-Einheiten und abgeleitete SI-Einheiten

Messgröße	Einheit		Symbol
Basiseinheiten			
Länge	Meter		m
Masse	Kilogramm		kg
Zeit	Sekunde		s
Elektrischer Strom	Ampere		A
Temperatur	Kelvin		K
Stoffmenge	Mol		mol
Leuchtstärke	Candela		cd
Supplementäre Einheiten			
Ebener Winkel	Radiant		rad
Raumwinkel	Steradiant		sr
Einheiten mit eigenem Namen			
Kraft	Newton	$= kg \cdot m \cdot s^{-2}$	N
Energie	Joule	$= N \cdot m$	J
Leistung	Watt	$= J \cdot s^{-1}$	W
Druck	Pascal	$= N \cdot m^{-2}$	Pa
Elektr. Ladung	Coulomb	$= A \cdot s$	C
Elektr. Potentialdifferenz (Spannung)	Volt	$= J \cdot C^{-1}$	V
Elektr. Widerstand	Ohm	$= V \cdot A^{-1}$	Ω
Elektr. Leitfähigkeit	Siemens	$= V^{-1} \cdot A$	S
Elektr. Kapazität	Farad	$= C \cdot V^{-1}$	F
Frequenz (Schwingungen pro Zeiteinheit)	Hertz	$= s^{-1}$	Hz
Radioaktivität (atomare Ereignisse pro Zeiteinheit)	Becquerel	$= s^{-1}$	Bq
Einheiten ohne eigenen Namen			
Fläche	m^2		
Volumen	m^3		
Dichte	$kg \cdot m^{-3}$ ($g \cdot cm^{-3}$)		
Stoffmengenkonzentration	$mol \cdot dm^{-3}$		

Gebräuchliche Nicht-SI-Einheiten und ältere Maßeinheiten

Messgröße	Einheit	Symbol	SI-Maß
Gebräuchliche Nicht-SI-Einheiten			
Zeit	Minute	min	60 s
	Stunde	h	3 600 s
	Tag	d	86 400 s
	Jahr	a	$3{,}15569 \cdot 10^7$ s
Volumen	Liter	l	1 dm^3
Temperatur	Grad Celsius	°C	K + 273,15
Druck	Bar	bar	10^5 Pa
Energie	Elektronenvolt	eV	$1{,}6022 \cdot 10^{-19}$ J
Ebener Winkel	Grad	°	π/180 rad
Ältere, nicht mehr zu verwendende Einheiten			
Länge	Ångström	Å	10^{-10} m = 100 pm
Kraft	Dyn	dyn	10^{-5} N
Energie	Erg	erg	10^{-7} J
	Kalorie	cal	4,184 J
Druck	Torr (mm Hg-Säule)	Torr	133,322 Pa
	Phys. Atmosphäre	atm	101,325 kPa
Viskosität	Poise	P	10^{-1} Pa·s
Dipolmoment	Debye	D	$3{,}338 \cdot 10^{-30}$ C·m
Radioaktivität	Curie	Ci	$3{,}7 \cdot 10^{10}$ Bq

Präfixe zur Bezeichnung der Vielfachen von Maßeinheiten

Präfix	Abk.	Faktor	Präfix	Abk.	Faktor
giga-	G	10^9	centi-	c	10^{-2}
mega-	M	10^6	milli-	m	10^{-3}
kilo-	k	10^3	micro-	µ	10^{-6}
hecto-	h	10^2	nano-	n	10^{-9}
deca-	da	10^1	pico-	p	10^{-12}
deci-	d	10^{-1}	femto-	f	10^{-15}

Verzeichnis der Wortabkürzungen

Abb. = Abbildung
Abh. = Abhängigkeit
abh. = abhängig
Abk. = Abkürzung
abs. = absolut
äquiv. = äquivalent
alkal. = alkalisch
allg. = allgemein
AME = Atommasseneinheit
anal. = analytisch
Anm. = Anmerkung
anorg. = anorganisch
AO = Atomorbital
App. = Apparatur
aq. = aqua, hydratisiert
arith. = arithmetisch
arom. = aromatisch
asym. = asymmetrisch
Atm. (atm.) = Atmosphäre

bas. = basisch
Bd. = Band
bes. = besonders
Best. = Bestimmung
Bsp. = Beispiel
bzgl. = bezüglich
bzw. = beziehungsweise

ca. = circa
chem. = chemisch
conc. = konzentriert
const. = konstant
cycl. = cyclisch

Darst. = Darstellung
Dest. = Destillation
dest. = destilliert
d. h. = das heißt
Diff. = Diffusion
Diss. = Dissoziation
DK = Dielektrizitätszahl
EA = Elektronenaffinität
eff. = effektiv
Eig. = Eigenschaft
Einw. = Einwirkung
elektr. = elektrisch
EMK = Elektromotorische Kraft
EN = Elektronegativität
End. = Endzustand
ESR = Elektronenspinresonanz
ethanol. = ethanolisch

flüss. = flüssig
Forts. = Fortsetzung
frakt. = fraktioniert

gasf. = gasförmig
GE = Gitterenergie
gesätt. = gesättigt
Gew. = Gewicht
ggf. = gegebenenfalls
Ggs. = Gegensatz
Ggw. = Gegenwart
GK = Gegenstandskatalog
Gl. = Gleichung

Herst. = Herstellung
HG = Hauptgruppe

i.d.R. = in der Regel
IE = Ionisierungsenergie
incl. = inclusive
IR = Infraroter Spektralbereich
irr(ev). = irreversibel

Kap. = Kapitel
Kat. = Katalysator
kat. = katalysiert
kin. = kinetisch
konj. = konjugiert
konst. = konstant
konz. = konzentriert
Konz. = Konzentration

korr.	= korrespondierend
krist.	= kristallisiert, kristallin
LCAO	= Linearkombination von Atomorbitalen
LM	= Lösungsmittel
Lösl.	= Löslichkeit
lösl.	= löslich
Lp.	= Löslichkeitsprodukt
Lsgm.	= Lösungsmittel
Lsg.	= Lösung
magn.	= magnetisch
max.	= maximal
MC	= muliple choice
Min. (min.)	= Minute
mögl.	= möglich
MO	= Molekülorbital
Mol.Gew.	= Molekulargewicht
MWG	= Massenwirkungsgesetz
Nachw.	= Nachweis
nasc.	= nascierend
Nd.	= Niederschlag
neg.	= negativ
NG	= Nebengruppe
NMR	= kernmagnetische Resonanz
NWE	= Normalwasserstoff-elektrode
o.a.	= oben angeführt
org.	= organisch
Ox.	= Oxidation, -smittel
ox.	= oxidiert
PET	= Positronen-Emissions-Tomographie
pharm.	= pharmazeutisch
Ph.Eur.	= Europäisches Arzneibuch
phys.	= physikalisch
pos.	= positiv
pot.	= potentiell
präp.	= präparativ
prim.	= primär
Prod.	= Produkt
prop.	= proportional
proz.	= prozentig
PSE	= Periodensystem der Elemente
qual.	= qualitativ
quant.	= quantitativ
Reakt.	= Reaktion
Red.	= Reduktion, -smittel
red.	= reduziert
rel.	= relativ
rev.	= reversibel
RG	= Reaktionsgeschwindigkeit
RT	= Raumtemperatur
S.	= Seite
s.	= siehe
s.a.	= siehe auch
Sblp.	= Sublimationspunkt
Schmp.	= Schmelzpunkt
Sdp.	= Siedepunkt
Sek. (sec)	= Sekunde
sek.	= sekundär
sog.	= sogenannt
solv.	= solvatisiert
spez.	= spezifisch
Std.	= Stunde
Stab.	= Stabilität
s.u.	= siehe unten
Subl.	= Sublimation
SWE	= Standardwasserstoff-elektrode
swl.	= schwer löslich
symm.	= symmetrisch
Tab.	= Tabelle
techn.	= technisch
Temp.	= Temperatur
tert.	= tertiär

u. a.	= unten angeführt, unter anderem
u. a.m.	= und andere mehr
unabh.	= unabhängig
undiss.	= undissoziiert
unlösl.	= unlöslich
unspez.	= unspezifisch
usw.	= und so weiter
u. U.	= unter Umständen
UV	= Ultravioletter Spektralbereich
VB	= Valenzbindung
Vak.	= (im) Vakuum
Verb.	= Verbindung
Verd.	= Verdünnung
verd.	= verdünnt
Verf.	= Verfahren
Vers.	= Versuch
versch.	= verschieden
vgl.	= vergleiche
VIS	= Sichtbarer Spektralbereich
Vol.	= Volumen
vs.	= versus (gegen)
wässr.	= wässrig
z. B.	= zum Beispiel
Zers.	= Zersetzung
z.T.	= zum Teil

Verzeichnis der Zeichen und Symbole

[ ]	= Kennzeichnung von Komplexverbindungen
	= Kennzeichnung von Konzentrationen (Aktivitäten) in Gleichungen des MWG
	= Kennzeichnung der Dimension
$\rightarrow$	= Zeichen für eine einseitig verlaufende Reaktion
$\leftrightharpoons$	= Zeichen für umkehrbare Reaktionen (Gleichgewichte)
Δ	= Reaktions-, Differenz, Erhitzen
Δ_o	= Aufspaltung im oktaedrischen Ligandenfeld
Δ_q	= … im planar-quadratischen …
Δ_t	= … im tetraedischen …
$\downarrow$	= Zeichen für Bildung eines schwer löslichen Niederschlags
$\uparrow$	= Zeichen für Bildung eines Gases
(I), (II),..	= Zeichen für die Wertigkeit eines Kations: einwertig, zweiwertig, …
	= Hauptgruppennummer (PSE)
%	= Prozent
a	= Aktivität, anno (Jahr)
A	= Ampere, Arbeit, Fläche
A^-	= Anion
Å	= Ångström = 10^{-8} cm
ab	= antibindend
AcO^-	= Acetatanion
Ar	= Aryl-Rest, Aromat, Elementsymbol Argon
As	= Amperesekunde, Elementsymbol Arsen
at	= Atmosphäre
b	= bindend
B	= Symbol für eine Base, Bestandteil, Elementsymbol Bor
Bq	= Becquerrel
c	= Konzentration (mol 1^{-1}), Lichtgeschwindigkeit
C	= Gesamtkonzentration (mol 1^{-1}), Elementsymbol Kohlenstoff, Coulomb
C-2	= C-Atom, nummeriert
5-C	= Anzahl der C-Atome
°C	= Grad Celsius
cal	= Kalorie
cm	= Zentimeter
cm^3 (ccm)	= Kubikzentimeter

d	= Orbitalbezeichnung (Elektronenzustand)
	= Differenz, Abstand
d_γ, d_ε	= Orbitalbezeichnungen in Komplexen
D	= D-Linie, Wellenlänge des Na-Lichtes
	= Diffusionskoeffizient
	= Debye (Einheit des Dipolmomentes)
	= Elementsymbol Deuterium
Da	= Dalton (Masseneinheit)
Dq	= Aufspaltungsenergie in Komplexen
dt	= Zeitdifferenz
e	= Elementarladung
e^-	= Elektron, negative Elementarladung
e^+	= Positron, positive Elementarladung
E, E´	= Energie, Potential, Element, Feldstärke
	= molale Dampfdruckerniedrigung
ΔE	= Energiedifferenz, Potentialdifferenz
E_a	= Aktivierungsenergie
E_1	= monomolekulare Eliminierung
E^o	= Normalpotential, Standardpotential
E_B	= Bindungsenergie, Dissoziationsenergie
E_g	= molale Gefrierpunktserniedrigung
E_{kin}	= kinetische Energie
E_{pot}	= potentielle Energie
E_s	= molale Siedepunktserhöhung
E_S	= Sublimationsenergie
E_z	= Zersetzungsspannung, Zellspannung
EDTA	= Ethylendiamintetraessigsäure
en	= Ethylendiamin
Et_2O	= Diethylether
EtOH	= Ethanol
eV	= Elektronenvolt
f	= Orbitalbezeichnung (Elektronenzustand), fest
F	= Faraday-Konstante, Fläche, Freiheitsgrad
	= freie Energie, Elementsymbol Fluor
ΔF	= Freie Reaktionsenergie
f_i, f_a	= Aktivitätskoeffizient
fl	= flüssig
Fp	= Schmelzpunkt
g	= Gramm, gasförmig
G	= Gewicht, freie Enthalpie
G^o	= freie Standardenthalpie
ΔG	= freie Reaktionsenthalpie
ΔG_f^o	= freie Standardbildungsenthalpie

ΔG_r^o	= freie Standardreaktionsenthalpie
Gew. %	= Gewichtsprozent
h	= Stunde, Plancksches Wirkungsquantum
H	= Hamilton-Operator, Elementsymbol Wasserstoff
	= Enthalpie
ΔH	= Reaktionswärme, Reaktionsenthalpie
ΔH^o	= Standardreaktionsenthalpie
ΔH_f^o	= Standardbildungsenthalpie
HA	= Symbol für eine Säure (bes. Brönsted-Säure)
Hal^-	= Halogenid-Ion
HAm	= Ameisensäure
HB	= Brönsted-Base
HOAc	= Essigsäure
I	= Stromstärke (in Ampere), -fluß
	= Elementsymbol Iod
	= Ionenstärke einer Lösung
+/-I	= induktiver Effekt
J	= Joule
k	= Proportionalitätsfaktor
	= Boltzmann-Konstante
	= Geschwindigkeitskonstante, Zerfallskonstante
K	= Konstante, Kraft, Verteilungskoeffizient
	= 1. Elektronenschale
	= Elementsymbol Kalium, Gleichgewichtskonstante
	= Kelvin
K_a	= Thermodynamische Gleichgewichtskonstante, Säurekonstante
K_b	= Basenkonstante
K_c	= Stöchiometrische Gleichgewichtskonstante
K_D	= Dissoziationskonstante
K_L	= Löslichkeitsprodukt
	= Ionenprodukt eines Lösungsmittels
K_{ow}	= *n*-Octanol-Wasser-Verteilungskoeffizient
K_s	= Säurekonstante
K_S	= Stabilitätskonstante
K_w	= Ionenprodukt des Wassers
kcal	= Kilokalorie
kg	= Kilogramm
kJ	= Kilojoule
Kp	= Siedepunkt
kPa	= Kilopascal

l	= Länge (Abstand, Strecke), Liter
	= Nebenquantenzahl
	= liquid (flüssig)
L	= elektrische Leitfähigkeit, Ligand, Lösung
	= Löslichkeit, 2. Elektronenschale
lg (log)	= dekadischer Logarithmus
LH	= amphiprotisches Lösungsmittel
ln	= natürlicher Logarithmus
m	= milli, meta, Meter
	= Masse, Massenzahl, Molarität
	= Magnetquantenzahl
Δm	= Massendefekt
m_e	= Masse Elektron
m_p	= Masse Proton
M	= Molgewicht, relative Molekülmasse, Metall
	= 3. Elektronenschale, Molar(ität)
M_o	= neutrales Molekül
M^+	= Molekülkation
M^-	= Molekülanion
mbar	= Millibar
Me	= Metall
Me^+	= Metallkation
meV	= Millielektronenvolt
mg	= Milligramm
ml	= Milliliter
mm	= Millimeter
mol	= molar
mV	= Millivolt
n	= Anzahl der übertragenen Elektronen
	= Kernladungszahl, Hauptquantenzahl
	= Stoffmengenkonzentration, Molzahl, Wertigkeit
n, n^o	= Neutron
N	= Elementsymbol Stickstoff, 4. Elektronenschale
	= Zahl der Teilchen, Zahl der Atome
N_A	= Avogadrosche Zahl
NaOAc	= Natriumacetat
nb	= nichtbindend
nm	= Nanometer = 10^{-7} cm
NMe	= Nichtmetall
o	= ortho
O	= Elementsymbol Sauerstoff

p	= para, Druck(at), Dipolmoment
	= Orbitalbezeichnung (Elektronenzustand)
p, p^+	= Proton
Δp	= Druckdifferenz, Dampfdruckerniedrigung
p_c	= kritischer Druck
P	= Elementsymbol Phosphor, sterischer Faktor, Phase
Pa	= Pascal
pH	= Wasserstoffionenexponent (negativer dekadischer Logarithmus der Wasserstoffionenaktivität)
pK	= negativer dekadischer Logarithmus der Gleichgewichtskonstanten, Gleichgewichtsexponent
pK_a, pK_s	= Säureexponent
pK_b	= Basenexponent
pK_L	= negativer dekadischer Logarithmus des Löslichkeitsproduktes
pK_w	= Ionenexponent des Wassers
pm	= Picometer (10^{-12} m)
pOH	= Hydroxidionenexponent, negativer dekadischer Logarithmus der Hydroxidionenkonzentration
q	= Ladung, Orbitalbezeichnung
Q(q)	= Wärme, Ladung
ΔQ	= Wärmemenge, -differenz
r	= Radius
r_o	= Gleichgewichtsabstand
R	= Ohmscher Widerstand, Rydberg-Konstante
	= Universelle Gaskostante, Alkyl-Rest
R', R'', ...	= organischer Rest, über ein C-Atom gebunden
RaNi	= Raney-Nickel
RO^-	= Alkoholat-Ion
ROH	= Alkohol
s	= Sekunde, Spinquantenzahl
	= Orbitalbezeichnung (Elektronenzustand)
	= solid (fest)
S	= Elementsymbol Schwefel, Entropie
ΔS	= Reaktionsentropie
ΔS_f^o	= Standardbildungsentropie
S^o	= Singulett-Grundzustand, Standardentropie
S^1	= 1. angeregter Singulett-Zustand
S_n1	= monomolekulare nucleophile Substitution
S_R	= Radikalische Substitution
sp^x	= Hybridorbitalbezeichnung (x = 1,2,3)
t	= Zeit, Temperatur, °C

$t_{1/2}$, t_H	= Halbwertszeit
Δt_g	= Gefrierpunktserniedrigung
Δt_s	= Siedepunktserhöhung
T	= Temperatur in Kelvin
	= Elementsymbol Tritium
ΔT, Δt	= Temperaturdifferenz
T_c	= kritische Temperatur
T^0	= Triplett-Grundzustand
T^1	= 1. angeregter Triplett-Zustand
T_s	= Siedetemperatur
u	= Beweglichkeit, Geschwindigkeit
	= Umlaufgeschwindigkeit (Elektron)
	= Atommasseneinheit
U	= Potential, Spannung (in Volt)
	= innere Energie, Elementsymbol Uran
ΔU	= Reaktionswärme (bei konstantem Volumen)
Ü	= Überspannung
U_g	= Gitterenergie
v	= Geschwindigkeit
V	= Volt (Einheit der Spannung)
	= Volumen, Elementsymbol Vanadium
ΔV	= Volumenänderung
V_c	= kritisches Volumen
Vol%	= Volumenprozent
W	= Bildungswärme, Wahrscheinlichkeit
	= Elementsymbol Wolfram
W_s	= Wattsekunde
x_i	= Messwert, Molenbruch des Stoffes i
X	= Halogenatom
X^-	= Symbol Anion, häufig für Halogenid
X^o	= Messgröße X im Standardzustand
z	= Ladungszahl
Z	= Zentralatom(-ion), maximale Orbitalbesetzung
	= Kernladungszahl, Stoßzahl
α	= α-Strahlen
	= Dissoziationsgrad, Protolysegrad
	= Nachbarposition zu einer funktionellen Gruppe
	= kubischer Ausdehnungskoeffizient

β	= β-Strahlen
	= Spannungskoeffizient
ε	= Dielektrizitätszahl
ε_o	= Dielektrizitätszahl (Vakuum)
γ	= γ-Strahlen
	= kubischer Ausdehnungskoeffizient
ρ_t	= Dichte bei t °C
σ	= spezifischer Widerstand, Bindungsart
η	= Überspannung
κ	= Leitfähigkeit
δ^+	= positive Partialladung
δ^-	= negative Partialladung
π	= Bindungsart
λ	= Wellenlänge
ν	= Frequenz
ν, ν', ν^*	= Wellenzahl
μ	= Dipolmoment
	= Mikrometer
μ_i	= induziertes Dipolmoment
μ_p	= permanentes Dipolmoment
Λ	= Äquivalentleitfähigkeit
Π	= Osmotischer Druck
ψ	= Wellenfunktion

Rechenhilfen

Erfahrungsgemäß bereiten infolge der Kürze der für die Lösung der MC-Fragen zur Verfügung stehenden Zeit Berechnungen mit Hilfe

- des Massenwirkungsgesetzes,
- der Henderson-Hasselbalch-Gleichung,
- der Nernstschen Gleichung
- sowie pH-Wert-Berechnungen

dem Studenten einige Mühe. Aus diesem Grund wurde im vorliegenden Buch versucht, solche Berechnungen schrittweise nachvollziehen zu können.

Hierzu sollen auch die u.a. trivialen Rechenhilfen der Potenzrechnung und des logarithmischen Rechnens dienen, die häufig Bestandteil der Anwendung der o.a. Gleichungen sind:

Potenzrechnung

$$(X)^{\frac{a}{b}} = \sqrt[b]{X^a} \qquad X = \frac{10^x}{10^y} = 10^{(x-y)}$$

$$X = \frac{10^x}{10^{-y}} = 10^{(x+y)} \qquad X = \frac{10^{-x}}{10^{-y}} = 10^{(y-x)}$$

Rechnen mit Logarithmen

$$\ln X = 2{,}3 \cdot \log X; \qquad \log 1 = 0$$

$$\log \frac{a \cdot b}{c} = \log \frac{a}{c} + \log b = \log a + \log b - \log c$$

$$-\log \frac{a \cdot b}{c} = \log c - \log a - \log b$$

$$\log 10^{-x} = -x; \quad -\log 10^{-x} = x; \quad \log 10^{x} = x;$$

$$\log x^{a} = a \log x; \quad \log x^{-a} = -a \log x$$

Sachregister

B

D

E

L

O

Q

R

U

Der Autor

Prof. Dr. Eberhard Ehlers
Studium der Chemie in Frankfurt/Main, 1970 Diplomarbeit in Organischer Chemie, 1974 Promotion in Pharmazeutischer Chemie. 1976 Lehrauftrag für Pharmazeutische Chemie an der Universität Frankfurt/Main, 1987 Habilitation und Venia legendi im Fach Pharmazeutische Chemie ebendort. 1975 bis 2006 Tätigkeiten in Forschung und Management in der Pharmazeutischen Industrie.

Autor mehrer Kurzlehrbücher für Qualitative und Quantitative Analytik sowie Anorganische und Organische Chemie beim Deutschen Apotheker Verlag, Stuttgart.

Periodensystem der Elemente

	I a	II a	III b	IV b	V b	VI b	VII b	VIII b			I b	II b	III a	IV a	V a	VI a	VII a	0
1	1 **H** 1.008																	2 **He** 4.003
2	3 **Li** 6.94	4 **Be** 9.01											5 **B** 10.81	6 **C** 12.011	7 **N** 14.01	8 **O** 16.00	9 **F** 19.00	10 **Ne** 20.18
3	11 **Na** 22.99	12 **Mg** 24.31											13 **Al** 26.98	14 **Si** 28.09	15 **P** 30.97	16 **S** 32.07	17 **Cl** 35.45	18 **Ar** 39.95
4	19 **K** 39.10	20 **Ca** 40.08	21 **Sc** 44.96	22 **Ti** 47.87	23 **V** 50.94	24 **Cr** 52.00	25 **Mn** 54.94	26 **Fe** 55.85	27 **Co** 58.93	28 **Ni** 58.69	29 **Cu** 63.55	30 **Zn** 65.39	31 **Ga** 69.72	32 **Ge** 72.61	33 **As** 74.92	34 **Se** 78.96	35 **Br** 79.90	36 **Kr** 83.80
5	37 **Rb** 85.47	38 **Sr** 87.62	39 **Y** 88.91	40 **Zr** 91.22	41 **Nb** 92.91	42 **Mo** 95.94	43 **Tc** 98.91	44 **Ru** 101.07	45 **Rh** 102.91	46 **Pd** 106.42	47 **Ag** 107.87	48 **Cd** 112.41	49 **In** 114.82	50 **Sn** 118.71	51 **Sb** 121.76	52 **Te** 127.60	53 **I** 126.90	54 **Xe** 131.29
6	55 **Cs** 132.91	56 **Ba** 137.33	57 * **La** 138.91	72 **Hf** 178.49	73 **Ta** 180.95	74 **W** 183.84	75 **Re** 186.21	76 **Os** 190.23	77 **Ir** 192.22	78 **Pt** 195.08	79 **Au** 196.97	80 **Hg** 200.59	81 **Tl** 204.38	82 **Pb** 207.20	83 **Bi** 208.98	84 **Po** 209.98	85 **At** 209.99	86 **Rn** 222.02
7	87 **Fr** 223.02	88 **Ra** 226.03	89 ** **Ac** 227.03	104 **Rf** 261.11	105 **Db** 262.11	106 **Sg** 263.12	107 **Bh** 262.12	108 **Hs** 265	109 **Mt** 268	110 **Ds** 281	111 **Rg** 280	112 **Cn** 277	113 **Nh** 287	114 **Fl** 289	115 **Mc** 288	116 **Lv** 293	117 **TS** 292	118 **Og** 294

Lanthanoide *	58 **Ce** 140.12	59 **Pr** 140.91	60 **Nd** 144.24	61 **Pm** 144.91	62 **Sm** 150.36	63 **Eu** 151.97	64 **Gd** 157.25	65 **Tb** 158.93	66 **Dy** 162.50	67 **Ho** 164.93	68 **Er** 167.26	69 **Tm** 168.93	70 **Yb** 173.04	71 **Lu** 174.97
Actinoide **	90 **Th** 232.04	91 **Pa** 231.04	92 **U** 238.03	93 **Np** 237.05	94 **Pu** 244.06	95 **Am** 243.06	96 **Cm** 247.07	97 **Bk** 247	98 **Cf** 251.08	99 **Es** 252.08	100 **Fm** 257.09	101 **Md** 258.10	102 **No** 259.10	103 **Lr** 260.11

(Bei den im PSE angegebenen relativen Atommassen handelt es sich um gerundete Werte.)